Springer Reference Naturwissenschaften

Springer Reference Naturwissenschaften bietet Praktikern, Wissenschaftlern und Studierenden zielführendes Fachwissen in aktueller, modularisierter und verständlicher Form.

Während traditionelle Handbücher ihre Inhalte bislang lediglich gebündelt und statisch in einer Druckausgabe präsentiert haben, bietet *Springer Reference Naturwissenschaften* eine um dynamische Komponenten erweiterte Online-Präsenz: ständige digitale Verfügbarkeit, frühes Erscheinen neuer Beiträge „online first" und fortlaufende Erweiterung und Aktualisierung der Inhalte.

Die Werke und Beiträge der Reihe repräsentieren den jeweils aktuellen Stand des Wissens des Faches, insbesondere auch in den Anwendungen und in der Verzahnung der verschiedenen Gebiete.

Review-Prozesse sichern die Qualität durch die aktive Mitwirkung namhafter Herausgeber(inne)n und ausgesuchter Autor(inn)en. *Springer Reference Naturwissenschaften* wächst kontinuierlich um neue Kapitel und Fachgebiete.

Weitere Informationen zu dieser Reihe finden Sie auf http://www.springer.com/series/15072

Reiner Rummel
Herausgeber

Erdmessung und Satellitengeodäsie

Handbuch der Geodäsie, herausgegeben von Willi Freeden und Reiner Rummel

mit 168 Abbildungen und 13 Tabellen

Herausgeber
Reiner Rummel
Institut für Astronomische und Physikalische Geodäsie
Technische Universität München
München, Deutschland

Springer Reference Naturwissenschaften
ISBN 978-3-662-47099-2 ISBN 978-3-662-47100-5 (eBook)
ISBN 978-3-662-55045-8 (Bundle)
DOI 10.1007/978-3-662-47100-5

Die Deutsche Nationalbibliothek verzeichnet diese Publikation in der Deutschen Nationalbibliografie; detaillierte bibliografische Daten sind im Internet über http://dnb.d-nb.de abrufbar.

Springer Spektrum

Gedruckt auf säurefreiem und chlorfrei gebleichtem Papier

Springer Spektrum ist Teil von Springer Nature
Die eingetragene Gesellschaft ist Springer-Verlag GmbH Deutschland
Die Anschrift der Gesellschaft ist: Heidelberger Platz 3, 14197 Berlin, Germany

Vorwort der Gesamtherausgeber

In den Jahren 1961 bis 1968 erschienen die Bände der 10. und letzten Auflage des „Handbuch der Vermessungskunde“, jeweils mit einem Vorwort von Max Kneissl. Die erste Auflage aus den Jahren 1877 und 1878 stammte noch aus der Feder von Wilhelm Jordan (1842–1899). Sie fasste in zwei Büchern das Vermessungswesen der damaligen Zeit zusammen.

Seither hat sich in der Geodäsie ein tief greifender Wandel vollzogen. Mit der stürmischen Entwicklung der Computertechnologie einher gingen neuartige und präzisere Verfahren des Messens, der mathematischen Darstellung und Analyse, und parallel hierzu eine beträchtliche Erweiterung des Aufgabenspektrums. Man könnte von zwei Modernisierungswellen sprechen: In den fünfziger bis siebziger Jahren des letzten Jahrhunderts ergaben sich aus neuen physikalischen Messprinzipien, den Anfängen elektronischen Rechnens und vor allem dem Eintritt ins Raumfahrtzeitalter grundlegend neue Perspektiven für die Geodäsie. In Ansätzen sind einige der daraus resultierenden Methoden und Verfahren in den sechs Bänden der zehnten Auflage des „Handbuch der Vermessungskunde“ bereits wieder zu finden. Seit einiger Zeit erleben wir eine zweite, vergleichbar grundlegende Welle der Veränderung der Geodäsie. Die komplette Verarbeitungskette von geodätischer Information, von ihrer Erfassung bis zur Anwendung geschieht ausschließlich digital, analoge geodätische Messverfahren wurden fast vollständig abgelöst von Verfahren, die auf der Verarbeitung elektromagnetischer Signale beruhen und es sind Satellitensysteme entstanden, mit denen die Erde global sehr schnell und genau vermessen werden kann. Auch die wissenschaftlichen und gesellschaftlichen Anforderungen an die Geodäsie haben sich verändert. War früher die Aufgabe der Geodäsie überwiegend eine statische Bestandsaufnahme unseres Lebensraums und der Erde als Ganzem, so widmet sich die Geodäsie heute primär Veränderungsprozessen. Neben die klassischen Aufgabengebiete im Ingenieurbereich und in der Landesvermessung trat die Geoinformatik mit all ihren Facetten der Bereitstellung von Geoinformation. Die geodätischen Beiträge zu der Erforschung des Erdsystems – sowohl in seiner Gesamtheit als auch in lokalen Teilsystemen und bei der Bewältigung der Herausforderungen des globalen Wandels – spiegeln ebenfalls eine neue Qualität der Geodäsie wider.

Das vorliegende *Handbuch der Geodäsie* war inspiriert durch das große Erbe des „Handbuch der Vermessungskunde" von Jordan-Eggert-Kneissl. Es wäre jedoch undenkbar, die neueren Entwicklungen in der Geodäsie mit vergleichbarer Akribie, Vollständigkeit und Detailgenauigkeit darstellen zu wollen, wie dies noch in den sechziger Jahren mit der zehnten Auflage des „Jordan-Eggert-Kneissl" gelang. Stattdessen will das *Handbuch der Geodäsie* ein repräsentatives Gesamtbild des Sachstands der heutigen Geodäsie bieten. Die Geodäsie wird nicht flächendeckend behandelt, sondern exemplarisch anhand sorgfältig ausgewählter Einzelthemen. Die Beiträge sollen einen allgemein verständlichen Zugang zu den Themen der aktuellen Forschung und Entwicklung bieten. Das Handbuch richtet sich an die Studierenden und Kollegen in Forschung und Praxis ebenso wie an Fachkollegen der Nachbardisziplinen, die sich über den Stand der Geodäsie und ihre Herausforderungen informieren wollen.

Das Handbuch wurde zu diesem Zweck in sechs Einzelbände untergliedert. Für die Herausgabe eines jeden der sechs Einzelbände konnte ein renommierter Geodäsie-Kollege gewonnen werden. Die Herausgeber der Einzelbände sind in Klammer angegeben:

- Erdmessung und Satellitengeodäsie (Rummel, München)
- Fotogrammetrie und Fernerkundung (Heipke, Hannover)
- Ingenieurgeodäsie (Schwarz, Weimar)
- Geoinformationssysteme (Sester, Hannover)
- Bodenordnung und Landmanagement (Kötter, Bonn)
- Mathematische Geodäsie (Freeden, Kaiserslautern).

Den Herausgebern der Einzelbände wurde die Konzeption des Inhalts und die Auswahl der Autoren überlassen. Die Initiative zu diesem Handbuch geht zurück auf den Springer-Verlag. Wir bedanken uns sehr herzlich für die gute Zusammenarbeit mit den Vertretern des Verlags. Großer Dank geht an die Mitherausgeber und an alle Autoren dieser sechs Bände.

Kaiserslautern und München
April 2016

Willi Freeden und Reiner Rummel

Vorwort zum Band Erdmessung und Satellitengeodäsie

Die Erde ist ein dynamischer Planet. Sie ist einer Vielzahl äußerer und innerer Prozesse unterworfen, die unter anderem die Verteilung der Massen beeinflussen und die Form der Erdfigur verändern. Beispiele sind die leichte Taumelbewegung der rotierenden Erde, die Drift der tektonischen Platten, das Pulsieren der festen Erde und Ozeane im Rhythmus der Gezeiten, die Landhebungen in nördlichen Breiten seit dem Verschwinden der Auflast des Eises der letzten Eiszeit, das Abschmelzen der Gletscher und Eisschilde oder der Anstieg des Meeresspiegels. Es ist die Aufgabe der Geodäsie Form und Schwerefeld der Erde einschließlich der zeitlichen Veränderungen zu vermessen, doch lange waren die zur Verfügung stehenden Messmittel unzureichend.

Der technologische Wandel der zurückliegenden 60 Jahre schuf großartige neue Möglichkeiten. Insbesondere der Eintritt ins Raumzeitalter bedeutete für die Geodäsie einen Quantensprung. Durch den Einsatz von Satelliten wurde die Erdmessung erstmals tatsächlich global und dreidimensional. Ozeane und Eisschilde stellen keine Hindernisse mehr dar, sie lassen sich aus dem Weltraum mit gleicher Präzision erfassen wie die Kontinente. Verfeinerungen resultieren aus der Kombination von Raumverfahren mit terrestrischen Daten. Da auch die zeitlichen Veränderungen der physischen Erdoberfläche und gravimetrischen Erdfigur messbar wurden, gelingt es der Erdmessung neuerdings, fundamentale Beiträge zum Verständnis des Erdsystems und des Klimawandels zu liefern.

Im Band Erdmessung und Satellitengeodäsie werden exemplarisch die historischen Wurzeln, methodischen Grundlagen, verwendeten Messverfahren sowie die Forschungstrends vorgestellt.

Dieser Band richtet sich an Dozenten und Studierende der Geodäsie und verwandter Geo-, Natur- und Ingenieurwissenschaften, sowie an Kollegen aus Wissenschaft und Praxis der Geodäsie mit vertieftem Interesse an den Entwicklungen, theoretischen Grundlagen und Anwendungen der Erdmessung und Satellitengeodäsie.

Mein besonderer Dank geht an die Autoren dieses Bandes, allesamt hervorragende Vertreter ihres Fachgebietes für ihre Beiträge. Ich hoffe, es gelingt mit diesem Band dem Leser die Faszination der gegenwärtigen Erfolgsgeschichte der Satellitengeodäsie und Erdmessung näher zu bringen.

Ich bedanke mich für die angenehme Zusammenarbeit mit den Vertretern des Verlags.

München
April 2017

Reiner Rummel

Inhaltsverzeichnis

Autorenverzeichnis

Detlef Angermann Deutsches Geodätisches Forschungsinstitut, Technische Universität München, München, Deutschland

Gerhard Beutler Astronomisches Institut, Universität Bern, Bern, Schweiz

Georg Beyerle Helmholtz-Zentrum Potsdam – Deutsches GeoForschungsZentrum GFZ, Stiftung des öffentlichen Rechts des Landes Brandenburg, Potsdam, Deutschland

Mathis Bloßfeld Deutsches Geodätisches Forschungsinstitut, Technische Universität München, München, Deutschland

Henryk Dobslaw Helmholtz-Zentrum Potsdam – Deutsches GeoForschungsZentrum GFZ, Stiftung des öffentlichen Rechts des Landes Brandenburg, Potsdam, Deutschland

Jakob Flury Institut für Erdmessung, Universität Hannover, Hannover, Deutschland

Christian Gerlach Kommission für Erdmessung und Glaziologie, Bayerische Akademie der Wissenschaften, München, Deutschland

Thomas Gruber Lehrstuhl für Astronomische und Physikalische Geodäsie, Technische Universität München, München, Deutschland

Bernhard Heck Geodätisches Institut, Karlsruher Institut für Technologie, Karlsruhe, Deutschland

Robert Heinkelmann Helmholtz-Zentrum Potsdam – Deutsches GeoForschungsZentrum GFZ, Stiftung des öffentlichen Rechts des Landes Brandenburg, Potsdam, Deutschland

Christian Hirt Institut für Astronomische und Physikalische Geodäsie, Institute for Advanced Study, Technische Universität München, München, Deutschland

Department of Spatial Sciences, Western Australian Geodesy Group, The Institute for Geoscience Research, Curtin University Perth, Bentley, Australien

Adrian Jäggi Astronomisches Institut, Universität Bern, Bern, Schweiz

Volker Klemann Helmholtz-Zentrum Potsdam – Deutsches GeoForschungsZentrum GFZ, Stiftung des öffentlichen Rechts des Landes Brandenburg, Potsdam, Deutschland

Rolf König Helmholtz-Zentrum Potsdam – Deutsches GeoForschungsZentrum GFZ, Stiftung des öffentlichen Rechts des Landes Brandenburg, Potsdam, Deutschland

Hansjörg Kutterer Bundesamt für Kartographie und Geodäsie, Frankfurt, Deutschland

Jürgen Müller Institut für Erdmessung, Leibniz Universität Hannover, Hannover, Deutschland

Roland Pail Institut für Astronomische und Physikalische Geodäsie, Technische Universität München, München, Deutschland

Sigrid Roessner Helmholtz-Zentrum Potsdam – Deutsches GeoForschungsZentrum GFZ, Stiftung des öffentlichen Rechts des Landes Brandenburg, Potsdam, Deutschland

Christian Rogaß Helmholtz-Zentrum Potsdam – Deutsches GeoForschungsZentrum GFZ, Stiftung des öffentlichen Rechts des Landes Brandenburg, Potsdam, Deutschland

Reiner Rummel Lehrstuhl für Astronomische und Physikalische Geodäsie, Technische Universität München, München, Deutschland

Tilo Schöne Helmholtz-Zentrum Potsdam – Deutsches GeoForschungsZentrum GFZ, Stiftung des öffentlichen Rechts des Landes Brandenburg, Potsdam, Deutschland

Harald Schuh Helmholtz-Zentrum Potsdam – Deutsches GeoForschungsZentrum GFZ, Stiftung des öffentlichen Rechts des Landes Brandenburg, Potsdam, Deutschland

Wolf-Dieter Schuh Institut für Geodäsie und Geoinformation, Universität Bonn, Bonn, Deutschland

Florian Seitz Deutsches Geodätisches Forschungsinstitut und Lehrstuhl für Geodätische Geodynamik, Technische Universität München, München, Deutschland

Kurt Seitz Geodätisches Institut, Karlsruher Institut für Technologie, Karlsruhe, Deutschland

Manuela Seitz Deutsches Geodätisches Forschungsinstitut, Technische Universität München, München, Deutschland

Mike Sips Helmholtz-Zentrum Potsdam – Deutsches GeoForschungsZentrum GFZ, Stiftung des öffentlichen Rechts des Landes Brandenburg, Potsdam, Deutschland

Wolfgang Torge Institut für Erdmessung, Leibniz Universität Hannover, Hannover, Deutschland

Jens Wickert Helmholtz-Zentrum Potsdam – Deutsches GeoForschungsZentrum GFZ, Stiftung des öffentlichen Rechts des Landes Brandenburg, Potsdam, Deutschland

Geschichte der Erdmessung

1

Wolfgang Torge

Zusammenfassung

Der Artikel behandelt die rund 3000-jährige Geschichte der Bestimmung von Größe und Figur der Erde, wobei in Anlehnung an die Entwicklung von Naturwissenschaft und Technik mehrere Abschnitte unterschieden werden. Auf die in der Antike eingeleitete Phase der kugelförmigen Erdgestalt folgt in der Neuzeit mit der Entdeckung der Gravitation das ellipsoidische Erdmodell. Ein von Theorie und Technologie getriebener Qualitätssprung zwingt Anfang des 19. Jahrhunderts zur Unterscheidung zwischen dem Geoid als einer im Schwerefeld definierten „mathematischen Erdfigur" und dem Ellipsoid als Referenz für die Geometrie der physischen Erdoberfläche. In der zweiten Hälfte dieses Jahrhunderts beginnt eine koordinierte internationale Zusammenarbeit, die sich bald zu der globalen Organisation der „Internationalen Erdmessung" erweitert. Die zweite Hälfte des 20. Jahrhunderts ist schließlich durch die Entwicklung der Elektronik und der Raumfahrt gekennzeichnet. Messungen zu künstlichen Erdsatelliten ermöglichen nun den Aufbau globaler Systeme und die Modellierung des Gravitationsfeldes. So kann innerhalb eines halben Jahrhunderts bei einer Genauigkeitssteigerung um mehrere Größenordnungen ein globales geodätisches Weltsystem realisiert werden.

Schlüsselwörter

Baeyer • Eratosthenes • Erdfigur • Erdkugel • Gauß • Geodätisches Datum • Geodätisches Weltsystem • Geoid • Gradmessung • Gravitationsgesetz • Helmert • International Association of Geodesy • Lotabweichung • Quadrant • Rotationsellipsoid • Satellitengeodäsie • Schweremessung • Theodolit • Triangulation

W. Torge (✉)
Institut für Erdmessung, Leibniz Universität Hannover, Hannover, Deutschland
E-Mail: torge@ife.uni-hannover.de

R. Rummel (Hrsg.), *Erdmessung und Satellitengeodäsie*,
Springer Reference Naturwissenschaften, DOI 10.1007/978-3-662-47100-5_2

Inhaltsverzeichnis

1 Einleitung

Als Teilgebiet der Geodäsie befasst sich die Erdmessung mit der Bestimmung von Größe und Gestalt der Erde und ihrer Orientierung im Raum, sie wird auch als *globale* Geodäsie bezeichnet [132]. Die genannte Zielsetzung erfordert die Definition und Realisierung von geeigneten Bezugssystemen, wobei dem Schwerefeld als „natürlicher" Referenz des Erdkörpers und „raumfesten" extraterrestrischen Referenzsystemen besondere Bedeutung zukommt – hieraus resultiert die enge Verbindung der Erdmessung zur Geophysik und zur Astronomie. An der Erdoberfläche werden die Bezugssysteme durch globale Festpunktfelder realisiert, welche wiederum nach entsprechender Verdichtung insbesondere als Grundlage für die nationalen Landesvermessungen dienen. Die für die Ziele der Erdmessung benötigte Messtechnik und die Modellbildung haben sich – in gegenseitiger Abhängigkeit und im Wechsel von raschen Fortschrittsschüben und langsamen Entwicklungsphasen – in der Vergangenheit ständig weiterentwickelt, wobei vor rund 3000 Jahren das Erdmessungsproblem erstmals klar erkannt wird. Seit mehr als 100 Jahren erlauben die immer mehr sich verfeinernden Mess- und Auswerteverfahren auch die Erfassung zeitlicher Veränderungen der Erdmessungs-Zielgrößen, damit leistet die globale Geodäsie heute einen wesentlichen Beitrag zur Erforschung der Geodynamik unseres Planeten.

Die Geschichte der Erdmessung lässt sich in Anlehnung an die Entwicklungslinien in Naturwissenschaft und Technik in mehrere große Abschnitte gliedern. In der Antike setzt sich nach mehr spekulativen Ansätzen schließlich die *Kugel* als erstes reales Erdmodell durch, die Bestimmung des Erdradius bleibt dann bis in das 17. Jahrhundert hinein die Hauptaufgabe der Erdmessung. Hierzu werden die in der Astronomie und in der Feldmesskunst gebräuchlichen Methoden der Winkel- und Streckenmessung herangezogen und kombiniert. Von grundlegender Bedeutung für die Beschreibung der Geometrie der Erdoberfläche wird die ebenfalls auf die griechische Antike zurückgehende Einführung eines an die Astronomie angelehnten globalen Koordinatensystems. Der im 16. Jahrhundert beginnende, von Astronomie und Physik ausgelöste Umbruch des Weltbildes führt dann zum Erdmodell des *Ellipsoids*, dabei wird die *Schwerkraft* als den Erdkörper wesentlich formende Größe erkannt. Gleichzeitig verfeinert und erweitert sich mit dem Aufblühen von Mechanik und Optik die geodätische Messtechnik. In mehreren

Teilen der Welt werden technisch verbesserte astronomisch-geodätische Messungen und erste Schweremessungen durchgeführt, die hieraus gewonnenen numerischen Ergebnisse für die Ellipsoidparameter streuen jedoch erheblich. Das führt zu Beginn des 19. Jahrhunderts zum *Geoid* als einer im Schwerefeld definierten Erdfigur, das Ellipsoid wird zur mathematisch einfach beherrschbaren Referenzfläche. Die gleichzeitig zur geometrischen Erfassung nationaler Territorien einsetzenden *Landesvermessungen* liefern nun eine Fülle von Informationen über die Krümmungsverhältnisse dieser neuen Erdfigur, eine organisierte internationale Zusammenarbeit liegt in der Luft. Realisiert wird diese in der zweiten Hälfte des 19. Jahrhunderts durch die bald „*Internationale Erdmessung*" benannte Wissenschaftsorganisation, als „International Association of Geodesy" trägt sie bis heute maßgeblich zur Definition der Ziele der Erdmessung und ihrer koordinierten Lösung bei. Die Aufgabe der Erdmessung wird gleichzeitig um die mit der Bestimmung von Höhe und Schwere verbundenen Probleme erweitert, bald kommt auch die vierte Dimension mit der Erfassung zeitlicher Veränderungen hinzu. Die zweite Hälfte des zwanzigsten Jahrhunderts sieht dann einen technologisch getriebenen Umbruch, der mit den Stichworten Elektronik und Raumfahrt verbunden ist und bis zur Jahrtausendwende zur Realisierung eines cm-genauen dreidimensionalen Weltsystems und eines globalen Geoidmodells führt – eine wesentliche Aufgabe der Erdmessung besteht seitdem in der Erfassung und Analyse zeitlicher Änderungen. Hierüber wird an anderer Stelle dieses Handbuchs ausführlicher referiert.

Zur wechselnden Bedeutung des Begriffs „Geodäsie" siehe u. a. Torge [130], unter dem Blickwinkel der Geschichte der Geodäsie in Deutschland wird dort auch die Entwicklung der Erdmessung skizziert. Deutschsprachige Grundlagenwerke zur Erdmessung und Landesvermessung mit weiterhin gültigen Definitionen und geschichtlichem Abriss sind Helmert [56] sowie Kneissl [67] und Ledersteger [70]. Monographien zur Geschichte der Geodäsie stammen von Perrier [96] und Bialas [12], eine kurze bis in die Gegenwart reichende Zusammenfassung findet sich bei Fischer [37]. Zur Geschichte der Astronomie verweisen wir auf Wolf [143] und Hamel [47]. Die frühe Entwicklung der Gravimetrie wird von Messerschmitt [81] behandelt, eine Zusammenfassung und zahlreiche Einzelinformationen gibt Torge [127].

2 Das Weltbild der Antike – der Beginn der Erdmessung

Das Problem der Erdmessung tritt erstmals mit einem geometrisch oder physikalisch definierten Erdmodell auf, hinzukommen muss jedoch das Bestreben einer messtechnischen Erfassung dieses Modells. Damit scheiden die in den Stromkulturen Mesopotamiens und Ägyptens ab dem 4. Jahrtausend v.Chr. entwickelten Vorstellungen zur Erdfigur und zur Größe der Welt aus, sie sind mythisch-religiös bestimmt und durch die geographischen Kenntnisse über den eigenen Lebensraum begrenzt. Die Erde wird hier oft als vom Ozean umflossene *Scheibe* angesehen, mit dem jeweils übersehbaren Lebensbereich als Mittelpunkt. Hier finden wir aber auch die ersten systematischen Himmelsbeobachtungen mit der anschließenden Entdeckung astronomischer Gesetzmäßigkeiten – dies ist der Anfang der für die Erdmessung ganz wesentlichen Astronomie. Ihr wohl ältestes Messgerät ist der Gnomon, hierbei werden Länge und Richtung des von einem senkrecht aufgestellten Stab geworfenen Sonnenschattens zur Bestimmung von Winkelangaben für den Sonnenstand und später auch für die Nordrichtung und die Breite des Beobachtungsortes genutzt. Dieser „Schattenzeiger“ ist bereits der babylonischen Astronomie bekannt, er findet sich dann als Universalgerät im griechisch-hellenistischen Kulturkreis und in anderen Kulturen [71, 121]. Gleichzeitig entwickelt sich die Feldmesstechnik im Zusammenhang mit der Verteilung des Landbesitzes und mit wasserbaulichen Maßnahmen. Für die Längenmessung werden unterteilte Messseile und Messstangen benutzt, wobei das „Ellen-Fuß-System“ die Grundlage bildet [73]. Größere Entfernungen werden durch Schrittzähler bestimmt, beispielhaft stehen hierfür die „Bematisten“ auf den Heerzügen Alexanders des Großen und im Ptolemäischen Ägypten; hierbei dient das „Stadion“ als Maßeinheit.

Die Ellen-Werte schwanken um 50 cm, die auf etwa 2800 v.Chr. datierte und im Ägyptischen Museum Istanbul aufbewahrte Nippur-Elle liefert 51,9 cm. Die Fuß-Werte variieren um 30 cm. Ein erster Nachweis stammt von der im Louvre befindlichen Dioritstatue des Gudea von Lagash (etwa 2600 v.Chr.), diese trägt ein geteiltes Lineal mit einer Fußlänge von 26,4 cm. Zur Systematik der zahlreichen Maßsysteme des Altertums siehe u. a. Dilke [25]. Mit der Beziehung 1 Stadion = 600 Fuß ergeben sich in Abhängigkeit von dem jeweiligen Fußmaß Stadionwerte zwischen 120 und 220 m, so etwa das Stadion des Eratosthenes (s. u.) zu 158,7 m und das Stadion Italicon zu 185,2 m. Hier wird das erst viel später gelöste Problem eines einheitlichen Längenstandards sichtbar, dieses Problem tritt bei der Winkelmessung nicht auf. Dort wird in der Erdmessung ebenso wie in Astronomie und Geographie bis heute die von den Babyloniern eingeführte 360°-Teilung des Vollkreises mit sexagesimaler Unterteilung benutzt.

Im 6. Jahrhundert v.Chr. markiert die ionische Naturphilosophie dann den Beginn der europäischen Wissenschaft, wobei auch die Frage nach der Erdfigur und der Ausdehnung der „Welt“ gestellt wird [7]. Astronomie und Geometrie werden die tragenden Säulen einer sich allmählich entwickelnden „Geodäsie“, wobei besonders Thales von Milet (etwa 624–546 v.Chr.) zu nennen ist. Das Erdmessungsproblem deutet sich an Hand unterschiedlicher Hypothesen an. So schwimmt die Erde nach der Ansicht von Thales auf dem Ozean wie ein Stück Holz, seinem Schüler Anaximandros aus Milet (etwa 611–546 v.Chr.) stellt sich die Erde als flacher Zylinderstumpf dar. In dieser Anfangszeit herrscht dann aber bald die Kreisscheibe als Erdfigur vor, Pythagoras aus Samos (um 580–500 v.Chr.) und seine Schule vertreten aus ästhetischen Gesichtspunkten jedoch bereits die *Kugelgestalt* für die in der Mitte der Welt frei schwebende Erde. Eudoxos von Knidos (etwa 395–340 v.Chr.), ein Schüler Platons, entwirft ein *geozentrisches Weltbild* mit kreisförmigen Bewegungen der Gestirne um die Erde. Es wird von Aristoteles (384–322 v.Chr.), ebenfalls Schüler Platons und neben diesem berühmtester Philosoph des Altertums, aufgegriffen und bleibt über 2000 Jahre die herrschende Lehre. Die ruhende Erde ist Teil dieses Weltbildes, in dem sich frei bewegliche Teilchen geradlinig zum Zentrum hin bewegen, wobei schwere Körper schneller als leichte fallen. Die Kugelform der Erde ist nun allgemein anerkannt und durch (qualitative) Beobachtungen wie die Krümmung der Meeresoberfläche, die Änderung der Sternhöhen mit der Breite und der kreisförmige Erdschatten bei einer Mondfinsternis gestützt. Der Umfang des größten Kreises auf der Erde wird von Aristoteles unter Berufung auf „Mathematiker" mit 400.000 Stadien angegeben, wobei die Art der Bestimmung und das Stadionmaß unbekannt bleiben. Nicht durchsetzen kann sich das von Aristarch von Samos (zwischen 320 und 250 v.Chr.) postulierte heliozentrische System mit einer täglich um ihre Achse rotierenden Erde.

Neben der grundsätzlichen Fragestellung nach der Figur der Erde verlangen sowohl die Astronomie als auch Geodäsie und Geographie Zahlenwerte für die Erddimensionen, hier also für den Radius (oder den Umfang) der Erdkugel. In der Astronomie geht dieser Wert in die Berechnung von Abständen und Dimensionen im Sonnensystem ein. In der Geodäsie wird er benötigt, um die aus Himmelsbeobachtungen abgeleiteten Winkelangaben für die Breite und Länge eines Ortes mit den an der Erdoberfläche gemessenen Strecken- und Winkelwerten zwischen diesen Orten zu kombinieren.

Mit Aristoteles, dem Lehrer Alexanders von Mazedonien, verlassen wir die athenische Phase des Griechentums und gehen in die hellenistische Phase über. Hier entwickelt sich insbesondere in dem im Diadochenreich der Ptolemäer gelegenen Alexandreia ein kulturelles und wissenschaftliches Zentrum, mit Höhepunkten auch in den Natur- und Ingenieurwissenschaften. Auch nach der Eroberung Ägyptens durch die Römer bleibt dieses Wissenschaftszentrum noch einige Jahrhunderte von Bedeutung. Mittelpunkt des geistigen Lebens ist das Museion, in dem speziell die Astronomie, die Geographie und die Mathematik gepflegt werden; die zugehörige Bibliothek enthält mit rund 750.000 Büchern den Wissensstand der damaligen Zeit. Aufbauend auf den griechischen Erkenntnissen konzentriert sich die hellenistische Wissenschaft auch stark auf Anwendungen, hieraus resultieren wesentliche Fortschritte für die geodätische Mess- und Rechentechnik.

Für die Ortsbestimmung und damit auch für die Erdmessung entscheidend werden die bereits bei Dikaiarchos von Messene (ca. 350–290 v.Chr.) zu findenden Begriffe der Breite (meist Polhöhe genannt) und der Länge sowie die in der Folge bis Ptolemaios immer wieder benutzten Orientierungslinien und Begrenzungen für die Oikumene, das ist der aus der Sicht des hellenistischen Kulturkreises „bewohnte Teil der Erde". Hauptlinien für die Orientierung sind der „Parallel von Rhodos" (von den Säulen des Herkules über Messina und Rhodos bis Kleinasien) und die durch Alexandria in Süd-Nord-Richtung von Meroe/Nubien über Syene (heute Assuan) bis Rhodos und Lysimacheia (heute Dardanellen) verlaufende Linie. Hieraus entwickelt sich später das bis heute verwendete Gitternetz der Parallel- oder Breitenkreise und der Meridiane. Das System der geographischen Koordinaten wird schließlich durch Marinos von Tyros (s. u.) eingeführt. Zu Beginn der hellenistischen Epoche entsteht mit Euklids 13-bändigem Hauptwerk „Elemente" (um 300 v.Chr.) auch eine großartige Zusammenfassung der bisherigen Kenntnisse der Mathematik, einschließlich der für die Geodäsie so bedeutsamen Geometrie.

In diese frühe Zeit fällt die erste überlieferte Bestimmung des Erdumfangs. Sie geht auf *Eratosthenes von Kyrene* (ca. 275–195 v.Chr.) zurück, der ab 235 v.Chr. am

Museion in Alexandria als Leiter der Bibliothek wirkt [43]. Vielseitig begabt, leistet er Bedeutendes auf den Gebieten der Geographie, der Astronomie, der Mechanik und der Mathematik, betätigt sich aber auch als Dichter und Historiker. Er ist Zeitgenosse des berühmten Mathematikers und Ingenieurs Archimedes (287–212 v.Chr.) und steht mit diesem in Verbindung. Im Zusammenhang mit der Erstellung einer Karte der Oikumene bestimmt er den Erdumfang durch eine Kombination von astronomischen und geodätischen Messungen. Mit dieser wissenschaftlich fundierten messtechnischen Leistung begründet er die astrogeodätische Methode in Form der *Gradmessung*, die – in technisch weiterentwickelter Form – bis in das 20. Jahrhundert hinein angewendet wird. Eratosthenes wird deshalb auch als Begründer der Erdmessung angesehen.

Für seine Gradmessung nutzt Eratosthenes die auf der antiken Nord-Süd-Hauptlinie und damit genähert auf einem Meridian liegenden Orte Alexandria und Syene. Die Ergebnisse seiner Arbeit legt er in der Schrift „Über die Messung der Erde" nieder. Diese ist jedoch nicht erhalten, eine Beschreibung der Erdmessung gibt erst der Astronom Kleomedes (1. bis 2. Jhd. n.Chr.). Bis heute finden sich deshalb die unterschiedlichsten Spekulationen und Interpretationen zu der Arbeit des Eratosthenes. Den Winkel ψ zwischen den geozentrischen Richtungen nach Alexandria und Syene leitet Eratosthenes aus Sonnenbeobachtungen ab (Abb. 1). Er benutzt hierzu mit dem Horologium eine Kombination von Polos oder Skaphe mit dem Schattenzeiger Gnomon (Abb. 2). Die Skaphe als konkave, mit einer Gradeinteilung versehene Halbkugelschale repräsentiert das umgekehrte Spiegelbild des Himmels, in ihrer Mitte ist der Gnomon senkrecht aufgestellt. In Syene wirft der Gnomon zur Sommersonnenwende keinen Schatten, die gleichzeitig in Alexandria beobachtete Schattenlänge liefert über die Skaphe den Zentriwinkel zwischen

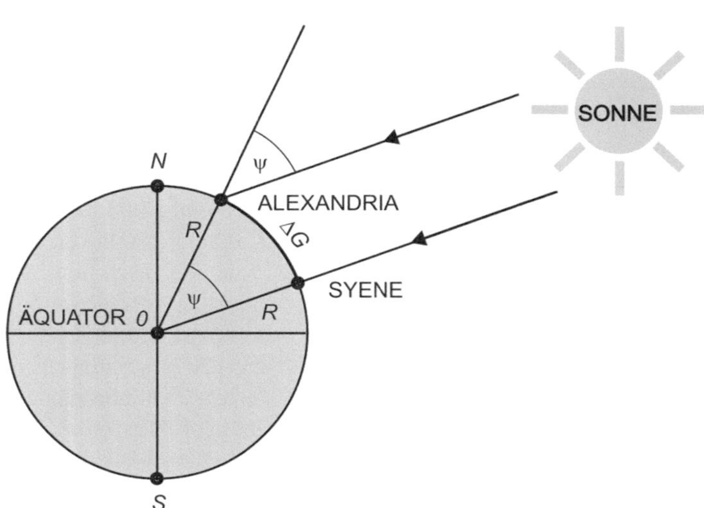

Abb. 1 Gradmessung des Eratosthenes (Prinzip)

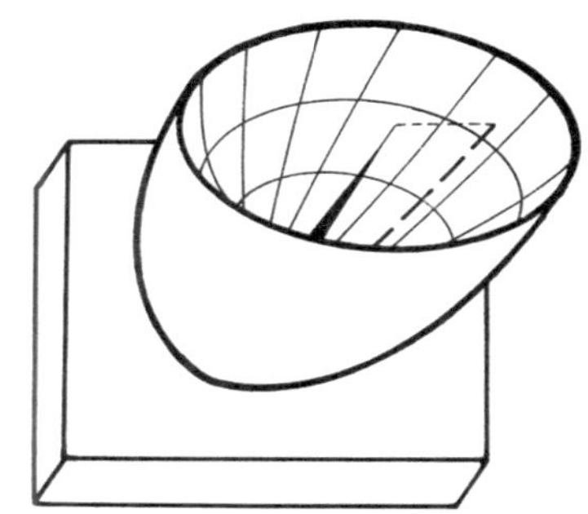

Abb. 2 Horologium, bestehend aus Gnomon und Skaphe (Prinzipzeichnung). Aus: Schwarz [110], S. 7

beiden Orten. Eine andere eher unwahrscheinliche Version reduziert die „Messung“ in Syene auf die Beobachtung, dass dort die Sonne bei der Sonnenwende sich in einem senkrechten Brunnen spiegelt, so dass nur in Alexandria eine astronomische Messung notwendig wird. Unsicher ist, wie Eratosthenes den Gradbogen ΔG zwischen Alexandria und Syene bestimmt hat. Nahe liegt die Herleitung dieser Strecke aus den „Messungen“ von Bematisten – königlichen Schrittzählern, die mit den wegen der Nilüberschwemmungen jährlich notwendigen Katastervermessungen im Niltal betraut waren. Unwahrscheinlich ist die gelegentlich geäußerte Ansicht, dass die Entfernung aus der Reisezeit von Kamelkarawanen abgeleitet wurde. Mit einem Zentriwinkel von 7° 12’ (1/50 des Vollkreises) und einer Entfernung von 5000 Stadien erhält Eratosthenes nach leichter Aufrundung (Eratosthenes rechnete noch mit einer Kreiseinteilung in „Sechszigstel“ statt mit „Graden“) schließlich einen Erdumfang von 252.000 Stadien. Wird – nach Auswahl unter den verschiedenen Stadionmaßen – das „kleine ägyptische Stadion“ mit 158,7 m zugrunde gelegt, so folgt hieraus ein Erdumfang von 39.992 km – der wirkliche Wert für eine „mittlere“ Erdkugel beträgt 40.030 km.

Die Erdmessung des Eratosthenes wird seit dem Altertum immer wieder intensiv diskutiert, wobei die Frage der Genauigkeit eine wesentliche Rolle spielt; aus der neueren geodätischen Literatur nennen wir Schwarz [110], Fischer [38] und Lelgemann [72]. Der o. g. metrische Wert für das Stadion ergibt sich aus der Beziehung 1 Stadion = 600 Gudea-Fuß = 600 × 0,2645 m. Zu den Fehlerquellen dieser Bestimmung gehören – außer den Unsicherheiten der Strecken- und der Winkelmessung – natürlich auch die erheblichen Abweichungen der Verbindungslinie Alexandria-Syene vom Meridian und die Tatsache, dass Syene nicht genau auf dem sommerlichen Wendekreis liegt.

Nur fragmentarisch erhalten ist das 3-bändige Werk „Geographika“ des Eratosthenes, in dem er die Grundlagen und Ergebnisse einer kartographischen Erfassung der Oikumene beschreibt. Eratosthenes wertet hierzu alle ihm zugänglichen Daten und Informationen über die „bewohnte“ Welt aus. Ihm folgen in den nächsten Jahrhunderten weitere geographische Beschreibungen der Oikumene, die auf seiner Arbeit aufbauen. Hipparchos von Nikaia (um 190 bis 120 v.Chr.), der größte Astronom der Antike, führt mit dem ersten bekannten *Sternkatalog* dann das zälestische Koordinatensystem (Deklination, Rektaszension) ein – mit den in zeitabhängigen

Winkelwerten beschriebenen Positionen extraterrestrischer Himmelskörper definieren entsprechende Kataloge bis heute Bezugssysteme für Ortsbestimmungen auf der Erde. Hipparch fordert nach einer Kritik an der Karte des Eratosthenes auch, die Karte der Oikumene nur aufgrund astronomischer Ortsbestimmungen, d. h. mit Hilfe eines extraterrestrischen Bezugssystems zu erstellen. Die Fortschritte in der Geographie werden u. a. durch die Erdbeschreibung des Strabon von Amaseia (ca. 64 v.Chr.–24 n.Chr.) und die Weltkarte des Marinos von Tyros (ca. 100–180 n.Chr.) erkennbar. Letzterer führt die Netzlinien der geographischen Koordinaten ein und entwickelt ein geozentrisches System, in welchem Punkte an der Erdoberfläche – analog zu den Sternkoordinaten – durch zwei Zahlenwerte festgelegt werden.

Bedeutsam für die neueren Entwicklungen in der Geographie wird bis zum ausgehenden Mittelalter eine auf Poseidonius von Apameia (um 135–51 v.Chr.) zurückgehende Bestimmung des Erdumfangs, deren Realität jedoch umstritten ist. Genutzt wird wiederum der durch Alexandria verlaufende Hauptmeridian des Altertums, der Zentriwinkel zwischen Alexandria und Rhodos wird jedoch aus der Beobachtung des Fixsterns Canopus hergeleitet. Dieser kulminiert in Alexandria unter einem Höhenwinkel von 7°30', tangiert in Rhodos aber nur den südlichen Horizont. Für die aus Schiffsreisezeiten hergeleitete Entfernung zwischen Rhodos und Alexandria gibt Poseidonius 5000 Stadien an, was zu einem Erdumfang von 240.000 Stadien führt.

An Marinos von Tyros knüpft der ebenfalls in Alexandria wirkende Klaudios Ptolemaios (Claudius Ptolemaeus, ca. 100 bis nach 160 n.Chr., die Jahreszahlen variieren erheblich) an. Er bestimmt das geographische Bild der Erde bis in die frühe Neuzeit, wobei die mathematischen Grundlagen der Geographie betont werden [112]. Ptolemaios verfasst eine auf der griechischen Geometrie und der Physik des Aristoteles sowie auf eigenen Beobachtungen aufbauende systematische Darstellung der Astronomie („Mathematiké Syntaxis", später arabisiert „Almagest") einschließlich eines auf Hipparchos zurückgehenden Sternkatalogs und schreibt damit das *geozentrische Weltsystem* des Aristoteles fort. In den 8 Büchern der „Geographike hyphegesis" („Explicatio geographica" oder kurz „Geographie") finden sich mehr als 6300 Ortsangaben mit Breite und Länge (bezogen auf den Äquator bzw. die „Insulae Fortunatae", die Kanarischen Inseln). Dem Werk waren eine Weltkarte (Karte des Eratosthenes in der durch Marinos von Tyros verbesserten Gestalt) und zahlreiche Regionalkarten beigegeben. Da Originalkarten nicht erhalten sind, stützt sich unser Wissen jedoch nur auf die ab Ende des 15. Jahrhunderts gedruckten und auf älteren Unterlagen basierenden Ptolemäus-Ausgaben. Für den Erdumfang übernimmt Ptolemaios den Wert des Poseidonius, bei der Umrechnung mit dem Römischen Stadion ergibt sich der bis zum Beginn der Neuzeit häufig benutzte zu kleine Wert von 33.000 (statt 40.000) km.

Im griechisch-hellenistischen Kulturkreis finden wir auch bemerkenswerte Entwicklungen von astronomischen und geodätischen *Messwerkzeugen,* deren Ursprung teilweise auf die Babylonier und die Ägypter zurückgeführt werden kann [76,108]. Zur Winkelmessung zu den Gestirnen und damit zur astronomischen Orts- und Zeitbestimmung stehen neben dem Gnomon vor allem das Astrolabium und der Quadrant zur Verfügung. Das auf Hipparchos zurückgehende Astrolabium ist im

Abb. 3 Arabisches Astrolabium, Valencia 1086. Staatliche Museen Kassel. Aus: Fansa [34], S. 124

Prinzip eine mit einer Gradeinteilung versehene Kreisscheibe. Mit Hilfe eines drehbaren Zeigerlineals mit Visiereinrichtung (Diopter) können Winkel in beliebigen Ebenen (Positionswinkel) gemessen werden. Erhalten sind allerdings erst von den Arabern weiterentwickelte Geräte (Abb. 3). Zur Messung von Höhenwinkeln wird auch der erstmals von Ptolemäus beschriebene Quadrant benutzt, ein fest montierter und später auch tragbarer Viertelkreis mit einem Zeiger (Abb. 4). Nach einfachen, aber wenig bekannten Vorläufern beschreibt Heron von Alexandria (wirkt im 1. Jhd. n.Chr.) unter dem Namen Dioptra schließlich ein vermessungstechnisches Universalinstrument, mit dem Horizontal- und Vertikalwinkel gemessen werden können – hier deutet sich die Winkelmessung mit dem Theodolit an, welche die geodätische Messtechnik der letzten 200 Jahre entscheidend bestimmt hat. Über einen praktischen Einsatz der Dioptra ist allerdings nichts bekannt geworden.

Astronomische Ortsbestimmungen werden wegen des hohen Aufwandes bis in die Neuzeit nur in sehr begrenzter Zahl ausgeführt. So kann die geographische Breite zwar bereits früh mit Unsicherheiten von einigen Zehner-Bogenminuten und besser bestimmt werden, die geographische Länge (genauer: Längendifferenzen) lässt sich dagegen nur gelegentlich aus den an verschiedenen Orten gleichzeitig beobachteten Mond- oder Sonnenfinsternissen ableiten. Wegen der Schwierigkeiten der Zeitübertragung bleibt die Längenbestimmung dann auch bis in die Neuzeit ein ernstes Problem. Die Mehrzahl der terrestrischen Festpunkte wird durch „relative“ Messungen zwischen diesen Punkten festgelegt. Hierzu gehören die aus Reisezeiten

Abb. 4 Ptolemäus mit Quadrant. Relief am Dom zu Florenz, um 1300. Aus: Minow et al. (1973/76), 26

zu Lande und zu Wasser und den zugehörigen Richtungsangaben gewonnenen Informationen über die gegenseitige Richtung und Entfernung zweier Punkte. Kürzere Entfernungen werden mit Messseilen und Messlatten bestimmt, es wird aber auch die Schrittzählung und vereinzelt auch die Zählung der Umdrehungen eines Wagenrades genutzt. Schließlich fließen natürlich überlieferte Entfernungsangaben in die Kartierungen ein, etwa aus den Angaben des ägyptischen Katasters. Bei der Umrechnung dieser Entfernungsangaben in geographische Koordinaten wirkt sich – wie oben bereits erläutert – die Unsicherheit in der Bestimmung des Erdradius aus.

Im *Römischen Reich* wird die wissenschaftliche Fragestellung nach der Größe der Erde nicht weiter verfolgt. Die für die Verwaltung des Reiches und die Heeresbewegungen notwendigen kartographischen Darstellungen stützen sich auf die gut organisierten Straßenvermessungen und die großen Landvermessungen in den Siedlungsgebieten. Die Feldmesskunst und die Ingenieurvermessung entwickeln sich jedoch wesentlich weiter.

3 Vom Mittelalter zur frühen Neuzeit – die Erdkugel wird wieder entdeckt

Mit Einsetzen der Völkerwanderung (ab 375 n.Chr.) und dem Ende des Weströmischen Reiches geht das antike Wissen in Westeuropa weitgehend verloren. Die Erkenntnisse des Altertums werden jedoch im Oströmischen Reich bis zum Fall von Byzanz (1453) bewahrt, das Zentrum der wissenschaftlichen Welt verlagert sich aber ab 762 nach *Bagdad*, Hauptstadt eines bis 1258 bestehenden Kalifenreiches. Hier werden die Ergebnisse der griechisch-hellenistischen Ära ausgewertet und mathematische und astronomische Werke ins Arabische übersetzt, auf vielen Gebieten kommen eigene Arbeiten hinzu. Der Kalif Al-Mámûn

(Regierungszeit 813–833) lässt die Bücher des Ptolemäus ins Arabische übersetzen und ausgedehnte Entdeckungsreisen unternehmen. Berichtet wird auch von einer um 827 durchgeführten Gradmessung im Zweistromland östlich von Aleppo. Dabei wurde, von einem gemeinsamen Ausgangspunkt ausgehend, in Nord- bzw. Südrichtung mit Hilfe von Gnomonen ein Breitenunterschied von 1° abgesteckt, die entsprechenden Streckenlängen wurden mit Messstangen bestimmt. Aus dem Gradmessungsergebnis von 56 2/3 arabischen Meilen für einen Breitengrad ergibt sich mit einer arabischen Meile = 4000 Ellen (1 Elle = 49,5 cm) der Erdumfang zu rund 40.400 km. Der Astronom Al-Biruni (973–1048) entwickelt die Methoden der astronomischen Ortsbestimmung weiter und beschäftigt sich auch mit der Konstruktion geodätischer Instrumente. Das Astrolab wird zum astronomischen Universalinstrument weiterentwickelt und um 1300 auch in Westeuropa bekannt.

Beweggrund für die arabische Gradmessung war sicherlich auch der bei der Kartenherstellung aus astronomischen *und* geodätischen Messungen benötigte Erdumfang. Dies gilt auch für die rund 100 Jahre früher (721–725 n.Chr.) in China unter der Leitung der Astronomen Nankung Yüeh und I-Hsing durchgeführte Vermessung eines Meridianbogens zwischen Hue/Vietnam (17° Breite) und Beijing (40° Breite). Hierbei wurden auf 9 oder 10 Stationen die Schattenlängen von speziell errichteten, 8 Fuß hohen Gnomonen zur Sommersonnenwende gemessen, zur Streckenmessung sind nähere Einzelheiten nicht bekannt. Um 1221 wird dieser Bogen dann bis in die nördliche Mongolei (Breite 48°) ausgedehnt [113].

Im westlichen Europa tritt im Frühmittelalter schließlich unter Karl dem Großen (Regierungszeit 768–814) eine Konsolidierung ein, mit einer gezielten Pflege von wissenschaftlichen Studien und des Unterrichts in den „freien Künsten". Diese umfassen Astronomie, Musik, Geometrie und Arithmetik, gelten aber weiterhin als Diener der Theologie. Die Klöster fungieren nun und in der Folge als Kulturträger und übernehmen das wissenschaftliche Erbe der Antike, soweit es durch die katholische Kirche und durch den Umweg über Byzanz in den Westen gelangt ist, dort hat nämlich bereits lange vor der Eroberung durch die Türken (1453) eine Fluchtwelle von Gelehrten eingesetzt. Ein weiterer Weg des *Wissenstransfers* führt über die Begegnung mit der arabischen Wissenschaft und ihrer Bewahrung des griechisch-römischen Erbes. Dies geschieht hauptsächlich über das Zusammentreffen des islamischen und des christlichen Kulturkreises in Spanien (1085: kastilische Eroberung des Wissenschaftszentrums Toledo), aber auch über die Kreuzzüge (1095–1291) und die kurzfristige Verlagerung der Kaiserherrschaft nach Süditalien unter Friedrich II. (ab 1220).

Das *mittelalterliche Weltbild* selbst ist christlich bestimmt und hat keine geodätisch fassbaren Dimensionen. Das Wissen um die geodätisch-kartographischen Leistungen des Altertums verschwindet über rund 1000 Jahre aus dem allgemeinen Bewusstsein, doch geht die antike Kenntnis von der Kugelgestalt der Erde sicher nicht verloren [112].

So ist zwar im frühen Mittelalter die Ansicht einer scheibenförmigen Erde vereinzelt zu finden und die „heidnisch-antike" Kugelform wird von einigen Kirchenvätern abgelehnt, etwa von dem afrikanischen Kirchenlehrer Firmianus Lactantius (um 250–320). Der auf vielen Gebieten kenntnisreiche Gerbert von Aurillac, der spätere Papst Silvester II. (etwa 940/950–1003) fasst das mathematische Wissen der Zeit in seiner „Geometria“ zusammen, hier erkennt er die Kugelgestalt der Erde ausdrücklich an. Im Spätmittelalter vertritt die Kirche dann öffentlich die Kugelform, wobei sie sich auf Argumente aus der Antike stützt [46].

In der *Renaissance* setzt bereits im 14. Jahrhundert eine Wiederbesinnung auf die alten Kulturen ein. Die Werke des Ptolemäus und das auf ihn und Aristoteles zurückgehende geozentrische Weltsystem werden bekannt (eine erste deutsche Ausgabe der „Geographie“ erscheint 1482 in Ulm). Die katholische Kirche übernimmt dieses System und gibt es erst nach zähem Widerstand auf. Das wachsende Interesse an der Geographie wird durch die im 15. Jahrhundert mit Heinrich dem Seefahrer (1394–1460) einsetzenden europäischen Entdeckungsreisen weiter gefördert. Großräumige Erdbeschreibungen werden durch den zunehmenden Fernhandel mit weiten Transporten zu Lande und zu Wasser notwendig. Besonders bedeutsam wird die Frage des Erdumfangs für die maritimen Entdeckungsreisen, dabei wird häufig der von Ptolemäus angegebene zu kleine Wert des Poseidonius benutzt. Kolumbus rechnet dagegen das Ergebnis der arabischen Gradmessung mit der römischen Meile zu 1485 km in einen Erdumfang von rund 30.300 km um. In Verbindung mit der zu groß angenommenen Entfernung zwischen Spanien und China (nach Ptolemäus) bzw. Japan (nach Marco Polo) führt das zu einer viel zu kleinen Schätzung für den westlichen Seeweg nach Indien [12].

Die *Messtechnik* entwickelt sich in dieser Zeit nur langsam weiter. Grundlage für die Geographie bleiben die Angaben des Ptolemäus. Neue astronomische Ortsbestimmungen werden nur selten durchgeführt, dabei wird vom 10. Jahrhundert an das weiterentwickelte Astrolabium, aber auch der Quadrant benutzt. Klar erkannt wird das Problem eines einheitlichen Ausgangsmeridians für die Längenzählung, mit der 1634 getroffenen Festlegung durch den westlichsten Punkt der Kanareninsel Ferro (El Hiero) wird es jedoch immer noch nicht endgültig gelöst. Zur Winkel- und Streckenmessung werden die in der Tradition der spätantiken und römischen Agrimensoren stehenden Geräte und Methoden übernommen und weiterentwickelt [108]. In den seit dem Spätmittelalter erscheinenden Lehrbüchern werden im allgemeinen die Grundlagen der Euklidischen Geometrie vermittelt und es wird eine Übersicht über die Methoden und Instrumente gegeben, wobei die Ansätze des Altertums weitgehend erhalten bleiben.

In der *frühen Neuzeit* setzt in Europa eine wissenschaftliche Revolution ein, die von Fortschritten in der Technik begleitet wird und eine Veränderung des Weltbildes herbeiführt. Für die Geodäsie und speziell auch für die Erdmessung werden die Entwicklung des heliozentrischen Weltsystems und die Erweiterung der geographischen Kenntnisse bedeutsam, dabei wird auch die Frage nach der Größe der Erdkugel wieder aufgegriffen.

Der Übergang vom *geozentrischen* zum *heliozentrischen* Weltsystem ist mit den Namen Copernicus, Kepler und Galilei verbunden. Dieser Übergang vollzieht sich langsam und unter erheblichem Widerstand der Kirche. Hier war es insbesondere Thomas von Aquino (etwa 1225–1274), dem bedeutendsten Kirchenlehrer des Mittelalters, gelungen, eine vollkommene Verträglichkeit zwischen den Lehren des Aristoteles und der Theologie herzustellen. Jeder Zweifel an dem Weltbild des

Aristoteles konnte danach als Angriff auf das Dogma der katholischen Kirche erscheinen. Eingeleitet wird diese Revolution des Weltbildes durch Nicolaus Copernicus (1473–1543), seit 1497 Domherr im ermländischen Kapitel zu Frauenburg. Nach kritischer Sichtung älterer astronomischer Beobachtungen und Hinzufügen eigener Messungen entwickelt er das heliozentrische System und stellt es in dem in seinem Todesjahr veröffentlichten Werk „De Revolutionibus Orbium Coelestium Libri VI" vor. Die Planeten einschließlich der Erde bewegen sich nun um die Sonne (allerdings noch in Kreisbewegungen), und die Erde rotiert täglich um ihre Achse. Die mathematische Beschreibung des heliozentrischen Systems mit der Einführung elliptischer Planetenbahnen gelingt dann Johannes Kepler (1571–1630) in der „Astronomia Nova" (1609) und den „Harmonices Mundi" (1619). Galileo Galilei (1564–1642) vollendet den Ausbau dieses Weltmodells und begründet gleichzeitig die *mathematische Naturwissenschaft*.

Auf den Niederländer Simon Stevin (1548–1628) gehen bereits erste Erkenntnisse zur Mechanik und zur Hydrostatik zurück. Galilei legt dann die Grundlagen für die moderne *Mechanik* und stellt mit den Gesetzen der Pendelbewegung und des freien Falls (1602) zwei bis in die Gegenwart reichende Methoden für die Schweremessung bereit. In diesem Zusammenhang ist auch der Mönch Marin Mersenne (1588–1648) zu nennen, der noch vor Galilei das Pendelgesetz erkannte und das Pendel für Schweremessungen nutzen wollte. Robert Hooke (1635–1708) bereitet schließlich mit dem Elastizitätsgesetz die erst 300 Jahre später konstruierbaren Federgravimeter vor.

Die Bestimmung des *Erdumfangs* wird nun – zunächst im Zusammenhang mit den Entdeckungsreisen – wieder aktuell. Hinzu kommt die Forderung nach einem genaueren Maßstab bei den zu Beginn der Neuzeit entstehenden globalen und regionalen geographischen Karten.

Die Fortschritte in der astronomischen und geodätischen *Messtechnik* bleiben dabei zunächst begrenzt. So sind astronomische Ortsbestimmungen bis in das 17. Jahrhundert hinein weiterhin selten. Als Winkelmessinstrument dienen insbesondere das weiterentwickelte Astrolab und der nun auch als Handgerät benutzte Quadrant. Zur Richtungsbestimmung wird ab etwa 1300 auch der von den Chinesen übernommene Kompass verwendet. Die Breite wird wie üblich aus Höhenwinkeln zu Zirkumpolarsternen oder zur Sonne bestimmt. Astronomische Längenbestimmungen kommen kaum vor, jedoch werden Längenunterschiede unter Berücksichtigung der Breite aus der Breitendifferenz und der Entfernung berechnet. Dabei wirkt sich bei der Umrechnung der Entfernung in Winkelmaß die Unsicherheit des Erdradius aus. Die Streckenmessung über größere Distanzen bleibt weiterhin ein Problem, das unterschiedlich gelöst wird. So beschreibt der später als Arzt berühmte Jean François Fernel (1497–1558) 1525 in seinem Lehrbuch „Cosmotheoria" die Bestimmung der Distanz für einen mit dem Quadranten festgelegten Breitenunterschied von 1° zwischen Paris und Amiens aus der Zahl der Radumdrehungen eines selbst konstruierten Messwagens, die Realität dieser Messung wird allerdings bereits früh angezweifelt.

Willebrord Snell van Royen, genannt Snellius (1580–1626), Professor für Astronomie und Mathematik in Leiden, führt dann rund 100 Jahre später die

Triangulation als terrestrisches Verfahren auch für die Gradmessung ein, nachdem das auf einem „Einschneiden“ von Neupunkten beruhende trigonometrische Verfahren der Festpunktbestimmung bereits 1533 von Rainer Gemma Frisius (1508–1555), Professor der Medizin und Mathematik an der Universität Löwen, beschrieben worden war. Größere Anwendungen des Einschneidens finden sich dann bei der hoheitlichen Landesaufnahme von Bayern (1554–1561) durch Philipp Apian und der auf privater Initiative beruhenden Aufnahme von Württemberg (1630–1635) durch Wilhelm Schickhard, auch Tycho Brahe deutet dieses Verfahren an [10].

Bei der Triangulation werden die zu bestimmenden Punkte durch ein Netz benachbarter Dreiecke verbunden, deren Winkel gemessen werden. Der Maßstab dieses in der Form eindeutig bestimmten Systems wird über ein Basisvergrößerungsnetz aus einer kurzen, sehr genau vermessenen Grundlinie (Basis) abgeleitet. Zur geographischen Orientierung des Netzes dient die astronomische Bestimmung von Breite, Länge und Azimut in mindestens einem Punkt. Durch die Messung möglichst sämtlicher Winkel sowie zusätzlicher Grundlinien und astronomischer Größen sind Kontrollen bzw. bei entsprechender Fehlerausgleichung auch Genauigkeitssteigerungen möglich. Die Triangulation bleibt bis weit in das 20. Jahrhundert in der Erdmessung und der Landesvermessung das wichtigste Verfahren zur Punktbestimmung. Der Quadrant ist als transportables Instrument bis zum Ende des 18. Jahrhunderts das bevorzugte Winkelmessgerät bei den frühen Gradmessungen und Landesvermessungen. Die hierbei mögliche Vergrößerung des Kreisdurchmessers gegenüber einem Vollkreisgerät und der Übergang zu Instrumenten aus Metall ermöglicht eine Genauigkeitssteigerung in den Bogenminutenbereich und besser [27].

Das 1614/1615 von Snellius in den Niederlanden vermessene Dreiecksnetz erstreckt sich von Bergen op Zoom bis Alkmaar über eine Distanz von rund 130 km, es umfasst 33 Dreiecke und zwei mit Holzlatten gemessene Grundlinien mit zugehörigen Basisvergrößerungsnetzen (Abb. 5). Zur Orientierung werden die Breiten der Endpunkte und eines Zwischenpunktes sowie ein Azimut mit einem $5^1/_2$-Fuß-Quadranten gemessen, für die Winkelmessung wird ein $2^1/_2$-Fuß-Quadrant aus Kupfer benutzt (Genauigkeit der Winkelmessung etwa 1–2’). Snellius ist sich der Bedeutung seines Unternehmens durchaus bewusst, wie der Titel „Eratosthenes Batavus, de terrae ambitus vera quantitate“ der 1617 in Leyden erschienenen Publikation zeigt. Mit dem Ergebnis von 28.500 Rheinischen Ruten oder 55.100 Toisen für eine Breitendifferenz von 1° ergibt sich der Erdumfang zu 38.660 km [45].

Auf die direkte Methode der Streckenmessung geht der Lektor der Mathematik Richard Norwood bei einer Gradmessung zurück, die er 1633–1635 im Zusammenhang mit der Erstellung eines Segelhandbuches zwischen London und York durchführt. Die Entfernung wird dabei mit einer Messkette von 99 Fuß Länge direkt gemessen, Abweichungen vom Meridian und Geländeneigung werden durch Korrektionen berücksichtigt. Die Breiten werden aus Sonnenhöhen mit einem Sextanten von 5 Fuß Durchmesser bestimmt, der Erdumfang ergibt sich zu 40.290 km.

Eine originelle Methode stammt von Kepler. Er schlägt 1607 die Bestimmung der Erdkrümmung aus gegenseitigen Zenitdistanzen vor und erweitert diesen Vorschlag sogar zu einer entsprechenden Vermessung entlang der Meridiane und Parallelkreise in Europa [12]. Dieser Ansatz – der die astronomischen Beobachtungen vermeidet –

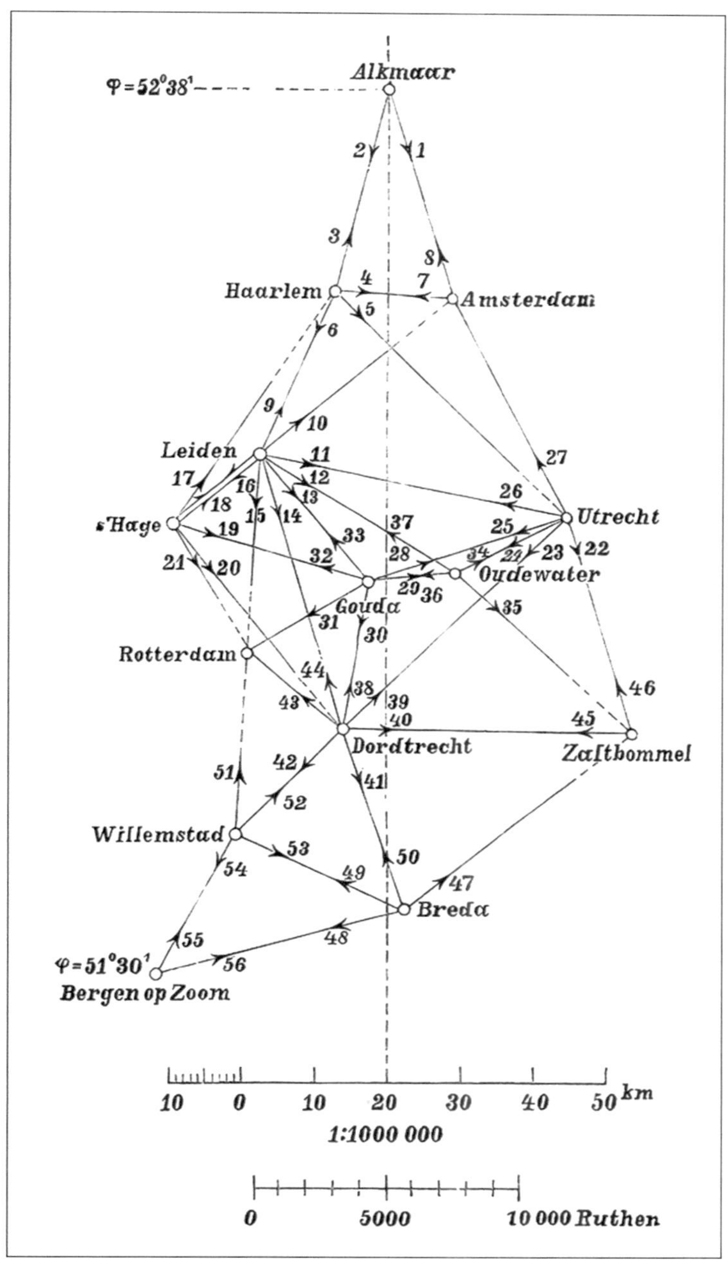

Abb. 5 Dreiecksnetz des Snellius. 1614/1615. Aus: Jordan [62], S. 480

wird von den Jesuitenpatern F. Grimaldi und G. B. Riccioli 1645 in einem Experiment (Ergebnis 48.280 km für den Erdumfang) zwischen Bologna und Modena weiter verfolgt, er scheitert aber an den Problemen der terrestrischen Refraktion.

Neben der Methode der Triangulation ist das frühe 17. Jahrhundert durch weitere Fortschritte in der *Mess-* und *Auswertetechnik* gekennzeichnet. Bei den Dreiecksmessungen werden als Weiterentwicklung des Astrolabiums zunächst in 360° geteilte Kreisscheiben verwendet, versehen mit einem zentrisch drehbaren Lineal mit Diopter (auch „Holländischer Kreis“). Später wird dann der Quadrant wichtigstes Messwerkzeug, Bedeutung erlangt auch der bereits von Newton angedachte und von John Hadley 1731 realisierte Spiegelsextant. Aus England kommt auch bereits im 16. Jahrhundert die Entwicklung eines Theodolit-Vorläufers durch Leonhard Digges (gest.1571), weitere Konstruktionen folgen [30]. Abb. 6 zeigt beispielhaft zwei Instrumente aus dieser Frühzeit der Horizontal- bzw. Vertikalwinkelmessung. Bedeutsam wird die Erfindung des Fernrohrs in den Niederlanden (Brillenmacher

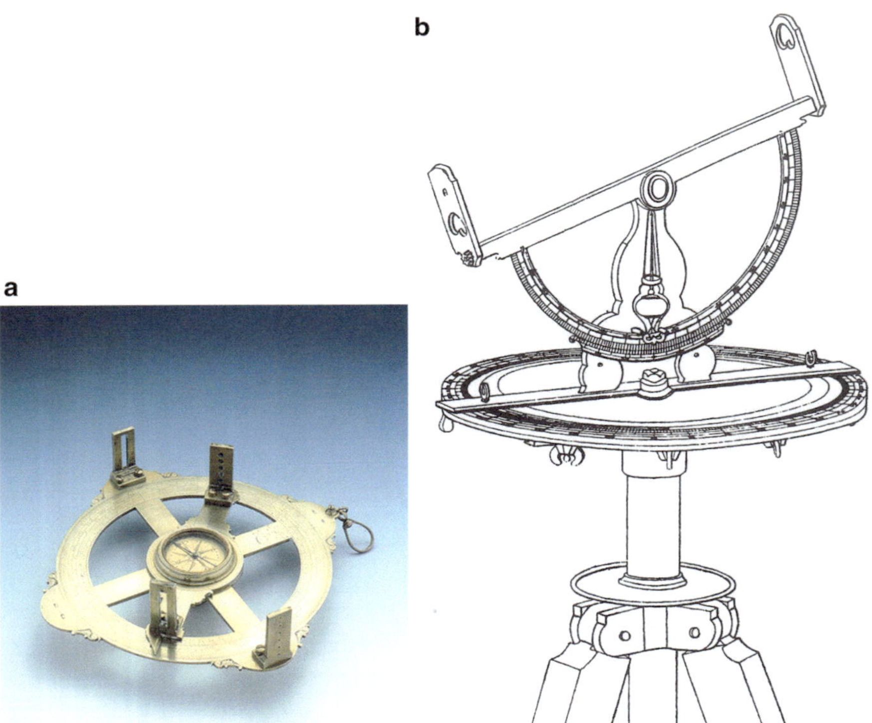

Abb. 6 Holländischer Kreis, J. de Steur, Leiden 1655 (links), Förderkreis Vermessungstechnisches Museum, aus: Museumshandbuch Teil 2 Vermessungsgeschichte (2009), S. 128, Museum für Kunst und Kulturgeschichte der Stadt Dortmund, und Prinzipskizze eines Englischen Theodolits aus dem 17. Jahrhundert (rechts) nach Laussedat, A.: Recherches sur les Instruments, les Methodes el le Dessin Topographiques. Tome 1, Paris 1898. Gauthier-Villars, Imprimeur. Abb. 42; aus Engelsberger [30], Abb. 17

Johannes Lippershey 1608 und andere) und die erfolgreiche Modifikation des „holländischen" Fernrohrs und seine Anwendung in der Astronomie durch Galilei (um 1610) und kurz danach durch Kepler. Hinzu kommt die Steigerung der Ablesegenauigkeit mit Hilfe des Nonius (1631 durch Pierre Vernier eingeführt) und die mit dem Fadenkreuz verbesserte Fernrohr-Zielgenauigkeit, nachdem der Engländer William Gascoigne bereits Ende der 1630er-Jahre einen in der Objektivebene mit einer Mikrometerschraube beweglichen Faden eingeführt hatte. Berechnet werden die frühen Dreiecksnetze mit den Formeln der ebenen Trigonometrie, die Dreieckswinkel werden durch Probieren auf die Summe von 180° abgestimmt. Dabei werden die immer umfangreicher werdenden Rechenarbeiten durch die zeitgleiche Einführung der Logarithmen durch den Schotten John Napier (1550–1617) und den Schweizer Jost Bürgi (1552–1632) sowie den Übergang zu dekadischen Logarithmen durch Henry Briggs (1561–1630) wesentlich erleichtert.

4 Gravitationsgesetz und Gradmessungen – das Rotationsellipsoid als Erdmodell

Ausgelöst werden die mit Picard beginnenden *Gradmessungen* der Neuzeit durch die Pariser Akademie der Wissenschaften. Sie wird als „Académie Royal des Sciences" 1666 gegründet, 1672 kann das zugehörige Observatorium bezogen werden. Die Royal Society wird mit ihrer Gründung (1660) und der Einrichtung der Greenwicher Sternwarte (1675/76) zur wissenschaftlichen Konkurrenz gerade auch in Fragen der Mathematik und der Naturwissenschaften. Der internationale Austausch von Wissenschaftlern und die Diskussion zwischen ihnen entwickelt sich nun sehr rasch. Zu den früh nach Paris eingeladenen ausländischen Wissenschaftlern zählen der Niederländer Huygens und der Italiener Cassini, beide werden uns im Zusammenhang mit dem nun wieder aufgegriffenen Problem der Erdmessung begegnen. Jean Picard (1620–1682), Gründungsmitglied der Akademie und Astronom am Pariser Observatorium, wird die Neubestimmung der Größe der Erdkugel übertragen. Er führt zusammen mit seinem Kollegen Adrian Azout 1669/1670 eine Gradmessung im Meridian von Paris aus. Hierbei wird die Distanz (rund 150 km) zwischen Malvoisine südlich von Paris und Amiens durch eine Triangulation (35 Dreiecke, zwei mit hölzernen Messlatten ausgemessene Grundlinien) bestimmt, der zur Winkelmessung benutzte Quadrant (38 Zoll Radius, Genauigkeit 20) ist mit einem Fernrohr mit Fadenkreuz ausgestattet (Abb. 7). Die Breitenbestimmung wird mit dem Zenitteleskop durchgeführt. Das Ergebnis von 57.060 Toisen für einen Breitengrad ergibt 6371 km für den Erdradius (1 Toise = 1,949 m). Diese Messung schließt die 2000-jährige Geschichte des sphärischen Erdmodells und der Bestimmung des Kugelradius ab. Picard führt auch eine Pendelmessung in Paris durch und begründet damit die Serie der in der Folge regelmäßig mit Gradmessungen verbundenen Schweremessungen. Hierfür steht ihm die erstmals von Huygens konstruierte Pendeluhr zur Verfügung, nach entsprechenden Plänen von Galilei und einem Entwurf von Newton.

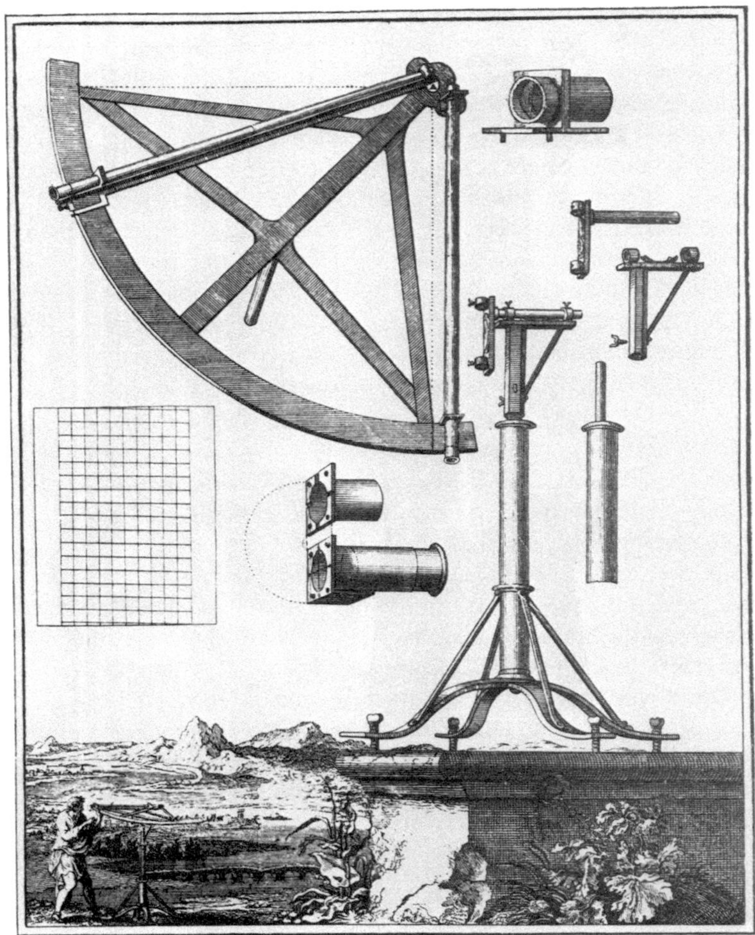

Abb. 7 Quadrant von Picard. J. Picard: La Mesure de la Terre, Paris 1671. Aus: Museumshandbuch Teil 2 Vermessungsgeschichte (2009), S. 57, Museum für Kunst und Kulturgeschichte der Stadt Dortmund

Inzwischen mehren sich die Zweifel an der Richtigkeit des sphärischen Erdmodells. So hatte der Astronomie-Professor Giovanni Domenico Cassini (später Jean Dominique Cassini, auch Cassini I, 1625–1712) bereits 1666 die Abplattung des Planeten Jupiter an den Polen beobachtet. Er wird 1669 zum Direktor des Pariser Observatoriums berufen; damit beginnt hier eine vier Generationen währende Cassini-Dynastie, die maßgeblichen Einfluss auf die Erdmessung und die Landesvermessung nimmt. 1672 sendet Cassini den Astronomen Jean Richer (1630–1696) nach Cayenne, um dort simultan mit Messungen in Paris astronomische Beobachtungen zur Bestimmung der Mars-Parallaxe durchzuführen. Dabei stellt Richer fest, dass seine nach Pariser Zeit eingestellte Pendeluhr täglich um rund $2^1/_2$ Minuten zurückbleibt. Er muss die Pendeluhr-Länge um $^3/_3$ Pariser Linien kürzen, damit diese wieder Sekunden schlägt, was durch eine Verkleinerung der Schwerkraft mit abnehmender Breite erklärt werden kann. Dieses Resultat wird von Edmund Halley (Astronomer Royal und später Direktor der Sternwarte Greenwich) bestätigt, als er Pendelmessungen in London und St. Helena (1677/78) miteinander vergleicht.

Zweifel an der Kugelgestalt der Erde werden zu dieser Zeit auch aufgrund der vorliegenden älteren Gradmessungen geäußert. So versucht der Straßburger Arzt Johann Caspar Eisenschmidt 1691 die Verlängerung der Polachse aus den Gradmessungen von Eratosthenes, Riccioli, Picard, Fernel und Snellius nachzuweisen, bei der Unsicherheit einiger dieser Ergebnisse ein sehr gewagtes Unterfangen!

Der entscheidende Anstoß zum Übergang von der Erdkugel zum *Erdellipsoid* kommt aber aus der Physik. Aufbauend auf seinen Arbeiten zur Gravitation und zur Hydrostatik entwickelt Isaac Newton (1643–1727) ein physikalisch begründetes Erdmodell (1687: „Philosophiae Naturalis Principia Mathematica“). Auf der Grundlage des Gravitationsgesetzes erhält er ein Rotationsellipsoid als Gleichgewichtsfigur für den homogenen, flüssigen und rotierenden Erdkörper. Gleichzeitig postuliert er eine Zunahme der Schwerebeschleunigung vom Äquator zu den Polen. Der holländische Physiker Christian Huygens (1629–1695) berechnet zu dieser Zeit (1690: „Discours de la Cause de la Pesanteur“) unter anderen Annahmen über die anziehende Masse ebenfalls eine an den Polen abgeplattete Gleichgewichtsfigur für die Erde. Die Abplattungswerte dieser beiden physikalischen Modelle betragen 1:230 bzw. 1:578. Hierbei wird die Abplattung f über die Längen der großen bzw. der kleinen Halbachse a und b durch $f = (a - b)/a$ definiert. Der von Picard bestimmte Wert für den Erdradius dient Newton übrigens zur Überprüfung des 1665/66 formulierten Gravitationsgesetzes, die Breitenabhängigkeit der Schwere wird in den „Principia“ gesetzmäßig formuliert. Zur frühen Geschichte der Gravitation und der Erdfigur siehe Todhunter [125].

Zur geometrischen Überprüfung der Abplattung empfiehlt Cassini (I) die Ausdehnung der Picard’schen Gradmessung auf ganz Frankreich. Die entsprechende Triangulation zwischen Dünkirchen und Collioure wird unter seiner Leitung dann 1683 begonnen und an die Basis von Picard angeschlossen, den südlichen Teil beobachtet Philippe de la Hire. Wegen großer Unterbrechungen u. a. durch den spanischen Erbfolgekrieg (1701–1714) werden die Arbeiten aber erst 1718 abgeschlossen, jetzt unter Leitung seines Sohnes Jacques Cassini (Cassini II, 1677–1756), seit 1712 Leiter der Pariser Sternwarte. Die getrennte Auswertung des nördlichen und des südlichen Teils dieses auf 8°20’ erweiterten Bogens ergibt ein an den Polen verlängertes Erdmodell mit einer „negativen“ Abplattung von – 1:95, wie Cassini (II) in der Schrift „De la grandeur et de la figure de la terre“ (1720) feststellt.

Dieses Ergebnis führt zu einem erbitterten Streit zwischen den Anhängern Newtons und Cassinis. Der Ansicht einer an den Polen zugespitzten Erde und damit den Gegnern Newtons schließen sich unter Bezug auf Descartes’ Wirbeltheorie auch renommierte französische Physiker wie Jean Jaques Mairan (1720) und Johann (I) Bernoulli (1734) an, diese Versuche einer theoretischen Begründung scheitern jedoch bald. Andere Akademiemitglieder wie Maupertuis und Clairaut verteidigen früh die Newton'sche Auffassung einer an den Polen abgeplatteten Erde, diese wird auch offensiv von Voltaire vertreten.

Der Pariser Meridianbogen gewinnt erhebliche Bedeutung für die nun erstmals in Frankreich systematisch durchgeführte und auf einer Triangulation beruhenden *Landesvermessung*. Unter der Leitung von César-François Cassini de Thury (Cassini III, 1714–1784) wird diese Gradmessung nämlich ab 1733 zur flächendeckenden Vermessung Frankreichs erweitert und bildet so die geometrische Grundlage für die „Carte géométrique de France". Die Triangulation wird 1744 abgeschlossen und dient bald als Vorbild für andere Staaten. Zu Beginn der Arbeiten führt Cassini im Parallelkreis von Paris auch eine Längengradmessung durch, deren Auswertung lässt allerdings ebenfalls auf eine an den Polen zugespitzte Form der Erde schließen.

Inzwischen hat sich in der Akademie die Ansicht durchgesetzt, dass nur eine Gradmessung in Äquatornähe die Frage der Erdabplattung lösen könne; eine Gradmessung in nördlicher Breite wird ebenfalls vorgesehen. Es folgen die berühmten und in der Literatur mehrfach beschriebenen Expeditionen nach Lappland und in das spanische Vizekönigreich Peru, das heutige Ecuador [11, 114]. An der Expedition nach *Lappland* (1736/37) nehmen u. a. Pierre Louis Moreau de Maupertuis (1698–1759), Alexis Claude Clairaut (1713–1765) und Anders Celsius, Professor der Astronomie in Upsala, teil (Abb. 8). Bereits 1738 („La Figure de la Terre déterminée par les observations ... au cercle polaire") zeigt Maupertuis durch Vergleich der in Lappland ermittelten Länge eines Meridiangradbogens mit dem entsprechenden Wert aus dem Cassini'schen „Oblongum"-Modell, dass ein an den Polen abgeplattetes Ellipsoid der Realität besser entspricht. Aus dem Lapplandbogen und dem von Cassini (III) und La Caille 1739/40 überprüften Messungen im Meridian von Paris („Meridienne verifiée") kann Cassini dann 1740 einen Abplattungswert von 1:304 ableiten – die geometrische Methode der Geodäsie liefert nun in Übereinstimmung mit der Physik eine an den Polen abgeplattete Erdfigur!

Die Expedition in das Vizekönigreich *Peru* ist mit erheblichen Schwierigkeiten verbunden und erstreckt sich über einen Zeitraum von rund zehn Jahren (1735–1744). Dies liegt an den politischen und geographischen Bedingungen, aber auch an der problematischen Zusammenarbeit zwischen den Mitgliedern der Expedition [96]. Für die astronomisch-geodätischen Arbeiten sind Pierre Bouguer (1698–1758), Charles Marie de La Condamine (1701–1774) und Louis Godin (1704–1760) zuständig, wertvolle Arbeit leisten auch die ihnen von spanischer Seite zugeteilten Marine-Offiziere Jorge Juan und Antonio de Ulloa. Miteinander zerstritten, publizieren Bouguer („La Figure de la Terre", Paris 1749) und La Condamine („Mesure de trois premiers degrés du Méridien dans l'hémisphère Austral", Paris 1751) getrennte Berichte und Ergebnisse. Letzterer erhält aus der Kombination des Lappland- und des Peru-Bogens ein Ellipsoid mit der Abplattung 1:210, eine weitere Bestätigung für das neue Erdmodell!

Die Gradmessungen in Lappland und Peru basieren auf dem inzwischen klassischen Mittel der Triangulation mit dem Quadranten als Winkelmessgerät

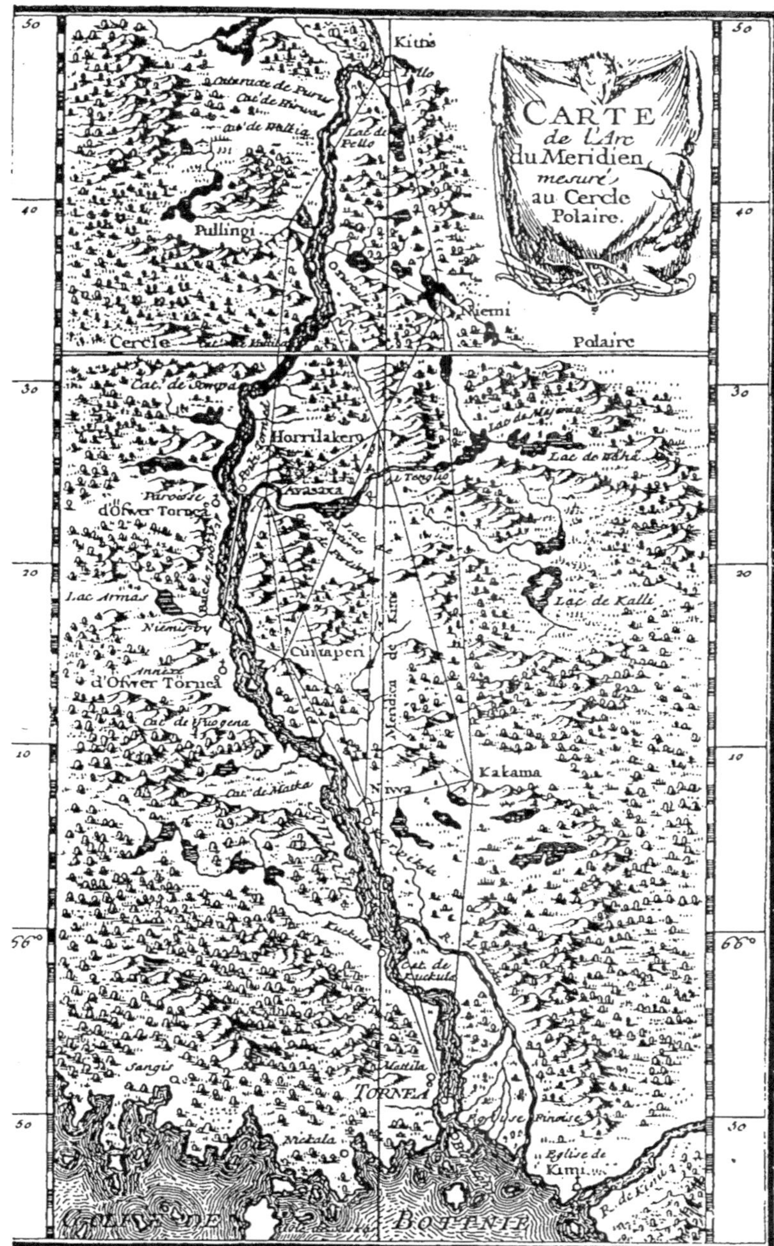

Abb. 8 Meridianbogenmessung in Lappland 1736/1737, Dreiecksnetz. P. L. Maupertuis: La figure de la terre . . . , Paris 1740. Aus: Kakkuri et al. [64], S. 38

(Genauigkeit um 5"), dem Zenithsektor für die astronomischen Beobachtungen und der Basismessung mit kalibrierten Holzlatten. Bei der Auswertung geht Bouguer zur sphärischen Rechnung über. Darüber hinaus sind Pendelmessungen mit dem Fadenpendel inzwischen fester Bestandteil einer Gradmessung geworden, die von Mairan 1735 entwickelte Koinzidenzmethode erlaubt dabei unter simultaner Benutzung des Uhr- und des Schwerependels eine elegante Bestimmung der Schwingungszeit. Bouguer untersucht aber auch mit relativen Messungen die Änderung der Schwere mit der Höhe und den Einfluss der Topographie, die Interpretation führt zu der bis heute in der Geophysik benutzten Bouguer-Reduktion gemessener Schwerewerte.

Es folgen im 18. Jahrhundert eine Anzahl weiterer *Gradmessungen* in verschiedenen Teilen der Erde. Damit soll die Genauigkeit der Ellipsoidparameter erhöht und die Richtigkeit des ellipsoidischen Modells überprüft werden. Die Messungen finden jetzt – und auch in Zukunft – immer öfter im Zusammenhang mit einer Landesvermessung statt.

So führt der Jesuitenpater Ruder Bošković (1711–1787), Professor für Mathematik am Collegium Romanum zu Rom, zusammen mit seinem Kollegen Christopher Maire von 1750 bis 1755 eine Gradmessung (Ausdehnung 2,5°) zwischen Rom und Rimini durch, diese Triangulation dient als Grundlage für eine kartographische Erfassung des Kirchenstaates. Die Pariser Akademie sendet 1750 den Abbé Nicolas Louis de La Caille zur Durchführung astronomischer Beobachtungen an das Kap der Guten Hoffnung, dabei wird von ihm bis 1753 ein Meridianbogen (Ausdehnung über 1°, mittlere Breite 33°S) zwischen Kapstadt und Klipfontein vermessen. Das Ergebnis ist wegen großer Lotabweichungen an den Endpunkten des Bogens stark verfälscht, was zu Diskussionen über eine ungleiche Abplattung der Nord- und der Südhalbkugel führt. Boškoviè regt in der Folge weitere Gradmessungen an und weist auf die Verfälschung der Resultate durch die Anziehung von Gebirgsmassen hin. Er kombiniert auch fünf verschiedene Resultate (Lappland, Frankreich, Kirchenstaat, Peru, Südafrika) durch eine eigene Ausgleichungsmethode (Minimierung der Absolutfehlersumme) und erhält aus den zwischen 1:144 und 1:352 schwankenden Einzelwerten schließlich einen Mittelwert von 1:248 für die Abplattung. Bemerkenswert ist der Plan von Cassini (III), eine Längengradmessung im 48°-Parallel über Straßburg hinaus bis Wien durchzuführen. Die Genauigkeit der unter erheblichem Zeitdruck 1761/62 vermessenen Dreiecksketten lässt zu wünschen übrig, doch führt der Jesuitenpater Joseph Liesganig in diesem Zusammenhang eine Gradmessung über drei Grad Breitendifferenz im Wiener Meridian und später eine weitere in Ungarn durch. In demselben Jahr beginnt auch die Vermessung eines Meridianbogens in Piemont nahe Turin durch die Padres Giacomo Batista Beccaria und Domenico Canonica. Die Länge dieses etwas über 1° ausgedehnten Bogens weicht erheblich von den Erwartungen ab, was bald auf den störenden Einfluss der Alpen zurückgeführt wird. Bemerkenswert ist schließlich die von Charles Mason und Jeremiah Dixon von 1764 bis 1768 in Nordamerika durchgeführte Meridianbogenmessung. Diese Astronomen waren von den mit den Provinzen Maryland und Pennsylvania beliehenen Familien mit der Vermessung der zwischen ihnen strittigen Grenze beauftragt worden („Mason-Dixon-Line" entlang des 39°43'-Parallels). Einem Vorschlag von Boškoviè folgend, benutzen sie diese Gelegenheit auch zur Vermessung eines Meridianbogens (77°30'W) in Pennsylvania. Dabei wurde die Länge des etwa 15° langen Bogens mit Hilfe speziell konstruierter hölzerner Messrahmen gemessen, die Meridianrichtung war vorher mit einem Transit-Instrument abgesteckt worden.

Die in der zweiten Hälfte des 18. Jahrhunderts vorliegenden Gradmessungs-Ergebnisse – zum Teil aus nur sehr kurzen Gradbögen abgeleitet – streuen erheblich. Das führt zu Diskussionen über bessere Modellansätze und über den gravitativen Einfluss von ober- und unterirdischen „Störmassen". Dieses Problem wird dann Anfang des 19. Jahrhunderts durch eine neue Definition der Erdfigur gelöst.

Neben der geometrischen Methode der Gradmessungen entwickelt sich im 18. Jahrhundert aber auch die auf Schweremessungen beruhende *gravimetrische Methode* – wenn auch langsam – weiter. Nachdem die Breitenabhängigkeit der Länge des Sekundenpendels bereits mit der Newton'schen Schwereformel modelliert worden war, liefert Clairaut („Théorie de la Figure de la Terre, tirée des Principes de l'Hydrostatique", Paris 1743) mit seinem berühmten Theorem für ein geschichtetes Rotationssphäroid den Zusammenhang zwischen der Abplattung und der Schwere am Äquator und am Pol, bei Kenntnis von großer Halbachse und Rotationsgeschwindigkeit. So erhält Laplace bereits 1799 aus 15 Pendelmessungen Abplattungswerte von 1:321 bzw. 1:336 – eine unabhängige Bestätigung der Polabplattung!

Gegen Ende des 18. Jahrhunderts erfährt die Geodäsie einen Qualitätsschub, der sich auch auf die Erdmessung auswirkt. Diese Entwicklung geht von Frankreich und England aus und wird durch eine von Jean-Dominique Cassini (Cassini IV) angeregte Verbindungstriangulation (1784–1790) zwischen den Sternwarten von Paris und Greenwich eingeleitet. Beteiligt sind auf französischer Seite Cassini (IV), Méchain und Legendre, auf englischer Seite wird das Unternehmen von dem General William Roy (1726–1790) geleitet. Zur Auswertung dient die 1787 von Legendre entwickelte Methode zur Berechnung sphärischer Dreiecke. In den folgenden Jahrzehnten führt diese Dreiecksverbindung zu einer sich allmählich über ganz Großbritannien ausdehnenden hochwertigen Landesvermessung durch den neu eingerichteten „Ordnance Survey". Damit entwickelt sich auch das Kernstück eines schließlich von den Shetland-Inseln bis Nordafrika reichenden Meridianbogens, der bis weit in das 20. Jahrhundert hinein eine wichtige Rolle bei der Schaffung eines geodätischen Weltsystems spielt.

Bei der Vermessung finden wir neue Entwicklungen, welche die Geodäsie über viele Jahrzehnte prägen. So wird auf französischer Seite für die Messung der (Positions-) Winkel der etwa 1785 von dem Astronomen Jean Charles Borda konstruierte und in der Werkstatt von Etienne Lenoir gebaute Repetitionskreis (20"-Ablesung) eingesetzt (Abb. 9). Auf englischer Seite war die Theodolitentwicklung seit der Konstruktion von Digges weiter getrieben worden, u. a. durch neue Kreisteilmaschinen und verfeinerte Ablesemikroskope, ein Beispiel ist der um 1770 entstandene Theodolit von Dollond (Abb. 10). Der Instrumentenbauer Jesse Ramsden baut 1787 einen Sekundentheodoliten von 91 cm Horizontalkreisdurchmesser und 200 Pfund Gewicht, dieses „great instrument" wird hier und später auch bei den Gradmessungen in Indien mit Erfolg eingesetzt.

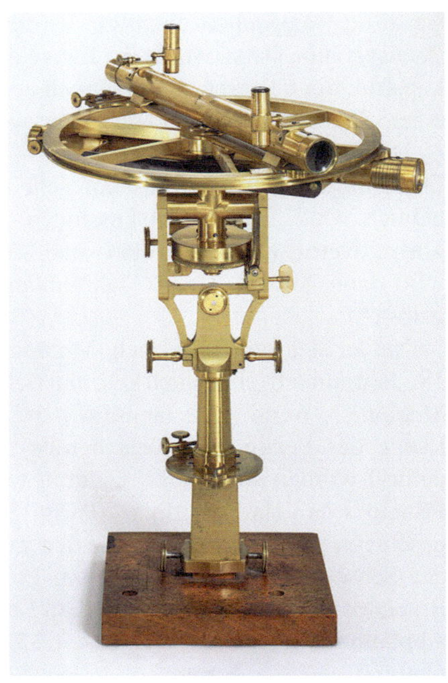

Abb. 9 Borda-Kreis von Bellet, Paris, ca. 1800, Original. Objektsammlungen des DM 1905–737, Foto Deutsches Museum

Abb. 10 Theodolit von Dollond, London, um 1770, Original. Förderkreis Vermessungstechnisches Museum, Museum für Kunst und Kulturgeschichte der Stadt Dortmund

Unbefriedigend ist weiterhin die Bestimmung geographischer *Längen* (-unterschiede). Neben der seit dem Altertum bekannten Nutzung der (seltenen) Mondfinsternisse wird – speziell für die Bedürfnisse der Schifffahrt – vom 18. Jahrhundert an die Methode der Monddistanzen entwickelt. Dabei werden die Winkelabstände des Mondes zu Fixsternen beobachtet; zur Auswertung werden Mondtabellen mit entsprechenden Vorausberechnungen benötigt, wie sie etwa von dem Göttinger Professor Tobias Mayer (1723–1762) bereitgestellt werden. In Konkurrenz hierzu steht die Entwicklung mechanischer Chronometer durch den Uhrmacher John Harrison (1693–1776), der dann auch nach langen Diskussionen und Erprobung durch James Cook schließlich den bereits 1714 vom Board of Longitude ausgelobten Preis für eine genaue Längenübertragung auf See erhält. Auf dem Festland findet die gleichzeitige Beobachtung von Feuersignalen, ausgelöst z. B. durch Pulverblitze, Anwendung, bis dann um die Mitte des 19. Jahrhunderts die elektromagnetische Telegraphie sich durchsetzt. Erste Entwicklungen (1833–1837) hierzu gehen auf Wilhelm Weber und Carl Friedrich Gauß in Göttingen zurück, eine großräumige praktische Anwendung findet 1844 durch Charles Wilkes in den U.S.A. statt. Über rund ein Jahrhundert liefert diese Methode dann befriedigende Ergebnisse für die Längenunterschiede zwischen ausgewählten Stationen.

Zum Abschluss dieser „ellipsoidischen" Epoche der Erdmessung ist noch eine weitere Gradmessung zu nennen, die der Schaffung einer einheitlichen *Längenstandards* dient und damit auch entscheidend für den Erfolg einer globalen Geodäsie ist.

Mit der „Renaissance" der Erdmessung und der zunehmenden Anzahl von Gradmessungen war das Problem einer fehlenden globalen Längeneinheit immer stärker sichtbar geworden. In den zentralistisch regierten Ländern Frankreich und Großbritannien waren zwar mit der „Toise du Châtelet de Paris" und dem „Elisabeth Yard" seit der Mitte des 16. Jahrhunderts legale Standards vorhanden, doch ließ ihre Haltbarkeit und Reproduktion sehr zu wünschen übrig. In Deutschland hatte die regionale Zersplitterung unter anderem zu Rutenmaßen zwischen 2,5 und 5 m geführt. Vorschläge zur Vereinheitlichung der Längeneinheit und Zurückführung auf ein Naturmaß finden sich dann auch bereits seit dem 17. Jahrhundert. So schlägt Picard 1671 die Länge des Sekundenpendels (Pendel mit einer Halbschwingungszeit von einer Sekunde, Länge etwa 0,994 m) in Paris als Standard vor. La Condamine greift nach seiner Rückkehr von der Peru-Expedition den Gedanken eines einheitlichen Längenmaßes auf, und Ludwig XV. erklärt 1766 die „Toise du Perou" zum nationalen Standard. Kopien der Peru-Toise werden Anfang des 19. Jahrhunderts an zahlreiche Staaten verteilt und dienen dort bis zur Einführung des Meters als Längennormale [120].

Talleyrand schlägt 1790 der französischen Nationalversammlung vor, die Länge des Sekundenpendels in 45° Breite als Längeneinheit einzuführen, ähnliche Anträge werden etwa zur gleichen Zeit im House of Commons und im U.S. Repräsentantenhaus eingebracht. Die mit der Realisierung beauftragte Académie des Sciences setzt zur Klärung dieser Frage eine Kommission hochrangiger Experten ein (Borda, Laplace, Lagrange u. a.), die jedoch diesen Vorschlag verwirft und 1791 empfiehlt, als Einheit des Längenmaßes den zehnmillionsten Teil des Erdquadranten mit der

Bezeichnung „mètre" anzunehmen. Dessen Länge soll aus einer Meridianbogenmessung zwischen Dünkirchen und Barcelona abgeleitet werden

Mit der Durchführung dieser Gradmessung werden die Astronomen und Akademiemitglieder Jean Baptiste Joseph Delambre (1749–1822) und Pierre Françoise André Méchain (1744–1804) beauftragt. Haupinstrument für die Winkelmessungen wird der Borda'sche Repetitionskreis, zur Messung von zwei Grundlinien dient der Borda'sche Basismessapparat mit Platin/Messing-Bimetallstäben von 2 Toisen Länge. Diese neue, in den Wirren der französischen Revolution durchgeführte *Gradmessung im Meridian von Paris* dauert von 1792 bis 1798. Aus praktischen Erwägungen wird bereits 1795 aufgrund älterer Gradmessungen ein „mètre provisoire" eingeführt, 1799 folgt dann das „mètre vrai et définitiv". Dabei wird der Abplattungswert 1:334 für das der Definition zugrunde liegende Ellipsoid der „Commission Générale des Poids et Mésures" aus Bouguers Resultaten der Peru-Expedition und dem Französischen Bogen abgeleitet, die große Halbachse jedoch allein aus der neuen Gradmessung. Die Umrechnung zwischen der Toise und dem Meter wird (gerundet) festgelegt zu 1 Toise = 1,949036 m. Bemerkenswert ist, dass Borda und Cassini (IV) im Zusammenhang mit der Einführung einer Längeneinheit 1792 in der Pariser Sternwarte auch eine absolute Schweremessung hoher Präzision durchführen. Verwendet wird dabei ein Fadenpendel von 3,8 m Länge, womit eine Genauigkeitssteigerung auf einige 10^{-5}g gelingt [79].

Zu nennen ist in diesem Zusammenhang auch eine Meridiangradmessung in *China*, die um 1702 südlich Beijing in einer mittleren Breite von 40°N stattfindet und sich über mehr als einen Breitengrad erstreckt. Sie wird von dem Jesuitenpater Antoine Thomas geleitet, der als Vizedirektor des Astronomischen Büros mit einer kartographischen Aufnahme des Kaiserreiches befasst ist. Die Gradmessung soll Klarheit in den widersprüchlichen Angaben über die Länge eines Gradbogens von 1° Breitendifferenz schaffen, hierzu werden an den Gnomon-vermarkten Endpunkten Meridiandurchgänge von Polaris mit einem Quadranten beobachtet. Als Ergebnis wird ein reichseinheitlicher Längenstandard aus der Relation von 200 Li auf 1°Breitendifferenz festgelegt, [113].

An der Wende vom 18. zum 19. Jahrhundert beginnt die Entwicklung der Geodäsie zur eigenständigen Wissenschaft [12]. Dies ist zum einen auf die hohe Qualität der jüngsten französischen Gradmessung zurückzuführen, die ebenso wie die nun anlaufende englische Triangulation neue Maßstäbe für die Landesvermessung setzt. Dieser ganz wesentlich auf die neu konstruierten Instrumente zurückzuführende Fortschritt wird von bahnbrechenden Entwicklungen in der Mathematik begleitet, welche die Auswertung geodätischer Messungen auf neue Grundlagen stellt. Französische Mathematiker wie Clairaut, Lagrange, Laplace und Legendre tragen mit ihren Entwicklungen zur Differentialgeometrie und zur Flächentheorie, zur Potentialtheorie sowie zur Ausgleichung fehlerbehafteter Daten besonders hierzu bei. In der folgenden Epoche werden sich wissenschaftlich fundierte Landesvermessungen immer mehr durchsetzen und damit auch einen Beitrag zur Erdmessung leisten, gleichzeitig wird mit einer neuen Definition der Erdfigur der physikalische Aspekt der Geodäsie Berücksichtigung finden.

5 Landesvermessung und Erdmessung – das Geoid als „mathematische Erdfigur"

Das 19. Jahrhundert wird – nach dem Vorbild von Frankreich und England – durch staatlich organisierte Landesvermessungen geprägt, bei denen auf der Grundlage einer Triangulation schließlich topographische Kartenwerke für das Militär und dann in zunehmendem Maße auch für zivile Zwecke entstehen. Mit der Leitung der Vermessungsarbeiten und der Berechnung werden neben befähigten Militärs vor allem Astronomen und Mathematiker betraut, dabei wird des öfteren eine Gradmessung nicht nur als Grundlage für eine flächenhafte Triangulation sondern auch zur Bestimmung der Erdfigur genutzt. Die Qualität dieser Dreiecksnetze nimmt durch die zunehmend professionelle Herstellung der Vermessungsinstrumente und die Weiterentwicklung der Berechnungsmethoden laufend zu.

Zu den oben genannten französischen und englischen Herstellern für astronomische und geodätische Instrumente kommen nun unter anderem auch *deutsche* Werkstätten, die Universalinstrumente und Theodolite, aber eine Zeitlang auch noch überkommene Winkelmessgeräte wie den Borda-Kreis oder den Sextanten herstellen [101, 137]. Wir nennen beispielhaft das von dem Artillerieoffizier und Ingenieur Georg Friedrich von Reichenbach zusammen mit Joseph von Utzschneider und Joseph Liebherr 1804 in München gegründete mathematisch-mechanische Institut, dessen Leitung 1821 der langjährige Werkmeister Traugott Ertel übernimmt. Die hier hergestellten Repetitionstheodolite (Abb. 11) werden bald bei vielen Landesvermessungen benutzt, ihre Qualität beruht besonders auf einer neu entwickelten Kreisteilmaschine. Über mehr als einhundert Jahre besteht die 1799 von dem Oberspritzenmeister und Mechaniker Johann Georg Repsold in Hamburg gegründete feinmechanische Werkstatt, die eine breite Palette astronomischer und geodätischer Instrumente, aber auch Pendelapparate herstellt. Das von dem Büchsenmacher Johann Christian Breithaupt bereits 1762 in Kassel gegründete mathematisch-mechanische Institut wird sogar in achter Generation bis heute fortgeführt, im 19. Jahrhundert erreicht das Firmenangebot eine besondere Breite.

Um die Jahrhundertwende werden immer stärker Zweifel an der *ellipsoidischen* Erdfigur laut. Die stark abweichenden Ergebnisse verschiedener Gradmessungen und die aus Pendelmessungen erhaltenen unterschiedlichen Abplattungswerte sind mit Messungsfehlern nicht mehr zu erklären.

So erhält Laplace 1799 bei der Auswertung von sieben Gradmessungen Abplattungswerte von 1:277 bzw. 1:312, und die Ergebnisse einiger Pendelmessungen weichen hiervon ebenfalls erheblich ab [119]. In der berühmten „Mécanique Céleste" von Laplace findet sich dann die Bemerkung, *„dass die Erde sich sehr merklich von einer elliptischen Gestalt entferne"*. Auch die bereits von Bouguer und Bošković begonnene Deutung durch einzelne lokale Anomalien der Lotrichtung wegen störender Gebirgsmassen oder unterirdischer Massendefizite befriedigt nicht. In der Folge werden verschiedene Ansätze zur Lösung dieses Problems vorgeschlagen. So sollen bei der Auswahl der Gradmessungspunkte lokale Anomalien vermieden bzw. durch eine Korrektur berücksichtigt werden. Laplace schlägt vor, die

Abb. 11
Repetitionstheodolit von Reichenbach, Utzschneider und Liebherr, München, 1806. Original, Objektsammlungen des DM 1906–4598, Foto Deutsches Museum

großräumige Variation durch eine von der Breite abhängige Abplattung zu erfassen. Soldner propagiert 1804 eine Gradmessung in Westafrika, um durch Kombination mit den Messungen in Europa einen speziellen Abplattungswert für diesen Meridianbereich zu erhalten. Delambre äußert sich schließlich 1806 bereits recht klar dahingehend, dass die bisherigen Messungen nur zu Zweifeln an der Regelmäßigkeit der Krümmung der Meridiane Anlass geben können: *„Später wird man vielleicht einsehen, ... dass die Erde kein genauer Umdrehungskörper ist ...“*, und der renommierte Gothaer Astronom von Zach formuliert in demselben Jahr *„es sei überhaupt zu bezweifeln, dass die Erde ein Ellipsoid sei, vielmehr besitze sie einen ganz irregulären Körper ...“*. Die Notwendigkeit weiterer Gradmessungen wird jedoch weiterhin betont, wobei neben der Genauigkeitssteigerung besonders eine bessere globale Verteilung angestrebt wird, gleichzeitig aber auch lokale Lotstörungen immer mehr beachtet werden.

Wir betrachten einige der in den ersten Jahrzehnten des 19. Jahrhunderts durchgeführten oder begonnenen *Gradmessungen*. In Schweden nimmt Jöns Svanberg 1802 die Lappland-Messung von Maupertuis wieder auf und erweitert diese, und Jean Baptiste Biot und Dominique François Arago dehnen von 1806 bis 1808 unter großen kriegsbedingten Schwierigkeiten den französischen Gradbogen nach Süden bis Formentera/Balearen aus. Gleichzeitig wird der englische Gradbogen als Teil der „Principal Triangulation“ Großbritanniens (Abschluss 1822) durch den Ordnance Survey (William Mudge, Thomas Colby) weiter vermessen, eine große Zahl astronomischer Beobachtungen gibt hier Hinweise auf erhebliche Krümmungsänderungen gegenüber dem Ellipsoid. Nach umfangreichen Erneuerungen wird das Dreiecksnetz (mit einer Nord-Süd-Ausdehnung von mehr als 10

Breitengraden) ab 1852 von Clarke in vier Jahren streng ausgeglichen. Auf der Südhalbkugel erweitert Thomas Maclear, Astronom am Kap, in den 1840er-Jahren die Gradmessung von La Caille auf 4,5° Breitenunterschied und findet dabei eine Lotabweichung von 8" in dessen Gradbogen. Einem Vorschlag (1811) von Laplace folgend, wird in den ersten Jahrzehnten des 19. Jahrhunderts auch eine *Längengradmessung* unter 45° Breite durchgeführt, die in Bordeaux beginnt und über Genua, Turin und Mailand bis Fiume führt (Längendifferenz über 15°), die Längenunterschiede werden weiterhin mit Pulverblitzsignalen ermittelt. Auf französischer Seite finden wir bei diesen Arbeiten bewährte Ingenieur-Geographen, im italienischen Teil sind Francesco Carlini und Giovanni Plana, Direktoren der Sternwarten in Mailand und Turin, zuständig. Die Arbeiten sind 1827 beendet, Lotabweichungen bis zu 50" werden auf den Einfluss der Alpen zurückgeführt.

Auch in *Deutschland* beginnen nun bemerkenswerte Aktivitäten zur Landesvermessung und zur Erdmessung. In Sachsen-Gotha ist Franz Xaver von Zach (1754–1832) als Hofastronom (ab 1786) tätig, er wird 1792 Direktor der nach seinen Plänen errichteten Sternwarte auf dem Seeberg. Durch seine Aktivitäten und Kontakte entwickelt sich Gotha um die Wende vom 18. zum 19. Jahrhundert zu einem Wissenschaftszentrum für Astronomie und Geodäsie [17]. Zu nennen ist hier besonders eine von Zach 1803 begonnene erste *Gradmessung* auf deutschem Boden, die in Verbindung mit einer von preußischer Seite angeregten Landesvermessung von Thüringen steht. Geplant ist ein mehr als 40 Punkte umfassendes Netz von etwa 4° Breiten- und 6° Längenunterschied. Hier werden astronomische Breitenbestimmungen durchgeführt und Längenunterschiede mit Hilfe von Pulverblitz-Signalen gemessen; eine über die Sternwarte führende Basis wird im südlichen Teil noch vermessen, bevor der 1806 ausgebrochene französisch-preussische Krieg das Unternehmen beendet. Bei diesen Arbeiten wirken u. a der preußische Capitain von Müffling und der junge Gauß mit. Ein herausragendes Beispiel für die frühen Landesvermessungen im deutschen Raum ist die unter der wissenschaftlichen Leitung von Johann Georg von Soldner (1776–1833) vorgenommene Triangulation (1808–1815) von *Bayern*, die als Grundlage für die Einrichtung des Grundsteuerkatasters dient. Bei der Berechnung geht Soldner von Delambres Sehnenmethode auf die sphärische Dreiecksberechnung über, er führt auch die nach ihm benannten rechtwinklig-sphärischen Koordinaten ein [117].

In *Preußen* beginnt mit dem Ende der napoleonischen Ära eine Entwicklung, die bald auch zu bemerkenswerten Fortschritten für die Erdmessung und die hierbei notwendige internationale Zusammenarbeit führt. Friedrich Carl Ferdinand Freiherr von Müffling (1775–1851), Chef des neu eingerichteten Generalstabs, beginnt 1817 im Anschluss an die französische Militärtriangulation im Rheinland mit der Vermessung einer Dreieckskette, die über die Basis Seeberg und Berlin laufend 1828 schließlich Schlesien erreicht [109]. Müffling plant bereits die spätere Ausdehnung dieser Arbeiten nach Osten und Anschlüsse an die österreichischen und russischen Triangulationen, 1832 erreichen die preußischen Dreiecksketten Ostpreußen.

In seiner militärischen Karriere ist Müffling früh mit der Erdmessung bekannt geworden. Er hatte als Leutnant an der Militärtriangulation und Messtischaufnahme

Nordwestdeutschlands (1796–1805) durch Karl Ludwig von Lecoq teilgenommen. Er wird auch zur Zach'schen Triangulation Thüringens abgeordnet, hier wirkt er bei Zeitübertragungen und bei der Messung der Seeberg'schen Grundlinie mit. Müffling hält die von dem Colonel Jean Joseph Tranchot von 1801 bis 1813 im linksrheinischen Gebiet durchgeführte Haupttriangulation „für geeignet zu einer Gradmessung" und denkt früh an deren Erweiterung über die Seeberger Basis bis zur Elbe und weiter. Als Gouverneur von Paris (1815) nimmt er Verbindung mit Delambre auf, um eine Längengradmessung zwischen Dünkirchen im nördlichen Teil des französischen Gradbogens und der Seeberger Sternwarte durchzuführen, dieser Plan wird allerdings unter anderem wegen der Probleme der Längenübertragung nicht realisiert. Erwähnenswert ist, dass der uns später begegnende Baeyer bereits früh an den Müffling'schen Arbeiten teilnimmt und 1823 im Auftrage Müfflings eine Ellipsoidberechnung aus der preußischen Dreieckskette sowie holländischen und französischen Triangulationen durchführt. Aus dem rechnerisch abgeleiteten Dreieck Dünkirchen-Seeberg-Mannheim ergibt sich schließlich ein Ellipsoid mit der Abplattung 1:315,6 und der großen Halbachse 6.376.931 m [129].

1816 beginnen zwei zunächst voneinander unabhängige Breitengradmessungen in den baltischen Provinzen *Russlands*. Ein Gradbogen wird durch Wilhelm Struve (1793–1864), den Direktor der Sternwarte in Tartu, vermessen. Der zweite Bogen geht auf die Initiative des (späteren) Generals Karl Ivanovic von Tenner zurück, der mit einer militärischen Landesaufnahme Westrusslands betraut ist. Die beiden Bögen werden 1828 miteinander verbunden und nach Norden und Süden bis zum Eismeer bzw. bis zur Donaumündung erweitert. Neben Struve – ab 1839 Direktor der neu gegründeten Sternwarte Pulkovo – und Tenner sind nun für den schwedischen und norwegischen Teil des Meridianbogens die Astronomen Nils H. Selander bzw. Christoffer Hansteen, Direktor des Observatoriums von Christiana, zuständig. Der entlang des 27°E-Meridians verlaufende „Struve-Meridianbogen" hat eine Ausdehnung von mehr als 2800 km und umfasst 258 Hauptdreiecke, 10 Grundlinien und 13 Breitenbestimmungen, er ist 2005 in die Liste des Weltkulturerbes der UNESCO aufgenommen worden [115].

Erhebliche Bedeutung für die Diskussion um die Figur der Erde und die Berechnung eines Erdellipsoids gewinnen die Gradmessungen in *Indien*, sowohl wegen ihrer großen Ausdehnung als auch wegen der äquatornahen Lage. Angeregt durch eine Abhandlung über den Nutzen von Gradmessungen durch General Roy beginnen hier erste Vermessungen in den 90er-Jahren des 18. Jahrhunderts. Im 19. Jahrhundert folgen großräumige Gradmessungen, die mit den Namen von William Lambton (1748–1823) und George Everest (1790–1866) verbunden sind. Unter Leitung des ersteren beginnt 1801 eine erste Breitengradmessung, ihr folgt ab 1805 eine wesentlich erweiterte im 78°E-Meridian, die unter Mitwirkung von Everest schließlich von der Südspitze Indiens ausgehend eine Ausdehnung von 16 Breitengraden erreicht. Colonel Everest wird dann 1823 Nachfolger Lambtons als Direktor des „Great Trigonometrical Survey of India", er verlängert diesen Bogen bis an den Himalaya. Der 1842 abgeschlossene „Great Indian Arc" (Ausdehnung über 21,3°) wird zum Kern der aus zahlreichen weiteren Breiten- und auch Längengradmessungen bestehenden grundlegenden Triangulation Indiens [24].

Everest befasst sich auch mit der Wirkung von Gebirgsmassen auf die Lotrichtung, seine Ergebnisse führen schließlich zu dem bis heute bedeutsamen Modell der Isostasie. Bei einem Erholungsaufenthalt in der Kapkolonie untersucht er die Messung von La Caille und erklärt das anomale Ergebnis mit der Lotabweichung. Im nördlichen Teil des „Great Arc“ findet er dann für einen Breitenunterschied von mehr als 5° eine Differenz von 5,2“ zwischen dem astronomisch und dem geodätisch ermittelten Wert. Er deutet dies zunächst als Wirkung der Anziehung der Gebirgsmassen auf das Lot. John Henry Pratt, der englische Erzdiakon in Kalkutta, versucht dann vergeblich, diese Differenz rechnerisch aus den Massen des Himalaya zu beweisen. Der „Astronomer Royal“ George Biddell Airy entwickelt daraufhin 1855 die Theorie der Isostasie (der Begriff wird erst später geprägt) im Sinn eines „Schwimmgleichgewichtes“, und Pratt folgt kurz danach mit einer anderen Theorie des Massenausgleichs. In der Geodäsie wird die Isostasie später ein wichtiger Ansatz für die Reduktion von Lotabweichungen und Schwerewerten, dieses geologisch-geophysikalische Modell ist aber bis heute vor allem auch ein wesentlicher Teil der interdisziplinären Forschung zur Geodynamik.

Auch die Zahl der *Pendelmessungen* und damit die Möglichkeit zur Berechnung der Ellipsoidabplattung mit Hilfe des Clairaut'schen Theorems nimmt in den ersten drei Jahrzehnten des 19. Jahrhunderts rasch zu. Diese Schweremessungen werden einmal auf den astronomischen Stationen der Gradbögen, vor allem aber auch bei ausgedehnten Schiffsexpeditionen durchgeführt. Dabei wird zunächst das durch J. B. Biot zum Reiseinstrument vereinfachte Borda'sche Fadenpendel und später auch das 1817 von Captain Henry Kater konstruierte Reversionspendel zur absoluten Schweremessung eingesetzt. Größere Bedeutung erlangt dann das von Kater gebaute „invariable“ Pendel, mit dem Schweredifferenzen zu einer Referenzstation mit bekanntem Schwerewert (London/Greenwich, Paris, St. Petersburg) gemessen werden. Die britischen Schiffsexpeditionen der 1820er- und 1830er-Jahre sind mit den Namen Edward Sabine, Basis Hall und Henry Foster verknüpft, sie führen von der Arktis bis Afrika und Südamerika, John Goldham verbindet Südasien mit London. Französische Expeditionen (Louis Claude de Freycinet, Duperry) führen in den Pazifik und rund um die Welt, und der russische Admiral Fjodor Petrowitsch Graf Lütke setzt bei seiner Weltumseglung (1826–1829) ebenfalls ein Kater-Pendel ein. Die erdumspannende U.S. Exploring Expedition (1838–1842) von Ch. Wilkes ist mit invariablen Pendeln von Francis Baily ausgestattet. Gegen Ende der 1830er-Jahre liegen über 100 weltweit verteilte Schwerewerte vor, so dass durch Ausgleichung verschiedenere Datensätze die Breitenabhängigkeit des Sekundenpendels und die Ellipsoidabplattung berechnet werden kann. Die gravimetrischen Aktivitäten erlöschen danach weitgehend, sie werden erst in der zweiten Hälfte des Jahrhunderts mit der Entwicklung neuer Messinstrumente und koordinierter internationaler Zusammenarbeit wieder aufgenommen.

Mit Carl Friedrich Gauß (1777–1855), dem „Princeps Mathematicorum“, wird auch von deutscher Seite die Geodäsie aus theoretischer und praktischer Sicht auf hohem Niveau aufgegriffen und zur mathematisch abgesicherten Wissenschaft ausgebaut [44, 83].

Aus einfachen Verhältnissen stammend, fällt die mathematische Begabung von Gauß früh auf und führt zur stetigen Förderung durch Carl Wilhelm Ferdinand,

Herzog zu Braunschweig und Lüneburg. 1807 wird Gauß Professor für Astronomie an der Universität Göttingen und Direktor der dortigen Sternwarte. Über rund zwei Jahrzehnte widmet sich Gauß dort besonders auch der Geodäsie, hier ist er mit vielen Mathematikern und Astronomen im deutschsprachigen Raum eng verbunden. Zu seinen für die Geodäsie wichtigen Arbeiten zählen u. a. die Entwicklung der Methode der kleinsten Quadrate, die Hannoversche Gradmessung mit der Erfindung des Heliotropen, die konforme Abbildung und die Lösungen der „geodätischen Hauptaufgaben" auf dem Ellipsoid, vor allem aber auch die Definition einer physikalisch definierten Erdfigur (siehe unten).

Eine entscheidende Anregung für die geodätischen Arbeiten von Gauß geht von Heinrich Christian Schumacher (1780–1850) aus. Dieser hatte bei Gauß in Göttingen studiert und war 1815 Professor für Astronomie in Kopenhagen geworden Als Direktor der Sternwarte in Altona soll er eine Gradmessung zwischen Lauenburg und Skagen (1,5° Breitenunterschied) durchführen, die als Ausgang für eine neue Triangulation Dänemarks gedacht ist. In diesem Zusammenhang greift er den bereits mehrfach geäußerten Gedanken einer Gradmessung durch Zentraleuropa auf und regt im Juni 1816 in einem Brief an Gauß an, seine Gradmessung durch Hannover über Hessen und Bayern bis Italien fortzusetzen. Gauß reagiert sofort positiv und wird 1820 mit der Fortsetzung der dänischen Gradmessung durch Hannover beauftragt. Er nimmt hierzu an der Messung der Schumacher'schen Basis bei Braak teil, von der er auch den Maßstab für seine Dreieckskette übernimmt, eine Kontrolle bietet im Süden die Seeberg-Basis von Zach. Die eigentliche *Gradmessung* durch *Hannover* (Breitenunterschied 2°) führt Gauß dann von 1821 bis 1823 durch, und zwar als Verbindung der sehr genau auf demselben Meridian liegenden Sternwarten in Göttingen und in Altona (Abb. 12). Die Winkel werden von ihm persönlich mit einem 12-zölligen Reichenbach'schen Theodolit gemessen (Winkelmessgenauigkeit 0,5"), als Ziel dient reflektiertes Sonnenlicht von dem von Gauß erfundenen Heliotropen (Abb. 13). Die Berechnung geschieht auf dem Ellipsoid von Walbeck (siehe unten). Gauß berechnet außerdem ebene rechtwinklige Koordinaten in Bezug auf die Göttinger Sternwarte nach der von ihm entwickelten konformen Abbildung. Die Gradmessung wird 1824 und 1825 von Gauß durch eine Dreieckskette nach Westen erweitert, so dass eine Verbindung mit der holländischen Triangulation des Generals Krayenhoff und darüber hinaus mit der französischen Gradmessung hergestellt ist. Schließlich wird sie zum Kernstück der 1828 beginnenden und weiterhin von Gauß geleiteten Triangulation des gesamten Königreiches. Diese ist 1844 abgeschlossen, die Berechnung des Hauptnetzes nimmt Gauß persönlich vor.

Gauß sieht seine Gradmessung von Anfang an als Teil einer ganz Europa überdeckenden Vermessung an. So äußert er sich 1821 in einem Brief an seinen früheren Schüler Gerling: „... *Es wäre gewiß äußerst wichtig, wenn der größte Teil von Europa vollständig mit einem Netz überzogen wäre ...*" und im Abschlussbericht [42] zur Gradmessung: „... *vielleicht ist die Aussicht nicht chimärisch, dass einst alle Sternwarten von Europa trigonometrisch unter einander verbunden sein werden ...*". Neben den Anschlüssen an die Triangulationen im Norden und Westen Hannovers gelingt Gauß im Süden auch die Verbindung mit der Müffling'schen Dreieckskette und der Landesvermessung in Kurhessen, die von 1822 bis 1837

Abb. 12 Dreiecksnetz der Gauß'schen Gradmessung, 1821–1823. Aus: Gaede [40], Tafel III

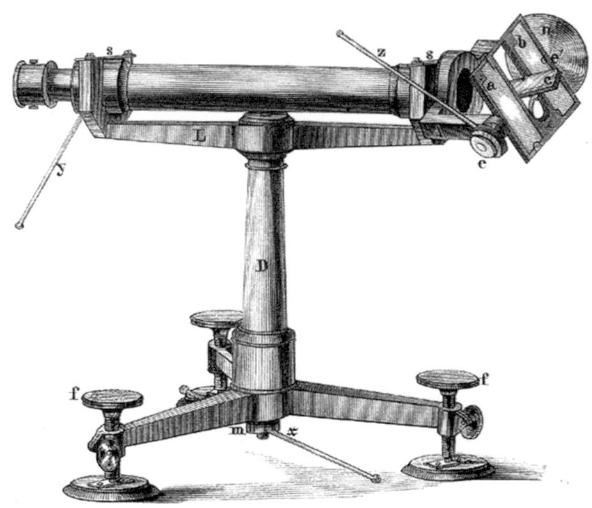

Abb. 13 Gauß'scher Heliotrop. Aus: Bauernfeind [6], S. 144

unter Christian Ludwig Gerling durchgeführt wird. Die Ergebnisse der bayerischen Dreiecksmessungen erhält er nach vielen Bemühungen aber erst 1827 – da hat Gauß den Plan zur Berechnung eines mitteleuropäischen Dreiecksnetzes von Jütland bis Elba allerdings bereits aufgegeben.

Für die Erdmessung bedeutsam wird in dieser Zeit auch Friedrich Wilhelm Bessel (1784–1846), ab 1809 Direktor der Königsberger Sternwarte. Der renommierte Astronom ist gerade auch der Geodäsie zugewandt, mit seinen Arbeiten werden Theorie und Praxis der Grad- und Landesvermessung entscheidend verbessert. In einer Stellungnahme (1829) begrüßt Bessel die Anregung von russischer Seite, die Triangulationen im Baltikum mit den preußischen Dreiecksketten zu verbinden, wobei er auf die Bedeutung einer solchen Verbindung für die Erdmessung hinweist. So wird aus der von ihm geleiteten Vermessung (1831–1836) durch eine eigene Basismessung (mit dem von ihm entwickelten Basisapparat) bei Königsberg und astronomische Ortsbestimmungen (Passage-Instrument von Repsold) eine eigenständige *Gradmessung* „schräg zum Meridian" [8], Abb. 14. An der Gradmessung nimmt von Seiten des preußischen Generalstabs der hierzu abgeordnete Major Johann Jacob Baeyer teil, und diese Zusammenarbeit zwischen dem an Ideen reichen Astronomen Bessel und dem in der Triangulationsarbeit erfahrenen Geodäten Baeyer erweist sich als überaus erfolgreich [48]. Die hohe Qualität dieser Gradmessung macht sie zum Vorbild für spätere Arbeiten, gibt aber auch Anlass, die bisherigen Triangulationen in Preußen als wissenschaftlich unzureichend anzusehen und eine Erneuerung vorzunehmen. Baeyer steigt im Generalstab weiter auf und leitet schließlich von 1843 bis 1857 die Trigonometrische Abteilung. Die unter seiner Leitung durchgeführten Triangulationen bauen auf den Besselschen Ideen auf und verbinden die preußischen Dreiecksketten bald mit der dänischen Landesvermessung und den russischen Triangulationen. 1857

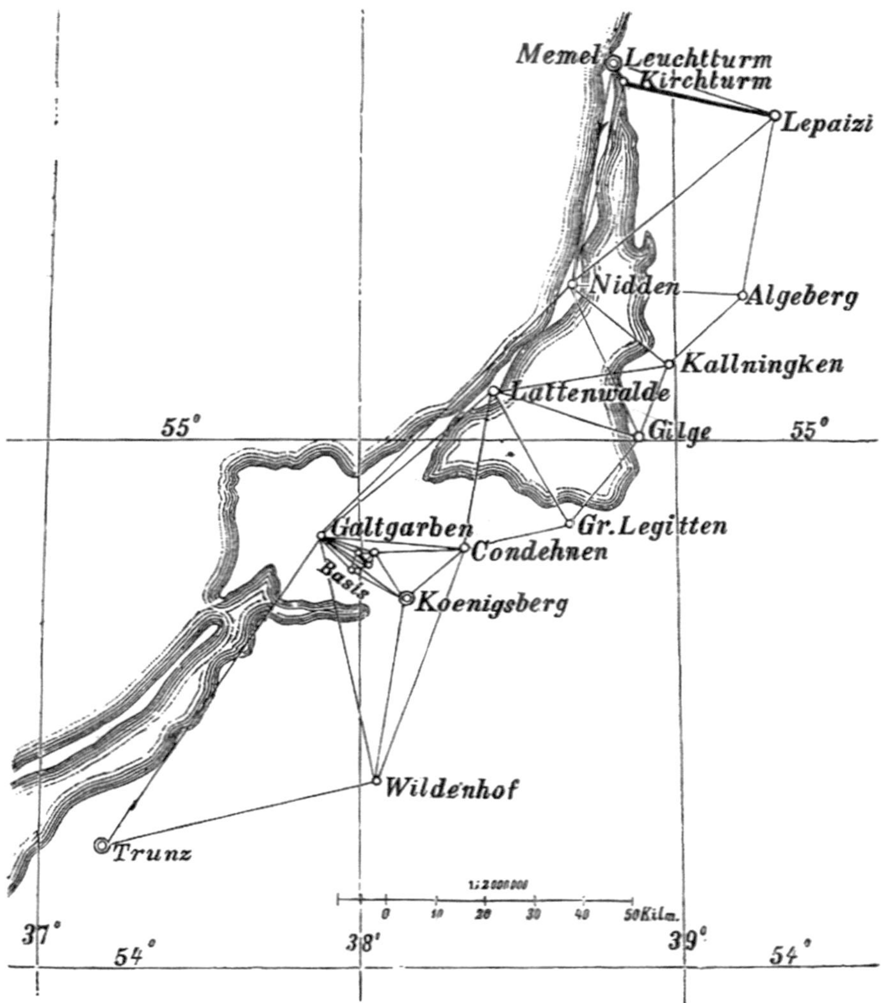

Abb. 14 Dreiecksnetz der Bessel-Baeyer'schen Gradmessung in Ostpreußen, 1832–1835. Aus: Engelmann: Abhandlungen von F. W. Bessel, Bd. 3, Leipzig (1876), Tafel 3

scheidet Baeyer aus dem Dienst aus und beginnt dann bald eine neue Karriere, die schließlich zur koordinierten internationalen Zusammenarbeit in der Erdmessung führt (s. Abschn. 6).

Mit der zunehmenden Anzahl und der besseren globalen Verteilung der Gradmessungen werden auch immer mehr *Ellipsoidberechnungen* durchgeführt, dabei wird von den 1820er-Jahren an bei mehr als zwei Datensätzen meist die Ausgleichung nach der Methode der kleinsten Quadrate angewandt. Diese Methode war unabhängig voneinander von Legendre und Gauß entwickelt worden.

Legendre hatte die Methode 1806 publiziert, Gauß hat sie aber bereits seit 1794 oder 1795 angewandt und damit unter anderem die Bahnelemente des nur kurz beobachteten Kleinplaneten Ceres bestimmt. 1799 berechnet er die Erdabplattung durch Ausgleichung des in vier Teilstücke zerlegten Meridianbogens von Delambre und Mechain, er erhält daraus den Wert 1:187. Veröffentlicht wird die Methode von ihm erst ab 1821 mit der „Theoria combinationis observationum erroribus minimis obnoxiae, pars prior".

Erstmals gleicht Henric Johan Walbeck 1819 sechs Gradmessungen streng aus, er erhält den Abplattungswert 1:302,8. Eduard Schmidt [107] führt auf Veranlassung von Gauß eine erneute Ausgleichung neuerer Gradmessungen aus und bezieht dabei sämtliche beobachteten astronomischen Breiten ein, er erhält f = 1:297,5. Everest berechnet 1830 aus dem indischen Gradbogen und dem anglo-französischen Bogen ein Ellipsoid, dessen Abplattung 1:300,8 in der indischen Landesvermessung benutzt wird. Eine spätere Berechnung (1847) nutzt auch das Ergebnis des „Great Arc" und weitere Messungen in Indien, sie führt zu einer großen Halbachse a = 6.376.701 m und f = 1:311,0. Von erheblicher Auswirkung auf die Landesvermessung in vielen Staaten wird die Ellipsoidberechnung (1841) von Bessel. Aus zehn Gradmessungen, einschließlich derjenigen in Hannover und in Ostpreußen, leitet er die Werte a = 6.377.397 m und f = 1:299,15 ab. Dieses Ellipsoid findet als Referenzellipsoid bei vielen Landesvermessungen Verwendung, in Preußen wird es 1867 eingeführt. Große Bedeutung gewinnen auch die Ellipsoidberechnungen von Alexander Ross Clarke, begabter Rechner am britischen Ordnance Survey und Autor eines weit verbreiteten „Geodesy"-Lehrbuchs. So ist das Clarke-Ellipsoid von 1866 mit a = 6.378.206 m und f = 1:295,0 seit 1901 Referenzellipsoid in den USA, Kanada und Mexico, das Clarke(1880)-Ellipsoid mit a = 6.378.249 m und f = 1:293,5 wird Rechenfläche der Landesvermessungen in Großbritannien und Frankreich. Der russische General von Schubert versucht schließlich 1859, eine bessere Anpassung der mathematischen Bezugsfläche durch Einführung eines dreiachsigen Ellipsoids zu erreichen – dieser Ansatz setzt sich aber wie auch spätere Versuche in dieser Richtung nicht durch.

Die Auswertung der zunehmenden Anzahl global verteilter *Pendelmessungen* nach dem Theorem von Clairaut liefert weitere Werte für die Abplattung eines Bezugsellipsoids, doch hängen diese auch von der Auswahl der benutzten Stationen ab. Schmidt (1829) erhält aus 47 global (von Spitzbergen über London und Paris bis zum Kap der Guten Hoffnung und den Malvinen) verteilten Pendelmessungen der ersten drei Jahrzehnte des 19. Jahrhunderts eine Abplattung von 1:288 [108]. Baily errechnet dann 1834 aus einem erweiterten Satz von 79 Beobachtungen auf 51 Stationen einen Wert von 1:285.

Ein erhebliches Problem bei der Kombination der verschiedenen Gradmessungen sind die unterschiedlichen *Längenstandards*. So sind nach der Einführung des Meters in Frankreich an zahlreiche Staaten Kopien des Archivmeters, aber auch Kopien der Peru-Toise verteilt worden. Diese dienen als Längen-Normale bei den Landesvermessungen und Gradmessungen, so dass für länderübergreifende Berechnungen ein Vergleich der verschiedenen Standards wichtig wird. Umfangreiche Untersuchungen dieser Art stammen von Bessel, Struve und Clarke. In

Preußen finden wir mit der Einführung des Preußischen Fußes eine ganz besondere Entwicklung. Dieser wird zunächst durch einen eisernen Strichmaßstab von drei Fuß Länge realisiert, soll aber an ein Naturmaß angeschlossen werden, und zwar an die Länge des Sekundenpendels in Berlin. Die Bestimmung der Pendellänge wird Bessel übertragen Dieser entwickelt einen Fadenpendelapparat und führt 1835 eine Pendelmessung in Berlin durch. Kopien der so definierten Bessel-Toise dienen dann der preußischen Landesvermessung bis zur Einführung des Meters als Längenstandard.

In der Diskussion über die Ergebnisse der Gradmessungen und der Pendelmessungen findet in den ersten Jahrzehnten des 19. Jahrhunderts auch eine verfeinerte Definition des Begriffs „*Erdfigur*" statt, welche mit den Namen Gauß und Bessel verknüpft ist. So stellt Gauß in einem Brief an Schumacher (20. Dezember 1823) bei der Diskussion der zwischen Göttingen und Altona gefundenen Lotabweichung von 5,5" fest: „*... so beweiset dies nur, dass im Kleinen die Erde gar kein Ellipsoid ist, sondern gleichsam wellenförmig von dem die Erde im Großen darstellenden Ellipsoid abweicht...*". In der Veröffentlichung zur hannoverschen Gradmessung (Gauß 1828) findet sich dann die Definition: „*... was wir im geometrischen Sinn Oberfläche der Erde nennen, ist nichts anderes als diejenige Fläche, welche überall die Richtung der Schwere senkrecht schneidet, und von der die Oberfläche des Weltmeeres einen Theil ausmacht...*" [42].

Damit ist mit der später „Geoid" genannten Fläche eine physikalisch definierte Erdfigur eingeführt, das Ellipsoid übernimmt die Rolle eines geometrisch einfachen und das Geoid approximierenden Erdmodells. Bessel äußert sich 1838 im Zusammenhang mit der Bearbeitung der ostpreußischen Gradmessung folgendermaßen: „*... Wenn man auch die Oberfläche der Erde im ganzen als der Oberfläche eines elliptischen Rotatiossphäroides nahe kommend betrachtet, so kann man doch nicht läugnen, dass beide nicht vollkommen zusammenfallen. Die vorhandene Messungen von Meridianbögen zeigen nämlich entschiedene Unregelmäßigkeiten des Fortschreitens der Polhöhe, welche man als Folgen skleiner Erhöhungen der Oberfläche der Erde über, oder ihrer Vertiefungen unter der Oberfläche des zur Vergleichung genommenen Rotationssphöäroides ansehen muß...*". Als Figur der Erde definiert er „*diejenige Fläche, in welcher sich die Oberfläche des Wassers eines mit dem Meere zusammenhängenden, die Erde bedeckenden Netzes von Kanälen befinden würde...*" [8]

6 Internationale Zusammenarbeit – die „International Association of Geodesy"

Mit den klaren Definitionen von Gauß und Bessel hat sich die „ungestörte" Meeresoberfläche mit Fortsetzung unter den Kontinenten als physikalisch definierte Erdfigur durchgesetzt, der Göttinger Physiker Johann Benedikt Listing führt hierfür den Namen „*Geoid*" ein [77]. Die Geoidbestimmung wird damit – wenn auch zunächst noch unscharf formuliert – zu einer Hauptaufgabe der Erdmessung. Geeignet hierfür sind zunächst entsprechend aufgebaute Gradmessungen, die aber neben der Nutzung für die Landesvermessung auch weiterhin zur Berechnung von Erdellipsoiden dienen.

Dabei ist inzwischen klar, dass die Gradmessungsellipsoide sich dem Geoid nur in der jeweiligen Region gut anpassen und – mit der Genauigkeit der astronomischen Orientierung – auch parallel zur Erdrotationsachse orientiert, aber nicht im Erdschwerpunkt gelagert sind. Die Verbindung der unterschiedlich orientierten und auf verschiedenen Ellipsoiden berechneten Haupttriangulationen („Geodätisches Datum") und der Zusammenschluss zu kontinentalen Datumssystemen wird deshalb verstärkt Ziel einer globalen Geodäsie. Hinzu kommt die Bestimmung der Neigung des Geoids gegenüber einem Bezugsellipsoid, hierfür eignen sich zunächst astronomisch bestimmte Lotabweichungen in möglichst vielen Punkten.

Diese erweiterte Zielsetzung der globalen Geodäsie erfordert eine internationale Zusammenarbeit, die weit über das bisher übliche Maß der Kooperation einzelner Wissenschaftler hinausgeht. Hier setzt die 1861 von dem uns bereits bekannten preussischen General Johann Jacob Baeyer (s. Abschn. 5) ausgehende Initiative an, die von einem regionalen *Projekt* schließlich zu einer bis heute sehr wirksamen *Wissenschaftsorganisation* führt [75, 131].

Ausgangspunkt für diese Entwicklung ist Baeyers Pensionierung im Jahre 1857, die mit einem weitgehenden Zerwürfnis mit dem preußischen Generalstab verbunden ist. Zugrunde liegen dabei grundsätzlich verschiedene Ansichten zur Vermessung eines Landes, aber auch die Unmöglichkeit einer weiteren Beförderung ohne vorheriges Kommando einer Brigade. So wird Baeyer, der auch von seinem Gönner Alexander von Humboldt unterstützt wird, unter „Charakterisierung" zum Generalleutnant zur Disposition des neuen Generalstabschefs Helmuth von Moltke gestellt – eine nur kurzfristig haltende Fehlkonstruktion. Vorteilhaft für Baeyer wird, dass Wilhelm Struve in diesem Jahr in Europa unterwegs ist, um für seinen Plan einer Längengradmessung in 52° Breite von Omsk/Ural bis Valentia/Irland zu werben. Auf Struves Vorschlag wird Baeyer mit der Ausführung des preussischen Anteils an diesem Unternehmen beauftragt. Sicher angeregt durch die Überlegungen von Zach, Gauß, Müffling, Struve und Bessel denkt Baeyer dann wohl erstmals 1860 an eine Gradmessung in Mitteleuropa. So reist er in diesem Jahr nach München und findet beim Bayerischen Generalstab und bei der Kataster-Behörde sichtliches Interesse an einem solchen Projekt, hier entsteht die Idee einer entsprechenden Denkschrift [97].

Im April 1861 legt Baeyer dem preußischen Kriegsministerium den „Entwurf zu einer mitteleuropäischen Gradmessung" vor. Ziel ist zunächst die Bestimmung der Lotabweichungen in Mitteleuropa unter Nutzung der vorhandenen astronomischen Ortsbestimmungen und Triangulationen sowie zusätzlicher Messungen. In der in demselben Jahr erscheinenden Denkschrift „Über die Größe und Figur der Erde" [5] erläutert Baeyer das Projekt näher und gibt eine ausführliche wissenschaftliche Begründung. Vorgesehen ist die Verbindung von etwa 30 mitteleuropäischen Sternwarten durch qualitativ hochwertige bzw. neue Triangulationen in einem Gebiet von rund 16° Längen- und 22° Breiten-differenz, das von Brüssel bis Warschau und von Palermo bis Christiana (heute Oslo) reicht (Abb. 15). Hauptziel ist das Erkennen

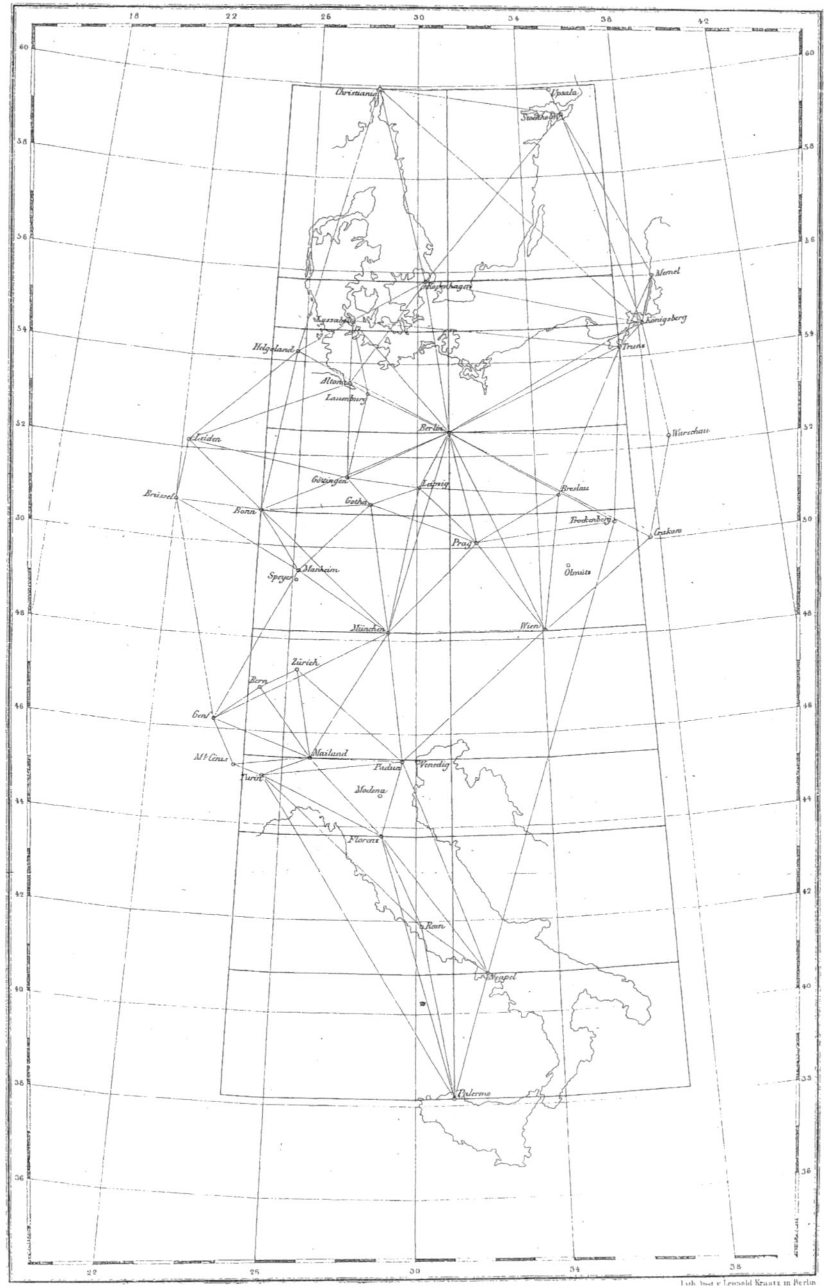

Abb. 15 Netzskizze zur Mitteleuropäischen Gradmessung, Sternwarten und aus den Triangulationen zu berechnende geodätische Linien. Aus: Baeyer (1861). Deutsches Geoforschungszentrum Potsdam

von Krümmungsanomalien der Erdfigur und möglichst auch ihre geophysikalisch-geologische Interpretation.

Baeyers Plan wird bereits zwei Monate nach Vorlage des „Entwurfs“ genehmigt, und es werden die Regierungen der anderen mitteleuropäischen Länder um Mitwirkung gebeten. Im April 1862 findet in Berlin eine Vorbesprechung zwischen Beauftragten Preußens, Österreichs und Sachsens statt, und Ende 1862 kann Baeyer in seinem „General-Bericht über den Stand der mitteleuropäischen Gradmessung“ bereits 16 Staaten nennen, welche dem Unternehmen beigetreten sind. Es sind dies die sieben deutschen Länder Baden, Baiern, Hannover, Mecklenburg, Preußen, Sachsen und Sachsen-Coburg-Gotha sowie Belgien, Dänemark, Frankreich (erlaubt die Nutzung von Daten), die Niederlande, Österreich, Polen (durch Russland), Schweden und Norwegen (in Personalunion) und die Schweiz. Die Organisation der „Mitteleuropäischen Gradmessung“ wird auf der ersten Allgemeinen Konferenz in Berlin 1864 mit der Einteilung in drei Sectionen (Organisationsfragen, astronomische und physikalische Fragen, geodätische Fragen) und der Einrichtung eines „Central-Bureaus“ in Berlin strukturiert. Dabei werden im Zusammenhang mit den klassischen Gradmessungsarbeiten auch Schweremessungen, die Regulierung der Masseinheiten und die Frage eines einheitlichen Höhensystems angesprochen. Mit dem Beitritt von Portugal, Spanien und Russland ändert die Organisation 1867 ihren Namen in „Europäische Gradmessung“. 1870 wird das neu gegründete Preussische Geodätische Institut auch zum Sitz des Zentralbüros, Baeyer bleibt bis zu seinem Tode Präsident dieser miteinander verzahnten Einrichtungen [69, 75].

Dem Programm der „*Mitteleuropäischen Gradmessung*“ entsprechend, nehmen in den folgenden Jahrzehnten insbesondere die *Triangulation*sarbeiten einen großen Aufschwung. Vorbildlich werden die von Christian August Nagel, Professor für Geodäsie am Polytechnikum Dresden, durchgeführte Triangulation des Königreichs Sachsen (1867–1878) und die unter der Leitung des (späteren) Generals Oscar Schreiber ab 1875 vollständig erneuerte Haupttriangulation in Preußen. Erneut vermessen werden die Verbindung zwischen den englischen und den französischen Dreiecksketten und der Meridianbogen von Delambre und Méchain. Dieser wird im Süden an das spanische Dreiecksnetz angeschlossen; 1879 folgt unter der Leitung von General Ibáñez de Ibero (später Präsident der Internationalen Erdmessung) und Major François Perrier vom französischen Generalstab eine Verbindungstriangulation zwischen Spanien und Algerien, hierbei werden Dreiecke mit Seitenlängen bis zu 270 km ausgemessen. Abgeschlossen wird auch die von Struve angeregte Längengradmessung in 52° Breite von Irland bis zum Ural, eine zweite folgt zwischen Brest und Astrachan.

Auch die *Schweremessungen* werden nun wieder aufgenommen und gezielt für die Zwecke der Erdmessung ausgewertet. Bereits 1864 wird die Firma Repsold mit der Konstruktion eines transportablen Reversionspendels beauftragt, und bis etwa 1900 werden entsprechende Beobachtungen auf einer begrenzten Anzahl von Stationen durchgeführt, die Ergebnisse befriedigen jedoch nicht. Dies liegt insbesondere an dem 1875 von Charles S. Peirce gefundenen Mitschwingen des Pendelstativs, Baeyer schlägt deshalb die Rückkehr zum invariablen Pendel, also zur relativen Schweremessung vor. Bemerkenswert ist schließlich das gezielte

Einbeziehen der *dritten Dimension* in die geodätische Aufgabenstellung. Das schließt die Definition eines einheitlichen Höhensystems, die Durchführung von Präzisionsnivellements und den Anschluss an das Meeresniveau ein. Ein erstes landesweites Nivellement war 1857–1864 in Frankreich unter der Leitung von Paul-Adrien Bordalouë durchgeführt worden, bis 1880 folgen viele europäischen Länder auch mit grenzüberschreitenden Verbindungen. Der Anschluss an eine Anzahl von Meerespegeln erlaubt erste Untersuchungen über den Zusammenhang zwischen dem mittleren Meeresspiegel und dem als Äquipotentialfläche des Schwerefeldes definierten Geoid, dabei werden an Europas Randmeeren Differenzen bis zu 30 cm gefunden. Da unklar bleibt, ob diese auf reale Abweichungen des Meeresspiegels von einer Niveaufläche oder systematische Fehler des Nivellements zurückzuführen sind, wird 1890 beschlossen, vorläufig kein einheitliches Höhen-Datum für Europa einzuführen.

Der Vergleich der in den einzelnen Ländern benutzten Längen-Normale führt schließlich zu einer Entscheidung, die weit über die Geodäsie hinausreicht. Zwar schlägt die Allgemeine Konferenz 1864 noch die „Bessel-Toise" als *Längenstandard* für die Gradmessungen vor, doch bereits 1867 wird das Meter und die Einrichtung eines internationalen Büros zur Realisierung eines entsprechenden Prototyps empfohlen. 1875 wird in Paris die internationale *Meterkonvention* abgeschlossen, das neu eingerichtete „Bureau International des Poids et Mésures" wird mit der Herstellung des Meter-Prototyps beauftragt, welches nun das legale Meter von 1799 ablöst. Auch in der Frage eines einheitlichen Nullmeridians und der zugehörigen Weltzeit wird die Gradmessungsorganisation aktiv. Auf der Generalversammlung 1883 wird der Meridian von Greenwich und die zugeordnete Weltzeit empfohlen, die Meridiankonferenz in Washington 1884 erzielt eine entsprechende Übereinkunft.

Mit dem Tod (1885) von Baeyer endet die erste Phase der organisierten Zusammenarbeit in der Geodäsie [21]. Sein Nachfolger (1886) als Direktor des Preußischen Geodätischen Instituts und des Zentralbüros der Europäischen Gradmessung wird Friedrich Robert Helmert (1843–1917), der gleichzeitig zum Professor für höhere Geodäsie an der Universität Berlin berufen wird. Helmert hatte bei Professor Nagel in Dresden Vermessungswesen und Geodäsie studiert und als Assistent an der sächsischen Landesvermessung teilgenommen. Nach einem ergänzenden Studium der Mathematik und Astronomie in Leipzig wird er 1870 zum Professor an die Technische Hochschule Aachen berufen, hier entsteht sein berühmtes Werk „Die mathematischen und physikalischen Theorien der höheren Geodäsie" (1880/1884), mit dem er die Geodäsie als eigenständige wissenschaftliche Disziplin etabliert [141, 142]. Die 1880er-Jahre stellen so einen gewissen Abschluss einer über 100-jährigen Entwicklung dar, die mit den Arbeiten der berühmten französischen Mathematiker und Astronomen beginnt und im 19. Jahrhundert u. a. von Gauß und den englischen Mathematikern George Green und George Gabriel Stokes fortgesetzt und erweitert wird. Besonders zu erwähnen ist schließlich der in Berlin und später in Leipzig tätige Astronom und Mathematiker Heinrich Bruns, der – angeregt durch die Arbeiten der Europäischen Gradmessung – eine Studie über die geodätische Hauptaufgabe vorlegt [18]. Er verbindet dabei das dreidimensionale geometrische

Problem mit dem physikalischen Problem der Schwerefeldbestimmung – eine weit in die Zukunft reichende Vision.

In der „Helmert'schen Epoche" der „Gradmessung" wird die Organisation gestrafft und das wissenschaftliche Programm wesentlich erweitert, insbesondere im Hinblick auf die physikalische Geodäsie und die Geophysik [20, 49]. Mit der Namensänderung (1886) in „Internationale Erdmessung" („Association Géodésique Internationale") wird die globale Kooperation demonstriert. Bis 1899 sind die Vereinigten Staaten von Amerika, Mexico, Chile, Argentinien und Japan ebenso wie Großbritannien der Assoziation beigetreten, die Generalkonferenzen folgen jetzt dem Prinzip von „einer Stimme je Land". Unter Helmert gelingt auch der Bau eines zentralen Gebäudes für das Geodätische Institut auf dem Telegraphenberg bei Potsdam (1892), mit einem temperatur-stabilisierten „Pendelsaal" und dem „Helmert-Turm" zur Durchführung von Winkelmessungen (Abb. 16). Hier wird von Helmert und seinen Mitarbeitern eine Fülle von bedeutenden Arbeiten erbracht, das Institut wird zum Zentrum der globalen Geodäsie [57].

Fortgesetzt wird in der „Helmert'schen Epoche natürlich die Sammlung und Analyse von *Lotabweichungen*, nun aber auf globaler Ebene. Neben die Berechnung bestanschließender Ellipsoide treten auch vertieft Untersuchungen zum Einfluss der Topographie und der Isostasie und der entsprechenden Reduktion der Beobachtungen. Das Datenmaterial stammt nun vorwiegend aus den in zahlreichen Ländern durchgeführten Landesvermessungen, wobei der Verbindung der nationalen Dreiecksnetze besondere Aufmerksamkeit gewidmet wird. Abb. 17 zeigt den Status der europäischen Triangulationen um die Jahrhundertwende. Daneben werden aber auch weiterhin gezielt Gradmessungen primär für Erdmessungszwecke durchgeführt.

Abb. 16 Hauptgebäude des früheren Geodätischen Instituts Potsdam, Telegraphenberg. Jetzt „Helmert-Haus", Deutsches Geoforschungszentrum Potsdam

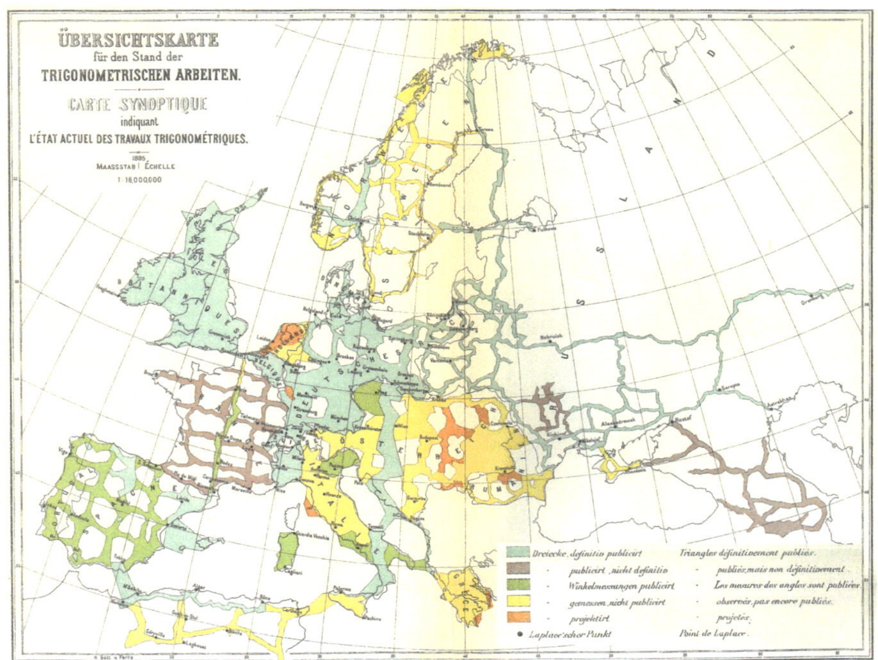

Abb. 17 Stand der trigonometrischen Arbeiten in Europa 1895, Dreiecke publiziert (blau bzw violett), Winkel gemessen (grün bzw. gelb), geplant (orange). Aus: Verhandlungen der 17. Allgemeinen Conferenz der Internationalen Erdmessung, II. Teil. Georg Reimer, Berlin 1914

Große Bedeutung erlangt der 1883 von Sir David Gill, Direktor der Kapsternwarte, im Zusammenhang mit der Landesvermessung Südafrikas vorgelegte Plan einer afrikanischen Meridianbogenmessung unter 30°E zwischen dem Kap und Kairo [116]. Der südliche Teil der nun angelegten Dreiecksketten erreicht 1907 den Tanganyika-See, gleichzeitig beginnen Triangulationen in Ägypten und in Uganda. Französische Geodäten des „Service Geographique de l'Armée" führen auf Anregung der „Internationalen Erdmessung" zwischen 1899 und 1906 erneut eine Gradmessung auf dem klassischen „Peru-Bogen" durch. Die nun sechs Breitengrade umfassende Triangulation erstreckt sich vom nördlichen Peru über Ecuador bis nach Kolumbien, an den Arbeiten nimmt auch der spätere IAG-Generalsekretär Georges Perrier (1872–1946) teil. Zahlreiche astronomische Breiten- und einige Längenbestimmungen (mit drahtloser Telegraphie) liefern dabei Erkenntnisse über die Lotabweichungen im Hochgebirge. Wegen der hohen Breite (um 79°N) bedeutsam ist ein um die Jahrhundertwende von russischen und schwedischen Beobachtern vermessener Gradbogen in Spitzbergen.

Ein herausragendes Beispiel für die wissenschaftlich fundierte Bearbeitung eines Dreiecksnetzes kontinentaler Ausdehnung wird die Triangulation der *Vereinigten Staaten von Amerika* durch den U.S. Coast and Geodetic Survey unter der

Leitung (1900–1915) von Otto H. Tittmann. Einige ausgedehnte Gradmessungen bilden das Gerüst der Landesvermessung, insbesondere die transkontinentale Längengradmessung in 39° Breite, eine Gradmessung schief zum Meridian entlang der Atlantikküste, eine Breitengradmessung entlang des 98°W-Meridians und eine Dreieckskette entlang der Pazifikküste, die später zum Alaska-Feuerland-Gradbogen erweitert wird. Großer Wert wird auch bei diesen Arbeiten auf astronomische Breiten-, Längen- und Azimutmessungen gelegt, die neben der Kontrolle der langen Dreiecksketten insbesondere zur Lotabweichungsbestimmung dienen. Für die rechnerische Bearbeitung dieses flächenhaften Netzes ist von 1898 bis 1909 John F. Hayford und danach William Bowie verantwortlich. Die mit einer Minimumsbedingung für die beobachteten Lotabweichungen verbundene Ausgleichung führt auf eine auf dem Clarke-1880-Ellipsoid beruhende und im Fundamentalpunkt Meades Ranch/Kansas definierte Orientierung des Netzes [50].

Die Diskussion der zunehmenden Anzahl beobachteter Lotabweichungen führt zu dem Ergebnis, dass diese nur auf den Kontinenten und in größeren Abständen verfügbaren Daten zur Modellierung des *globalen Schwerefeldes* und der Berechnung eines entsprechenden Ellipsoids nicht geeignet sind. Die Berechnung von *Referenzellipsoiden* wird jedoch unter Einschluss der neueren Daten fortgesetzt. Ein wichtiges Ergebnis ist das 1909 von Hayford vorgestellte Ellipsoid ($a = 6.378.388$ m, $f = 1{:}297{,}0$). Es stützt sich auf die topographisch-isostatisch reduzierten Lotabweichungen (Pratt-Modell mit einer Ausgleichstiefe von 120,9 km) in den Vereinigten Staaten. Helmert wertet 1913 alle neueren Gradmessungen bei vorgegebener Abplattung einzeln aus und erhält große Halbachsen zwischen 6.377.935 m und 6.378.486 m, er empfiehlt Hayfords Werte. Untersucht wird aber auch das *lokale* Schwerefeldverhalten mit Hilfe eines dichteren Lotabweichungsnetzes mit Stationsabständen von rund 10 km oder geringer. Zur Auswertung schlägt A. J. Yvon-Villarceau 1871/1875 das astronomische Nivellement vor, eine ausführliche Herleitung gibt dann Helmert [56]. A. Galle zeigt am Beispiel des Harzes, wie mit dieser Strategie Geoidstrukturen mit dm-Genauigkeit bestimmt werden können. Eine ganz spezielle Methode der lokalen Schwerefeldbestimmung geht auf den ungarischen Professor Loránd Eötvös zurück, der seit 1890 Drehwaagen entwickelt und laufend verbessert [122]. Bei der Generalkonferenz 1906 demonstriert er die Leistungsfähigkeit dieses Instruments zur Bestimmung der Geoidkrümmung und des horizontalen Schweregradienten, in den 1920er- und 1930er-Jahren werden dann Drehwaagen erfolgreich zur Erdölexploration eingesetzt. Schließlich stellt Helmert auch erste Überlegungen zum globalen Verhalten des *Geoids* an. Danach bleiben die von der kontinentalen Topographie verursachten Geoidhöhen kleiner als 400 m, bei isostatischer Kompensation reduzieren sie sich auf ± 27 m. Er riskiert auch eine Geoidabschätzung nach der Stokes'schen Integralformel [118]. Wegen der völlig unzureichenden gravimetrischen Überdeckung der Erde nimmt er für die Schwereanomalien eine mittlere Variation von ± 35 mGal an und erhält damit einen Wert von ± 50 m für die Geoidvariation – eine ziemlich realistische Schätzung.

Große Fortschritte werden bei den *Schweremessungen* und ihrer Interpretation erzielt. Der Antrieb hierzu kommt einmal von der physikalischen Geodäsie, aber verstärkt auch von der nun sich entwickelnden Geophysik. In der gravimetrischen

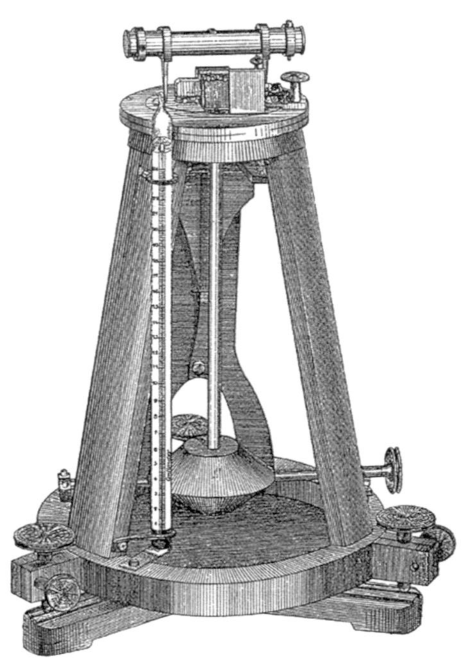

Abb. 18
Relativpendelapparat von Sterneck, ab 1887. Aus: Jordan-Eggert [63], S. 359

Messtechnik gelingt 1887 dem Oberst Robert von Sterneck vom Militärgeographischen Institut Wien die Entwicklung eines transportablen Relativpendelapparates, der eine Genauigkeit von wenigen mGal und besser liefert (Abb. 18). Das führt zu einer raschen Zunahme der Schweremessungen und dem Problem, die Relativwerte mit den wenigen Absolutwerten geringerer Genauigkeit zu verbinden. Helmert entwickelt hierzu die Strategie eines Schwerebezugssystems, dessen Niveau auf *einer* genauen absoluten Messung beruht und an das ein globales Netz von Relativmessungen angeschlossen wird. 1900 wird so das Wiener Schweresystem angenommen, das auf einer von Th. Ritter von Oppolzer 1884 in Wien durchgeführten Absolutmessung und der Übertragung eines weiteren Absolutwertes von München dorthin beruht. Helmert vermutet allerdings (zu Recht) bereits einen größeren Fehler in diesem Wert und initiiert eine neue Absolutmessung im Geodätischen Institut Potsdam. Von ihm durch theoretische Arbeiten zum Reversionspendel gründlich vorbereitet, wird diese Messung dann von F. Kühnen und Ph. Furtwängler zwischen 1898 und 1904 mit mehreren Reversionspendeln durchgeführt. Es folgt die Ausgleichung eines an Potsdam angeschlossenen Relativnetzes und der Anschluss sämtlicher (etwa 2400) seit etwa 1800 weltweit gemessenen Schwerewerte (Abb. 19). Das Ergebnis wird von E. Borrass 1909 der 16. Allgemeinen Konferenz der Internationalen Erdmessung vorgelegt und als „Potsdamer Schweresystem“ eingeführt [128]. Erste Erkenntnisse über das Schwerefeld im Meeresbereich liefern die von O. Hecker vom Geodätischen Institut Potsdam zwischen 1901 und 1909 durchgeführten Messreisen auf dem Atlantik, dem Pazifik, dem Indischen

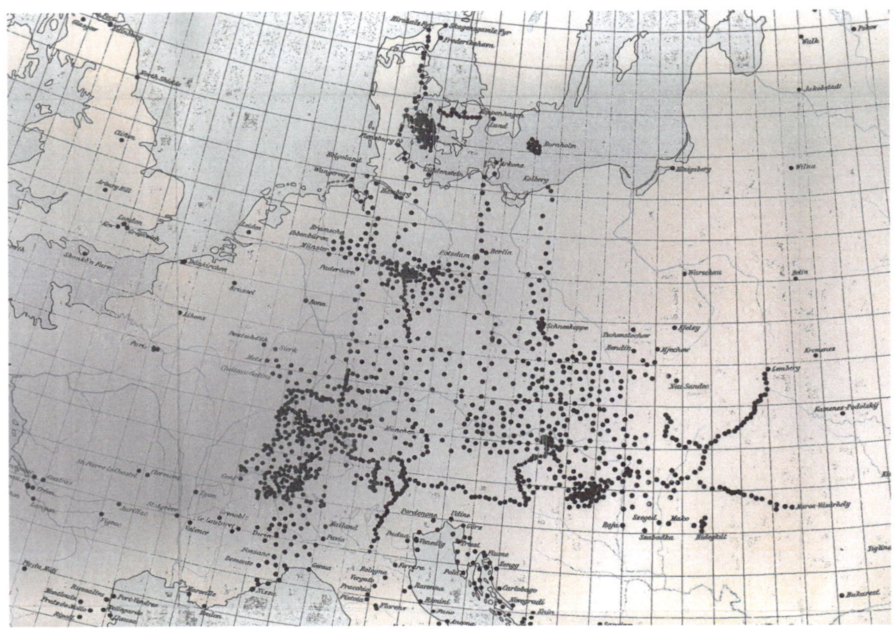

Abb. 19 Verteilung der Schwerepunkte in Mittel-Europa, um 1910. Aus: Borrass [14]

Ozean und dem Schwarzen Meer, bei denen die Schwere aus dem Vergleich von Quecksilberbarometer- und Hypsometer-Ablesungen abgeleitet wird. Es zeigt sich, dass die Ozeane mit Ausnahme tektonisch gestörter Gebiete isostatisch kompensiert sind. Die Schweredaten werden nun auch intensiver genutzt, insbesondere zur Berechnung der Ellipsoidabplattung und von Normalschwereformeln. So erhält Helmert 1901 aus 1600 freiluft-reduzierten Schwerewerten eine Abplattung von 1:298,3, und Bowie findet 1912 aus 114 isostatisch reduzierten Pendelmessungen (Pratt-Modell) in den U.S.A. den praktisch gleichen Wert von 1:298,4.

In der Helmert'schen Epoche der Internationalen Erdmessung wird auch die *zeitliche Komponente* der Geodäsie in Bezug auf die Orientierung und die Figur der Erde aufgegriffen. Die gestiegene Messgenauigkeit erlaubt jetzt die Überprüfung theoretisch geforderter Veränderungen ebenso wie die Vermessung bisher nicht modellierbarer Vorgänge. Besonders erfolgreich wird der Nachweis und die kontinuierliche Beobachtung der Polbewegung, d. h. die annähernd periodische Verlagerung der Erdachse relativ zur Erdkruste. Bereits 1883 schlägt der italienische Astronom Emanuele Fergola vor, diese Bewegung durch Breitenbestimmungen auf demselben Parallelkreis zu überwachen. K. F. Küstner beobachtet 1884/85 die vorausgesagten Änderungen in Berlin, und Parallelbeobachtungen in Berlin, Potsdam, Prag, Straßburg und Honolulu (spezielle Expedition mit A. Marcuse) erbringen dann den endgültigen Nachweis dieses Effektes, der eine Vielzahl von Informationen über die Erdelastizität sowie Massenverlagerungen der unterschiedlichsten Art

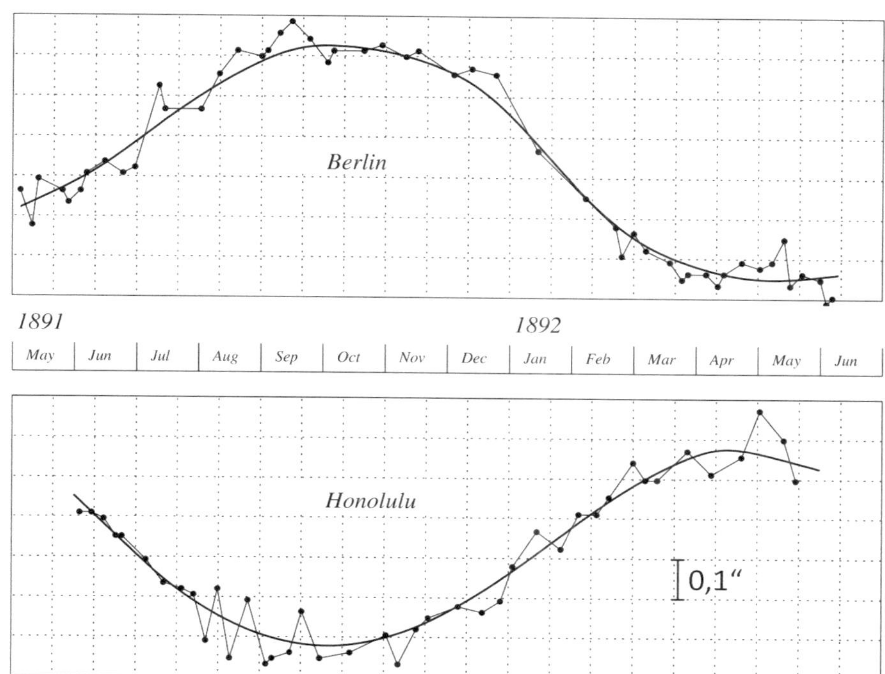

Abb. 20 Simultane Breitenbeobachtungen in Berlin und Honolulu, 1891–1892. Nach: Th. Albrecht, Centralbureau Internationale Erdmessung, Berlin 1892

enthält (Abb. 20). Die Frage eines globalen Beobachtungssystems wird nun neu aufgegriffen, und 1899 nimmt der „Internationale Breitendienst" regelmäßige Beobachtungen in vier auf dem 39°08'-Parallel gelegenen Stationen auf, später schließen sich weitere Observatorien diesem ersten „Service" der Internationalen Erdmessung an [59]. Mit der mittleren Pollage 1900–1905 werden ein „Conventional International Origin" und die dazu senkrechte „mittlere" Äquatorebene eingeführt. Der durch die Weltzeit festgelegte Greenwich-Meridian vervollständigt die Definition eines noch nicht geozentrischen, aber achsparallelen globalen geodätischen Systems.

E. von Rebeur-Paschwitz gelingt in den 1890er-Jahren mit einem Horizontalpendel der messtechnische Nachweis der Erdgezeiten, und ab 1910 nimmt Hecker in Potsdam regelmäßige Beobachtungen auf. Hier werden auch 1914 von W. Schweydar erstmals die gravimetrischen Erdgezeiten registriert. Schließlich beginnen um die Jahrhundertwende auch erste Arbeiten zur Erfassung regional begrenzter geometrischer Veränderungen, die im Zusammenhang mit tektonischen Ereignissen oder isostatischen Ausgleichsvorgängen stehen. Beispiele sind die Neuvermessung eines Dreiecksnetzes nach dem San Francisco-Erdbeben (1906) durch den U.S. Coast and Geodetic Survey und die Beobachtung der Fennoskandischen Landhebung, zunächst mit Hilfe von Meerespegeln und dann auch durch Präzisionsnivellements.

Im ersten Weltkrieg erlöscht mit dem Auslaufen der Vereinbarung über die „Internationale Erdmessung“ (1916) und dem Tode Helmerts (1917) die internationale Zusammenarbeit weitgehend, wenn auch dank der von einigen neutral gebliebenen Staaten getragenen „*Association Géodésique réduite entre Etats Neutres*“ der Polbewegungsdienst weiter arbeitet und seine Daten bis 1923 im Geodätischen Institut Potsdam ausgewertet werden. Besonders verdient machen sich in dieser Interimsphase Raoul Gautier, Direktor de Sternwarte Genf, und H. G. van de Sande Bakhuizen, Sekretär der alten Assoziation und Direktor der Leydener Sternwarte. Nach dem Weltkrieg wird 1919 eine „*Union Géodésique et Géophysique Internationale*“ („International Union of Geodesy and Geophysics“ IUGG) gegründet, Deutschland kann der IUGG allerdings erst 1937 beitreten. Die geodätischen Arbeiten werden zunächst in der 1922 eingerichteten „Section of Geodesy“ und ab 1932 in der „*International Association of Geodesy*“ (IAG) fortgesetzt. Aus der bisher von Regierungen getragenen Vereinigung ist eine „nongovernmental“ Organisation geworden, an deren Arbeit sich Wissenschaftler und Praktiker aus vielen Ländern beteiligen; gleichzeitig verstärkt sich der interdisziplinäre Aspekt in Bezug auf die rasch expandierenden Bereiche der Geophysik. Als Präsidenten der IAG fungieren in dieser Zeit William Bowie (1922–1933), Direktor der geodätischen Abteilung des U.S. Coast and Geodetic Survey, und Felix Andries Vening-Meinesz (1933–1946), Professor für Geodäsie und Geophysik an der Universität Utrecht. Ein Zentralbüro mit dem Generalsekretär (1922–1946) Georges Perrier, Chef der Sektion Geodäsie im Service Géographique de l'Armée, wird in Paris eingerichtet [16].

Die Erdmessungsaufgabe wird – koordiniert durch die IAG – in der Zeit zwischen den beiden Weltkriegen mit den klassischen astrogeodätischen und gravimetrischen Methoden weiter verfolgt, Fortschritte werden dabei besonders in der Datenerfassung durch die Entwicklung verbesserter Messmethoden erzielt.

Die Kontinente werden weiterhin mit lotabweichungsgestützten *Triangulationen* überzogen, wobei für die Erdmessung besonders die Fortschritte bei begonnenen Gradmessungen wie dem afrikanischen Gradbogen und bei großräumigen Landesvermessungen wie in den Vereinigten Staaten und der Sowjetunion von Bedeutung sind. Die Qualität der Dreiecksnetze verbessert sich dabei durch Fortschritte in der Vermessungstechnik, wir nennen die Basismessung mit Invardrähten (Jäderin-Verfahren) und die serienmäßige Produktion feldfähiger optischer Theodolite mit Glaskreisen und Ablesemikroskopen, u. a. durch die Firmen Carl Zeiss/Jena und Wild/Heerbrugg [23].

In den 1920er-Jahren erfährt die *Gravimetrie* mit dem atemberaubenden Aufschwung der Explorationsgeophysik eine rasche Entwicklung. Die nur in einigermaßen flachem Gelände einsetzbare Drehwaage wird dabei seit den 1930er-Jahren durch statische Schweremesser ersetzt, zu den Pionieren dieser Entwicklung gehören A. O. H. Truman und Lucien LaCoste in den USA und A. Schleusener und A. Graf in Deutschland, Abb. 21 zeigt beispielhaft das in größerer Stückzahl hergestellte Thyssen-Schleusener-Gravimeter. Um 1939 haben diese Gravimeter die Drehwaage vollständig verdrängt, sie werden nun auch in Verbindung mit relativen Pendelmessungen zum Aufbau nationaler Schwerenetze eingesetzt. Die

Abb. 21 Thyssen-Schleusener-Gravimeter, ab 1934. Institut für Erdmessung, Leibniz Universität Hannover

geodätische Nutzung der für die Erdölexploration durchgeführten umfangreichen Gravimetermessungen bleibt jedoch wegen der wirtschaftlichen Interessen der Ölindustrie sehr begrenzt. Für die Festlegung eines globalen Schwerereferenzsystems werden neue Reversionspendelmessungen in Washington (1936: Heyl und Cook) und in Teddington (1939: Clarke) wichtig, sie lassen im Potsdamer Schweresystem einen systematischen Fehler von 10–20 mGal vermuten. Ein großer Fortschritt wird bei den Schweremessungen auf See erreicht. Hier gelingt Vening-Meinesz 1923 die Entwicklung eines im getauchten Unterseeboot einsetzbaren Relativpendelapparates, bis in die 1960er-Jahre werden von ihm und anderen Beobachtern bei einer Vielzahl von Expeditionen mehr als 5000 Schwerewerte bestimmt, wobei besonders auch das Schwerefeld im Bereich tektonischer Störungen untersucht wird [55].

Fortgesetzt werden in den 1920er- und 1930er-Jahren auch die Versuche, aus den astrogeodätischen und den gravimetrischen Daten verbesserte Werte für ein *geodätisches Erdmodell* herzuleiten. Von erheblicher Bedeutung wird die Empfehlung der IUGG (1924), das Hayford-Ellipsoid von 1909 als internationales Referenzellipsoid zu nutzen. Dieses geometrische Erdmodell wird 1930 durch eine von G. Cassinis aufgestellte Formel für das Normalschwerefeld dieses Ellipsoides erweitert, die Äquatorschwere geht dabei auf eine Ausgleichung von über 800 Schwerewerten durch Heiskanen zurück. Das internationale Ellipsoid ist damit zum Niveauellipsoid erweitert worden, eine Aufdatierung geschieht erst mit dem Geodätischen Referenzsystem 1967. Krassowsky wertet 1940 Gradmessungen in der UdSSR, in den Vereinigten Staaten und in Westeuropa zusammen mit global verteilten Schwerewerten für ein dreiachsiges Ellipsoid aus, bei einem Achsunterschied von 214 m zeigt die größere äquatoriale Achse in Richtung 15°E. Das hieran angepasste zweiachsige Ellipsoid wird 1946 Bezugsfläche für die Landesvermessung in der UdSSR und in den Staaten des Ostblocks [61].

Wenig erfolgreich sind weiterhin Versuche, ein *dreidreiachsiges Referenzellipsoid* zu berechnen. Das gilt sowohl für die Auswertung von Gradmessungen als auch für die Nutzung von Schwerewerten durch Einbeziehung eines längenabhängigen Terms in die Normalschwereformel. Auch nach Auswahl besonders gut verteilter Datensätze und Anbringen topographisch-isostatischer Reduktionen variieren die Unterschiede zwischen den beiden äquatorialen Halbachsen um einige 100 m und mehr, und die Richtung der größeren Achse schwankt zwischen rund 25°W und 40°E [119]. Die erheblichen Differenzen zwischen den einzelnen Lösungen liegen an der ungleichen Verteilung der terrestrischen Daten und an der Tatsache, dass die gesuchte Abweichung in der Größenordnung der Geoidhöhen bleibt; entsprechende Berechnungen werden schließlich aufgegeben. Aus der Bahnanalyse künstlicher Erdsatelliten ergibt sich später eine Differenz von 70 m für die äquatorialen Hauptträgheitsachsen, wobei die größere Achse in die Richtung 15°W gerichtet ist.

7 Elektronik und künstliche Erdsatelliten – das geodätische Weltsystem entsteht

Der Erdmessungsgedanke erfährt nach Beendigung des zweiten Weltkrieges einen neuen Impuls. Auslöser ist vor allem der Beginn des „Kalten Krieges" zwischen den USA und der Sowjetunion mit der Gefahr einer globalen Kriegführung. Hinzu kommen erhöhte Anforderungen aus dem Verkehrswesen, insbesondere aus der sich rasch entwickelnden Luftfahrt. Die Raumfahrt bringt ab Mitte der 1950er-Jahre (1957 Start des russischen Satelliten Sputnik und amerikanische Vanguard-Mission ab 1958) neue Herausforderungen, gleichzeitig liefern Satellitenbeobachtungen ganz neue und die Erdmessung im Laufe der kommenden fünfzig Jahre völlig verändernde Daten. Aber auch die immer mehr zusammenwachsenden Geowissenschaften wünschen bei vielen Fragestellungen eine globale Referenz, etwa im Rahmen der in den 1960er-Jahren entwickelten Theorie der Plattentektonik und bei der Erfassung der großräumigen Strukturen des Meeresspiegels und deren zeitlicher Änderungen. Die Weiter- oder Neuentwicklung geodätischer Messverfahren durch die sich rasch durchsetzende Elektronik, verbunden mit der gleichzeitig einsetzenden elektronischen Datenverarbeitung erlaubt es bald, diese globalen Problemstellungen aufzugreifen, dabei werden zunächst klassische Strategien weiter verfolgt.

Mit der Einführung geodätischer Raumfahrttechniken wird aber auch das bereits von Bruns [18] entwickelte Konzept der *dreidimensionalen Geodäsie* wieder aufgegriffen und von Marussi [78] und Hotine [60] weiter entwickelt. Molodenski beseitigt mit der Einführung des Quasigeoids die mit dem Geoid verbundenen Hypothesen (Gravitationsfeld im Erdinneren) und übt so erheblichen Einfluss vor allem auf die Modellierung des Schwerefeldes und die Definition und Realisierung von Höhensystemen aus [84, 86]. Der innige Zusammenhang zwischen der geometrischen und der physikalischen Zielsetzung der Geodäsie wird in Standardwerken wie Heiskanen and Vening-Meinesz [55] und Heiskanen and Moritz [54] klar herausgearbeitet.

Die „International Association of Geodesy" (IAG) nimmt bald nach dem zweiten Weltkrieg ihre Tätigkeit wieder auf, sie überprüft nun regelmäßig ihre Statuten und ihre Struktur [9, 29]. Ein wesentlicher Teil der im folgenden genannten Aktivitäten beruht auf Initiativen oder Koordinierung durch die IAG, mit dem Schwerpunkt auf globalen Programmen und wissenschaftlichen Diensten [92]. Die Bundesrepublik Deutschland wird 1951 Mitglied der IAG, 1964 folgt die Deutsche Demokratische Republik. Zum aktuellen Stand der IAG-Aktivitäten siehe insbesondere die Berichte über die IUGG-IAG-Generalversammlungen, z. B. Müller [93].

Wir betrachten zunächst die Entwicklung und die Ergebnisse der *„Vor-Satelliten-Ära"*. Der Geodäsie stehen weiterhin nur die klassischen bodengebundenen Datensätze zur Verfügung. Das sind einmal die auf die Kontinente beschränkten Dreiecksnetze und zum andern die auf dem Festland *und* den Ozeanen messbaren Schwerewerte. Die räumliche Überdeckung mit diesen Daten und ihre Qualität ist sehr unterschiedlich. Die astrogeodätischen Systeme sind darüber hinaus nicht auf das Geozentrum, sondern auf ein davon abweichendes „Geodätisches Datum" bezogen. Dieses ist durch ein konventionelles Referenzellipsoid und die in einem Fundamentalpunkt bestimmte astronomische Netzorientierung definiert, der Mittelpunkt des Ellipsoids und seine Achsrichtungen können dabei um mehrere 100 m bzw. einige Bogensekunden von einem geozentrischen System abweichen. Um 1970 existieren etwa 20 größere und weit über 100 kleinere auf jeweils eigenem „Datum" basierende geodätische Systeme. Auf der Kombination dieser astrogeodätischen Netze mit Hilfe gravimetrisch ermittelter geozentrischer Parameter basiert dann auch das von Heiskanen [51] vorgeschlagene „Geodetic World System". Dieser Strategie zum Aufbau eines geodätischen Weltsystems folgend werden ab 1945 einerseits bestehende astrogeodätische Systeme mit terrestrischen Techniken verbessert und miteinander verbunden, andererseits gravimetrische Daten gesammelt und an ein globales Schweresystem angeschlossen.

Für die Verbesserung und Neueinrichtung klassischer geodätischer *Netze* stehen weiterhin die nun hoch entwickelten Theodolite der optisch-mechanischen Industrie zur Verfügung, In den 1950er- bis 1970er-Jahren wird dann neben der Winkelmessung die *elektromagnetische Streckenmessung* bedeutsam. Mit Lichtwellen (1948: Geodimeter-Entwicklung von Bergstrand) oder mit Mikrowellen (1956: Tellurometer von Wadley) arbeitend, können nun Distanzen bis zu 50 km und mehr direkt mit cm-Genauigkeit gemessen werden. Abb. 22 zeigt beispielhaft einen Präzisionstheodolit und ein elektrooptisches Streckenmessgerät großer Reichweite. Besonders effektiv erweisen sich lange Traversen zur Maßstabskontrolle bestehender oder auch zum Aufbau ganz neuer Netze der Landesvermessung (Australien, U.S.A.). Hinzu kommen erste interkontinentale Verbindungen mit Shoran bzw. Hiran, einem ab Ende der 1940er-Jahre für geodätische Anwendungen (räumliche Trilateration) eingesetzten flugzeuggestützten Impulsmessverfahren der

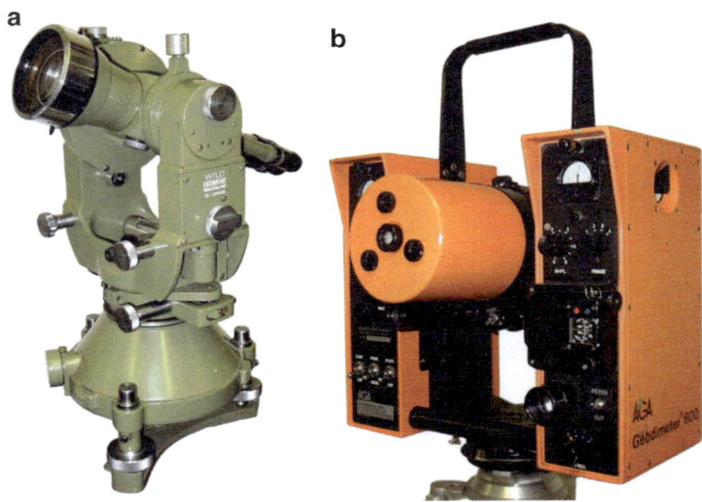

Abb. 22 Präzisionstheodolit Wild T3, Wild Heerbrugg, Schweiz (links) und elektooptisches Distanzmessgerät AGA 600, AGA Stockholm, Schweden (rechts), um 1960. Geodätisches Institut, Leibniz Universität Hannover

U.S. AirForce. So kann 1952 das europäische Dreiecksnetz über Kreta mit dem afrikanischen 30°E-Meridianbogen verbunden werden, und zwischen 1953 und 1956 gelingt die Verbindung des europäischen mit dem nordamerikanischen Dreiecksnetz über Stationen in Norwegen, Schottland, Island, Grönland und Kanada [31].

Die Nutzung der *astrogeodätischen* Methode zum Aufbau eines *Weltsystems* wird besonders intensiv vom U.S. Army Map Service (AMS) betrieben. So werden bereits 1945 die von deutscher Seite gesammelten geodätischen Informationen über Zentral- und Osteuropa einschließlich der deutschen Fachleute nach Westdeutschland verbracht, wo dann ein einheitliches System „Europäisches Datum 1950" (ED50) berechnet wird [139]. Es beruht auf dem Internationalen Ellipsoid von 1924, durch eine Lotabweichungsausgleichung wird dieses optimal an das Geoid angepasst [140]. Bedeutsam wird der Abschluss von zwei *Gradmessungen* sehr großer Ausdehnung (jeweils rund 100 Breitengrade), das sind der euroafrikanische 30°E-Meridianbogen zwischen Finnland und Südafrika und der an der Westküste des amerikanischen Kontinents verlaufende Gradbogen von Alaska bis Chile. Die im südlichen Sudan bestehende Lücke im afrikanischen Bogen wird in den frühen 1950er-Jahren gefüllt, und der Inter American Geodetic Survey schließt in dieser Zeit auch die Triangulationen in Mittelamerika und der Westküste Südamerikas ab. Abb. 23 gibt einen Überblick über die Ende der 1960er-Jahre durch Triangulationen und Trilaterationen erreichte Überdeckung der Erde.

Eine gemeinsame Auswertung von vier sehr langen Gradbögen (euroafrikanischer und amerikanischer Gradbogen, 40°- und 52°-Parallelkreisbögen durch die USA bzw. von Nordfrankreich bis Sibirien) führt zum Hough(1960)-Ellipsoid,

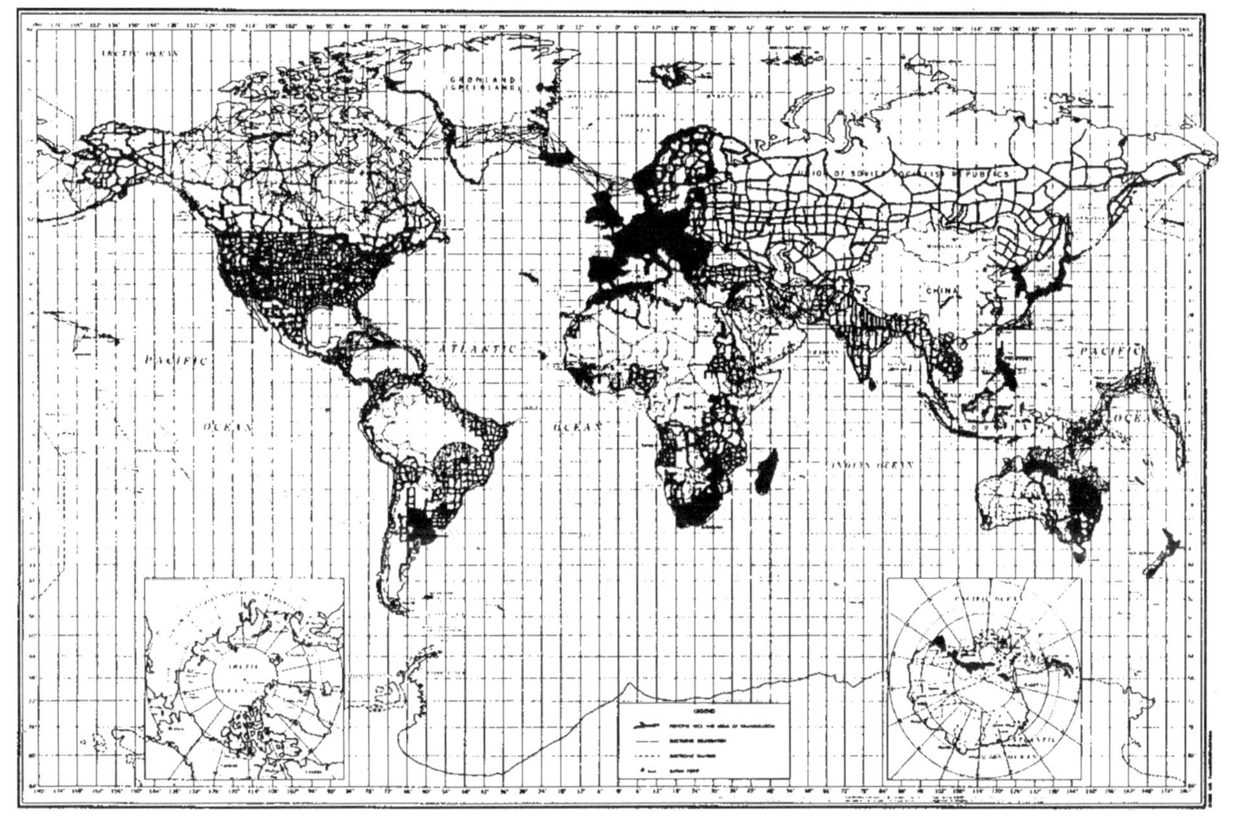

Abb. 23 Globaler Stand der Dreiecksketten und -netze, um 1970. Aus: NOAA Reprint „Geodesy for the Layman", 5. Aufl. (1983). U.S. Dep. of Commerce, NOAA National Ocean Service, Abb. 9

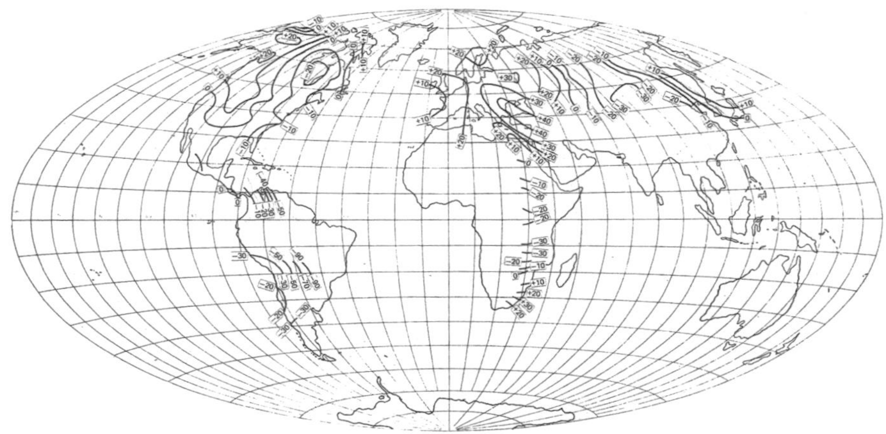

Abb. 24 Astrogeodätisches Geoid (10m-Isolinien), Referenzellipsoid a = 6.378.199 m, f = 1/298,3. Nach: Fischer [35] aus NASA SP-365 [94], Abb. 1.6

das u. a. bei der Vanguard-Mission benutzt wird. Die große Halbachse dieses Ellipsoids ist über 100 m kürzer als die des Internationalen Ellipsoids (1924), dessen Abplattung wird aber beibehalten [22]. Die astrogeodätische Lösung wird in den folgenden Jahren laufend verbessert. Dabei werden eine Anzahl von großräumigen geodätischen Netzen an bestehende Systeme angeschlossen oder zu neuen Systemen verbunden. Zu den größeren Blöcken zählen das North American Datum 1927 (Clarke-Ellipsoid 1866), das European Datum 1950 (s. o.), das Pulkovo Datum 1942 (Krassovsky-Ellipsoid 1940), das South American Datum 1956 (International Ellipsoid 1924) sowie das australische, indische, Tokio- und Kap-Datum [58]. 1959 wird aus den kontinentalen Geoidlösungen ein erweitertes globales astrogeodätisches Geoid berechnet [35]. Dabei sind die Einzellösungen durch das gravimetrische „Columbus-Geoid" (s. u.) verbunden, das geodätische Datum ist durch die Koordinaten des nordamerikanischen Fundamentalpunktes Meades Ranch definiert (Abb. 24). Diese astrogeodätischen Geoidlösungen (Darstellung meist durch 10m-Isolinien) beschränken sich natürlich auf die vermessenen Teile der Kontinente.

Die auf Schwerewerten basierende *gravimetrische* Methode setzt voraus, dass die Messergebnisse sich auf einen einheitlichen *Standard* beziehen, hierzu war das Potsdamer Schweresystem eingeführt worden. Die begrenzte Genauigkeit dieses Systems, verbunden mit der enormen Zunahme der Schweremessungen, führt nach 1945 zu verstärkten Anstrengungen, ein neues Schwerebezugssystem aufzubauen. Die großräumige gravimetrische Vermessung wird durch die Entwicklung leistungsfähiger Federgravimeter gefördert, Abb. 25 zeigt zwei in Geodäsie und Geophysik weit verbreitete Instrumente.

Ein erstes *Weltschwerenetz* (mittlere Unsicherheit ±0.3 mGal) entsteht zwischen 1948 und 1960 durch die weltweiten Pendel- und Gravimetermessungen des

a

b

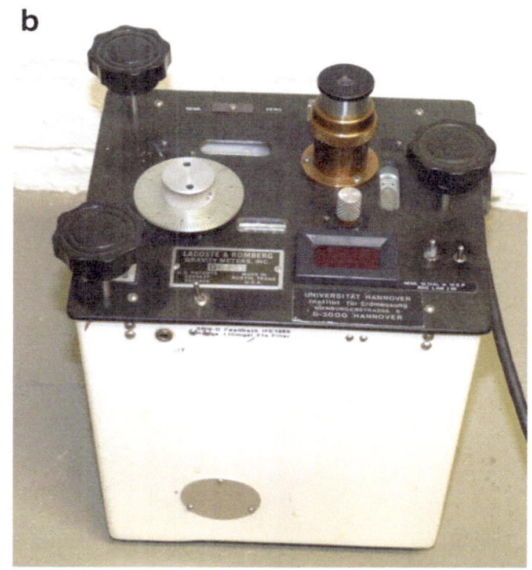

Abb. 25 Worden-Gravimeter, Texas Instruments, Houston, Texas (links) und LaCoste and Romberg-Gravimeter, LaCoste and Romberg Gravity Meters, Inc., Austin, Texas (rechts), um 1960. Institut für Erdmessung, Leibniz Universität Hannover

Geophysical and Polar Research Center der University of Wisconsin [144]. Parallel dazu setzt eine intensive Sammlung von Schweredaten ein, u. a. am Bureau Gravimetrique Internationale der IAG (seit 1951) und an der (heutigen) U.S. National Geospatial-Intelligence Agency (NGA).

Frühe gravimetrische *Geoidberechnungen* [123] nutzen das Stokes-Integral und beruhen auf mittleren Anomalien über $5°\times5°$ bzw. $1°\times1°$-Kompartimente, das entspricht einer räumlichen Auflösung von 550 bzw. 110 km. Zhongolovich [145] legt eine Kugelfunktionsentwicklung bis zu Grad und Ordnung 8 aus $10°\times10°$-Anomalien vor, erhält jedoch fast um den Faktor zwei zu große Geoidhöhen. Abb. 26 zeigt die Ende der 1950er-Jahren vorhandenen gravimetrischen Daten. Die lückenhafte Überdeckung der Erde mit unterschiedlich reduzierten Schwerewerten zwingt auch zur Weiterentwicklung der gravimetrischen Theorie. Hier werden seit den 1950er-Jahren erhebliche Fortschritte erzielt. Das betrifft einmal die Reduktion von Schwerewerten zu Schwereanomalien und zum andern die auf statistischen Methoden basierende Prädiktion in nicht vermessenen Gebieten [65, 88, 133]. Mit dem an der Ohio State University berechneten gravimetrischen „Columbus-Geoid" präsentiert Heiskanen eine Integral-Lösung für die Nordhalbkugel, die auf rund 7000 $1°\times1°$-Anomalien unterschiedlicher Qualität beruht [52] (Abb. 27). Auf verbessertem Datenmaterial beruhende Kugelfunktionsentwicklungen ergeben globale Lösungen, die mit den ersten Satellitenlösungen im Genauigkeitsbereich von 10 bis 20 m übereinstimmen [134], Abb. 28. Die Kollokation nach kleinsten Quadraten verbindet schließlich deterministische und stochastische Ansätze und entwickelt sich mit zunehmender Rechnerkapazität zu einer sehr flexiblen Methode zur Schätzung von Schwerefeldgrößen aus heterogenen Beobachtungen [68, 89].

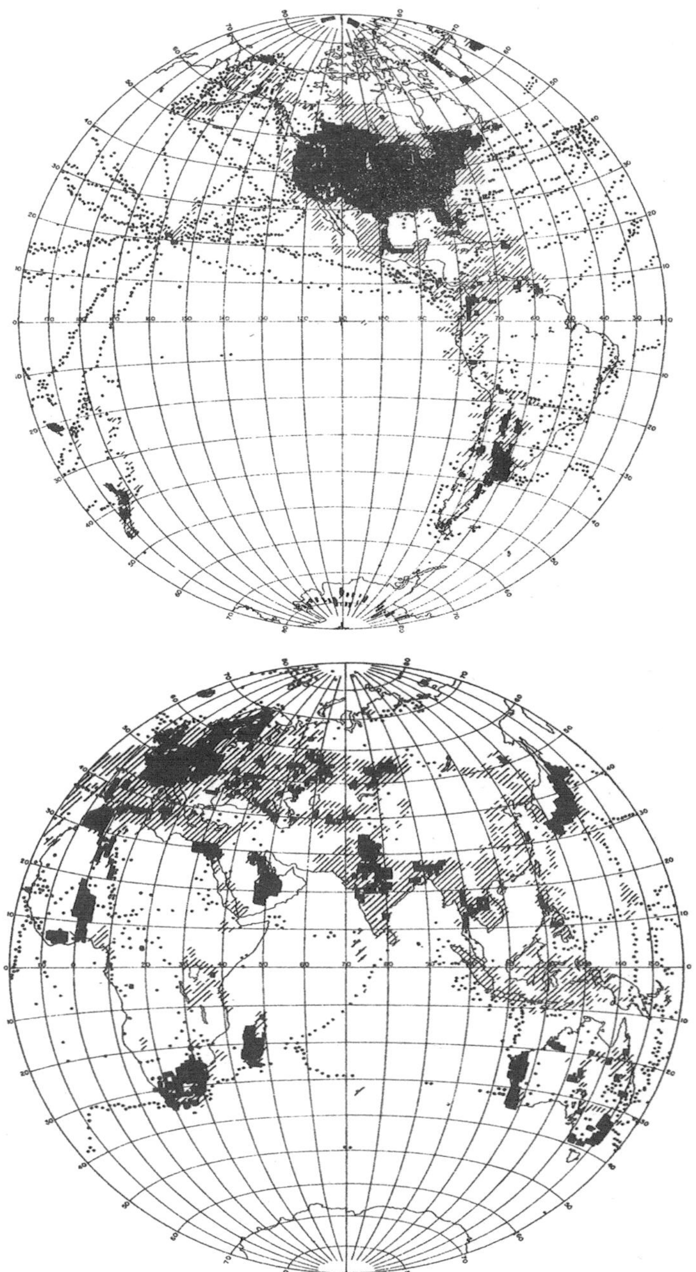

Abb. 26 Global verfügbare Schwerewerte, Ende 1959. Schwarze bzw. schraffierte Flächen: 10 oder mehr bzw.1 bis 9 Schwerepunkte pro 1°×1°-Kompartiment sowie einzelne Schwerewerte. Aus: Heiskanen [53], Abb. 1 und 2

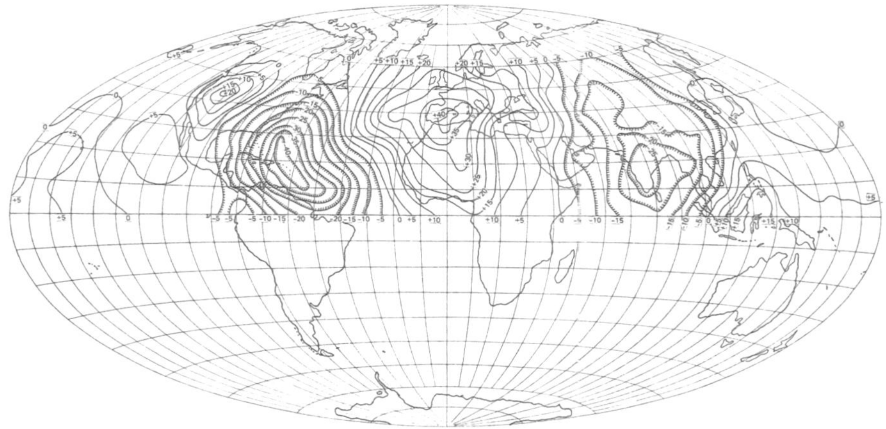

Abb. 27 Gravimetrisches „Columbus-Geoid“ (5m-Isolinien). Referenz Internationales Ellipsoid 1924. Nach: Heiskanen (1957) aus NASA SP-365 [94], Abb. 1.5

Mit der 1957 beginnenden *Satellitenära* und der Möglichkeit, globale Netze *und* Schwerefeldmodelle aus Satellitenbeobachtungen zu entwickeln, übernehmen die bodengebundenen Daten zunehmend die Rolle der hoch auflösenden, von Satelliten nicht abdeckbaren Information. Die geodätische Nutzung von Satelliten wird früh diskutiert [90, 136] und in ersten Lehrbüchern behandelt [4, 13, 66, 91], zur Entwicklung und zum gegenwärtigen Stand siehe u. a. Seeber [111]. Eine ausführliche Darstellung der in den U.S.A. von den verschiedensten Institutionen in den 1960er- und 1970er-Jahren durchgeführten geodätischen Satellitenprojekte und deren Koordinierung durch die NASA findet sich im NASA-Report SP-365 „National Geodetic Satellite Program“, Washington 1977.

Besonders auffällig ist zunächst der radikale Umbruch, den die Satellitengeodäsie in der *geometrischen Geodäsie* einleitet. So werden nun Satellitenmethoden zur Verbindung der auf ein jeweils verschiedenes Geodätischen Datum bezogenen astrogeodätischen Systeme und dann sogar zum Aufbau eines eigenen Satelliten-Weltnetzes eingesetzt. Ein Vorläufer hierzu ist die von Väisälä [135] vorgestellte Stellartriangulation. Dabei werden hochfliegende Ballone vor dem Hintergrund des Fixsternhimmels photographiert und so ein räumliches Richtungsnetz über größere Distanzen aufgebaut. Bis in die 1970er-Jahre hinein entstehen nun solche Netze durch Satellitentriangulation mit Hilfe beleuchteter Satelliten. Parallel hierzu werden erste mit modulierten Mikrowellen arbeitende Satellitensysteme entwickelt, die zunächst zum Aufbau räumlicher Trilaterationsnetze genutzt werden. Einen globalen Beitrag liefert das von 1966 bis 1970 beobachtete und 45 Stationen umfassende geometrische Satelliten-Weltnetz des U.S. National Geodetic Survey (Abb. 29), bei dem optische Richtungsmessungen (Wild BC-4 Kamera) zum Ballonsatelliten Pageos durchgeführt werden; der Maßstab des Netzes wird aus terrestrisch mit elektronischen Distanzmessern bestimmten Traversen abgeleitet

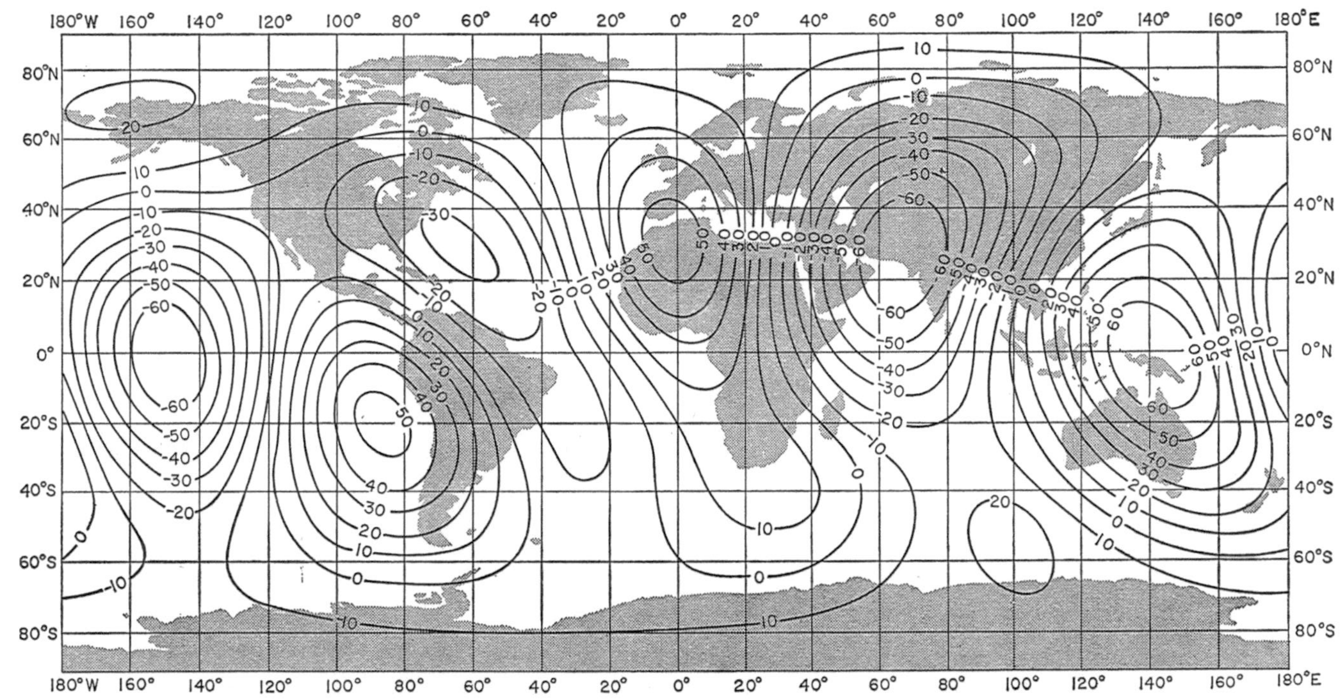

Abb. 28 Gravimetrisches Geoid (10m-Isolinien), Kugelfunktionsentwicklung bis Grad 4, Referenzellipsoid f = 1/298,24. Nach: Uotila [134] aus NASA SP-365 [94], Abb. 1.9

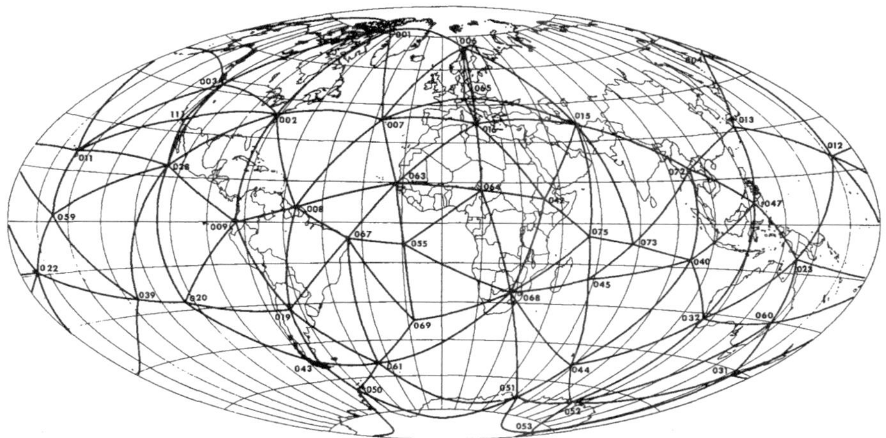

Abb. 29 BC4-Satellitenweltnetz (1966–1970) des U.S. National Geodetic Survey. Aus: Schmid [106], Abb. 53

[106]. Erreicht wird eine Genauigkeit von 4 bis 5 m – eine erste Realisierung eines geodätischen Weltnetzes! Gleichzeitig werden mit dem SECOR-Satellitensystem regional begrenzte dreidimensionale Trilaterationsnetze mit Mikrowellenmessungen aufgebaut, so verbindet ein 1964–1966 beobachtetes äquatoriales Netz das nordamerikanische mit dem japanischen und dem australischen Datum. Systematische Fehler begrenzen die Genauigkeit dieser Netze allerdings auf einige 10 m.

Die am AMS unter der Leitung von Irene Fischer laufenden Arbeiten zur Realisierung eines globalen geodätischen Datums nutzen diese neuen Möglichkeiten. So wird mit dem für das NASA-Raumfahrtprogramm vorgesehenen „Mercury Datum" eine astrogeodätische Lösung vorgestellt, wobei die kontinentalen Systeme wiederum gravimetrisch zentriert werden, die Abplattung aber aus der Satellitengeodäsie übernommen wird [36]. Eine verbesserte Lösung [39] führt zu dem 1967 von der IAG eingeführten *Geodätischen Referenzsystem 1967* (GRS67), diese neuen Werte für die Parameter eines Niveauellipsoids lösen diejenigen des Internationalen Ellipsoids von 1924/1930 ab, die Auswirkung auf die Landesvermessung bleibt allerdings begrenzt.

Ein wichtiger Schritt zur Realisierung eines geodätischen Weltsystems gelingt mit dem seit 1958 entwickelten *Transit-System* der U.S. Navy: Navy Navigation Satellite System NNSS [2]. Es beruht auf der Doppler-Positionierung mit Hilfe aktiver Satelliten und ist ab 1967 auch zivilen Nutzern zugänglich. Zur Bahnberechnung dienen die Daten von vier in den USA gelegenen Tracking-Stationen, deren Koordinaten in einem eigenen System, dem WGS72 gegeben sind. Hierauf beziehen sich dann auch die Koordinaten der neu positionierten Punkte. Die Positionsgenauigkeit kann – in Abhängigkeit von der Zahl und Konfiguration der beobachteten Satellitendurchgänge und der Qualität der benutzten Ephemeriden – im Laufe der Zeit von 10 ... 20 m auf 1 ... 2 m und besser gesteigert werden.

Dopplermessungen werden in den 1970er- und 1980er-Jahren in großem Umfang zur Einrichtung und Verbesserung von Lagefestpunktfeldern durchgeführt, nachdem bereits früh auf den geodätischen Nutzen hingewiesen worden ist.

Das „*World Geodetic System*" (WGS) ist Ende der 1950er-Jahre vom U.S.-Department of Defense (DoD) eingeführt worden. Es soll als einheitliche Grundlage für die Kartenherstellung, Navigation und Geodäsie dienen [26]. Das jeweilige WGS besteht aus den geozentischen Koordinaten der Satelliten-Tracking-Stationen und den Parametern eines bestanschließenden Referenzellipsoids, hinzu kommen ein globales Geopotentialmodell in der Form einer Kugelfunktionsentwicklung, aber auch die Parameter zur geozentrischen Orientierung der astrogeodätischen Systeme. Das WGS60 konzentriert sich noch hierauf, es beruht mit Ausnahme der Abplattung auf terrestrischen Daten. In die späteren Lösungen WGS66 und WGS72 fließen immer mehr Informationen aus der Satellitengeodäsie und der terrestrischen Gravimetrie, später auch der Satellitenaltimetrie und der Very Long Base Line Interferometry (VLBI) ein. WGS wird heute von der U.S. National Geospatial-Intelligence Agency NGA (vorher National Imagery and Mapping Agency NIMA bzw. Defense Mapping Agency DMA) vorgehalten und inzwischen in kürzeren Intervallen aufdatiert. Für die Version WGS84 fallen die Stationskoordinaten praktisch mit dem International Terrestrial Reference Frame ITRF (s. u.) zusammen, und die Ellipsoidparameter stimmen weitestgehend mit den Werten des bereits 1979 von der IUGG empfohlenen „*Geodätischen Referenzsystems GRS80*" überein [87]. Gegenüber dem Vorgängersystem GRS67 verkleinert sich mit dem GRS80 die große Halbachse dieses Niveauellipsoids um 23 m, der Abplattungswert ist nun 1:298,257. Der Äquatorradius ist ausschließlich aus Raumbeobachtungen (Laserdistanzen zu Satelliten, Satellitenaltimetrie, Dopplerpositionierung) bestimmt worden, das gilt auch für die geozentrische Gravitationskonstante. Der dynamische Formfaktor und damit auch die Abplattung sind globalen Schwerefeldmodellen entnommen.

Das an das NNSS anschließende NAVSTAR (Navigation System with Time and Range) *Global Positioning System* GPS beginnt mit der Systementwicklung 1973 (der erste Satellit startet 1978) und wird 1993 voll operationell, daraufhin wird das Transit-System eingestellt; auf den weitreichenden Nutzen für die Geodäsie wird früh hingewiesen [15]. GPS beruht auf Einweg-Mikrowellenentfernungsmessungen zwischen den in einer Höhe von rund 20.200 km in sechs Kreisbahnen angeordneten Satelliten und dem GPS-Empfänger. Die GPS-Ephemeriden und damit auch die Koordinaten der mit GPS bestimmten Punkte beziehen sich auf die im WGS84 koordinierten Tracking-Stationen. Die erreichbare Positionierungsgenauigkeit liegt im Bereich von wenigen Metern bis zu Sub-Zentimetern, sie hängt insbesondere vom Beobachtungsmodus und der Beobachtungszeit sowie den benutzten Ephemeriden und Korrektionen ab. Die zivile Nutzung von GPS wird seit den 1990er-Jahren stark gefördert, was zu einem radikalen, weit über das klassische Vermessungswesen hinaus reichenden Umbruch in der Positionsbestimmung geführt hat. Für die globale Geodäsie ist besonders der 1994 von der IAG eingerichtete „International GPS Service" IGS bedeutsam. Seine Produkte basieren auf einem globalen Netz von z. Z. mehr als 400 permanent operierenden Stationen und mehreren Datenanalyse-Zentren.

Die *Schwerefeldmodellierung* aus Satellitenbahnanalysen startet mit einem spektulären Anfangserfolg, der Ableitung der harmonischen Koeffizienten 2. und 3. Grades der Kugelfunktionsentwicklung. Aus dem ersteren ergibt sich ein Wert von 1:298,3 für die polare Abplattung eines Referenzellipsoids [19, 80], dieser Wert wird (mit laufender Genauigkeitssteigerung) auch in Zukunft bei der Definition globaler Erdmodelle beibehalten. Der zonale Koeffizient 3. Grades lässt sich als Geoiderhöhung von 15 m am Nordpol und eine entsprechende Absenkung am Südpol deuten („Birnenform der Erde“), [95]. Diese ersten global ermittelten Schwerefeldparameter zeigen im übrigen, dass die Erde signifikant vom hydrostatischen Gleichgewicht abweicht – ein bedeutsamer Beitrag zur Geophysik! Es folgen höher auflösende Entwicklungen des Gravitationspotentials, die sich zunächst ausschließlich auf Satellitenbeobachtungen stützen, bald werden die Berechnungen aber auch durch terrestrische Schweredaten und (im Meeresbereich) durch die Satellitenaltimetrie gestützt [100]. Die frühen „satellite-only“-Erdmodelle des Smithsonian Astrophysical Laboratory (SAO Standard Earth 1966–1973, Abb. 30), des NASA Goddard Space Flight Center (Goddard Earth Models GEM ab 1972) und die deutsch-französischen GRIM-Modelle (ab 1976) enthalten neben den geozentrischen Koordinaten der Beobachtungsstationen Kugelfunktionsentwicklungen bis etwa zu Grad und Ordnung 10 (entspricht einer räumlichen Feldauflösung von 18° entspr. 2.000 km), ferner Werte für die große Halbachse eines Bezugsellipsoids und die Geozentrische Gravitationskonstante GM (M=Erdmasse), sie zeigen die globalen Feldstrukturen in hinreichender Übereinstimmung mit verbesserten gravimetrischen Lösungen.

Diese „dynamische Methode“ der Satellitengeodäsie, d. h. die Analyse der beobachteten „Bahnstörungen“ (Abweichungen von einer oskulierenden Kepler-Ellipse), kann sich auf eine immer größere Zahl von Satelliten unterschiedlicher Höhe und Bahnneigung stützen, hinzu kommt die rasch zunehmende Leistungsfähigkeit der Rechner. Bei den Tracking-Daten herrschen anfangs die optischen Richtungsmessungen vor, danach überwiegen Laser- und Mikrowellen-Distanzen sowie Dopplermessungen. Da die Planung der Satelliten-Missionen und die Auswahl der Bodenstationen bis zur Jahrtausendwende jedoch stets nach anderen Kriterien als der Schwerefeldbestimmung vorgenommen wird, sind die erzielten Ergebnisse heterogen. In der räumlichen Auflösung bleiben sie wegen der erst ab einigen 100 km Höhe beginnenden Einsatzmöglichkeit künstlicher Erdsatelliten begrenzt, etwa bei dem Entwicklungsgrad 50. Bei Genauigkeitsansprüchen im cm-Bereich (Geoid) ist also die *hochauflösende* Vermessung des Schwerefeldes durch bodengebundene Verfahren weiterhin notwendig. Datensammlung und Aufbereitung (Schwerestandard, Reduktion zu Schwereanomalien, Mittelwertbildung, Prädiktion in nicht vermessene Gebiete, globale Datenbank) setzt sich deshalb auch in der zweiten Hälfte des 20. Jahrhunderts und danach fort.

Das Problem eines globalen *Schwerestandards* wird in den 1960er-Jahren erneut von der IAG aufgegriffen. Die Ausgleichung eines weltweiten Schwerenetzes führt zum International Gravity Standardization Net 1971 (IGSN71) mit über 1800 Schwerestationen (Unsicherheit i. a. < 0,1 mGal), Abb. 31. Es basiert auf 10 absoluten Schwerebestimmungen, wobei erstmals auch die Freifall-Methode mit einem

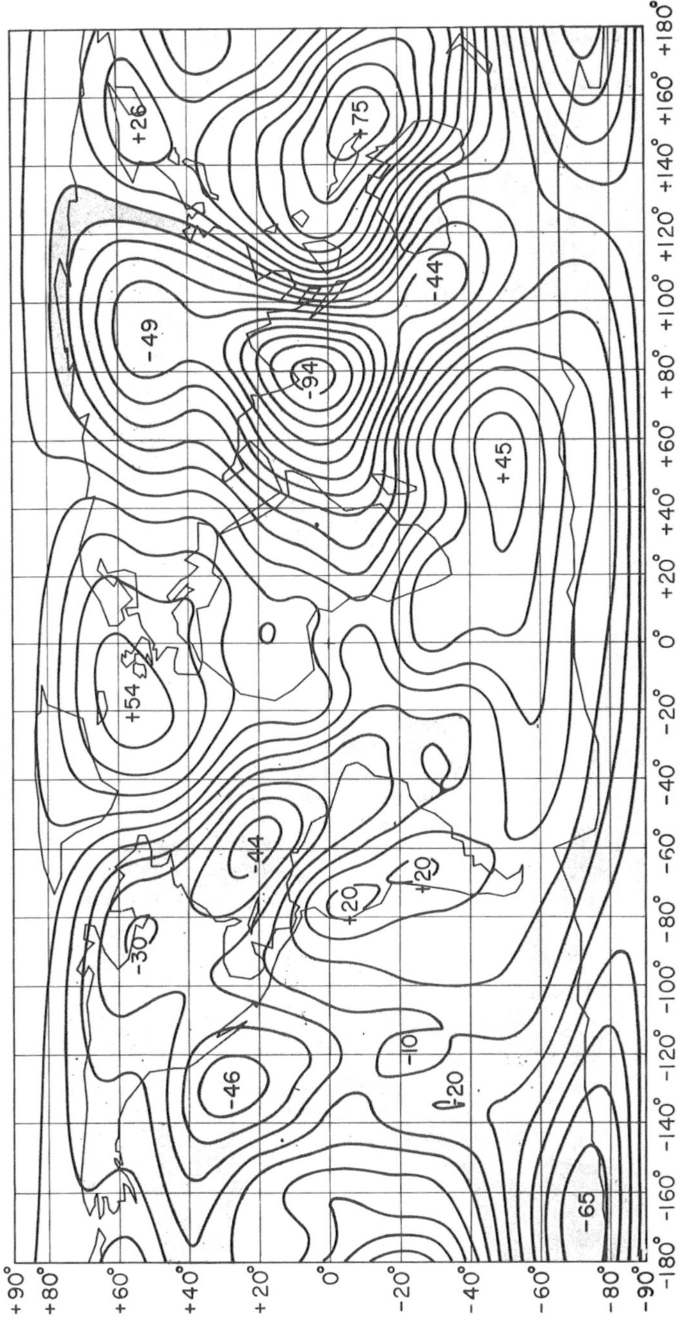

Abb. 30 Satelliten-Geoid (10m-Isolinien) aus photographischen Richtungsmessungen, vollständige Kugelfunktionsentwicklung bis Grad 8, Referenzellipsoid f = 1/298,252 (SAO Standard Earth I). Nach: Gaposchkin [41] aus Arnold [4], S.199

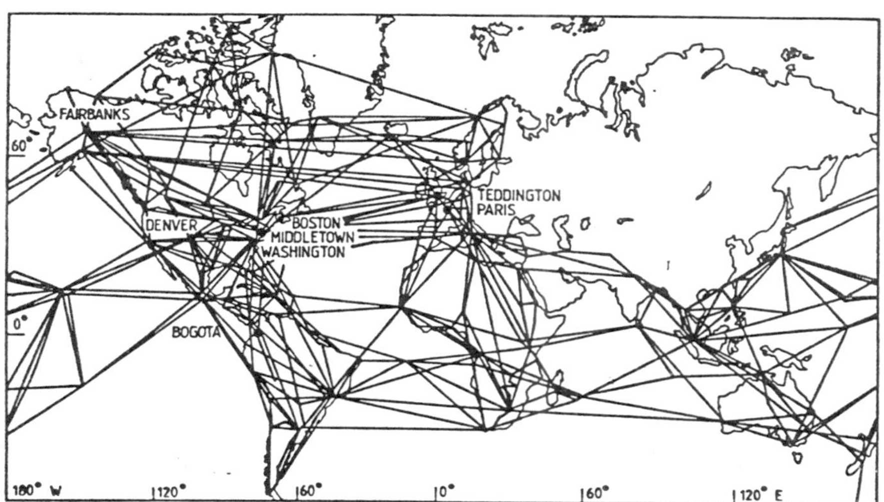

Abb. 31 International Gravity Standardization Net 1971 (IGSN71), Absolutstationen und ausgewählte Relativ-Verbindungen. Nach: Morelli et al. [85]

transportablem Gravimeter eingesetzt wird [32]. Hinzu kommen relative Pendelmessungen und rund 25.000 Gravimetermessungen, wobei überwiegend LaCoste-Romberg-Gravimeter, im euroafrikanischen Raum aber auch Geräte der Firma Askania/Berlin eingesetzt werden [126]. Das nun aufgegebene Potsdamer Schweresystem erfährt eine Niveauverschiebung um –14 mGal [85]. In den 1990er-Jahren tritt dann mit dem verstärkten Einsatz transportabler Absolutgravimeter eine neue Situation bezüglich des Schwerestandards ein [33]. Dieser lässt sich nun bei bestehenden Schwerenetzen leicht überprüfen bzw. bei jeder Neuvermessung herstellen. Eine Erneuerung des IGSN71 wird so überflüssig, was allerdings eine regelmäßige Qualitätskontrolle der Absolutgravimeter voraussetzt [128].

In der Sammlung hoch auflösender *gravimetrischer Daten* werden seit den 1970er-Jahren erhebliche Fortschritte erzielt. Dies beruht einmal auf der Nutzung umfangreicher land- und see-gravimetrischer Datensätze, aber auch auf der seit den 1990er-Jahren operationellen Fluggravimetrie (Grönland, Zentralasien, Antarktis). Ein entscheidender Durchbruch gelingt in den 1970er-Jahren mit der Nutzung der *Satellitenaltimetrie*, die nach Erprobung auf den SKYLAB-Missionen mit dem GEOS-3 Satelliten (1975–1978) beginnt und – bei einer Steigerung der Höhenmessgenauigkeit von 0,5 m auf wenige cm – bis heute erfolgreich eingesetzt wird [3]. Diese direkte Anmessung des Geoids – die Meeresflächentopographie muss durch eine Reduktion berücksichtigt werden – führt zunächst zu Geoidhöhen, die jedoch mit der inversen Stokes'schen Formel auch in Schwereanomalien transformiert werden können [105]. Die sehr lückenhafte gravimetrische Vermessung der Ozeane kann dadurch weitgehend ersetzt werden, mit einer Feldauflösung von inzwischen 1'×1' (entspr. rund 2 km). Die Erdoberfläche ist damit heute bis auf wenige Prozent gravimetrisch vermessen, auf den Kontinenten allerdings mit sehr unterschiedlicher räumlicher Auflösung und Qualität.

Ab Mitte der 1970er-Jahre werden dann auch an immer mehr Stellen höher auflösende Modelle aus der Kombination der Satellitenbahnanalyse mit terrestrischer Gravimetrie und Satellitenaltimetrie berechnet, u. a. an der Ohio State University [99], am Center for Space Research, University of Texas at Austin [124] und am Institut für Erdmessung der Universität Hannover [138]. Die Entwicklungsgrade steigen dabei von etwa 20 bis zu 360. Dies gelingt durch die immer höhere räumliche Auflösung der terrestrischen und der altimetrischen Daten. Eine besondere Bedeutung kommt dem Earth Gravitational Model 1996 (EGM96) der U.S. National Geospatial-Intelligence Agency zu, welches dem WGS84 zugeordnet ist [74]. Diese bis zu Grad und Ordnung 360 vollständige Kugelfunktionsentwicklung kombiniert umfangreiche Datensätze aus Satelliten-Tracking, Schwereanomalien und Satelliten-Altimetrie, die Genauigkeit des entsprechenden Geoids wird mit $\pm 0{,}5$ m (Ozeane) bzw. ± 1 m (Landbereiche) angegeben

Der fortschreitende Ausbau geodätisch relevanter Raumverfahren und die vielfältige Entwicklung geometrischer und gravimetrischer Erdmodelle führt – in Fortsetzung früherer Aktivitäten – in den 1980er-Jahren zu einer durch die Internationale Astronomische Union (IAU) und die Internationale Assoziation für Geodäsie (IAG) koordinierten Aktion. Aufgrund der neuesten wissenschaftlichen Erkenntnisse werden ein raumbezogenes und ein erdfestes (d. h. mit der Erde rotierendes) *Referenzsystem* und ihre gegenseitige Zuordnung definiert und ihre Realisierung durch entsprechende „*Reference Frames*“ festgelegt. Das durch die räumlichen kartesischen Koordinaten der Messstationen beschriebene erdfeste System hat nun seinen Ursprung im Erdschwerpunkt (Geozentrum); die Orientierung seiner Achsen entspricht früheren internationalen Vereinbarungen und Festlegungen (im Rahmen der damals erreichbaren Genauigkeiten) durch das Bureau International de l'Heure („mittlerer“ terrestrischer Nordpol und „mittlere“ Meridianebene von Greenwich).

Für die Bereitstellung und Laufendhaltung dieser Referenzrahmen ist ein *Internationaler Erdrotationsdienst (IERS)* eingerichtet worden. Der IERS sammelt, analysiert und modelliert die Beobachtungen eines globalen Netzes astronomischer und geodätischer Stationen. Zu den Beobachtungstechniken zählen die Langbasis-Interferometrie (Very Long Baseline Interferometry), Lasermessungen zum Mond und zu künstlichen Erdsatelliten, das Global Positioning System (GPS) und das DORIS-(Doppler)System. Die Ergebnisse dieser in eigenen Netzen (organisiert als wissenschaftliche Dienste der IAG und anderer Organisationen) und zum Teil überlappend arbeitenden Systeme (z. B. der International GPS Service IGS) werden vom IERS ausgewertet und kombiniert. Als Ergebnis liegen die geozentrischen Stationskoordinaten und die horizontalen Stationsgeschwindigkeiten zu einer Referenzepoche sowie die Erdorientierungsparameter (Polbewegung und Winkelgeschwindigkeit der Erdrotation) vor. Sie werden in Abständen von einigen Jahren als Realisierung des International Terrestrial Reference System (ITRS) veröffentlicht: *International Terrestrial Reference Frame* (ITRF). Das ITRF2008 bezieht sich auf die Epoche 2000.0 und enthält die Stationskoordinaten und die Horizontalgeschwindigkeiten mit einer Genauigkeit von wenigen mm bzw.

1 mm/Jahr und besser [1]. Inzwischen ist auch ein geodätisches Modell der auf die Plattentektonik zurückzuführenden horizontalen Geschwindigkeiten der Kontinente verfügbar [28].

Mit dem ITRF ist das seit über einhundert Jahren angestrebte Ziel eines erdfesten *geodätischen Weltsystems* mit „cm-Genauigkeit" realisiert. Noch nicht erreicht, aber weit vorangeschritten ist die Entwicklung eines globalen *Schwerefeldmodells* mit einem entsprechenden „cm-Geoid". Hier wird mit den ab dem Jahre 2000 gezielt angelaufenen Schwerefeld-Satellitenmissionen eine neue Qualität erreicht, zum Einsatz kommen nun Satelliten in niedrigen Bahnen (250–450 km Höhe) und mit spezieller Sensorik [102, 104]. Hierüber wird an anderer Stelle ausführlich referiert. Mit der heute möglichen und inzwischen sehr weitreichenden Erfassung *zeitlicher Änderungen* in Geometrie, Schwerefeld und Orientierung des Erdkörpers hat die Erdmessung eine zukunftsorientierte und stark interdisziplinär ausgerichtete Zielsetzung erhalten. Die IAG trägt dieser Herausforderung gezielt mit dem 2003 eingerichteten „Global Geodetic Observation System" (GGOS) Rechnung [98, 103]. Dabei werden die vorhandenen Aktivitäten zur Überwachung des Systems Erde koordiniert und weiterentwickelt, als ein Beitrag zur Erforschung des globalen Wandels.

Literatur

1. Altamini, Z., Colliiieux, X., Métivier, L.: ITRF2008 an improved solution of the international terrestrial reference frame. J. Geod **85**(8), 457–473 (2011)
2. Anderle, R.J.: Doppler satellite measurements and their interpretation. In: Anderson, A.J., Cazenave, A. (Hrsg.) Space Geodesy and Geodynamics, S. 113–167. Academic, London (1986)
3. Andersen, O.B., Knudsen, P.: DNSC08 mean sea surface and mean dynamic topography models. J. Geophys. Res. **114**, C11001 (2009). doi:10.1029/2008JC005179
4. Arnold, K.: Methoden der Satellitengeodäsie. Akademie, Berlin (1970)
5. Baeyer, J.J.: Über die Größe und Figur der Erde, eine Denkschrift zur Begründung einer mitteleuropäischen Gradmessung. Georg Reimer, Berlin (1861)
6. Bauernfeind, C.M.: Elemente der Vermessungskunde, Band I. Cotta'sche Buchhandlung, München (1856)
7. Berger, H.: Geschichte der wissenschaftlichen Erdkunde der Griechen, 2. Aufl. Leipzig (1903)
8. Bessel, F.W., Baeyer.: Gradmessung in Ostpreußen und ihre Verbindung mit preußischen und russischen Dreiecksketten. Gedruckt in der Druckerei der Königl. Akad. d. Wissensch., in Commission bei F. Dümmler (1838)
9. Beutler, G., Drewes, H., Verdun, A.: The new structure of the international association of geodesy viewed from the perspective of history. J. Geod. **77**, 566–575 (2004)
10. Bialas, V.: Praxis Geometrica. Zur Geschichte der Geodäsie am Beginn der Neuzeit. Deutsche Geod. Komm., Reihe E, Nr. 11, München (1970)
11. Bialas, V.: Der Streit um die Figur der Erde – Zur Begründung der Geodäsie im 17. und 18. Jahrhundert. Deutsche Geod. Komm., Reihe E, Nr.14, München (1972)
12. Bialas, V.: Erdgestalt, Kosmologie und Weltanschauung. K. Wittwer, Stuttgart (1982)
13. Bomford, G.: Geodesy, 2. Aufl. Oxford University Press, Oxford (1962)
14. Borrass, E.: Bericht über die relativen Messungen der Schwerkraft mit Pendelapparaten in der Zeit von 1808 bis 1909 und über ihre Darstellung im Potsdamer Schweresystem. Verhandl. 16.Allg. Conferenz der Internat. Erdmessung, III. Teil: Spezialbericht über die relativen Schweremessungen, G. Reimer, Berlin (1911)

15. Bossler, J.D., Goad, C.C., Bender, P.L.: Using the global positioning system (GPS) for geodeting positioning. Bull. Géod. **54**, 553–563 (1980)
16. Boucher, C., Willis, P.: IAG history: the years of the world wars and aftermath (1917–1959). In: Rizos, Chr., Willis, P. (Hrsg.) IAG Symposia Series, Bd. 143. Springer, Berlin/Heidelberg (2015). doi:10.1007/1345_2015_96
17. Brosche, P.: Der Astronom der Herzogin – Leben und Werk von Franz Xaver von Zach. Verlag Harri Deutsch, Frankfurt a. M. (2001)
18. Bruns, H.: Die Figur der Erde – Ein Beitrag zur europäischen Gradmessung. P. Stankiewicz, Berlin (1878)
19. Buchar, E.: Motion of the nodal line of the second Russian Earth satellite (1957β) and the flattening of the Earth. Nature **182**, 198–199 (1958)
20. Buschmann, E.: Ein Jahrhundert Geodäsie in Potsdam. Allg. Verm. Nachr. **100**, 247–265 (1993)
21. Buschmann, E., Herausg.: Aus Leben und Werk von Johann Jacob Baeyer. Institut für Angewandte Geodäsie, Frankfurt a. M. (1994)
22. Chovitz, B.H., Fischer, I.: A new determination of the figure of the Earth from arcs. Trans. Am. Geophys. Union **37**(5), 534–545 (1956)
23. Deumlich, F., Staiger, R.: Instrumentenkunde, 9. Aufl. Wichmann/Hüthig, Heidelberg (2002)
24. Dickey, P.A.: Who discovered Mount Everest? Eos Trans. Am. Geophys. Union **66**(41), 697–700 (1985)
25. Dilke, O.A.W.: Mathematik, Maße und Gewichte in der Antike. Philipps Reclam jun., Stuttgart (1991)
26. DMA: Department of Defense World Geodetic System 1984. DMA Technical Report TR 8350.2 and Supplement TR 830.2-A.B, Washington, D.C. (1987)
27. Dreier, F.A.: Winkelmessinstrumente vom 16. bis zum frühen 19. Jahrhundert. 2., erw. Aufl., Ausstellung im Kunstgewerbemuseum 1979/1980, Staatliche Museen Preußischer Kulturbesitz, Berlin (1989)
28. Drewes, H.: The actual plate kinematic and crustal deformation model APKIM 2005 as basis for a non-rotating ITRF. In: Drewes, H. (Hrsg.) Geodetic Reference Frames. IAG Symposium Proceedings, Bd. 134, S. 95–99. Springer, Berlin/Heidelberg/New York (2009)
29. Drewes, H.: Current activities of the International Association of Geodesy (IAG) as the successor organisation of the Mitteleuropäische Gradmessung. Z. f. Geodäsie, Geoinformation und Landmanagement (zfv) **137**, 175–184 (2012)
30. Engelsberger, M.: Beitrag zur Entwicklungsgeschichte des Theodolits. Deutsche Geod. Komm., Reihe C, Nr. 134, München (1969)
31. Ewing, C.E.M., Mitchell, M.: Introduction to geodesy. American Elsevier Publ. Co., Inc., New York (1970)
32. Faller, J.E.: An absolute interferometric determination of the acceleration of gravity. Bull. Géod. **77**, 203–204 (1965)
33. Faller, J.E., Marson, I.: Ballistic methods of measuring g – the direct free-fall and symmetrical rise- and fall methods compared. Metrologia **25**, 49–55 (1988)
34. Fansa, M., Herausg.: Begleitband zur Sonderausstellung „Ex oriente lux? Wege zur neuzeitlichen Wissenschaft". Landesmuseum für Natur und Mensch, Oldenburg (2009)
35. Fischer, I.: A tentative world datum from geoidal heights based on the Hough ellipsoid and the Columbus geoid. J. Geophys. Res. **64**, 73–84 (1959)
36. Fischer, I.: An astrogeodetic world datum from geoidal heights based on the flattening 1/298.3. J. Geophys. Res. **65**, 2067–2076 (1960)
37. Fischer, I.: The figure of the Earth – changes in concepts. Geophys. Surv. **2**, 3–54 (1975)
38. Fischer, I.: Another look at Eratosthenes' and Posidonius' determinations of the Earth's circumference. Q. J. R. Astron Soc. **16**, 152–167 (1975)
39. Fischer, I., Slutsky, M., Shirley, F.R., Wyatt III, P.Y.: New pieces in the picture puzzle of an astrogeodetic geoid map of the world. Bull. Géod. **88**, 199–221 (1968)
40. Gaede.: Beiträge zur Kenntnis von Gauss' praktisch-geodätischen Arbeiten. Z. f. Verm.wesen **14**, 113–245 (1885)

41. Gaposchkin, E.M.: Tesseral harmonic coefficients and station coordinates from the dynamic method. In: Lundquist, C.A., Veis, G. (Hrsg.) Geodetic parameters for a 1966 Smithsonian Institution Standard Earth. Smithsonian Astrophysical Observatory; Special Report 200, Bd. 2, S. 105–258. Smithsonian Institution, Astrophysical Observatory, Cambridge (1966)
42. Gauß, C.F.: Bestimmung des Breitenunterschiedes zwischen den Sternwarten von Göttingen und Altona. In: Gauss Werke, C.F., Band IX. Königl. Gesellsch. Wissensch. Göttingen, B.G. Teubner, Leipzig 1903 (1828)
43. Geus, K.: Eratosthenes von Kyrene – Studien zur hellenistischen Kultur- und Wissenschaftsgeschichte. C.H. Beck, München (2002)
44. Großmann, W.: Niedersächsische Vermessungsgeschichte im 18. und 19. Jahrhundert. In: Gauß und die Landesvermessung in Niedersachsen. Herausg. Nieders. Verm. Kat. Verw. – Nieders. Landesvermessungsamt Hannover, S. 17–59 (1955)
45. Haasbroek, N.D.: Gemma Frisius, Tycho Brahe and Snellius and their triangulations. Publ. Netherlands Geodetic Commission, Delft (1968)
46. Hamel, J.: Die Vorstellung von der Kugelgestalt der Erde im europäischen Mittelalter bis zum Ende des 13. Jahrhunderts – dargestellt nach den Quellen. Abh. zur Geschichte der Geowissenschaften und Religion/Umwelt-Forschung, Neue Folge, Bd. 3, Münster (1996)
47. Hamel, J.: Geschichte der Astronomie. Birkhäuser Verlag, Basel/Boston/Berlin (1998)
48. Hamel, J., Buschmann, E.: Friedrich Wilhelm Bessels und Johann Jacob Baeyers Zusammenwirken bei der „Ostpreußischen Gradmessung“ 1830–1838. In: Beitr. Baeyer-Symp. Berlin-Köpenick 1994. Deutsche Geod. Komm., Reihe E, Nr. 25, S. 45–57. Frankfurt a. M. (1996)
49. Harnisch, M., Harnisch, G.: Helmerts Arbeiten zur physikalischen Geodäsie. In: Friedrich Robert Helmert, Akademievorträge. Nachr. aus dem Karten- und Vermessungswesen, Reihe I, Nr. Bd. 109, S. 37–77. Institut für Angewandte Geodäsie, Frankfurt a. M. (1993)
50. Hayford, J.F.: The figure of the Earth and isostasy from measurements in the United States. Government Printing Office, Washington (1909)
51. Heiskanen, W.A.: On the World Geodetic System. Veröff. Finn. Geod. Inst., Nr. 39, Helsinki (1951)
52. Heiskanen, W.A.: The Columbus Geoid. EOS Trans. Am. Geophys. Union **38**(6), 841–848 (1957)
53. Heiskanen, W.A.: Report on gravimetric computation of the geoid and of the gravity anomaly field and related quantities in higher elevations. Travaux de l'Association Internationale de Géodésie, Tome 21. Extrait, Paris (1962)
54. Heiskanen, W.A., Moritz, H.: Physical Geodesy. W.H. Freeman and Co., San Francisco/-London (1967)
55. Heiskanen, W.A., Vening-Meinesz, F.A.: The Earth and its gravity field. McGraw-Hill, New York (1958)
56. Helmert, F.R.: Die mathematischen und physikalischen Theorieen der höheren Geodäsie. Teubner, Leipzig (1880/1884)
57. Helmert, F.R.: Die Internationale Erdmessung in den ersten fünfzig Jahren ihres Bestehens. Internat. Monatsschrift für Wissenschaft, Kunst und Technik **7**, 397–424 (1913)
58. Henriksen, S.W.: Introduction to NASA SP-365, **92**, S. 1–85 (1977)
59. Höpfner, J.: The international latitude service – historical review from the beginning to its foundation in 1899 and the period until 1922. Surv. Geophys. **21**, 521–566 (2000)
60. Hotine, M.: Mathematical geodesy. ESSA Momogr. 2, Washington, D.C. (1969)
61. Izotov, A.A.: Reference-ellipsoid and the standard geodetic datum adopted in the USSR. Bull. Géod. **53**, 1–6 (1959)
62. Jordan, W.: Handbuch der Vermessungskunde, fortgesetzt von C. Reinhertz. Bd. 1., 6., erw. Aufl., bearb. von O. Eggert. J.B. Metzlersche Buchhhandlung, Stuttgart (1910)
63. Jordan-Eggert: Handbuch der Vermessungskunde. 3. Band, 2. Halbband, 8. Aufl. Stuttgart (1941)
64. Kakkuri, J., Kukkamäki, T.J., Levallois, J.-J., Moritz, H.: Le 250^{e} anniversaire de la mesure de l'arc du meridien en Laponie. Publ. Finn. Geod. Inst. No. 103, Helsinki (1986)

65. Kaula, W.M.: Statistical and harmonic analysis of gravity. J. Geophys. Res. **64**, 2401–2421 (1959)
66. Kaula, W.M.: Theory of satellite geodesy. Blaisdell Publ. Co., London (1966)
67. Kneissl, M.: Mathematische Geodäsie (Landesvermessung). Jordan/Eggert/Kneissl: Handbuch der Vermessungskunde, zehnte Auflage: Band IV. Metzlersche Verlagsbuchhandlung, Stuttgart (1958/1959)
68. Krarup, T.: A contribution to the mathematical foundation of physical geodesy. Publ. Danish Geod. Inst. 44, Copenhagen (1969)
69. Laitko, H.: Johann Jacob Baeyer, die internationale Stellung des Preußischen Vermessungswesens und die Mitteleuropäische Gradmessung. In: Dahlemer Archivgespräche, Bd. 1, S. 58–78. Archiv zur Geschichte der Max-Planck-Gesellschaft, Berlin (1996)
70. Ledersteger, K.: Astronomische und physikalische Geodäsie (Erdmessung). Jordan/Eggert/Kneissl: Handbuch der Vermessungskunde, zehnte Auflage: Band V. Metzlersche Verlagsbuchhandlung, Stuttgart (1956/1969)
71. Lelgemann, D.: Das Gnomon, das astro-geodätische Messinstrument des klassischen Altertums. Z. f. Verm.wesen **125**, 288–292 (2000)
72. Lelgemann, D.: Eratosthenes von Kyrene und die Messtechnik der alten Kulturen. Verlag Chmielorz, Wiesbaden (2001)
73. Lelgemann, D.: Die Erfindung der Messkunst – Angewandte Mathematik im antiken Griechenland. Wiss. Buchges. Darmstadt (2010)
74. Lemoine, F.G., Kenyon, S.C., et al.: The development of the joint NASDA GSFC and the national imagery and mapping agency (NIMA) geopotential model EGM96. NASA/TP-1998-206861, Goddard Space Flight Center, Greenbelt, Maryland (1998)
75. Levallois, J.J.: The history of the International Association of Geodesy. Bull. Géod. **54**, 248–313 (1980)
76. Lewis, M.J.T.: Surveying instruments of Greece and Rome. Cambridge University Press, Cambridge/New York (2001)
77. Listing, J.B.: Über unsere jetzige Kenntnis der Gestalt und Größe der Erde. Nachr. Kgl. Gesellschaft der Wissenschaften, Göttingen, S. 33–98 (1873)
78. Marussi, A.: Fondements de géometrie differentielle absolue du champ potential terrestre. Bull. Géod. **14**, 411–439 (1949)
79. Méchain und Delambre: Grundlagen des dezimalen metrischen Systems oder die Messung des Meridianbogens zwischen den Breiten von Dünkirchen und Barcelona. Ostwald's Klassiker der exakten Wissenschaften Nr. 181, W. Engelmann, Leipzig 1911 (1806–1810)
80. Merson, R.H., King-Hele, D.G.: Use of artificial satellites to explore the Earth's gravitational field: results from Sputnik 2 (1957β). Nature **182**, 640–641 (1958)
81. Messerschmitt, J.B.: Die Schwerebestimmung an der Erdoberfläche. F. Vieweg und Sohn, Braunschweig (1908)
82. Minow, H., Pfeifer, F., Opdenberg, G. (1973/76): Praxis Geometriae – 5000 Jahre Vermessungswesen. Der Vermessungsingenieur **24**, 19–21, 83–85, 132–135, **25**, 36–47, **26**, 91–96, **27**, 37–59
83. Mittler, E., (Hrsg.): „Wie der Blitz einschlägt, hat sich das Räthsel gelöst" – Carl Friedrich Gauß in Göttingen. Nieders. Staats- und Universitäts-Bibliothek Göttingen (2005)
84. Molodenski, M.S.: Grundbegriffe der geodätischen Gravimetrie. Übersetzt aus dem Russischen (1945). VEB Verlag Technik, Berlin (1958)
85. Morelli, C., Gantar, C., Honkasalo, T., et al.: The International Gravity Standardization Net 1971 (IGSN71). IUGG-IAG Spec. Publ. No. 4, Paris (1974)
86. Moritz, H.: Die Bedeutung der Theorie von Molodenski für die Erdmessung. Allg. Verm. Nachr. **74**, 319–323 (1967)
87. Moritz, H.: The geodetic reference system 1967. Allg. Verm. Nachr. 75, 2–7 (1968)
88. Moritz, H.: Least-squares estimation in physical geodesy. Deutsche Geod. Komm., Reihe A, Nr. 69, München (1970)
89. Moritz, H.: Least squares collocation. Deutsche Geod. Komm., Reihe A, Nr. 75, München (1973)

90. Mueller, I.I.: The geodetic applications of satellites. Inst. of Geodesy, Photogrammetry and Cartography, The Ohio State University, Rep. No. 34, Columbus, Ohio (1964)
91. Mueller, I.I.: Introduction to satellite geodesy. Frederick Ungar Publ. Co., New York (1964)
92. Mueller, I.I.: The space age 1960–1990. In: Rizos, Chr., Willis, P. (Hrsg.) IAG Symp. Series 143. Springer, Berlin/Heidelberg (2015). doi:10.1007/1345_2015
93. Müller. J., (Hrsg.): Berichte zur XXV. Generalversammlung der IUGG – Internationale Assoziation für Geodäsie. Z. f. Geodäsie, Geoinformation und Landmanagement (zfv) **137**, 1–31 (2012)
94. NASA SP-365: National Geodetic Satellite Program. National Aeronautics and Space Administration, Scientific and Technical Information Office, Washington, D.C. (1977)
95. O'Keefe, J.A., Eckels, A., Squires, R.K.: Vanguard measurements give pear-shaped component of Earth's figure. Science **129**, 565–566 (1959)
96. Perrier, G.: Petite Histoire de la Géodésie. Comment l'homme a mesuré et pesé la Terre. Alcan.Presses Universitaires de France, Paris. Deutsche Übersetzung von E. Gigas (1949): Wie der Mensch die Erde gemessen und gewogen hat – Kurze Geschichte der Geodäsie. Bamberger Verlagshaus (1939)
97. Pieper, H.: Johann Jacob Baeyer. In: Beitr. Baeyer-Symp. Berlin-Köpenick 1994. Deutsche Geod. Komm., Reihe E, Nr. **25**, 89–119. Frankfurt a. M. (1996)
98. Plag, H.-P, Pearlman, M. (Hrsg.): Global geodetic observing system. Springer, Berlin/-Heidelberg (2009)
99. Rapp, R.H.: The geopotential to (14,14) from a combination of satellite and gravimetric data. Bull. Géod. No. **91**, 47–80 (1969)
100. Rapp, R.H.: Past and future developments in geopotential modelling. In: Forsberg, R., Feissel, M., Dietrich, R. (Hrsg.) Geodesy on the move: gravity, geoid, geodynamics, and Antarctica. IAG Symp. Proc. **119**, 58–78 (1998)
101. Repsold, J.A.: Zur Geschichte der astronomischen Messwerkzeuge. Leipzig. Nachdruck PNO Gerhard Sauer, Köln 2004 (1908/1914)
102. Rummel, R., Balmino, G., Johannessen, J., Visser, P., Woodworth, P.: Dedicated gravity field missions – principles and aims. J. Geodyn. **33**, 3–20 (2002)
103. Rummel, R., Rothacher, M., Beutler, G.: Integrated global geodetic observing system (IGGOS) – science rationale. J. Geodyn. **40**, 357–362 (2005)
104. Rummel, R., Gruber, T., Flury, J., Schlicht, A.: ESA's Gravity Field and Steady-State Ocean Circulation Explorer GOCE. Zeitschr. für Geodäsie, Geoinformation und Landmanagement (zfv) **134**, 125–130 (2009)
105. Sandwell, D.T., Smith, W.H.F.: Global marine gravity from retracked Geosat and ERS-1 altimetry: ridge segmentation versus spreading rate. J. Geophys. Res. **114**, B01411. doi:10.1029/2008JBoo6008
106. Schmid, H.H.: Three-dimensional triangulation with satellites. NOAA Professional paper 7 (1974), U.S. Dep. of Commerce, NOAA, Rockville (1974)
107. Schmidt, E.: Lehrbuch der mathematischen und physischen Geographie, Erster Theil. Mathematische Geographie. Vandenhoeck und Ruprecht, Göttingen (1829)
108. Schmidt, F.: Geschichte der geodätischen Instrumente und Verfahren im Altertum und Mittelalter. Unveränderter Nachdruck, K. Wittwer, Stuttgart 1988 (1935)
109. Schmidt, R.: Die preussische Dreieckskette vom Rhein über Schlesien nach Memel, 1817–1834. Deutsche Geod. Kom., Reihe E, Nr. 29, München (2007)
110. Schwarz, K.-P.: Zur Erdmessung des Eratosthenes. Allg. Verm. Nachr. **82**, 1–12 (1975)
111. Seeber, G.: Satellite Geodesy, 2. Aufl. de Gruyter, Berlin/New York (2003)
112. Simek, R.: Erde und Kosmos im Mittelalter. C.H. Beck, München (1992)
113. Smith, J.R.: From Plane to Spheroid – Determining the Figure of the Earth from 300 B.C. to the 18th Century. Landmark Enterprises, Rancho Cordova (1986)
114. Smith, J.R.: The beginning of modern geodesy 250 years ago. Surv. Rev. **29**, 105–119 (1987)
115. Smith, J.R.: The Struve geodetic arc. Surv. Land Inf. Sci. **64**(4), 259–266 (2004a)
116. Smith, J.R.: The arc of the 30th meridian. Surv. Land Inf. Sci. **64**(3), 201–208 (2004b)

117. Soldner, J.: Theorie der Landesvermessung. Herausg. von J. Frischauf, Ostwalds Klassiker der Exakten Wissenschaften Nr. 184, W. Engelmann, Leipzig 1911 (1810)
118. Stokes, G.G.: On the variation of gravity on the surface of the Earth. Trans. Camb. Phil. Soc. **8**, 672–695 (1849)
119. Strasser, G.: Ellipsoidische Parameter der Erdfigur. Deutsche Geod. Komm., Reihe A, Nr.19, München (1957)
120. Strasser, G.: Die Toise, der Yard und das Meter. In: Jubiläumsveranstaltung 100 Jahre metrisches Maßsystem in Österreich 1872–1972, S. 19–63. Bundesamt für Eich- und Vermessungswesen, Wien (1972)
121. Szabó, A.: Das geozentrische Weltbild. dtv-Wissenschaft, München (1992)
122. Szabó, Z.: Eötvös the man, the scientist, the organizer. In: Szabó, Z. (Hrsg.) Three Fundamental Papers of Loránd Eötvös: 5-34. Eötvös Lorand Geophysical Institute of Hungary, Budapest (1998)
123. Tanni, L.: On the continental undulations of the geoid as determined from the present gravity material. Publ. Isostat. Inst. IAG, No. 18, Helsinki (1948)
124. Tapley, B., et al.: An improved model for the Earth's gravity field. In: Report. Dep. of Geodetic Science and Surveying, No. 397, The Ohio State Univ. Columbus, Ohio (1989)
125. Todhunter, I.: A history of the mathematical theories of attraction and the figure of the Earth. Macmillan and Co., London (1873). Nachdruck Elibron Classics Series, Damant Media Corp. (2005)
126. Torge, W.: Schweremessungen mit Askania-Gravimetern GS12 in Europa und Afrika. Z. Verm.wesen (ZfV) **91**: 359–370 (1966)
127. Torge, W.: Gravimetry. W. de Gruyter, Berlin/New York (1989)
128. Torge, W.: 100 Jahre Schwerereferenznetze – klassische und moderne Konzeption. Z. Verm.wesen (ZfV) **123**, 355–363 (1998)
129. Torge, W.: Müfflings geodätisches Wirken in der Umbruchepoche vom 18. zum 19. Jahrhundert. Z. Verm.wesen (ZfV) **127**, 97–108 (2002)
130. Torge, W.: Geschichte der Geodäsie in Deutschland, 2. Aufl. W. de Gruyter, Berlin/New York (2009)
131. Torge, W.: From a regional project to an international organization: the „Baeyer-Helmert-Era" of the International Association of Geodesy 1862–1916. Rizos, Chr., Willis, P. (Hrsg.) IAG Symp. Series 14. Springer, Berlin/Heidelberg (2015). doi:10.1007/1345_2015_42
132. Torge, W., Müller, J.: Geodesy, 4. Aufl. W. de Gruyter, Berlin/Boston (2012)
133. Tscherning, C.C., Rapp, R.H.: Closed covariance expressions for gravity anomalies, geoid undulations, and deflections of the vertical implied by anomaly degree variance models. Geod. Science and Surveying, The Ohio State Univ, Rep. 208, Columbus, Ohio (1974)
134. Uotila, U.A.: Harmonic analysis of world-wide gravity material. Ann. Acad. Scient. Fennicae, Series A, III Geol.-Geogr. **6**, 1–17 (1962)
135. Väisälä, Y.: An astronomical method of triangulation. Sitz.ber. Finn. Akad. d. Wiss. 99–107 (1946)
136. Veis, G.: Geodetic uses of artificial satellites. Smithson. Contr. Astrophys. **3**, 95–161 (1960)
137. Weiß, E., Herausg.: Meilensteine im Instrumentenbau. Schriftenreihe Förderkreis Verm.technisches Museum, Bd. 41, Dortmund (2014)
138. Wenzel, H.-G.: Hochauflösende Kugelfunktionsmodelle für das Gravitationspotential der Erde. Wiss. Arb., Fachr. Geodäsie und Geoinformatik, Univ. Hannover, Nr. 137 (1985)
139. Whitten, C.A.: Adjustment of European triangulation. Bull. Géod. No. **24**, 187–203 (1952)
140. Wolf, H.: Die Ausgleichung II des Zentraleuropäischen Netzes. Veröff. Inst. f. Erdmessung, Heft 14, Bamberg (1951)
141. Wolf, H.: Die wissenschaftliche Ausstrahlung Helmert's in die Gegenwart. Deutsche Geod. Komm., Reihe E, Nr. **12**, 15–28. Aachen (1970)
142. Wolf, H.: Friedrich Robert Helmert – sein Leben und Wirken. Z. f. Verm.wesen ZfV **118**, 582–590 (1993)

143. Wolf, R.: Handbuch der Astronomie, ihrer Geschichte und Litteratur. F. Schulthess, Zürich (1890/1892)
144. Woollard, G.P., Rose, J.C.: International gravity measurements. S.E.G. Monogr., University of Wisconsin, Geophys. and Polar Res. Center, Madison, Wisconsin (1963)
145. Zhongolovich, I.D.: The external gravitational field of the Earth and the fundamental constants related to it. Trudy Inst. Teor. Astron. 3, Leningrad (1952)

Signalverarbeitung in der Physikalischen Geodäsie

2

Wolf-Dieter Schuh

Zusammenfassung

In diesem Kapitel werden Verfahren zur rechnerisch-analytischen Auswertung von Messreihen diskutiert. Dabei wird davon ausgegangen, dass die Messungen sowohl von deterministischen als auch von stochastischen Anteilen beeinflusst sind. Ziel einer geeigneten Modellierung ist die Trennung der einzelnen Anteile. Während der deterministische Anteil weitgehend durch geometrische und physikalische Zusammenhänge erklärt und parametrisiert werden kann, liegen über die Zusammensetzung und das Verhalten der stochastischen Einflüsse nur unpräzise Informationen vor. Diese Folge von Zufallsvariablen wird daher als stochastischer Prozess modelliert, dem Eigenschaften wir Stationarität, Homogenität und Isotropie zugeordnet werden können. Für den stochastischen Prozess werden unterschiedliche Darstellungsformen sowohl im Zeitbereich als auch im Frequenzbereich einander gegenübergestellt, wobei bei kovarianzstationären Prozessen auch die zweiten Momente mit einbezogen werden. Autokovarianzen im Zeitbereich und das Leistungsdichtespektrum im Frequenzbereich bilden somit zusammen mit dem Signal und dessen spektraler Darstellung ein Viereck – das Magische Quadrat. Dieser Name wurde gewählt, da vielfach geschlossene Formeln für die Umrechnung zwischen den vier Darstellungsformen gefunden werden können und somit der Weg für unterschiedlichste Modellierungs- und Berechnungsvarianten zur Berücksichtigung der Korrelationen im stochastischen Modell eröffnet werden. Als Optimierungsmodell wird das klassische Kollokationmodell herangezogen, wie in der Physikalischen Geodäsie üblich. Dieses Modell wird als bester linearer erwartungstreuer Prädiktor dargestellt, was eine direkte Gegenüberstellung zu den Kriging-Modellen (Simple-Kriging, Ordinary-Kriging und Universal-Kriging) aus der Geostatistik erlaubt. Für die numerische

W.-D. Schuh (✉)
Institut für Geodäsie und Geoinformation, Universität Bonn, Bonn, Deutschland
E-Mail: schuh@uni-bonn.de

R. Rummel (Hrsg.), *Erdmessung und Satellitengeodäsie*,
Springer Reference Naturwissenschaften, DOI 10.1007/978-3-662-47100-5_15

Implementierung der Korrelationen wird der Zugang über Kovarianzfunktionen und der Zugang über stochastische Prozesse näher diskutiert, die beide auch mit sehr großen Datenmengen noch effizient umgehen können. Zunächst wird auf Kovarianzfunktionen und deren mathematischen Eigenschaften näher eingegangen, der Zusammenhang zu Kovarianzmatrizen und deren positiver Definitheit hergestellt bevor dann spezielle Methoden zur Erstellung von finiten Kovarianzfunktionen erarbeitet werden. Finite Kovarianzfunktionen in $\mathbb{R}$, $\mathbb{R}^2$ und $\mathbb{R}^3$ werden dargestellt und deren Anwendungen auf dem Kreis $\mathbb{S}$ und der Kugel $\mathbb{S}^2$ kurz diskutiert. Für regelmäßig abgetastete kovarianzstationäre Prozesse wird ein alternativer Zugang zur Beschreibung des stochastischen Modells über diskrete lineare Prozesse aufgezeigt. Durch das Magische Quadrat wird die Äquivalenz der beiden Zugänge bewiesen.

Schlüsselwörter
Stochastische Prozesse • Stationarität • Finite Kovarianzfunktionen • Kollokation • Magisches Quadrat • AR-Prozess • Dekorrelationsfilter.

Inhaltsverzeichnis

1 Einleitung

Neben der qualitativen Naturbeobachtung spielt die quantitative Erfassung der vielfältigen Prozesse im System Erde eine zentrale Rolle, denn **Messen schafft Wissen**. Durch Messungen lassen sich die Prozesse direkt oder indirekt beobachten und deren räumliche und/oder zeitliche Entwicklung analysieren. Bei der Durchführung von Messungen werden die zu quantifizierenden Parameter oft durch zusätzliche Signale überlagert, die sowohl Nutz- als auch Störsignale darstellen können. Das Beobachtungsmodell wird durch eine Kombination von deterministischen und stochastischen Anteilen beschrieben. In der Physikalischen Geodäsie wird vielfach die Methode der Kollokation nach [17] und [25] verwendet und die Beobachtung

$\mathcal{L}_t$ durch

$$\mathcal{L}_t = \boldsymbol{A}_t \boldsymbol{\xi} + \mathcal{S}_t + \mathcal{N}_t \tag{1}$$

dargestellt. Dabei bezeichnen $\mathcal{L}_t$ und $\mathcal{S}_t$ Zufallsvariable, die den Beobachtungsprozess bzw. den Signalanteil für eine bestimmte Situation t beschreiben. $\boldsymbol{A}_t \in \mathbb{R}^{1\times m}$ stellt den funktionalen Zusammenhang zwischen der Beobachtungsgröße $\mathcal{L}_t$ und den m (wahren) Parametern $\boldsymbol{\xi} \in \mathbb{R}^m$ her. Ein zumeist auftretendes rein zufälliges Störsignal (Rauschen) wird durch $\mathcal{N}_t$ gekennzeichnet. Der Index t kann dabei sowohl einen bestimmten Ort als auch eine bestimmte Zeit oder eine sonstige Situationsbeschreibung repräsentieren. Die Menge aller gemessenen Situationen sammeln wir in T $(t \in T)$, wobei die Mächtigkeit $\#T$ (=Anzahl der Situationen) mit n festgelegt ist, $\#T = n$. Die Sequenzen $\{\mathcal{L}_t, t \in T\}$, $\{\mathcal{S}_t, t \in T\}$ und $\{\mathcal{N}_t, t \in T\}$ beschreiben somit stochastische Prozesse, deren Eigenschaften durch die (multivariate) Wahrscheinlichkeitsdichtefunktionen (PDF) bzw. deren Momente (z. B. Erwartungswert $E\{.\}$, Varianz $\Sigma\{.\}$, ...) beschrieben werden. Ordnet man die Beobachtungen, Signale und das Rauschen in einer geeigneten Reihenfolge und fasst sie in den Vektoren $\boldsymbol{\mathcal{L}}$, $\boldsymbol{\mathcal{S}}$ und $\boldsymbol{\mathcal{N}}$ zusammen, so ergibt sich der multivariate Erwartungswert $\boldsymbol{E}\{.\}$ als vektorwertige Funktion und $\boldsymbol{\Sigma}\{.\}$ kennzeichnet das multivariate zweite zentrale Moment, die Varianzen und Kovarianzen.

In Vektor-Matrix Schreibweise lässt sich das Kollokationsmodell durch

$$\boldsymbol{\mathcal{L}} = \boldsymbol{A}\boldsymbol{\xi} + \boldsymbol{\mathcal{S}} + \boldsymbol{\mathcal{N}} \tag{2}$$

mit $\boldsymbol{\mathcal{L}}, \boldsymbol{\mathcal{S}}, \boldsymbol{\mathcal{N}} \in \mathbb{R}^n$; $\boldsymbol{\xi} \in \mathbb{R}^m$; $\boldsymbol{A} \in \mathbb{R}^{n\times m}$ zusammenfassen, wobei die Zufallsvektoren durch ihre ersten und zweiten Momente $\boldsymbol{E}\{\boldsymbol{\mathcal{S}}\}$, $\boldsymbol{\Sigma}\{\boldsymbol{\mathcal{S}}\}$ bzw. $\boldsymbol{E}\{\boldsymbol{\mathcal{N}}\}$, $\boldsymbol{\Sigma}\{\boldsymbol{\mathcal{N}}\}$ genauer beschrieben sind. Wir gehen für die weiteren Darstellungen davon aus, dass $\boldsymbol{\mathcal{S}}$ und $\boldsymbol{\mathcal{N}}$ unkorreliert sind, $\boldsymbol{\Sigma}\{\boldsymbol{\mathcal{S}}, \boldsymbol{\mathcal{N}}\} = \mathbb{O}_n$. $\mathbb{O}_n$ kennzeichnet eine quadratische Nullmatrix mit n Zeilen und Spalten. Somit ist die Varianz von $\boldsymbol{\mathcal{L}}$ als Summe der Einzelvarianzen $\boldsymbol{\Sigma}\{\boldsymbol{\mathcal{L}}\} = \boldsymbol{\Sigma}\{\boldsymbol{\mathcal{S}}\} + \boldsymbol{\Sigma}\{\boldsymbol{\mathcal{N}}\}$ darstellbar. Die durchgeführten Messungen $\boldsymbol{l}$ werden nun als eine spezielle Realisierung der Zufallsvariablen $\boldsymbol{\mathcal{L}}$ betrachtet, womit auch $\boldsymbol{s}$ und $\boldsymbol{n}$ konkrete Realisierungen der Zufallsvektoren $\boldsymbol{\mathcal{S}}$ und $\boldsymbol{\mathcal{N}}$ bezeichnen,

$$\boldsymbol{\ell} = \boldsymbol{A}\boldsymbol{\xi} + \boldsymbol{s} + \boldsymbol{n}. \tag{3}$$

In diesem Artikel wird konsequent zwischen Zufallsgrößen in kaligraphischen Schriftzeichen $\mathcal{X}$, wahren Werten in griechischen Zeichen ξ und Messungen oder Realisierungen der Zufallsvariablen in lateinischen (italic) Buchstaben x unterschieden. Vektoren, Matrizen und vektorwertige Funktionen werden durch Fettdruck $\boldsymbol{\mathcal{X}}$, $\boldsymbol{\xi}$, $\boldsymbol{x}$, $\boldsymbol{E}\{\boldsymbol{\mathcal{X}}\}$ herausgehoben. Die Tilde (Schlange) über den Variablen weist immer auf ausgeglichene (optimal geschätzte) Größen hin. Die Varianz/Kovarianzen des Signals $\boldsymbol{\Sigma}\{\boldsymbol{\mathcal{S}}\}$ und des Rauschens $\boldsymbol{\Sigma}\{\boldsymbol{\mathcal{N}}\}$ für alle gemessenen Situationen $t \in T$ mit $\#T = n$ werden in den Matrizen $\boldsymbol{\Sigma}_{\mathcal{SS}}$ bzw. $\boldsymbol{\Sigma}_{\mathcal{NN}}$ zusammengefasst und die Kurzform $\boldsymbol{\Sigma} := \boldsymbol{\Sigma}_{\mathcal{SS}} + \boldsymbol{\Sigma}_{\mathcal{NN}}$ eingeführt.

Der Artikel ist wie folgt aufgebaut. Im Abschn. 2 werden wir zunächst sehr allgemein auf stochastische Prozesse eingehen und uns dann speziell kovarianzstationären Prozessen widmen. Durch Anordnung mehrerer Darstellungsformen in einem einheitlichen Schema – *Magisches Quadrat* genannt – erstellen wir eine kompakte Übersicht über diese Darstellungsformen. Näheres Augenmerk wird im Abschn. 2.1 auf regelmäßig abgetastete kovarianzstationäre Prozesse gelegt. Im Abschn. 3 wird dann die Theorie zur Parameterschätzung (Abschn. 3.1) und Signalschätzung (Abschn. 3.2) durch Kollokation wiedergeben. Auf die Auswertung des Gesamtmodells werden wir in Abschn. 3.3 eingehen und die Ergebnisse der Kollokationsmodelle den aus der Geostatistik weit verbreiteten Krigingmodellen gegenüberstellen. Im Abschn. 4 werden unterschiedliche Zugänge zur Modellierung der Kovarianzen beschrieben, wobei einerseits auf den Zugang mit Kovarianzfunktionen (Abschn. 4.1) bzw. finiten Kovarianzfunktionen (Abschn. 4.2) und andererseits die Modellierung über diskrete kovarianzstationäre Prozesse (Abschn. 4.3) eingegangen wird, wo dann spezielle Dekorrelationsfilter (Abschn. 4.4) zur effizienten Modellierung der Korrelationen für äquidistanten stochastische Prozesse entwickelt werden. Ein Fazit und Ausblick (Abschn. 5) schließt dann diese Arbeit ab.

2 Stochastische Prozesse

Alle Messungen werden durch Signale überlagert, die sich aus vielen zufällig wirkenden Komponenten zusammensetzen. Die mathematische Beschreibung dieser zufälligen Vorgänge erfolgt über einen kontinuierlichen stochastischen Prozess $\{\mathcal{S}(\boldsymbol{t}); \boldsymbol{t} \in \mathbb{R}^d\}$ oder wenn diskrete Abtastpunkte $\boldsymbol{t}_i$ vorliegen durch einen diskreten stochastischen Prozess $\{\mathcal{S}_{\boldsymbol{t}_i}; i \in \mathbb{Z}\}$. Die Abtastpunkte $\boldsymbol{t}_i$ beschreiben dabei einen Punkt im Raum und/oder in der Zeit, der durch d Dimensionen aufgespannt ist und vielfach auf eine Region beschränkt ist.

Für jeden Abtastpunkt $\boldsymbol{t}_i$ ist $\mathcal{S}_{\boldsymbol{t}_i}$ eine Zufallsvariable, die durch die Randverteilung $G^{\mathcal{S}}_{\boldsymbol{t}_i}(x)$; $x \in \mathbb{R}$, einer gemeinsamen (Wahrscheinlichkeits-)Verteilungsfunktion

$$F^{\mathcal{S}}_{\{\boldsymbol{t}_i; i \in \mathbb{Z}\}}(\boldsymbol{x}) = P\,\{\mathcal{S}_{\boldsymbol{t}_i} \leq \boldsymbol{x}; i \in \mathbb{Z}\} \tag{4}$$

beschrieben wird. Die Variable x beschreibt die freie Variable der Randverteilungsfunktion $G^{\mathcal{S}}_{\boldsymbol{t}_i}(x)$ für die Zufallsvariable $\mathcal{S}_{\boldsymbol{t}_i}$, wohingegen im Vektor $\boldsymbol{x}$ die freien Variablen der gemeinsamen Verteilungsfunktion $F^{\mathcal{S}}_{\{\boldsymbol{t}_i; i \in \mathbb{Z}\}}(\boldsymbol{x})$ zusammengefasst sind. Kovarianzen zwischen den Zufallsvariablen $\mathcal{S}_{\boldsymbol{t}_j}$ und $\mathcal{S}_{\boldsymbol{t}_k}$ für die Abtastpunkte $\boldsymbol{t}_j$ und $\boldsymbol{t}_k$ werden durch die gemeinsame Randverteilung $G^{\mathcal{S}}_{\boldsymbol{t}_j, \boldsymbol{t}_k}(\boldsymbol{x})$ mit $\boldsymbol{x} = [x_1 \; x_2]^T \in \mathbb{R}^2$ festgelegt, wobei x_1 wieder die freie Variable in der Verteilungsfunktion für den ersten Abtastpunkt $\boldsymbol{t}_i$ und x_2 für $\boldsymbol{t}_j$ kennzeichnet. Für höhere multivariate Momente gilt dies entsprechend.

Betrachten wir jedoch nur Prozesse, deren statistische Eigenschaften in Raum/Zeit unverändert bleiben, so beschränken wir uns auf *stationäre Prozesse*. Nach Khintchine [14, S. 606] (siehe auch Brockwell und Davis [3, Def 1.3.3]) ist ein stochastischer Prozess $\{\mathcal{S}_{\boldsymbol{t}_i}; i \in \mathbb{Z}\}$ *stationär*, wenn die gemeinsamen Randverteilungen bezüglich k aufeinanderfolgender Zufallsvariablen zu verschiedenen Zeitpunkten $\boldsymbol{t}_i$ und $\boldsymbol{t}_{i+h}$ ident sind,

$$G^{\mathcal{S}}_{\boldsymbol{t}_i,\ldots,\boldsymbol{t}_{i+k-1}}(\boldsymbol{x}) = G^{\mathcal{S}}_{\boldsymbol{t}_{i+h},\ldots,\boldsymbol{t}_{i+h+k-1}}(\boldsymbol{x}), \quad k \in \mathbb{N}^+;\ i,h \in \mathbb{Z}; \boldsymbol{x} \in \mathbb{R}^k. \tag{5}$$

h legt dabei einen beliebigen Verschiebeparameter fest. Für $k = 1$ gilt, dass die Randverteilung $G^{\mathcal{S}}_{\boldsymbol{t}_i}(x)$ für alle i unverändert bleibt und somit der Erwartungswert $E\{\mathcal{S}_{\boldsymbol{t}_i}\}$, die Varianz $\Sigma\{\mathcal{S}_{\boldsymbol{t}_i}\}$ sowie alle höheren univariaten Momente $E\left\{\mathcal{S}^p_{\boldsymbol{t}_i}\right\}$ der Zufallsvariablen $\mathcal{S}_{\boldsymbol{t}_i}$ für alle Abtastpunkte $\boldsymbol{t}_i$ unverändert bleiben. Für $k = 2$ sind auch die bedingten Wahrscheinlichkeitsverteilungen zwischen jeweils zwei Abtastpunkten gleich. Somit bleiben auch die Kovarianzen zwischen jeweils zwei Abtastpunkten unverändert. Man spricht dann von *Stationarität der Ordnung 2*, *schwach stationären Prozessen* oder etwas präziser auch von *kovarianzstationären stochastischen Prozessen*. Für $k = \infty$ spricht man von *stark* stationären Prozessen.

Bei geodätischen Beobachtungsprozessen nach (1) wird vielfach davon ausgegangen, dass der stochastische Prozess durch ein funktionales Modell $\boldsymbol{A\xi}$ überlagert wird. Im Zusammenhang mit der Stationarität der Zeitreihe wird dieser deterministische Trend vielfach als Störgröße empfunden. [32] spricht von einem *systematisch verfälschten Zufallsvorgang* und empfiehlt eine Trendabspaltung vorweg vorzunehmen, um die Stationarität zu gewährleisten. Nach [50] setzt sich ein kovarianzstationärer Prozess aus einem deterministischen Anteil und einem stochastischen Anteil (Innovationsprozess) zusammen, womit der Trendanteil in dieser Definition auch Bestandteil des stationären Prozesses ist. Beiden Argumentationen begegnet man oft und man sollte daher genau auf die Definitionen achten. Wir werden in weiterer Folge noch mehrfach auf diese Diskussion zurückkommen.

Betrachtet man *Gauß-Prozesse*, für welche die Verteilung aller Zufallsvariablen durch eine multivariate Normalverteilung festgelegt ist, haben *kovarianzstationäre Prozesse* eine besondere Bedeutung. Da die Randverteilungen einer multivariaten Normalverteilung wieder der Normalverteilung genügen, wird diese durch die beiden Parameter – Erwartungswert $E\{\mathcal{S}_{\boldsymbol{t}_i}\}$ und Autokovarianz $\Sigma\left\{\mathcal{S}_{\boldsymbol{t}_i}, \mathcal{S}_{\boldsymbol{t}_j}\right\} = E\left\{(\mathcal{S}_{\boldsymbol{t}_i} - E\{\mathcal{S}_{\boldsymbol{t}_i}\})(\mathcal{S}_{\boldsymbol{t}_j} - E\left\{\mathcal{S}_{\boldsymbol{t}_j}\right\})\right\}$ – vollständig beschrieben. Um starke Stationarität für den *Gauß-Prozess* herzustellen genügen somit die Forderungen [3, Def 1.3.2]

- $E\{\mathcal{S}_{\boldsymbol{t}_i}\} = \mu$ mit $\mu \ldots const.$, (6)
- $E\left\{\mathcal{S}^2_{\boldsymbol{t}_i}\right\} < \infty$, (7)
- $\Sigma\{\mathcal{S}_{\boldsymbol{t}_i}\} = E\left\{(\mathcal{S}_{\boldsymbol{t}_i} - E\{\mathcal{S}_{\boldsymbol{t}_i}\})^2\right\} = \sigma^2$ mit $\sigma^2 \ldots const.$ und (8)
- $\Sigma\left\{\mathcal{S}_{\boldsymbol{t}_i}, \mathcal{S}_{\boldsymbol{t}_j}\right\} = \Sigma\left\{\mathcal{S}_{\boldsymbol{t}_{i+h}}, \mathcal{S}_{\boldsymbol{t}_{j+h}}\right\}$ für $i, j, h \in \mathbb{Z}$. (9)

Zur Beschreibung der Eigenschaften eines kovarianzstationären stochastischen Prozesses werden oft sowohl Darstellungen im Ortsbereich als auch im Frequenzbereich genutzt. Neben dem *stochastischen Prozess* und der *Autokovarianzfolge* im Ortsbereich werden auch die *spektrale Repräsentation* des Prozesses und die

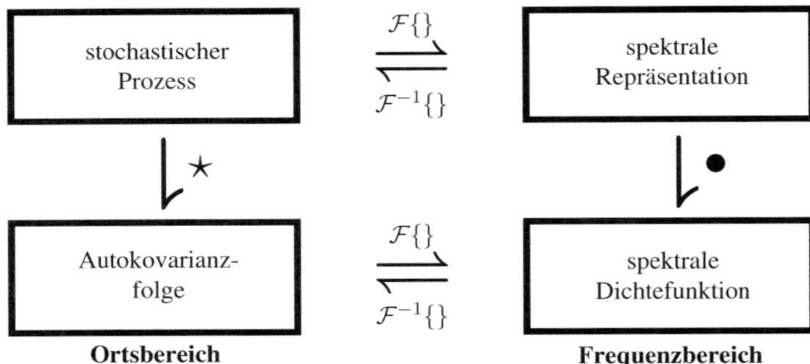

Abb. 1 Magisches Quadrat eines kovarianzstationären Prozesses

spektrale Verteilungs- oder Dichtefunktion verwendet. Diese vier Darstellungsformen und ihre Beziehungen untereinander können sehr anschaulich in einer Figur zusammengefasst werden, die wir als „*Magisches Quadrat*“ bezeichnen. In Abb. 1 bilden die vier Eckpunkte die vier unterschiedlichen Darstellungsformen des kovarianzstationären stochastischen Prozesses. Links ist der Ortsbereich und rechts der Frequenzbereich angeordnet. Die horizontalen Pfeile deuten den mathematischen Übergang vom Ortsbereich in den Frequenzbereich bzw. die Umkehrung an. Für diesen Übergang verwendet man oft den Begriff *Fouriertransformation*, was symbolisch mit $\mathcal{F}\{.\}$ angedeutet ist. Die Umkehroperation vom Frequenzbereich in den Ortsbereich wird als *inverse Fouriertransformation* bezeichnet und ist symbolisch mit $\mathcal{F}^{-1}\{.\}$ gekennzeichnet. Der Übergang von der oberen in die untere Zeile erfolgt im Ortsbereich durch einen Korrelationsoperator ($\star$) und im Frequenzbereich gemäß dem Korrelationstheorem durch eine Multiplikation ($\bullet$). Somit kann auf unterschiedlichen Wegen von einer Darstellungsform auf die andere übergangen werden, womit die Analogie zum *Magischen Quadrat* sehr nahe liegt.

Mit dem Magischen Quadrat können nun unterschiedliche Arten von Signalen erfasst werden. Die Signale können

- reell, komplex oder vektorwertig,
- kontinuierlich oder diskret, regelmäßig oder nicht regelmäßig,
- periodisch oder nicht periodisch,
- gefenstert oder unendlich ausgedehnt in Raum und/oder Zeit,
- stochastisch oder deterministisch.

sein, um hier nur einige Möglichkeiten aufzuzeigen. Davon unmittelbar abhängig muss eine entsprechende Form der *Fouriertransformation* in den Frequenzbereich definiert werden. Damit lassen sich die weiteren Darstellungsformen und Transformationen herleiten und somit das Magische Quadrat vervollständigen. Aber auch besondere Prozesse wie *autoregressive Prozesse* oder *Moving-Average Prozesse* können als Ausgangssignale vorgegeben werden und deren Darstellungsformen und Übergänge konkretisiert werden. Nicht in allen Fällen können geschlossene analytische Darstellungen für die Übergänge abgeleitet werden. Vielfach können auf unterschiedlichen Pfaden auch unterschiedliche Rechenformeln für ein und dieselbe Darstellungsform hergeleitet werden.

Bei automatisierten Messprozessen liegt zumeist eine regelmäßige Abtastung vor, sodass dem regelmäßig abgetasteten kovarianzstationären Prozess in vielen Anwendungen eine Sonderstellung zukommt. Daher werden wir diesen Prozess im Unterabschnitt 2.1 näher beleuchten.

2.1 Regelmäßig abgetasteter kovarianzstationärer Prozess

Werden bei einem zeitdiskreten stochastischen Prozess $\{\mathcal{S}_{t_i}; i \in \mathbb{Z}\}$ nur regelmäßige Zeitpunkte $t_i = i\,\Delta t$ in Betracht gezogen, so beschreibt $\{\mathcal{S}_{i\,\Delta t}; i \in \mathbb{Z}\}$ einen regelmäßig abgetasteten stochastischen Prozess, den wir im Folgenden kurz mit $\{\mathcal{S}_t\}_{\Delta t}$ bezeichnen werden. Die Autokovarianzen $\Sigma\left\{\mathcal{S}_{i\,\Delta t}, \mathcal{S}_{j\,\Delta t}\right\}$ sind wegen (9) nur vom Abstand $|i-j|$ zwischen den Zeitpunkten abhängig. Die absoluten Zeitpunkte $t_i = i\,\Delta t$ bzw. $t_j = j\,\Delta t$ sind belanglos. Die *Autokovarianzfolge*

$$\gamma_{|t|}^{\mathcal{S}} = \gamma^{\mathcal{S}}(|i-j|\Delta t) = \Sigma\left\{\mathcal{S}_{t_i}, \mathcal{S}_{t_j}\right\} = E\left\{(\mathcal{S}_{t_i} - \mu)(\mathcal{S}_{t_j} - \mu)\right\} \tag{10}$$

wird kurz mit $\gamma_{|t|}^{\mathcal{S}}$ bezeichnet, wobei $\mathcal{S}$ den zugehörigen regelmäßig abgetasteten, stochastischen Prozess $\{\mathcal{S}_t\}_{\Delta t}$ und t die Differenz $t = i - j$ kennzeichnet. Der Absolutbetrag von t weist darauf hin, dass die Kovarianzfolge symmetrisch zum Nullpunkt ist, was aus der Stationaritätsforderung (9) unmittelbar folgt. Weiters sei darauf verwiesen, dass die Kovarianzfolge einer Folge von wahren (festen) Werten entspricht.

In Abb. 2 ist das Magische Quadrat für einen regelmäßig abgetasteten stochastischen Prozess dargestellt. Dem stochastischen Prozess und der Kovarianzfolge im Ortsbereich werden wieder die entsprechenden Darstellungsformen im Frequenzbereich gegenübergestellt. Die spektrale Repräsentation des regelmäßig abgetasteten stochastischen Prozesses im Ortsbereich, bildet ein kontinuierlicher, nur stückweise definierter, komplexwertiger stochastischer Prozess $d\mathcal{Z}(\nu)$ im Frequenzbereich, welcher periodisch bezüglich des Intervalls $[-\nu^N, \nu^N]$ ist [vgl. 18]. ν^N kennzeichnet die Nyquist Frequenz festgelegt durch $\nu^N = \frac{1}{2\Delta t}$. Eine *stochastische Fouriertransformation* beschreibt den Übergang vom Ortsbereich in den Frequenzbereich. Die Rücktransformation wird durch ein *stochastisches Fourierintegral* geleistet. Die vierte Darstellungsgröße bildet die spektrale Dichtefunktion (Spektraldichte) $f_{\mathcal{S}}(\nu)$, die reellwertig und periodisch bezüglich des Intervalls $[-\nu^N, \nu^N]$ ist. Die diskrete Form des Wiener-Chintschin-Theorems [4, Kap. 8.2.2] definiert die Transformationen der Kovarianzfolge vom Ortsbereich in den Frequenzbereich. Da die Kovarianzfolge eine symmetrische Folge von reelen Zahlen darstellt, erfolgt der Übergang zur spektralen Dichtefunktion vereinfacht über eine *diskrete Kosinustransformation.* Daraus folgt, dass die spektrale Dichtefunktion ebenfalls eine gerade, kontinuierliche Funktion ist und die Rücktransformation durch eine *kontinuierliche Kosinustransformation* bewerkstelligt werden kann.

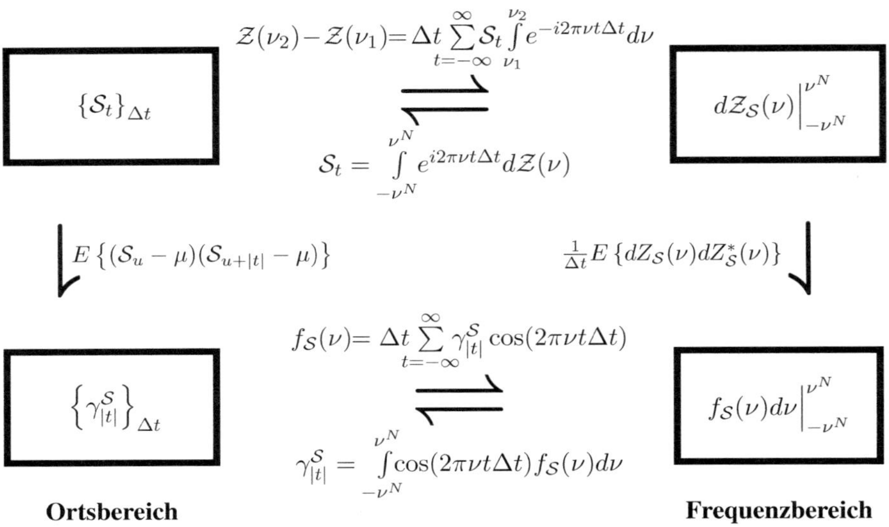

$$\mathcal{Z}(\nu_2)-\mathcal{Z}(\nu_1)=\Delta t\sum_{t=-\infty}^{\infty}\mathcal{S}_t\int_{\nu_1}^{\nu_2}e^{-i2\pi\nu t\Delta t}d\nu$$

$$\{\mathcal{S}_t\}_{\Delta t} \rightleftharpoons dZ_{\mathcal{S}}(\nu)\Big|_{-\nu^N}^{\nu^N}$$

$$\mathcal{S}_t = \int_{-\nu^N}^{\nu^N} e^{i2\pi\nu t\Delta t}d\mathcal{Z}(\nu)$$

$$E\left\{(\mathcal{S}_u-\mu)(\mathcal{S}_{u+|t|}-\mu)\right\} \qquad \frac{1}{\Delta t}E\left\{dZ_{\mathcal{S}}(\nu)dZ^*_{\mathcal{S}}(\nu)\right\}$$

$$f_{\mathcal{S}}(\nu)=\Delta t\sum_{t=-\infty}^{\infty}\gamma^{\mathcal{S}}_{|t|}\cos(2\pi\nu t\Delta t)$$

$$\left\{\gamma^{\mathcal{S}}_{|t|}\right\}_{\Delta t} \rightleftharpoons f_{\mathcal{S}}(\nu)d\nu\Big|_{-\nu^N}^{\nu^N}$$

$$\gamma^{\mathcal{S}}_{|t|} = \int_{-\nu^N}^{\nu^N}\cos(2\pi\nu t\Delta t)f_{\mathcal{S}}(\nu)d\nu$$

Ortsbereich **Frequenzbereich**

Abb. 2 Magisches Quadrat eines kovarianzstationären, regelmäßig abgetasteten stochastischen Prozesses. Oben links: stochastisches Signal, unten links: Autokovarianzfolge, oben rechts: spektrale Repräsentation des stochastischen Prozesses und unten rechts: spektrale Dichtefunktion (Spektraldichte). Die angeführten Formeln geben den Übergang in Pfeilrichtung wieder

3 Kollokation

Bei der Verarbeitung von Zeitreihen oder raumbezogenen Daten zählt die Approximation, Interpolation und Extrapolation zu den Grundaufgaben. Unterschiedliche Begrifflichkeiten wie Prädiktion, Kollokation, Wiener-Kolmogorov-Filterung oder Kriging werden in den einzelnen Disziplinen verwendet und weisen auf die Pioniere dieses Forschungsgebietes Norbert Wiener(1894–1964), Andrej N. Kolmogorov (1903–1987), Danie H. Krige (1919–2013) hin. Während in der Geostatistik nach [20] (siehe auch [5, 48]) vielfach von Kriging-Verfahren gesprochen wird, wird in der Signalverarbeitung eher auf die grundlegenden Arbeiten [16] und [49] zurückgehend vom Wiener-Kolmogorov-Filter gesprochen. Das Kollokationsmodell wurde von [17] und [25] in die Geodäsie eingeführt und danach vielfach diskutiert [9, 33, 34, 42, 51] und in [28] ausführlich behandelt.

Aus der Sicht der Ausgleichungsrechnung weisen diese unterschiedlichen Ansätze viele Gemeinsamkeiten aber auch einige Eigenheiten auf. Aus der deterministischen Sichtweise nach Wiener [49, Kap. II] wird die Quadratsumme der Abweichungen für einen linearen Schätzer minimiert, während nach Kolmogorov [16] die Varianz des Schätzfehlers durch einen bestangepassten Hilbertraum minimiert wird. Sowohl das Prinzip der *Methode der kleinsten Quadrate* als auch der BLUE (*best linear unbaised estimator – bester linearer erwartungstreuer Schätzer*) sind etabliert. Die Besonderheit der Anwendung bei stochastischen Prozessen ist jedoch dadurch gegeben, dass neben den Parametern des deterministischen Modells auch die Signalanteile bestmöglich geschätzt werden.

Sowohl bei den Kriging-Verfahren als auch bei der Kollokation unterscheidet man dabei unterschiedliche Zugänge. So wird beim *Simple-Kriging* analog zur *(Wiener-Kolmogorov)-Prädiktion* davon ausgegangen, dass das Signal einen Erwartungswert/Mittelwert Null über das gesamte Gebiet aufweist, während beim *Ordinary Kriging* ein konstanter, unbekannter Erwartungswert vorliegen kann. Ein nicht konstanter Erwartungswert wird durch eine Trendabspaltung mit deterministischen Modellen entweder im *Universal-Kriging* oder bei der Kollokation berücksichtigt. In Abschn. 3.3 und speziell in Tab. 3 werden wir nochmals auf diese Diskussion zurückkommen.

Charakteristisch für das Kriging Verfahren ist vielfach die Verwendung des Semivariogramms anstelle der Kovarianzfunktion. Während die Autokovarianzfunktion $\gamma^{\mathcal{S}}(t) = \Sigma\left\{\mathcal{S}_{t_i}, \mathcal{S}_{t_j}\right\}$ über das zweite zentrale Moment (10) durch das Produkt der zentrierten Signale $\mathcal{S}_{t_i}$ und $\mathcal{S}_{t_j}$ definiert ist, werden die Korrelationen im Semivariogramm (halbe Varianz des Inkrementes) $\bar{\gamma}^{\mathcal{S}}(t) = \frac{1}{2}\Sigma\left\{\mathcal{S}_{t_i} - \mathcal{S}_{t_j}\right\}$ durch Differenzen beschrieben. Der Parameter t legt dabei die Distanz zwischen den Aufpunkten $\mathcal{S}_{t_i}$ und $\mathcal{S}_{t_j}$ fest. Durch die Differenzbildung wird dabei ein oft vorliegender konstanter, unbekannter Trend (Mittelwert) in den Daten automatisch eliminiert. Werden die Kriging-Verfahren allerdings konsequent mit den Variogrammen durchgerechnet, so stößt man bei der Inversion der aus den Variogrammen gebildeten Korrelationsmatrix auf numerische Probleme, da die Diagonalglieder dieser symmetrischen Matrix oft sehr klein oder Null sind. Kovarianzmatrizen weisen hingegen eine zumeist dominante Hauptdiagonale auf, welche deren Berechnung/Inversion vereinfacht. Für die praktische Berechnung geht man daher vielfach vom Variogramm durch die Beziehung $\bar{\gamma}^{\mathcal{S}}(t) = \gamma^{\mathcal{S}}(0) - \gamma^{\mathcal{S}}(t)$ auf die Kovarianzen über und führt die numerische Berechnung mit Kovarainzmatrizen durch.

Als einen wesentlichen Unterschied zwischen Kollokation und Kriging bezeichnen [31] die Tatsache, dass in der Kollokation auch beliebige Funktionale eines Signals in einem Guss mitverarbeitet werden können. Durch die Übertragung von Kovarianzfunktionen auf Funktionale des Signals (z. B. Ableitungen) durch ein verallgemeinertes Varianzfortpflanzungsgesetz [26, S. 66] [28, S. 171–173] kann dies bewerkstelligt werden (siehe auch Abschn. 4.2). Sicher eine besondere Spezialität der Kollokationsverfahren. Allerdings werden in [31] auch Wege aufgezeigt, wie die Erweiterung auf beliebige lineare Funktionale auch mit dem Variogramm-Ansatz umgesetzt werden kann.

Um dies kurz zusammenzufassen: Kollokationsverfahren erlauben sowohl eine Parameterschätzung als auch eine Schätzung/Prädiktion des Signals eines kovarianzstationären Prozesses, arbeiten mit Kovarianzfunktionen und erlauben eine konsistente Aufnahme von unterschiedlichen Funktionalen eines stochastischen Prozesses in den Schätzprozess. Vielfach wird das Argument vorgebracht, dass der Begriff Kollokation der Erdschwerfeldmodellierung vorbehalten ist. Viele weitere typische geodätische Anwendnungen, wie zum Beispiel Oberflächenmodellierungen (z. B. Ozeantopographie,...) und die Modellierung von bewegten Objekten können jedoch auch mit Kollokationsmodellen ausgezeichnet bearbeitet werden. Somit sehe ich die Kollokation als ein allgemeines Werkzeug zur Lösung von geodätischen Ausgleichungsproblemen mit der speziellen Charakteristik stochastische Prozesse prädizieren zu können und habe daher diesen Namen als Kapitelüberschrift gewählt.

Moritz [28, Kap. 16] zeigt zunächst zwei vollkommen unterschiedliche Zugänge zur Lösung des Kollokationsmodells (2) auf. Im Ansatz nach der *Kleisten-Quadrate Kollokation* (LSC – Least-Squares Collocation) wählt Moritz einen algebraischen Zugang zur Lösung des linearen überbestimmten Gleichungssystem (3), welches sich nach der Durchführung von Messungen $\boldsymbol{\ell}$ als spezielle Realisierungen der Zufallsvariablen $\boldsymbol{\mathcal{L}}$ ergibt. Über die gewogene Quadratsumme der Signal- und

Rauschanteile

$$\inf_{\widetilde{x},\widetilde{s},\widetilde{n}} \left(s^T \boldsymbol{\Sigma}_{\mathcal{SS}}^{-1} s + n^T \boldsymbol{\Sigma}_{\mathcal{NN}}^{-1} n \right) \tag{11}$$

wird das Infimum (Minimum) unter der Nebenbedingung

$$A x + s + n - \ell = \mathbf{0}_n \tag{12}$$

gebildet, wobei $\mathbf{0}_n$ einen Nullvektor mit n Elementen kennzeichnet. Dies resultiert in den optimalen Parametern

$$\widetilde{x} = \left(A^T \boldsymbol{\Sigma}^{-1} A \right)^{-1} A^T \boldsymbol{\Sigma}^{-1} \ell \tag{13}$$

$$\widetilde{s} = \boldsymbol{\Sigma}_{\mathcal{SS}} \boldsymbol{\Sigma}^{-1} (\ell - A\widetilde{x}) \tag{14}$$

$$\widetilde{n} = \boldsymbol{\Sigma}_{\mathcal{NN}} \boldsymbol{\Sigma}^{-1} (\ell - A\widetilde{x}) \,. \tag{15}$$

Im zweiten Ansatz betrachtet Moritz das Kollokationsmodell (2) als statistisches Schätzproblem und bildet den *Besten Linearen Erwartungstreuen Prädiktor* (BLUP – Best Linear Unbiased Predictor). Dazu wird der Schätzfehler $\mathcal{E}_{\mathcal{X}}$ und $\mathcal{E}_{\mathcal{S}}$ als Abweichung der geschätzten Parameter $\mathcal{X}$ vom wahren Wert $\boldsymbol{\xi}$ bzw. der Signale $\mathcal{S}$ vom Erwartungswert $E\{\mathcal{S}\}$ definiert,

$$\mathcal{E}_{\mathcal{X}} := \mathcal{X} - \boldsymbol{\xi} \quad \text{bzw.} \quad \mathcal{E}_{\mathcal{S}} := \mathcal{S} - E\{\mathcal{S}\} \,. \tag{16}$$

Der Schätzer sollte dabei *linear* von den Beobachtungen abhängen

$$\mathcal{X} = G^T \mathcal{L} \qquad \text{bzw.} \qquad \mathcal{S} = H^T \mathcal{L}. \tag{17}$$

Die Matrizen $G \in \mathbb{R}^{n\times m}$ und $H \in \mathbb{R}^{n\times n}$ beschreiben die Koeffizienten der Linearkombinationen mit denen die geschätzten Größen direkt aus den Messungen $\mathcal{L}$ hergeleitet werden. Diese Koeffizienten können als Gewichte gesehen werden. Jede zu schätzende Größe wird also aus einem gewogenen Mittel direkt aus den Beobachtungen hergeleitet. Der j-te Spaltenvektor $g^{(j)}$ der Matrix G (= Zeilenvektor in G^T) beschreibt die entsprechenden Gewichte zur Schätzung der Größe $\mathcal{X}_j$, $j = 1, \ldots, m$. Entsprechendes gilt für die Signale mit der i-ten Spalte $h^{(i)}$ aus H für $\mathcal{S}_i$, $i = 1, \ldots, n$.

Der Schätzer sollte *erwartungstreu* sein, was durch das Verschwinden der Erwartungswerte der Schätzfehler

$$E\{\mathcal{E}_{\mathcal{X}}\} \stackrel{!}{=} \mathbf{0}_m \qquad \text{bzw.} \qquad E\{\mathcal{E}_{\mathcal{S}}\} \stackrel{!}{=} \mathbf{0}_m \tag{18}$$

gewährleistet wird.

Der *beste* Schätzer $\widetilde{\mathcal{X}}$ und $\widetilde{\mathcal{S}}$ für die Parameter und Signale wird über die minimalen Varianzen $\boldsymbol{\Sigma}\{\mathcal{E}_{\widetilde{\mathcal{X}}}\}$ und $\boldsymbol{\Sigma}\{\mathcal{E}_{\widetilde{\mathcal{S}}}\}$ bzw. die entsprechenden Kovarianzmatrizen $\boldsymbol{\Sigma}_{\varepsilon_{\widetilde{\mathcal{X}}}\varepsilon_{\widetilde{\mathcal{X}}}}$ und $\boldsymbol{\Sigma}_{\varepsilon_{\widetilde{\mathcal{S}}}\varepsilon_{\widetilde{\mathcal{S}}}}$ der Schätzfehler festgelegt. Die direkte Lösung dieser nichtskalaren Extremwertaufgabe erweist sich als schwierig, sodass der Optimalitätsbeweis indirekt geführt wird, indem gezeigt wird, dass

$$\boldsymbol{u}^T\left(\boldsymbol{\Sigma}_{\varepsilon_{\overline{\mathcal{X}}}\varepsilon_{\overline{\mathcal{X}}}}-\boldsymbol{\Sigma}_{\varepsilon_{\widetilde{\mathcal{X}}}\varepsilon_{\widetilde{\mathcal{X}}}}\right)\boldsymbol{u}\geq 0 \qquad \text{bzw.} \qquad \boldsymbol{v}^T\left(\boldsymbol{\Sigma}_{\varepsilon_{\overline{\mathcal{S}}}\varepsilon_{\overline{\mathcal{S}}}}-\boldsymbol{\Sigma}_{\varepsilon_{\widetilde{\mathcal{S}}}\varepsilon_{\widetilde{\mathcal{S}}}}\right)\boldsymbol{v}\geq 0 \tag{19}$$

für beliebige Vektoren $\boldsymbol{u}\in\mathbb{R}^m$ und $\boldsymbol{v}\in\mathbb{R}^n$ gilt, wobei $\overline{\mathcal{X}}$ und $\overline{\mathcal{S}}$ eine beliebige Lösung und $\widetilde{\mathcal{X}}$ und $\widetilde{\mathcal{S}}$ die optimale Lösung charakterisieren. Diese Forderung besagt, dass die Differenz der beiden Kovarianzmatrizen $\boldsymbol{\Sigma}_{\varepsilon_{\overline{\mathcal{X}}}\varepsilon_{\overline{\mathcal{X}}}}$ und $\boldsymbol{\Sigma}_{\varepsilon_{\widetilde{\mathcal{X}}}\varepsilon_{\widetilde{\mathcal{X}}}}$ positiv semidefinit sein muss [28, S. 127–131]. Um im Folgenden aber die Extremwerteaufgabe direkt lösen zu können, führen wir ein Ersatzproblem ein und fordern, dass die Varianzen

$$\sigma^2_{\widetilde{\mathcal{U}}}=\boldsymbol{u}^T\boldsymbol{\Sigma}_{\varepsilon_{\widetilde{\mathcal{X}}}\varepsilon_{\widetilde{\mathcal{X}}}}\boldsymbol{u} \qquad \text{bzw.} \qquad \sigma^2_{\widetilde{\mathcal{V}}}=\boldsymbol{v}^T\boldsymbol{\Sigma}_{\varepsilon_{\widetilde{\mathcal{S}}}\varepsilon_{\widetilde{\mathcal{S}}}}\boldsymbol{v} \tag{20}$$

minimal werden sollen, wobei $\widetilde{\mathcal{U}}=\boldsymbol{u}^T\widetilde{\mathcal{X}},\boldsymbol{u}\in\mathbb{R}^m$ bzw. $\widetilde{\mathcal{V}}=\boldsymbol{v}^T\widetilde{\mathcal{S}},\boldsymbol{v}\in\mathbb{R}^n$ beliebige lineare Funktionale der optimalen Parameter $\widetilde{\mathcal{X}}$ und Signale $\widetilde{\mathcal{S}}$ sein können [23, Sec. B.4.3]. Diese Forderung scheint zunächst weit stärker zu sein, als die ursprüngliche Forderung nach den minimalen Kovarianzmatrizen. Wohingegen eine andere oft verwendete Forderung nach der Minimierung der Spur von $\boldsymbol{\Sigma}\{\mathcal{E}_{\widetilde{\mathcal{X}}}\}$ und $\boldsymbol{\Sigma}\{\mathcal{E}_{\widetilde{\mathcal{S}}}\}$ zunächst als schwächere Forderung eingeschätzt wird. Mathematisch führen jedoch beide skalaren Ersatzprobleme auf das idente Optimierungsproblem. Durch Einsetzen dieser Lösung kann dann gezeigt werden, dass diese Lösung auch optimal im Sinne der ursprünglich nichtskalaren Optimierungsaufgabe ist.

In Tab. 1 werden die Forderungen für den *Besten Linearen Erwartungstreuen Prädiktor* (BLUP – Best Linear Unbiased Predictor) formelmäßig zusammengefasst, wobei $\boldsymbol{H}$ und $\boldsymbol{G}$ die freien Parameter der Optimierungsaufgabe repräsentieren.

Tab. 1 Zusammenfassung der Forderungen an das Kollokationsmodell als besten linearen erwartungstreuen Schätzer

	Parameterschätzung	Signalschätzung
linear:	$\mathcal{X}=\boldsymbol{G}^T\mathcal{L}$	$\mathcal{S}=\boldsymbol{H}^T\mathcal{L}$
erwartungstreu:	$E\{\mathcal{E}_{\mathcal{X}}\}\overset{!}{=}\boldsymbol{0}_m$	$E\{\mathcal{E}_{\mathcal{S}}\}\overset{!}{=}\boldsymbol{0}_n$
best:	$\inf\limits_{\widetilde{\boldsymbol{G}}}\left(\boldsymbol{u}^T\boldsymbol{\Sigma}_{\varepsilon_{\mathcal{X}}\varepsilon_{\mathcal{X}}}\boldsymbol{u}\right)$	$\inf\limits_{\widetilde{\boldsymbol{H}}}\left(\boldsymbol{v}^T\boldsymbol{\Sigma}_{\varepsilon_{\mathcal{S}}\varepsilon_{\mathcal{S}}}\boldsymbol{v}\right)$
	Nebenbedingung: $\boldsymbol{A}\boldsymbol{\xi}+\mathcal{S}+\mathcal{N}-\mathcal{L}=\boldsymbol{0}_n$	

3.1 Parameterschätzung im Kollokationsmodell

In diesem Abschnitt wollen wir auf die Parameterschätzung nach den Forderungen aus Tab. 1 eingehen. Wir benützen dazu streng die Forderungen in der Reihenfolge: linear, erwartungstreu und best.

linear: Nach Tab. 1 errechnen sich die geschätzten Parameter $\boldsymbol{\mathcal{X}}$ durch eine linearen Abbildung $\boldsymbol{G}^T$ direkt aus den Beobachtungen $\boldsymbol{\mathcal{L}}$. Unter Beachtung der Nebenbedingung aus Tab. 1 bzw. (2) folgt somit der Zusammenhang

$$\boldsymbol{\mathcal{X}} = \boldsymbol{G}^T \boldsymbol{\mathcal{L}} = \boldsymbol{G}^T (\boldsymbol{A}\boldsymbol{\xi} + \boldsymbol{\mathcal{S}} + \boldsymbol{\mathcal{N}}) . \tag{21}$$

erwartungstreu: Der Erwartungswert $\boldsymbol{E}\{\boldsymbol{\mathcal{E}_\mathcal{X}}\}$ des Schätzfehlers der Parameter $\boldsymbol{\mathcal{E}_\mathcal{X}}$ (16) errechnet sich somit durch

$$\begin{aligned} \boldsymbol{E}\{\boldsymbol{\mathcal{E}_\mathcal{X}}\} &= \boldsymbol{E}\{\boldsymbol{\mathcal{X}} - \boldsymbol{\xi}\} = \\ &= \boldsymbol{E}\left\{\boldsymbol{G}^T(\boldsymbol{A}\boldsymbol{\xi} + \boldsymbol{\mathcal{S}} + \boldsymbol{\mathcal{N}}) - \boldsymbol{\xi}\right\} = \\ &= (\boldsymbol{G}^T\boldsymbol{A} - \mathbb{1}_m)\boldsymbol{\xi} + \boldsymbol{G}^T\boldsymbol{E}\{\boldsymbol{\mathcal{S}}\} + \boldsymbol{G}^T\boldsymbol{E}\{\boldsymbol{\mathcal{N}}\}, \end{aligned} \tag{22}$$

wobei $\mathbb{1}_m$ eine Einheitsmatrix der Dimension m kennzeichnet. Die Forderung nach der Erwartungstreue des Schätzers bzw. Schätzfehlers

$$\boldsymbol{E}\{\boldsymbol{\mathcal{E}_\mathcal{X}}\} \stackrel{!}{=} \boldsymbol{0}_m \quad \text{bzw.} \quad (\boldsymbol{G}^T\boldsymbol{A} - \mathbb{1}_m)\boldsymbol{\xi} + \boldsymbol{G}^T\boldsymbol{E}\{\boldsymbol{\mathcal{S}}\} + \boldsymbol{G}^T\boldsymbol{E}\{\boldsymbol{\mathcal{N}}\} \stackrel{!}{=} \boldsymbol{0}_m \tag{23}$$

wird erreicht, wenn folgende Bedingungen

$$\boldsymbol{G}^T\boldsymbol{A} - \mathbb{1}_m \stackrel{!}{=} \mathbb{O}_m \tag{24}$$

$$\boldsymbol{G}^T\boldsymbol{E}\{\boldsymbol{\mathcal{S}}\} \stackrel{!}{=} \boldsymbol{0}_m \tag{25}$$

$$\boldsymbol{G}^T\boldsymbol{E}\{\boldsymbol{\mathcal{N}}\} \stackrel{!}{=} \boldsymbol{0}_m \tag{26}$$

erfüllt sind. $\mathbb{O}_m$ kennzeichnet eine quadratische Matrix mit Nullelementen der Dimension m. Diese Bedingungen müssen also bei der Formulierung der Optimierungsaufgabe berücksichtigt werden. Setzt man allerdings wie üblich voraus, dass der Erwartungswert des Rauschens verschwindet $\boldsymbol{E}\{\boldsymbol{\mathcal{N}}\} = \boldsymbol{0}_n$, ist für die Einhaltung der Forderung (26) automatisch gesorgt. Andere Bedingungen müssen aber gegebenfalls durch die Lagrange-Methode als Nebenbedingungen in die Optimierungsaufgabe eingeführt werden. Die Bedingung (24) besagt, dass $\boldsymbol{G}^T$ die Eigenschaften einer Linksinversen zur Matrix $\boldsymbol{A}$ erfüllen muss und ist als Nebenbedingung einzubringen. Für den Erwartungswert des Signals $\boldsymbol{E}\{\boldsymbol{\mathcal{S}}\}$ führt Moritz [28, S. 100] den Begriff des *totalen Erwartungswerts* ein und setzt dann voraus, dass dieses Mittel über alle Erwartungswerte im Gebiet zu Null wird. Durch diese Annahme wird der Forderung (25) automatisch genüge getan. Wir wollen hier ein anderes Konzept verfolgen und betrachten das Signal $\boldsymbol{\mathcal{S}}$ als stochastischen Prozess im Gebiet. Die Forderung nach einem stationären Verhalten im Gebiet (6) (siehe Abschn. 2) führt dazu, dass der Erwartungswert des Signals unabhängig vom Ort immer den selben Wert besitzt, der im Folgenden mit $E_{\mathcal{S}}$ gekennzeichnet wird. Somit gilt

$$\boldsymbol{E}\left\{\boldsymbol{\mathcal{S}}\right\} = \mathbf{1}_n E_{\mathcal{S}}, \tag{27}$$

wobei $\mathbf{1}_n$ einen Einservektor mit n Elementen bezeichnet; $\mathbf{1}_n := [1\ldots,1]^T$, $\mathbf{1}_n \in \mathbb{R}^n$. Die Forderung (25) kann nun in zwei Bedingungen aufgespalten werden

$$\boldsymbol{G}^T\mathbf{1}_n \overset{!}{=} \mathbf{0}_m \qquad \text{oder} \qquad E_{\mathcal{S}} \overset{!}{=} 0, \tag{28}$$

wobei die Einhaltung einer Bedingung ausreicht um die Erwartungstreue zu gewährleisten. Ist der Erwartungswert $E_{\mathcal{S}}$ gleich Null, dann kann wie bei Moritz [28, Kap. 16] verfahren werden. Wenn dies nicht vorausgesetzt werden kann, ist die alternative Bedingung von (28) als Nebenbedingung in die Optimierungsaufgabe aufzunehmen. Diese alternative Bedingung besagt, dass die Summe jeder Zeile in $\boldsymbol{G}^T$ gleich Null sein muss, damit der konstante Erwartungswert des Signals ausgeblendet wird. Somit wird eine Fallunterscheidung für die folgenden Betrachtungen erforderlich.

Speziell bei modernen Sensoren (z. B. bei den Beschleunigungsmessern von GOCE) kann nicht immer gewährleistet werden, dass der Erwartungswert des Messrauschens/signals verschwindet und somit die Vorausetzung $E_{\mathcal{S}} = \mathbf{0}$ immer erfüllt ist. In diesen Fällen kann die alternative Forderung $\boldsymbol{G}^T\mathbf{1}_n \overset{!}{=} \mathbf{0}_m$ von (28) eingesetzt werden, damit die Parameterschätzung erwartungstreu bleibt. Die hier beschriebene Vorgehensweise bei $E_{\mathcal{S}} \neq 0$ ist äquivalent mit erweiterten funktionalen Modellen, wo ein konstanter Anteil im Signal über einen Zusatzparameter erfasst wird. Man vergleiche auch den Zugang über stochastische Impulse Jäggi [12] oder kurze Bahnbögen Mayer-Gürr [21], wo Zusatzparameter epochenweise eingesetzt werden um die Variabilität des Erwartungswerts des Signals zu modellieren.

best: Zur Berechnung des *besten* Schätzers benötigen wir zunächst die Varianz des Schätzfehlers $\boldsymbol{\Sigma}\left\{\mathcal{E}_{\mathcal{X}}\right\}$, die sich berechnet durch

$$\begin{aligned}
\boldsymbol{\Sigma}\left\{\mathcal{E}_{\mathcal{X}}\right\} &= \boldsymbol{E}\left\{\mathcal{E}_{\mathcal{X}}\mathcal{E}_{\mathcal{X}}^T\right\} = \\
&= \boldsymbol{E}\left\{(\boldsymbol{\mathcal{X}} - \boldsymbol{\xi})(\boldsymbol{\mathcal{X}} - \boldsymbol{\xi})^T\right\} = \\
&= \boldsymbol{E}\left\{(\boldsymbol{G}^T(\boldsymbol{A}\boldsymbol{\xi} + \boldsymbol{\mathcal{S}} + \boldsymbol{\mathcal{N}}) - \boldsymbol{\xi})(\boldsymbol{G}^T(\boldsymbol{A}\boldsymbol{\xi} + \boldsymbol{\mathcal{S}} + \boldsymbol{\mathcal{N}}) - \boldsymbol{\xi})^T\right\} = \\
&= \boldsymbol{E}\Big\{\left((\boldsymbol{G}^T\boldsymbol{A} - \mathbb{1}_m)\boldsymbol{\xi} + \boldsymbol{G}^T(\boldsymbol{\mathcal{S}} + \boldsymbol{\mathcal{N}})\right) \\
&\qquad \left((\boldsymbol{G}^T\boldsymbol{A} - \mathbb{1}_m)\boldsymbol{\xi} + \boldsymbol{G}^T(\boldsymbol{\mathcal{S}} + \boldsymbol{\mathcal{N}})\right)^T\Big\}.
\end{aligned} \tag{29}$$

Da Erwartungstreue für den Schätzer gefordert wird, müss die Bedingungen (24), (25) und (26) eingehalten werden. Durch Einsatz von (24) vereinfacht sich (29) zu

$$\boldsymbol{\Sigma}\,\{\mathcal{E}_{\mathcal{X}}\} = \boldsymbol{G}^T \boldsymbol{E}\,\left\{(\mathcal{S}+\mathcal{N})(\mathcal{S}+\mathcal{N})^T\right\}\boldsymbol{G}\,. \tag{30}$$

Ersetzt man nun das zweite Moment von Signal und Rauschen $\boldsymbol{E}\,\left\{(\mathcal{S}+\mathcal{N})\right.$ $\left.(\mathcal{S}+\mathcal{N})^T\right\}$ durch das zweite zentrale Moment $\boldsymbol{\Sigma}\,\{\mathcal{S}+\mathcal{N}\}$ so errechnet sich unter Beachtung von $\boldsymbol{E}\,\{\mathcal{N}\}=\boldsymbol{0}$ und $\boldsymbol{E}\,\{\mathcal{S}\}=\boldsymbol{1}_n E_{\mathcal{S}}$ der Zusammenhang

$$\boldsymbol{E}\,\left\{(\mathcal{S}+\mathcal{N})(\mathcal{S}+\mathcal{N})^T\right\} = \boldsymbol{\Sigma}\,\{\mathcal{S}+\mathcal{N}\} + \boldsymbol{1}_n\boldsymbol{1}_n^T E_{\mathcal{S}}^2. \tag{31}$$

Somit kann (30) umgeschrieben werden zu

$$\boldsymbol{\Sigma}\,\{\mathcal{E}_{\mathcal{X}}\} = \boldsymbol{G}^T\boldsymbol{\Sigma}\,\{\mathcal{S}+\mathcal{N}\}\,\boldsymbol{G} + \boldsymbol{G}^T\boldsymbol{1}_n\boldsymbol{1}_n^T\boldsymbol{G}\,E_{\mathcal{S}}^2. \tag{32}$$

Der zweite Term wird wegen Bedingung (25) bzw. (28) zu Null, unabhängig welche der Forderungen angesetzt wird, denn entweder ist $E_{\mathcal{S}} = 0$ und damit auch $E_{\mathcal{S}}^2$, oder es gilt $\boldsymbol{G}^T\boldsymbol{1}_n = \boldsymbol{0}_m$ und damit auch $\boldsymbol{G}^T\boldsymbol{1}_n\boldsymbol{1}_n^T\boldsymbol{G} = \mathbb{O}_m$. Die Varianz des Schätzfehlers der Parameter $\boldsymbol{\Sigma}\,\{\mathcal{E}_{\mathcal{X}}\}$ für einen erwartungstreuen Schätzer $\mathcal{X}$ lässt sich somit durch

$$\boldsymbol{\Sigma}\,\{\mathcal{E}_{\mathcal{X}}\} = \boldsymbol{G}^T\boldsymbol{\Sigma}\,\{\mathcal{S}+\mathcal{N}\}\,\boldsymbol{G} = \boldsymbol{G}^T\boldsymbol{\Sigma}\boldsymbol{G} \tag{33}$$

ausdrücken, wobei wir wieder $\boldsymbol{\Sigma} := \boldsymbol{\Sigma}\,\{\mathcal{S}+\mathcal{N}\}$ verwenden.

Bester Schätzer $\widetilde{\mathcal{X}}$ bei $E_{\mathcal{S}} \stackrel{!}{=} 0$: Zur Ermittlung des besten Schätzers ist nun die quadratische Form

$$\boldsymbol{u}^T\boldsymbol{\Sigma}\,\{\mathcal{E}_{\mathcal{X}}\}\,\boldsymbol{u} = \boldsymbol{u}^T\boldsymbol{G}^T\boldsymbol{\Sigma}\boldsymbol{G}\boldsymbol{u} = \sum_{t=1}^{m} u_t^2\,\boldsymbol{g}^{(t)^T}\boldsymbol{\Sigma}\,\boldsymbol{g}^{(t)} \tag{34}$$

mit Nebenbedingung (24) zu minimieren. Die Bedingungen (25) und (26) werden automatisch durch die getroffenen Annahmen $E_{\mathcal{S}} \stackrel{!}{=} 0$ bzw. $\boldsymbol{E}\,\{\mathcal{N}\} \stackrel{!}{=} \boldsymbol{0}_n$ erfüllt. Die Nebenbedingung (24) schreiben wir dabei in transponierter Form und verwenden wieder die Summenschreibweise

$$\boldsymbol{A}^T\boldsymbol{G} - \mathbb{1}_m = \mathbb{O}_m \qquad \text{bzw.} \qquad \boldsymbol{A}^T\boldsymbol{g}^{(t)} - \boldsymbol{e}^{(t)} = \boldsymbol{0}_m, \quad t = 1,\ldots,m. \tag{35}$$

$\boldsymbol{e}^{(t)}$ kennzeichnet den t-ten Spaltenvektor der Einheitsmatrix $\mathbb{1}_m$. Nach der Lagrange-Methode setzt sich die zu minimierende Funktion aus der Minimumsbedingung (34) und den Nebenbedingungen (35) zusammen

$$\phi\left(\boldsymbol{g}^{(t)},\boldsymbol{k}^{(t)}\right) = \sum_{t=1}^{m} u_t^2\,\boldsymbol{g}^{(t)^T}\boldsymbol{\Sigma}\,\boldsymbol{g}^{(t)} + 2\sum_{t=1}^{m} u_t^2\,\boldsymbol{k}^{(t)^T}\left(\boldsymbol{A}^T\boldsymbol{g}^{(t)} - \boldsymbol{e}^{(t)}\right), \tag{36}$$

wobei $\boldsymbol{K} = [\boldsymbol{k}^{(1)}, \ldots, \boldsymbol{k}^{(m)}]$ die Lagrange-Multiplikatoren kennzeichnen. Die Gradienten der Funktion ϕ errechnen sich mit

$$\frac{1}{2}\nabla_{\boldsymbol{g}^{(t)}}\phi = u_t^2 \left(\boldsymbol{\Sigma}\boldsymbol{g}^{(t)} + \boldsymbol{A}\boldsymbol{k}^{(t)}\right), \qquad t = 1, \ldots, m \tag{37}$$

$$\frac{1}{2}\nabla_{\boldsymbol{k}^{(t)}}\phi = u_t^2 \left(\boldsymbol{A}^T\boldsymbol{g}^{(t)} - \boldsymbol{e}^{(t)}\right), \qquad t = 1, \ldots, m \tag{38}$$

und werden stationär durch die Bedingungen

$$\left.\begin{array}{lll} \boldsymbol{\Sigma}\widetilde{\boldsymbol{g}}^{(t)} + \boldsymbol{A}\widetilde{\boldsymbol{k}}^{(t)} \stackrel{!}{=} \boldsymbol{0}_n, & t = 1, \ldots, m \\ \boldsymbol{A}^T\widetilde{\boldsymbol{g}}^{(t)} - \boldsymbol{e}^{(t)} \stackrel{!}{=} \boldsymbol{0}_m, & t = 1, \ldots, m \end{array}\right\} \quad \left\{\begin{array}{l} \boldsymbol{\Sigma}\widetilde{\boldsymbol{G}} + \boldsymbol{A}\widetilde{\boldsymbol{K}} \stackrel{!}{=} \mathbb{O}_{n\times m} \\ \boldsymbol{A}^T\widetilde{\boldsymbol{G}} - \mathbb{1}_m \stackrel{!}{=} \mathbb{O}_m. \end{array}\right. \tag{39}$$

da u_t beliebige Werte annehmen kann. Aus den in (39) auf der rechten Seite in Matrizenschreibweise zusammengefassten Bedingungen können direkt die Normalgleichungen

$$\begin{bmatrix} \boldsymbol{\Sigma} & \boldsymbol{A} \\ \boldsymbol{A}^T & \mathbb{O}_m \end{bmatrix} \begin{bmatrix} \widetilde{\boldsymbol{G}} \\ \widetilde{\boldsymbol{K}} \end{bmatrix} = \begin{bmatrix} \mathbb{O}_{n\times m} \\ \mathbb{1}_m \end{bmatrix}. \tag{40}$$

aufgestellt werden. Die numerische Lösung der Normalgleichungen kann vielfach sehr effizient berechnet werden, wenn dünnbesetzte oder Toeplitz-Systeme vorliegen. Sofern $\boldsymbol{\Sigma}$ regulär ist[1], kann das Gleichungssystem (39) auch analytisch gelöst werden. Aus der ersten Gleichung folgt

$$\widetilde{\boldsymbol{G}} = -\boldsymbol{\Sigma}^{-1}\boldsymbol{A}\widetilde{\boldsymbol{K}}. \tag{41}$$

Eingesetzt in die zweite Gleichung in (39) errechnen sich die Lagrange-Multiplikatoren mit

$$\widetilde{\boldsymbol{K}} = -\left(\boldsymbol{A}^T\boldsymbol{\Sigma}^{-1}\boldsymbol{A}\right)^{-1} \tag{42}$$

woraus aus (41)

$$\widetilde{\boldsymbol{G}} = \boldsymbol{\Sigma}^{-1}\boldsymbol{A}\left(\boldsymbol{A}^T\boldsymbol{\Sigma}^{-1}\boldsymbol{A}\right)^{-1} \tag{43}$$

folgt. Der bester erwartungstreue Schätzer unter Annahme von $\boldsymbol{E}\{\mathcal{N}\} = \boldsymbol{0}$ und $E_{\mathcal{S}} = 0$ errechnet sich somit aus

$$\widetilde{\mathcal{X}} = \widetilde{\boldsymbol{G}}^T\mathcal{L} = \left(\boldsymbol{A}^T\boldsymbol{\Sigma}^{-1}\boldsymbol{A}\right)^{-1}\boldsymbol{A}^T\boldsymbol{\Sigma}^{-1}\mathcal{L}. \tag{44}$$

[1]Für die eindeutige Lösung des verallgemeinerten Dreieckssystems (40) besteht lediglich die Forderung, dass der Rang des erweiterten Systems $[\boldsymbol{\Sigma}|\boldsymbol{A}]$ und auch der Rang von $\boldsymbol{A}$ voll sein muss, $\text{Rang}(\boldsymbol{\Sigma}|\boldsymbol{A}) = n$ und $\text{Rang}(\boldsymbol{A}) = m$.

Die Varianz des Schätzfehlers $\mathbf{\Sigma}\left\{\mathcal{E}_{\widetilde{\mathcal{X}}}\right\}$ folgt aus (33) mit

$$\mathbf{\Sigma}\left\{\mathcal{E}_{\widetilde{\mathcal{X}}}\right\} = \widetilde{\boldsymbol{G}}^T \mathbf{\Sigma} \widetilde{\boldsymbol{G}}. \tag{45}$$

Durch Einsetzen von (43) und Vereinfachung erhält man

$$\mathbf{\Sigma}\left\{\mathcal{E}_{\widetilde{\mathcal{X}}}\right\} = \left(\boldsymbol{A}^T \mathbf{\Sigma}^{-1} \boldsymbol{A}\right)^{-1}. \tag{46}$$

Das funktionale Modell $\boldsymbol{A}\widetilde{\boldsymbol{\mathcal{X}}}$ erklärt den parametrischen Anteil des stochastischen Prozesses. Die restlichen Anteile

$$\widetilde{\Delta\mathcal{L}} = \mathcal{L} - \boldsymbol{A}\widetilde{\boldsymbol{\mathcal{X}}} \tag{47}$$

bezeichnet man als *verkürzte Beobachtungen* oder auch *Residuen*. Die verkürzten Beobachtungen können auch direkt von $\mathcal{L}$ abgeleitet werden, indem man (44) in (47) einsetzt

$$\widetilde{\Delta\mathcal{L}} = \left(\mathbb{1}_n - \boldsymbol{A}\left(\boldsymbol{A}^T \mathbf{\Sigma}^{-1} \boldsymbol{A}\right)^{-1} \boldsymbol{A}^T \mathbf{\Sigma}^{-1}\right)\mathcal{L} = \left(\mathbf{\Sigma} - \boldsymbol{A}\left(\boldsymbol{A}^T \mathbf{\Sigma}^{-1} \boldsymbol{A}\right)^{-1} \boldsymbol{A}^T\right)\mathbf{\Sigma}^{-1}\mathcal{L}. \tag{48}$$

Nach Meissl [23, Kap. A.5] verwenden wir Projektoren um diese Beziehung kompakt auszudrücken und auch geometrisch besser interpretierbar zu machen. Dazu führen wir die Projektoren

$$\mathbf{\Pi}_{S(\boldsymbol{A})}^{\mathbf{\Sigma}^{-1}} := \boldsymbol{A}\left(\boldsymbol{A}^T \mathbf{\Sigma}^{-1} \boldsymbol{A}\right)^{-1} \boldsymbol{A}^T \tag{49}$$

und

$$\mathbf{\Pi}_{S^{\perp}(\boldsymbol{A})}^{\mathbf{\Sigma}^{-1}} := \mathbf{\Sigma} - \boldsymbol{A}\left(\boldsymbol{A}^T \mathbf{\Sigma}^{-1} \boldsymbol{A}\right)^{-1} \boldsymbol{A}^T = \mathbf{\Sigma} - \mathbf{\Pi}_{S(\boldsymbol{A})}^{\mathbf{\Sigma}^{-1}} \tag{50}$$

ein, die eine Projektion in den Spaltenraum $S(\boldsymbol{A})$ bzw. Spaltenorthogonalraum $S^{\perp}(\boldsymbol{A})$ der Matrix $\boldsymbol{A}$ unter Beachtung der Metrik $\mathbf{\Sigma}^{-1}$ gewährleisten. Man beachte, dass durch die Einführung des verallgemeinerten Skalarproduktes

$$\langle \boldsymbol{A}, \boldsymbol{B}\rangle_M := \boldsymbol{A}^T \boldsymbol{M} \boldsymbol{B} \tag{51}$$

für beliebige kompatible Matrizen $\boldsymbol{A}$ und $\boldsymbol{B}$ mit einer positiv semidefiniten, symmetrischen Metrik $\boldsymbol{M}$ spezielle Eigenschaften wie *Symmetrie, Idempotenz, Orthogonalität* und *Vollständigkeit* für diese Projektoren gelten (siehe Tab. 2).

Durch die Projektorenschreibweise können nun die Anteile des funktionalen Modells $\boldsymbol{A}\widetilde{\boldsymbol{\mathcal{X}}}$ und der verkürzten Beobachtungen $\widetilde{\Delta\mathcal{L}}$ sehr einfach geometrisch interpretiert werden. Unter Beachtung von (44) errechnet sich

$$\boldsymbol{A}\widetilde{\boldsymbol{\mathcal{X}}} = \boldsymbol{A}\left(\boldsymbol{A}^T \mathbf{\Sigma}^{-1} \boldsymbol{A}\right)^{-1} \boldsymbol{A}^T \mathbf{\Sigma}^{-1}\mathcal{L} = \left\langle \mathbf{\Pi}_{S(\boldsymbol{A})}^{\mathbf{\Sigma}}, \mathcal{L}\right\rangle_{\mathbf{\Sigma}^{-1}} \tag{52}$$

Tab. 2 Eigenschaften der Projektoren in den Spaltenraum $\mathbf{\Pi}_{S(A)}^{\mathbf{\Sigma}^{-1}}$ bzw. Spaltenorthogonalraum $\mathbf{\Pi}_{S^\perp(A)}^{\mathbf{\Sigma}^{-1}}$ der Matrix $\boldsymbol{A}$ zur Metrik $\mathbf{\Sigma}^{-1}$ und Definition des verallgemeinerten Skalarproduktes $\langle \boldsymbol{A}, \boldsymbol{B}\rangle_{\boldsymbol{M}}$ zur symmetrischen, positiv semidefiniten Metrik $\boldsymbol{M}$, für $\boldsymbol{M} \in \mathbb{R}^{n\times n}$, $\boldsymbol{A} \in \mathbb{R}^{n\times m}$, $\boldsymbol{B} \in \mathbb{R}^{n\times p}$

	$\mathbf{\Pi}_{S(A)}^{\mathbf{\Sigma}^{-1}} := \boldsymbol{A}\left(\boldsymbol{A}^T\mathbf{\Sigma}^{-1}\boldsymbol{A}\right)^{-1}\boldsymbol{A}^T$	$\mathbf{\Pi}_{S^\perp(A)}^{\mathbf{\Sigma}^{-1}} := \mathbf{\Sigma} - \boldsymbol{A}\left(\boldsymbol{A}^T\mathbf{\Sigma}^{-1}\boldsymbol{A}\right)^{-1}\boldsymbol{A}^T$
Symmetrie	$\mathbf{\Pi}_{S(A)}^{\mathbf{\Sigma}^{-1}} = \left(\mathbf{\Pi}_{S(A)}^{\mathbf{\Sigma}^{-1}}\right)^T$	$\mathbf{\Pi}_{S^\perp(A)}^{\mathbf{\Sigma}^{-1}} = \left(\mathbf{\Pi}_{S^\perp(A)}^{\mathbf{\Sigma}^{-1}}\right)^T$
Idempotenz	$\left\langle \mathbf{\Pi}_{S(A)}^{\mathbf{\Sigma}^{-1}}, \mathbf{\Pi}_{S(A)}^{\mathbf{\Sigma}^{-1}}\right\rangle_{\mathbf{\Sigma}^{-1}} = \mathbf{\Pi}_{S(A)}^{\mathbf{\Sigma}^{-1}}$	$\left\langle \mathbf{\Pi}_{S^\perp(A)}^{\mathbf{\Sigma}^{-1}}, \mathbf{\Pi}_{S^\perp(A)}^{\mathbf{\Sigma}^{-1}}\right\rangle_{\mathbf{\Sigma}^{-1}} = \mathbf{\Pi}_{S^\perp(A)}^{\mathbf{\Sigma}^{-1}}$
Orthogonalität	$\left\langle \mathbf{\Pi}_{S(A)}^{\mathbf{\Sigma}^{-1}}, \mathbf{\Pi}_{S^\perp(A)}^{\mathbf{\Sigma}^{-1}}\right\rangle_{\mathbf{\Sigma}^{-1}} = \mathbb{O}_n$	$\left\langle \mathbf{\Pi}_{S^\perp(A)}^{\mathbf{\Sigma}^{-1}}, \mathbf{\Pi}_{S(A)}^{\mathbf{\Sigma}^{-1}}\right\rangle_{\mathbf{\Sigma}^{-1}} = \mathbb{O}_n$
Vollständigkeit	$\mathbf{\Sigma} = \mathbf{\Pi}_{S(A)}^{\mathbf{\Sigma}^{-1}} + \mathbf{\Pi}_{S(A)}^{\mathbf{\Sigma}^{-1}}$	
	$\langle \boldsymbol{A}, \boldsymbol{B}\rangle_{\boldsymbol{M}} := \boldsymbol{A}^T\boldsymbol{M}\boldsymbol{B}$	

und die verkürzten Beobachtungen $\widetilde{\Delta\mathcal{L}}$ nach (48) mit

$$\widetilde{\Delta\mathcal{L}} = \mathbf{\Pi}_{S^\perp(A)}^{\mathbf{\Sigma}^{-1}}\mathbf{\Sigma}^{-1}\mathcal{L} = \left\langle \mathbf{\Pi}_{S^\perp(A)}^{\mathbf{\Sigma}^{-1}}, \mathcal{L}\right\rangle_{\mathbf{\Sigma}^{-1}}. \tag{53}$$

Somit zeigt sich, dass der funktionale Anteil $\boldsymbol{A}\widetilde{\mathcal{X}}$ als jener Anteil interpretiert werden kann, der entsteht, wenn der Beobachtungsvektor $\mathcal{L}$ in den Spaltenraum der Matrix $\boldsymbol{A}$ unter Beachtung der Metrik $\mathbf{\Sigma}^{-1}$ projiziert wird. Für die verkürzten Beobachtungen werden durch den Projektor $\mathbf{\Pi}_{S^\perp(A)}^{\mathbf{\Sigma}^{-1}}$ alle Anteile von $\mathcal{L}$ ausgeblendet, die sich im Spaltenraum $S(\boldsymbol{A})$ befinden, sodass nur noch die Anteile des Spaltenorthogonalraums $S^\perp(\boldsymbol{A})$ enthalten bleiben.

Die Varianz des funktionalen Anteils $\boldsymbol{A}\widetilde{\mathcal{X}}$ und der verkürzten Beobachtungen $\widetilde{\Delta\mathcal{L}}$ folgen aus dem Varianzfortpflanzungsgesetz. Unter Beachtung der Idempotenz der Projektoren bezüglich der Metrik $\mathbf{\Sigma}^{-1}$ folgt sofort

$$\mathbf{\Sigma}\left\{\boldsymbol{A}\widetilde{\mathcal{X}}\right\} = \mathbf{\Pi}_{S(A)}^{\mathbf{\Sigma}^{-1}} \quad \text{bzw.} \quad \mathbf{\Sigma}\left\{\widetilde{\Delta\mathcal{L}}\right\} = \mathbf{\Pi}_{S^\perp(A)}^{\mathbf{\Sigma}^{-1}}. \tag{54}$$

Diese Ergebnisse entsprechen den Resultaten von Moritz [28, Kap. 17], wobei unterschiedliche Herleitungen verwendet werden. Der hier verwendete Weg über eine Extremwertaufgabe erlaubt die Erweiterung des Systems auch auf den Fall, wo die Voraussetzung $E_{\mathcal{S}} \stackrel{!}{=} 0$ nicht erfüllt ist (siehe Kommentar auf Seite 85erwartungstreu:subsection.2.3.1.32) und die Forderung $\boldsymbol{G}^T\mathbf{1}_n = \mathbf{0}_m$ aus (28) zusätzlich in die Extremwertaufgabe einzubringen ist.

Bester Schätzer für $\widetilde{\mathcal{X}}$ bei $E_{\mathcal{S}} \stackrel{!}{\neq} 0$: Da wir hier nicht davon ausgehen wollen, dass der Erwartungswert des Signals $E_{\mathcal{S}}$ gleich Null ist, muss zur Erhaltung der

Erwartungstreue des Schätzers für $\widetilde{\mathcal{X}}$ die Bedingung $\boldsymbol{G}^T\boldsymbol{1}_n=\boldsymbol{0}_m$ aus (28) als weitere Nebenbedingung in die Extremwertaufgabe aufgenommen werden. Es wird wieder die Varianz (34) eines beliebigen linearen Funktionals $\boldsymbol{\mathcal{U}}=\boldsymbol{u}^T\boldsymbol{\mathcal{X}}$ minimiert. Neben der Bedingung (35) wird somit zusätzlich die Bedingung

$$\boldsymbol{G}^T\boldsymbol{1}_n=\boldsymbol{0}_m \qquad \text{bzw.} \qquad \boldsymbol{1}_n^T\boldsymbol{g}^{(t)}=0, \quad t=1,\dots,m \tag{55}$$

eingebracht. Nach der Lagrange-Methode ergibt sich die zu minimierende Funktion mit

$$\phi\left(\boldsymbol{g}^{(t)},\boldsymbol{k}^{(t)},l_t\right)=\sum_{t=1}^{m}u_t^2\,\boldsymbol{g}^{(t)^T}\boldsymbol{\Sigma}\,\boldsymbol{g}^{(t)}+2\sum_{t=1}^{m}u_t^2\,\boldsymbol{k}^{(t)^T}\left(\boldsymbol{A}^T\boldsymbol{g}^{(t)}-\boldsymbol{e}^{(t)}\right)$$
$$+\,2\sum_{t=1}^{m}u_t^2 l_t\boldsymbol{1}_n^T\boldsymbol{g}^{(t)}, \tag{56}$$

wobei $\boldsymbol{l}\in\mathbb{R}^m$ einen Vektor mit Lagrange-Multiplikatoren symbolisiert. Die Gradienten bzw. partielle Ableitungen errechnen sich mit

$$\frac{1}{2}\nabla_{\boldsymbol{g}^{(t)}}\phi=u_t^2\left(\boldsymbol{\Sigma}\boldsymbol{g}^{(t)}+\boldsymbol{A}\boldsymbol{k}^{(t)}+\boldsymbol{1}_n l_t\right), \qquad t=1,\dots,m \tag{57}$$

$$\frac{1}{2}\nabla_{\boldsymbol{k}^{(t)}}\phi=u_t^2\left(\boldsymbol{A}^T\boldsymbol{g}^{(t)}-\boldsymbol{e}^{(t)}\right), \qquad t=1,\dots,m \tag{58}$$

$$\frac{1}{2}\frac{\partial\phi}{\partial l_t}=u_t^2\,\boldsymbol{1}_n^T\boldsymbol{g}^{(t)}, \qquad t=1,\dots,m \tag{59}$$

und werden stationär durch die Bedingungen

$$\left.\begin{array}{lll}\boldsymbol{\Sigma}\widetilde{\boldsymbol{g}}^{(t)}+\boldsymbol{A}\widetilde{\boldsymbol{k}}^{(t)}+\boldsymbol{1}_n\widetilde{l}_t \stackrel{!}{=}\boldsymbol{0}_n, & t=1,\dots,m\\ \boldsymbol{A}^T\widetilde{\boldsymbol{g}}^{(t)}-\boldsymbol{e}^{(t)} \stackrel{!}{=}\boldsymbol{0}_m, & t=1,\dots,m\\ \boldsymbol{1}^T\boldsymbol{g}^{(t)} \stackrel{!}{=}0, & t=1,\dots,m\end{array}\right\}\left\{\begin{array}{l}\boldsymbol{\Sigma}\widetilde{\boldsymbol{G}}+\boldsymbol{A}\widetilde{\boldsymbol{K}}+\boldsymbol{1}\widetilde{\boldsymbol{l}}^T \stackrel{!}{=}\mathbb{O}_{n\times m}\\ \boldsymbol{A}^T\widetilde{\boldsymbol{G}}-\mathbb{1}_m \stackrel{!}{=}\mathbb{O}_m\\ \boldsymbol{1}^T\widetilde{\boldsymbol{G}} \stackrel{!}{=}\boldsymbol{0}_m^T\end{array}\right. \tag{60}$$

dargestellt, wobei die links angeführten Einzelbedingungen wieder in Matrix-Vektor-Form zusammengefasst sind. Die Lösung kann implizit über die Normalgleichungen

$$\begin{bmatrix}\boldsymbol{\Sigma} & \boldsymbol{A} & \boldsymbol{1}_n\\ \boldsymbol{A}^T & \mathbb{O}_m & \boldsymbol{0}_m\\ \boldsymbol{1}_n^T & \boldsymbol{0}_m^T & 0\end{bmatrix}\begin{bmatrix}\widetilde{\boldsymbol{G}}\\ \widetilde{\boldsymbol{K}}\\ \widetilde{\boldsymbol{l}}^T\end{bmatrix}=\begin{bmatrix}\mathbb{O}_{n\times m}\\ \mathbb{1}_m\\ \boldsymbol{0}_m^T\end{bmatrix} \tag{61}$$

gefunden werden oder explizit über die Lösung der Gleichungen

$$\widetilde{\boldsymbol{G}}=\boldsymbol{\Sigma}^{-1}[\boldsymbol{A}\quad \boldsymbol{1}_n]\begin{bmatrix}\boldsymbol{A}^T\boldsymbol{\Sigma}^{-1}\boldsymbol{A} & \boldsymbol{A}^T\boldsymbol{\Sigma}^{-1}\boldsymbol{1}_n\\ \boldsymbol{1}_n^T\boldsymbol{\Sigma}^{-1}\boldsymbol{A} & \boldsymbol{1}_n^T\boldsymbol{\Sigma}^{-1}\boldsymbol{1}_n\end{bmatrix}^{-1}\begin{bmatrix}\mathbb{1}_m\\ \boldsymbol{0}_m^T\end{bmatrix} \tag{62}$$

berechnet werden, wenn $\boldsymbol{\Sigma}^{-1}$ existiert. Die beste erwartungstreue lineare Schätzung für $E_{\mathcal{S}} \neq 0$ errechnet sich somit durch

$$\widetilde{\mathcal{X}} = \widetilde{\boldsymbol{G}}^T \mathcal{L} = [\mathbb{1}_m \quad \boldsymbol{0}_m] \begin{bmatrix} \boldsymbol{A}^T \boldsymbol{\Sigma}^{-1} \boldsymbol{A} & \boldsymbol{A}^T \boldsymbol{\Sigma}^{-1} \boldsymbol{1}_n \\ \boldsymbol{1}^T \boldsymbol{\Sigma}^{-1} \boldsymbol{A} & \boldsymbol{1}_n^T \boldsymbol{\Sigma}^{-1} \boldsymbol{1}_n \end{bmatrix}^{-1} \begin{bmatrix} \boldsymbol{A}^T \\ \boldsymbol{1}_n^T \end{bmatrix} \boldsymbol{\Sigma}^{-1} \mathcal{L}. \tag{63}$$

Zur Lösung der Inversen der blockweise gegebenen Normalgleichungen kann die Identität

$$\begin{bmatrix} \boldsymbol{A}^T \boldsymbol{\Sigma}^{-1} \boldsymbol{A} & \boldsymbol{A}^T \boldsymbol{\Sigma}^{-1} \boldsymbol{1}_n \\ \boldsymbol{1}_n^T \boldsymbol{\Sigma}^{-1} \boldsymbol{A} & \boldsymbol{1}_n^T \boldsymbol{\Sigma}^{-1} \boldsymbol{1}_n \end{bmatrix} \begin{bmatrix} \boldsymbol{N}_{11}^{(-1)} & \boldsymbol{N}_{12}^{(-1)} \\ \boldsymbol{N}_{21}^{(-1)} & \boldsymbol{N}_{22}^{(-1)} \end{bmatrix} = \begin{bmatrix} \mathbb{1}_m & \boldsymbol{0}_n \\ \boldsymbol{0}_n^T & 1 \end{bmatrix} \tag{64}$$

genutzt werden, wobei $\boldsymbol{N}_{ii}^{(-1)}$ die Blöcke in der inversen Matrix kennzeichnen. Durch Ausmultiplikation und Auflösung erhält man für die Elemente in der ersten Zeile

$$\boldsymbol{N}_{11}^{(-1)} = \left(\boldsymbol{A}^T \boldsymbol{\Sigma}^{-1} \boldsymbol{A} - \boldsymbol{A}^T \boldsymbol{\Sigma}^{-1} \boldsymbol{1}_n \left(\boldsymbol{1}_n^T \boldsymbol{\Sigma}^{-1} \boldsymbol{1}_n \right)^{-1} \boldsymbol{1}_n^T \boldsymbol{\Sigma}^{-1} \boldsymbol{A} \right)^{-1} \tag{65}$$

$$\boldsymbol{N}_{21}^{(-1)} = -\boldsymbol{N}_{11}^{(-1)} \boldsymbol{A}^T \boldsymbol{\Sigma}^{-1} \boldsymbol{1}_n \left(\boldsymbol{1}_n^T \boldsymbol{\Sigma}^{-1} \boldsymbol{1}_n \right)^{-1}. \tag{66}$$

Die geschätzten Parameter $\widetilde{\mathcal{X}}$ aus (63) können somit durch

$$\widetilde{\mathcal{X}} = \left(\boldsymbol{N}_{11}^{(-1)} \boldsymbol{A}^T - \boldsymbol{N}_{21}^{(-1)} \boldsymbol{1}_n^T \right) \boldsymbol{\Sigma}^{-1} \mathcal{L} \tag{67}$$

berechnet werden. Unter Beachtung von (66) erhält man

$$\widetilde{\mathcal{X}} = \boldsymbol{N}_{11}^{(-1)} \left(\boldsymbol{A}^T - \boldsymbol{A}^T \boldsymbol{\Sigma}^{-1} \boldsymbol{1}_n \left(\boldsymbol{1}_n^T \boldsymbol{\Sigma}^{-1} \boldsymbol{1}_n \right)^{-1} \boldsymbol{1}_n^T \right) \boldsymbol{\Sigma}^{-1} \mathcal{L} \tag{68}$$

beziehungsweise

$$\widetilde{\mathcal{X}} = \boldsymbol{N}_{11}^{(-1)} \boldsymbol{A}^T \boldsymbol{\Sigma}^{-1} \left(\boldsymbol{\Sigma} - \boldsymbol{1}_n \left(\boldsymbol{1}_n^T \boldsymbol{\Sigma}^{-1} \boldsymbol{1}_n \right)^{-1} \boldsymbol{1}_n^T \right) \boldsymbol{\Sigma}^{-1} \mathcal{L}. \tag{69}$$

Durch Einführung der Projektoren

$$\boldsymbol{\Pi}_{S(\boldsymbol{1}_n)}^{\boldsymbol{\Sigma}^{-1}} := \boldsymbol{1}_n \left(\boldsymbol{1}_n^T \boldsymbol{\Sigma}^{-1} \boldsymbol{1}_n \right)^{-1} \boldsymbol{1}^T \qquad \text{bzw.} \qquad \boldsymbol{\Pi}_{S^{\perp}(\boldsymbol{1}_n)}^{\boldsymbol{\Sigma}^{-1}} = \boldsymbol{\Sigma} - \boldsymbol{\Pi}_{S(\boldsymbol{1}_n)}^{\boldsymbol{\Sigma}^{-1}} \tag{70}$$

kann $\boldsymbol{N}_{11}^{(-1)}$ definiert durch (65) umgeschrieben werden zu

$$\boldsymbol{N}_{11}^{(-1)} = \left(\boldsymbol{A}^T \boldsymbol{\Sigma}^{-1} \boldsymbol{\Pi}_{S^{\perp}(\boldsymbol{1}_n)}^{\boldsymbol{\Sigma}^{-1}} \boldsymbol{\Sigma}^{-1} \boldsymbol{A} \right)^{-1}. \tag{71}$$

Somit kann (69) umgeformt werden zu

$$\widetilde{\mathcal{X}} = \left(\boldsymbol{A}^T\boldsymbol{\Sigma}^{-1}\boldsymbol{\Pi}^{\boldsymbol{\Sigma}^{-1}}_{S^\perp(\mathbf{1}_n)}\boldsymbol{\Sigma}^{-1}\boldsymbol{A}\right)^{-1}\boldsymbol{A}^T\boldsymbol{\Sigma}^{-1}\boldsymbol{\Pi}^{\boldsymbol{\Sigma}^{-1}}_{S^\perp(\mathbf{1}_n)}\boldsymbol{\Sigma}^{-1}\mathcal{L} \tag{72}$$

und man erkennt, dass durch den Übergang auf die neue Metrik

$$\overline{\boldsymbol{\Sigma}}^{-1} := \boldsymbol{\Sigma}^{-1}\boldsymbol{\Pi}^{\boldsymbol{\Sigma}^{-1}}_{S^\perp(\mathbf{1}_n)}\boldsymbol{\Sigma}^{-1} \tag{73}$$

die Schätzung (63) für $\widetilde{\mathcal{X}}$ wieder die gewohnte Form

$$\widetilde{\mathcal{X}} = \left(\boldsymbol{A}^T\overline{\boldsymbol{\Sigma}}^{-1}\boldsymbol{A}\right)^{-1}\boldsymbol{A}^T\overline{\boldsymbol{\Sigma}}^{-1}\mathcal{L} \tag{74}$$

annimmt. Die in (73) definierte Metrik $\overline{\boldsymbol{\Sigma}}^{-1}$ ist somit unmittelbar interpretierbar als die Metrik, die dafür sorgt, dass der konstante Signalanteil bei der Parameterschätzung berücksichtigt wird. Aus geometrischer Sicht wird der Parameterraum $S(\boldsymbol{A})$ um den Spaltenvektor $\mathbf{1}_n$ verkleinert, sodass die Schätzung (74) invariant gegenüber einer konstanten Verschiebung $E_{\mathcal{S}}$ wird, da diese Verschiebung ausgeblendet wird.

Die Varianz des Schätzfehlers $\boldsymbol{\Sigma}\{\mathcal{E}_{\widetilde{\mathcal{X}}}\}$ folgt aus (74) unmittelbar durch Varianzfortpflanzung. Unter Beachtung der Idempotenz der Projektoren (siehe Tab. 2) folgt

$$\boldsymbol{\Sigma}\{\mathcal{E}_{\widetilde{\mathcal{X}}}\} = \left(\boldsymbol{A}^T\overline{\boldsymbol{\Sigma}}^{-1}\boldsymbol{A}\right)^{-1}. \tag{75}$$

Die Inverse von $\boldsymbol{A}^T\overline{\boldsymbol{\Sigma}}^{-1}\boldsymbol{A}$ existiert, wenn der Vektor $\mathbf{1}_n$ nicht im Spaltenraum von $\boldsymbol{A}$ liegt, $\mathbf{1}_n \notin S(\boldsymbol{A})$. Dieser Vektor würde durch die Metrik aus den Normalgleichungen ausgeblendet, was einen Randdefekt zu Folge hätte. Diese Aussage kann auch direkt aus der verallgemeinerten Dreiecksgestalt der Normalgleichungsmatrix (61) abgelesen werden. Eine eindeutige Lösung existiert nur, wenn

$$\text{Rang}\begin{bmatrix}\boldsymbol{\Sigma}\\ \boldsymbol{A}^T\\ \mathbf{1}_n^T\end{bmatrix} = n \qquad \text{und} \qquad \text{Rang}\,[\boldsymbol{A} \mid \mathbf{1}] = m+1 \tag{76}$$

gewährleistet ist. Daraus ist ersichtlich, dass eine eindeutige Lösung nur dann existiert, wenn $\mathbf{1}_n$ nicht im Spaltenraum der Matrix $\boldsymbol{A}$ liegt, $\mathbf{1}_n \notin S(\boldsymbol{A})$ und $\boldsymbol{A}$ vollen Spaltenrang aufweisen, $\text{rang}(\boldsymbol{A}) = m$. Wird im deterministischen Modell bereits ein konstanter Term mitgeschätzt, so kann dieser konstante Term nicht vom Signalanteil getrennt werden, was zu singulären Normalgleichungen und einer Lösungsmannigfaltigkeit führt. Es gilt zu beachten, dass trotz der kompakten Schätzformel (74) für $\widetilde{\mathcal{X}}$ es vielfach nummerisch günstiger sein kann, die Schätzung aus dem Gesamtsystem (61) vorzunehmen, da Toeplitz Matrizen und dünnbesetzte Strukturen effizient genutzt werden können.

3.2 Signalschätzung im Kollokationsmodell

Zur Ermittlung des besten linearen erwartungstreuen Schätzer für das Signal $\boldsymbol{\mathcal{S}}$ benutzen wir wieder dasselbe Vorgehen wie bei der Parameterschätzung. Wir bilden zunächst einen linearen Schätzer

$$\boldsymbol{\mathcal{S}} = \boldsymbol{H}^T \boldsymbol{\mathcal{L}} = \boldsymbol{H}^T (\boldsymbol{A}\boldsymbol{\xi} + \boldsymbol{\mathcal{S}} + \boldsymbol{\mathcal{N}}) . \tag{77}$$

Der Erwartungswert des Schätzfehlers des Signals $\boldsymbol{\mathcal{E}}_{\mathcal{S}} = \boldsymbol{\mathcal{S}} - \boldsymbol{E}\{\boldsymbol{\mathcal{S}}\}$ nach (16) errechnet sich durch

$$\begin{aligned} \boldsymbol{E}\{\boldsymbol{\mathcal{E}}_{\mathcal{S}}\} &= \boldsymbol{E}\{\boldsymbol{\mathcal{S}} - \boldsymbol{E}\{\boldsymbol{\mathcal{S}}\}\} = \\ &= \boldsymbol{E}\left\{\boldsymbol{H}^T(\boldsymbol{A}\boldsymbol{\xi} + \boldsymbol{\mathcal{S}} + \boldsymbol{\mathcal{N}}) - \boldsymbol{E}\{\boldsymbol{\mathcal{S}}\}\right\} = \\ &= \boldsymbol{H}^T\boldsymbol{A}\boldsymbol{\xi} + (\boldsymbol{H}^T - \mathbb{1}_n)\boldsymbol{E}\{\boldsymbol{\mathcal{S}}\} + \boldsymbol{H}^T\boldsymbol{E}\{\boldsymbol{\mathcal{N}}\} . \end{aligned} \tag{78}$$

Die Forderung nach der Erwartungstreue des Schätzfehlers $\boldsymbol{\mathcal{E}}_{\mathcal{S}}$

$$\boldsymbol{E}\{\boldsymbol{\mathcal{E}}_{\mathcal{S}}\} \stackrel{!}{=} \boldsymbol{0}_n \quad \text{bzw.} \quad \boldsymbol{H}^T\boldsymbol{A}\boldsymbol{\xi} + (\boldsymbol{H}^T - \mathbb{1}_n)\boldsymbol{E}\{\boldsymbol{\mathcal{S}}\} + \boldsymbol{H}^T\boldsymbol{E}\{\boldsymbol{\mathcal{N}}\} \stackrel{!}{=} \boldsymbol{0}_n \tag{79}$$

wird durch folgende Bedingungen

$$\boldsymbol{H}^T\boldsymbol{A} \stackrel{!}{=} \mathbb{O}_{n\times m} \tag{80}$$

$$(\boldsymbol{H}^T - \mathbb{1}_n)\boldsymbol{E}\{\boldsymbol{\mathcal{S}}\} \stackrel{!}{=} \boldsymbol{0}_n \tag{81}$$

$$\boldsymbol{H}^T\boldsymbol{E}\{\boldsymbol{\mathcal{N}}\} \stackrel{!}{=} \boldsymbol{0}_n \tag{82}$$

erreicht, wobei Bedingung (81) unter Beachtung der Stationarität des Signals (27) in zwei alternativ mögliche Bedingungen

$$\boldsymbol{H}^T\boldsymbol{1}_n - \boldsymbol{1}_n \stackrel{!}{=} \boldsymbol{0}_n \qquad \text{oder} \qquad E_{\mathcal{S}} \stackrel{!}{=} 0 \tag{83}$$

zerlegt wird und Bedingung (82) durch die Forderung $\boldsymbol{E}\{\boldsymbol{\mathcal{N}}\} \stackrel{!}{=} \boldsymbol{0}$ zu erfüllen ist. Die Varianz des Schätzfehlers $\boldsymbol{\Sigma}\{\boldsymbol{\mathcal{E}}_{\mathcal{S}}\}$ errechnet sich aus

$$\begin{aligned} \boldsymbol{\Sigma}\{\boldsymbol{\mathcal{E}}_{\mathcal{S}}\} &= \boldsymbol{E}\left\{\boldsymbol{\mathcal{E}}_{\mathcal{S}}\boldsymbol{\mathcal{E}}_{\mathcal{S}}^T\right\} = \\ &= \boldsymbol{E}\left\{(\boldsymbol{H}^T(\boldsymbol{A}\boldsymbol{\xi} + \boldsymbol{\mathcal{S}} + \boldsymbol{\mathcal{N}}) - \boldsymbol{E}\{\boldsymbol{\mathcal{S}}\})(\boldsymbol{H}^T(\boldsymbol{A}\boldsymbol{\xi} + \boldsymbol{\mathcal{S}} + \boldsymbol{\mathcal{N}}) - \boldsymbol{E}\{\boldsymbol{\mathcal{S}}\})^T\right\} . \end{aligned} \tag{84}$$

Beachtet man (80) und löst den Erwartungswertoperator auf, so erhält man

$$\begin{aligned}\boldsymbol{\Sigma}\left\{\mathcal{E}_{\mathcal{S}}\right\} = \boldsymbol{H}^T \boldsymbol{E}\left\{(\mathcal{S}+\mathcal{N})(\mathcal{S}+\mathcal{N})^T\right\}\boldsymbol{H} - \boldsymbol{H}^T\boldsymbol{E}\left\{(\mathcal{S}+\mathcal{N})^T\mathcal{S}^T\right\} - \\ - \boldsymbol{E}\left\{\mathcal{S}(\mathcal{S}+\mathcal{N})^T\right\}\boldsymbol{H} + \boldsymbol{E}\left\{\mathcal{S}\mathcal{S}^T\right\}. \qquad (85)\end{aligned}$$

Ersetzt man die zweiten Momente durch die zweiten zentralen Momente

$$\boldsymbol{E}\left\{(\mathcal{S}+\mathcal{N})(\mathcal{S}+\mathcal{N})^T\right\} = \boldsymbol{\Sigma}\left\{\mathcal{S}+\mathcal{N}\right\} + \mathbf{1}_n\mathbf{1}_n^T E_{\mathcal{S}}^2 \qquad (86)$$

$$\boldsymbol{E}\left\{(\mathcal{S}+\mathcal{N})\mathcal{S}^T\right\} = \boldsymbol{\Sigma}\left\{\mathcal{S}+\mathcal{N},\mathcal{S}\right\} + \mathbf{1}_n\mathbf{1}_n^T E_{\mathcal{S}}^2 \qquad (87)$$

$$\boldsymbol{E}\left\{\mathcal{S}(\mathcal{S}+\mathcal{N})^T\right\} = \boldsymbol{\Sigma}\left\{\mathcal{S},\mathcal{S}+\mathcal{N}\right\} + \mathbf{1}_n\mathbf{1}_n^T E_{\mathcal{S}}^2 \qquad (88)$$

$$\boldsymbol{E}\left\{\mathcal{S}\mathcal{S}^T\right\} = \boldsymbol{\Sigma}\left\{\mathcal{S}\right\} + \mathbf{1}_n\mathbf{1}_n^T E_{\mathcal{S}}^2 \qquad (89)$$

so erhält man

$$\boldsymbol{\Sigma}\left\{\mathcal{E}_{\mathcal{S}}\right\} = \boldsymbol{H}^T\boldsymbol{\Sigma}\left\{\mathcal{S}+\mathcal{N}\right\}\boldsymbol{H} - \boldsymbol{H}^T\boldsymbol{\Sigma}\left\{\mathcal{S}+\mathcal{N},\mathcal{S}\right\} - \boldsymbol{\Sigma}\left\{\mathcal{S},\mathcal{S}+\mathcal{N}\right\}\boldsymbol{H} + \boldsymbol{\Sigma}\left\{\mathcal{S}\right\}, \qquad (90)$$

wobei $\boldsymbol{\Sigma}\left\{\mathcal{S}+\mathcal{N},\mathcal{S}\right\}$ die Kovarianz zwischen $\mathcal{S}+\mathcal{N}$ und $\mathcal{S}$ darstellt und $\boldsymbol{\Sigma}\left\{\mathcal{S},\mathcal{S}+\mathcal{N}\right\}$ die transponierte Form bildet. Um das Kriterium *best* zu erfüllen muss die Varianz $\boldsymbol{\Sigma}\left\{\mathcal{E}_{\mathcal{S}}\right\}$ minimal werden, wobei die Fälle $E_{\mathcal{S}} = 0$ und $E_{\mathcal{S}} \neq 0$ nach den alternativ möglichen Bedingungen (83) zu unterscheiden sind.

Bester Schätzer $\widetilde{\mathcal{S}}$ bei $E_{\mathcal{S}} \stackrel{!}{=} 0$: Um den besten linearen erwartungstreuen Schätzer $\widetilde{\mathcal{S}}$ unter der Annahme $\boldsymbol{E}\left\{\mathcal{N}\right\}=\mathbf{0}$ und $E_{\mathcal{S}}=0$ zu ermitteln, ist die Varianz $\boldsymbol{\Sigma}\left\{\boldsymbol{v}^T\boldsymbol{\Sigma}\left\{\mathcal{E}_{\mathcal{S}}\right\}\boldsymbol{v}\right\}$ der Linearkombination $\boldsymbol{v}^T\widetilde{\mathcal{S}}$ für beliebige $\boldsymbol{v}$ zu minimieren. Somit ist die quadratische Form

$$\begin{aligned}\boldsymbol{v}^T\boldsymbol{\Sigma}\left\{\mathcal{E}_{\mathcal{S}}\right\}\boldsymbol{v} &= \boldsymbol{v}^T\Big(\boldsymbol{H}^T\boldsymbol{\Sigma}\left\{\mathcal{S}+\mathcal{N}\right\}\boldsymbol{H} - \boldsymbol{H}^T\boldsymbol{\Sigma}\left\{\mathcal{S}+\mathcal{N},\mathcal{S}\right\} \\ &\quad - \boldsymbol{\Sigma}\left\{\mathcal{S},\mathcal{S}+\mathcal{N}\right\}\boldsymbol{H} + \boldsymbol{\Sigma}\left\{\mathcal{S}\right\}\Big)\boldsymbol{v} = \\ &= \sum_{t=1}^{n} v_t^2\,\boldsymbol{h}^{(t)^T}\boldsymbol{\Sigma}\,\boldsymbol{h}^{(t)} - 2\sum_{t=1}^{n} v_t^2\,\boldsymbol{\Sigma}\left\{\mathcal{S}_t,\mathcal{S}+\mathcal{N}\right\}\,\boldsymbol{h}^{(t)} \\ &\quad + \sum_{t=1}^{n} v_t^2\,\Sigma\left\{\mathcal{S}_t\right\}\ , t = 1,\ldots,n \qquad (91)\end{aligned}$$

unter der Nebenbedingung (80) stationär zu machen, wobei hier mit $\mathcal{S}_t$ wieder auf die einzelne Komponente des Zufallsvektors $\mathcal{S}$ übergegangen wird. Die Kovarianzmatrix $\boldsymbol{\Sigma}\left\{\mathcal{S}_t,\mathcal{S}+\mathcal{N}\right\}$ reduziert sich auf einen liegenden Vektor mit den Kovarianzen zwischen der Zufallsvariablen $\mathcal{S}_t$ und dem Zufallsvektor $\mathcal{S}+\mathcal{N}$. Die Nebenbedingung (80) schreiben wir dabei in transponierter Form und verwenden für die Darstellung die einzelnen Spaltenvektoren $\boldsymbol{h}^{(t)}$ der Matrix $\boldsymbol{H}$

$$\boldsymbol{A}^T \boldsymbol{H} = \mathbb{O}_{m\times n} \qquad \text{bzw.} \qquad \boldsymbol{A}^T \boldsymbol{h}^{(t)} = \boldsymbol{0}_m, \quad t = 1, \ldots, n. \tag{92}$$

Nach der Lagrange-Methode ergibt sich die zu minimierende Funktion

$$\phi\left(\boldsymbol{h}^{(t)}, \boldsymbol{m}^{(t)}\right) = \sum_{t=1}^{n} v_t^2\, \boldsymbol{h}^{(t)^T} \boldsymbol{\Sigma}\, \boldsymbol{h}^{(t)} - 2\sum_{t=1}^{n} v_t^2\, \boldsymbol{\Sigma}\left\{\mathcal{S}_t, \boldsymbol{\mathcal{S}} + \boldsymbol{\mathcal{N}}\right\} \boldsymbol{h}^{(t)} + \\ + \sum_{t=1}^{n} v_t^2\, \Sigma\left\{\mathcal{S}_t\right\} + 2\sum_{t=1}^{n} v_t^2\, \boldsymbol{m}^{(t)^T} \boldsymbol{A}^T \boldsymbol{h}^{(t)}, \tag{93}$$

wobei $\boldsymbol{M} = [\boldsymbol{m}^{(1)}, \ldots, \boldsymbol{m}^{(n)}]$, $\boldsymbol{M} \in \mathbb{R}^{m\times n}$ die Lagrange-Multiplikatoren kennzeichnen. Die Gradienten

$$\frac{1}{2}\nabla_{\boldsymbol{h}^{(t)}}\phi = u_t^2\left(\boldsymbol{\Sigma}\boldsymbol{h}^{(t)} - \boldsymbol{\Sigma}\left\{\boldsymbol{\mathcal{S}} + \boldsymbol{\mathcal{N}}, \mathcal{S}_t\right\}\boldsymbol{h}^{(t)} + \boldsymbol{A}\boldsymbol{m}^{(t)}\right), \quad t = 1, \ldots, n \tag{94}$$

$$\frac{1}{2}\nabla_{\boldsymbol{m}^{(t)}}\phi = u_t^2\left(\boldsymbol{A}^T \boldsymbol{h}^{(t)}\right), \qquad t = 1, \ldots, n \tag{95}$$

werden stationär durch die Forderungen

$$\left.\begin{array}{ll} \boldsymbol{\Sigma}\widetilde{\boldsymbol{h}}^{(t)} + \boldsymbol{\Sigma}\left\{\boldsymbol{\mathcal{S}}+\boldsymbol{\mathcal{N}}, \mathcal{S}_t\right\} + \boldsymbol{A}\widetilde{\boldsymbol{m}}^{(t)} \stackrel{!}{=} \boldsymbol{0}_n, & t = 1, \ldots, n \\ \boldsymbol{A}^T\widetilde{\boldsymbol{h}}^{(t)} \stackrel{!}{=} \boldsymbol{0}_m, & t = 1, \ldots, n \end{array}\right\}$$
$$\left\{\begin{array}{l} \boldsymbol{\Sigma}\widetilde{\boldsymbol{H}} - \boldsymbol{\Sigma}\left\{\boldsymbol{\mathcal{S}}+\boldsymbol{\mathcal{N}}, \boldsymbol{\mathcal{S}}\right\} + \boldsymbol{A}\widetilde{\boldsymbol{M}} \stackrel{!}{=} \mathbb{O}_n \\ \boldsymbol{A}^T\widetilde{\boldsymbol{H}} \stackrel{!}{=} \mathbb{O}_{m\times n}. \end{array}\right. \tag{96}$$

Somit ergeben sich die Normalgleichungen zu

$$\begin{bmatrix} \boldsymbol{\Sigma} & \boldsymbol{A} \\ \boldsymbol{A}^T & \mathbb{O}_m \end{bmatrix} \begin{bmatrix} \widetilde{\boldsymbol{H}} \\ \widetilde{\boldsymbol{M}} \end{bmatrix} = \begin{bmatrix} \boldsymbol{\Sigma}\left\{\boldsymbol{\mathcal{S}} + \boldsymbol{\mathcal{N}}, \boldsymbol{\mathcal{S}}\right\} \\ \mathbb{O}_{m\times n} \end{bmatrix}. \tag{97}$$

Diese können nummerisch nach $\widetilde{\boldsymbol{H}}$ auflöst werden oder bei regulärer Matrix $\boldsymbol{\Sigma}$ analytisch weiter bearbeitet werden. Durch Umformungen der Normalgleichungen (97) errechnet sich

$$\widetilde{\boldsymbol{H}} = \boldsymbol{\Sigma}^{-1} \underbrace{\left(\boldsymbol{\Sigma} - \boldsymbol{A}(\boldsymbol{A}^T\boldsymbol{\Sigma}^{-1}\boldsymbol{A})^{-1}\boldsymbol{A}^T\right)}_{\boldsymbol{\Pi}_{S^{\perp}(A)}^{\boldsymbol{\Sigma}^{-1}}} \boldsymbol{\Sigma}^{-1}\boldsymbol{\Sigma}\left\{\boldsymbol{\mathcal{S}}+\boldsymbol{\mathcal{N}}, \boldsymbol{\mathcal{S}}\right\} \tag{98}$$

und der beste Schätzer $\widetilde{\boldsymbol{\mathcal{S}}}$ ist festgelegt durch

$$\widetilde{\boldsymbol{\mathcal{S}}} = \widetilde{\boldsymbol{H}}^T \boldsymbol{\mathcal{L}} = \boldsymbol{\Sigma}\left\{\boldsymbol{\mathcal{S}}, \boldsymbol{\mathcal{S}}+\boldsymbol{\mathcal{N}}\right\} \boldsymbol{\Sigma}^{-1} \boldsymbol{\Pi}_{S^{\perp}(A)}^{\boldsymbol{\Sigma}^{-1}} \boldsymbol{\Sigma}^{-1} \boldsymbol{\mathcal{L}}. \tag{99}$$

Unter Verwendung der verkürzten Beobachtungen $\widetilde{\Delta\mathcal{L}}$ (53) führt dies zur kompakten Darstellung

$$\widetilde{\mathcal{S}} = \boldsymbol{\Sigma}\left\{\mathcal{S}, \mathcal{S}+\mathcal{N}\right\}\boldsymbol{\Sigma}^{-1}\widetilde{\Delta\mathcal{L}}. \tag{100}$$

In der Schreibweise mit verallgemeinerten Skalarprodukten (51) erhält man

$$\widetilde{\mathcal{S}} = \left\langle \boldsymbol{\Sigma}\left\{\mathcal{S}+\mathcal{N}, \mathcal{S}\right\}, \widetilde{\Delta\mathcal{L}}\right\rangle_{\boldsymbol{\Sigma}^{-1}} \quad \text{mit} \quad \widetilde{\Delta\mathcal{L}} = \left\langle \boldsymbol{\Pi}_{S^{\perp}(A)}^{\boldsymbol{\Sigma}^{-1}}, \widetilde{\mathcal{L}}\right\rangle_{\boldsymbol{\Sigma}^{-1}}, \tag{101}$$

und erkennt, dass sich der Schätzer $\widetilde{\mathcal{S}}$ einfach durch die Korrelation (Skalarprodukt) des Vektors der Kovarianzen (Kovarianzfunktion) mit den verkürzten Beobachtungen unter der Metrik $\boldsymbol{\Sigma}^{-1}$ ergibt. Die Varianz des Schätzers $\boldsymbol{\Sigma}\left\{\widetilde{\mathcal{S}}\right\}$ errechnet sich über Varianzfortpflanzung $\boldsymbol{\Sigma}\left\{\widetilde{\mathcal{S}}\right\} = \widetilde{\boldsymbol{H}}^T\boldsymbol{\Sigma}\left\{\mathcal{L}\right\}\widetilde{\boldsymbol{H}}$ unter Beachtung der Idempotenz von $\boldsymbol{\Pi}_{S^{\perp}(A)}^{\boldsymbol{\Sigma}^{-1}}$ mit

$$\boldsymbol{\Sigma}\left\{\widetilde{\mathcal{S}}\right\} = \boldsymbol{\Sigma}\left\{\mathcal{S}, \mathcal{S}+\mathcal{N}\right\}\boldsymbol{\Sigma}^{-1}\boldsymbol{\Pi}_{S^{\perp}(A)}^{\boldsymbol{\Sigma}^{-1}}\boldsymbol{\Sigma}^{-1}\boldsymbol{\Sigma}\left\{\mathcal{S}+\mathcal{N}, \mathcal{S}\right\} \tag{102}$$

beziehungsweise ausgedrückt als verallgemeinertes Skalarprodukt unter Einführung der alternativen Metrik (73)

$$\boldsymbol{\Sigma}\left\{\widetilde{\mathcal{S}}\right\} = \left\langle \boldsymbol{\Sigma}\left\{\mathcal{S}+\mathcal{N}, \mathcal{S}\right\}, \boldsymbol{\Sigma}\left\{\mathcal{S}+\mathcal{N}, \mathcal{S}\right\}\right\rangle_{\overline{\boldsymbol{\Sigma}}^{-1}} \quad \text{mit} \quad \overline{\boldsymbol{\Sigma}}^{-1} = \boldsymbol{\Sigma}^{-1}\boldsymbol{\Pi}_{S^{\perp}(A)}^{\boldsymbol{\Sigma}^{-1}}\boldsymbol{\Sigma}^{-1}. \tag{103}$$

Die Varianz des Schätzfehlers $\boldsymbol{\Sigma}\left\{\mathcal{E}_{\widetilde{\mathcal{S}}}\right\}$ kann über (90) durch Einsetzen von (98) berechnet werden. Nach entsprechenden Vereinfachungen erreicht man

$$\boldsymbol{\Sigma}\left\{\mathcal{E}_{\widetilde{\mathcal{S}}}\right\} = \boldsymbol{\Sigma}\left\{\mathcal{S}\right\} - \boldsymbol{\Sigma}\left\{\widetilde{\mathcal{S}}\right\}. \tag{104}$$

Bester Schätzer $\widetilde{\mathcal{S}}$ bei $E_{\mathcal{S}} \overset{!}{\neq} 0$: Um den besten Schätzer $\widetilde{\mathcal{S}}$ bei $E_{\mathcal{S}} \overset{!}{\neq} 0$ zu ermitteln muss wieder die quadratische Funktion (91) minimiert werden, wobei als zusätzliche Nebenbedingung (92) berücksichtigt werden muss. Die zu minimierende Funktion (93) erweitert sich also um diese Nebenbedingung und lautet

$$\begin{aligned}\phi\left(\boldsymbol{h}^{(t)}, \boldsymbol{m}^{(t)}, n_t\right) = & \sum_{t=1}^{n} v_t^2\, \boldsymbol{h}^{(t)^T}\boldsymbol{\Sigma}\,\boldsymbol{h}^{(t)} - 2\sum_{t=1}^{n} v_t^2\,\boldsymbol{\Sigma}\left\{\mathcal{S}_t, \mathcal{S}+\mathcal{N}\right\}\boldsymbol{h}^{(t)} + \\ & + \sum_{t=1}^{n} v_t^2\,\Sigma\left\{\mathcal{S}_t\right\} + 2\sum_{t=1}^{n} v_t^2\,\boldsymbol{m}^{(t)^T}\boldsymbol{A}^T\boldsymbol{h}^{(t)} \\ & + 2\sum_{t=1}^{n} v_t^2\, n_t\left(\mathbf{1}_n^T\boldsymbol{h}^{(t)} - 1\right),\end{aligned} \tag{105}$$

wobei $\boldsymbol{n} = [n_1, n_2, \ldots n_n]^T$, $\boldsymbol{n} \in \mathbb{R}^n$ zusätzliche Lagrange-Multiplikatoren darstellen. Setzt man die Gradienten $\frac{1}{2}\nabla_{\boldsymbol{h}^{(t)}}\phi$ und $\frac{1}{2}\nabla_{\boldsymbol{m}^{(t)}}\phi$ bzw. die partiellen Ableitungen $\frac{\partial\phi}{\partial n_t}$ dieser Funktion wieder zu Null und ordnet die t Bedingungen in Matrizen an, so ergeben sich die Normalgleichungen mit

$$\begin{bmatrix} \boldsymbol{\Sigma} & \boldsymbol{A} & \mathbf{1}_n \\ \boldsymbol{A}^T & \mathbb{O}_m & \mathbf{0}_m \\ \mathbf{1}^T & \mathbf{0}_m^T & 0 \end{bmatrix} \begin{bmatrix} \widetilde{\boldsymbol{H}} \\ \widetilde{\boldsymbol{M}} \\ \widetilde{\boldsymbol{n}}^T \end{bmatrix} = \begin{bmatrix} \boldsymbol{\Sigma}\{\boldsymbol{\mathcal{S}}+\boldsymbol{\mathcal{N}}, \boldsymbol{\mathcal{S}}\} \\ \mathbb{O}_{m\times n} \\ \mathbf{1}_n^T \end{bmatrix}. \tag{106}$$

Löst man die Normalgleichungen nach den Parametern $\widetilde{\boldsymbol{H}}$ auf, errechnet sich die Matrix $\widetilde{\boldsymbol{H}}$ für den besten linearen erwartungstreuen Schätzer mit

$$\begin{aligned}\widetilde{\boldsymbol{H}} = \boldsymbol{\Sigma}^{-1}\left(\boldsymbol{\Sigma} - [\boldsymbol{A}\ \mathbf{1}]\begin{bmatrix} \boldsymbol{A}^T\boldsymbol{\Sigma}^{-1}\boldsymbol{A} & \boldsymbol{A}^T\boldsymbol{\Sigma}^{-1}\mathbf{1}_n \\ \mathbf{1}_n^T\boldsymbol{\Sigma}^{-1}\boldsymbol{A} & \mathbf{1}_n^T\boldsymbol{\Sigma}^{-1}\mathbf{1}_n \end{bmatrix}^{-1}\begin{bmatrix} \boldsymbol{A}^T \\ \mathbf{1}_n^T \end{bmatrix}\right)\boldsymbol{\Sigma}^{-1}\boldsymbol{\Sigma}\{\boldsymbol{\mathcal{S}}+\boldsymbol{\mathcal{N}}, \boldsymbol{\mathcal{S}}\} + \\ + \boldsymbol{\Sigma}^{-1}[\boldsymbol{A}\ \mathbf{1}_n]\begin{bmatrix} \boldsymbol{A}^T\boldsymbol{\Sigma}^{-1}\boldsymbol{A} & \boldsymbol{A}^T\boldsymbol{\Sigma}^{-1}\mathbf{1}_n \\ \mathbf{1}_n^T\boldsymbol{\Sigma}^{-1}\boldsymbol{A} & \mathbf{1}_n^T\boldsymbol{\Sigma}^{-1}\mathbf{1}_n \end{bmatrix}^{-1}\begin{bmatrix} \mathbb{O}_{\boldsymbol{m}\times\boldsymbol{n}} \\ \mathbf{1}_n^T \end{bmatrix}.\end{aligned} \tag{107}$$

Durch Einführung der Projektoren für den um den Vektor $\mathbf{1}_n$ erweiterten Parameterraum $S(\boldsymbol{A})$

$$\boldsymbol{\Pi}_{S(\boldsymbol{A}|\mathbf{1}_n)}^{\Sigma^{-1}} := [\boldsymbol{A}\ \mathbf{1}_n]\begin{bmatrix} \boldsymbol{A}^T\boldsymbol{\Sigma}^{-1}\boldsymbol{A} & \boldsymbol{A}^T\boldsymbol{\Sigma}^{-1}\mathbf{1}_n \\ \mathbf{1}_n^T\boldsymbol{\Sigma}^{-1}\boldsymbol{A} & \mathbf{1}_n^T\boldsymbol{\Sigma}^{-1}\mathbf{1}_n \end{bmatrix}^{-1}\begin{bmatrix} \boldsymbol{A}^T \\ \mathbf{1}_n^T \end{bmatrix} \tag{108}$$

$$\boldsymbol{\Pi}_{S^\perp(\boldsymbol{A}|\mathbf{1}_n)}^{\boldsymbol{\Sigma}^{-1}} := \boldsymbol{\Sigma} - \boldsymbol{\Pi}_{S(\boldsymbol{A}|\mathbf{1}_n)}^{\Sigma^{-1}} \tag{109}$$

ergibt sich $\widetilde{\boldsymbol{\mathcal{S}}} = \widetilde{\boldsymbol{H}}^T\boldsymbol{\mathcal{L}}$ zunächst zu

$$\begin{aligned}\widetilde{\boldsymbol{\mathcal{S}}} = \boldsymbol{\Sigma}\{\boldsymbol{\mathcal{S}}, \boldsymbol{\mathcal{S}}+\boldsymbol{\mathcal{N}}\}\boldsymbol{\Sigma}^{-1}\boldsymbol{\Pi}_{S^\perp(\boldsymbol{A}|\mathbf{1}_n)}^{\boldsymbol{\Sigma}^{-1}}\boldsymbol{\Sigma}^{-1}\boldsymbol{\mathcal{L}} + \\ + [\mathbb{O}_{n\times m}\ \mathbf{1}_n]\begin{bmatrix} \boldsymbol{A}^T\boldsymbol{\Sigma}^{-1}\boldsymbol{A} & \boldsymbol{A}^T\boldsymbol{\Sigma}^{-1}\mathbf{1}_n \\ \mathbf{1}_n^T\boldsymbol{\Sigma}^{-1}\boldsymbol{A} & \mathbf{1}_n^T\boldsymbol{\Sigma}^{-1}\mathbf{1}_n \end{bmatrix}^{-1}\begin{bmatrix} \boldsymbol{A}^T \\ \mathbf{1}_n^T \end{bmatrix}\boldsymbol{\Sigma}^{-1}\boldsymbol{\mathcal{L}}.\end{aligned} \tag{110}$$

Der zweite Term von (110) stellt die ausgeglichene Schätzung des Erwartungswertes des Signal multipliziert mit einem Vektor $\mathbf{1}_n$ dar

$$\mathbf{1}_n\widetilde{\mathcal{X}}_{E_{\mathcal{S}}} := [\mathbb{O}_{n\times m}\ \mathbf{1}_n]\begin{bmatrix} \boldsymbol{A}^T\boldsymbol{\Sigma}^{-1}\boldsymbol{A} & \boldsymbol{A}^T\boldsymbol{\Sigma}^{-1}\mathbf{1}_n \\ \mathbf{1}_n^T\boldsymbol{\Sigma}^{-1}\boldsymbol{A} & \mathbf{1}_n^T\boldsymbol{\Sigma}^{-1}\mathbf{1}_n \end{bmatrix}^{-1}\begin{bmatrix} \boldsymbol{A}^T \\ \mathbf{1}_n^T \end{bmatrix}\boldsymbol{\Sigma}^{-1}\boldsymbol{\mathcal{L}}. \tag{111}$$

Durch Verwendung der Inversenidentität analog zu (64) kann (111) weiter aufgelöst werden. Somit kann der Ausdruck

$$\left[\mathbb{O}_{n\times m}\ \mathbf{1}_n\right]\begin{bmatrix} A^T\Sigma^{-1}A & A^T\Sigma^{-1}\mathbf{1}_n \\ \mathbf{1}_n^T\Sigma^{-1}A & \mathbf{1}_n^T\Sigma^{-1}\mathbf{1}_n\end{bmatrix}^{-1}\begin{bmatrix} A^T \\ \mathbf{1}_n^T\end{bmatrix} = \mathbf{1}_n N_{21}^{(-1)}A^T + \mathbf{1}_n N_{22}^{(-1)}\mathbf{1}_n^T \tag{112}$$

substituiert werden durch die entsprechenden Blöcke $N_{21}^{(-1)}$ bzw. $N_{22}^{(-1)}$ in der Inversen. Durch Lösung von (64) nach der zweiten Zeile erhält man

$$N_{22}^{(-1)} = \left(\mathbf{1}_n^T\Sigma^{-1}\Pi_{S^\perp(A)}^{\Sigma^{-1}}\Sigma^{-1}\mathbf{1}_n\right)^{-1} \tag{113}$$

$$N_{21}^{(-1)} = -N_{22}^{(-1)}\mathbf{1}_n^T\Sigma^{-1}A\left(A^T\Sigma^{-1}A\right)^{-1}. \tag{114}$$

Damit kann (112) umgeformt werden zu

$$\mathbf{1}_n\left(\mathbf{1}_n^T\Sigma^{-1}\Pi_{S^\perp(A)}^{\Sigma^{-1}}\Sigma^{-1}\mathbf{1}_n\right)^{-1}\mathbf{1}_n^T\Sigma^{-1}\Pi_{S^\perp(A)}^{\Sigma^{-1}}, \tag{115}$$

sodass (111) vereinfacht geschrieben werden kann

$$\mathbf{1}_n\widetilde{\mathcal{X}}_{E_S} = \mathbf{1}_n\left(\mathbf{1}_n^T\Sigma^{-1}\Pi_{S^\perp(A)}^{\Sigma^{-1}}\Sigma^{-1}\mathbf{1}_n\right)^{-1}\mathbf{1}_n^T\Sigma^{-1}\Pi_{S^\perp(A)}^{\Sigma^{-1}}\Sigma^{-1}\mathcal{L}. \tag{116}$$

Analog zu (73) bei der Parameterschätzung im Kollokationsmodell definieren wir auch hier wieder eine alternative Metrik mit

$$\bar{\Sigma}^{-1} = \Sigma^{-1}\Pi_{S^\perp(A)}^{\Sigma^{-1}}\Sigma^{-1} \tag{117}$$

und können (116) umschreiben zu

$$\mathbf{1}_n\widetilde{\mathcal{X}}_{E_S} = \mathbf{1}_n\left(\mathbf{1}_n^T\bar{\Sigma}^{-1}\mathbf{1}_n\right)^{-1}\mathbf{1}_n^T\,\bar{\Sigma}^{-1}\mathcal{L}. \tag{118}$$

Durch Einführung des Projektors

$$\Pi_{S(\mathbf{1}_n)}^{\bar{\Sigma}^{-1}} := \mathbf{1}_n\left(\mathbf{1}_n^T\bar{\Sigma}^{-1}\mathbf{1}_n\right)^{-1}\mathbf{1}_n^T \tag{119}$$

erhält man

$$\mathbf{1}_n\widetilde{\mathcal{X}}_{E_S} = \left\langle \Pi_{S(\mathbf{1}_n)}^{\bar{\Sigma}^{-1}}, \mathcal{L}\right\rangle_{\bar{\Sigma}^{-1}}. \tag{120}$$

Fasst man diese Erkenntnisse zusammen, so ergibt sich das geschätzte Signal $\widetilde{\mathcal{S}}$ aus (110) übersichtlich zu

$$\widetilde{\mathcal{S}} = \Sigma\{\mathcal{S},\mathcal{S}+\mathcal{N}\}\,\Sigma^{-1}\Pi_{S^\perp(A|\mathbf{1}_n)}^{\Sigma^{-1}}\Sigma^{-1}\mathcal{L} + \mathbf{1}_n\widetilde{\mathcal{X}}_{E_S}. \tag{121}$$

beziehungsweise in Skalarproduktschreibweise

$$\widetilde{\mathcal{S}} = \left\langle \boldsymbol{\Sigma}\left\{\mathcal{S}+\mathcal{N},\mathcal{S}\right\},\mathcal{L}\right\rangle_{\boldsymbol{\Sigma}^{-1}\boldsymbol{\Pi}^{\boldsymbol{\Sigma}^{-1}}_{S^{\perp}(A|\mathbf{1}_n)}\boldsymbol{\Sigma}^{-1}} + \left\langle \boldsymbol{\Pi}^{\bar{\boldsymbol{\Sigma}}^{-1}}_{S(\mathbf{1}_n)},\mathcal{L}\right\rangle_{\bar{\boldsymbol{\Sigma}}^{-1}}. \tag{122}$$

Zunächst scheint die Metrik $\boldsymbol{\Sigma}^{-1}\boldsymbol{\Pi}^{\boldsymbol{\Sigma}^{-1}}_{S^{\perp}(A|\mathbf{1}_n)}\boldsymbol{\Sigma}^{-1}$ geometrisch nicht anschaulich zu sein. Durch Einführung der verkürzten Beobachtungen

$$\widetilde{\Delta\mathcal{L}} = \boldsymbol{\Pi}^{\boldsymbol{\Sigma}^{-1}}_{S^{\perp}(A|\mathbf{1}_n)}\boldsymbol{\Sigma}^{-1}\mathcal{L} = \left\langle \boldsymbol{\Pi}^{\boldsymbol{\Sigma}^{-1}}_{S^{\perp}(A|\mathbf{1}_n)},\mathcal{L}\right\rangle_{\boldsymbol{\Sigma}^{-1}} \tag{123}$$

und der Darstellung

$$\widetilde{\mathcal{S}} = \left\langle \boldsymbol{\Sigma}\left\{\mathcal{S}+\mathcal{N},\mathcal{S}\right\},\widetilde{\Delta\mathcal{L}}\right\rangle_{\boldsymbol{\Sigma}^{-1}} + \left\langle \boldsymbol{\Pi}^{\bar{\boldsymbol{\Sigma}}^{-1}}_{S(\mathbf{1}_n)},\mathcal{L}\right\rangle_{\bar{\boldsymbol{\Sigma}}^{-1}} \tag{124}$$

ist aber unmittelbar einsichtig, dass die Metrik $\boldsymbol{\Sigma}^{-1}\boldsymbol{\Pi}^{\boldsymbol{\Sigma}^{-1}}_{S^{\perp}(A|\mathbf{1}_n)}\boldsymbol{\Sigma}^{-1}$ dafür sorgt, dass der Parameteranteil und der konstante Signalanteil aus den Beobachtungen $\mathcal{L}$ reduziert wird.

Vielfach will man aber auch das Signal ohne den konstanten Anteil des Erwartungswertes des Signals schätzen und erhält somit den variablen Anteil des Signals durch

$$\begin{aligned}
\widetilde{\Delta\mathcal{S}} &= \widetilde{\mathcal{S}} - \mathbf{1}_n\widetilde{\mathcal{X}}_{E_{\mathcal{S}}} \\
&= \boldsymbol{\Sigma}\left\{\mathcal{S},\mathcal{S}+\mathcal{N}\right\}\boldsymbol{\Sigma}^{-1}\boldsymbol{\Pi}^{\boldsymbol{\Sigma}^{-1}}_{S^{\perp}(A|\mathbf{1}_n)}\boldsymbol{\Sigma}^{-1}\mathcal{L} \\
&= \left\langle \boldsymbol{\Sigma}\left\{\mathcal{S}+\mathcal{N},\mathcal{S}\right\},\mathcal{L}\right\rangle_{\boldsymbol{\Sigma}^{-1}\boldsymbol{\Pi}^{\boldsymbol{\Sigma}^{-1}}_{S^{\perp}(A|\mathbf{1}_n)}\boldsymbol{\Sigma}^{-1}} \\
&= \left\langle \boldsymbol{\Sigma}\left\{\mathcal{S}+\mathcal{N},\mathcal{S}\right\},\widetilde{\Delta\mathcal{L}}\right\rangle_{\boldsymbol{\Sigma}^{-1}}
\end{aligned} \tag{125}$$

und somit die Varianz der Schätzung mit

$$\boldsymbol{\Sigma}\left\{\widetilde{\Delta\mathcal{S}}\right\} = \boldsymbol{\Sigma}\left\{\mathcal{S},\mathcal{S}+\mathcal{N}\right\}\boldsymbol{\Sigma}^{-1}\boldsymbol{\Pi}^{\boldsymbol{\Sigma}^{-1}}_{S^{\perp}(A|\mathbf{1}_n)}\boldsymbol{\Sigma}^{-1}\boldsymbol{\Sigma}\left\{\mathcal{S}+\mathcal{N},\mathcal{S}\right\} \tag{126}$$

$$= \left\langle \boldsymbol{\Sigma}\left\{\mathcal{S}+\mathcal{N},\mathcal{S}\right\},\boldsymbol{\Sigma}\left\{\mathcal{S}+\mathcal{N},\mathcal{S}\right\}\right\rangle_{\boldsymbol{\Sigma}^{-1}\boldsymbol{\Pi}^{\boldsymbol{\Sigma}^{-1}}_{S^{\perp}(A|\mathbf{1}_n)}\boldsymbol{\Sigma}^{-1}}. \tag{127}$$

Man beachte, dass die Schätzung des Signals unabhängig von der Annahme ob der Erwartungswert des Signals gleich Null ist, $E_{\mathcal{S}}=0$ oder ungleich Null ist, $E_{\mathcal{S}}\neq 0$ auf sehr ähnlich Formen führt. Vergleiche (101) und (125) bzw. (103) und (127) für die Varianzen. Lediglich der Projektor ist von $\boldsymbol{\Pi}^{\boldsymbol{\Sigma}^{-1}}_{S^{\perp}(A)}$ auf $\boldsymbol{\Pi}^{\boldsymbol{\Sigma}^{-1}}_{S^{\perp}(A|\mathbf{1}_n)}$ auszutauschen, um von einer Form in die andere zu gelangen, wenn man im Falle $E_{\mathcal{S}}\neq 0$ nur die variablen Anteile des Signals schätzen will.

3.3 Schätzung für das Gesamtmodell: Trend und Signal

Zur Schätzung des Gesamtmodells wird der Trend $A\widetilde{\mathcal{X}}$ und das Signal $\widetilde{\mathcal{S}}$ durch

$$\widetilde{\mathcal{L}} = A\widetilde{\mathcal{X}} + \widetilde{\mathcal{S}} \tag{128}$$

zusammengefasst und ausgeglichene Größen in den Messpunkten $\widetilde{\mathcal{L}}$ berechnet. Für die weiteren Überlegungen müssen wird wieder die Fallunterscheidung $E_{\mathcal{S}} = 0$ bzw. $E_{\mathcal{S}} \neq 0$ beachten. Zunächst werden wir jedoch das Standardmodell $E_{\mathcal{S}} = 0$ untersuchen und erst dann die Spezialisierung auf weitere Modelle vornehmen. Wobei wir dann auch auf trendfreie Modelle – Modelle ohne Parameteranteile – übergehen werden, wie sie bei der Prädiktion, Wiener-Kolmogorov-Filterung und dem Kriging angesetzt werden.

Schätzer für $\widetilde{\mathcal{L}}$ bei $E_{\mathcal{S}} = 0$: Mit Hilfe von (44) und (100) kann (128) umgeschrieben

$$\widetilde{\mathcal{L}} = \left(A\widetilde{G}^T + \widetilde{H}^T\right)\mathcal{L} \tag{129}$$

und durch Projektoren ausgedrückt werden

$$\widetilde{\mathcal{L}} = \left(\Pi_{S(A)}^{\Sigma^{-1}} + \Sigma\{\mathcal{S}, \mathcal{S}+\mathcal{N}\}\,\Sigma^{-1}\Pi_{S^{\perp}(A)}^{\Sigma^{-1}}\right)\Sigma^{-1}\mathcal{L}. \tag{130}$$

Bemerkenswert ist, dass sich die Schätzung aus den Anteilen von zwei orthogonalen Vektorräumen zusammensetzt. Während der Vektorraum $S(A)$ vollständig für die Schätzung genutzt wird, werden für die Signalanteile aus $S^{\perp}(A)$ nur Teilbereiche durch Korrelation mit der Kovarianzfunktion ausgewählt. Dadurch wird der Anteil des zufälligen Rauschens $\mathcal{N}$ unterdrückt.

Die Eigenschaften der Idempotenz und Orthogonalität der Projektoren (Tab. 2) vereinfachen nun die Berechnung der Varianz $\Sigma\{\widetilde{\mathcal{L}}\}$ durch Varianzfortpflanzung und es ergibt sich

$$\Sigma\{\widetilde{\mathcal{L}}\} = \Pi_{S(A)}^{\Sigma^{-1}} + \Sigma\{\mathcal{S}, \mathcal{S}+\mathcal{N}\}\,\Sigma^{-1}\Pi_{S^{\perp}(A)}^{\Sigma^{-1}}\Sigma^{-1}\Sigma\{\mathcal{S}+\mathcal{N}, \mathcal{S}\}. \tag{131}$$

Man erkennt, dass bedingt durch die Orthogonalitäten der Anteile $A\widetilde{\mathcal{X}}$ und $\widetilde{\mathcal{S}}$ die Gesamtvarianz $\Sigma\{\widetilde{\mathcal{L}}\}$ aus der Summe der Einzelvarianzen $\Sigma\{A\widetilde{\mathcal{X}}\}$ aus (54) und $\Sigma\{\widetilde{\mathcal{S}}\}$ aus (102) zusammengesetzt ist. Für die Approximation an beliebigen Punkten (Aufpunkten) $p \in P$, mit $\#P = q$, kann (128) entsprechend adaptiert werden zu

$$\mathcal{L}_p = A_p\widetilde{\mathcal{X}} + \mathcal{S}_p \qquad p = 1, \ldots, q \tag{132}$$

wobei $\boldsymbol{A}_p$ den entsprechenden funktionalen Zusammenhang am Aufpunkt p darstellt. Das geschätzte Signal $\widetilde{\mathcal{S}}_p$ errechnet sich analog zu (100) mit

$$\mathcal{S}_p = \boldsymbol{\Sigma}\left\{\mathcal{S}_p, \boldsymbol{\mathcal{S}} + \boldsymbol{\mathcal{N}}\right\}\boldsymbol{\Sigma}^{-1}\widetilde{\Delta\boldsymbol{\mathcal{L}}}\,, \qquad p = 1, \ldots, q \tag{133}$$

wobei der liegende Vektor $\boldsymbol{\Sigma}\left\{\mathcal{S}_p, \boldsymbol{\mathcal{S}} + \boldsymbol{\mathcal{N}}\right\}$ die Kovarianzen zwischen dem Aufpunkt p und allen Messpunkten repräsentiert. Fassen wir nun die Berechnung aller Aufpunkte $p \in P$ in Vektoren und Matrizen zusammen und kennzeichnen die zusammengefassten Größen mit $\widehat{\boldsymbol{\mathcal{L}}}$, $\widehat{\boldsymbol{A}}$ und $\widehat{\boldsymbol{\mathcal{S}}}$ so kann die Berechnung aller approximierten Größen durch

$$\begin{aligned}
\widehat{\boldsymbol{\mathcal{L}}} &= \widehat{\boldsymbol{A}}\widetilde{\boldsymbol{\mathcal{X}}} + \widehat{\boldsymbol{\mathcal{S}}} \\
&= \widehat{\boldsymbol{A}}\widetilde{\boldsymbol{\mathcal{X}}} + \boldsymbol{\Sigma}\left\{\widehat{\boldsymbol{\mathcal{S}}}, \boldsymbol{\mathcal{S}} + \boldsymbol{\mathcal{N}}\right\}\boldsymbol{\Sigma}^{-1}\widetilde{\Delta\boldsymbol{\mathcal{L}}} \\
&= \left(\widehat{\boldsymbol{A}}\left(\boldsymbol{A}^T\boldsymbol{\Sigma}^{-1}\boldsymbol{A}\right)^{-1}\boldsymbol{A} + \boldsymbol{\Sigma}\left\{\widehat{\boldsymbol{\mathcal{S}}}, \boldsymbol{\mathcal{S}}+\boldsymbol{\mathcal{N}}\right\}\boldsymbol{\Sigma}^{-1}\boldsymbol{\Pi}^{\boldsymbol{\Sigma}^{-1}}_{S^{\perp}(\boldsymbol{A})}\right)\boldsymbol{\Sigma}^{-1}\boldsymbol{\mathcal{L}}
\end{aligned} \tag{134}$$

zusammengefasst werden. Die Kovarianzmatrix errechnet sich durch Varianzfortpflanzung mit

$$\boldsymbol{\Sigma}\left\{\widehat{\boldsymbol{\mathcal{L}}}\right\} = \widehat{\boldsymbol{A}}\left(\boldsymbol{A}^T\boldsymbol{\Sigma}^{-1}\boldsymbol{A}\right)^{-1}\widehat{\boldsymbol{A}}^T + \boldsymbol{\Sigma}\left\{\widehat{\boldsymbol{\mathcal{S}}}, \boldsymbol{\mathcal{S}}+\boldsymbol{\mathcal{N}}\right\}\boldsymbol{\Sigma}^{-1}\boldsymbol{\Pi}^{\boldsymbol{\Sigma}^{-1}}_{S^{\perp}(\boldsymbol{A})}\boldsymbol{\Sigma}^{-1}\boldsymbol{\Sigma}\left\{\boldsymbol{\mathcal{S}}+\boldsymbol{\mathcal{N}}, \widehat{\boldsymbol{\mathcal{S}}}\right\}, \tag{135}$$

wobei wieder die Orthogonalität zwischen der Schätzung von $\widehat{\boldsymbol{A}}\widetilde{\boldsymbol{\mathcal{X}}}$ und $\widehat{\boldsymbol{\mathcal{S}}}$ dafür sorgt, dass alle gemischten Anteile entfallen und die Kovarianzen aus der Summe der Einzelkovarianzen gebildet wird.

Nun wollen wir dieses Ergebnis auf alle bisher behandelten Sonderfälle herunterbrechen. In Tab. 3 haben wir alle Ergebnisse zusammengefasst. Dazu wird zunächst eine Ersatzmatrix $\boldsymbol{B}$ eingeführt und die bisher erhaltenen Formeln für die Schätzung des Gesamtmodells und deren Kovarianzen einfach durch Variation der Ersatzmatrix abgeleitet.

4 Modellierung von Kovarianzen

Die Beschreibung der stochastischen Eigenschaften des Signals $\boldsymbol{\mathcal{S}}$ und des Rauschens $\boldsymbol{\mathcal{N}}$ erfolgt über die Varianzen/Kovarianzen $\boldsymbol{\Sigma}\{\boldsymbol{\mathcal{S}}\}$ bzw. $\boldsymbol{\Sigma}\{\boldsymbol{\mathcal{N}}\}$ und werden in den Kovarianzmatrizen $\boldsymbol{\Sigma}_{\boldsymbol{\mathcal{S}}\boldsymbol{\mathcal{S}}}$ und $\boldsymbol{\Sigma}_{\boldsymbol{\mathcal{N}}\boldsymbol{\mathcal{N}}}$ zusammengefasst.

Das zufällige Störsignal (Rauschen) $\boldsymbol{\mathcal{N}}$ wird vielfach als unkorrelierter stochastischer Prozess („*weißes Rauschen*") $\{\mathcal{N}(\boldsymbol{t}); \boldsymbol{t} \in \mathbb{R}^d\}$ bzw. diskret für bestimmte Stützstellen $\{\mathcal{N}_{\boldsymbol{t}_i}; i \in \mathbb{Z}\}$ angesehen und die Kovarianzmatrix $\boldsymbol{\Sigma}_{\boldsymbol{\mathcal{N}}\boldsymbol{\mathcal{N}}}$ durch eine mit der Varianz des Rauschens $\sigma^2_{\mathcal{N}}$ skalierte Einheitsmatrix $\sigma^2_{\mathcal{N}}\mathbb{1}_n$ oder eine allgemeine Diagonalmatrix dargestellt, falls das zufällige Störsignal nicht stationär ist. Die Signale $\boldsymbol{\mathcal{S}}$ sind hingegen korreliert und die Einträge in der Kovarianzmatrix $\boldsymbol{\Sigma}_{\boldsymbol{\mathcal{S}}\boldsymbol{\mathcal{S}}}$ werden über (Auto)Kovarianzfunktionen erzeugt. Für einen stationären Prozess

Tab. 3 Schätzung des Gesamtmodells in den unterschiedlichsten Variationen. Durch Variation der Matrix $\boldsymbol{B}$ können mit den gleichen Formeln sowohl die Filterung als auch die Prädiktion an Aufpunkten bewerkstelligt werden. Die Matrix $\widehat{\boldsymbol{B}}$ für die Prädiktion ist analog zu $\boldsymbol{B}$ aufzubauen und abhängig vom Modell. Wenn die Matrix $\boldsymbol{B}$ keine Spalten hat und damit der Spaltenraum von $\boldsymbol{B}$ die leere Menge $\boldsymbol{\emptyset}$ ist, so entartet die Projektionsmatrix zur Nullmatrix $\boldsymbol{\Pi}_{S(\boldsymbol{\emptyset})}^{\boldsymbol{\Sigma}^{-1}} = \mathbb{O}_n$ und die orthogonale Projektionsmatrix zur Kovarianzmatrix $\boldsymbol{\Pi}_{S^\perp(\boldsymbol{\emptyset})}^{\boldsymbol{\Sigma}^{-1}} = \boldsymbol{\Sigma}$

$\boldsymbol{B} := [A]:$	Kollokation, Universal Kriging mit $E_{\mathcal{S}}=0$
$\boldsymbol{B} := [A \mid \mathbf{1}_n]:$	Kollokation mit $E_{\mathcal{S}} \neq 0$
$\boldsymbol{B} := [\mathbf{1}_n]:$	Ordinary Kriging
$\boldsymbol{B} := [\boldsymbol{\emptyset}]:$	Prädiktion, Wiener-Kolmogorov-Filterung, Simple Kriging
Filterung:	$\widetilde{\mathcal{L}} = \left(\boldsymbol{\Pi}_{S(\boldsymbol{B})}^{\boldsymbol{\Sigma}^{-1}} + \boldsymbol{\Sigma}\{\mathcal{S}, \mathcal{S}+\mathcal{N}\}\boldsymbol{\Sigma}^{-1}\boldsymbol{\Pi}_{S^\perp(\boldsymbol{B})}^{\boldsymbol{\Sigma}^{-1}}\right)\boldsymbol{\Sigma}^{-1}\mathcal{L}$ $\boldsymbol{\Sigma}\{\widetilde{\mathcal{L}}\} = \boldsymbol{\Pi}_{S(\boldsymbol{B})}^{\boldsymbol{\Sigma}^{-1}} + \boldsymbol{\Sigma}\{\mathcal{S}, \mathcal{S}+\mathcal{N}\}\boldsymbol{\Sigma}^{-1}\boldsymbol{\Pi}_{S^\perp(\boldsymbol{B})}^{\boldsymbol{\Sigma}^{-1}}\boldsymbol{\Sigma}^{-1}\boldsymbol{\Sigma}\{\mathcal{S}+\mathcal{N}, \mathcal{S}\}$
Prädiktion:	$\widehat{\mathcal{L}} = \left(\widehat{\boldsymbol{B}}\left(\boldsymbol{B}^T\boldsymbol{\Sigma}^{-1}\boldsymbol{B}\right)^{-1}\boldsymbol{B} + \boldsymbol{\Sigma}\{\widehat{\mathcal{S}}, \mathcal{S}+\mathcal{N}\}\boldsymbol{\Sigma}^{-1}\boldsymbol{\Pi}_{S^\perp(\boldsymbol{B})}^{\boldsymbol{\Sigma}^{-1}}\right)\boldsymbol{\Sigma}^{-1}\mathcal{L}$ $\boldsymbol{\Sigma}\{\widehat{\mathcal{L}}\} = \widehat{\boldsymbol{B}}\left(\boldsymbol{B}^T\boldsymbol{\Sigma}^{-1}\boldsymbol{B}\right)^{-1}\widehat{\boldsymbol{B}}^T + \boldsymbol{\Sigma}\{\widehat{\mathcal{S}}, \mathcal{S}+\mathcal{N}\}\boldsymbol{\Sigma}^{-1}\boldsymbol{\Pi}_{S^\perp(\boldsymbol{B})}^{\boldsymbol{\Sigma}^{-1}}\boldsymbol{\Sigma}^{-1}$ $\boldsymbol{\Sigma}\{\mathcal{S}+\mathcal{N}, \widehat{\mathcal{S}}\}$

$\{\mathcal{S}(\boldsymbol{t}); \boldsymbol{t} \in \mathbb{R}^d\}$ bzw. $\{\mathcal{S}_{\boldsymbol{t}_i}; i \in \mathbb{Z}\}$ sind die Autokovarianzen $\Sigma\left\{\mathcal{S}(\boldsymbol{t}_i), \mathcal{S}(\boldsymbol{t}_j)\right\}$ bzw. $\Sigma\left\{\mathcal{S}_{\boldsymbol{t}_i}, \mathcal{S}_{\boldsymbol{t}_j}\right\}$ wegen der Forderung (9) unabhängig vom Ort und können zum Beispiel durch Autokovarianzfunktionen (Abschn. 4.1) oder diskrete kovarianzstationäre Prozesse beschrieben werden. Zunächst werden wir in Abschn. 4.1 die mathematischen Grundlagen zu Kovarianzfunktionen betrachten und dann spezielle finite Kovarianzfunktionen diskutieren, die bedingt durch den endlichen Träger auf dünnbesetzte Kovarianzmatrizen führen, die auch bei einer großen Anzahl von Messungen noch effizient berechenbar sind. Im folgenden Abschn. 4.3 diskutieren wir einen Zugang zur Modellierung von korrelierten Messreihen über diskrete kovarianzstationäre Prozesse. Der Übergang und Zusammenhang zu Kovarianzfunktionen wird über das *Magische Quadrat* hergestellt.

4.1 Kovarianzfunktion

Die Autokovarianzfunktion $\gamma(t_{ij})$ ist analog zu (9) definiert durch

$$\Sigma\left\{\mathcal{S}(\boldsymbol{t}_i), \mathcal{S}(\boldsymbol{t}_j)\right\} = \Sigma\left\{\mathcal{S}(\boldsymbol{t}_i - \boldsymbol{t}_j), \mathcal{S}(\boldsymbol{t}_j - \boldsymbol{t}_j)\right\} := \gamma(\boldsymbol{t}_j - \boldsymbol{t}_i), \tag{136}$$

wobei $\boldsymbol{t}_i$ und $\boldsymbol{t}_j$ Punktkoordinaten in einem Gebiet $\mathcal{A}$ von $\mathbb{R}^d$ darstellen und somit $\boldsymbol{t}_j - \boldsymbol{t}_i$ die Koordinatendifferenzen („*lags*“) kennzeichnen. Vereinfacht gilt für skalare Größen wie Zeitdifferenzen $t_{ij} = t_j - t_i$, wobei $t_i, t_j \in \mathbb{R}$ konkrete Zeitpunkte $i, j = 1, \ldots, n$ kennzeichnen. Bei mehrdimensionalen Anwendungen kommen vielfach auch isotrope Kovarianzfunktionen zum Einsatz, wo die Koordinatendifferenzen $\boldsymbol{t}_j - \boldsymbol{t}_i$ durch eine geeignete Norm $\|\boldsymbol{t}_j - \boldsymbol{t}_i\| = t_{ij}$ ersetzt werden und somit die Kovarianzfunktion nur eine Funktion der Distanz t_{ij} ist. In den folgenden Betrachtungen wollen wir aber zunächst noch den allgemeinen nicht isotropen Fall verfolgen und kommen dann am Ende dieses Abschnittes auf die Verwendung von isotropen Funktionen zurück.

Nach [3, S. 26, Proposition 1.5.1] weisen Autokovarianzfunktionen $\gamma(\boldsymbol{t}_j - \boldsymbol{t}_i)$ eines stationären stochastischen Prozesses folgende Eigenschaften auf:

- $\gamma(\boldsymbol{0}_d) \geq 0\,,$ (137)
- $|\gamma(\boldsymbol{t}_j - \boldsymbol{t}_i)| \leq \gamma(\boldsymbol{0}_d)$ für alle $\boldsymbol{t}_i, \boldsymbol{t}_j \in \mathbb{R}^d$, (138)
- $\gamma(\boldsymbol{t}_j - \boldsymbol{t}_i) = \gamma(-(\boldsymbol{t}_j - \boldsymbol{t}_i))$ und (139)
- $\gamma(\boldsymbol{t}_j - \boldsymbol{t}_i)$ ist eine positiv semidefinite Funktion. (140)

Eine Funktion $\gamma(\boldsymbol{t}_j - \boldsymbol{t}_i)$ ist positiv semidefinit, wenn

$$\sum_{i,j=1}^{n} \gamma(\boldsymbol{t}_i - \boldsymbol{t}_j) z_i z_j \geq 0 \tag{141}$$

für jede Wahl von $\boldsymbol{t}_1, \ldots, \boldsymbol{t}_n \in \mathbb{R}^d$, $z_1, \ldots, z_n \in \mathbb{R}$ gültig ist, wobei das Gleichheitszeichen für **semi**definite Funktionen steht. Aus dieser Definition folgt unmittelbar, dass eine Linearkombination von positiv semidefiniten Funktionen $\gamma_k(\boldsymbol{t})$ mit Koeffizienten $c_k \geq 0$

$$\gamma(\boldsymbol{t}) = \sum_k c_k\, \gamma_k(\boldsymbol{t}) \tag{142}$$

wieder auf eine positiv semidefinite Funktion führt. Somit sind also die Addition bzw. die Multiplikation mit einem positiven Skalar erlaubte Operationen um aus positiv semidefiniten Funktionen weitere Funktionen abzuleiten, die ebenfalls positiv semidefinit sind. Zur Ableitung weiterer Rechenregeln spielt die Fouriertransformierte einer integrierbaren, kontinuierlichen, skalaren Funktion $f(\boldsymbol{t})$ eine besondere Rolle. Diese ist definiert durch

$$f(\boldsymbol{t}) \overset{\mathcal{F}}{\longleftrightarrow} F(\boldsymbol{\nu}) \qquad \text{mit} \qquad \begin{cases} F(\boldsymbol{\nu}) := \mathcal{F}\{f(\boldsymbol{t})\} \quad := \int\limits_{-\infty}^{\infty} f(\boldsymbol{t})\, e^{-i2\pi\langle \boldsymbol{\nu},\boldsymbol{t}\rangle} d\boldsymbol{t} \\ f(\boldsymbol{t}) := \mathcal{F}^{-1}\{F(\boldsymbol{\nu})\} := \int\limits_{-\infty}^{\infty} F(\boldsymbol{\nu})\, e^{i2\pi\langle \boldsymbol{\nu},\boldsymbol{t}\rangle} d\boldsymbol{\nu} \end{cases} \tag{143}$$

wobei $\langle , \rangle$ das Skalarprodukt benennt, $\boldsymbol{t}, \boldsymbol{\nu} \in \mathbb{R}^d$ repräsentieren kontinuierliche Vektoren im Orts- bzw. Frequenzbereich und $F(\boldsymbol{\nu})$ kennzeichnet die Fouriertransformierte von $f(\boldsymbol{t})$, die durch die Fouriertransformation in $\mathbb{R}^d$ gebildet wird. Das

Theorem von Bochner [1, S. 55] besagt nun, dass für eine positiv definite Funktion $f(\boldsymbol{t})$ gilt, dass die Fourier-Transformierte $F(\boldsymbol{\nu})$ nur nicht negative Werte aufweisen muss.

Dieses Theorem kann über die inverse Fourier Transformation $\mathcal{F}^{-1}\{\cdot\}$ von (141) für $\boldsymbol{t} \in \mathbb{R}^d$ bewiesen werden. Unter Beachtung des Verschiebesatzes für Fourier-Integrale

$$f(\boldsymbol{t}-\boldsymbol{t}_0) = \mathcal{F}^{-1}\left\{F(\boldsymbol{\nu})e^{-i2\pi\langle\boldsymbol{\nu},\boldsymbol{t}_0\rangle}\right\} = \int_{-\infty}^{\infty} F(\boldsymbol{\nu})e^{i2\pi\langle\boldsymbol{\nu},\boldsymbol{t}-\boldsymbol{t}_0\rangle}\boldsymbol{d}\,\boldsymbol{\nu} \tag{144}$$

kann (141) umgeformt werden zu

$$\begin{aligned}\sum_{j,k=1}^{n} f(\boldsymbol{t}_j-\boldsymbol{t}_k)z_j z_k &= \sum_{j,k=1}^{n}\left(\int_{-\infty}^{\infty} e^{i2\pi\langle\boldsymbol{\nu},\boldsymbol{t}_j-\boldsymbol{t}_k\rangle}F(\boldsymbol{\nu})\boldsymbol{d}\,\boldsymbol{\nu}\right)z_j z_k\\ &= \int_{-\infty}^{\infty}\left(\sum_{j=1}^{n} e^{i2\pi\langle\boldsymbol{\nu},\boldsymbol{t}_j\rangle}z_j\right)\left(\sum_{k=1}^{n} e^{-i2\pi\langle\boldsymbol{\nu},\boldsymbol{t}_k\rangle}z_k\right)F(\boldsymbol{\nu})\boldsymbol{d}\,\boldsymbol{\nu}\\ &= \int_{-\infty}^{\infty}\left|\sum_{j=1}^{n} e^{i2\pi\langle\boldsymbol{\nu},\boldsymbol{t}_j\rangle}z_j\right|^2 F(\boldsymbol{\nu})\boldsymbol{d}\,\boldsymbol{\nu} \geq 0,\end{aligned} \tag{145}$$

wobei durch die quadratische Form der Summe gezeigt ist, dass für eine positiv definite Funktion $f(\boldsymbol{t})$ alle $F(\boldsymbol{\nu})\boldsymbol{d}\,\boldsymbol{\nu} \geq 0$ sein müssen [44]. Diese Eigenschaft kann man nutzen um auch die Multiplikation von zwei positiv semidefiniten Funktionen $g(\boldsymbol{t})\cdot h(\boldsymbol{t})$ bzw. die Faltung $g(\boldsymbol{t}) * h(\boldsymbol{t})$ als weitere mögliche Operationen zu identifizieren, die es erlauben positiv semidefinite Funktionen zu erzeugen. Dies folgt unmittelbar aus dem Faltungstheorem [19, Kap. 10.11]

$$g(\boldsymbol{t})\,h(\boldsymbol{t}) \overset{\mathcal{F}}{\longleftrightarrow} G(\boldsymbol{\nu}) * H(\boldsymbol{\nu}) \qquad \text{bzw.} \qquad g(\boldsymbol{t}) * h(\boldsymbol{t}) \overset{\mathcal{F}}{\longleftrightarrow} G(\boldsymbol{\nu})\,H(\boldsymbol{\nu}) \tag{146}$$

mit $G(\boldsymbol{\nu}) = \mathcal{F}\{g(\boldsymbol{t})\} \geq 0$ und $H(\boldsymbol{\nu}) = \mathcal{F}\{h(\boldsymbol{t})\} \geq 0$. Zuletzt sei noch festgehalten, dass die Faltung einer beliebigen Funktion mit sich selbst

$$\int_{-\infty}^{\infty} h(z)h(\boldsymbol{t}-z)\boldsymbol{d}z = h(\boldsymbol{t}) * h(\boldsymbol{t}) \tag{147}$$

wegen

$$h(\boldsymbol{t}) * h(\boldsymbol{t}) \overset{\mathcal{F}}{\longleftrightarrow} H(\boldsymbol{\nu})\,H(\boldsymbol{\nu}) \geq 0 \tag{148}$$

die Konstruktion von positiv semidefiniten Funktionen erlaubt. Zusammenfassend können somit folgende Rechenvorschriften festgehalten werden, um positiv semidefinite Funktionen zu erzeugen:

- die Addition/Multiplikation von zwei positiv semidefiniten Funktionen,
- die Multiplikation einer semidefiniten Funktion mit einem positiven Skalar und
- die Faltung einer Funktion mit sich selbst.

Ausgehend von einer positiv semidefiniten Kovarianzfunktion $\gamma(\boldsymbol{t}_j - \boldsymbol{t}_i)$ kann nun (141) verwendet werden um eine positiv semidefinite Kovarianzmatrix $\boldsymbol{\Sigma}$ aufzubauen. Aus (141) folgt unmittelbar, dass eine quadratische $n \times n$ Matrix $\boldsymbol{\Sigma}$ gebildet durch die Vorschrift $\sigma_{ij} = \gamma(\boldsymbol{t}_j - \boldsymbol{t}_i)$ aus der positive semidefiniten Funktion $\gamma(\cdot)$ wegen

$$\sum_{i,j=1}^{n} \gamma(\boldsymbol{t}_j - \boldsymbol{t}_i) z_i z_j = \sum_{i,j=1}^{n} \sigma_{ij} z_i z_j = \boldsymbol{z}^T \boldsymbol{\Sigma} \boldsymbol{z} \geq 0 \quad \text{mit} \quad \boldsymbol{z} = [z_1, \ldots, z_n]^T \tag{149}$$

eine positiv semidefinite Matrix repräsentiert. Diese Matrix ist wegen (139) bzw.

$$\sigma_{ij} = \gamma(\boldsymbol{t}_i - \boldsymbol{t}_j) = \gamma(\boldsymbol{t}_j - \boldsymbol{t}_i) = \sigma_{ji} \tag{150}$$

symmetrisch. Zusammenfassend kann also festgehalten werden, dass aufgrund des Theorems von Bochner [1, S. 55] die symmetrische Matrix $\boldsymbol{\Sigma}$ mit den Eintragungen $\sigma_{ij} = \gamma(\boldsymbol{t}_i - \boldsymbol{t}_j) = \gamma(\boldsymbol{t}_j - \boldsymbol{t}_i)$; $\boldsymbol{t}_i, \boldsymbol{t}_j \in \mathcal{A}$, positiv semidefinit für alle Punktanordnungen in $\mathcal{A}$ von $\mathbb{R}^d$ ist, falls die Fouriertransformierte $F(\boldsymbol{\nu})$ der Funktion $f(\boldsymbol{t}) : \mathbb{R}^d \rightarrow \mathbb{R}$ nicht negativ ist [7, Theorem 2.10].

Das Bochner Theorem garantiert somit auch die positive Semidefinitheit für jeden Unterraum $\mathcal{A} \subset \mathbb{R}^d$. Daher führt eine positive semidefinite Funktion in $\mathbb{R}^d$ auf positiv semidefinite Matrizen für jeden Unterraum von $\mathbb{R}^d$, z. B. auf einer Linie, in einer Ebenen, auf einer Kugel [7].

Für eindimensionale Prozesse kann somit auf viele positiv definite Funktionen aus höherdimensionalen Räumen zugegriffen werden. Positiv definite Funktionen in $\mathbb{R}^n$ (z. B. $e^{-a|r|}, e^{-ar^2}$) können ebenso eingesetzt werden wie Bessel-Funktionen erster Art $J_1(ar)/ar$ or $J_0(ar)$ aus $\mathbb{R}^2$ oder $\cos(\omega t)$ und $\text{sinc}(\omega t)$ aus $\mathbb{R}^1$ [29]. In diesem Zusammenhang sei auch speziell darauf hingewiesen, dass auch für isotrope Funktionen in $\mathbb{R}^d$ die positive Semidefinitheit der Kovarianzfunktionen im entsprechenden Koordinatenraum $\mathbb{R}^d$ gewährleistet sein muss. Die irrige Annahme, dass die durch die Norm abgeleiteten Distanzen nur skalare Größen darstellen und damit eine positive semidefinite Funktion in $\mathbb{R}^1$ hinreichend ist, kann durch Gegenbeispiele widerlegt werden (Sansò, 2015 – persönliche Kommunikation).

In der physikalischen Geodäsie sind Kovarianzfunktionen für harmonische Funktionen im oberen Halbraum und für globale Anwendungen im Außenraum der Kugel von großer Bedeutung. Basierend auf den grundlegende Arbeiten von [10, 11, 22, 27, 45, 46] findet man bei [28] eine umfassende Darstellung. Softwarepakete wie zum Beispiel GRAVSOFT [47] unterstützen die Anwendung von Kollokationsverfahren in der täglichen Praxis der Erdschwerefeldbestimmung.

Automatisierte Messungen führen sehr rasch auf große Datenmengen und somit auf große Kovarianzmatrizen. Um mit diesen großen Datenmengen nummerisch zurecht zu kommen, bieten sich mehrere Zugänge speziell an. Bei äquidistanter

Datenverteilung kann die Toeplitz-Struktur der Kovarianzmatrix genutzt werden um speziell adaptierte Verfahren zu entwickeln, die auch mit sehr großen Datenmengen noch verwendet werden können [2, 6, 36, 39]. Im Abschn. 4.3 werden wir Kovarianzmatrizen durch lineare diskrete zeitinvariante Filter modellieren und damit eine weitere Möglichkeiten zur effizienten Verarbeitung von sehr langen Zeitreihen aufzeigen. Liegt eine unregelmäßige Abtastung vor, so können mit *finiten Kovarianzfunktionen* (= Kovarianzfunktionen mit endlichem Träger) dünnbesetzte Kovarianzmatrizen erzeugt werden, die auch für sehr große Systeme noch effizient lösbar sind. Im folgenden Abschn. 4.2 wird das Grundprinzip zur Konstruktion von finiten Kovarianzfunktionen erläutert, Beispiele für finite Kovarianzfunktionen in $\mathbb{R}^1$ und $\mathbb{R}^3$ aufgezeigt und anschließend finite Kovarianzfunktionen in $\mathbb{R}^2$ entwickelt.

4.2 Finite Kovarianzfunktionen

Als *finite Kovarianzfunktionen* bezeichnet man Kovarianzfunktionen, die nur in einem bestimmten Bereich Funktionswerte ungleich Null aufweisen und außerhalb dieses Bereiches exakt Null sind. Diese Funktionen haben also einen endlichen Träger und führen daher auf dünnbesetzte Kovarianzmatrizen.

Die in der Praxis oft verwendete Methode (sehr) kleine Funktionswerte einer abklingenden Kovarianzfunktion durch Nullen zu ersetzen, entspricht der Multiplikation der originalen Kovarianzfunktion mit einer Rechtecksfunktion (*Box-Car*-Funktion). Die Fouriertransformierte einer Rechtecksfunktion bildet die sinc-Funktion, die auch negative Werte aufweist. Somit kann die positive Definitheit der so modifizierten Kovarianzfunktion nicht mehr gewährleistet werden. Die resultierende Kovarianzmatrix ist zwar dünn besetzt, aber nicht notwendigerweise auch positiv definit.

Für den eindimensionalen Fall bilden die Basissplines $S1$ (*Hütchen*-Funktion, Spline erster Ordnung) und $S3$ (kubischer Spline) mögliche positiv semidefinite Funktionen [35]. Die positive Semidefinitheit ist durch die Definitionen von $S1 := S0 * S0$ und $S3 := S1 * S1$ nach (148) gewährleistet, da beide Basissplines durch Faltung der Funktionen $S0$ (*Rechteck-Funktion, Spline nullter Ordnung*) bzw. $S1$ mit sich selbst definiert werden können. Ähnliche Überlegungen gelten somit für alle Basissplines mit ungeraden Ordnungen.

Gaspari und Cohn [7] berechnen eine stückweise definierte Funktion fünfter Ordnung $f_{GC}(r, a, R)$ in den Parametern a und R durch eine Faltung in $\mathbb{R}^3$ der stückweisen linearen, stetigen Funktion

$$h(r, a, R) = \begin{cases} 2(a-1)r/R + 1 & : \quad 0 \le r \le R/2 \\ 2a(1 - r/R) & : \quad R/2 \le r \le R \\ 0 & : \quad R \le r \end{cases} \tag{151}$$

mit sich selbst. Das Faltungstheorem [30] garantiert die positive Semidefinitheit der resultierenden Funktion $f_{GC}(r, a, R)$, wobei r die Euklidische Distanz $\|\boldsymbol{t}_i - \boldsymbol{t}_j\|$ zwischen den Punktkoordinaten $\boldsymbol{t}_i, \boldsymbol{t}_j \in \mathbb{R}^3$ bezeichnet. R definiert die halbe

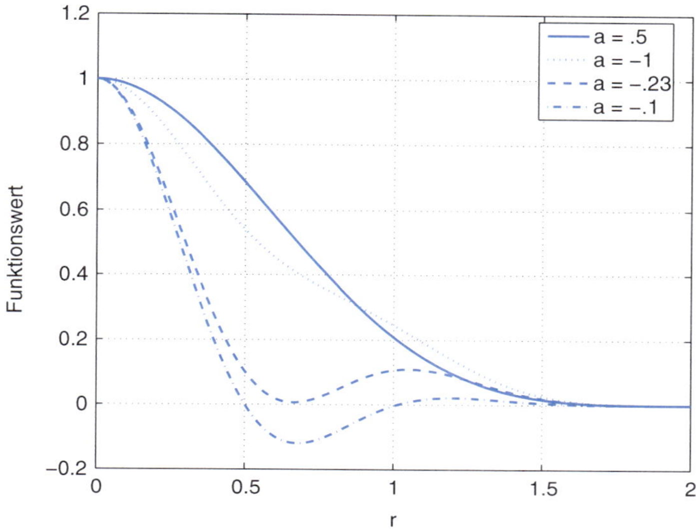

Abb. 3 Gaspari-Cohn Funktion: $f_{GC}(r, a, R)$ mit endlichem Träger 2 ($R = 1$). Variationen des Formparameters a

Länge des endlichen Trägers. Der Formparameter $a \in \mathbb{R}$, der die Steigungen der linearen Ausgangsfunktionen festlegt, erlaubt eine flexible Steuerung der Gestalt der resultierenden positiv semidefiniten Funktion. Abb. 3 zeigt den Verlauf für unterschiedliche Formparameter auf. Die umfangreichen Formeln des stückweise definierten Polynoms fünfter Ordnung $f_{GC}(z, a, R)$ sind bei [8] [(33), (C.1) und (C.2)] zu finden und werden auch bei [24] [(41)-(43)] wiedergegeben. Durch die Wahl der Parameter a und R kann die Gestalt der positiv semidefiniten Funktion sehr variabel verändert werden, sodass eine große Freiheit zur Anpassung an die empirische Kovarianzen ermöglicht wird.

Sansò und Schuh [35] verwenden die parabolische Funktion

$$h(r, R) = \begin{cases} R^2 - r^2 & : \quad 0 \leq r \leq R \\ 0 & : \quad R \leq r \end{cases} \tag{152}$$

als Ausgangsfunktion, wobei R den Träger festlegt. Durch Faltung in $\mathbb{R}^2$ der Ausgangsfunktion mit sich selbst ergibt sich

$$f_{SS}(r, R) = \begin{cases} \frac{1}{3}R^6\pi - \frac{1}{2}R^4r^2\pi + \\ \quad + \frac{1}{3}\left(R^4r + \frac{4}{3}R^2r^3 - \frac{1}{12}r^5\right)\sqrt{R^2 - \left(\frac{r}{2}\right)^2} + \\ \quad + \left(R^4r^2 - \frac{2}{3}R^6\right)\arcsin\frac{r}{2R} & : \quad 0 \leq r < 2R \\ 0 & : \quad 2R \leq r \end{cases} \tag{153}$$

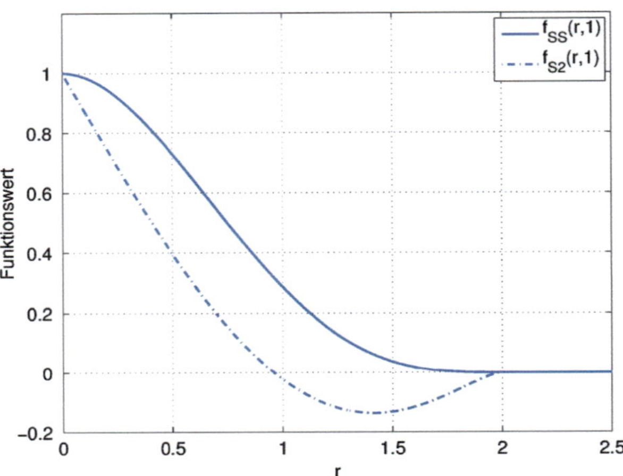

Abb. 4 Sansò-Schuh Funktionen: $\bar{f}_{SS}(r, R)$ aus (154) und $\bar{f}_{S2}(r, R)$ aus (165) mit endlichem Träger 2 $(R = 1)$

und bildet somit eine positiv semidefinite Funktion in $\mathbb{R}^2$, wobei der endliche Träger durch den zweifachen Wert des Parameters R festlegt wird. Die skalierte Version

$$\bar{f}_{SS} = f_{SS}(r, R)/f_{SS}(0, R) \tag{154}$$

ist in Abb. 4 dargestellt. Diese Funktion $\bar{f}_{SS}(r, R)$ hat eine geringere Variabilität als f_{GC}, aber eine relativ einfache mathematische Darstellung. Durch multiplikative Verknüpfung mit anderen positiv definiten Funktionen (siehe Abschn. 4.1) kann aber wieder eine große Variabilität erreicht werden. Die multiplikative Kombination mit den Exponentialfunktionen, z. B. $e^{-a|r|}$ oder e^{-ar^2}, ermöglicht beispielsweise eine bessere Approximation der Krümmung am Ursprung. Oszillationen können durch Kombination mit den Bessel-Funktionen $J_1(ar)/ar$ or $J_0(ar)$ erreicht werden [38].

Allerdings können mit der Funktion $\bar{f}_{SS}(r, R)$ ohne Hinzunahme der Bessel-Funktionen zunächst keine negative Korrelationen modelliert werden. Hier ist die Gaspari-Cohn Basisfunktion viel flexibler. Zum Beispiel erlaubt die Wahl eines negativen Formparameters a (z. B. $a = -0.1$ in Abb. 3) die Modellierung von negativen Korrelationen, die in der Praxis oft vorkommen.

Um diese Schwäche der Funktion $\bar{f}_{SS}(r, R)$ aus (153) zu beheben, kann man das Differentiationstheorem der Fouriertransformation nutzen [19, S. 616]. In $\mathbb{R}^1$ ergibt sich unmittelbar, dass die Fourier-Transformierte der zweiten Ableitung einer Funktion $\mathcal{F}\{g''(t)\}$ direkt aus der Fourier-Transformierten der Funktion $G(\nu) = \mathcal{F}\{g(t)\}$ abgeleitet werden kann, denn es gilt

$$g''(t) \overset{\mathcal{F}}{\longleftrightarrow} -\nu^2\, G(\nu). \tag{155}$$

Wenn $g(t)$ ein positives Spektrum aufweist und somit eine positiv definite Funktion darstellt, dann ist $-g''(t)$ auch positiv definit. Diese Eigenschaft kann genutzt werden um positiv semidefinite Funktionen zu erzeugen, indem man die negative zweite Ableitung benutzt.

In [15] wird dieser Ansatzes für die Konstruktion einer isotropen, finiten Kovarianzfunktion in $\mathbb{R}^2$ benutzt. Zunächst erfolgt der Übergang von der zweidimensionalen Fourier-Transformation

$$g(x,y) \overset{\mathcal{F}}{\Longleftrightarrow} G(\nu,\mu) := \mathcal{F}\{g(x,y)\} := \int_{-\infty}^{\infty}\int_{-\infty}^{\infty} g(x,y)\, e^{-i2\pi(x\nu+y\mu)} dx dy, \tag{156}$$

auf die Hankel-Transformation

$$g(r) \overset{\mathcal{H}}{\Longleftrightarrow} \bar{G}(\rho) := \int_{0}^{\infty} r g(r) J_0(\rho r) dr, \tag{157}$$

indem die Funktion $g(x,y)$ durch die isotrope Funktion $g(r)$ mit $r = \sqrt{x^2+y^2}$ substituiert wird. $J_0(x)$ kennzeichnet die Bessel-Funktion erster Art nullter Ordnung und ist definiert durch

$$J_0(x) := \frac{1}{2\pi}\int_{-\pi}^{\pi} e^{-i2\pi x \cos\phi} d\phi\ . \tag{158}$$

Der Zusammenhang zwischen der zwei-dimensionalen Fourier-Transformierten $G(\nu,\mu)$ und der Hankel-Transformierten $\bar{G}(\rho)$ mit $\rho = \sqrt{\nu^2+\mu^2}$ kann durch

$$G(\nu,\mu) = 2\pi\bar{G}(\sqrt{\nu^2+\mu^2}) \tag{159}$$

[30, S. 280, Theorem 1] hergestellt werden, wodurch sofort ersichtlich ist, dass für positiv definite Funktionen in $\mathbb{R}^2$ aus $G(\nu,\mu) \geq 0$ unmittelbar $\bar{G}(\rho) \geq 0$ folgt. Der Zusammenhang zwischen der ersten und zweiten Ableitung der radial symmetrischen Funktion $g(r)$ in $\mathbb{R}^2$ und der korrespondierenden Hankel-Transformierten $\bar{G}(\rho)$ ist nach Papoulis [30, S. 283, Gl. (8–78)] durch

$$\frac{d^2g(r)}{dr^2} + \frac{1}{r}\frac{dg(r)}{dr} \overset{\mathcal{H}}{\Longleftrightarrow} -\rho^2\bar{G}(\rho) \qquad \text{bzw.} \qquad g''(r) + \frac{1}{r}g'(r) \overset{\mathcal{H}}{\Longleftrightarrow} -\rho^2\bar{G}(\rho) \tag{160}$$

gegeben. Aus $\bar{G}(\rho) \geq 0$ für positive semidefinite Funktionen $g(r)$ kann unmittelbar gefolgert werden, dass der Ausdruck links vom Gleichheitszeichen eine negativ definite Funktion kennzeichnet. Dies kann nun genutzt werden um aus der positiv semidefiniten Funktion $f_{SS}(r,R)$ (153) durch Bildung der ersten und zweiten Ableitung eine positiv semidefinite Funktion in $\mathbb{R}^2$ zu konstruieren.

Die Differentiation von $f_{SS}(r, R)$ (153) nach r führt auf

$$f'_{SS}(r, R) = \frac{\partial g(r, R)}{\partial r} = \begin{cases} -R^4 r\pi + 2R^4 r \arcsin \frac{r}{2R} + \\ \quad + \left(\frac{5}{3}R^2 r^2 - \frac{1}{6}r^4\right)\sqrt{R^2 - \left(\frac{r}{2}\right)^2} & : \quad 0 \le r \le 2R \\ 0 & : \quad 2R \le r. \end{cases} \tag{161}$$

Die zweite Ableitung ergibt

$$f''_{SS}(r, R) = \frac{\partial^2 g(r, R)}{\partial r^2} = \begin{cases} -R^4\pi + 2R^4 \arcsin \frac{r}{2R} + \\ \quad + \left(\frac{13}{3}R^2 r - \frac{5}{6}r^3\right)\sqrt{R^2 - \left(\frac{r}{2}\right)^2} & : \quad 0 \le r \le 2R \\ 0 & : \quad 2R \le r. \end{cases} \tag{162}$$

Mit (162) und (161) kann nun die linke Seite von (160) ausgewertet werden

$$\frac{\partial^2 g(r, R)}{\partial r^2} + \frac{1}{r}\frac{\partial g(r, R)}{\partial r} = -2R^4\pi + 4R^4 \arcsin \frac{r}{2R} + \left(6R^2 r - r^3\right)\sqrt{R^2 - \left(\frac{r}{2}\right)^2} \tag{163}$$

und die positive semidefinite Funktion $f_{S2}(r, R)$ aus der negativen Form der rechten Seite von (163)

$$f_{S2}(r, R) := 2R^4\pi - 4R^4 \arcsin \frac{r}{2R} - \left(6R^2 r - r^3\right)\sqrt{R^2 - \left(\frac{r}{2}\right)^2} \tag{164}$$

abgeleitet werden. Die skalierte Funktion

$$\bar{f}_{S2} = f_{S2}(r, R)/f_{S2}(0, R) \tag{165}$$

ist in Abb. 4 dargestellt. Mit $\bar{f}_{SS}(r, R)$ aus (154) und $\bar{f}_{S2}(r, R)$ aus (165) stehen nun zwei positiv semidefinite, finite Funktionen in $\mathbb{R}^2$ zur Verfügung, die eine flexible Modellierung unterschiedlichster Kovarianzfunktionen erlauben. Erste Anwendungen dieses Funktionen sind bei [15] zu finden.

Die zuvor dargestellten Ableitungen $f'_{SS}(r, R)$ (161) und $f''_{SS}(r, R)$ (162) können auch zur Berechnung der Kovarianzen des Gradienten

$$\nabla\mathcal{S}(\boldsymbol{t}) = \begin{bmatrix} \frac{\partial\mathcal{S}(\boldsymbol{t})}{\partial x} \\ \frac{\partial\mathcal{S}(\boldsymbol{t})}{\partial y} \end{bmatrix} := \begin{bmatrix} \mathcal{S}_x(\boldsymbol{t}) \\ \mathcal{S}_y(\boldsymbol{t}) \end{bmatrix} \tag{166}$$

des kontiniuierlichen Prozesses $\{\mathcal{S}(\boldsymbol{t}); \boldsymbol{t} \in \mathbb{R}^2\}$ verwendet werden. Durch Anwendungen des Kovarianzfortsetzungsgesetztes für lineare Funktionale [28, (11–14)] können aus der isotropen Kovarianzfunktion $f_{SS}(r, R)$ auch die Kovarianzfunktionen für die Gradienten hergeleitet werden. Nach [26, S. 66] und [28, S. 171–173] ergeben sich die Autokovarianzfunktion für die Funktion bzw. die partiellen Ableitungen $\mathcal{S}_x(\boldsymbol{t})$ und $\mathcal{S}_y(\boldsymbol{t})$ mit

$$\Sigma\left\{\mathcal{S}(\boldsymbol{t}_i), \mathcal{S}(\boldsymbol{t}_j)\right\} = f_{SS}(r_{ij}, R) \tag{167}$$

$$\Sigma\left\{\mathcal{S}_x(\boldsymbol{t}_i), \mathcal{S}(\boldsymbol{t}_j)\right\} = -f'_{SS}(r_{ij}, R)\cos\alpha_{ij} = -\Sigma\left\{\mathcal{S}(\boldsymbol{t}_i), \mathcal{S}_x(\boldsymbol{t}_j)\right\} \tag{168}$$

$$\Sigma\left\{\mathcal{S}_y(\boldsymbol{t}_i), \mathcal{S}(\boldsymbol{t}_j)\right\} = -f'_{SS}(r_{ij}, R)\sin\alpha_{ij} = -\Sigma\left\{\mathcal{S}(\boldsymbol{t}_i), \mathcal{S}_y(\boldsymbol{t}_j)\right\} \tag{169}$$

$$\Sigma\left\{\mathcal{S}_x(\boldsymbol{t}_i), \mathcal{S}_x(\boldsymbol{t}_j)\right\} = -f''_{SS}(r_{ij}, R)\cos^2\alpha_{ij} - \frac{1}{r_{ij}} f'_{SS}(r_{ij}, R)\sin^2\alpha_{ij} \tag{170}$$

$$\begin{aligned}\Sigma\left\{\mathcal{S}_x(\boldsymbol{t}_i), \mathcal{S}_y(\boldsymbol{t}_j)\right\} &= -[f''_{SS}(r_{ij}, R) - \frac{1}{r_{ij}} f'_{SS}(r_{ij}, R)]\sin\alpha_{ij}\cos\alpha_{ij} \\ &= \Sigma\left\{\mathcal{S}_y(\boldsymbol{t}_i), \mathcal{S}_x(\boldsymbol{t}_j)\right\}\end{aligned} \tag{171}$$

$$\Sigma\left\{\mathcal{S}_y(\boldsymbol{t}_i), \mathcal{S}_y(\boldsymbol{t}_j)\right\} = -f''_{SS}(r_{ij}, R)\sin^2\alpha - \frac{1}{r_{ij}} f'_{SS}(r_{ij}, R)\cos^2\alpha_{ij} \tag{172}$$

wobei α den Richtungswinkel

$$\cos\alpha_{ij} = \frac{x_j - x_i}{r_{ij}} \quad \text{und} \quad \sin\alpha_{ij} = \frac{y_j - y_i}{r_{ij}} \tag{173}$$

und r die euklidische Entfernung zwischen den Punkten $\boldsymbol{t}_i$ und $\boldsymbol{t}_j$

$$r_{ij} = \sqrt{(x_j - x_i)^2 + (y_j - y_i)^2} \tag{174}$$

kennzeichnet. Somit können sowohl direkte Messungen der Signale $\mathcal{S}(\boldsymbol{t})$ als auch Messungen von Ableitungen $\mathcal{S}_x(\boldsymbol{t})$ bzw. $\mathcal{S}_y(\boldsymbol{t})$ in einem Schätzprozess konsistent verarbeitet werden. Die resultierende Kovarianzmatrix ist bei Einsatz der finiten Kovarianzfunktionen dünn besetzt.

4.3 Diskreter kovarianzstationärer Prozess

Das stochastische Verhalten einer stationären Folge von Zufallsvariablen $\{\mathcal{S}_t\}_{\Delta t}$ kann über lineare zeitinvariante stochastische Prozesse modelliert werden. Das zufällige Signal $\mathcal{S}_t$ zum Zeitpunkt t wird dabei aus einer Linearkombination von unkorrelierten Zufallsgrößen $\mathcal{E}_t$ beziehungsweise aus benachbarten Signalen $\mathcal{S}_k, k \neq t$ zusammengesetzt. Meist werden dabei Prozesse betrachtet, bei denen nur Zufallsgrößen aus der jüngsten Vergangenheit die Zufallsgröße $\mathcal{S}_t$ beeinflussen. Diese Prozesse bezeichnet man als kausale finite Prozesse und kann sie grob in drei Typen einteilen:

- Moving Average Prozess der Ordnung q (MA(q)-Prozess)

$$\mathcal{S}_t = \sum_{j=0}^{q} \beta_j \mathcal{E}_{t-j}, \tag{175}$$

- Autoregressiver Prozess der Ordnung p (AR(p)-Prozess)

$$\mathcal{S}_t = \sum_{j=1}^{p} \alpha_j \mathcal{S}_{t-j} + \mathcal{E}_t \quad \text{und} \tag{176}$$

- Autoregressiver-Moving Average (ARMA(p,q)-Prozess)

$$\mathcal{S}_t = \sum_{j=1}^{p} \alpha_j \mathcal{S}_{t-j} + \sum_{j=0}^{q} \beta_j \mathcal{E}_{t-j}, \tag{177}$$

wobei $\mathcal{E}_t; t \in \mathbb{Z}$ unkorrelierte Zufallsvariable mit Erwartungswert $E\{\mathcal{E}_t\} = 0$ mit einer einheitlichen Varianz $\Sigma\{\mathcal{E}_t\} = \sigma_{\mathcal{E}}^2$ darstellen. Die zeitinvarianten (festen) Parameter $\alpha_j, j = 1, \ldots, p$ und $\beta_j, j = 0, \ldots, q$ bezeichnet man als Prozessparameter. Basierend auf dem Woldschen Äquivalenzprinzip [50, Theorem 7] kann gezeigt werden, dass sich die drei Darstellungsformen für kovarianzstationäre Prozesse verlustfrei ineinander überführen lassen und somit äquivalent sind [siehe z. B. auch 37, Kap. IV]. Die Darstellungen können sich aber sehr drastisch in der Anzahl der Parameter (wenige bis unendlich viele) unterscheiden, die zur exakten Prozessdarstellung erforderlich sind.

Im Folgenden wollen wir uns daher auf AR(p)-Prozesse (176) fokussieren. Mit Hilfe der Beziehungen im *Magischen Quadrat* kann nun versucht werden, eventuell geschlossene Formeln für die vier Darstellungsformen zu entwickeln. Dies gelingt im Falle des AR(p)-Prozesses und damit können nach Festlegung der Prozessparameter $\alpha_j, j = 1, \ldots, p$ alle Darstellungsformen direkt berechnet werden (siehe Abb. 6).

Für den Zeitbereich erfolgt der Übergang vom stochastischen Prozess zur Kovarianzfolge über die Bildung der Kovarianzen. Ausgehend von der Definition des autoregressiven Prozesses der Ordnung p aus (176) ergibt sich nach Multiplikation mit $\mathcal{S}_{u-t}$ und Erwartungswertbildung die Autokorrelation $E\{\mathcal{S}_u \mathcal{S}_{u-t}\}$ zwischen dem Signal $\mathcal{S}_u$ und $\mathcal{S}_{u-t}$ mit

$$\begin{aligned} E\{\mathcal{S}_u \mathcal{S}_{u-t}\} &= \alpha_1 E\{\mathcal{S}_{u-1} \mathcal{S}_{u-t}\} + \alpha_2 E\{\mathcal{S}_{u-2} \mathcal{S}_{u-t}\} + \ldots \\ &\ldots + \alpha_p E\left\{\mathcal{S}_{u-p} \mathcal{S}_{u-t}\right\} + E\{\mathcal{E}_u \mathcal{S}_{u-t}\}. \end{aligned} \tag{178}$$

Für den Übergang auf das zweite *zentrale* Moment (Autokovarianzen) benötigen wir die Erwartungswerte $E\{\mathcal{S}_t\}$. Da für den Prozess $\{\mathcal{E}_t\}_{\Delta t}$ weißes Rauschen vorausgesetzt wird, folgt nach Anwendung des Erwartungswertoperators auf (176) unmittelbar $E\{\mathcal{S}_t\} = 0$.

Benutzen wir die Definition $\gamma^s_{|t-j|} := E\left\{\mathcal{S}_{u-j}\mathcal{S}_{u-t}\right\}$ und beachten $E\{\mathcal{E}_u\mathcal{S}_u\} = \sigma^2_{\mathcal{E}}$ bzw. $E\{\mathcal{E}_u\mathcal{S}_{u-t}\} = 0,\ t > 0$ so führt (178) unmittelbar auf die *Yule-Walker Gleichungen*

$$
\begin{array}{lllll}
\gamma^s_0 & = \alpha_1\gamma^s_1 & + \alpha_2\gamma^s_2 & + \ldots + \alpha_p\gamma^s_p & + \sigma^2_{\mathcal{E}} \\
\gamma^s_1 & = \alpha_1\gamma^s_0 & + \alpha_2\gamma^s_1 & + \ldots + \alpha_p\gamma^s_{p-1} & \\
\gamma^s_2 & = \alpha_1\gamma^s_1 & + \alpha_2\gamma^s_0 & + \ldots + \alpha_p\gamma^s_{p-2} & \\
\vdots & \vdots & \vdots & \vdots & \\
\gamma^s_p & = \alpha_1\gamma^s_{p-1} & + \alpha_2\gamma^s_{p-2} & + \ldots + \alpha_p\gamma^s_0 & \\
\hline
\gamma^s_{p+1} & = \alpha_1\gamma^s_p & + \alpha_2\gamma^s_{p-1} & + \ldots + \alpha_p\gamma^s_1 & \\
\gamma^s_{p+2} & = \alpha_1\gamma^s_{p+1} & + \alpha_2\gamma^s_p & + \ldots + \alpha_p\gamma^s_2 & \\
\vdots & \vdots & \vdots & \vdots & .
\end{array}
\tag{179}
$$

die den Zusammenhang zwischen den Prozesskoeffizienten $\alpha_j,\ j = 1,\ldots,p$ und der Autokovarianzfolge $\gamma^S_t, t \in \mathbb{N}$ herstellen. Die Linie unterteilt die Bereiche in die ersten $p + 1$ Zeilen und die weiteren Zeilen, die sich in der Charakteristik etwas unterscheiden. Im oberen Bereich kommen ausschließlich die Autovarianzen γ^s_0 bis γ^s_p vor, während in der zweiten Gruppe mit jeder zusätzlichen Zeile i ein neuer Autokovarianzkoeffizient γ^s_{p+i} hinzukommt. In Matrix-Vektorschreibweise geordnet nach den Autoregressionskoeffizienten erhält man

$$
\begin{bmatrix} \gamma^s_0 \\ \gamma^s_1 \\ \gamma^s_2 \\ \vdots \\ \gamma^s_p \\ \hline \gamma^s_{p+1} \\ \gamma^s_{p+2} \\ \vdots \end{bmatrix}
=
\begin{bmatrix}
\gamma^s_1 & \gamma^s_2 & \cdots \gamma^s_p \\
\gamma^s_0 & \gamma^s_1 & \cdots \gamma^s_{p-1} \\
\gamma^s_1 & \gamma^s_0 & \cdots \gamma^s_{p-2} \\
\vdots & \vdots & \vdots \\
\gamma^s_{p-1} & \gamma^s_{p-2} & \cdots \gamma^s_0 \\
\hline
\gamma^s_p & \gamma^s_{p-1} & \cdots \gamma^s_1 \\
\gamma^s_{p+1} & \gamma^s_p & \cdots \gamma^s_2 \\
\vdots & \vdots & \vdots
\end{bmatrix}
\begin{bmatrix} \alpha_1 \\ \alpha_2 \\ \alpha_3 \\ \vdots \\ \alpha_p \end{bmatrix}
+
\begin{bmatrix} 1 \\ 0 \\ 0 \\ \vdots \\ 0 \\ \hline 0 \\ 0 \\ \vdots \end{bmatrix}
\sigma^2_{\mathcal{E}}.
\tag{180}
$$

Ordnet man die $p+1$ Gleichungen im oberen Bereich nach der Autokovarianzfolge $\gamma^s_0, \gamma^s_1, \ldots \gamma^s_p$ an, so erhält man zunächst

$$
\begin{array}{llllll}
(-1)\gamma^s_0 + & \alpha_1\gamma^s_1 + & \alpha_2\gamma^s_2 + \ldots + & \alpha_{p-1}\gamma^s_{p-1} + & \alpha_p\gamma^s_p & = -\sigma^2_{\mathcal{E}} \\
\alpha_1\gamma^s_0 + & (-1+\alpha_2)\gamma^s_1 + & \alpha_3\gamma^s_2 + \ldots + & \alpha_p\gamma^s_{p-1} + & 0\gamma^s_p & = 0 \\
\alpha_2\gamma^s_0 + & (\alpha_1+\alpha_3)\gamma^s_1 + & (-1+\alpha_4)\gamma^s_2 + \ldots + & 0\gamma^s_{p-1} + & 0\gamma^s_p & = 0 \\
\vdots & & \vdots & & & \vdots \\
\alpha_p\gamma^s_0 + & \alpha_{p-1}\gamma^s_1 + & \alpha_{p-2}\gamma^s_2 + \ldots + & \alpha_1\gamma^s_{p-1} + & (-1)\gamma^s_p & = 0
\end{array}
\tag{181}
$$

beziehungsweise in Matrix-Vektor Schreibweise die Form

$$\left(\begin{bmatrix} -1 & & & & \\ \alpha_1 & -1 & & & \\ \alpha_2 & \alpha_1 & -1 & & \\ \vdots & \vdots & \vdots & \ddots & \\ \alpha_{p-1} & \alpha_{p-2} & \alpha_{p-3} & \dots & -1 & \\ \alpha_p & \alpha_{p-1} & \alpha_{p-2} & \dots & \alpha_1 & -1 \end{bmatrix} + \begin{bmatrix} 0 & \alpha_1 & \dots & \alpha_{p-2} & \alpha_{p-1} & \alpha_p \\ 0 & \alpha_2 & \dots & \alpha_{p-1} & \alpha_p & \\ 0 & \alpha_3 & \dots & \alpha_p & & \\ \vdots & \vdots & \iddots & & & \\ 0 & \alpha_p & & & & \\ 0 & & & & & \end{bmatrix}\right) \begin{bmatrix} \gamma_0^s \\ \gamma_1^s \\ \gamma_2^s \\ \vdots \\ \gamma_{p-1}^s \\ \gamma_p^s \end{bmatrix} = \begin{bmatrix} -\sigma_{\mathcal{E}}^2 \\ 0 \\ 0 \\ \vdots \\ 0 \\ 0 \end{bmatrix}. \tag{182}$$

Diese Gleichungen bilden zusammen mit den Gleichungen des unteren Bereichs aus (179)

$$\begin{array}{llll} \gamma_{p+1}^s = \alpha_1\gamma_p^s & + \alpha_2\gamma_{p-1}^s & + \ldots + \alpha_p\gamma_1^s \\ \gamma_{p+2}^s = \alpha_1\gamma_{p+1}^s & + \alpha_2\gamma_p^s & + \ldots + \alpha_p\gamma_2^s \\ \vdots \qquad\quad \vdots & \quad\vdots & \qquad\qquad \vdots \end{array} \tag{183}$$

die *reorganisierten Yule-Walker Gleichungen* [41]. Somit sind die Kovarianzen $\gamma_t^{\mathcal{S}}, t \in \mathbb{N}$ über die Lösung des Systems direkt aus den Autoregressionskoeffizienten $\alpha_j, j = 1, \ldots, p$ ableitbar. Während sich die Kovarianzen $\gamma_0^s, \gamma_1^s, \ldots \gamma_p^s$ aus der Lösung des Gleichungssystems (182) errechnen, ergeben sich die Kovarianzen $\gamma_{p+i}^s, i = 1, \ldots$ unmittelbar aus den Rekursionsformeln (183).

Zur Darstellung des autoregressiven Prozesses im Frequenzbereich wird der autoregressive Prozess auf einen *Moving-Average Prozess* (MA-Prozess) umgeformt,

$$\mathcal{E}_t = \sum_{j=0}^{p} \bar{\alpha}_j \mathcal{S}_{t-j} \qquad \text{mit} \qquad \bar{\alpha}_0 = 1,\, \bar{\alpha}_j = -\alpha_j,\; j = 1, \ldots, p \tag{184}$$

der den Prozess des *weißen Rauschens* $\{\mathcal{E}_t\}_{\Delta t}$ durch eine Faltung im Zeitbereich beschreibt. Wegen des Faltungstheorems entspricht eine Faltung im Zeitbereich einer elementweisen Multiplikation im Frequenzbereich. Die spektrale Darstellung der Moving-Average-Koeffizienten bildet die Transferfunktion

$$H(\nu) = \sum_{j=0}^{p} \bar{\alpha}_j e^{-i2\pi\nu j\,\Delta t}\,, \quad \nu \in [-\nu^N, \nu^N]. \tag{185}$$

Die spektrale Repräsentation $d\,\mathcal{Z}_{\mathcal{E}}(\nu)$ des weißen Rauschens ergibt sich somit durch die Multiplikation der Transferfunktion mit der spektralen Repräsentation von $d\,\mathcal{Z}_{\mathcal{S}}(\nu)$

$$d\,\mathcal{Z}_{\mathcal{E}}(\nu) = H(\nu)\, d\,\mathcal{Z}_{\mathcal{S}}(\nu) \tag{186}$$

[vgl. 18]. Durch einfache Umformung erhält man mit

$$d\mathcal{Z}_{\mathcal{S}}(\nu) = \frac{d\mathcal{Z}_{\mathcal{E}}(\nu)}{H(\nu)} = \frac{d\mathcal{Z}_{\mathcal{E}}(\nu)}{1 - \sum_{j=1}^{p} \alpha_j e^{-i2\pi\nu j \Delta t}} \tag{187}$$

die spektrale Repräsentation des autoregressiven Prozesses $\{\mathcal{S}_t\}_{\Delta t}$. Die spektrale Verteilungsfunktion wird nach den Regeln des Magischen Quadrats durch $\frac{1}{\Delta t} E\left\{dZ_{\mathcal{S}}(\nu)dZ_{\mathcal{S}}^*(\nu)\right\}$ gebildet. Diese Operation setzt sich zusammen aus der konjugiert komplexen Multiplikation der inversen Transferfunktion im Nenner von (187) und der konjugiert komplexen Multiplikation der spektralen Repräsentation des weißen Rauschens $d\mathcal{Z}_{\mathcal{E}}(\nu)$ im Zähler (187). Während der Nenner aus deterministischen Größen besteht und daher einfach ausmultipliziert werden kann, ist die Operation mit der Zufallsvariablen im Zähler weit komplexer. Da der Zähler aber lediglich die spektrale Repräsentanz des weißen Rauschens darstellt, nutzen wir zur Ableitung der spektralen Dichte/Verteilungsfunktion den unteren Übergang im Magischen Quadrat. Zunächst erfolgt der Übergang im Ortsbereich vom weißen Rauschen $\{\mathcal{E}_t\}_{\Delta t}$ zur Kovarianzfolge $\left\{\gamma_{|t|}^{\mathcal{E}}\right\}_{\Delta t}$. Danach kann mit Hilfe der diskreten Form des Wiener-Chintschin Theorems [4, Kap. 8.2.2]

$$f_{\mathcal{E}} = \Delta t \sum_{t=-\infty}^{\infty} \gamma_{|t|}^{\mathcal{E}} \cos(2\pi\nu t \Delta t) \tag{188}$$

von der Kovarianzfolge $\left\{\gamma_{|t|}^{\mathcal{E}}\right\}_{\Delta t}$ auf die spektrale Dichtefunktion $f_{\mathcal{E}}(\nu)$ übergegangen werden (Abb. 5). Setzten wir in (188) die Kovarianzfolge für weißes Rauschen

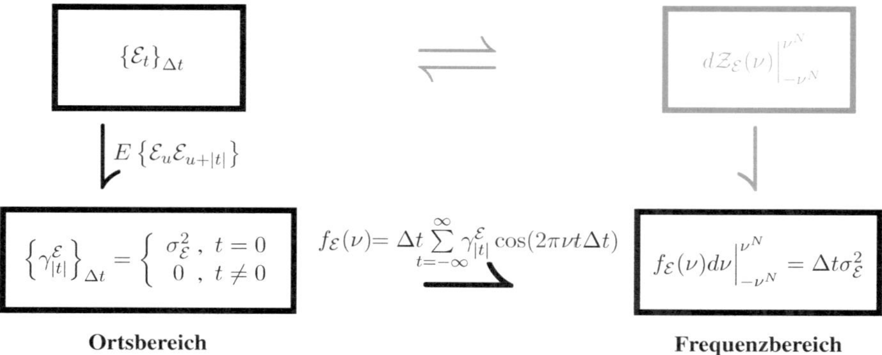

Abb. 5 Magisches Quadrat für weißes Rauschen. Oben links: weißes Rauschen, unten links: Autokovarianzfolge, oben rechts: spektrale Repräsentation des stochastischen Prozesses und unten rechts: spektrale Dichtefunktion (Spektraldichte). Die angeführten Formeln geben die verwendeten Übergänge in Pfeilrichtung wieder

$$\gamma_{|t|}^{\mathcal{E}} = \begin{cases} \sigma_{\mathcal{E}}^2, & t = 0 \\ 0, & t \neq 0 \end{cases} \tag{189}$$

ein, so erhalten wir die spektrale Dichtefunktion des weißen Rauschens mit

$$f_{\mathcal{E}}(\nu) = \Delta t \sigma_{\mathcal{E}}^2. \tag{190}$$

Durch Zusammensetzung von Zähler und Nenner in (187) erhalten wir somit die spektrale Dichtefunktion für den autoregressiven Prozess mit

$$f_{\mathcal{S}}(\nu) = \frac{\Delta t \sigma_{\mathcal{E}}^2}{(1 + \alpha_p^2 - 2\alpha_p \cos(2\pi \nu p \Delta t) + \sum_{j=1}^{p-1}(\alpha_j^2 - 2\cos(2\pi \nu j \Delta t)(\alpha_j - \sum_{k=1}^{p-j}\alpha_k \alpha_{k+j}))} \Bigg|_{-\nu^N}^{\nu^N}. \tag{191}$$

Im Gegensatz zur direkten Ableitung der spektralen Dichte aus der Kovarianzfunktion des autoregressiven Prozesses über das Wiener-Chintschin Theorem [4, Kap. 8.2.2]

$$f_{\mathcal{S}} = \Delta t \sum_{t=-\infty}^{\infty} \gamma_{|t|}^{\mathcal{S}} \cos(2\pi \nu t \Delta t) \tag{192}$$

ergibt sich bei dem hier gewählten Weg durch das Magische Quadrat über die spektrale Representation des Prozesses eine geschlossen Form mit endlichen Summen. Alle vier Darstellungsformen des autoregressiven Prozesses (176) können somit übersichtlich als Magisches Quadrat zusammengestellt werden (Abb. 6).

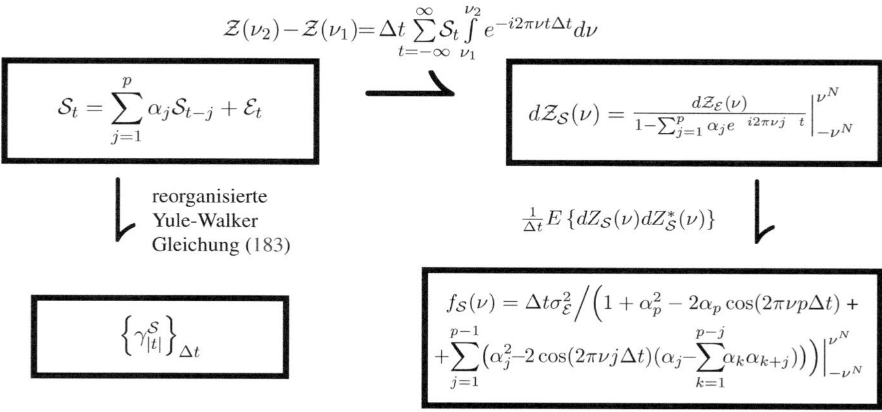

Abb. 6 Magisches Quadrat des autoregessiven Prozesses der Ordnung p

4.4 Dekorrelationsfilter

Ausgangspunkt für den Einsatz des autoregressiven Prozesses zur Dekorrelation der Messungen bildet das allgemeine Kollokationsmodell (2)

$$\mathcal{L} = A\xi + \mathcal{S} + \mathcal{N} \text{ , (2)}$$

wobei wir zunächst ohne Einschränkung der Allgemeinheit davon ausgehen wollen, dass $\mathcal{S}$ und $\mathcal{N}$ den Erwartungswert Null haben, $E\{\mathcal{S}\} = \mathbf{0}_n$ und $E\{\mathcal{N}\} = \mathbf{0}_n$. Ferner nehmen wir an, dass homogenes unkorreliertes Rauschen $\Sigma\{\mathcal{N}\} = \mathbb{1}_n\sigma^2_{\mathcal{N}}$ vorliegt und $\mathcal{S}$ und $\mathcal{N}$ ebenfalls unkorreliert sind, $\Sigma\{\mathcal{S}, \mathcal{N}\} = \mathbb{O}_n$. Betrachten wir zunächst wieder wie in (1) die Einzelmessung $\mathcal{L}_t$ zu einem bestimmten Zeitpunkt und modellieren wir nun das Signal $\mathcal{S}_t$ und das Rauschen $\mathcal{N}_t$ zum Zeitpunkt t durch einen autoregressiven Prozess der Ordnung p so erhält man

$$\mathcal{S}_t + \mathcal{N}_t = \alpha_1(\mathcal{S}_{t-1} + \mathcal{N}_{t-1}) + \alpha_2(\mathcal{S}_{t-2} + \mathcal{N}_{t-2}) + \ldots + \alpha_p(\mathcal{S}_{t-p} + \mathcal{N}_{t-p}) + \mathcal{E}_t + \mathcal{N}_t \text{ ,} \tag{193}$$

wobei $\mathcal{E}_t$ unkorreliertes homogenes Rauschen mit $E\{\mathcal{E}\} = \mathbf{0}_n$ und $\Sigma\{\mathcal{E}\} = 1_n\sigma^2_{\mathcal{E}}$ kennzeichnet. Durch Umstellung der Gleichung (193) nach $\mathcal{E}_t + \mathcal{N}_t$ und Anordnung der Zeitpunkte in Matrix-Vektor-Schreibweise erhält man

$$\underbrace{\begin{bmatrix} \vdots \\ \mathcal{E}_{t-2} + \mathcal{N}_{t-2} \\ \mathcal{E}_{t-1} + \mathcal{N}_{t-1} \\ \mathcal{E}_t \quad + \mathcal{N}_t \\ \vdots \end{bmatrix}}_{\mathcal{E}+\mathcal{N}} = \underbrace{\begin{bmatrix} \ddots & & \ddots & \ddots & \ddots & & & \\ -\alpha_p & \ldots & -\alpha_2 & -\alpha_1 & 1 & & & \\ & -\alpha_p & \ldots & -\alpha_2 & -\alpha_1 & 1 & & \\ & & -\alpha_p & \ldots & -\alpha_2 & -\alpha_1 & 1 & \\ & & & \ddots & & \ddots & \ddots & \ddots \end{bmatrix}}_{H} \underbrace{\begin{bmatrix} \vdots \\ \mathcal{S}_{t-2} + \mathcal{N}_{t-2} \\ \mathcal{S}_{t-1} + \mathcal{N}_{t-1} \\ \mathcal{S}_t \quad + \mathcal{N}_t \\ \vdots \end{bmatrix}}_{\mathcal{S}+\mathcal{N}}, \tag{194}$$

und somit eine lineare Transformation

$$\mathcal{E} + \mathcal{N} = H(\mathcal{S} + \mathcal{N}) \tag{195}$$

die als ein *linearer, zeitinvarianter, nicht rekursiver, kausaler Filter* betrachtet werden kann, der den Übergang von $\mathcal{S} + \mathcal{N}$ auf $\mathcal{E} + \mathcal{N}$ erlaubt (Abb. 7). Der Filter bleibt unverändert mit der Zeit. Die Filtermatrix H weist somit eine Toeplitz-Form auf. Da wir auf die spezielle Situation bei der Initialisierung der Zeitreihe im Moment nicht näher eingehen wollen, gehen wir zunächst von unendlichen Zeitreihen aus. Durch Varianzfortpflanzung kann der Übergang (195) auch für die Kovarianzen bzw. Kovarianzmatrizen hergestellt werden

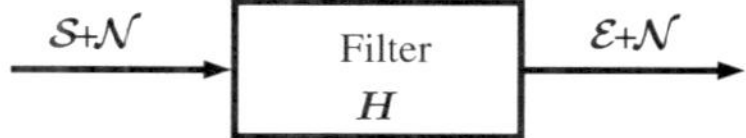

Abb. 7 Linearer Filter

$$\boldsymbol{\Sigma}\{\mathcal{E}\} + \boldsymbol{\Sigma}\{\mathcal{N}\} = \boldsymbol{H}\left(\boldsymbol{\Sigma}\{\mathcal{S}\} + \boldsymbol{\Sigma}\{\mathcal{N}\}\right)\boldsymbol{H}^T \quad \text{bzw.}$$
$$\boldsymbol{\Sigma}_{\mathcal{E}\mathcal{E}} + \boldsymbol{\Sigma}_{\mathcal{N}\mathcal{N}} = \boldsymbol{H}\left(\boldsymbol{\Sigma}_{\mathcal{S}\mathcal{S}} + \boldsymbol{\Sigma}_{\mathcal{N}\mathcal{N}}\right)\boldsymbol{H}^T, \tag{196}$$

wobei die Kovarianzmatrizen $\boldsymbol{\Sigma}_{\mathcal{E}\mathcal{E}}$ und $\boldsymbol{\Sigma}_{\mathcal{N}\mathcal{N}}$ in der Regel Diagonalmatrizen sind und nach unseren oberen Annahmen

$$\boldsymbol{\Sigma}_{\mathcal{E}\mathcal{E}} + \boldsymbol{\Sigma}_{\mathcal{N}\mathcal{N}} = 1_{\infty}\left(\sigma_{\mathcal{E}}^2 + \sigma_{\mathcal{N}}^2\right) \tag{197}$$

gilt. Wenden wir nun die lineare Transformation mit der Filtermatrix $\boldsymbol{H}$ auf die ursprüngliche Messgleichungen (2) an, so erhalten wir das Ersatzproblem

$$\bar{\mathcal{L}} = \bar{A}\boldsymbol{\xi} + \mathcal{E} + \mathcal{N} \qquad \text{mit} \quad \bar{\mathcal{L}} = \boldsymbol{H}\mathcal{L}, \quad \bar{A} = \boldsymbol{H}\boldsymbol{A} \quad \text{und} \quad \mathcal{E} + \mathcal{N} = \boldsymbol{H}\left(\mathcal{S} + \mathcal{N}\right), \tag{198}$$

welches wegen

$$\boldsymbol{\Sigma}\{\bar{\mathcal{L}}\} = \boldsymbol{\Sigma}\{\boldsymbol{H}\mathcal{L}\} = \boldsymbol{H}\boldsymbol{\Sigma}\{\mathcal{L}\}\boldsymbol{H}^T = \boldsymbol{H}\left(\boldsymbol{\Sigma}_{\mathcal{S}\mathcal{S}} + \boldsymbol{\Sigma}_{\mathcal{N}\mathcal{N}}\right)\boldsymbol{H}^T = \boldsymbol{\Sigma}_{\mathcal{E}\mathcal{E}} + \boldsymbol{\Sigma}_{\mathcal{N}\mathcal{N}} \tag{199}$$

unkorrelierte Messungen aufweist. Die Parameter können somit über

$$\widetilde{\mathcal{X}} = \left(\bar{A}^T\bar{A}\right)^{-1}\bar{A}^T\bar{\mathcal{L}} \tag{200}$$

geschätzt werden. Die Varianz der geschätzten Parameter errechnet sich mit

$$\boldsymbol{\Sigma}\{\widetilde{\mathcal{X}}\} = \left(\bar{A}^T\bar{A}\right)^{-1}\left(\sigma_{\mathcal{E}}^2 + \sigma_{\mathcal{N}}^2\right). \tag{201}$$

Die Anwendung dieses Filters führt also auf dekorrelierte Zeitreihen. Die Filterung der Messungen $\boldsymbol{\ell}$ und aller Spalten der Designmatrix $\boldsymbol{A}$ kann sehr effizient berechnet werden, da die Ordnung p des Filters zumeist klein ist und die Filteroperation einfach zu parallelisieren ist. Speziell bei sehr langen Zeitreihen erfolgt der Übergang von unendlichen Zeitreihen auf endliche Zeitreihen, indem die Zeitreihen nach vorne durch Nullen ergänzt werden und anschließend die ersten dekorrelierten Werte in der Parameterschätzung unberücksichtigt bleiben („*Aufwärmphase*“ des Filters, siehe auch [40]). Weiterführende Verfahren und Diskussionen sind z. B bei [39] und [43] zu finden. Ein Überblick über die unterschiedlichsten Verfahren zur Schätzung der AR-Parameter aus Beobachtungsreihen ist z. B. bei [13] zu finden.

5 Fazit und Ausblick

Die gewissenhafte Erfassung und Modellierung von Korrelationen in Messdaten bildet eine der Grundvoraussetzungen für eine konsistente Parameter- und Varianzschätzung. In diesem Artikel wurden einige Grundlagen zur Kollokation und Signalverarbeitung zusammengefasst, wobei speziell auf methodische Fragen eingegangen wurde. Rechentechnische Aspekte und Fragen zu Anwendungen sind sicher zu kurz gekommen, was aber den vorgegebenen Umfang gesprengt hätte. Hier mögen die entsprechenden Literaturhinweise weiterhelfen. Weiterführende Forschung ist jedoch erforderlich um speziell zeitvariable multivariate stochastische Prozesse besser zu verstehen und vielfach ungerechtfertigte Annahmen wie Homogenität und Isotropie zu überwinden.

Literatur

1. Bochner, S.: Harmonic Analysis and the Theory of Probability. Dover Books on Mathematics. Dover Publication Inc, Mineola (2005)
2. Bottoni, G., Barzaghi, R.: Fast collocation. Bulletin Géodésique **67**, 119–126 (1993)
3. Brockwell, P.J., Davis, R.A.: Time Series: Theory and Methods, 2. Aufl. Springer, Berlin (1991). ISBN:1-4419-0319-8
4. Buttkus, B.: Spectral Analysis and Filter Theory in Applied Geophysics. Springer, Berlin/ Heidelberg (2000)
5. Cressie, N.A.: Statistics for Spatial Data. Wiley, New York (1991)
6. Eren, K.: Toeplitz matrices and frequency domain collocation. Manuscr. Geod. **7**, 85–118 (1982)
7. Gaspari, G., Cohn, S.: Construction of correlation functions in two and three dimensions. Q. J. R. Meteorol. Soc. **125**(554), 723–757 (1999)
8. Gaspari, G., Cohn, S., Guo, J., Pawson, S.: Construction and application of covariance functions with variable length-fields. Q. J. R. Meteorol. Soc. **132**, 1815–1838 (2006)
9. Grafarend, E.W.: Geodetic applications of stochastic processes. Phys. Earth Planet. Inter. **12** (2–3), 151–179 (1976). ISSN:0031-9201. doi:10.1016/0031-9201(76)90045-5
10. Heiskanen, W., Moritz, H.: Physical Geodesy. Institute of Physical Geodesy, Technical University, Graz. Corrected reprint of the original edition by W.H. Freeman and Company, San Francisco (1967)
11. Hirvonen, R.: On the statistical analysis of gravity anomalies. Reports of the Department of Geodetic Science, Bd. 19. Ohio State University (OSU), Ohio (1962)
12. Jäggi, A.: Pseudo-stochastic orbit modelling of Low Earth Satellites using the Global Positioning System. Geodätisch-geophysikalische Arbeiten in der Schweiz, Bd. 73. Schweizerische Geodätische Kommission. http://boris.unibe.ch/id/eprint/25278 (2007)
13. Kay, S., Marple, S.: Spectrum analysis – a modern perspective. Proc. IEEE **69**(11), 1380–1419 (1981). ISSN:0018-9219
14. Khintchine(Chintschin), A.: Korrelationstheorie der stationären stochastischen Prozesse. Mathematische Annalen **109**, 604–615 (1934). http://resolver.sub.uni-goettingen.de/purl?PPN235181684_0109
15. Koch, K., Kuhlmann, H., Schuh, W.-D.: Approximating covariance matrices estimated in multivariate models by estimated auto- and cross-covariances. J. Geod. **84**(6), 383–397 (2010). doi:10.1007/s00190-010-0375-5
16. Kolmogorov, A.N.: Interpolation and extrapolation in stationary random sequences (in Russian). Izv. Akad. Nauk SSSR Ser. Mat. **5**, 3–14 (1941) (English: Selected Works of Kolmogorov

A.N.: In: Shiryayev, A.N. (Hrsg.) Volume II: Probability Theory and Mathematical Statistics. Mathematics and Its Applications, Bd. 26, S. 272–280. Kluwer Academic Publishers (1992))
17. Krarup, T.: A contribution to the mathematical foundation of physical geodesy. Geodätisches Institut, Meddelelse n. 44 (1969)
18. Krasbutter, I., Kargoll, B., Schuh, W.-D.: Magic square of real spectral and time series analysis with an application to moving average processes. In: IAG Symposia, Bd. 140, S. 9–14. Springer (2015). doi:10.1007/978-3-319-10828-5_2
19. Kreyszig, E.: Advanced Engineering Mathematics. Wiley, 7. Aufl. (1993)
20. Matheron, G.: Principles of geostatistics. Econ. Geol. **58**(8), 1246–1266 (1963). ISSN:0361-0128 (P), 1554-0774 (E)
21. Mayer-Gürr, T.: Gravitationsfeldbestimmung aus der Analyse kurzer Bahnbögen am Beispiel der Satellitenmissionen CHAMP und GRACE. Schriftenreihe des Instituts für Geodäsie und Geoinformation, Bd. 9. Universität Bonn (2008). http://nbn-resolving.de/urn:nbn:de:hbz:5N-09047
22. Meissl, P.: A study of covariance functions related to the earth's disturbing potential. Reports of the Department of Geodetic Science, Bd. 151. Ohio State University (OSU), Ohio (1971)
23. Meissl, P.: Least squares adjustment: a modern approach. Mitteilungen der Geodätischen Institute der TU Graz, Bd. 43. Geodätischen Institute der TU Graz, Graz (1982). ftp://skylab.itg.uni-bonn.de/schuh/Separata_Meissl/meissl_1982b.pdf
24. Moreaux, G.: Compactly supported radial covariance functions. J. Geod. **82**(7), 431–443 (2008). ISSN:0949-7714. doi:10.1007/s00190-007-0195-4
25. Moritz, H.: Advanced Least-Squares Methods. Reports of the Department of Geodetic Science, Bd. 175. Ohio State University (OSU), Ohio (1972)
26. Moritz, H.: Least-squares collocation. Deutsche Geodätische Kommission, München. Reihe A, 75 (1973)
27. Moritz, H.: Covariance functions in least-squares collocation. Reports of the Department of Geodetic Science, Bd. 240. Ohio State University (OSU), Ohio (1976)
28. Moritz, H.: Advanced Physical Geodesy. Wichmann, Karlsruhe (1980)
29. Mussio, L.: Il metodo della collocazione minimi quadrati e le sue applicazioni per l'analisi statistica dei risultati delle compensazioni. Cunietti, M. (Hrsg.) Ricerche di Geodesia, Topografia e Fotogrammetria, 4, S. 305–338. CLUP, Milano (1984)
30. Papoulis, A.: Signal Analysis. International Student Edition. McGraw-Hill, New York (1977)
31. Reguzzoni, M., Sansò, F., Venuti, G.: The theory of general kriging, with applications to the determination of a local geoid. Geophys. J. **162**(2), 303–314 (2005). doi:10.1111/j.1365-246X.2005.02662.x
32. Rummel, R.: Zur Behandlung von Zufallsfunktionen und -folgen in der physikalischen Geodäsie. DGK, Reihe C 208, Verlag der Bayerischen Akademie der Wissenschaften (1975)
33. Rummel, R.: A model comparison in least squares collocation. Bulletin Géodésique **50**(2), 181–192 (1976). ISSN:0007-4632. doi:10.1007/BF02522317. http://dx.doi.org/10.1007/BF02522317
34. Sansò, F.: Statistical methods in physical geodesy. In: Sünkel, H. (Hrsg.) Mathematical and Numerical Techniques in Physical Geodesy. Lecture Notes in Earth Sciences, Bd. 7 S. 49–155. Springer, Berlin/Heidelberg (1986). ISBN:978-3-540-16809-6. doi:10.1007/BFb0010132
35. Sansò, F., Schuh, W.-D.: Finite covariance functions. Bulletin Géodésique **61**, 331–347 (1987)
36. Sansò, F., Tscherning, C.: Fast spherical collocation: theory and examples. J. Geod. **77**, 101–112 (2003)
37. Scargle, J.: Studies in astronomical time series analysis. I – Modeling random processes in the time domain. Astrophys. J. Suppl. Ser. **45**, 1–71 (1981). http://articles.adsabs.harvard.edu/full/1981ApJS...45....1S
38. Schuh, W.-D.: Kollokation - zu rechenaufwendig? ZAMM, Z. angew. Math. Mech. 69, 4, T73-T75 (1989). http://onlinelibrary.wiley.com/doi/10.1002/zamm.19890690403/pdf
39. Schuh, W.-D.: Tailored numerical solution strategies for the global determination of the earth's gravity field. Mitteilungen der Technischen Universität Graz, Graz. Folge 81 (1996)

40. Schuh, W.-D.: The processing of band-limited measurements; filtering techniques in the least squares context and in the presence of data gaps. Space Sci. Rev. **108**(1–2), 67–78 (2003). doi:10.1023/A:1026121814042
41. Schuh, W.-D., Krasbutter, I., Kargoll, B.: Korrelierte Messung – was nun? In: Neuner, H. (Hrsg.) Zeitabhängige Messgrößen - Ihre Daten haben (Mehr-)Wert, Bd. 74, DVW-Schriftenreihe, S. 85–101. Wißner, Augsburg (2014). ISBN:978-3-89639-970-0
42. Schwarz, K.: Least squares collocation for large systems. Bollettino di Geodesia e Scienze Affini, No. 3:309–324. Presented at „*Sixth Symposium on Mathematical Geodesy*“, Siena (2–5 Apr 1975) (1976)
43. Siemes, C.: Digital Filtering Algorithms for Decorrelation within Large Least Squares Problems. Schriftenreihe des Instituts für Geodäsie und Geoinformation, Bd. 32. Rheinischen Friedrich-Wilhelms-Universität Bonn, Bonn (2012). http://nbn-resolving.de/urn:nbn:de:hbz:5N-13749
44. Stewart, J.: Positive definite functions and generalizations, a historical survey. J. Rocky Mt. Math. **6**, 409–434 (1976)
45. Tscherning, C.: Representation of covariance functions related to the anomalous potential of the earth using reproducing kernels. Internal Report. Danish Geodetic Institute, Kobenhavn. No. 3 (1972)
46. Tscherning, C., Rapp, R.: Closed covariance expressions for gravity anomalies, geoid undulations, and deflections of the vertical implied by anomaly degree variance models. Reports of the Department of Geodetic Science, Bd. 208. Ohio State University (OSU), Ohio (1974)
47. Tscherning, C., Knudsen, P., Forsberg, R.: Description of the GRAVSOFT package. Technischer Report, Geophysical Institute, University of Copenhagen (1994)
48. Wackernagel, H.: Multivariate Geostatistics: An Introduction with Applications. Springer, 3. Aufl. (2003)
49. Wiener, N.: Extrapolation, Interpolation and Smoothing of Stationary Time Series. Wiley, New York (1949)
50. Wold, H.: A study in the analysis of stationary time series. Almqvist & Wiksell, Stockholm, Univ. Diss., 2. Aufl. (1938)
51. Wolf, H.: Über verallgemeinerte Kollokation. Zeitschrift für Vermessungswesen **99**, 475–478 (1974)

Molodenski quo vadis?

3

Aktueller Stand und künftige Entwicklungen des Geodätischen Randwertproblems

Bernhard Heck und Kurt Seitz

Zusammenfassung

Die Theorie von Molodenski befasst sich mit der Bestimmung der Erdfigur und des äußeren Schwerefeldes der Erde aus global verteilten terrestrischen Schwere- und Nivellementdaten. Das entsprechende skalar freie Geodätische Randwertproblem wurde von M. S. Molodenski in den 40er-Jahren des letzten Jahrhunderts formuliert und insbesondere in den Jahren 1970–1990 mathematisch analysiert. Praktische Anwendungen, die seit ca. 1980 mit dem Vorliegen umfangreicher gravimetrischer und topographischer Datensätze möglich wurden, führten zu methodischen Fortentwicklungen des Geodätischen Randwertproblems, während neuartige satellitengestützte Messverfahren eine Anpassung der Theorie von Molodenski erforderlich machen. Für die Bestimmung von Gebrauchshöhen in der Praxis wird die Theorie von Molodenski – nach adäquater Modifikation – auch weiterhin ihre Bedeutung behalten.

Schlüsselwörter

Geodätisches Randwertproblem • Freie Randwertaufgabe • Formel von Stokes • Fixes Randwertproblem • Integralformel nach Hotine • Höhensysteme • Störpotential • Normalhöhe • Höhenanomalie

Inhaltsverzeichnis

B. Heck (✉) • K. Seitz
Geodätisches Institut, Karlsruher Institut für Technologie, Karlsruhe, Deutschland
E-Mail: bernhard.heck@kit.edu; kurt.seitz@kit.edu

R. Rummel (Hrsg.), *Erdmessung und Satellitengeodäsie*,
Springer Reference Naturwissenschaften, DOI 10.1007/978-3-662-47100-5_14

1 Einleitung: Historischer Abriss

Seit den Anfängen der Geowissenschaften hat die Bestimmung der Figur und Größe der Erde immer wieder neue Fragen aufgeworfen, mit denen sich Geodäten sowie Mathematiker und Physiker befasst haben. War es in der Zeit von Eratosthenes (ca. 250 v. Chr.) und bis in das 18. Jahrhundert hinein die Frage nach dem Radius der als kugelförmig angenommenen Erde, führten geometrische und physikalische Überlegungen zum ellipsoidischen Erdmodell, für das die Längen der äquatorialen und polaren Halbachsen bzw. die geometrische Abplattung zu bestimmen waren. Bekannt ist der Streit zwischen den Anhängern Newtons, die von einem an den Polen abgeplatteten Rotationsellipsoid ausgingen, und den Anhängern von Jean-Dominique Cassini, die auf der Grundlage diverser Gradbogenmessungen ein an den Polen zugespitztes Ellipsoid postulierten [3]. Dieses Problem wurde schließlich mit den von der Französischen Akademie der Wissenschaften anberaumten Expeditionen nach Lappland (1736/37) und Peru (1735–1744) zugunsten des abgeplatteten Ellipsoids gelöst (Bialas [3], Torge [80]).

Die Ergebnisse weiterer, noch genauerer Gradbogenmessungen sowie die Weiterentwicklungen im Bereich der Mechanik führten schließlich dazu, dass auch das ellipsoidische Erdmodell verworfen werden musste. Freilich war unseren Ahnen auch vorher schon bewusst, dass die Erdfigur aufgrund der sichtbaren Topographie nicht exakt einer Kugel oder einem (Rotations- oder dreiachsigen) Ellipsoid entsprechen kann. In dieser Zeit war jedoch noch die Vorstellung verbreitet, dass die aus Bergen und Tälern bestehende, unregelmäßige Topographie einfach auf die ellipsoidische Referenzfläche aufgesetzt ist und die (ruhende, von Wellen und Gezeiten befreite) Meeresoberfläche Teil dieser geometrischen Referenzfläche ist. Erst C. F. Gauß unterschied zwischen der geometrischen Erdoberfläche als Grenzfläche zwischen den ozeanischen und topographischen Massen der Erde einerseits und den atmosphärischen Massen andererseits und der „mathematischen" Erdfigur als Äquipotentialfläche im Schwerefeld der Erde. Diese vom Gauß-Schüler J. B. Listing als Geoid bezeichnete Fläche ist mit der Vorstellung verbunden, dass diese mit der ruhenden Meeresoberfläche bestmöglich zusammenfällt und unter den Kontinenten im Sinne kommunizierender Röhren fortgesetzt ist. Abweichungen zwischen dem Geoid und der mittleren Meeresoberfläche („Meeresflächentopographie") werden in erster Linie durch Meeresströmungen hervorgerufen und betragen auf den offenen Ozeanen ca. 1–2 m. Größere lokale Abweichungen in Küstennähe entstehen durch Resonanzeffekte, Meeresgezeiten und meteorologische Phänomene.

Neben der Rolle als mathematisch-physikalische Erdfigur kommt dem Geoid im Zusammenhang mit der Festlegung nationaler Höhensysteme und Höhenfestpunktfelder auch eine große praktische Bedeutung zu. Die Einrichtung landesweiter Höhennetze basierte traditionell auf präzisen geometrischen Nivellements, die an einem Meerespegel als Bezugshorizont angeschlossen wurden. Da Nivellements wegen der Variationen des Erdschwerefelds wegabhängig sind, müssen die nivellitisch bestimmten Höhenunterschiede in eine eindeutige physikalische Größe überführt werden. Durch Multiplikation des nivellierten Höhenunterschieds mit der auf der Erdoberfläche ebenfalls messbaren Schwerebeschleunigung (oft kurz als Schwere bezeichnet) werden lokale Potentialdifferenzen gebildet, die längs der Nivellementlinien aufsummiert und in Bezug auf den gewählten Pegelnullpunkt als geopotentielle Koten bezeichnet werden. Aus diesem lässt sich – nach Einführung gewisser Hypothesen bezüglich der Massendichte in der Erdkruste – die orthometrische Höhe als linearer, auf die gekrümmte Lotlinie bezogener Abstand des betreffenden Oberflächenpunktes von der durch den Pegelnullpunkt verlaufenden Äquipotentialfläche des Erdschwerefeldes ableiten [29, 80].

Die im metrischen Maß angegebenen orthometrischen Höhen sind konzeptionell (bis auf Fehler in Folge von Dichtehypothesen) eindeutig und entsprechen der gängigen Vorstellung von Höhen, im Gegensatz zu den geometrisch wenig anschaulichen geopotentiellen Koten. Bis zur Mitte des 20. Jahrhunderts wurde bei der Einrichtung und Fortführung nationaler Höhensysteme in Ermangelung von Schweremessungen oft ein ellipsoidisches Schwerefeldmodell (Normalschwerefeld) anstelle gemessener Schweredaten benutzt, womit zumindest die regelmäßigen Variationen der Schwere in Breite und Höhe erfasst werden können. Die hieraus abgeleiteten „nomalorthometrischen“ oder „sphäroidisch-orthometrischen“ Höhen (Heck [25]) wurden als Approximationen der orthometrischen Höhen verstanden.

Ebenfalls in Zusammenhang mit dem Aufbau der klassischen Landesvermessungen war der Bezug zwischen den physikalisch definierten (orthometrischen) Landeshöhen und den geometrisch festgelegten Höhen der Punkte der Erdoberfläche als Abstand von einer ellipsoidischen Referenzfläche herzustellen. Die ellipsoidische Höhe h (vergl. Abb. 1) ergibt sich – mit einer für alle praktischen

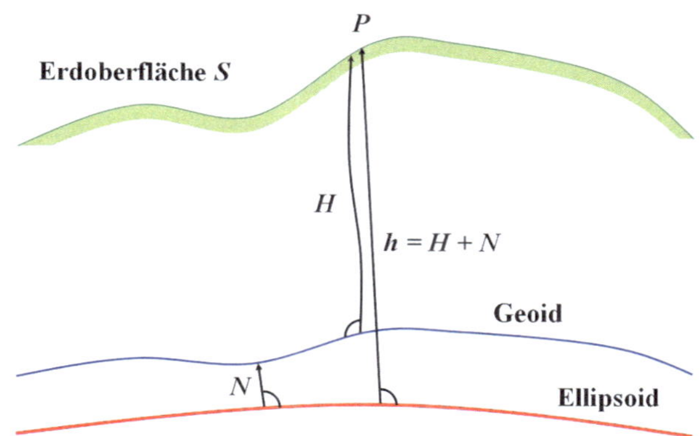

Abb. 1 Orthometrische Höhen und ellipsoidische Höhen

Belange ausreichenden Genauigkeit – aus der Summe der auf die gekrümmte Lotlinie bezogenen orthometrischen Höhe H und der auf die Ellipsoidnormale bezogenen Geoidhöhe N:

$$h = H + N\,. \tag{1}$$

Da die Geoidhöhe (auch als Geoidundulation bezeichnet) nicht direkt messbar ist, ergab sich die Frage, wie bzw. aus welchen Messgrößen diese abgeleitet werden kann. Stokes [79] hatte bereits eine Antwort auf diese Frage durch die Lösung eines dritten Randwertproblems der Potentialtheorie mittels der berühmten Stokesschen Integralformel gefunden [29]. Im Zusammenhang mit der Stokesschen Vorgehensweise sind jedoch die Wirkungen der topographischen Massen auf die an der Erdoberfläche gemessenen Schwerewerte zu berechnen, wobei auch hier Hypothesen über die Massendichte in der Erdkruste erforderlich sind. Bis heute liegen keine bezüglich Genauigkeit und Auflösung hinreichenden globalen Dichtemodelle vor, sodass weder die orthometrischen Höhen noch die Geoidhöhen exakt bestimmt werden können. Trotz des Hinweises, dass die Summe aus orthometrischen Höhen und Geoidhöhen bei konsistenter Verwendung der Dichtehypothesen unabhängig von diesen Annahmen sein sollte, bleibt die praktische Umsetzung der Stokesschen Theorie fehleranfällig, weshalb diese in letzter Konsequenz nie realisiert wurde.

Diese Nachteile der Stokesschen Theorie versuchte M. S. Molodenski (andere Schreibweisen: Molodenskii, Molodensky) mit einem neuen Ansatz zu beheben [51, 52]. Auch Molodenski führte das Problem der Bestimmung der Erdfigur auf die Ermittlung der zu seiner Zeit nicht messbaren ellipsoidischen Höhen der Punkte der Erdoberfläche zurück, wobei er die ellipsoidische Höhe h aus der Summe der sog. Normalhöhe H^* und der Höhenanomalie ζ zusammensetzte (vergl. Abb. 2), die beide auf ein Modell-(Normal-)Schwerefeld bezogen, ansonsten aber hypothesenfrei sind [10, 80]:

$$h = H^* + \zeta. \tag{2}$$

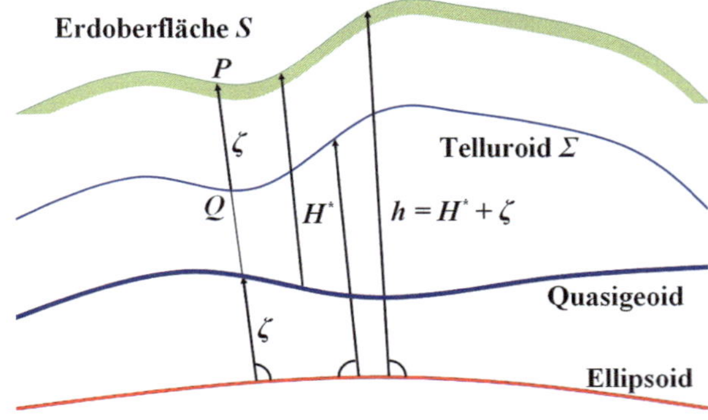

Abb. 2 Normalhöhen und ellipsoidische Höhen

Insbesondere gehen in diesen Ansatz keine Annahmen über die Massendichte ein. Aufgrund dieser Eigenschaften wurden neuere bzw. erneuerte Höhensysteme, ausgehend von der ehemaligen UdSSR und ihren Satellitenstaaten, seit ca. 1950 primär auf dem Konzept der Normalhöhen und somit auf der Theorie von Molodenski aufgebaut.

Um eine Analogie der in den Formeln (1) und (2) enthaltenen Größen herzustellen, führte Hirvonen [32] als weitere geschlossene Fläche das Quasigeoid ein, das durch Abtragen der Normalhöhe von der Erdoberfläche aus jeweils längs der Ellipsoidnormale nach unten entsteht (vergl. Abb. 2). Quasigeoid und Geoid unterscheiden sich – ebenso wie orthometrische Höhe und Normalhöhe – im Bereich der Hochgebirge um bis zu 1–2 m (Torge [80]).

Im Gegensatz zur Theorie von Stokes, die nach gewissen Reduktionen formal auf ein klassisches Randwertproblem der Potentialtheorie führt, ist die Theorie von Molodenski mit einem freien, schiefachsigen Randwertproblem verbunden, dessen mathematische Behandlung weitaus schwieriger ist. Existenz und Eindeutigkeit der Lösung dieses sog. Geodätischen Randwertproblems wurden von Hörmander [36], Krarup [45], Moritz [55], Sansò [73] u. a. untersucht. Grundsätzlich existiert für die unregelmäßige topographische Randfläche der Erde keine geschlossene analytische Lösung, sodass semi-analytische Verfahren auf der Grundlage von Reihenentwicklungen und weiteren Approximationen oder numerische Methoden angewandt werden müssen [52, 55].

Während die Definition von Gebrauchshöhen im Sinne von orthometrischen oder Normalhöhen hinsichtlich ihrer Anwendung in der Landesvermessung eine sehr starke praktische Bedeutung hatte, war die genaue Bestimmung von ellipsoidischen Höhen und der Geoidhöhe bzw. Höhenanomalie für die Geodäsie eine zunächst sekundäre, rein wissenschaftliche Fragestellung. Einerseits waren in der klassischen Landesvermessung die Festpunktfelder für die (horizontale) Lage und die Höhe aufgrund der zu ihrer Bestimmung verwendeten, unterschiedlichen Messgrößen – Horizontalwinkel und Strecken bzw. nivellierte Höhenunterschiede – streng getrennt, sodass sich für die Einführung der dritten Dimension in trigonometrischen Netzen praktisch keine Notwendigkeit ergab. Andererseits ist für die Berechnung von Geoidhöhen bzw. Höhenanomalien prinzipiell eine globale Überdeckung der Erde mit Schweremessungen hinreichender Genauigkeit und Auflösung erforderlich. Diese Voraussetzungen waren zunächst nicht gegeben und verbesserten sich erst ab der zweiten Hälfte des 20. Jahrhunderts deutlich, zusammen mit der Nutzung von Satellitenmissionen zur globalen Schwerefeldbestimmung.

Ein grundsätzlicher Paradigmenwechsel stellte sich mit der hochgenauen dreidimensionalen Positionsbestimmung über GNSS (Global Navigation Satellite Systems, z. B. GPS, GLONASS, Galileo, Beidou) ein. Da nunmehr die ellipsoidische Höhe mit einer Genauigkeit von wenigen Zentimetern oder sogar im Subzentimeterbereich direkt bestimmbar ist, ergibt sich die Möglichkeit die Gl. (1) und (2) jeweils nach den Gebrauchshöhen H bzw. H^* aufzulösen und die Höhenbestimmung auf eine völlig neue Grundlage zu stellen. Dieses als „GNSS-levelling" [21] bezeichnete Verfahren erfordert – außer hochgenauen dreidimensionalen GNSS-Positionierungen – eine mit gleicher Genauigkeit abgeleitete Geoidhöhe bzw.

Höhenanomalie. Wenn auch die erforderliche Datengrundlage hinsichtlich genauer Schweremessungen nicht überall auf der Erde vorliegt (z. B. Afrika, siehe Abd-Elmotaal et al. [1]) hat diese Methode inzwischen die Höhenbestimmung revolutioniert. Nachdem die Bestimmung genauer ellipsoidischer Höhen mittels GNSS-Messverfahren – nicht zuletzt in Folge der von den internationalen Diensten der IAG (z. B. IGS International GNSS Service, siehe IGS [37]) abgeleiteten und publizierten Produkte – heute sehr einfach ist, kann auf die großflächige Einrichtung und Laufendhaltung von Höhennetzen auf der Grundlage von technisch und finanziell sehr aufwändigen Nivellements künftig verzichtet werden.

Grundbedingung für diese Bestimmungsmethode ist jedoch eine hochgenaue Berechnung der Höhenanomalie bzw. der Geoidhöhe aus Schweremessungen und zusätzlichen Daten wie hochauflösenden digitalen Geländemodellen. Die Voraussetzungen hinsichtlich einer globalen Überdeckung der Erde mit Schweremessungen können heute stark eingeschränkt werden, nachdem mit den Schwerefeldmissionen CHAMP, GRACE und GOCE [12] relativ hochauflösende globale Schwerefeldmodelle erzeugt wurden. Auch globale digitale Höhenmodelle (DHM) wurden und werden aus dedizierten Satellitenmissionen abgeleitet [11, 38].

Vor diesem Hintergrund hat die praktische Bedeutung des Geodätischen Randwertproblems seit dem Ende des 20. Jahrhundert stark zugenommen. Gleichzeitig sind die Genauigkeitsanforderungen extrem gestiegen, sodass die Gültigkeit gewisser Approximationen zu hinterfragen ist. Da die Geometrie der Erdoberfläche mit GNSS-Positionsbestimmungen und somit die ellipsoidische Höhe der Schweremesspunkte auf der Erdoberfläche prinzipiell als bekannt vorausgesetzt werden kann, lässt sich das Geodätische Randwertproblem nunmehr als fixes Randwertproblem formulieren [2, 35, 43, 69], dessen Theorie zwar weniger komplex als beim klassischen freien Problem von Molodenski ist, dessen praktische Lösung aber immer noch einiger Approximationen und weitergehender Untersuchungen bedarf. Dieser Paradigmenwechsel ist noch nicht vollständig vollzogen, da die meisten aus praktischen Schweremessungen vorliegenden Daten in Form von Schwereanomalien vorliegen, deren Berechnung und Verwendung wiederum mit dem klassischen Randwertproblem von Molodenski konsistent ist.

2 Das klassische Geodätische Randwertproblem nach Molodenski

Ziel des klassischen Geodätischen Randwertproblems (GRWP) ist die simultane Bestimmung des Schwerepotentials und der Geometrie der Erdoberfläche aus schwerefeldabhängigen geodätischen Observablen, die auf der Erdoberfläche in kontinuierlicher Form als gegeben angenommen werden. Abhängig vom Typ der auf der Erdoberfläche vorgegebenen Randwerte und vom Typ und der Anzahl der unbekannten Funktionen (Schwerepotential, Komponenten des Ortsvektors der Erdoberfläche, ggf. weitere Parameter) wurden unterschiedliche Versionen des Geodätischen Randwertproblems formuliert (Heck [24]). Die mit Blick auf die praktischen Anwendungen wichtigste Variante ist das sog. skalar freie GRWP, dessen

Formulierung bereits in den frühen Arbeiten von Molodenski [51], Molodenski et al. [52] enthalten war und insbesondere in den siebziger und achtziger Jahren des letzten Jahrhunderts von Mathematikern und Geodäten präzisiert wurde [55,58,67]. Mit einem kurzen Hinweis auf eine zweite Variante, das vektoriell freie GRWP (auch als „astronomische" Variante des Molodenski-Problems bezeichnet, siehe Grafarend et al. [17], Heck [22], Moritz [55]) beschränken sich die folgenden Ausführungen auf die Darstellung des skalar freien GRWP, das auch die „geodätische" Variante des Molodenski-Problems genannt wird.

2.1 Grundlegende Voraussetzungen und Annahmen

Das Geodätische Randwertproblem basiert auf der Newtonschen Mechanik und beruht auf folgendem mathematisch-physikalischen Modell:

2.1.1 Schwerefeld

Die Erde wird als starrer, nicht-deformierbarer Körper B angenommen, der gleichförmig um eine raum- und körperfeste Achse im dreidimensionalen Euklidischen Punktraum E^3 rotiert. Alle anziehenden Massenelemente sind im Inneren der geschlossenen Randfläche $S = \partial B$ angeordnet, welche die Erdoberfläche repräsentiert. Die gesamte Anziehung aller Massenelemente auf ein Testteilchen erzeugt das Newtonsche Gravitationspotential V, welches im Unendlichen regulär ist und die Laplace-Poisson-Differentialgleichung

$$Lap(V) = \frac{\partial^2 V}{\partial x^2} + \frac{\partial^2 V}{\partial y^2} + \frac{\partial^2 V}{\partial z^2} = -4\pi G\rho \tag{3}$$

im gesamten Euklidischen Raum E^3 erfüllt, außer an Unstetigkeitspunkten bzw. -flächen der Massendichte ρ (Martensen [48]). Die Gravitationskonstante G ($G = 6.6726 \cdot 10^{-11}\,\mathrm{m}^3\,\mathrm{s}^{-2}\,\mathrm{kg}^{-1}$) ist eine universelle, zeitunabhängige Konstante. Im massefreien Außenraum $\Omega_e = E^3 - \bar{B}$ ($\bar{B}$ abgeschlossene Hülle von B) gilt die Laplacesche Differentialgleichung

$$Lap(V) = 0\,. \tag{4}$$

Die Rotation der Erde erzeugt das Zentrifugalpotential Z

$$Z = \frac{1}{2}\omega^2 p^2\,, \tag{5}$$

welches von der (konstanten) Winkelgeschwindigkeit ω und dem orthogonalen Abstand p des Testteilchens von der Rotationsachse abhängt. Das Zentrifugalpotential Z genügt der Poisson-Gleichung

$$Lap(Z) = 2\omega^2\,, \tag{6}$$

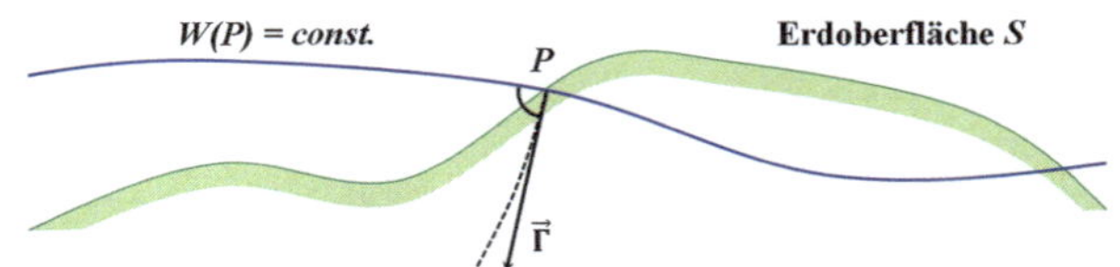

Abb. 3 Geometrie des Schwerefeldes

in jedem Punkt, der fest mit dem rotierenden Körper B verbunden ist. Die Summe der Potentiale V und Z bildet das Schwerepotential $W := V + Z$, das im gesamten Außenraum Ω_e die erweiterte Laplacesche Differentialgleichung

$$Lap(W) = 2\omega^2 \tag{7}$$

erfüllt. Der Gradient des Schwerepotentials

$$\vec{\Gamma} = grad\ W\ , \tag{8}$$

der Schwerevektor, gibt die (vektorielle) Feldstärke des Schwerefeldes mit dem Betrag $\Gamma = |\vec{\Gamma}|$ an.

Der Schwerevektor $\vec{\Gamma}$ in einem Raumpunkt $P \in E^3$ steht orthogonal auf der durch P verlaufenden Äquipotentialfläche (Niveaufläche) $W = const.$ (Heiskanen und Moritz [29], S. 49). Eine spezielle Äquipotentialfläche $W = W_o = const.$ ist das Geoid, das die mittlere, von Gezeiteneffekten befreite Meeresoberfläche approximiert. Die Orthogonaltrajektorien der Schar der Niveauflächen sind die Lotlinien, die i. Allg. als gekrümmte Raumkurven ausgebildet sind. Der Schwerevektor $\vec{\Gamma}$ im Raumpunkt P zeigt jeweils in Richtung der Tangente an die durch P verlaufende Lotlinie (Abb. 3).

2.1.2 Koordinatensysteme

Zur Beschreibung der skalar- und vektorwertigen Feldgrößen sowie der Positionen im E^3 wird ein erdfestes, orthonormales Dreibein $\{O, \vec{f_i}\}$, $i = 1, 2, 3$ eingeführt, wobei sich der Ursprung O im Massenmittelpunkt der Erde bzw. in dessen Nähe befindet. Der Basisvektor $\vec{f_3}$ ist parallel zur Erdrotationsachse, während $\vec{f_1}$ in der Meridianebene von Greenwich liegt und die $\vec{f_2}$-Achse das orthonormale, mathematisch positiv orientierte Dreibein vervollständigt.

Die Position eines beliebigen Raumpunktes $P \in E^3$, z. B. eines Punktes der Randfläche S, wird durch seinen Ortsvektor $\vec{X} = \vec{OP}$ bezüglich des erdfesten Dreibeins $\{O, \vec{f_i}\}$ mit den Koordinaten X_i beschrieben:

$$\vec{X} = \sum_{i=1}^{3} X_i \vec{f_i}\ , \tag{9}$$

ebenso der Schwerevektor $\vec{\Gamma}$

$$\vec{\Gamma} = \sum_{i=1}^{3} \Gamma_i \vec{f_i} \,. \tag{10}$$

Sehr oft ist jedoch eine Darstellung dieser Vektoren in krummlinigen Koordinaten zweckmäßiger. Für die Beschreibung der räumlichen Position in Bezug auf das Äquatorsystem $\{O, \vec{f_i}\}$ werden im Zusammenhang mit dem GRWP sphärische Polarkoordinaten (r, φ, λ) und ellipsoidische (geodätische) Koordinaten (h, b, λ) verwendet, die mit den kartesischen Koordinaten funktional verknüpft sind:

$$\begin{aligned} X_1 &= r \times \cos\varphi \times \cos\lambda = (N + h) \times \cos b \times \cos\lambda \\ X_2 &= r \times \cos\varphi \times \sin\lambda = (N + h) \times \cos b \times \sin\lambda \\ X_3 &= r \times \sin\varphi \qquad\qquad = (N(1 - e^2) + h) \times \sin b \,. \end{aligned} \tag{11}$$

Die ellipsoidische (geodätische) Breite b und Höhe h sind auf ein Rotationsellipsoid mit vorgegebener Form und Größe (äquatoriale Halbachse a, polare Halbachse $\bar{b}$, $a > \bar{b}$) bezogen, dessen Mittelpunkt mit O zusammenfällt und dessen Symmetrieachse in Richtung von $\vec{f_3}$ zeigt (Abb. 4). Die erste numerische Exzentrizität e des Ellipsoids und der Querkrümmungshalbmesser N sind durch

$$e^2 = \frac{a^2 - \bar{b}^2}{a^2} \tag{12}$$

und

$$N = \frac{a}{\sqrt{1 - e^2 \sin^2 b}} \tag{13}$$

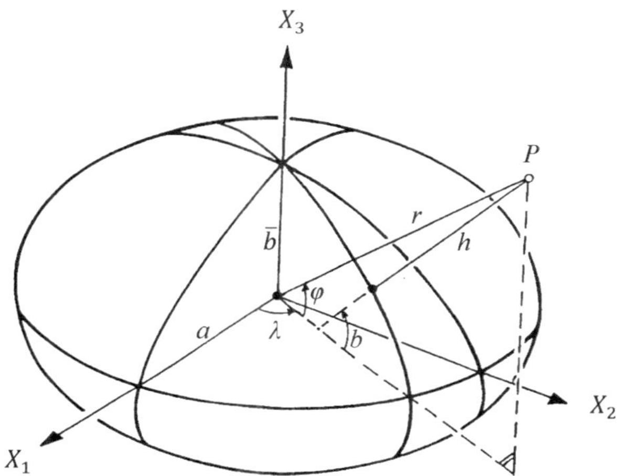

Abb. 4 Sphärische (Polar-)Koordinaten r, φ, λ und ellipsoidische (geodätische) Koordinaten h, b, λ [24]

gegeben. Die geographische Länge λ wird konventionell vom Meridian von Greenwich ausgehend nach Osten positiv gezählt.

In entsprechender Weise wird der Schwerevektor $\vec{\Gamma}$ in Polarkoordinaten (Γ, Φ, Λ)

$$\begin{aligned} \Gamma_1 &= -\Gamma \times \cos\Phi \times \cos\Lambda \\ \Gamma_2 &= -\Gamma \times \cos\Phi \times \sin\Lambda \\ \Gamma_3 &= -\Gamma \times \sin\Phi \end{aligned} \tag{14}$$

beschrieben, wobei $\Gamma = |\vec{\Gamma}|$, Φ, Λ die Schwerebeschleunigung und die astronomische Breite bzw. Länge bezeichnen. Die astronomischen Koordinaten (Φ, Λ) beziehen sich auf die Richtung des Schwerevektors $\vec{\Gamma}$ und sind streng zu unterscheiden von den geodätischen Koordinaten (b, λ), welche die Richtung der Ellipsoidnormale durch einen Raumpunkt beschreiben; i. Allg. fallen diese Richtungen nicht zusammen.

2.1.3 Randwerte

Die Randfläche $S = \partial B$ wird als geschlossene, sternförmige (bzgl. des Ursprungs O) und ausreichend glatte, reguläre Fläche vorausgesetzt. Die auf S gegebenen Randwerte sind im Falle des skalar freien GRWP geopotentielle Koten C, die aus der Kombination von geometrischem Nivellement und Schweremessungen längs der Nivellementlinien bestimmt werden [80], und Schwerewerte Γ, die mittels absoluter und relativer Schweremessungen ermittelt werden. Ausgehend von realen geodätischen Beobachtungen, die in der Regel auf diskrete Punkte der Erdoberfläche bezogen sind, müssen diese zunächst interpoliert werden, um kontinuierliche Randdaten zu erzeugen. Für eine detaillierte mathematische Analyse des GRWP ist selbstverständlich eine genaue Definition der Randfläche und der Randwerte im Bezug auf geeignete Funktionenräume erforderlich [33, 36, 57]. Im Folgenden werden die Randfläche und die Randdaten als „hinreichend" glatt angenommen.

Der funktionale Zusammenhang zwischen den „gemessenen" Randwerten C und Γ einerseits und dem Schwerepotential W andererseits wird durch die Funktionale

$$C := (W_o - W)|_S = W(\vec{X}_o) - W(\vec{X}) \tag{15}$$

und

$$\Gamma := |grad\ W|_S = \sqrt{(\Gamma_1(\vec{X}))^2 + (\Gamma_2(\vec{X}))^2 + (\Gamma_3(\vec{X}))^2} \tag{16}$$

dargestellt. W_o bezeichnet das Schwerepotential im Fundamentalpunkt P_o des Nivellements mit dem Ortsvektor $\vec{X}_o$. Wegen des relativen Charakters des Nivellements kann W_o nicht aus Messungen bestimmt werden und ist als zusätzliche diskrete Datumsunbekannte zu behandeln; physikalisch gesehen sind ohnehin nur

Potentialdifferenzen observable Größen. Gemäß Gl. (15) wird global nur *eine* Datumsunbekannte für das Nivellement eingeführt; hinsichtlich Erweiterungen dieses klassischen Ansatzes, die den realistischen Gegebenheiten kontinentaler, an unterschiedlichen Fundamentalpunkten angeschlossener Nivellementnetze Rechnung tragen, siehe Grombein et al. [19], Rummel und Teunissen [65].

Neben den Randwerten C und Γ werden ferner die horizontalen Koordinaten des Ortsvektors $\vec{X}$ der Randfläche $S \ni P$ als bekannt vorausgesetzt und i. Allg. in Form der ellipsoidischen Koordinaten b, λ angegeben. Während diese in der klassischen Landesvermessung mittels trigonometrischer Netze bestimmt wurden, können die geographischen Koordinaten heute anhand von GNSS-Messverfahren bezüglich eines terrestrischen Referenzsystems mit Zentimetergenauigkeit ermittelt werden. Die GNSS-Positionierung liefert gleichzeitig – wenn auch mit geringerer Genauigkeit – die ellipsoidische Höhe h, die allerdings in der klassischen Geodäsie nicht flächendeckend bestimmt werden konnte. Aus diesem Grunde ist die Abhängigkeit der Randwerte C und Γ von $\vec{X}$ in den Randbedingungen (15) und (16) in der Weise zu verstehen, dass $\vec{X}(h, b, \lambda)$ von den gegebenen Parametern b und λ abhängt und der unbekannte Höhenparameter h selbst eine Funktion von b und λ ist.

2.1.4 Unbekannte

Die primäre, im Rahmen des GRWP zu lösende Unbekannte ist das Schwerepotential W auf und außerhalb der Randfläche S, d. h. im äußeren, massefreien Raum Ω_e. Wie in Gl. (7) postuliert wurde, erfüllt das Schwerepotential W die erweiterte Laplacesche Differentialgleichung, sodass folgende Beziehungen gelten:

$$\begin{aligned} W(\vec{X}) &= V(\vec{X}) + Z(\vec{X})\,, \\ Lap(V(\vec{X})) &= 0 \quad \text{für } \vec{X} \in \Omega_e\,, \\ V(\vec{X}) \to 0 & \quad \text{für } r \to \infty, \quad r = |\vec{X}|\,, \\ Z(\vec{X}) &= \tfrac{1}{2}\omega^2(X_1^2 + X_2^2) \end{aligned} \tag{17}$$

und folglich

$$Lap(W(\vec{X})) = 2\omega^2\,. \tag{18}$$

Da in der klassischen Geodäsie zwar die horizontalen Koordinaten (b, λ) der Punkte $P \in S$ auf der Erdoberfläche bestimmt werden konnten, nicht jedoch deren ellipsoidische Höhen, ist die Ermittlung von $h(b, \lambda)$ selbst wieder Teil des GRWP. Randwertprobleme, bei denen die Geometrie der Randfläche nicht vorgegeben ist, nennt man freie Randwertaufgaben (Grafarend [16], Witsch [84, 85]). Somit sind beim skalar freien GRWP mit $W(\vec{X})$ und $h(b, \lambda)$ zwei unbekannte Funktionen zu bestimmen, denen mit C und Γ und deren Verknüpfung über die Gl. (15) und (16) ebenfalls zwei Arten von gegebenen Randwerten gegenüber stehen. Aus (15) und (16) ist unmittelbar ersichtlich, dass die Randbedingungen nichtlinear bezüglich der Unbekannten sind. Das GRWP nach Molodenski in der ursprünglichen Formulierung kann deshalb als nichtlineares freies Randwertproblem klassifiziert werden.

Die oben beschriebenen Voraussetzungen und Annahmen gehen von einer idealisierten Situation aus, die sich in vielerlei Hinsicht von der realen Welt unterscheidet. Da keine Massen außerhalb der Randfläche S vorhanden sein dürfen, muss die gravitative Wirkung der Erdatmosphäre, des Mondes, der Sonne und der Planeten in den Randwerten reduziert werden. Darüber hinaus wird das GRWP als „stationäres" Problem vorausgesetzt, wobei geodynamische Effekte und ihre Auswirkungen auf die Figur und das Schwerefeld der Erde vernachlässigt werden. Ferner wird angenommen, dass die Randwerte in kontinuierlicher Form auf der gesamten Randfläche S gegeben sind, während in der Realität die entsprechenden Beobachtungen in diskreter Form vorliegen und teilweise größere Lücken (z. B. in Afrika) aufweisen. Schließlich werden die beobachteten Randwerte als fehlerfrei angenommen, obwohl diese neben zufälligen und systematischen Fehlern auch Ausreißer enthalten können.

2.2 Approximative analytische Lösung des GRWP nach Molodenski

Das über die Feldgleichungen (17) bzw. (18) und die Randbedingungen (15) und (16) definierte, nichtlineare freie Randwertproblem ist sehr komplex und kann nicht in geschlossener Form gelöst werden. Aussagen zur Existenz und Eindeutigkeit von Lösungen des nichtlinearen Problems sind in den Arbeiten von Sacerdote und Sansò [67] und Otero [58] zu finden.

Praktische Lösungen des Problems von Molodenski basieren jeweils auf diversen Approximationen, die durch die näherungsweise ellipsoidische bzw. sphärische Gestalt der Erde motiviert sind. Alle analytischen und numerischen Lösungsverfahren beruhen auf einer Linearisierung des ursprünglichen GRWP unter Verwendung eines geeigneten Normalschwerefeldes als Approximation des Schwerefeldes der Erde. Grundsätzlich könnte auf der linearen Lösung aufbauend ein iterativer Prozess für die Lösung des nichtlinearen Problems konstruiert werden (Klees [40], Rummel [63]), der in der Praxis wegen der geringen Größe der nichtlinearen Effekte jedoch nicht realisiert wird.

Als Kompromiss zwischen mathematischer Komplexität und Approximationsgüte wird in der Regel ein Somigliana-Pizzetti-Normalschwerefeld [29, S. 64 f.] als Referenz bei der Linearisierung des GRWP verwendet. Grundlage dieses Normalschwerefeldes ist die Theorie des Niveauellipsoids, dessen Oberfläche eine Äquipotentialfläche des eigenen (Normal-)Schwerefeldes darstellt. Im Rahmen des GRS80 (Geodetic Reference System 1980, Moritz [56]) wurden die definierenden vier freien Parameter – Größe und Form des Ellipsoids, Winkelgeschwindigkeit der Rotation, Produkt aus Masse und Gravitationskonstante – an die Eigenschaften des Erdkörpers numerisch angepasst. Hiermit ist das Normalpotential U auf und im Außenraum der Ellipsoidoberfläche definiert, welches die erweiterte Laplacesche Differentialgleichung

$$Lap(U) = 2\omega^2 \tag{19}$$

erfüllt. Der Gradient des Normalpotentials, der Normalschwerevektor $\vec{\gamma}$,

$$\vec{\gamma} = grad\ U\ , \tag{20}$$

kann ebenso wie der Schwerevektor $\vec{\Gamma}$ bezüglich des Äquatorsystems $\{O, \vec{f_i}\}$ in kartesischen bzw. Polarkoordinaten dargestellt werden

$$\vec{\gamma} = \sum_{i=1}^{3} \gamma_i \vec{f_i} \tag{21}$$

$$\begin{aligned} \gamma_1 &= -\gamma \times \cos\varphi_\gamma \times \cos\lambda \\ \gamma_2 &= -\gamma \times \cos\varphi_\gamma \times \sin\lambda \\ \gamma_3 &= -\gamma \times \sin\varphi_\gamma\ , \end{aligned} \tag{22}$$

wobei $\gamma = |\vec{\gamma}|$ als Normalschwere und φ_γ als normale Breite bezeichnet werden. Die normale Breite φ_γ fällt wegen der Krümmung der normalen Lotlinien nur auf dem Ellipsoid selbst mit der geographischen Breite b zusammen.

Neben dem Normalpotential U als Approximation des unbekannten Schwerepotentials W muss ferner eine Referenzfläche Σ als Approximation der unbekannten Randfläche S bei der Linearisierung eingeführt werden. Um die Erdoberfläche mittels der gegebenen Randwerte bestmöglich anzunähern führte Molodenski das Telluroid ein, wobei jedem Punkt P der Erdoberfläche S ein Telluroidpunkt $Q \in \Sigma$ mittels der Bedingungen

$$\begin{aligned} b(Q) &= b(P) \\ \lambda(Q) &= \lambda(P) \\ U_o - U(Q) &= W_o - W(P) \end{aligned} \tag{23}$$

zugeordnet wird. Die beiden ersten Bedingungen in (23) besagen, dass alle Punktepaare $P \in S$ und $Q \in \Sigma$ jeweils auf derselben Ellipsoidnormale liegen (Abb. 2). Über die dritte Bedingung wird die ellipsoidische Höhe des Punktes Q aus der gegebenen geopotentiellen Kote des Punktes P, $C(P) = W_o - W(P)$ bestimmt. Die ellipsoidische Höhe des Punktes Q wird als Normalhöhe H^* des Punktes P bezeichnet, während der Abstand $\overline{QP}$ zwischen Telluroid und Erdoberfläche Höhenanomalie ζ genannt wird. Trägt man nach Hirvonen [32] die Höhenanomalie vom Ellipsoid aus längs der Ellipsoidnormale ab, so entsteht als weitere Fläche das Quasigeoid. Im Gegensatz zum Geoid ist das Quasigeoid keine Äquipotentialfläche; während beide Flächen im Meeresbereich praktisch zusammenfallen, werden die maximalen Abweichungen (1–2 m) im Bereich der Hochgebirge erreicht [80].

Die Linearisierung des Randwertproblems beruht auf Differenzen zwischen entsprechenden Größen im tatsächlichen Feld und im Normalschwerefeld. Grundlegende Größe ist das Störpotential T

$$T(\vec{X}) := W(\vec{X}) - U(\vec{X}), \tag{24}$$

das gemäß (18) und (19) in Ω_e der Laplaceschen Differentialgleichung genügt und somit im Außenraum eine harmonische Funktion ist:

$$Lap(T(\vec{X})) = 0\,. \tag{25}$$

Die Linearisierung der Randbedingungen (15), (16) führt schließlich zu folgender Darstellung (Heck [23]):

$$-\,T|_Q + \Delta W_o + \gamma|_Q \times \zeta = 0 \tag{26}$$

$$-\left.\frac{\partial T}{\partial h}\right|_Q + \left.\frac{\partial \gamma}{\partial h}\right|_Q \times \zeta = \Gamma(P) - \gamma(Q) =: \Delta g\,. \tag{27}$$

Der konstante Term $\Delta W_o = W_o - U_o$ stellt eine zusätzliche Unbekannte dar, die aus den gegebenen Randwerten aufgrund der relativen Natur des Nivellements nicht bestimmbar ist. Durch Auflösung von Gl. (26) folgt der (erweiterte) Term von Bruns

$$\zeta = \left.\left(\frac{T}{\gamma} - \frac{\Delta W_o}{\gamma}\right)\right|_Q \tag{28}$$

[29]. Durch Einsetzen von (28) in Gl. (27) wird ζ eliminiert und es entsteht die nur noch von T und seiner ersten Ableitung nach h abhängige Randbedingung

$$\left.\left(-\frac{\partial T}{\partial h} + \frac{1}{\gamma}\frac{\partial \gamma}{\partial h} \times (T - \Delta W_o)\right)\right|_Q = \Delta g \tag{29}$$

mit den Schwereanomalien $\Delta g(\varphi, \lambda)$ als Randwerten. Somit beruht das lineare GRWP auf der Feldgleichung (25) und der Randbedingung (29); die Lösung des linearen GRWP wird schließlich in den Term von Bruns (28) eingesetzt um die zweite unbekannte Funktion, die Höhenanomalie $\zeta(\varphi, \lambda)$, zu bestimmen. Bezüglich der topographischen Randfläche enthält die Ableitung $\partial T / \partial h$ sowohl normale als auch tangentiale Komponenten, sodass es sich um ein schiefachsiges Randwertproblem bei bekannter Randfläche Σ handelt. Die aufgrund der Vernachlässigung von nichtlinearen Termen in der Randbedingung entstehenden Fehler wurden von Heck und Seitz [27] und Seitz [75] untersucht; die Auswirkungen auf das Störpotential und die Höhenanomalie wurden mit maximal $0.1\,\mathrm{m^2\,s^{-2}}$ bzw. 3 mm abgeschätzt, sodass diese in der Regel bei praktischen Anwendungen vernachlässigt werden dürfen.

Auch das lineare GRWP mit der Randbedingung (29) ist nicht in geschlossener Form lösbar. Weitere Approximationen betreffen die genäherte Berechnung des Koeffizienten

$$\frac{1}{\gamma}\frac{\partial\gamma}{\partial h} \approx -\frac{2}{r}$$

und der Ableitung

$$\frac{\partial T}{\partial h} \approx \frac{\partial T}{\partial r},$$

woraus die Randbedingung in isotroper (sphärischer) Approximation (Moritz [55])

$$\left.\left(-\frac{\partial T}{\partial r} - \frac{2}{r} \times (T - \Delta W_o)\right)\right|_Q = \Delta g \tag{30}$$

mit $r = |\vec{X}|$ folgt. Aufgrund der unregelmäßigen topographischen Randfläche existiert jedoch auch für dieses Randwertproblem keine geschlossene Lösung. Erst wenn die Erdoberfläche durch eine Kugel mit dem Radius R approximiert wird („Konstanter-Radius-Approximation") ergibt sich die sphärische Integralformel nach Stokes-Pizzetti [29, S. 93]

$$T(r,\varphi,\lambda) = \frac{R}{4\pi}\iint_\sigma \Delta g(\varphi',\lambda') \times \left(S(r,\psi) - \frac{R}{r}\right) \times d\sigma + 2\frac{R}{r}\Delta W_o + T_1(r,\varphi,\lambda) \tag{31}$$

mit der Stokes-Pizzetti-Funktion

$$\begin{aligned} S(r,\psi) &= \sum_{n=2}^{\infty} \frac{2n+1}{n-1} \times \left(\frac{R}{r}\right)^{n+1} \times P_n(\cos\psi) \\ &= \frac{2R}{\ell} + \frac{R}{r} - 3\frac{R\ell}{r^2} - \left(\frac{R}{r}\right)^2 \cos\psi \times \left(5 + 3 \times \ln\frac{r + \ell - R\cos\psi}{2r}\right); \quad r > R \end{aligned} \tag{32}$$

und der sphärischen Distanz ψ, die mit den geozentrischen Koordinaten (φ,λ), (φ',λ') des Aufpunktes bzw. des laufenden Integrationspunktes über den sphärischen Kosinussatz zusammenhängt (siehe Abb. 5)

$$\cos\psi = \sin\varphi \times \sin\varphi' + \cos\varphi \times \cos\varphi' \times \cos\left(\lambda' - \lambda\right). \tag{33}$$

Der euklidische Abstand ℓ zwischen dem Aufpunkt und einem variablen Integrationspunkt kann aus ψ und r berechnet werden (siehe Abb. 5):

$$\ell = \sqrt{r^2 + R^2 - 2rR\cos\psi}\,.$$

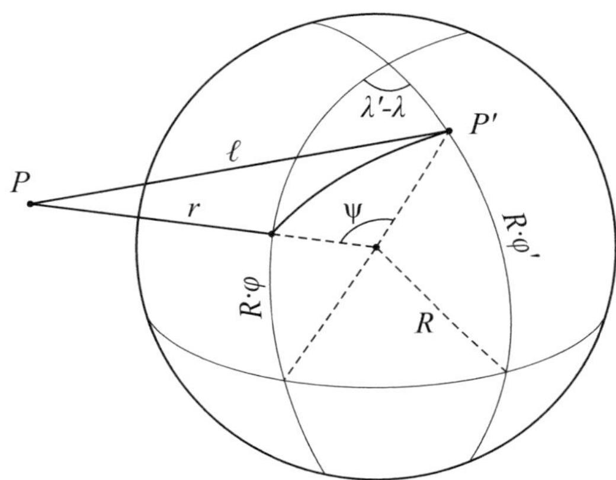

Abb. 5 Geometrische Beziehungen zwischen Aufpunkt P und Integrationspunkt P'

Es ist bemerkenswert, dass der in der Lösung (31) des sphärischen GRWP enthaltene Term ersten Grades, $T_1(r, \varphi, \lambda)$, nicht aus den auf der Randfläche vorliegenden Schwereanomalien bestimmt werden kann, also ein Datumsdefekt bezüglich des Terms ersten Grades ($n = 1$) vorliegt. Da eine Kugelfunktion ersten Grades drei konstante Koeffizienten enthält, kommen folglich i. Allg. drei weitere unbekannte Konstanten zu ΔW_o hinzu.

Das sphärische Integral in der Lösungsformel (31) erstreckt sich über den Parameterbereich $\sigma = \{\varphi', \lambda' | -\pi/2 \leq \varphi' \leq \pi/2, 0 \leq \lambda' < 2\pi\}$, d. h. über die Einheitskugel mit dem Flächenelement $d\sigma$. Die Reihenentwicklung der Stokes-Pizzetti-Funktion $S(r, \psi)$ nach Legendreschen Polynomen $P_n(\cos\psi)$ konvergiert sehr langsam, sodass die Auswertung der Funktion in geschlossener Form zu bevorzugen ist.

Ebenfalls unter Konstanter-Radius-Approximation ergibt sich die Lösung für die Höhenanomalie ζ in der Form [29, S. 93]

$$\zeta(\varphi, \lambda) = \frac{R}{4\pi\gamma} \iint_{\sigma} \Delta g(\varphi', \lambda') \times (S(\psi) - 1) \times d\sigma + \frac{\Delta W_o}{\gamma} + \frac{1}{\gamma} \times T_1(\varphi, \lambda) \tag{34}$$

mit der Stokes-Funktion $S(\psi)$ (vergl. Abb. 8)

$$\begin{aligned} S(\psi) = S(r = R, \psi) &= \sum_{n=2}^{\infty} \frac{2n+1}{n-1} \times P_n(\cos\psi) \\ &= \frac{1}{\sin\frac{\psi}{2}} - 6\sin\frac{\psi}{2} + 1 - 5\cos\psi - 3\cos\psi \times \ln\left(\sin\frac{\psi}{2} + \sin^2\frac{\psi}{2}\right). \end{aligned} \tag{35}$$

Sieht man von der zusätzlichen unbekannten Konstanten ΔW_o ab, so ist das sphärische GRWP formal mit einem dritten Randwertproblem der klassischen Potentialtheorie auf der Kugel identisch [48]. In der Standardliteratur werden oft die unbekannten Koeffizienten im Term ersten Grades T_1 sowie die Unbekannte ΔW_o stillschweigend zu Null gesetzt. Ferner wird meist der Term nullten Grades in der Kugelfunktionsentwicklung des Störpotentials T vernachlässigt, entsprechend der Annahme, dass die Masse des Niveauellipsoids mit der Masse der Erde identisch ist. Nach Einführung dieser Vereinfachungen ergeben sich anstelle der Gl. (31) und (34) die Lösungen des sphärischen GRWP in der Form

$$T(r,\varphi,\lambda) = \frac{R}{4\pi} \iint_{\sigma} \Delta g(\varphi',\lambda') \times S(r,\psi) \times d\sigma \qquad (31')$$

$$\zeta(\varphi,\lambda) = \frac{R}{4\pi\gamma} \iint_{\sigma} \Delta g(\varphi',\lambda') \times S(\psi) \times d\sigma\,. \qquad (34')$$

Setzt man die auf die topographische Randfläche bezogenen, messtechnisch bestimmten Schwereanomalien in die Integralformeln (31) bzw. (34) ein, so erreicht der Fehler in Folge der Konstanter-Radius-Approximation die Größenordnung von mehreren Metern. Dieser Effekt kann nach Marych [49] und Moritz [54] durch eine analytische Fortsetzung der Randwerte Δg vom Telluroid Σ auf die durch den Berechnungspunkt verlaufende Niveaufläche („point level") aufgefangen werden. Da bei dieser Vorgehensweise für jeden Berechnungspunkt die Fortsetzung der Randwerte erneut durchgeführt werden muss, ist dieses Verfahren vom praktischen Gesichtspunkt aus wenig effektiv. Aus rechentechnischen Gründen werden deshalb nach einem Vorschlag von Sideris [77] und Forsberg und Tscherning [15] die Randwerte Δg zunächst vom Telluroid auf eine das Meeresniveau („sea level") approximierende Kugel analytisch fortgesetzt. Nach der Lösung des sphärischen GRWP auf dieser Kugel erfolgt schließlich die Fortsetzung des Störpotentials zurück nach oben auf das Telluroid bzw. in den Außenraum. In der Regel wird diese analytische Fortsetzung in zwei Schritten – zunächst vom Telluroid auf das oben eingeführte Niveauellipsoid, anschließend auf die Kugel – vollzogen; die beiden Schritte der Fortsetzung zwischen Ellipsoid und Kugel werden oft in der sogenannten „ellipsoidischen Reduktion" (Heck [28], Rapp [62]) zusammengefasst. Theoretischer Hintergrund der Methode der analytischen Fortsetzung ist das Theorem von Runge-Krarup [45, 55, S. 67 ff.]. Dieses besagt, dass jede reguläre und außerhalb einer geschlossenen Fläche S harmonische Funktion f durch eine außerhalb einer geschlossenen Fläche S_1 harmonische Funktion g „beliebig" gut approximiert werden kann, wenn S_1 die Fläche S umschließt; für eine hinreichend glatte Fläche S kann S_1 sogar mit S zusammenfallen [55, S. 65].

Molodenski selbst verwendete anstelle der analytischen Fortsetzung einen alternativen Ansatz über eine Darstellung des Störpotentials als Potential einer einfachen Schicht mit der unbekannten Schichtdichte ϕ, die auf der Randfläche, dem Telluroid, „aufgedampft“ wird. Aufgrund der mathematischen Eigenschaften des Einfachschichtpotentials wird dieser Ansatz in der klassischen Potentialtheorie oft bei der mathematischen Analyse von Randwertaufgaben zur Laplaceschen Differentialgleichung gewählt, wobei die Randbedingung auf eine Integralgleichung (genauer: Fredholmsche Integralgleichung zweiter Art) führt, die für die unbekannte Schichtdichte zu lösen ist [48]. Wegen der unregelmäßigen Struktur der Erdoberfläche bzw. Telluroidfläche existiert jedoch keine geschlossene Lösung dieser Integralgleichung, weshalb Molodenski eine Reihenentwicklung, das sogenannte „Molodenski shrinking“ [55, S. 360 ff.] einführte. Der Term nullter Ordnung entspricht dem Fall einer sphärischen Randfläche, während die Terme höherer Ordnung den Einfluss der Topographie widerspiegeln. Wie Pellinen [61] und Moritz [55, S. 414 ff.] gezeigt haben, entspricht der Reihenterm erster Ordnung im Wesentlichen der Berücksichtigung der Geländekorrektion in der Gravimetrie, falls die Schwereanomalien Δg als linear abhängig von der topographischen Höhe angenommen werden können.

Der Ansatz von Molodenski wurde von Brovar [7] aufgegriffen und weiterentwickelt. Durch Einführung einer verallgemeinerten Schichtdichte entsteht eine Integralgleichung mit einfacherer Struktur, die nach der Reihenentwicklung (Molodenski shrinking) auf die Stokessche Integralformel als Term nullter Ordnung führt. Trotz der theoretisch sehr unterschiedlichen Ansätze sind die verschiedenen Lösungen äquivalent, wie Pellinen [61], Moritz [55, S. 388 ff.] und Otero und Auz [59] gezeigt haben.

Ein bislang von theoretischer Seite nicht zufriedenstellend gelöstes Problem ist die Frage nach der Konvergenz der Reihenentwicklung nach Molodenski-Brovar. Die Analysen von Moritz [55, S. 401 ff.] deuten darauf hin, dass für eine ausreichend glatte Randfläche (im Sinne von Hölder-Normen) die Molodenski-Brovar-Reihe konvergiert, grundsätzlich jedoch nur für Geländeneigungen kleiner als 45°. Da die in das Geodätische Randwertproblem eingehenden Randwerte jedoch auf diskreten Messpunkten beruhen und eine kontinuierliche Randfläche erst durch eine Interpolation dieser diskreten Daten entsteht, ist diese Frage vom praktischen Gesichtspunkt aus kaum relevant. Aufgrund des hohen Aufwands bei der Berechnung der Reihenterme beschränkte man sich bei praktischen Anwendungen ohnehin auf die Auswertung nur weniger Terme (Sideris [78]).

3 Implementierung der Lösung des Molodenski-Problems im Hinblick auf praktische Anwendungen

In den 40er- und 50er-Jahren des 20. Jahrhunderts, als Molodenski seinen Ansatz zur Lösung des Geodätischen Randwertproblems begründete und publizierte, hinkte die Praxis der Theorie weit hinterher, zumal Schweremessungen weder mit ausreichender Genauigkeit noch in hinreichender Dichte vorhanden waren. Da Molodenski seine Ideen in russischer Sprache publizierte, gelangten diese erst in den 60er-Jahren über den Eisernen Vorhang in den Westen. Nach der ersten Veröffentlichung der Theorie von Molodenski in englischer Sprache [52] dauerte es nochmals ein Jahrzehnt, bis diese in der westlichen Hemisphäre aufgegriffen und in der Praxis angewandt wurde. Wegbereiter von theoretisch-methodischer Seite waren vornehmlich die Arbeiten von Krarup [45] und Moritz [53], insbesondere im Rahmen der IAG-Spezialstudiengruppe 4.31 (Krarup T, Letters on Molodenski's problem. Communication to the members of the IAG SSG 4.31, 1973, unpublished). Es folgten erste praktische Anwendungen in den 1980er-Jahren [81], nachdem global verteilte Schweremessungen und digitale Geländemodelle sowie erste globale Schwerefeldmodelle aus der Analyse von Satellitenbahnen verfügbar waren.

Mit der Entwicklung globaler Satellitennavigationssysteme (GNSS) und der Idee, physikalische Höhen aus der Differenz zwischen der ellipsoidischen, aus der GNSS-Positionierung erhaltenen Höhe und der (Quasi-)Geoidhöhe nach Formel (1) bzw. (2) abzuleiten, stiegen die Anforderungen an die Genauigkeit der gravimetrischen (Quasi-)Geoidbestimmung drastisch an. Da mittlerweile ellipsoidische Höhen mit relativ geringem Aufwand mit Zentimetergenauigkeit ermittelt werden können, müssen auch die gravimetrisch berechneten Höhenanomalien mindestens Zentimetergenauigkeit aufweisen, um das Verfahren des „GNSS-levelling“ [21] anwenden zu können. Deshalb standen in den letzten 20 Jahren neben der Entwicklung numerischer Verfahren zur Auswertung der sphärischen Integrale insbesondere die Integration von terrestrischen Schweremessungen und Satellitendaten in Form von globalen Geopotentialmodellen sowie die Nutzung hochauflösender digitaler Geländemodelle im Vordergrund methodischer Weiterentwicklungen. Aufgrund des hohen Rechenaufwands bei der punktweisen Auswertung der Flächenintegrale im Zusammengang mit der Lösung des GRWP hat es sich als sinnvoll herausgestellt, die in den unregelmäßig verteilten Messpunkten vorliegenden Daten zunächst auf ein regelmäßiges Gitter zu interpolieren, um die Integrale mittels der schnellen Fourier-Transformation (FFT Fast Fourier Transformation) numerisch berechnen zu können [77]. Da die 2D-FFT prinzipiell auf ebene Integrationsbereiche beschränkt ist, die analytische Lösung des GRWP aber auf sphärische Integrale führt, wird in der Praxis oft die sogenannte 1D-FFT nach Haagmans et al. [20] angewandt, die im Gegensatz zur 2D-FFT mit der theoretisch exakten Lösung äquivalent ist. Bei der Auswertung der sphärischen Integrale mittels 1D-FFT wird die FFT jeweils auf einem Parallelkreis $\varphi = const.$ benutzt, und die Ergebnisse für alle Parallelkreise werden anschließend (unter Nutzung des Additionstheorems der Fouriertransformation) aufsummiert. Die 1-D FFT besitzt weitere Vorteile auch im Bezug auf den Speicherplatzbedarf und die Parallelisierbarkeit des Algorithmus.

Die im Zusammenhang mit dem Ersatz des geometrischen Nivellements durch die Methode des GNSS-Nivellements postulierten hohen Genauigkeiten der (Quasi-)Geoidbestimmung im (Sub-)Zentimeterbereich erfordern prinzipiell eine Überdeckung der gesamten Erdoberfläche mit Schweremessungen in ausreichender Dichte und Genauigkeit. Da homogene Datensätze mit hoher Auflösung nur für wenige Gebiete der Erdoberfläche vorliegen, müssen zusätzliche Informationen über das terrestrische Schwerefeld herangezogen werden. Bereits seit den Anfängen der Satellitengeodäsie in den 1960er-Jahren werden globale Geopotentialmodelle (GGM) in Form von Kugelfunktionskoeffizienten aus der Analyse von Satellitenbeobachtungen abgeleitet, welche die langwelligen (niederfrequenten) Anteile des Gravitationsfeldes beschreiben. Der maximale Grad n_{max} dieser GGM entspricht einer Auflösung von 20.000 km/n_{max}. Auf der Grundlage der Schwerefeldmissionen CHAMP, GRACE und GOCE wurden GGM – rein aus Satellitendaten – mit einem maximalen Grad von 200–300, entsprechend einer Auflösung von 80–100 km, berechnet und publiziert [6, 8], die als zusätzliche Informationen bei praktischen Lösungen des GRWP herangezogen werden. Aus der Kombination von Satellitenbeobachtungen mit terrestrischen Schweremessungen wurde das EGM2008 berechnet [60] das einen maximalen Grad von 2190 und somit eine Auflösung von ca. 10 km aufweist. Im Zusammenhang mit der Nutzung solcher kombinierter GGM für die Lösung des GRWP ist jedoch zu beachten, dass einerseits die für die GGM-Generierung benutzten Schweremessungen weder global verteilt sind noch eine homogene Dichte aufweisen und andererseits die terrestrischen Messungen möglicherweise doppelt – sowohl in die Berechnung des GGM als auch in die Lösung des GRWP – eingehen.

Kurz- und ultrakurzwellige Komponenten des terrestrischen Schwerefeldes werden primär durch die topographischen Massen erzeugt, deren Wirkung insbesondere in der Nähe der Erdoberfläche und somit in terrestrischen Schweremessungen signifikant spürbar ist. Da die räumliche Dichte der Messpunkte i. Allg. nicht ausreicht um diese hochfrequenten Signalanteile aufzulösen, andererseits globale und regionale, digitale Geländemodelle mit ultra-hoher Auflösung vorliegen [31, 38], versucht man die entsprechenden Komponenten in den Schweredaten aus der Wirkung der topographischen Massen auf die Schwere zu berechnen. Grundsätzlich sind dafür weitere Informationen über die Massendichte notwendig. Digitale Dichtemodelle mit globaler Ausdehnung und hinreichender Auflösung lagen bisher jedoch noch nicht vor, weshalb meist eine konstante Dichte der topographischen Massen ($\rho = 2670$ kg m^{-3}) angesetzt wird. Erst in jüngster Zeit können digitale Modelle der Erdkruste mit den Bestandteilen Gestein, Wasser und Eis (Rock-Water-Ice-Modell, Grombein et al. [18]) zu diesem Zweck eingesetzt werden, was den Rechenaufwand nochmals vergrößert.

Subtrahiert man die aus den Topographie-Modellen erhaltenen kurzwelligen Anteile sowie die aus einem GGM abgeleiteten langwelligen Komponenten des Schwerefeldes von den gemessenen Randwerten, so haben die residualen Feldgrößen einen sehr viel glatteren Verlauf und eine wesentlich geringere Größenordnung als die ursprünglichen Messdaten. Diese Eigenschaft erleichtert weitere Operationen mit den Daten wie die Interpolation auf ein regelmäßiges Gitter oder die Feldtransformation mittels Integralformeln. Diese Maßnahme bildet die Grundlage für die bei praktischen Anwendungen des GRWP heute weit verbreitete RCR (Remove-Compute-Restore)-Technik, bei der zunächst die kurz- und langwelligen Schwerefeldanteile von den Randdaten subtrahiert werden (Remove-Schritt), dann die Feldtransformation durchgeführt wird (Compute-Schritt) und schließlich die kurz- und langwelligen Komponenten zur Lösung addiert werden (Restore-Schritt).

Oft wird die RCR-Technik in Verbindung mit der RTM (Residual Terrain Modelling)-Reduktion angewandt, die auf einer Glättung der Randfläche beruht [13, 14]. Hierbei wird eine gegenüber der tatsächlichen Topographie geglättete, meist mittels einer Reihenentwicklung nach Kugelflächenfunktionen dargestellte

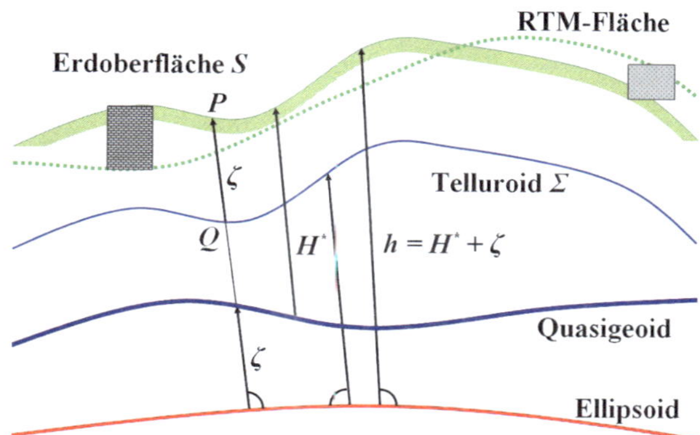

Abb. 6 Veranschaulichung der RTM (Residual Terrain Modelling)-Reduktion

Randfläche verwendet, auf welche die gemessenen Randwerte fortgesetzt werden. Alle oberhalb der Referenzfläche liegenden Anteile der topographischen Massen werden gedanklich beseitigt, während alle fehlenden Massen unterhalb der Referenzfläche unter Verwendung einer Standarddichte „aufgefüllt" werden. Nach diesen rechnerischen Massenverschiebungen sind die Randwerte schließlich von der tatsächlichen Randfläche auf die Referenzfläche nach oben bzw. unten fortzusetzen (siehe Abb. 6), um das GRWP auf der geglätteten Fläche zu lösen.

Nach der Lösung des GRWP auf der geglätteten Referenzfläche werden die Massenwirkungen auf das Störpotential berechnet und zur Lösung addiert. Mit der RTM-Technik wird das GRWP auf eine gegenüber der topographischen Randfläche wesentlich glattere Fläche bezogen, wodurch auch die Randwerte selbst einen glatteren Verlauf haben und somit Vorteile hinsichtlich der Interpolierbarkeit der gemessenen Randdaten entstehen. Ein besonderes Problem ergibt sich in den Bereichen, in denen die Referenzfläche oberhalb der topographischen Randfläche liegt: Hier ist eine Fortsetzung der Randwerte innerhalb des massegefüllten Raumbereichs erforderlich, in welchem das Störpotential (ebenso das Gravitationspotential) nicht harmonisch ist [76]. Sinnvollerweise sollte die Auflösung des verwendeten GGM mit der Auflösung der RTM-Referenzfläche korrespondieren, wobei zu beachten ist, dass wegen des nichtlinearen Zusammenhangs zwischen topographischen Höhen und deren Auswirkungen auf das Störpotential keine Eins-zu-Eins-Beziehung zwischen dem Entwicklungsgrad des GGM und dem Grad der Entwicklung der Referenzfläche nach Kugelflächenfunktionen besteht (Hirt und Kuhn [30]).

Während allen bisher beschriebenen Verfahren zur praktischen Lösung des GRWP die Reihenentwicklung nach Molodenski/Brovar zugrunde liegt, geht ein alternativer Ansatz direkt auf die in Abschn. 2.2 erwähnte Integralgleichungsmethode zurück. Mit der Darstellung des Störpotentials im Außenraum der Randfläche über ein (verallgemeinertes) Schichtpotential geht die Randbedingung (29) bzw. (30) in eine Integralgleichung für die unbekannte Schichtdichte über, die mit Hilfe von Randelementmethoden (Wendland [83]) numerisch gelöst werden kann [41,42,46]. Da sich die Rechenoperationen leicht parallelisieren lassen, eignen sich massive Parallelrechner für die Bewältigung des mit der Randelementmethode verbundenen,

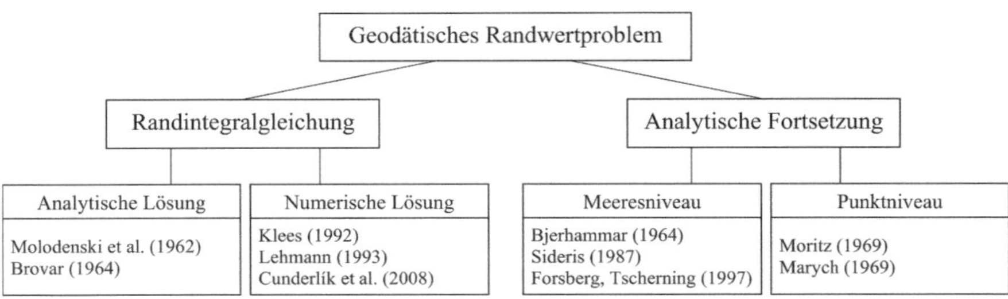

Abb. 7 Übersicht über die wichtigsten Verfahren zur praktischen Lösung des Geodätischen Randwertproblems

sehr hohen numerischen Aufwands [9]. In Abb. 7 sind die wichtigsten Verfahren zur Lösung des Geodätischen Randwertproblems zusammengefasst.

4 Das fixe Geodätische Randwertproblem

Trotz aller Weiterentwicklungen und Fortschritte, insbesondere bei der praktisch-numerischen Anwendung, beruhen die in Abschn. 3 beschriebenen Modifikationen des GRWP immer noch auf den von Molodenski formulierten Grundlagen, d. h. auf der Theorie des freien GRWP bei unbekannter ellipsoidischer Höhe. Nachdem seit der Jahrtausendwende nicht nur die horizontalen Koordinaten sondern auch die ellipsoidischen Höhen mit Hilfe der GNSS-Positionierung mit Zentimetergenauigkeit an jedem Ort auf der Erdoberfläche bestimmbar sind, kann nunmehr die Geometrie der topographischen Randfläche als gegeben angenommen werden, sodass das GRWP als fixes gravimetrisches Randwertproblem mit nur *einer* unbekannten Funktion, dem Schwerepotential im Außenraum der Erde, neu formuliert werden kann. Der Paradigmenwechsel vom freien zum fixen GRWP ist bisher in der Praxis jedoch noch nicht vollzogen worden, weil über viele Jahrzehnte hinweg die Höhen der Schweremesspunkte im Wesentlichen mittels Nivellements bestimmt wurden bzw. durch Gebrauchshöhen in einem Landeshöhensystem gegeben waren. Bei der weiteren Verarbeitung der Schweremessungen wurden deshalb naturgemäß Schwereanomalien Δg berechnet, die mit unterschiedlicher Punktdichte und Auflösung großräumig bzw. global auf der Erdoberfläche in Form von umfangreichen Dateien vorliegen. Obwohl die Grundlagen des fixen Randwertproblems bereits um 1970 formuliert wurden, kann dieses erst dann in größerem Umfang angewandt werden, wenn entweder eine große Zahl global verteilter Schweremesspunkte mit GNSS-Positionierung höhenmäßig bestimmt oder deren Gebrauchshöhen (z. B. Normalhöhen) mit hinreichender Genauigkeit in ellipsoidische Höhen transformiert worden sind. Die theoretischen Grundlagen des fixen GRWP liegen bereits vor und warten nur noch auf ihre praktische Anwendung. Im Folgenden soll die Theorie des fixen GRWP parallel zu Abschn. 2 kurz umrissen werden.

4.1 Formulierung und analytische Lösung des fixen GRWP

Die Theorie des fixen GRWP war zunächst von Backus [2] und Hotine [35] formuliert worden. Als Randwert auf der Randfläche S mit bekanntem Ortsvektor $\vec{X}$ (Gl. (9) und (11)) dient der Betrag des Schwerevektors

$$\Gamma := |grad\ W||_S \,, \tag{36}$$

aus dem das Schwerepotential $W(\vec{X})$ auf und außerhalb der Randfläche S zu bestimmen ist, welches wiederum der erweiterten Laplaceschen Differentialgleichung (18)

$$Lap(W(\vec{X})) = 2\omega^2 \tag{37}$$

genügt. Selbstverständlich sind alle am Ende von Abschn. 2.1 beschriebenen Annahmen weiterhin gültig.

Auf dem Weg zu einer analytischen Lösung des fixen GRWP ist zunächst die nichtlineare Randbedingung (36) mittels des in Abschn. 2.2 eingeführten Normalpotentials U zu linearisieren. Führt man wiederum ein Somigliana-Pizzetti-Normalschwerefeld ein, so erfüllt dieses ebenfalls die erweiterte Laplacesche Differentialgleichung (19), sodass das resultierende Störpotential T

$$T(\vec{X}) := W(\vec{X}) - U(\vec{X}) \tag{38}$$

in Ω_e eine harmonische Funktion ist:

$$Lap(T(\vec{X})) = 0\,. \tag{39}$$

Die Linearisierung der Randbedingung (36) mit Hilfe des Normalschwerevektors $\vec{\gamma}$

$$\vec{\gamma} := grad\ U\,, \quad \gamma = |\vec{\gamma}| \tag{40}$$

führt auf die linearisierte Randbedingung

$$-\left.\frac{\partial T}{\partial h}\right|_P = \Gamma(P) - \gamma(P) =: \delta g\,, \tag{41}$$

die sich im Gegensatz zur Randbedingung (27) für das freie GRWP nun auf die Randfläche $S \ni P$ bezieht. Die in (41) vernachlässigten Terme erreichen nach Heck und Seitz [27] maximal $20 \cdot 10^{-8}\,\mathrm{m\,s^{-2}}$ und wirken sich auf das berechnete Störpotential mit einem maximalen Betrag von $0,04\,\mathrm{m^2\,s^{-2}}$ aus, sodass die lineare Approximation für alle praktischen Anwendungen ausreicht. Eine detaillierte Analyse des linearisierten fixen GRWP [4, 69] zeigt, dass es sich um ein sogenanntes schiefachsiges Randwertproblem der Potentialtheorie (Mikhlin

[50]) handelt. Geodätische Aspekte des linearisierten fixen GRWP wurden von Bosch [5], Koch [43], Koch und Pope [44] und Heck und Seitz [27] diskutiert.

Um die auf die Punkte $P \in S$ der Erdoberfläche S bezogenen Schwerestörungen δg zu bestimmen, sind die ellipsoidischen Höhen der Oberflächenpunkte P erforderlich, die für die Berechnung der Normalschwere $\gamma(P)$ benötigt werden. Wie bei der Behandlung des freien GRWP wird ferner die isotrope Approximation verwendet, wodurch die Ableitung $\partial/\partial h$ in Richtung der ellipsoidischen Höhe durch die Ableitung in radialer Richtung $\partial/\partial r$ in (41) ersetzt wird:

$$-\left.\frac{\partial T}{\partial r}\right|_P = \delta g\,. \tag{42}$$

Auch das auf der Randbedingung (42) beruhende, „einfache" fixe GRWP ist wegen der komplexen Form der Topographie nicht in geschlossener Form lösbar. Erst nach Anwendung der Konstanter-Radius-Approximation, bei der die topographische Randfläche formal durch eine Kugel ersetzt wird, ergibt sich eine geschlossene Lösung mittels der Hotine-Integralformel

$$T(r,\varphi,\lambda) = \frac{R}{4\pi}\iint\limits_{\sigma} \delta g(\varphi',\lambda') \times H(r,\psi) \times d\sigma \tag{43}$$

mit der räumlichen Hotine-Funktion (Hotine [35])

$$H(r,\psi) = \sum_{n=0}^{\infty} \frac{2n+1}{n+1} \times \left(\frac{R}{r}\right)^{n+1} \times P_n(\cos\psi) = \frac{2R}{\ell} - \ln\frac{R+\ell-r\times\cos\psi}{r(1-\cos\psi)}\,. \tag{44}$$

In der Potentialtheorie entspricht den Formeln (43) und (44) die Lösung des sphärischen Neumann-Problems (2. RWP der Potentialtheorie, Martensen [48]). Im Gegensatz zum freien GRWP sind die Terme 1. Grades in der Kugelfunktionsentwicklung von T bestimmbar, d. h. es liegt beim fixen GRWP kein Datumsdefekt vor.

Auch im Falle des fixen GRWP können die durch die Verwendung der isotropen und der Konstanter-Radius-Approximation entstehenden Fehler durch geeignete Reduktionen aufgefangen werden. Dazu kann wiederum die in Abschn. 2.2 beschriebene analytische Fortsetzung der Randwerte δg, hier von der gegebenen Randfläche S auf die Kugel mit dem Radius R, entsprechend Moritz [54, 55] – ggf. mit dem Referenzellipsoid als Zwischenstufe – verwendet werden. Als Alternative bietet sich auch hier die Umformung der Randbedingung über den Ansatz eines Schichtpotentials in eine Randintegralgleichung an, die mittels der Reihenentwicklung nach Molodenski (Molodenski shrinking) analytisch gelöst wird [26]. Der Term nullter Ordnung in dieser Reihe entspricht der sphärischen Lösung (43) für Berechnungspunkte auf der Kugelfläche ($r = R$), d. h.

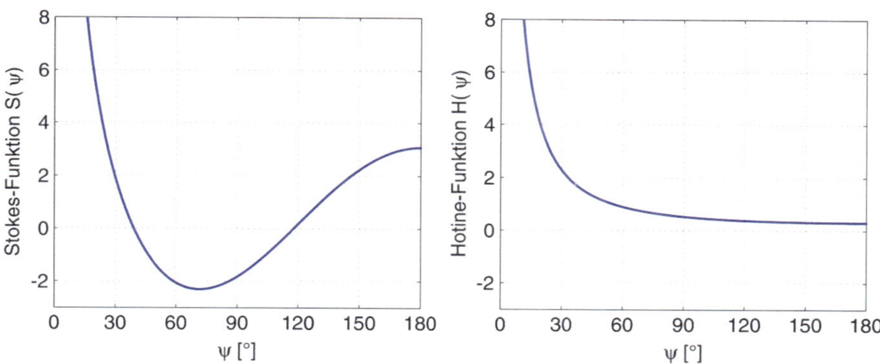

Abb. 8 Stokes-Funktion S(ψ) und Hotine-Funktion H(ψ)

$$T(r = R, \varphi, \lambda) = \frac{R}{4\pi} \iint_{\sigma} \delta g(\varphi', \lambda') \times H(\psi) \times d\sigma \tag{45}$$

mit der Hotine-Funktion $H(\psi)$ (siehe Abb. 8)

$$H(\psi) = \sum_{n=0}^{\infty} \frac{2n+1}{n+1} \times P_n(\cos\psi) = \frac{1}{\sin\frac{\psi}{2}} - \ln\left(\sin\frac{\psi}{2} + \frac{1}{\sin\frac{\psi}{2}}\right). \tag{46}$$

Offensichtlich ist die in $H(\psi)$ für $\psi \to 0$ auftretende Singularität ($1/\sin\frac{\psi}{2} \approx 2/\psi$) vom gleichen Typ wie bei der Stokes-Funktion $S(\psi)$ in (35).

Selbstverständlich lassen sich bei der Implementierung des fixen GRWP für praktische Anwendungen alle in Abschn. 3 beschriebenen Techniken sinngemäß übertragen, die Auswertung der Integralformeln mit Hilfe der schnellen Fourier-Transformation ebenso wie die Nutzung von globalen Geopotentialmodellen und digitalen Geländemodellen bei der RCR- und RTM-Methode. Als Alternative zu dem hier beschriebenen analytischen, auf der Reihenentwicklung nach Molodenski basierenden Lösungsverfahren kann die grundlegende Randintegralgleichung auch mit Hilfe von Randelementmethoden [9, 39, 41] oder Verfahren der Variationsrechnung [34, 57] numerisch gelöst werden.

4.2 Anwendung des fixen GRWP auf die Höhenbestimmung

Eine der wichtigsten Anwendungen des GRWP im Bereich der Geodäsie ist die Höhenbestimmung. Diese Aufgabe kann mittels des fixen GRWP auf eine völlig neue Grundlage gestellt werden. Aus Abschn. 1 wurde bereits deutlich, dass die Bestimmung von Gebrauchshöhen (orthometrischen Höhen H, Normalhöhen H^*) aus gemessenen ellipsoidischen Höhen h möglich ist, wenn die (Quasi-)Geoidhöhe mit derselben Genauigkeit berechnet wird. Basis der Ableitung von Gebrauchshöhen ist traditionell die geopotentielle Kote bzw. deren Differenz zwischen verschiedenen Punkten der Erdoberfläche. Die Beziehung zwischen der geopotentiellen Kote $C(P)$ im Punkt $P \in S$ und der ellipsoidischen Höhe $h(Q)$ des zugeordneten Telluroid-Punktes $Q \in \Sigma$, der Normalhöhe H^*, wird indirekt durch die dritte Gleichung in (23) gegeben

$$C(P) = U_o - U(Q)\,. \tag{47}$$

Unter Berücksichtigung der Gl. (2) und (38) erhält man nach Linearisierung bezüglich der Höhenanomalie ζ die Bestimmungsgleichungen für die Normalhöhe

$$\zeta = \left.\left(\frac{T}{\gamma} - \frac{\Delta W_o}{\gamma}\right)\right|_P \tag{48}$$

$$H^*(P) = h(P) - \zeta\,, \tag{49}$$

wobei der konstante Term

$$\Delta W_o = W_o - U_o \tag{50}$$

vom gewählten Bezugspotential (Geoidpotential) W_o und dem Normalpotential U_o des Niveauellipsoids abhängt. Der durch die Vernachlässigung nichtlinearer Terme in (48) induzierte Fehler beträgt maximal ca. 3 mm und ist i. Allg. unbedeutend.

Die Formel (48) zur Bestimmung der Höhenanomalie ζ (bzw. Quasigeoidhöhe) ist formal identisch mit dem (erweiterten) Term von Bruns (28), nun allerdings ausgewertet im bekannten Oberflächenpunkt P mittels der Gl. (43) oder (45) bzw. den im Abschn. 4.1 erwähnten exakteren Lösungen. Da die in das fixe GRWP eingehenden Schwerestörungen δg im Gegensatz zu den aus Nivellementdaten abgeleiteten, vom Höhenreferenzpunkt P_o abhängigen Schwereanomalien Δg datumsunabhängig sind, können mit diesem Verfahren weltweit alle Höhen auf ein einheitliches vertikales Datum durch Fixierung eines numerischen Wertes für W_o bezogen werden. Die Möglichkeit, diesen Wert mit dem Ellipsoidpotential U_o (z. B. GRS 80) zu identifizieren, ist jedoch nicht konsistent mit der Forderung, dass die Äquipotentialfläche $W = W_o = const.$ mit der mittleren Meeresoberfläche zusammenfällt (Sánchez [70, 71]). Die Festlegung und Implementierung eines einheitlichen globalen vertikalen Datums mit Zentimetergenauigkeit ist derzeit ein hochaktuelles Thema der Forschung innerhalb der IAG.

5 Ausblick

Grundsätzliche Änderungen in der geodätischen Messtechnik einerseits und verbesserte rechentechnische Möglichkeiten andererseits haben immer wieder zu fundamentalen Weiter- oder Neuentwicklungen in den geodätischen Auswertemodellen geführt. Während aber in der Vergangenheit die geodätische Theorie den Anwendungen oft ein Stück voraus war, ist die heutige Situation durch die Tatsache gekennzeichnet, dass die Entwicklung der Auswertealgorithmen mit der Produktion von Messdaten kaum Schritt halten kann. Insbesondere der rasche Fortschritt in den satellitengestützten geodätischen Messverfahren hat zu einer großen Zahl von Datensätzen geführt, die mittels klassischer Auswertemodelle nicht in adäquatem Maße verarbeitet werden können.

Diese Aussagen gelten im Besonderen auch für das Geodätische Randwertproblem nach Molodenski, das im Wesentlichen auf der Verarbeitung von geometrischen Nivellements und (terrestrischen) Schweremessungen beruht, weitere Typen von geodätischen Messdaten jedoch unberücksichtigt lässt. Zu diesen neueren Messverfahren zählt beispielsweise die Satellitenaltimetrie, mit deren Hilfe die Geometrie der mittleren Meeresoberfläche erfasst wird, die wiederum unter Verwendung ozeanographischer Daten und Modelle auf das Geoid als Äquipotentialfläche im Meeresniveau reduziert werden kann. Die Fluggravimetrie liefert Schwerewerte in Flughöhe und somit außerhalb der Erdoberfläche, jedoch nur über relativ kleinen Bereichen. Im Gegensatz dazu führen satellitengestützte Verfahren (Satellite-to-Satellite Tracking, Satellite Laser Ranging, Satellitengradiometrie) zu globalen Datensätzen. Alle diese in großem Umfang vorhandenen Daten finden im Geodätischen Randwertproblem nur in vorverarbeiteter Form Eingang, indem zunächst globale Geopotentialmodelle berechnet werden, die über die RCR-Technik mit terrestrischen Schweredaten kombiniert werden. Von theoretischer Seite bisher ungelöst ist in diesem Zusammenhang die Frage, wie die durch die Schwerefeldmissionen GRACE und GOCE bestimmten, auf die Satellitenhöhe bezogenen Kugelfunktionsreihen streng zusammen mit den auf der Erdoberfläche gegebenen Schweredaten im Rahmen eines GRWP verarbeitet werden können.

Versuche, die auf den Kontinenten gegebenen Schweremessungen mit den aus der Satellitenaltimetrie im Meeresbereich vorliegenden Geoidhöhen zu kombinieren, führten zu neuartigen, gemischten Altimetrie-Gravimetrie-Randwertproblemen [47, 68, 73]. Auf der Grundlage dieser Formulierungen konnten die mathematischen Eigenschaften der resultierenden GRWP theoretisch und numerisch studiert werden. Randwertprobleme im Zusammenhang mit fluggravimetrischen Daten wurden von Schwarz und Li [74] untersucht, während Rummel [64] verschiedene Versionen gradiometrischer GRWP analysierte.

Während die erwähnten Studien auf die Nutzung eines oder mehrerer neuer Datentypen zugeschnitten sind und jeweils spezifische Arten von eindeutig lösbaren geodätischen Randwertproblemen erzeugen, gibt es andererseits Bestrebungen möglichst alle vorliegenden Messdaten innerhalb eines allgemeinen, einheitlichen Auswertemodells zu kombinieren, um eine optimale Lösung für das äußere Schwerefeld der Erde zu erzeugen. Da geodätische Messdaten primär räumlich diskret verteilt sind und Ungenauigkeiten aufweisen, eignet sich prinzipiell das Verfahren der Kollokation nach kleinsten Quadraten (Least Squares Collocation; Krarup [45], Moritz [55], Tscherning [82]) für die Lösung dieser überbestimmten GRWP. Die Anwendung in der Praxis erfordert jedoch die Inversion sehr großer Matrizen, deren Dimension gleich der Anzahl der Beobachtungen ist.

Insbesondere bei hochauflösenden globalen Datensätzen scheitert die Kombination aller vorhandenen Daten verschiedenen Typs an praktisch-numerischen Problemen. Einen methodisch interessanten Ausweg bei „unendlich" dichten Daten bildet eine Kontinuisierung der Randdaten, Rummel et al. [66], wobei die Kontinuisierung der stochastischen Messfehler auf der Randfläche zu weiteren theoretischen Fragestellungen führt, die grundsätzlich mit Hilfe des Wiener-Integrals (Sansò [72]) bearbeitet werden können.

Molodenski – quo vadis? Auch künftig werden die Grundgedanken der Theorie von Molodenski im Zusammenhang mit der Festlegung von Gebrauchshöhen (Normalhöhen) uneingeschränkte Gültigkeit behalten. Die Bestimmung (von Differenzen) des Schwerepotentials auf und außerhalb der Erdoberfläche kann jedoch unter Nutzung der neuartigen geodätischen Messverfahren, insbesondere von GNSS, Schwerefeldmissionen und hochauflösenden digitalen Geländemodellen, auf eine neue Grundlage gestellt werden. Der Paradigmenwechsel vom freien zum fixen GRWP ist bereits in Sicht, während die optimale Kombination unterschiedlicher Datentypen weiterer Untersuchungen bedarf.

Literatur

1. Abd-Elmotaal, H., Seitz, K., Kühtreiber, N., Heck, B.: Establishment of the gravity database AFRGDB_V1.0 for the African geoid. In: Willis, P. (Hrsg.) International Association of Geodesy Symposia, 144, S. 1–8. Springer, Heidelberg (2015). doi:10.1007/1345-2015-51
2. Backus, G.E.: Application of a non-linear boundary value problem for Laplace's equation to gravity and magnetic intensity surveys. Q. J. Mech. Appl. Math. **21**(2), 195–221 (1968). doi:10.1093/qjmam/21.2.195
3. Bialas, V.: Erdgestalt, Kosmologie und Weltanschauung. Die Geschichte der Geodäsie als Teil der Kulturgeschichte. Wittwer, Stuttgart (1982)
4. Bjerhammar, A., Svensson, L.: On the geodetic boundary value problem for a fixed boundary surface – a satellite approach. Bulletin Géodésique **57**(1–4), 382–393 (1983)
5. Bosch, W.: Untersuchungen zu schiefachsigen und gemischten Randwertaufgaben der Geodäsie. Reihe C, **258**, Deutsche Geodätische Kommission (DGK), München (1979)
6. Brockmann, J.M., Zehentner, N., Höck, E., Pail, R., Loth, I., Mayer-Gürr, T., Schuh, W.D.: EGM_TIM_RL05: an independent geoid with centimeter accuracy purely based on the GOCE mission. Geophys. Res. Lett. **41**(22), 8089–8099 (2014). doi:10.1002/2014GL061904
7. Brovar, V.V.: On the solutions of Molodenski's boundary value problem. Bulletin Géodésique **72**(1), 167–173 (1964)
8. Bruinsma, S.L., Förste, C., Abrikosov, O., Lemoine, J.M., Marty, J.C., Mulet, S., Rio, M.H., Bonvalot, S.: ESA's satellite-only gravity field model via the direct approach based on all GOCE data. Geophys. Res. Lett. **41**(21), 7508–7514 (2014). doi:10.1002/2014GL062045
9. Čunderlík, R., Mikula, K., Mojzeš, M.: Numerical solution of the linearized fixed gravimetric boundary-value problem. J. Geod. **82**(1), 15–29 (2008). doi:10.1007/s00190-007-0154-0
10. Denker, H.: Regional gravity field modelling: theory and practical results. In: Xu, G. (Hrsg.) Sciences of Geodesy – II, S. 285–291. Springer, Berlin/Heidelberg (2013). doi:10.1007/978-3-642-28000-9_5
11. Farr, T.G., Rosen, P.A., Caro, E., Crippen, R., Duren, R., Hensley, S., Kobrick, M., Paller, M., Rodriguez, E., Roth, L., Seal, D., Shaffer, S., Shimada, J., Umland, J., Werner, M., Oskin, M., Burbank, D., Alsdorf, D.: The shuttle radar topography mission. Rev. Geophys. **45**(2), RG2004:1–33 (2007). doi:10.1029/2005RG000183

12. Flechtner, F., Sneeuw, N., Schuh, W.D.: Observation of the System Earth from Space – CHAMP, GRACE, GOCE and Future Missions, GEOTECHNOLOGIEN Science Report, Bd. 20. Springer, Berlin/Heidelberg (2014). doi:10.1007/978-3-642-32135-1
13. Forsberg, R.: A study of terrain reductions, density anomalies and geophysical inversion methods in gravity field modelling. Report 355, Department of Geodetic Science, The Ohio State University, Columbus (1984)
14. Forsberg, R., Tscherning, C.C.: The use of height data in gravity field approximation. J. Geophys. Res. **86**(B9), 7843–7854 (1981). doi:10.1029/JBC86iB09p07843
15. Forsberg, R., Tscherning, C.C.: Topographic effects in gravity field modelling for BVP. In: Sansò, F., Rummel, R. (Hrsg.) Geodetic Boundary Value Problems in View of the One Centimeter Geoid. Lecture Notes in Earth Sciences, 65, S. 239–272. Springer, Berlin/Heidelberg (1997). doi:10.1007/BFb0011707
16. Grafarend, E.: Die freie geodätische Randwertaufgabe und das Problem der Integrationsfläche innerhalb der Integralgleichungsmethode. Report 4, Department of Theoretical Geodesy, S. 60–85. University Bonn (1972)
17. Grafarend, E., Heck, B., Knickmeyer, E.H.: The free versus fixed geodetic boundary value problem for different combinations of geodetic observables. Bulletin Géodésique **59**(1), 11–32 (1985)
18. Grombein, T., Luo, X., Seitz, K., Heck, B.: A wavelet-based assessment of topographic-isostatic reductions for GOCE gravity gradients. Surv. Geophys. **35**(4), 959–982 (2014). doi:10.1007/s10712-014-9283-1
19. Grombein, T., Seitz, K., Heck, B.: Height system unification based on the fixed GBVP approach. In: Proceedings of the IAG General Assembly 2013. International Association of Geodesy Symposia, 143, S. 305–312. Springer, Berlin/Heidelberg (2016). doi:10.1007/1345_2015_104
20. Haagmans, R., de Min, E., van Gelderen, M.: Fast evaluation of convolution integrals on the sphere using 1D FFT, and a comparison with existing methods for Stokes integral. Manuscripta Geodaetica **18**, 227–241 (1993)
21. Hayden, E.T., Amjadiparvar, B., Rangelova, E., Sideris, M.G.: Estimating Canadian vertical datum offsets using GNSS/levelling benchmark information and GOCE global geopotential models. J. Geod. Sci. **2**(4), 257–269 (2012). doi:10.2478/v10156-012-0008-4
22. Heck, B.: The fixed and free vectorial/scalar boundary value problems of physical geodesy – a comparison. In: Sacerdote, F., Sansò, F. (Hrsg.) Proceedings 2nd Hotine-Marussi Symposium on Mathematical Geodesy, Pisa 1989. Politecnico di Milano, Milano, Italy, S. 517–533 (1990)
23. Heck, B.: On the linearized boundary value problems of physical geodesy. Report 407, Department of Geodetic Science, The Ohio State University, Columbus (1991)
24. Heck, B.: Formulation and linearization of boundary value problems: from observables to a mathematical model. In: Sansò, F., Rummel, R. (Hrsg.) Geodetic Boundary Value Problems in View of the One Centimeter Geoid. Lecture Notes in Earth Sciences, 65, S. 121–160. Springer, Berlin/Heidelberg (1997). doi:10.1007/BFb0011704
25. Heck, B.: Rechenverfahren und Auswertemodelle der Landesvermessung. Klassische und moderne Methoden, 3. Aufl. Wichmann, Heidelberg (2003)
26. Heck, B.: A Brovar-type solution of the fixed geodetic boundary value problem. Studia Geophysica et Geodaetica **53**(3), 441–454 (2011). doi:10.1007/s11200-011-0025-2
27. Heck, B., Seitz, K.: Effects of non-linearity in the geodetic boundary value problems. Reihe A, **109**, Deutsche Geodätische Kommission (DGK), Munich (1993)
28. Heck, B., Seitz, K.: Solutions of the linearized geodetic boundary value problem for an ellipsoidal boundary to order e^3. J. Geod. **77**(3–4), 182–192 (2003). doi:10.1007/s00190-002-0309-y
29. Heiskanen, W.A., Moritz, H.: Physical Geodesy. W. H. Freeman & Co, San Francisco (1967)
30. Hirt, C., Kuhn, M.: Band-limited topographic mass distribution generates full-spectrum gravity field: gravity forward modeling in the spectral and spatial domains revisited. J. Geophys. Res. **119**, 1–16 (2014). doi:10.1002/2013JB010900

31. Hirt, C., Rexer, M.: Earth 2014: 1 arc-min shape, topography, bedrock and ice-sheet models – available as gridded data and degree – 10,800 harmonics. Int. J. Appl. Earth Obs. Geoinf. **39**, 103–112 (2015). doi:10.1016/j.jag.2015.03.001
32. Hirvonen, R.A.: New theory of the gravimetric geodesy. Report No. 32, Publications of the Isostatic Institute of the IAG, Helsinki (1960)
33. Holota, P.: Boundary value problems of physical geodesy : present state, boundary perturbation and the Green-Stokes representation. In: Proceedings 1st Hotine-Marussi Symposium on Mathematical Geodesy. Politecnico di Milano, Milano, Italy, S. 529–558 (1985)
34. Holota, P.: Coerciveness of the linear gravimetric boundary-value problem and a geometrical interpretation. J. Geod. **71**(10), 640–651 (1997)
35. Hotine, M.: Mathematical Geodesy. ESSA Monograph 2, US Department of Commerce, Washington (1969)
36. Hörmander, L.: The boundary problems of physical geodesy. Arch. Ration. Mech. Anal. **62**, 1–52 (1976)
37. IGS: Technical Report 2012. Astronomical Institute University of Bern (2013)
38. Jarvis, A., Reuter, H.I., Nelson, A., Guevara, E.: Hole-filled SRTM for the globe Version 4. International Centre for Tropical Agriculture (CIAT). http://srtm.csi.cgiar.org (2008). Zugegriffen am 09.03.2016
39. Klees, R.: Lösung des fixen geodätischen Randwertproblems mit Hilfe der Randelementmethode. Reihe C, **382**, Deutsche Geodätische Kommission (DGK), München (1992)
40. Klees, R.: Perturbation expansion for solving the fixed gravimetric boundary value problem. In: Sansò, F. (Hrsg.) Geodetic Theory Today. International Association of Geodesy Symposia, 114, S. 340–349. Springer, Berlin/Heidelberg (1995). doi:10.1007/978-3-642-79824-5_42
41. Klees, R.: Topics on boundary element methods. In: Sansò, F., Rummel, R. (Hrsg.) Geodetic Boundary Value Problems in View of the One Centimeter Geoid. Lecture Notes in Earth Sciences, 65, S. 482–531. Springer, Berlin/Heidelberg (1997). doi:10.1007/BFb0011714
42. Klees, R., van Gelderen, M., Lage, C., Schwab, C.: Fast numerical solutions of the linearized Molodenski problem. J. Geod. **75**(7–8), 349–362 (2001)
43. Koch, K.R.: Die geodätische Randwertaufgabe bei bekannter Erdoberfläche. Zeitschrift für Vermessungswesen **96**, 218–224 (1971)
44. Koch, K.R., Pope, A.J.: Uniqueness and existence for the geodetic boundary value problem using the known surface of the Earth. Bulletin Géodésique **46**(1), 467–476 (1972)
45. Krarup, T.: A contribution to the mathematical foundation of physical geodesy. Report No. 44, Danish Geodetic Institute of Copenhagen, København (1969)
46. Lehmann, R.: Studies on the Use of the Boundary Element Method in Physical Geodesy. Reihe A, **113**, Deutsche Geodätische Kommission (DGK), Munich (1993)
47. Lehmann, R.: Altimetry-gravimetry problems with free vertical datum. J. Geod. **74**(3–4), 327–334 (2000)
48. Martensen, E.: Potentialtheorie. B. G. Teubner, Stuttgart (1968)
49. Marych, M.I.: On the second approximation of M. S. Molodenski for the disturbing potential. Geodezija, Kartografija i Aerofotosyemka **10**, 17–27 (1969, in Russian)
50. Mikhlin, S.G.: Multidimensional Singular Integrals and Integral Equations, International Series of Monographs in Pure and Applied Mathematics, 83. Pergamon Press, Oxford (1965)
51. Molodenski, M.S.: Grundbegriffe der geodätischen Gravimetrie. Übersetzt aus dem Russischen (1945). VEB Verlag Technik, Berlin (1958)
52. Molodenski, M.S., Eremeev, V.F., Yurkina, M.I.: Methods for Study of the External Gravitational Field and Figure of the Earth. Translated from Russian (1960) by Israel Program for Scientific Translations, Jerusalem (1962)
53. Moritz, H.: The boundary value problem of physical geodesy. Report No. 50, Publications of the Isostatic Institute of the IAG, Helsinki (1965)
54. Moritz, H.: Nonlinar solutions of the geodetic boundary-value problem. Report 126, Department of Geodetic Science, The Ohio State University, Columbus (1969)
55. Moritz, H.: Advanced Physical Geodesy, 2. Aufl. Herbert Wichmann Verlag, Karlsruhe (1980)

56. Moritz, H.: Geodetic reference system 1980. Bulletin Géodésique **62**(3), 348–358 (1988)
57. Nesvadba, O., Holota, P., Klees, R.: A direct method and its numerical interpretation in the determination of the Earth's gravity field from terrestrial data. In: Tregoning, P., Rizos, C. (Hrsg.) Dynamic Planet. International Association of Geodesy Symposia, 130, S. 370–376. Springer, Heidelberg (2007). doi:10.1007_978-3-540-49350-1_54
58. Otero, J.: An approach to the scalar boundary value problem of physical geodesy by means of Nash Hörmander theorem. Manuscripta Geodaetica **12**, 245–252 (1987)
59. Otero, J., Auz, A.: A formal comparison between Marych-Moritz's series, Sansò's change of boundary method and a variational approach for solving some linear geodetic boundary value problems. In: Sansò, F. (Hrsg.) Proceedings of the 5th Hotine-Marussi Symposium on Mathematical Geodesy. International Association of Geodesy Symposia, 127, S. 226–233. Springer, Berlin (2003). doi:10.1007/978-3-662-10735-5
60. Pavlis, N.K., Holmes, S.A., Kenyon, S.C., Factor, J.K.: The development and evaluation of the earth gravitational model 2008 (EGM 2008). J. Geophys. Res. **117**(B4), B04406 (2012)
61. Pellinen, L.P.: On the identity of various solutions of Molodenski's problem with the help of a small parameter. Geodezija, Kartografija i Aerofotosyemka **15**, 65–71 (1974)
62. Rapp, R.H.: Ellipsoidal corrections for geoid undulation computations. Report 308, Department of Geodetic Science, The Ohio State University, Columbus (1981)
63. Rummel, R.: Zur iterativen Lösung der geodätischen Randwertaufgabe. Reihe B, **287**, Festschrift Rudolf Sigl zum 60. Geburtstag. Deutsche Geodätische Kommission (DGK), München (1988)
64. Rummel, R.: Spherical spectral properties of the Earth's gravitational potential and its first and second derivatives. In: Sansò, F., Rummel, R. (Hrsg.) Geodetic Boundary Value Problems in View of the One Centimeter Geoid. Lecture Notes in Earth Sciences, 65, S. 359–404. Springer, Berlin/Heidelberg (1997). doi:10.1007/BFb0011710
65. Rummel, R., Teunissen, P.: Height datum definition, height datum connection and the role of the geodetic boundary value problem. Bulletin Géodésique **62**(4), 477–498 (1988)
66. Rummel, R., Teunissen, P., van Gelderen, M.: Uniquely and overdetermined geodetic boundary value problems by least squares. Bulletin Géodésique **63**(1), 1–33 (1989)
67. Sacerdote, S., Sansò, F.: The scalar boundary value problem of physical geodesy. Manuscripta Geodaetica **11**, 15–28 (1986)
68. Sacerdote, S., Sansò, F.: Further remarks on the altimetry-gravimetry problems. Bulletin Géodésique **61**(1), 65–82 (1987)
69. Sacerdote, F., Sansò, F.: On the analysis of the fixed-boundary gravimetric boundary value problem. In: Sacerdote F, Sansò F (Hrsg.) Proceedings 2nd Hotine-Marussi Symposium on Mathematical Geodesy, Pisa 1989. Politecnico di Milano, Milano, Italy, S. 507–516 (1990)
70. Sánchez, L.: Towards a vertical datum standardisation under the umbrella of Global Geodetic Observing System. J. Geod. Sci. **2**(4), 325–342 (2013). doi:10.2478/v10156-012-0002-x
71. Sánchez, L.: Ein einheitliches vertikales Referenzsystem für Südamerika im Rahmen eines globalen Höhensystems. Reihe C, **748**, Deutsche Geodätische Kommission (DGK), München (2015)
72. Sansò, F.: The Wiener integral and the overdetermined boundary value problems of physical geodesy. Manuscripta Geodaetica **13**, 75–98 (1988)
73. Sansò, F.: Theory of geodetic B. V. P. s applied to the analysis of altimetric data. In: Rummel, R., Sansò, F. (Hrsg.) Satellite Altimetry in Geodesy and Oceanography, Lecture Notes in Earth Sciences, 50, S. 317–371. Springer, Berlin/Heidelberg/New York (1993)
74. Schwarz, K.P., Li, Z.: An introduction to airborne gravimetry and its boundary value problems. In: Sansò, F., Rummel, R. (Hrsg.) Geodetic Boundary Value Problems in View of the One Centimeter Geoid. Lecture Notes in Earth Sciences, 65, S. 312–358. Springer, Berlin/Heidelberg (1997). doi:10.1007/BFb0011709
75. Seitz, K.: Ellipsoidische und topographische Effekte im geodätischen Randwertproblem. Reihe C, **483**, Deutsche Geodätische Kommission (DGK), München (1997)

76. Seitz, K., Lindner, K.: Berechnung der RTM-Effekte auf Schwereanomalien im Kontext der regionalen Quasigeoidbestimmung. KIT, Schriftenreihe des Studiengangs Geodäsie und Geoinformatik 2010. **3**, 265–277 (2010)
77. Sideris, M.: Spectral methods for the numerical solution of Molodenski's problem. UCSE Reports, No. 20024, Department of Surveying Engineering, The University of Calgary, Calgary (1987)
78. Sideris, M.: Rigorous gravimetric terrain modelling using Molodenski's operator. Manuscripta Geodaetica **15**, 97–106 (1990)
79. Stokes, G.G.: On the variation of gravity on the surface of the Earth. Trans. Camb. Philos. Soc. **8**, 672–695 (1849)
80. Torge, W.: Geodäsie, 2. Aufl. Walter de Gruyter, Berlin (2003)
81. Torge, W., Weber, G., Wenzel, H.G.: Computation of a high resolution European geoid (EGG1). In: Proceedings of the 2nd International Symposium on the Geoid in Europe and Mediterranean Area, Rome 1982. International Association of Geodesy Symposia, Istituto Geografico Militare Italiano, Firenze, S. 437–460 (1982)
82. Tscherning, C.C.: Functional methods for gravity field approximation. In: Sünkel, H.: (Hrsg.) Mathematical and Numerical Techniques in Physical Geodesy. Lecture Notes in Earth Sciences, 7, S. 3–47. Springer, Berlin/Heidelberg (1986)
83. Wendland, W.L.: Strongly elliptic boundary integral equations. In: Iserles, A., Powell, M.J.D. (Hrsg.) The State of the Art in Numerical Analysis, S. 511–561. Clarendon Press, Oxford (1987)
84. Witsch, K.J.: On a free boundary value problem of physical geodesy, I (Uniqueness). Math. Methods Appl. Sci. **7**, 269–289 (1985)
85. Witsch, K.J.: On a free boundary value problem of physical geodesy, II (Existence). Math. Methods Appl. Sci. **8**, 1–22 (1986)

Bahn- und Gravitationsfeldbestimmung aus den Positionen tief fliegender Satelliten

4

Gerhard Beutler und Adrian Jäggi

Zusammenfassung

Im zwanzigsten Jahrhundert wurde das globale Gravitationsfeld der Erde vor allem aus Laser-Distanzmessungen bestimmt. Mit dem Start von CHAMP am 15. Juli 2000 begann eine neue Ära. Durch eine kombinierte Analyse langer Reihen von GPS-Messungen auf CHAMP wurde das mittlere Gravitationsfeld der Erde mit einer bis dahin nicht erreichten Konsistenz und Genauigkeit bestimmt. Mit der am 17. März 2002 gestarteten GRACE-Mission wurden mit genauen Distanzmessungen zwischen GRACE-A und -B die zeitlichen Variationen des Gravitationsfeldes mit einer Auflösung von einem Monat bestimmt. Die Bahnbestimmung mit GPS-Beobachtungen von der Erde und von tief fliegenden Satelliten aus sowie die Bestimmung relativer Bahnen mit Zwischensatellitenmessungen werden auf ein solides theoretisches Fundament gestellt. Die Gravitationsfeldbestimmung mit Satellitenpositionen und Positionsdifferenzen wird als verallgemeinerte Bahnbestimmungsaufgabe entwickelt.

Schlüsselwörter

Bahnbestimmung • Gravitationsfeldbestimmung • Methoden der Himmelsmechanik • Globale NavigationsSatellitenSysteme (GNSS) • Tief fliegende Satelliten • Zwischensatellitenmessungen • CHAMP • GRACE • GOCE

Inhaltsverzeichnis

G. Beutler (✉) • A. Jäggi
Astronomisches Institut, Universität Bern, Bern, Schweiz
E-Mail: gerhard.beutler@aiub.unibe.ch; adrian.jaeggi@aiub.unibe.ch

R. Rummel (Hrsg.), *Erdmessung und Satellitengeodäsie*,
Springer Reference Naturwissenschaften, DOI 10.1007/978-3-662-47100-5_4

Akronyme

AC	Analysis Center (of the IGS)
ACC	Analysis Center Coordinator
AIUB	Astronomical Institute, University of Bern
CHAMP	CHAllenging Minisatellite Payload
CNES	Centre National d' Études Spatiales
CODE	Center for Orbit Determination in Europe
ECOM	Empirical CODE Orbit Model
ERP	ErdRotationsParameter
GRS80	Geodetic Reference System 1980
GFZ	GeoForschungsZentrum Potsdam
GNSS	Global Navigation Satellite System
GOCE	Gravity field and steady-state Ocean Circulation Explorer
GPS	Global Positioning System
GRACE	Gravity Recovery and Climate Experiment
GRACE-FO	Gravity Recovery and Climate Experiment, Follow-On Experiment
IAG	International Association of Geodesy
ICGEM	International Center for Global Gravity Field Models
ICRF	International Celestial Reference Frame
ICRS	International Celestial Reference System
IGS	International GNSS Service
ILRS	International Laser Ranging Service
ITRF	International Terrestrial Reference Frame
ITRS	International Terrestrial Reference System
IVS	International VLBI Service for Astrometry and Geodesy

LAGEOS	Laser GEOdynamics Satellite
LASER	Light Amplification by Stimulated Emission of Radiation
LEOs	Low Earth Orbiters
ns	Nanosekunde
PCV	Phase Center Variations
PPP	Precise Point Positioning
SLR	Satellite Laser Ranging
TEC	Total Electron Content
TECU	Total Electron Content Units = 10^{16} e/m^2
UTC	Universal Time Coordinated
VLBI	Very Long Baseline Interferometry

1 Einleitung und Übersicht

In Abschn. 1.1 werden die im folgenden verwendeten Darstellungen des Gravitationsfeldes der Erde eingeführt und wichtige Begriffe wie Signalstärke pro Grad und Differenzgradamplituden fixiert. Abschn 1.2 gibt einen Überblick über die ersten drei auf GPS basierenden Gravitationsfeldmissionen der Geschichte. In Abschn. 1.3 werden zwei Referenzgravitationsfelder und typische Satelliten-Lösungen charakterisiert.

1.1 Darstellung des Gravitationsfeldes der Erde

Das Gravitationsfeld der Erde kann gemäss [18] nach sphärisch harmonischen Funktionen entwickelt werden. Hier verwenden wir die Entwicklung [2, Gl. (3.150)]:

$$V(r,\lambda,\phi) = \frac{GM}{r} \sum_{n=0}^{\infty} \left(\frac{a}{r}\right)^n \sum_{m=0}^{n} P_n^m(\sin\phi)\{\, C_{nm}\cos m\lambda + S_{nm}\sin m\lambda \,\}\ . \qquad (1)$$

Dabei ist a der Äquatorradius der Erde und $P_n^m(x)$ die normierte zugeordnete Legendre-Funktion vom Grad n und der Ordnung m.

Bei den Potenzialtermen C_{nm} und S_{nm} unterscheidet man zonale Terme mit $m = 0$, sektorielle Terme mit $m = n$ und tesserale Terme mit $m \neq 0$ und $m \neq$ n. Zonale Terme sind nur breiten-, sektorielle nur längenabhängig.

Alternativ können die Koeffizienten C_{nm} und S_{nm} durch die totale Amplitude J_{nm} bei Grad n und Ordnung m und den Phasenwinkel $(m\lambda_{nm})$ dargestellt werden [2, Gl. (3.162) und (3.163)]:

$$V(r,\lambda,\phi) = \frac{GM}{r} \sum_{n=0}^{\infty} \left(\frac{a}{r}\right)^n \sum_{m=0}^{n} P_n^m(\sin\phi) J_{nm} \cos m(\lambda - \lambda_{nm})\ . \qquad (2)$$

Die Signalstärke σ_n pro Grad n kann definiert werden als

$$\sigma_n^2 = \sum_{m=0}^{n} \left[C_{nm}^2 + S_{nm}^2 \right] = \sum_{m=0}^{n} J_{nm}^2 \,. \tag{3}$$

Die Differenzgradamplitude $\Delta\sigma_n$ vom Grad n zwischen einem Test-Feld (Index t) und einem Referenzfeld (Index r) definieren wir, je nachdem ob die Darstellung Gl. (1) oder Gl. (2) verwendet wird, durch

$$\Delta\sigma_{n,CS}^2 = \sum_{m=0}^{n} \left[(C_{t;nm} - C_{r;nm})^2 + (S_{r,nm} - S_{t,nm})^2 \right] \doteq \sum_{m=0}^{n} \left[\Delta C_{nm}^2 + \Delta S_{nm}^2 \right], \tag{4}$$

oder durch

$$\Delta\sigma_{n,J}^2 = \sum_{m=0}^{n} (J_{t;nm} - J_{r;nm})^2 \doteq \sum_{m=0}^{n} \Delta J_{nm}^2 \,. \tag{5}$$

Die beiden Definitionen Gl. (4) und Gl. (5) sind nicht identisch.[1] Die Darstellung Gl. (5) ist der Fourier-Analyse verpflichtet, indem sie die Gesamtamplitude bei einer bestimmten Wellenlänge betrachtet. Wir werden im folgenden beide Darstellungen verwenden.

Das Geoid ist die Äquipotenzialfläche des Potenzials auf Meereshöhe. Aus der Darstellung Gl. (1) des Erdpotenzials lässt sich leicht die Geoidhöhe N über einem Referenzellipsoid rechnen. In der sphärischen Approximation[2] gilt

$$N(\lambda, \phi) = a \sum_{n=2}^{\infty} \sum_{m=0}^{n} P_n^m(\sin\phi) \{ \Delta C_{nm} \cos m\lambda + \Delta S_{nm} \sin m\lambda \} \,, \tag{6}$$

wobei von den Koeffizienten des Potenzials Gl. (1) die Potenzialkoeffizienten des Normalpotenzials[3] subtrahiert werden müssen.

Die Gravitationsanomalien, die Differenzen der aus dem Potenzial Gl. (1) folgenden und der aus dem Referenzpotenzial folgenden Gravitationsbeschleunigungen berechnen sich zu

$$\Delta g(\lambda, \phi) = g \sum_{n=2}^{\infty} (n-1) \sum_{m=0}^{n} P_n^m(\sin\phi) \{ \Delta C_{nm} \cos m\lambda + \Delta S_{nm} \sin m\lambda \} \,, \tag{7}$$

[1] $\Delta J_{nm}^2 \neq \Delta C_{nm}^2 + \Delta S_{nm}^2$.

[2] Wir verwenden das Ellipsoid des Geodätischen Referenzsystems 1980 (GRS80).

[3] Das Normalpotential hat ein Rotationsellipsoid als Äquipotentialfläche; es besitzt nur gerade, von Null verschiedene zonale Terme $C_{n0} \neq 0$, $n = 0, 2, 4, \ldots$

wobei g die Gravitationsbeschleunigung am Äquator ist. Üblicherweise werden die Gravitationsanomalien in mgal (milligal)[4] ausgedrückt.

Mehr Information zum Thema Darstellungen des Gravitationsfeldes findet man in ▸ Kap. 5, „Globale Schwerefeldmodellierung am Beispiel von GOCE“ des vorliegenden Bandes.

1.2 Die ersten drei Gravitationsfeldmissionen in der GNSS-Ära

CHAMP, eine Mission zur Erforschung des Gravitations- und des Magnetfeldes der Erde sowie zur Untersuchung der Erdatmosphäre mit GPS durch Okkultationsmessungen [36], wurde am 15. Juli 2000 in eine niedrige Erdumlaufbahn gebracht. In unserem Zusammenhang ist der zur genauen Bahn- und Gravitationsfeldbestimmung verwendete GPS-Empfänger von zentraler Bedeutung. Weitere Messinstrumente zur Untersuchung der Erdatmosphäre waren ein Magnetometer und weitere GPS-Empfänger, deren Antennen im Satelliten, bezogen auf die Flugrichtung, nach hinten ausgerichtet waren. Sternkameras dienten zur Orientierung des Satelliten. Abb. 1 zeigt den dachförmigen Satellitenkörper mit den nach oben und nach hinten ausgerichteten GPS-Antennen und dem Mast für das Magnetometer. Das Gerät zur Beschleunigungsmessung [44], ein dreidimensionales Akzelerometer, befand sich im Innern des Satelliten und ist somit nicht sichtbar. Mit dem Akzelerometer sollten

Abb. 1 Der dachförmige CHAMP-Satellit mit den nach hinten und oben ausgerichteten GPS-Antennen und dem nach vorne gerichteten Mast des Magnetometers (L. Hannemann, NASA/GFZ)

[4] 1 mgal = 10^{-5} m/s^2.

die nicht-gravitativen auf den Satelliten wirkenden Beschleunigungen gemessen werden, was aufgrund eines defekten Akzelerometers in radialer Richtung nur teilweise gelang.

Das Satellitenpaar GRACE wurde am 17. März 2002 in eine Erdumlaufbahn gebracht. Beide Satelliten, GRACE-A und -B, folgen einander in derselben (fast) polaren Bahn. Die Distanz zwischen den Satelliten beträgt meist etwa 200 km, kann aber zeitweise stark variieren. Die Mission wird in [42] beschrieben, frühe Resultate der amerikanischen Fraktion des Missions-Teams findet man in [43]. Die Satelliten sind in Abb. 2 dargestellt. Zusätzlich zur Positionsbestimmung mit GPS wird die Distanz zwischen den Satelliten mit einer Mikrowellenverbindung gemessen. Die Distanzänderung zwischen den Satelliten wird mit der extrem hohen Genauigkeit von etwa 0.1 μm/s überwacht. Der zeitliche Abstand zwischen aufeinanderfolgenden Messungen beträgt für die allgemein zugänglichen Daten 5 s. Es werden auch die Änderungen der Distanzen selbst, relativ zu einer beliebigen Ausgangsepoche, gemessen und zur Verfügung gestellt. Abb. 2 illustriert auch die Distanzmessung zwischen Satelliten. Unschwer erkennt man, dass die GRACE-Satelliten denselben Aufbau besitzen wie CHAMP. Ebenso ist in der Abbildung angedeutet, dass auch diese Satelliten mit GPS-Empfängern mit nach oben und nach hinten ausgerichteten Antennen ausgestattet sind. Wie CHAMP sind auch beide GRACE-Satelliten mit dreidimensionalen Beschleunigungsmessern und mit Sternkameras ausgestattet. Diese Geräte wurden gegenüber CHAMP stark verbessert [44].

Abb. 2 Das Satellitenpaar GRACE-A und -B mit angedeuteter Mikrowellen-Distanzmessung zwischen den Satelliten http://earthobservatory.nasa.gov/Features/GRACE/ (image credits to NASA)

Der tieffrequente Anteil des Gravitationsfeldes der Erde wird mit Hilfe der GPS-Messungen bestimmt, während der hochfrequente Anteil aus den Distanzmessungen zwischen den Satelliten, den K-Band-Messungen,[5] folgt. In der Praxis dominiert der K-Band Anteil schon ab den Termen vom Grad $n \geq 4-5$. Die hochpräzise K-Band-Messtechnik erlaubt es, aus relativ kurzen Datenreihen von typischerweise einem Monat Dauer Gravitationsfelder hoher räumlicher Auflösung, typischerweise bis zu Entwicklungs-Graden $n = 50-60$ des Potenzials, zu bestimmen. Damit kann der globale Massentransport im System Erde erstmals genau untersucht werden.

Die Satellitenmission GOCE zur Bestimmung eines hochauflösenden mittleren Gravitationsfeldes respektive eines hochauflösenden mittleren Geoides legt unter anderem die Grundlage zur genauen Bestimmung der Meeresströmungen – mehr dazu findet sich in ▶ Kap. 5, „Globale Schwerefeldmodellierung am Beispiel von GOCE". Abb. 3 zeigt die der Sonne zugewandte, mit Solarpanelen ausgelegte Seite von GOCE. GOCE wurde in eine sonnensynchrone Bahn geschickt, was die Bahnneigung von $i \approx 96.7°$ gegen den Äquator erklärt. GOCE flog nahe der Terminatorebene, definiert durch die Licht-Schattengrenze auf der Erde, in einer extrem tiefen Umlaufbahn von etwa 250 km. Auch GOCE ist mit einem GPS-Empfänger (europäischer Bauart) ausgestattet. Kernstück ist das aus einem Ensemble von Beschleunigungsmessern aufgebaute Gradiometer.[6] Der Aufbau des

Abb. 3 Der GOCE-Satellit http://www.esa.int/Our_Activities/Observing_the_Earth/The_Living_Planet_Programme/Earth_Explorers/GOCE/Satellite (image credits to ESA)

[5] Messungen mit Hilfe einer Mikrowellenverbindung zwischen den Satelliten, siehe [2].

[6] Das Gradiometer misst an der Position des Satelliten den Tensor der zweiten Ableitungen des Erdpotenzials.

Gradiometers und die Messprinzipien sind [37] zu entnehmen, weitere Angaben über die GOCE-Mission in [15].

1.3 Bestimmung des Gravitationsfeldes der Erde

Das Earth Gravity Model 1996 [25], kurz EGM96, dokumentiert das Wissen über das globale Gravitationsfeld der Erde kurz vor der Realisierung der Gravitationsfeld-Missionen des einundzwanzigsten Jahrhunderts. EGM96 basiert hauptsächlich auf den Messungen der vom International Laser Ranging Service (ILRS) [31] koordinierten Distanzmessungen zu geodätischen Satelliten wie LAGEOS-I und -II und auf einer schier unendlich grossen Zahl von terrestrischen gravimetrischen Messungen. SLR-Messungen zu tiefer fliegenden Satelliten und ältere Richtungsbeobachtungen zu Satelliten flossen ebenfalls in EGM96 ein. Die SLR-Messungen erlaubten es, einen globalen Referenzrahmen des Gravitationsfeldes mit einer aus heutiger Sicht bescheidenen Auflösung zu schaffen, die terrestrischen Messungen ermöglichten eine massive Steigerung der räumlichen Auflösung. Mit SLR alleine konnten die Koeffizienten einer Entwicklung des Gravitationsfeldes nach Kugelfunktionen bis etwa Grad $n = 30 - 40$ recht genau bestimmt werden, in Kombination mit den terrestrischen Daten wurde die Auflösung bis Grad und Ordnung $n = 360$ gesteigert. Allerdings ist das EGM96 in den hohen Graden nur regional, nicht aber global kohärent, da die terrestrischen Messungen global nicht gleichförmig verteilt und sehr heterogen bezüglich Genauigkeit sind.

Das Earth Gravity Model 2008, kurz EGM2008 [30], entstand aus der Überlagerung der Normalgleichungen[7] der ITG-GRACE03S-Lösung [27] mit einem aus Gravitationsanomalien in einem Raster von 5 Bogenminuten abgeleiteten Normalgleichungsanteil, seinerseits berechnet aus terrestrischen, aerogravimetrischen und altimetrischen Messungen. EGM2008 ist vollständig bis Grad und Ordnung $n = m = 2159$ und enthält zusätzlich einige weitere Terme. Es ist bemerkenswert, dass für den Satellitenbeitrag zu diesem Fundamentalwerk das Resultat der Dissertation eines deutschen Doktoranden [26] verwendet wurde.

Um die Grössenordnungen zu fixieren, schliessen wir diese Einleitung ab mit Vergleichen von einigen Satelliten-bestimmten Gravitationsfeldern [25] mit dem Referenzfeld EGM2008 [30]. Tab. 1 charakterisiert die im folgenden betrachteten Lösungen sowie die Referenzlösung. Mit Ausnahme des Feldes AIUB-GOCE-R4 sind alle Felder am ICGEM[8] verfügbar. Wir betonen, dass Tab. 1 nur die im folgenden diskutierten Lösungen enthält. Sie ist nicht repräsentativ für alle in den letzten zehn Jahren generierten Lösungen. Die in der Fussnote gegebene Adresse des ICGEM gibt einen vollständigeren Überblick.

[7] Die Normalgleichungen entstehen durch Matrizenmultiplikationen aus den Beobachtungsgleichungen, siehe Abschn. 4.

[8] http://icgem.gfz-potsdam.de/ICGEM/.

Tab. 1 Satellitenlösungen und Referenzlösungen

Lösung	Satellit	Beobachtungen	Zeitbasis in Jahren	Beschreibung
AIUB-CHAMP01S	CHAMP	GPS	1	[32, 33]
AIUB-CHAMP03S	CHAMP	GPS	8	[32, 34]
AIUB-GRACE03S	GRACE	GPS, K-Band, Acc	6	[23]
AIUB-RL2-0708-60	GRACE	GPS, K-Band, Acc	0.0833	[28]
EIGEN05S	GRACE	GPS, K-Band, Acc	6	[16]
ITG-GRACE03S	GRACE	GPS, K-Band, Acc	~5	[26]
ITG2010S	GRACE	GPS, K-Band, Acc	~5	[27]
AIUB-GOCE-R4	GOCE	GPS, Acc	~3	[24]
EGM96	SLR Sat	SLR, terr, Altimeter	30	[25]
EGM2008	SLR Sat	SLR, terr, Altimeter	30	[30]
	GRACE	GPS, K-Band, ACC		

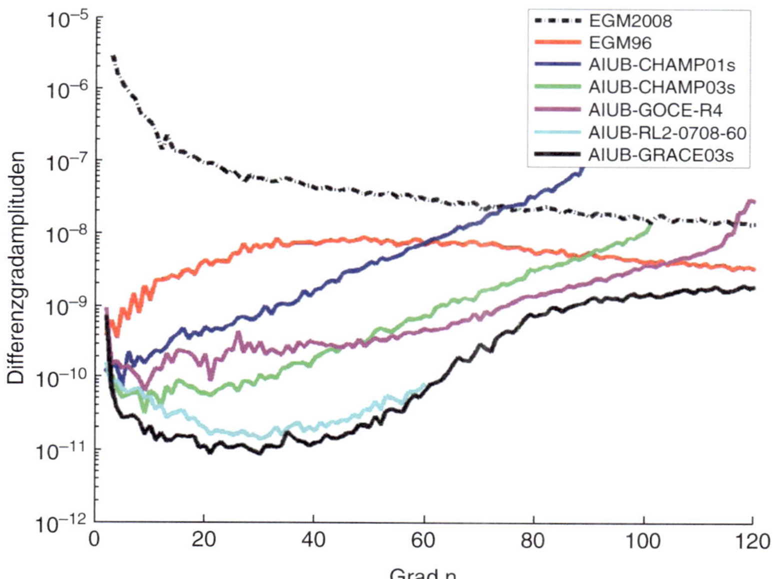

Abb. 4 Differenzgradamplituden einer 1- und einer 8-Jahreslösung CHAMP, einer GOCE-Lösung von 921 Tagen (nur mit GPS), einer 1-Monatslösung GRACE (GPS + K-Band), einer 6-Jahreslösung GRACE (GPS + K-Band) sowie des Gravitationsfeldes EGM96 relativ zu EGM2008

Die Referenzen [16, 23, 33] und [27] beziehen sich nicht auf die Lösungen in Spalte 1, sondern auf vorausgegangene Lösungen, die mit weniger Daten, aber mit den gleichen Methoden erzeugt wurden.

Abb. 4 zeigt die Differenzgradamplituden mit EGM2008 als Referenz (berechnet nach Gl. (4)). Die strich-punktierte schwarze Linie charakterisiert die Signalstärke von EGM2008, alle anderen Kurven stehen für Differenzgradamplituden relativ zu dieser Referenz. Die rote Kurve vergleicht den Wissensstand von EGM96 am Ende des zwanzigsten Jahrhunderts mit dem von etwa 2010. Das Feld ist im Bereich $5 < n < 60$ zum Teil deutlich schlechter als jedes der anderen Felder. Die Satellitenmissionen CHAMP und GRACE sind damit klar als Meilensteine der Modellierung des Gravitationsfeldes der Erde erkennbar. Für hohe Grade, ab etwa $n \sim 100$, stimmen EGM96 und EGM2008 recht gut überein, da in diesem Bereich beide Felder von terrestrischen Messungen geprägt sind.

Die nächsten beiden Vergleiche, repräsentiert durch die blaue und die grüne Kurve, zeigen die Qualität von CHAMP-Lösungen, einmal unter Verwendung von Daten der Dauer eines Jahres, einmal von acht Jahren des mitfliegenden GPS-Empfängers. Die Lösungen AIUB-CHAMP01s und -CHAMP03S wurden in [32] vorgestellt, AIUB-CHAMP01s zusätzlich in [33]. Beide Kurven verlaufen im Wesentlichen parallel, ihr Abstand beträgt etwa $\sqrt{8} \approx 2{,}8$, was zum Teil dem Verhältnis der Anzahl der eingeflossenen Messungen und zum Teil der langsamen Verringerung der Bahnhöhe infolge des Luftwiderstandes zu verdanken ist. Auch wurde bei CHAMP03S die Verarbeitungsstrategie und die Datenrate gesteigert. Das langsame Absinken der Bahn erklärt die leicht unterschiedlichen Steigungen der Differenzgradamplituden der beiden CHAMP-Lösungen.

Die violette Kurve repräsentiert ein mit den Messungen des GPS-Empfängers auf GOCE berechnetes Gravitationsfeld. Daten aus etwa vier Jahren sind in die Lösung eingeflossen. Es fällt auf, dass die Steigung der Differenzgradamplituden als Funktion des Grades gegenüber CHAMP kleiner ist. Dies ist der geringeren Bahnhöhe von GOCE zu verdanken (250 km für GOCE anstelle von 450 km für CHAMP). Wegen der Neigung der GOCE-Bahn von $i \approx 96.7°$ werden die Pole nie überflogen (Polarloch), was zu einer sehr schlechten Bestimmung der zonalen und fast zonalen Terme führt. Diese Terme wurden für GOCE beim Vergleich in Abb. 4 ausgenommen. Konkret wurden in Abb. 4 die zonalen Terme und die Terme niedriger Ordnung bei der Berechnung der Differenzgradamplituden für GOCE nach der Daumen-Regel von van Gelderen und Koop[9] [45, Gl. (13)] ausgeschlossen. Die gleiche Regel wurde bei den beiden CHAMP-Lösungen angewandt. Bei GRACE mit praktisch polaren Bahnen erübrigt sich dieses Vorgehen.

Die hellblaue Kurve stellt die Monatslösung von August 2007 unter Verwendung von GRACE GPS- und K-Band-Messungen dar [28]. Zwar wird hier das Feld, ausgehend vom mittleren AIUB-GRACE-Feld bis und mit Grad $n = 160$, nur bis Grad und Ordnung $n = 60$ bestimmt, das aber mit einer Genauigkeit, die im reduzierten Spektralbereich zwischen $n = 2$ und $n = 60$ nur wenig schlechter ist als die der 6-Jahreslösung. Diese Lösung zeigt eindrücklich die wahre Stärke der GRACE-Mission.

Die ausgezogene schwarze Linie schliesslich repräsentiert die AIUB 6- Jahreslösung für GRACE. Sie ist von vergleichbarer Qualität wie die Lösung [27], die in EGM2008 eingeflossen ist. Der Buckel der Kurve bei etwa Grad $n = 90$ ist dem

[9] siehe Abschn. 7.

wachsenden Einfluss der terrestrischen Daten zuzuschreiben. Die Konsistenz der GRACE-Lösungen unter einander ist viel besser – was in Abschn. 8 ersichtlich sein wird.

Die Lösungen in Abb. 4 sind repäsentativ für die mit verschiedenen Mess-Methoden erreichbaren Genauigkeiten. Würde man die Lösungen heute noch einmal mit aktuellen Verfahren und Hintergrundsmodellen erzeugen, wäre eine leichte Genauigkeitssteigerung zu erwarten. Dieselbe Aussage gilt aber auch für die Referenz EGM 2008. Weiter sei erwähnt, dass die Lösungen zum Teil deutlich verschiedene Referenzepochen haben. Auch dies ist in Abb. 4, die die Grössenordnungen illustrieren soll, nicht berücksichtigt. Erwähnt sei schliesslich, dass ITG-GRACE03S der auf GRACE beruhende Anteil von EGM2008 ist. Das Modell ITG-2010S werden wir weiter unten als Referenz für lediglich auf GPS beruhende Lösungen verwenden.

Der Fortschritt in der Gravitationsfeldmodellierung durch die GRACE-Mission kann auch illustriert werden durch die aus EGM96 und EGM2008 berechneten Gravitationsanomalien: Abb. 5 zeigt oben die aus EGM96S,[10] unten die aus ITG-GRACE03S[11] folgenden Anomalien. Die beiden Weltkarten der Gravitationsanomalien zeigen die gleichen grossräumigen Abweichungen, Abb. 5 (unten) enthält aber viel mehr Feinstruktur als Abb. 5 (oben) und dokumentiert so den durch die GRACE-Mission erzielten Fortschritt.

Halten wir fest:

- Schon mit einem Jahr GPS-Daten eines auf einer Höhe von etwa 450 km fliegenden Satelliten (in unserem Falle von CHAMP) in einer polaren Umlaufbahn kann bis etwa Grad $n = 60$ ein wesentlich besseres Gravitationsfeld erzeugt werden, als mit vierzig Jahren SLR-Beobachtungen!
- Davon auszunehmen sind die Terme tiefster Ordnung, bis etwa Grad $n = 6$. Hier ist der Beitrag von SLR nach wie vor unverzichtbar.
- Mit Mehrjahreslösungen von GPS-Epfängern in polaren Bahnen und einer Bahnhöhe von 450 km kann das mittlere Gravitationsfeld der Erde bis etwa Grad $n = 100$ bestimmt werden.
- Mit einem Monat GRACE K-Band- und GPS-Messungen erhält man bis zu Grad $n \approx 90$ um Grössenordnungen bessere Lösungen als mit reinen GPS-Feldern.
- Ausnehmen muss man Monate, in denen die Überdeckung der Erde mit Subsatellitenspuren, infolge Kommensurabilität der Umlaufszeit mit dem siderischen Tag, schlecht ist. Die Subsatellitenspur ist die zentrale Projektion der Satellitenbahn auf die Erdoberfläche.

[10] EGM96S ist der Satellitenanteil von EGM96 [25].

[11] ITG-GRACE03S ist der GRACE-Anteil von EGM2008.

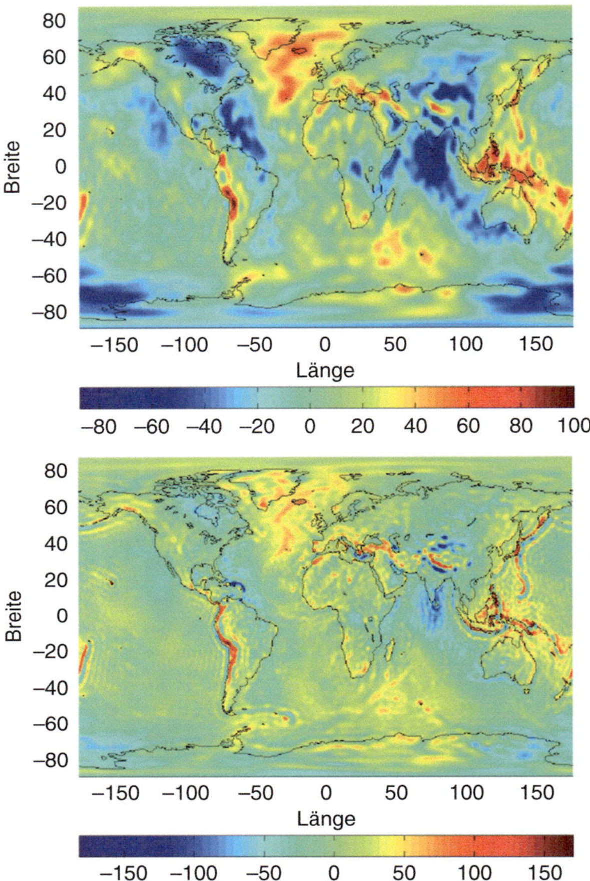

Abb. 5 Gravitationsanomalien in mgal aus dem Satellitenanteil von EGM96S(oben) und dem GRACE-Anteil von EGM2008(unten), bis und mit Grad $n = 100$

2 Parameterbestimmungsaufgaben in der Satellitengeodäsie

Schon in den ersten Jahren der Gravitationsfeldbestimmung mit künstlichen Erdsatelliten in den 1960er-Jahren ist Gravitationsfeldbestimmung als verallgemeinerte Bahnbestimmungsaufgabe verstanden worden [17], damals noch mit photographischen Richtungsbeobachtungen zu künstlichen Erdsatelliten, bei der zusätzlich zu den Anfangsbedingungen (z. B. den Komponenten der Orts- und Geschwindigkeitsvektoren zu einem Zeitpunkt) aller verwendeten Bahnstücke auch die Koeffizienten C_{nm} und S_{nm} als Unbekannte der Aufgabe bestimmt wurden. Vom Prinzip her ist das Konzept sehr einfach, in der Praxis gibt es aber eine grosse Vielfalt „verschiedener“ Methoden. Wir lassen uns von der Darstellung [6] und von deren Anwendung auf die GRACE-Mission [7] leiten, beginnen aber mit ein paar Betrachtungen allgemeiner Natur.

Die genaue Bestimmung der Bahnen der Globalen Navigations-Satelliten-Systeme (GNSS) spielt für die moderne Gravitationsfeldbestimmung eine fundamentale Rolle. Diese Aufgabe wird im Rahmen des IGS [14] gelöst. Die Lösung erfolgt mit Hilfe der Beobachtungen des IGS-Stationsnetzes von geodätischen GNSS-Empfängern. Die Bahnbestimmungaufgabe kann nicht isoliert gelöst werden. Die der Satellitengeodäsie zugänglichen Erdorientierungsparameter sowie die Koordinaten des globalen Netzwerkes der Beobachtungsstationen müssen genau so bestimmt werden wie stations-spezifische Parameter, die die Troposphäre oberhalb der Stationen beschreiben. Zusammen mit reinen Hilfsgrössen wie Phasenmehrdeutigkeiten[12] muss ein IGS-Analysezentrum, siehe z. B. [12], jeden Tag ein Parameterbestimmungsproblem mit mehr als 5000 Unbekannten lösen. Es resultiert ein konsistentes System von Bahnen der GNSS- und der Erdrotationsparameter. Diese Aufgabe wird vertieft in Abschn. 5 behandelt.

Mit den GNSS-Bahnen und den zugehörigen Korrekturen aller GNSS-Satellitenuhren auf GNSS-Zeit ist es nun im Prinzip leicht möglich, mit Hilfe eines `Precise Point Positioning (PPP)`[13] [48] in einem dichten zeitlichen Raster von etwa 5 s die Positionen tief fliegender Satelliten mit Genauigkeiten von einigen cm zu bestimmen [41], ohne die Bewegungsgleichungen der Satelliten zu nutzen. Man bezeichnet so bestimmte Positionen als kinematisch und alle so bestimmten Positionen eines Bogens als kinematische Bahn. Kinematische Bahnen eignen sich z. B. für die nachfolgende Gravitationsfeldbestimmung mit GPS. Der kinematischen Bahnbestimmung ist Abschn. 6 gewidmet.

Alternativ kann man auf die Berechnung einer kinematischen Bahn verzichten und die GNSS-Beobachtungen des Bodennetzes und des tief fliegenden Satelliten zusammen direkt zur Bahn- und Gravitationsfeldbestimmung nutzen. Ein solches Verfahren ist vom mathematischen Standpunkt aus gesehen korrekter, zwingt aber dazu, auf die Produkte des IGS zu verzichten und diese im Rahmen einer sehr komplexen Parameterbestimmung mit zu bestimmen. Verfahren dieser Art gibt es und sie werden mit Erfolg eingesetzt. So beruhen beispielsweise die gemeinsam von GFZ und CNES entwickelten EIGEN-Modelle auf diesem Prinzip [16]. Die hier geschilderten Verfahren nutzen die IGS-Produkte und die kinematischen Positionen sozusagen als Zwischenspeicher für das Gravitationsfeld.

Die Koordinaten der mit PPP bestimmten Satellitenpositionen können nun als Pseudo-Beobachtungen in einer Gravitationsfeldbestimmung verwendet werden. Die ausschliesslich auf GNSS beruhende Gravitationsfeldbestimmung wird in Abschn. 7 besprochen, die zusätzlich auf Distanzmessungen zwischen Satelliten beruhende Methode in Abschn. 8 – auch dafür werden die kinematischen Bahnen indirekt verwendet.

[12] Die Phasenmessung erfolgt relativ zu einem Referenzzeitpunkt.

[13] Epochenweise Positionsbestimmung mit Hilfe der GPS-Code- und Phasenmessungen ohne Verwendung von Information über die Bewegung des Satelliten, siehe Abschn. 4.

Aus den bisherigen Ausführungen dieses Abschnittes könnte man schliessen, dass Bahnbestimmung mit LASER-Distanzmessungen im einundzwanzigsten Jahrhundert nicht mehr nötig ist. Abschn. 9 zeigt, dass die SLR-Beobachtungstechnik für die Validierung von GNSS-Bahnen und für die Bestimmung der tiefsten Terme des Gravitationsfeldes, insbesondere für die Geozentrumsbestimmung, unabdingbar nötig ist.

Die Struktur moderner Gravitationsfeldbestimmung kann damit wie folgt fixiert werden:

- Vom IGS oder von einem seiner Analysezentren werden täglich die Bahnkoordinaten und Satellitenuhrkorrekturen aller GNSS-Satelliten übernommen.
- Mit den GNSS-Bahnen und -Uhrkorrekturen werden kinematische Bahnen von tieffliegenden Satelliten LEOs mit PPP bestimmt.
- Die kinematischen LEO-Positionen dienen als Pseudobeobachtungen bei der Gravitationsfeldbestimmung mit GNSS.
- Die kinematischen Positionen werden in einem reinen Bahnverbesserungsprozess in einem bekannten Gravitationsfeld auch zur Erzeugung einer rein deterministischen A-priori-Bahn verwendet.

Die Gravitationsfeldbestimmung kann also in übersichtliche Teilprobleme unterteilt werden. Diese Strukturierung hat den Vorteil, dass man für die Lösung einer jeden Teilaufgabe auf die Produkte von Spezialisten zugreifen kann und dass sich Institutionen ohne Expertise in GNSS-Bahnbestimmung direkt mit Bahn- und Gravitationsfeldbestimmung befassen können. Auf diesem Rezept beruhte beispielsweise der Erfolg der in das EGM2008 eingeflossenen GRACE-Lösung [27].

Vom mathematischen Standpunkt aus gesehen ist die in diesem Abschnitt entwickelte Strukturierung der Gravitationsfeldbestimmung nicht optimal. Besser wäre es, alle Beobachtungen in einem Analyse-Schritt zu bestimmen. Damit stellt man sicher, dass überall die gleichen Modelle verwendet werden. Dieser puristische Ansatz ist aber in einem operationellen Umfeld problematisch, da sich z. B. eine Fehlersuche sehr aufwendig gestaltet. Zudem können sich nur grosse Institutionen mit viel Erfahrung und einer soliden Infrastruktur auf ein solches Vorgehen einlassen. Die in diesem Abschnitt schon erwähnten EIGEN-Modelle sind ein gutes Beispiel für die alternative Strukturierung.

3 Mathematische Prinzipien der Gravitationsfeldbestimmung

Wir befassen uns nun mit der mathematischen Bewältigung des verallgemeinerten Bahnbestimmungsproblems. Wir lassen uns von René Descartes (1596–1650) leiten [13] und stellen den Lösungsweg und nicht die Resultate in den Vordergrund. Dieser Standpunkt ist in unserer Zeit etwas in den Hintergrund getreten: Methoden werden lediglich als Werkzeuge zur Lösung der den ernsthaften Wissenschaftler bewegenden Menschheits-relevanten Fragen betrachtet. Dieser Abschnitt zeigt hoffentlich, dass die Diskussion des Lösungsweges zentral für das Verständnis eines Problems ist.

Die Bahnbestimmung mit einem Vorrat von Beobachtungen ist der Prototyp aller Aufgaben, die wir in unserem Kapitel behandeln. Bahnbestimmung ist eine nichtlineare Aufgabe. Um sie zu lösen, müssen die Bewegungsgleichungen gemäss Abschn. 3.1 linearisiert werden. Voraussetzung zur Lösung der linearisierten Aufgabe ist die „fehlerfreie“ Lösung der Bewegungsgleichungen gemäss Abschn. 3.2.

3.1 Linearisierung der Aufgabe

Der geozentrische Positionsvektor $\mathbf{r}(t)$ des Schwerpunktes eines Satellitenkörpers ist für jeden Zeitpunkt t eine Lösung der Bewegungsgleichungen. Letztere werden üblicherweise als Differentialgleichungen zweiter Ordnung geschrieben, die auf den Newtonschen Prinzipien und auf seinem Gesetz der universellen Gravitation [29] beruhen. Diese Gleichungen werden ergänzt durch Terme, die die Einflüsse der speziellen und allgemeinen Relativitätstheorie erfassen [2]. Die so ergänzten Bewegungsgleichungen werden auch parametrisierte nach-Newtonische Gleichungen, *parameterized post Newtonian equations*, genannt.

Generisch wird der Positionsvektor $\mathbf{r}(t)$ zur Zeit t als Linearkombination der Lösung $\mathbf{r}_0(t)$ zum Zeitpunkt t der Bewegungsgleichungen mit bekannten Anfangsbedingungen $\mathbf{r}_0 \doteq \mathbf{r}(t_0)$ und $\mathbf{v}_0 \doteq \dot{\mathbf{r}}(t_0)$ zu einer wählbaren Ausgangsepoche t_0 und der partiellen Ableitungen des Ortsvektors $\mathbf{r}_0(t)$ nach allen Parametern geschrieben:

$$\mathbf{r}(t) \doteq \mathbf{r}_0(t) + \sum_{i=1}^{n_{par}} \frac{\partial \mathbf{r}_0(t)}{\partial p_i} (p_i - p_{0i}) \ . \tag{8}$$

Die A-priori-Bahn, in dem Zusammenhang auch Referenzbahn genannt, sollte als Funktion der Zeit und aller sie definierenden Parameter verstanden werden:

$$\mathbf{r}_0(t) \doteq \mathbf{r}(t; p_{01}, p_{02}, \ldots, p_{0,n_{par}}) \ , \tag{9}$$

wobei sechs der Parameter Orts- und Geschwindigkeitsvektor zur Zeit t_0, also $\mathbf{r}_0(t_0)$ und $\mathbf{v}_0(t_0)$, beschreiben und die übrigen das Feld der auf den Satelliten wirkenden Kräfte. Die Lösung der Bewegungsgleichungen zu gegebenen Anfangsbedingungen ist Inhalt von Abschn. 3.2, die Berechnung der partiellen Ableitungen der Referenzbahn nach ihren Parametern wird in Abschn. 3.4 thematisiert. In Abschn. 3.3 werden Überlegungen zur Bogenlänge angestellt.

3.2 Die Bewegungsgleichungen

Es ist kaum möglich, die Beobachtungen zu einem Satelliten über lange Zeit, z. B. über Jahre, durch *einen* Satz von Anfangsbedingungen zu beschreiben. Die Bahn eines Satelliten muss daher in Bahnbögen, kurz Bögen, unterteilt werden. Jeder Bogen wird durch eine Anfangs- und eine Endzeit beschrieben.

Bei vielen Aufgaben tritt simultan mehr als ein Satellit auf, beispielsweise bei der Bahnbestimmung aller GNSS-Satelliten oder bei der Bahn- und Gravitationsfeldbestimmung für Satellitenpaare wie GRACE. Daher wird hier der Fall von zwei Satelliten behandelt. Die Verallgemeinerung auf mehr als zwei Satelliten ist dann im Prinzip einfach. Über die Parameter und ihre Reihenfolge bei der Parameterbestimmung sei wie folgt verfügt:

- Es seien $p_{j1}, p_{j2}, \ldots, p_{j6}, j = 1, 2$ die Parameter, die die Anfangsbedingungen der beiden Satelliten definieren.
- Bei den dynamischen Parametern, welche die auf die Satelliten wirkenden Kräfte beschreiben, unterscheiden wir:
  - Skalierungsparameter $q_i, i = 1, 2, \ldots, d$ von allgemeinen, auf alle Satelliten wirkenden Kräften,
  - Skalierungsparameter $q_{ji}, i = 1, 2, \ldots, d'$ von Satelliten- und Bogen-spezifischen Parametern, vornehmlich von empirischen Modellparametern.

Die Gravitationsfeldparameter C_{nm} und S_{nm} sind typische Vertreter dynamischer Parameter erster Art, konstante und periodische Terme in vorgegebenen Richtungen, auch als empirische Terme bezeichnet, sind typische Vertreter dynamischer Parameter zweiter Art. Die empirischen Terme werden zum Beispiel in radialer Richtung R, normal zur Bahnebene W und senkrecht zu R in der Bahnebene, ungefähr in Bewegungsrichtung S aufgesetzt [2].

Die Bewegung zweier Satelliten in simultanen Bögen,[14] gekennzeichnet durch die Indices $j = 1, 2$ kann durch ein Anfangswertproblem zu einer wählbaren Ausgangsepoche t_0 beschrieben werden:

$$\begin{aligned} \ddot{\mathbf{r}}_j &= -GM\frac{\mathbf{r}_j}{r_j^3} + \mathbf{g}_j(t, \mathbf{r}_j, \dot{\mathbf{r}}_j, q_1, \ldots, q_d, q_{j1}, q_{j2}, \ldots, q_{jd'}) \doteq \mathbf{f}_j \\ \mathbf{r}_j(t_0) &= \mathbf{r}(t_0; a_{j0}, e_{j0}, i_{j0}, \Omega_{j0}, \omega_{j0}, u_{j0}) \\ \dot{\mathbf{r}}_j(t_0) &= \dot{\mathbf{r}}(t_0; a_{j0}, e_{j0}, i_{j0}, \Omega_{j0}, \omega_{j0}, u_{j0}), \qquad j = 1, 2. \end{aligned} \tag{10}$$

$\mathbf{g}_j(\ldots)$ ist die Störbeschleunigung, $\mathbf{f}_j(\ldots)$ die totale auf den Satelliten j wirkende Beschleunigung. Die erste der Gleichungen ist die `Bewegungsgleichung`, die letzten beiden legen den `Zustandsvektor` zur Zeit t_0 fest, je für die Bögen

[14] Bögen innerhalb des gleichen Zeitintervalls.

$j = 1, 2$. Beide Zustandsvektoren haben sechs Elemente, die Komponenten der Orts- und Geschwindigkeitsvektoren $\mathbf{r}_j(t_0)$, $\dot{\mathbf{r}}_j(t_0)$ zur Ausgangsepoche t_0.

Wir haben angenommen, dass dieser Vektor zur Epoche t_0 durch die oskulierenden Bahnelemente[15] festgelegt wird. Dabei stellen a die grosse Halbachse, e die numerische Exzentrizität, i die Neigung gegen die Äquatorebene, Ω die Rektaszension des aufsteigenden Knotens, ω das Argument des Perigäums, und u das Argument der Breite zur Zeit t_0 dar. Abb. 6 illustriert die Bahnelemente und die geozentrischen Orts- und Geschwindigkeitsvektoren.

Wir nehmen an, dass die Bewegungsgleichungen (10) im Inertialsystem ICRS gelöst werden. Das verwendete System und dessen Realisierung werden wir anhand der konkreten Aufgaben einführen.

Bei jeder Bahn- und/oder Gravitationsfeldbestimmung müssen die Anfangswertprobleme Gl. (10) für jeden Bahnbogen eines jeden Satelliten so genau gelöst werden, dass durch die Lösungsmethode selber keine Fehler eingeführt werden. Bei Verwendung von GNSS-Observablen oder von GNSS-bestimmten LEO-Positionen heisst dies, dass die Aufgabe Gl. (10) mm-genau gelöst werden muss. Werden zusätzlich μm-genaue Distanzmessungmessungen zwischen den Satelliten verwendet, ist die Genauigkeitsanforderung entsprechend höher.

Bei derart hohen Genauigkeitsanforderungen bietet sich die numerische Lösung der Anfangswertaufgabe Gl. (10) an. In [6] wurde gezeigt, dass mit genauen Methoden [2, Bd. 1, Kap. 7] alle Anforderungen erfüllt werden können.

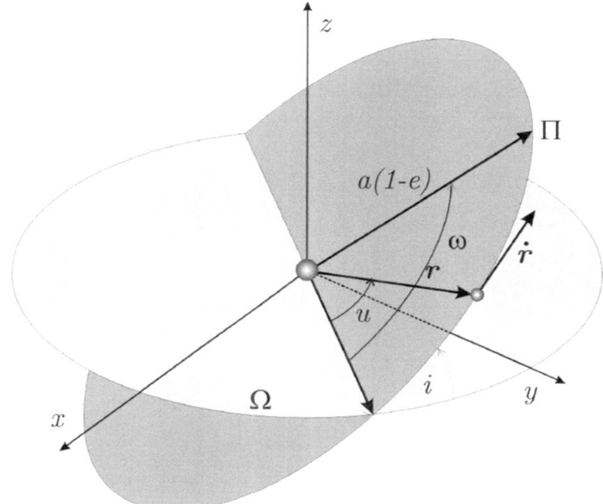

Abb. 6 Positions- und Geschwindigkeitsvektoren eines Satelliten sowie zugehörige oskulierende Bahnelemente; Π stellt das Perigäum dar

[15] Die oskulierenden Bahelemente zu einer Zeit t werden aus den Orts- und Geschwindigkeitsvektoren zu dieser Zeit nach den Formeln des Zweikörperproblems berechnet.

3.3 Kurze Bögen und empirische Parameter

Ein Satz von oskulierenden Bahnelementen könnte im Prinzip einen sehr langen Bahnbogen, zum Beispiel einen von mehreren Tagen Dauer, beschreiben. Die Strategie langer Bögen hat sich bei der Bahn- und Gravitationsfeldbestimmung im zwanzigsten Jahrhundert bewährt: Die Bahnen kugelförmiger Satelliten in mittleren Bahnhöhen konnten mit nur sehr wenigen nicht-gravitativen Parametern über lange Zeiträume, typischerweise über eine Woche oder sogar mehrere Wochen, beschrieben werden. Abb. 7 zeigt den im Jahr 1976 gestarteten Satelliten LAGEOS 1. LAGEOS 2 ist baugleich, wurde 1992 gestartet, hat etwa die gleiche Umlaufszeit, bewegt sich aber in einer Bahn mit einer Neigung von $i \approx 52.64°$ gegen die Äquatorebene. Dank einer Bahnhöhe von fast 6000 km ist der Luftwiderstand für die Lageos-Satelliten praktisch vernachlässigbar und der Strahlungsdruck wirkt dank der kugelförmigen Oberfläche fast exakt längs der Verbindungslinie Sonne$\rightarrow$Satellit. Zur Bahn- und Gravitationsfeldbestimmung mit den LAGEOS Satelliten werden im ILRS typischerweise Bahnbögen von einer Woche angesetzt, was etwa 46 Umläufen der Satelliten entspricht. Für GNSS-Satelliten hat sich aus praktischen Erwägungen eine Bogenlänge von einem Tag, etwa zwei Umläufen der GNSS-Satelliten entsprechend, durchgesetzt. Die kurze Bogenlänge ist auch durch die Schwierigkeiten der Strahlungsdruckmodellierung bedingt: Mit A/m $\approx$ 0,02 m^2/kg ist der Quotient Querschnittsfläche zu Masse bei GNSS-Satelliten etwa dreissig mal grösser als bei den LAGEOS-Satelliten; zudem erschwert eine komplexe Satellitenoberfläche die Analyse. Auf der positiven Seite ist die Bahnhöhe von etwa 20.000 km zu vermerken, die nur die Modellierung des Stahlungsdrucks, direkt sowie indirekt durch reflektierte und re-emitierte Strahlung von Erde und Mond, als nicht-gravitative Störbeschleunigung erfordert.

Abb. 7 LAGEOS 1, Durchmesser 60 cm, Masse m = 407 kg, Querschnittfläche (A), A/m = 0,0007 m^2/kg, Umlaufszeit $\approx$225 Min, Neigung $i \approx 109{,}84°$ http://www.nasa.gov/multimedia/imagegallery/image_feature_2502.html (image credits to NASA)

Satelliten wie CHAMP, GRACE und GOCE haben, wie die GNSS-Satelliten, verglichen mit kugelförmigen Satelliten komplexe Oberflächenstrukturen. Zudem fliegen sie – im Gegensatz zu GNSS- und LAGEOS-Satelliten – in extrem niedrigen Höhen von einigen hundert Kilometern, weshalb für moderne Gravitationsfeldmissionen der Luftwiderstand die dominierende nicht-gravitative Störkraft ist. Alle diese Satelliten sind mit Akzelerometern ausgerüstet, die die nicht-gravitativen Störbeschleunigungen (genauer: deren Änderungen im Laufe der Zeit) im Satelliten messen. Rein theoretisch wäre man also bei der Analyse dieser Missionen in der gleichen komfortablen Situation wie bei LAGEOS: Die nicht-gravitativen Kräfte sollten nur mit wenigen Parametern modelliert werden können.

In der Praxis hat sich dieses Konzept aber als sehr schwierig durchsetzbar erwiesen, da Akzelerometermessungen nicht fehlerfrei sind und ein eher kompliziertes spektrales Verhalten zeigen. Problematisch ist insbesondere die Langzeitstabilität. Eine Akkumulation solcher Fehler in den Bahnen kann vermieden werden, wenn man die Bogenlängen auf 15 Minuten bis 30 Minuten begrenzt, was *de facto* einem Einführen von sechs neuen Unbekannten für jeden Bogen entspricht. Die Fehler in den Akzelerometer-Messungen können so durch die Anfangsbedingungen der kurzen Bögen aufgefangen werden. Man kann mit der Zahl der eingeführten Hilfsunbekannten etwas sparsamer umgehen, wenn man momentante Geschwindigkeitsänderungen Δv_{Rl}, Δv_{Sl} und Δv_{Wl} in vorgegebenen Richtungen $\mathbf{e}_R$, $\mathbf{e}_S$, $\mathbf{e}_W$ zu wählbaren Epochen t_{pl}, $l = 1, 2, \ldots, n_s$ zulässt. Wir wollen die Geschwindigkeitsänderungen oder Pulse in radialer Richtung (R), normal zur momentanen Bahnebene (W) und (bei kreisförmigen Bahnen) in Bewegungsrichtung (S) ansetzen. Dies hat den Vorteil, dass man zum Beispiel selektiv nur Pulse in S-Richtung aufsetzen kann. Die Komponente in Bewegungsrichtung ist, wegen der Dynamik der Bewegung, am schwierigsten zu modellieren. Mit diesem Konzept lassen sich Bogenlängen von einem Tag, etwa 16 Umläufen entsprechend, problemlos realisieren. Im nächsten Anschnitt werden wir die partiellen Ableitungen nach den Pulsen darstellen als Linearkombination der partiellen Ableitungen nach den oskulierenden Bahnelementen.

3.4 Variationsgleichungen

Bahn- und Gravitationsfeldbestimmung beruht auf der Linearisierung (8). Man muss nicht nur das Anfangswertproblem (10) lösen, sondern auch die partiellen Ableitungen der Bahn nach den sie definierenden Parametern berechnen. Bislang haben wir die oskulierenden Bahnelemente, dynamische Parameter, bogen-spezifische und generelle, sowie Pulse als Unbekannte der Aufgabe identifiziert. Sie seien einheitlich bezeichnet und wie folgt angeordnet:

$$\begin{aligned}&\{p_{j1}, p_{j2}, \ldots, p_{j,6+d+d'+3n_s}\} \doteq \\ &\{a_j, e_j, i_j, \Omega_j, \omega_j, u_{j0}, q_1, \ldots, q_d, q_{j1}, \ldots, q_{jd'}, \\ &\Delta v_{jR_1}, \Delta v_{jR_2}, \ldots, \Delta v_{jR_{n_s}}, \Delta v_{jS_1}, \Delta v_{jS_2}, \ldots, \Delta v_{jS_{n_s}}, \Delta v_{jW_1}, \Delta v_{jW_2}, \ldots, \Delta v_{jW_{n_s}}\}.\end{aligned} \tag{11}$$

Jeder Bogen j ist somit durch sechs oskulierende Elemente, durch d generelle, durch d' Bogen-spezifische dynamische Parameter und durch maximal $3 \cdot n_s$ Pulse charakterisiert.

Führt man zur Abkürzung das Symbol

$$\mathbf{z}_{jk}(t) \doteq \frac{\partial \mathbf{r}_{0j}(t)}{\partial p_{jk}} \tag{12}$$

ein, wobei der Index „0" andeutet, dass die Ableitungen an der Stelle der A-priori-Bahn genommen werden muss und k für den Parameter mit Nummer k steht, erhält man durch Ableiten der Gl. (10) nach den Parametern Differentialgleichungen für die partiellen Ableitungen Gl. (12):

$$\begin{aligned}
\ddot{\mathbf{z}}_{jk} &= \mathbf{A}_{j0} \cdot \mathbf{z}_{jk} + \mathbf{A}_{j1} \cdot \dot{\mathbf{z}}_{jk} + \frac{\partial \mathbf{f}_{j0}}{\partial p_{jk}} \\
\mathbf{z}_{jk}(t_0) &= \frac{\partial}{\partial p_{jk}} \left\{ \mathbf{r}(p_{j0,1}, p_{j0,2}, \ldots, p_{j0,6+d+d'+3n_s}) \right\} \doteq \frac{\partial \mathbf{r}_{j0}}{\partial p_{jk}} \\
\dot{\mathbf{z}}_{jk}(t_0) &= \frac{\partial}{\partial p_{jk}} \left\{ \dot{\mathbf{r}}(p_{j0,1}, p_{j0,2}, \ldots, p_{j0,6+d+d'+3n_s}) \right\} \doteq \frac{\partial \dot{\mathbf{r}}_{j0}}{\partial p_{jk}} .
\end{aligned} \tag{13}$$

Die Gl. (13) heissen `Variationsgleichungen`. Sie können auch bei Parameterbestimmungsproblemen, die eine gemeinsame Verarbeitung der Daten mehrerer Satelliten erfordern, einzeln gelöst werden. Sie sind einer Referenzbahn zugeordnet und spielen in der Bahn- und Gravitationsfeldbestimmung, aber auch bei Untersuchungen zur Stabilität dynamischer Systeme eine zentrale Rolle. Die (3×3) Matrizen $\mathbf{A}_{j0}$ and $\mathbf{A}_{j1}$ sind definiert durch:

$$A_{j0[ll']} = \frac{\partial f_{j0_l}}{\partial r_{j0_{l'}}}, \quad A_{j1[ll']} = \frac{\partial f_{j0_l}}{\partial \dot{r}_{j0_{l'}}} , \; l = 1,2,3 \; , l' = 1,2,3, \tag{14}$$

wobei f_{j0_l} die Komponente l des Beschleunigungsvektors $\mathbf{f}_{j0}$ in den Bewegungsgleichungen (10) darstellt. Die Anfangswerte $\mathbf{z}_{jk}(t_0)$ und $\dot{\mathbf{z}}_{jk}(t_0)$ sind Null für alle dynamischen Parameter. Ist hingegen p_{jk} ein oskulierendes Bahnelement oder ein Puls, sind die Ableitungen von $\mathbf{f}_{j0}$ nach diesem Parameter gleich Null. Die Matrizen $\mathbf{A}_{j0}$ und $\mathbf{A}_{j1}$ sind für alle Parameter dieselben. Treten keine geschwindigkeitsabhängigen Beschleunigungen auf, gilt $\mathbf{A}_{j1} = \mathbf{0}$.

Die jedem Parameter und jedem Bahnbogen zugeordneten Variationsgleichungen bilden ein lineares Differentialgleichungssystem der Ordnung 2 und der Dimension 3.

Die sechs partiellen Ableitungen nach den Bahnelementen bilden ein vollständiges System von Lösungen, d. h. jede Lösung des homogenen Systems kann als Linearkombination dieser sechs Lösungen geschrieben werden. Die Koeffizienten solcher Linearkombinationen sind konstant. Auch die partiellen Ableitungen nach den Pulsen können als Linearkombination der sechs partiellen Ableitungen nach den oskulierenden Bahnelementen dargestellt werden. Damit reduziert sich die Zahl der tatsächlich durch numerische Integration zu lösenden Variationsgleichungen auf sechs plus der Anzahl dynamischer Parameter.

Nach der Theorie linearer Differentialgleichungssysteme kann jede Lösung des inhomogenen Systems dargestellt werden als Linearkombination der Lösungen der sechs homogenen Gleichungen

$$\begin{aligned} \mathbf{z}_{jk}(t) &= \sum_{m=1}^{6} \alpha_{jkm}(t)\, \mathbf{z}_{jm}(t) \\ \dot{\mathbf{z}}_{jk}(t) &= \sum_{m=1}^{6} \alpha_{jkm}(t)\, \dot{\mathbf{z}}_{jm}(t), \end{aligned} \tag{15}$$

wobei die Koeffizienten $\alpha_{jkm}(t)$ Funktionen der Zeit sind. Man kann zeigen, dass jedes $\alpha_{jkm}(t)$ für jeden Zeitpunkt t ein bestimmtes Integral in den Grenzen $[t_0, t]$ darstellt. Alle Integrale können unabhängig voneinander gelöst werden – falls man die Referenzbahnen $\mathbf{r}_{0j}(t)$ kennt. Da die numerische Berechnung von Integralen, auch numerische Quadratur genannt, deutlich effizienter ist als die numerische Lösung von Differentialgleichungssystemen, ist diese strukturierte Lösung der Variationsgleichungen von einem bedeutenden Effizienzgewinn begleitet. Das Thema Variationsgleichungen in der Himmelsmechanik findet man vertieft in [2, Kap. 5] dargestellt, die Anwendung auf die neuen Gravitationsfeldmissionen in [6] und [7].

4 Beobachtungsgleichungen

Der Ausdruck `Beobachtung` setzt in der Himmelsmechanik die Existenz eines oder mehrerer Beobachter und mindestens eines beobachteten Himmelskörpers voraus. Um die Begriffe zu fixieren, betrachten wir den einfachsten Fall eines Beobachters und eines beobachteten Himmelskörpers. Die meisten Beobachtungen in der Satellitengeodäsie sind einfache Funktionen der relativen Position $\mathbf{D}(t) = \mathbf{r}(t) - \mathbf{R}(t)$ des Himmelskörpers mit geozentrischem Ortvektor $\mathbf{r}(t)$ und des Beobachters mit geozentrischem Ortsvektor $\mathbf{R}(t)$ zu einem bestimmten Zeitpunkt t. Dass sich die Zeitpunkte für Beobachter und beobachtetes Objekt wegen der Lichtlaufzeiten der Signale „leicht" unterscheiden können, ist im konkreten Fall wichtig, für unsere generelle Betrachtung aber nicht von Bedeutung. Die Funktion o wird auch `Observable` genannt:

$$o \doteq o(\mathbf{D}(t)) \doteq o(\mathbf{r}(t) - \mathbf{R}(t)). \tag{16}$$

Die Gl. (16) beschreibt sowohl Beobachtungen von der Erde aus, wenn $\mathbf{R}(t)$ der Ortsvektor eines terrestrischen Observatoriums ist, als auch Distanzmessungen zwischen Satelliten, wenn $\mathbf{R}(t)$ der geozentrische Ortsvektor eines andern Satelliten ist. Bezeichnen wir die Beobachtung (Messung) selber mit o' folgt unmittelbar die nicht-lineare Beobachtungsgleichung:

$$o - o' = v, \tag{17}$$

wobei v für das Residuum der Beobachtung steht. Da o gemäss Gl. (16) zunächst eine Funktion des Differenzenvektors $\mathbf{D}(t)$ ist und dieser eine Funktion von $\mathbf{r}(t)$, und damit eine Funktion von allen Parametern der Bahn, hat die linearisierte Beobachtungsgleichung unter Anwendung der Kettenregel von Ableitungen die folgende Gestalt:

$$\sum_{k=1}^{n_{par}} [\nabla \mathbf{D} \times \mathbf{z}_k(t)] \; \Delta p_k - \left\{ o' - o(p_{10}, p_{20}, \ldots, p_{n_{par},0}) \right\} = v. \tag{18}$$

Dabei ist $\nabla \mathbf{D}$ der (Orts-)Gradient des relativen Ortsvektors vom Beobachter zum beobachteten Objekt, [...] stellt das Skalarprodukt dieses Gradienten mit der partiellen Ableitung der Bahn nach dem k-ten Bahnparameter, {...} das `Absolutglied` (englisch `observed-computed`) der linearen Parameterbestimmungsaufgabe dar. Müssen Parameter geschätzt werden, die Funktionen von $\mathbf{R}$ sind (wie im Falle von Distanzmessungen zwischen Satelliten), ist die Beobachtungsgleichung (18) entsprechend zu verallgemeinern.

Wir lassen in diesem Abschnitt zum Abschluss kurz SLR-Distanzbeobachtungen, GNSS-Beobachtungen, LEO-Pseudobeobachtungen, Messungen zwischen Satelliten und Akzelerometerbeobachtungen Revue passieren.

SLR-Beobachtungen: Gravitationsfeldbestimmung beruhte im 20. Jahrhundert zu einem grossen Teil auf Beobachtungen künstlicher Erdsatelliten, die von Observatorien auf der Erde aus gemacht wurden. Während in den ersten Jahren der Satellitengeodäsie, in den 1960er-Jahren, vor allem astrometrische Richtungen [2] beobachtet wurden, wurden danach fast ausschliesslich Distanzen zwischen Observatorien und Satelliten gemessen.

Die Genauigkeit der Distanzmessungen, resultierend aus Laufzeitmessungen kurzer LASER-Pulse von einem Observatorium zu einem Satelliten und zurück, war anfänglich im 1-m-Bereich, heute liegt sie im Bereich weniger mm.

Abb. 8 zeigt eine Beobachtung mit dem 1-m-Teleskop des Observatoriums in Zimmerwald. Beim grünen Strahl handelt es sich effektiv nicht um den LASER-Puls, sondern um dessen Rückstreulicht in der Atmosphäre. Da die Laufzeit des Signals als Differenz des am Satelliten reflektierten und des ausgesandten Laser-Pulses mit der Stationsuhr des Observatoriums gemessen wird, beeinflussen Uhrfehler die Messgrösse kaum: die Änderung des Uhrfehlers während der Laufzeit des Signals kann vernachlässigt werden. Die Synchronisation der Stationsuhr relativ zu einer einheitlichen Zeitskala, z. B. UTC oder GPS-Zeit, auf deutlich weniger als 1 μs, während der sich selbst ein tief fliegender Satellit relativ zu einem Observatorium höchstens um wenige mm bewegt, ist heute mit GNSS-Zeitempfängern leicht zu bewerkstelligen. Weltweit gibt es etwa 30–40 regelmässig, genau und zuverlässig arbeitende SLR-Stationen. Ihr Einsatz wird vom ILRS [31] koordiniert.

Die SLR-Technik ist vergleichsweise `absolut`: Die Änderung der Laufzeit von Signalen in der Erdatmosphäre kann im optischen Spektralbereich mit einfachen

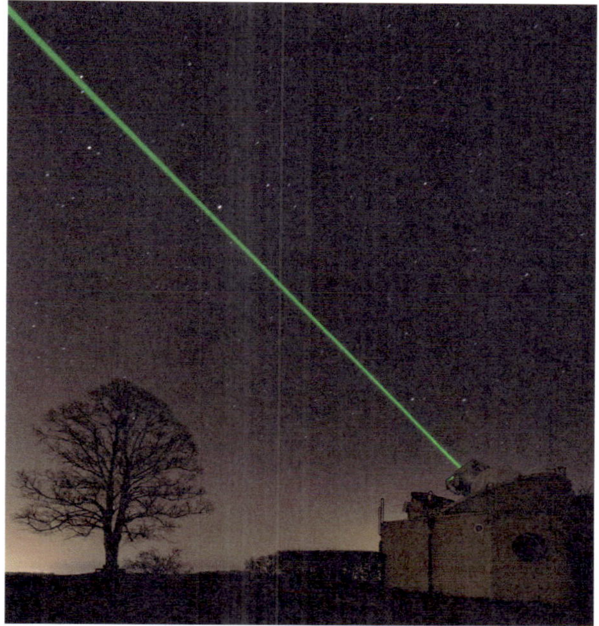

Abb. 8 Laser-Beobachtung auf der Fundamentalstation Zimmerwald (Schweiz); Aufnahme Dr. Peter Schlatter (AIUB)

meteorologischen Messungen von Druck, Temperatur und Feuchtigkeit genau erfasst werden. SLR misst wirklich eine Distanz und nicht nur eine Distanzänderung. Diese Eigenschaften machen SLR zu einem wichtigen Kalibrierungs-Instrument für GNSS-Messungen. Mehr dazu in Abschn. 9.

GNSS-Beobachtungen: Abb. 9 illustriert die Prinzipien der Navigation und der Zeitsynchronisation mit GNSS am Beispiel eines Empfängers auf einem LEO. Messgrösse ist die `Pseudodistanz` (englisch `pseudorange`), die mit der Lichtgeschwindigkeit c multiplizierte Differenz der Ablesungen der Empfängeruhr zum Zeitpunkt t des Signalempfangs und der Satelliten-Uhr zum Zeitpunkt $t - \rho^j/c$ der Emission des Signals. ρ ist die Distanz zwischen Beobachter und Satellit zu den erwähnten Zeiten. Die Signale werden durch `Codes` realisiert, welche den kontinuierlich von den Satelliten in Richtung Erde ausgesandten Trägerwellen durch Phasenmodulation überlagert sind. Vom Empfänger werden die Codes von n_e GNSS-Satelliten simultan beobachtet. Damit stehen quasi-gleichzeitig n_e Pseudodistanzen zur Verfügung:

$$c(t - t^j) = |\mathbf{r}^j(t - \rho^j/c) - \mathbf{R}(t)| + c(\Delta t - \Delta t^j) + \varepsilon_C \ , \ j = 1, 2, \ldots, n_e, \quad (19)$$

wobei $\mathbf{r}^j(\ldots)$ für die Position des GNSS-Satelliten j und $\mathbf{R}(t)$ für die Empfängerposition steht; ε_C stellt den Messfehler der Pseudodistanz dar. Bei den für alle Nutzer offenen Codes ist die Genauigkeit von der Grössenordnung $\varepsilon_C \approx 0.5 - 1\,\mathrm{m}$. Für wissenschaftliche Anwendungen wird zusätzlich die Phase ϕ^j des zur

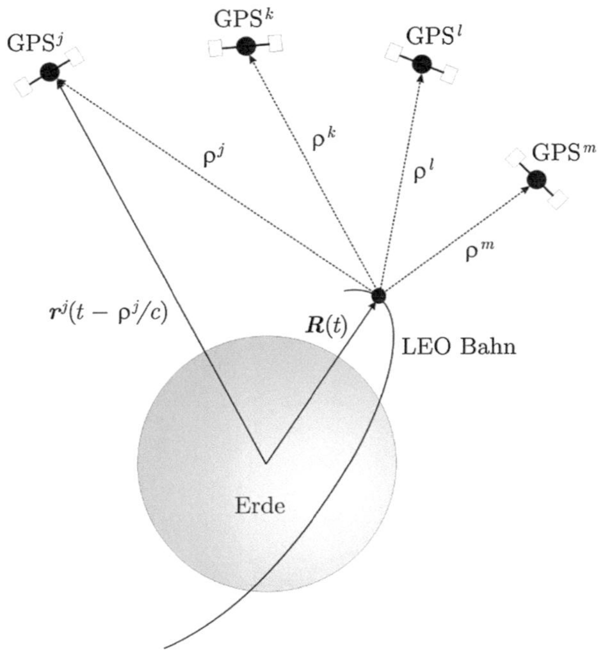

Abb. 9 Navigation und der Zeitsynchronisation mit GNSS

Zeit t beim Empfänger gemessenen Satellitensignals relativ zur Phase ϕ_R der Empfängeruhr rekonstruiert. Multipliziert man diese Differenz mit der Wellenlänge λ der Trägerwelle, erhält man wiederum die Pseudodistanz, aber nicht absolut, sondern nur relativ zu einem Ausgangszeitpunkt:

$$\lambda\,(\phi_R - \phi^j) = |\mathbf{r}^j\,(t - \rho^j/c) - \mathbf{R}(t)| + c(\Delta t - \Delta t^j) + N^j\,\lambda + \varepsilon_\phi\;,\; j = 1, 2, \ldots, n_e, \tag{20}$$

wobei ε_ϕ den Messfehler der (mit λ multiplizierten) Phasenmessung darstellt. Es gilt

$$\varepsilon_\phi \approx \varepsilon_C/100 \approx 1\,\text{mm}\;-1\,\text{cm}\,. \tag{21}$$

Die Phasenmessung ist also mindestens 100 mal genauer als die Code-Messung, dafür hat sie den Zusatzterm $N^j\,\lambda$.

Den Term N^j in Gl. (20) nennt man die initiale Phasenmehrdeutigkeit, die als Unbekannte bestimmt werden muss. Für jeden GNSS-Satelliten j im Zeitintervall zwischen Auf- und Untergang des Satelliten muss nur ein N^j bestimmt werden, falls die Phase ohne Unterbrechung gemessen werden kann. Die Beobachtungsgleichungen (19) und (20) unterscheiden sich also *nur* im Zusatzterm $N^j\,\lambda$ bei den Phasenbeobachtungen und in der Messgenauigkeit.

Verwendet man die Code- und Phasenbeobachtungen eines Empfängers zusammen mit den von einer wissenschaftlichen Institution berechneten GNSS-Bahnen und -Uhrkorrekturen, lässt sich die Trajektorie eines Empfängers auf der Erdoberfläche oder im erdnahen Raum mit cm-Genauigkeit und die Synchronisation des Empfängers auf GNSS-Zeit im Bereich von Bruchteilen einer ns ($1\text{ns} = 10^{-9}\,\text{s}$) bestimmen.

Bei Empfängern auf der Erdoberfläche müssen die rechten Seiten der Gl. (19, 20) ergänzt werden um die ionosphärische Refraktion, die durch die freien Elektronen in der Hochatmosphäre verursacht wird, und die troposphärische Refraktion, die sich ihrerseits aus dem `trockenen` und dem `feuchten` Anteil zusammensetzt. Der trockene Anteil lässt sich mit einfachen Modellen sehr gut beschreiben. Der feuchte Anteil, verursacht durch eine Resonanz der Strahlung mit Wasserstoffmolekülen, muss für jede Station zeitaufgelöst in der Ausgleichung erfasst werden – was eine erhebliche Schwächung der Mikrowellenbeobachtungen und der daraus abgeleiteten Resultate darstellt. Die ionosphärische Refraktion kann durch Verwendung der ionosphärenfreien Linearkombination weitgehend eliminiert werden oder sie kann für jeden Zeitpunkt berechnet werden. Das ist möglich, weil GNSS-Satelliten die Signale auf mindestens zwei kohärenten Trägern unterschiedlicher Wellenlänge Richtung Erde schicken. Da sich die Ionosphäre von etwa 100 bis 1000 km oberhalb der Erdoberfläche erstreckt, muss bei der LEO-Bahnbestimmung je nach Bahnhöhe auch die ionosphärenfreie Linearkombination verwendet werden. Das war resp. ist der Fall für CHAMP, GRACE und GOCE.

Mit der Bestimmung genauer GNSS-Satellitenbahnen befassen wir uns in Abschn. 5.

LEO-Positionen als Pseudobeobachtungen: Die mit PPP [48] bestimmten LEO-Positionen bilden einen kinematischen Bahnbogen. Die kinematischen Positionen eignen sich zur Gravitationsfeldbestimmung, da zu ihrer Berechnung keine Annahmen über die Bewegung des *Low Earth Orbiters (LEO)* gemacht wurden. Die mit PPP bestimmten Positionen eines Bogens sind korreliert [21]. Bei der Verwendung der kinematischen Positionen müsste man genau genommen die Kofaktorenmatrix des PPP-Prozesses verwenden. In den Abschn. 6 und 7 werden wir diese Problematik kurz streifen.

Distanzmessungen zwischen Satelliten: Die Distanzmessung zwischen den GRACE-Satelliten respektive die Messung ihrer zeitlichen Variation mit der Mikrowellenverbindung ist sehr genau, im μm- resp. 0.1 μm/s-Bereich. Davon abgesehen handelt es sich bei diesem Messtypus um konventionelle satelliten-geodätische Observablen, wobei eine Funktion der Positionen und Geschwindigkeiten von zwei Satelliten (anstatt nur von einem) vermessen wird. Man hat also dafür zu sorgen, dass die relative Bahn der beiden Satelliten mit der erforderlichen Genauigkeit berechnet wird. Das Thema wird in Abschn. 8 vertieft.

Akzelerometer-Beobachtungen: Die CHAMP- und GOCE-Satelliten waren, die GRACE-Satelliten sind mit Akzelerometern ausgestattet, die im Innern des Satelliten die nicht-gravitativen Beschleunigungen messen.

Wären die Messungen absolut und fehlerfrei, wäre ihre korrekte Behandlung einfach: Man könnte aus den Akzelerometer-Messungen durch Interpolation kontinuierliche empirische Beschleunigungen herleiten, die bei der Lösung der Bewegungsgleichungen einfach als zusätzliche Störbeschleunigungen berücksichtigt werden. Nicht wenige Lösungen beruhen auf diesem Ansatz.

Da aber Akzelerometer nur Beschleunigungsänderungen messen können, muss pro Akzelerometer-Komponente mindestens eine additive Konstante, ein Offset, geschätzt werden. Wegen mangelhafter Langzeitstabilität müssen diese Offsets mehrmals pro Tag geschätzt werden oder die zeitliche Variation muss durch zusätzliche Parameter wie Drift, once-per-rev-Terme,[16] etc. erfasst werden.

Man kann die Akzelerometer-Messungen alternativ durch ein Modell beschreiben, z. B. mit stückweise konstanten Beschleunigungen in den Akzelerometerachsen, und aus den Akzelerometermessungen ein Normalgleichungssystem für die Akzelerometer-Modellparameter berechnen. Werden die gleichen Parameter auch im Bahn- oder Gravitationsfeldbestimmungsprozess als Unbekannte eingeführt, können beide Normalgleichungssysteme, das auf den kinematischen Positionen und das auf den Akzelerometermessungen beruhende, addiert und zusammen gelöst werden. Das Thema wird vertieft in [19] behandelt.

Die Erkenntnisse dieses Abschnittes fassen wir wie folgt zusammen:

- Bahnverbesserung ist eine nicht-lineare Parameterbestimmungsaufgabe, die schulmässig linearisiert werden muss.
- Gravitationsfeldbestimmung ist eine verallgemeinerte Bahnverbesserungsaufgabe, die durch Beobachtungsgleichungen vom Typ Gl. (8) beschrieben wird.
- Zu ihrer Lösung muss man für jeden Bogen eine Referenzbahn gemäss Gl. (8) und ihre partiellen Ableitungen nach allen Parametern berechnen.
- Durch iteratives Lösen der Bahnverbesserungsaufgabe Gl. (18) in einem vorgegebenen Gravitationsfeld erhält man die Referenzbahnen.
- Die partiellen Ableitungen $\mathbf{z}_k(t)$ der Bahn nach ihren Parametern erhält man durch Lösen der Variationsgleichungen.
- Wir haben die Parameter der Aufgabe eingeteilt in oskulierende Bahnelemente (sechs pro Bogen), Pulse und dynamische Parameter.
  - Die partiellen Ableitungen nach den oskulierenden Elementen werden durch simultane numerische Integration der entsprechenden Variationsgleichungen mit den Bewegungsgleichungen bestimmt.
  - Die partiellen Ableitungen aller übrigen Parameter werden als Linearkombinationen der sechs Ableitungen nach den oskulierenden Elementen geschrieben:
    - Für jeden Puls sind die sechs Koeffizienten dieser Linearkombination konstant.
    - Für dynamische Parameter sind die sechs Koeffizienten Funktionen der Zeit, die unabhängig voneinander durch numerische Quadratur berechnet werden können.

[16] Periodische Terme mit der Periode der Umlaufszeit des Satelliten.

5 Die Bahnen und Uhrkorrekturen der GNSS-Satelliten

Der IGS organisiert die permanente globale Beobachtung von GNSS-Satelliten sowie die Auswertung und Validierung der Beobachtungen. Über 400 GNSS-Empfänger liefern mindestens einmal täglich ihre Beobachtungen in zeitlichen Abständen von 30 s zu allen von ihnen aus sichtbaren GNSS-Satelliten an die IGS-Datenzentren.[17] Von dort werden die Daten, oder eine Teilmenge davon, von den IGS-Auswertezentren (AC) abgeholt. Abb. 10 zeigt das im März 2016 aktive Netz von über 400 Beobachtungsstationen. Das jeweils aktive IGS-Netz findet man im Internet.[18]

Die IGS-AC berechnen täglich die Bahnen und die Uhrkorrekturen aller aktiven GNSS-Satelliten. Diese werden in Produktlinien mit den Namen `Ultra-Rapid`, `Rapid` und `Final` gegliedert. Alle Produkte aller IGS-ACs werden vom *IGS Analysis Center Coordinator* (IGS-ACC) validiert und zu offiziellen IGS-Produkten kombiniert. Die kombinierten Ultra-Rapid-Produkte werden nach wenigen Stunden, die Rapid-Produkte nach 1–2 Tagen, die Final-Produkte nach etwa zwei Wochen ausgeliefert.[19] Hier werden nur die Final-Produkte, die Produkte bestmöglicher Qualität, besprochen.

Ursprünglich standen im IGS die rechtwinkligen Koordinaten der Satelliten und die Satelliten-Uhrkorrekturen im Vordergrund. Diese wurden in einem Raster

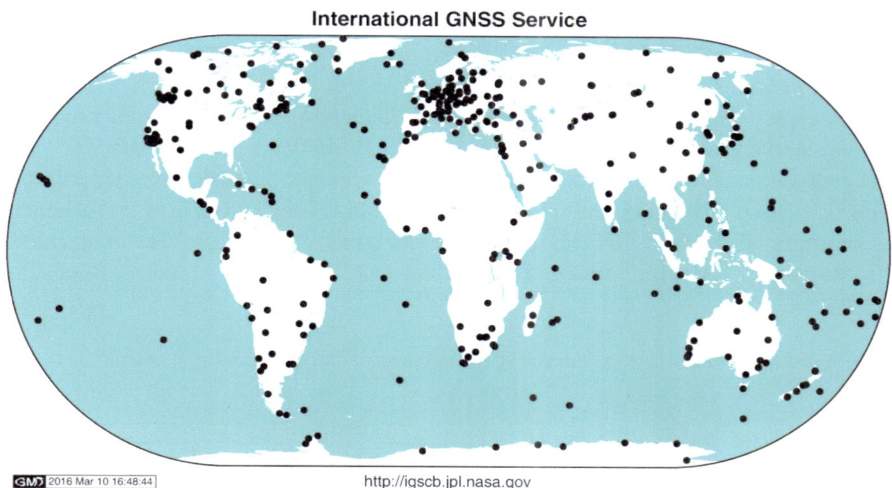

Abb. 10 Das globale IGS-Netz von Beobachtungsstationen (image credits to IGS)

[17] für spezielle Anwendungen wie die Echtzeitverarbeitung stehen von einer Teilmenge der IGS-Stationen auch 1 s Daten zur Verfügung.

[18] http://igs.org/network.

[19] http://igs.org/products.

von 15 min für jeden Tag in einer einzigen Datei zur Verfügung gestellt. Heute stehen die Satellitenuhren der Final-Produkte zusätzlich in einem Raster von 30 s in einer separaten Datei zur Verfügung. CODE stellt GPS-Satellitenuhren sogar im 5 s Raster zur Verfügung. Das ist für PPP-Anwendungen von Bedeutung, insbesondere für die LEO-Bahnbestimmung.

5.1 Genauigkeit der Bahnen

Tab. 2 charakterisiert die Genauigkeit der von CODE[20] bestimmten Bahnbögen. Die Tabelle gibt den Mittelwert der Beträge der vektoriellen Poitionsdifferenzen der zwei an die Tagesgrenze anstossenden Bögen für drei Zeitintervalle an – separat für GPS- und GLONASS-Bahnen und für Ein- und Dreitagesbögen. CODE verarbeitet die Daten jedes Tages einzeln, berechnet aber auch für jeden Tag eine Dreitageslösung,[21] was zu einer wesentlichen Verbesserung der Separierbarkeit der Parameter führt. GPS und GLONASS werden bei CODE seit 2002 täglich in einer korrekten kombinierten Ausgleichung verarbeitet. Von 2002 bis 2008 waren nur wenige GLONASS-Satelliten aktiv, von 2009 bis 2011 wurde das GLONASS durch die russischen Betreiber rasch aufgebaut und ab 2012 war GLONASS mit 24 Satelliten (8 pro Bahnebene) vollständig.

Tab. 2 zeigt, dass die Qualität der Eintagesbögen von GPS über die zwölf Jahre mit Differenzen von 65–72 mm an den Tagesgrenzen praktisch gleich blieb. Für GLONASS ist eine Steigerung der Genauigkeit um etwa einen Faktor 2 zu verzeichnen. Die Differenzen an den Tagesgrenzen sind bei Dreitagesbögen bei GPS um etwa einen Faktor 2 kleiner, bei GLONASS um einen Faktor von 3–4. Es ist typisch, dass ein schwächeres System von verlängerten Bahnbögen mehr profitiert als ein stärkeres System. GLONASS ist aus drei Gründen schwächer als GPS: (1) hat auch das vollständige System mit 24 deutlich weniger Satelliten als das GPS mit 30–31; (2) sind die Satelliten bei GLONASS in nur 3 und nicht in 6 Bahnebenen angeordnet, was bei GLONASS zu einer schlechteren räumlichen Verteilung führt; (3) waren bis 2013 nur etwa die Hälfte der von CODE verwendeten Beobach-

Tab. 2 Positionsdifferenzen in mm an den Tagesgrenzen, gemessen im Inertialsystem

System	Bogenlänge	2002–2008	2009–2011	2012–2013
GPS	1 Tag	72	65	68
GLO	1 Tag	218	115	110
GPS	3 Tage	41	28	32
GLO	3 Tage	72	31	31

[20] *Center for Orbit Determination in Europe*, eines der IGS-Analysezentren.

[21] Lösung unter Verwendung der Beobachtungen von drei aufeinanderfolgenden Tagen.

Tab. 3 Positionsdifferenzen in mm in radialer Richtung an den Tagesgrenzen

System	Bogenlänge	2000–2008	2009–2011	2012–2013
GPS	1 Tag	32	29	28
GLO	1 Tag	91	48	48
GPS	3 Tage	11	5	6
GLO	3 Tage	15	6	5

tungsstationen mit kombinierten GPS/GLONASS-Empfängern ausgestattet. Umso bemerkenswerter ist es, dass die Bahnqualität seit 2009 für GPS und GLONASS etwa gleich blieb.

Tab. 3 enthält die Positionsdifferenzen an den Tagesgrenzen in radialer Richtung. Die Differenzen in radialer Richtung sind um wesentlich mehr als einen Faktor $\sqrt{3}$ besser als die Werte in Tab. 2, welche die Beträge der gesamten Positionsdifferenzen zeigt. Einen Faktor $\sqrt{3}$ würde man erwarten, wenn alle Komponenten gleich genau bestimmbar wären, da in einem Dreitagesbogen dreimal mehr Beobachtungen als in einem Eintagesbogen zur Verfügung stehen. Bemerkenswert ist zudem, dass die Klaffungen bei den Dreitagesbögen bei GPS und GLONASS seit 2009 deutlich unter 1 cm liegen! Der Unterschied in der radialen und den übrigen Komponenten ist wichtig, da von SLR im Wesentlichen nur die Bahnqualität in radialer Richtung überprüft werden kann. Die Bahnkonsistenz der IGS-AC wird auch regelmässig vom IGS-ACC überprüft.[22] Dessen Werte sind sogar etwas kleiner, da es sich dort um die Mittelwerte der Bahndifferenzen über einen Tag handelt und nicht um Werte an den Tagesgrenzen wie in den Tab. 2 und 3.

5.2 Polbewegung und Tageslänge

Die IGS-AC verwenden die Beobachtungsgleichungen (19, 20). Diese sind Funktionen des Differenzenvektors $\mathbf{D} = \mathbf{r} - \mathbf{R}$ zu den Messzeiten. Bei der Parameterbestimmung kann man nicht mit Vektoren arbeiten, sondern mit den Komponenten dieser Vektoren in ein und demselben Koordinatensystem. Wählt man für diesen Zweck das Inertialsystem, müssen die im erdfesten System (praktisch) konstanten Stationskoordinaten $\mathbf{R}_E$ mit Hilfe der Erdrotationsparameter (ERP) ins inertiale System transformiert werden [39]:

$$\mathbf{R}_I = \mathbf{P}^T(t)\mathbf{N}^T(t)\mathbf{R}_3(-\Theta)\mathbf{R}_2(x)\,\mathbf{R}_1(y)\,\mathbf{R}_E, \qquad (22)$$

[22] http://acc.igs.org/.

wobei $\mathbf{P}(t)$ die Präzessionsmatrix ist, $\mathbf{N}(t)$ die Nutationsmatrix, $\mathbf{R}_2(x)\ \mathbf{R}_1(y)$ die Polschwankungsmatrix (bestehend aus partikulären Drehmatrizen um die zweite und erste Koordinatenachse mit den Komponenten x und y der Polschwankung als Drehwinkel), und $\mathbf{R}_3(-\Theta)$ die (Transponierte der) Sternzeitmatrix ist, eine partikuläre Drehmatrix um die dritte Koordinatenachse mit der wahren Sternzeit Θ in Greenwich als Drehwinkel, welche auch $UT1 - UTC$ enthält. Damit ist klar, dass die Beobachtungsgleichungen im Prinzip auch sensitiv sind bezüglich aller in der Gl. (22) vorkommenden Drehwinkel.

Die Polkoordinaten x und y sowie die erste Ableitung von $UT1 - UTC$,[23] die Tagelslängenvariation relativ zur konstanten Tageslänge einer gleichförmig rotierenden Erde, sind die ERP, die durch satellitengeodätische Methoden bestimmt werden können. Für $UT1-UTC$ selber und für alle Parameter der Präzessions- und Nutationsmatrizen benötigt man VLBI. Mehr zum Thema Transformation zwischen inertialem und erdfestem System ist im ► Kap. 7, „Erdrotation" zu finden.

Als 1992 erste Versuche zu einem IGS durchgeführt wurden, wollte man alle ERP vom IERS übernehmen. Das war aber nicht möglich: Weder standen die ERP zeitgerecht zur Verfügung, noch genügten sie bezüglich zeitlicher Auflösung (im IGS arbeitete man von Anfang an mit einer täglichen Auflösung) und Genauigkeit den Anforderungen der IGS-AC. Daher werden von den IGS-AC täglich die Polschwankungskomponenten x und y sowie die Tageslängenvariationen bestimmt. Dies mit grossem Erfolg: Die kombinierten Polschwankungskomponenten des IGS dominieren heute die IERS-Kombination und die von IGS bestimmte Tageslänge hat eine mit den von VLBI abgeleiteten Werten vergleichbare Qualität.

Abb. 11 illustriert die von CODE bestimmte Polschwankung 1994–2013. Salopp ausgedrückt bewegt sich der Pol (blau) „auf schlechten Kreisen" um seine mittlere Position (rot) herum. Der Radius der Polbewegung ist starken Schwankungen unterworfen: Im Maximum beträgt der Radius etwa $0.3''$ (etwa 10 m an der Erdoberfläche), im Minimum ist der Radius fast $0''$. Der mittlere Fehler der Polkoordinaten ist deutlich kleiner als $0.001''$ – was man in Abb. 11 unmöglich sehen kann.

Minima und Maxima des Polschwankung folgen sich im Abstand von etwa 3.3 Jahren. Die Schwebungsperiode von 6,6 Jahren wird durch die Überlagerung des Chandlerschen Signals mit einer Periode von etwa 430 Tagen und des jährlichen Signals mit einer Periode von 365 Tagen verursacht. Das erstere Signal ist bedingt durch den nicht-starren Erdkörper,[24] das jährliche Signal ist durch die Wechselwirkung des Erkörpers mit der Atmosphäre verursacht. Mehr zur geophysikalischen Interpretation der gemessenen Polschwankung und Tageslänge ist in ► Kap. 7, „Erdrotation" zu finden.

Abb. 12 zeigt die Differenzen der mit GNSS gemessenen Tageslänge der rotierenden Erde mit einer mittleren und konstanten Tageslänge. Entgegen der durch die Gezeitenreibung bedingten säkularen Zunahme der Tageslänge von etwa

---

[23]Es gilt: LOD = -d($UT1 - UTC$)/dt.

[24]bei einer starren Erde wäre die Periode etwa 303 Tage, wie von Leonhard Euler (1707–1783) vorausgesagt, siehe dazu [46, S. 574–592] sowie [3, S. 36].

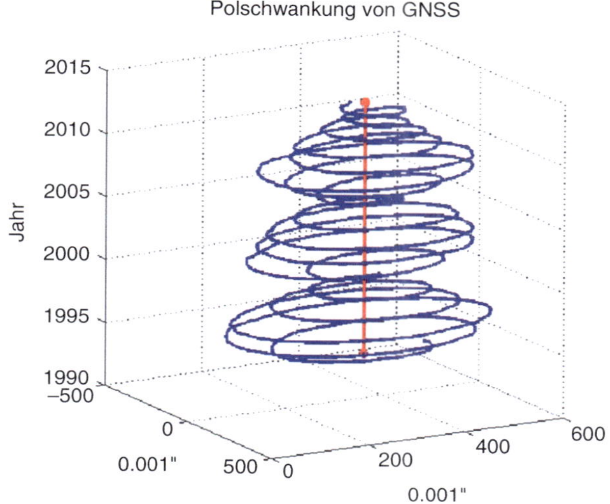

Abb. 11 Polschwankung visualisiert durch die Zeitachse, wie sie von CODE von 1994 bis Ende 2013 bestimmt wurde; die rote Gerade stellt den mittleren Pol 1994–2013 dar

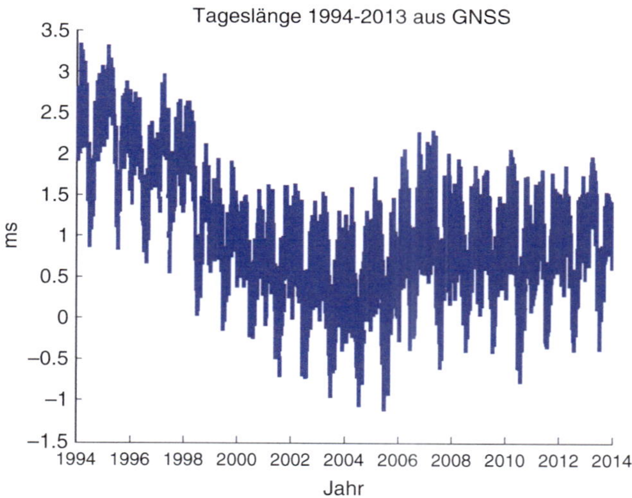

Abb. 12 Fluktuation der durch die Erdrotation bestimmten Tageslänge 1994–2013

2 ms/Jahrhundert stellt man in den Jahren 1994–2004 eine Abnahme der Tageslänge von etwa 2 ms fest. Erst danach nimmt die Tageslänge wieder zu. Die Abbildung zeigt, dass diese Grösse starken Schwankungen unterworfen ist.

Die in Abb. 12 ersichtlichen Schwankungen zeigen grundsätzlich ein jährliches Muster. Abb. 13 zeigt im Ausschnitt der Jahre 2012 und 2013, dass sich dieses

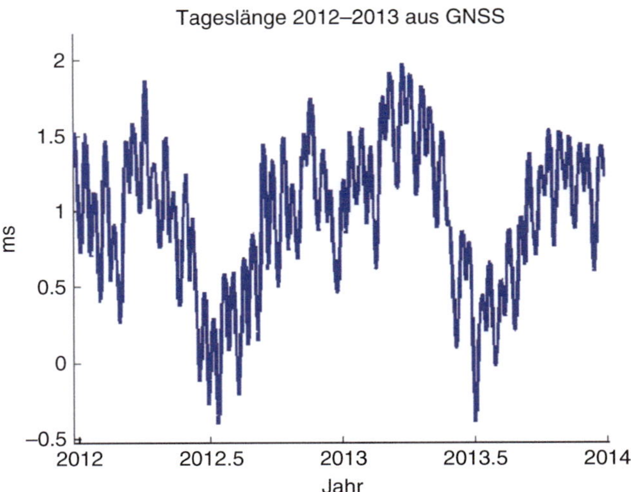

Abb. 13 Fluktuation der durch die Erdrotation bestimmten Tageslänge 2012–2013

Muster zusammensetzt aus relativ hochfrequenten Anteilen (halbmonatlich und monatlich) und einem jährlichen und halbjährlichen Anteil. Der hochfrequente Anteil ist durch die Gezeiten des Erdkörpers bedingt, der jährliche Anteil ist wie bei der Polschwankung durch die Wechselwirkungen des Erdkörpers mit der Atmosphäre verursacht, vor allem durch die jährliche Periode der Jet-Streams.

5.3 Das terrestrische Netz

Neben Satellitenbahnen und die Erdrotationsparametern müssen von den IGS-AC auch die Koordinaten der beobachtenden Stationen täglich bestimmt werden. Diese werden zur Festlegung des terrestrischen Referenzsystems [35] und seiner zeitlichen Entwicklung (Stichwort: Plattentektonik) genutzt.

Abb. 14 charakterisiert die Stabilität des von CODE bestimmten Netzes der Beobachtungsstationen. Dazu ist zu bemerken, dass zwar jeden Tag die Koordinaten aller Stationen bestimmt werden, dass aber durch `no-net-rotation`- und `no-net-translation` Bedingungen[25] gegenüber den ITRF-Koordinaten Lagerungssingularitäten vermieden werden. Die Abbildung zeigt das Spektrum des mittleren Fehlers in den Stationshöhen der 7-Parameter-Helmert-

[25]Eine Parallelverschiebung und eine Verdrehung des Netzes der Beobachtungsstationen wird durch Zwangsbedingungen unterdrückt.

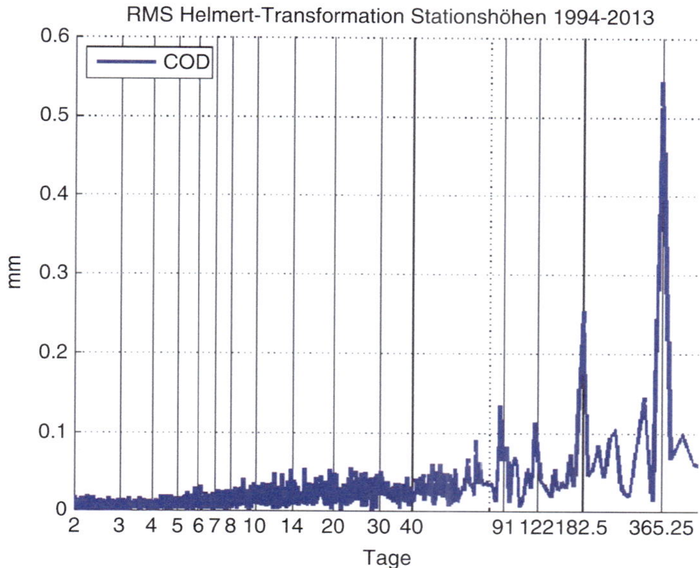

Abb. 14 Amplitudenspektrum der mittleren Fehler in den Stationshöhen von täglichen 7-Parameter-Helmert-Transformationen des in den CODE-3-Tageslösungen geschätzten Netzes der Beobachtungsstationen relativ zu den ITRF2008-Koordinaten; Zeitraum 1994–2013

Transformationen[26] – was global einem Skalenfaktor entspricht. Idealerweise würde man ein Spektrum erwarten, das nur weisses Rauschen zeigt. Das ist eindeutig nicht der Fall. Man sieht eine dominante jährliche Spektrallinie und weitere, deutlich aus dem Rauschen herausragende Linien bei 1/2, 1/3 und 1/4 Jahren. Diese Effekte sind aber deutlich kleiner als 1 cm. Ob sie real oder Artefakte sind, wird sich in Zukunft zeigen.

5.4 Die Ionosphäre der Erde

Die Phasenbeobachtungen Gl. (20) stehen bei GPS und GLONASS in zwei Wellenlängen λ_1 und λ_2 zur Verfügung. Bei GPS gilt $\lambda_1 \approx 19{,}0\,\text{cm}$ und $\lambda_2 \approx 24{,}4\,\text{cm}$, bei GLONASS hat man ähnliche Werte, die aber satellitenspezifisch sind. Nimmt man an, dass die freien Elektronen in der Ionosphäre in einer infinitesimalen Schicht in der Höhe von z. B. $H = 450\,\text{km}$ konzentriert sind, kann aus allen Beobachtungen des terrestrischen Netzes eine Dichte der Elektronen in TECU[27] in der Höhe H gerechnet werden. Am Rechenzentrum CODE wird seit 1995 für alle zwei Stunden,

[26] Parallelverschiebung in drei orthogonalen Richtungen, Verdrehungen um drei orthogonale Achsen, Dehnung um einen Skalenfaktor.

[27] TECU=Total Electron Content Unit = 10^{16} Elektronen/m^2.

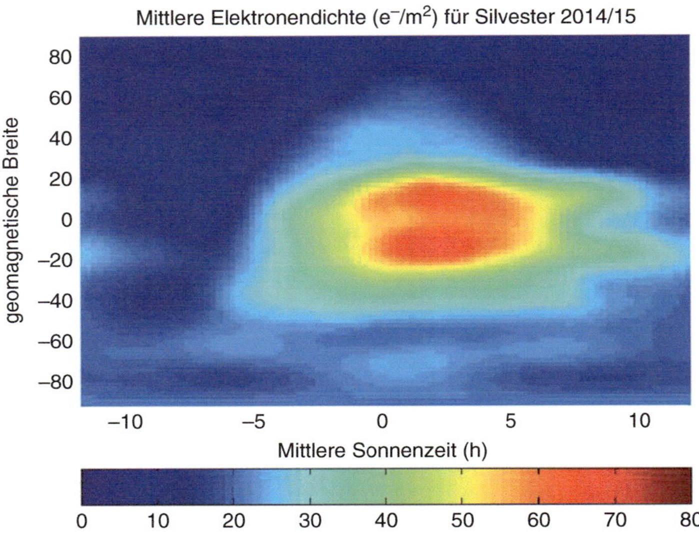

Abb. 15 Zahl freier Elektronen in der Ionosphäre (in TECU), Tagesmittelwerte für 31. Dezember 2014

seit Mitte Oktober 2014 sogar für jede Stunde eine Ionosphärenkarte aus den GNSS-Beobachtungen des weltweiten IGS-Netzes abgeleitet. Abb. 15 zeigt die Tagesmittelwerte dieser stündlichen Werte für den 31. Dezember 2014 als Funktion der wahren Sonnenzeit (Abszisse) und der geomagnetischen Breite (Ordinate). Die höchsten Elektronendichten findet man längs dem geomagnetischen Äquator und am frühen Nachmittag in mittlerer Sonnenzeit.

Abb. 16 (oben) zeigt die von CODE berechneten mittleren Elektronendichten im Zeitintervall vom 1. Januar 1995 bis zum 12. Juni 2015. Diese täglichen Werte zeigen periodische Änderungen. Abb. 16 (unten) zeigt das zugehörige Amplitudenspektrum für Perioden bis zu einem Jahr. Die längste, im Spektrum aber nicht gezeigte Periode ist durch den Zyklus der Sonnenaktivität gegeben. Abb. 16 (oben) zeigt zwei unterschiedlich hohe Maxima in den Jahren 2002 und 2014. Offensichtlich war in diesem Fall das Zeitintervall zwischen aufeinanderfolgenden Maxima deutlich länger als der Mittelwert von etwa 11 Jahren. Die jährlichen, halbjährlichen, etc. Perioden im Spektrum sind durch die Bahnbewegung der Erde um die Sonne und durch die mittlere Rotationsperiode der Sonne von etwa 27 Tagen gegeben. Die Sonne rotiert nicht als starrer Körper: am Äquator beträgt die Rotationsperiode etwa 24 Tage, in höheren Breiten wächst diese bis zu etwa 31 Tagen. Als Resultat erhält man die breite Spektrallinie bei etwa 27 Tagen in Abb. 16 (unten). Die Abbildungen dieses Abschnittes beruhen auf der Arbeit [38].

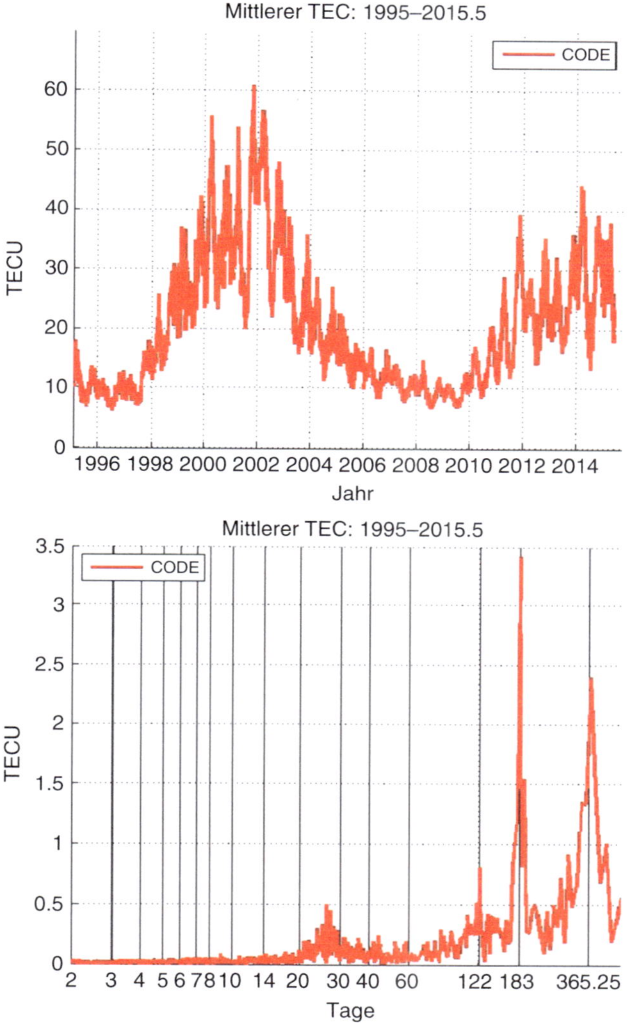

Abb. 16 Oben: Mittlere Zahl freier Elektronen in TECU/m^2 in der Ionosphäre für jeden Tag im Zeitraum 1995–2015.5. Unten: das zugehörige Amplitudenspektrum

Die IGS-Rechenzentren müssen auch die troposphärische Refraktion berücksichtigen. Da hier keine Wellenlängen-Abhängigkeit besteht, muss für jede Beobachtungsstation mindestens ein Troposphärenparameter pro Stunde bestimmt werden. Da die troposphärische Refraktion in den untersten Atmosphärenschichten entsteht, reicht die Dichte der Stationen nicht aus um, wie bei der Ionosphäre, globale Modelle zu bestimmen.

Zusammenfassend halten wir fest, dass die täglich durch die IGS-AC gelösten Parameterbestimmungsaufgaben äusserst vielfältig, attraktiv und geodynamisch relevant sind. Der IGS ist heute ein sehr breit gefächerter wissenschaftlicher Dienst für all jene, die den maximalen Informationsgehalt des globalen, permanenten IGS-Netzes nutzen wollen [5].

6 Bahnbestimmung mit Hilfe von GNSS-Empfängern auf tief fliegenden Satelliten

Würde man ausschliesslich die Beobachtungsgleichungen (19) für die Satelliten-Codes zur Bestimmung der kinematischen Bahn eines LEO verwenden und die GNSS-Bahnen und -Uhrkorrekturen des IGS oder eines seiner AC verwenden, wäre die Bestimmung einer kinematischen LEO-Bahn auf eine Reihe von n_k unabhängigen Parameterbestimmungsproblemen mit je vier Unbekannten reduziert. n_k ist dabei die Zahl der kinematischen Epochen eines Bogens. Das Resultat wäre eine kinematische Bahn mit Positionen einer Genauigkeit von etwa 1 m pro Koordinate.

Verwendet man zusätzlich die Phasenmessungen Gl. (20), wird diese Unabhängigkeit zerstört: für einen Bahnbogen von einem Tag resultiert ein einziges Parameterbestimmungsproblem mit $4n_k + n_a$ Parametern, wobei n_a die Zahl der initialen Phasenmehrdeutigkeiten N^j ist.

Die Zahl der Phasenmehrdeutigkeiten kann für eine Bogenlänge von einem Tag wie folgt abgeschätzt werden: Nimmt man an, dass ein bestimmter GNSS-Satellit vom LEO aus gesehen zweimal pro Tag auf- und untergeht, müssen im Minimum $2\,n_G$ Parameter dieser Art angesetzt werden, wobei n_G die Zahl der beobachtbaren GNSS-Satelliten ist. Damit kommt man auf eine totale Zahl von $n_p = 4\,n_k + 2\,n_G$ Parameter eines Bahnbogens von einem Tag Länge. Für CHAMP, GRACE und GOCE wurde und wird ausschliesslich das GPS mit durchschnittlich $n_G = 30$ Satelliten verwendet. Das pro Tag zur Bestimmung einer kinematischen LEO-Bahn zu lösende Parameterbestimmungsproblem hat also $n_p = 4\,n_k + 2\,n_G \approx 4{\times}2880{+}2{\times}30 = 11.680$ Parameter. Dabei wurde angenommen, dass alle 30 s eine kinematische Position bestimmt wurde. Die Überschlagsrechnung ist optimistisch, weil angenommen wurde, dass ein LEO jeden GNSS-Satelliten zwischen Auf- und Untergang ohne Unterbrechung beobachten kann. Tatsächlich ist die Zahl aufgesetzter Phasenmehrdeutigkeiten pro Tag nicht $2 \times n_G \approx 60$ sondern eher 400 bis 600. Zudem wird man kinematische Positionen eher in einem Raster von 1–10 und nicht in einem von 30 s benötigen. In diesem Falle genügen die vom IGS und seinen AC routinemässig berechneten GNSS-Uhrkorrekturen nicht mehr. So hat man in [9] seit Beginn der GOCE-Mission eigens GNSS-Uhren in einem Raster von 5 s gerechnet und gezeigt, dass man damit mit einer Interpolation auf 1 s keine namhaften Fehler mehr einführt.

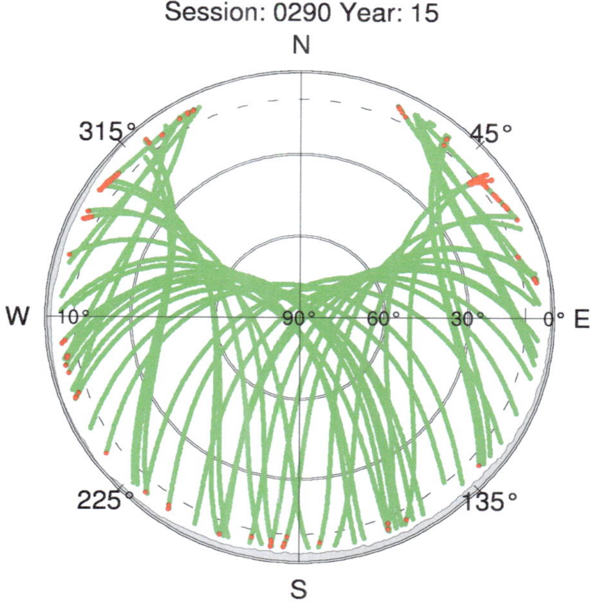

Abb. 17 Verteilung der GPS-Messungen am 29. Januar 2015 in Zimmerwald im Azimut und Elevationssystem; grün: L1 und L2 gemessen, rote Punkte: nur L1; mit Bewilligung von swisstopo

Abb. 17 zeigt, wie die GPS-Beobachtungen eines Tages (im Beispiel war es der 29. Januar 2015) einer Station mittlerer Breite (Zimmerwald, Breite $\phi \approx 46{,}9°$) im lokalen Horizontsystem verteilt sind. Die grünen Punkte markieren Satellitenpositionen, bei denen L1 und L2 gemessen wurden, bei den roten Punkten liegt nur eine L1-Messung vor. Deutlich sieht man die Spuren der einzelnen GPS-Satelliten. Prominent ist auch das `Polarloch` zu sehen, das wegen der allen GPS-Bahnen gemeinen Neigung von $i \approx 55°$ gegenüber der Äquatorebene resultiert. Das Bild 17 wiederholt sich jeden Tag bei jedem erdfesten GPS-Empfänger, da die Umlaufszeit der GPS-Satelliten exakt einen halben Sterntag beträgt. Kleine Änderungen ergeben sich im Laufe der Jahre wegen der Regression der Knotenlinien der Bahnebenen von $\dot{\Omega}- \approx 14°$/Jahr. Das Polarloch verschiebt sich mit der geografischen Breite der Beobachtungsstation: An den Polen ist es ein um den Zenit zentrierter Kreis mit Radius $\rho = 37°$, [28] was bedeutet, dass man von den Polen aus GPS-Satelliten nie oberhalb einer Elevation von $e > 53°$ beobachten kann. Am Äquator sieht man sowohl das Nord- als auch das Südpolarloch nahe dem Horizont (etwa) als Halbkreise mit den Scheiteln auf der N-S-Achse. Beim GLONASS beträgt die Bahnneigung $i \approx 63°$ und die Halbachse $a = 25.500$ km. Damit reduziert sich das Polarloch an den Polen auf einen Kreis mit Radius $\rho = 31°$, was bedeutet, dass man dort GLONASS-Satelliten bis zu einer Elevation von $e \approx 59°$ beobachten

[28] $\tan z_{pol} = \frac{a \cos i}{a-R}$, a=grosse Halbachse der Bahn, R = Erdradius.

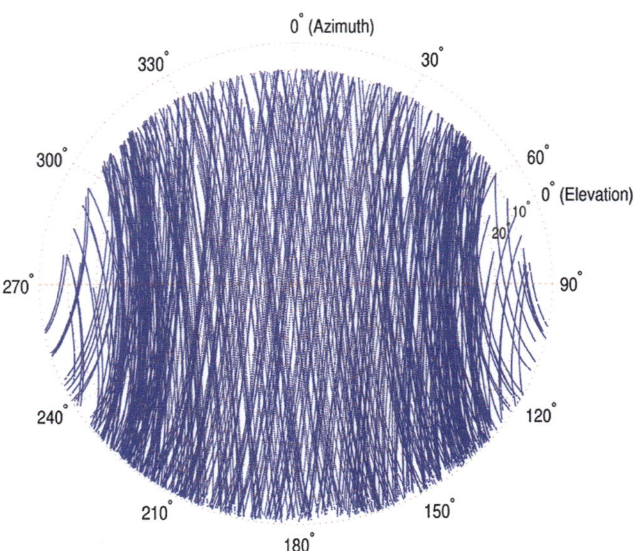

Abb. 18 Verteilung in einem Satelliten-festen Azimut- & Elevations-System (Antennensystem) eines Tages von GRACE-A GPS Beobachtungen; Azimut 0° = Bewegungsrichtung; reproduziert aus [8]

kann. Diese Überlegungen zeigen auch, dass die GNSS-Beobachtungsgeometrie auf einem LEO für alle GNSS stark von der geografischen Breite abhängt.

Abb. 18 zeigt die Verteilung der GPS-Beobachtungen eines Tages in einem Satelliten-festen Azimut-Elevationssystem für den GPS-Empfänger auf GRACE-A. Dabei zeigt das Azimut $a = 0°$ in die Bewegungsrichtung. Im Unterschied zu einer festen Station sieht man kein Polarloch, weil der Satellit in bloss 45 Minuten vom Süd- zum Nordpol respektive vom Nord- zum Südpol fliegt und sich das Polarloch über die ganze Himmelssphäre über dem Satelliten verschiebt. Im Unterschied zur Abb. 17 laufen die GPS-Satellitenspuren für eine polare Bahn alle in Richtung Nord-Süd oder Süd-Nord, weil die scheinbare Bahn eines GNSS-Satelliten und somit auch seine Projektion auf die Himmelssphäre über dem LEO primär durch die Geschwindigkeit des GNSS-Satelliten relativ zum Empfänger geprägt ist: Im Falle eines erdfesten Empfängers spielt die Geschwindigkeit des Empfängers praktisch keine Rolle, dafür aber die Geschwindigkeit des GNSS-Satelliten. Im Falle eines LEO-Empfängers dominiert hingegen die Geschwindigkeit des LEO gegenüber der Geschwindigkeit des GNSS-Satelliten. Typische Geschwindigkeiten in einem inertialen System von LEO- und GPS-Satelliten sind 7,6 und 3,9 km/s. Dem steht die Geschwindigkeit einer erdfesten Station in der Breite ϕ von $0{,}46 \cdot \cos\phi$ km/s von Westen nach Osten gegenüber.

In Abb. 18 fällt auf, dass für GPS-Satelliten im Bereich $-90° \leq a \leq 90°$ und $e \leq 10°$ praktisch keine Beobachtungen vorliegen. Berücksichtigt man, dass die

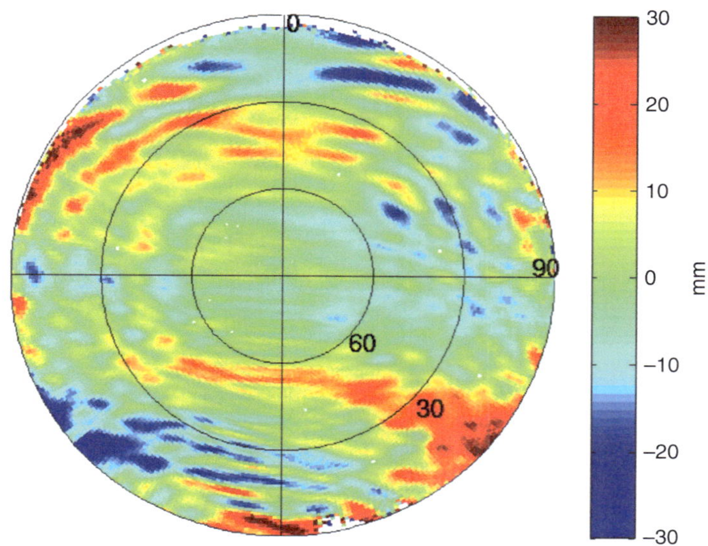

Abb. 19 Phasenzentrumsvariationen in einem Satelliten-festen Azimut- & Elevations-System der GOCE GPS-Antenne; reproduziert aus [10]

GNSS-Satelliten, wegen der polaren LEO-Bewegung, vom LEO aus gesehen fast ausschliesslich im erwähnten Azimut-Bereich aufgehen, wird auch dieser Effekt plausibel: Bei GRACE werden in diesem Bereich GNSS-Satelliten erst ab 10° Elevation gemessen.

Abb. 18 zeigt weiter, dass die Verteilung der GPS-Beoachtungen über dem Horizont der Antenne relativ gleichförmig ist. Man kann daher die Phasen-Residuen der kinematischen Bahnbestimmung als Funktion von Azimut und Elevation analysieren und daraus eine azimut- und elevationsabhängige Korrektur des Phasenzentrums berechnen. Abb. 19 zeigt solche Phasenzentrumsvariationen (PCV) für die operationell verwendete GNSS-Antenne auf GOCE. Ihre Erfassung und modellmässige Berücksichtigung hat wesentlich zur Qualitätssteigerung der LEO-Bahnen und der daraus abgeleiteten Gravitationsfelder beigetragen [20, 22].

Abb. 20 (oben) zeigt alle im März 2002 durch den GPS-Empfänger auf CHAMP bestimmten Satellitenpositionen im Inertialsystem. Da CHAMP eine polnahe Bahn hat, ist sehr deutlich zwischen dem aufsteigenden (oben) und dem absteigenden Bahnteil (unten) zu unterscheiden. Die Sonnenpositionen sind in Abb. 20 (oben) rot eingezeichnet. Sie befinden sich in der Mitte zwischen dem auf-und absteigenden Bahnteil. Damit kann in Abb. 20 (oben) der aufsteigende Bahnteil mit einer Morgen-, der absteigende Bahnteil mit einer Abendbahn identifiziert werden: in dieser Situation flog CHAMP in etwa längs des Terminators, der die Tag- von der Nachthälfte auf der Erde trennt. Die Abbildung zeigt nicht nur die Bewegung der

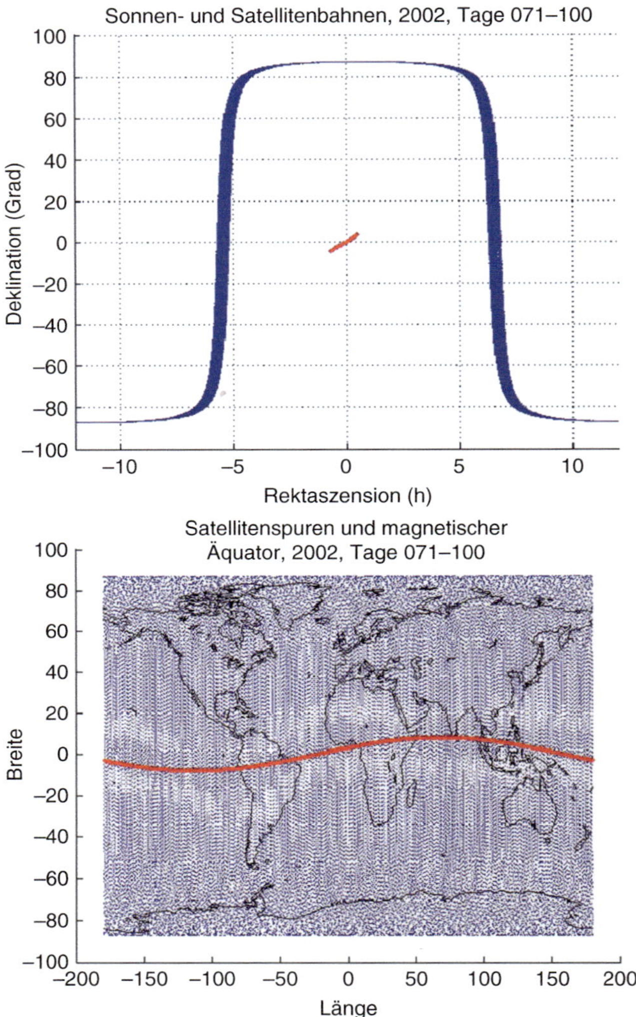

Abb. 20 Kinematische CHAMP Positionen im März 2002 projiziert auf die Himmelssphäre(oben) und auf die Erdoberfläche(unten)

Sonne von 1°/Tag, sondern auch die Regression der Knotenlinie der Satellitenbahn von etwa −0,04° pro Tag. Beide Bewegungen führen im Fall von polaren Satelliten wie CHAMP und GRACE zu einer sich im Laufe des Jahres periodisch ändernden Beobachtungsgeometrie.

Abb. 20 (unten) gibt einen Eindruck von der Beobachtungsdichte auf der Erdoberfläche im Laufe eines normalen Monats. Sodann sieht man zwei Streifen ober- und unterhalb des geomagnetischen Äquators, in denen deutlich weniger kinematische Positionen als anderswo vorliegen. Des Rätsels Lösung: in diesen Zonen ist es für GNSS-Empfänger wegen Szintillationseffekten[29] und anderen ionosphärischen Variationen kurzer Periode deutlich schwieriger, Phasenbeobachtungen zu Satelliten auf zwei Wellenlängen zu realisieren. Zu anderen Jahreszeiten ist von diesem geomagnetischen Äquatoreffekt nichts zu sehen. Er tritt nur auf, wenn die von der Szintillation her gefährlichen Zonen in der Abenddämmerung durchflogen werden (Abb. 20 (oben)). Der Effekt ist zudem skaliert mit der Sonnenaktivität – und diese war, wie in Abb. 16 zu sehen, im Jahr 2002 sehr hoch.

Ein ähnlicher Effekt wurde in den Jahren 2011–2012 im Rahmen der präzisen Bahnbestimmung für den GOCE-Satelliten beobachtet: Bei der Bestimmung der GOCE-Bahnen fehlten zwar keine kinematischen Positionen, aber die mittleren Fehler der Phasenbeobachtungen eines PPP waren in den beiden Bändern nördlich und südlich des geomagetischen Äquators aussergewöhnlich hoch, während rasche ionosphärische Variationen in den vorausgegangenen Jahren der GOCE-Mission nur ein marginales Problem darstellten. Abb. 21 illustriert dieses Problem, das auch die GOCE-Gravitationsfeldbestimmung mit GNSS stark beeinträchtigt hat [24, Abb. 2].

Abb. 16 erklärt auch das GOCE-Phänomen durch die Annäherung an die maximale Sonnenaktivität im Jahr 2013.

Abb. 22 zeigt schliesslich die mittleren Fehler der kinematischen Positionen von CHAMP und GRACE-B für je einen Tag in radialer Richtung R, normal zur Bahnebene W und in Richtung S des Geschwindigkeitsvektors. Die mittleren Fehler für den GRACE-Satelliten sind leicht besser als für CHAMP, was Fortschritte der Empfängertechnologie (mehr Empfangskanäle) und vor allem der Daten-Vorverarbeitung dokumentiert. Die Fehler sind in beiden Fällen in der radialen Komponente R im Durchschnitt etwa drei mal grösser als in den beiden anderen Komponenten. Dieses Verhalten ist längst bekannt und typisch für GNSS: Das Fehlerellipsoid einer dreidimensionalen Positionierung mit GNSS hat die Form eines *American football*, dessen grosse Halbachse in die radiale Richtung zeigt [4]. Bahnbestimmung mit LEO/GPS-Beobachtungen folgt immer dem gleichen Muster. Die Aufgabe und deren Lösung wird in [11] am Beispiel von GOCE besprochen.

7 Gravitationsfeldbestimmung mit Hilfe von GNSS-Empfängern auf tief fliegenden Satelliten

Die nach den Methoden von Abschn. 6 bestimmten kinematischen Positionen können nun zur Gravitationsfeldbestimmung herangezogen und die Resultate mit anderen Feldern verglichen werden.

Abb. 23 (oben) zeigt die Differenzen der Koeffizienten des Feldes AIUB-CHAMP03S zu denjenigen von ITG2010S, Abb. 23 (unten) zeigt die mittleren Fehler a posteriori der AIUB-CHAMP03S-Koeffizienten. In den Dreiecks-Figuren befinden sich die sin-Terme S_{nm} auf der linken, die cos-Terme C_{nm} auf der rechten

[29] Kurzperiodische Laufzeitänderungen der Signale in der Erdatmosphäre.

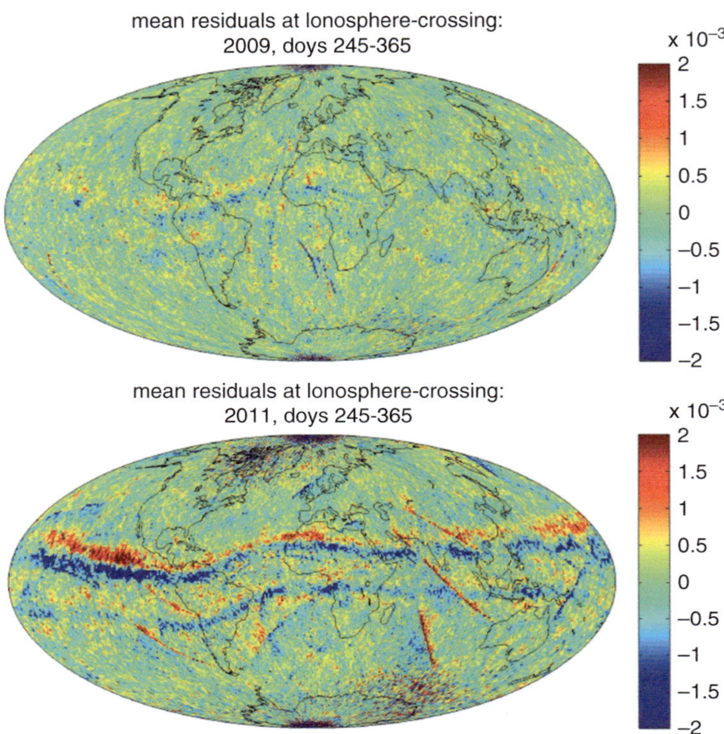

Abb. 21 Mittlere Residuen der Phasenbeobachtungen in m, projiziert auf den Durchstosspunkt des Strahls LEO-GNSS-Satellit mit der Ionosphäre in der angenommenen Höhe von $H = 450$ km oben: Oktober-Dezember 2009, unten: Oktober-Dezember 2011; aus [24, Abb. 9]

Seite. AIUB-CHAMP03S beruht auf sechs Jahren Daten (Tab. 1) und auf einer Entwicklung des Potenzials bis Grad und Ordnung $n = m = 120$. Diese wurde bei $n = m = 100$ abgeschnitten. Beschrieben ist die Lösung in [32] und [34].

Abb. 23 (unten) zeigt sehr klar, dass der mittlere Fehler der mit GPS bestimmten Terme innerhalb jedem Grad für den zonalen Term maximal ist, mit wachsender Ordnung abnimmt und für den sektoriellen Term minimal wird. Der Effekt ist deutlich: Bei Grad $n = 60$ ist der mittlere Fehler des zonalen Terms $J_{60,0}$ etwa 30 mal grösser als der mittlere Fehler des sektoriellen Terms $J_{60,60}$. Die Ordnungsabhängigkeit wird erklärt durch die fast polare Bahn des Satelliten: Während der zonale Term vom Grad $n = 60$ das Vorzeichen von Pol zu Pol 60 mal wechselt, findet beim sektoriellen Term ein Vorzeichenwechsel sehr selten statt. Der sektorielle Term führt also zu Bahnstörungen langer Periode verglichen mit den durch die zonalen Terme verursachten Störungen. Anders ausgedrückt: Pro Periode hat „man" zur Bestimmung sektorieller Terme sehr viel mehr Beobachtungen pro Periode als fürt zonale. Abb. 23 (oben) zeigt, dass die Differenzen der Koeffizienten zum Referenzfeld, das hier als „wahr" angenommen werden kann, dem Bild der mittleren Fehler recht gut entsprechen.

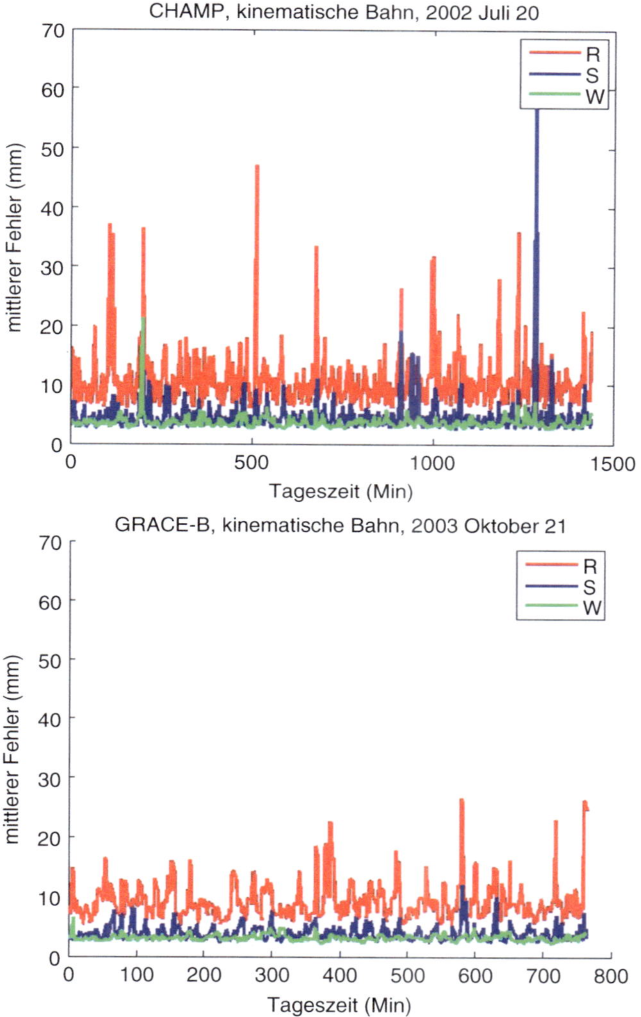

Abb. 22 Mittlere Fehler der kinematischen Satellitenpositionen in radialer Richtung (R), senkrecht zu radial in der Bahnebene (S), normal zur Bahnebene (W); CHAMP oben, GRACE unten

Abb. 24 zeigt oben die Differenzen der Koeffizienten des Feldes AIUB-GOCE-R4 relativ zu ITG2010S, unten die mittleren Fehler a posteriori der Koeffizienten. Gemäss Tab. 1 ist AIUB-GOCE-R4 das nur aus kinematischen GPS-Positionen bestimmte Gravitationsfeld über den Zeitraum von drei Jahren. Auch hier sind die sektoriellen Terme wesentlich besser bestimmt als die zonalen. Letztere sind aber im Vergleich zu CHAMP sehr viel schlechter bestimmt. So beträgt das Verhältnis der mittleren Fehler von $J_{60,0}$ und $J_{60,60}$ für GOCE 147 und nicht „nur" 30 wie bei

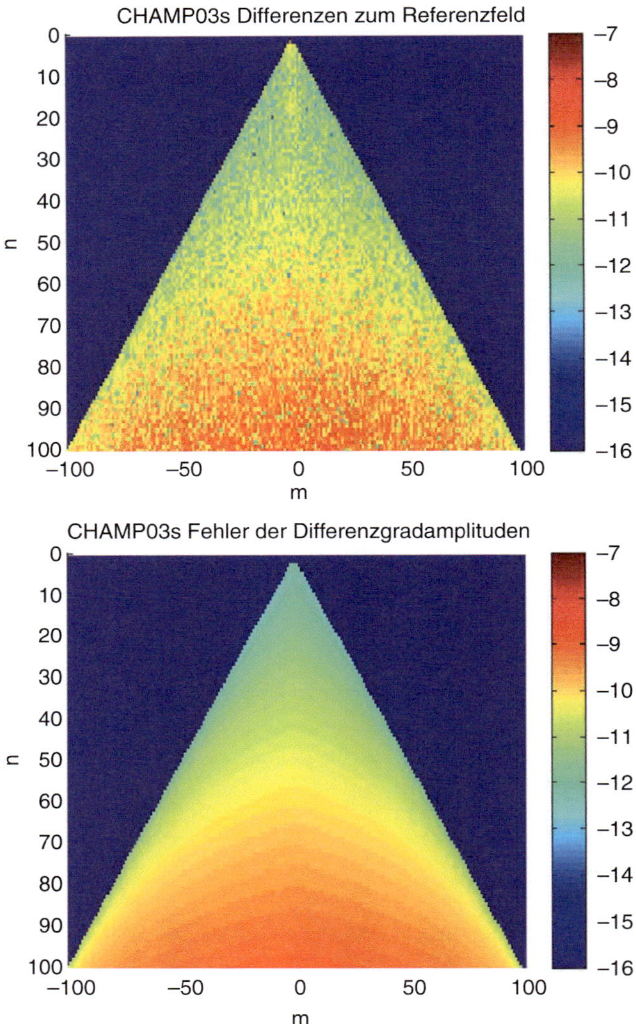

Abb. 23 Differenzgradamplituden des Feldes AIUB-CHAMP03S (oben) und zugehörige mittlere Fehler (unten)

CHAMP. Diese zusätzliche Problematik „verdankt" GOCE seiner geosynchronen Bahn, die eine Neigung von $i = 96{,}7°$ bedingte. Der Satellit flog damit nie über die Pole. Die minimale Distanz des Subsatellitenpunktes[30] vom Pol betrug etwa 746 km. Damit wurden die zonalen Terme und die tesseralen Terme niedriger

[30] Subsatellitenpunkt=Durchstosspunkt des Radiusvektors des Satelliten mit der Erdoberfläche.

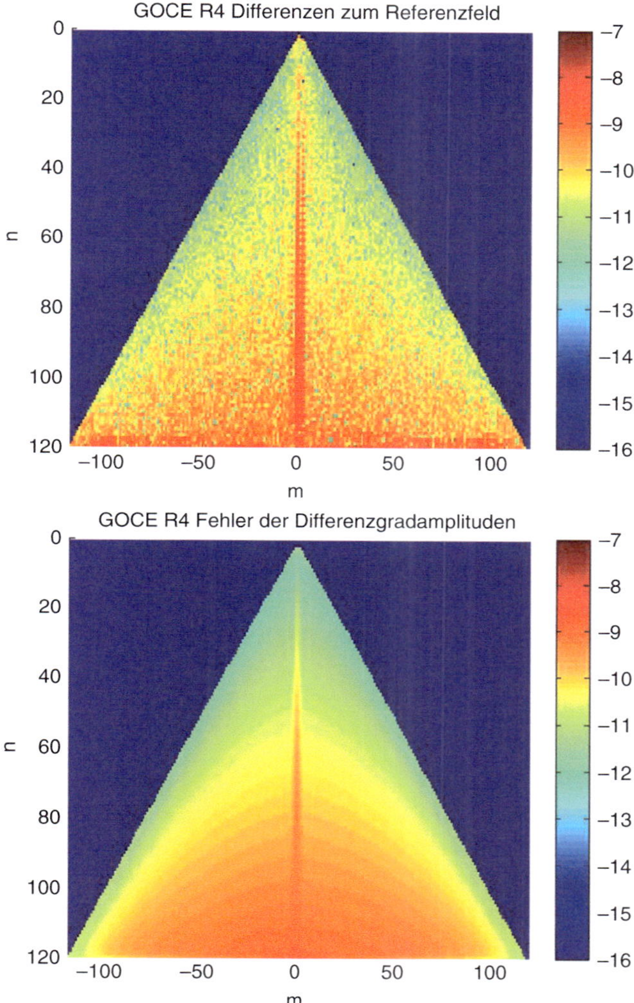

Abb. 24 Differenzgradamplituden des Feldes AIUB-GOCE (oben) und zugehörige mittlere Fehler (unten)

Ordnung sehr schlecht bestimmbar. Sonst aber erlaubt es die Flughöhe, das Feld bis zum Grenzgrad $n = 120$ zu bestimmen – dies mit nur etwa drei Jahren Messungen (effektiv 921 Tage in drei Jahren). In [45] wurde der Effekt des Polarloches beschrieben, allerdings nicht für GNSS-Messungen, sondern für gravi- und gradiometrische Messungen, also im Wesentlichen für in situ Messungen. Die Formel [45, Gl. (13)]

$$m_{max} \approx \left| \frac{\pi}{2} - i \right| \times n \tag{23}$$

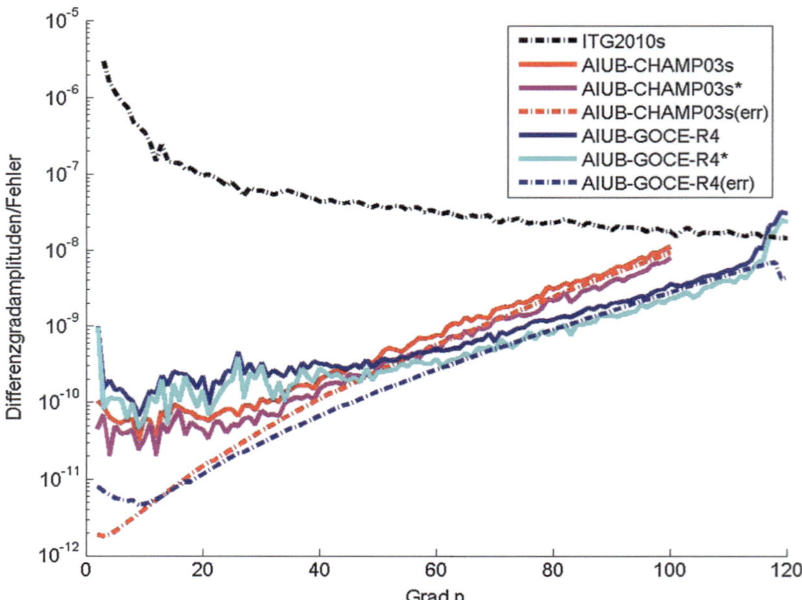

Abb. 25 Differenzgradamplituden von AIUB-CHAMP03S und AIUB-GOCE relativ zu ITG2010s und zugehörige mittlere Fehler

ist so einfach, dass sie gerne auch für GNSS-Messungen verwendet wird. In Gleichung (23) steht i für die Bahnneigung im Bogenmass, n für den Grad und m_{max} für die zugehörige maximale Ordnung, bis zu der die tesseralen Terme bei der Bildung der Differenzgradamplituden ausgeschlossen werden sollten. Für $n = 60$ liefert Gl. (23) $m_{max} \approx 7$. Abb. 24 zeigt, dass dies für GOCE in etwa die richtige Grössenordnung ist.

Wendet man die van Gelderen-Koop-Regel Gl. (23) auf GOCE an, sollte man sie auch auf CHAMP und GRACE anwenden. Allerdings sieht man in Abb. 23 kaum Spuren eines Polloches, obwohl bei CHAMP $|90° - i| \approx 2.7°$ beträgt, was bei Grad $n = 60$ immerhin $m_{max} = 3$ ergäbe.

Abb. 25 zeigt schliesslich die konventionelle Charakterisierung der Qualität der auf GPS beruhenden Lösungen durch Differenzgradamplituden. Bei beiden Satelliten, GOCE und CHAMP, wurde bei der Berechnung der Differenzgradamplituden die van Gelderen-Koop-Regel Gl. (24) angewandt. Ansonsten wurden weder bei CHAMP noch GOCE irgendwelche Regularisierungen vorgenommen.

Für hohe Grade n stimmt die Charakteristik der Differenzgradamplituden sehr gut mit der Charakteristik der zugehörigen mittleren Fehlern überein. Für tiefe Grade sind die mittleren Fehler wesentlich optimistischer – was nahelegt, dass man in diesem Bereich durch Fehler systematischer Natur limitiert ist.

In Abschn. 1.1 haben wir die Differenzgradamplituden entweder für die Entwicklung nach C_{nm} und S_{nm} mit Gl. (4) oder für die Entwicklung nach J_{nm} mit Gl. (5) berechnet. In Abb. 25 findet man beide Varianten, wobei die Berechnung nach Gl. (5) in der Legende mit einem Stern gekennzeichnet ist. Offenbar sind die nach Gl. (5) berechneten Werte systematisch kleiner und passen besser zu den mittleren Fehlern der Differenzgradamplituden. Der vertikale Versatz erscheint im logarithmischen Massstab in etwa konstant.

Letztere Tatsache legt es nahe, diesen Versatz, der ja im normalen Masstab einem Faktor entspricht, durch ein vereinfachtes Modell abzuschätzen: Nimmt man an, die Schätzwerte C_{nm}, S_{nm} seien für ein Paar n, m Werte von unabhängigen Zufallsvariablen mit gleichen mittleren Fehlern m_{nm}, müsste der mittlere Fehler eines jeden J_{nm} zu $\sqrt{2}\, m_{nm}$ berechnet werden. Bei der Berechnung der Differenzgradamplitude nach Gl. (5) als Summe über alle Terme der Ordnung m hat man aber lediglich $n+1$ Terme $J_{nm}, m = 0, 1, 2, \ldots, n$ und nicht $2n+1$ wie bei der Berechnung nach Gl. (4). Im einfachen Modell erwartet man also, dass sich die beiden Berechnungsarten um den Faktor $\sqrt{2}/2$ unterscheiden. Abb. 25 zeigt, dass dieses Modell offensichtlich eine sehr gute Näherung darstellt. Daher wird es im nächsten Abschnitt nicht mehr nötig sein, beide Varianten darzustellen und wir werden die Berechnungsart Gl. (5) für die J_{nm} verwenden.

Wie erklären sich die verschiedenen Steigungen der Kurven für die Differenzgradamplituden von CHAMP und GOCE in den Abb. 25 und 26? Weiter oben wurde gesagt, dass dieser Unterschied durch die verschiedenen Bahnhöhen der beiden Satelliten bedingt ist. Die Behauptung kann erhärtet werden: Die Darstellung (2) des Potenzials sagt, dass die Signalstärke eines Termes vom Grad n in der Höhe H im Potenzial um einen Faktor von $[(r + H)/r]^{-n} = (1 + H/r)^{-n} \approx -n\ (H/r)$ abnimmt gegenüber einer Messung an der Erdoberfläche. Für zwei Satelliten in den Höhen H_1 und H_2 beträgt der Abschwächungsfaktor von der einen relativ zur anderen Bahn $n\ (H_2 - H_1)/r$. Setzen wir den Höhenunterschied zwischen CHAMP und GOCE etwa mit 200 km an, würden sich die Dämpfungsfaktoren bei $n = 100$ etwa um einen Faktor von 3.14 unterscheiden; im logarithmischen Massstab ergibt sich damit ein Offset von etwa 0.5, was man in den Abb. 25 und 26 bestätigt sieht.

Abb. 27 zeigt oben die Gravitationsanomalien bis Grad und Ordnung 100 der Achtjahres-CHAMP-Lösung CHAMP03S, unten diejenigen der Lösung GOCE-R4 bis Grad und Ordnung 120. Beide Lösungen stellen einen deutlichen Fortschritt dar gegenüber den Anomalien bis Grad und Ordnung 100 von EGM96S in Abb. 5 (oben), bieten aber noch nicht die Auflösung von EGM2008 in Abb. 5 (unten), die vom Satellitenanteil ITG-GRACE03S geprägt ist. Mit etwas Phantasie erkennt man auch, dass die GOCE-Lösung eine bessere Auflösung als die CHAMP-Lösung bietet. Dafür sieht man bei GOCE grosse Abweichungen an den Polen, als Quittung dafür, dass GOCE die Pole nicht überfliegt.

Feinere Abweichungen sieht man, wenn man nicht die Gravitationsanomalien oder die Geoidhöhen selber, sondern deren Differenz zu einer GRACE-K-Band-Lösung darstellt. In [24] wurden in den Geoidhöhendifferenzen zu ITG2010S Strukturen sichtbar, die eindeutig den Ionosphären-bedingten Problemen in den Residuen der GPS-Beobachtungen (Abb. 21) zugeordnet werden konnten.

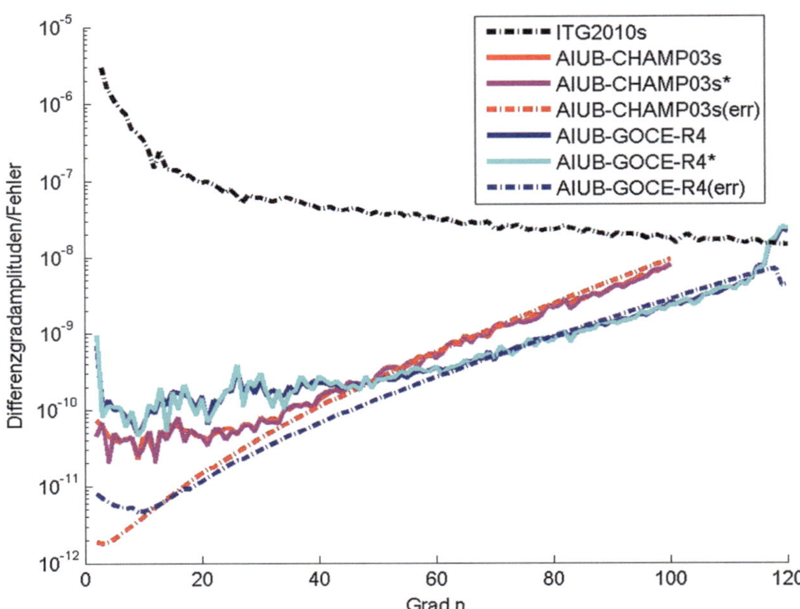

Abb. 26 Differenzgradamplituden von AIUB-CHAMP03S und AIUB-GOCE relativ zu ITG2010S und zugehörige mittlere Fehler; Variante nach Gl. (5) (rot und dunkelblau) mit $\sqrt{2}/2$ multipliziert

8 Gravitationsfeldbestimmung mit GNSS und Distanzmessungen zwischen Satelliten

In diesem Abschnitt beurteilen wir die Qualität von GRACE-Gravitationsfeldern, die auf GPS- und K-Band-Messungen beruhen.

Abb. 28 (oben) zeigt die Differenzen der Koeffizienten von AIUB-GRACE03S und ITG-2010S, Abb. 28 (unten) die mittleren Fehler a posteriori der Koeffizienten von AIUB-GRACE03S. AIUB-GRACE03S und das hier als Referenz verwendete Feld ITG2010S sind statische Lösungen, die auf Satellitenpositionen als Pseudobeobachtungen zugreifen.

AIUB-GRACE03S und ITG2010S sind beide kombinierte K-Band und GPS-Lösungen mit dominierendem K-Band-Anteil. Die Akzelerometermessungen wurden als empirische Störbeschleunigungen modelliert. Abb. 28 (unten) zeigt, dass hier im Gegensatz zu den GPS-Lösungen die schnell variierenden zonalen Terme und die Terme tiefer Ordnung innerhalb eines Grades wesentlich besser bestimmt werden können als die sektoriellen Terme. Das ist eine Folge davon, dass K-Band nicht Distanzen misst, sondern nur deren zeitliche Änderungen und dass kurzzeitige Variationen wesentlich besser gemessen werden können als langsame Änderungen. Abgesehen von der Verteilung der Fehler innerhalb eines Grades als Funktion der Ordnung gilt es zu beachten, dass die mittleren Fehler der kombinierten Lösungen, z. B. bei Grad $n = 60$, um einen Faktor zehn kleiner sind als bei den GPS-Lösungen.

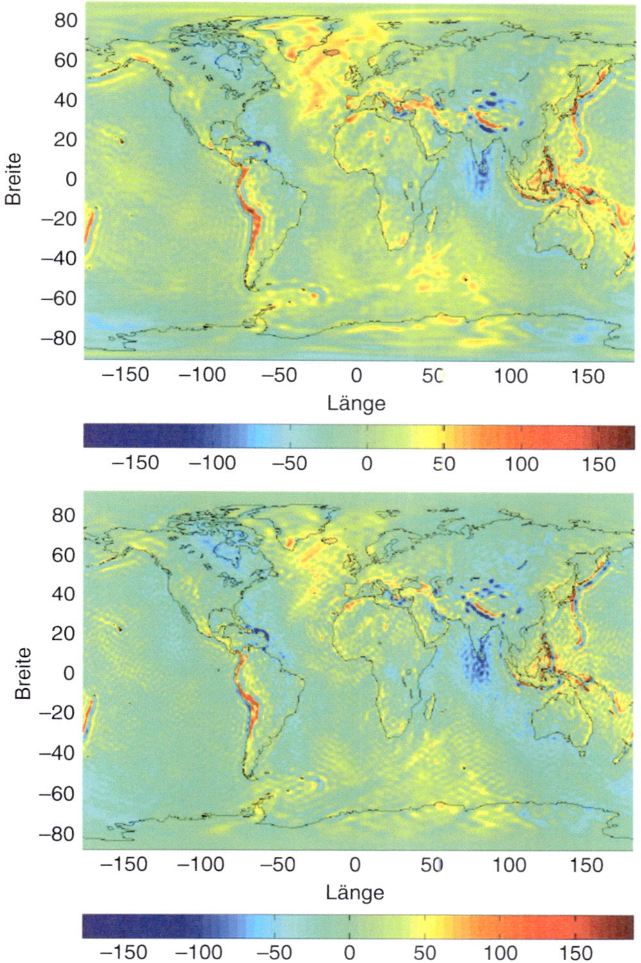

Abb. 27 Gravitationsanomalien in mgal aus CHAMP03S(oben) und GOCE-R4(unten)

Abb. 28 (oben) zeigt, dass die Differenzen zwischen zwei grob gleichwertigen Lösungen etwa dem Muster der mittleren Fehler entsprechen.

Abb. 29 (oben) zeigt die Koeffizientendifferenzen der beliebig ausgewählten Monatslösung vom August 2007 und von ITG2010S sowie die mittleren Fehler dieser Monatslösung. Diese unterscheidet sich in wichtigen Aspekten von den bisher besprochenen Lösungen: hier wurde das Potenzial nur bis zu den Termen von Grad und Ordnung $n = m = 60$ geschätzt. Die Terme der Grade $n = 61 - 160$ wurden von der statischen Lösung AIUB-GRACE03S übernommen.

Abb. 29 (unten) zeigt, dass die Koeffizienten des Gravitationsfeldes unter diesen Annahmen sehr scharf bestimmt werden können – man vergleiche diese Abb. mit den mittleren Fehlern der Mehrjahreslösung AIUB-CHAMP03S in Abb. 23!

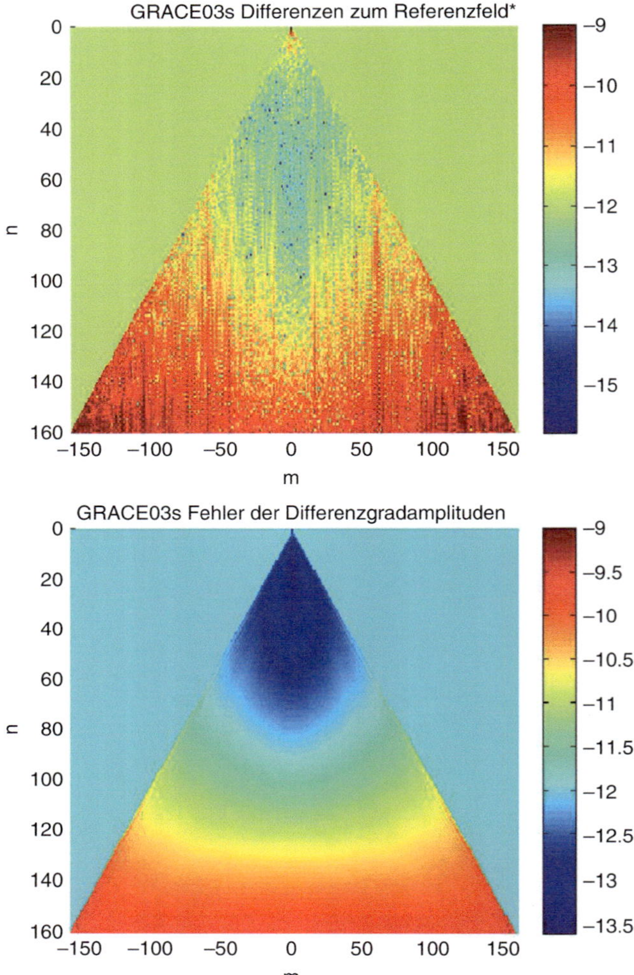

Abb. 28 Differenzgradamplituden des Feldes AIUB-GRACE03S relativ zu ITG-2010S (oben) und mittlere Fehler von AIUB-GRACE03S (unten)

Die Differenzen der Signale der Monatslösung und der Lösung ITG2010S in Abb. 29 (oben) zeigen die Grössenordnung der zeitlich veränderlichen Signale. Die Abbildung zeigt zudem, dass zeitvariable Signale im Bereich der Grade $0 < n < 15$ deutlich zu sehen sind.

Abb. 30 dokumentiert schliesslich anhand von Differenzgradamplituden die Konsistenz verschiedenartiger kombinierter GRACE GPS- und K-Band- Mehrjahreslösungen und einer Monatslösung.

Betrachten wir zunächst die Mehrjahreslösungen: Verglichen werden AIUB-GRACE03S und EIGEN05S mit ITG2010S. Wenn wir uns in Erinnerung rufen

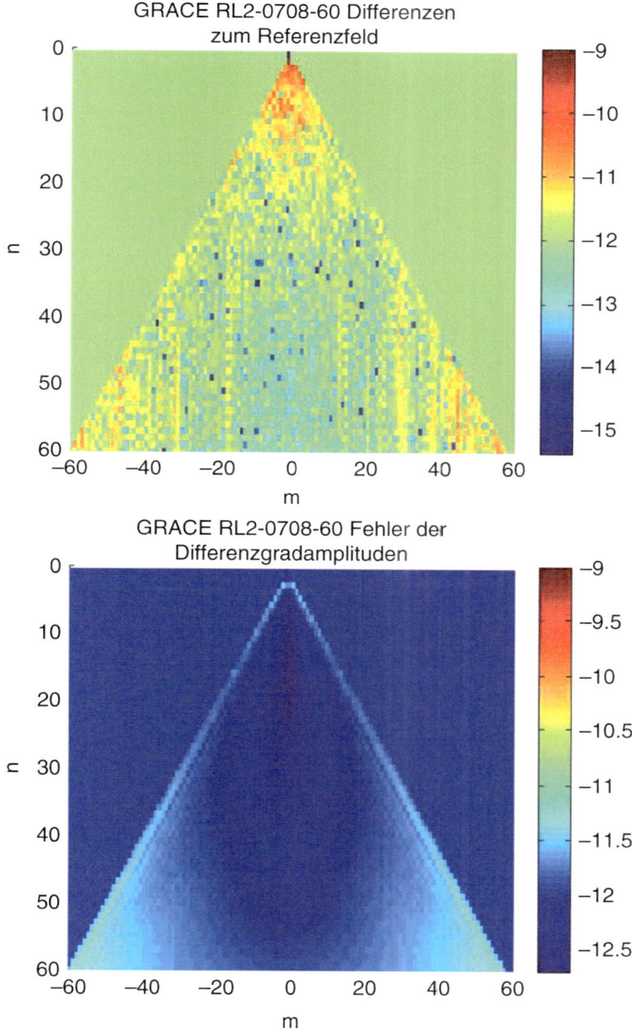

Abb. 29 Differenzen der Koeffizienten der kombinierten GRACE GPS- und K-Band-Monatslösung vom August 2007 zu ITG2010S (oben) und mittlere Fehler der Koeffizienten (unten)

(Tab. 1), dass ITG2010S aus kurzen Bögen (*short arcs*) von 30 Minuten Länge besteht, AIUB-GRACE03S aus Eintageslösungen mit dichter pseudo-stochastischer Parametrisierung[31] und schliesslich EIGEN05S eine deutlich deterministischere

[31] Bestimmung vieler pseudo-stochastischer Pulse gemäss Gl. (11) zusätzlich zu den deterministischen Parametern und den dynamischen Parametern.

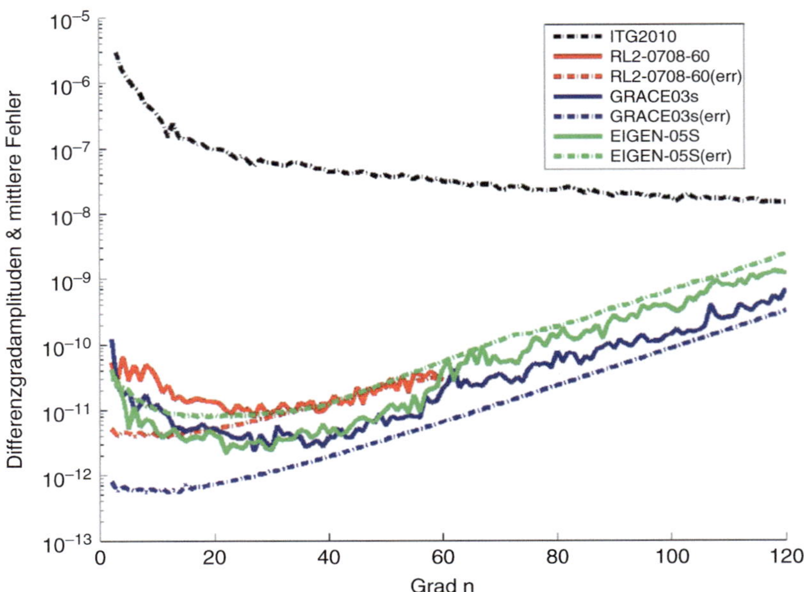

Abb. 30 Differenzgradamplituden und deren mittlere Fehler von kombinierten GRACE GPS- und K-Band-Lösungen (Sechsjahreslösung)

Parametrisierung ohne Pseudo-Stochastik repräsentiert, kann von einer befriedigenden Konsistenz verschiedenartiger Lösungen gesprochen werden. Heute, fünf Jahre nach Fertigstellung der hier besprochenen Lösungen, ist diese Konsistenz noch höher: reine GRACE-Mehrjahres-Modelle zeigen bis zu Graden von $n \approx 200$ ein hohes Mass an Übereinstimmung. Die stark unterschiedlichen mittleren Fehler von EIGEN05S und AIUB-GRACE03S erklären sich dadurch, dass bei der AIUB-Lösung direkt die mittleren Fehler der Koeffizienten, bei EIGEN05S aber sogenannte kalibrierte Fehler dargestellt werden.

Abb. 31 zeigt oben die Geoidundulationen,[32] wie sie aus dem Feld AIUB-GRACE03S folgen. Die Höhen variieren etwa im Bereich $[-100, +80]$ m (-100 m wird in Indien, +80 m in Guinea erreicht). Die bekannten Strukturen, wie die Delle im indischen Ozean und die Erhebungen über dem Nordatlantik und vor der Nordküste von Australien, sind klar ersichtlich. Abb. 31 (unten) zeigt die Geoidhöhendifferenzen von AIUB-GRACE03S zu ITG2010S. Beide Lösungen sind im Bereich weniger Promille konsistent. Langwellige Signale sind kaum zu erkennen. Die noch vorhandene Struktur ist der unterschiedlichen Bahn-Modellierung zuzuschreiben.

[32] Abstand der Äquipotenzialfläche des Erdschwerepotenzials auf Meereshöhe von einem Referenzellipsoid.

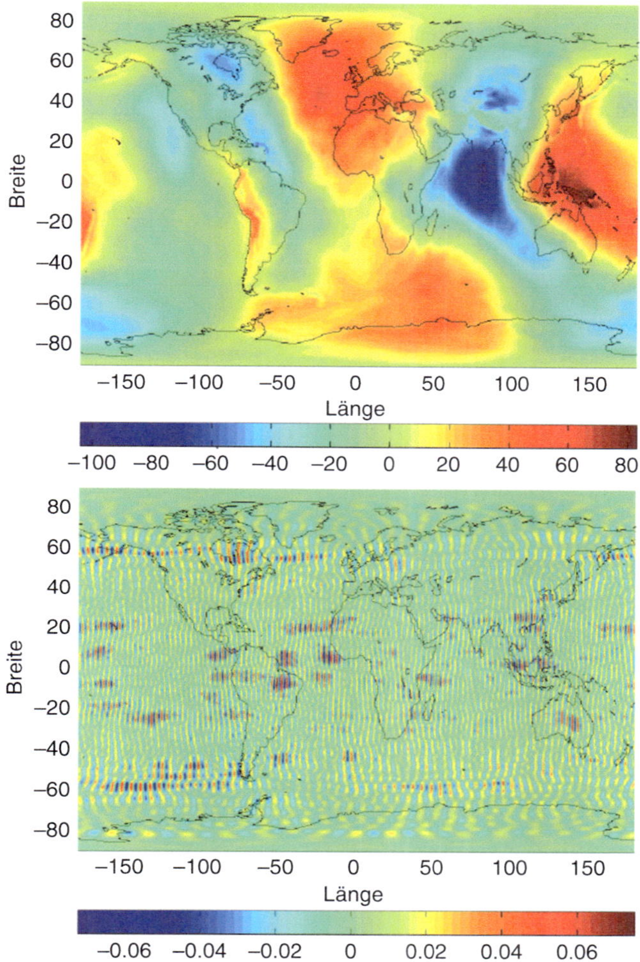

Abb. 31 Geoidhöhen in m aus AIUB-GRACE03S (oben) und Geoidhöhendifferenzen in m zu ITG2010S (unten)

Es war nie das Ziel der GRACE-Mission, eine möglichst hohe räumliche Auflösung zu erzielen. Das Erfassen der wichtigsten Zeitvariationen mit der Auflösung von etwa einem Monat stand im Vordergrund. Das in Abb. 30 als Beispiel ausgewählte Monatsfeld von August 2007 zeigt, dass man hier Signale in den Koeffizienten der Grade $n < 60$ sucht und findet. Die Differenzen der roten von den blauen und grünen Differenzgradamplituden geben einen Eindruck von der Grösse der monatlichen Signale und bestätigen die Aussage von Abb. 29.

Abb. 32 (oben) illustriert die jährlichen Variationen der GRACE-Monatsfelder anhand der für jeden Schwerefeldkoeffizienten C_{nm} und S_{nm}, $n = 2, 3, \ldots 59, 60,$

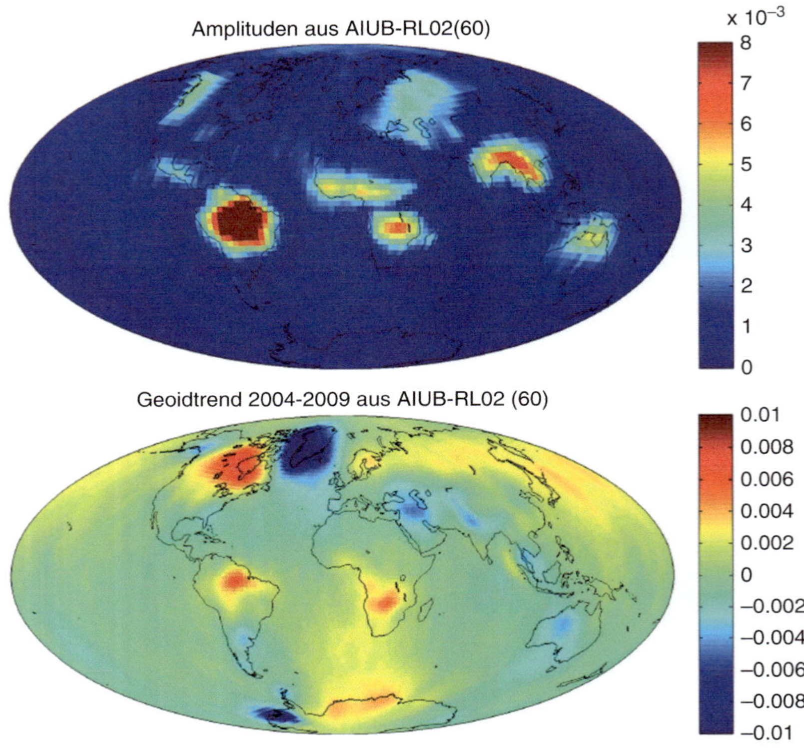

Abb. 32 Jahresgang (oben) in m und säkularer Trend (unten) in m pro 6 Jahren in den Geoidhöhen der GRACE Monatsfelder relativ zum mittleren Feld

$m = 1, 2, \ldots, n-1, n$ einzeln geschätzten und in die sphärisch-harmonische Entwicklung eingesetzten Amplituden von periodischen Schwingungen mit Jahresperioden. Es resultiert eine Karte mit jährlichen Geoidvariationen. Grosse jährliche Schwankungen werden registriert in den grossen Flussbecken (in Brasilien, Indien und Afrika). Die Satellitenmission GRACE hat wesentliche Beiträge zur Erforschung des jährlichen Wasserkreislaufes der Erde geleistet.

Abb. 32 (unten) stellt in ähnlicher Weise die aus den Monatslösungen der Jahre 2004–2009 gewonnenen Trends (konstante zeitliche Ableitungen der Koeffizienten) als Geoidtrend dar. Deutlich sind Änderungen in Grönland zu erkennen sowie die postglaziale Erhebung in Nordamerika. Das Abfliessen von riesigen Gletschermassen in der Antarktis hat zu einer Hebung der Landmassen und damit zu einer regionalen, säkulären Veränderung des Geoides in der Antarktis geführt. Auch das Sumatra-Erdbeben im Dezember 2005, das eine momentane regionale Änderung des Geoides zur Folge hatte, ist in Abb. 32 (unten) als Trend zu erkennen – was natürlich nicht ganz korrekt ist. Zeitliche Variationen des Schwerefeldes können, mit reduzierter Genauigkeit, auch aus LEO/GPS-Messungen bestimmt werden [47].

9 SLR für Gravitationsfeldbestimmung und zur Validierung von GNSS-Bahnen

Die innerhalb des gleichen Jahrzehnts in Umlauf gebrachten Satelliten-Missionen CHAMP, GRACE und GOCE haben unser Wissen über das statische und zeitlich veränderliche Gravitationsfeld der Erde revolutioniert.

Schon Abb. 4 hat aber gezeigt, dass diese Missionen das Feld in den tiefsten Termen $n \leq 5$ nicht stark verbessert haben. Das ist eine Folge davon, dass die neuen, auf Mikrowellen-Messungen beruhenden Methoden nicht im gleichen Sinne absolute Information wie SLR enthalten. Daher ist SLR auch heute unabdingbar nötig zur Bestimmung der tiefsten Terme, insbesondere der Terme der Grade $n = 1$ und $n = 2$. Die korrekte Berücksichtigung der SLR-Messungen stellt im Prinzip kein Problem dar: Man überlagert die aus SLR abgeleiteten Normalgleichungssysteme fachgerecht mit den aus den Missionen abgeleiteten Normalgleichungssystemen.

SLR spielt auch eine zentrale Rolle bei der Validierung der GNSS-Bahnen, insbesondere der eher komplexen GNSS-Strahlungsdruckmodelle. Abb. 33 zeigt das Resultat einer solchen Validierung für GLONASS. Das Prinzip der Validierung ist sehr einfach: Es werden die aus den GLONASS-Bahnen unter Verwendung von zwei verschiedenen Strahlungsdruckmodellen [1] berechneten Distanzen zwischen SLR-Observatorien und GNSS-Satelliten von den entsprechenden Messungen des ILRS-Netzes zu den GLONASS-Satelliten subtrahiert. Diese Differenzen werden als Funktion des Winkels ε zwischen GNSS-Satellit und Sonne aufgetragen. Bei einem guten Modell erwartet man eine zufällige Verteilung, im Wesentlichen weisses Rauschen, bei einem weniger guten Modell Systematiken als Funktion von ε. Die auf dem klassischen ECOM[33] beruhenden Bahnen in Abb. 33 (oben) zeigen bei $\varepsilon \approx 30°$ systematische Differenzen von -50 mm, bei $\varepsilon \approx 150°$ solche von $+50$ mm. Die auf dem neuen ECOM beruhenden Residuen in Abb. 33 (unten) zeigen praktisch keine derartigen Probleme. Die Modellqualität konnte bei GPS-Bahnen mit SLR wesentlich weniger gut beurteilt werden, da nur zwei Satelliten Laser-Reflektoren aufwiesen. Beide Satelliten sind zudem heute nicht mehr aktiv.

Farblich codiert findet man in Abb. 33 auch den Betrag der Elevation $|\beta|$ der Sonne oberhalb respektive unterhalb der Bahnebene.[34]

Die gleiche Untersuchung wurde auch für die beiden einzigen mit SLR-Reflektoren ausgestatteten GPS-Satelliten (vom Typ Block-A) durchgeführt. Beide GPS-Satelliten sind in der Zwischenzeit deaktiviert worden. Das alte und neue ECOM unterscheidet sich – jedenfalls in der SLR-Validation – kaum. Die Probleme mit dem alten ECOM beschränkten sich also auf GLONASS, das ab 2008 rasch aufgebaut wurde.

[33]ECOM: Empirical CODE Orbit Model [1].

[34]$\cos\varepsilon = \cos\beta\cos\Delta u$; $\Delta u = u - u_s$; u ist das Argument der Breite u des Satelliten, u_s das der Sonne.

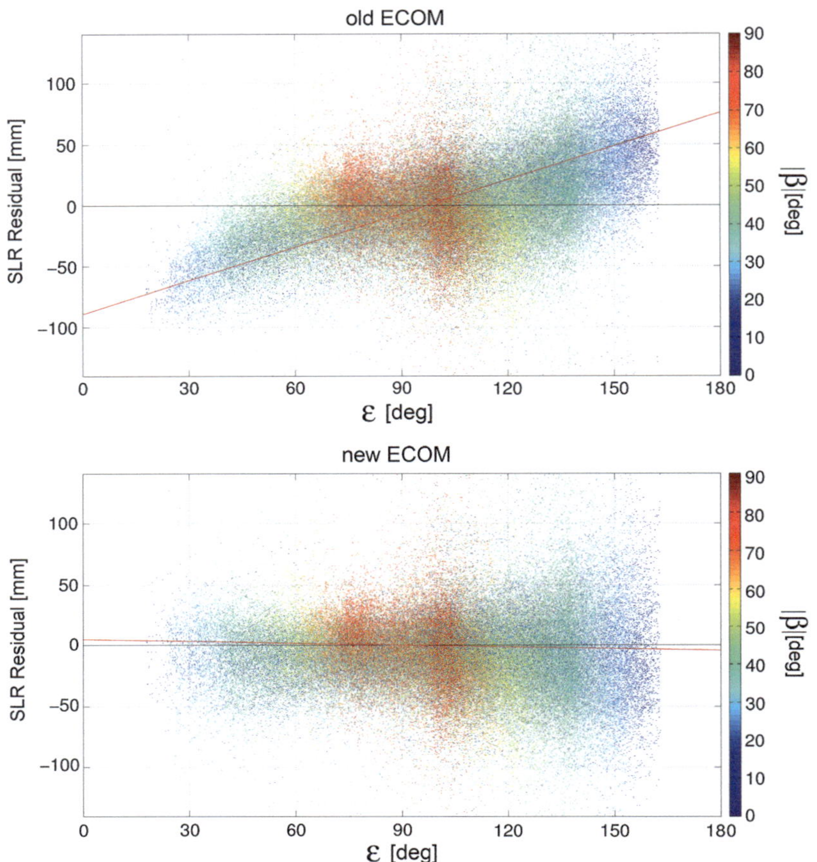

Abb. 33 Validierung des alten und neuen ECOM für GLONASS; reproduziert aus [40]

10 Fazit und Ausblick

In Abschn. 1 wurden wichtige mathematische Begriffe und Hilfsmittel wie Potenzial, Geoid, Gravitationsanomalien, Signalstärke, Differenzgradamplituden eingeführt, die Gravitationsfeldmissionen CHAMP, GRACE und GOCE wurden vorgestellt und die durch die Missionen erzielten Fortschritte wurden in Abb. 4 verglichen mit dem Stand des Wissens vor den Missionen (Gravitationsfeld EGM96).

In Abschn. 2 wurde die Struktur der Parameterbestimmungsaufgaben in der Satellitengeodäsie analysiert. Die GNSS-Empfänger auf den Satelliten sind vital für alle Missionen. Damit müssen, sozusagen als Hintergrundsmodelle, die Bahnen der GNSS-Satelliten und die zugehörigen Satellitenuhrkorrekturen, letztere mit hoher zeitlicher Auflösung, bekannt sein. Dem IGS kommt dabei eine zentrale Bedeutung zu.

In Abschn. 3 wurde die mathematische Struktur des Bahn- und Gravitationsbestimmungsproblems durchleuchtet. Gravitationsfeldbestimmung ist, jedenfalls bei CHAMP und GRACE, eine verallgemeinerte Bahnverbesserungsaufgabe. Diese Aufgabe ist nicht linear und muss daher linearisiert werden. Ihre Lösung folgt dem Schema `Linearisieren`, `Iterieren`, `Abbrechen`, wobei man sich in Anbetracht guter Näherungen normalerweise mit einem einzigen Iterationsschritt begnügen darf.

Die Bahnen erfüllen mindestens stückweise die `Bewegungsgleichungen`, nicht lineare, gewöhnliche Differentialgleichungen zweiter Ordnung in der Zeit. Diese müssen über den Bereich eines jeden Bogens Mikron-genau gelöst werden.

Die Zahl der bei jeder modernen Gravitationsfeldbestimmung zu bestimmenden Unbekannten beträgt schon bei CHAMP etwa Zehntausend. Bei GRACE wird die Zahl verdoppelt, bei GOCE mehr als vervierfacht. Für jeden unbekannten Parameter muss eine Variationsgleichung gelöst werden. Da Variationsgleichungen lineare, gewöhnliche Differentialgleichungen in der Zeit sind, ist dies eine Herkulesaufgabe. Zum Glück können die Lösungen aller Variationsgleichungen, ausser die den sechs Anfangswerten zugeordneten, als Linearkombinationen der Lösungen eben jener sechs Variationsgleichungen dargestellt werden. Je nach Parametertyp sind die Koeffizienten der Linearkombinationen Konstanten (für Pulse) oder es sind bestimmte Integrale, die effizient durch numerische Quadratur berechnet werden können.

Bahn- und Gravitationsfeldbestimmungen beruhen auf Beobachtungen oder Messungen. Die im Zusammenhang relevanten Messungen wurden kurz charakterisiert.

In Abschn. 5 wurde die Arbeit des IGS skizziert. Um zu den für die Missionen so wichtigen GNSS-Satellitenbahnen und -uhrkorrekturen zu gelangen, muss täglich eine sehr komplexe Aufgabe gelöst werden, bei der zusätzlich zu den Bahnen und GNSS-Uhren die Stationskoordinaten, die Erdorientierungsparameter und viele weitere Parameter bestimmt werden. In Anbetracht der Komplexität dieser Aufgabe ist es wichtig, dass man das durch den IGS gegebene Potenzial ausschöpft. Ebenso wichtig ist es aber, dass man mit den Gravitationsfeld-Missionen eine vollständige Konsistenz der Modelle sicherstellt.

In Abschn. 6 wurde die Bestimmung kinematischer Bahnen bei bekannten IGS-Produkten besprochen. Anhand der präzisen Bahnbestimmung für die GOCE-Mission wurde gezeigt, dass die GNSS-Uhrkorrekturen in einem sehr dichten Raster von etwa 5 s vorliegen müssen.

Es wurde sodann auf die Unterschiede der Beobachtung mit erdfesten und LEO-GNSS-Empfängern hingewiesen. Die mittleren Fehler einer kinematischen Position hängen sehr stark von der Zahl simultan beobachteter GNSS-Satelliten ab. So gesehen wäre es sehr wichtig, auf LEOs GNSS-Empfänger zu fliegen, welche die Signale aller GNSS, mindestens aber die von GPS, GLONASS und GALILEO, zu messen im Stande sind. Dies war bei den ersten drei Gravitationsfeld-Missionen nicht der Fall – nur GPS stand zur Verfügung.

Da die Hemisphäre über einer LEO-GPS-Antenne im Laufe eines Tages fast gleichförmig von GNSS-Satelliten überstrichen („ausgeleuchtet") wird, ist es ein Leichtes, Phasenzentrums-Variationen (siehe Abb. 19) als Funktion von Azimut und Elevation in einem Antennen-festen Koordinatensystem zu bestimmen.

In Abschn. 7 wurden Gravitationsfelder ausschliesslich mit kinematischen Positionen bestimmt. Mit jahrelangen Beobachtungsreihen ist es möglich, statische Gravitationsfelder sehr guter Qualität mit Auflösungen bis zu Graden $n = 100 - 120$ zu bestimmen. Mit Ausnahme der Terme tiefer Grade (etwa $n \leq 10$) ist die Qualität der Felder deutlich besser als die mit SLR bis Ende des zwanzigsten Jahrhunderts bestimmten.

Abschn. 8 hat schliesslich gezeigt, dass es durch die Kombination von GPS-Beobachtungen und den durch K-Band realisierten Distanzmessungen zwischen Satelliten möglich wurde, Gravitationsfelder mit einer zeitlichen Auflösung eines Monats mit einer räumlichen Auflösung bis zu Graden von $n = 60 - 90$ zu bestimmen. Damit wurde es möglich, mit GRACE zeitlich aufgelöste Signale, insbesondere mit jährlichen Perioden sowie säkulare Änderungen zu bestimmen. Zum globalen Wasserkreislauf der Erde konnten damit quantitative Angaben gemacht werden.

Abschn. 9 zeigte anhand eines einfachen Beispiels, dass die vergleichsweise absolute SLR-Messtechnik hervorragend geeignet ist, Satellitenbahnen zu validieren. Es ist von zentraler Bedeutung für die wissenschaftliche Nutzung von GNSS, dass alle GNSS-Satelliten mit SLR-Reflektoren ausgestattet werden – was leider im Moment nicht der Fall ist. Zur Bestimmung der tiefsten Terme des Gravitationsfeldes wird es wichtig sein, die SLR-Messungen mit den aus GNSS und aus Distanzmessungen zwischen Satelliten abgleiteten Normalgleichungssystemen zu kombinieren.

Zum Zeitpunkt der Fertigstellung dieses Kapitels sind CHAMP und GOCE längst in der Erdatmosphäre verglüht und die GRACE-Mission nähert sich ihrem Ende. Die drei Missionen haben die Gravitationsfeldbestimmung revolutioniert und unser Verständnis des komplexen Systems Erde wesentlich vertieft. GRACE-FO wird frühestens 2017 gestartet. Für die Bestimmung des zeitlich veränderlichen Gravitationsfeldes mit dem so erfolgreichen GRACE-Prinzip wird es also voraussichtlich einen Unterbruch geben, was eigentlich hätte vemieden werden müssen. Der Unterbruch erlaubt es immerhin, die Methoden der Bahn- und Gravitationsfeldbestimmung und die Schwachstellen der Missionen gründlich zu analysieren. Das vorliegende Kapitel sollte in diesem Zusammenhang gelesen werden.

Danksagung Wir danken Herrn Privatdozent Dr. Andreas Verdun und Herrn Dr. Ulrich Meyer für die sehr sorgfältige und kritische Durchsicht des Manuskriptes bezüglich formaler und fachlicher Aspekte. Herrn Dr. Stefan Schaer danken wir für die Aufbereitung der Ionosphärendaten für die Abbildungen in Abschn. 5.4. Viele weitere Illustrationen sind jetzigen oder früheren Mitarbeitern des AIUB zu verdanken. Allen sei an dieser Stelle für ihre direkte oder indirekte Hilfe herzlich gedankt.

Literatur

1. Arnold, D., Meindl, M., Beutler, G., Dach, R., Schaer, S., Lutz, S., Prange, L., Sośnica, K., Mervart, L., Jäggi, A.: CODE's new empirical orbit model for the IGS. J. Geod. 89-8, 775–791 (2015)
2. Beutler, G.: Methods of Celestial Mechanics, Bd. 1. Springer, Berlin/Heidelberg (2005). ISBN:3-540-40750-1
3. Beutler, G.: Methods of Celestial Mechanics, Bd. 2. Springer, Berlin/Heidelberg (2005). ISBN:3-540-40750-2
4. Beutler, G., Bauersima, I., Botton, S., Gurtner, W., Rothacher, M., Schildknecht, T.: Accuracy and biases in the geodetic application of the global positioning system. Manuscripta Geodaetica **14**(1), 28–35 (1987)
5. Beutler, G., Rothacher, M., Schaer, S., Springer, T.A., Kouba, J., Neilan, R.E.: The international GPS service (IGS): an interdisciplinary service in support of Earth sciences. Adv. Space Res. **23**, 631–653 (1999)
6. Beutler, G., Jäggi, A., Mervart, L., Meyer, U.: The celestial mechanics approach: theoretical foundations. J. Geod. **84**(10), 605–624 (2010). doi:10.1007/s00190-010-0401-7
7. Beutler, G., Jäggi, A., Mervart, L., Meyer, U.: The celestial mechanics approach: application to data of the GRACE mission. J. Geod. **84**(11), 661–681 (2010). doi:10.1007/s00190-010-0402-6
8. Bock, H., Jäggi, A., Švehla, D., Beutler, G., Hugentobler, U., Visser, P.: Precise orbit determination for the GOCE satellite using GPS. Adv. Space Res. **39**(10), 1638–1647 (2007). doi:10.1016/j.asr.2007.02.053
9. Bock, H., Dach, R., Jäggi, A., Beutler, G.: High-rate GPS clock corrections from CODE: support of 1 Hz applications. J. Geod. **83**(11), 1083–1094 (2009). doi:10.1007/s00190-009-0326-1
10. Bock, H., Jäggi, A., Meyer, U., Visser, P., van den IJssel, J., van Helleputte, T., Heinze, M., Hugentobler, U.: GPS-derived orbits for the GOCE satellite. J. Geod. **85**(11), 807–818 (2011). doi:10.1007/s00190-011-0484-9
11. Bock, H., Jäggi, A., Beutler, G., Meyer, U.: GOCE: Precise orbit determination for the entire mission. J. Geod. **88**(11), 1047–1060 (2014). doi:10.1007/s00190-014-0742-8
12. Dach, R., Brockmann, E., Schaer, S., Beutler, G., Meindl, M., Prange, L., Bock, H., Jäggi, A., Ostini, L.: GNSS processing at CODE: status report. J. Geod. **83**(3–4), 353–366 (2009)
13. Descartes, R.: Discours de la methode pour bien conduire sa raison et chercher la verité dans les sciences, Plus la dioptriqve, les meteores, et la geometrie, Qui sont des essais de cete Methode. A Leyde, De l'Imprimerie de Ian Maire MDCXXXVII (1637)
14. Dow, J.M., Neilan, R.E., Rizos, C.: The international GNSS service in a changing landscape of global navigation satellite systems. J. Geod. **83**, 191–198 (2009)
15. Drinkwater, M., Haagmans, R., Muzi, D., Popescu, A., Floberghagen, R., Kern, M., Fehringer, M.: The GOCE gravity mission: ESA's first core explorer. ESA SP-627, S. 1–7. ESA Publication Division (2006)
16. Förste, C., Schmidt, R., Stubenvoll, R., Flechtner, F., Meyer, U., König, R., Neumayer, H., Biancale, R., Lemoine, J.M., Bruinsma, S., Loyer, S., Barthelmes, F., Esselborn, S.: The GeoForschungszentrum Potsdam/Groupe de Recherche de Géodésie Spatiale satellite-only and combined gravity field models: EIGEN-GL04S1 and EIGEN-GL04C. J. Geod. **82**(6), 331–346 (2008) doi:10.1007/s00190-007-0183-8
17. Gaposchkin, E.M. (Hrsg.): Smithonian Standard Earth (III). Special Report No. 353, Smithonian Astrophysical Observatory, Cambridge
18. Heiskanen, W.A., Moritz, H.: Physical Geodesy. H.W. Freeman and Company, San Francisco/London (1967). Library of Congress Catalogue Card Number: 66-24950
19. Jäggi, A., Beutler, G., Hugentobler, U.: Reduced-dynamic orbit determination and the use of accelerometer data. Adv. Space Res. **36**(3), 438–444 (2005). doi:10.1016/j.asr.2004.11.028

20. Jäggi, A., Dach, R., Montenbruck, O., Hugentobler, U., Bock, H., Beutler, G.: Phase center modeling for LEO GPS receiver antennas and its impact on precise orbit determination. J. Geod. **83**(12), 1145–1162 (2009). doi:10.1007/s00190-009-0333-2
21. Jäggi, A., Prange, L., Hugentobler, U.: Impact of covariance information of kinematic positions on orbit reconstruction and gravity field recovery. Adv. Space Res. **47**(9), 1472–1479 (2011). doi:10.1016/j.asr.2010.12.009
22. Jäggi, A., Bock, H., Prange, L., Meyer, U., Beutler, G.: GPS-only gravity field recovery with GOCE, CHAMP, and GRACE. Adv. Space Res. **47**(6), 1020–1028 (2011). doi:10.1016/j.asr.2010.11.008
23. Jäggi, A., Beutler, G., Meyer, U., Prange, L., Dach, R., Mervart, L.: AIUB-GRACE02S – status of GRACE gravity field recovery using the celestial mechanics approach. In: Kenyon, S., Pacino, M.C., Marti, U. (Hrsg.) Geodesy for Planet Earth, Bd. 136, S. 161–170 (2012). ISBN:978-3-642-20337-4, doi:10.1007/978-3-642-20338-1_20
24. Jäggi, A., Bock, H., Meyer, U., Beutler, G., van den IJssel, J.: GOCE: assessment of GPS-only gravity field determination. J. Geod. **89**, 33–48 (2015). doi:10.1007/s00190-014-0759-z
25. Lemoine, F.G., Smith, D.E., Kunz, L., Smith, R., Pavlis, N.K., Klosko, S.M., Chinn, D.S., Torrence, M.H., Willamson, R.G., Cox, C.M., Rachlin, K.E., Wang, Y.M., Kenyon, S.C., Salman, R., Trimmer, R., Rapp, R.H., Nerem, R.S.: The development of the NASA GSFC and NIMA joint geopotential model. In: Segawa, J., Fujimoto, H., Okubo, S. (Hrsg.) IAG Symposia: Gravity, Geoid and Marine Geodesy, S. 461–469. Springer, New York (1997)
26. Mayer-Gürr, T.: Gravitationsfeldbestimmung aus der Analyse kurzer Bahnbögen am Beispiel der Satellitenmissionen CHAMP und GRACE. Dissertation, Schriftenreihe Institut für Geodäsie und Geoinformation, No. 9, University of Bonn (2008)
27. Mayer-Gürr, T., Eicker, A., Ilk, K.H.: ITG-Grace02s: a GRACE gravity field derived from range measurements of short arcs. In: Kiliçoglu, A., Forsberg, R. (Hrsg.) Gravity Field of the Earth: Proceedings of the 1st International Symposium of the International Gravity Field Service (IGFS), Sonderausgabe 18, S. 193–198. General Command of Mapping, Ankara (2007)
28. Meyer, U., Jäggi, A., Beutler, G.: Monthly gravity field solutions based on GRACE observations generated with the celestial mechanics approach. Earth Planet. Sci. Lett. **345–348**, 72–80 (2011/2012). doi:10.1016/j.jpgl.2012.06.026
29. Newton, I.: Philosophiae naturalis principia mathematica. Jussu Societatis Regiae ac Typis Josephi Streater, Londini 1687 (1687)
30. Pavlis, N.K., Holmes, S.A., Kenyon, S.C., Factor, J.K.: The development and evaluation of the Earth gravitational model 2008 (EGM2008). J. Geophys. Res. **117**, B04406 (2012). doi:10.1029/2011JB008916
31. Pearlman, M.R., Degnan, J.J., Bosworth, J.M.: The international laser ranging service. Adv. Space Res. **30**(2), 135–143 (2002). doi:10.1016/S0273-1177(02)00277-6
32. Prange, L.: Global gravity field determination using the GPS measurements made onboard the low Earth orbiting satellite CHAMP. Geodätisch-geophysikalische Arbeiten in der Schweiz, Bd. 81. Schweizerische Geodätische Kommission (2010)
33. Prange, L., Jäggi, A., Beutler, G., Mervart, L., Dach, R., Mervart, L.: Gravity field determination at the AIUB – the celestial mechanics approach. In: Sideris, M. (Hrsg.) International Association of Geodesy Symposia, Bd. 133, S. 353–362. Springer, Berlin/Heidelberg (2009)
34. Prange, L., Jäggi, A., Bock, H., Dach, R.: AIUB-CHAMP02S: The influence of GNSS model changes on gravity field recovery using spaceborne GPS. Adv. Space Res. **45**, 215–224 (2009)
35. Rebischung, P., Griffiths, J., Ray, J., Schmid, R., Collilieux, X., Garayt, B.: IGS08: The IGS realization of ITRF2008. GPS Solut. **4**(16), 483–494 (2012). doi:10.1007/s00190-013-0669-5
36. Reigber, C., Jochmann, H., Wünsch, J., Petrovic, S., Schwintzer, F., Barthelmes, F., Neumayer, K.H., König, R., Förste, C., Balmino, G., Biancale, R., Lemoine, J.M., Loyer, S., Pérosanz, F.: Earth gravity field and seasonal variability from CHAMP. In: Reigber, C., Schwintzer, P., Wickert, J. (Hrsg.) Earth Observation from CHAMP – Results from Three Years in Orbit, S. 25–30. Springer, Berlin (2004)

37. Rummel, R., Yi, W., Stummer, C.: GOCE gravitational gradiometry. J. Geod. **85**, 777–790 (2011). doi:10.1007/s00190-011-0500-0
38. Schaer, S.: Mapping and predicting the Earth's ionosphere. Geodätisch-geophysikalische Arbeiten in der Schweiz, Bd. 59. Eidg. Technische Hochschule Zürich, Switzerland (1999)
39. Seidelmann, P.K.: Explanatory Supplement to the Astronomical Almanac. University Science Books, Mill Valley (1992). ISBN:0-935702-68-7
40. Sośnica, K., Thaller, D., Dach, R., Steigenberger, P., Beutler, G., Arnold, D., Jäggi, A.: Satellite laser ranging to GPS and GLONASS. J. Geod. 89-7, 725–743 (2015)
41. Švehla, D., Rothacher, M.: Kinematic precise orbit determination for gravity field determination. In: Sanso, F. (Hrsg.) The Proceedings of the International Association of Geodesy: A Window on the Future of Geodesy, S. 181–188. Springer, Berlin/Heidelberg/New York (2004)
42. Tapley, B.D., Bettadpur, S., Ries, J.C., Thompson, P.F., Watkins, M.: GRACE measurements of mass variability in the Earth system. Science **305**(5683), 503–505 (2004)
43. Tapley, B.D., Ries, J., Bettapour, S., Chambers, D., Cheng, M., Condi, F., Gunter, B., Kang, Z., Nagel, P., Pastor, R., Pekker, T., Poole, S., Wang, F.: GGM02 – an improved Earth gravity model from GRACE. J. Geod. **79**, 467–478 (2005)
44. Touboul, P., Willemenot, E., Foulon, B., Josselin, V.: Accelerometers for CHAMP, GRACE and GOCE space missions: synergy and evolution. Boll. Geof. Teor. Appl. **40**, 321–327 (1999)
45. van Gelderen, M., Koop, R.: The use of degree variances in satellite gradiometry. J. Geod. **71**(6), 337–343 (1997). doi:10.1007/s001900050101
46. Verdun, A.: Leonhard Eulers Arbeiten zur Himmelsmechanik. Springer, Berlin/Heidelberg (2015). ISBN:978-3-662-44331-6
47. Weigelt, M., van Dam, T., Jäggi, A., Prange, L., Tourian, M.J., Keller, W., Sneeuw, N.: Time-variable gravity signal in Greenland revealed by high-low satellite-to-satellite tracking. J. Geophys. Res. Solid Earth **118**, 3848–3859 (2013). doi:10.1002/jgrb.50283
48. Zumberge, J.F., Heflin, M.B., Jefferson, D.C., Watkins, M.M., Webb, F.H.: Precise point positioning for the efficient and robust analysis of GPS data from large networks. J. Geophys. Res. **102**, 5005–5017 (1997)

Globale Schwerefeldmodellierung am Beispiel von GOCE

5

Roland Pail

Zusammenfassung

Die Satellitenmissionen CHAMP, GRACE und GOCE lieferten neuartige Information über das globale Schwerefeld der Erde. In diesem Beitrag werden die wichtigsten Aspekte der Modellierung des statischen Schwerefeldes aus Satellitendaten und die dabei verwendeten statistisch-numerischen Werkzeuge exemplarisch für die GOCE-Mission diskutiert. Die neue Generation von GOCE-Modellen liefert Genauigkeiten von 2–3 cm in Geoidhöhe und 0,7 mGal in Schwereanomalien bei 100 km räumlicher Wellenlänge. Noch höhere räumliche Auflösung wird durch Kombination mit terrestrischen Schwerefeldbeobachtungen erreicht.

Schlüsselwörter

GOCE • Globales Schwerefeldmodell • Sphärisch-harmonische Reihenentwicklung • Gravitationsgradienten • Ausgleichungsrechnung

Inhaltsverzeichnis

R. Pail (✉)
Institut für Astronomische und Physikalische Geodäsie, Technische Universität München, München, Deutschland
E-Mail: pail@bv.tum.de

R. Rummel (Hrsg.), *Erdmessung und Satellitengeodäsie*,
Springer Reference Naturwissenschaften, DOI 10.1007/978-3-662-47100-5_8

1 Einleitung

Die Realisierung der Schwerefeldmissionen CHAMP (Challenging Minisatellite Payload; Reigber et al. [46]), GRACE (Gravity Recovery Experiment; Tapley et al. [64]) und GOCE (Gravity Field and Steady-State Ocean Circulation Explorer; Drinkwater et al. [11]) haben unsere Kenntnis über das Schwerefeld der Erde und dessen Veränderungen revolutioniert. Die Berechnung von Modellen, die das Erdschwerefeld parametrisieren, aus einer Vielzahl von Satellitenbeobachtungen ist eine numerisch intensive Rechenaufgabe, die nicht nur den Einsatz von parallelem Rechnen und Supercomputing erfordert, sondern auch maßgeschneiderte Methoden und Algorithmen.

In diesem Beitrag wird die gesamte Prozessierungskette von der Satellitenbeobachtung bis zum finalen Schwerefeldprodukt und dessen Validierung anhand der Schwerefeldmodellierung der GOCE-Mission vorgestellt. Wir beschränken uns daher auf die Darstellung der Modellierung des statischen Schwerefeldes, Aspekte der Zeitvariabilität bleiben weitestgehend unberücksichtigt.

In Abschn. 1 werden die Grundlagen zur globalen Schwerefeldmodellierung gelegt, das allgemeine funktionale Modell definiert (Abschn. 1.1) und eine Übersicht über Schwerefeld-Eingangsdaten sowie eine Kategorisierung unterschiedlicher Typen von globalen Schwerefeldmodellen präsentiert (Abschn. 1.2). Abschn. 2 beschäftigt sich schwerpunktmäßig mit der Darstellung der globalen Schwerefeldmodellierung aus GOCE-Daten. Nach einer kurzen Übersicht über die GOCE-Mission (Abschn. 2.1) wird in Abschn. 2.2 die GOCE-Prozessierungskette am Beispiel der „time-wise"-Methode präsentiert und ihre wesentlichen Komponenten erläutert. Danach wird in Abschn. 2.3 dieser Ansatz methodisch mit alternativen Verfahren verglichen. Abschnitt 2.4 stellt die Ergebnisse der GOCE-Schwerefeldmodellierung in der Form von 5 Modellversionen, die sich vor allem hinsichtlich des verwendeten Datenvolumens unterscheiden, dar. Diese Modelle werden in Abschn. 2.5 extern validiert. In Abschn. 2.6 werden Limitierungen dieser Modelle, wie z. B. deren spektrale Beschränktheit, diskutiert. Außerdem wird ein Ausblick auf potentielle weitere Verbesserungen in der GOCE-Datenprozessierung gegeben. Schließlich ziehen wir in Abschn. 3 ein Fazit zum aktuellen Stand der globalen Schwerefeldmodellierung.

1.1 Globale Schwerefeldmodellierung: Funktionales Modell

Das Gravitationspotential der Erde V wird üblicherweise als unendliche sphärisch-harmonischen Reihe parametrisiert. Diese Parametrisierung resultiert aus der

Annahme eines quellenfreien Außenraumes und daraus folgend der Lösung der Laplace-Gleichung $\Delta V = 0$ in sphärischen Koordinaten (Radius r, Ko-Breite ϑ, Länge λ):

$$V(r,\vartheta,\lambda) = \frac{GM}{R}\sum_{n=0}^{L}\left(\frac{R}{r}\right)^{n+1}\sum_{m=0}^{n}\bar{P}_{nm}(\cos\vartheta)\left[\bar{C}_{nm}\cos(m\lambda)+\bar{S}_{nm}\sin(m\lambda)\right]$$
$$= \sum_{n=0}^{L}\sum_{m=-n}^{n} A_{nm}x_{nm} \tag{1}$$

wobei G die Gravitationskonstante, M und R die Masse und den Referenzradius der Erde darstellen. $\bar{P}_{nm}$ sind die vollständig normierten assoziierten Legendre-Funktionen von Grad n und Ordnung m, und $x_{nm} = \{\bar{C}_{nm}, \bar{S}_{nm}\}$ die zugehörigen Koeffizienten, mit der Zuordnung

$$A_{nm} = \bar{P}_{nm}\begin{Bmatrix}\cos(m\lambda)\\ \sin(m\lambda)\end{Bmatrix}\quad \begin{matrix}\forall m \geq 0\\ \forall m < 0\end{matrix} \qquad \text{und} \qquad x_{nm} = \begin{Bmatrix}\bar{C}_{nm}\\ \bar{S}_{nm}\end{Bmatrix} \tag{2}$$

Während der Anwender die Modellkoeffizienten nutzen kann, um daraus durch einfache Summation gemäß Gl. (1) das Gravitationspotential und daraus abgeleitete Schwerefeldfunktionale $b = \frac{\partial^k V}{\partial x_i^k}$ und weiterführende Produkte zu berechnen, wird im Zuge der globalen Schwerefeldmodellierung die dazu inverse Aufgabe gelöst, nämlich die Koeffizienten der Reihenentwicklung $\{\bar{C}_{nm}, \bar{S}_{nm}\}$ bis zu einem bestimmten maximalen Grad der Reihenentwicklung L (theoretisch: $L = \infty$) „optimal" aus den Schwerefeldbeobachtungen b abzuleiten. Gleichung (1) stellt somit das grundlegende funktionale Modell und die Beobachtungsgleichung im Rahmen der globalen Schwerefeldmodellierung dar.

Neben diesem globalen Ansatz gibt es eine Reihe von regionalen Methoden zur Schwerefeldmodellierung. So etwa die Lösung des Stokes-Integrals entweder durch numerische Integration [66] oder durch Anwendung von schnellen Fourier-Methoden [57], statistischen Methoden wie der Kollokation nach kleinsten Quadraten [27, 34, 35] oder die Nutzung von regionalen Basisfunktionen. Hierbei werden beispielsweise isotrope sphärische radiale Basisfunktionen [16] oder sphärische Splines [12] benutzt. Daneben gibt es Methoden, die auf dem Prinzip äquivalenter Quellen (Punktmassen, rechteckigen Prismen, Di- und Multipolen, Flächendichteverteilungen) beruhen. Raum-zeitliche Lokalisierung wird erreicht durch den Einsatz sphärischer Wavelets [16], Poisson-Multipol-Wavelets [43], der Multiresolutions-Darstellung des Schwerefeldes [54] oder der Anwendung von sogenannten Mascons [28].

Verglichen mit der globalen Gravitationsfelddarstellung mittels Kugelfunktionen in Gl. (1) bieten sich regionale Methoden an, wenn keine globale Datenverteilung gegeben ist bzw. hochfrequente regionale/lokale Schwerefeldsignale parametrisiert werden sollen. Dies leitet sich aus den Nachteilen der globalen Reihendarstellung ab. Zum einen ergibt sich für letztere aus der Wahl der räumlichen Kugelfunktionen als Basisfunktionen, die streng nur im kontinuierlichen Fall orthogonal sind, die Notwendigkeit einer nahezu globalen, idealerweise homogenen Datenverfügbarkeit, da es ansonsten zu großen Korrelationen zwischen den abzuleitenden Stokes-Koeffizienten $x_{nm} = \{\bar{C}_{nm}, \bar{S}_{nm}\}$ und somit zu instabilen Normalgleichungssystemen im Rahmen der Lösung kommt. Zum anderen wächst die Anzahl der Schwerefeldparameter M quadratisch mit dem harmonischen Grad gemäß $M = (L+1)^2$. Die Darstellung von kleinräumigen Strukturen mit einer räumlichen Wellenlänge $\lambda_{\max}\,[km] = {}^{20{,}000\,km}/_{L}$ mittels globaler Basisfunktionen wird daher auch numerisch sehr aufwändig, da nach sehr vielen Parametern zu lösen ist. Dagegen besteht ein Vorteil der globalen Parametrisierung darin, dass ein global konsistentes Modell ohne Systematiken zwischen unterschiedlichen Regionen dargestellt werden kann.

1.2 Eingangsdaten und Modelltypen

Unterschiedliche Beobachtungstypen b tragen Schwerefeldinformation und können daher als Eingangsdaten für eine globale oder regionale Schwerefeldmodellierung dienen. Die „klassischen" punktweisen Beobachtungstypen umfassen Schwereanomalien (terrestrisch, flugzeug- oder schiffsgebunden) und Lotabweichungen. Seit geraumer Zeit wird auch Satelliteninformation genutzt. Zum einen kann aus der Analyse der Bahnen von SLR-Satelliten (Satellite Laser Ranging) auf die extrem langwellige Struktur des Schwerefeldes geschlossen werden [68]. Zum anderen stellt die Ableitung von Schwereanomalien aus der Satellitenaltimetrie eine indirekte Methode der Schwerefeldbeobachtung dar [45]. Dies ergibt sich aus der Tatsache, dass die geometrische mittlere Meeresoberfläche nur um maximal 1–2 m von der Schwerefeld-Äquipotentialfläche des Geoids abweicht. Diese Abweichung, die mittlere dynamische Topographie, kann aus Ozeanmodellen erhalten und als Korrekturterm für die mittlere Meeresoberfläche verwendet werden.

Seit der Realisierung von CHAMP, GRACE und GOCE (siehe Abb. 1) gibt es nun drei weitere Schwerefeld-Beobachtungstypen:

- Beobachtung von gravitativen Bahnstörungen niedrigfliegender Satelliten (Low Earth Orbiters; LEOs) mittels globaler Positionierungssysteme wie GPS (Satelliten-Distanzmessung zwischen LEO- und GPS-Satelliten), realisiert bei CHAMP, GRACE und GOCE
- Beobachtung von Bahndifferenzen und deren zeitlicher Veränderung zwischen zwei LEOs (bei GRACE realisiert durch K-Band Mikrowellenverbindung zwischen zwei auf derselben Bahn im Abstand von ca. 200 km fliegenden Satelliten)
- Beobachtung von Beschleunigungsdifferenzen auf sehr kurzen Basislinien (Satellitengradiometrie, SGG), also näherungsweise zweiten Ableitungen des Gravitationspotentials V in alle drei Raumrichtungen, realisiert bei GOCE

An dieser Stelle soll bemerkt werden, dass nur die Methode der Satellitengradiometrie eine direkte Beobachtung eines Schwerefeldfunktionals darstellt, während

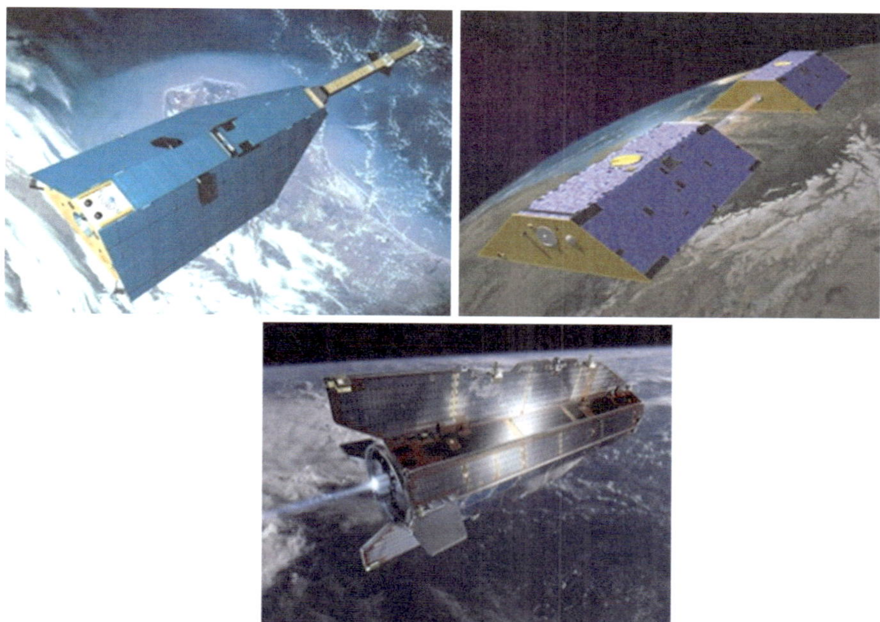

Abb. 1 Satelliten-Schwerefeldmissionen CHAMP (oben links), GRACE (oben rechts) und GOCE (unten). Quellen: GFZ, NASA, ESA Medialab

Bahnstörungen und Bahndifferenzen prinzipiell rein geometrische Größen darstellen und nur indirekten Bezug zum Schwerefeld haben.

Basierend auf diesen unterschiedlichen Beobachtungsgrößen lassen sich in einer groben Kategorisierung drei Typen von globalen Schwerefeldmodellen ableiten:

1. Satellite-only-Modelle: Diese beinhalten nur Satelliteninformation aus den drei Schwerefeldmissionen und eventuell zusätzlich SLR. Aufgrund der Abnahme des Schwerefeldes mit der Höhe können hochfrequente Schwerefeldanteile in Satellitenhöhe nicht mehr detektiert werden, was diese Modelle auf einen maximalen Grad von $L = 280$ bis 300 (räumliche Wellenlänge $\lambda_{\max}$ von ca. 70 km) beschränkt. Der Vorteil dieser Modelle liegt in ihrer Unabhängigkeit von terrestrischen oder satellitenaltimetrischen Daten. Daher bieten sie sich für unabhängige Validierungszwecke an. Auch im Zuge der Berechnung der „geodätischen" mittleren dynamischen Ozeantopographie als Differenz zwischen der aus Altimeterdaten gewonnenen geometrischen mittleren Meereshöhe und dem Geoid bietet es sich an, Satellite-only-Modelle zu verwenden, da im Falle von Kombinationsmodellen Altimeterdaten in beiden Komponenten enthalten wären und eine Differenz von nicht mehr unabhängigen Größen gebildet werden würde.
2. Kombinationsmodelle: Diese beinhalten neben den oben ausgeführten Satellitenbeobachtungen auch terrestrische, flugzeug- und schiffsgebundene Gravimetrie

sowie altimetrische Schwereanomalien über den Ozeanen. Damit kann die räumliche Auflösung signifikant erhöht werden. Das aktuell am höchsten aufgelöste Modell EGM2008 [44] hat einen maximalen Entwicklungsgrad von $L = 2190$, was einer räumlichen Auflösung von unter 10 km entspricht. Allerdings muss bemerkt werden, dass diese hohe räumliche Auflösung real nur in jenen Regionen vorhanden ist, in denen eine hinreichend dichte terrestrische Datenbasis existiert.
3. Synthetische Modelle aus Topografieinformation: Um für Anwendungen wie z. B. im Ingenieurswesen oder der Navigation die räumliche Auflösung weiter zu erhöhen, kann hochauflösende Topografieinformation genutzt werden, um daraus mittels numerischer Vorwärtsintegration und zusätzlichen Dichteannahmen synthetische Schwereanomalien zu berechnen. Studien in Gebieten mit guter und dichter Realdatenabdeckung zeigen, dass mit dieser Methode, je nach Rauigkeit der Topografie und damit Schwerefeld-Signalstruktur, 60–80 % des hochfrequenten Schwerefeldsignals rekonstruiert werden können [20]. Zu beachten ist jedoch, dass ein solches Schwerefeldmodell nicht mehr für geophysikalische Interpretationen herangezogen werden darf.

Abb. 2 zeigt anhand von Freiluftanomalien die unterschiedliche räumliche Auflösung der oben genannten Modellkategorien für ein ca. 400 × 400 km großes Gebiet im Himalaya. Während die ausschließlich auf Satellitendaten (GRACE, GOCE) beruhende Schwerefeldlösung nur die langwellige Struktur darstellen kann ($L = 250$), erhöht die Hinzunahme von realen terrestrischen Daten (hier in Form von EGM2008, $L = 2190$) die räumliche Auflösung auf unter 10 km. Die Kombination mit synthetischer Topografieinformation ergänzt das Schwerefeldmodell um die hohen Signalfrequenzen und erreicht so 200 m räumliche Auflösung.

Hinsichtlich Satellite-only-Modellen sind im Rahmen des ESA-Projekts „GOCE High-Level Processing Facility (HPF)" [50] mittlerweile fünf Versionen von Schwerefeldmodellen, die GOCE-Daten enthalten, veröffentlicht worden. Während die GOCE-TIM-Modelle [38] ausschließlich GOCE-Daten beinhalten, inkludieren die GOCE-DIR-Modelle [9] auch GRACE- und SLR-Daten. Weitere ausschließlich satellitenbasierte Modelle, die eine Kombination aus Satellitenschwerefeld- und SLR-Daten darstellen, sind beispielsweise EIGEN-6S2 [47] oder die S-Modelle der GOCO-Reihe [40]. Der maximale Entwicklungsgrad dieser Modelle liegt bei $L = 250$ bis 300 [7, 10].

Kombinationsmodelle mit terrestrischen, flugzeug- und schiffsbasierten und altimetrischen Schwerefelddaten sind z. B. EGM2008 [44], EIGEN-6C3stat [15], oder TUM2013C [13]. Diese Modelle sind alle mittels sphärisch-harmonischer Koeffizienten parametrisiert und erweitern die rein satellitenbasierten Modelle hinsichtlich räumlicher Auflösung bis teilweise jenseits $L = 2000$. Es muss aber erwähnt werden, dass es global zahlreiche Gebiete mit unzureichender terrestrischer Datenbasis gibt, sodass die vermeintlich hohe räumliche Auflösung dort nicht gegeben ist.

Als Beispiel für die dritte Modellgruppe sei GGMplus [20] erwähnt. Es ist eine Kombination aus GRACE, GOCE, EGM2008 und erweitert um hochfrequente

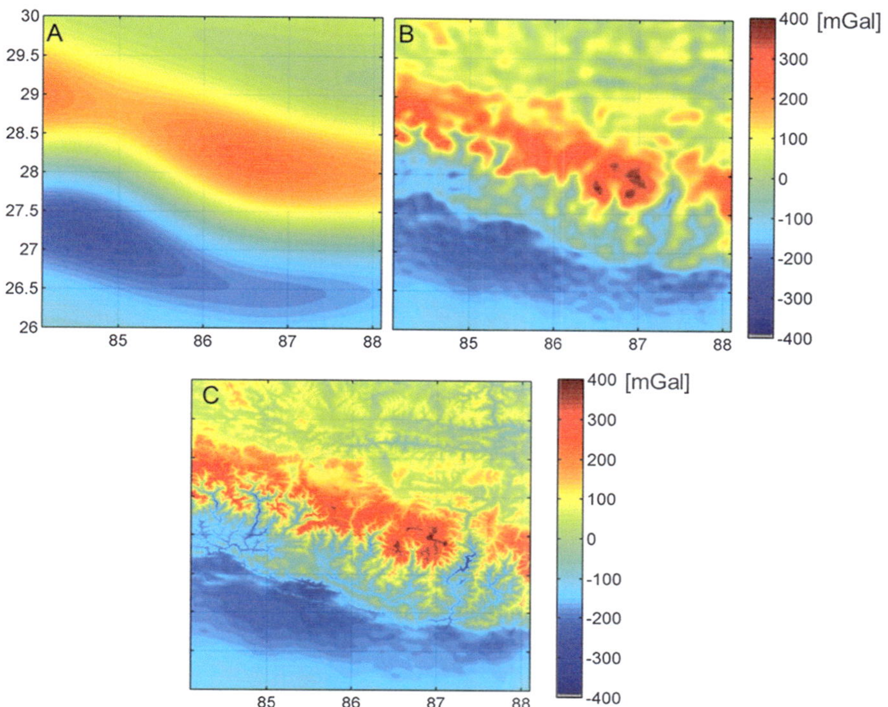

Abb. 2 Freiluftanomalien [mGal] im südlichen Himalaya-Gebiet: (**a**) rein aus Satellitendaten; (**b**) kombinierte Lösung mit terrestrischer Schwerefeldinformation; (**c**) zusätzliche Ergänzung um aus digitalem Geländemodell synthetisierten Schwereanomalien. Die räumliche Auflösung wird dadurch von ca. 80 km schrittweise auf 200 m erhöht (aus: Hirt et al. [20])

Schwereanomalien, die aus einem digitalen Geländemodell synthetisiert wurden. Dieses Modell liegt derzeit noch nicht in sphärisch-harmonischer Parametrisierung vor, sondern als 200×200 m Raster für unterschiedliche Schwerefunktionale innerhalb der geographischen Breiten $|\varphi| < 60°$. Trotz der Tatsache, dass es spektral jenseits von EGM2008 keine „realen“ Schwerefeldmessungen mehr enthält, kann es z. B. dazu dienen, den Abbruchfehler („omission error“) zu reduzieren, der immer dann entsteht, wenn Schwerefeldinformation mit spektraler Beschränktheit, wie eben oben erwähnte sphärisch-harmonische Modelle mit beschränkter Auflösung L, für praktische Anwendungen verwendet werden. Als wichtiges Beispiel für eine geodätische Anwendung, wo dies von Relevanz ist, sei die Definition und globale Vereinheitlichung von Höhensystemen genannt [49].

Im Folgenden soll eine typische Prozessierungskette und alle dabei relevanten methodischen Aspekte anhand der Schwerefeldmodellierung basierend auf GOCE-Daten präsentiert und diskutiert werden. Dieses Konzept kann mit einigen mehr oder weniger großen Modifikationen auf andere Missionskonzepte und damit Beobachtungstypen übertragen werden.

2 Globale Schwerefeldmodellierung aus GOCE-Daten

2.1 Die GOCE-Schwerefeldmission

Die dedizierte Schwerefeldmission GOCE, die erste „Earth Explorer"-Mission der europäischen Weltraumorganisation ESA im Rahmen des Living Planet Programms, wurde am 17. März 2009 erfolgreich in einen sehr niedrigen Orbit von nur ca. 255 km Flughöhe gebracht, operierte seit Oktober 2009 im wissenschaftlichen Modus und lieferte bis Oktober 2013 operationelle Daten von hoher Qualität. Das Hauptziel der Mission lautete, das statische Schwerefeld der Erde mit bislang unerreichter Genauigkeit und räumlicher Auflösung vom Weltraum aus zu vermessen. Die a-priori definierten Genauigkeitsanforderungen beliefen sich auf 2 cm für die Geoidhöhe und 1 mGal für die Schwereanomalie bei einer räumlichen Auflösung von 100 km, d. h. einem harmonischen Grad $L = 200$ [14].

Das Messkonzept von GOCE beruhte auf Sensorfusion: Die langwellige Komponente des globalen Schwerefeldes wurde über die hochgenaue Messung von Bahnstörungen mittels GPS ermittelt („satellite-to-satellite tracking; SST). Der Orbit des mit einer Geschwindigkeit von ca. 7800 m/s um die Erde fliegenden Satelliten konnte dabei während der ganzen Missionsperiode mit einer 3D-Standardabweichung von durchschnittlich 2–3 cm ermittelt werden [3]. Die höherfrequenten Signalanteile bis zu Wellenlängen >70–80 km wurden vom Kerninstrument, dem Gravitationsgradiometer, gemessen. Sein Messprinzip besteht darin, Beschleunigungen auf sehr kurzen Basislinien zu messen, was in guter Näherung den zweiten räumlichen Ableitungen des Gravitationspotentials V entspricht [48, 51]. Dies wurde erreicht durch 6 hochpräzise Beschleunigungssensoren, die auf 3 orthogonalen Achsen im Abstand von jeweils 50 cm symmetrisch bezüglich des Massenzentrums des Satelliten montiert waren und somit Beschleunigungsdifferenzen in alle 3 Raumrichtungen maßen („differential mode"). Daneben beobachtete das Gradiometer auch nicht-konservative Beschleunigungen, wie z. B. Luftwiderstand der Restatmosphäre, direkten und indirekten solaren Strahlungsdruck, als Mittelwert aus jeweils zwei Beschleunigungsmessungen entlang einer Achse („common mode"). Diese nicht-konservativen Kräfte wurden in Flugrichtung in Echtzeit mittels eines Ionenstrahltriebwerks kompensiert. Damit befand sich der Satellit praktisch im freien Fall im Gravitationsfeld der Erde. Diese aktive Kompensation der nicht-konservativen Kräfte (vor allem des Luftwiderstands) machte es möglich, den Satelliten mehr als 3 Jahre lang auf einer extrem niedrigen Flughöhe von nur 255 km zu halten. Nach Konsultationen mit der Nutzergemeinde entschied man sich, danach die Flughöhe des Satelliten weiter abzusenken, somit das Signal-zu-Rauschverhältnis vor allem in den höheren Graden n und daraus folgend die räumliche Auflösung weiter zu erhöhen. Mathematisch wird dieser Effekt der Signaldämpfung durch den „Feldfortsetzungsterm" $\left(\frac{R}{r}\right)^{n+1}$ in Gl. (1) beschrieben. Ab August 2012 wurde der Satellit schrittweise um weitere 31 km auf eine finale Flughöhe von 224 km abgesenkt.

Die GOCE-Mission endete am 11. November 2013 spektakulär, als der Satellit in einer Höhe von ca. 80 km im Südatlantik in der Nähe der Falkland-Inseln verglühte

Abb. 3 GOCE verglüht am 11. November 2013 um 0:16 MEZ in einer Höhe von ca. 80 km in der Nähe der Falkland-Inseln (c: Bill Chater)

(Abb. 3) und vermutlich 350–400 kg des ursprünglich über eine Tonne schweren Satelliten ins Meer stürzten. Der gesamte Treibstoff für die Ionenstrahltriebwerke war zu diesem Zeitpunkt seit ca. drei Wochen verbraucht, sodass der Luftwiderstand nicht mehr kompensiert werden konnte. Entgegen jeder Erwartung funktionierten viele der Messinstrumente bei einer Bordtemperatur von bereits jenseits der 90 °C bis in eine Orbithöhe von ca. 130 km. Dies entspricht etwa einem Umlauf vor dem endgültigen Absturz, der danach aufgrund des exponentiell zunehmenden Luftwiderstandes ca. 90 Minuten später erfolgte. Deshalb ist diese letzte Phase von GOCE auch für Studien der Satellitendynamik und Atmosphärenphysik von großem Interesse [8]. Letztlich machte der Satellit mehr als 27.000 Umläufe um die Erde und sammelte dabei mehr als 800 Millionen Beobachtungen des Erdschwerefeldes.

2.2 GOCE-Prozessierungskette

Abb. 4 zeigt einen schematischen Überblick über die Prozessierungsschritte von den GOCE-Satellitendaten zum finalen Schwerefeldmodell. Es handelt sich hierbei um die Darstellung der „time-wise" (TIM) Methode [38, 40], die sich dadurch auszeichnet, dass keinerlei Vorinformation oder komplementäre Schwerefelddaten erforderlich sind, so dass die resultierende Lösung ausschließlich auf GOCE-Beobachtungen beruht.

Alternative Methoden zur Schwerefeldmodellierung mit GOCE-Daten im Rahmen von GOCE HPF sind die „direkte" (DIR) Methode [9] und die „space-wise" (SPW) Methode [33]. Während TIM und DIR auf einem Ausgleichungsansatz nach kleinsten Quadraten, angewandt sequentiell auf die Beobachtungen entlang des

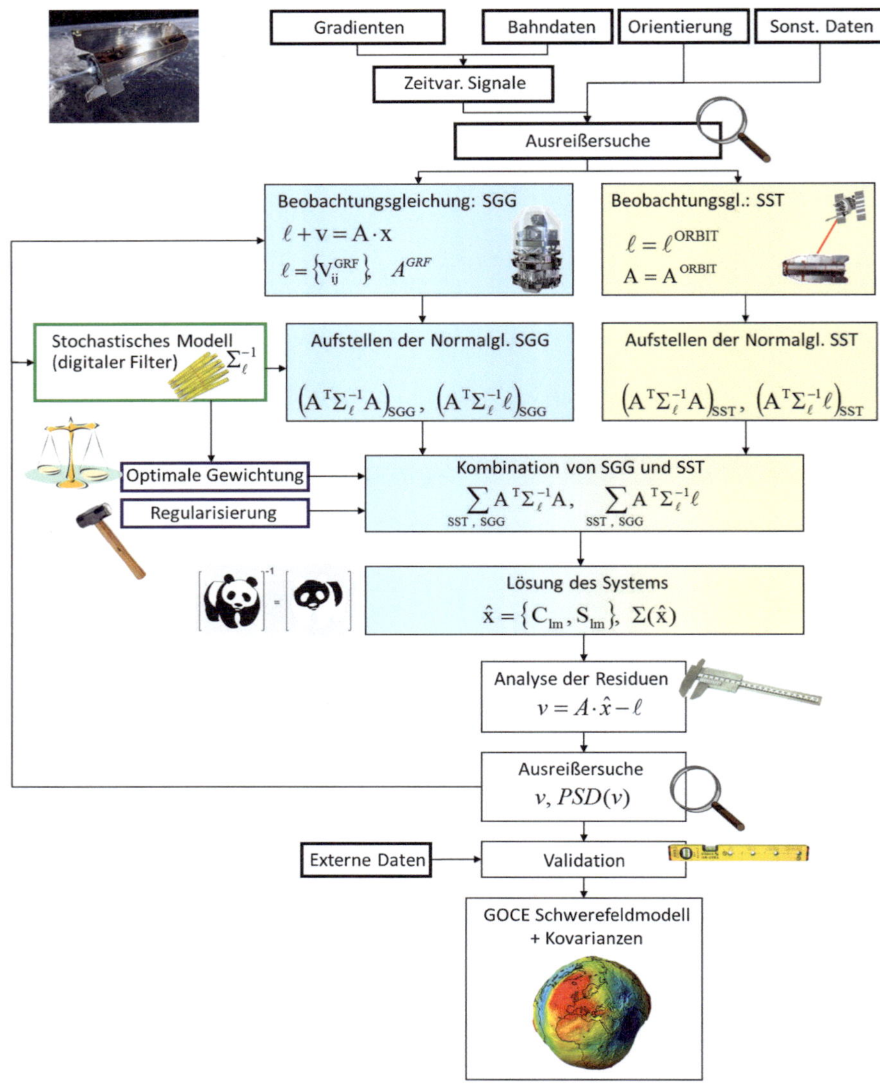

Abb. 4 Architektur und Prozessierungsschritte der TIM-Schwerefeldmodellierung

Orbits, beruhen, betrachtet SPW die regionale räumliche Verteilung der Beobachtungen und berechnet in einem ersten Schritt mittels regionaler Kollokation [35] aus den Beobachtungen Schwerefunktionale auf einem repräsentativen Gitter, aus dem danach die Stokes-Koeffizienten abgeleitet werden. Weitere Methoden sind die Verwendung kurzer Bahnbögen [53], oder der semi-analytischen Methode [42, 59], die zur Quicklook-Analyse im Rahmen von GOCE HPF zum Einsatz kam. Im

Rahmen dieses Beitrags soll insbesondere auf die GOCE-Schwerefeldmodellierung nach der TIM-Methode eingegangen werden. In Abschn. 2.3 werden allerdings die wesentlichen Unterschiede zum DIR-Ansatz, der Ergebnisse vergleichbarer Qualität liefert, diskutiert.

Im Folgenden werden die einzelnen Komponenten der in Abb. 4 dargestellten Prozessierungskette präsentiert und diskutiert.

2.2.1 Eingangsdaten

Die wichtigsten Eingangsdaten für die GOCE-Schwerefeldmodellierungumfassen:

- Bahndaten: kinematische Orbits sowie zugehörige Kovarianzinformation
- Gravitationsgradienten im lokalen Referenzrahmen des Gradiometers (GRF; siehe Abschn. 2.2.3)
- Orientierungsinformation zur Transformation zwischen erdfestem und inertialem Bezugssystem bzw. zum GRF
- Nicht-konservative Beschleunigungen („common mode")

Da hier das Ziel die Bestimmung des statischen Schwerefeldes ist, müssen zeitvariable Schwerefeldsignale a-priori aus den Orbit- und Gradiometerdaten reduziert werden. Dazu werden die Ephemeriden des Mondes und der Sonne sowie externe Modelle für Gezeiten- und Nichtgezeitensignale verwendet. Zusätzlich werden in der Schwerefeldprozessierung basierend auf Orbits nicht-konservative Beschleunigungen, wie sie vom „common mode" des Gradiometers gemessen werden, zur Reduktion benötigt.

An dieser Stelle soll erwähnt werden, dass die Eingangsdaten während der Missionsphase eine kontinuierliche Verbesserung erfahren haben und daher in mehreren Versionen vorliegen. So hat z. B. die Entwicklung einer verbesserten Prozessierungsstrategie zur Trennung von linearen und rotatorischen Signalanteilen des Gradiometers [62], die im Jahre 2012 in den ESA-Prozessor implementiert wurde [63], zu einer wesentlichen Genauigkeitssteigerung der Gradienten- und Orientierungsprodukte geführt. Deren Auswirkung auf die Schwerefeldlösung konnte erstmals in [39] gezeigt werden.

2.2.2 Daten-Vorprozessierung

Neben der Reduktion von zeitvariablen Signalen ist die Detektion von Ausreißern in allen Datenprodukten von großer Bedeutung für eine hochqualitative Schwerefeldlösung. Dazu kann ein Arsenal statistischer Methoden eingesetzt werden [24], um jene Epochen zu identifizieren, die nicht – oder mit vermindertem Gewicht – in die Ausgleichung eingebracht werden sollen.

An dieser Stelle soll jedoch betont werden, dass eine effiziente Ausreißersuche nicht auf den Beobachtungszeitreihen selbst basieren kann, sondern die Residuen einer vorhergehenden Ausgleichung verwendet werden müssen, da insbesondere kleine Ausreißer häufig nicht in der großen Variationsbreite der Signalamplitude identifiziert und detektiert werden können. Dieser Umstand erfordert allerdings eine iterative Rückkopplung im Prozessierungsschema in Abb. 4, wo nach der Analyse der Residuen ein zweites Mal ein Block „Ausreißersuche" auftaucht, dessen Ergebnisse sowohl in die Adaptierung des stochastischen Modells als auch einer Neuaufstellung der Normalgleichungen und darauffolgend Neuberechnung des Schwerefeldmodells münden.

2.2.3 Beobachtungs- und Normalgleichungen: funktionales Modell

Das allgemeine funktionale Modell globaler Schwerefeldmodellierung wurde bereits mit Gl. (1) eingeführt. Wie bereits in Abschn. 1.2 erläutert, gibt es bei GOCE zwei Gruppen von Beobachtungen.

1. Bahninformation (SST)

Die Hauptinformation über die langen Wellenlängen (bis ca. Grad 15–25) wird aus kinematischen GPS-Bahnen gewonnen, die unter anderem die gravitativen Störbeschleunigungen aufgrund des unregelmäßigen Schwerefeldes widerspiegeln. Der nicht-gravitative Anteil wird über den „common mode" des Gradiometers gemessen und a-priori reduziert. Für eine von gravimetrischer Vorinformation unabhängige Schwerefeldlösung ist es von entscheidender Bedeutung, kinematische Orbitlösungen zu verwenden. Diese stellen epochenweise, rein geometrische Positionslösungen basierend auf GPS-Phasenbeobachtungen dar. Im Gegensatz zu reduziert-dynamischen oder dynamischen Orbitlösungen wird dabei keine Integration von externen gravitativen oder nicht-gravitativen Kräftemodellen durchgeführt. Obwohl das Rauschniveau von 2–3 cm höher und die resultierende Bahn weniger glatt ist als bei (reduziert-)dynamischen Orbitlösungen, wird dadurch verhindert, dass externe Schwerefeldinformation in die Schwerefeldlösung eingeführt wird. Es gibt in der Literatur zahlreiche Ansätze zur Berechnung von Schwerefeldern aus Orbitinformation. Im Rahmen der TIM-Prozessierung wurde für die ersten 3 Modelle die Energieintegral-Methode [23] in einem inertialen Referenzrahmen [1] verwendet. Aus den kinematischen Orbitpositionen $\vec{r}$ werden dabei durch geeignete numerische Differentiation [17] Geschwindigkeiten $\dot{\vec{r}} = \vec{v}$ berechnet und daraus wiederum die kinetische Energie $E_{kin} = \frac{1}{2}\left|\vec{v}\right|^2$ als Pseudo-Beobachtung. Die Beobachtungsgleichung ergibt sich dann nach dem Prinzip der Energieerhaltung

$$E_{kin} - E_{diss} = \frac{1}{2}\left|\vec{v}\right|^2 - \int \left\langle \vec{f}_{ext}, \vec{r} \right\rangle dt = E_{pot} - C = V - C = \sum_{n=0}^{L}\sum_{m=0}^{n} A_{nm}x_{nm} - C \tag{3}$$

Da sich der Satellit nicht in einem „abgeschlossenen System" bewegt, sondern auf ihn externe Kräfte $\vec{f}_{ext}$ wie z. B. der Luftwiderstand wirken, muss die Pseudo-Beobachtung der kinetischen Energie E_{kin} zunächst a-priori um die einwirkende dissipative Energie E_{diss} reduziert werden. Es ergibt sich die potentielle Energie $E_{pot} = V$, die durch die Stokes-Koeffizienten x_{nm} parametrisiert wird. Diese bilden neben einer als Zusatzparameter mitzuschätzenden Integrationskonstanten C das Parametermodell.

Dieser Ansatz hat gegenüber anderen Verfahren, wie z. B. der numerischen Integration von Variationsgleichungen oder der Beschleunigungsmethode, den Vorteil, dass sich eine lineare Beobachtungsgleichung ergibt, d. h. die Schwerefeld-Parameter linear von den Pseudo-Beobachtungen abhängen. Sie hat aber auch zwei entscheidende Nachteile, die sich daraus ergeben, dass die 3D-Bahninformation zunächst in die skalare Pseudo-Beobachtung der kinetischen Energie übergeführt wird. Zum einen geht dadurch ein Faktor von 3 an Redundanz verloren, die erzielbare Genauigkeit wird daher um einen Faktor von $\sqrt{3}$ verringert. Zum anderen wird aufgrund der Rückführung auf eine Potentialgröße die spektrale Sensitivität verändert. Während die Bahnstörung näherungsweise einer Störbeschleunigung, also der ersten Ableitung des Gravitationspotentials, entspricht, arbeitet der Energieintegral-Ansatz mit dem Potential selbst, sodass dessen Sensitivität für höhere Grade n verringert wird.

Aus diesem Grund wurde ab GOCE-TIM-R4 die Methode der kurzen Bahnbögen für die Analyse der SST-Komponente verwendet. Dabei wird die Bewegungsgleichung des Satelliten als Randwertproblem formuliert [30, 55]:

$$\vec{r}(\tau) = \vec{r}_A(1-\tau) + \vec{r}_B(\tau) - T^2 \int_0^1 K(\tau,\tau')\vec{f}(\tau')d\tau' ; \; K(\tau,\tau') = \begin{cases} \tau'(1-\tau) \text{ für } \tau' \le \tau \\ \tau(1-\tau') \text{ für } \tau' > \tau \end{cases} \tag{4}$$

$\vec{r}_A$ und $\vec{r}_B$ sind dabei die Randwerte, τ beschreibt die normierte Zeit ($\tau \; \forall \; [0,1]$), $\vec{f}$ ist die spezifische Kraftfunktion (Summe aller auf den Satelliten einwirkenden Beschleunigungen), und $T = t_B - t_A$. Die Verknüpfung zu den ungekannten Stokes-Koeffizienten verbirgt sich implizit im Integralterm der Gl. (4) in der Form der spezifischen Kraftfunktion $\vec{f}$. Auf diese sei hier nicht näher eingegangen, sondern auf [29] verwiesen.

2. Gravitationsgradiometrie (SGG)

Die vom GOCE-Gradiometer im „differential mode“ gemessenen Gravitationsgradienten stellen zweite Ableitungen des Gravitationspotentials

$$V_{ij} = \frac{\partial^2 V}{\partial x_i \partial x_j} \tag{5}$$

in einem lokalen rotierenden Bezugsrahmen dar, dessen Achsen x_i , mit $i, j = X, Y, Z$, entlang der Gradiometerachsen orientiert sind (Gradiometer Reference Frame; GRF). The GRF weicht von einem idealen, radial orientierten Orbit-Bezugsrahmen um ca. 3 bis 5° ab [51]. Die zweiten Ableitungen formen eine 3×3 Matrix, den sogenannten Marussi-Tensor, der wegen $\frac{\partial^2}{\partial x_i \partial x_j} = \frac{\partial^2}{\partial x_j \partial x_i}$ symmetrisch ist. Aufgrund der Gültigkeit der Laplace-Gleichung $\Delta V = V_{XX} + V_{YY} + V_{ZZ} = 0$

(die als spezielle Lösung Gl. (1) ergibt) besitzt der Tensor nur 5 unabhängige Elemente. Da die Elemente V_{XX}, V_{YY} und V_{ZZ} aber unabhängig voneinander gemessen werden, kann aus der Spur des Marussi-Tensors eine Abschätzung über das Gesamt-Fehlerniveau der Gradienten getroffen und diese zur Ausreißerdetektion verwendet werden [4].

Das Messrauschen der Gradienten wird durch die farbigen Rauscheigenschaften der sechs Akzelerometer bestimmt. Abb. 5 zeigt das Leistungsdichtespektrum des Gradiometerrauschens für alle sechs Gradiometer-Komponenten V_{ij}. Das geringste Rauschniveau wird innerhalb der Messbandbreite von 5 bis 100 mHz erreicht. Die geringere Genauigkeit der zwei Nebendiagonalkomponenten V_{XY} und V_{YZ} von einem Faktor von ca. 100 resultiert aus der Tatsache, dass jedes der sechs Akzelerometer zwei hochsensitive und eine weniger sensitive Achse besitzt. Dies ergibt sich aus der Notwendigkeit, das Akzelerometer unter 1g-Bedingungen am Boden kalibrieren zu müssen. Die spezifische Anordnung der sechs Akzelerometer wurde so gewählt, dass die drei Hauptdiagonalkomponenten V_{XX}, V_{YY}, V_{ZZ} sowie die Nebendiagonalkomponente V_{XZ}, die sensitiv für die rotatorische Umlaufsbewegung des Satelliten um die Erde ist, die höchste Genauigkeit erzielen. In Abschn. 2.2.4 wird im Detail diskutiert, dass eine realistische stochastische Modellierung des Gradiometer-Rauschens im Zuge der Schwerefeldlösung von größter Wichtigkeit ist.

Die Beobachtungsgleichung für SGG kann durch Kombination von Gleichungen (1) und (5) formuliert werden:

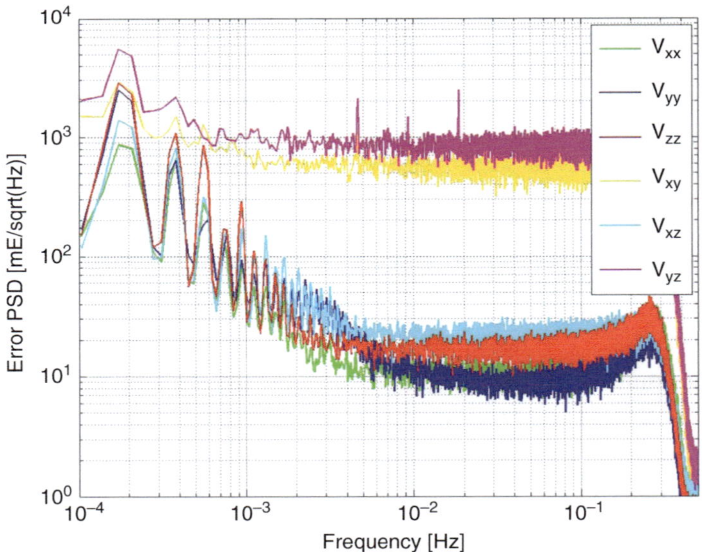

Abb. 5 Leistungsdichtespektrum des GOCE-Gradiometerrauschens für alle 6 Gradiometerkomponenten, gemessen im April 2010

$$\ell_{SGG} + v = V_{ij}^{GRF} + v = \sum_{n=0}^{L} \sum_{m=-n}^{n} (A_{ij}^{GRF})_{nm} x_{nm} = A_{SGG}\, x \tag{6}$$

Da die Messgenauigkeit der Nebendiagonalkomponenten V_{XY} und V_{YZ} um einen Faktor von ca. 100 schlechter ist, werden nur die anderen 4 Gradientenkomponenten (Hauptdiagonalkomponenten V_{XX}, V_{YY}, V_{ZZ} und Nebendiagonalkomponente V_{XZ}) für die Schwerefeldmodellierung verwenden.

Aufgrund dieser beiden „schlechten" Komponenten ist es auch nicht ohne Weiteres möglich, den Messtensor zu rotieren, da in diesem Fall die großen Messfehler der Komponenten V_{XY} und V_{YZ} über den gesamten Spektralbereich die ursprünglich hochqualitativen Komponenten überlagern würden. Daher werden, anstelle die Messungen V_{ij}^{GRF} in den idealen erdfesten Bezugsrahmen zu rotieren, die Basisfunktionen $(A_{ij}^{GRF})_{nm}$, die im erdfesten System berechnet werden, in den GRF rotiert. Damit können auch die Originalmessungen der Gradienten ohne vorhergehende Transformation in die Ausgleichung eingehen.

Es soll an dieser Stelle erwähnt werden, dass aufgrund der Linearität der Beobachtungsgleichungen für SST (Energieintegral) und SGG keine Notwendigkeit besteht, eine zusätzliche Linearisierung durchzuführen. Damit ist auch kein „Taylorpunkt" in Form eines a-priori Schwerefeldmodells erforderlich, und es werden daher keine Zuschläge geschätzt, sondern der volle Wert der Modellkoeffizienten. Somit ist es möglich, ein Schwerefeldmodell zu schätzen, das ausschließlich auf GOCE-Daten basiert. Die einzige Einschränkung dieser Aussage besteht darin, dass die Terme der Grade $n = 0$ und 1 auf $\bar{C}_{00} = 1$ (und somit den Wert von GM) und $\bar{C}_{10} = \bar{C}_{11} = \bar{S}_{11} = 0$ (geozentrische Lagerung des Bezugssystems) fixiert werden.

2.2.4 Stochastische Modellierung

Die korrekte stochastische Modellierung des Beobachtungsrauschens ist ein Schlüsselelement der globalen Schwerefeldmodellierung, weil dadurch die Metrik der Ausgleichung definiert wird. Dies gilt aufgrund des farbigen Messrauschens der Gradiometer-Beobachtungen in besonderem Maße für die GOCE-Schwerefeldmodellierung. Die signifikant erhöhten Messfehler unterhalb der Messbandbreite (Abb. 5) führen zu langwelligen Korrelationen des SGG-Beobachtungsrauschens, die hinsichtlich der Amplituden sogar jene des Signals übersteigen können. Wie in jeder Ausgleichungsaufgabe ist daher deren Hauptziel die optimale Trennung von Signal und Rauschen.

Aufgrund der Tatsache, dass mehrere hundert Millionen Beobachtungen zur Verfügung stehen, ist das explizite Aufstellen der Varianz-Kovarianz-Matrix der Beobachtungen Σ_ℓ selbst in Zeiten von Supercomputing eine unlösbare (und auch äußerst ineffiziente) Aufgabe. In der TIM-Prozessierungsstrategie wird versucht, eine möglichst realistische Näherung von Σ_ℓ einzuführen. Unter der Annahme, dass das Beobachtungsrauschen ein stochastischer Prozess sei, werden kausale digitale rekursive Filter verwendet, um das Fehlerverhalten der Beobachtungen in der Form seiner Varianz-Kovarianz-Matrix Σ_ℓ zu approximieren [56]. Das Prinzip soll im Folgenden kurz zusammengefasst werden.

Das farbige Gradienten-Rauschen stellt den stochastischen Anteil der Beobachtungen ℓ dar. Wir entwerfen daher ein Filter F, das, wenn es auf die Zeitreihe des farbigen Rauschens angewendet wird, als Ergebnis idealerweise unkorreliertes, normalverteiltes Rauschen mit Erwartungswert $\mu = 0$ und Varianz $\sigma^2 = 1$ produziert. Dieser Filter kann in Matrix-Form als untere Dreiecksmatrix dargestellt werden. Wird die „Filtermatrix" F auf den Beobachtungsvektor ℓ und die Spalten der Designmatrix A_{SGG} (im Folgenden der Einfachheit halber als A bezeichnet) angewendet

$$\bar{\ell} = F\,\ell \tag{7a}$$

$$\bar{A} = F\,A \tag{7b}$$

ergibt sich für die beste lineare erwartungstreue L2-Schätzung

$$\hat{x} = \left(\bar{A}^T\bar{A}\right)^{-1}\bar{A}^T\bar{\ell} = \left(\bar{A}^T I\,\bar{A}\right)^{-1}\bar{A}^T I\,\bar{\ell} \tag{8}$$

wobei die Einheitsmatrix I symbolisiert, dass das ideal gefilterte System vollständig dekorreliert ist und $N(\mu = 0, \sigma^2 = 1)$ erfüllt. Man beachte, dass die Einheitsmatrix hier die Varianz-Kovarianz-Matrix der gefilterten Beobachtungen $\bar{\ell}$ darstellt: $\Sigma_{\bar{\ell}} = I$.

Setzen wir die gefilterten Größen aus Gl. (7a) und (7b) in die Gl. (8) ein, ergibt sich

$$\hat{x} = \left(A^T F^T F\,A\right)^{-1} A^T F^T F\,\ell \tag{9}$$

Vergleichen wir nun Gl. (9) mit der Lösung des allgemeinen erwartungstreuen Gauss-Markov-Modells $N(0,\ \Sigma_\ell)$,

$$\hat{x} = \left(A^T\Sigma_\ell^{-1}A\right)^{-1} A^T\Sigma_\ell^{-1}\ell \tag{10}$$

so zeigt sich, dass die inverse Varianz-Kovarianz-Matrix der Beobachtungen Σ_ℓ durch die Filtermatrix F ausgedrückt werden kann:

$$\Sigma_\ell^{-1} = F^T F \tag{11}$$

Es soll an dieser Stelle ausdrücklich betont werden, dass es sich hier nicht um eine Filterung im klassischen Sinne handelt, bei der allein eine (Beobachtungs-)Zeitreihe frequenzselektiv manipuliert wird. Vielmehr wird mit dieser Strategie ein Modell für Σ_ℓ definiert und in die Normalgleichungen eingeführt.

Eine rechentechnisch effiziente Strategie dafür ist die Formulierung der Filteroperation als digitales rekursives Filter $F = F(a_k,\ b_k)$ im Zeitbereich, da die Beobachtungsgleichungen epochenweise abgearbeitet werden. Im Falle der stochastischen Modellierung bei GOCE verwenden wir digitale auto-regressive gleitende Mittelwertsfilter (auto-regressive moving average – ARMA), die durch die Filterkoeffizienten (a_k, b_k) beschrieben werden. Die Koeffizienten a_k definieren die Polstellen (AR-Anteil), die Koeffizienten b_k die Nullstellen (MA-Anteil) des Filters, und damit die Gewichte der Linearkombination von Elementen der Eingangszeitreihe y_{s-k} und der gefilterten Ergebniszeitreihe $\bar{y}_{s-k}$ zur aktuellen Epoche s:

$$\bar{y}_s = \sum_{k=0}^{N_b} b_k \; y_{s-k} \; - \sum_{k=1}^{N_a} a_k \; \bar{y}_{s-k} \tag{12}$$

Technisch erfolgt dies durch Anwendung dieses Filters im Zeitbereich auf die vollen Beobachtungsgleichungen, d. h. y_s steht für den Beobachtungsvektor und die Spalten der Designmatrix A, und führt idealerweise zu einer vollständigen Dekorrelation der Zeitreihen.

ARMA-Filtermodelle werden deshalb verwendet, weil sie üblicherweise recheneffizient sind und Filter mit relativ niedriger Ordnung ausreichen, um das Gradiometerrauschen zu approximieren. Sie haben aber generell eine infinite Impulsantwort und sind nicht phasentreu. Dennoch können sie im gegebenen Fall verwendet werden, da die Normalgleichungen quadratische Größen sind. Bei deren epochenweiser Aufsummation wird das diadische Produkt der (gefilterten) Beobachtungszeile berechnet. Beim Aufstellen der Normalgleichungen $A^T F^T F A$ und $A^T F^T F \ell$ wird der Filteroperator quadriert, d. h. mit seiner Konjugiert-Komplexen multipliziert. Ergebnis ist eine rein reelle Größe, und die Phase ergibt automatisch Null.

Optimale Filter können entweder im Zeitbereich (auf Basis der Autokorrelation) oder im Frequenzbereich (auf Basis des Leistungsdichtespektrums) angepasst werden. Abb. 6 zeigt beispielhaft ein ARMA-Filtermodell (rot) für das Rauschen der Gradientenkomponente V_{XX} (schwarz), wie es aus den Residuen einer vorhergehenden Ausgleichung geschätzt wurde (siehe Abschn. 2.2.6). Es gestaltet sich als ziemlich schwierig, ein komplexes farbiges Rauschverhalten durch ein einziges Filter anzupassen, da der Filter in diesem Fall eine große Filterordnung besitzen muss oder leicht numerisch instabil wird. Da es sich bei der Filterung um eine lineare Operation handelt, können jedoch zwei oder mehrere Filter von unterschiedlicher Komplexität sequentiell hintereinander geschalten werden, um das vorgegebene Rauschverhalten zu approximieren: $F = \prod_{k=i}^{k} F_i$. Das in Abb. 6 gezeigte Filtermodell F (rot) setzt sich beispielsweise sequentiell aus zwei Filtern F_1 und F_2 zusammen.

Wenn solche Filterkaskaden verwendet werden, sind Filterordnungen in der Größenordnung N_a, N_b von 10 bis 50 ausreichend, um das stochastische Verhalten der Gradienten hinreichend gut zu approximieren. Solche niedrigen Filterordnungen sind aus numerischen Effizienzgründen wichtig, da zur Filterung eines Spaltenvektors je Epoche eine Linearkombination aus $(N_a + N_b + 1)$ Termen zu rechnen ist, und das für alle $(L + 1)^2$ Spalten der Designmatrix sowie den Beobachtungsvektor.

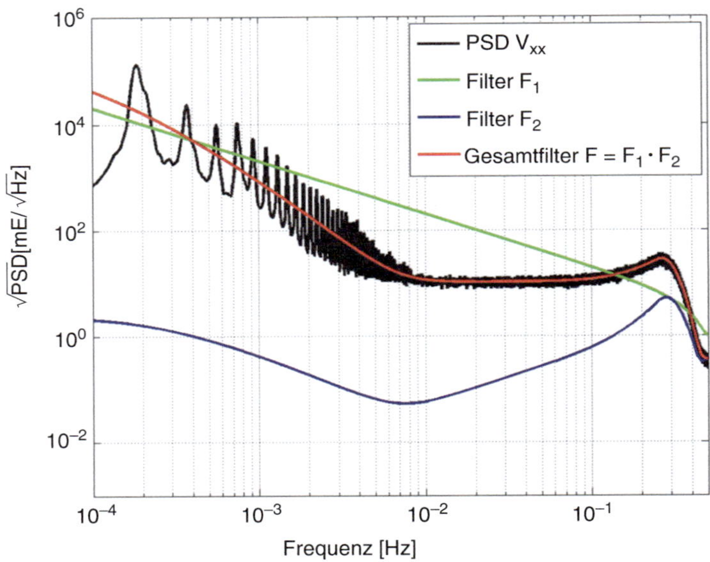

Abb. 6 Leistungsdichtespektrum des Gradiometerrauschens und approximiertes kaskadiertes Filter für die Gradientenkomponente V_{XX} (nach: Stetter [61])

Wenn der Filter im Zeitbereich angewendet wird und zu Beginn oder nach einer Datenlücke keine Informationen aus der Vergangenheit besitzt, benötigt er eine gewisse Zeitdauer, bis das Filtergedächtnis hinreichend gut aufgebaut ist und er korrekt arbeiten kann. Beim Filterdesign ist daher ebenfalls darauf zu achten, dass der Filter eine relativ kurze „Aufwärmzeit" von wenigen hundert Epochen besitzt. Diese Epochen werden dann nur zum Aufwärmen genützt, aber nicht mit in den Normalgleichungen aufgestellt. Daraus ergibt sich, dass sich nach Datenlücken oder Ausreißern zusätzliche Datenverluste ergeben, bis die Filter hinreichend „warm" sind und die Zeitreihen wieder vollständig dekorrelieren. Mit Hilfe spezieller Strategien können die durch die Erfordernisse der Filterung entstehenden Datenverluste aber gering gehalten werden [58].

Es soll an dieser Stelle betont werden, dass die hier angewandte Strategie ausschließlich auf dem frequenzabhängigen Verhalten des Gradiometerrauschens basiert, während zusätzliche räumliche Fehler, wie sie z. B. durch Einkopplung von zu starken „common mode"-Beschleunigungen in die Gradientenprodukte aufgrund einer nicht perfekten Kalibrierung des Gradiometers passieren, nicht akkurat behandelt werden können (siehe dazu Abschn. 2.6).

Verglichen mit der sehr aufwändigen stochastischen Modellierung der SGG-Komponente ist das stochastische Modell für SST vergleichsweise einfach. Die Kovarianzinformation der kinematischen Orbits, die als Datenprodukt in Form einer Bandmatrix vorliegt, wird konsistent mittels Kovarianzinformation durch alle

Prozessierungsschritte geschleust. Deren Nutzung dient vor allem der korrekten Beschreibung der Genauigkeiten der resultierenden Stokes-Koeffizienten [18].

2.2.5 Aufstellen der Normalgleichungen und Lösung

Volle SGG- und SST-Normalgleichungen werden bis zu unterschiedlichen maximalen Graden L separat aufgestellt. Die fünfte Version von GOCE-TIM verwendete für die SGG-Komponente einen maximalen Grad von $L = 280$ (78961 Schwerefeldkoeffizienten), GOCE-DIR sogar $L = 300$ (90601 Koeffizienten). Die SST- und SGG-Normalgleichungen werden dann gewichtet kombiniert:

$$(w_{SGG} \times N_{SGG} + w_{SST} \times N_{SST} + \alpha \times N_{REG})\ \hat{x} = w_{SGG} \times n_{SGG} + w_{SST} \times n_{SST} + \alpha \times n_{REG} \tag{13}$$

wobei $N = A^T \Sigma_\ell^{-1} A$ die Normalgleichungsmatrix einer spezifischen Komponente und $n = A^T \Sigma_\ell^{-1} \ell$ die zugehörige rechte Seite sind.

Wie bereits in Abschn. 2.2.3 erwähnt, werden für die SGG-Komponente nur die drei Hauptdiagonalkomponenten V_{XX}, V_{YY}, V_{ZZ} sowie die hochgenaue Nebendiagonalkomponente V_{XZ}, definiert im originalen GRF, verwendet. Es kann jedoch gezeigt werden, dass die V_{XZ}-Komponente aufgrund ihrer Sensitivität bezüglich Orientierungsfehlern trotzdem nur kleine Beiträge zur Lösung liefert [36].

Optimale relative Gewichte w der Einzelkomponenten werden mittels Varianzkomponentenschätzung iterativ ermittelt [26]. Aufgrund der Tatsache, dass zuvor hohe Aufmerksamkeit auf eine realistische stochastische Modellierung gelegt wurde (siehe Abschn. 2.2.4), sind die resultierenden relativen Gewichte jedoch nahe ‚1'.

Die Normalgleichungen sind gewöhnlich schlecht konditioniert. Dies hängt nicht so sehr mit der impliziten Feldfortsetzung nach unten zusammen, sondern vor allem mit dem sogenannten Polarloch. GOCE flog einen sonnensynchronen Orbit mit einer Inklination von $I = 96.6°$. Daher wurden die Polgebiete nicht besucht und daraus resultieren räumliche Datenlücken an den Polen. Dies führt zu hohen Korrelationen zwischen den Basisfunktionen, die ja global definiert sind. In [31] wurde gezeigt, dass das Pollochproblem einen um 2–3 Größenordnungen größeren Impakt auf die Stabilität der Normalgleichungen hat als die Feldfortsetzung nach unten. Um das Problem dort zu lösen, wo es passiert, wurde ein spezieller Regularisierungsansatz, der sogenannte „spherical cap"-Ansatz, entwickelt. Dabei werden für die Polkappen analytisch Normalgleichungen N_{CAP} abgeleitet, die die Rolle einer Regularisierungsmatrix spielen. Die zugehörige rechte Seite kann entweder mit Nullen gefüllt werden oder mit einer kontinuierlichen analytischen Funktion, die ausschließlich in den Polkappenregionen definiert ist. [32] zeigen, dass bei einer geeigneten Wahl des Regularisierungsparameters α der Effekt der Regularisierung auf die Polkappen beschränkt bleibt und der Regularisierungsbias in jenen Regionen, die mit Daten überdeckt sind, vernachlässigbar klein ist. Während der „spherical cap"-Ansatz in einigen DIR-Modellen zum Einsatz kam, wurde in den TIM-Modellen eine einfachere Alternative dazu umgesetzt, indem eine klassische Kaula-Regularisierung nur auf jene Koeffizienten angewendet wird, die gemäß der Daumenregel in [60] vom Pollochproblem betroffen sind. Es soll hier betont werden, dass diese Art der Regularisierung streng nur die Aufgabe hat, die Stabilität der Normalgleichungen zu verbessern, während sie im Gegensatz zur einer klassischen Kaula- oder Tikhonov-Regularisierung keine Wirkung der „Datenfilterung" hat. Das Problem der Instabilität wird also dort gelöst, wo es entsteht – in den Polgebieten.

Um das Signal-zu-Rausch-Verhältnis in den hohen Graden zu verbessern, wurde bei den GOCE-TIM-Lösungen aus pragmatischen Gründen zusätzlich eine klassische Kaula-Regularisierung ab einem vordefinierten minimalen Grad (siehe Tab. 1) durchgeführt. Die Gesamtregularisierung setzt sich also aus zwei Teilen zusammen:

$$\alpha \times N_{REG} = \alpha_{CAP} \times N_{CAP} + \alpha_{KAULA} \times N_{KAULA} \quad (14)$$

Die optimalen Regularisierungsparameter α werden gemeinsam mit den relativen Gewichten w im Rahmen der Varianzkomponentenschätzung ermittelt.

Nach gewichteter Addition der vollen Normalgleichungen gemäß Gleichung (13) werden diese mittels einer parallelen Cholesky-Zerlegung streng gelöst [41]. Die zugehörige volle Varianz-Kovarianzmatrix der Parameter erhält man durch explizite Inversion der Normalgleichungen oder äquivalent auf Basis ihrer Cholesky-Reduzierten.

2.2.6 Residuenanalyse

Mittels Analyse der Residuen (Verbesserungen) der Ausgleichung, also der Differenz zwischen ursprünglichen und ausgeglichenen Beobachtungen, besteht ein direkter Zugriff auf die Schätzung der tatsächlichen Instrumenten-Fehlercharakteristik, insbesondere jener der Gravitationsgradienten. In erster Näherung, wenn die Gradientenfehler als Hauptfehlerquelle interpretiert werden, spiegelt die Spektraldichte der Gradientenresiduen die Fehlercharakteristik der SGG-Beobachtungen und somit die Übertragungsfunktion des Gravitationsgradiometers wider.

Dies ergibt sich aus folgender Überlegung: Die Beobachtungsgleichungen (6) können unter Verwendung des unbekannten Parametervektors x und der unbekannten wahren Fehler ε umformuliert werden zu:

$$\ell - \varepsilon = A\,x \quad (15)$$

Unter der Annahme einer erwartungstreuen Schätzung (keine Biases) $E\{\hat{x}\} = x$ stellen die Residuen v eine Schätzung des (negativen) wahren Fehlers ε dar. Das Leistungsdichtespektrum der Residuen $PSD\{v\}$ entspricht daher einer Schätzung des (wahren) Leistungsdichtespektrums des Gradiometerrauschens $PSD\{\varepsilon\}$, wenn der wahre Fehler stochastisch ist und somit keine systematischen Fehleranteile beinhaltet. Zusätzlich muss die Annahme gelten, dass der Gesamtfehler des Messsystems vom Messfehler des Gradiometers dominiert wird und andere Fehlerquellen, wie z. B. Orientierungsfehler und eine nicht perfekte Geolokation, nur eine untergeordnete Rolle spielen. Detaillierte Analysen haben gezeigt, dass diese Annahme in weiten Teilen zulässig ist, mit Ausnahme der sehr niedrigen Frequenzen, wo Ungenauigkeiten in der Orientierung den dominanten Fehlerbeitrag darstellen

[36]. Für die reine Geolokation der Gradientenmessung wären Genauigkeiten im Meterbereich ausreichend. Daher ist im Übrigen auch der in Abschn. 2.2.3 beschriebene Ausgleichungsansatz gerechtfertigt, wo bei der SGG-Komponente nur die Gravitationsgradienten als stochastische (fehlerbehaftete) Größen angesetzt werden, während die Position und Orientierung als bekannt (deterministisch) angenommen werden.

Auf Basis der Residuen wird erneut eine Ausreißersuche durchgeführt. Basierend auf $PSD\{v\}$ kann eine Neuanpassung des stochastischen Modells (Abschn. 2.2.4) und damit wiederrum eine Neuausgleichung des Systems mit dieser modifizierten Metrik erfolgen. Nach Konvergenz ergibt sich die finale statische Schwerefeldlösung, parametrisiert durch die Stokes-Koeffizienten $x_{nm} = \{\bar{C}_{nm}, \bar{S}_{nm}\}$, zusammen mit der zugehörigen vollen Varianz-Kovarianzmatrix $\Sigma(\hat{x})$ mit ihren $(L+1)^2 \times (L+1)^2$ Elementen.

2.2.7 Validation

Es gibt verschiedene Methoden, um die resultierenden GOCE-Modell zu validieren. Da diese in globalem Maßstab die beste verfügbare Schwerefeldinformation darstellen, ist deren Validierung offensichtlich nicht einfach. Natürlich kann ein Vergleich mit terrestrischen Daten in gravimetrisch gut erkundeten Gebieten erfolgen. Eine Schwierigkeit ergibt sich dabei aber aus der Tatsache, dass globale Schwerefeldmodelle spektral limitiert sind, d. h. nur bis zu einem bestimmten maximalen Grad L zur Verfügung stehen, sodass der hochfrequente, nicht mehr durch das Modell erfassbare Anteil zuvor aus den terrestrischen Referenzdaten reduziert werden muss.

Eine einfache und häufig verwendete Strategie zur externen Validierung von GOCE-Modellen ist der Vergleich mit existierenden globalen Schwerefeldmodellen, die unabhängig von GOCE-Information sind, in Regionen mit guter Datenbasis. Eine weitere Möglichkeit besteht im Vergleich mit „direkt gemessenen" Geoidhöhen in ausgezeichneten Stationen entlang von Nivellementlinien, die zusätzlich mit GPS vermessen wurden. Die Geoidhöhe N ergibt sich dann als Differenz zwischen der mittels GPS gemessenen ellipsoidischen Höhe h und der mittels Präzisionsnivellement ermittelten orthometrischen Höhen $H : N = h - H$. Nach demselben Prinzip kann über den Ozeanregionen eine Validierung durch Berechnung der geodätischen mittleren dynamischen Topographie (MDT) erfolgen, indem die Differenz zwischen einer über Satellitenaltimetrie bestimmten mittleren Meeresoberfläche und einem auf Basis des GOCE-Modells berechneten Geoids berechnet wird. Die so ermittelte geodätische MDT kann im Anschluss mit unabhängig abgeleiteten MDT-Schätzungen, z. B. aus numerischen Ozeanmodellen oder Drifter-Daten, verglichen werden. Der langwellige Anteil des Modells kann auch im Rahmen von Orbit-Tests validiert werden, indem dieses für die Berechnung von dynamischen Orbits herangezogen wird und die resultierenden Bahnen mit GPS- oder SLR-Beobachtungen verglichen werden. Allerdings sei an dieser Stelle festgehalten, dass die letztere Validierungsmethode für reine GOCE-Modelle problematisch ist, da Orbits sehr sensitiv auf zonale Koeffizienten reagieren (diese verursachen säkulare Bahnstörungen) und diese aufgrund des sonnensynchronen GOCE-Orbits ohne Zusatzinformation in den Polgebieten nur sehr schwach bestimmt sind.

Einen Überblick über diverse Validierungsmethoden finden sich in Gruber et al. [19].

2.3 Methodischer Vergleich mit anderen GOCE-Modellen

In dieser Arbeit wurde vorwiegend die Berechnung nach der TIM-Methode dargestellt. In diesem Abschnitt soll auf die methodischen Unterschiede zu anderen Ansätzen eingegangen werden.

Die DIR-Methode folgt in weiten Teilen demselben Konzept wie TIM, mit Ausnahme der Behandlung der GOCE-SST-Komponente. Allerdings ist in die Versionen 4 und 5 der DIR-Modelle überhaupt keine GOCE-Orbitinformation zur Berechnung des Schwerefeldes eingegangen. Dagegen handelt es sich um echte Satelliten-Kombinationslösungen, weil die GOCE-SGG-Information auf Normalgleichungsbasis mit GRACE- und SLR-Beobachtungen kombiniert wurde. Daher sind die DIR- und TIM-Modelle gerade im lang- bis mittelwelligen Bereich nicht vergleichbar, weil die DIR-Modelle hier hochgenaue Information von anderen Satellitenmissionen (insbesondere GRACE) beinhalten. Die dazu vergleichbaren Modelle der GOCO-Reihe wurden kurz in Abschn. 1.2 thematisiert.

Der wesentlichste methodische Unterschied der DIR-Prozessierung besteht in der Philosophie der Behandlung der SGG-Komponente. Im Gegensatz zur TIM-Prozessierung wird ausschließlich die Information innerhalb der Messbandbreite des Gradiometers verwendet. Technisch wird ein ähnliches Verfahren der ARMA-Filterung angewendet, allerdings sind die Filtermodelle strenge Bandpassfilter, die die Gradiometersignale unter 5 mHz (bei GOCE-DIR-R5 8.3 mHz) eliminieren.

Der Effekt dieser Bandpassfilterung auf die Schwerefeldlösung soll anhand eines kleinen Simulationsbeispiels basierend auf einer realistischen GOCE-Konfiguration demonstriert werden. Während in einer ersten Simulation realistisches Rauschen (wie in Abb. 5) angenommen wurde (blaue Kurve in Abb. 7, oben), wurde in einem zweiten Testlauf ein höheres Rauschniveau außerhalb der Messbandbreite simuliert (rote Kurve in Abb. 7, oben). Dieses höhere Rauschniveau soll die Situation simulieren, dass unterhalb des Messbandes keine (oder in unserem Fall nur sehr schlechte) Gradiometerinformation vorhanden ist.

Der Effekt auf die SGG-Schwerefeldlösung und die Bestimmbarkeit der Koeffizienten ist in Abb. 7 unten dargestellt. Die Koeffizientendreiecke zeigen die geschätzten Genauigkeiten der Koeffizienten, entnommen aus der Hauptdiagonale der Varianz-Kovarianzmatrix $\Sigma(\hat{x})$. In der ersten Konfiguration (rechts) können beinahe alle Koeffizienten, mit Ausnahme der ganz niedrigen Grade und der (nahe-)zonalen (aufgrund des Pollochproblems) mit guter Genauigkeit bestimmt werden. Im Gegensatz dazu führt die Beschränkung auf die Messbandbreite zu einer zusätzlichen Verschlechterung in der Nähe der sektoriellen Koeffizienten bis zu Grad $n = 120$. Dieses Ergebnis demonstriert, dass sich eine frequenzselektive Filterung der Gradiometerzeitreihe nicht isotrop auf das Spektrum des Schwerefeldes auswirkt. Es handelt sich offensichtlich um eine stark anisotrope

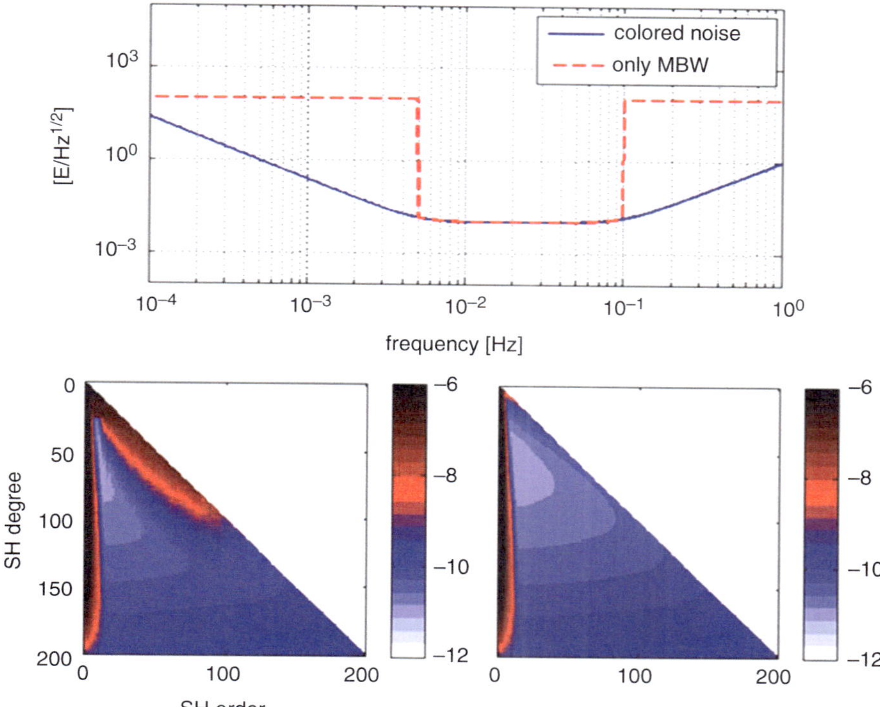

Abb. 7 Analyse des Effekts der Bandpass-Filterung der Gradienten. Oben: Rauschspektren der Gradienten (exemplarisch für V_{ZZ}); unten: Auswirkungen auf Bestimmbarkeit der Stokes-Koeffizienten. Links: auf Messbandbreite gefilterte Gradienten; rechts: Anwendung des vollen Spektrums

Filterung, bei der in Ost-West-Richtung (repräsentiert durch die (nahe-)sektoriellen Koeffizienten) viel stärker gefiltert wird als in Nord-Süd-Richtung (repräsentiert durch die (nahe-)zonalen Koeffizienten). Die Daumenregel, dass die Frequenzfilterung bei der unteren MBW von 5 mHz einem harmonischen Grad $n = 25$ entspricht, gilt also streng nur für die zonalen Koeffizienten, während die anderen Koeffizientengruppen bis in weit höhere Grade davon betroffen sind. Außerdem demonstriert dieses einfache Beispiel, dass unterhalb der Messbandbreite noch wichtige Schwerefeldinformation enthalten ist. Zusätzlich sei noch erwähnt, dass die geophysikalische Interpretation von bandpassgefilterten Gradiometersignalen aufgrund der anisotropen Eigenschaften schwierig und gefährlich ist.

Vergleichen wir die offiziellen Koeffizienten-Standardabweichungen von GOCE-DIR-R5 und GOCE-TIM-R5 (Abb. 8), so fallen sofort markante Unterschiede auf, die auf die unterschiedliche Methodik zurückzuführen sind. (Da die im Schwerefeldprodukt GOCE-DIR-R5 enthaltenen Fehlerschätzungen formale, nicht kalibrierte Ungenauigkeiten darstellen, wurden diese zuvor auf ein zu GOCE-TIM-R5 vergleichbares Niveau skaliert.)

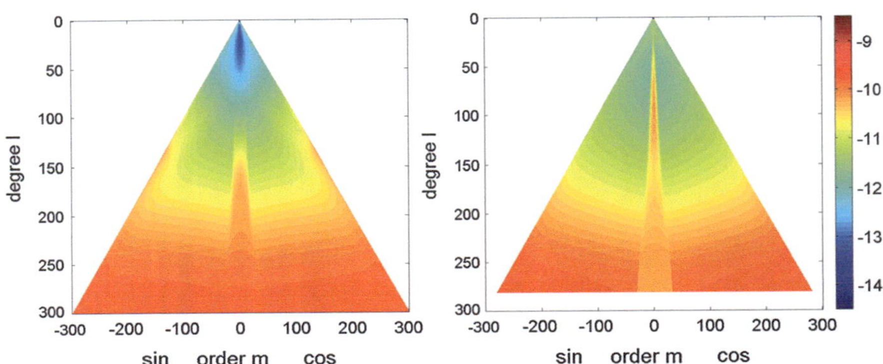

Abb. 8 Formale Koeffizientengenauigkeiten von GOCE-DIR-R5 (links) und GOCE-TIM-R5 (rechts)

Zum einen haben die GOCE-DIR-R5-Koeffizienten niederen Grades bis ca. $n = 70$ wesentlich höhere Genauigkeit als jene der TIM-Lösung. Dies ist eine unmittelbare Konsequenz der im lang- bis mittelwelligen Bereich überlegenen Genauigkeit von GRACE-Daten, die nur in GOCE-DIR-R5 enthalten sind. Außerdem sieht man Unterschiede im Bereich der (nahe-)zonalen Koeffizienten. Aufgrund der Tatsache, dass GRACE einen nahezu polaren Orbit fliegt, ist im DIR-Modell für die Grade bis etwa $n = 120$ kein Effekt des Pollochs zu sehen. Letztlich fällt aber auf, dass bestimmte Koeffizientengruppen zwischen den Graden $n = 100$ und 160 im Bereich der (nahe-)sektoriellen Koeffizienten bei GOCE-TIM5 besser geschätzt werden konnten. Dies ist eine direkte Konsequenz der Bandpassfilterungsstrategie der Gradienten beim DIR-Ansatz. Der Verlust der Gradienteninformation kann auch durch GRACE in dieser spektralen Region nicht mehr kompensiert werden, weil hier eigentlich schon GOCE die dominanten Beiträge liefert.

Wie in Abschn. 1.2 erwähnt, gibt es eine Reihe anderer Schwerefeldmodellierungsansätze für GOCE-Daten. Die von [67] angewendete Methode gleicht stark dem TIM-Ansatz, nur dass eine vereinfachte Form der Filterung der SGG-Daten verwendet wird.

Die Ergebnisse der Methode kurzer Bahnbögen [53] gleichen ebenfalls sehr stark jenen des TIM-Ansatzes (in der zitierten Arbeit verglichen auf Basis des Datenvolumens von GOCE-TIM-R2). Auch hier besteht der wesentliche Unterschied im Umgang mit dem SGG-Rauschen. Anstelle eines digitalen Filters wird für die kurzen Datenstücke von jeweils maximal 30 Minuten eine volle Autokovarianzmatrix eingeführt, die zuvor aus dem Gradiometer-Rauschen abgeleitet wurde.

2.4 GOCE-Schwerefeldmodellierung: Ergebnisse

Im Folgenden werden die Ergebnisse der GOCE-Schwerefeldmodellierung anhand der GOCE-TIM-Modelle diskutiert. Es gibt davon 5 Versionen, die sich vor allem hinsichtlich ihres enthaltenen Datenvolumens von ca. 2 Monaten (GOCE-TIM-R1) bis zur gesamten Missionsperiode (GOCE-TIM-R5) unterscheiden. Hinsichtlich der Prozessierungsstrategie gab es nur eine signifikante Änderung zwischen GOCE-TIM-R3 und GOCE-TIM-R4, nämlich die Verwendung des Ansatzes kurzer Bahnbögen anstelle des Energieintegrals für die SST-Auswertung (siehe Abschn. 2.2.3). Tabelle 1 fasst die wichtigsten Eigenschaften dieser Modelle zusammen.

Der maximale Grad der Modelle wurde schrittweise erhöht, um alle signifikanten Signale hinreichend zu parametrisieren und „Spektral-leakage"-Effekte zu vermeiden. Die 4. Spalte beschreibt jene Anzahl von Epochen, die tatsächlich in die Lösung eingegangen sind, d. h. Epochen mit Datenlücken, detektierten Ausreißern oder Aufwärmphasen der Filter wurden hier von der Zählung exkludiert. Hinsichtlich Eingangsprodukten gab es nach der 3. Version eine signifikante Verbesserung durch eine verbesserte Vorprozessierung der Gradienten ([63]; siehe Abschn. 2.2.1). Das bedeutet, dass in Version 4 und 5 durchgängig neu vorprozessierte Gradienten- und Orientierungsprodukte eingingen. Spalte 7 beschreibt, welche spektrale Regionen durch Kaula-Regularisierung gestützt wurden, um das Signal-zu-Rausch-Verhältnis zu verbessern. Die letzten beiden Spalten geben Geoidhöhen- und Schwereanomalien-Genauigkeit bei 100 km räumlicher Wellenlänge ($L = 200$) an. Diese wurden in von Daten überdeckten Gebieten zwischen $|\varphi| < 83^\circ$ evaluiert.

Die Genauigkeit des Gradiometers variierte während der Missionsphase, kann also nicht als stationärer stochastischer Prozess angenommen werden. Daher wurden die SGG-Daten in eine Vielzahl von Teilsegmenten unterteilt, innerhalb welcher sich das Rauschverhalten nicht signifikant änderte, und für jedes dieser Teilsegmente wurde ein eigenes Filtermodell angepasst. Abb. 9 (unten) zeigt dies in einer Zeitlinie, wobei jede Farbe eine Periode mit unverändertem Rauschverhalten darstellt. Während das erste Schwerefeldmodell GOCE-TIM-R1 durchgängig mit einem einzigen stochastischen Modell berechnet wurde, wurden für GOCE-TIM-R5 87 Teilsegmente definiert und für diese für alle vier Gradientenkomponenten

Tab. 1 Eigenschaften der GOCE-TIM-Schwerefeldmodelle

Modell	Max. Grad	Datenperiode	#Epochen (in Mio.)	Gradienten	SST (max. Grad)	Kaula-Regul. Grade	σ_N [cm] ($L = 200$)	$\sigma_{\Delta g}$ [mGal] ($L = 200$)
TIM_R1	224	01/11/2009 – 11/01/2010	6.2	Original	Energieintegral (100)	170–224	10.0	3.0
TIM_R2	250	01/11/2009 – 05/07/2010	19.5	Original	Energieintegral (100)	180–250	6.1	1.8
TIM_R3	250	01/11/2009 – 17/04/2011	31.3	Original	Energieintegral (100)	180–250	4.6	1.35
TIM_R4	250	01/11/2009 – 19/06/2012	67.3	Reprozessiert	Kurze Bahnbögen (130)	180–250	3.2	0.94
TIM_R5	280	01/11/2009 – 20/10/2013	109.8	Reprozessiert	Kurze Bahnbögen (150)	201–280	2.3	0.68

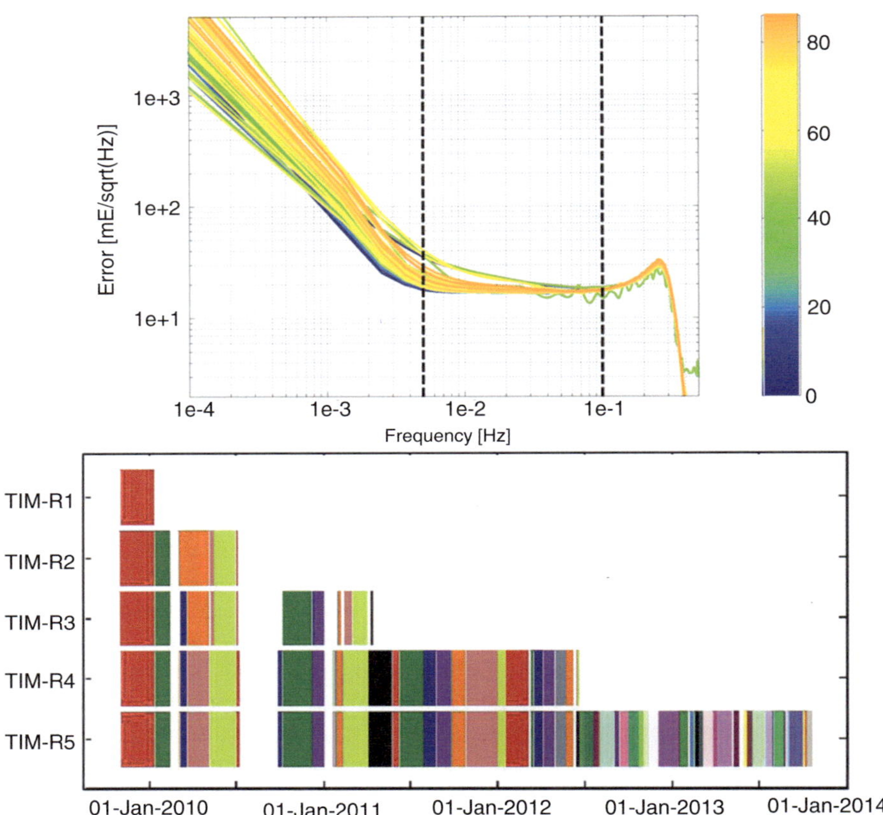

Abb. 9 Variation des Leistungsdichtespektrums des Gradiometerrauschens (oben), zugehörig zu unterschiedlichen Segmenten der GOCE-Missionsperiode (unten)

Filtermodelle angepasst. Abb. 9 (oben) zeigt die Variationsbreite dieser Modelle exemplarisch für die Komponente V_{ZZ}.

Abb. 10 stellt die erreichten Schwerefeldgenauigkeiten, ausgedrückt durch die Gradmediane ihrer formalen Genauigkeiten, dar:

$$\sigma_n = median_m \left\{\sigma_{\bar{C}_{nm}}, \sigma_{\bar{S}_{nm}}\right\} \tag{16}$$

Sie illustriert die kontinuierliche Verbesserung mit zunehmendem Datenvolumen, wobei die Genauigkeit in etwa gemäß des Gaußschen Kovarianzfortpflanzungsgesetzes für unkorrelierte Beobachtungen mit der Wurzel der Anzahl der Beobachtungen $\sqrt{N}$ zunimmt. So steigt die Genauigkeit von GOCE-TIM-R1 zu GOCE-TIM-R2, das auf dreimal mehr Daten beruht, um ca. einen Faktor von $\sqrt{3}$, GOCE-TIM-R3 verbessert sich zu GOCE-TIM-R2 um ca. $\sqrt{2}$, und GOCE-TIM-R4 zu GOCE-TIM-R3 wiederum um $\sqrt{2}$. Die Verbesserung von Version 3 zu

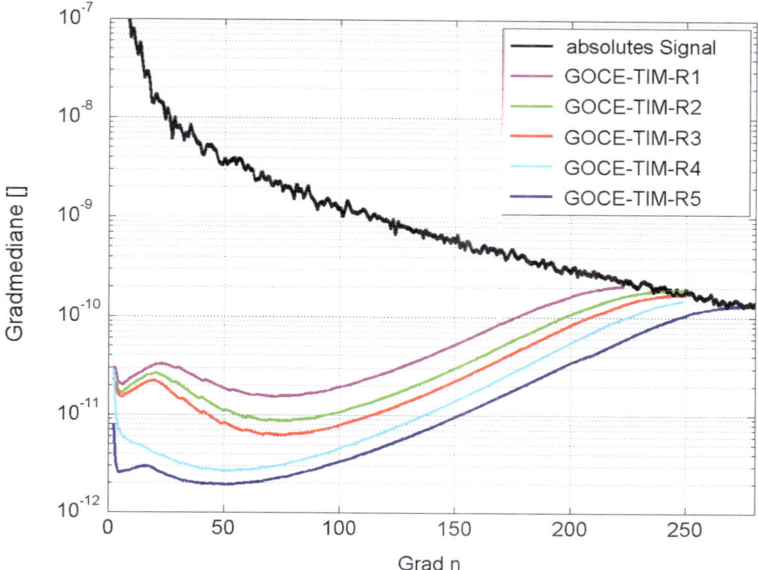

Abb. 10 Grad-Fehlermediane der 5 GOCE-TIM-Schwerefeldlösungen

Version 4 übersteigt aus zwei Gründen sogar das $\sqrt{N}$-Gesetz. Zum einen basiert GOCE-TIM-R4 bereits auf den reprozessierten Gradientendaten, was eine Gewinn um ca. 15 % über den gesamten Spektralbereich bringt, zum anderen wurde die SST-Prozessierung auf die Methode der kurzen Bahnbögen umgestellt, was eine beträchtliche Steigerung der (formalen) Genauigkeit in den niederen Graden zur Folge hat. Ein weiterer Sprung in der Genauigkeit wurde mit GOCE-TIM-R5 erzielt, das auf den Daten der gesamten Missionsperiode basiert und somit auch jene des letzten Missionsjahres, in dem GOCE um eine bis zu 31 km niedrigere Flughöhe hatte, beinhaltet. Die Steigerung der Sensitivität ist klar in der verringerten Steigung der blauen Kurve gegenüber den anderen in den mittleren bis hohen Graden zu erkennen.

Generell flachen alle Kurven in den hohen Graden ab. Dies ist ein Effekt der Kaula-Regularisierung, denn die unregularisierten Lösungen hätten auch im hochfrequenten Bereich dieselbe Steigung wie in den mittleren Graden. Hier wird das Rauschen auf Kosten eines partiellen Signalverlustes, der mit steigendem Grad zunimmt, gedämpft. Eine unregularisierte Lösung der 5. Generation würde die Signalkurve (schwarz) etwa bei Grad $n = 260$ schneiden, hier ist das Signal-zu-Rausch-Verhältnis 1 und spiegelt somit die finale Leistungsfähigkeit der GOCE-Mission wider.

In Abb. 11 werden die Genauigkeitsteigerungen im Detail betrachtet. In der linken Spalte sind die formalen Fehler der 5 GOCE-Lösungen je Koeffizient abgebildet (Wurzel der Hauptdiagonaleinträge der Varianz-Kovarianzmatrix $\Sigma(\hat{x})$).

Diese Genauigkeiten wurden mittels strenger Kovarianzfortpflanzung basierend auf der vollen $\Sigma(\hat{x})$-Matrix auf Geoidhöhengenauigkeiten bei Grad $n = 200$ (schwarze gestrichelte Linie in der linken Spalte) fortgepflanzt und sind in der rechten Spalte für alle 5 TIM-Modelle abgebildet. Die Asymmetrie bezüglich des Äquators resultiert aus der leicht exzentrischen GOCE-Bahn, die in der Südhemisphäre eine geringfügig größere mittlere Orbithöhe besitzt. Die charakteristische Struktur

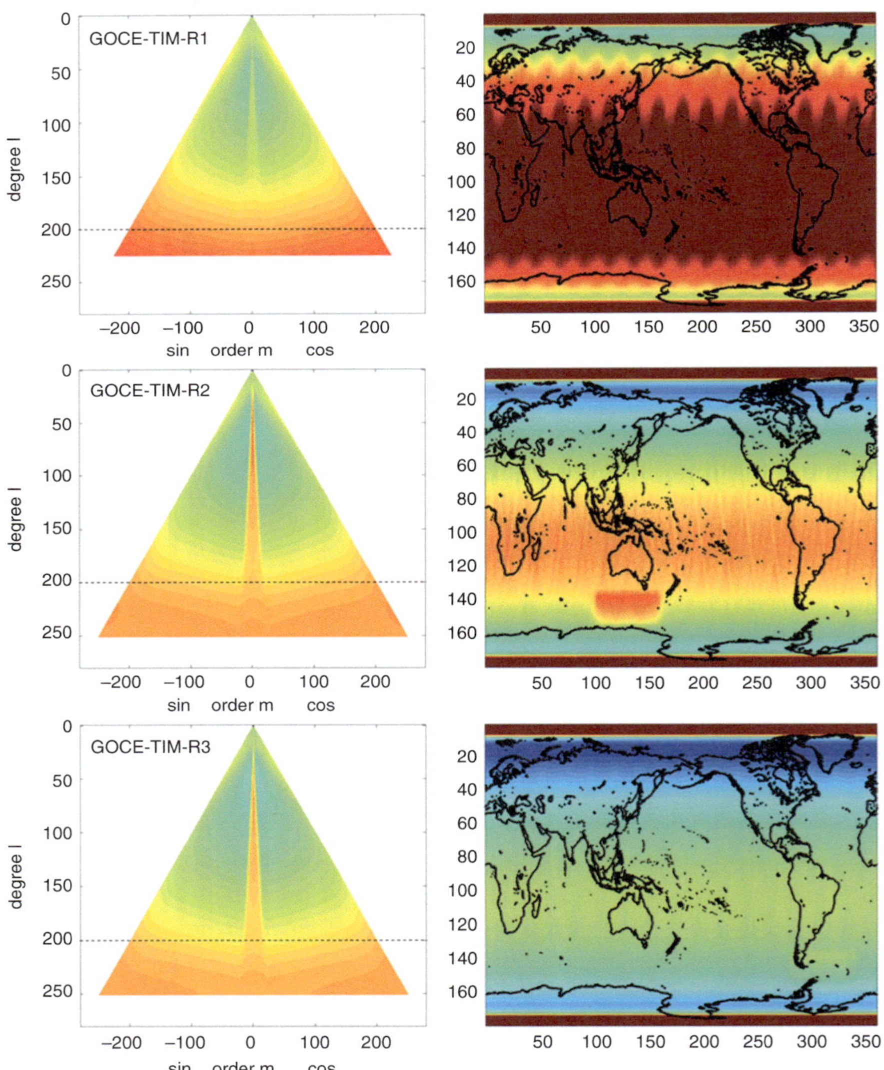

Abb. 11 (*Fortsetzung*)

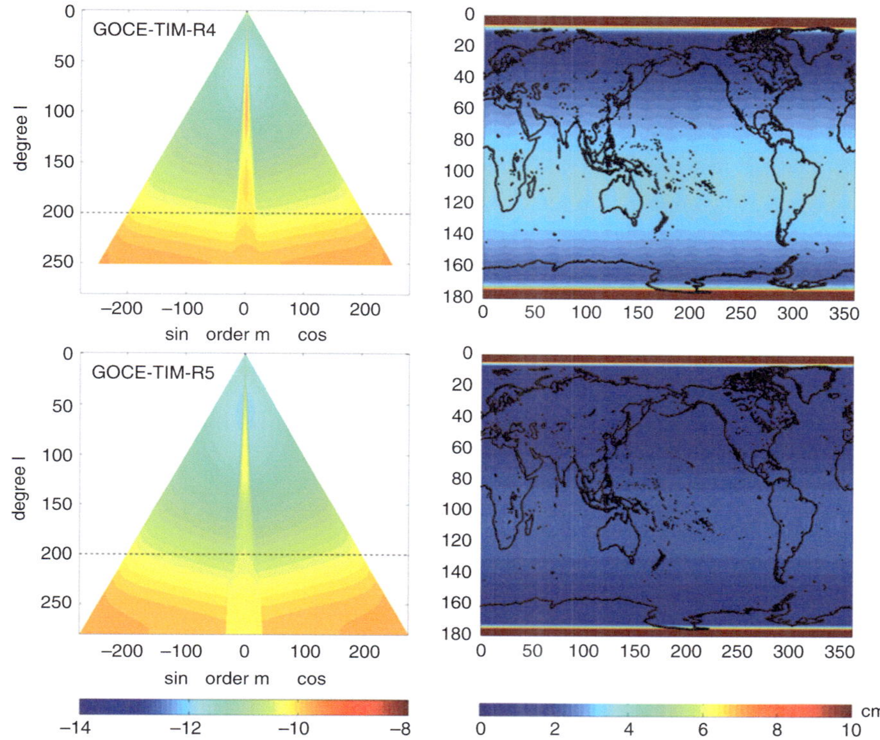

Abb. 11 Formale Koeffizientengenauigkeiten (links) und Geoidhöhengenauigkeiten [cm] (rechts) der Schwerefeldlösungen GOCE-TIM-R1 bis GOCE-TIM-R5

in GOCE-TIM-R2 südlich von Australien spiegelt Datenprobleme in der V_{YY}-Komponente wider. Hier wurden fehlerhafte Gradientenbeobachtungen regional als Ausreißer eliminiert, was in einer kleineren Beobachtungszahl und somit größeren formalen Fehlern resultiert.

Die auf Basis der Kovarianzmatrizen geschätzten kumulativen Geoidhöhen- und Schwereanomalien-Genauigkeiten sind in Abb. 12 dargestellt und für Grad $n = 200$ in Tab. 1 numerisch aufgelistet.

2.5 Externe Validierung

Diese formalen Fehler geben aber natürlich nur die innere Genauigkeit der Lösungen wieder und hängen primär davon ab, wie realistisch die stochastischen Modelle der Beobachtungen Σ_ℓ sind, die als Genauigkeitsinformation in die Ausgleichung eingehen. Um einen Eindruck über die wahren Genauigkeiten der Lösungen zu erhalten, werden diese im Folgenden mit dem von GOCE

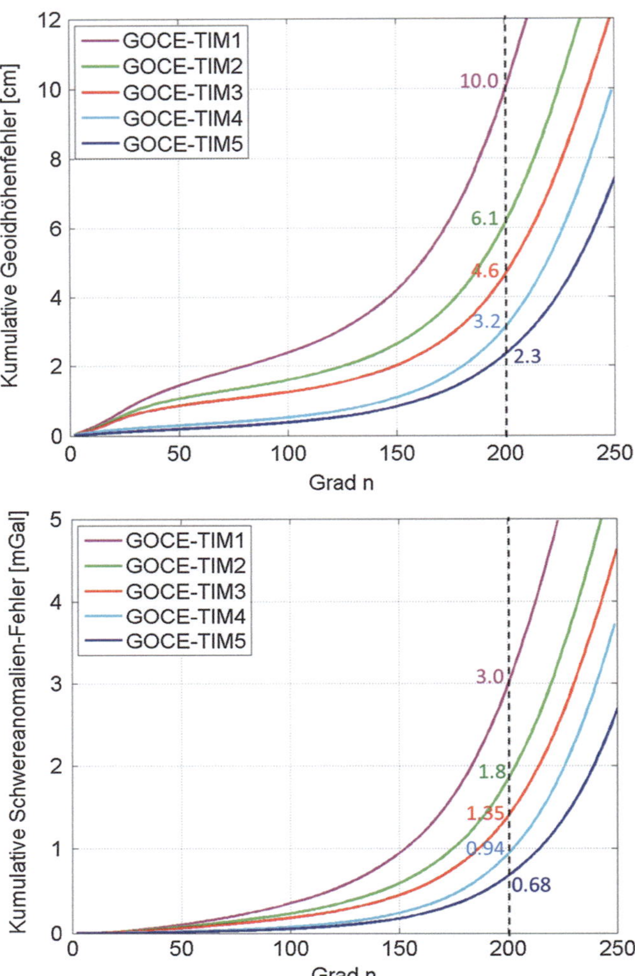

Abb. 12 Kumulative Geoidhöhengenauigkeiten (links) und Schwereanomaliengenauigkeiten (rechts)

unabhängigen Schwerefeldmodell EGM2008 [44] verglichen, das neben GRACE-Daten auch noch terrestrische, flugzeug- und schiffsbasierte Schwerefeldmessungen, sowie altimetrische Schwereanomalien über den Ozeanen enthält.

Abb. 13 zeigt Schwereanomalien-Differenzen zu EGM2008 bei Grad $n = 200$ in Europa und Afrika für die Modelle GOCE-TIM-R1 (links) und GOCE-TIM-R5 (rechts). In Tab. 2 sind die Geoidhöhen- und Schwereanomalie-Standardabweichungen für jene Regionen, die in Abb. 13 weiß umrahmt dargestellt sind, ausgewiesen.

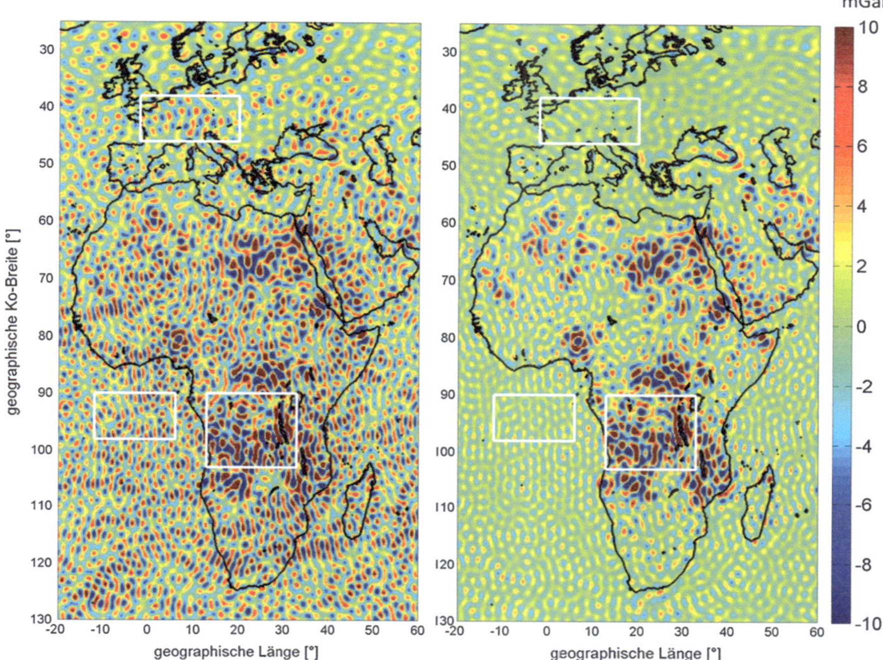

Abb. 13 Schwereanomaliendifferenzen [mGal] zu EGM2008 (Grad 200) für GOCE-TIM-R1 (links) und GOCE-TIM-R5 (rechts). Die weißen Rechtecke markieren Gebiete, in denen die Standardabweichung berechnet wurde (siehe Tab. 2)

Tab. 2 Standardabweichungen von Geoidhöhendifferenzen [cm] und Schwereanomaliendifferenzen [mGal] von verschiedenen GOCE-TIM-Lösungen zu EGM2008 bis Grad 200, evaluiert in drei Gebieten (in Abb. 13 durch weiße Rechtecke gekennzeichnet). Als Referenz ist auch die Standardabweichung des Schwerefeldsignals selbst angegeben

	σ_N [cm]			$\sigma_{\Delta g}$ [mGal]		
	Europa	Afrika	Südatlantik	Europa	Afrika	Südatlantik
Signal	381.5	1114.8	289.85	23.54	25.69	8.87
GOCE-TIM-R1	11.2	43.4	15.3	3.14	9.43	4.29
GOCE-TIM-R2	5.9	41.2	8.8	1.62	8.65	2.49
GOCE-TIM-R3	5.5	40.9	7.5	1.51	8.52	2.17
GOCE-TIM-R4	4.9	40.6	5.7	1.36	8.42	1.68
GOCE-TIM-R5	4.3	40.5	4.7	1.19	8.39	1.40

Europa hat eine sehr gute terrestrische Schwerefeld-Datenbasis. Daher ist dort EGM2008 bereits sehr gut, aber natürlich auch nicht fehlerfrei. Die GOCE-Modelle nähern sich mit zunehmendem Datenvolumen immer weiter an EGM2008 an. Wie in Abb. 13 gezeigt, gibt es keinerlei systematische Differenzen. Anders gelagert ist die Situation in vielen Regionen Afrikas, wo die terrestrische Datenbasis und somit auch EGM2008 von niedriger Qualität sind. Hier zeigen sich große systematische Differenzen zu den GOCE-Modellen, die mit zunehmender Version sogar noch deutlicher zu Tage treten, weil das Rauschniveau der GOCE-Lösungen sukzessive sinkt. Da GOCE Schwerefeldmodelle mit global nahezu homogener Genauigkeit liefert, kann gesichert angenommen werden, dass diese Differenzen auf große Fehler in EGM2008 zurückzuführen sind. In dieser Region, wie z. B. auch in Südamerika, in Zentralasien wie auch der Antarktis, liefert GOCE somit neuartige Schwerefeldinformation. Geeignete Regionen zur Validierung sind ebenfalls Ozeangebiete mit niedriger Signalamplitude. Das hier gewählte Gebiet im Südatlantik an der Westküste Afrikas liefert ähnliche Statistiken wie die kontinentale Region Europas und bestätigt die kontinuierliche Verbesserung der GOCE-Modelle. Wenn man berücksichtigt, dass auch das hier verwendete Referenzmodell EGM2008 nicht fehlerfrei ist, bestätigen sich die in Abschn. 2.4 diskutierten formalen Fehler.

Eine alternative Strategie zur externen Validierung ist der Vergleich mit unabhängig ermittelten „direkten" Geoidbeobachtungen, die aus der Differenz zwischen aus GPS-Langzeitbeobachtungen erhaltenen ellipsoidischen Höhen h und mittels Präzisionsnivellement ermittelten orthometrischen Höhen H erhalten werden. Eine solche Analyse wurde an 675 GPS/Nivellementpunkten in Deutschland [22] durchgeführt (siehe Abb. 14). Dabei wurden die globalen Schwerefeldmodelle bei einem maximalen Grad $n = 200$ abgeschnitten und für höhere Grade bis 2190 durch die Modellkoeffizienten von EGM2008 ersetzt, da die GPS/Nivellementbeobachtungen hochfrequente Signalanteile enthalten, die mittels Satelliten nicht aufgelöst werden können. Natürlich ist diese Methodik aus theoretischer Sicht nicht ganz korrekt, da Korrelationen zwischen niedrigen und hohen Koeffizienten vernachlässigt werden und zumal ein solches „kombiniertes" Modell aus zwei Koeffizientensätzen in sich nicht völlig konsistent ist.

Deutschland ist weltweit wohl eines jener Gebiete mit den besten verfügbaren GPS/Nivellementdaten. Hier beträgt die Standardabweichung zu GOCE-TIM-R5 bei 100 km Wellenlänge ($L = 200$) ca. 2,9 cm. Wird die Tatsache berücksichtigt, dass die Ungenauigkeiten der GPS/Nivellementdaten auf 2–3 cm geschätzt werden, ist diese Abweichung sehr konsistent zur formalen Genauigkeitsschätzung von 2,3 cm (Tab. 1). Aus der Validierung mit GPS/Nivellementdaten sowie dem Vergleich mit EGM2008 in Gebieten mit guter Datenbasis kann geschlossen werden, dass die neueste Generation der GOCE-Modelle bis zu einer Auflösung von 100 km räumlicher Wellenlänge selbst in Gebieten mit guter terrestrischer Datenbasis eine vergleichbare wenn nicht sogar höhere Genauigkeit aufweist als EGM2008.

2.6 Diskussion und Ausblick

Mit Hilfe von GOCE steht uns heute eine Beschreibung des globalen Schwerefeldes der Erde mit bislang unerreichter Genauigkeit und globaler Homogenität zur Verfügung. Optimierte Auswertestrategien, wie sie in diesem Beitrag exemplarisch anhand der „time-wise"-Methode beschrieben wurden, tragen dazu bei, dass die

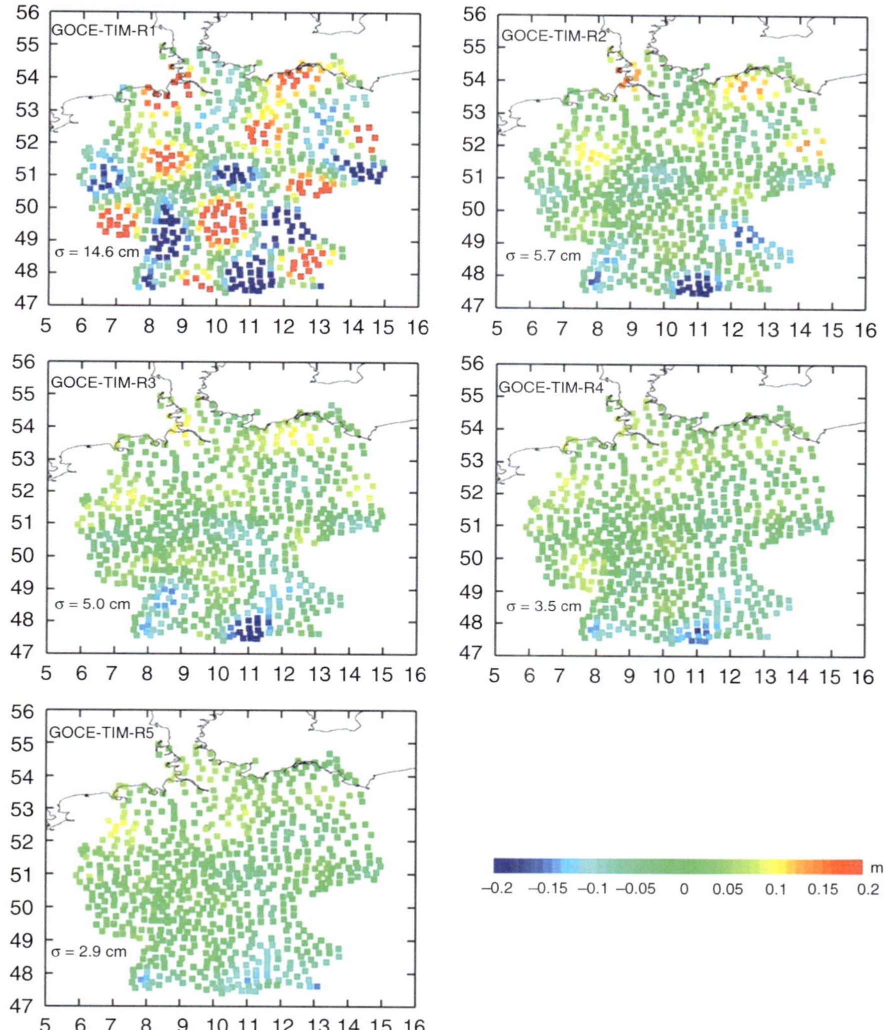

Abb. 14 Differenzen zwischen aus GPS/Nivellement und TIM-Schwerefeldern ermittelten Geoidhöhen [m] an 675 GPS/Nivellement-Stationen in Deutschland

ursprünglich definierten ambitionierten Missionsanforderungen von GOCE für Geoidhöhen nahezu erreicht und bezüglich Schwereanomalien signifikant unterschritten werden konnten.

Allerdings ist festzuhalten, dass reine Satellitenlösungen spektral beschränkt sind, d. h. auch mit GOCE keine Signalanteile mit einer Wellenlänge kleiner als 70 km erhalten werden können. Damit „fehlen" die hochfrequenten Signalanteile. Abb. 15 zeigt eine Abschätzung dieses Abbruchfehlers („omission error") in

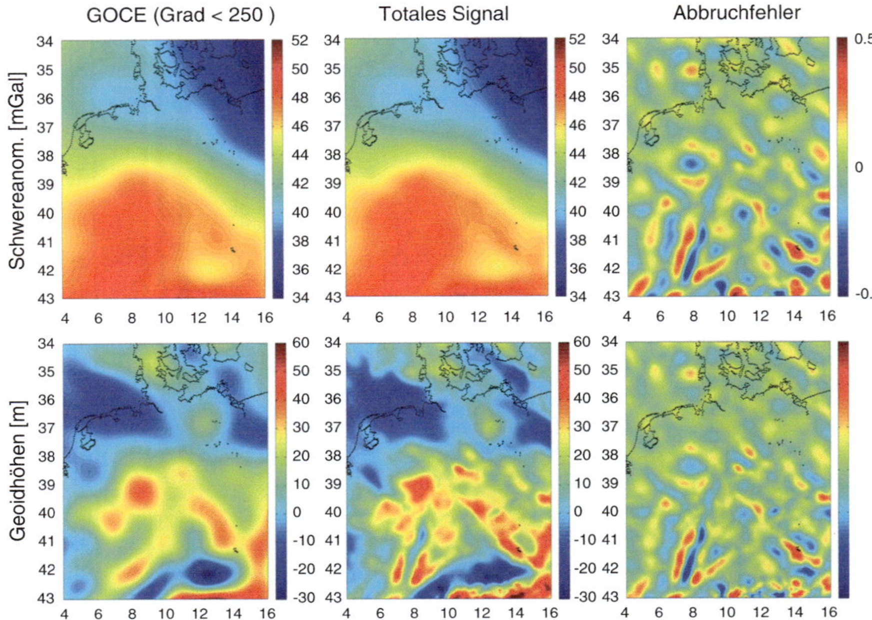

Abb. 15 Abbruchfehler („omission error") von GOCE-Schwerefeldlösungen

Europa von ca. 20 cm in Geoidhöhe und ca. 15 mGal in Schwereanomalien. Diese Amplituden können in Regionen mit sehr rauer Topografie und damit hochfrequenten Schwerefeldsignalen noch um einen Faktor 2–3 größer sein. Daraus ergibt sich die Notwendigkeit der Kombination mit hochaufgelösten terrestrischen oder flugzeugbasierten gravimetrischen Messungen, um das volle Schwerefeldsignal zu erhalten. Bodennah gemessene Schwerefeldinformationen sind in der Satellitenära also keineswegs obsolet geworden, sondern werden im Gegenteil dringend benötigt, um die aus den Satellitendaten erhaltene Information über die langen Wellenlängen des Schwerefeldes auf das volle Spektrum zu erweitern.

Auch die in diesem Beitrag vorgestellten Auswertestrategien haben Potential, verbessert zu werden, was aber ein noch besseres Verständnis des Verhaltens der Instrumente sowie des Satelliten selbst in der ihn umgebenden Atmosphäre bedingt. Beispielsweise zeigen die Messzeitreihen der Gradientenkomponente V_{YY} systematische nicht-gravitative Effekte und stark variierende räumliche Muster. Exemplarisch zeigt Abb. 16 Gradientenresiduen zum Modell GOCE-TIM-R4, bandpassgefiltert auf die Messbandbreite, für ausgewählte Monate der GOCE-Missionsperiode. Offensichtlich treten diese nicht-gravitativen Artefakte, die mit magnetischen Signaturen korrelieren und auch auf die Einkopplung von „common-mode"-Beschleunigungen in das Gradientensignal aufgrund einer nicht-perfekten Gradiometerkalibierung zurückzuführen sind, bei raueren Umweltbedingungen während der Tiefflugphase verstärkt auf. In den

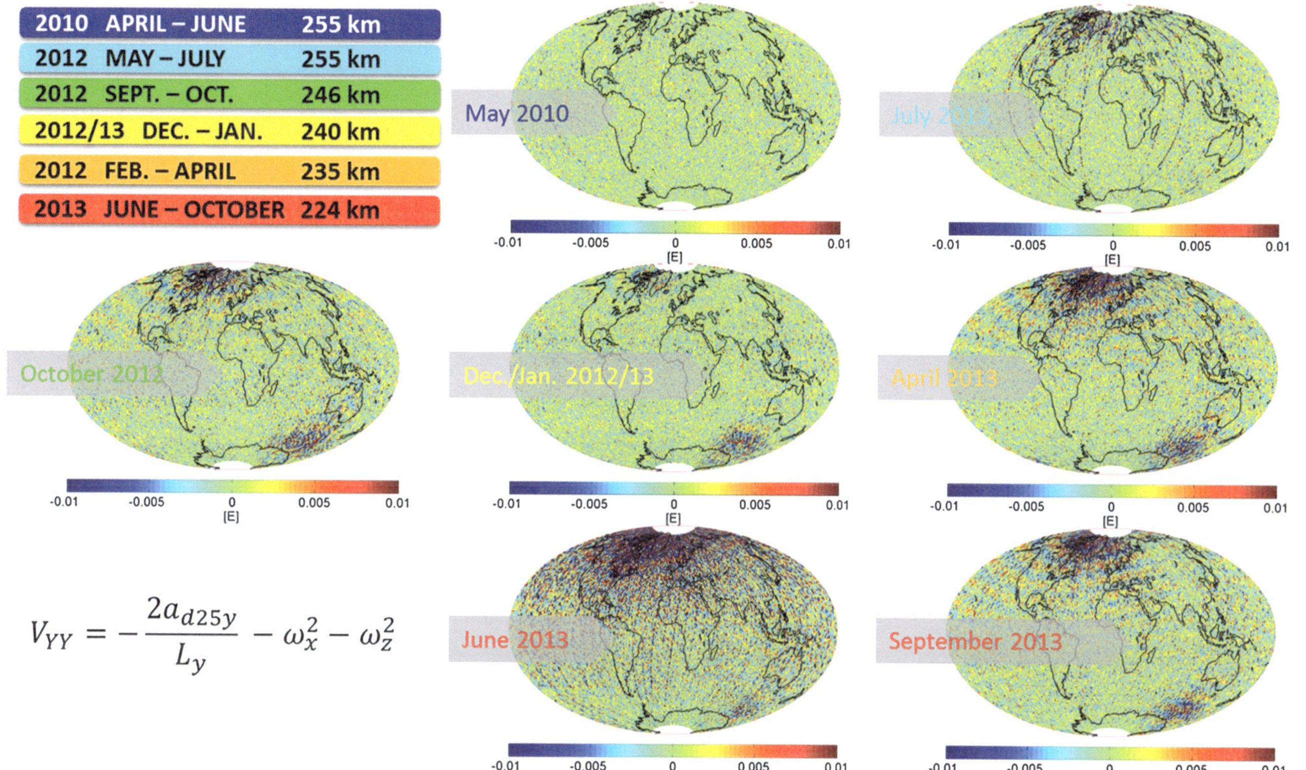

Abb. 16 V_{YY} – Gradientenresiduen zum Modell GOCE-TIM-R4, bandpassgefiltert auf die Messbandbreite, für ausgewählte Monate der GOCE-Missionsperiode

aktuellen Modellen wurden solche Daten als Ausreißer identifiziert und nicht in die Auswertung mit einbezogen. Mit dem in diesem Beitrag vorgestellten Ansatz der Filterung, der ausschließlich frequenzselektiv passiert, können räumliche Korrelationen in den Daten nicht korrekt im stochastischen Modell dargestellt werden. Neben der Entwicklung einer darauf abgestimmten datenbasierten Filterstrategie besteht aber auch Potential darin, die Ursprungsdaten durch verbesserte Vorprozessierung, Trennung von linearen und rotatorischen Beschleunigungen und Modifikation der Gradiometerkalibrierung weiter zu verbessern.

3 Fazit

Die erste Generation der Satelliten-Schwerefeldmissionen hat unsere Kenntnis über das globale Schwerefeld der Erde und dessen zeitliche Veränderungen, die Massentransportprozesse im System Erde widerspiegeln, revolutioniert. Die Berechnung von hochauflösenden Schwerefeldmodellen aus einer Vielzahl von Satellitendaten ist eine numerisch intensive Aufgabe, die maßgeschneiderte Methoden und Algorithmen erfordert. In diesem Beitrag wurden die wichtigsten Aspekte der globalen Schwerefeldmodellierung anhand des Beispiels der ESA-Satellitenmission GOCE dargestellt.

Es konnte gezeigt werden, dass es möglich ist, rein datenbasierte Schwerefeldmodelle ohne jegliche Vorinformation über das Schwerefeld zu berechnen. Derzeit stehen fünf Modellgenerationen zur Verfügung. Die erreichbare Genauigkeit hängt dabei von der Anzahl der Eingangsdaten ab und folgt weitestgehend der Gaußschen $\sqrt{N}$-Regel für unkorrelierte Beobachtungen. Die realistische stochastische Modellierung der Beobachtungen aller Messkomponenten bildet das Herzstück des Ausgleichungsproblems und ist von entscheidender Bedeutung für die Berechnung hochqualitativer globaler Schwerefeldlösungen, parametrisiert durch sphärisch harmonische Koeffizienten. Die zugehörige volle Varianz-Kovarianz-Matrix als (formale) Information über die Ungenauigkeiten der Parameterlösung gibt den wahren Fehler der Lösungen sehr gut wieder. Dies konnte im Rahmen einer umfangreichen Validierung mit externen Daten schlüssig nachgewiesen werden. Die aktuelle fünfte Version der GOCE-Modelle hat eine Genauigkeit von ca. 2,5 cm in der Geoidhöhe und 0,7 mGal hinsichtlich Schwereanomalien bei einer räumlichen Auflösung von 100 km (harmonischer Grad $L = 200$). Damit konnten die ursprünglich definierten Missionsziele weitgehend erreicht werden.

GOCE-Schwerefeldmodelle finden in einer Vielzahl von geowissenschaftlichen Applikationen Verwendung. In der Geodäsie tragen sie etwa zur globalen Vereinheitlichung von Höhensystemen bei [49], da global konsistente Modelle auch den Höhentransfer über die Ozeane hinweg ermöglichen. In Kombination mit der Satellitenaltimetrie werden sie verwendet, um die mesoskalige mittlere dynamische Ozeantopografie und daraus geostrophe Strömungsgeschwindigkeiten der globalen Ozeanzirkulation abzuleiten [2, 25]. GOCE-Schwerefeldmodelle werden auch als Randbedingung zur Modellierung von lithosphärischen Dichtestrukturen wie z. B. der Subduktionszone im Bereich der Anden [21], zur Ermittlung der Moho-Tiefe

[52, 65] und zur Exploration kontinentübergreifender tektonischer Strukturen [5] verwendet. Außerdem können sie zur Unterscheidung tektonischer Lineamente angewendet werden [6].

Reine GOCE-Schwerefeldmodelle sind jedoch hinsichtlich ihrer räumlichen Auflösung auf 70–80 km beschränkt. Die Amplitude der kürzeren Wellenlängen des Schwerefeldes, die nicht von GOCE aufgelöst werden konnte, kann 2–3 Dezimeter in Geoidhöhe oder mehrere 10er Milligal in Schwereanomalie betragen. Um ein spektral vollständiges Modell zu erhalten und den „omission error" einer reinen Satellitenlösung zu reduzieren, ist eine konsistente Kombination mit komplementärer hochaufgelöster terrestrischer, schiffs- und flugzeugbasierter Schwerefeldinformation erforderlich. Ebenfalls können die niedrigen harmonischen Grade durch Kombination mit GRACE, das in diesem Spektralbereich wesentlich bessere Genauigkeiten erzielt, weiter verbessert werden.

Weitere Genauigkeitssteigerungen in der Schwerefeldmodellierung sind durch ein noch besseres Verständnis des Instrumentenverhaltens und der Wechselwirkung des Satelliten mit seiner Umgebung zu erwarten. Dies erfordert jedoch, an sehr früher Stelle in die Prozessierungskette einzugreifen. Daraus können aber auch wichtige Erkenntnisse für zukünftige Schwerefeldmissionen gewonnen werden [37], die unsere Kenntnis des globalen Schwerefeldes und seiner Veränderungsprozesse weiter signifikant verbessern werden.

Literatur

1. Badura, T.: Gravity Field Analysis from Satellite Orbit Information applying the Energy Integral Approach. Dissertation, 109 S., Graz University of Technology. (2006)
2. Bingham, R.J., Knudsen, P., Andersen, O., Pail, R.: An initial estimate of the North Atlantic steady-state geostrophic circulation from GOCE. Geophys. Res. Lett. **38**, EID L01606. Am. Geophys. Union (2011). doi:10.1029/2010GL045633
3. Bock, H., Jäggi, A., Meyer, U., Visser, P., van den IJssel, J., van, T., Helleputte, M., Heinze, Hugentobler, U.: GPS-derived orbits for the GOCE satellite. J. Geod. **85**(11), 807–818 (2011). doi:10.1007/s00190-011-0484-9
4. Bouman, J., Rispens, S., Gruber, T., Koop, R., Schrama, E., Visser, P.N.A.M., Tscherning, C.C., Veicherts, M.: Preprocessing of gravity gradients at the GOCE high-level processing facility. J. Geod. **83**(7), 659–678 (2009). doi:10.1007/s00190-008-0279-9
5. Braitenberg, C.: Exploration of tectonic structures with GOCE in Africa and across-continents. Int. J. Appl. Earth Obs. Geoinformation, 01/2014; (2015). doi:10.1016/j.jag.2014.01.013
6. Braitenberg, C., Pivetta, T., Li, Y.: The youngest generation GOCE products in unraveling the mysteries of the crust of North-Central Africa. Geophys. Res. Abs. **14**, EGU2012-6022. EGU General Assembly 2012, Vienna (2012)
7. Brockmann, J.M., Zehentner, N., Höck, E., Pail, R., Loth, I., Mayer-Gürr, T., Schuh, W.-D.: (2014) EGM_TIM_RL05: an independent geoid with centimeter accuracy purely based on the GOCE mission. Geophys. Res. Lett., Online 25 Nov 2014. doi:10.1002/2014GL061904
8. Bruinsma, S.L., Doornbos, E., Bowman, B.R.: Validation of GOCE densities and evaluation of thermosphere models. Adv. Sp. Res. 08/2014, (2014a). doi:10.1016/j.asr.2014.04.008
9. Bruinsma, S.L., Foerste, C., Abrikosov, O., Marty, J.C., Rio, M.H., Mulet, S., Bonvalot, S.: The new ESA satellite-only gravity field model via the direct approach. Geophys. Res. Lett. **40**, 3607–3612 (2013). doi:10.1002/grl.50716

10. Bruinsma, S.L., Foerste, C., Abrikosov, O., Lemoine, J.M., Marty, J.C., Mulet, S., Rio, M.H., Bonvalot, S.: ESA's satellite-only gravity field model via the direct approach based on all GOCE data. Geophys. Res. Lett. **41**(21), 7508–7514 (2014b). doi:10.1002/2014GL062045
11. Drinkwater, M.R., Floberghagen, R., Haagmans, R., Muzi, D., Popescu, A.: GOCE: ESA's first earth explorer core mission. In: Beutler, G., Drinkwater, M.R., Rummel, R., von Steiger, R. (Hrsg.) Earth Gravity Field from Space – From Sensors to Earth Sciences. Space Sciences Series of ISSI, Bd. 17, S. 419–432. Kluwer, Dordrecht (2003). ISBN:1-4020-1408-2
12. Eicker, A.: Gravity field refinements by radial basis functions from in-situ satellite data. Ph.D. thesis, University of Bonn (2008)
13. Fecher, T., Pail, R., Gruber, T.: Global gravity field modeling based on GOCE and complementary gravity data. Int. J. Appl. Earth Obs. Geoinformation. ISSN (Online) 0303-2434 (2013). doi:10.1016/j.jag.2013.10.005
14. Floberghagen, R., Fehringer, M., Lamarre, D., Muzi, D., Frommknecht, B., Steiger, C., Piñeiro, J., da Costa, A.: Mission design, operation and exploitation of the gravity field and steady-state ocean circulation explorer mission. J. Geod. **85**(11), 749–758 (2011). doi:10.1007/s00190-011-0498-3
15. Förste, C., Bruinsma, S.L., Flechtner, F., Marty, J.C., Lemoine, J.M., Dahle, C., Abrikosov, O., Neumayer, K.H., Biancale, R., Barthelmes, F., Balmino, G.: A preliminary update of the Direct approach GOCE Processing and a new release of EIGEN-6C. Presented at the AGU Fall Meeting 2012, San Francisco. Abstract No. G31B-0923. 3–7 Dec 2012
16. Freeden, W., Gervens, T., Schreiner, M.: Constructive Approximation on the Sphere. Clarendon Press, Oxford (1998)
17. Goiginger, H., Pail, R.: Investigation of velocities derived from satellite positions in the framework of the energy integral approach. In: Fletcher K et al. (Hrsg.) Proceedings 3rd International GOCE User Workshop, ESA SP-627, S. 319–324, ESA, (2007). ISBN (Print) 92-9092-938-3, ISSN: 1609-042X
18. Goiginger, H. und R. Pail. . Covariance propagation of latitude-dependent orbit errors within the energy integral approach. In: Mertikas SP et al (Hrsg.) Gravity, Geoid and Earth Observation, IAG Symposia, 135, S. 155–161, Springer, (2010) doi: 10.1007/978-3-642-10634-7_21.
19. Gruber, T., Visser, P.N.A.M., Ackermann, C., Hosse, M.: Validation of GOCE gravity fieldmodels by means of orbit residuals and geoid comparisons. J. Geod. **85**(11), 845–860. Springer (2011). doi:10.1007/s00190-011-0486-7
20. Hirt, C., Claessens, S., Fecher, T., Kuhn, M., Pail, R., Rexer, M.: New ultra-high resolution picture of Earth's gravity field. Geophys. Res. Lett. **2013** (2013). doi:10.1002/grl.50838
21. Hosse, M., Pail, R., Horwath, M., Holzrichter, N., Gutknecht, B.D.: Combined regional gravity model of the Andean convergent subduction zone and its application to crustal density modelling in active plate margins. Surv. Geophys. ol. 2014, **6**, 1393–1415 (2014). doi:10.1007/s10712-014-9307-x
22. Ihde, J., Sacher, M.: EUREF Publication 11/I, Bd. 25. Mitteilungen des Bundesamtes für Kartographie und Geodäsie, Frankfurt/Main (2002)
23. Jekeli, C.: The determination of gravitational potential differences from satellite-to-satellite tracking. Celest. Mech. Dyn. Astron. **75**, 85–101 (1999)
24. Kern, M., Preimesberger, T., Allesch, M., Pail, R., Bouman, J., Koop, R.: Outlier detection algorithms and their performance in GOCE gravity field processing. J. Geod. **78**(9), 509–519. Springer (2005). doi:10.1007/s00190-004-0419-9
25. Knudsen, P., Bingham, R., Andersen, O., Rio, M.-H.: A global mean dynamic topography and ocean circulation estimation using a preliminary GOCE gravity model. J. Geod. **85**(11), 861–879 (2011). doi:10.1007/s00190-011-0485-8
26. Koch, K.H., Kusche, J.: Regularization of geopotential determination from satellite data by variance components. J. Geod. **76**, 259–268. Springer (2002). doi:10.1007/s00190-002-0245-x
27. Krarup, T.: A Contribution to the Mathematical Foundation of Physical Geodesy, Bd. 44. Geodætisk Instituts Meddelelse, Copenhagen (1969)

28. Lemoine, F., Luthcke, S., Rowlands, D., Chinn, D., Klosko, S., Cox, C.: The use of mascons to resolve time-variable gravity from GRACE. In: Tregoning, P., et al. (Hrsg.) Dynamic Planet, S. 231–236. Springer, Berlin (2007)
29. Mayer-Gürr, T.: Gravitationsfeldbestimmung aus der Analyse kurzer Bahnbögen am Beispiel der Satellitenmissionen CHAMP und GRACE. Dissertation, University of Bonn (2006)
30. Mayer-Gürr, T., Eicker, A., Kurtenbach, E., Ilk, K.-H.: ITG-GRACE: global static and temporal gravity field models from GRACE data. In: Flechtner, F., Gruber, T., Güntner, A., Mandea, M., Rothacher, M., Schöne, T., Wickert, J. (Hrsg.) System Earth via Geodetic-Geophysical Space Techniques, S. 159–168 (2010). doi:10.1007/978-3-642-10228-8_13
31. Metzler, B.: Spherical cap regularization – a spatially restricted regularization method tailored to the polar gap problem. Dissertation, TU Graz (2007)
32. Metzler, B., Pail, R.: GOCE data processing: the spherical cap regularization approach. Stud. Geophys. Geod. **49**, 441–462 (2005). doi:10.1007/s11200-005-0021-5
33. Migliaccio, F., Reguzzoni, M., Sansò, F., Tscherning, C.C., Veicherts, M.: GOCE data analysis: the space-wise approach and the first space-wise gravity field model. In: Lacoste-Francis, H. (Hrsg.) Proceedings of the ESA Living Planet Symposium, ESA Publication SP-686, ESA/ESTEC, Noordwijk (2010)
34. Moritz, H.: Advanced least-squares methods. Reports of the Department of Geodetic Science, no. 175, The Ohio State University (1972)
35. Moritz, H.: Least-squares collocation. Rev. Geophys. Space Phys. **16**(3), 421–430 (1978)
36. Pail, R.: A parametric study on the impact of satellite attitude errors on GOCE gravity field recovery. J. Geod. **79**, 231–241. Springer (2005). doi:10.1007/s00190-005-0464-z
37. Pail, R., Bingham, R., Braitenberg, C., Dobslaw, H., Eicker, A., Güntner, A., Horwath, M., Ivins, E., Longuevergne, L., Panet, I., Wouters, B.: Science and User Needs for Observing Global Mass Transport to Understand Global Change and to Benefit Society. Surv. in Geophys. **36**(6), 743-772 (2015). doi: 10.1007/s10712-015-9348-9
38. Pail, R., Bruinsma, S., Migliaccio, F., Förste, C., Goiginger, H., Schuh, W.-D., Höck, E., Reguzzoni, M., Brockmann, J.M., Abrikosov, O., Veicherts, M., Fecher, T., Mayrhofer, R., Krasbutter, I., Sansó, F., Tscherning, C.C.: First GOCE gravity field models derived by three different approaches. J. Geod. **85**(11), 819–843. Springer (2011). doi:10.1007/s00190-011-0467-x
39. Pail, R., Fecher, T., Murböck, M., Rexer, M., Stetter, M., Gruber, T., Stummer, C.: Impact of GOCE Level 1b data reprocessing on GOCE-only and combined gravity field models. Studia Geophys. Geod. **57**, 155–173 (2013). doi:10.1007/s11200-012-1149-8
40. Pail, R., Goiginger, H., Schuh, W.-D., Höck, E., Brockmann, J.M., Fecher, T., Gruber, T., Mayer-Gürr, T., Kusche, J., Jäggi, A., Rieser, D.: Combined satellite gravity field model GOCO01S derived from GOCE and GRACE. Geophys. Res. Lett. **37**, EID L20314. American Geophysical Union (2010b). doi:10.1029/2010GL044906
41. Pail, R., Plank, G.: Assessment of three numerical solution strategies for gravity field recovery from GOCE satellite gravity gradiometry implemented on a parallel platform. J. Geod. **76**, 462–474. Springer (2002). doi:10.1007/s00190-002-0277-2
42. Pail, R., Wermuth, M.: GOCE SGG and SST quick-look gravity field analysis. Adv. Geosci. **1**, 5–9 (2003)
43. Panet, I., Chambodut, A., Diament, M., Holschneider, M., Jamet, O.: New insights on intra-plate volcanism in French Polynesia from wavelet analysis of GRACE, CHAMP and sea-surface data. J. Geophys. Res. **111**(B9), B09403 (2006). doi:10.1029/2005JB004141
44. Pavlis, N.K., Holmes, S.A., Kenyon, S.C., Factor, J.K.: The development and evaluation of the Earth Gravitational Model 2008 (EGM2008). J. Geophys. Res. **117**(B04406), 38 (2012). doi:10.1029/2011JB008916
45. Rapp, R.H., Basic, T.: Oceanwide gravity anomalies from GEOS-3, SEASAT and GEOSAT altimeter data. J. Geophys. Res. Lett. **19**(19), 1979–1982 (1992)

46. Reigber, C., Balmino, G., Schwintzer, P., Biancale, R., Bode, A., Lemoine, J.-M., Koenig, R., Loyer, S., Neumayer, H., Marty, J.C., Barthelmes, F., Perossanz, F.: A high quality global gravity field model from CHAMP GPS tracking data and accelerometry (EIGEN-1S). Geophys. Res. Lett. **29**, 14 (2002). http://dx.doi.org/10.1029/2002GL015064
47. Rudenko, S., Dettmering, D., Esselborn, S., Schoene, T., Foerste, C., Lemoine, J.-M., Ablain, M., Alexandre, D., Neumayer, K.-H.: Influence of time variable geopotential models on precise orbits of altimetry satellites, global and regional mean sea level trends. Adv. Space Res. (2014). doi:10.1016/j.asr.2014.03.010
48. Rummel, R.: GOCE: gravitational gradiometry in a satellite. In: Freeden, W., Nashed, M.Z., Sonar, T. (Hrsg.) Handbook of Geomathematics, Bd. 2, S. 93–103. Springer (2010). doi:10.1007/978-3-642-01546-5_4
49. Rummel, R.: Height unification using GOCE. J. Geod. Sci. 2012, **2**(Heft 4), 355–362 (2013). Versita. doi:10.2478/v10156-011-0047-2
50. Rummel, R., Gruber, T., Koop, R.: High level processing facility for GOCE: products and processing strategy. In: Lacoste, H. (Hrsg.) Proceedings 2nd International GOCE User Workshop „GOCE, The Geoid and Oceanography“, ESA SP-569, ESA, Noordwijk (2004)
51. Rummel, R., Yi, W., Stummer, C.: GOCE gravitational gradiometry. J. Geod. **85**(11), 777–790. Springer (2011). doi:10.1007/s00190-011-0500-0
52. Sampietro, D., Reguzzoni, M., Braitenberg, C.: The GOCE estimated Moho Beneath the Tibetan Plateau and Himalaya. In: Rizos, C., Willis, P. (Hrsg.) Earth on the Edge: Science for a Sustainable Planet. International Association of Geodesy Symposia, Bd. 139, S. 391–397 (2014). doi:10.1007/978-3-642-37222-3_52
53. Schall, J., Eicker, A., Kusche, J.: The ITG-Goce02 gravity field model from GOCE orbit and gradiometer data based on the short arc approach. J. Geod. **88**(4), 403–409 (2014). doi:10.1007/s00190-014-0691-2
54. Schmidt, M., Fengler, M., Mayer-Gürr, T., Eicker, A., Kusche, J., Sanchez, L., Han, S.-C.: Regional gravity modelling in terms of spherical base functions. J. Geod. **81**, 17–38 (2007). doi:10.1007/s00190-006-0101-5
55. Schneider, M.: A general method of orbit determination. Library Translation, Band 1279, Royal Aircraft Establishment, Ministry of Technology, Farnborough (1968)
56. Schuh, W.-D.: Tailored numerical solution strategies for the global determination of the Earth's gravity field. Mitteil. Geod. Inst. TU Graz, **81**, 156. Graz. (1996)
57. Schwarz, K.P., Sideris, M.G., Forsberg, R.: The use of FFT techniques in physical geodesy. Geophys. J. Int. **100**, 485–514 (1990)
58. Siemes, C.: Digital filtering algorithms for decorrelation within large least squares problems. Dissertation, University of Bonn, Germany (2008)
59. Sneeuw, N.: A semi-analytical approach to gravity field analysis from satellite observations. Dissertation, DGK, Reihe C, no. 527, Bayerische Akademie Wissenschaften, Munich (2000)
60. Sneeuw, N., van Gelderen, M.: The polar gap. In: Geodetic Boundary Value Problems in View of the One Centimeter Geoid. Lecture Notes in Earth Sciences, Bd. 65, S. 559–568. Springer, Berlin (1997). doi:10.1007/BFb0011699
61. Stetter, M.: Stochastische Modellierung von GOCE-Gradiometerbeobachtungen mittels digitaler Filter. Master Thesis, no. D240, TU München (2012)
62. Stummer, C., Fecher, T., Pail, R.: Alternative method for angular rate determination within the GOCE gradiometer processing. J. Geod. **85**(11), 585–596. Springer (2011). doi:10.1007/s00190-011-0461-3
63. Stummer, C., Siemes, C., Pail, R., Frommknecht, B., Floberghagen, R.: Upgrade of the GOCE level 1b gradiometer processor. Adv. Space. Res. **49**(4), 739–752 (2012). doi:10.1016/j.asr.2011.11.027
64. Tapley, B.D., Bettadpur, S., Watkins, M., Reigber, C.: The gravity recovery and climate experiment: mission overview and early results. Geophys. Res. Lett. **31**(9), L09607, AmericanGeophysical Union (2004). http://dx.doi.org/10.1029/2004GL019920
65. van der Meijde, M., Julià, J., Assumpção, M.: Gravity derived Moho for South America. Tectonophysics **609**, 456–467 (2013). doi:10.1016/j.tecto.2013.03.023

66. Vanícek, P., Wells, D., Derenyi, E., Kleusberg, A., Yazdani, R., Arsenault, T., Christou, N., Mantha, J., Pagiatakis, S.: Satellite altimetry applications for marine gravity. Technical report No.128, Dept. of Surveying Engineering, University of New Brunswick, Fredericton (1987)
67. Yi, W., Rummel, R., Gruber, T.: Gravity field contribution analysis of GOCE gravitational gradient components. Studia Geophysica et Geodaetica 57(2), 174–202 (2013). ISSN (Online) 1573–1626. doi:10.1007/s11200-011-1178-8
68. Yoder, C.F., Williams, J.G., Dickey, J.O., Schutz, B.E., Eanes, R.J., Tapley, B.D.: Secular variation of Earth's gravitational harmonic J2 coefficient from Lageos and non-tidal acceleration of Earth rotation. Nature **303**, 757–762 (1983)

Topographische Modellierung des Gravitationsfeldes

6

Christian Hirt

Zusammenfassung

Topographische Techniken zur Modellierung von Gravitationsfeldern nehmen eine zentrale Rolle in der physikalischen Geodäsie und Geophysik ein. Aus der Topographie gewonnene Schwereinformation ist notwendig für (i) die Reduktion und Interpolation von Schwerefeldbeobachtungen, (ii) die Entwicklung ultra-hochauflösender Schwerefeldmodelle und (iii) die Interpretation von Schwerefeldbeobachtungen. Das vorliegende Kapitel führt in die grundlegenden Methoden der topographischen Modellierung von Gravitationsfeldern ein, wobei eine Unterteilung in numerische Integrations- und Kugelfunktionstechniken erfolgt. Es werden eine Reihe von aktuellen Anwendungsbeispielen gegeben, die von der Erstellung ultra-hochauflösender Schwerefeldmodelle, der Glättung von Schwerefelddaten bis zur Berechnung von Bouguer-Schwerekarten für Erde und Mond reichen. Der Beitrag zeigt zusammenfassend die heutige Relevanz der topographischen Gravitationsfeldmodellierung für erdbezogene und planetare geodätische Anwendungen auf.

Schlüsselwörter

Gravitationsfeld • Topographie • Massenmodell • Vorwärtsmodellierung • Schwerereduktion • Schwereprädiktion

C. Hirt (✉)
Institut für Astronomische und Physikalische Geodäsie, Institute for Advanced Study, Technische Universität München, München, Deutschland

Department of Spatial Sciences, Western Australian Geodesy Group, The Institute for Geoscience Research, Curtin University Perth, Bentley, Australien
E-Mail: c.hirt@tum.de

R. Rummel (Hrsg.), *Erdmessung und Satellitengeodäsie*,
Springer Reference Naturwissenschaften, DOI 10.1007/978-3-662-47100-5_9

Inhaltsverzeichnis

1 Einleitung

Die Bestimmung des Schwerefeldes der Erde und Planeten durch Messung und topographische Modellierung ist eine Kernkompetenz der physikalischen Geodäsie. Schwerefeldinformation ist im Zusammenhang mit genauen Höhenbestimmungen von zentraler Bedeutung: Geoidundulationen verknüpfen ellipsoidische GNSS-Höhen mit orthometrischen oder normalen Gebrauchshöhen; Schwerebeschleunigungen werden zur Überführung von nivellierten Höhen in Gebrauchshöhen benötigt [71].

Über physikalisch-geodätische Anwendungen hinausgehend ist die Schwerefeldbestimmung für Nachbardisziplinen relevant (z. B. Hirt et al. [38]). Das beobachtete Schwerefeld der Erde und der Planeten ist das Resultat der Massenverteilung an der Oberfläche und im Inneren. Schwerefeldinformation wird daher in der Geophysik zur Erforschung von Lagerstätten (z. B. Salz oder Erdöl) und für das Verständnis von Entwicklung und geologischem Aufbau von Planeten benötigt [41]. Schwerewerte werden in der Metrologie im Zusammenhang mit der Kalibrierung von Messeinrichtungen zur Massenbestimmung (Waagen) verwendet. In der Ingenieurgeodäsie sind Lotabweichungen zur Reduktion von Richtungs- und Winkelmessungen (von der Lotrichtung auf die Ellipsoidnormale) erforderlich, z. B. bei der Anlage von Präzisionsnetzen im Gebirge.

Zur Bestimmung des Schwerefeldes durch *Messung* steht ein umfassender „Werkzeugkasten“ zur Verfügung. Die Kombination von GNSS und Nivellement liefert Geoidundulationen. Lotabweichungen werden durch astronomische Messung mit Zenitkameras bestimmt und Schwerebeschleunigungen sind das Resultat von absolut- oder relativgravimetrischen Beobachtungen [71]. Die beispielhaft genannten Methoden liefern Informationen zur Schwerefeldgestalt an ausgewählten Messpunkten (jedoch nicht dazwischen). Dagegen liefern berührungslose Verfahren wie

Fluggravimetrie oder Schwerefeldsatelliten (GRACE, Tapley et al. [68]; GOCE, Pail et al. [56]) flächen- oder profilhafte Feldinformation, können jedoch nicht die Feinstruktur (z. B. Schwerewirkung kleinerer Geländeformen) aufgrund des Abstandes zu den felderzeugenden Massen erfassen (vgl. Rummel und van Gelderen [64]). In beiden Fällen bleibt die Erfassung des Schwerefeldes entweder räumlich oder spektral unvollständig.

An dieser Stelle nun kommt die *topographische Modellierung* ins Spiel, die einerseits Schwerefeldgrößen zwischen Messpunkten verdichtet, andererseits Ergebnisse der Satellitengravimetrie um kleinskalige Schwerefeldstrukturen ergänzt. Bei der topographischen Modellierung des Schwerefeldes werden Modelle des Reliefs – z. B. digitale Geländemodelle (DGM), auch Bathymetrie-, Eis- oder Störkörpermodelle – mit Annahmen zur Massendichte kombiniert, und deren Wirkung auf das Schwerefeld (z. B. auf die Schwerebeschleunigung oder Lotabweichung) durch Vorwärtsmodellierung berechnet. Die Vorwärtsmodellierung basiert auf Newtons Integralformel (z. B. Blakely [7])

$$V = G \iiint_M \frac{dm}{r} \tag{1}$$

die das Gravitationspotential V in einem Berechnungspunkt P mit der Masse M des Planeten verknüpft und durch Integration über infinitesimal kleine Massen dm und deren Abstände r zu P liefert (Abb. 1). Die Variable $G = 6{,}67384 \times 10^{-11} \mathrm{m^3 kg^{-1} s^{-2}}$ ist die Gravitationskonstante. Funktionale von V (wie Schwerewirkung oder Lotabweichung) ergeben sich durch radiale oder horizontale

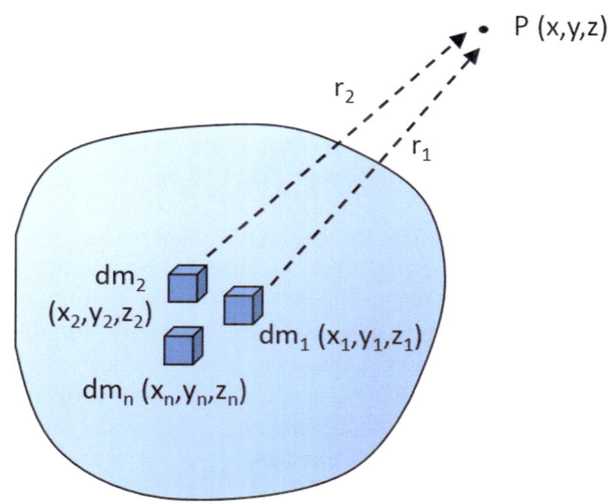

Abb. 1 Prinzip der Vorwärtsmodellierung nach Blakely (1996). Die Gesamtmasse wird in Einzelmassen zerlegt und deren gravitative Wirkung (Potential oder Anziehungskraft) im Berechnungspunkt P durch Integration der Einzelwirkungen ermittelt

Ableitung. Aufgabe der topographischen Modellierung ist es also, das Gravitationsfeld topographischer Massenmodelle durch Vorwärtsrechnung zu ermitteln.

Wäre die Verteilung der Massen innerhalb des Erdkörpers oder Planeten genau bekannt, so könnten wir Gl. (1) zur vollständigen Bestimmung des Gravitationsfeldes verwenden, und durch ausreichend dichte Anordnung der Berechnungspunkte P hochauflösende Darstellungen der Feldfunktionale gewinnen. Aufwändige Messungen wären dann überflüssig. In der Realität jedoch ist unsere Kenntnis der Massenverteilung unzureichend, um eine vollständige und genaue Feldmodellierung über Newtons Integral zu ermöglichen. Während die Geometrie der Erdoberfläche über hochauflösende Topographiemodelle sehr gut bekannt ist, ist die Zuordnung von Massendichten in der oberen Erdkruste oft auf vereinzelte Stichproben beschränkt, häufig auf Annahmen basiert, und damit approximativer Natur. Mit der Tiefe wachsen die Unsicherheiten der Massendichten und ihrer geometrischen Begrenzung, da ihre hochauflösende Erfassung schwierig ist.

Die Vorwärtsmodellierung wird aus diesen Gründen überwiegend mit DGMs (oder anderen digitalen Modellen oberflächennaher Massen) angewendet und liefert diejenigen Feldanteile, die durch die topographischen Massen erzeugt werden. Geländeformen und Schwerefeldsignale sind besonders auf kurzen Skalen hoch miteinander korreliert, und ein Großteil der hochfrequenten Schwerefeldstrukturen ist aus der Topographie erklärbar (vgl. Forsberg und Tscherning [18], Hirt [29], Lemoine et al. [51]). Deshalb ist die topographische Modellierung eine Schlüsseltechnik zur Interpolation, Vervollständigung und Reduktion gemessener Schwerefeldfunktionale. Ihr kommt eine zentrale Rolle bei der Modellierung von Potentialfeldern innerhalb der physikalischen Geodäsie und in der Geophysik zu.

In diesem Kapitel wird eine Übersicht über den heutigen Stand der topographischen Modellierung von Gravitationsfeldern gegeben. Zunächst wird die Aufstellung von Massenmodellen dargestellt, dies schließt eine kurze Beschreibung aktueller topographischer Modelle und Effekte wie der Isostasie mit ein (Abschn. 2). Darauf aufbauend stellt Abschn. 3 die topographischen Modellierungstechniken vor, die wir in die Domänen Raumbereich (numerische Integrationsmethoden) und Spektralbereich (Kugelfunktionsreihen) untergliedern. Abschn. 4 verdeutlicht dann die Anwendung der topographischen Modellierung zur Interpolation und Reduktion von Schwerefelddaten am Beispiel der europäischen Alpen, dabei wird die hohe Korrelation zwischen Topographie und Schwere deutlich. Es wird danach gezeigt, wie topographische Information zur Bewertung der neuen GOCE-Schwerefelder genutzt werden kann. Im Weiteren werden beobachtete und topographische Schwerefelder von Mond und Erde spektral und im Raumbereich verglichen und aktuelle Ergebnisse globaler hochauflösender topographischer Modellierungen präsentiert, in denen topographische Schweresignale die räumliche Auflösung vergrößern. Durch Einbeziehung planetarer Schwerefelder wird die Relevanz der topographischen Modellierungstechniken über die „Erdgeodäsie" hinausgehend aufgezeigt. Eine Diskussion gegenwärtiger Herausforderungen und Entwicklungen in Abschn. 5 schließt das Kapitel ab.

2 Aufstellung von Massenmodellen – Massendichte, Topographie und Isostasie

Der Vorwärtsmodellierung von Gravitationseffekten geht grundsätzlich die Aufstellung eines Modells der felderzeugenden Massen voraus. Ein Massenmodell wird durch die beiden Komponenten (i) Geometrie und (ii) Massendichte vollständig definiert. Es stellt die Quelle des Gravitationsfeldes dar [4, 57]. Die Geometriekomponente legt dabei die dreidimensionale räumliche Umgrenzung (Abb. 2) und damit das Volumen fest, sie wird häufig über digitale Modelle der Geländeoberfläche (DGM) oder der Bathymetrie definiert [74].

Die Geländehöhen des DGM grenzen die topographische Masse nach oben ab. Theoretisch sollte sich die untere Abgrenzung der Topographie an der Verteilung der Massendichten innerhalb der Lithosphäre orientieren und mit der Grenzfläche zwischen Erdkruste und Mantel (bekannt als Mohorovicic –Diskontinuität) zusammenfallen, an der die Dichte sprunghaft ansteigt. Der Verlauf der Mohorovicic –Diskontinuität ist jedoch als nicht sehr hochauflösend bekannt. Eine genäherte Darstellung wird von Modellen der Erdkrustenmächtigkeit [42] mit gegenwärtig etwa 100 km räumlicher Auflösung erhalten. Alternativ werden auch isostatische Hypothesen [22, 44] angewendet. In der Praxis wird häufig eine geometrische Festlegung gewählt und die Höhenbezugsfläche (z. B. Geoid oder Quasigeoid) verwendet, auf die sich die DGM-Daten beziehen. Auch die Nutzung eines Ellipsoides (z. B. WGS84) ist denkbar. In beiden Fällen geht die Festlegung der unteren Grenze der Topographie mit einer gewissen Willkür einher, da die Verteilung der Massendichten unberücksichtigt bleibt.

Massenmodelle können für Erde, Mond und beliebige planetare Körper aufgestellt werden [77]. Abb. 2 zeigt häufig modellierte Massen der Lithosphäre.

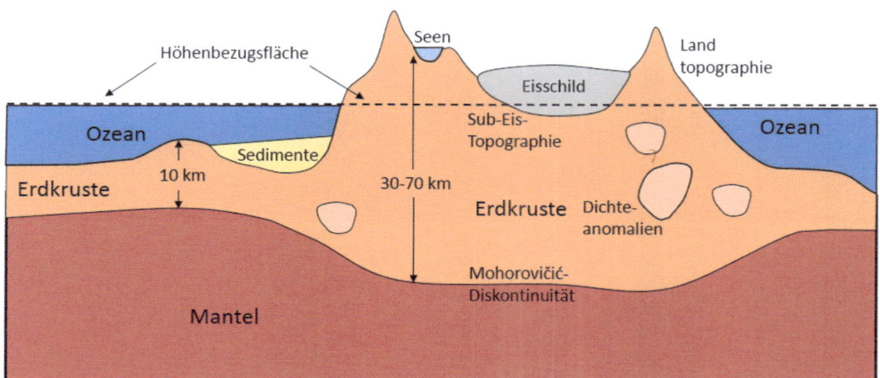

Abb. 2 Häufig verwendete Körper in der Vorwärtsmodellierung (im Aufriss). Die Darstellung zeigt die wichtigsten Bestandteile der Lithosphäre und deren Ausweitung unter den Kontinenten. Es ist zu beachten, dass die Massendichte innerhalb der festen Kruste in der Realität inhomogen ist

2.1 Massendichten

Massendichten werden aus Stichproben oder geologischen Karten abgeleitet, basieren aber sehr häufig auf Standardwerten. In Geodäsie und Geophysik ist ein üblicher Referenzwert $2670\,\text{kg}\,\text{m}^{-3}$, der sich als Durchschnittswert für festes oberflächennahes Erdgestein ergibt [41]. Lokale Variationen in den Gesteinseigenschaften, beispielsweise Änderung der Gesteinsarten, Porigkeit, Feuchtigkeit oder Auftreten von Spalten führen zur Abweichungen, die etwa 5–15 % der angenommenen Massendichte (Tab. 1) erreichen können. Dies macht die Unsicherheiten bei der Festlegung von Dichtewerten und damit den approximativen Charakter der Vorwärtsmodellierung deutlich.

Je nach Aufgabe werden Störkörper wie Salzstöcke [13], Talfüllungen [17], Sedimente [45, 70] oder Eismassen [30] modelliert, die sich durch einen deutlichen Dichtekontrast gegenüber umliegenden Gesteinen auszeichnen (Tab. 1). Regelmäßige laterale oder radiale Variationen der Massendichte innerhalb eines Körpers können in der Vorwärtsmodellierung berücksichtigt werden, z. B. tiefenabhängige Kompression von Talfüllungen [17] oder Dichtezunahme von Salzwasser mit der Ozeantiefe [69].

Methoden der Vorwärtsmodellierung vereinfachen sich etwas, wenn die globalen topographischen Massen (Gestein, Wasser, Eisschilde, …) mit einer einheitlichen Massendichte repräsentiert werden. Dies kann mit dem Konzept der „gesteinsgleichwertigen Topographie" (engl. *rock-equivalent topography*, RET, Rummel

Tab. 1 Durchschnittliche Massendichten für häufig vorkommende Bestandteile der Erdkruste

Gruppe	Material	Durchschnittliche Massendichte [$\text{kg}\,\text{m}^{-3}$]
Lose Gesteine/Sande	Feuchter Sand	1350
	Schotter/Kies	1500
	Tone	1700
Feste Gesteine	Sandsteine	2350
	Tonsteine	2400
	Kalksteine	2550
	Dolomite	2700
	Granit	2640
	Gneise	2800
	Basalt	2990
	Gabbro	3030
Wasser	Süßwasser	1000
	Salzwasser	1030
	Eis	913
Andere Stoffe	Salz	2220
	Kohle	1500
	Eisen	7860

et al. [63]) erreicht werden. Dabei werden Wasser- und Eismassen rechnerisch in gleichwertige Gesteinsmassen umgewandelt

$$H_{RET} = H_{BED} + \frac{\rho}{\rho_R} \Delta H \tag{2}$$

wobei H_{BED} die untere Begrenzung einer Masse der Mächtigkeit ΔH und Massendichte ρ ist, ρ_R die Referenzdichte (Gestein) und H_{RET} die neue obere Begrenzung des Massenkörpers nach der Umwandlung bezeichnet (Abb. 3a). Durch die „Kompression" wird die Geometrie, aber nicht die Masse des Körpers verändert. Mit Gl. (2) können Eis und Wassermassen (z. B. Hirt [30]), aber auch Sedimente einheitlich über die Referenzdichte ρ_R „dargestellt" werden. Mit der Änderung der Geometrie des Massenkörpers sind Approximationsfehler verbunden, die sich besonders in den Ableitungen des Potentials (z.B. Schwerestörung oder Schweretensor) bemerkbar machen [24, 50]. Durch Verwendung von Massenkörpern mit individuellen Massendichten ist die Rechnung etwas aufwändiger; Approximationsfehler der RET-Methode werden jedoch vermieden [26].

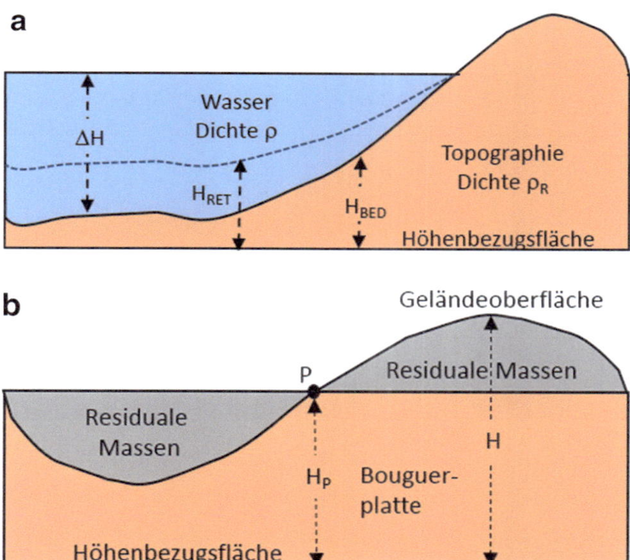

Abb. 3 (**a**) RET-Konzept am Beispiel eines Binnengewässers. Die Wassermassen werden in felsgleichwertige Massen komprimiert und mit der neuen Höhe H_RET dargestellt. (**b**) Bouguereffekt und Geländekorrektion in ebener Approximation. Der gravitative Effekt der Topographie wird mit einer Bouguerplatte in P angenähert. Massen residual zur Platte (in grau) werden mit der Geländekorrektion erfasst

2.2 Globale Topographie- und Lithospärenmodelle

Als Ergebnis von erfolgreichen Fernerkundungsmissionen stehen uns hochauflösende Modelle zur Verfügung, um die Topographie der Erde, aber auch des Mondes, der Planeten (z. B. Venus und Mars) und anderer erkundeter Weltraumobjekte zu beschreiben. Ein Überblick wird in Tab. 2 gegeben.

Die Geometrie der Erdoberfläche wurde erstmalig hochauflösend von der Shuttle Radar Topography Mission (SRTM) im Jahr 2000 über interferometrisches Radar vermessen [60]. Als Ergebnis wurden globale topographische Modelle mit 90 m (seit 2004) und Modelle mit 30 m Auflösung und kontinentaler Abdeckung (z. B. Afrika seit 2014) veröffentlicht. Die Qualität der SRTM-Daten wurde im Laufe der Jahre verbessert, z. B. durch die Beseitigung von Lücken im DGM durch Interpolation oder Hilfsdatensätze [16]. SRTM-Datensätze werden in der physikalischen Geodäsie häufig zur Definition von Massenmodellen eingesetzt. Seit 2009 sind detaillierte globale Geländemodelle der ASTER-Mission nutzbar, ihrer hohen Auflösung von 30 m stehen allerdings Artefakte gegenüber, die eine Anwendung in der Modellierung von Gravitationsfeldern erschweren. Weitere hochauflösende

Tab. 2 Ausgewählte globale Topographiemodelle für Erde, Mond und Planeten. Daten: T = Topographie, B = Bathymetrie, I = Sub-Eis-Topographie. DEM = Digitales Elevationsmodell

Planet	Topographiemodell	Auflösung	Daten	Eigenschaften
Erde	SRTM	90 m	T	Abdeckung bis 60°, verfügbar seit 2004
		30 m	T	Abdeckung von USA, Australien, Afrika (weitere Regionen ab 2015 verfügbar)
	ASTER	30 m	T	Abdeckung bis 83°, verfügbar seit 2009
	World-DEM (Tandem-X)	12 m	T	globale Abdeckung, kommerzielles Produkt (ab 2016)
	Earth2014 [39]	1.8 km	T,B,I	Globales Kombinationsmodell
	ETOPO1 [2]	1.8 km	T,B,I	Globales Kombinationsmodell
	SRTM30_PLUS [5]	900 m	T,B	Globales Kombinationsmodell
	RET2012 [32]	9 km	T,B,I	Globales Massenmodell in RET-Darstellung
	RET2014 [39]	1.8 km	T,B,I	Globales Massenmodell in RET-Darstellung
Mond	LOLA-DEM	30 m	T	Aus Laseraltimetrie, globale Abdeckung
Mars	MOLA-DEM	460 m	T	Aus Laseraltimetrie, globale Abdeckung
Venus	Magellan-DEM	10–30 km	T	Aus Radardaten, unvollständige Abdeckung
Merkur	MLA-DEM	700 m	T	Aus Laseraltimetrie, unvollständige Abdeckung

Modelle sind als Ergebnis aktueller Missionen wie Tandem-X oder ALOS zu erwarten; allerdings werden diese Datensätze nicht in höchster Auflösung (z. B. 12 m) frei verfügbar sein.

Gegenüber der gut vermessenen Landtopographie ist die Auflösung bathymetrischer Modelle niedriger. So liefert die Inversion von altimetrischen Schwerefeldern Tiefeninformation mit $\sim$10 km räumlicher Auflösung, und nur etwa 10 % des Meeresbodens sind direkt über Echolot (bei $\sim$2 km Auflösung) bislang bestimmt worden [5]. Bathymetrische Daten existieren für Binnengewässer (z. B. Nordamerikanische Seen, Baikal, Kaspisches Meer), z. B. Amante und Eakins [2]. Eine wichtige Rolle spielen topographische 3D-Modelle der Eisschilde der Antarktis und Grönlands, die Daten aus Laseraltimetrie (Oberflächenhöhen) und Radar (Sub-Eis-Topographie, engl. bedrock) kombinieren. Als Beispiel führen wir die Bedmap2 [21] Datensammlung an, die eine hochauflösende Beschreibung weiter Teile des antarktischen Eisschildes mit km-Auflösung ermöglicht.

Zur globalen Darstellung der Massen der Lithosphäre werden bathymetrische, landtopographische, und glaziale Datensätze zusammengeführt. Hier sind die Kombinationsmodelle ETOPO1 [2], SRTM30_PLUS [5] und Earth2014 [39] zu nennen, die Begrenzungsflächen der topographischen Massen mit 1–2 km Auflösung beschreiben. Verfeinerungen sind mit Erdkrustenmodellen wie Crust 1.0 [42] möglich. Crust 1.0 beschreibt die Geometrie von tieferliegenden Massen wie mariner Sedimente, und der Erdkrustenstärke (Abb. 4), allerdings mit reduzierter Auflösung von gegenwärtig 100 km.

Die globale Topographie vom Planeten Mars und dem Erdmond ist heutzutage besser bekannt als die der Erde über den wasser-/eisbedeckten Regionen. So wurde durch sehr erfolgreiche Laseraltimetrie-Messungen ein Höhenmodell der Mars-

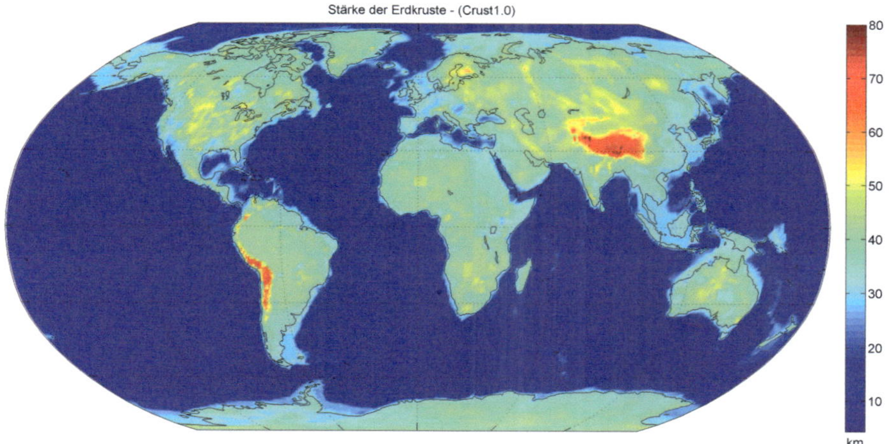

Abb. 4 Abstand der Mohorovicic-Grenzfläche von der Erdoberfläche. Werte aus dem aus seismischen Daten abgeleiteten Modell Crust 1.0 [42]. Die räumliche Auflösung beträgt formal 1°, ist jedoch niedriger über Regionen mit wenigen Beobachtungen

oberfläche mit ~500 m Auflösung abgeleitet (Mars Global Surveyor, 1998), das Mondrelief mit ~30 m Auflösung vermessen (Lunar Reconnaissance Orbiter, 2010) und die Planetenoberflächen von sowohl Merkur als auch von Venus (über Radar) abgetastet, allerdings mit nicht ganz vollständiger Überdeckung (vgl. Wieczorek [77] und Tabelle 2).

2.3 Isostasie

Isostasie bezeichnet das Phänomen einer Verdickung unserer Erdkruste unterhalb von Gebirgsmassen und ihrer Verjüngung unterhalb der Ozeane [76]. Anschaulich kann man sich dieses Phänomen anhand der festen Erdkruste vorstellen, die auf einem zähflüssigen Mantel schwimmt, wobei die durchschnittliche Dichte des Mantelmaterials mit 3300 kg m^{-3} höher ist als das der Erdkruste (2670 kg m^{-3}). Es kommt zum „Eintauchen" der Massen großer Gebirgszüge in den Mantel bis Auftrieb und Gewichtskraft im Gleichgewicht sind (isostatische Kompensation). Der Kompensationseffekt zeigt sich deutlich in den Bouguer-Schwerekarten (Abschn. 4) in Form negativer Differenzen zwischen gemessener und topographisch modellierter Schwere. Diese deuten auf Defizitmassen (fehlendes dichtes Mantelmaterial) unter dem Gebirge hin und werden durch Resultate seismischer Messungen im Wesentlichen bestätigt [76]. Isostatische Effekte treten großräumig (auf Skalen von ~100 km oder größer) auf [77]; Massen kleinerer Geländestrukturen haben aufgrund der lokalen Biegesteifigkeit der Lithosphäre keinen Kompensationspart.

Isostatische Kompensationseffekte können zu gewissen Teilen in der Vorwärtsmodellierung auf Basis von Hypothesen (Airy oder Pratt) berücksichtigt werden [22, 47, 52, 72, 79]. Die Isostasie-Hypothese nach Airy fügt den Gebirgsmassen „Wurzeln" zu, um den Eintaucheffekt in den Mantel zu beschreiben, während das Modell nach Pratt seitliche Dichtevariationen zulässt und über den Ozeanen Anwendung findet. Der Airy-Kompensationsmechanismus ist in Abb. 2 angedeutet. Weitere Möglichkeiten bestehen in der Nutzung von verfeinerten Hypothesenmodellen, die regionale Elastizität berücksichtigen (Vening-Meinesz-Modelle, z. B. Kuhn [47]), oder Modelle der Mohorovicic-Diskontinuität (Abb. 3), die Informationen zur unteren Begrenzung der Topographie liefern. Den unterschiedlichen Ansätzen ist jedoch nach heutigem Kenntnisstand gemein, dass sie Kompensationseffekte nur in Teilen beschreiben können.

3 Methodik der Vorwärtsmodellierung

Ausgehend von Gl. 1 werden bei der Vorwärtsmodellierung das Gravitationspotential und beliebige Funktionale des Potentials – häufig Schwereeffekte, Schweregradienten und Lotabweichungen – aus dem Massenmodell errechnet. Die Rechnung kann dabei im Raumbereich oder Spektralbereich erfolgen [33]. Bei Modellierung im Raumbereich wird das Massenmodell in elementare Massenkörper unterteilt (z. B. Nagy et al. [54]) und deren gravitative Wirkung berechnet. Die Gravitation des gesamten Massenmodells ergibt sich durch Addition der Einzeleffekte, dies folgt dem Superpositionsprinzip der Massenanziehung [7]. Im Spektralbereich arbeitet man mit Reihenentwicklungen der globalen Topographie, und stellt das Gravitationspotential des Massenmodells in Kugelfunktionen dar [78]. Nachfolgend wird für beide Methoden die Modellierung am Beispiel von Schwerestörungen als radiale Ableitung des Potentials dargestellt.

3.1 Topographische Modellierung im Raumbereich

Vereinfachend gehen wir zunächst davon aus, dass ein Massenmodell in Form eines DGMs vorliegt. Dieses beschreibt in Gitterform Geländehöhen H über einer Bezugsfläche (Höhe 0), und erlaubt eine Unterteilung des Geländes in Elementarkörper wie beispielsweise Quader. Im einfachsten Fall der Vorwärtsmodellierung wird die gravitative Wirkung der topographischen Massen δg durch eine unendlich ausgedehnte ebene Bouguerplatte der Massendichte ρ angenähert, deren vertikale Ausdehnung der Geländehöhe H_P im Berechnungspunkt entspricht (Abb. 3b)

$$B = 2\pi G\rho H_P \approx \delta g. \tag{3}$$

Gl. (3) beschreibt den Effekt einer Bouguerplatte. Er ist eine Näherung für die gesuchte Größe δg, da die gesamte Topographie als eben angenommen wird. Der gravitative Effekt K variierender Geländehöhen H im DGM – und damit noch nicht berücksichtigter Massen relativ zu H_P – wird durch Integration

$$K = \frac{1}{2}G\rho \iint \frac{1}{r^3}(H - H_P)^2 dxdy \tag{4}$$

ermittelt, wobei r der räumliche Abstand zwischen Berechnungspunkt und Geländepunkten ist (z. B. Tziavos und Sideris [75]). Gl. (4) ist die bekannte Geländekorrektion (Abb. 3b), sie kann mit Verfahren wie der Fast-Fourier-Transformation oder Gauß-Legendre-Quadratur effizient für dicht angeordnete Berechnungspunkte ausgewertet werden [20, 40].

In der Vorwärtsmodellierung wird das Massenmodell häufig in rechtwinklige Quader zerlegt. Die Gravitation einzelner Quader wird mit geschlossenen Ausdrücken ausgewertet und die gravitative Gesamtwirkung durch Summation der Einzeleffekte ermittelt (nach Nagy et al. [54])

$$\delta g = \sum_1^k G\rho \left|\left|\left| x\ln(y+r) + y\ln(x+r) - z\tan^{-1}\frac{xy}{xr}\right|_{x_1}^{x_2}\right|_{y_1}^{y_2}\right|_{z_1}^{z_2}, \tag{5}$$

wobei x, y die horizontalen Abstände zwischen Berechnungs- und Geländepunkten sind, z die Differenz zwischen H_P und H ist und der Berechnungspunkt im Ursprung des x, y, z-Systems liegt. Die Integration wird über die Umgrenzung des Quaders $(x, y, z)_1$ und $(x, y, z)_2$ durchgeführt. Schwereeffekte δg aus Gl. (5) entsprechen der Summe aus Bouguereffekt B und Geländekorrektion K. Ähnliche Ausdrücke wie Gl. (5) werden für die Berechnung der gravitativen Geländewirkung auf das Geoid und Lotabweichungen benutzt [54]. Anstelle von rechtwinkligen Quadern können auch andere Körper in der Massenmodellierung verwendet werden: Die gravitative Wirkung von Punktmassen beispielsweise lässt sich sehr effizient berechnen. Im Vergleich zur Quaderzerlegung ergeben sich jedoch größere Approximationsfehler [28]. Quader mit geneigten Grenzflächen bieten dagegen in bewegtem Gelände eine bessere Approximation als rechtwinklige Quader, sind aber numerisch etwas aufwändiger zu rechnen [66].

Eine Begrenzung der numerischen Integration in Gl. (4) und (5) auf einen bestimmten Radius um den Berechnungspunkt (z. B. 167 km als konventioneller Radius und Umgrenzung der sogenannten Hammer-Zonen) führt zu Approximationsfehlern aufgrund vernachlässigter weit entfernter Massen. Üblicherweise wird ab einer gewissen Entfernung vom Berechnungspunkt das Massenmodell vereinfacht (z. B. Reduzierung der DGM-Auflösung ab 10 km Entfernung). Dennoch ist die numerische Integration aufwändig, wenn mit DGMs hoher Auflösung (z. B. 90 m) und dichter Anordnung von Berechnungspunkten gearbeitet wird (Abschn. 4.5).

Ein Sonderfall ist die sogenannte RTM (Residual Terrain Model) Technik, die von Forsberg [19] entwickelt wurde. Hier wird das Geländemodell vor der Vorwärtsmodellierung im Raumbereich hochpassgefiltert; dies kann durch Abzug eines gleitenden Mittels der Geländehöhen oder einer langwelligen Kugelfunktionsentwicklung der Topographie (Abschn. 3.2) erfolgen. Als Ergebnis der Filterung erhalten wir das RTM als Repräsentation der topographischen Feinstruktur (Abb. 5a). Statt des DGMs (enthält das volle Spektrum topographischer Information) wird das RTM als kurzwelliges Massenmodell in der Vorwärtsrechnung verwendet. Dieses liefert die gravitative Wirkung des RTM-Massenmodells und damit ausschließlich

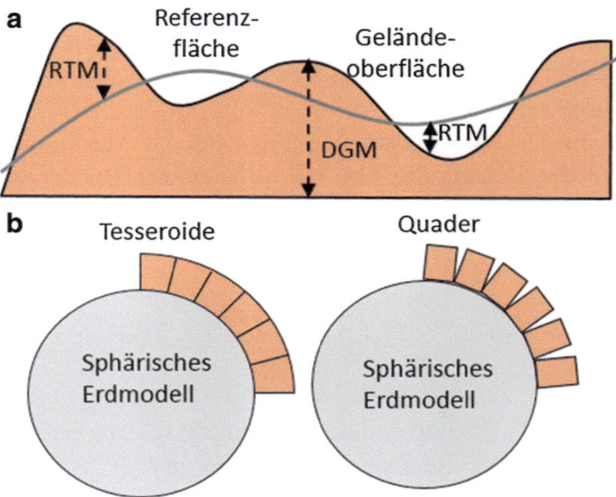

Abb. 5 (**a**) RTM-Konzept. Ein Geländemodell wird hochpassgefiltert durch Abzug einer langwelligen Referenzfläche. Als Ergebnis erhält man das residuale Geländemodell (RTM) mit positiven und negativen Höhen. (**b**) Beschreibung einer Topographie in sphärischer Näherung durch Tesseroide (links) und Quader (rechts). Die bessere Approximation mit Tessoroiden wird deutlich

die kurzwelligen Schwerefeldanteile (Abb. 5a). Da sich die RTM Topographie aus oszillierenden positiven und negativen Höhen zusammensetzt, gleicht sich die gravitative Wirkung weit entfernter Massen zu großen Teilen aus. Daher kann die Integration auf kleinere Radien (z. B. 30 km, abhängig von der Filterung) beschränkt werden, bei gleichzeitig kleineren Approximationsfehlern und erheblich gesteigerter numerischer Effizienz. RTM-Gravitationseffekte werden vor allem für die Glättung von Messungen im Gebirge und die Konstruktion von hochauflösenden Schweremodellen verwendet (Abschn. 4).

Den bisherigen Verfahren liegt eine Unterteilung der topographischen Massen in Quader und Rechnung in der Ebene zu Grunde. Eine realistischere Aufteilung und Anordnung der topographischen Massen planetarer Körper wird durch Rechnung auf der Kugel oder dem Ellipsoid und durch Verwendung von Tesseroiden erreicht [25,28]. Tesseroide sind Massenelemente auf der Kugel oder dem Ellipsoid, die von Flächen konstanter Breite oder Länge und konstanten planetaren Radien begrenzt werden. Die Massenrepräsentation durch Tesseroide ist genauer als mit Quadern, da sich keine Lücken oder Überschneidungen ergeben (Abb. 5b). Einige Studien verwenden anstelle von Tesseroiden massengleiche Quader; durch geschickte Orientierung und Lagerung der Quader erfolgt eine gute Annäherung der berechneten Schwereeffekte an die Tesseroidformeln [33, 49]. Eine Verallgemeinerung von Tesseroiden zu Polyedern als Vielflächenkörper bietet den Vorteil, auch die Geländeneigung im DGM-Höhenpunkt zu berücksichtigen (statt ebener oberer und unterer Begrenzung). Damit wird die Approximation weiter optimiert, siehe d'Urso [15].

3.2 Topographische Modellierung im Spektralbereich

Im Spektralbereich greift die topographische Modellierung des Gravitationsfeldes auf elegante Kugelfunktionstechniken zurück, die die zuvor beschriebene numerische Newton-Integration ersetzen. Wichtiger Baustein ist dabei die sphärisch-harmonische Analyse (SHA, z. B. Sneeuw [65], Abd-Elmotaal et al. [1]), mit der ein globales Modell topographischer Höhen H in seine spektralen Bestandteile zerlegt wird. Nach erfolgter SHA können mit der Kugelfunktionsreihe

$$H(\varphi, \lambda) = \sum_{n=0}^{N_{\max}} \sum_{m=0}^{n} (\overline{HC}_{nm} \cos m\lambda + \overline{HS}_{nm} \sin m\lambda) \bar{P}_{nm}(\sin\varphi) \tag{6}$$

topographische Höhen als Funktion der geographischen Breite φ und Länge λ über Produkte von sin- und cos-Termen mit Basisfunktionen und Kugelfunktions-Koeffizienten zusammengesetzt werden. In Gl. (6) sind $H_{nm} = (\overline{HC}_{nm}, \overline{HS}_{nm})$ die Kugelfunktions-Koeffizienten von harmonischem Grad n $(0 \leq n \leq N_{\max})$ und Ordnung m $(0 \leq m \leq n)$, und $\bar{P}_{nm}(\sin\varphi)$ die Basisfunktionen (zugeordnete Legendre-Funktionen) von Grad n und Ordnung m(z. B. Torge und Müller [71]). Der maximale Entwicklungsgrad $N_{\max}$ bestimmt die räumliche Auflösung $\Delta x =$

$360°/(2N_{max})$ der Reihenentwicklung. Mit einer Entwicklung bis $N_{max} = 2{,}160$ können noch Strukturen auf Skalen von 0,083° (etwa 9 km auf der Erdoberfläche) dargestellt werden. Abb. 6 zeigt die globale Erdtopographie im Raumbereich und die $\overline{HC}_{nm}$, $\overline{HS}_{nm}$ –Koeffizienten als Transformierte im Spektralbereich. Im „Koeffizientendreieck" (rechter Teil von Abb. 6) bilden die *zonalen* $\overline{HC}_{nm}$-Koeffizienten ($m = 0$) die vertikale Mittelachse, die *sektoriellen* Koeffizienten ($n = m$) befinden sich auf den linken und rechten Dreiecksschenkeln und die *tesseralen* Koeffizienten vervollständigen das Dreieck. Dabei sind die $\overline{HC}_{nm}$-Koeffizienten rechts und die $\overline{HS}_{nm}$-Koeffizienten links von der Mittelachse dargestellt. Koeffizienten konstanten

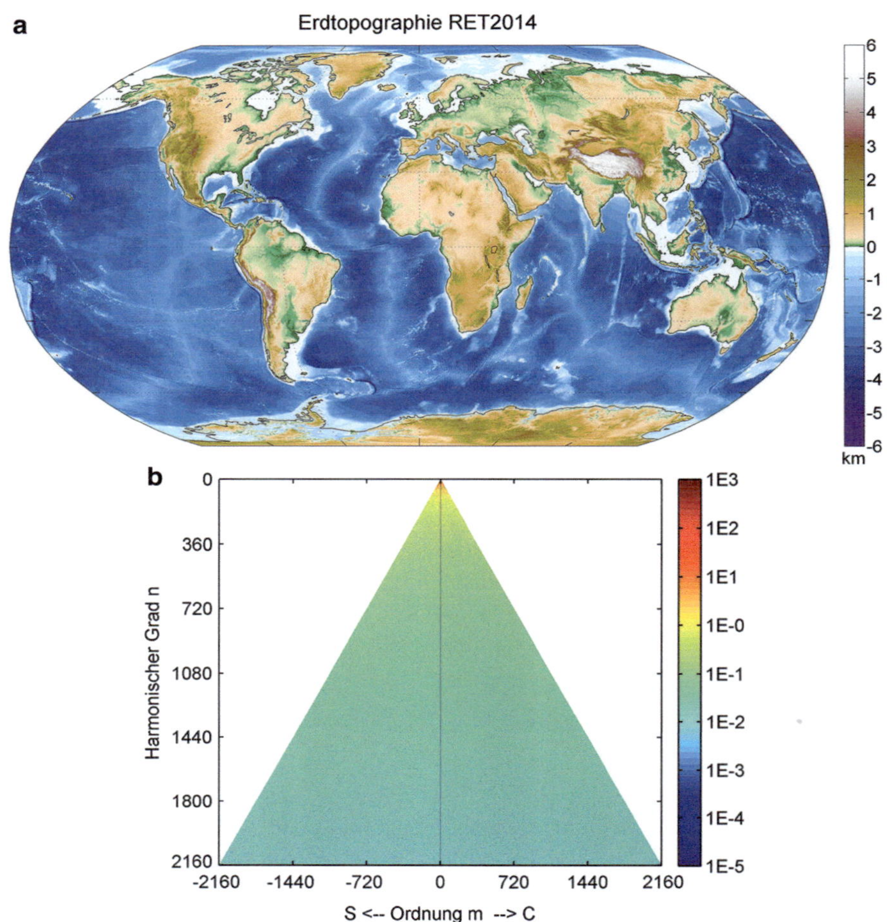

Abb. 6 (**a**) Globale Erdtopographie (hier RET-Höhen aus dem RET2014-Modell) im Raumbereich mit 5 Bogenminuten Auflösung und (**b**) im Frequenzbereich (bis Grad und Ordnung 2,160). Illustration in Anlehnung an Gruber et al. [27]

Grades n, aber unterschiedlicher Ordnung m sind in horizontaler Richtung zu finden und Koeffizienten niedrigen Grades n an der oberen Spitze des Dreiecks.

Das Gravitationspotential der Topographie wird im Spektralraum durch Reihenentwicklung nach der Höhe, und deren ganzzahligen positiven Potenzen p berechnet [33, 63, 78]:

$$V_{nm} = \frac{1}{2n+1} \frac{4\pi R^3 \rho_R}{M} \sum_{p=1}^{P\,\max} \frac{\prod_{i=1}^{p}(n+4-i)}{p!(n+3)} \frac{H_{nm}^{(p)}}{R^p} \tag{7}$$

Dabei bezeichnen $V_{nm} = (\overline{VC}_{nm}, \overline{VS}_{nm})$ die Kugelfunktionskoeffizienten des Gravitationspotentials, M die Masse des Planeten mit Referenzradius R, und ρ_R die Massendichte der Topographie. Die Entwicklung von V_{nm} in Potenzen p erfordert die harmonische Analyse der Potenzen der topographischen Höhen H^p. Es sind also mehrere Anwendungen der SHA erforderlich, um die Koeffizienten aller Potenzen von H^p von $p = 1$ bis $p = P_{\max}$ zu erhalten. Hinsichtlich der Bedeutung von Termen der Potenz p in Gl. (7) stellen wir fest:

- Auswertung von Gl. (7) bis $P_{\max} = 1$ liefert in Approximation einen linearen Zusammenhang zwischen Höhe und Potential (vgl. Strang van Hees [67])

$$V_{nm} = \frac{1}{2n+1} \frac{4\pi R^2 \rho_R}{M} H_{nm} \tag{8}$$

  Dies entspricht dem Effekt einer Schicht konstanter Höhe $H(\varphi, \lambda)$ und Dichte ρ_R (anschauliche Analogie in der Ebene: Bouguer-Platte, Gl. 3).

- Durch Auswertung von $2 \leq p \leq P_{\max}$ wird der Gravitationseffekt von Abweichungen zwischen der globalen Topographie und der Schicht modelliert (Analogie in der Ebene: Geländekorrektion, Gl. 4).

Gewöhnlich wird $P_{\max}$ so festgesetzt, dass Terme mit $p > P_{\max}$ hinreichend klein werden und die berechneten Potentialkoeffizienten V_{nm} nicht mehr verändern. $P_{\max}$ hängt von der Rauigkeit der planetaren Topographie und Auflösung der Kugelfunktionsreihe, dem Grad $N_{\max}$ ab [12]. So ist für die Berechnung des Gravitationspotentials der Erdtopographie und ein Entwicklungsgrad $N_{\max} = 2{,}160$ eine maximale Potenz $P_{\max} = 7$ geeignet [32]; für das Potential der Mondtopographie und $N_{\max} = 900$ sollte $P_{\max} = 8$ gewählt werden [51].

Nach erfolgter Auswertung von Gl. (7) kann man Schwerestörungen δg außerhalb der topographischen Massen als Funktion von $(\overline{VC}_{nm}, \overline{VS}_{nm})$ sehr einfach durch die Standardreihe

$$\delta g(\varphi, \lambda, r) = \frac{GM}{r^2} \sum_{n=0}^{n\,\max} (n+1) \left(\frac{R}{r}\right)^n \sum_{m=0}^{n} (\overline{VC}_{nm} \cos m\lambda + \overline{VS}_{nm} \sin m\lambda) \bar{P}_{nm}(\sin\varphi) \tag{9}$$

erhalten, wobei r der Radius des Berechnungspunktes, R der Referenzradius, und R/r der Dämpfungsfaktor ist [64]. Dieser modelliert die gravitative Abschwächung kurzskaliger Feldanteile mit zunehmender radialer Entfernung von den Massen.

Zur spektralen Vorwärtsmodellierung von Massenschichten beliebiger Geometrie (z. B. Eisschilde, deren Oberfläche durch ein DGM und deren untere Begrenzung durch ein Digitales Sub-Eis-Topographie Modell definiert ist) können die Formalismen von Tenzer et al. [69, 70] verwendet werden. Die Verwendung der Höhenbezugsfläche als untere Begrenzung ist also nicht notwendig. Laterale Variationen der Massendichte ρ_R, z. B. über Planetenoberflächen, können mit dem Ansatz von Wieczorek und Phillips [78], siehe auch Kuhn und Featherstone [48] berücksichtigt werden.

Eine weitere Verallgemeinerung der spektralen Methode wurde in Claessens und Hirt [12] vorgestellt, bei der die Massen auf dem Ellipsoid anstelle der Kugel (wie in Gl. 7) angeordnet sind. Diese „ellipsoidisch-topographische" Modellierung nähert das tatsächliche Schwerefeld der Erde besser an als die sphärische Approximation [12]. Für nicht-abgeplattete Körper wie den Erdmond hingegen ist die sphärische Approximation ausreichend (z. B. Wieczorek und Phillips [78]).

3.3 Bewertung und Vergleich

Beide Techniken der Vorwärtsmodellierung sind in der geodätischen und geophysikalischen Praxis weit verbreitet, haben jedoch bevorzugte Anwendungsbereiche. Techniken im Raumbereich finden häufig Anwendung in der topographischen Reduktion lokaler oder regionaler Schwerefelddaten, z. B. für die Interpolation von Lotabweichungsprofilen oder Berechnung von Bouguer-Schwerewerten in umgrenzten Studiengebieten. Die numerischen Integrationstechniken (Gl. 4, 5) können lokal mit sehr hochauflösenden DGM-Daten (z. B. 10 m Auflösung aus Befliegungen mit Laserscanning, oder regional mit 90 m SRTM-Daten) zur präzisen topographischen Reduktion angewendet werden (siehe auch Tsoulis et al. [73]).

Spektrale Techniken haben im Gegensatz dazu globalen Charakter. Sie benötigen grundsätzlich Massenmodelle mit globaler Abdeckung (z. B. basierend auf den Topographie-Modellen in Tab. 2), und werden bereits bei einer räumlichen Auflösung im km-Bereich sehr rechenintensiv. Die spektrale Vorwärtsmodellierung ist die bevorzugte Methode in der Analyse von Gravitationsfeldern der Planeten aus Satellitenbeobachtungen, die typischerweise über Kugelfunktionen dargestellt werden (z. B. Wieczorek [77]; Lemoine et al. [51]).

Die numerische Vergleichbarkeit beider Methoden der topographischen Gravitationsfeld-Modellierung war und ist Gegenstand wissenschaftlicher Untersuchungen. Identische Massenverteilungen – abgeleitet aus Kugelfunktionsreihen – wurden von Hirt und Kuhn [33] mit einer räumlichen Auflösung von 50 km als Eingabe für beide Verfahren verwendet und eine hohe Übereinstimmung von Schwereeffekten auf einem Niveau von 10^{-5} (relative Abweichungen) erzielt

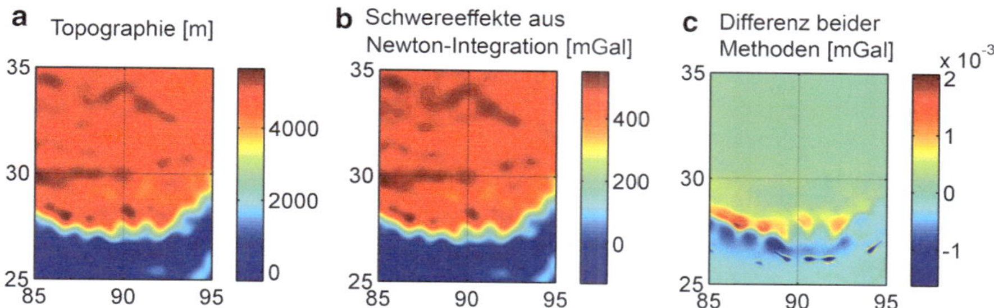

Abb. 7 Vergleich von Schwerestörungen, berechnet aus einem topographischen Massenmodell (50 km Auflösung) über dem Himalaya (85° bis 95° Länge, 25° bis 35° Breite). (**a**) topographische Höhen, (**b**) Schwereeffekte aus der Vorwärtsmodellierung im Raumbereich, (**c**) Differenzen zwischen Schwereeffekten modelliert im Raum- und Spektralbereich. Die Differenzen (**c**) zeigen eine exzellente Übereinstimmung beider Techniken (nach Hirt und Kuhn [33])

(Abb. 7). Dabei wurden sehr hochfrequente Signale, die durch die Potenzierung der topographischen Höhen in der spektralen Methode (Abschn. 3.2) entstehen, in der Modellierung berücksichtigt. Beide Techniken der Vorwärtsmodellierung sind für Massenmodelle niedriger und mittlerer Auflösung als numerisch gleichwertig anzusehen [33], wohingegen die Äquivalenz auf kurzen Skalen – z. B. km-Bereich – noch zu klären ist.

4 Anwendungsbeispiele und aktuelle Resultate topographischer Modellierungen

Ziel dieses Abschnittes ist es, einen möglichst weitgefächerten Überblick zur Anwendung der topographischen Modellierungstechniken zu geben. Zunächst zeigen wir am Beispiel lokaler und regionaler Schwerefelddatensätze die hohe Korrelation mit der Topographie auf und verdeutlichen die Nutzung topographischer Schwereeffekte für die Glättung von Beobachtungsdaten (Abschn. 4.1). Abschn. 4.2 stellt die Nutzung globaler Modelle des topographischen Potentials für die Bewertung von Ergebnissen der GOCE-Satellitenmission vor. Darauf aufbauend werden beobachtete und topographische Schwerefeldmodelle für Erde und Mond im Spektralbereich mittels Gradvarianzen verglichen (Abschn. 4.3). Im Raumbereich führt uns dieser Vergleich zu Bouguer-Schwerekarten für Mond und Erde, die als Differenz von beobachteter und topographischer Schwere konstruiert werden und Orte von Massenkonzentrationen und Defiziten zeigen (Abschn. 4.4). Die Entwicklung der ultra-hochaufgelösten Erdschwerefeldkarte GGMplus durch Verdichtung von Beobachtungen mit topographischer Schwere wird dann in Abschn. 4.5 beschrieben und deren Anwendungen aufgezeigt. Eine Zusammenschau der verwendeten Schwerefeldmodelle wird in Tab. 3 gegeben.

Tab. 3 Eigenschaften ausgewählter globaler Schwerefeldmodelle für Erde und Mond. Erläuterung der Modelltypen: B = ausschließlich basierend auf Beobachtungen, B* = Beobachtungen und teilweise Verwendung von topographischer Schwere, T = aus Topographiedaten und Vorwärtsmodellierung, B+T = spektrale Erweiterung von B mit T im kurzwelligen Bereich, B-T = Bouguer-Schwerefeld, berechnet durch Abzug von T von B

Planet	Modell	Auflösung [km]	Modelltyp	Wichtigste Datenquellen
Erde	GOCE-TIM5 [56]	80	B	GPS und GOCE Satellitengradiometrie
	EGM2008 [59]	9	B*	GRACE, Altimetrie, terrestrische Schwere und Topographie
	dV_ELL_RET2012 [12]	9	T	RET2012-Topographie
	WGM2012 [8]	1.8	B-T	EGM2008 und ETOPO1-Topographie
	GGMplus [38]	0.22	B+T	GOCE,GRACE, EGM2008 und Topographie (SRTM)
Mond	SGM100i [23]	70	B	SELENE Tracking
	GRAIL 900c [51]	7	B	GRAIL Satellitenabstände und Tracking
	GRAIL 900c_Bouguer [51]	7	B-T	Wie zuvor, aber Abzug eines topo-graphischen Schwerefeldes aus LOLA-DEM
	LGM2011 [34]	1.5	B+T	Beobachtetes Schwerefeld SGM100i ergänzt um topographisches Feld aus LOLA-DEM

4.1 Glättung von Schwerefeldinformation im Alpenraum

4.1.1 Lokales Beispiel: Lotabweichungen in Bayern

Im Isartal zwischen Karwendel und Estergebirge wurden Lotabweichungen durch astronomische Beobachtung in dichter Anordnung (220 m Stationsabstand) entlang eines 23 km langen Profils bestimmt [31]. Die umgebenden topographischen Massen haben starken Anteil am gemessenen Lotabweichungssignal [16]. Dies wird durch einen Vergleich zwischen Messung (blau) und quaderbasierter Vorwärtsmodellierung (schwarz) aus einem lokal begrenzten DGM mit 50 m Auflösung bestätigt (Abb. 8). Reduziert man die gemessenen Lotabweichungen um die Wirkung der Topographie, ergibt sich ein glatteres Signals (rote Kreise), das mit einem kollokationsbasierten Verfahren weiter gefiltert und interpoliert wurde (rote Linie). Eine Anwendung der Vorwärtsmodellierung an Zwischenpunkten und Addition der topographischen Wirkung und des gefilterten Signals (rote Linie plus schwarze Linie) erlaubt die Verdichtung des Lotabweichungsdatensatzes auf eine sehr hohe 20 m Auflösung.

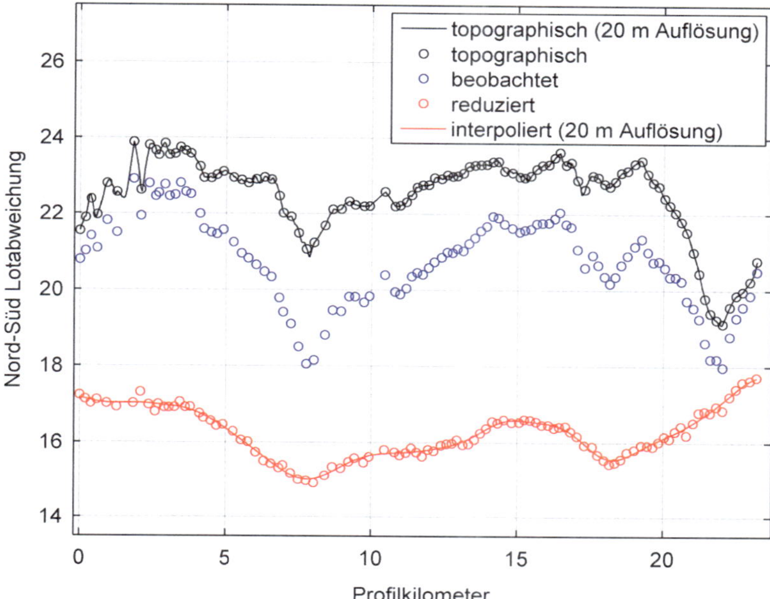

Abb. 8 Glättung von Schwerefeldbeobachtungen mit topographischen Daten am Beispiel eines hochaufgelösten Lotabweichungsprofiles (nach Hirt und Flury [31]). Die Grafik zeigt die hohe Korrelation zwischen topographischen (schwarz) und beobachteten Lotabweichungen (blau) entlang eins 23 km langen Profils im Isartal. Die Differenzen (rot) sind glatter als die Beobachtungen und können gut interpoliert werden. Es wurden Offsets angebracht zur besseren grafischen Darstellung. Einheit Bogensekunden

Durch Kombination von Beobachtung und topographischer Modellierung wird ein weitgehend linearer Verlauf der Lotabweichungen über kurze Distanzen sichergestellt. Damit wird eine Voraussetzung für die Anwendung des astronomischen Nivellements zur Bestimmung von Geoid- und Quasigeoidprofilen erfüllt [71]. Als Nebeneffekt erlaubt die topographische Modellierung eine Abschätzung der Messgenauigkeit aus Residuen zwischen reduziertem und interpoliertem Signal (Differenzen zwischen roten Kreisen und roter Linie, etwa 0,1 Bogensekunden RMS). Die beschriebene Kombinationsmethode von Beobachtung und topographischer Information ist als astronomisch-topographisches Nivellement im Detail in Hirt und Flury [31] beschrieben.

4.1.2 Regionales Beispiel: Schwerewerte in der Schweiz

Der nationale Schweizer Schweredatensatz [53] deckt mit etwa 32,000 Gravimetrie-Stationen das gesamte Gebiet der Schweiz gut ab, inklusive hochalpiner Regionen. Abb. 9a zeigt Schwerestörungen, die durch Abzug des GRS80-Normalfeldes (z. B. Torge und Müller [71]) von den Schwerebeschleunigungen an den 3D Stationskoordinaten (geodätische Breite, Länge und ellipsoidische Höhe) berechnet wurden.

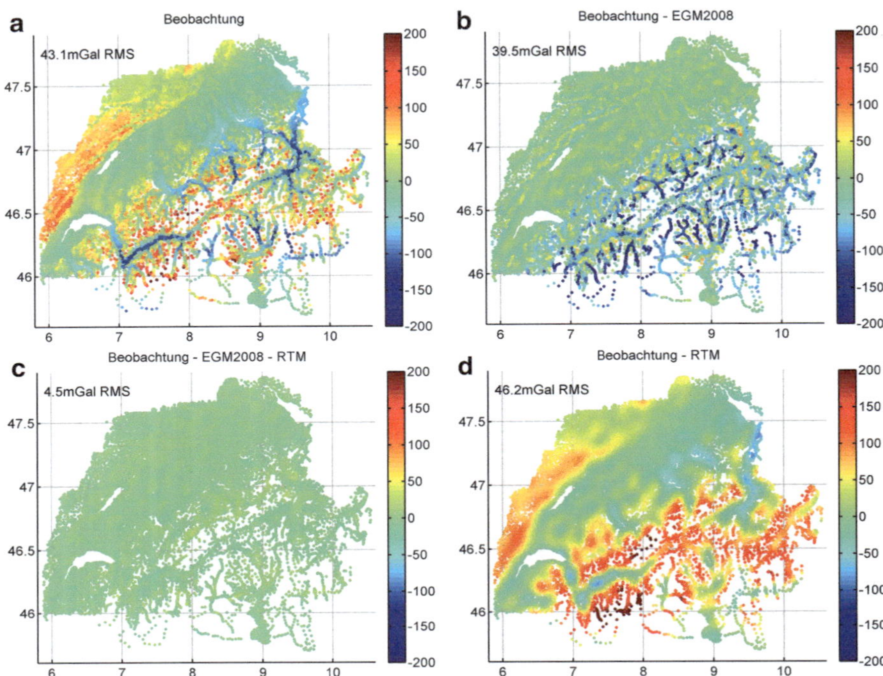

Abb. 9 Schwerestörungen in [mGal] über der Schweiz. (**a**) beobachtete Schwerestörungen, (**b**) abzüglich EGM2008, (**c**) abzüglich EGM2008 und RTM, (**d**) abzüglich RTM. Durch Reduktion der Schwerestörungen mit Schwereeffekten aus einem RTM wird das Feld lokal stark geglättet (Bereitstellung der Schwerewerte durch Swisstopo/Dr. Urs Marti)

Schwerestörungen enthalten wie auch Lotabweichungen spektrale Feldinformation auf allen räumlichen Skalen. Diese reichen von sehr langwelligen Anteilen bis zu kurzwelligen Signalen, die wesentlich durch die umgebende Topographie erzeugt werden.

In einem ersten Schritt reduzieren wir die Schwerestörungen um alle Anteile, die vom globalen Geopotentialmodell EGM2008 geliefert werden. EGM2008 löst bei einem Entwicklungsgrad von 2,160 das Erdschwerefeld bis auf 9 km auf, d. h., es repräsentiert keine kurzwelligen Signalanteile (Skalen von 100 m bis 9 km). Abb. 9b zeigt, dass der Abzug von Schwerestörungen aus dem EGM2008 Modell zu einer guten Reduktion der mittel- und langwelligen Signale führt. In einem zweiten Schritt wird die Vorwärtsmodellierung im Raumbereich (Abschn. 3.1) mit der hochaufgelösten SRTM Topographie angewendet, wobei eine Hochpassfilterung durch Abzug einer topographischen Kugelfunktionsentwicklung (Gl. 6) mit Entwicklungsgrad 2,160 erfolgt [29, 35].

Das resultierende RTM-Höhenmodell (vgl. Abb. 5a) liefert durch Vorwärtsmodellierung nach Forsberg [19] RTM-Schwereeffekte (vergleichbar mit Schwerestörungen). In einem letzten Schritt reduzieren wir die Schweizer Schwerestörungen um EGM2008 und die RTM-Schwereeffekte und erhalten ein sehr glattes Residualfeld mit hochreduzierter Signalvariation (Abb. 9c, vgl. auch RMS Werte in der Abbildung). Das Residualfeld in Abb. 9c spiegelt wesentlich den Effekt von Anomalien in den tatsächlichen Gebirgsmassen wieder, also lokale Abweichungen zur Dichteannahme. Wird nur das RTM und nicht das globale Modell EGM2008 abgezogen, so erhalten wir auch eine deutliche lokale Glättung (Abb. 9d).

Die Glattheit der Residuen erlaubt uns, ein dichtes Raster (z. B. 100 m) zu interpolieren und anschließend Schwereeffekte aus RTM und EGM2008 an den Rasterpunkten „aufzusetzen", um Schwerestörungen mit Signalanteilen auf allen räumlichen Skalen zu bekommen. Das beschriebene Vorgehen entspricht der häufig eingesetzten „Remove-Compute-Restore" Technik (z. B. Forsberg und Tscherning [18], Denker [14]) in der physikalischen Geodäsie und gravimetrischen Geoidbestimmung.

4.2 Topographische Bewertung von GOCE-Schwerefeldmodellen

Die Satellitenmission GOCE der Europäischen Weltraumagentur ESA hat von 2009 bis 2013 die lang- und mittelwelligen Signalanteile des Erdschwerefeldes hochgenau vermessen [56]. Auf dem GOCE Satelliten wurde ein Gradiometer zur Messung der zweiten Ableitungen des Gravitationspotentials auf einem sehr niedrigen Orbit (zwischen 220 und 260 km Höhe) eingesetzt. Aufgrund des Abstandes von den felderzeugenden Massen ist die erzielbare räumliche Auflösung der Satellitengradiometrie – wie bei jedem anderen berührungslosen Verfahren – begrenzt; kurzwellige Schweresignale werden mit der Höhe gedämpft (vgl. Faktor R/r in Gl. 9) und sind daher nicht auf Satellitenhöhe messbar [26, 55, 64] .

Die naheliegende Frage, welche Teile des Spektrums mit dem GOCE Satelliten erfasst wurden, kann durch einen Vergleich mit topographischer Information gut beantwortet werden. Der Grundgedanke ist dabei, ein globales Modell der gut bekannten topographischen Massen (Landtopographie, Bathymetrie, Eisschilde) für die Berechnung von topographischen Schwereeffekten zu verwenden. Da die GOCE Schwerefelder in Kugelfunktionen vorliegen, wenden wir die spektrale Modellierung an, die uns das topographische Potential (Gl. 7) in Kugelfunktionsentwicklung liefert. Dabei nutzen wir die Methode von Claessens und Hirt [12], die das topographische Potential *ellipsoidisch* modelliert und damit „kompatibel" zu beobachteten Modellen des Erdschwerefeldes ist.

Nachfolgend werden globale Gitter topographischer Schwereeffekte (Gl. 9) mit von GOCE beobachteten Werten auf unterschiedlichen räumlichen Skalen (d. h. niedrige, mittlere und höhere harmonische Grade) verglichen. Ihre Ähnlichkeit (Korrelation und Signalstärken) gibt uns – als Funktion des harmonischen Grads – Auskunft über die räumliche Auflösung der GOCE-Schwerefelder. Abb. 10 zeigt das Ergebnis der topographischen Bewertung von GOCE Resultaten. Dargestellt sind Signalreduktionen

$$RR = 100\,\% \left(1 - \frac{RMS(\delta g_{GOCE} - \delta g_{TOPO})}{RMS(\delta g_{TOPO})}\right), \tag{10}$$

und Kreuzkorrelations-Koeffizienten

$$CC = \frac{\sum \left(\delta g_{GOCE} - \overline{\delta g}_{GOCE}\right)\left(\delta g_{TOPO} - \overline{\delta g}_{TOPO}\right)}{\sqrt{\sum \left(\delta g_{GOCE} - \overline{\delta g}_{GOCE}\right)^2 \sum \left(\delta g_{TOPO} - \overline{\delta g}_{TOPO}\right)^2}} \tag{11}$$

die als Funktion der GOCE-Schwereffekte δg_{GOCE} und topographischer Effekte δg_{TOPO} in verschiedenen spektralen Bändern (z. B. harmonische Grade 100 bis 105) berechnet werden ($\overline{\delta g}_{GOCE}$ und $\overline{\delta g}_{TOPO}$ sind Mittelwerte, und RMS bezeichnet Signalstärken). Die CC-Indikatoren zeigen die Ähnlichkeit der Schweresignale an; dagegen beziehen die RR-Indikatoren auch die Signalstärken mit ein und quantifizieren die prozentualen Anteile am topographischen Signal, die durch GOCE „gemessen" wurden [30, 36]. Der Verlauf der CC-und RR-Indikatoren ist in Abb. 10 für die fünfte GOCE-Modellgeneration – die auf Beobachtungen über den gesamten Missionszeitraum basiert – und für zwei Auswerteansätze der ESA (vgl. Bruinsma et al. [11], Brockmann et al. [10]) zu sehen.

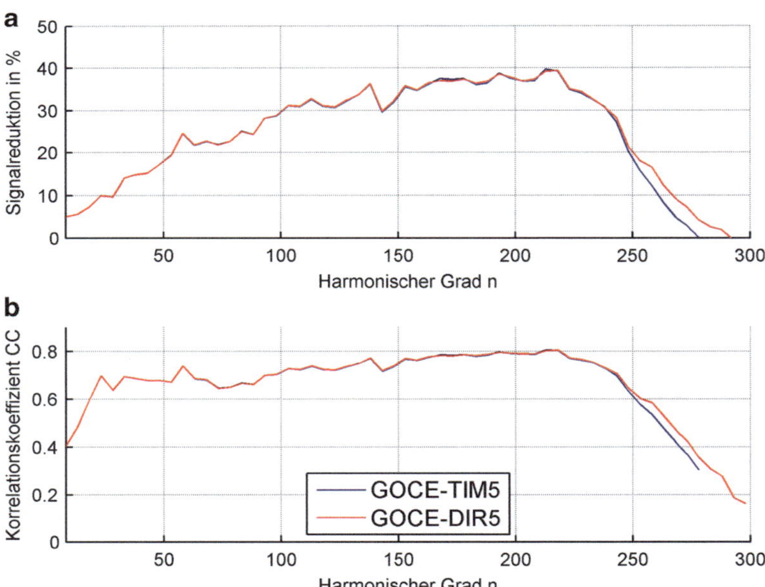

Abb. 10 Bewertung von Geopotentialmodellen TIM5 und DIR5 der GOCE-Satellitenmission durch Vergleich mit topographischem Potential als Funktion des harmonischen Grades. (**a**) Signalreduktion, (**b**) Korrelation

Anhand der ansteigenden Indikatoren erkennt man, wie mit wachsendem harmonischen Grad – also kürzeren räumlichen Skalen – die Übereinstimmung zwischen GOCE-Modellen und topographischen Signalen besser wird und damit die oberflächennahe Topographie zunehmenden Anteil am Schwerefeldsignal bekommt. Maximalwerte unserer Indikatoren sind bei harmonischem Grad 220 sichtbar, dies entspricht Strukturen von 90 km Auflösung. Für höhere Grade fallen die Kurven langsam ab und zeigen damit den Effekt der Dämpfung kurzwelliger Signale an. Dennoch sind selbst auf Skalen von 70–80 km (Grad 270 bis 300) noch Anteile des topographischen Signals in der Beobachtung enthalten, wie von den positiven RR-Werten angezeigt (Abb. 10). Zusammenfassend lässt die topographische Bewertung auf eine vollständige Erfassung des Spektrums durch GOCE bis zu 90km-Skalen und eine Teilerfassung auf 70–90 km Skalen schließen. Damit bieten die neuen GOCE-Modelle die höchste mit Weltraumtechniken erreichte Auflösung für das Erdschwerefeld.

4.3 Spektrale Betrachtung von Mond- und Erdschwerefeld

Interessante spektrale Vergleiche zwischen gemessenen und topographischen Schwerefeldern von Erde und Mond sind aufgrund des Fortschrittes in Beobachtung und Modellierung in jüngerer Zeit möglich geworden. Das globale Erdschwerefeld wurde erstmalig in Form des EGM2008-Models in Kugelfunktionen bis Grad und Ordnung 2190 dargestellt. Als „kompatibles Gegenstück" wurde das topographische Schwerefeld dV_ELL_RET2012 aus der RET-Erdtopographie RET2012 entwickelt [12]. Beide Modelle basieren auf ellipsoidischer Approximation und erreichen gleichermaßen eine Auflösung von 5 Bogenminuten. Während EGM2008 wesentlich auf Beobachtungen basiert, modelliert dV_ELL_RET2012 das Potential der Erde ausschließlich auf Grundlage der oberflächennahen topographischen Massen (Modell RET2012), vgl. Tab. 3.

Zur Charakterisierung der Modelle verwenden wir Gradvarianzen

$$c^2(n) = \sum_{m=0}^{n} \left(\overline{VC}_{nm}^2 + \overline{VS}_{nm}^2 \right), \tag{12}$$

die aus den sphärisch-harmonischen Koeffizienten pro Grad n berechnet und dargestellt werden. Gradvarianzen sind die „Energiekurve" (Leistungsspektrum, engl. *power spectrum*) des Schwerefeldes. Sie zeigen die Stärke von Schwerefeldsignalen in Abhängigkeit des harmonischen Grades n und damit von der räumlichen Skala $\Delta x = 20.000\,\text{km}/(2n)$ bzw. Wellenlänge $\lambda = 40.000\,\text{km}/n$ an. Abb. 11a zeigt die Gradvarianzen von EGM2008 und dV_ELL_RET2012 als Funktion von n in doppelt-logarithmischer Darstellung. Sowohl beim beobachteten als auch beim topographischen Potential nimmt die Energie vom langwelligen zum kurzwelligen Bereich um etwa 8 bis 10 Größenordnungen ab; die Abnahme zeigt den „Zerfall" der Feldenergie mit zunehmendem Grad. Im Vergleich fällt sofort auf, dass das topo-

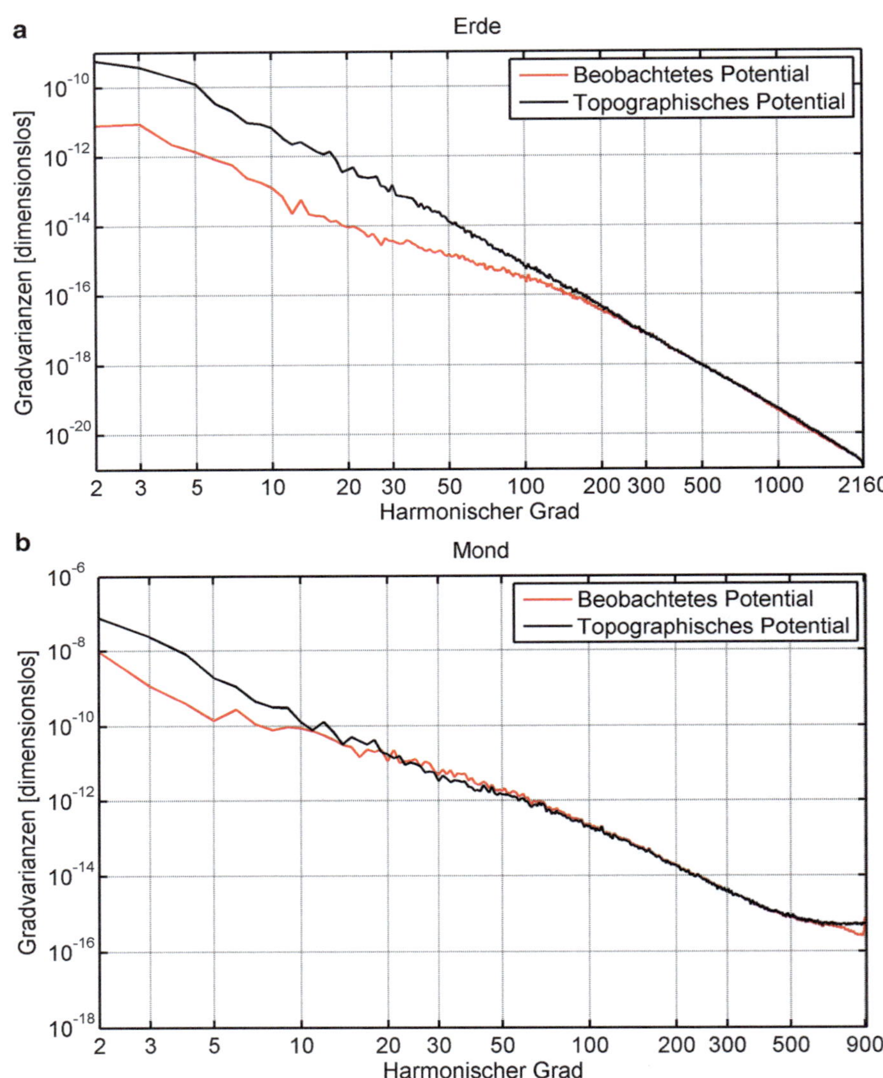

Abb. 11 Gradvarianz-Spektren des beobachteten (rot) und topographischen (schwarz) Gravitationspotentials für (**a**) Erde und (**b**) Mond

graphische Potential erheblich mehr spektrale Energie als das beobachtete Potential im langwelligen Bereich besitzt. Der Unterschied beträgt 1–2 Zehnerpotenzen. In diesem Verhalten zeigt sich in diesem Skalenbereich sehr klar die isostatische Kompensation der topographischen Massen – beobachtete Signale sind deutlich kleiner als topographisch modellierte Signale. (*Der Kompensationseffekt wurde bereits 1802 von Sir George Everest bei Lotabweichungsmessungen im Himalaya festgestellt – gemessene Lotabweichungen waren kleiner als aus der Topographie berechnete Werte. Der Widerspruch konnte nur durch Einbezug von Massendefiziten unter der Topographie in Einklang gebracht werden).*

Die „Schere“ zwischen den beiden Gradvarianzkurven verringert sich im mittelwelligen Bereich (Grade 100 bis 200). Vergleichbare Signalstärken zwischen dem topographischen und beobachteten Feld ab Grad $\sim$250 (80–90 km Skalen) legen nahe, dass isostatische Kompensation keine wesentliche Rolle in diesem Bereich spielt. Diese Beobachtung deckt sich gut mit Aussagen aus der Literatur, wonach die Biegesteifigkeit der Erdkruste topographische „Lasten“ auf Skalen von etwa 100 km oder geringer stützt (z. B. Wieczorek [77], Watts [76]). Im kurzwelligen Bereich können die topographischen Massen als unkompensiert angenommen werden, dies wird auch im weitgehend deckungsgleichen Verlauf der Spektren ab etwa $n = 250$ in Abb. 11a deutlich.

Das Schwerefeld des Mondes wurde kürzlich durch die erfolgreiche GRAIL-Mission mit einer Auflösung von besser als 10 km bestimmt [51]. Abb. 11b zeigt die Gradvarianzkurve des beobachteten Mondschwerefeldes (Modell GRAIL 900c) und die des topographischen Potentials, das aus einem laseraltimetrischen Mondreliefmodell (LOLA) spektral berechnet wurde. Der Vergleich zeigt, dass beide Energiekurven gut bis hervorragend (ab $n = 70$) zusammenpassen. Ein Scheren-Effekt wie bei der Erde ist nur für die niederen Harmonischen ($n < 10$) ausgeprägt und bis etwa ($n = 20$) sichtbar, was auf Kompensationseffekte im langwelligen Bereich hindeutet.

Wir bemerken noch Folgendes: Der weitgehend deckungsgleiche Verlauf von topographischer und beobachteter Feldenergie tritt zwar bei unterschiedlichen harmonischen Graden auf ($n \approx 70$ beim Mond, und $n \approx 250$ bei der Erde), entspricht jedoch gleichen kilometrischen Skalen auf den Planetenoberflächen (etwa 80 km).

4.4 Globale Bouguer-Schwerekarten für Erde und Mond

Nach der spektralen Analyse bewegen wir uns in den Raumbereich zurück und verwenden beobachtete Schwerefelder zusammen mit topographischen Potentialmodellen für die Erstellung von globalen Bouguer-Schwerekarten. Diese Aufgabe vereinfacht sich durch Anwendung der spektralen Vorwärtsmodellierung. Schwerestörungen aus dem beobachteten und topographischen Potentialmodell werden durch Synthese (Gl. 9) in hochauflösenden globalen Gittern berechnet und voneinander abgezogen. Diese Form der Bouguer-Modellierung ist in den Erdwissenschaften noch nicht so verbreitet wie in den planetaren Wissenschaften, hat aber Vorteile gegenüber der traditionellen Berechnung (z. B. Jacoby und Smilde [41], Tsoulis et al. [73]) in ebener Approximation und mit 167-km Integrationszonen. Ebene Approximationseffekte werden vermieden, und auch Signale weit entfernter Massen in der Vorwärtsmodellierung erfasst (vgl. Kuhn et al [49]; Balmino et al. [3]).

Abb. 12 zeigt beobachtete Schwerestörungen (hier aus dem GOCE-TIM5 Modell), topographische Schwerestörungen, und ihre Differenz, die Bouguer-

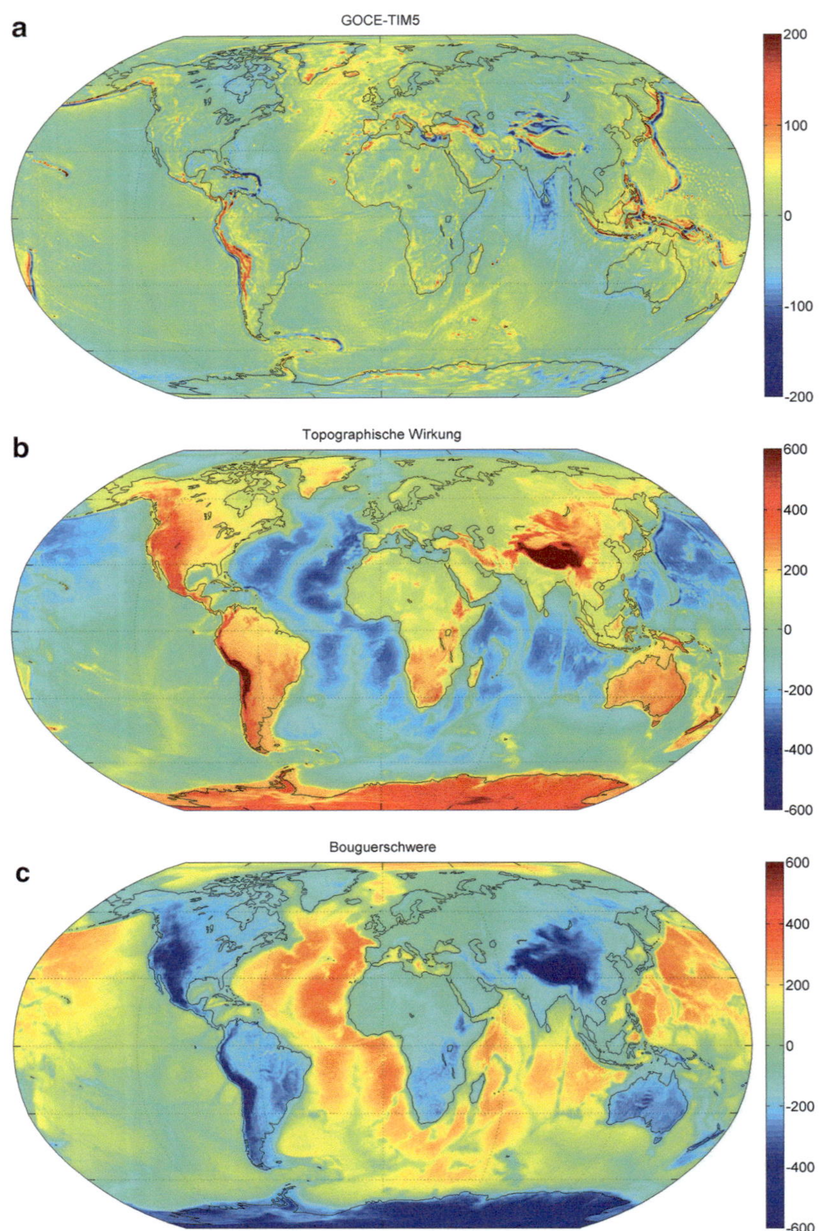

Abb. 12 Beobachtetes, topographisches und Bouguer-Schwerefeld der Erde. (**a**) GOCE TIM5 Beobachtungen, (**b**) RET2014 topographische Schwere, (**c**) Bouguer-Schwere. Alle Abbildungen zeigen Schwerestörungen [mGal] im spektralen Band 0 bis 280, die 10 km über dem GRS80 Ellipsoid ausgewertet wurden

Schwere. Der Vergleich der drei Karten zeigt die deutlich größeren topographischen Schweresignale (Amplituden von 500–600 mGal) im Vergleich zum beobachteten Feld (100–200 mGal Amplituden). Dies entspricht genau dem „Schereneffekt" aus der spektralen Untersuchung (Abschn. 4.3). In den Bouguer-Schwerekarten sind stark negative Signaturen über den Gebieten aller großen Gebirgszüge – z. B. Anden, Rocky Mountains, Himalaya Gebirge und Europäische Alpen – zu beobachten, hier zeigen sich die Massendefizite unterhalb der Gebirge sehr deutlich. Über den Ozeanen hingegen wird in der Bouguerkarte ein Massenüberschuss angezeigt, verursacht durch die stark negativen topographischen Schwerestörungen im marinen Bereich. Über bislang gravimetrisch nicht sehr dicht vermessenen Regionen – z. B. Teilen von Afrika, Südamerika und der Antarktis – zeigt die Karte neue Bouguersignale regionaler geologischer Einheiten (vgl. Braitenberg [9], Hirt [30]).

In analoger Weise zeigt Abb. 13 beobachtete, topographische und Bouguer-Schwerestörungen aus dem GRAIL-900c Modell für den Mond. Sowohl im beobachteten als auch im Bouguerfeld treten die zirkularen Massenkonzentrationen (engl. *mascons*) hervor, die man als Intrusionen von Mantelmaterial hoher Dichte als Folge großer Asteroideneinschläge in der Frühphase der Mondentwicklung interpretiert. Die großskalige Mondtopographie erscheint isostatisch kompensiert, dies ist an den großräumigen blauen Signaturen (z. B. über den *farside highlands* auf der nördlichen Mondrückseite) zu erkennen. Dahingegen äußert sich die tiefe Depression auf der südlichen Mondrückseite (Apollo Einschlagsregion) in einer stark positiven Signatur. Beide Phänomene – Massenkonzentrationen und Isostasie – zeigen sich auch in den Gradvarianzen (Abb. 11b) der niederen harmonischen Grade: Kleinere Massenkonzentrationen im harmonischen Band der Grade 25 bis 60 (beobachtetes Potential hat höhere Energie) und großräumige isostatische Effekte besonders im harmonischen Band 2 bis 10 (topographisches Potential hat höhere Energie).

4.5 Ultrahochaufgelöste Schwerefeldmodellierung

Das aktuell detaillierteste Modell des globalen Erdschwerefeldes ist EGM2008. Sein hoher Entwicklungsgrad $n = 2{,}190$ erlaubt die Darstellung von Feldstrukturen auf 9 km Skalen. Feinere Details des Schwerefeldes im km-Bereich können allerdings nicht von einer $n = 2{,}190$ Kugelfunktionsentwicklung dargestellt werden. Man spricht hier auch vom Effekt der „Signalvernachlässigung" (*signal omission*) auf kurzen Skalen. Eine substantielle Steigerung der Auflösung lässt sich durch Kombination mit der Vorwärtsmodellierung, besonders der RTM-Technik, erzielen [29]. Das RTM wird dabei aus hochauflösender Topographie so konstruiert, dass es möglichst nur topographische Strukturen auf Skalen kürzer als 9 km darstellt. Die Vorwärtsmodellierung liefert dann kurzskalige Schwereeffekte, die das EGM2008 bis zur Auflösung des Geländemodells spektral erweitern.

Das beschriebene Prinzip wird in Abb. 14 über dem Alpenraum anhand von Schwerestörungen veranschaulicht. Man erkennt die begrenzte Auflösung des

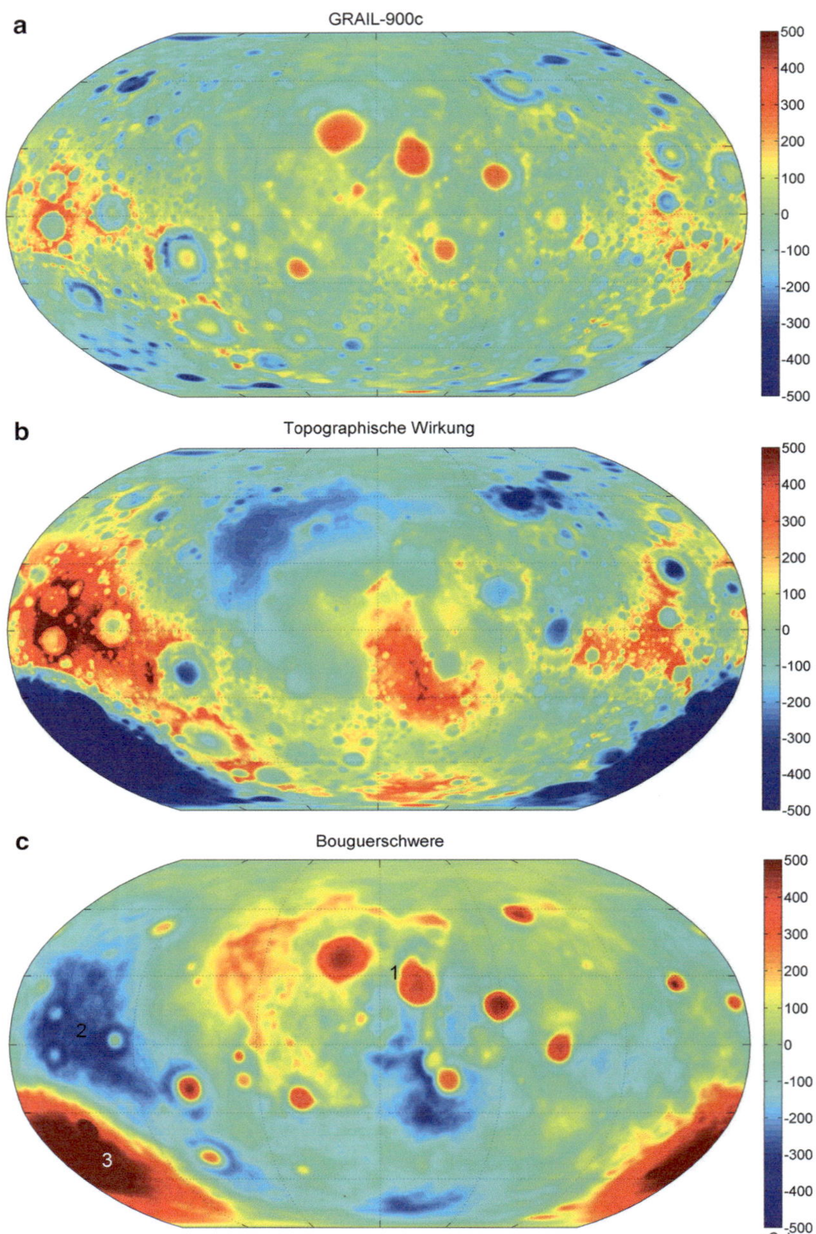

Abb. 13 Beobachtetes, topographisches und Bouguer-Schwerefeld des Mondes. (**a**) GRAIL 900c Beobachtungen, (**b**) topographische Schwere aus LOLA Höhenmodell, (**c**) Bouguer-Schwere. Alle Abbildungen zeigen Schwerestörungen [mGal] im spektralen Band 0 bis 660, die 20 km über der mittleren Mondsphäre ausgewertet wurden. Karten zentriert auf 0° Länge. Daten über der erdabgewandten Seite des Mondes sind links und rechts in der Karte dargestellt. 1 = Mascons, 2 = far-side highlands, 3 = Apollo Basin

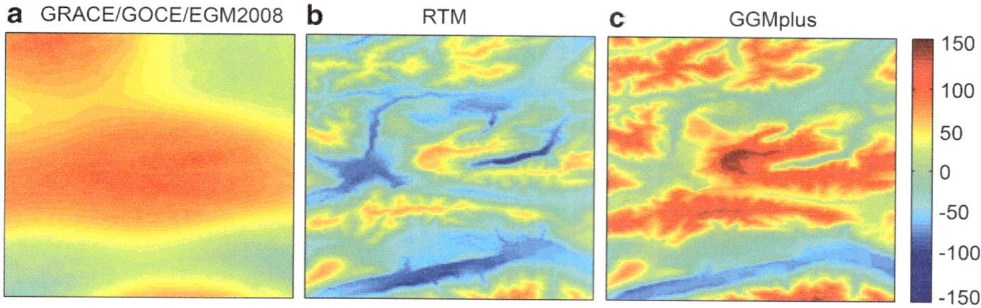

Abb. 14 GGMplus Konstruktionsprinzip. (**a**) langwellig und mittelwellige Signale aus GRACE/GOCE und EGM2008), (**b**) kurzwellige Signale aus RTM, (**c**) Addition beider Felder gibt GGMplus. Dargestellt sind Schwerestörungen [mGal] über einem 20 × 20 km Ausschnitt des Zugspitzgebietes

Kugelfunktionsmodells (a) und die kurzwellige Natur der RTM-Signale (b), die viele Signaturen von Gebirgen und Tälern umfassen und Amplituden von 100 mGal erreichen. Die Addition beider Felder liefert uns ein spektral weitgehend vollständiges Schweremodell (c). In gebirgigen Regionen erfasst das RTM aufgrund der hohen Korrelation zwischen Schwere und Geländerelief bis zu 90 % des kurzskaligen Schweresignals (vgl. auch Abb. 8) und ist damit sehr effizient für die Modellentwicklung.

Auf dem dargestellten Prinzip der spektralen Erweiterung aufbauend wurde das ultra-hochauflösende GGMplus Schwerefeldmodell entwickelt, das alle Landflächen innerhalb von ± 60° Breite mit Schwerekarten von etwa 200 m Auflösung abdeckt [38]. Eine Kombination von EGM2008 mit GOCE und GRACE Satellitengravimetrie liefert dabei die lang- und mittelwelligen Feldanteile und die RTM-Technik, angewendet mit der SRTM Topographie (und SRTM30_PLUS Bathymetrie in Küstennähe), die kurzskaligen Schweresignale von GGMplus.

Eine besondere rechentechnische Herausforderung ist die Anwendung der Vorwärtsmodellierung mit *globaler Abdeckung* und *hoher Auflösung*. Bei einer räumlichen Auflösung von 200 m sind RTM-Schwereffekte an etwa 3 Milliarden Berechnungspunkten (auf den von SRTM abgedeckten Landflächen) zu berechnen. Bei einer Recheneffizienz von 6 Punkten pro Sekunde (gemessener Wert) auf einem Standard-PC ergäbe sich ein Rechenaufwand von etwa 20 Jahren für die RTM-Vorwärtsmodellierung. Durch Parallelberechnung, also gleichzeitige Rechnung auf einer Vielzahl von Supercomputer-CPUs, wurde im Fall von GGMplus die Rechenzeit auf wenige Wochen reduziert und damit erstmalig die globalen SRTM-Topographie in Schwerewirkungen im 200m-Raster umgewandelt. Schwerebeschleunigungen aus dem GGMplus-Modell über einem Teil der Anden sind in Abb. 15 darstellt.

GGMplus ist die erste Generation einer neuen Modellkategorie, die lokal hohe Auflösung für das Schwerefeld mit globaler Überdeckung verbindet und damit detaillierte Schwerefeldinformation für einen breiten Anwenderkreis verfügbar macht. Ein besonderer Wert des Modells GGMplus ist seine Nutzbarkeit als globale

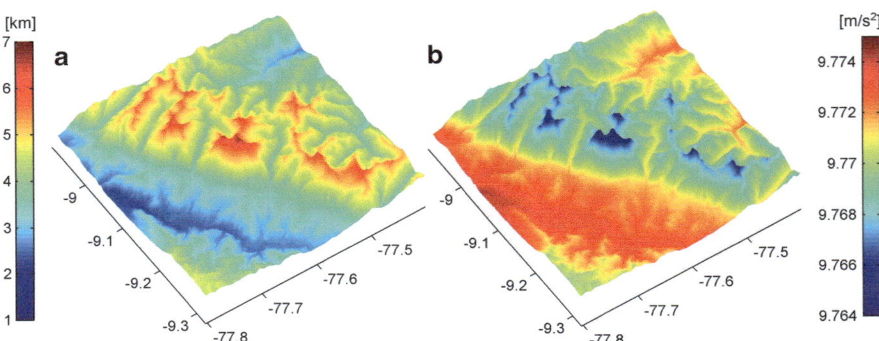

Abb. 15 (**a**) Hochaufgelöste Topographie und (**b**) GGMplus Schwerebeschleunigungen über den peruanischen Anden (nach Hirt et al. [38])

ultra-hochauflösende Approximation des Schwerefeldes auf allen räumlichen Skalen. Anwendungen finden sich beispielsweise im GNSS-Nivellement (Höhentransfer), Ausreißer-Detektion in Schweredatenbanken und der in-situ Reduktion geodätischer Messungen (Tachymetrie oder Nivellement). Auch die statistischen Feldeigenschaften können auf Basis von GGMplus untersucht werden, beispielsweise die Extremwerte des Feldes und Gradvarianzen auf sehr kurzen Skalen [62].

Da die Vorwärtsmodellierung nicht die Wirkung lokaler Massendichte-Variationen auf die Schwere erfassen kann (dafür wäre exakte 3D-Dichteinformation notwendig), ist die vorgestellte Methode approximativ. Eine Abschätzung des Effektes nicht modellierter Dichtevariation ergibt sich aus unseren Vergleichen mit dem Schweizer Schweredatensatz (Abb. 8d, etwa 5 mGal RMS-Signale).

Im Zusammenhang mit der ultra-hochaufgelösten Vorwärtsmodellierung sei auf einige weitere Arbeiten hingewiesen. Pavlis et al. [58, 59] haben die RTM-Technik auf Skalen von 9 bis 24 km (harmonische Grade 900 bis 2160) als Informationsquelle für das EGM2008 über Regionen genutzt, die gravimetrisch wenig vermessen sind. Eine EGM2008-Bouguerschwerekarte (WGM2012) wurde unter Anwendung ultra-hochaufgelöster spektraler Vorwärtsmodellierung (bis Grad 10,800) von Balmino et al. [3] konstruiert, wobei die topographische Komponente des Bouguerfeldes eine wesentlich höhere Auflösung als die Beobachtung (EGM2008) erreicht. Eine Umwandlung der ETOPO-Topographie in topographisches Potential mit 3.6 km Auflösung wurde von Gruber et al. [27] vorgenommen. Schließlich wurde die spektrale Erweiterung beobachteter Schwerefelder mit topographischer Schwereinformation auf die Planeten angewendet und hochaufgelöste Schwerfeldkarten für Mond (LGM2011, Hirt und Featherstone [34]), Mars (MGM2011, Hirt et al. [37]) und Venus (VGM2014, Li et al. [43]) mit der RTM-Ergänzungsmethode konstruiert. Abb. 16 zeigt exemplarisch Schwerebeschleunigungen über der Mondoberfläche aus dem LGM2011 Feld.

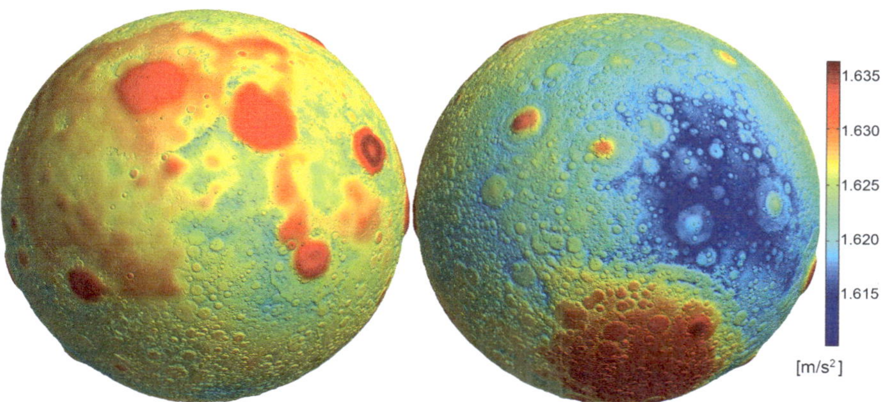

Abb. 16 Schwerebeschleunigungen auf der Mondoberfläche aus dem hochaufgelösten LGM2011 Modell [34]. Links ist die erdzugewandte Mondseite (*near-side*), rechts die abgewandte Seite (*far-side*) dargestellt. Die Mondanziehung ist über den Massenkonzentrationen und in der Mitte von Kratern besonders groß. Visualisierung mit dem Tool von Bezdek und Sebera [6]

5 Zusammenfassung und zukünftige Herausforderungen

Dieser Aufsatz gibt eine Übersicht zur topographischen Modellierung von Gravitationsfeldern. Zunächst wurde die Erstellung topographischer Massenmodelle erläutert, gefolgt von einer Beschreibung der Vorwärtsmodellierung im Raum- und Spektralbereich. Die gewählten Anwendungsbeispiele – von (i) topographischen Reduktionen gemessener Schweredaten, über (ii) die Nutzung globaler spektraler Modelle des topographischen Potentials zur Untersuchung gemessener Schwerefelder, bis zur (iii) Konstruktion ultra-hochauflösender Schwerefeldmodelle – versuchen die Bedeutung der Thematik für die physikalische Geodäsie und ihre Nachbardisziplinen aufzuzeigen. Die beschriebenen Beispiele zeigen die erreichte Leistungsfähigkeit und Relevanz topographischer Modellierungstechniken als eine physikalisch-geodätische Kernkompetenz auf und deuten dabei auch einige zukünftige Herausforderungen für das Forschungsfeld an.

5.1 Herausforderungen in der Massenmodellierung

Eine Verbesserung der Schwerefeld-Approximation durch topographische Modellierung kann über bessere Massenmodelle erreicht werden. Während die Geometrie der Landtopographie sehr gut erfasst ist, bestehen deutliche Herausforderungen im Bereich der Ozeanbathymetrie und vor allem in einer hochauflösenden Kartierung der Massendichten (z. B. Digitalisierung von geologischen Karten).

Im kurzwelligen Bereich (z. B. km-Skalen) tragen Modelle der oberflächennahen topographischen Massen bis zu 90 % zum Schweresignal bei (vgl. Abb. 8), im mittelwelligen Spektrum (100 km) reduziert sich dieser Wert auf 30–40 % (vgl. Abb. 10). Auf diesen Skalen kann ein großer Teil des Schweresignals *nicht* aus der Topographie erklärt werden. Es wirken offenbar größere unbekannte Massenanomalien innerhalb der Lithosphäre, die sich bislang einer Beschreibung im Massenmodell entziehen, und wenig zutreffend über Isostasie-Modelle dargestellt werden können [32] und eine Herausforderung für genaue Massenmodellierung in Geophysik und Geodäsie darstellen. Die weitere Verbesserung von Erdkrustenmodellen (wie Crust 1.0) und isostatischer Modellierung (Vening-Meinesz-Modelle) ist ein guter Ansatzpunkt.

5.2 Herausforderungen in der Vorwärtsmodellierung

Auch in der Theorie und Praxis der Vorwärtsmodellierung liegen Herausforderungen. Einige aktuelle Arbeiten [3, 27, 32] konzentrieren sich auf die spektrale Methode mit zunehmend höherer Auflösung. Die Konvergenz der Entwicklung des Potentials in topographische Höhen ist dabei für niedrige Entwicklungsgrade (z. B. $n = 360$) sichergestellt und erlaubt damit eine zuverlässige Nutzung für die Erstellung von globalen Bouguerkarten. Zu klären jedoch ist die Konvergenz und Stabilität des Verfahrens für höherauflösende Modellierungen. Dabei liegt die Herausforderung im stark zunehmenden Rechenaufwand, dieser erhöht sich mit der räumlichen Auflösung durch eine Vielzahl von notwendigen sphärisch-harmonischen Analysen hohen Grades. Eine Nutzung der spektralen Methode für globale Modellierungen mit der Auflösung des SRTM-Models ist für die nähere Zukunft nicht zu erwarten.

Während die spektrale Methode für globale topographische Modellierungen mit begrenzter Auflösung prädestiniert ist, ist die Modellierung im Raumbereich – besonders mit der RTM-Technik – für die Umwandlung von Topographie in Schwerewirkungen mit höchster Auflösung gut geeignet. Es ist absehbar, dass die SRTM-Topographie auch auf höherer Auflösung (90 m) für eine globale Schwerefeld-Approximation genutzt werden wird. Die bisher übliche RTM-Filterung des Geländemodells ist allerdings nicht ganz kompatibel mit einer Filterung der Schwerewerte, da der Zusammenhang zwischen Schwere und topographischer Höhe nicht linear ist. Neue Ansätze für die Filterung sind in Entwicklung, diese werden die Nutzbarkeit der RTM-Technik für die hochaufgelöste Schwerefeldmodellierung weiter verbessern.

Danksagung Der Autor wurde vom Australian Research Council und Institute for Advanced Study der Technischen Universität München unterstützt. Dank gilt allen Entwicklern von Schwerefeld- und Topographiemodellen, und allen Wissenschaftlern, die mit ihren Beiträgen das Forschungsfeld der topographischen Modellierung weiterentwickelt haben. Ein besonderer Dank geht an Michael Kuhn und Sten Claessens für eine sehr erfolgreiche Zusammenarbeit.

Literatur

1. Abd-Elmotaal, H., Seitz K., Abd-Elbaky M., Heck, B.: Comparison among three harmonic analysis techniques on the sphere and the ellipsoid. J. Appl. Geodesy **8**(1), 1–19 (2014)
2. Amante, C., Eakins, B.W.: ETOPO1 1 Arc-Minute Global Relief Model: Procedures, Data Sources and Analysis. NOAA Technical Memorandum NESDIS NGDC-24. National Geophysical Data Center, Boulder (2009)
3. Balmino, G., Vales, N., Bonvalot, S., Briais, A.: Spherical harmonic modelling to ultra-high degree of Bouguer and isostatic anomalies. J. Geodesy **86**(7), 499–520 (2012)
4. Baran I., Kuhn, M., Claessens, S.J., Featherstone, W.E., Holmes, S.A., Vanček, P.: A synthetic Earth gravity model designed specifically for testing regional gravimetric geoid determination algorithms. J. Geodesy **80**(1), 1–16 (2006)
5. Becker, J.J., Sandwell, D.T., Smith, W.H.F., Braud, J., Binder, B., Depner, J., Fabre, D., Factor, J., Ingalls, S., Kim, S.-H., Ladner, R., Marks, K., Nelson, S., Pharaoh, A., Trimmer, R., Von Rosenberg, J., Wallace, G., Weatherall, P.: Global bathymetry and elevation data at 30 arc seconds resolution: SRTM30_PLUS. Marine Geodesy **32**(4), 355–371 (2009)
6. Bezdek, A., Sebera, J.: Matlab script for 3D visualizing geodata on a rotating globe. Comput. Geosci. **56**, 127–130 (2013)
7. Blakeley, R.J.: Potential theory in gravity and magnetic applications. Cambridge University Press, Cambridge (1996)
8. Bonvalot, S., Balmino, G., Briasis, A., Kuhn, M., Peyrefitte, A., Vales, N., et al.: World Gravtiy Map, 1:50,000,000 map, Eds. BGI-CGMW-CNES-IRD, Paris (2012)
9. Braitenberg, C.: Exploration of tectonic structures with GOCE in Africa and across-continents. Int. J. Appl. Earth Observ. Geoinf. **35**, 88–95 (2015)
10. Brockmann, J.M., Zehentner, N., Höck, E., Pail, R., Loth, I., Mayer-Gürr, T., Schuh, W.-D.: EGM_TIM_RL05: an independent geoid with centimeter accuracy purely based on the GOCE mission. Geophys. Res. Lett. **41**, 8089–8099 (2014)
11. Bruinsma, S.L., Förste, C., Abrikosov, O., Marty, J.-C., Rio, M.-H., Mulet, S., Bonvalot, S.: The new ESA satellite-only gravity field model via the direct approach. Geophys. Res. Lett. **40**, 3607–3612 (2013)
12. Claessens, S.J., Hirt, C.: Ellipsoidal topographic potential – new solutions for spectral forward gravity modelling of topography with respect to a reference ellipsoid. J. Geophys. Res. **118**(7), 5991–6002 (2013)
13. Denker, H.: Hochauflösende regionale Schwerefeldbestimmung mit gravimetrischen und topographischen Daten. Wiss. Arb. Fach. Verm. Univ. Hannover 156 (1988)
14. Denker, H.: Regional gravity field modeling: theory and practical results. In: Xu, G. (Hrsg.) Sciences of Geodesy – II, S. 185–291. Springer, Berlin/Heidelberg (2013)
15. D'Urso, M.G.: Analytical computation of gravity effects for polyhedral bodies. J. Geodesy **88**(1), 13–29 (2014)
16. Elmiger, A.: Studien über Berechnung von Lotabweichungen aus Massen, Interpolation von Lotabweichungen und Geoidbestimmung in der Schweiz. Mitt. Inst. Geod. Phot. ETH Zürich Nr. 12 (1969)
17. Flury, J.: Schwerefeldfunktionale im Gebirge – Modellierungsgenauigkeit, Messpunktdichte und Darstellungsfehler am Beispiel des Testnetzes Estergebirge. Deutsche Geodätische Kommission C 557, München (2002)
18. Forsberg, R., Tscherning, C.C.: The use of height data in gravity field approximation by collocation. J. Geophys. Res. **86**(B9), 7843–7854 (1981)
19. Forsberg, R.: A study of terrain reductions, density anomalies and geophysical inversion methods in gravity field modelling. OSU Report 355. Department of Geodetic Science and Surveying, Ohio State University, Columbus (1984)
20. Forsberg, R.: Gravity field terrain effect computations by FFT. Bull. Geodesique **59**, 342–360 (1985)

21. Fretwell, P., Pritchard, H.D., Vaughan, D.G., Bamber, J.L., et al.: Bedmap2: improved ice bed, surface and thickness datasets for Antarctica. The Cryosphere **7**, 375–393 (2013)
22. Göttl, F., Rummel, R.: A geodetic view on isostatic models. Pure Appl. Geophys. **166**(8–9), 1247–1260 (2009)
23. Goossens, S., Matsumoto, K., Liu, Q., Kikuchi, F., Sato, K., Hanada, H., Ishihara, Y., Noda, H., Kawano, N., Namiki, N., Iwata, T., Lemoine, F.G., Rowlands, D.D., Harada, Y., Chen, M.: Lunar gravity field determination using SELENE same-beam differential VLBI tracking data. J. Geodesy **85**(4), 205–228 (2011)
24. Grombein, T., Seitz, K., Heck, B.: Modelling topographic effects in GOCE gravitygradients. GEOTECHNOLOGIEN Science Report 17, 84–93 (2010)
25. Grombein, T., Seitz, K., Heck, B.: Optimized formulas for the gravitational field of a tesseroid. J. Geodesy **87**(7), 645–660 (2013)
26. Grombein, T., Luo, X., Seitz, K., Heck, B.: A wavelet-based assessment of topographic-isostatic reductions for GOCE gravity gradients. Surv. Geophys. **35**(4), 959–982 (2014)
27. Gruber, C., Novák, P., Flechtner, F., Barthelmes, F.: Derivation of the topographic potential from global DEM models. In: Rizos, C., Willis, P. (Hrsg.) International Association of Geodesy Symposia, Bd. 139, S. 535–542. Springer, Berlin/Heidelberg (2013)
28. Heck, B., Seitz, K.: A comparison of the tesseroid, prism and point-mass approaches for mass reductions in gravity field modelling. J. Geodesy **81**(2), 121–136 (2007)
29. Hirt, C.: Prediction of vertical deflections from high-degree spherical harmonic synthesis and residual terrain model data. J. Geodesy **84**(3), 179–190 (2010)
30. Hirt, C.: GOCE's view below the ice of Antarctica: satellite gravimetry confirms improvements in Bedmap2 bedrock knowledge. Geophys. Res. Lett. **41**(14), 5021–5028 (2014)
31. Hirt, C., Flury, J.: Astronomical-topographic levelling using high-precision astrogeodetic vertical deflections and digital terrain model data. J. Geodesy **82**(4–5), 231–248 (2008)
32. Hirt, C., Kuhn, M.: Evaluation of high-degree series expansions of the topographic potential to higher-order powers. J. Geophys. Res. Solid Earth **117**, B12407 (2012)
33. Hirt, C., Kuhn, M.: A band-limited topographic mass distribution generates a full-spectrum gravity field – gravity forward modelling in the spectral and spatial domain revisited. J. Geophys. Res. Solid Earth **119**(4), 3646–3661 (2014)
34. Hirt, C., Featherstone, W.E.: A 1.5 km-resolution gravity field model of the Moon. Earth Planet. Sci. Lett. *329–330*, 22–30 (2012)
35. Hirt, C., Featherstone, W.E., Marti, U.: Combining EGM2008 and SRTM/DTM2006.0 residual terrain model data to improve quasigeoid computations in mountainous areas devoid of gravity data. J. Geodesy **84**(9), 557–567 (2010)
36. Hirt, C., Kuhn, M., Featherstone, W.E., Göttl, F.: Topographic/isostatic evaluation of new-generation GOCE gravity field models. J. Geophys. Res. **117**, B05407 (2012)
37. Hirt, C., Claessens, S.J., Kuhn, M., Featherstone, W.: Kilometer-resolution gravity field of Mars: MGM2011. Planet. Space Sci. **67**, 147–154 (2012)
38. Hirt, C., Claessens, S.J., Fecher, T., Kuhn, M., Pail, R., Rexer, M.: New ultra-high resolution picture of Earth's gravity field. Geophys. Res. Lett. **40**(16), 4279–4283 (2013)
39. Hirt, C., Rexer, M.: Earth2014: 1 arc-min shape, topography, bedrock and ice-sheetmodels – available as gridded data and degree-10,800 spherical harmonics. International Journal of Applied Earth Observation and Geoinformation **39**, 103–112 (2015)
40. Hwang, C., Wang, C.-G., Hsiao, Y.-S.: Terrain correction computation using Gaussian quadrature. Comput. Geosci. **29**, 1259–1268 (2003)
41. Jacoby, W., Smilde, P.L.: Gravity interpretation. Springer, New York (2009)
42. Laske, G., Masters, G., Ma, Z., Pasyanos, M.: Update on CRUST1.0 – a 1-degree global model of Earth's crust. Geophys. Res. Abstr. **15**, Abstract EGU2013-2658 (2013)
43. Li, F., Yan, J., Xu, L., Jin, S., Alexis, J., Rodriguez, P., Dohm, J.H.: A 10 km-resolution synthetic Venus gravity field model based on topography. Icarus **247**, 103–111 (2015)
44. Kaban, M.K., Schwintzer, P., Reigber, C.: A new isostatic model of the lithosphere and gravity field. J. Geodesy **78**(6), 368–385 (2004)

45. Kaban, M.K., Mooney, W.D.: Density structure of the lithosphere in the Southwestern United States and its tectonic significance. J. Geophys. Res. **106**(B1), 721–739 (2001)
46. Kuhn, M.: Geoidbestimmung unter Verwendung verschiedener Dichtehypothesen. Deutsche Geodätische Kommission C 520, München (2000)
47. Kuhn, M.: Geoid determination with density hypotheses from isostatic models and geological information. J. Geodesy **77**(1–2), 50–65 (2003)
48. Kuhn, M., Featherstone, W.E.: On the construction of a synthetic Earth gravity model. In: Tziavos, I. (Hrsg.) Proceed 3rd Meeting of the Intern. Gravity and Geoid Commission, S. 189–194. Thessaloniki: Editions Ziti (2003)
49. Kuhn, M., Featherstone, W.E., Kirby, J.F.: Complete spherical Bouguer gravity anomalies over Australia. Aust. J. Earth Sci. **56**(2), 213–223 (2009)
50. Kuhn, M.; Hirt, C.: Topographic gravitational potential up to second-order derivatives: an examination of approximation errors caused by Rock-Equivalent-Topography (RET), unter Begutachtung (2016)
51. Lemoine, F.G., Goossens, S., Sabaka, T.J., Nicholas, J.B., Mazarico, E., Rowlands, D.D., Loomis, B.D., Chinn, D.S., Neumann, G.A., Smith, D.E., Zuber, M.T.: GRGM900C: a degree-900 lunar gravity model from GRAIL primary and extended mission data. Geophys. Res. Lett. **41**(6), 3382–3389 (2014)
52. Makhloof, A.A.: The use of topographic-isostatic mass information in geodetic applications. Dissertation D98, Institut für Geodäsie und Geoinformation der Universität Bonn (2007)
53. Marti, U.: Geoid der Schweiz 1997. Geodätisch-geophysikalische Arbeiten in der Schweiz Nr. 56. Schweizerische Geodätische Kommission (1997)
54. Nagy, D., Papp, G., Benedek, J.: The gravitational potential and its derivatives for the Prism. J. Geodesy **74**(7–8), 552–560 (2000); Erratum in J. Geodesy **76**(8), 475
55. Novák, P., Tenzer, R.: Gravitational gradients at satellite altitudes in global geophysical studies. Surv. Geophys. **34**(5), 653–673 (2013)
56. Pail, R., Bruinsma, S., Migliaccio, F., Förste, C., Goiginger, H., Schuh, W.-D., Höck, E., Reguzzoni, M., Brockmann, J.M., Abrikosov, O., Veicherts, M., Fecher, T., Mayrhofer, R., Krasbutter, I., Sansò, F., Tscherning, C.C.: First GOCE gravity field models derived by three different approaches. J. Geodesy **85**(7), 819–843 (2011)
57. Papp, G.: Gravity field approximation based on volume element model of the density distribution. Acta Geod. Geoph. Hung. **91**, 339–358 (1996)
58. Pavlis, N.K., Factor, J.K., Holmes, S.A.: Terrain-related gravimetric quantities computed for the next EGM. In: Proceedings of the 1st International Symposium of the IGFS, S. 318–323. Harita Dergisi, Istanbul (2007)
59. Pavlis, N.K., Holmes, S.A., Kenyon, S.C., Factor, J.K.: The development and evaluation of the Earth Gravitational Model 2008 (EGM2008). J. Geophys. Res. **117**(B4), B04406 (2012)
60. Rabus, B., Eineder, M., Roth, A., Bamler, R.: The shuttle radar topography mission – a new class of digital elevation models acquired by Spaceborne Radar. ISPRS J. Photogramm. Remote Sens. **57**, 241–262 (2003)
61. Reuter H.I., Nelson, A., Jarvis, A.: An evaluation of void filling interpolation methods for SRTM data. Int. J. Geograph. Inf. Sci. **21**(9), 983–1008 (2007)
62. Rexer, M., Hirt, C.: Spectral analysis of the Earth's topographic potential via 2D-DFT -a new data-based degree variance model to degree 90,000. J. Geodesy 89(9), 887–909 (2015)
63. Rummel, R., Rapp, R.H., Sünkel, H., Tscherning, C.C.: Comparisons of global topographic/isostatic models to the Earth's observed gravity field. OSU Report 388. Department of Geodetic Science and Surveying, Ohio State University, Columbus (1988)
64. Rummel, R., van Gelderen, M.: Meissl scheme – spectral characteristics of physical geodesy. Manuscr. Geodetica **20**, 379–385 (1995)
65. Sneeuw, N.: Global spherical harmonic analysis by least-squares and numerical quadrature methods in historical perspective. Geophys. J. Int. **118**(3), 707–716 (1994)
66. Smith, D.A.: The gravitational attraction of any polygonally shaped vertical prism with inclined top and bottom faces. J. Geodesy **74**(5), 414–420 (2000)

67. Strang van Hees, G.L.: Some elementary relations between mass distributions inside the Earth and the geoid and gravity field. J. Geodyn. **29**(1–2), 111–123 (2000)
68. Tapley, B.D., Bettadpur, S., Watkins, M., Reigber, C.: The gravity recovery and climate experiment: Mission overview and early results. Geophys. Res. Lett. **31**, L09607 (2004)
69. Tenzer, R., Novák, P., Gladkikh, V.: On the accuracy of the bathymetry-generated gravitational field quantities for a depth-dependent seawater density distribution. Studia Geophys. et Geodaetica **55**(4), 609–626 (2011)
70. Tenzer, R., Chen, W., Tsoulis, D., Bagherbandi, M., Sjöberg, L.E., Novák, P., Jin, S.: Analysis of the refined CRUST1.0 crustal model and its gravity field. Surv. Geophys. online first (2014)
71. Torge, W., Müller, J.: Geodesy, 4. Aufl. W. de Gruyter, Berlin/New York (2012)
72. Tsoulis, D.: A comparison between the Airy/Heiskanen and the Pratt/Hayford isostatic models for the computation of potential harmonic coefficients. J. Geodesy **74**(9), 637–643 (2001)
73. Tsoulis, D., Novák, P., Kadlec, M.: Evaluation of precise terrain effects using high-resolution digital elevation models. J. Geophys. Res. **114**, B02404 (2009)
74. Tziavos, I.N., Vergos, G.S., Grigoriadis, V.N.: Investigation of topographic reductions and aliasing effects to gravity and the geoid over Greece based on various digital terrain models. Surv. Geophy. **31**(1), 23–67 (2010)
75. Tziavos, I.N., Sideris, M.G.: Topographic reductions in gravity and geoid modeling. In: Sansò, F., Sideris, M.G. (Hrsg.) Lecture notes in earth system sciences, Bd. 110, S. 337–400. Springer, Berlin/Heidelberg (2013)
76. Watts, A.B.: Isostasy. In: Gupta, H.K. (Hrsg.) Encyclopedia of solid earth geophysics, Bd. 1, S. 647–662. Springer, Berlin/Heidelberg (2011)
77. Wieczorek, M.A.: Gravity and topography of the terrestrial planets. In: Schubert, G. (Hrsg.) Treatise on geophysics, Bd. 10, S. 165–206. Elsevier-Pergamon, Oxford (2007)
78. Wieczorek, M.A., Phillips, R.J.: Potential anomalies on the sphere: applications to the thickness of the lunar crust. J. Geophys. Res. **103**(E1), 1715–1724 (1998)
79. Wild, F., Heck, B.: A comparison of different isostatic models applied to satellite gravity gradiometry. In: Jekeli, C., Bastos, L., Fernandes, L. (Hrsg.) International Association of Geodesy Symposia, Bd. 129, S. 230–235. Springer, Berlin/Heidelberg (2005)

Erdrotation

7

Florian Seitz und Jürgen Müller

Zusammenfassung

Die Rotation der Erde ist eine äußerst gleichmäßige Bewegung. In der breiten Öffentlichkeit erfahren zeitliche Veränderungen der Erdrotation allenfalls bei der Einführung von Schaltsekunden oder im Zusammenhang mit starken Erdbeben eine gewisse Aufmerksamkeit. Tatsächlich ist die Rotation der Erde ständigen Schwankungen unterworfen. Sowohl gegenüber einem raumfesten als auch gegenüber einem erdfesten Koordinatensystem verändert sich die Orientierung der Rotationsachse, und die Winkelgeschwindigkeit der Erdrotation variiert mit der Zeit. Obwohl die Schwankungen relativ klein sind, ist die genaue Kenntnis und damit ein kontinuierliches Monitoring der Erdrotation von fundamentaler Bedeutung für viele Bereiche des täglichen Lebens, etwa für die präzise Positionierung und die Navigation oder für die Realisierung von Zeitsystemen und hochgenauen Koordinatensystemen auf der Erde und im Weltraum. Da die zeitlichen Änderungen der Erdrotation mit dynamischen Prozessen im Erdsystem in Zusammenhang stehen, sind Beobachtungsdaten der Erdrotation auch von großem wissenschaftlichen Interesse für zahlreiche Disziplinen der Geowissenschaften und Astronomie. Aus genauen und langen Beobachtungszeitreihen lassen sich Erkenntnisse über Abläufe und Wechselwirkungen im System Erde gewinnen, beispielsweise zu Austauschprozessen von Drehimpuls zwischen Atmosphäre, Ozean und fester Erde oder zu den Kopplungsmechanismen zwischen Erdmantel und Erdkern. Zeitliche Änderungen der Erdrotation werden heute aus

F. Seitz (✉)
Deutsches Geodätisches Forschungsinstitut und Lehrstuhl für Geodätische Geodynamik, Technische Universität München, München, Deutschland
E-Mail: florian.seitz@tum.de

J. Müller
Institut für Erdmessung, Leibniz Universität Hannover, Hannover, Deutschland
E-Mail: mueller@mbox.ife.uni-hannover.de

R. Rummel (Hrsg.), *Erdmessung und Satellitengeodäsie*,
Springer Reference Naturwissenschaften, DOI 10.1007/978-3-662-47100-5_12

den globalen Beobachtungsdaten hochgenauer geodätischer Weltraumverfahren berechnet. Zu den wichtigsten zählen die Radiointerferometrie auf langen Basislinien (Very Long Baseline Interferometry, VLBI), Laserentfernungsmessungen zu Satelliten und dem Mond (Satellite/Lunar Laser Ranging, SLR/LLR), Globale Satellitennavigationssysteme (Global Navigation Satellite Systems, GNSS) sowie seit einigen Jahren auch terrestrische Großringlaser.

Schlüsselwörter
Erdrotation • Polbewegung • Tageslängenvariation • Referenzsysteme • Geodynamik

Inhaltsverzeichnis

1 Bezugssysteme der Erdorientierung

Anschaulich kann die Rotation der Erde als Veränderung der räumlichen Orientierung eines mit der Erde verbundenen Referenzsystems $\mathcal{H}$ relativ zu einem himmelsfesten Referenzsystem $\mathcal{I}$ aufgefasst werden. Der Rotationsvektor der Erde ändert seine Orientierung und seinen Betrag gegenüber beiden Bezugssystemen. Unabhängig vom gewählten System ist der Erdrotationsvektor derjenige Vektor, der die Richtung der instantanen Rotationsachse beschreibt. Sein Absolutbetrag entspricht der instantanen Winkelgeschwindigkeit der Erdrotation. Zeitliche Veränderungen des Erdrotationsvektors gegenüber dem himmelsfesten Referenzsystem, *Präzession* und *Nutation*, werden durch lunisolare gravitative Drehmomente verursacht. Präzession und Nutation sind seit Jahrhunderten aus astronomischen Beobachtungen bekannt. Da die Ephemeriden von Sonne und Mond sehr genau mit Modellen beschrieben werden können, lassen sich die zeitlichen Variationen des Erdrotationsvektors gegenüber dem himmelsfesten Referenzsystem mit hoher Genauigkeit über Reihenentwicklungen beschreiben und vorhersagen. Die Veränderung der Richtung des Erdrotationsvektors gegenüber einem erdfesten Bezugssystem, die *Polbewegung*, wurde erst gegen Ende des 19. Jahrhunderts beobachtet. Die Polbewegung wird genau wie die Variation der Rotationsgeschwindigkeit durch unregelmäßige dynamische Prozesse im Erdsystem beeinflusst. Beide Größen sind daher nur eingeschränkt vorhersagbar und müssen aus kontinuierlichen Beobachtungen geodätischer Weltraumverfahren ermittelt werden.

Sind $e_i^{\mathcal{H}}$ bzw. $e_i^{\mathcal{I}}$ $(i = 1,2,3)$ orthonormale Basisvektoren der beiden oben genannten Bezugssysteme, so lässt sich die Orientierung des erdfesten Systems in Bezug auf das raumfeste System ausdrücken durch:

$$e_i^{\mathcal{H}} = \underline{R}\, e_i^{\mathcal{I}} \,. \tag{1}$$

Darin ist $\underline{R}$ eine zeitabhängige Rotationsmatrix, die in drei Anteile zerlegt werden kann:

$$\underline{R} = \underline{W}\;\underline{S}\;\underline{Q} \,. \tag{2}$$

In dieser Gleichung bezeichnet $\underline{Q}$ eine Rotationsmatrix aufgrund von Präzession und Nutation. Die Matrix $\underline{S}$ ist die Rotation um den sogenannten Erdrotationswinkel θ um die Achse des Zälestischen Intermediären Pols (engl: Celestial Intermediate Pole, CIP), und $\underline{W}$ ist eine Rotationsmatrix aufgrund der Polbewegung der Erde. Anschaulich kann der Übergang von $\mathcal{I}$ nach $\mathcal{H}$ folgendermaßen dargestellt werden [62]:

$$\mathcal{I} \xrightarrow{\quad \underline{Q} \quad} \mathcal{E} \xrightarrow{\quad \underline{S} \quad} \mathcal{F} \xrightarrow{\quad \underline{W} \quad} \mathcal{H}$$

raumfestes System	zälestisches Äquatorsystem	terrestrisches Äquatorsystem	erdfestes System

Als fundamentales raumfestes Referenzsystem wurde im Jahr 1997 das *International Celestial Reference System* (ICRS) eingeführt [22], das im Baryzentrum des Sonnensystems gelagert ist. Die aktuelle Realisierung *International Celestial Reference Frame 2* (ICRF2) besteht aus Positionen von 3414 extragalaktischen Radioquellen, die aus VLBI-Beobachtungen über nahezu 30 Jahre mit einer Genauigkeit von rund 40 μas (Mikrobogensekunden) ermittelt wurden [23]. Das heute gebräuchliche erdfeste Referenzsystem ist das geozentrisch gelagerte *International Terrestrial Reference System* (ITRS). Die aktuellen ITRS-Realisierungen der offiziellen Kombinationszentren IGN (Paris) und DGFI-TUM (München) mit den Bezeichnungen ITRF2014 bzw. DTRF2014 umfassen Koordinaten und zugehörige Bewegungsraten von mehr als 1200 weltweit verteilten geodätischen Beobachtungsstationen der Verfahren VLBI, SLR, GNSS und DORIS. Aus dem Vergleich der beiden Realisierungen lässt sich die heute erreichbare Genauigkeit von 2–5 mm für die Koordinaten bzw. 0,2–0,6 mm pro Jahr für die Bewegungsraten ableiten [1,81]. Die Internationale Union für Geodäsie und Geophysik (IUGG) fordert in ihrer Resolution 3 aus dem Jahr 2011 für künftige Realisierungen des ICRS und des ITRS sowie die die beiden Realisierungen verknüpfenden Erdorientierungsparameter (EOP) eine höchstmögliche Konsistenz als vorrangiges Ziel [44]. Diese Konsistenz bedingt die gemeinsame Schätzung aller Parameter (ICRF, ITRF, EOP) in einer kombinierten Auswertung von VLBI-Beobachtungen mit Beobachtungen der Satellitenverfahren [82] anstelle der heute noch üblichen getrennten Realisierung von ICRS und ITRS.

Aufgrund ihrer Rotation ist die Erde an den Polen abgeplattet. Da sich Sonne und Mond in der Regel ober- oder unterhalb der Äquatorebene befinden, üben sie gravitative Drehmomente auf die abgeplattete Erde aus, die die Äquatorebene der Erde in Richtung der Ekliptikebene zwingen würde. Als Folge der Rotation der Erde führt diese Krafteinwirkung jedoch zur Präzession der Erdachse um den Pol der Ekliptik. Der Öffnungswinkel des Kegels, auf dem die Rotationsachse den Pol der Ekliptik dabei umläuft, beträgt $23,5^\circ$. Der Frühlingspunkt, der den Schnittpunkt von Äquatorebene und Ekliptik auf der Himmelskugel bezeichnet, bewegt sich mit etwa $50,3''$ pro Jahr im Uhrzeigersinn entlang der Ekliptik. In etwa 25.800 Jahren, dem sogenannten Platonischen Jahr, vollzieht er einen kompletten Umlauf. Die Position des Frühlingspunktes zum 1. Januar des Jahres 2000 (J2000.0) ist die Bezugsrichtung der X-Achse des ICRS. Die Äquatorebene zu diesem Zeitpunkt (zälestischer Äquator J2000.0) ist die Ebene der X- und Y-Achse des raumfesten Bezugssystems.

Die Präzession wird von der wesentlich kürzerperiodischen lunisolaren Nutation überlagert. Sie entsteht als Folge der periodischen Änderung der Stellung von Sonne und Mond relativ zur Erde. Die Nutation ist eine Überlagerung mehrerer Schwingungen unterschiedlicher Amplituden und Perioden zwischen wenigen Tagen und 18,6 Jahren [51]. Der bedeutendste Anteil der Nutation entsteht als Folge der Neigung der Mondbahnebene um etwa 5° gegenüber der Ekliptik. Die Knotenlinie der Mondbahn, also die Schnittgerade der Mondbahnebene mit der Ekliptik, bewegt sich mit einer Periode von 18,6 Jahren entlang der Ekliptik. Dadurch vollzieht der Normalenvektor der Mondbahnebene einen Kegelumlauf um die Ekliptiknormale. Das durch den Mond auf die abgeplattete Erde ausgeübte Drehmoment variiert mit gleicher Periode: Es ist am stärksten, wenn die Knotenlinie der Mondbahn mit der Schnittgeraden von Äquatorebene und Ekliptik zusammenfällt und der Mond seine maximale Deklination von $+28,5^\circ$ bzw. $-28,5^\circ$ erreicht. Weitere Nutationsterme, die durch die Bewegung des Mondes und der Sonne zwischen Nord- und Südhalbkugel der Erde entstehen, haben Perioden von einem halben Monat, einem halben und einem ganzen Jahr sowie 9,3 Jahren. Die Halbachsen der Nutationsellipse sind mit Öffnungswinkeln von weniger als $10''$ wesentlich kleiner als die der Präzession.

Die Rotationsmatrix $\underline{Q}$ für die Transformation vom raumfesten System $\mathcal{I}$ in das *zälestische Äquatorsystem* $\mathcal{E}$ [12, 65] beinhaltet die Effekte von Präzession und Nutation, die auf der Grundlage der Sonnen- und Mondephemeriden mit guter Genauigkeit beschrieben werden können [49, 75, 89]. Das aktuelle Präzessions- und Nutationsmodell trägt die Bezeichnung IAU2006/2000A [51, 62]. Kleine Korrekturen zu diesem Modell (*Celestial Pole Offsets*) werden vom Internationalen Erdrotations- und Referenzsystemdienst (IERS) regelmäßig im Internet veröffentlicht (www.iers.org).

Der Pol des zälestischen Äquatorsystems ist der CIP. Nach der Resolution B1.7 der Internationalen Astronomischen Union (IAU) aus dem Jahr 2000 ersetzt

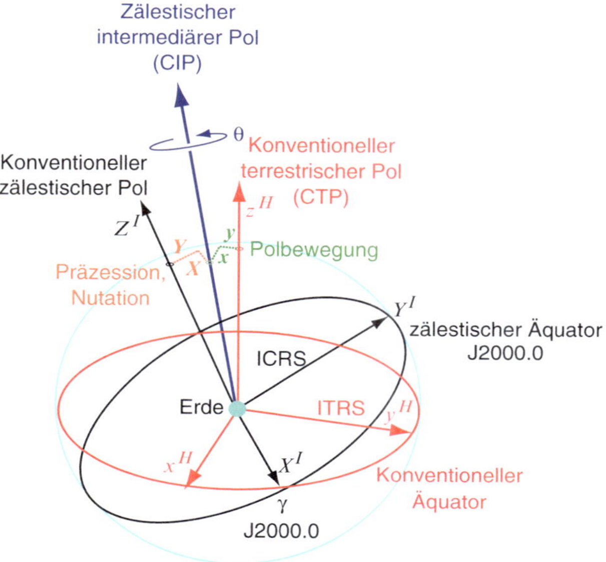

Abb. 1 Bezugssysteme der Erdorientierung

der CIP seit dem 01.01.2003 den zuvor als Referenz verwendeten Zälestischen Ephemeridenpol (CEP) [10, 46, 52]. Der CIP ist so definiert, dass er im raumfesten System nur Bewegungen mit Perioden länger als zwei Tage ausführt. Im erdfesten System werden retrograde Bewegungen (d. h. entgegen der Hauptrotationsrichtung der Erde) des CIP mit Perioden zwischen 0,5 und 1,5 Tagen der Nutation zugeschlagen, alle anderen Bewegungen werden als Polbewegung interpretiert. Die Lage des CIP bezüglich des ICRS wird durch das Koordinatenpaar $X(t)$ und $Y(t)$ beschrieben: $\underline{Q} = f(X(t), Y(t))$, vgl. Abb. 1.

Wäre die Erde starr und würden äußere Drehmomente vernachlässigt, so wiese ihre Rotationsachse in Richtung des CIP. Die tatsächlich vorhandene geringe Abweichung zwischen CIP und Rotationsachse wird als Oppolzer-Bewegung bezeichnet [11, 72]; vgl. Abschn. 6, Abb. 4. Aufgrund von Präzession und Nutation verändert die Rotationsachse der Erde ihre Orientierung in Bezug auf das raumfeste System in Abhängigkeit von der Zeit. Die dadurch verursachte Variation der Rektaszension und Deklination von Fixsternen muss bei Beobachtungen von einer Station auf der Erdoberfläche aus berücksichtigt werden. Die (wahre) geographische Breite der Station, also der Winkel zwischen der wahren Äquatorebene und der Zenitrichtung der Station, bleibt durch Präzession und Nutation unverändert.

Die Rotationsmatrix $\underline{S}$ führt vom zälestischen ins terrestrische Äquatorsystem $\mathcal{F}$ über. Sie bewirkt eine Drehung um den Erdrotationswinkel θ. Der Erdrotationswinkel, der die tägliche Rotation um die Achse des CIP beschreibt, steht in einem linearen Zusammenhang mit der astronomischen Weltzeit $UT1$

und ist abhängig von der instantanen Rotationsgeschwindigkeit. Er bezeichnet den Winkel entlang des Äquators des CIP zwischen einer im raumfesten Referenzsystem festgelegten Bezugsrichtung (*Celestial Intermediate Origin*, CIO) und einer im erdfesten Referenzsystem festgelegten Bezugsrichtung (*Terrestrial Intermediate Origin*, TIO) [10, 37, 79].

Die Abweichung der astronomischen Weltzeit $UT1$ von der durch Atomuhren realisierten koordinierten Weltzeit UTC wird durch den Parameter $\Delta UT = UT1 - UTC$ beschrieben. Anschaulich können zeitliche Änderungen der Rotationsgeschwindigkeit als *Tageslängenvariation* (engl.: excess length-of-day, ΔLOD) interpretiert werden. ΔLOD bezeichnet die Dauer eines Sonnentages (length-of-day, LOD) ausgedrückt in UTC vermindert um 86.400 Sekunden [55]:

$$\Delta LOD = LOD - 86.400\,\mathrm{s}\,. \tag{3}$$

Zwischen LOD und ΔUT besteht folgender Zusammenhang:

$$\Delta LOD = -\frac{d}{dt}\Delta UT \cdot 86.400\,\mathrm{s}\,. \tag{4}$$

Die Rotationsmatrix $\underline{W}$ beschreibt die Transformation vom terrestrischen Äquatorsystem $\mathcal{F}$ in das erdfeste System $\mathcal{H}$. Die z-Achse des terrestrischen Äquatorsystems weist in Richtung des CIP, während die z-Achse des erdfesten Systems in Richtung des konventionellen terrestrischen Pols (CTP) weist. Bezüglich des erdfesten Systems wird die Abweichung zwischen den Achsrichtungen zum CIP und zum CTP durch die Koordinaten der Polbewegung x_p und y_p (sog. Polkoordinaten; üblicherweise angegeben in Bogensekunden) ausgedrückt. Der heute verwendete konventionelle terrestrische Pol (z-Achse des ITRS) ist der *IERS Reference Pole*. Aus historischen Gründen ist der heutige CTP eng an den früher verwendeten *Conventional International Origin* geknüpft, der der mittleren Richtung der Erdrotationsachse zwischen 1900 und 1905 entspricht. Von dieser Richtung weicht der IERS Reference Pole um weniger als $5\,\mu as$ ab [84]. Wie eingangs beschrieben, wird das ITRS, und damit der CTP, durch die Bestimmung von Koordinaten und Bewegungsraten weltweit verteilter Beobachtungsstationen realisiert. Die positive Achse für x_p ist konsistent mit der x-Achse des ITRS, die positive Achse für y_p-Achse weist in Richtung 90° westlicher Länge. Aufgrund der Polbewegung sind die (wahre) geographische Breite und Länge einer Beobachtungsstation auf der Erdoberfläche Schwankungen unterworfen.

Sowohl die Winkelgeschwindigkeit der Erdrotation als auch die Polbewegung werden durch singuläre, episodische und periodische Prozesse im Inneren der Erde und in ihrem Außenraum beeinflusst. Da die Rotationsmatrizen $\underline{S}$ und $\underline{W}$ nicht ausreichend genau durch Modelle beschrieben werden können, veröffentlicht der IERS laufend aktuelle Erdrotationsparameter (Polkoordinaten, ΔUT und ΔLOD), die aus der Kombination der Beobachtungen geodätischer Weltraumverfahren abgeleitet werden, über seine Internetseite (www.iers.org).

2 Polbewegung

Abb. 2 zeigt die vom IERS veröffentlichte Zeitreihe EOP 08 C04 der Polbewegung für den Zeitraum 1962 bis 2014 [6]. Die heutige Beobachtungsgenauigkeit für die Parameter x_p und y_p liegt bei etwa 0,1 mas (Millibogensekunden) [18]. Deutlich erkennbar ist eine Schwebung mit einer Periode von 6,3 Jahren, die sich durch die Überlagerung eines jahresperiodischen Signals (Amplitude etwa $0,09''$) mit einer Schwingung der Periode von ungefähr 1,2 Jahren (Amplitude etwa $0,17''$) ergibt. Die resultierende Schwebungsamplitude beträgt etwa $0,25''$, was auf der Erdoberfläche ca. 9 m entspricht.

Während die jahresperiodische Oszillation durch jahreszeitliche geodynamische Prozesse und externe gravitative Effekte erklärt werden kann, ist die Schwingung mit der Periodendauer von 1,2 Jahren eine freie Polbewegung der Erde. Letztere ist darin begründet, dass die Rotationsachse der Erde nicht mit ihrer polaren Hauptträgheitsachse zusammenfällt [72]. Dadurch vollzieht der Rotationsvektor im erdfesten System einen prograden Umlauf entlang eines Kegels um die Figurenachse. Die Existenz einer solchen Schwingung wird bereits von Euler [21] vermutet, der aus theoretischen Überlegungen für einen Starrkörper mit den Dimensionen der Erde eine Umlaufperiode von 304 Tagen (Euler-Periode) berechnete. Erstmals

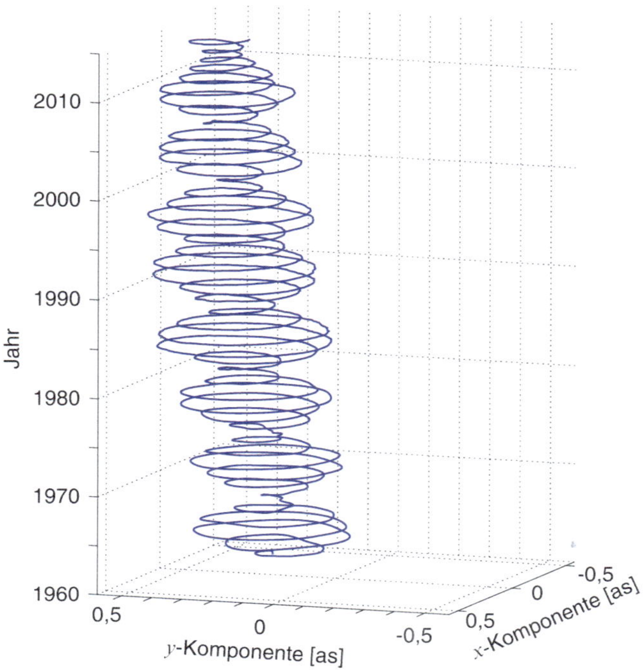

Abb. 2 Beobachtete Polbewegung (Zeitreihe EOP 08 C04 des IERS) für den Zeitraum zwischen 1962 und 2014

gelang es Chandler [13, 14], die Schwingung durch Beobachtungen nachzuweisen. Ihm zu Ehren wird sie auch als *Chandler-Schwingung* bezeichnet. Aufgrund der Deformierbarkeit des Erdkörpers ist die tatsächliche Periodendauer der Chandler-Schwingung jedoch deutlich länger, als von Euler für einen Starrkörper berechnet: Sie beträgt etwa 432 Tage [80].

Zerlegt man die in Abb. 2 dargestellte Kurve mittels Filterung in die beiden dominanten Signalanteile, so ergibt sich für die Jahresschwingung eine relativ gleichbleibende Amplitude über den gesamten Beobachtungszeitraum, während die Amplitude der Chandler-Schwingung sehr starken Schwankungen unterworfen ist [78]. Als Folge der Anelastizität des Erdmantels und den damit verbundenen Energieverlusten ist die Chandler-Schwingung gedämpft. Ohne Anregungsmechanismus würde sich die Figurenachse also innerhalb weniger Jahrzehnte in die Rotationsachse verlagern. Die beobachteten starken Amplitudenvariationen, und damit die Anregungsmechanismen der Chandler-Schwingung, waren lange Zeit Gegenstand intensiver Forschung. In zahlreichen Arbeiten wurde untersucht, ob atmosphärische oder hydrologische Massenverlagerungen [24, 25, 40, 83, 90] oder Prozesse im Erdinneren [30, 41, 85] als Anregungsmechanismen der Chandler-Schwingung infrage kommen. In den letzten Jahren kamen mehrere Studien zu dem Ergebnis, dass die Variabilität der Chandler-Amplitude durch den zeitliche veränderlichen Drehimpulsaustausch zwischen Atmosphäre, Ozean und fester Erde erklärt werden kann [9, 33, 78].

Das Jahressignal der Polbewegung entsteht genauso wie eine Reihe weiterer signifikanter periodischer und nicht-periodischer Signalanteile als Folge geodynamischer Prozesse und externer gravitativer Einwirkungen, die die Verlagerung und Bewegung von Massen im Erdsystem hervorrufen. Eine gute Übersicht über die wichtigsten Effekte geben [16] und [34]. Die auf diese Weise erzwungene Polbewegung und die Chandler-Schwingung sind nicht unabhängig. Aufgrund der Polbewegung verändert sich das Zentrifugalpotential der Erde, wodurch zusätzliche Massenverlagerungen im Erdkörper und im Ozean hervorgerufen werden. Dieser Rückkopplungseffekt wird als Rotationsdeformation bezeichnet. Daraus resultiert eine Verlagerung der Hauptträgheitsachse gegenüber dem Erdkörper, die sich unmittelbar auf die Chandler-Schwingung auswirkt [80].

Neben periodischen und nicht-periodischen Signalanteilen weist die Polbewegung einen säkularen Trend auf. Über viele Dekaden hinweg bewegte sich der mittlere Rotationspol vor allem infolge postglazialer Landhebung um etwa 3,3 mas pro Jahr in Richtung 76°–78° westlicher Länge [54, 88]. Seit etwa dem Jahr 2005 wird jedoch eine abrupte Änderung der Bewegung in Richtung Osten beobachtet, die vor allem dem Abschmelzen der Polkappen und von Gletschern sowie der damit verbundenen Meeresspiegeländerung zugeschrieben wird [17].

3 Tageslängenvariation

In Abb. 3 ist die vom IERS veröffentlichte Zeitreihe EOP 08 C04 der Tageslängenvariation zwischen 1962 und 2014 dargestellt. Die heutige Beobachtungsgenauigkeit

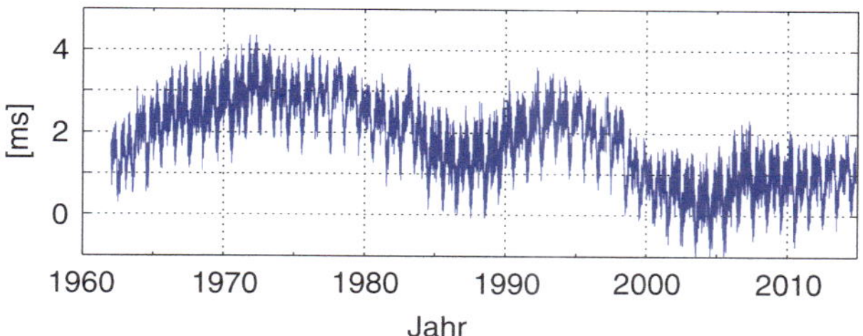

Abb. 3 Zeitreihe der Tageslängenvariation (ΔLOD) für den Zeitraum zwischen 1962 und 2014 (Beobachtungszeitreihe EOP 08 C04 des IERS)

beträgt für diesen Parameter etwa 20 μs [18]. Die Zeitreihe weist eine starke dekadische Variabilität auf, die zum größten Teil auf Drehimpulsaustauschprozesse zwischen Erdkern und Erdmantel zurückgeführt werden kann [42, 48]. Aufgrund dieser Wechselwirkung entstehen Abweichungen der tatsächlichen Dauer eines Sonnentages von der nominalen Dauer eines Sonnentages (24 Stunden), die im Bereich mehrerer Millisekunden liegen. Der dekadischen Schwingung überlagert sind deutliche Oszillationen mit Perioden von einem Jahr und einem halben Jahr mit nahezu gleicher Amplitude (0,36 ms). Diese Signale entstehen vor allem durch jahreszeitliche Änderungen von Wind und Ozeanströmungen. Daneben existiert eine schwache quasi-zweijährige Schwingung aufgrund ungleichmäßiger Variationen zonaler Winde und Temperaturen in der tropischen Troposphäre und Stratosphäre [86]. Ihre Amplitude variiert von Zyklus zu Zyklus, beträgt jedoch in der Regel weniger als 0,10 ms [43]. Vorübergehende Zunahmen der Tageslänge im Jahr 1983 und (etwas weniger ausgeprägt) im Jahr 1997 stehen mit starken El Niño Ereignissen in Zusammenhang [15, 64]. Die wichtigsten durch Gezeiten der festen Erde verursachten Perioden liegen bei 9,13 Tagen (Amplitude 0,07 ms), 13,63 Tagen (0,15 ms), 13,66 Tagen (0,35 ms) und 27,55 Tagen (0,19 ms) [92]. Der Einfluss ozeanischer Gezeiten auf die Variation der Tageslänge ist unbedeutend [32, 47]. Im Gegensatz zur Polbewegung gibt es keine signifikante Variation der Tageslänge aufgrund der Rotationsdeformation [91].

Die Abweichung der tatsächlichen Dauer eines Sonnentages von 24 Stunden bedingt eine zunehmende Diskrepanz zwischen $UT1$ und UTC. Diese wird gegenüber der gleichförmigen Internationalen Atomzeit (TAI) von Zeit zu Zeit durch die Einführung von Schaltsekunden korrigiert [18], so dass die Abweichung zwischen $UT1$ und UTC stets kleiner als 0,9 Sekunden bleibt. Aufgrund der veränderlichen Winkelgeschwindigkeit der Erdrotation ist das Zeitintervall zwischen den Zeitpunkten, zu denen Schaltsekunden eingeführt werden, variabel. Derzeit (1. Juli 2015) weicht UTC um 36 Sekunden von TAI ab. Wie die Polbewegung unterliegt auch ΔLOD einer säkularen Veränderung. Vor allem als Folge der Gezeitenreibung, bei der die Rotationsgeschwindigkeit der Erde durch den von Sonne und Mond verursachten Gezeitenwulst beeinflusst wird, nimmt die Tageslänge um etwa 1,8 ms pro Jahrhundert zu [56]; vgl. Abschn. 7.

4 Physikalisches Modell der Erdrotation

Drehimpulsbilanz im System Erde

Aus physikalischer Sicht kann die Rotation der Erde als Kreiselbewegung von vielen einzelnen miteinander wechselwirkenden Massenelementen um eine gemeinsame Achse betrachtet werden. Die Modellierung der Erdrotation basiert daher auf der Lösung einer Kreiselgleichung, die sich aus der Drehimpulsbilanz im System Erde ergibt. In einem rotierenden Bezugssystem wird die Bilanz zwischen dem Drehimpuls der Erde **H** und externen Drehmomenten **L** (beispielsweise verursacht durch gravitative Kräfte von Sonne und Mond) durch die dynamische Euler-Gleichung beschrieben [47]:

$$\frac{d}{dt}\mathbf{H} + \boldsymbol{\omega}\mathbf{H} = \mathbf{L} \,. \tag{5}$$

Darin bezeichnet $\boldsymbol{\omega}$ den Rotationsvektor der Erde bezogen auf das rotierende Bezugssystem. Für einen rotierenden Starrkörper entspricht der Drehimpuls **H** dem Produkt seines Trägheitstensors $\underline{\mathbf{I}}$ mit dem Rotationsvektor $\boldsymbol{\omega}$:

$$\mathbf{H} = \underline{\mathbf{I}}\boldsymbol{\omega} \,. \tag{6}$$

Der symmetrische Trägheitstensor beschreibt die Massenverteilung im System [47]. Für einen Starrkörper ist er bezüglich körperfester Achsen invariant.

$$\underline{\mathbf{I}} = \iiint \rho(x,y,z) \begin{pmatrix} y^2+z^2 & -xy & -xz \\ -xy & x^2+z^2 & -yz \\ -xz & -yz & x^2+y^2 \end{pmatrix} \mathrm{dV} \,, \tag{7}$$

worin $\rho(x, y, z)$ die Dichte an der Position (x, y, z) bezeichnet.

Der Drehimpuls **H** eines rotierenden deformierbaren Körpers lässt sich in zwei Summanden aufspalten. Ein Anteil entspricht dem Drehimpuls des rotierenden Starrkörpers (Gl. 6), wobei der Trägheitstensor aufgrund der Deformierbarkeit zeitlich variiert. Der zweite Anteil kann als Drehimpuls **h** relativ zur Körperrotation aufgefasst werden. Er entsteht als Folge der Bewegung von Massenelementen mit der Geschwindigkeit $\mathbf{v}^{\mathrm{rel}}$ relativ zum rotierenden Bezugssystem:

$$\mathbf{h} = \iiint \rho(x,y,z) \left(\mathbf{r} \times \mathbf{v}^{\mathrm{rel}} \right) \mathrm{dV} \,; \tag{8}$$

hierin ist **r** ein dreidimensionaler Positionsvektor. Der Drehimpuls eines rotierenden deformierbaren Körpers lautet damit [71]:

$$\mathbf{H} = \underline{\mathbf{I}}\boldsymbol{\omega} + \mathbf{h} \,, \tag{9}$$

wobei die beiden Summanden auch *Massenterm* bzw. *Bewegungsterm* genannt werden. Mit Gl. (9) wird die Euler-Gleichung (5) zu

$$\frac{d}{dt}\left(\underline{\mathbf{I}}\boldsymbol{\omega} + \mathbf{h} \right) + \boldsymbol{\omega}\left(\underline{\mathbf{I}}\boldsymbol{\omega} + \mathbf{h} \right) = \mathbf{L} \,. \tag{10}$$

Dieses Differentialgleichungssystem wird als *Euler-Liouville-Gleichung* bezeichnet [58]; alle Größen sind zeitlich variabel.

Üblicherweise wird die Euler-Liouville-Gleichung in einem terrestrischen Bezugssystem betrachtet, das geozentrisch gelagert ist und dessen Rotationsachse genähert in die Richtung des polaren Hauptträgheitsmoments C der Erde weist. Seine x-Achse ist in Richtung der Schnittgeraden von Äquatorebene und Meridianebene durch Greenwich orientiert, die y-Achse weist nach 90° östlicher Länge. Näherungsweise rotiert das terrestrische System gleichmäßig mit der Winkelgeschwindigkeit $\Omega = 2\pi/86164\,\text{s}$ um seine z-Achse. Ausgedrückt in Koordinaten des terrestrischen Systems gilt für den Erdrotationsvektor [58]:

$$\boldsymbol{\omega}(t) = \Omega \begin{pmatrix} m_1(t) \\ m_2(t) \\ 1 + m_3(t) \end{pmatrix}, \qquad m_i \ll 1 \,. \tag{11}$$

Zeitliche Schwankungen der Erdrotation werden als kleine Abweichungen (dimensionslose Größen $m_i(t)$; $i = 1, 2, 3$) von der gleichförmigen Rotation des Bezugssystems aufgefasst. Die Komponenten $m_1(t)$ und $m_2(t)$ beschreiben die zeitabhängige Richtungsänderung der Rotationsachse gegenüber der z-Achse des erdfesten Systems (Polbewegung). Schwankungen der Rotationsgeschwindigkeit gegenüber Ω sind mit ΔLOD verknüpft. Sie ergeben sich aus der zeitlichen Variation des Betrags des Erdrotationsvektors $|\boldsymbol{\omega}(t)|$ [47, 71]:

$$|\boldsymbol{\omega}(t)| = \Omega \,\sqrt{m_1(t)^2 \;+ m_2(t)^2 \;+ (1 + m_3(t))^2} \approx \Omega \,(1 + m_3(t)) \,. \tag{12}$$

Der Fehler, der durch diese Näherung bei der Berechnung von ΔLOD entsteht, hat eine Größenordnung von 10^{-16} s und ist vernachlässigbar.

Der Trägheitstensor der Erde $\underline{\mathbf{I}}(t)$ kann als Summe der beiden Anteile $\underline{\mathbf{I}}_0$ und $\Delta\underline{\mathbf{I}}(t)$ interpretiert werden [47]. Dabei ist $\underline{\mathbf{I}}_0$ ein konstanter Näherungs-Trägheitstensor. Bezüglich eines Hauptachssystems besitzt er Diagonalgestalt:

$$\underline{\mathbf{I}}_0 = \begin{pmatrix} A & 0 & 0 \\ 0 & B & 0 \\ 0 & 0 & C \end{pmatrix} . \tag{13}$$

In dieser Gleichung bezeichnen A und B die äquatorialen Hauptträgheitsmomente der Erde ($C > B > A$). Da die Achsen des erdfesten Bezugssystems von den Hauptträgheitsachsen in der Äquatorebene um ca. 15° abweichen [50], besitzt $\underline{\mathbf{I}}_0$ bezüglich des erdfesten Bezugssystems keine Diagonalgestalt.

Aufgrund der Massenverlagerungen im Erdsystem ergeben sich für den Trägheitstensor kleine zeitabhängige Abweichungen $c_{ij} \ll A, B, C \ (i, j = 1, 2, 3)$ vom Näherungs-Trägheitstensor $\underline{\mathbf{I}}_0$ [55]:

$$\Delta\underline{\mathbf{I}}(t) = \begin{pmatrix} c_{11}(t) & c_{12}(t) & c_{13}(t) \\ & c_{22}(t) & c_{23}(t) \\ \text{sym.} & & c_{33}(t) \end{pmatrix} . \qquad (14)$$

Auf Zeitskalen von wenigen Stunden bis zu mehreren Jahren werden Schwankungen der Erdrotation vor allem durch Massenverlagerungen in Atmosphäre, Ozean und fester Erde verursacht. Letztere entstehen durch Deformationen des Erdkörpers aufgrund von Gezeiten [62] und Auflasten [79] sowie durch die Rotationsdeformation [80].

Die Euler-Liouville-Gleichung bilanziert den Drehimpuls der Erde mit dem externen Drehmoment. Himmelskörper, insbesondere Sonne und Mond, bewirken ein Drehmoment über gravitative Kräfte. Betrachtet man die Himmelskörper als Punktmassen, gilt für das gravitative Drehmoment $\mathbf{L}(t)$ [4, 55]:

$$\mathbf{L}(t) = \sum_j \frac{3GM_j}{r_{ej}^5(t)} \begin{pmatrix} y_j(t)\, z_j(t)\, (C - B) \\ x_j(t)\, z_j(t)\, (A - C) \\ x_j(t)\, y_j(t)\, (B - A) \end{pmatrix} . \qquad (15)$$

Dabei steht der Index j für den jeweiligen Himmelskörper mit der (Punkt-)Masse M_j; sein geozentrischer Abstand wird mit $r_{ej}(t)$ bezeichnet, $x_j(t)$, $y_j(t)$, $z_j(t)$ sind seine Koordinaten bezüglich des erdfesten Systems, und G ist die Gravitationskonstante.

5 Lösung der Euler-Liouville-Gleichung

Variationen der Erdrotation infolge dynamischer Prozesse im Erdsystem folgen aus der Lösung der Euler-Liouville-Gleichung (10) nach den Größen m_i des Erdrotationsvektors $\boldsymbol{\omega}(t)$.

Ein analytischer Lösungsansatz erfordert die Linearisierung der Euler-Liouville-Gleichung [47, 55, 58] unter Einführung folgender Annahmen:

- Die Erde kann mit ausreichender Genauigkeit als rotationssymmetrisch betrachtet werden, so dass die Hauptträgheitsmomente A und B durch ihren Mittelwert $A' = (A + B)/2$ ersetzt werden können. Tatsächlich beträgt der Quotient $(A - B)/A$ nur $2.2 \cdot 10^{-5}$ [34].
- Terme, in denen Produkte der kleinen Größen m_i, c_{ij} und h_i oder ihrer zeitlichen Ableitungen auftreten, sind vernachlässigbar (Linearisierung).

Alternativ kann das Differentialgleichungssystem für ein dreiachsiges Näherungsellipsoid ($A \neq B \neq C$) und unter Berücksichtigung der Terme höherer Ordnung numerisch gelöst werden [76, 77].

Beim analytischen Ansatz folgt für die Euler-Liouville-Gleichung unter obigen Annahmen durch Ausmultiplizieren:

$$\Omega \begin{pmatrix} \dot{c}_{13} \\ \dot{c}_{23} \\ \dot{c}_{33} \end{pmatrix} + \Omega \begin{pmatrix} A'\,\dot{m}_1 \\ A'\,\dot{m}_2 \\ C\,\dot{m}_3 \end{pmatrix} + \begin{pmatrix} \dot{h}_1 \\ \dot{h}_2 \\ \dot{h}_3 \end{pmatrix} + \Omega^2 \begin{pmatrix} m_2(C-A') - c_{23} \\ -m_1(C-A') + c_{13} \\ 0 \end{pmatrix} + \Omega \begin{pmatrix} -h_2 \\ h_1 \\ 0 \end{pmatrix} = \begin{pmatrix} L_1 \\ L_2 \\ 0 \end{pmatrix}, \tag{16}$$

bzw. komponentenweise:

$$\dot{m}_1 \frac{A'}{\Omega(C-A')} + m_2 = \frac{1}{\Omega^2(C-A')} \left[L_1 + \Omega^2 c_{23} - \Omega \dot{c}_{13} + \Omega h_2 - \dot{h}_1 \right] =: \Psi_2 \,, \tag{17}$$

$$\dot{m}_2 \frac{A'}{\Omega(C-A')} - m_1 = \frac{1}{\Omega^2(C-A')} \left[L_2 - \Omega^2 c_{13} - \Omega \dot{c}_{23} - \Omega h_1 - \dot{h}_2 \right] =: -\Psi_1 \,, \tag{18}$$

$$\dot{m}_3 = \frac{1}{\Omega C} \left[-\Omega \dot{c}_{33} - \dot{h}_3 \right] =: \dot{\Psi}_3 \,. \tag{19}$$

Die Terme Ψ_i ($i = 1, 2, 3$) auf der rechten Seite dieser drei Gleichungen werden als Anregungsfunktionen bezeichnet [3]. Sie beinhalten die lunisolaren Drehmomente ($L_3 = 0$ wegen $A = B$, vgl. Gl. 15) sowie die durch die Massenverlagerungen und -bewegungen auftretenden Trägheitstensorvariationen und relativen Drehimpulse. Aufgrund der Linearisierung treten in den Anregungsfunktionen nur drei der sechs unterschiedlichen Komponenten des Trägheitstensors auf. Die axiale Komponente m_3 des Erdrotationsvektors ist vollständig von den horizontalen Komponenten entkoppelt. Mit ausreichender Genauigkeit kann die Tageslängenvariation unabhängig von der Polbewegung bestimmt werden (vgl. Gl. 12). Für die Berechnung der Polbewegung werden die ersten beiden Differentialgleichungen in eine komplexe Gleichung umgeformt [47]. Mit $m = m_1 + i m_2$ und $\Psi = \Psi_1 + i \Psi_2$ folgt

$$i \left(\dot{m} \frac{A}{\Omega(C-A)} \right) + m = \Psi \,; \tag{20}$$

$i = \sqrt{-1}$. Für einen rotierenden Starrkörper unter Vernachlässigung des externen Drehmoments ($\Psi = 0$) ergibt sich als Lösung der Differentialgleichung (20)

$$m = m_0 e^{i\sigma t} . \quad (21)$$

mit der Abkürzung $\sigma = \Omega \frac{(C - A)}{A}$ und $m_0 = m(t_0)$ als komplexer Polkoordinate zum Zeitpunkt t_0. Die freie Kreiselbewegung eines Starrkörpers mit den Dimensionen der Erde ist demnach eine prograde ungedämpfte Kreisbewegung mit der Amplitude $|m_0|$ und der Frequenz σ, die einer Periode von 304 Tagen entspricht (Euler-Periode).

Die beobachtete Frequenz der freien Kreiselbewegung (Chandler-Frequenz) unterscheidet sich aufgrund der Deformierbarkeit des Erdkörpers von der Euler-Frequenz. Als Folge der Anelastizität des Erdmantels treten bei der Rotationsdeformation Energieverluste auf (siehe Abschn. 2). Um diesen Effekt zu berücksichtigen, wird σ durch eine komplexe Größe σ_{CW} ersetzt [47]:

$$\sigma_{CW} = \sigma_0 \left(1 + \frac{i}{2Q}\right) . \quad (22)$$

Darin entspricht σ_0 der Chandler-Frequenz und Q dem sogenannten Gütefaktor, der die Dämpfung der Chandler-Amplitude beschreibt [80].

Für die deformierbare Erde ergibt sich die Lösung der Euler-Liouville-Gleichung aus dem Faltungsintegral

$$m = e^{i\sigma_{CW} t} \left[m_0 - i\sigma_{CW} \int_{-\infty}^{t} \Psi(\tau) e^{-i\sigma_{CW}\tau} \mathrm{d}\tau \right] . \quad (23)$$

Umgekehrt kann über eine Inversion dieser Gleichung aus der beobachteten Polbewegung die sogenannte *geodätische Anregung* abgeleitet werden [8], also die theoretisch notwendige Anregung, um die tatsächliche Polbewegung hervorzurufen. Damit kann ein Vergleich zwischen aus Modellen berechneten Anregungsfunktionen und den geodätischen Beobachtungen auf der Ebene der Anregungsfunktionen $\Psi_1(t)$ und $\Psi_2(t)$ erfolgen, ohne dass der Erdrotationsvektor explizit berechnet wird.

6 Zusammenhang zwischen modellierten und beobachteten Erdrotationsvariationen

Die Parameter $m_i(t)$ des Erdrotationsvektors $\boldsymbol{\omega}(t)$ in der Euler-Liouville-Gleichung stehen mit den geodätisch beobachteten Zeitreihen der Polbewegung $[x_p(t), y_p(t)]$, $\Delta UT(t)$, und der Tageslängenvariation in direktem Zusammenhang. Die zeitabhängige Abweichung des Erdrotationsvektors (Instantaner Rotationspol, IRP) vom konventionellen terrestrischen Pol (CTP) bzw. von der z-Achse des ITRS (IERS Reference Pole) in x- und y-Richtung wird durch die beiden Komponenten $m_1(t)$ und $m_2(t)$ beschrieben (Gl. 11). Die durch den IERS veröffentlichten Koordinaten x_p und y_p bezeichnen demgegenüber die Abweichung des CIP vom CTP.

Das Bezugssystem, in dem der Erdrotationsvektor definiert ist, ist ein rechtshändiges Koordinatensystem. Das Bezugssystem, in dem die Koordinaten x_p und y_p definiert sind, ist ein Linkssystem (positive y-Achse in Richtung 90° W). Durch Einführung des Koordinatenpaars $[p_1(t), p_2(t)]$ wird die Lage des CIP gegenüber dem CTP in einem Rechtssystem beschrieben:

$$\begin{aligned} p_1(t) &= x_p(t)\,, \\ p_2(t) &= -y_p(t)\,. \end{aligned} \tag{24}$$

Der Zusammenhang zwischen $[m_1(t), m_2(t)]$ und $[p_1(t), p_2(t)]$ folgt aus der Transformation zwischen dem zälestischen Äquatorsystem und dem erdfesten System. Die Rotationsmatrix $\underline{A}(t)$ für die Transformation zwischen beiden Systemen beinhaltet die tägliche Rotation um die Achse des CIP und die Polbewegung:

$$\underline{A}(t) = \underline{W}(t)\ \underline{S}(t)\,. \tag{25}$$

Die Koordinaten $\omega_1(t), \omega_2(t), \omega_3(t)$ des Erdrotationsvektors im erdfesten System sind die Elemente der schiefsymmetrischen Matrix $\underline{B}(t)$:

$$\underline{B}(t) = \begin{pmatrix} 0 & \omega_3(t) & -\omega_2(t) \\ -\omega_3(t) & 0 & \omega_1(t) \\ \omega_2(t) & -\omega_1(t) & 0 \end{pmatrix} = \dot{\underline{A}}(t)\underline{A}^T(t)\,. \tag{26}$$

Da die oben erwähnte Oppolzer-Bewegung nicht in der Matrix $\underline{W}(t)$ enthalten ist, beschreibt der Erdrotationsvektor $\boldsymbol{\omega}(t)$ nach Gl. (26) keine subtägliche retrograde Abweichung der instantanen Rotationsachse von der Achse des CIP. Für Zeitskalen länger als ein Tag führt der Vergleich der Elemente der Matrix $\underline{B}(t)$ mit dem Produkt $\dot{\underline{A}}(t)\underline{A}^T(t)$ zur Verknüpfung der Elemente des Erdrotationsvektors und den Koordinaten $p_1(t)$ und $p_2(t)$ [8, 31]:

$$\begin{aligned} \omega_1(t) &= \Omega\ p_1(t) + \dot{p}_2(t)\,, \\ \omega_2(t) &= \Omega\ p_2(t) - \dot{p}_1(t)\,, \end{aligned} \tag{27}$$

bzw. mit $\omega_1(t) = \Omega\ m_1(t)$ und $\omega_2(t) = \Omega\ m_2(t)$:

$$\begin{aligned} m_1(t) &= p_1(t) + \frac{1}{\Omega}\ \dot{p}_2(t)\,, \\ m_2(t) &= p_2(t) - \frac{1}{\Omega}\ \dot{p}_1(t)\,. \end{aligned} \tag{28}$$

Der Zusammenhang zwischen modellierter und beobachteter Polbewegung ist in Abb. 4 schematisch dargestellt [53]. Die vom IERS veröffentlichten Polkoordinaten $p(t)$ beziehen sich auf die Position des CIP im ITRS. Hierbei gilt $p(t) = x_p(t) - iy_p(t) = p_1(t) + ip_2(t)$. Die Werte $m(t) = m_1(t) + im_2(t)$ beschreiben die

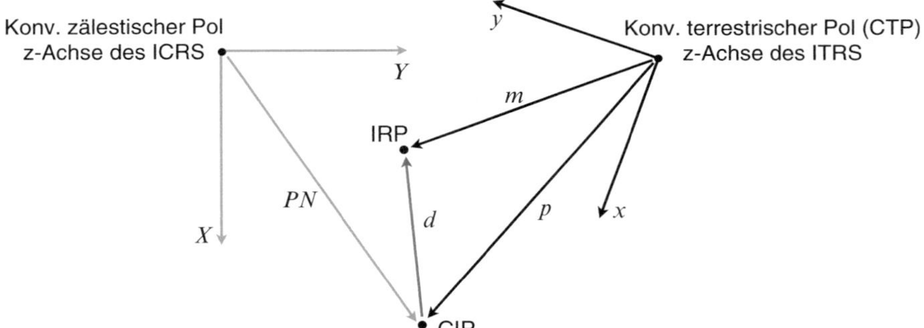

Abb. 4 Schematische Darstellung der Beziehungen zwischen dem Pol des zälestischen Äquatorsystems (CIP), dem instantanen Rotationspol (IRP) und den Polen der Koordinatensysteme ITRS (konventioneller terrestrischer Pol, CTP) und ICRS (konventioneller zälestischer Pol) nach [53]. Präzession und Nutation (Vektor PN) beschreiben die Position des CIP im ICRS, die Polbewegung (Vektor p) beschreibt die Position des CIP im ITRS. Der IRP kennzeichnet die tatsächliche Rotationsachse der Erde, die sich aus der Lösung der Euler-Liouville-Gleichung ergibt. Die Lage des IRP gegenüber dem ITRS wird durch den Vektor m angegeben. Die sogenannte Oppolzer-Bewegung bezeichnet die Abweichung zwischen CIP und IRP (Vektor d)

Polbewegung des instantanen Rotationspols (IRP), der vom CIP um die Oppolzer-Bewegung abweicht (Vektor d in Abb. 4) [10, 53]. Die in der Abbildung ebenfalls angedeutete Position des CIP im ICRS bzw. gegenüber dem konventionellen zälestischen Pol wird mit den Koordinaten $X(t)$ und $Y(t)$ bezeichnet. Sie ist abhängig von Präzession und Nutation (PN), vgl. Abschn. 1.

Die Verknüpfung zwischen dem Absolutbetrag des Erdrotationsvektors $\boldsymbol{\omega}(t)$ (Gl. 12) und den beobachteten Größen $\Delta LOD(t)$ bzw. $\Delta UT(t)$ folgt direkt aus der Definition von $\Delta LOD(t)$ als Dauer eines Sonnentages reduziert um 86.400 s (Gl. 3):

$$\Delta LOD(t) = \frac{2\pi\kappa}{|\boldsymbol{\omega}(t)|} - 86.400\,\text{s}\,, \tag{29}$$

mit

$$\kappa = \frac{\Omega}{2\pi} \cdot 86.400\,\text{s} = \frac{86.400}{86.164} \tag{30}$$

als Skalierungsparameter zwischen Sternzeit und Sonnenzeit.

Mit Gl. (12) folgt [71]

$$\Delta LOD(t) = \frac{2\pi\kappa}{\Omega(1 + m_3(t))} - 86.400\,\text{s} = -m_3(t) \cdot 86.400\,\text{s}\,, \tag{31}$$

bzw. über die Beziehung zwischen $\Delta LOD(t)$ und $\Delta UT(t)$, Gl. (4) [31]

$$\frac{d}{dt}\Delta UT(t) = m_3(t)\,. \tag{32}$$

Über obige Gleichungen wird der Zusammenhang zwischen den physikalisch modellierten und beobachteten Erdrotationsparametern hergestellt. Auf diese Weise können die geodätischen Beobachtungszeitreihen in Hinblick auf die Effekte unterschiedlicher dynamischer Prozesse innerhalb und zwischen einzelnen Komponenten des System Erde interpretiert werden (z. B. [19, 35, 36]). Durch die Kombination von physikalischen Modellen und hochgenauen Beobachtungsdaten können letztere auch signifikant zur Verbesserung der Modelle beitragen [67, 80].

7 Interpretation der Signale in den Erdrotationsgrößen

Einen guten Überblick über die Zusammenhänge zwischen den Erdrotationsparametern und zugrunde liegenden physikalischen Prozessen und Wechselwirkungen im Erdsystem geben nach wie vor Schuh et al. [74]. Die Erdrotationsforschung, insbesondere auch hin zu einem besseren Verständnis unterschiedlicher Signalanteile in den Erdrotationsgrößen (Präzession, Nutation, Polbewegung, Weltzeit UT1 und ΔLOD), wurde in den letzten Jahren stark von der Deutschen Forschungsgemeinschaft (DFG) im Rahmen der Forschergruppe FOR 584 *Earth Rotation and Global Dynamic Processes* gefördert [20]. Zahlreiche Institutionen in Deutschland (aus Berlin, Bonn, Bremerhaven, Dresden, Frankfurt, Hannover, München, Potsdam und Wettzell) sowie Arbeitsgruppen in Wien und Zürich waren beteiligt, um die notwendigen geodätischen und geowissenschaftlichen Expertisen zu integrieren.

Ein Schwerpunkt der Arbeiten lag auf der verbesserten Modellierung der Komponenten des Systems Erde und ihrer Wechselwirkungen, insbesondere von Atmosphäre, Hydrosphäre und Geosphäre. Daneben wurden geodätische Weltraumverfahren, die für die Erdrotation und die globale Geodynamik von besonderer Bedeutung sind, intensiv analysiert. Hierzu gehören LLR-Messungen, die durchgängig seit 1969 durchgeführt werden und abgesehen von astronomischen Beobachtungen die längste Datenreihe für die Bestimmung von Variationen der Erdrotation liefern. Sie leisten einen wichtigen Beitrag zur Berechnung von Erdrotationsparametern in den 1970er- Jahren. In späteren Jahren werden LLR-Ergebnisse nur noch zu ausgewählten Zeitpunkten präziser Mondbeobachtungen genutzt, da sie sonst nicht mit den Genauigkeiten der neueren Weltraumverfahren konkurrieren können. Eine wichtige Anwendung von LLR ist auch die Untersuchung langperiodischer Nutationskoeffizienten [5].

In den letzten Jahren wurden Fortschritte hinsichtlich der zeitlichen Auflösung von Beobachtungszeitreihen der Erdrotation erzielt. Es wurde gezeigt, dass hochgenaue Zeitreihen der Erdrotationsparameter im stündlichen Bereich mittels der Kombination von VLBI-, GNSS- und Ringlaserkreisel-Messungen bestimmt werden können [2, 60]. Die extrem hohe Auflösung eines Ringlaserlaserkreisels ermöglicht auch die Erfassung nicht-globaler transienter Rotationssignale. Die Interpretation dieser Serien erlaubt Rückschlüsse auf unterschiedliche zugrunde liegende physikalische Prozesse (Abb. 5) [73].

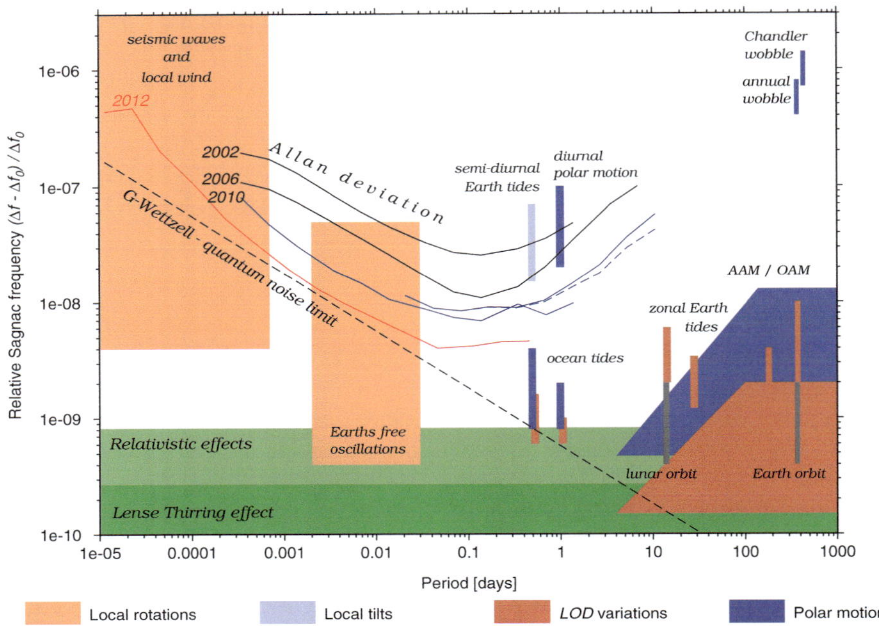

Abb. 5 Allan-Abweichung (ein Maß für die Stabilität von Oszillatoren) für verschiedene Datensätze des Ringlaserkreisels G am Geodätischen Observatorium Wettzell und geophysikalische Effekte unterschiedlicher Frequenz und Amplitude (Quelle: U. Schreiber, T. Klügel, A. Gebauer)

Erdrotationsschwankungen treten über ein weites Spektrum auf; sie reichen von Stunden über Dekaden bis zu Jahrtausenden. Die Ursachen sind vielfältig und hängen mit dynamischen Prozessen im System Erde zusammen. Zudem beeinflussen Sonne, Mond und Planeten die Erdrotation über externe Drehmomente. Aus der Analyse der hochgenauen Beobachtungsdaten geodätischer Weltraumverfahren lassen sich Rückschlüsse auf verursachende Prozesse ziehen. Im Folgenden werden einige Beispiele gegeben, die zum Großteil aus den Arbeiten der oben genannten DFG-Forschergruppe resultierten.

Die externen gravitativen Drehmomente, die auf die nicht-kugelförmige Erde wirken, bedingen die veränderliche Orientierung der Erde im Raum (Präzession und Nutation). Hier finden sich Signale wieder, die mit dem Wechselspiel der Bahnen der beteiligten Körper und der Rotation der Erde um die eigene Achse zusammenhängen (vgl. Abschn. 1). Die Genauigkeit der Erdrotationsbestimmung ist so hoch, dass auch relativistische Effekte, wie die sogenannte *geodätische Präzession* mit einer Größenordnung von $1,92''$ pro Jahrhundert, berücksichtigt werden müssen; sie entsteht durch die Bewegung eines rotierenden Systems durch die gekrümmte Raumzeit [26].

Zusätzlich zu Drehmomenten erzeugen die externen Körper Gezeiten der festen Erde sowie im Ozean und in der Atmosphäre. Die damit verbundene Änderung der Massenverteilung verursacht periodische Signalanteile in Polbewegung und

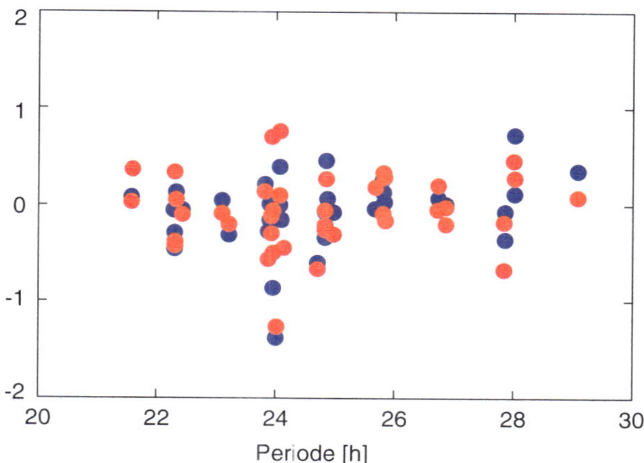

Abb. 6 Differenz geschätzter Gezeitenamplituden in UT1 (in μs) im täglichen Spektrum zwischen einer GPS- und zwei VLBI-Lösungen (Quelle: N. Panafidina)

Rotationsgeschwindigkeit ($UT1$ bzw. ΔLOD) [7, 61, 70]. Heute können Signaturen von Gezeitenanteilen in UT1 mit einer Genauigkeit von unter 1 μs mit Hilfe von GNSS und VLBI bestimmt werden (Abb. 6); 1 μs entspricht ca. 0,5 mm auf der Erdoberfläche.

Neben den äußeren Drehmomenten rufen Massenverlagerungen und Massenbewegungen im System Erde Änderungen der Erdrotation hervor. Während die Polbewegung überwiegend durch Massenverlagerungen beeinflusst wird, dominieren Massenbewegungen (insbesondere Winde) die Schwankungen der Rotationsgeschwindigkeit. Abb. 7 zeigt effektive Drehimpulsfunktionen $\mathcal{X}$ der Massen- und Bewegungsanteile von Atmosphäre, Ozean und Landhydrologie. Die $\mathcal{X}$-Funktionen werden häufig ebenfalls als Anregungsfunktionen bezeichnet. Sie stehen mit den oben genannten Ψ-Funktionen (Gl. 17 bis 19) in unmittelbarem Zusammenhang [3, 31]. Numerische Werte der Anregungsfunktionen lassen sich aus der durch physikalische Modelle (z. B. atmosphärische und ozeanische Zirkulationsmodelle oder Reanalysedaten) beschriebenen Verteilung bzw. den Bewegungen von Massenelementen in den entsprechenden Systemkomponenten bestimmen. Diese Modelldaten werden über die Gl. (7) bzw. (8) in Variationen des Trägheitstensors und relative Drehimpulse umgerechnet und fließen so in die Berechnung der Anregungsfunktionen ein.

Gekoppelte Prozesse in Atmosphäre, Ozean und Landhydrologie zeigen ihre Signatur in den Erdrotationsparametern auf verschiedenen Zeitskalen. Im saisonalen Bereich werden Polbewegung und Rotationsgeschwindigkeit vor allem durch atmosphärische und ozeanische Prozesse beeinflusst. Massenverlagerungen und Massenbewegungen in Atmosphäre, Ozean und Landhydrologie verursachen eine Polbewegung in der Größenordnung von 10 bis 50 mas bzw. 0,3 bis 1,5 m bezogen auf die Erdoberfläche (1 mas entspricht etwa 3 cm). Auf interannuellen Skalen spiegeln sich großräumige Klimaanomalien wie El Niño in den Zeitreihen wider, die mit großskaligen Druck- und Strömungsänderungen in Ozean und Atmosphäre verbunden sind. Für UT1 und die Tageslänge sind in diesem Bereich außerdem die Effekte der festen

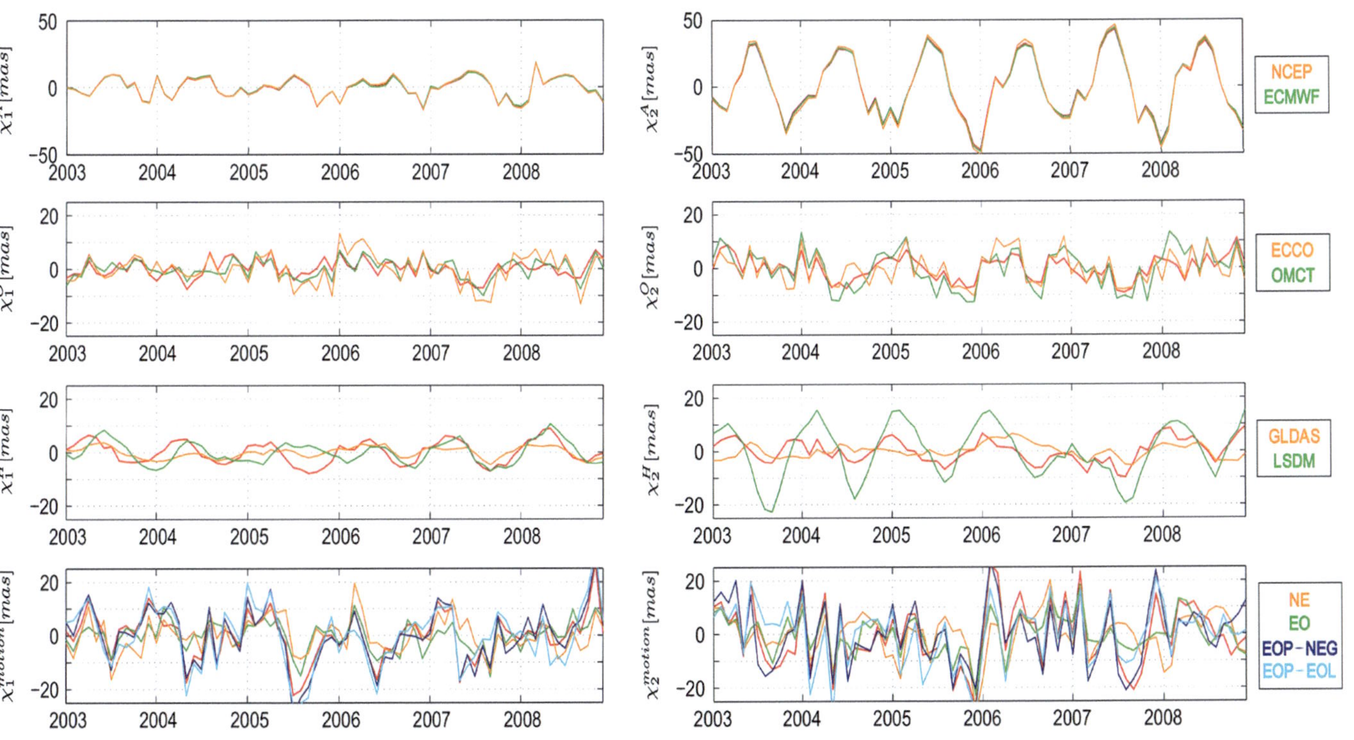

Abb. 7 Anregungsfunktionen des atmosphärischen ($\mathcal{X}^A$), ozeanischen ($\mathcal{X}^O$) und hydrologischen Masseneffektes ($\mathcal{X}^H$) sowie des integralen Bewegungsanteils ($\mathcal{X}^m$). Die roten Kurven wurden in einem Ausgleichungsansatz aus einer Kombination geodätischer Beobachtungsdaten mit unterschiedlichen Modellen ermittelt. Die anderen Kurven sind aus verschiedenen Modellen abgeleitet. Linke Spalte: Anregungsfunktion $\mathcal{X}_1$, die die Polbewegung in x-Richtung bestimmt; rechte Spalte: $\mathcal{X}_2$, die die Polbewegung in y-Richtung bestimmt [27]

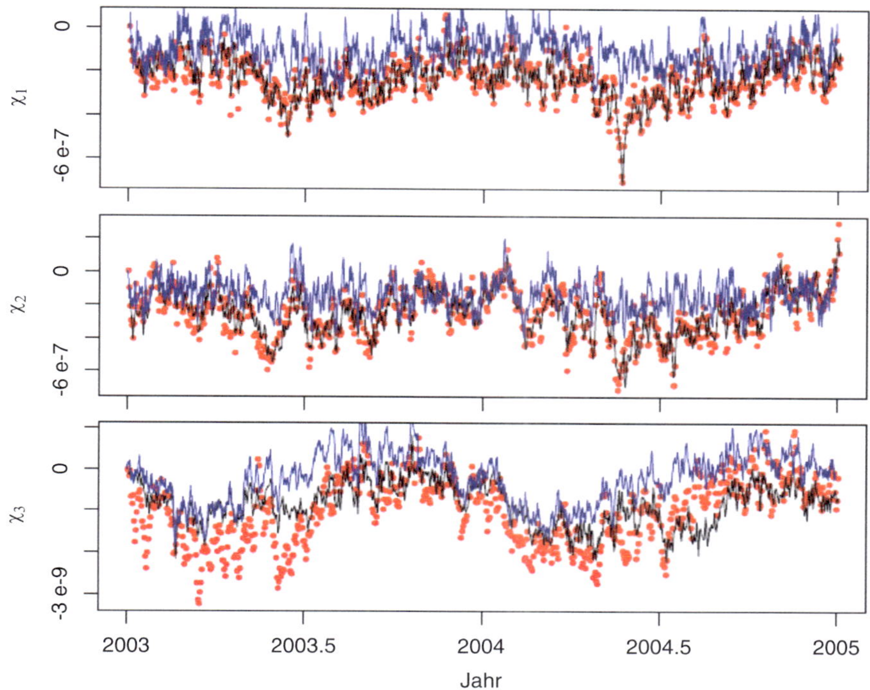

Abb. 8 Effektive Drehimpulsfunktionen $\mathcal{X}_i$ des Ozeans. Rote Punkte: Geodätische Beobachtungen nach Reduktion atmosphärischer und hydrologischer Anteile; blaue Kurve: Referenz-Simulation; schwarze Kurve: Assimilierte Simulation, in die Beobachtungen eingeflossen sind [67]

Erdgezeiten relevant. Eine gute Zusammenstellung der durch unterschiedliche Prozesse verursachten Variationen der Erdrotationsparameter gemeinsam mit den jeweiligen Perioden und Amplituden gibt Gross [34] in seinen Tabellen 7 und 12.

Mit Hilfe gekoppelter Atmosphären- und Ozeanmodelle lassen sich die Einflüsse dieser beiden Komponenten auf die Erdrotationsparameter gut beschreiben [19]. In mehreren Studien der letzten Jahre wurden solche Modelle auch direkt mit geodätischen Beobachtungen kombiniert. Über eine Assimilation der hochgenauen Erdrotations-Zeitreihen konnte dabei eine deutliche Verbesserung der Modelle erreicht werden (Abb. 8) [67–69].

Prozesse im Erdinnern (z. B. Konvektionsströme im Mantel, die Kern-Mantel-Dynamik und Massenbewegungen im flüssigen äußeren Kern) und ihre Interaktionen mit dem Geomagnetfeld führen über verschiedene Kopplungsmechanismen zu dekadischen Variationen der Erdrotation (Abb. 9 und 10) [28, 29, 38, 39]. Die unterschiedlichen Prozesse beeinflussen Polbewegung und Rotationsgeschwindigkeit unterschiedlich stark, wobei die topographische Kopplung (verursacht durch die Topographie an der Kern-Mantel-Grenze) die größten Beiträge liefert. Im Fall von ΔLOD (Abb. 10c) verursacht sie Amplituden von 1 ms (etwa 50 cm auf der Erd-

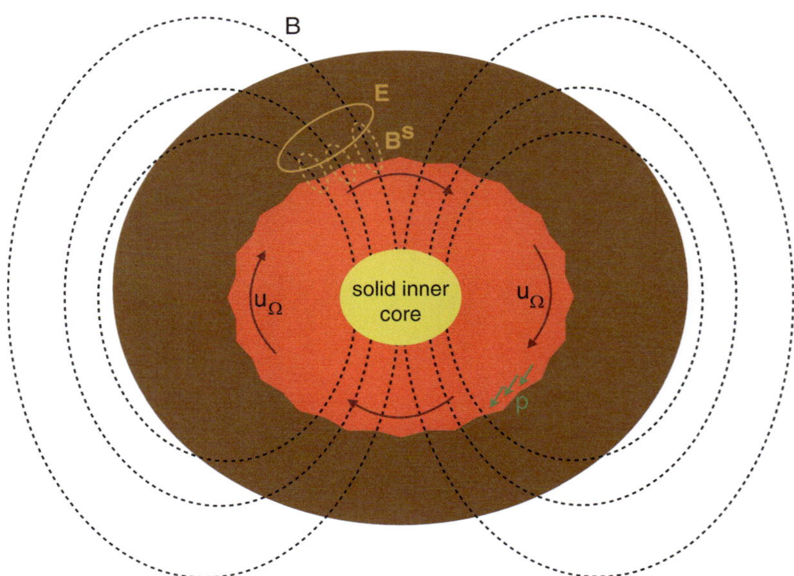

Abb. 9 Illustration von gravitativer, elektromagnetischer und topographischer Kopplung im Kern-Mantel-Bereich. Die Symbole B und Bs bezeichnen das Magnetfeld bzw. sekundäre Magnetfeld, E das elektrische Feld, u_Ω die Fluidgeschwindigkeit an der Kern-Mantel-Grenze und p den dynamischen Druck an der Kern-Mantel-Grenze. (Quelle: J. Hagedoorn)

oberfläche). Auch die elektromagnetische Kopplung hat einen bedeutenden Einfluss auf die Rotationsgeschwindigkeit. Sie beruht auf Variationen des geomagnetischen Feldes als Folge von Dynamoprozessen, die über die Lorentzkraft ein Drehmoment auf elektrisch leitfähige Gebiete des unteren Mantels ausüben. Viskoelastische und gravitative Kopplungsmechanismen spielen dagegen nur eine untergeordnete Rolle. Insbesondere bei der Polbewegung weisen Modelle und Beobachtungen jedoch noch erhebliche Differenzen auf (Abb. 10a, b). Die Beobachtungen zeigen dekadische Variationen mit Amplituden von mehr als 10 mas (entsprechend 30 cm auf der Erdoberfläche). Die durch die Modelle beschriebenen Schwankungen weichen hiervon sowohl bezüglich ihrer Amplitude als auch bezüglich ihrer Charakteristik ab.

Postglaziale isostatische Ausgleichsprozesse zwischen oberem Mantel und Kruste, tektonische Prozesse, Gletscherschmelze und der Anstieg des Meeresspiegels tragen zu säkularen Änderungen der Erdrotation bei [59, 66, 87]. Daneben wird eine säkulare Änderung der Tageslänge von etwa 1,8 ms pro Jahrhundert durch Gezeitenreibung im Erde-Mond-System verursacht [45, 56]. Aufgrund der Drehimpulserhaltung ist dieser Effekt zugleich mit einer Vergrößerung der Erde-Mond-Distanz von 3.8 cm pro Jahr verbunden, die aus der Analyse von LLR-Beobachtungen mit hoher Genauigkeit bestimmbar ist [57].

Auch zur Ermittlung geophysikalischer Parameter der festen Erde können die Zeitreihen der Erdrotationsparameter einen wichtigen Beitrag leisten. Da sowohl die Periode als auch die Dämpfung der Chandler-Schwingung mit der Rheologie

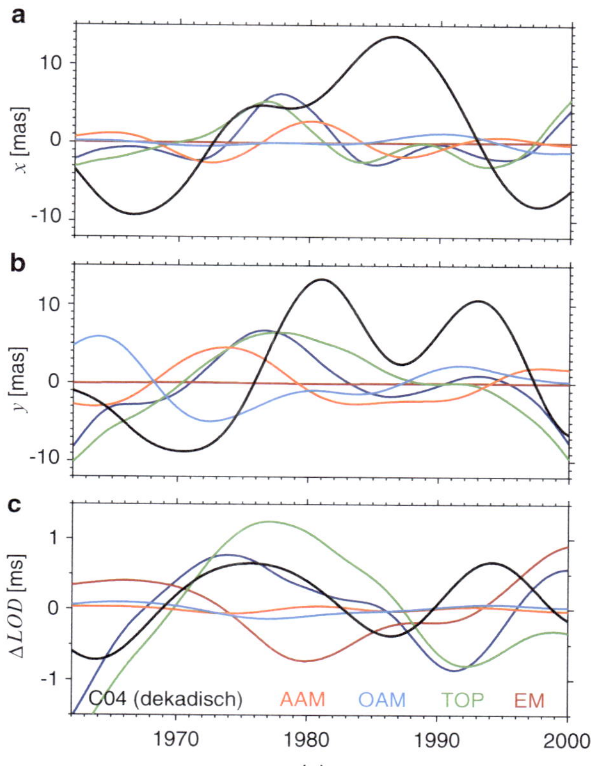

Abb. 10 Wechselwirkungen zwischen Erdkern und Erdmantel und ihr Einfluss auf die Erdrotation. Elektromagnetische (EM) und topographische (TOP) Kopplung haben einen großen Einfluss auf die dekadischen Variationen in Polbewegung (**a**, **b**) und Tageslänge (**c**). Geodätische Beobachtungen der C04-Reihe des IERS (gefiltert) sind in schwarz dargestellt. AAM und OAM repräsentieren zum Vergleich die Anteile der atmosphärischen und ozeanischen Anregung in diesem Spektralbereich. (Quelle: J. Hagedoorn)

des Erdkörpers in Zusammenhang stehen, ermöglicht die Analyse der Chandler-Schwingung Rückschlüsse auf entsprechende geophysikalische Größen. Insbesondere die Love'sche Zahl k_2, die die Rotationsdeformation des Erdkörpers beschreibt und mit dem Gütefaktor Q verknüpft ist (Gl. 22), lässt sich aus den mehr als sechs Dekaden überdeckenden Zeitreihen der Polbewegung mit guter Genauigkeit ermitteln [80]. Abb. 11 zeigt eine Simulation der Polbewegung mit einem physikalischen Modell nach Anpassung des Parameters k_2. Insbesondere in der Chandler-Komponente ergibt sich eine sehr gute Übereinstimmung.

Diese Beispiele zeigen, dass die beobachteten Zeitreihen der Erdrotationsparameter wertvolle Informationen zu Prozessen und Eigenschaften unterschiedlicher Komponenten des Erdsystems beinhalten. In ihnen spiegeln sich Abläufe im Erdinneren und auf der Erdoberfläche wider, wodurch die Analyse der Daten und ihre Nutzung in inversen Ansätzen ein großes Potenzial für die Verbesserung entsprechender Modelle hat.

Wie eingangs beschrieben, ist die Kenntnis der Erdrotation mit hoher Genauigkeit unverzichtbar für vielfältige Aufgaben und Anwendungen, vor allem in Geodäsie, Navigation und Raumfahrt. Eine hinreichende, präzise Beobachtung

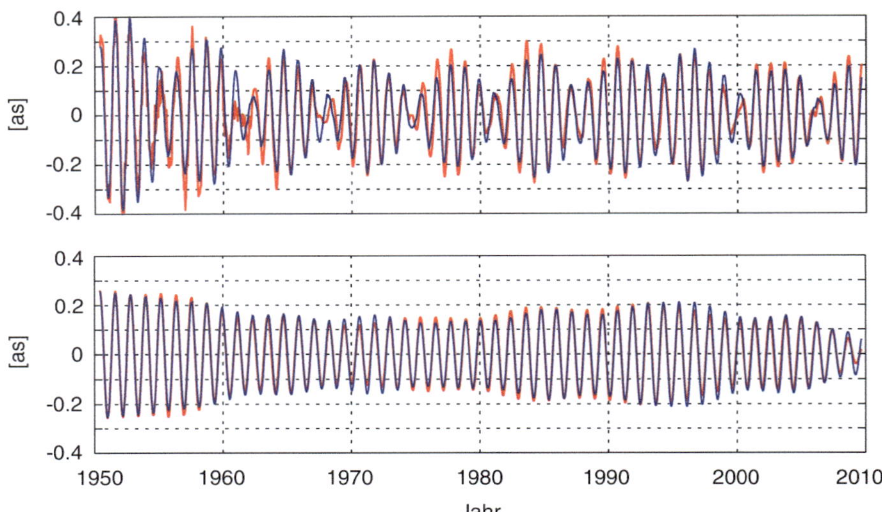

Abb. 11 Simulationsergebnisse (blau) der Polbewegung (x-Koordinate) aus einem physikalischen Modell mit aus geodätischen Beobachtungen (rot) geschätzter Love'scher Zahl k_2. Oben: Vollständige Polbewegung; Unten: Chandler-Komponente. Im Fall der Chandler-Komponente ergibt sich zwischen Modellergebnis und Beobachtungsdaten ein Korrelationskoeffizient von 0,99, die mittlere quadratische Klaffung beträgt 17,3 mas [80]

der verschiedenen Anteile der Erdrotation (Präzession/Nutation, Polbewegung und Rotationsgeschwindigkeit) ist nur mit modernen geodätischen Weltraumverfahren möglich.

Durch die kontinuierliche Weiterentwicklung der Beobachtungstechnik, die Erweiterung des Netzes der Beobachtungsstationen und die Ergänzung um neue Beobachtungsverfahren (z. B. terrestrische Großringlaser) können Erdrotationsschwankungen noch genauer und zeitlich höher aufgelöst beobachtet werden. In Zukunft wird man diese Daten mit weiteren Beobachtungsergebnissen kombinieren, die jeweils komplementäre Facetten der dynamischen Prozesse erfassen. Beispiele hierfür sind Beobachtungen von Massenverlagerungen aus Satelliten-Schwerefeldmissionen (z. B. GRACE), Meeresspiegeländerungen aus der Satellitenaltimetrie und Oberflächendeformationen aus GNSS- und SAR-Techniken (z. B. Terra-SAR-X). Die Kombination von heterogenen Beobachtungsverfahren und die konsistente Analyse der gewonnenen Messdaten unter Berücksichtigung der jeweiligen Genauigkeiten birgt ein großes Potenzial für die weitere Steigerung des Prozessverständnisses im System Erde. In diesem Kontext stellt die Erdrotation als integraler Indikator eine wichtige Säule moderner Erdbeobachtung dar. Die Bereitstellung hochgenauer geodätischer Beobachtungsdaten sowie die Integration unterschiedlicher Beobachtungsverfahren zur Erdsystemforschung sind auch die wichtigsten Ziele des Globalen Geodätischen Beobachtungssystems GGOS [63] der Internationalen Assoziation für Geodäsie.

Literatur

1. Altamimi, Z., Collilieux, X., Métivier, L.: ITRF2008: an improved solution of the international terrestrial reference frame. J. Geodesy (2011). doi:10.1007/s00190-011-0444-4
2. Artz, T., Bernhard, L., Nothnagel, A., Steigenberger, P., Tesmer, S.: Methodology for the combination of sub-daily Earth rotation from GPS and VLBI observations. J. Geodesy (2012). doi:10.1007/s00190-011-0512-9
3. Barnes, R.T.H., Hide, R.H., White, A.A., Wilson, C.A.: Atmospheric angular momentum fluctuations, length of day changes and polar motion. Proc. R. Soc. Lon. **387**, 31–73 (1983)
4. Beutler, G.: Methods of Celestial Mechanics I: Physical, Mathematical and Numerical Principles. Springer, Berlin (2005)
5. Biskupek, L.: Bestimmung der Erdorientierung mit Lunar Laser Ranging, C 742. Deutsche Geodätische Kommission, München (2015)
6. Bizouard, C., Gambis, D.: The combined solution C04 for Earth orientation parameters consistent with international terrestrial reference frame 2005. In: Drewes, H. (Hrsg.) Geodetic Reference Frames. IAG Symposia, Bd. 134. Springer, Berlin (2009)
7. Böhm, S.: Tidal excitation of Earth rotation observed by VLBI and GNSS, Geowissenschaftliche Mitteilungen Nr. 90, Technische Universität Wien, Wien (2012)
8. Brzezinski, A.: Polar motion excitation by variations of the effective angular momentum function: considerations concerning deconvolution problem. Manuscr. Geod. **17**, 3–20 (1992)
9. Brzezinski, A., Nastula, J.: Oceanic excitation of the Chandler wobble. Adv. Space Res. **30**(2), 195–200 (2000)
10. Capitaine, N.: Comparison of 'old' and 'new' concepts: the celestial intermediate pole and Earth orientation parameters. In: Capitatine, N., Gambis, D., McCarthy, D.D., Petit, G., Ray, J., Richter, B., Rothacher, M., Standish, E.M., Vondrak, J. (Hrsg.) Proceedings of the IERS Workshop on the Implementation of the New IAU Resolutions. IERS Technical Note, Bd. 29, S. 35–44. Verlag des Bundesamts für Kartographie und Geodäsie, Frankfurt am Main (2002)
11. Capitaine, N.: Oppolzer terms: a review. In: FGS Workshop on 'Ring Laser Gyroscopes and Earth Rotation', Wettzell (2004)
12. Capitaine, N., Chapront, J., Lambert, S., Wallace, P.: Expressions for the coordinates of the CIP and the CEO using IAU 2000 Precession-Nutation. In: Capitatine, N., Gambis, D., McCarthy, D.D., Petit, G., Ray, J., Richter, B., Rothacher, M., Standish, E.M., Vondrak, J. (Hrsg.) Proceedings of the IERS Workshop on the Implementation of the New IAU Resolutions. IERS Technical Note, Bd. 29, S. 89–91. Verlag des Bundesamts für Kartographie und Geodäsie, Frankfurt a. M. (2002)
13. Chandler, S.C.: On the variation of latitude I-IV. Astron. J. **11**, 59–61, 65–70, 75–79, 83–86 (1891)
14. Chandler, S.C.: On the variation of latitude V-VII. Astron. J. **12**, 17–22, 57–72, 97–101 (1892)
15. Chao, B.F.: Length-of-day variations caused by El Nino Southern Oscillation and quasi-biennial oscillation. Science **243**, 923–925 (1989)
16. Chao, B.F.: The geoid and Earth rotation. In: Vanićek, P., Christou, N.T. (Hrsg.) Geoid and Its Geophysical Interpretations, S. 285–298. CRC Press, Boca Raton (1994)
17. Chen, J.L., Wilson, C.R., Ries, J.C., Tapley, B.D.: Rapid ice melting drives Earth's pole to the east. Geophys. Res. Lett. **40** (2013). doi:10.1002/grl.50552
18. Dick, W., Thaller, D.: IERS Annual Report 2012. Verlag des Bundesamts für Kartographie und Geodäsie, Frankfurt a. M. (2014)
19. Dobslaw, H., Dill, R., Grötzsch, A., Brzezinski, A., Thomas, M.: Seasonal polar motion excitation from numerical models of atmosphere, ocean, and continental hydrosphere. J. Geophys. Res. **115** (2010). doi:10.1029/2009JB007127
20. Erdrotation: Portal der DFG-Forschergruppe FOR 584: Erdrotation und globale dynamische Prozesse (2015). http://www.erdrotation.de/

21. Euler, L.: Du mouvement de rotation des corps solides autour d'un axe variable. Mémoires de l'académie des sciences de Berlin **14**, 154–193 (1765)
22. Feissel, M., Mignard, F.: The adoption of ICRS on 1 January 1998: meaning and consequences. Astron. Astrophys. **331**, L33–L36 (1998)
23. Fey, A.L., Gordon, D., Jacobs, C.S. (Hrsg.) The Second Realization of the International Celestial Reference Frame by Very Long Baseline Interferometry. IERS Technical Note, vol. 35. Verlag des Bundesamts für Kartographie und Geodäsie, Frankfurt a. M. (2009)
24. Furuya, M., Hamano, Y., Naito, I.: Quasi-periodic wind signal as a possible excitation of Chandler wobble. J. Geophys. Res. **101**, 25537–25546 (1996)
25. Furuya, M., Hamano, Y., Naito, I.: Importance of wind for the excitation of Chandler wobble as inferred from wobble domain analysis. J. Phys. Earth **45**, 177–188 (1997)
26. Gerlach, E., Klioner, S., Soffel, M.: Consistent modeling of the geodetic precession in Earth rotation. In: Sneeuw, N., Novák, P., Crespi, M., Sansó, F. (Hrsg.) VII Hotine-Marussi Symposium on Mathematical Geodesy. IAG Symposia, Bd. 137. S. 307–312. Springer, Berlin (2009)
27. Göttl, F., Schmidt, M., Seitz, F., Bloßfeld, M.: Separation of atmospheric, oceanic and hydrological polar motion excitation mechanisms based on a combination of geometric and gravimetric space observations. J. Geodesy **89** (2015). doi:10.1007/s00190-014-0782-0
28. Greiner-Mai, H., Hagedoorn, J.: Core-mantle coupling – Part II: Topographic coupling torques, Techn. Ber. STR08/11, GFZ, Potsdam (2008)
29. Greiner-Mai, H., Ballani, L., Hagedoorn, J.: Core-mantle coupling – Part IV: Axial component of the core angular momentum, Techn. Ber. STR12/10, GFZ, Potsdam (2012)
30. Gross, R.S.: The influence of earthquakes on the Chandler wobble during 1977–1983. Geophys. J. R. Astron. Soc. **85**, 161–177 (1986)
31. Gross, R.S.: Correspondence between theory and observations of polar motion. Geophys. J. Int. **109**, 162–170 (1992)
32. Gross, R.S.: The effect of ocean tides on the Earth's rotation as predicted by the results of an ocean tide model. Geophys. Res. Lett. **20**(4), 293–296 (1993)
33. Gross, R.S.: The excitation of the Chandler wobble. Geophys. Res. Lett. **27**(15), 2329–2332 (2000)
34. Gross, R.S.: Earth rotation variations – long period. In: Herring, T.A. (Hrsg.) Physical Geodesy. Treatise on Geophysics, Bd. 3. Elsevier, Amsterdam (2007)
35. Gross, R.S., Fukumori, I., Menemenlis, D.: Atmospheric and oceanic excitation of the Earth's wobbles during 1980–2000. J. Geophys. Res. **108** (2003). doi:10.1029/2002JB002143
36. Gross, R.S., Fukumori, I., Menemenlis, D., Gegout, P.: Atmospheric and oceanic excitation of length-of-day variations during 1980–2000. J. Geophys. Res. **109** (2004). doi:10.1029/2003JB002432
37. Guinot, B.: Comparison of 'old' and 'new' concepts: celestial ephemeris origin (CEO), terrestrial ephemeris origin (TEO), earth rotation angle (ERA). In: Capitatine, N., Gambis, D., McCarthy, D.D., Petit, G., Ray, J., Richter, B., Rothacher, M., Standish, E.M., Vondrak, J. (Hrsg.) Proceedings of the IERS Workshop on the Implementation of the New IAU Resolutions. IERS Technical Note, Bd. 29, S. 45–50. Verlag des Bundesamts für Kartographie und Geodäsie, Frankfurt a. M. (2002)
38. Hagedoorn, J., Greiner-Mai, H.: Core-Mantle Coupling – Part I: electromagnetic coupling torques, Techn. Ber. STR08/06, GFZ, Potsdam (2008)
39. Hagedoorn, J., Greiner-Mai, H., Ballani, L.: Core-mantle coupling – Part III: gravitational coupling torques, Techn. Ber. STR12/01, GFZ, Potsdam (2012)
40. Hameed, S., Currie, R.G.: Simulation of the 14-month Chandler wobble climate model. Geophys. Res. Lett. **16**(3), 247–250 (1989)
41. Hinderer, J., Legros, H., Gire, C., Le Mouël, J.-L.: Geomagnetic secular variation, core motions and implications for the Earth's wobbles. Phys. Earth Planet. Int. **49**, 121–132 (1987)
42. Holme, R.: Electromagnetic core-mantle coupling – I. Explaining decadal changes in length of day. Geophys. J. Int. **132**, 167–180 (1998)

43. Höpfner, J.: Interannual variations in length of day and atmospheric angular momentum with respect to ENSO cycles. Z. f. Vermess. **126**(1), 39–49 (2001)
44. IUGG: IUGG General Assembly Resolutions, Melbourne 2011 (2011). http://www.iugg.org/resolutions/
45. Kagan, B., Sündermann, J.: Dissipation of tidal energy, paleotides, and the evolution of the earth-moon system. Adv. Geophys. **38**, 179–266 (1996)
46. Kaplan, G.H.: The IAU resolutions on astronomical reference systems, time scales, and Earth rotation models, Techn. Ber. Circular 179, United States Naval Observatory, Washington, D.C. (2005)
47. Lambeck, K.: The Earth's Variable Rotation: Geophysical Causes and Consequences. Cambridge University Press, Cambridge (1980)
48. Liao, D.C., Greiner-Mai, H.: A new ΔLOD series in monthly intervals (1892.0–1997.0) and its comparison with other geophysical results. J. Geodesy **73**, 466–477 (1999)
49. Lieske, J.H., Lederle, T., Fricke, W., Morando, B.: Expression for the precession quantities based upon the IAU 1976 system of astronomical constants. Astron. Astrophys. **58**, 1–16 (1977)
50. Marchenko, A.N., Schwintzer, P.: Estimation of the Earth's tensor of inertia from recent global gravity field solutions. J. Geodesy **76**, 495–509 (2003)
51. Mathews, P.M., Herring, T.A., Buffet, B.A.: Modeling of nutation and precession: new nutation series for nonrigid Earth and insights into the Earth's interior. J. Geophys. Res. **107** (2002). doi:10.1029/2001JB000390
52. McCarthy, D.D., Petit, G. (Hrsg.): IERS Conventions 2003. IERS Technical Note, Bd. 32. Verlag des Bundesamts für Kartographie und Geodäsie, Frankfurt a. M. (2004)
53. Mendes Cerveira, P.J., Boehm, J., Schuh, H., Klügel, T., Velikoseltsev, A., Schreiber, U., Brzezinski, A.: Earth rotation observed by very long baseline interferometry and ring laser. Pure and Applied Geophysics 166 (2009). doi:10.1007/s00024-004-0487-z
54. Mitrovica, J.X., Wahr, J., Matsuyama, I., Paulson, A.: The rotational stability of an ice-age Earth. Geophys. J. Int. **161** (2006). doi:10.1111/j.1365-246X.2005.02609.x
55. Moritz, H., Mueller, I.I.: Earth Rotation. Theory and Observation. Ungar, New York (1987)
56. Morrison, L., Stephenson, F.: Historical eclipses and the variability of the Earth's rotation. J. Geodyn. **32**, 247–265 (2001)
57. Müller, J., Biskupek, L., Hofmann, F., Mai, E.: Lunar laser ranging and relativity. In: Kopeikin, S. (Hrsg.) Frontiers of Relativistic Celestial Mechanics, Bd. 2, S. 99–146. de Gruyter, Berlin (2014)
58. Munk, W.H., MacDonald, G.J.F.: The Rotation of the Earth. A Geophysical Discussion. Cambridge University Press, Cambridge (1960)
59. Nakada, M., Okuno, J.: Perturbations of the Earth's rotation and their implications for the present-day mass balance of both polar ice caps. Geophys. J. Int. **152**, 124–138 (2003)
60. Nilsson, T., Böhm, J., Schuh, H., Schreiber, U., Gebauer, A., Klügel, T.: Combining VLBI and ring laser observations for determination of high frequency Earth rotation variation. J. Geodyn. (2012). doi:10.1016/j.jog.2012.02.002
61. Panafidina, N., Rothacher, M., Kurdubov, S.: Empirical model of subdaily variations in the Earth rotation from GPS and its stability. In: Schuh, H., Böhm, S., Nilsson, T., Capitaine, N. (Hrsg.) Proceedings of the Journées Systémes de Référence Spatio-temporels 2011, Paris, S. 148–151 (2012)
62. Petit, G., Luzum, B. (Hrsg.): IERS Conventions 2010. IERS Technical Note, Bd. 36. Verlag des Bundesamts für Kartographie und Geodäsie, Frankfurt a. M. (2010)
63. Plag, H.-P., Pearlman, M.: Global Geodetic Observing System – Meeting the Requirements of a Global Society on a Changing Planet in 2020. Springer, Berlin (2009)
64. Rosen, R.D., Salstein, D.A., Eubanks, T.M., Dickey, J.O., Steppe, J.A.: An El Nino signal in atmospheric angular momentum and Earth rotation. Science **225**, 411–414 (1984)
65. Rothacher, M.: Future IERS products: implementation of the IAU 2000 resolutions. In: Capitaine, N., Gambis, D., McCarthy, D.D., Petit, G., Ray, J., Richter, B., Rothacher, M.,

Standish, E.M., Vondrak, J. (Hrsg.) Proceedings of the IERS Workshop on the Implementation of the New IAU Resolutions. IERS Technical Note, Bd. 29, S. 77–84. Verlag des Bundesamts für Kartographie und Geodäsie, Frankfurt a. M. (2002)
66. Sabadini, R., Vermeersen, B.: Global Dynamics of the Earth: Applications of Normal Mode Relaxation Theory to Solid-Earth Geophysics. Kluwer, Dordrecht (2004)
67. Saynisch, J., Thomas, M.: Ensemble Kalman-Filtering of Earth rotation observations with a global ocean model. J. Geodyn. **62**, 24–29 (2012). doi:10.1016/j.jog.2011.10.003
68. Saynisch, J., Wenzel, M., Schröter, J.: Assimilation of Earth rotation parameters into a global ocean model: excitation of polar motion. Nonlin. Process. Geophys. (2011). doi:10.5194/npg-18-581-2011
69. Saynisch, J., Wenzel, M., Schröter, J.: Assimilation of Earth rotation parameters into a global ocean model: length of day excitation. J. Geodesy (2011). doi:10.1007/s00190-010-0416-0
70. Schindelegger, M.: Atmosphere-induced short period variations of Earth rotation. Geowissenschaftliche Mitteilungen Nr. 96, Technische Universität Wien, Wien (2014)
71. Schneider, M.: Satellitengeodäsie. BI Wissenschaftsverlag, Zürich (1988)
72. Schödlbauer, A.: Geodätische Astronomie: Grundlagen und Konzepte. de Gruyter, Berlin (2000)
73. Schreiber, U., Wells, J.-P.: Invited review article: large ring lasers for rotation sensing. Rev. Sci. Instrum. (2013). doi:10.1063/1.4798216
74. Schuh, H., Dill, R., Greiner-Mai, H., Kutterer, H., Müller, J., Nothnagel, A., Richter, B., Rothacher, M., Schreiber, U., Soffel, M. (Hrsg.): Erdrotation und globale dynamische Prozesse, Mitteilungen des Bundesamts für Kartographie und Geodäsie, Bd. 32, Verlag des Bundesamts für Kartographie und Geodäsie, Frankfurt a. M. (2003)
75. Seidelmann, P.K. (Hrsg.): Explanatory Supplement to the Astronomical Almanac. University Science Books, Mill Valley (1992)
76. Seitz, F.: Atmosphärische und ozeanische Einflüsse auf die Rotation der Erde – Numerische Untersuchungen mit einem dynamischen Erdsystemmodell, C 578. Deutsche Geodätische Kommission, München (2004)
77. Seitz, F., Kutterer, H.: Numerical solutions for the non-linear Liouville equation. In: Adam, J., Schwarz, K.-P. (Hrsg.) Vistas for Geodesy in the New Millennium. IAG Symposia, Bd. 125, S. 463–468. Springer, Berlin (2002)
78. Seitz, F., Schmidt, M.: Atmospheric and oceanic contributions to Chandler wobble excitation determined by wavelet filtering. J. Geophys. Res. **110** (2005). doi:10.1029/2005JB003826
79. Seitz, F., Schuh, H.: Earth rotation. In: Xu, G. (Hrsg.) Sciences of Geodesy I: Advances and Future Directions, S. 185–227. Springer, Berlin (2010). doi:10.1007/978-3-642-11741-1_6
80. Seitz, F., Kirschner, S., Neubersch, D.: Determination of the Earth's pole tide love number k2 from observations of polar motion using an adaptive Kalman filter approach. J. Geophys. Res. **117** (2012). doi:10.1029/2012JB009296
81. Seitz, M., Angermann, D., Bloßfeld, M., Drewes, H., Gerstl, M.: The 2008 DGFI realization of the ITRS: DTRF2008. J. Geodesy **86** (2012). doi:10.1007/s00190-012-0567-2
82. Seitz, M., Steigenberger, P., Artz, T.: Consistent adjustment of combined terrestrial and celestial reference frames. In: Rizos, C., Willis, P. (Hrsg.) Earth on the Edge: Science for a Sustainable Planet. IAG Symposia, Bd. 139, S. 215–221. Springer, Berlin (2014). doi:10.1007/978-3–642-37222-3_28
83. Sidorenkov, N.S.: Excitation mechanisms of Chandler polar motion. Astron. Zh. **69**(4), 905–909 (1992)
84. Soffel, M., Langhans, R.: Space-Time Reference Systems. Springer, Berlin (2013)
85. Souriau, A., Cazenave, A.: Re-evaluation of the seismic excitation of the Chandler wobble from recent data. Earth Plan. Sci. Lett. **75**, 410–416 (1985)
86. Trenberth, K.E.: Atmospheric quasi-biennial oscillations. Mon. Weather Rev. **108**, 1370–1377 (1980)
87. Trupin, A., Meier, M., Wahr, J.: Effect of melting glaciers on the Earth's rotation and gravitational field: 1965–1984. Geophys. J. Int. **108**, 1–15 (1992)

88. Vondrak, J., Ron, C., Pesek, I., Cepek, A.: New global solution of Earth orientation parameters from optical astrometry in 1900–1990. Astron. Astrophys. **297**, 899–906 (1995)
89. Wahr, J.M.: The forced nutations of an elliptical, rotating, elastic and oceanless Earth. Geophys. J. R. Astron. Soc. **64**, 705–727 (1981)
90. Wahr, J.M.: The effects of the atmosphere and the oceans on the Earth's wobble and on the seasonal variations in the length of day – II. Results. Geophys. J. R. Astron. Soc. **74**, 451–487 (1983)
91. Wahr, J.M.: Deformation induced by polar motion. J. Geophys. Res. **90**, 9363–9368 (1985)
92. Yoder, C.F., Williams, J.G., Parke, M.E.: Tidal variations of Earth rotation. J. Geophys. Res. **86**, 881–891 (1981)

Geometrische Referenzsysteme

8

Manuela Seitz, Detlef Angermann und Mathis Bloßfeld

Zusammenfassung

Geometrische Referenzsysteme sind wohldefinierte dreidimensionale Koordinatensysteme. Für die Referenzierung von Vorgängen auf der Erde und im Weltraum sind das erdgebundene *International Terrestrial Reference System* (ITRS) und das himmelsbezogene *International Celestial Reference System* (ICRS) von zentraler Bedeutung. Die Realisierung der Referenzsysteme erfolgt durch Kombination langjähriger Beobachtungsreihen der geodätischen Raumbeobachtungsverfahren VLBI, SLR, GNSS und DORIS unter Berücksichtigung einer Vielzahl hochgenauer konventioneller Modelle. Der Internationale Erdrotations- und Referenzsystemsdienst (*International Earth Rotation and Reference Systems Service*, IERS) ist für die Berechnung und Veröffentlichung der Realisierungen (die sog. Referenzrahmen) verantwortlich. Eine Neuberechnung der Realisierungen in Abständen von wenigen Jahren ist notwendig, um eine hohe Genauigkeit und Aktualität zu gewährleisten.

Schlüsselwörter

Referensysteme • Referenzrahmen • ITRS • ITRF • ICRS • ICRF • Raumbeobachtungsverfahren • Kombination • Normalgleichungssysteme • EUREF

M. Seitz (✉) • D. Angermann • M. Bloßfeld
Deutsches Geodätisches Forschungsinstitut, Technische Universität München, München, Deutschland
E-Mail: manuela.seitz@tum.de; detlef.angermann@tum.de; mathis.blossfeld@tum.de

R. Rummel (Hrsg.), *Erdmessung und Satellitengeodäsie*,
Springer Reference Naturwissenschaften, DOI 10.1007/978-3-662-47100-5_17

Inhaltsverzeichnis

1 Einleitung

Geometrische Referenzsysteme sind wohldefinierte dreidimensionale Koordinatensysteme. Für die Referenzierung von Vorgängen auf der Erde und im Weltraum sind zwei Systeme von zentraler Bedeutung: das *International Terrestrial Reference System* (ITRS), ein erdgebundenes Koordinatensystem, das mit der Erde rotiert und das *International Celestial Reference System* (ICRS), ein himmelsbezogenes Koordinatensystem. Das erdgebundene rechthändige kartesische Koordinatensystem, ITRS, ist die Grundlage für die Mehrzahl erdbezogener Anwendungen, wie zum Beispiel die Beobachtung und Quantifizierung von Prozessen im Erdsystem, die Analyse der Erdrotation, die Berechnung von Satellitenbahnen, Positionierung, Navigation, Zeitrealisierung sowie Landes- und Ingenieurvermessung. Das himmelsbezogene (zälestische) Koordinatensystem, ICRS, ist ein quasi-inertiales System in dem nur sehr kleine sogenannten Scheinkräfte auftreten. Es ist die Grundlage für weltraumbezogene Anwendungen, wie beispielsweise die Beschreibung der Bewegung der Erde und anderer Raumobjekte im Weltraum, die Raumnavigation und die Erstellung von Sternkatalogen. Referenzsysteme sind durch einen Koordinatenursprung, die Orientierung der Koordinatenachsen und, im Falle eines kartesischen Koordinatensystems, durch die Skalierung der drei Koordinatenachsen definiert. Der Zugang zu Referenzsystemen erfolgt in der Praxis über Koordinaten konkreter physikalischer Punkte auf der Erdoberfläche oder im Weltraum wie zum Beispiel den Referenzpunkten geodätischer Beobachtungsinstrumente oder extragalaktischer Radioquellen. Ein Satz konsistent bestimmter Koordinaten solcher physikalischer Referenzpunkte mit Bezug zu einem Koordinatensystem wird als dessen Realisierung bezeichnet. Das ITRS wird realisiert durch den *International Terrestrial Reference Frame* (ITRF), das ICRS durch den

International Celestial Reference Frame (ICRF). Die Beziehung zwischen den beiden Rahmen wird durch die zeitabhängigen Erdorientierungsparameter (EOP) beschrieben.

Die Realisierung des ITRS basiert auf der Auswertung und Kombination der geodätischen Weltraumverfahren: Interferometrie auf sehr langen Basislinien (*Very Long Baseline Interferometry*, VLBI), Laserentfernungsmessung zu Satelliten (*Satellite Laser Ranging*, SLR), Globale Satellitennavigationssysteme (*Global Navigation Satellite Systems*, GNSS) und dem Dopplermesssystem DORIS (*Doppler Orbitography and Radiopositioning Integrated by Satellite*). Die vier Beobachtungsverfahren zeichnen sich durch individuelle Stärken im Hinblick auf die ITRS-Realisierung aus. Diese werden in einer Kombination optimal genutzt. Die VLBI ist das einzige der Verfahren, das durch eine Beobachtung extragalaktischer Objekte eine Realisierung des ICRS ermöglicht. Das ICRS wird daher ausschließlich aus VLBI-Beobachtungen realisiert.

Die Beobachtungen der einzelnen Verfahren werden jeweils durch globale Netze von Beobachtungsstationen durchgeführt. Zur Realisierung der Referenzsysteme werden diese Beobachtungen über physikalische Gesetzmäßigkeiten (z. B. die KEPLERschen Gesetze) und durch Berücksichtigung von Korrektionsmodellen (z. B. das Erdgezeitenmodell) mit der Definition des Systems verknüpft. Der ITRF enthält die mittleren Positionen und konstante Geschwindigkeiten für die Stationen. Eine Vielzahl an hochgenauen Korrektionsmodellen und geschätzten Korrekturen sind notwendig, um die Beobachtungen zu korrigieren und die tatsächlichen Stationsbewegungen, die einer Vielzahl von Variationen unterschiedlicher Ursachen unterliegen, auf eine lineare Darstellung zu reduzieren. Aufgrund der sehr guten Approximation der Stationsbewegungen wird eine hohe Genauigkeit und Langzeitstabilität des ITRF erreicht, die es erlaubt, auch kleinste sich langsam vollziehende Veränderungen im Erdsystem (z. B. den Meeresspiegelanstieg) millimetergenau zu erfassen. Der ITRF als global verfügbarer Referenzrahmen ist damit unverzichtbare Grundlage für die Erdsystemforschung. Trotz ihrer hohen Genauigkeit können die verwendeten Korrektionsmodelle nicht alle auftretenden Effekte vollständig beschreiben. Infolgedessen sind die Referenzrahmen, im Gegensatz zu den Referenzsystemen, nicht fehlerfrei und ein System kann theoretisch durch eine unbegrenzte Anzahl an Referenzrahmen realisiert werden, indem der berücksichtigte Zeitraum, die verwendeten Beobachtungen und die für die Auswertung der Daten benötigten Hintergrundmodelle variiert werden.

In den letzten Jahren haben die Anforderungen an die Referenzrahmen hinsichtlich Genauigkeit und Stabilität stark zugenommen. Insbesondere die Quantifizierung der Auswirkungen des globalen Wandels erfordert einen hochgenauen und langzeitstabilen terrestrischen Referenzrahmen. Das globale geodätische Beobachtungssystem (*Global Geodetic Observing System*, GGOS) [26], eine Komponente der Internationalen Assoziation für Geodäsie (*International Association of Geodesy*, IAG) [1,5], ist ein Beobachtungssystem in dem verschiedene geodätische Beobachtungssysteme konsistent in einem multi-sensor System zusammengefasst werden. Dieses System ist derzeit im Aufbau. Das Rückgrat von GGOS sind hochgenaue und langzeitstabile terrestrische und zälestische Referenzrahmen. Für den ITRF wird eine Genauigkeit von besser als 1 mm für Stationspositionen und 0,1 mm/Jahr für

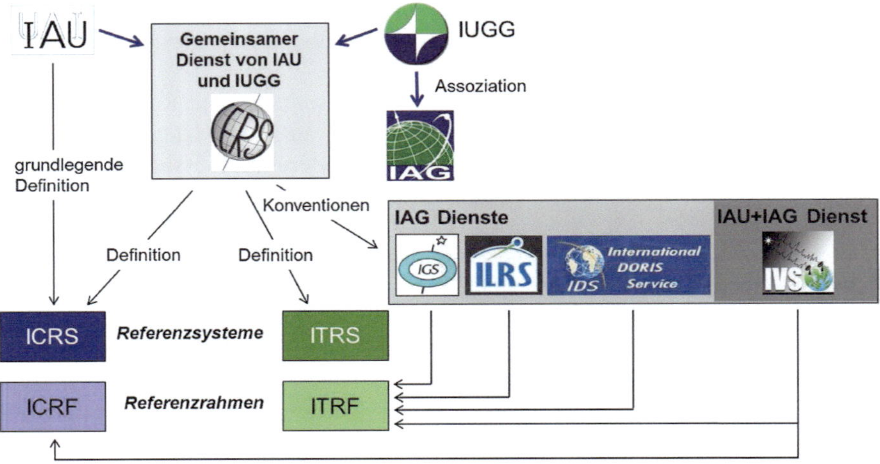

Abb. 1 Überblick über die internationalen Organisationen und Dienste, die an der Definition und Realisierung von Referenzsystemen maßgeblich beteiligt sind. Abkürzungen: Internationale Astronomische Union (IAU), Internationale Union für Geodäsie und Geophysik (IUGG), Internationaler Erdrotations- und Referenzsystemsdienst (IERS), Internationaler VLBI Dienst für Geodäsie und Astrometrie (IVS), Internationaler Dienst für Laserentferungsmessungen (ILRS), Internationaler GNSS Dienst (IGS) und Internationaler DORIS Dienst (IDS)

die langzeitigen Bewegungsraten gefordert [26]. Daraus ergeben sich neue Herausforderungen für die Analyse, Modellierung und Kombination der Beobachtungen aber auch für die technologische Weiterentwicklung der Messsysteme. Zudem ist eine höhere räumliche und zeitliche Beobachtungsdichte erforderlich, um diese Anforderungen zu erfüllen.

Der Internationale Erdrotations- und Referenzsystemdienst (*International Earth Rotation and Reference Systems Service*, IERS), ein gemeinsamer Dienst der Internationalen Astronomischen Union (*International Astronomical Union*, IAU) und der Internationalen Union für Geodäsie und Geophysik (*International Union of Geodesy and Geophysics*, IUGG), ist verantwortlich für die Berechnung und Veröffentlichung des ITRF, des ICRF und der konsistent berechneten Zeitreihen der Erdorientierungsparameter. Die Eingangsdaten werden durch die internationalen Dienste der vier genannten geodätischen Weltraumverfahren generiert und bereitgestellt. Abb. 1 gibt einen Überblick über die internationalen Organisationen und Dienste, die an der Berechnung der IERS-Produkte maßgeblich beteiligt sind.

2 Weltraumgestützte Beobachtungsverfahren für die Realisierung von Referenzsystemen

Die Realisierung des ITRS basiert auf der Kombination der Beobachtungsdaten der vier geodätischen Beobachtungsverfahren VLBI, SLR, GNSS und DORIS.

Die Realisierung des ICRS erfolgt anhand von VLBI-Beobachtungsdaten. Es wurden internationale Dienste für die genannten Beobachtungsverfahren eingerichtet (siehe Abb. 1), die u. a. für die Analyse und Bereitstellung der Eingangsdaten für die Realisierung der Referenzsysteme verantwortlich sind.

2.1 Interferometrie auf sehr langen Basislinien (*Very Long Basline Interferometry*, VLBI)

Die Interferometrie auf sehr langen Basislinien hat in der Geodäsie und Astrometrie seit den 1980er-Jahren große Bedeutung erlangt [39]. Dieses Beobachtungsverfahren ermöglicht die hochgenaue relative Positionierung auf der Erdoberfläche über sehr große Entfernungen hinweg. Die VLBI basiert auf der Beobachtung von Wellenfronten, die von extragalaktischen Radioquellen emittiert werden. Zwei meist weit voneinander entfernte Radioteleskope empfangen das Signal einer Radioquelle. Die Korrelation der empfangenen Signale liefert die Zeitdifferenz, mit der die Wellenfront die beiden Teleskope erreicht. Aus dieser Zeitdifferenz wird die relative Entfernung zwischen beiden Teleskopen berechnet. Werden simultane Beobachtungen in einem globalen Netz von Stationen durchgeführt, können die individuellen Stationspositionen, die Koordinaten der Radioquellen, sowie die Erdorientierungsparameter bestimmt werden. Eine detaillierte Beschreibung des Beobachtungsprinzips der VLBI geben [39] und [40].

Die VLBI zeichnet sich durch folgende Charakteristiken aus, die bei der Realisierung von Referenzsystemen von besonderer Bedeutung sind:

- VLBI ermöglicht die Bestimmung sehr großer Distanzen, z. B. zwischen Kontinenten, mit sehr hoher Genauigkeit. Für VLBI-Experimente mit Teleskopen auf der Erde und im Weltraum (Space VLBI) sind die Entfernungen noch wesentlich größer.
- Die Beobachtung extragalaktische Radioquellen erlaubt die Bestimmung der Orientierung der Erde im Inertialraum und damit die Transformation zwischen dem ITRS und dem ICRS. Die VLBI ist das einzige Verfahren, dass zur Realisierung beider Referenzsysteme beiträgt.
- Die VLBI ist nicht von Fehlern in der Bahnmodellierung beeinflusst, wie es bei den Satellitenverfahren der Fall ist.
- Die Beobachtung eines Frequenzbandes, wie es für die geodätische VLBI üblich ist, ermöglicht die weitgehende Elimination ionosphärischer Laufzeitfehler.
- Die VLBI liefert sehr lange Zeitreihen hochgenauer Beobachtungen (aktuell ca. 35 Jahre).

Um die Genauigkeit der VLBI weiter zu verbessern, wurde in den vergangenen Jahren das Stationsnetz stark erweitert. So wurden weltweit neue Stationen installiert und auch auf der Station Wettzell im Bayerischen Wald ein neu entwickeltes Zwillingsteleskop errichtet (Abb. 2). In Vorbereitung der Erweiterung des VLBI-Stationsnetzes hat der Internationale VLBI Dienst für Geodäsie und Astrometrie

Abb. 2 VLBI-Teleskope der Station Wettzell, Bayerischer Wald. Im Hintergrund das neue Zwillingsteleskop (Foto: Uwe Hessels)

(*International VLBI Service for Geodesy and Astrometry*, IVS) eine Liste von Kriterien für die neue Generation der VLBI-Beobachtungssysteme definiert (VLBI2010 [24]), damit diese zukünftigen Anforderungen genügen und die ehrgeizigen Ziele von GGOS erreicht werden können.

VLBI-Beobachtungen für die Realisierung von Referenzsystemen werden in 24-Stunden-Beobachtungssessionen von Stationsnetzen mit globaler oder überregionaler Ausdehnung mehrmals pro Woche durchgeführt. Der IVS ist verantwortlich für die Korrelation, den Vergleich und die Kombination der Ergebnisse, die von den IVS-Analysezentren generiert werden, sowie für die Veröffentlichung der IVS-Produkte.

2.2 Laserentfernungsmessungen zu Satelliten (*Satellite Laser Ranging*, SLR)

Die Laserentfernungsmessung zu Satelliten ist ein optisches Beobachtungsverfahren, dass seit den 1980er-Jahren betrieben wird. Ein Laserteleskop auf der Erde (Abb. 3) sendet Laserpulse zu Satelliten, die mit Retroreflektoren ausgestattet sind. Das Signal wird reflektiert und vom Laserteleskop wieder empfangen. Die Laufzeit des Signals wird gemessen. Aus den Beobachtungen eines globalen SLR-Stationsnetzes zu mehreren Satelliten können präzise Satellitenbahnen, Stationskoordinaten und die EOP-Komponenten Polbewegung und Tageslängenvariation (*Length of Day*, LOD), sowie die niederen harmonischen Koeffizienten des Erdschwerefeldes gemeinsam bestimmt werden. Eine detaillierte Beschreibung des SLR-Beobachtungsverfahrens gibt [29].

Abb. 3 SLR-Teleskop in McDonalds, USA (Foto: McDonald Observatory)

Klassische SLR-Satelliten haben eine sphärische Oberfläche, die vollständig mit Reflektoren bestückt ist. Da SLR ein wichtiges Verfahren zur Bahnbestimmung und -validierung ist, sind jedoch auch die meisten Fernerkundungssatelliten und moderne GNSS-Satelliten mit Retroreflektoren ausgestattet. Für die Realisierung des ITRS werden aber ausschließlich Beobachtungen zu sphärischen Satelliten, insbesondere zu LAGEOS1 und LAGEOS2, verwendet.

Folgende Merkmale zeichnen SLR in Bezug auf die Realisierung des ITRS aus:

- SLR ist kein differenzielles Beobachtungsverfahren. Die beobachtete Zeitdifferenz wird durch eine Uhr erfasst und ist nicht durch Uhrensynchronisationsfehler verfälscht.
- SLR ist ein optisches Beobachtungsverfahren. Im Gegensatz zu den Mikrowellenverfahren wird die Laufzeitverzögerung nur geringfügig durch den Wasserdampfgehalt der Atmosphäre beeinflusst. Daher kann die gesamte troposphärische Laufzeitverzögerung (der hydrostatische und der durch den Wasserdampf verursachte feuchte Anteil) vollständig durch Modelle beschrieben werden. Eine Schätzung zusätzlicher Troposphärenparameter, die oft hoch korreliert mit der Stationshöhe sind, ist nicht notwendig.
- Nicht-gravitative Störkräfte auf kompakte sphärische Satelliten können sehr gut modelliert und die Satellitenbahn mit hoher Genauigkeit bestimmt werden.
- Wegen der geringen Bahnhöhen der meisten SLR-Satelliten von nur 700 km bis 5900 km ist dieses Beobachtungsverfahren sehr sensitiv auf das Erdschwerefeld.

Daher werden derzeit ausschließlich SLR-Beobachtungen für die Realisierung des Koordinatenursprungs des ITRS herangezogen.

Ein Nachteil von SLR ist, dass Beobachtungen nur bei nicht-bedecktem Himmel möglich sind. Genaue lokale Wettervorhersagen für die Stationen sind deshalb von großer Bedeutung.

Der Internationale SLR Dienst (*International Laser Ranging Service*, ILRS) [27] ist verantwortlich für die Erstellung des SLR-Beobachtungsprogramms, die Analyse der Beobachtungsdaten und die Generierung und Veröffentlichung der SLR-Produkte. SLR-Beobachtungen finden bei guten Wetterbedingungen kontinuierlich statt und die Analyse der Beobachtungen erfolgt auf wöchentlicher Basis.

2.3 Globales Satellitennavigationssystem (*Global Navigation Satellite System*, GNSS)

Das bekannteste der Satellitennavigationssysteme ist das US amerikanische *Global Positioning System* (GPS). Weitere GNSS-Systeme sind das russische GLONASS, das chinesische Beidou und das europäische GALILEO. Diese Satellitennavigationssysteme basieren auf der Beobachtung von Mikrowellensignalen. GPS spielt derzeit aufgrund seiner langen sowie räumlich und zeitlich dichten Beobachtungsreihen für die ITRS-Realisierung die größte Rolle. Es besteht in der Basiskonfiguration aus 24 Satelliten, die die Erde homogen verteilt auf 6 Bahnebenen umrunden. Damit ist sichergestellt, dass eine Positionierung zu jeder Zeit fast überall auf der Erde mit hoher Genauigkeit möglich ist. GPS ist seit 1998 voll ausgebaut, die ersten geodätischen Beobachtungen wurden aber bereits in den späten 1980er-Jahren durchgeführt.

Die Satelliten aller GNSS-Systeme senden mindestens zwei Trägersignale im Mikrowellenbereich aus, auf welche Kodeinformation moduliert ist. Während Navigationsgeräte die Kodeinformation zur Positionierung nutzen, messen präzise geodätische GNSS-Empfänger die Phasenlage des eintreffenden Trägersignals mit sehr hoher Genauigkeit. Abb. 4 zeigt als Beispiel die geodätische GNSS-Antenne der australischen Forschungsstation Casey in der Antarktis. Werden mehrere Satelliten zeitgleich beobachtet, können – unter Verwendung spezieller Methoden zur Mehrdeutigkeitslösung – die Anzahl ganzer Wellenzüge der Trägersignale zwischen Satellit und Empfänger berechnet werden. Die Beobachtungen eines globalen GPS-Stationsnetzes ermöglichen dann die Berechnung von Stationspositionen, Satellitenbahnen und der EOP-Komponenten Polbewegung und LOD. Eine detaillierte Beschreibung des GPS geben [29, 41].

Im Hinblick auf die Realisierung des ITRS weist GPS die folgenden Vorzüge auf:

- Das globale Netz permanenter GNSS-Stationen des Internationalen GNSS Dienstes (*International GNSS Service*, IGS) liefert eine große Anzahl hochgenauer Beobachtungen. Die formale Genauigkeit der aus GNSS bestimmten Parameter ist deshalb sehr hoch.

- Die Kosten für GNSS-Stationen sind im Vergleich zu VLBI und SLR sehr gering und die globale Abdeckung durch GNSS-Stationen ist deshalb sehr gut.
- Die Beobachtung zweier GNSS-Trägersignale unterschiedlicher Frequenz ermöglicht die fast vollständige Elimination des ionosphärischen Laufzeitfehlers.
- GNSS spielt eine herausragende Rolle für die Kombination der Verfahren, da GNSS-Empfänger an den meisten SLR- und VLBI-Stationen aber auch an vielen DORIS-Stationen installiert sind (sogenannte Ko-lokationsstationen).

Der IGS [11] kontrolliert die Genauigkeit der IGS-Stationen und ist verantwortlich für die Analyse der GNSS-Beobachtungen und die Erzeugung der IGS-Produkte. GNSS-Beobachtungen finden kontinuierlich statt und werden wöchentlich und seit einiger Zeit auch täglich ausgewertet.

2.4 Satellitengestütztes Dopplermessverfahren DORIS (*Doppler Orbitography and Radiopositioning Integrated by Satellite*)

DORIS ist, wie auch GNSS, ein satellitengestütztes Zweifrequenz-Mikrowellenverfahren. Bodenantennen (sogenannte *Beacons*, siehe Abb. 5) senden Signale aus, die von den DORIS-Satelliten empfangen werden. Aufgrund der schnellen Rela-

Abb. 4 Geodätische GNSS-Antenne der australischen Forschungsstation Casey in der Antarktis. (Quelle: http://igscb.jpl.nasa.gov)

Abb. 5 DORIS-Station (Quelle: http://smsc.cnes.fr)

tivbewegung von Satelliten und Bodenstationen unterliegt das Signal einer starken Frequenzverschiebung (Dopplereffekt), die beobachtet wird. Aus der Änderung der Frequenzverschiebung während eines Satellitendurchgangs kann Information über die Position der Beobachtungsstation auf der Erdoberfläche abgeleitet werden. Werden wenigstens drei Satelliten beobachtet, kann die Position der Station berechnet werden. Die Beobachtungen eines globalen Stationsnetzes ermöglichen die Berechnung von Stationskoordinaten, Satellitenbahnen, und den EOP-Komponenten Polbewegung und LOD. Die Satelliten einer Zahl von Erderkundungsmissionen sind mit DORIS-Empfängern ausgestattet, da DORIS, neben SLR, das am häufigsten verwendete Verfahren zur Bahnbestimmung ist. Gegenwärtig sind vier Erderkundungssatelliten mit DORIS-Empfängern im Orbit (Jason-2, CryoSat, HY-2A und Saral). Eine ausführliche Beschreibung des DORIS-Verfahrens liefern [42, 44]. Erste präzise DORIS-Beobachtungen wurden 1993 zu zwei Satelliten durchgeführt. Heute sind sieben mit DORIS-Empfängern ausgestattete Satelliten im Orbit. Die herausragenden Eigenschaften von DORIS mit besonderer Relevanz für die Realisierung von Referenzsystemen sind folgende:

- Da die Bodenstationen die Beobachtungssignale erzeugen und aussenden, benötigen sie lediglich eine Stromversorgung. Ein Internetanschluss und eine ständige Überwachung durch Personal sind nicht notwendig. Bei Verwendung unabhängiger Energiequellen (Solarpanel, Windturbinen und einer Batterie) sind die Stationen weitgehend autonom, sodass sie auch in entlegenen Gebieten installiert werden können. Dementsprechend weist das DORIS-Stationsnetz die beste homogene globale Verteilung auf.

- Die homogene Stationsverteilung garantiert eine optimale Beobachtungsgeometrie.
- DORIS spielt deshalb eine wichtige Rolle bei der Bahnbestimmung einiger Fernerkundungssatelliten.
- Die Verfügbarkeit zweier Mikrowellensignale ermöglicht die fast vollständige Reduktion des ionosphärischen Laufzeitfehlers.

Der Internationale DORIS Dienst (*International DORIS Service*, IDS) [43] koordiniert die Analyse der DORIS-Beobachtungen und die Erzeugung der Produkte. Wie auch für die anderen Satellitenverfahren werden DORIS-Beobachtungen kontinuierlich durchgeführt und wöchentlich analysiert.

3 Das Internationale Terrestrische Referenzsystem (ITRS)

3.1 Definition und Realisierung des ITRS

Das Internationale Terrestrische Referenzsystem ist ein dreidimensionales Koordinatensystem, das mit der Erde rotiert und dessen Koordinatenursprung im Massenzentrum der Erde definiert ist. Ein solches System ist vorteilhaft für die Georeferenzierung sowie für die Satellitenbahnbestimmung, da die Koordinaten von fest vermarkten Punkten auf der Erdoberfläche nur geringe Bewegungen bezüglich dieses Systems aufweisen und die Dynamik der Satellitenbahnen in direktem Bezug zum Massenzentrum der Erde steht. Der IERS ist verantwortlich für die Definition und die Realisierung des ITRS. Gemäß der Resolutionen der IAU und der IUGG ist das ITRS wie folgt definiert [25]:

- Der Koordinatenursprung liegt im Massenzentrum der Erde (inklusive der Ozeane und der Atmosphäre).
- Die Längeneinheit ist das Meter (SI). Der Maßstab ist konsistent mit der Koordinatenzeit im Geozentrum (*Temps-coordonnée géocentrique* (TCG)). Die Koordinatenzeit im Geozentrum ist die Zeit, die eine sich im Geozentrum befindende Uhr messen würde, wenn der gravitative Effekt der Erde nicht vorhanden wäre.
- Die Orientierung ist konsistent mit der des BIH Terrestrial System (BTS) zur Epoche 1984.0 (*Bureau International de l'Heure*, BIH). (Anmerkung: Der IERS Referenzpol (IRP) und der Referenzmeridian (IRM) sind konsistent mit der Orientierung des BTS im Bereich von ± 5 mas [22]. Der BIH Referenzpol wurde im Jahr 1967 an den international vereinbarten Pol CIO (*Conventional International Origin*) angepasst. Der CIO wurde als das Mittel der zwischen 1900.0 und 1906.0 bestimmten Lage der Rotationsachse der Erde festgelegt.)
- Die zeitliche Entwicklung der Orientierung wird definiert durch die Forderung, dass die horizontalen Geschwindigkeiten aller Stationen keine gemeinsame Rotation aufweisen. In einem solchen System trägt die Deformation der Erde nicht zu ihrem Drehimpuls bei (Tisserand-System) [23].

Diese Definition legt ein ideales terrestrisches Koordinatensystem fest. Ein Zugang zu diesem System ist nur über physikalische Punkte auf der Erdoberfläche oder in ihrem nahen Umfeld möglich. Solche Punkte sind beispielsweise die Referenzpunkte der Beobachtungsinstrumente der vier genannten Beobachtungsverfahren oder die der Satelliten. Um die Beziehung zwischen den Koordinaten der Referenzpunkte auf einer nicht-starren Erde und dem System zu beschreiben, bedarf es einer Vielzahl konventioneller physikalischer Modelle und Parameter, die die Bewegungen der Stationen beschreiben (z. B. Erdgezeitenmodell und LOVEsche Zahlen). Die Reduktion der tatsächlichen Stationsbewegung um nicht-lineare Anteile ist eine wesentliche Voraussetzung für die Realisierung des ITRS, da nur so die Koordinaten der Stationen im ITRF als eine mittlere Position und eine konstante Geschwindigkeit angegeben werden können, wodurch eine hohe Langzeitstabilität des Referenzrahmens garantiert ist. Das ITRS wird deshalb auch als konventionelles Koordinatensystem bezeichnet. Die Modelle und Konstanten sind in den IERS Konventionen, mit der aktuellen Version IERS *Conventions* 2010 [25], beschrieben. Die Tab. 1 gibt einen Überblick über die wichtigsten Korrektionsmodelle zur Berücksichtigung nicht-linearer Stationsbewegungen. Neben den genannten wird eine Vielzahl weiterer Modelle bei der Auswertung der Beobachtungsdaten der Messverfahren benötigt. Dazu gehören Modelle zur Berücksichtigung der zeitlichen Variationen von Schwerefeld und Erdrotation, sowie Störkraftmodelle für die Satelliten (z. B. Strahlungsdruck-, Luftwiderstandsmodelle), relativistische Modelle und Modelle für die Korrektion der Laufzeiten der Beobachtungssignale (z. B. Modell für die troposphärische Korrektion). Zudem werden Fehleranteile, die nicht modelliert werden können, wenn möglich, als Parameter in der Ausgleichung mitgeschätzt.

Die Realisierung des ITRS erfolgt durch Kombination langer Zeitreihen von VLBI, SLR-, GNSS- und DORIS-Analyseprodukten, die von den verantwortlichen

Tab. 1 Modelle zur Korrektion der Stationsbewegungen um nicht-lineare Anteile, die bei der ITRF-Berechnung Anwendung finden [25]

Geophysikalische Effekte	
Gezeitenbedingte Deformation des Erdkörpers	
	Deformation durch Gezeiten der festen Erde
	Auflaständerung durch Ozeangezeiten
	Gezeitenbedingte atmosphärische Auflastdeformation
	Rotationsdeformation infolge der Polbewegung (Polgezeiten)
	Auflastdeformation durch Ozeanmassenvariationen aufgrund der Polgezeiten
Nicht-gezeitenbedingte Deformationen des Erdkörpers	
	Auflastdeformationen durch nicht-gezeitenbedingte Massenvariationen in Atmosphäre, Ozean und kontinentalen Wassermassen (wird in zukünftigen ITRF-Berechnungen berücksichtigt)
Instrumentell bedingte, verfahrensspezifische Effekte	
VLBI	Thermale Ausdehnung des VLBI-Teleskops
	Gravitative Deformation des Teleskops
GPS	Variationen des Antennenphasenzentrums

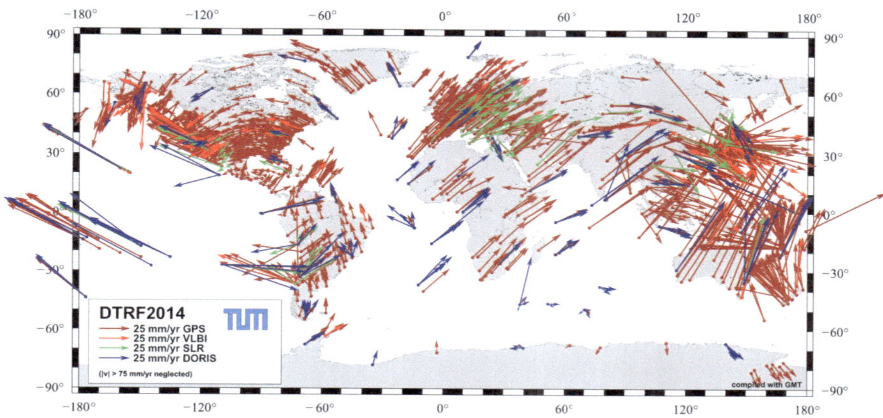

Abb. 6 Horizontale Stationsgeschwindigkeiten der ITRS-Realisierung DTRF2014

Diensten bereitgestellt werden. Die resultierenden mittleren Positionen und deren lineare zeitliche Änderung (Geschwindigkeiten) der global verteilten Beobachtungsstationen bilden zusammen den ITRF (Abb. 6). Die Beobachtungsverfahren weisen individuelle Stärken in Bezug auf die ITRS-Realisierung auf. So wird der Koordinatenursprung des ITRF allein aus SLR-Beobachtungen realisiert, da diese eine hohe Sensitivität gegenüber dem Erdschwerefeld ausweisen. Der Maßstab des ITRF wird als gewichtetes Mittel der aus VLBI und SLR realisierten Werte festglegt. Die Festlegung der Orientierung erfolgt durch Minimierung der drei globalen Netzrotationen gegenüber dem vorherigen ITRF. Von besonderer Bedeutung bei der Kombination der verschiedenen Verfahren sind sogenannte Kolokationsstationen, auf denen Instrumente verschiedener Verfahren in unmittelbarer Nachbarschaft beobachten (Abb. 7). Die lokalen Verbindungsvektoren (*local ties*) zwischen den Referenzpunkten der Instrumente werden mit hoher Genauigkeit gemessen [z. B. 17] und in die ITRF-Berechnung eingeführt. Sie ermöglichen so die Verknüpfung der Netze der verschiedenen Beobachtungsverfahren zu einem homogenen Stationsnetz.

Der IERS strebt an, etwa alle fünf Jahre einen neuen ITRF zu veröffentlichen, denn bereits nach wenigen Jahren werden die linear extrapolierten Koordinaten für viele Anwendungen zu ungenau. Hinzu kommt, dass in der Zwischenzeit insbesondere geophysikalische Ereignisse (z. B. Erdbeben) aber auch instrumentelle Modernisierungsmaßnahmen zu Positions- und/oder Geschwindigkeitsänderungen geführt haben, die eine Aktualisierung der ITRF-Koordinaten erforderlich machen. Weiterhin führen die verlängerten Beobachtungszeitreihen der Stationen und neue Modelle zu einer Genauigkeitssteigerung der Produkte aus den einzelnen Beobachtungsverfahren, die sich auch in dem zugrunde gelegten Referenzrahmen widerspiegeln muss. Eine neue Realisierung nach wenigen Jahren ist daher unabdingbar für die Gewährleistung einer hohen Genauigkeit und Aktualität des ITRF.

Die jüngste ITRS-Realisierung ist der ITRF2014. Drei ITRS *Combination Centres* des IERS waren mit der Berechnung betraut – das Deutsche Geodätische Forschungsinstitut der Technischen Universität München, DGFI-TUM, das Institut

Abb. 7 Geodätisches Observatorium Wettzell (Bayerischer Wald), mit VLBI-Antenne, SLR-Teleskop und GNSS-Beobachtungsstationen. (Quelle: http://www.fs.wettzell.de)

Géographique National (IGN) in Paris und das *Jet Propulsion Laboratory* (JPL) in den USA. Die Institutionen führten die Berechnungen unabhängig mit unterschiedlichen Softwares und Kombinationsmethoden durch [34,37], wobei sich die am JPL verwendete Methodik derzeit noch an der des IGN orientiert. Die am IGN berechnete Lösung wurde als offizielles Produkt durch das ITRS *Centre* veröffentlicht. Eine Validierung der Lösungen steht jedoch noch aus. Eine detaillierte Beschreibung der angewandten Kombinationsstrategien geben [2] für die Berechnung am IGN und [33, 34] für die Berechnung am DGFI. Während am IGN die Kombination von Parametern Anwendung findet, basiert der am DGFI entwickelte Ansatz auf der Kombination bedingungsfreier Normalgleichungen. *Angermann et al.* [3], das Buchkapitel [37] und die Dissertation von [8] geben einen vergleichenden Überblick über beide Methoden. Der ITRF2014 enthält Stationspositionen und –geschwindigkeiten für etwa 1500 Stationen sowie die konsistent berechneten EOP [2]. Das ITRF-Stationsnetz wird dominiert von GNSS-Stationen (69,5 %), während die anderen Verfahren mit jeweils 9,5-10,5 % vertreten sind. Der ITRF2014 basiert auf 6 Jahren mehr Beobachtungsdaten als sein Vorgänger, der ITRF2008. Außerdem ist er der erste ITRF bei dessen Berechnung nichtlineare Stationsbewegungen, die nicht durch Gezeiten verursacht sind, berücksichtigt wurden. Ein Vergleich der beiden Realisierungen von IGN und DGFI zeigt, dass sich die Lösungen selbst bei Verwendung identischer Eingangsdaten um einige Millimeter unterscheiden. Die Übereinstimmung ist abhängig vom Beobachtungsverfahren und liegt für gute Stationen mit langen Beobachtungszeitreihen zwischen 2 mm (GNSS) und 8 mm (DORIS) für die Positionen sowie 0,2 mm/Jahr und 1,2 mm/Jahr für die Geschwindigkeiten. Damit ist die von GGOS geforderte Genauigkeit von weniger als 1 mm und 0,1 mm/Jahr [26] noch nicht erreicht. Die Vergleiche der drei weitgehend unabhängig berechneten Lösungen dienen der Validierung und Qualitätssicherung des ITRF.

Folgende Initiativen wurden durch den IERS und im Rahmen von GGOS gestartet, um die Genauigkeit des ITRF signifikant zu verbessern:

(i) Bisher wurden Positionsänderungen durch zeitlich veränderliche Auflasten von Atmosphäre und Hydrologie, die nicht durch Gezeiten induziert werden, in den ITRS-Realisierungen vernachlässigt. Bereits im ITRF2014 werden die atmosphärisch bedingten Effekte durch Korrektion der in die ITRF-Berechnung eingehenden wöchentlichen oder täglichen Positionen berücksichtigt. Später sollen diese Korrektionen für atmosphärische und hydrologische Auflasten direkt bei der Analyse der Beobachtungen konsistent angebracht werden.

(ii) Stationspositionen unterliegen neben den Auflastdeformationen weiteren nichtlinearen Änderungen, die durch eine Vielzahl von regionalen und lokalen Effekten geophysikalischen oder instrumentellen Ursprungs hervorgerufen und nicht oder nur unzureichend modelliert werden. Beispiele hierfür sind die temperaturbedingte Ausdehnung des natürlichen Untergrundes oder künstliche Grundwasserabsenkungen. Die Berechnung sogenannter Epochenreferenzrahmen – die jeweils eine Zeitspanne von wenigen Tagen bis Wochen abdecken – ermöglicht es, die tatsächlichen Stationsbewegungen genau abzubilden und damit zu jeder Epoche eine genaue Stationsposition bereitzustellen. Aktuelle Forschungsaufgaben betreffen die optimale zeitliche Auflösung sowie die Kombinationsmethodik. Epochenreferenzrahmen weisen jedoch gegenüber dem ITRF eine geringere Stabilität des geodätischen Datums – d. h. des Koordinatenursprungs, des Maßstabs und der Orientierung – auf und werden zukünftig eine Ergänzung zum ITRF darstellen [6].

(iii) Eine weitere Forschungsaufgabe ist die Kombination von Beobachtungen der verschiedenen Verfahren, d. h. deren Auswertung mittels einer Software unter Verwendung identischer Modelle und Algorithmen. Eine solche Kombination beinhaltet auch die kombinierte Bahnbestimmung für Satelliten, die mit mehreren Beobachtungsverfahren ausgestattet sind (z. B. mit einem SLR-Reflektor bestückte GNSS-Satelliten oder Jason-2 mit einem SLR-Reflektor, sowie einer GNSS- und einer DORIS-Antenne an Bord). Die IERS Arbeitsgruppe *Combination at the Observation Level* bündelt die Aktivitäten von Wissenschaftlern, die sich mit der Kombination von zwei und mehr Verfahren auf Ebene der Beobachtungen beschäftigen. Ziel ist es, die Ergebnisse in die ITRF-Berechnung einzubinden.

(iv) Die Optimierung der Stationsnetze ist ein wesentlicher Bestandteil der Arbeiten in GGOS, um bestmögliche Beobachtungsgeometrien zu erhalten und eine verbesserte Verknüpfung der verschiedenen Verfahren zu ermöglichen. Die GGOS Arbeitsgruppe PLATO (*Performance Simulations & Architectural Trade-Offs*) hat die Aufgabe, Vorschläge für zukünftige Netzkonfigurationen – insbesondere für die globale Verteilung der Fundamentalstationen – zu erarbeiten.

Neben den genannten Aktivitäten spielen die Verbesserung der Modellierung der einzelnen Beobachtungstypen sowie die permanente Überwachung der Kolokationsstationen eine wichtige Rolle bei der Steigerung der Genauigkeit des ITRF.

3.2 Verdichtung des Internationalen Terrestrischen Referenzrahmens (ITRF)

Der ITRF besteht aus etwa 1500 global verteilten Stationen der vier Beobachtungsverfahren. Dennoch ist die Stationsdichte in einigen Regionen sehr gering und damit die hohe Genauigkeit des ITRF für regionale Anwendungen nicht nutzbar. Eine Verdichtung des globalen Netzes würde aber die rechnerischen Kapazitäten der ITRS *Combination Centres* übersteigen. Der ITRF wird deshalb durch regionale

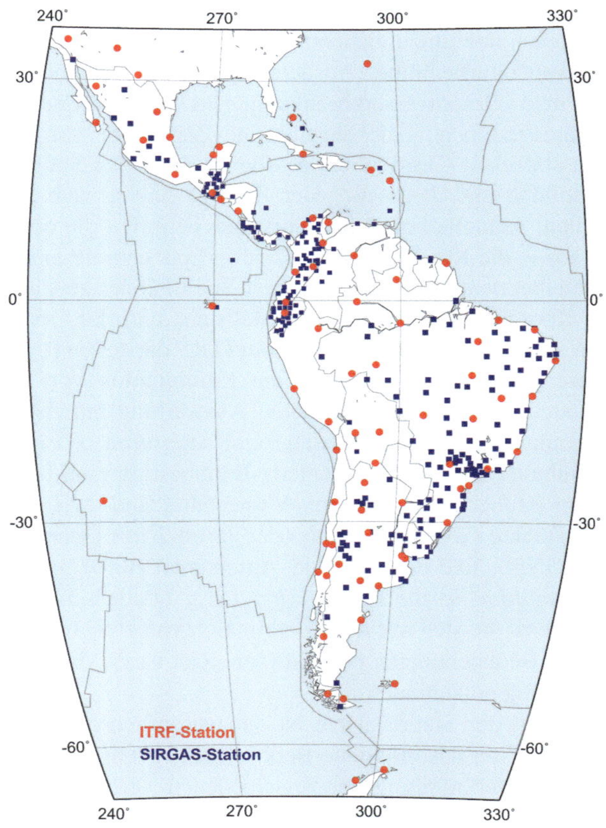

Abb. 8 Stationsverteilung des ITRF in Lateinamerika und der Karibik und das Stationsnetz des regionalen Referenzrahmens SIRGAS (http://www.sirgas.org)

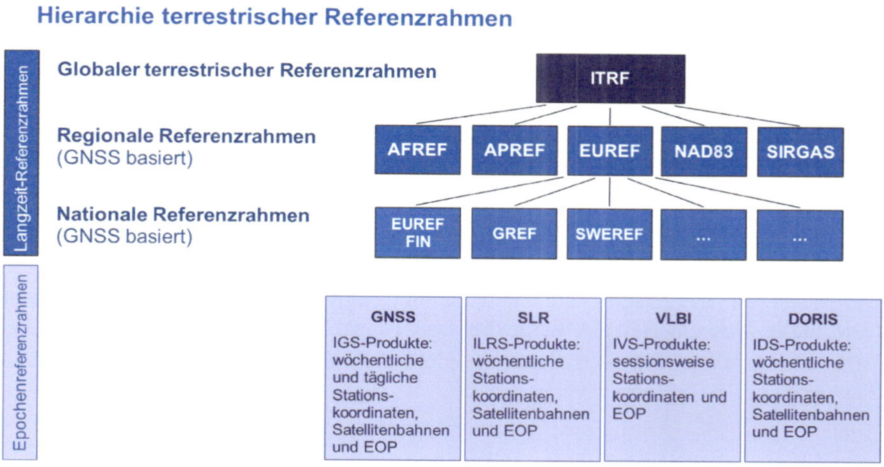

Hierarchie terrestrischer Referenzrahmen

Langzeit-Referenzrahmen

Globaler terrestrischer Referenzrahmen — ITRF

Regionale Referenzrahmen (GNSS basiert) — AFREF, APREF, EUREF, NAD83, SIRGAS

Nationale Referenzrahmen (GNSS basiert) — EUREF FIN, GREF, SWEREF, ..., ...

Epochenreferenzrahmen

GNSS	SLR	VLBI	DORIS
IGS-Produkte: wöchentliche und tägliche Stations-koordinaten, Satellitenbahnen und EOP	ILRS-Produkte: wöchentliche Stations-koordinaten, Satellitenbahnen und EOP	IVS-Produkte: sessionsweise Stations-koordinaten und EOP	IDS-Produkte: wöchentliche Stations-koordinaten, Satellitenbahnen und EOP

Abb. 9 Hierarchie der ITRF-Verdichtung am Beispiel des europäischen Referenzrahmen EUREF sowie der nationalen Rahmen von Finnland, Schweden und Deutschland, EUREF-FIN, GREF und SWEREF. Neben den aus Beobachtungen mehrerer Jahre berechneten Referenzrahmen, die Stationspositionen und Geschwindigkeiten enthalten, werden für die Verdichtungen auch Epochenreferenzrahmen mit täglicher oder wöchentlicher Auflösung bereitgestellt

GNSS-Netze verdichtet. GNSS ist aus mehreren Gründen besonders geeignet: (i) die Stationen sind verhältnismäßig kostengünstig, (ii) GNSS liefert eine hohe Anzahl kontinuierlicher Beobachtungen und damit eine hohe formale Genauigkeit der bestimmten Parameter und (iii) GNSS spielt in der Landesvermessung und in vielen wissenschaftlichen Bereichen weltweit mittlerweile eine große Rolle, so dass Geräte, Auswertesoftware und Expertise überall vorhanden sind. Die Verdichtungsnetze 1. Ordnung sind kontinentale Referenzrahmen: Afrika (AFREF), Antarktis (SCAR), Asien und die Pazifikregion (APREF), Europa (EUREF), Nordamerika (NAD83) und Lateinamerika und die Karibik (SIRGAS). Abb. 8 zeigt beispielhaft das ITRF-Netz in Lateinamerika und der Karibik sowie das SIRGAS-Netz [9, 28]. Die Konsistenz mit dem ITRF wird durch Lagerung (Auffelderung) auf den ITRF gewährleistet. Dabei wird gefordert, dass der kontinentale Referenzrahmen keine Translationen und keine Rotationen gegenüber dem ITRF aufweisen darf. Die kontinentalen Netze werden durch nationale Netze weiter verdichtet. So sind beispielsweise das SWEREF in Schweden und das GREF in Deutschland zwei nationale Verdichtungen des EUREF. Die nationalen Referenzrahmen werden auf dem jeweils übergeordneten kontinentalen Referenzrahmen gelagert. Abb. 9 zeigt die Hierarchie der ITRF-Verdichtung.

Die regionalen Verdichtungen zeichnen sich durch folgende Charakteristiken aus:

- Die hohe Dichte der Stationen ermöglicht den regionalen Zugang zum ITRF mit hoher Genauigkeit.

- Die handhabbare Anzahl an Stationen ermöglicht die schnelle Prozessierung oder gegebenenfalls Re-Prozessierung der Beobachtungsdaten. Insbesondere im Fall von geophysikalischen Ereignissen, die eine ganze Region betreffen (z. B. Erdbeben), ist es für administrative und wissenschaftliche Aufgaben wichtig, die Auswirkungen auf die Stationspositionen in nahezu Echtzeit zu bestimmen.
- Die hohe Stationsdichte erlaubt es zudem, geophysikalische Prozesse mit hoher räumlicher Auflösung und Genauigkeit zu überwachen. Beispiele sind Deformationen der Erdkruste, die durch Plattentektonik hervorgerufen werden, sowie instantane und postseismische Verschiebungen im Fall von Erdbeben. Diese Messungen sind essentiell für die Erstellung und Validierung geophysikalischer Modelle. Als ein Beispiel zeigt die Abb. 10 ein Modell für langfristige Deformationen in Lateinamerika, das aus dem Referenzrahmen SIRGAS berechnet wurde.

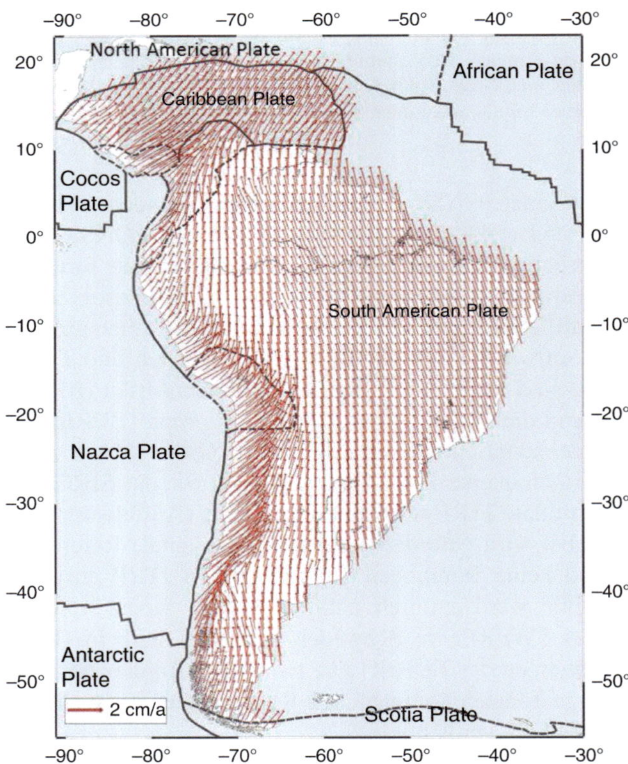

Abb. 10 Plattenbewegungs- und Deformationsmodell für Lateinamerika basierend auf dem Referenzrahmen SIRGAS [12]

4 Das Internationale Zälestische Referenzsystem (ICRS)

4.1 Definition und Realisierung des ICRS

Das himmelsfeste Referenzsystem, ICRS, ist ein sogenanntes quasi-inertiales System, dessen Ursprung im Baryzentrum des Sonnensystems liegt und dessen Achsen durch die Positionen von Radioquellen definiert sind. Obwohl die allgemeine Relativitätstheorie besagt, dass es kein wahres Inertialsystem mit einem massenanziehenden Körper im Zentrum geben kann, nähert das ICRS ein Inertialsystem sehr gut an, weil aufgrund ihrer sehr großen Entfernung zum Sonnensystem keine Bewegungen für die zur Definition verwendeten Radioquellen gemessen werden können. Das ICRS ist zudem ein Orientierungssystem, in welchem eine Position durch zwei Winkel, Deklination und Rektaszension, beschrieben wird [37]. Entsprechend den Spezifizierungen der 21. Generalversammlung der IAU wurde das ICRS auf der 23. Generalversammlung 1997 als Internationales Zälestisches Referenzsystem (*International Celestial Reference System*, ICRS) angenommen [13]. Das ICRS wird durch die folgenden Definitionen beschrieben:

- Der Koordinatenursprung befindet sich im Baryzentrum des Sonnensystems.
- Der zälestische Pol ist der mittlere Pol zur Epoche J2000 (01.01.2000, 12 Uhr *Universal Time*) prädiziert unter Verwendung eines Präzessionsmodells [18] und eines Nutationsmodells [30]. Der Pol ist konsistent zu dem des Sternenkatalogs FK5 [15].
- Der Ursprung der Rektaszension ist so definiert, dass er nahe am dynamischen Frühlingspunkt zur Epoche J2000.0 liegt. Die e_3-Achse des ICRS wurde in einer ersten Realisierung [4] durch Mittelung der Rektaszensionen von 23 Radioquellen aus verschiedenen Katalogen definiert, die durch Fixieren der Rektaszension der Radioquelle 3C273B auf den Wert des FK5 berechnet wurden [25].

Das ICRS ist, wie auch das ITRS, ein konventionelles System. Es wird durch extragalaktische Radioquellen materialisiert. Neben den in Abschn. 3.1 genannten Modellen, die die Bewegungen der VLBI-Beobachtungsstationen beschreiben, sind insbesondere relativistische Modelle für eine Realisierung des ICRS von Bedeutung. Eine detaillierte Beschreibung der Definition des ICRS wird in den IERS *Conventions* [25] gegeben.

Das ICRS wird im Radiofrequenzband durch den ICRF realisiert [19], der aus den Positionen extragalaktischer Radioquellen gebildet wird. Diese Radioquellen sind in den meisten Fällen sehr weit von der Erde entfernte Quasare oder galaktische Kerne. Die letzte Realisierung ist der ICRF-2 [14]. Er wurde vom *Goddard Space Flight Center* (GSFC) in den USA aus 30 Jahren VLBI-Beobachtungen berechnet.

Die Orientierung des ICRF-2 wurde durch Auffelderung auf der vorherigen Realisierung (ICRF-1-Ext2) realisiert. Das bedeutet, es wurde für 138 sogenannte definierende Quellen (*defining sources*) gefordert, dass sie keine gemeinsame Rotation gegenüber dem ICRF-1-Ext2 aufweisen [14]. Der ICRF-2 umfasst die Positionen von 3414 Radioquellen und damit fünfmal so viel wie der ICRF-1 [20]. 295 der Radioquellen, die sich durch eine hohe Stabilität auszeichnen, legen als definierende Quellen die Achsen des ICRF-2 fest.

Die Genauigkeit des ICRF-2 liegt bei einer mittleren Standardabweichung von 40 μas und übertrifft die des ICRF-1 um das Fünf- bis Sechsfache. Die Stabilität der Achsen liegt bei etwa 10 μas. Eine genaue Beschreibung der ICRS-Realisierung gibt [14].

IAU und IERS streben die Berechnung einer dritten ICRS-Realisierung an. Eine wesentliche Motivation dafür ist die neue astrometrische Raummission GAIA der Europäischen Weltraumorganisation (ESA) (http://sci.esa.int/gaia, 2015-02-05), die Ende 2013 gestartet wurde. Ihre Aufgabe ist es, Sterne unter anderem im optischen Frequenzband zu beobachten. Diese Beobachtungen bilden die Grundlage für einen optischen zälestischen Referenzrahmen mit bisher unerreichter Genauigkeit, Abdeckung und Dichte. Um die höchstmögliche Konsistenz zwischen dem ICRF und diesem optischen Referenzrahmen (auch Katalog genannt) zu erhalten, sollen beide Rahmen mit hoher Genauigkeit durch Transformation aneinander angeglichen werden. Dafür ist eine große Anzahl gut verteilter kompakter Radioquellen nötig, die auch im optischen Band mit hoher Genauigkeit beobachtet werden können. Die radio-optischen Objekte des ICRF-2 sind hierfür nicht ausreichend und eine neue Realisierung mit einer höheren Anzahl optisch beobachtbarer Objekte ist deshalb notwendig.

5 Transformation zwischen ITRS und ICRS

Der Ursprung des ICRS ist definitionsgemäß das Baryzentrum des Sonnensystems. Eine Translation des Systems in das Massenzentrum der Erde, den Ursprung des ITRS, erfolgt unter Berücksichtigung relativistischer Modelle [25]. Sind die beiden Systeme, ITRS und ICRS, im Massenzentrum der Erde gelagert, so kann die Transformation durch Rotationen um drei EULERsche Winkel beschrieben werden. Um jedoch den physikalischen Prozessen Rechnung zu tragen, die zu den Unterschieden in der Orientierung beider Systeme führen, wird die Transformation durch Rotationen um insgesamt fünf Winkel beschrieben. Dazu wurde der zälestische intermediäre Pol (*Celestial Intermediate Pole*, CIP) eingeführt und so eine Aufspaltung der Erdrotation in einen zälestischen und einen terrestrischen Teil realisiert. Der CIP ist so definiert, dass er nur Bewegungen mit Perioden von zwei Tagen und mehr bezüglich des ICRS und keine retrograden Bewegungen mit Perioden von 0,5 bis 1,5 Tagen bezüglich des ITRS aufweist. Die Bewegung des CIP bezüglich des ICRS sind sogenannte Nutations- und Präzessionsbewegungen, die durch zwei Winkel beschrieben werden. Die Bewegung des CIP gegenüber dem ITRS wird als Polbewegung bezeichnet und ebenfalls durch zwei Winkel beschrieben. Der fünfte Winkel beschreibt die Rotation der Erde um die Achse des CIP. Die Transformationsgleichung hat die folgende Form [31]:

$$\mathbf{x}_{\mathrm{ICRS}}(\mathrm{t}) = \mathbf{Q}(t)\mathbf{S}(-\theta)\mathbf{W}(\mathrm{x},\mathrm{y})\mathbf{x}_{\mathrm{ITRS}}(\mathrm{t}), \quad (1)$$

mit

t	Beobachtungsepoche [*Terrestrial Time*, TT],
$\mathbf{x}_{\mathrm{ICRS}}(\mathrm{t})$	Positionsvektor im geozentrisch gelagerten ICRS (auch GCRS genannt),
$\mathbf{x}_{\mathrm{ITRS}}(\mathrm{t})$	Positionsvektor im ITRS,
$\mathbf{Q}(\mathrm{t})$	Rotationsmatrix, die die Bewegung des CIP im ICRS beschreibt,
$\mathbf{S}(-\theta)$	Rotationsmatrix, die die siderische Rotation bezüglich der Achse des CIP um den Erdrotationswinkel θ beschreibt,
$\mathbf{W}(\mathrm{x},\mathrm{y})$	Rotationsmatrix, die die Bewegung des CIP bezüglich des ITRS beschreibt. Dabei sind x und y die Koordinaten des CIP im ITRS (Polbewegung).

Die Matrix $\mathbf{Q}(\mathrm{t})$ berücksichtigt die Bewegung des CIP bezüglich des ICRS. Gravitative Kräfte insbesondere von Sonne und Mond auf die nicht-sphärische Erde erzeugen Drehmomente, die bestrebt sind, den Erdäquator in Richtung der Ekliptik zu bringen. Die rotierende Erde reagiert auf diese Drehmomente durch eine Präzessionsbewegung mit einer Periode von ungefähr 25700 Jahren. Der Öffnungswinkel (Winkel zwischen der CIP-Achse und der Ekliptik) beträgt 23,5°. Die Änderung der relativen Positionen von Sonne und Mond unterliegt zusätzlich kleinen Variationen. Diese bewirken die luni-solare Nutation mit Perioden von wenigen Tagen bis 18,6 Jahren, die die Präzession überlagert. Das Präzessions-Nutationsmodell IAU 2000A [21] beschreibt die zälestische Bewegung des CIP. Zusätzlich werden kleine Nutationskorrekturen aus VLBI bestimmt.

Die Rotationsmatrix $\mathbf{S}(-\theta)$ beschreibt die siderische Rotation der Erde in der Äquatorebene des CIP. Die Koordinaten des terrestrischen Poles geben die Position des CIP im ITRS an. Die Abweichungen des Erdrotationswinkels von einer gleichförmigen Rotation und die terrestrische Polbewegung werden durch Massenvariationen und Massenverlagerungen im Erdsystem hervorgerufen, die durch Prozesse in Ozean und Atmosphäre dominiert sind [32]. Der Erdrotationswinkel und die Polbewegung werden kontinuierlich durch die geodätischen Weltraumverfahren beobachtet. Sie werden zusammen mit den Nutationskorrekturen als Erdorientierungsparameter bezeichnet. Die vollständige Definition der Erdrotation – basierend auf post-NEWTONischen Gleichungen – ist sehr komplex und wird unter anderem in den IERS *Conventions* [25] beschrieben. Sie wurde durch die IAU empfohlen [10] und von der IUGG im Jahr 2007 als offizielle Definition angenommen.

6 Schlussbemerkungen

In den vergangenen Jahren konnten erhebliche Fortschritte sowohl bei den geodätischen Raumbeobachtungsverfahren als auch bei der Entwicklung verbesserter Auswerteverfahren und Kombinationsmethoden erzielt werden. Mit den heute verfügbaren Genauigkeiten hat sich das Spektrum der Geodäsie enorm ausgeweitet bis hin zur quantitativen Erfassung und Interpretation von Veränderungen im System

Erde z. B. als Folgen des globalen Wandels. Einen maßgeblichen Anteil an diesen Entwicklungen hat die IAG, die mit der Einrichtung wissenschaftlicher Dienste für die Beobachtungsverfahren GNSS, SLR, VLBI und DORIS sowie dem IERS eine hervorragende Organisationsstruktur geschaffen hat, in der das gesamte Spektrum von der Entwicklung der Raumbeobachtungsverfahren bis zur Bereitstellung hochgenauer und kostenfreier geodätischer Produkte effektiv bearbeitet wird. Der Erfolg der Dienste stützt sich ganz wesentlich auf eine intensive Beteiligung von Institutionen aus aller Welt.

Trotz dieser bemerkenswerten Entwicklungen sind die von GGOS geforderten Genauigkeiten für die Referenzrahmen von 1 mm für die Stationspositionen und 0.1 mm/yr für deren Geschwindigkeiten bisher noch nicht erreicht worden. Deshalb ist die wissenschaftliche Gemeinschaft gefordert, weitere Verbesserungen bei der Realisierung geodätischer Referenzsysteme zu erzielen. Innerhalb von GGOS wurde z. B. das Büro für *Networks and Observations* eingerichtet mit dem Ziel, die Stationsnetze für die Raumbeobachtungsverfahren und die globale Verteilung guter Ko-lokationsstationen weiter zu verbessern. Ein weiteres GGOS Büro, das Büro für *Products and Standards*, soll gewährleisten, dass bei der Datenanalyse der verschiedenen Beobachtungsverfahren einheitliche Standards und Konventionen verwendet werden, um die Konsistenz der geodätischen Produkte zu steigern. Zu nennen sind aber auch Forschungsarbeiten zur Verbesserung der Auswerte- und Kombinationsmethoden, um z. B. bei der Berechnung des terrestrischen Referenzrahmens durch die bisher verwendeten Modelle nicht vollständig erfasste nichtlineare Stationsbewegungen besser berücksichtigen zu können. Schließlich ist ein wichtiges Thema die Bestimmung des raumfesten und erdfesten Referenzrahmens in einer gemeinsamen Ausgleichung, um Konsistenz beider Rahmen und der sie verbindenden Erdorientierungsparameter zu erreichen [35, 38]. Dieses Ziel wurde 2011 als eine IUGG Resolution beschlossen [16].

Literatur

1. Ádám, J.: Update of the history of the International Association of Geodesy. J. Geod. **82**, 662–674 (2008)
2. Altamimi, Z., Collilieux, X., Métivier, L.: ITRF2008: An improved solution of the international terrestrial reference frame. J. Geod. **85**(8), 457–473 (2011). doi:10.1007/s00190-011-0444-4
3. Angermann, D., Drewes, H., Krügel, M., Meisel, B., Gerstl, M., Kelm, R., Müller, H., Seemüller, S., Tesmer, V.: ITRS Combination Center at DGFI – A Terrestrial Reference Frame Realization 2003. Deutsche Geodätische Kommission, Reihe B, München (2004)
4. Arias, E., Feissel, M., Lestrade, J.-F.: An extragalactic celestial reference frame consistent with the BIH terrestrial system (1987). BIH Annual Report for 1987: D-113 – D-121 (1988)
5. Beutler, G., Drewes, H., Verdun, A.: The new structure of the International Association of Geodesy viewed from the perspective of history. J. Geod. **77**, 566–575 (2004)
6. Bloßfeld, M., Seitz, M., Angermann, D.: Non-linear station motions in epoch and multi-year reference frames. J. Geod. **88**(1), 45–63 (2014). doi:10.1007/s00190-013-0668-6
7. Bloßfeld, M., Seitz, M., Angermann, D.: Epoch reference frames as short-term realizations of the ITRS – Datum stability versus sampling. IAG Symposia, Bd. 143, S. 26–32 (2016)

8. Bloßfeld, M.: The key role of Satellite Laser Ranging towards the integrated estimation of geometry, rotation and gravitational field of the Earth. Dissertation, Technische Universität München (2015)
9. Brunini, C., Sánchez, L., Drewes, H., Costa, S., Mackern, V., Martinez, W., Seemüller, W., da Silva, A.: Improved analysis strategy and accessibility of the SIRGAS reference frame. In: Kenyon, S., Pacino, M., Marti, U. (Hrsg.) Geodesy for Planet Earth. International Association of Geodesy Symposia, Bd. 136, S. 3–10 (2012). doi:10.1007/978-3-642-20338-1_1
10. Capitaine, N., Gambis, D., McCarthy, D., Pétit, G., Ray, J., Richter, B., Rothacher, M., Standish, M., Vondrak, J. (Hrsg.): Proceedings of the IERS Workshop on the Implementation of the New IAU Resolutions 2002, IERS Technical Note 29, Verlag des Bundesamts für Kartographie und Geodäsie, Frankfurt a. M. http://www.iers.org/iers/publications/tn/tn29/ (2002)
11. Dow, J., Neilan, R., Rizos, C.: The international GNSS service in a changing landscape of global navigation satellite systems. J. Geod. **83**(3–4), 191–198 (2009). doi:10.1007/s00190-008-0300-3
12. Drewes, H., Heidbach, O.: The 2009 horizontal velocity field for South America and the Caribbean. In: Kenyon, S., Pacino, M., Marti, U. (Hrsg.) Geodesy for Planet Earth. International Association of Geodesy Symposia, Bd. 136, S. 657–664 (2009). doi:10.1007/978-3-642-20338-1_81
13. Feissel, M., Migard, F.: The adoption of the ICRS on 1 January 1998: meaning and consequences. Astron. Astrophys. **331**, L33–L36 (1998)
14. Fey, A., Gordon, D., Jacobs, C.: Presented on behalf of the IERS/IVS Working Group.: The second realization of the International Celestial Reference Frame by Very Long Baseline Interferometry, IERS Technical Note 35, Verlag des Bundesamtes für Geodäsie und Kartographie, Frankfurt a. M. (2009)
15. Hazard, C., Sutton, J., Argue, A., Kenworthy, C., Morrison, L., Murray, C.: Accurate radio and optical positions of 3C273B. Nat. Phys. Sci. **233**, 89–91 (1971). doi:10.1038/physci233089a0
16. IUGG: IUGG General Assembly Resolutions, Melbourne (2011). http://iugg.org/resolutions/
17. Johnston, G., Dawson, J.: The 2003 Mount Pleasant (Hobart) radio telescope local tie survey, Geoscience Australia, Record 2004/21 (2004)
18. Lieske, J., Lederle, T., Fricke, W., Morando, B.: Expression for the precession quantities based upon the IAU (1976) system of astronomical constants. Astron. Astrophys. **58**, 1–16 (1977)
19. Ma, C., Arias, E., Eubanks, T., Fey, A., Gontier, A., Jacobs, C., Sovers, O., Archinal, B., Charlot, P.: The international celestial reference frame realized by VLBI. In: Ma, C., Feissel, M. (Hrsg.) Definition and Realization of the International Celestial Reference System by VLBI Astrometry of Extragalactic Objects, IERS Technical Note 23, Observatoire de Paris (1997)
20. Ma, C., Arias, E., Eubanks, T., Fey, A., Gontier, A., Jacobs, C., Sovers, O., Archinal, B., Charlot, P.: The international celestial reference frame as realized by very long baseline interferometry. Astron. J. **116**(1), 516–546 (1998). doi:10.1086/300408
21. Mathews, P., Herring, T., Buett, B.: Modeling of nutation and precession: new nutation series for nonrigid Earth, and insights into the Earth's interior. J. Geophys. Res. **107**(B4):ETG 3-1 – ETG 3-26 (2002). doi:10.1029/2001JB000390
22. McCarthy, D.D.: IERS Conventions (1996), IERS Technical Note 21, Central Bureau of IERS, Observatoire de Paris (1996)
23. Munk, W., McDonald, G.: The Rotation of the Earth. Cambridge University Press, New York (1960)
24. Niell, A., Whitney, A., Petrachenko, W., Schlüter, W., Vandenberg, N., Hase, H., Koyama, Y., Ma, C., Schuh, H., Tuccari, G.: VLBI2010: a vision for future geodetic VLBI. In: Tregoning, P., Rizos, C. (Hrsg.) Dynamic Planet. International Association of Geodesy Symposia, Bd. 130, S. 757–759 (2007). doi:10.1007/978-3-540-49350-1_108
25. Pétit, G., Luzum, B.: IERS Conventions (2010), IERS Technical Note 36, Verlag des Bundesamtes für Geodäsie und Kartographie, Frankfurt a. M. (2010)

26. Plag, H.-P., Pearlman, M. (Hrsg.): Global Geodetic Observing System – Meeting the requirements of a Global Society on a Changing Planet in 2020. Springer (2009). ISBN:978-3-642-02686-7
27. Pearlman, M., Degnan, J., Bosworth, J.: The international laser ranging service. Adv. Space Res. **30**(2), 135–143 (2002). doi:10.1016/S0273-1177(02)00277-6
28. Sánchez, L., Seemüller, W., Drewes, H., Mateo, L., González, G., Silva, A., Pampillón, J., Martinez, W., Cioce, V., Cisneros, D., Cimbaro, S.: Long-term stability of the SIRGAS reference frame and episodic station movements caused by the seismic activity in the SIRGAS region. In: Altamimi, Z., Collilieux, X. (Hrsg.) Reference Frames for Applications in Geosciences. International Association of Geodesy Symposia, Bd. 138, S. 153–161. Springer (2013). doi:10.1007/978-3-642-32998-2_24
29. Seeber, G.: Satellite Geodesy. de Gruyter (2013). ISBN:9783110175493
30. Seidelmann, K.: 1980 IAU nutation: the final report of the IAU working group on nutation. Celest. Mech. **27**, 79–106 (1982). doi:10.1007/BF01228952
31. Seitz, F., Müller, J.: Kapitel Erdrotation, dieses Buch (2016)
32. Seitz, F., Schmidt, M.: Atmospheric and oceanic contributions to Chandler wobble excitation determined by wavelet filtering. J. Geophys. Res. **110**(B11), EID B11406 (2005). ISSN:0148-0227, doi:10.1029/2005JB003826
33. Seitz, M.: Kombination geodätischer Raumbeobachtungsverfahren zur Realisierung eines terrestrischen Referenzsystems. Deutsche Geodätische Kommission, Reihe C, Heft Nr. 630, München (2009)
34. Seitz, M., Angermann, D., Bloßfeld, M., Drewes, H., Gerstl, M.: The 2008 DGFI realization of ITRS: DTRF2008. J. Geod. **86**(12), 1097–1123 (2012a). doi:0.1007/s00190-012-0567-2
35. Seitz, M., Steigenberger, P., Artz, T.: Consistent realization of ITRS and ICRS. In: Behrend, D., Baver K. (Hrsg.) Launching the next-generation IVS network. International VLBI Service for Geodesy and Astrometry 2012 General Meeting Proceedings, NASA/CP-2012-217504: 314–318 (2012b)
36. Seitz, M., Angermann, D., Drewes, H.: Accuracy assessment of ITRS 2008 realization of DGFI: DTRF2008. In: Altamimi, Z., Collilieux, X. (Hrsg.) Reference Frames for Applications in Geosciences. International Association of Geodesy Symposia, Bd. 138, S. 87–93. Springer (2013). doi:10.1007/978-3-642-32998-2_15
37. Seitz, M., Angermann, D., Gerstl, M., Bloßfeld, M., Sánchez, L., Seitz, F.: Geometrical reference systems. In: Freeden, W. (Hrsg.) Handbook of Geomathematics. Springer, Berlin/Heidelberg (2014). doi:10.1007/978-3-642-27793-1_79-2
38. Seitz, M., Steigenberger, P., Artz T.: Consistent adjustment of combined terrestrial and celestial reference frames. In: Rizos, C., Willis, P. (Hrsg.) Earth on the Edge: Science for a Sustainable Planet. International Association of Geodesy Symposia, Bd. 139, S. 215–221 (2014). doi:10.1007/978-3-642-37222-3_28
39. Sovers, O., Fanselow, J., Jacobs, C.: Astrometry and geodesy with radio interferometry: experiments, models, results. Rev. Mod. Phys. **70**, 1393–1454 (1998). doi:10.1103/RevModPhys.70.1393
40. Takahashi, F., Kondo, T., Takahashi, Y., Koyama, Y.: Very Long Baseline Interferometer, Wave Summit Course. Ohmsha, Ltd./IOS Press (2000). ISBN:1-58603-076-0
41. Teunissen, P., Kleusberg, A.: GPS for Geodesy. Springer, Berlin/Heidelberg/New York (1998)
42. Willis, P., Boucher, C., Fagard, H., Altamimi, Z.: Geodetic application of the DORIS system at the French Institut Géographique National. Comptes Rendus Geosci. **337**(7), 653–662 (2005). doi:10.1016/j.crte.2005.03.002
43. Willis, P., Fagard, H., Ferrage, P., Lemoine, F., Noll, C., Noomen, R., Otten, M., Ries, J., Rothacher, M., Soudarin, L., Tavernier, G., Valette, J.: The international DORIS service, toward maturity, in DORIS: scientific applications in geodesy and geodynamics. Adv. Space Res. **45**(12), 1408–1420 (2010). doi:10.1016/j.asr.2009.11.018
44. Willis, P., Gobinddass, M., Garayt, B., Fagard, H.: Recent improvements in DORIS data processing in view of ITRF2008, the ignwd08 solution. In: Kenyon, S., Pacino, M., Marti, U. (Hrsg.) Geodesy for Planet Earth. International Association of Geodesy Symposia. Springer, Bd. 136, S. 43–49 (2012). doi:10.1007/978-3-642-20338-1_6

Höhensysteme der nächsten Generation

9

Christian Gerlach, Thomas Gruber und Reiner Rummel

Zusammenfassung

Höhensysteme werden klassischerweise durch nationale oder regionale Nivellementnetze realisiert. Dem Verfahren des geometrischen Nivellements sind allerdings einige inhärente Nachteile zu eigen, die das Verfahren – gemessen an den heutigen Ansprüchen an Genauigkeit und Effizienz – für großräumige oder gar globale Anwendungen ungeeignet machen. Moderne Satellitenverfahren eröffnen den Weg zu einer vollständigen Neudefinition von Höhensystemen und der Realisierung eines globalen, einheitlichen vertikalen Bezugsrahmens. Der vorliegende Beitrag beschreibt die derzeit noch aktuellen nivellementbasierten Höhensysteme, sowie die Methodik zur Realisierung eines modernen, satellitenbasierten Höhendatums.

Schlüsselwörter

Höhendatum • Nivellement • Geoid • GNSS-Nivellement • GOCE

Inhaltsverzeichnis

C. Gerlach (✉)
Kommission für Erdmessung und Glaziologie, Bayerische Akademie der Wissenschaften, München, Deutschland
E-Mail: gerlach@keg.badw.de

T. Gruber • R. Rummel
Lehrstuhl für Astronomische und Physikalische Geodäsie, Technische Universität München, München, Deutschland
E-Mail: Thomas.Gruber@tum.de; rummel@bv.tum.de

R. Rummel (Hrsg.), *Erdmessung und Satellitengeodäsie*,
Springer Reference Naturwissenschaften, DOI 10.1007/978-3-662-47100-5_7

1 Einleitung

Aufgabe der Geodäsie ist es, den menschlichen Lebensraum zu erfassen und in Karten darzustellen. Um diese Aufgabe auszuführen, sind geodätische Referenzsysteme notwendig, auf die sich die Messungen und die daraus abgeleiteten Produkte beziehen lassen. Höhensysteme sind Referenzsysteme für die einheitliche Festlegung von Koordinaten in vertikaler Richtung. Die Einrichtung von Höhensystemen ist unerlässlich für alle Anwendungen in denen die gegenseitige Lage von Punkten im Sinne eines *oben* und *unten* bzw. *höher* und *tiefer* bestimmt werden muss, beispielsweise in der Wasserwirtschaft, dem Planungs- und Ingenieurwesen oder in der, im Rahmen der aktuellen Klimadebatte immer stärker geforderten globalen, geowissenschaftlichen Erdbeobachtung. Von grundlegender Bedeutung ist hierbei, dass die vertikale Richtung durch das Erdschwerefeld vorgegeben und somit physikalisch definiert ist. Man spricht daher auch von *physikalischen Höhensystemen*. Die in der Landesvermessung gebräuchlichen Höhensysteme entstanden ab dem 19. Jahrhundert. Sie basieren auf dem Verfahren des geometrischen Nivellements, das in Kombination mit Schweremessungen physikalische Höhenunterschiede liefert. Absolute Höhen entstehen hieraus durch Festlegung eines Höhenbezugspunktes (Datumswahl). Durch Anschluss des Nivellementnetzes an einen Gezeitenpegel wird als Bezugsniveau in der Regel der mittlere Meeresspiegel an diesem Punkt bzw. das Schwerepotenzial an diesem Punkt gewählt. Aufgrund dynamischer Prozesse im Ozean weicht jedoch die mittlere Meeresoberfläche von einer Horizontalen ab. Nivellementnetze die an unterschiedlichen Pegelstationen angeschlossen sind, beziehen sich daher nicht auf das gleiche Höhenniveau – es kommt zu Datumsversätzen zwischen einzelnen nationalen oder regionalen Höhensystemen. Die Differenzen erreichen global 1–2 Meter. Da der Einsatz des Nivellements auf zusammenhängende Landmassen beschränkt ist, liegt bisher kein global einheitliches Höhensystem vor, sondern ein Flickenteppich aus inhomogenen nationalen Systemen, die für die wissenschaftliche Erdbeobachtung ungeeignet sind.

Neben den schwerefeldbasierten Höhensystemen stehen die vom Schwerefeld nahezu unabhängigen geometrischen Referenzsysteme. Sie werden als globale, geozentrisch kartesische Koordinatensysteme realisiert und erreichen heute Genauigkeiten im Subzentimeterbereich [2, 87]. Dies wird durch den Einsatz der geodätischen Raumverfahren VLBI (Radiointerferometrie auf langen Basislängen), SLR (Laserabstandsmessung zu Satelliten), DORIS (Dopplerverfahren zur Satellitenbahnbestimmung) und GPS (Globales satellitengestütztes Positionierungssystem) erreicht. Durch den Einsatz der globalen Navigationssysteme (*Global Navigation Satellite System*, GNSS) wie dem US-amerikanischen GPS oder dem russischen Äquivalent GLONASS, ist es heute jedermann möglich, nahezu flächendeckend und jederzeit Zugang zu diesem globalen Koordinatensystem zu erlangen. So werden Punktkoordinaten in einem wohl definierten, global einheitlichen System bestimmt. Je nach Messdauer und Auswertestrategie lassen sich damit Realisierungen im Genauigkeitsbereich bis hin zum Subzentimeter erreichen.

Beim Vergleich aktueller Realisierungen geometrischer und physikalischer Bezugsrahmen ergibt sich eine gewisse Schieflage. Während die geometrische Positionierung von Stationen im dreidimensionalen Raum durch Satellitentechniken in einem global einheitlichen geozentrischen Bezugssystem nach dem neuesten Stand der Mess- und Auswertetechnik erfolgt, hinken die Höhensysteme hinterher. Dies betrifft sowohl die Anwendung eines sehr zeit- und kostenintensiven Messverfahrens, als auch die aus globaler Sicht inhomogene Realisierung in nationalen bzw. regionalen Einzelnetzen. Eine radikale Neudefinition vertikaler Bezugssysteme und die Schaffung eines Welthöhensystems auf dem neuesten Stand der Technik sind im Rahmen einer globalen Schwerefeldmodellierung möglich. Die grundlegende Theorie liegt seit Jahren bereit [10, 70, 73, 83]. Aufgrund der Datenlage ist es aber erst seit dem Start der Schwerefeldsatelliten GRACE [98] und GOCE [18] möglich, das globale Schwerefeld mit genügend hoher Genauigkeit und räumlicher Auflösung zu bestimmen. Gerade die hohe räumliche Auflösung von GOCE hat einen wesentlichen Anteil bei der Schaffung eines modernen Welthöhensystems – die globale Höhensystemvereinigung wurde bei der Konzeption der Mission als eines der geodätischen Hauptziele festgelegt [75]. Komplementär zur hohen räumlichen Auflösung ist der Vorteil von GRACE die präzise Bestimmung großräumiger Schwerefeldstrukturen mit hoher zeitlicher Auflösung. Die Mission trägt damit zur Beobachtung der zeitvariablen Komponenten physikalischer Höhensysteme bei, wie sie etwa aufgrund der postglazialen Landhebung in Nordamerika und Fennoskandien auftreten [67].

Um das Konzept eines modernen, satellitenbasierten Höhensystems zu beschreiben, werden in Abschn. 2 zunächst die zur Definition von Höhensystemen wesentlichen Grundbegriffe der Theorie des Schwerefeldes dargestellt. Am Beispiel Europa wird danach auf die historische Entwicklung nationaler und kontinentaler Höhensysteme eingegangen (Abschn. 3). Dabei wird auf die mit dem Verfahren des geometrischen Nivellements verbundenen Defizite hingewiesen. In Abschn. 4 wird das Konzept eines modernen, auf der Lösung der geodätischen Randwertaufgabe basierenden Höhensystems vorgestellt. Insbesondere wird auf die, für die Erreichung des Zentimeterniveaus wesentlichen Standards und Definitionen (geometrische und physikalische Referenzsysteme, permanente Gezeiten, Einfluss zeitlicher Schwerefeldvariationen, Datumswahl) und die Systemvalidierung eingegangen. Eine entsprechend durchgeführte Höhensystemvereinigung, die in Abschn. 5.1 an ausgewählten Beispielen demonstriert wird, zeigt vor allem die Schwächen der bisherigen nivellementbasierten Systeme – sie dominieren das Fehlerbudget. Ein Paradigmenwechsel bei Definition und Realisierung vertikaler Bezugssysteme wurde in Nordamerika bereits eingeleitet. Im Jahre 2013 wurde in Kanada das nivellementbasierte Höhensystem vollständig durch ein GOCE-basiertes Höhensystem abgelöst [50] – die USA und Mexiko werden in den 2020er Jahren folgen [91]. Die entsprechenden Aktivitäten werden in Abschn. 5.2 vorgestellt. Sie können als wegweisend für die Schaffung eines Welthöhensystems angesehen werden.

Die in Nordamerika angewandte Methodik der Schwerefeldmodellierung entspricht der in Abschn. 4 dargestellten Kombination eines satellitenbasierten globalen Schwerefeldmodells mit terrestrischen Schwereanomalien, wobei der terrestrische Anteil mithilfe der Stokes'schen Gleichung modelliert wird. Sowohl bezüglich der Messung, wie auch der Modellierung gibt es hierzu zahlreiche Varianten. Genannt sei etwa die für die Zukunft erwartete Bestimmung von Potenzialdifferenzen durch Frequenzvergleich von Uhren (siehe den Beitrag von Flury in diesem Band) oder regionale Schwerefeldmodellierungen durch Kollokation [100], Wavelets [85] oder äquivalente Ansätze. Hierauf wird im Folgenden nicht eingegangen. Für die Diskussion vertikaler Bezugssysteme ist lediglich wichtig, dass (und nicht wie) Werte des Schwerepotenzials bzw. Potenzialdifferenzen bestimmt werden können.

2 Der Höhenbegriff in der Geodäsie

2.1 Natürliche Koordinaten und vertikale Bezugssysteme

Für viele geodätische Anwendungsfelder ist es erforderlich den dreidimensionalen Raum nach Lage und Höhe zu strukturieren. Nur so können Aussagen über *oben* und *unten*, *höher* und *tiefer* gemacht werden. Die physikalische Realisierung horizontaler und vertikaler Richtungen ist an das Schwerefeld der Erde gekoppelt. Daher ist auch die Definition und Realisierung vertikaler Bezugssysteme zwingend mit dem Schwerefeld verknüpft – in diesem Sinne werden Höhensysteme physikalisch und nicht geometrisch definiert.

Realisiert wird die Vertikale durch die lokale Lotrichtung entlang der die Schwerkraft wirkt. Sie steht senkrecht auf den Flächen konstanten Schwerepotenzials $W = konstant$. Diese *Äquipotenzial-* oder *Niveauflächen* realisieren die Horizontale. Eine Änderung im Höhenniveau entspricht der Änderung der potenziellen Energie beim Übergang zwischen verschiedenen Niveauflächen. Es muss Energie aufgewandt werden, um sich im Schwerefeld nach oben zu bewegen. Das Schwerepotenzial ist ein von der Masse eines Körpers unabhängiges Maß für dessen potenzielle Energie und wird ausgedrückt durch die skalare Funktion $W_P = W(x_P, y_P, z_p)$. Bewegt man sich in vertikaler Richtung entlang der Lotlinie, so ist jeder Punkt durch den dort gültigen Wert des Schwerepotenzials identifizierbar. Dies ermöglicht die eindeutige Festlegung eines Punktes P durch das als *natürliche Koordinaten* bezeichnete Koordinatentripel (Λ_P, Φ_P, W_P). Dabei sind die horizontalen Koordinaten festgelegt durch astronomische Länge Λ_P und Breite Φ_P, d. h. durch die Winkel der Vertikalen bezüglich der Meridianebene durch Greenwich und der Äquatorebene.

Ein vertikales Bezugssystem legt fest, auf welche Weise Potenzialwerte an beliebigen Orten und zu beliebigen Epochen bestimmt werden. Ein solches System entspricht einer Funktion

$$W = W(x, y, z, t) \tag{1}$$

und könnte beispielsweise durch ein globales Potenzialmodell wie das EGM2008 [60] oder entsprechende Nachfolgemodelle realisiert werden.

Das Schwerepotenzial ist die Summe

$$W = V + Z \tag{2}$$

aus Gravitationspotenzial V (erzeugt durch die gravitative Wirkung aller Massen) und Zentrifugalpotenzial Z (aufgrund der Erdrotation). Der räumliche Gradient des Schwerepotenzials ist die Schwerebeschleunigung, ausgedrückt als

$$\nabla W = \boldsymbol{g} \tag{3}$$

Der Betrag g des Beschleunigungsvektors wird *Schwere* genannt, seine Richtung ist die *physikalische Lotrichtung*. Sie zeigt in Richtung der stärksten Änderung des Feldes und ist genähert zum Geozentrum hin orientiert. In diesem Sinne ist die Änderung des Potenzials der Änderung der Energie entgegengesetzt: mit zunehmender Höhe über der Oberfläche nimmt die potenzielle Energie zu, der Wert des Gravitationspotenzials aber wird aufgrund der größeren Distanz zu den gravitierenden Massen geringer. Aus Gl. (3) folgt

$$\mathrm{d}W = -g\,dn \tag{4}$$

wobei dn dem differentiellen Abstand zweier Niveauflächen, gemessen entlang der Vertikalen, entspricht. Gl. (4) zeigt auch, dass laterale Schwerevariationen mit einer Nichtparallelität der Niveauflächen einhergehen. Signifikant ist hier in erster Linie die Variation der Schwere mit der geographischen Breite, in zweiter Linie die Auswirkungen der unregelmäßigen Massen- bzw. Dichteverteilung im Erdinneren.

2.2 Bestimmung von Potenzialdifferenzen durch Nivellement

Der absolute Wert des Potenzials lässt sich nicht messen, lediglich Potenzialdifferenzen können beobachtet werden. Ausgehend von Gl. (4), kann der Potenzialunterschied zwischen zwei Punkten A und B entlang eines beliebigen Weges bei bekannter Schwere g durch das Linienintegral

$$W_A - W_B = \int_A^B \boldsymbol{g} \mathrm{d}\boldsymbol{s} = \int_A^B g \mathrm{d}n \tag{5}$$

ausgedrückt werden [39]. Dabei ist $\mathrm{d}n$ die Projektion des Linienelements (Wegabschnitts) $\mathrm{d}\boldsymbol{s}$ auf die Richtung des Schwerevektors $\boldsymbol{g}$; $\mathrm{d}n$ entspricht dem durch das Verfahren des geometrischen Nivellements bestimmten Höheninkrement. Da Gl. (5) nur die Bestimmung von Potenzialdifferenzen erlaubt, ist zur Festlegung vertikaler Koordinaten die Wahl eines Bezugspunktes notwendig. Die Potenzialdifferenz zwischen P und einem konventionellen Datumspunkt O liefert die *geopotenzielle Kote*

$$C_P = W_O - W_P = \int_O^P g \, \mathrm{d}n. \tag{6}$$

In kleinräumigen Anwendungen ist die Schwere oft hinlänglich konstant und kann vor das Integral gezogen werden. Dies entspricht der Annahme paralleler Niveauflächen. Anstelle von Potenzialdifferenzen wird dann häufig mit reinen Nivellementhöhen gearbeitet, d. h. man vernachlässigt die Schwere und beschränkt sich in Gl. (5) auf die Summation der Höheninkremente $\mathrm{d}n$. Für großräumige Anwendungen (Landesnetze) und in Bereichen großer Schwerevariationen (etwa im Gebirge) führt die Vernachlässigung der Schwere allerdings zu signifikanten Fehlern im Bereich mehrerer Zentimeter – in extremen Fällen können Dezimeterbeträge erreicht werden [24, 52]. Die Summe der Höhenunterschiede entlang einer geschlossenen Schleife liefert dann nicht mehr, wie man erwarten möchte, Null, sondern es ergibt sich der theoretische Schleifenschlussfehler

$$\epsilon = \oint \mathrm{d}n \neq 0. \tag{7}$$

2.3 Bestimmung von Potenzialwerten durch Lösung der Geodätischen Randwertaufgabe

Potenzialwerte können auch durch Lösung der *Geodätischen Randwertaufgabe* (GRWA) bestimmt werden. Im Gegensatz zum linienweisen Verfahren des Nivellements wird das Schwerefeld hier in einem globalen Ansatz aus den vorhandenen Schwerefeldbeobachtungen bestimmt. Zur Vereinfachung werden die Beziehungen zwischen dem Schwerepotenzial und den geodätischen Beobachtungen linearisiert. Als Entwicklungspunkt der Linearisierung wird ein ellipsoidisches Erdmodell eingeführt, das Form und Schwerefeld der Erde approximiert. Die IAG empfiehlt derzeit die Verwendung des Geodätischen Referenzsystems GRS80 [58], welches definiert wird durch die große Halbachse a_e, den dynamischen Formfaktor J_2 als Maß der Abplattung, die Erddrehrate ω und die geozentrische Gravitationskonstante GM (die auch die atmosphärischen Massen einschließt). Nach der Theorie von Somigliana-Pizzetti können aus diesen vier unabhängigen Parametern alle anderen Größen, etwa das ellipsoidische Schwerepotenzial, konsistent berechnet werden. Das Schwerefeld dieser Modellerde wird als *Normalfeld* bezeichnet, Potenzial und Schwere analog als *Normalpotenzial* und *Normalschwere*. Zudem ist festgelegt, dass das Normalpotenzial U auf der Ellipsoidoberfläche konstant ist, d. h. $U = U_0 = konstant$. Das Normalfeld ist rotationssymmetrisch, d. h es weist keine Variationen entlang der Breitenkreise auf. Die Niveauflächen des Normalfeldes stellen die Großform der realen Niveauflächen dar. Die Abweichungen vom tatsächlichen Schwerefeld sind durch die topographischen Massen und die inhomogene Massenverteilung im Erdinneren verursacht und liegen in der Größenordnung von 10^{-5}.

Alternativ zum System der natürlichen Koordinaten (Λ_P, Φ_P, W_P) kann basierend auf den Parametern der ellipsoidischen Modellerde das System der *ellipsoidischen Koordinaten* bestehend aus ellipsoidischer Länge λ, ellipsoidischer Breite φ und ellipsoidischer Höhe h verwendet werden. Im Gegensatz zu den physikalisch definierten natürlichen Koordinaten sind die ellipsoidischen Koordinaten rein geometrischer Natur. Die Richtungsdifferenz zwischen der Ellipsoidnormalen und der physikalischen Lotrichtung ist die *Lotabweichung*, für deren Richtungskomponenten η und ξ in Ost-West bzw. Nord-Süd Richtung gilt

$$\eta = (\Lambda - \lambda)\cos\varphi \quad \text{und} \quad \xi = \Phi - \varphi \tag{8}$$

Die Lotabweichungen geben die Neigung der realen Niveauflächen gegenüber der Ellipsoidoberfläche an. Die Abweichung des Schwerepotenzials W_P vom Normalpotenzial U_P ist das Störpotenzial

$$T_P = W_P - U_P \tag{9}$$

Die Differenz zwischen Schwere und Normalschwere

$$\delta g_P = g_P - \gamma_P \tag{10}$$

wird als *Schwerestörung* bezeichnet. Um die Normalschwere berechnen zu können, muss die ellipsoidische Höhe des Punktes P bekannt sein. Diese kann heutzutage leicht mittels geodätischer Raumverfahren, insbesondere GNSS, bestimmt werden. Nivellierte Höhen der klassischen Landesvermessung oder Höhen aus topographischen Karten beziehen sich jedoch nicht wie GNSS-Höhen auf das Ellipsoid, sondern auf den mittleren Meeresspiegel, der um bis zu 100 m von der Ellipsoidoberfläche abweichen kann. Man kann die numerischen Höhenwerte aber trotzdem über dem Ellipsoid auftragen, berechnet die Normalschwere dann aber nicht am Oberflächenpunkt P, sondern an einem Näherungspunkt Q. Die

Differenz zwischen der in P gemessenen Schwere und der in Höhe h_Q berechneten Normalschwere ist die *Schwereanomalie* im Sinne von Molodenski

$$\Delta g = g_P - \gamma_Q \tag{11}$$

Da GNSS-Höhen erst seit relativ kurzer Zeit für die Festlegung von Punkthöhen zur Verfügung stehen, sind in Datenbanken eher Schwereanomalien als Schwerestörungen zu finden.

Die GRWA besteht darin, die Potenzialfunktion T zu finden, die im massefreien Außenraum der Erde die Laplace-Gleichung

$$\Delta T = \frac{\partial^2 T}{\partial x^2} + \frac{\partial^2 T}{\partial y^2} + \frac{\partial^2 T}{\partial z^2} = 0 \tag{12}$$

erfüllt und die durch die auf oder in der Nähe der Erdoberfläche gemachten geodätischen Beobachtungen determiniert wird – etwa durch Schwereanomalien und Lotabweichungen auf der Oberfläche oder Schweregradienten auf Satellitenhöhe. Ein spektraler Lösungsansatz ist durch die *sphärisch-harmonische Reihe* (sh-Reihe)

$$T(\lambda_P, \theta_P, r_P) = \frac{GM}{r_P} \sum_{n=0}^{N_{max}} \left(\frac{a_e}{r_P}\right)^n \times \sum_{m=0}^{n} \left(\Delta\bar{C}_{nm} \cos m\lambda_P + \Delta\bar{S}_{nm} \sin m\lambda_P\right) \bar{P}_{nm}(\cos\theta_P) \tag{13}$$

gegeben. Darin sind $(\lambda_P, \theta_P, r_P)$ die sphärischen Koordinaten Länge, Kobreite und geozentrischer Radius des Berechnungspunktes P, $\bar{P}_{nm}(\cos\theta_P)$ die vollständig normierten zugeordneten Legendrefunktionen von sh-Grad n und Ordnung m und $\left(\Delta\bar{C}_{nm}, \Delta\bar{S}_{nm}\right)$ die zugehörigen Störpotenzialkoeffizienten. Die numerischen Werte der Koeffizienten werden aus den Beobachtungen entweder durch Integrations- oder Schätzverfahren bestimmt. Der maximale Entwicklungsgrad eines Potenzialmodelles wird mit N_{max} bezeichnet. Er definiert die räumliche Auflösung des Modells im Sinne der Wellenlänge der kleinsten durch das Modell abgebildeten Signalstruktur. Kleinere Details sind im Modell nicht enthalten. Näherungsweise gilt die Zuordnung zwischen der als Auflösung bezeichneten halben Wellenlänge Δ (gegeben in Kilometern) und dem zugehörigen sh-Grad n

$$\Delta \approx \frac{20.000\,\text{km}}{n}. \tag{14}$$

Eine Alternative zur spektralen Darstellung in Gl. (13) ist die globale Integration von Schwereanomalien Δg entsprechend der klassischen Gleichung von Stokes [39]. Demnach ergibt sich für die Lösung der Randwertaufgabe

$$T(\lambda_P, \theta_P) = \frac{R}{4\pi} \iint_{\sigma} S\left(\psi_{PQ}\right) \Delta g_Q \mathrm{d}\sigma_Q, \tag{15}$$

wobei die Stokesfunktion $S(\psi_{PQ})$ nur vom sphärischen Abstand ψ_{PQ} zwischen den Datenpunkten Q und dem Berechnungspunkt P abhängt. Liegen statt Schwereanomalien Schwerestörungen vor, so ist die Stokesfunktion durch die Hotine-Koch Funktion zu ersetzen [39].

Zur genauen Festlegung der Lösung muss noch spezifiziert werden, ob als Randfläche die topographische Oberfläche der Erde oder eine geeignete Niveaufläche verwendet wird. Diese Unterscheidung führt auf die Theorien nach *Molodenskii* (Erdoberfläche ist Randfläche) bzw. *Stokes* (Niveaufläche ist Randfläche).

Bei der Theorie von Stokes wird als Randfläche diejenige Niveaufläche des Schwerefeldes verwendet deren Potenzialwert gleich dem Normalpotenzial auf der Oberfläche des Niveauellipsoides ist, d. h.

$$W = W_0 = U_0 \tag{16}$$

Diese Niveaufläche dient als Höhenbezugsfläche für topographische Höhen und stellt als solche die Grundform der Erde dar. Sie liegt nahe dem mittleren Meeresspiegel und wird als *Geoid* bezeichnet. Die Höhe des Geoides über dem Niveauellipsoid kann durch die Formel von Bruns

$$N = \frac{T}{\gamma} \tag{17}$$

berechnet werden, wobei γ wieder die Normalschwere bezeichnet.

Die in Gl. (15) verwendeten Schwerewerte werden eigentlich auf der Erdoberfläche gemessen, müssen aber zur Lösung der GRWA auf die Randfläche, das Geoid, bezogen werden. Zusätzlich müssen die außerhalb der Randfläche liegenden topographischen (und atmosphärischen) Massen rechnerisch entfernt bzw. nach innen verschoben werden um die Gültigkeit der Laplace-Gleichung zu garantieren (Bedingung: keine Massen im Außenraum). Da die Dichte der topographischen Massen nicht genügend genau bekannt ist, müssen zur rechnerischen Reduktion der Topographie Annahmen über die Dichte getroffen werden. Jede der möglichen Dichteannahmen entspricht dabei einer Hypothese über den Verlauf der Niveauflächen innerhalb der topographischen Massen – unterschiedliche Hypothesen führen zu unterschiedlichen Geoiden [47].

Im Falle der Lösung nach Molodenskii ist die topographische Oberfläche die Randfläche. Dadurch entfallen die bei Stokes notwendigen Reduktionen und Hypothesen – allerdings wird die Lösung komplizierter, da die Randfläche keine Niveaufläche des Schwerefeldes mehr ist. In Gl. (15) tritt anstelle der Schwereanomalie eine Reihenentwicklung deren erster Term durch die Oberflächenschwereanomalie Δg gegeben ist und deren weitere Glieder im Wesentlichen von der Rauigkeit der Topographie abhängen [39] – bei glatter Topographie

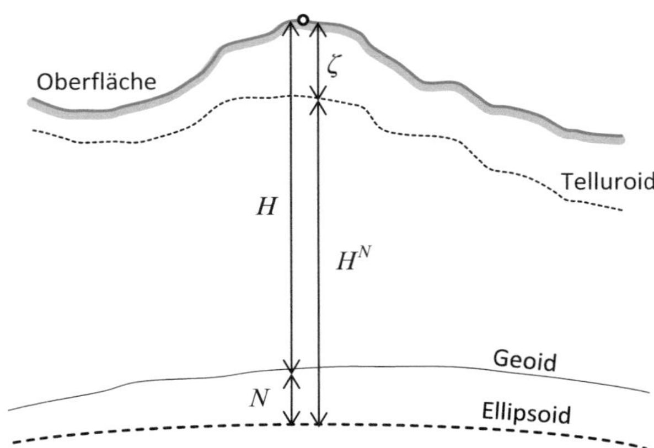

Abb. 1 Darstellung der Erdoberfläche und einer ausgewählten Äquipotenzialfläche, dem Geoid. In der Theorie von Stokes, wird das Geoid durch das Ellipsoid approximiert. In der Theorie von Molodenskii approximiert das Telluroid die Oberfläche. Beide Theorien erlauben gleichwertig die Höhe beliebiger Oberflächenpunkte über dem Ellipsoid darzustellen. Bei Stokes als Summe aus Geoidhöhe N und orthometrischer Höhe H, bei Molodenskii als Summe aus Normalhöhe H^N und Höhenanomalie ζ

konvergiert die Reihe schnell und wird häufig bereits nach dem Term erster Ordnung abgebrochen [28]. Die durch die Näherungspunkte Q gebildete Fläche approximiert die Erdoberfläche und wird als *Telluroid* bezeichnet. Die vertikale Abweichung zwischen Oberfläche und Telluroid wird als *Höhenanomalie* ζ bezeichnet. Sie kann analog zur Geoidhöhe nach der Formel von Bruns aus den Werten des Störpotenzials an der Erdoberfläche berechnet werden. Die geometrischen Zusammenhänge zwischen den verschiedenen Größen sind in Abb. 1 dargestellt.

2.4 Physikalische Höhen und GNSS-Nivellement

Zur Definition und Realisierung vertikaler Bezugssysteme werden Potenzialwerte bzw. geopotenzielle Koten an der Oberfläche benötigt. In der Praxis hat es sich bewährt, diese Beschreibung im Potenzialraum (mit Einheiten $\mathrm{m}^2/\mathrm{s}^2$) in metrische Einheiten zu übersetzen. Die Transformation von Potenzialwerten in metrische Größen ist rein konventionell. Verschiedene Realisierungen führen auf metrische Höhen mit unterschiedlichen Eigenschaften und numerischen Werten. Alle Transformationen basieren auf der Skalierung der geopotenziellen Kote mit einem Schwerewert g^* entsprechend

$$H_P = \frac{C_P}{g^*} \tag{18}$$

wobei H als *physikalische Höhe* bezeichnet wird.

Verwendet man für g^* die mittlere Schwere $\overline{g}$ entlang der wahren Lotlinie zwischen Geoid und Oberfläche, so erhält man die *orthometrische Höhe*, die dem Abstand zwischen Geoid und Oberfläche entspricht. Verwendet man stattdessen die mittlere Normalschwere $\overline{\gamma}$ so ergibt sich die *Normalhöhe*, die dem Abstand zwischen Ellipsoid und Telluroid entspricht. Orthometrische Höhen sind verbunden mit der Theorie von Stokes, Normalhöhen mit der Theorie von Molodenskii. Orthometrische Höhen sind, wie auch Geoidhöhen, hypothesenbehaftet, da zur Berechnung der mittleren Schwere $\overline{g}$ Annahmen über den Dichteverlauf entlang der Lotlinie notwendig sind. Hingegen sind Normalhöhen eindeutig, da die mittlere Normalschwere $\overline{\gamma}$ streng aus den Parametern des Normalfeldes berechnet werden kann.

Ein Nachteil beider Höhentypen ist, dass sowohl $\overline{g}$ wie auch $\overline{\gamma}$ ortsabhängig sind. Die Skalierung der geopotenziellen Koten in Gl. (18) mit einem ortsvariablen g^* führt dazu, dass nicht alle Punkte auf der gleichen Niveaufläche, also mit der gleichen geopotenziellen Kote C_P, identische Höhenwerte erhalten. Punkte auf einer Äquipotenzialfläche, etwa am Ufer eines großen Sees haben demnach nicht notwendigerweise exakt denselben physikalischen Höhenwert – es wird dann ein Gefälle vorgetäuscht. Andererseits kann zwischen Punkten mit gleicher physikalischer Höhenkote in Wirklichkeit ein minimales Gefälle vorliegen.

Dieser Nachteil tritt nicht auf, wenn innerhalb der gesamten Datumszone für g^* ein konstanter Wert verwendet wird. Dies führt auf die *dynamischen Höhen*, die als einziger Höhentyp die Eigenschaft haben, dass Punkte gleicher Höhenkote auch auf der gleichen Äquipotenzialfläche liegen. Sie wären damit prädestiniert für Anwendungen in der Wasserwirtschaft und werden beispielsweise im Bereich der Großen Seen zwischen Kanada und den USA (*International Great Lakes Datum* IGLD85) eingesetzt. Sie haben sich aber in der Landesvermessung aufgrund praktischer Nachteile nicht durchgesetzt [36] – hier werden heutzutage entweder orthometrische oder Normalhöhen verwendet.

In Analogie zum Geoid als Höhenbezugsfläche der orthometrischen Höhen können die nach Molodenskii bestimmten Höhenanomalien über dem Ellipsoid aufgetragen werden und bilden so eine Bezugsfläche für Normalhöhen. Diese wird als *Quasigeoid* bezeichnet. Sie ist im Gegensatz zum Geoid keine Äquipotenzialfläche. Geoidhöhe und orthometrische Höhe ergänzen sich zur ellipsoidischen Höhe ebenso wie Quasigeoidhöhe bzw. Höhenanomalie und Normalhöhe, d. h.

$$h = H + N = H^N + \zeta \tag{19}$$

Bei bekannter Geoid- bzw. Quasigeoidhöhe und mittels GNSS gemessener ellipsoidischer Höhe können diese Beziehungen auch zur Bestimmung der physikalischen Höhe verwendet werden. Es gilt dann

$$H = h - N \quad \text{bzw.} \quad H^N = h - \zeta \tag{20}$$

Damit lassen sich physikalische Höhen punktweise bestimmen – im Gegensatz zum Nivellement, das stets eine linienweise Integration erfordert (siehe Abb. 2). Das Verfahren wird als *GNSS-Nivellement* bezeichnet. In Unterscheidung zu nivel-

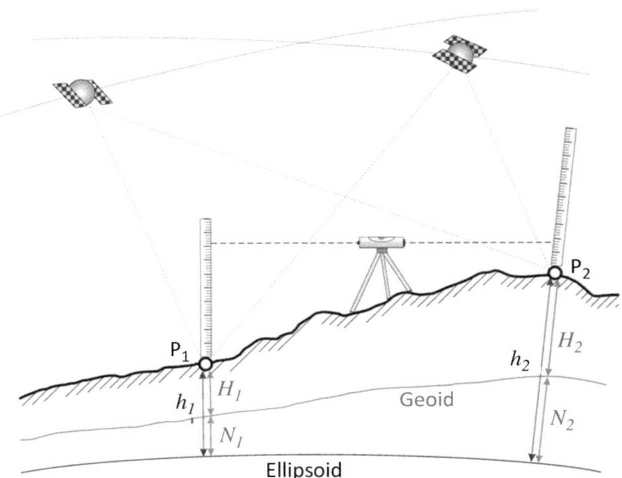

Abb. 2 Bestimmung physikalischer Höhenunterschiede zwischen den Punkten P_1 und P_2 durch geometrisches Nivellement (Messung von $H_2 - H_1$ entlang einer Nivellementlinie) und durch GNSS-Nivellement (punktweise Bestimmung ellipsoidischer Höhen h an den Linienendpunkten bei gleichzeitiger Kenntnis der Geoidhöhen N)

lementbasierten Höhen werden die durch GNSS-Nivellement bestimmten Höhen als geoidbasierte (bzw. quasigeoidbasierte) Höhen bezeichnet. Zur Vereinfachung wird im Folgenden auf eine Unterscheidung zwischen den Theorien von Stokes und Molodenskii sowie auf die damit verknüpften Höhentypen und Bezugsflächen verzichtet und allgemein von physikalischer Höhe und Geoidhöhe gesprochen. Wenn die Unterscheidung wichtig ist, wird explizit darauf hingewiesen.

Ein weiterer, heute veralteter Höhentyp sind die *normalorthometrischen Höhen*. Sie stammen aus Zeiten, in denen noch kaum Oberflächenschwerewerte vorlagen um geopotenzielle Koten zu rechnen. Um zumindest die Globalstruktur der Schwere zu berücksichtigen, wurde in Gl. (6) anstelle der zu messenden Schwere die berechnete Normalschwere eingesetzt. Aufgrund dieser Näherung sind normalorthometrische Höhen, ähnlich wie reine Nivellementhöhen wegabhängig, d. h. sie weisen einen theoretischen Schleifenschlussfehler auf. In Westdeutschland waren normalorthometrische Höhen bis zur Einführung des gesamtdeutschen Haupthöhennetz DHHN92 gebräuchlich. Seither werden, wie auch in den meisten europäischen Ländern Normalhöhen verwendet [77]. Die Verwendung orthometrischer Höhen bietet sich trotz der notwendigen Dichtehypothesen in gebirgigen Regionen, etwa in Österreich oder der Schweiz an. Der Verlauf des Geoides ist im gebirgigen Bereich glatter als der des Quasigeoides. Dadurch können Interpolationsfehler kleiner gehalten werden, was sich positiv auf den Einsatz von GNSS-Nivellement auswirkt [84].

2.5 Geoid, Meerestopographie und Datumsfestlegung

Die Definition und Realisierung vertikaler Bezugssysteme ist auch im Bereich der Ozeane gültig. An die Stelle der topographischen Höhen an Land tritt dann die von Gezeiteneffekten und weiteren kurzperiodischen Effekten befreite *mittlere Meeresoberfläche* (*mean sea surface*, MSS). Dynamische Prozesse im Ozean führen zu Strömungen, die sich in einer Auslenkung der MSS gegenüber der Horizontalen ausdrücken [94]. Die MSS fällt deshalb nicht mit einer Niveaufläche des Schwerefeldes zusammen, auch wenn die Abweichungen relativ klein sind und den Wertebereich von global ein bis zwei Metern nicht übersteigen.

Das Verfahren der Satellitenaltimetrie erlaubt es, die Meeresoberfläche nahezu global abzutasten. Das Ergebnis sind flächenhafte Darstellungen der MSS als Höhen über einem Bezugsellipsoid. Entlang der Küste kann die Höhe der Meeresoberfläche an Gezeitenpegeln gemessen werden. Man spricht dann von der Bestimmung des mittleren Meeresspiegels (*mean sea level*, MSL). Die Abweichung von MSS bzw. MSL gegenüber dem marinen Geoid wird als *mittlere dynamische Meerestopographie* (*mean dynamic topography*, MDT) bezeichnet. Der geodätische Ansatz zur Bestimmung der MDT ist analog zum Verfahren des GNSS-Nivellement an Land und kann entsprechend Gl. (20) dargestellt werden als

$$MDT = h - N. \tag{21}$$

wobei h die ellipsoidische Höhe von MSS oder MSL ist.

Alternativ zum geodätischen Ansatz kann die MDT auch durch numerische Ozeanmodelle berechnet werden. Es existiert eine Vielzahl solcher dynamischer Ozeanmodelle, die sich in ihrer räumlichen Auflösung, der Parametrisierung und der Einbindung externer Beobachtungen unterscheiden [111]. Ozeanmodelle liefern Zeitreihen der räumlichen Verteilung von Temperatur und Salzgehalt und – für geodätische Zwecke wesentlich – Zeitreihen der MDT über einer Horizontalen.

Die klassischen Höhensysteme der Landesvermessung werden zur Datumsfestlegung üblicherweise an den mittleren Meeresspiegel angeschlossen, der über einen bestimmten Zeitraum hinweg an einem oder mehreren Gezeitenpegeln gemessen wurde. Aufgrund lokaler Variationen der MDT entlang der Küste, beziehen sich die verschiedenen Pegel jedoch nicht auf dieselbe Niveaufläche (Abb. 3). Der Anschluss eines Höhendatums an mehrere Pegelstationen, wie etwa in Kanada [67] oder auf dem Australischen Kontinent [21] geschehen, führt bei Vernachlässigung der lokalen MDT zu einer Verbiegung des Höhendatums. Zusätzlich treten zwischen verschiedenen Datumszonen Niveauunterschiede auf. So liegt etwa das Niveau des französischen Höhensystems, das an den Mittelmeerpegel Marseilles angeschlossen ist, um etwa 50 cm unterhalb des Niveaus des Deutschen Haupthöhennetzes (DHHN), das an den Normaal Amsterdams Peil (NAP) angeschlossen ist [78].

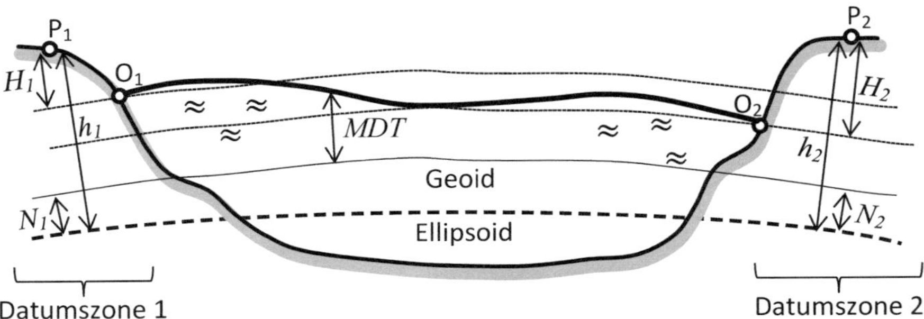

Abb. 3 Mittlere Meeresoberfläche, Geoid und Ellipsoid. Die Höhe der mittleren Meeresoberfläche über dem Geoid ist die MDT. Die beiden Punkte O_1 und O_2 sind Datumspunkte für ihre jeweiligen Datumszonen. Die Differenz h-N-H zeigt jeweils den Versatz der beiden Datumszonen bzgl. des globalen Geoides

3 Nivellementbasierte Höhensysteme – Historische Entwicklung und Defizite

3.1 Historische Entwicklung in Europa

Die ersten landesweiten Nivellementnetze entstanden im Laufe des 19. Jahrhunderts zunächst in Frankreich und Deutschland [4, 99]. Weitere Netze folgten ab ca. 1880. Einen wesentlichen Beitrag lieferte dabei die von Johann Jakob Baeyer initiierte *Mitteleuropäische Gradmessung*, die Vorläuferorganisation der heutigen *Internationalen Assoziation der Geodäsie* (IAG). Auf der ersten internationalen geodätischen Konferenz in Berlin im Jahre 1864 setzten sich die an der Mitteleuropäischen Gradmessung teilnehmenden Länder zum Ziel, neben den für eine einheitliche europäische Vermessung auszuführenden astronomischen und trigonometrischen Arbeiten auch landesweite Präzisionsnivellements durchzuführen. Um einen europaweiten Vergleich von Höhen durchführen zu können, sollten die neu entstehenden nationalen Nivellementnetze jeweils an den mittleren Meeresspiegel angeschlossen werden [6, 86]. Diese Initiative zeigt bereits das damalige Bestreben nach einem einheitlichen vertikalen Referenzrahmen. Auch wurde der Weg bereitet für den Höhenvergleich der an verschiedenen Pegelstationen gemessenen Mittelwasser – ein Vorläufer aktueller Forschungsarbeiten zur Beobachtung von Meeresspiegelvariationen.

Aufgrund des für die vollständige Messung eines Landesnetzes erforderlichen hohen zeitlichen Aufwands und der weiteren politischen Entwicklung Europas ist es nicht verwunderlich, dass die Realisierung eines europaweiten Höhensystems lange auf sich warten ließ. Dies zeigt beispielsweise die Situation in Deutschland. Hier war im Jahre 1879 erstmals ein einheitliches Höhenniveau festgelegt worden, das vom Pegel in Amsterdam abgeleitet worden war [108]. Die Höhen des *Reichshöhennetzes* wurden als Höhen über Normalnull (NN) bezeichnet. Als Datumspunkt wurde eine Markierung an der Sternwarte Berlin angebracht, deren Höhe – ausgehend vom Amsterdamer Pegel – auf genau 37 m über NN festgelegt wurde. In der Folge entstanden ab 1879 zunächst die sogenannten *Höhen im Alten System*, das 1912 durch das *Neue System* abgelöst wurde, welches heute als *Deutsches Haupthöhennetz 1912* (DHHN12) bezeichnet wird. Die Systeme waren jedoch recht uneinheitlich [1]. Die Netze im alten System waren in weiten Teilen aus reinen Nivellementhöhen ohne Berücksichtigung der Schwere abgeleitet worden. Das DHHN12 bestand aus acht Netzteilen, die mit jeweils unterschiedlichen Methoden miteinander verknüpft worden waren und wies relativ große Netzspannungen auf. Kriegsbedingt musste die Messung verschiedener Netzteile unterbrochen werden, so dass das Gesamtnetz erst 1956 fertiggestellt werden konnte. In dieser Zeit waren bereits viele der ursprünglichen Festpunkte verloren gegangen, in vielen Bereichen hatten zudem echte Höhenänderungen stattgefunden. Daher fanden in den 1980er Jahren umfangreiche Neumessungen statt, die die Basis des in der alten Bundesrepublik eingeführten DHHN85 bildeten. Die Höhen waren in einer zwangsfreien Ausgleichung in normalorthometrischen Höhen berechnet worden. Das Niveau wurde vom DHHN12 übernommen und bezog sich daher wieder auf den Pegel Amsterdam, der Datumspunkt war aber inzwischen mehrmals verlegt worden und befand sich nun in Wallenhorst bei Osnabrück. In der ehemaligen DDR war eine entsprechende Neumessung bereits in den Jahren 1954–1956 erfolgt; von 1974–76 wurden Wiederholungsnivellements durchgeführt. Die daraus abgeleiteten *Staatlichen Nivellementnetze* von 1956 und 1976 (SNN56 und SNN76) wurden in Normalhöhen berechnet und an den nahe St. Petersburg gelegenen Pegel Kronstadt angeschlossen. Nach der politischen Wiedervereinigung Deutschlands wurde aus den Schleifen des DHHN85 und des SNN76 unter Einbeziehung neuer Verbindungsmessungen das DHHN92 gebildet (Abb. 4). Das Niveau wurde vom Pegel Amsterdam (NAP) abgeleitet, als Höhentyp wurden Normalhöhen festgelegt. Aufgrund der unterschiedlichen Anschlussniveaus (Amsterdam bzw. Kronstadt) änderten sich die Höhen im Bereich des ehemaligen SNN76 um ca. +14 cm. Im Jahre 2005 wurde beschlossen, das DHHN zu erneuern, wobei neben Wiederholungsnivellements (2006–2012) nahezu zeitgleich auch GNSS-Messungen, Absolutschweremessungen, sowie eine aktuelle Quasigeoidbestimmung durchgeführt wurden.

Ähnlich wie im geteilten Deutschland entstanden aufgrund der politischen Situation auch auf europäischer Ebene zwei unabhängige Nivellementnetze. In den osteuropäischen Staaten das erstmals in den 1950er-Jahren gemessene *Einheitliche Präzisionsnivellementnetz* (EPNN; auch als *United Precise Levelling Network of Central and Eastern Europe* (UPLN) bezeichnet), das auch als amtliches System in den einzelnen Ostblockländern diente. Wie auch im SNN56 wurden für die EPNN-Realisierungen Normalhöhen bezogen auf den Pegel Kronstadt berechnet. Die letzte Realisierung wurde 1982 fertiggestellt und basierte auf den zwischen 1973–75 durchgeführten Wiederholungsmessungen. In Westeuropa entstand das *United European Levelling Network* (UELN; früher war auch die französischsprachige Bezeichnung *Réseau Européen Unifié de Nivellement* – abgekürzt als REUN – gebräuchlich). Es basierte auf den bestehenden Messungen der

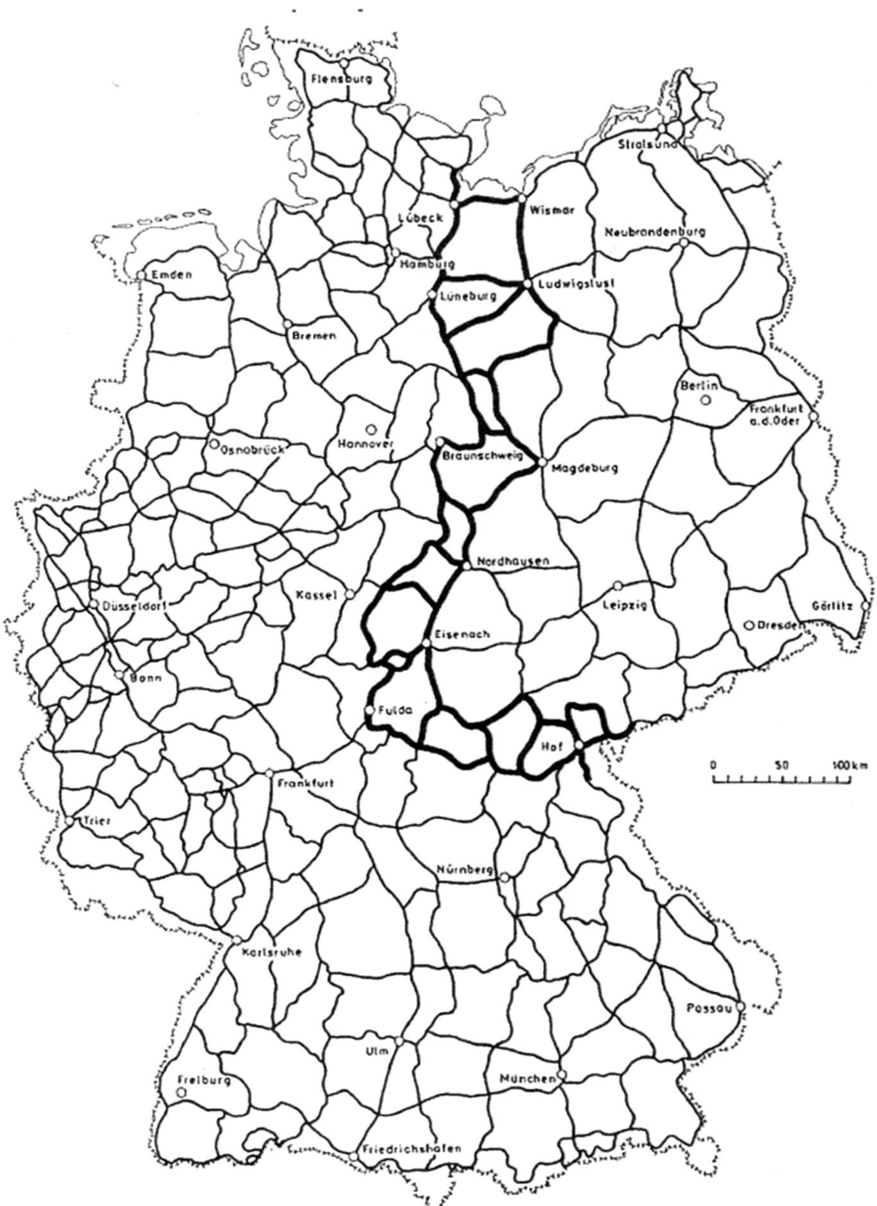

Abb. 4 Netzbild des DHHN92. Fett dargestellt sind die Verbindungsmessungen zwischen den alten Netzteilen aus DHHN85 und SNN76. Abbildung aus Lang [51]

einbezogenen Länder und wurde in geopotenziellen Koten ausgeglichen. Im Gegensatz zum EPNN wurden im UELN Messungen unterschiedlicher Epochen gemeinsam ausgeglichen – auch Anzahl und Qualität der Verbindungsmessungen zwischen den Ländern war geringer als im Fall des EPNN. Das Niveau des UELN wurde durch Wahl des Pegels Amsterdam festgelegt. Anders als das EPNN wurde das UELN nicht in die amtlichen Höhenregister übernommen, sondern zu rein wissenschaftlichen Zwecken genutzt. Die letzte Realisierung, des auf Westeuropa beschränkten Netzes, war das UELN-73/86, dem Daten bis 1973 zugrunde lagen und das 1986 fertiggestellt wurde [15].

Aufgrund des politischen Wandels der 1990er- Jahre wurde das UELN erneuert und erweitert [5, 78]. Als Daten- und Rechenzentrum des UELN dient seither das deutsche Bundesamt für Kartographie und Geodäsie (BKG). Zunächst wurde neben der Erneuerung der Daten in einigen der alten Netzteile vor allem eine Erweiterung nach Osten, auf das Gebiet des EPNN durchgeführt. Die 1998 fertiggestellte Lösung des UELN-95 stellt die erste Realisierung des *European Vertical Reference Frame* (EVRF) dar und wurde später als EVRF2000 bezeichnet [79]. Die zweite und derzeit aktuelle Realisierung ist der EVRF2007. Die Differenz der Höhen im EVRF2007 zu den amtlichen Höhensystemen der einzelnen Länder ist in Abb. 5

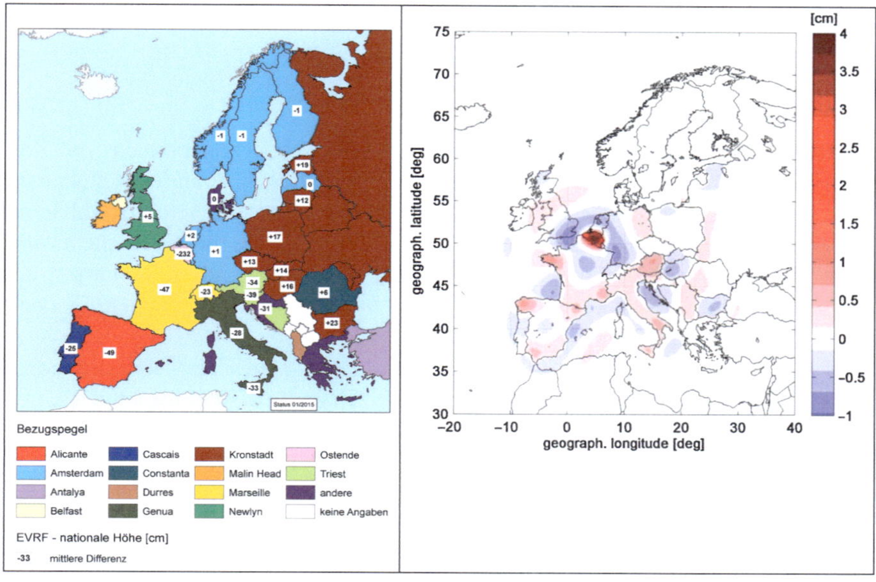

Abb. 5 (links): Differenzen der Höhenwerte zwischen EVRF2007 und den nationalen Höhendaten. Die Differenzen enthalten im Wesentlichen Datumsdifferenzen aufgrund unterschiedlicher Pegelanschlüsse, aber auch aufgrund der Verwendung unterschiedlicher Höhentypen (linkes Bild, [aus www.bkg.bund.de]). Rechts: Indirekter Versatz der sich theoretisch bei Verwendung der residualen Stokesfunktion für sphärisch harmonische Grade größer 50 aus den links abgebildeten Höhenunterschieden ergeben würde (rechtes Bild, [aus Gerlach und Rummel [29]])

(links) dargestellt. Das EVRF2007 weist gegenüber dem EVRF2000 Verbesserungen auf, insbesondere bezüglich der Einbeziehung aktueller Nivellementdaten, der konsistenten Behandlung des permanenten Gezeitenanteils (siehe Abschn. 4.2.2) und, soweit möglich, der Verwendung einer einheitlichen Bezugsepoche (siehe Abschn. 4.2.3).

Einer durchgreifenden Vereinheitlichung der europäischen Höhensysteme, speziell der Verknüpfung geometrischer und physikalischer Höhen, dient das *European Unified Vertical Network* (EUVN). Es integriert die durch den EVRF gegebenen Potenzialwerte mit ellipsoidischen Höhen ausgewählter GNSS-Stationen und Beobachtungen des mittleren Meeresspiegels an Pegelstationen. Damit liegt ein präziser Datensatz von GNSS-Nivellementpunkten vor, der auch für die Erfassung absoluter Meeresspiegelvariationen, die Realisierung eines kinematischen Höhennetzes und den Vergleich mit einem rein gravimetrischen Geoid, wie dem EGG2008 [13], verwendet werden kann [43, 45]. Das EVRS soll ein Beitrag zur Realisierung eines global einheitlichen Höhensystems sein. Gerade die Möglichkeit der Verknüpfung von GNSS-Nivellementpunkten mit einem gravimetrischen Geoid dürfte für die künftige Entwicklung entscheidend sein. Allerdings ist das EVRS in seinen bisherigen Realisierungen ein rein nivellementbasiertes Höhensystem. Der Vergleich mit dem EGG2008 dient bisher eher der Validierung des Geoidmodells und soll ermöglichen, dieses an die GNSS-Nivellementhöhen anzupassen, etwa durch Schätzung von lang- und mittelwelligen Trendflächen.

3.2 Begrenzende Faktoren

Der Realisierung eines einheitlichen globalen vertikalen Bezugsrahmens mit Zentimetergenauigkeit – der im Idealfall auch Zeitvariationen abbildet – stehen im Falle der aktuell vorliegenden nivellementbasierten Höhensysteme einige inhärente Begrenzungen entgegen. Dies sind (1) der hohe Messaufwand für Nivellements über große Distanzen, (2) die Beschränkung auf zusammenhängende Landmassen und (3) systematische Fehler des Nivellements, die nur durch externe Daten aufgedeckt werden können [74, 77].

Der hohe Messaufwand des Nivellements bringt, abgesehen von den hohen Kosten, relativ lange Entstehungszeiträume einzelner Realisierungen mit sich. In den EVRF2007 etwa gehen Messungen ein, die sich über einen Zeitraum von fast 100 Jahren erstrecken [79]. Dadurch ist in vielen Bereichen eine Zuordnung zu einer bestimmten Epoche schwierig bis unmöglich. Dies wird als Schwachpunkt des EVRF2007 betrachtet, der auch nur unzureichend durch die Modellierung der vertikalen Geschwindigkeiten basierend auf GNSS-Messungen korrigiert werden kann [78]. Bereits bei Einführung der ersten Landesnetze wurde erkannt, dass der lange Entstehungszeitraum aufgrund von Punktverlusten durch Baumaßnahmen und den durch rezente Krustenbewegung verursachten Veränderungen zu großen Herausforderungen bei der Laufendhaltung und Erneuerung nivellementbasierter Höhensysteme führt [99]. Dieser Aspekt führt – vor dem Hintergrund der mit GNSS-Nivellement realisierbaren Genauigkeiten – in Nordamerika (Kanada, USA,

Mexiko) zur vollständigen Ablösung der bisherigen Höhennetze durch ein einheitliches geoidbasiertes Höhendatum (sieht Abschn. 5.2).

Neben dem Messaufwand, der die operativen Aspekte der Datumsrealisierung betrifft, steht das Fehlerbudget des Nivellements der Realisierung eines großräumigen Höhennetzes mit Zentimetergenauigkeit entgegen. Die Stärke des Nivellements liegt darin, auf relativ kurzen Distanzen einfach und schnell hohe Genauigkeiten zu liefern. Die üblichen Genauigkeitsanforderungen des Präzisionsnivellements liegen typischerweise im Bereich von 1 mm/ $\sqrt{s[\text{km}]}$. Als autonomes und effizientes Verfahren ist das Nivellement somit prädestiniert für kleinräumige Anwendungen, vor allem im Ingenieurbereich, und hat dort auch in Zukunft seine Berechtigung. Die Redundanz großer Nivellementnetze aber ist üblicherweise relativ gering, so dass das Verfahren anfällig für grobe Fehler und die unkontrollierbare Fortpflanzung systematischer Fehler ist. Rummel et al. [76] geben für die europäischen Landesnetze Redundanzwerte zwischen 0,1 und 0,4 an. Dies führt zu lang- bis mittelwelligen Deformationen nivellementbasierter gegenüber geoidbasierter Höhen. In Europa etwa zeigt der Vergleich ellipsoidischer Höhen aus GNSS mit den physikalischen Höhen der Nivellementnetze und aktuellen gravimetrischen Geoiden (basierend auf Daten der Satellitenmodelle GRACE und GOCE) Differenzen mit Standardabweichungen von vielen Zentimetern und Verkippungen einzelner nationaler Netze von bis zu 10 cm pro 100 km (siehe Abb. 9).

4 Geoidbasierte Höhensysteme – Moderner Ansatz für ein Welthöhensystem

Die Schaffung eines global einheitlichen vertikalen Bezugsrahmens wurde in der geodätischen Literatur vielfach besprochen [35, 73]. Ausgangspunkt waren dabei die klassischen nationalen Nivellementnetze, die mittels verschiedener Methoden miteinander verknüpft werden sollten. Ziel war die Bestimmung der konstanten Niveauunterschiede zwischen einzelnen Landesnetzen, wie sie beispielsweise innerhalb Europas durch Vergleich der einzelnen Landeshöhen mit Höhen im EVRF sichtbar werden (Abb. 5, links). Diskutiert wurden hierzu (i) ein schwerefeldbasierter, (ii) ein ozeanographischer und (iii) ein nivellementbasierter Ansatz.

Grundlage von Methode (i) ist die Lösung der geodätischen Randwertaufgabe an ausgewählten Punkten der zu vereinigenden Netze. Dazu werden nach Gl. (13) bzw. (15) an den gewählten Punkten Potenzialwerte berechnet, die als absolute Werte angesehen werden können und somit ein global einheitliches Bezugsniveau festlegen. Kennt man diese absoluten Potenzialwerte an den Datumspunkten der einzelnen Landesnetze, so können die Datumsunterschiede zwischen den Netzen festgestellt werden und die Netze können in ein einheitliches Datum überführt werden. Äquivalent kann das Welthöhensystem statt in Potenzialwerten auch in Geoidhöhen ausgedrückt werden. Dann entspricht der schwerefeldbasierte Ansatz dem Verfahren des GNSS-Nivellement, wobei die nach Gl. (20) bestimmten physikalischen Höhen im Welthöhensystem gegeben sind und direkt mit den, auf den jeweiligen Datumspunkt bezogenen Landeshöhen verglichen werden. Mit den so festgestellten Niveauunterschiedenen zwischen den nationalen Höhennetzen lässt sich durch vertikale Verschiebung der Einzelnetze ein Welthöhensystem konstruieren. Die Niveauunterschiede entsprechen im Prinzip den lokalen Differenzen der MDT an den verschiedenen Pegelstationen. Ist die MDT aus ozeanographischen Daten bekannt, so kann der Höhenbezug vom jeweils lokalen MSL auf ein einheitliches Niveau reduziert werden. Dies ist Methode (ii), der ozeanographische Ansatz, zur Höhensystemvereinigung. Der nivellementbasierte Ansatz, Methode (iii), scheidet wegen der bereits angesprochenen Defizite des Nivellements, insbesondere wegen der Unmöglichkeit, Höhennetze über Ozeane hinweg zu verbinden, als praktikables Verfahren zur Schaffung eines Welthöhensystems aus.

Methode (i) basiert auf einer globalen Schwerefeldmodellierung die ggf. regional zu verfeinern ist. In der Praxis wird hierfür ein globales Potenzialmodell verwendet das rein aus Satellitendaten abgeleitet ist. Damit wird die globale Konsistenz der Grobstrukturen des Geoides garantiert. Die feineren Strukturen werden aus terrestrischen Daten abgeleitet. Die angestrebte Genauigkeit von $0{,}1\,\mathrm{m}^2/\mathrm{s}^2$ bzw. 1 cm in der Höhe setzt dabei hohe Anforderungen an die Verteilung und Qualität der Eingangsdaten. Vor dem Zeitalter der Satellitenmissionen GRACE und GOCE waren die notwendigen Voraussetzungen nicht gegeben. Damals standen Laserdistanzmessungen einer relativ begrenzten Anzahl von Observatorien zu einer Vielzahl von Satelliten in unterschiedlichen und aus Sicht der Schwerefeldbestimmung meist recht hohen Bahnen zur Verfügung. Daraus ergab sich ein relativ inhomogenes Datenmaterial, das eine signifikante Schwerefeldmodellierung nur bis zu einem sphärisch harmonischen Grad von etwa 40 (entsprechend einer räumlichen Auflösung von ungefähr 500 km) zuließ. Die Genauigkeit lag im Sinne eines globalen Mittelwertes in der Größenordnung von etwa 50–100 cm. Da dies etwa der Größe der global auftretenden Datumsunterschiede entspricht, waren diese Potenzialmodelle für eine globale Höhensystemvereinigung nicht nutzbar. Die auf ihnen basierenden regionalen Geoidmodelle zeigten oft mittel- und langwellige Fehler, die die systematischen Effekte des Nivellements noch überstiegen. Dies erklärt auch die gängige Praxis, die an GNSS-Nivellementpunkten messbaren Geoidhöhen zur Kontrolle des berechneten gravimetrischen Geoides zu nutzen [11, 13]. Das gravimetrische Geoid wurde durch Schätzung einer Korrekturfläche an die Bezugsfläche der Landeshöhen angepasst [26, 72]. So konnten an beliebigen Punkten ohne Anschluss an einen Nivellementfestpunkt mittels GNSS-Nivellement effizient und präzise Landeshöhen bestimmt werden.

Die Ergebnisse der Satellitenmissionen GRACE und insbesondere GOCE haben diese Situation grundlegend verändert und führen zu einem Paradigmenwechsel bei der Bestimmung von Höhenwerten. GOCE liefert für Strukturen bis zu einer Ausdehnung von ca. 100 km die für Geoidhöhen bzw. Potenzialwerte angestrebte Genauigkeit von etwa 1–2 cm bzw. $0{,}1\,\mathrm{m}^2/\mathrm{s}^2$. Dies kann in gut vermessenen Regionen wie Deutschland durch Vergleich mit unabhängigen Daten gezeigt werden [76, 77]. Dadurch können nicht nur die Niveauunterschiede zwischen einzelnen Landesnetzen oder deren systematische Fehleranteile bestimmt werden, sondern es ist sogar die vollständige Ablösung des Nivellements durch ein rein gravimetrisches Geoid zur Definition und Realisierung eines Welthöhensystems denkbar. Dieses würde sich gleichermaßen über Kontinent- und Ozeanflächen erstrecken wodurch eine mit den topographischen Höhen an Land konsistente Beschreibung der Meerestopographie gegeben wäre.

Eine radikale Neudefinition nationaler Höhensysteme durch ein gemeinsames gravimetrisches Geoidmodell wird derzeit erstmals in Nordamerika durchgeführt (siehe Abschn. 5.2). Die Vorteile eines geoidbasierten Landeshöhensysstems liegen vor allem darin, dass jederzeit und überall auf effiziente Weise und unabhängig von Höhenfestpunkten mittels GNSS darauf zugegriffen werden kann. Einschränkend muss hier allerdings erwähnt werden, dass dies vor allem in Regionen mit guter geodätischer Infrastruktur gilt – insbesondere also dort wo mittels Echtzeitdiensten die zentimetergenaue Positionierung innerhalb sehr kurzer Beobachtungszeiten möglich ist. Außerdem müssen zur Bestimmung eines Zentimetergeoides zusätzlich nahezu flächendeckend terrestrische Schwerewerte vorliegen. Flury [24] gibt für eine angestrebte Geoidgenauigkeit von 1 cm einen für die Schwerewerte erforderlichen mittleren Punktabstand von ca. 5 km an. Allerdings ist es nicht ausreichend Schweredaten begrenzt auf die Ausdehnung des jeweiligen Landesnetzes zu verwenden, sondern es sind Daten in einer sphärischen Kappe mit einem Radius von einigen Graden nötig. Dies kann ähnlich wie im Falle der nivellementbasierten Methode (iii) aufgrund der geographischen oder politischen/historischen Situation nur eingeschränkt möglich sein. Für eine detaillierte Diskussion der Vor- und Nachteile geoidbasierter Höhensysteme sei auf Featherstone et al. [21] verwiesen.

4.1 Methodik zur Realisierung eines Welthöhensystems

Grundlage für ein schwerefeldbasiertes globales Höhendatum ist die Berechnung des Störpotenzials an Oberflächenpunkten durch Kombination eines satellitenbasierten Potenzialmodells und terrestrischer Schweredaten. Dabei werden die großräumigen Strukturen aus dem Satellitenmodell, die kleinräumigen Details aus den terrestrischen Daten abgeleitet; letztere sind wegen der Glättung des Schwerefeldes in großen Höhen vom Satelliten aus nicht erfassbar.

Wenden wir uns zunächst der Integration terrestrischer Schwereanomalien entsprechend Gl. (15) zu. Der Darstellung in Rummel & Teunissen [73] folgend ergibt sich das Störpotenzial am Berechnungspunkt P zu

$$T(P) = \frac{\delta GM}{R} + \frac{R}{4\pi} \iint\limits_{\Phi} S\left(\psi_{PQ}\right) \left\{ \Delta g_k + \frac{2}{R} C_{k0} \right\}_Q \mathrm{d}\Phi_Q \tag{22}$$

Darin ist δGM die Differenz zwischen dem im Normalschweremodell festgelegten konventionellen und dem tatsächlichen Wert von GM. Dieser ist heute aus Satellitenbeobachtungen mit einer relativen Genauigkeit von ca. 10^{-9} bekannt [62], was einer Unsicherheit im absoluten Niveau von ca. $0.1 \mathrm{m}^2/\mathrm{s}^2$ bzw. etwa 1 cm entspricht. Der zugehörige Term in Gl. (22) ist eine Konstante.

Bei der Integration der Schwereanomalien Δg ist zu beachten, dass Schwereanomalien der Differenz zwischen gemessenen (und ggf. auf das Geoid reduzierten) Schwerewerten g und berechneten Normalschwerewerten γ entsprechen. Für die Reduktion der Schwere auf das Geoid (Stokes Theorie) bzw. die Berechnung der Normalschwere am Telluroid (Molodenskii Theorie) wird die Höhe des Oberflächenpunktes P benötigt. Da sich diese auf das jeweilige Landeshöhensystem bezieht, enthält die Schwereanomalie einen für jede Höhendatumszone unterschiedlichen Versatz. Diese Inkonsistenz der Schweredaten führt zu mittel- bis langwelligen Fehlern in den berechneten Potenzialwerten bzw. Geoidhöhen [12,28]. Der Effekt wird als *indirekter Versatz* bezeichnet. In Gl. (22) steht der Index k für die unterschiedlichen Datumszonen und C_{k0} für die Potenzialdifferenz zwischen der globalen Referenzfläche W_0 und der Referenzfläche W_k der einzelnen Datumszonen. Der Term $2C_{k0}/R$ entspricht einer Korrektur der auf Datumszone k bezogenen Schwereanomalie Δg_k, so dass die korrigierten Schwereanomalien sich auf ein global einheitliches Datum beziehen.

Der Datumsversatz C_{k0} der einzelnen Datumszonen ist a priori nicht bekannt. Ein Modell zur Schätzung des Versatzes wurde von Rummel und Teunissen [73] aufgestellt und von Xu [113] an synthetischen Beispielen getestet. Alternativ dazu haben Amos und Featherstone [3] bei der Vereinigung verschiedener Datumszonen in Neuseeland ein iteratives Verfahren angewandt. Die praktische Schwierigkeit liegt in beiden Fällen darin, dass die geographische Aufteilung aller Datumszonen bekannt sein muss. Außerdem gehen beim Vergleich der nach Gl. (22) bestimmten Potenzialwerte mit den geopotenziellen Koten der Landesnetze auch deren systematische Fehler ein. Die geschätzten Datumsversätze würden also von den langwelligen Nivellementfehlern verfälscht. Um dies zu umgehen, müssten geeignete Korrekturflächen mitgeschätzt oder in einem Vorverarbeitungsschritt angebracht werden.

Ist man neben dem Oberflächenpotenzial auch an einem Geoidmodell interessiert, so gilt nach der generalisierten Gleichung von Bruns [39]

$$N = \frac{T - \Delta W_0}{\gamma}, \tag{23}$$

wobei ΔW_0 die Differenz zwischen dem Potenzialwert $W = W_0$ am Geoid und dem Normalpotenzial U_0 auf der Oberfläche des Bezugsellipsoides ist. Damit tritt neben dem, in Gl. (22) enthaltenen δGM-Term mit ΔW_0 ein weiterer konstanter Potenzialterm auf. Die Summe beider Terme liegt bei Verwendung aktueller Werte für δGM und ΔW_0 bei unter $10\ \mathrm{m}^2/\mathrm{s}^2$. Da die globale Variation der Normalschwere nur etwa 0,5 % beträgt, ergibt sich aus beiden Termen der nahezu konstante Geoidhöhenanteil

$$N_0 = \frac{\delta GM}{\gamma} - \frac{\Delta W_0}{\gamma} \tag{24}$$

dessen globale Variationsbreite bei ca. 5 mm liegt.

Um eine konsistente Kombination der terrestrischen Daten mit dem gewählten Satellitenmodell zu gestatten, müssen die durch das Satellitenmodell bereits erfassten Signalstrukturen bei der Bearbeitung der terrestrischen Daten ausgeblendet werden. Datenseitig werden also nur die Residuen der terrestrischen Schwereanomalien bzgl. des Satellitenmodells verarbeitet. Ergebnis ist dann auch nur eine residuale Geoidhöhe N^{res}, die zu den aus dem Satellitenmodell abgeleiteten Geoihöhen N^{GPM} addiert wird. Dieses Vorgehen wird als remove-restore Verfahren bezeichnet [82]. Um zu verhindern, dass die in den Residuen enthaltenen langwellige Fehler der terrestrischen Daten in die Lösung einfließen, wird zusätzlich die originale Stokesfunktion durch die modifizierte Funktion $S^{res}(\psi)$ ersetzt, die sicherstellt, dass nur kurzwellige Anteile der terrestrischen Daten oberhalb der Auflösung des Satellitenmodells in die Lösung eingehen. Dies entspricht der kombinierten Geoidberechnung nach Wong und Gore [110]. Daneben existieren viele weitere Modifikationen der Stokesfunktion bei denen ein glatterer Übergang zwischen den durch das Satellitenmodell abgedeckten langwelligen Anteilen und den kurzwelligen Strukturen der terrestrischen Daten erzeugt wird. Einen Überblick über deterministische und stochastische Modifikationen gibt Featherstone [22].

Die kombinierte Geoidberechnung erfolgt schließlich nach

$$N(P) = N_0 + N_1(P) + N^{GPM}_{2,N_{max}}(P) + N^{res}(P) + \sum_{k=1}^{K} \left(\frac{C_{k0}}{2\pi\gamma} \iint\limits_{\Phi_k} S^{res}\left(\psi_{PQ}\right) \, \mathrm{d}\Phi_{Q,k} \right) \tag{25}$$

Da die Reihenterme von sh-Grad $n = 0$ und $n = 1$ explizit aufgeführt sind (sie werden in den Gl. (24) und (26) näher erläutert), enthält N^{GPM} nur die Anteile ab Grad $n = 2$ bis zur maximalen Auflösung N_{max} des Satellitenmodells. Die Größe des residualen Anteils N^{res} der terrestrischen Daten ist vom maximalen Grad des verwendeten Satellitenmodells abhängig. Je höher N_{max} desto mehr Signalanteile werden durch das Satellitenmodell dargestellt und desto kleiner wird der Beitrag von N^{res}. Im Falle eines GOCE-basierten Modells wie etwa GOCO05s [56] beläuft sich der residuale Beitrag im globalen Mittel auf ca. 30 cm, was etwa 1 % des Gesamtsignals entspricht. Der letzte Term in Gl. (25) ist die Korrektur des indirekten Versatzes aus Gl. (22), hier dargestellt als Summe über alle Datumszonen. Auch in diesem letzten Term ist die modifizierte Stokesfunktion zu verwenden.

Die Kombination von terrestrischen Daten und einem satellitenbasierten Potenzialmodell profitiert von der hohen Qualität und Homogenität der Satellitendaten im langwelligen Bereich, hat aber auch den Vorteil, dass die Integration der terrestrischen Daten auf eine relativ kleine räumliche Kappe rund um den Berechnungspunkt beschränkt werden kann. Außerdem verringert sich bei Verwendung der modifizierten Stokesfunktion die Größe des indirekten Versatzes (letzter Term in Gl. (25)). Ohne Modifikation (d. h. ohne Verwendung eines Potenzialmodells) ist der Effekt so groß wie der Datumsversatz selbst. Wie Abb. 5 zeigt, liegen die Werte in Europa (mit Ausnahme Belgiens) bei einigen Dezimetern. Entfernt man aus der Stokesfunktion die langwelligen Anteile bis Grad $n = 50$, so ergibt sich ein maximaler indirekter Effekt von ca. 4 cm. Dies entspricht etwa der Situation vor dem Start der Schwerefeldsatelliten GRACE und GOCE. Für eine globale Schwerefeldmodellierung mit Zentimetergenauigkeit ist der Effekt also nicht vernachlässigbar. Gerlach und Rummel [29] haben in Simulationsstudien gezeigt, dass sich bei maximalem sh-Grad von $n = 100$ (bei dieser Auflösung liefert die GRACE Mission einen Geoidhöhenfehler von ca. 1 cm) noch Effekte von 2–3 cm ergeben. Erst bei GOCE (hier kann ein maximaler sh-Grad von $n = 200$ angesetzt werden) bleibt der indirekte Effekt unter dem Zentimeter und kann somit vernachlässigt werden. Dies ist eine ganz wesentliche Erleichterung bei der Berechnung kombinierter Schwerefelder, da die wegen unterschiedlicher Höhendaten inkonsistenten terrestrischen Schwereanomalien nicht korrigiert werden müssen. Daher lassen sich auch die Bezugssysteme für Höhe und Schwere entkoppeln – eine hochgenaue Bestimmung von Potenzial- oder Höhenwerten ist unabhängig von großflächigen systematischen Effekten in den terrestrischen Schweredaten. Dies gilt natürlich nicht für Systematiken auf räumlichen Skalen unterhalb des Auflösungsvermögens von GOCE. Um derartige Effekte zu beseitigen, wird zur Erstellung des künftigen nordamerikanischen Höhendatums flächendeckend Fluggravimetrie betrieben (siehe Abschn. 5.2)

Die Darstellung in Gl. (25) entspricht dem gängigen Verfahren zur Bestimmung regionaler gravimetrischer Geoide [13, 19, 41, 107]. Eine Alternative ist die Integration der terrestrischen Daten in ein hochauflösendes globales Potenzialmodell [60, 109]. Anstatt den hochfrequenten Geoidhöhenanteil N^{res} in einer bestimmten geographischen Region explizit zu berechnen, werden dabei aus global verteilten terrestrischen Daten die Potenzialkoeffizienten für sehr hohe sh-Grade berechnet [61]. Das Globale Gravitationsmodell EGM2008 etwa enthält Koeffizienten bis zum maximalen Grad $N_{max} = 2190$, was nominell einer räumlichen Auflösung von 5 Winkelminuten entspricht (etwa 9 km am Äquator). Es ist zu beachten, dass wegen sehr hoher rechentechnischer Anforderungen diese Methode nicht vollständig gleichwertig zum Verfahren der regionalen Geoidberechnung ist. Die oben genannten Vorteile der regionalen Geoidberechnung gelten allerdings grundsätzlich auch für hochauflösende Potenzialmodelle.

4.2 Standards und Definitionen im Welthöhensystem

Die Schaffung und Nutzung eines global einheitlichen Höhensystems – sei es in der Form von Potenzialwerten an Oberflächenpunkten oder in der Form eines globalen (und ggf. regional verfeinerten) Geoidmodells – erfordert die präzise Kombination unterschiedlicher Mess- und Modellgrößen. Im Wesentlichen sind das ein globales Schwerefeldmodell, terrestrische Schweredaten, Nivellementhöhen, GNSS-Höhen, mittlere Meereshöhen aus Satellitenaltimetrie und Pegelmessungen sowie ggf. ein numerisches Ozeanmodell. Dabei ist zu beachten, dass sich die verschiedenen Größen in der Regel auf unterschiedliche Referenzsysteme (und ggf. unterschiedliche Realisierung eines Systems) beziehen und unter Einhaltung unterschiedlicher Prozessierungsstandards und Konventionen bestimmt wurden. Die Schaffung und das Arbeiten in einem global konsistenten Höhensystem erfordert daher die Nutzung der gleichen Definitionen und Standards. Die folgenden Punkte sind hierbei speziell zu beachten.

4.2.1 Geometrische und gravimetrische Bezugssysteme

Schwerepotenzial und Positionskoordinaten müssen sich auf ein und denselben globalen Referenzrahmen beziehen. Einen solchen Referenzrahmen zu realisieren und zu unterhalten ist Aufgabe des *International Earth Rotation and Reference System Service* (IERS). Er ist ein Dienst der IAG und bildet zusammen mit allen anderen IAG Diensten die Grundlage für das *Global Geodetic Observing System* (GGOS), also für die zur geowissenschaftlichen Erdbeobachtung erforderliche geodätische Infrastruktur (siehe hierzu den Beitrag von Kutterer in diesem Band). Einer von aktuell drei Themenschwerpunkten von GGOS ist die Schaffung eines Welthöhensystems (GGOS Theme 1: Unified Height Systems). Die Aktivitäten sind die Fortsetzung des Inter-Commission Project ICP1.2 Vertical Reference Frames der IAG, die in Verbindung mit den IAG Kommissionen für Referenzrahmen und Schwerefeld zwischen 2003 und 2011 an der Konzeption und Initiierung eines Welthöhensystem gearbeitet hat [81]. Demnach besteht ein Welthöhensystem aus einer geometrischen und einer physikalischen Komponente. Entsprechend Gl. (1) liefert die geometrische Komponente die Raumkoordinaten (x, y, z), die physikalische Komponente definiert, wie daraus zu einem gegebenen Zeitpunkt das Schwerepotenzial $W(x,y,z,t)$ berechnet wird.

Die geometrische Komponente:

Die geometrische Komponente liegt mit dem Internationalen Terrestrischen Referenzsystem (ITRS) im Prinzip bereits vor. Das ITRS ist ein erdfestes System dessen Koordinatenursprung möglichst nahe am Massenzentrum der Erde (einschließlich ozeanischer und atmosphärischer Massen) gelagert ist. Realisiert wird das ITRS durch den Internationalen Terrestrischen Referenzrahmen (ITRF), der aus Positionskoordinaten ausgewählter Stationen sowie deren Zeitvariationen (modelliert als lineare Geschwindigkeit) besteht. Der ITRF basiert auf Beobachtungen der geodätischen Raumverfahren VLBI, SLR, GPS und DORIS, durchgeführt an mehreren hundert global verteilten Stationen – dem IERS Stationsnetz. Der IERS legt Standards und Konventionen zur Berechnung des ITRS fest und ist für die Realisierung verantwortlich [62]. Die aktuelle Realisierung ist der ITRF2008 [2].

Mittels GNSS ist es jedem Nutzer möglich direkten Zugang zu diesem globalen geozentrischen Referenzrahmen zu erhalten. Die Nutzung GNSS-bestimmter Koordinaten in terrestrischen wie auch Satellitenanwendungen erfordert die Konsistenz der verwendeten Bezugsrahmen. Bei terrestrischen Anwendungen wird der Zugang zu einem bestimmten ITRF üblicherweise dadurch ermöglicht, dass bei differentiellem GNSS für die Basisstationen ITRF-Koordinaten verwendet werden, und/oder dadurch dass die Bahn- und Uhrprodukte des Internationalen GNSS Dienstes (IGS) verwendet werden, welche im ITRF gegeben sind. In beiden Fällen ist darauf zu achten, auf genau welche ITRF-Realisierung sich die Koordinaten beziehen. Neben dem ITRF gibt es noch regionale bzw. kontinentale Realisierungen globaler geozentrischer Koordinatensysteme, beispielsweise das ETRS89 in Europa. Da sich aufgrund der Plattentektonik die Koordinatenwerte im ITRF laufend ändern, wurde das ETRS89 definiert, das sich mit dem stabilen Teil der eurasischen Kontinentalplatte mitbewegt. Dadurch wird gewährleistet, dass die Koordinaten innerhalb Europas im Wesentlichen unverändert bleiben. ETRF und ITRF stimmten zur Epoche 1989.0 überein. ETRF-Koordinaten sind Grundlage der amtlichen Koordinatensysteme in Europa und werden auch für die (Echtzeit-) Positionierungsdienste der staatlichen Vermessungsbehörden genutzt. Beispiele sind das deutsche SAPOS, das österreichische APOS, oder das schweizerische swipos.

Für die aus Satellitentechniken abgeleiteten Produkte, etwa für eine altimetrisch bestimmte MSS oder ein globales Schwerefeldmodell ist ausschlaggebend, auf welchen Bezugsrahmen sich die Koordinaten der Satellitenbahnen beziehen. Physikalisch gesehen sind Satellitenbahnen aufgrund der Bahnbewegung um das Massenzentrum der Erde immer auf das wahre Massenzentrum bezogen. Gleiches gilt für die Produkte der Satellitengravimetrie, etwa für Potenzialmodelle aus GRACE oder GOCE sowie die darauf gelagerten regionalen Geoidmodelle. Werden die Bahnkoordinaten in einem nicht geozentrisch gelagerten Bezugssystem angegeben, so drückt sich dies durch die Koordinaten des Massenzentrums bzw. durch die Potenzialkoeffizienten von Grad $n = 1$ aus. Sie erhalten dann von Null verschiedene Werte. Die Bahnen des GOCE Satelliten etwa sind im ITRF2008 gegeben [32], welches als nahezu geozentrisch gelagert angesehen werden kann.

Wie sich Inkonsistenzen in der Verwendung unterschiedlicher Referenzrahmen auf vertikale Koordinaten auswirken sei hier anhand der Transformation zwischen ETRS89 und ITRF2008 dargestellt [54]. Das Beispiel ist damit relevant für den Einsatz von GNSS-Nivellement bezüglich ETRS89 (etwa im deutschen SAPOS-Netz) bei gleichzeitiger Verwendung eines GOCE-basierten regionalen Geoidmodells (hier gilt die Annahme, dass das ITRF2008 im wahren Massenzentrum gelagert ist). Die zugehörigen Transformationsparameter sind in Petit und Luzum [62] zu finden und bestehen im Wesentlichen aus einer Translation (ca. 5 cm innerhalb der Äquatorebene und 13 cm entlang der z-Achse; gültig zur Epoche 2008.0). Daraus ergibt sich für ellipsoidische Koordinaten die in Abb. 6 dargestellte Höhenänderung. Innerhalb nationaler oder kontinentaler Netze äußert sie sich als Verkippung um mehrere Zentimeter, die beim Einsatz von GNSS-Nivellement leicht als Fehler des Nivellementnetzes oder des Geoidmodells interpretiert werden kann. Um diese Inkonsistenz zu vermeiden, müssten alle ellipsoidischen Höhen vom ETRS89 ins ITRF2008 transformiert werden. Benutzerfreundlicher wäre es, wenn man alternativ das Geoidmodell in die nicht geozentrische Lagerung des ETRS89 bringt. Die Transformation erfolgt nach Hofmann-Wellenhof und Moritz [39] durch Anbringung des Terms

$$N_1(P) = x \sin\theta_P \cos\lambda_P + y \sin\theta_P \sin\lambda_P + z \cos\theta_P, \tag{26}$$

wobei (θ_P, λ_P) die sphärischen Koordinaten (Kobreite und Länge) des Berechnungspunktes P und (x, y, z) die Koordinaten des Geozentrumversatzes zwischen den beiden beteiligten Referenzsystemen sind. Eine umfassendere Darstellung der

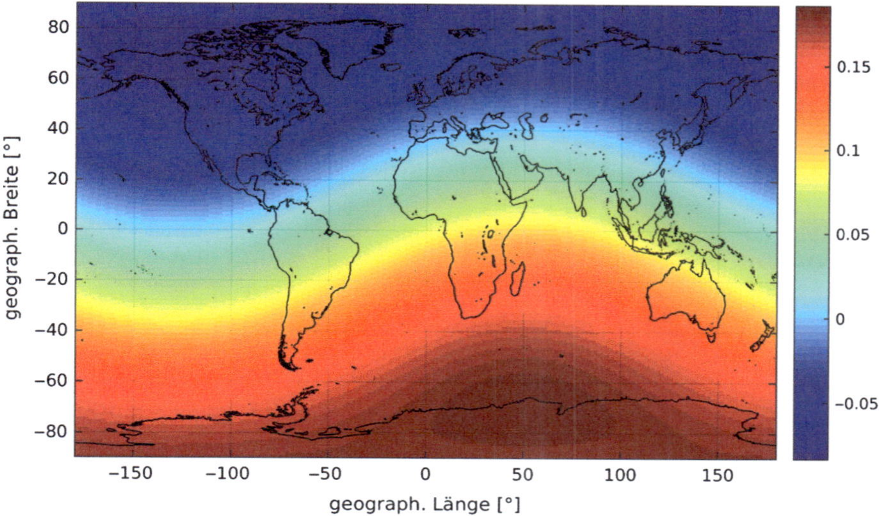

Abb. 6 Änderung der ellipsoidischen Höhe [m] bei Transformation von ITRF2008 nach ETRF89 (Epoche 2008.0)

Transformation sphärisch harmonischer Potenzialkoeffizienten, aus der sich Gl. (26) ergibt, ist in Kleusberg [46] gegeben.

Es zeigt sich also, dass die Lagerung des geometrischen Referenzrahmens bezüglich des sich zeitlich ändernden Massenzentrums der Erde (in dem implizit alle Resultate der Satellitengravimetrie geliefert werden, in dem also das Geoid gelagert ist) bekannt sein muss, um das GNSS-Nivellement korrekt durchzuführen. Dies gilt gleichermaßen für Ozeananwendungen, etwa wenn sich bei der geodätischen Bestimmung der MDT die altimetrische MSS und das verwendete Geoidmodell auf unterschiedliche Referenzrahmen beziehen.

Die gravimetrische Komponente:

Die physikalische oder gravimetrische Komponente des Welthöhensystems wird durch Lösung der geodätischen Randwertaufgabe bereitgestellt. Für die Linearisierung des Problems wird dabei ein Normalschwerefeld eingeführt welches das reale Schwerefeld so gut approximieren sollte, dass Linearisierungsfehler vernachlässigbar klein sind. Üblicherweise wird hierfür das GRS80 verwendet. Stimmt das Näherungsfeld bis auf eine Größenordnung von 10^{-5} mit dem tatsächlichen Schwerefeld überein (was etwa der relativen Abweichung zwischen Schwere und Normalschwere entspricht), so bleibt der Linearisierungsfehler unter 10^{-10} und damit unter 1 mm [82]. Das GRS80 ist genügend genau, um diese Anforderung zu erfüllen. Auch eine Änderung der großen Halbachse des Niveauellipsoids im Meterbereich würde hier keine Einschränkung bedeuten. Da das GRS80 derzeit von IAG und IUGG für die Berechnung ellipsoidischer Höhen empfohlen wird und sich auch die in vielen Datenbanken vorliegenden Stör- bzw. Anomaliengrößen auf das GRS80 beziehen, bietet es sich an, auch Geoidhöhen bzgl. des GRS80 anzugeben.

Die numerischen Werte der definierenden Parameter des geodätischen Referenzsystems weichen unter Umständen von den Parametern globaler Potenzialmodelle ab. Beispielsweise ist die große Halbachse des GRS80 zu 6378137 m festgelegt, das in den IERS Konventionen 2010 für Zwecke der Satellitenbahnberechnung empfohlene EGM2008 verwendet hingegen den Skalierungsparameter 6378136.3 m, die GOCE-basierten Potenzialmodelle TIM-R5 [7] und DIR-R5 [8] den Wert 6378136.46 m. Die Parameter des GRS80 legen die tatsächliche Form und Größe des mittleren Erdellipsoids fest. Die Parameter der Potenzialmodelle hingegen sind Skalierungsparameter für die Potenzialkoeffizienten und unabhängig von den Definitionen eines geodätischen Referenzsystems [89]. Um Inkonsistenzen zu vermeiden bieten sich bei Berechnung von Störgrößen aus einem Potenzialmodell (GPM) zwei Wege an:

(a) Getrennte Berechnung der Funktionale aus den Koeffizienten des GPM und des Normalschwerefeldes mit den jeweils zugehörigen Parametern und anschließender Subtraktion der Ergebnisse oder
(b) Subtraktion der Potenzialkoeffizienten des Normalfeldes von denen des GPM mit anschließender direkter Berechnung der Störgröße entsprechend Gl. (13).

Variante (b) erfordert jedoch, dass vorab die Koeffizienten des GPM auf die Parameter des Normalfeldes (hier für GRS80 dargestellt) entsprechend

$$\begin{Bmatrix} \overline{C}_{nm}^{GRS80} \\ \overline{S}_{nm}^{GRS80} \end{Bmatrix} = \frac{GM^{GPM}}{GM^{GRS80}} \left(\frac{a_e^{GPM}}{a_e^{GRS80}} \right)^n \begin{Bmatrix} \overline{C}_{nm}^{GPM} \\ \overline{S}_{nm}^{GPM} \end{Bmatrix} \tag{27}$$

umskaliert werden [32].

Den größten Effekt hat dabei die Differenz δGM zwischen den geozentrischen Gravitationskonstanten in ihrer Auswirkung auf den größten Koeffizienten C_{00}. Trennt man, wie in Gl. (25), die Terme der Grade $n = 0$ und $n = 1$ von den Termen höheren Grades ($n \geq 2$), so wirken sich Inkonsistenzen in den Parametern im Rahmen der angestrebten Zentimetergenauigkeit nur auf den in Gl. (24) beschriebenen Term N_0 aus. Verwendet man beispielsweise den GM-Wert des GRS80 ($398600{,}5 \cdot 10^9\,\mathrm{m}^3/\mathrm{s}^2$) und den in den IERS-Konventionen von 2010 empfohlenen Schätzwert von $398600{,}4418 \cdot 10^9\,\mathrm{m}^3/\mathrm{s}^2$, so ergibt sich ein Effekt von 93 cm in der Geoidhöhe. Die Terme höheren Grades tragen mit maximal 2 mm bei, so dass bei separater Berechnung des N_0-Terms auf eine Umskalierung nach Gl. (27) auch verzichtet werden kann.

Eine nach Variante (a) bzw. (b) berechnete Stör- oder Anomaliengröße bezieht sich per Definition auf das gewählte Normalfeld. Insbesondere bezieht sich die Geoidhöhe auf das Ellipsoid des gewählten geodätischen Referenzsystems, und der Wert des Schwerepotenzials am Geoid entspricht dem Normalpotenzial auf der Ellipsoidoberfläche, d. h. $W_0 = U_0$.

4.2.2 Permanente Gezeiten

Alle geometrischen und gravimetrischen Beobachtungen sind dem Einfluss der Gezeiten unterworfen. Die gravitativen Kräfte von (im Wesentlichen) Sonne und Mond bewirken eine zeitvariable Deformation von Erdkörper und Schwerefeld. Bei der Auswertung werden diese Effekte entweder durch Modelle erfasst und reduziert, oder man geht davon aus, dass sie sich bei längeren Zeitreihen herausmitteln. In beiden Fälle beziehen sich die Ergebnisse auf ein von zeitvariablen Effekten befreites, sogenanntes *mittleres Gezeitensystem* (*mean tide*).

Neben den zeitvariablen Effekten treten auch permanente Deformationen von Erdkörper und Schwerefeld auf, die als *permanente Gezeiten* bezeichnet werden. Sie entstehen rein durch die Existenz von Sonne und Mond unabhängig von der aktuellen Bahnkonstellation. Die Existenz von Sonne und Mond im mittleren Gezeitensystem steht nicht im Einklang mit der Lösung der Geodätischen Randwertaufgabe, da hierbei vorausgesetzt ist, dass sich im Außenraum der Erde keine Massen befinden. Eine Vernachlässigung dieser Tatsache führt zu Geoidhöhenfehlern von mehreren Dezimetern [65]. Daher werden die gravimetrischen Beobachtungen zusätzlich zu den zeitvariablen Anteilen auch um den permanenten Anteil des direkten Gezeitenpotenzials reduziert. Das entsprechende System wird als *Nullgezeitensystem* (*zero-tide*) bezeichnet. Da hierbei nur die direkten gravitativen Effekte reduziert werden, bleibt die permanente Deformation des Erdkörpers, sprich die Geometrie der Kruste und die Massenverteilung im Erdinneren, unverändert. Geometrische Größen über Land im mittleren und im Nullgezeitensystem unterscheiden sich also nicht, gravimetrische Größen hingegen schon. Die auf den Resolutionen der IAG basierenden Konventionen des IERS empfehlen für gravimetrische Größen das Nullgezeitensystem und für Stationskoordinaten das mittlere Gezeitensystem [57].

Die für die Reduktion der Gezeiteneffekte in den IERS Konventionen empfohlenen Formeln enthalten allerdings auch die permanenten Anteile der geometrischen Deformation und des zugehörigen Deformationspotenzials. Entsprechend liegen die reduzierten geometrischen und gravimetrischen Größen in einem sogenannten *gezeitenfreien System* (*tide-free*) vor. Da die für die permanenten Effekte relevanten Deformationsparameter (Love Zahlen) der Erde jedoch nicht beobachtet werden können (aus Messungen können nur die Parameter der zeitvariablen Deformationen abgeleitet werden) müssen hierfür konventionelle Werte eingeführt werden. Das System wird daher als konventionell gezeitenfrei bezeichnet [57, 62]. Zur Einhaltung der Konventionen wäre also ein weiterer Rechenschritt notwendig, um die reduzierten Effekte der permanenten Deformation wieder anzubringen. In den gängigen Softwarepaketen zur Koordinatenberechnung wird dieser Schritt jedoch üblicherweise nicht durchgeführt, so dass Stationskoordinaten im gezeitenfreien System vorliegen [57]. Dies gilt speziell auch für die aktuellen ITRF-Realisierungen. Das vom IERS in seinen 2010er Konventionen empfohlene Potenzialmodell EGM2008 liegt entsprechend der Gezeitenkonvention im Nullgezeitensystem vor. Davon abweichend liegen andere Potenzialmodelle, etwa die offiziellen ESA Produkte TIM-R5 und DIR-R5 im gezeitenfreien System vor. Auch werden die permanenten Gezeitenanteile in verschiedenen nationalen Höhensystemen unterschiedlich behandelt. So liegen die Höhensysteme aller europäischer Staaten im mittleren Gezeitensystem vor, mit Ausnahme der nordischen Länder Norwegen, Schweden, Finnland (Nullgezeitensystem) und von Niederlande, Dänemark und Polen (gezeitenfrei) [77].

Es ist daher bei der Kombination verschiedener Daten und Modelle darauf zu achten alle Größen in ein gemeinsames permanentes Gezeitensystem zu transformieren. Der Effekt ist nur von der geographischen Breite des Beobachtungsortes abhängig. Er bewirkt eine Änderung der Geoidhöhe zwischen 13 cm am Äquator und 26 cm an den Polen – die geometrische Änderung der Stationshöhe ist jeweils etwa halb so groß. Die entsprechenden Formeln finden sich in den IERS Konventionen von 2010 [62] oder auch bei Ekman [16], Rülke et al. [77] oder Rummel et al. [76]. Eine detaillierte Diskussion der verschiedenen permanenten Gezeitensysteme insbesondere im Zusammenhang mit vertikalen Bezugssystemen ist in Mäkinen und Ihde [57] zu finden.

4.2.3 Zeitvariable Effekte

Die Realisierung eines vertikalen Bezugsrahmens mit Zentimetergenauigkeit erfordert die Beachtung von Zeitvariationen sowohl der topographischen Oberfläche (bzw. der Meeresoberfläche) als auch von Schwerefeld bzw. Geoid.

Drückt man physikalische Höhen im Sinne von Gl. (1) durch das Potenzial W_P am Oberflächenpunkt P aus, so gilt

$$\dot{W}_P = \left(\frac{\mathrm{d}W}{\mathrm{d}t}\right)_P = \left(\frac{\partial W}{\partial t} + \frac{\partial W}{\partial x} \cdot \frac{\partial x}{\partial t}\right)_P \approx \left(\frac{\partial W}{\partial t}\right)_P - g_P \dot{h}_P \tag{28}$$

Die zeitliche Änderung des Potenzials besteht also aus einer expliziten (direkten) Potenzialänderung aufgrund von Massenverschiebungen (erster Term auf der rechten Seite) und einem indirekten Effekt (zweiter Term) aufgrund der rein geometrischen Höhenänderung des Oberflächenpunktes. Drückt man physikalische Höhen im Sinne des GNSS-Nivellement entsprechend Gl. (20) aus, so gilt

$$\dot{H}_P = \dot{h}_P - \dot{N}_P \tag{29}$$

Die Zeitvariation der physikalischen Höhe ist dann explizit durch die Änderungsraten von ellipsoidischer Höhe und Geoidhöhe gegeben. Auch in dieser Darstellung wird die Kopplung von geometrischen und gravimetrischen Größen deutlich. Aufgelöst nach $\dot{h}_P$ bedeutet dies auch, dass physikalische Höhen alleine nicht zur Detektion von Krustendeformationen verwendet werden können, da hierfür streng genommen immer auch die zugehörige Geoidänderung bekannt sein muss. Die Beschränkung auf nivellierte Höhen gelingt nur dann, wenn man einen linearen Zusammenhang zwischen den Änderungen von physikalischer Höhe und Geoidhöhe annehmen darf. Ein solches Vorgehen war vor dem Satellitenzeitalter relevant, da Krustendeformationen damit aus Wiederholungsnivellements abgeleitet werden konnten, ohne gleichzeitig wiederholte Schweremessungen ausführen zu müssen. Es war lediglich nötig, das Verhältnis $\dot{g}/\dot{h}$ an einigen Kontrollpunkten im Untersuchungsgebiet zu bestimmen [33].

Unter Verwendung moderner Satellitenverfahren ist es heute möglich, die Zeitentwicklung sowohl der geometrischen als auch der gravimetrischen Komponente unabhängig voneinander auf effiziente Weise zu beobachten. Krustendeformationen können punktuell durch GNSS oder flächenhaft durch InSAR bestimmt werden – analog liefert die Satellitenaltimetrie die Oberflächengeometrie im ozeanischen Bereich. Großräumige Geoidvariationen können mit der Satellitenmission GRACE und künftig mit GRACE-FO und den zu erwartenden Nachfolgemissionen vermessen werden. Somit kann die Änderung der physikalischen Höhe entsprechend Gl. (29) nahezu kontinuierlich bestimmt werden, ohne auf zeitaufwändige Wiederholungsnivellements zurückgreifen zu müssen. Hierbei ist zu beachten, dass die verschiedenen Verfahren ein unterschiedliches räumliches Auflösungsvermögen aufweisen und daher in unterschiedlichem Maße von lokalen bzw. regionalen Signalanteilen geprägt sind. Beispielsweise liefert GNSS punktuelle Höhenänderungen, die den vollen Effekt lokaler Hebungen/Senkungen enthalten. Geoidhöhen hingegen sind aufgrund ihres integralen Charakters eher unempfindlich auf lokale Effekte. Zudem liefern die Methoden der Satellitengravimetrie nur ein geglättetes Bild der Geoidvariation mit einer Auflösung von wenigen 100 Kilometern. Werden zur Erhöhung der räumlichen Auflösung terrestrische Schwerewerte verwendet, so ist zu beachten, dass diese, ähnlich wie GNSS-Höhen stark von lokalen Effekten geprägt und damit nicht notwendigerweise repräsentativ für die größere Umgebung sind und dass sie – im Gegensatz zu den Produkten der Satellitengravimetrie – neben dem reinen Masseneffekt auch immer den indirekten Effekt aufgrund der Höhenänderung des Messpunktes enthalten (siehe Gl. (28)).

Vertikale Krustenbewegungen bzw. Geoidhöhenänderungen sind mit verschiedenen geophysikalischen Prozessen verbunden. Dazu gehören die Gezeiten der festen Erde, atmosphärische und ozeanische Auflasteffekte, sowie Deformationen aufgrund zeitvariabler Zentrifugaleffekte (Polgezeiten). Diese Anteile sind gut durch Modelle beschreibbar und werden entsprechend den IERS Konventionen [62] aus den Beobachtungen reduziert. Hinzu kommen Effekte aufgrund tektonischer Bewegungen, vulkanischer oder seismischer Aktivitäten, aktueller Massenverlagerungen in Hydrosphäre und Kryosphäre sowie glazial-isostatischer Ausgleichsbewegungen (postglaziale Landhebung). Dabei übersteigen Signale mit periodischem oder episodischem Charakter nur in Extremfällen den Zentimeter und können in der Regel für die Realisierung eines vertikalen Bezugssystems vernachlässigt werden. Beispielsweise leiten Rangelova et al. [67] für die saisonalen Effekte aufgrund der kontinentalen Hydrologie aus dem Landoberflächenmodell GLDAS [71] periodische Geoidvariationen mit Amplituden von maximal 7 mm ab. Auch episodische vulkanische und tektonische Ereignisse sind nur in Extremfällen relevant. Fuchs et al. [27] geben für das Tohoku-Oki Erdbeben von 2011 in Japan koseismische Geoidvariationen mit Amplituden von ca. 1 cm an. Relevant für die Realisierung eines Höhendatums sind daher in der Regel nur säkulare Effekte, die sich über lange Zeiträume hinweg zu signifikanten Beträgen aufbauen. Dazu gehören Auswirkungen großer Eismassenverluste, die auf unterschiedlichen

Zeitskalen wirken. Die Auflast der Eismassen bewirkt zunächst ein Absinken der Lithosphäre und ein Verdrängen des darunterliegenden Asthenosphärenmaterials. Nach dem Abschmelzen der Eisauflast erfolgt der Rückfluss des Materials nicht instantan, sondern aufgrund seiner hohen Viskosität über Zeiträume von 10^4 Jahren [101]. Die gleichzeitig erfolgende Landhebung sowie die zugehörigen Auswirkungen auf Schwere und Geoid sind sehr gleichförmig und können durch geodynamische Modelle beschrieben werden. Betroffen sind hiervon insbesondere Fennoskandien und Teile Nordamerikas, die während der letzten Kaltzeit durch mächtige Gletscher bedeckt waren. Mit Beginn des Holozäns vor ca. 11.000 Jahren begannen diese Eismassen abzuschmelzen. Rangelova et al. [67] schätzen den zugehörigen Geoideffekt in Nordamerika auf etwa 1–2 mm/Jahr ein, so dass das vertikale Datum bei einer angestrebten Genauigkeit von 1–2 cm etwa alle 10 Jahre aktualisiert werden müsste. Die Geoidänderung ist etwa eine Größenordnung kleiner als die zugehörige Krustendeformation – Stella et al. [93] und Lidberg et al. [53] berichten von maximalen Landhebungsraten von 10 mm/Jahr in Nordamerika bzw. Fennoskandien. Trotz der guten Modellierbarkeit der Effekte kommen Jacob et al. [44] in ihrer Untersuchung zur Stabilität des Nordamerikanischen Höhendatums zu dem Schluss, dass die Fehler geodynamischer Modelle zu Geoidfehlern von ca. 1 cm über Zeiträume von etwa 20 Jahren führen. Die Zeitvariation des vertikalen Datums sollte demnach nicht ausschließlich auf Modellen beruhen, sondern durch GRACE Beobachtungen gestützt werden. In Regionen aktueller Eismassenverluste, etwa in Alaska, Grönland oder Patagonien wirken sich instantane Krustendeformationen sowie direkte Masseneffekte auf das Schwerefeld aus. Die weltweit größten Hebungsraten wurden mit ca. 4 cm/Jahr im südlichen patagonischen Eisschild beobachtet [14]. Rangelova et al. [67] und Jacob et al. [44] beziffern den Geoideffekt aktueller Eismassenverluste in Nordamerika auf 1–3 mm/Jahr. Im Gegensatz zur postglazialen Landhebung sind diese Signale allerdings nicht linear, sondern von der weiteren Klimaentwicklung abhängig. Sie können daher nicht modelliert werden und erfordern ein gravimetrisches Beobachtungssystem. Problematisch für die Realisierung eines vertikalen Datums ist nach Rangelova et al. (ibid.), dass derzeit kein standardisiertes Verfahren vorliegt, um aus den Daten der Satellitengravimetrie auf regionale Schwerefeldänderungen zu schließen. Dies liegt insbesondere an der Filterung korrelierter Fehler und dem Umgang mit Leakage-Effekten. Vorteilhaft könnte hier die Kombination satellitenbasierter und terrestrischer Schwerefeldbeobachtungen sein [66]. Gekoppelt an aktuelle Eismassenverluste ist der Anstieg des Meeresspiegels. Der zugehörige Massenzuwachs führt allerdings erst nach mehreren hundert Jahren zu einer auf dem Zentimeterniveau signifikanten Geoidänderung [44]. Zusätzlich zu den bereits genannten Effekten können auch anthropogene Faktoren zu einer langfristig signifikanten Geoidvariation beitragen, so etwa die Ausbeutung von Öl- oder Gasfeldern oder die großräumige Ausbeutung nicht regenerativer Grundwasserreservoirs. Jacob et al. [44] haben den Effekt für mehrere große Grundwasserzonen in den USA auf maximal 10–20 mm über einen Zeitraum von 50–100 Jahren abgeschätzt.

Um den Zusammenhang zwischen Geoid- und Krustendeformation formal darzustellen, bilden wir unter Beachtung von Gl. (11) die Zeitableitung der

Stokesgleichung (15), also

$$\dot{N}_P = \frac{R}{4\pi\gamma} \iint\limits_{\sigma} S(\psi_{PQ}) \left(\dot{g} + \frac{2\gamma}{r} \dot{h} \right)_Q \mathrm{d}\sigma_Q \tag{30}$$

Der Term $2\gamma/r$ beträgt etwa 0,31 µGal/mm und entspricht dem vertikalen Schweregradienten, der die Änderung der Normalschwere aufgrund von Höhenänderungen beschreibt. Geht man von einem linearen Verhältnis zwischen Schwereänderung $\dot{g}$ und Höhenänderung $\dot{h}$ aus, so lässt sich schreiben

$$\dot{N}_P = \frac{R}{4\pi\gamma} \left(\frac{\dot{g}}{\dot{h}} + \frac{2\gamma}{r} \right) \iint\limits_{\sigma} S(\psi_{PQ})\, \dot{h}_Q \mathrm{d}\sigma_Q \tag{31}$$

Die Geoidhöhenänderung entspricht also in ihrer Struktur dem gleitenden Mittelwert (gewichtet mit der Stokesfunktion) der zugeordneten Krustendeformation. Ist diese innerhalb einer sphärischen Kappe vom Radius ψ_0 konstant, so folgt für das Verhältnis von Geoidänderung zu Krustendeformation

$$\frac{\dot{N}}{\dot{h}} = 3{,}25 \left(\frac{\dot{g}}{\dot{h}} + 0{,}31 \right) \Phi(\psi_0) \tag{32}$$

wobei $\dot{g}/\dot{h}$ in µGal/mm einzusetzen ist und $\Phi(\psi_0)$ das Integral der Stokesfunktion über die Kappe darstellt. Je nach dem zugrunde liegenden geophysikalischen Prozess ergeben sich für das Verhältnis $\dot{g}/\dot{h}$ andere numerische Werte und damit eine andere Skalierung für die Geoidänderung [33, 95].

Wie groß ist nun das Verhältnis von Schwere- bzw. Geoidänderung zur entsprechenden geometrischen Höhenänderung? Zur Abschätzung sei der Fall der bereits oben besprochenen isostatischen Ausgleichsbewegung betrachtet, bei der ein Massenzuwachs im Untergrund mit einer Krustenhebung einhergeht. Der Effekt sei durch eine Bouguerplatte modelliert, die im Untergrund eingebracht wird (Abb. 7).

Der Anziehungseffekt der Platte vergrößert die Schwere am Oberflächenpunkt; die Hebung der Oberfläche wirkt diesem Effekt mit ca. 0,31 µGal/mm entgegen. Das Verhältnis $\dot{g}/\dot{h}$ hängt dann lediglich von der Materialdichte der Platte ab. Bei einer Krustendichte von 2700 kg/m^3 ergibt sich ein Wert von −0.2 µGal/mm; verwendet man, entsprechend der Dichte des Erdmantels, 3300 kg/m^3, so ergibt sich ein Verhältnis von −0,17 µGal/mm. Dieses einfache Bouguerplattenmodell stimmt recht gut mit dem von Wahr et al. [106] für ein viskoelastisches Erdmodell abgeleiteten Wert von $\dot{g}/\dot{h} = -0{,}15$ µGal/mm überein. In der Praxis wurden aus Zeitreihen von Absolutschweremessungen in Nordamerika ein Wert von −0,18 µGal/mm [49] und in Fennoskandien Werte zwischen −0,17 und −0,2 µGal/mm [63] bestimmt. Für diese Werte ergeben sich aus Gl. (32) bei unterschiedlich großen Integrationskappen (zwischen 1° und 10°) Geoidhöhenänderungen von 1–10 % der Krustendeformation. Dies passt gut zu dem aus geodätischen

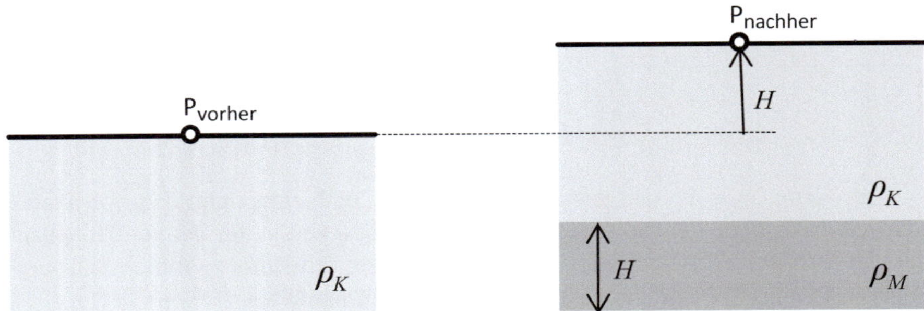

Abb. 7 Bouguerplattenmodell zur Abschätzung der Schwereänderung am Oberflächenpunkt P aufgrund der postglazialen Landhebung. Das einfließende Mantelmaterial (Dichte ρ_M) wird durch eine Bouguerplatte der Höhe H modelliert. Der Oberflächenpunkt wird entsprechend um den Betrag H im Schwerefeld angehoben

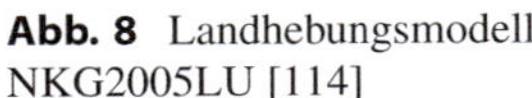
Abb. 8 Landhebungsmodell NKG2005LU [114]

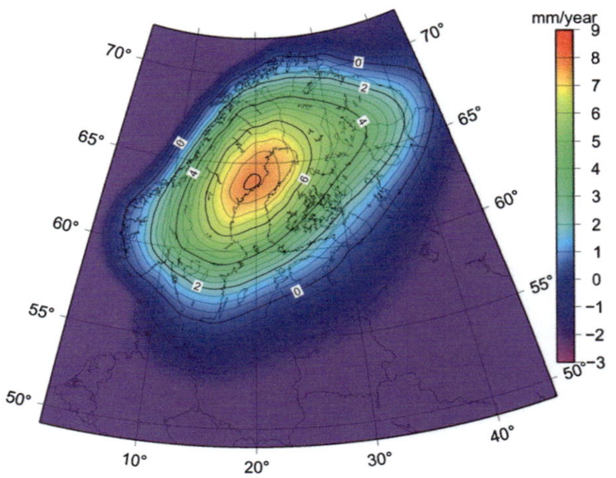

Beobachtungen in Fennoskandien abgeleiteten Wert von ca. 6 % [17, 88, 103]. Für andere geophysikalische Prozesse ergeben sich andere Verhältnisse. Heck und Mälzer [33] finden für tektonische Bewegungen in Japan für das Verhältnis von $\dot{g}/\dot{h}$ mit $-1{,}5\,\mu\mathrm{Gal/mm}$ einen deutlich größeren Wert, aufgrund der begrenzten Ausdehnung des Effekts aber auch nur eine Geoidänderung die 12 % der Krustendeformation beträgt.

Einen ersten Schritt zur Definition einer zeitvariablen Komponente innerhalb des EVRF stellt das in Abb. 8 dargestellte Landhebungsmodell der Nordischen Geodätischen Kommission NKG2005LU dar [114]. Es wurde aus der Kombination des geophysikalischen Modells von Lambeck et al. [48] und des mathematischen Modells von Vestøl [103] abgeleitet und ermöglicht Beobachtungen physikalischer Höhen innerhalb des sogenannten Baltischen Nivellementrings (bestehend aus den EVRF-Netzteilen Norwegens, Schwedens, Finnlands und Dänemarks, ergänzt durch Nivellementschleifen der baltischen Länder, Polens, Norddeutschlands und der Niederlande) auf eine gemeinsame Referenzepoche zu beziehen.

4.2.4 Datumsfestlegung

Geodätische Beobachtungen, beispielsweise Strecken, Richtungen oder Höhenunterschiede, sind in der Regel relative Größen, die es zwar erlauben die innere Geometrie eines Netzes zu bestimmen, es aber nicht ermöglichen absolute Koordinaten abzuleiten. Die Netze können dann beliebig verschoben oder rotiert werden, ohne die innere Netzgeometrie zu ändern. Die Bestimmung absoluter Koordinaten erfordert daher mit der Datumswahl die Festlegung der freien Parameter. Dies kann dadurch geschehen, dass die Koordinaten einer bestimmten Anzahl von Punkten, den Datumspunkten, festgelegt werden. Ein Nivellementnetz kann beliebig in vertikaler Richtung verschoben werden, ohne die gemessenen Höhenunterschiede zwischen den Netzpunkten zu verändern. Die Bestimmung absoluter Höhen gelingt erst durch Festlegung der Höhenkoordinate eines Punktes. Diese Datumswahl entspricht der Festlegung des Bezugsniveaus W_0 in Gl. (6).

Etwas anders verhält es sich bei modernen Höhensystemen, die auf der Lösung der geodätischen Randwertaufgabe beruhen. Im Sinne von Gl. (1) liefert ein solches Höhensystem bei gegebenen Positionskoordinaten (x, y, z) den Wert des Schwerepotenzials im Raum, d. h.

$$W = W(x, y, z)$$

Hierfür ist es nicht notwendig explizit ein Bezugsniveau W_0 zu wählen. Die mathematische Lösung der Randwertaufgabe, etwa in Form der sphärisch harmonischen Reihenentwicklung (13) oder der Stokes'schen Gl. (15) basiert auf der Regularitätsbedingung, dass das Gravitationspotenzial im Unendlichen gegen den Wert Null strebt [39]. Der Datumspunkt ist also virtuell (er liegt im Unendlichen) und im Lösungsansatz bereits festgelegt. Die gravimetrische Komponente eines Höhensystems ist also, wie auch die geometrische, zunächst frei von der Notwendigkeit eine Bezugsfläche im Sinne eines Ellipsoides oder eines Geoides zu definieren. Um Potenzialwerte an der Oberfläche oder im Außenraum der Erde zu berechnen ist lediglich ein Modell des Schwerefeldes notwendig. Das gewählte Modell ist dann das gravimetrische Datum des vertikalen Bezugsrahmens. Ein solches Datum impliziert weder ein bestimmtes Ellipsoid noch ein Bezugsniveau W_0 [89].

Erst wenn zur Kombination gemessener ellipsoidischer Höhen mit physikalischen Höhen ein Geoid berechnet werden soll, ist festzulegen

- welche Äquipotenzialfläche aus der Schar der Äquipotenzialflächen als Geoid definiert wird und
- auf welches Niveauellipsoid sich die Geoidhöhen beziehen sollen.

Beide Festlegungen sind keine notwendigen Bedingungen zur Realisierung eines vertikalen Bezugsrahmens, sondern nachgeordnete Schritte. Ellipsoid und Geoid können als dem vertikalen Bezugsrahmen zugeordnet betrachtet werden – ähnlich wie das GRS80 dem geometrischen Referenzrahmen ETRS89 als Rechenfläche zugeordnet ist. Die genannten Festlegungen spiegeln sich in den beiden Anteilen des N_0-Terms in Gl. (24) wider. Der δGM-Term sichert die Konsistenz zwischen dem gewählten Niveauellipsoid und dem verwendeten Potenzialmodell. Bei der Berechnung eines globalen Geoides muss er immer, entweder implizit oder explizit berechnet werden – implizit etwa durch Umskalieren der Potenzialkoeffizienten auf die Parameter des geodätischen Referenzsystems (siehe Abschn. 4.2.1). Der ΔW_0-Term entspricht der Festlegung einer bestimmten Äquipotenzialfläche als Geoid. Wird er nicht explizit berechnet, so gilt automatisch

$$W_0 = U_0 \text{ bzw. } \Delta W_0 = W_0 - U_0 = 0 \tag{33}$$

Dies entspricht der klassischen Festlegung des Geoides [39] und ist konsistent mit der Lösung der geodätischen Randwertaufgabe. Es kann aber gleichberechtigt auch jede andere Niveaufläche als Höhenbezugsfläche, sprich als Geoid definiert werden. Dann ist der ΔW_0-Term explizit auszuwerten.

Nach Sansò und Venuti [83] kann das Geoid entweder dadurch festgelegt werden, dass man

(i) den Potenzialwert W_0 zahlenmäßig festlegt, oder
(ii) indem man das Geoid als diejenige Äquipotenzialfläche identifiziert die durch einen konventionellen Datumspunkt – eine physikalische Messmarke – verläuft.

Variante (i) ist eine physikalische, Variante (ii) eine geometrische Definition. Die klassischen Höhennetze verwenden Variante (ii). Man kennt dann die Koordinaten eines Punktes auf dem Geoid, allerdings nicht den Wert von W_0. Diesen kennt man zwar in Variante (i), jedoch kennt man noch keinen der Punkte, die auf dem Geoid liegen – das Geoid ist zunächst virtuell. Verwendet man als vertikales Datum ein Potenzialmodell, so können beide Varianten ineinander überführt werden. Man kann an vorgegebenen Koordinaten den Potenzialwert rechnen, der dann als W_0 definiert wird (Variante (ii)), oder bei gegebenem W_0-Wert die Höhe des Geoides über dem Ellipsoid bestimmen, so dass die Koordinaten der W_0-Fläche festliegen (Variante (i)).

Sánchez [81] vergleicht verschiedene der derzeit diskutierten Varianten zur Definition und Realisierung des Geoides. Ähnlich wie bei den klassischen Pegelanschlüssen wird dabei versucht, das Geoid auf Meeresniveau festzulegen. In Abwandlung von Variante (ii) wird die physikalische Messmarke am Datumspunkt ersetzt durch ein globales Gitter altimetrisch bestimmter mittlerer Meereshöhen. Bei vorgegebenem Potenzialmodell können dann Potenzialwerte entlang der mittleren Meeresoberfläche gerechnet werden. Das Mittel dieser Werte wird als W_0 definiert.

Die in Sánchez [81] genannten Ergebnisse unterscheiden sich bzgl. der verwendeten Datensätze und der genauen Methodik. Die Bandbreite der berechneten W_0-Werte ist in Tab. 1 angegeben. Sie beträgt $2{,}6\,\mathrm{m}^2/\mathrm{s}^2$ was ausgedrückt in Geoidhöhen einem vertikalen Versatz der Bezugsflächen von ca. 26 cm entspricht. Wählt man einen mittleren Wert von 62636854,5, so weicht er um ca. 15 cm vom Wert der IERS Konventionen von 2010 ab. Der U_0-Wert des GRS80 weicht von

Tab. 1 Numerische Werte von U_0 (GRS80) bzw. W_0 (in m^2/s^2). Die beiden für Sanchez [81] angegebenen Werte entsprechen den Extremwerten aller dort genannten Berechnungen

GRS80	62 636 860.85
IERS2010	62 636 856.0 $\pm$ 0.5
Sánchez [81]	62 636 855.8
	62 636 853.2
IAG Resolution 2015	62 636 853.4

diesen Werten um etwa einen halben Meter ab. Hält man sich vor Augen, dass die Meerestopographie global um maximal 1–2 Meter variiert, so können alle genannten Werte dahingehend als gleichwertig betrachtet werden, dass das Bezugsniveau nahe dem mittleren Meeresspiegel liegt. Es kann also jeder beliebige Wert, der nahe den in Tab. 1 genannten Werten liegt, zur Definition des Geoides verwendet werden. Die Internationale Astronomische Union (IAU) verwendet den IERS2010-Wert zur Definition der relativistischen Zeitskalen [9]. Auch das künftige Nordamerikanische Höhendatum (siehe Abschn. 5.2) verwendet diesen Wert zur Definition des Geoides. Die IAG hat (in Resolution 1 von 2015) den Wert 62.636.852,4 festgelegt.

Wichtiger als der genaue numerische Wert ist es, dass der für ein Höhensystem einmal durch Konvention festgelegte Wert nicht mehr verändert wird – etwa um die Bezugsfläche auch künftig stets auf einem mittleren Meeresspiegelniveau zu halten. Wie in Abschn. 4.2.3 gezeigt, führen verschiedene geophysikalische Effekte zu Zeitvariationen der Höhenkoordinaten – in Gl. (29) etwa ausgedrückt durch $\dot{h}$ und $\dot{N}$. Die Änderung der Geoidhöhe entspricht der zeitlichen Deformation derjenigen Äquipotenzialfläche, die per Konvention als Geoid festgelegt wurde. Die Änderung des numerischen Wertes von W_0 drückt hingegen keine geophysikalische Veränderung aus, sondern wäre ein per Konvention festgelegter Übergang zwischen verschiedenen Niveauflächen. Offensichtlich würde dies in Gl. (29) zu Inkonsistenzen führen, so dass ein entsprechendes Höhensystem gerade für Zwecke des langfristigen globalen Umweltmonitorings ungeeignet wäre [38].

4.3 Validierung von Höhensystemen

Die Realisierung eines modernen Höhensystems erfordert im Hinblick auf die angestrebte Zentimetergenauigkeit sowie die zu erwartenden Zeitvariationen die wiederholte Validierung des vertikalen Datums. Dies kann durch Vergleich mit externen Daten geschehen, etwa durch Vergleich der Neigung der Bezugsfläche mit astrogeodätischen Lotabweichungen [25, 92, 104] oder durch den Dreiecksschluss

$$\epsilon = h - H - N \tag{34}$$

zwischen ellipsoidischen Höhen, physikalischen Höhen und Geoidhöhen. Der Schlussfehler ϵ hängt vom Fehlerbudget der drei beteiligten Größen ab und zeigt die Konsistenz der Daten. Werden diese durch unabhängige Verfahren bestimmt (h durch GNSS, H durch Nivellement und N aus gravimetrischen Verfahren) so kann ϵ als absolutes Fehlermaß angesehen werden. Es ist wichtig zu beachten, dass ϵ das Gesamtfehlerbudget darstellt und keinen unmittelbaren Schluss über die Ursache der Diskrepanzen liefert. Vor dem Zeitalter der Schwerefeldsatelliten GRACE und GOCE wurde das Fehlerbudget im lang- und mittelwelligen Spektralbereich durch die globalen Potenzialmodelle dominiert. Gängige Praxis zur Bestimmung einer flächendeckenden Höhenbezugsfläche war daher die Anpassung eines gravimetrischen Geoides an GNSS-Nivellementpunkte. Der Vergleich mit GNSS-Nivellement wurde vielfach zur Validierung von Potenzialmodellen verwendet [30, 40, 42]. Allerdings sind die aktuellen Satellitenmodelle inzwischen so genau, dass der lang- und mittelwellige Anteil der Geoidhöhen mit Zentimetergenauigkeit vorliegt und ϵ durch die systematischen Fehler der Nivellementnetze dominiert wird. Rülke et al. [77] zeigen den Schlussfehler, der sich bei Verwendung eines GOCE-basierten Quasigeoidmodells an GNSS-Nivellementpunkten des EVRF2007 ergibt (siehe Abb. 9). Die Fehlerstruktur unterscheidet sich typischerweise von Land zu Land – ein Indiz dafür, dass das Fehlerbudget durch das Nivellement dominiert wird.

Abb. 9, wie auch die spätere Abb. 12 zeigen, dass die Verwendung der bestehenden Nivellementnetze zur Validierung aktueller Geoidmodelle vielerorts an ihre Grenzen gestoßen ist (siehe auch Huang und Véronneau [41]). Der Vergleich dient eher der Validierung der Nivellementnetze. In Ländern mit guter geodätischer Infrastruktur kann die Situation evtl. abweichen. Die aktuellen Neumessungen (Wiederholungsnivellements, GNSS-Kampagnen und Absolutschweremessungen) innerhalb des DHHN etwa liefern gegenüber einem GOCE-basierten Quasigeoid einen Schlussfehler von unter 1,5 cm (Standardabweichung), was zeigt, dass in einem Landesnetz mittlerer Größe und bei entsprechendem Aufwand die Schaffung eines Nivellementnetzes mit Zentimetergenauigkeit möglich ist.

Eine Alternative zur Nutzung der bestehenden Nivellementnetze bietet die Neumessung ausgewählter Nivellementlinien in speziellen Validierungskampagnen. So können unter vertretbarem Aufwand genaue Nivellementhöhen abgeleitet werden und gleichzeitig die Probleme der zeitlichen Zuordnung ausgeschlossen werden, die bei Validierung durch die amtlichen Netze der Landesvermessung auftreten. Smith et al. [92] zeigen Ergebnisse einer umfangreichen Kampagnenmessung zur Validierung des künftigen geoidbasierten Höhendatums in Nordamerika. Die Kampagne umfasst Nivellements, GNSS-Messungen sowie die Bestimmung von Schwerewerten und Lotabweichungen und zeigt, dass über Distanzen von einigen hundert Kilometern hinweg Geoidhöhenunterschiede mit Zentimetergenauigkeit gemessen werden können. Vergleichbare Ergebnisse zur Validierung globaler Schwerefeldmodelle bzw. der darauf basierenden regionalen Geoidhöhen in Deutschland durch Lotabweichungsprofile sind in Voigt et al. [104] oder Voigt [105] angegeben.

Als weitere Alternative zur Nutzung von GNSS-Nivellement schlagen Huang und Véronneau [41] vor, künftige Geoidmodelle entlang der Küste gegenüber ozeanographischen Daten zu validieren. Dies ist eine moderne Variante des Versuchs, die Meerestopographie an den Küsten durch geodätische Messungen zu bestimmen

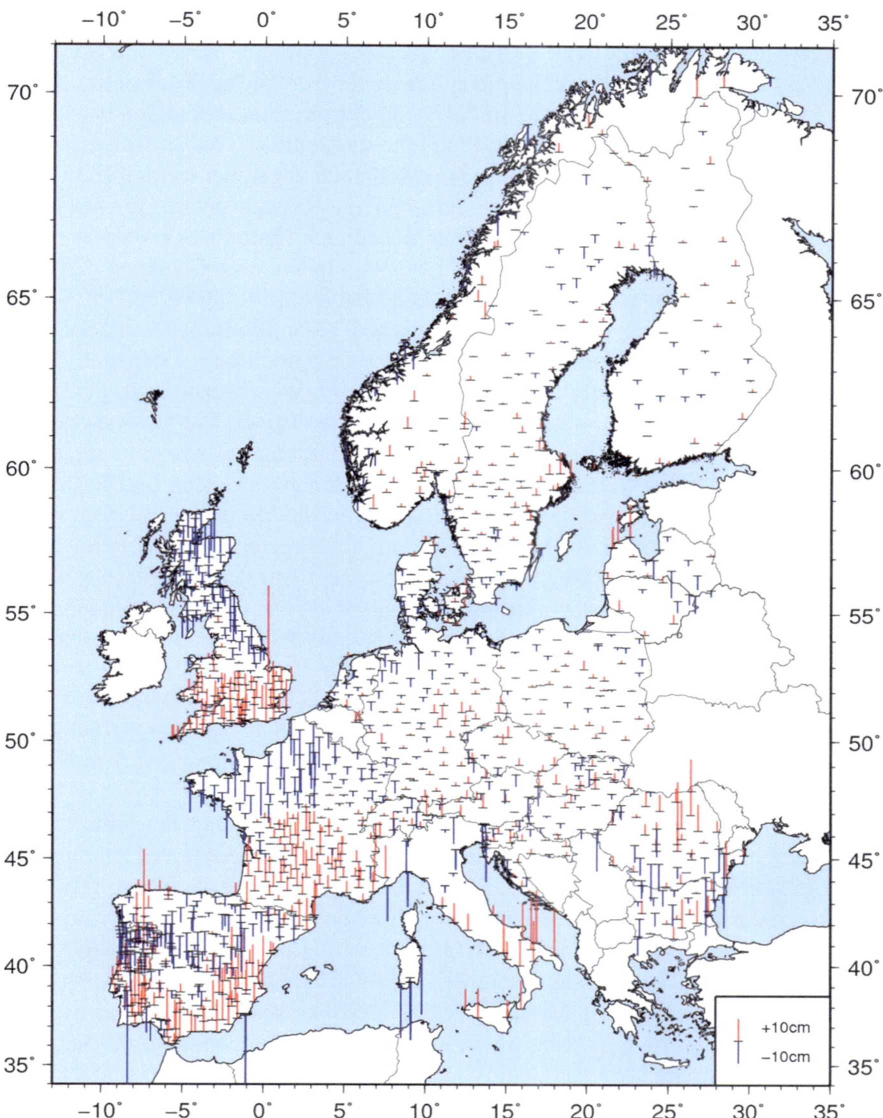

Abb. 9 Residuen zwischen Quasigeoidhöhen und GNSS-Nivellementhöhen in Europa. Das Quaisgeoidmodell ist eine Kombination aus GOCO03s und EGG2008. Quelle: J. Schwabe (persönliche Korrespondenz), aktualisierte Version von Fig. 5 aus Rülke et al. [77])

[34, 55] und folgt dem gleichen Prinzip wie Gl. (34) – jetzt aber angewandt auf die Meeresoberfläche. Die ellipsoidische Höhe des mittleren Meeresspiegels kann aus GNSS-Messungen an Pegelstationen abgeleitet werden (oder auf dem offenen Ozean durch Satellitenaltimetrie). An die Stelle der physikalischen Höhen tritt nun die mittlere Meerestopographie, also die Höhe des mittleren Meeresspiegels über dem Geoid, welche aus ozeanographischen Methoden abgeleitet werden kann.

Der Versuch, die Neigung des mittleren Meeresspiegels durch Vergleich mit physikalischen Höhen an Pegelstationen zu bestimmen führte in der Vergangenheit zu einer langen Kontroverse zwischen Ozeanographen und Geodäten [23, 96]. Sturges [97] bestimmt aus ozeanographischen Daten eine Neigung von ca. −2 cm pro Breitengrad entlang der nordamerikanischen Atlantikküste, wohingegen das Nivellementnetz eine signifikante Neigung in Gegenrichtung nahelegte. Unter Verwendung GOCE-basierter Geoidmodelle konnten Woodworth et al. [111] den negativen Trend der ozeanographischen Analysen bestätigen. Die Untersuchungen von Woodworth et al. [111] zielen darauf ab, die Eignung des ozeanographischen Ansatzes zur globalen Vereinigung von Höhensystemen zu testen und bestätigen diesen auf einem Genauigkeitsniveau von unter 10 cm. Ähnliche Untersuchungen zur Konsistenz geodätisch und ozeanographisch abgeleiteter Meereshöhen wurden für die britische Küste von Südengland bis Schottland von Penna et al. [64] durchgeführt. Auch hier konnte die vermeintliche Inkonsistenz zwischen geodätischen und ozeanographischen Ergebnissen durch systematische Fehler des Nivellements erklärt werden. Weitere aktuelle Arbeiten wurden von Featherstone und Filmer [20] für die Australische Küste und von Woodworth et al. [112] für den Mittelmeerraum durchgeführt. Insgesamt zeigt sich unter Verwendung GOCE-basierter Geoidmodelle eine Konsistenz geodätischer und ozeanographischer Ergebnisse auf dem Niveau mehrerer Zentimeter bis hin zu einem Dezimeter.

Ein limitierender Faktor bei den Vergleichen ist die Eignung der verwendeten numerischen Ozeanmodelle zur Bestimmung der Meerestopographie entlang der Küste [111]. Oftmals sind die Modelle nicht für küstennahe Anwendungen ausgelegt, sondern in ihrer räumlichen und zeitlichen Auflösung den dynamischen Prozessen im tiefen Ozean angepasst. Higginson et al. [37] erweitern die Studie von Woodworth et al. [111] entlang der amerikanischen Atlantikküste um die Qualität gängiger ozeanographischer Modelle an der Küste zu untersuchen. Um Modellfehler zu verringern, wurde dabei nicht mit Einzelmodellen, sondern mit den, aus einem Ensemble verschiedener Geoid- und Ozeanmodelle bestimmten Mittelwerten gearbeitet. Damit konnte die Standardabweichung des Schlussfehlers auf 2,3 cm verringert werden. Es scheint daher naheliegend, eine aus mehreren Modellen gemittelte Meerestopographie zur Validierung eines geoidbasierten Höhendatums zu verwenden. Zudem ist es wichtig, dass sich beim Vergleich von Pegelmessungen bzw. Satellitenaltimetrie und Ozeanmodellen die jeweiligen Meereshöhen auf den gleichen Untersuchungszeitraum beziehen. Dies ist nötig, da sich auch bei mehrjährigen Zeitreihen Gezeiteneffekte wie auch mittel- und langfristige Änderungen des Meeresspiegels aufgrund ozeanischer und atmosphärischer Prozesse, z. B. aufgrund von El Niño Ereignissen, nicht notwendigerweise herausmitteln.

5 Geoidbasierte Höhensysteme – Fallbeispiele

5.1 Globale Höhensystemvereinigung

Die klassischen Arbeiten zur Schaffung eines globalen vertikalen Bezugssystems [10, 70, 73] zielen auf die Verknüpfung der bestehenden Höhensysteme ab, also auf die Feststellung der Datumsdifferenzen zwischen den einzelnen Höhendaten. Hierzu werden die aus GNSS-Nivellement abgeleiteten physikalischen Höhen (die sich auf das gewählte Geoidmodell beziehen) mit den physikalischen Höhen der jeweiligen Datumszone verglichen. Die Diskrepanz zwischen beiden Größen entspricht dem Datumsversatz des regionalen Höhensystems bzgl. des gewählten Geoides. Theoretisch reicht es aus, den Versatz an einer einzigen Station zu bestimmen. Um die Fehler der beteiligten Größen zu minimieren, kann der Versatz alternativ aus dem Mittel über eine größere Anzahl von Stationen pro Datumszone bestimmt werden. So hat Rapp [68] unter anderem die Datumsunterschiede zwischen den USA, Deutschland und Australien bestimmt, wobei die Mittelung vor allem die Unsicherheiten der zur Bestimmung der ellipsoidischen Höhen verwendeten Doppler-Messungen verringern sollte. Zur Berechnung von Geoidhöhen verwendet Rapp (ibid.) eine Kombination der Potenzialmodelle JGM-2 [59] und OSU91a [69]. Er weist auch darauf hin, dass der Datumsversatz von Deformationen des Nivellementnetzes beeinflusst wird, so dass sich die berechneten Werte nicht auf den eigentlichen Datumspunkt beziehen, sondern ein indefinites mittleres Niveau innerhalb einer Datumszone repräsentieren. Die Ergebnisse sind in Abb. 10 dargestellt.

Gruber et al. [31] haben die mittleren Datumsunterschiede unter Verwendung aktueller GNSS-Höhen und eines GOCE-basierten Potenzialmodells mit guter Übereinstimmung von unter einem Dezimeter bestätigt. Dies lässt vermuten, dass aufgrund der hohen Anzahl von Stationen zufällige sowie kleinräumige

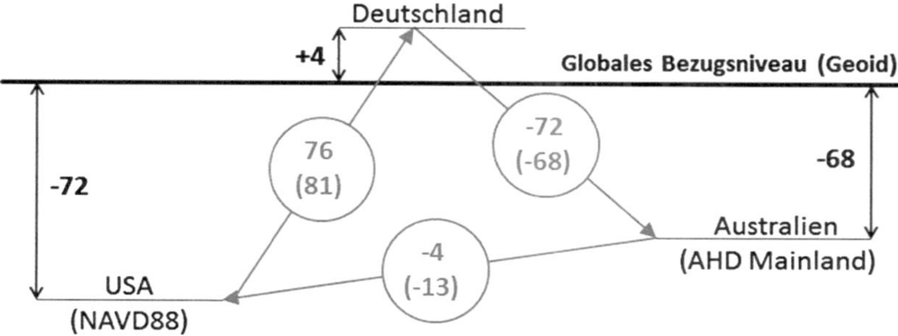

Abb. 10 Datumsunterschiede in Zentimetern zwischen verschiedenen Höhendaten und einem globalen Geoidmodell (Abbildung modifiziert nach Rapp [68]). Die Werte in Klammern zeigen aktuelle Vergleichsergebnisse von Gruber et al. [31]

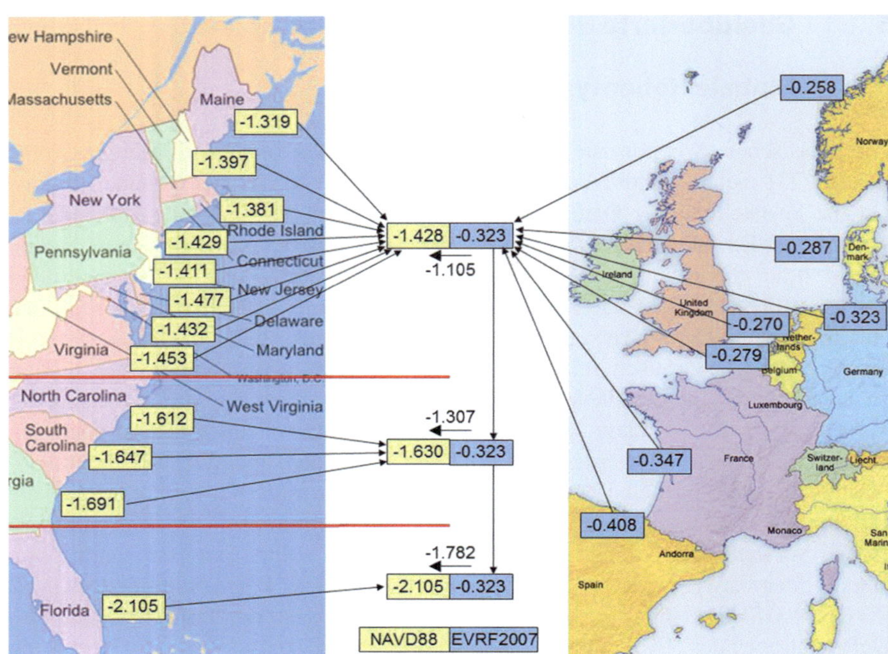

Abb. 11 Datumsunterschiede zwischen Europa und der US-amerikanischen Ostküste, wobei eine Kombination der Potenzialmodelle TIM5 (bis Grad 200) und EGM2008 zugrunde liegt

Fehleranteile herausgemittelt werden konnten. Allerdings weisen Gruber et al. [31] darauf hin, dass der spektrale Abbruchfehler der GOCE-Modelle im Allgemeinen nicht herausgemittelt werden kann, die Schaffung einer Höhenbezugsfläche also die Beachtung der in den Satellitenmodellen nicht enthaltenen kleinräumigen Schwerefeldstrukturen erfordert. Auch die mittel- und langwelligen Fehler der Nivellementnetze können nicht eliminiert werden, so dass es innerhalb einer Datumszone eigentlich zu räumlich variablen Datumsunterschieden kommt. Abb. 11 zeigt die Datumsunterschiede zwischen Europa und der US-amerikanischen Ostküste. Innerhalb Europas treten zwischen den Höhen der verwendeten Landesnetze (Norwegen, Dänemark, Deutschland, Niederlande, Belgien, Frankreich, Spanien) Inkonsistenzen mit Abweichungen zu einem mittleren Niveau von weniger als 8 cm auf. Die Differenzen entlang der amerikanischen Ostküste sind weniger konsistent. Hier lassen sich grob drei in sich relativ konsistente geographische Bereiche unterscheiden. Im Norden liegt der mittlere Datumsunterschied zu Europa bei etwa -110 cm, im Süden bei -178 cm und dazwischen bei -131 cm. Die Unterschiede sind konsistent zu den, in Abb. 12 gezeigten langwelligen Nivellementfehlern des nordamerikanischen Höhendatums NAVD88. Angesichts der gravierenden Defizite nivellementbasierter Höhensysteme reicht die Bestimmung der Datumsversätze nicht aus, um ein globales vertikales Bezugssystem zu schaffen. Es liegt daher nahe

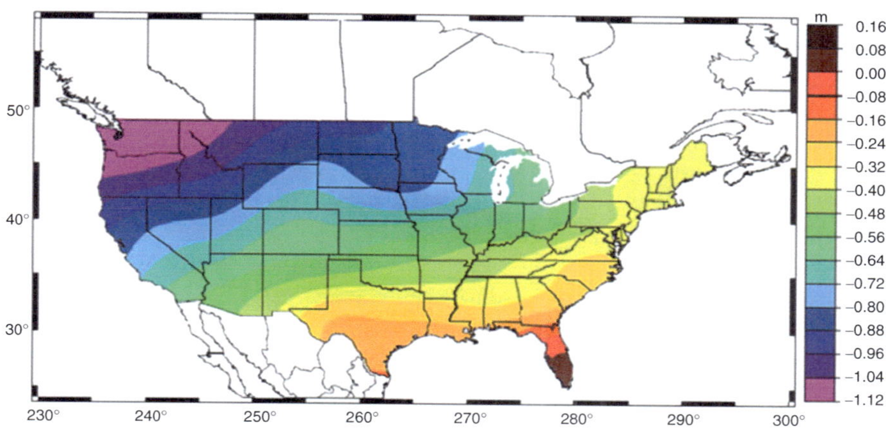

Abb. 12 Langwellige Fehler des nordamerikanischen Höhendatums NAVD88 im Vergleich zu einem GRACE-basierten Geoidmodell (aus Wang et al. [107])

die nivellementbasierte Definition von Höhensystemen durch eine geoidbasierte Definition abzulösen.

5.2 Modernisierung des nordamerikanischen Höhendatums

Ein geoidbasiertes Höhensystem von kontinentalen Ausmaßen wird derzeit erstmals in Nordamerika realisiert. Das neue Höhendatum soll einheitlich für die Länder Kanada, USA und Mexiko sein – einschließlich Alaska, Hawaii, der Karibik und Mittelamerika [91]. Es wird die bisherigen nivellementbasierten Landesnetze ersetzen und dem Nutzer durch GNSS zugänglich sein. Das Datum wird als Geoidmodell realisiert, welches über eine regional ausgewählte Äquipotenzialfläche definiert ist. Aufgrund zeitlicher Schwerefeldvariationen wird sich das Geoidmodell auf eine Referenzepoche beziehen und durch ein Modell der Zeitvariationen ergänzt werden. Die angestrebte Geoidgenauigkeit beträgt 1–2 cm im Flachland und 3–5 cm im Gebirge. Mit der Neudefinition des Höhendatums ist auch die bisherige Praxis der hybriden Geoide obsolet, bei der rein gravimetrische Geoide an das Nivellementnetz angepasst werden [72].

Bereits 1991 wurde versucht mit dem NAVD88 (*North American Vertical Datum*) ein für ganz Nordamerika (einschl. Mexiko) einheitliches Höhensystem zu realisieren [91]. Da entlang der kanadischen Grenze Inkonsistenzen von bis zu 1,5 m zu dem seit den 1930er Jahren verwendeten amtlichen System CGVD28 (*Canadian Geodetic Vertical Datum*) auftraten, wurde die gesamtamerikanische Lösung NAVD88 in Kanada nicht übernommen, sondern es wurde weiterhin mit dem CGVD28 gearbeitet [102]. Anders als das NAVD88, das nur am Datumspunkt Rimouski in Québec, Kanada, gelagert ist, wurde das CGVD28 ohne Beachtung der lokalen Meerestopographie an fünf Pegelstationen der kanadischen Ost- und Westküste angepasst – allerdings liegt der Pazifik bei Vancouver ca. 55 cm höher als der Atlantik bei Halifax. Diese unsaubere Datumsfestlegung führt zusammen mit zeitlichen Höhenänderungen (vor allem aufgrund der postglazialen Landhebung), dem langen Entstehungszeitraum von ca. 100 Jahren und der nur stückweise und lokal durchgeführten Neuberechnung verschiedener Netzteile zu systematischen Deformationen von mehreren Dezimetern [67, 91]. Aufgrund klimatischer Bedingungen ist das Höhendatum zudem in den nördlichen Netzteilen nicht flächenhaft verfügbar und wird der Zugang durch eine hohe Rate an Punktverlusten (bis zu 20 % innerhalb von 20 Jahren) zusätzlich eingeschränkt. Aufgrund der hohen Kosten zur Laufendhaltung des Netzes und der Tatsache, dass kontinentale Nivellementnetze durch die Kumulation systematischer Fehler den modernen Anforderungen an ein Höhendatum nicht gerecht werden können, wurde in Kanada 2002 ein Projekt zur Modernisierung des Höhensystems begonnen. Mit der Veröffentlichung des GOCE-basierten Geoides CGG2013 (*Canadian Gravimetric Geoid*) liegt seit Herbst 2013 die erste Realisierung des neuen Höhendatums CGVD2013 vor [50].

Parallel zu den kanadischen Aktivitäten wurde in den USA das GRAV-D Projekt (*Gravity for the Redefinition of the American Vertical Datum*) begonnen, das zum Ziel hat, das NAVD88 bis 2022 durch ein geoidbasiertes Höhendatum abzulösen [72]. Prototyp für das künftige amerikanische Datum war das gravimetrische Geoidmodell USGG2009 [107], dessen großräumige Struktur im Gegensatz zu seinen Vorläufermodellen erstmals auf GRACE Daten basierte. Der Vergleich mit GNSS-Nivellement ermöglichte damit erstmals eine unabhängige Evaluierung der großräumigen Nivellementfehler des NAVD88. Es zeigte sich ein langwelliger Trend von 1.3 m vom Südosten zum Nordwesten der USA (Abb. 12).

Um ein für den gesamten nordamerikanischen Kontinent einheitliches Höhendatum zu schaffen, wurde in Zusammenarbeit der zuständigen nationalen Behörden der USA und Kanadas das zu berechnende Geoid als diejenige Äquipotenzialfläche mit dem Potenzialwert $W_0 = 62636856{,}0\,\mathrm{m^2/s^2}$ definiert. Der Wert ist ein gerundeter Mittelwert und beschreibt das Niveau des mittleren Meeresspiegels an den kanadischen und US amerikanischen Küsten. Er stimmt mit dem von Burša et al. [9] veröffentlichten global gültigen Wert überein, der auch von der Internationalen Astronomischen Union (IAU) und dem IERS empfohlen wird (siehe Abschn. 4.2.4).

Ein wichtiger Beitrag zur Einhaltung der Genauigkeitsanforderungen an das künftige geoidbasierte Höhendatum ist in den USA die flächendeckende gravimetrische Neuvermessung des Landes durch Fluggravimetrie [72, 91, 107]. Da die langwelligen Fehler der vorhandenen terrestrischen Schweredaten durch die Satellitenmissionen GRACE und GOCE korrigiert werden können und kurzwellige Fehler aufgrund der glättenden Eigenschaften der Stokesintegration kaum Beträge über dem Zentimeterniveau erreichen, sind im Wesentlichen die mittelwelligen Fehler relevant, um den Beitrag der terrestrischen Daten auf dem Zentimeterniveau zu halten. Saleh et al. [80] zeigen in einer Analyse der US-amerikanischen Schweredatenbank, dass darin verschiedene Patches mit signifikanten Versätzen von mehreren mGal enthalten sind, die zu Geoidhöhenfehlern von ca. 20 cm führen dürften. Ursache ist vor allem, dass die Daten von verschiedenen Institutionen über einen Zeitraum von vielen Jahrzehnten hinweg für verschiedene Zwecke gesammelt wurden und unterschiedliche, zum Teil schlecht reproduzierbare Nachbearbeitungsschritte durchliefen. Darüber hinaus sind die meisten der ca. 1.4 Millionen Werte nicht vermarkt, die Koordinaten wurden aus topographischen Karten interpoliert, was vor allem in der Höhenkomponente zu Unsicherheiten bei den daraus abgeleiteten Schwereanomalien führt. Für einige Stationen liegen sogar nur barometrisch bestimmte Höhen vor. Da die Fluggravimetrie das effizienteste Verfahren ist, um gerade den mittelwelligen Skalenbereich präzise und konsistent zu vermessen, wurde beschlossen innerhalb des GRAV-D Projektes über einen Zeitraum von ca. 10 Jahren hinweg landesweit Flugkampagnen durchzuführen [90]. Begleitend ist vorgesehen drei große Validierungskampagnen in Gebieten mit unterschiedlichen Signaleigenschaften (Flachland bis Gebirge) durchzuführen, um die Ergebnisse mit unabhängigen, konsistenten und aktuellen Daten zu vergleichen [92].

6 Fazit

Ein modernes vertikales Bezugssystem erlaubt die effiziente und genaue Festlegung von Werten des Schwerepotenzials an beliebigen Stellen auf und in der Nähe der Erdoberfläche. Es entspricht damit einer Funktion $W = W(x, y, z, t)$ und besteht aus einer geometrischen Komponente (an welchen Stellen x, y, z wird ausgewertet?) und einer physikalischen Komponente (wie wird an vorgegebener Stelle der Potenzialwert W bestimmt?). In beiden Fällen sind bei den heute angestrebten Genauigkeiten im Zentimeterniveau Zeitvariationen zu beachten. In der Regel sind die Zeitvariationen der physikalischen Komponente eine Größenordnung kleiner als die der geometrischen Komponente.

Die modernen Methoden der Satellitengravimetrie, insbesondere die Ergebnisse der Mission GOCE, ermöglichen die Modellierung des Schwerefeldes mit Genauigkeiten von $0{,}1–0{,}2\,\mathrm{m}^2/\mathrm{s}^2$ (entsprechend einer Höhengenauigkeit von 1–2 cm) für Strukturen bis zu einer Auflösung von etwa 100 km. Die vom Satelliten aus nicht beobachtbaren Detailstrukturen des Schwerefeldes erreichen im globalen Mittel Amplituden von ca. 30 cm. Daher müssen die Satellitenmodelle durch terrestrische Daten ergänzt werden. Dies kann entweder durch die Schaffung eines hochauflösenden globalen Potenzialmodells à la EGM2008 oder durch Berechnung regionaler Schwerefeldlösungen erfolgen. Beide Varianten bilden alternativ die physikalische Komponente des vertikalen Bezugsrahmens. Je nach Verfügbarkeit und Qualität der terrestrischen Daten können die Fehler von global ca. 30 cm (Standardabweichung) auf bis zu 1–2 cm verringert werden. Damit ist die Qualität der physikalischen Komponente mit der Qualität der geometrischen Komponente vergleichbar. Die Komponenten unterscheiden sich aber prinzipiell aufgrund des Feldcharakters der physikalischen Komponente. Während die geometrischen Komponente zwar mit global nahezu homogener Genauigkeit, dafür aber nur an diskreten Beobachtungspunkten realisiert wird, ist die physikalische Komponente als kontinuierliche Funktion im Raum gegeben. Die Realisierungsgenauigkeit der satellitenbasierten langwelligen Strukturen ist global relativ homogen, die inhomogene Verfügbarkeit,

Art und Qualität der terrestrischen Daten führt aber zu einer unterschiedlich genauen Beschreibung der kurzwelligen Strukturen. Die Realisierungsgenauigkeit ist also in Europa eine andere als in Südamerika oder Afrika und generell in Regionen mit geringen Signalvariationen (etwa in Norddeutschland) höher als in Regionen mit hoher Signalvariation (etwa im Bereich von Hochgebirgen und nahe tektonischen Plattengrenzen). Wichtig für die Anwendung ist daher die Bereitstellung realistischer Fehlermaße, die die Eigenschaften der terrestrischen Daten und die Charakteristik des Schwerefeldes berücksichtigen.

In gut vermessenen Regionen kann gezeigt werden, dass die satellitenbasierten Schwerefeldmodelle wesentlich besser geeignet sind, um ein regionales oder globales Höhensystem zu realisieren, als das bisher eingesetzte Verfahren des geometrischen Nivellements. Dieses hat seine Stärken über kurze Distanzen hinweg und hat damit in lokalen Anwendungen auch in Zukunft seine Berechtigung. Es muss aber über große Entfernungen auf die dort wesentlich genaueren Ergebnissen der Satellitengravimetrie angefeldert werden. Damit entfällt in Zukunft auch die bisher gängige Praxis, rein gravimetrische Geoide an das amtliche Nivellementfestpunktfeld anzupassen.

Dieser Paradigmenwechsel bei Definition und Realisierung vertikaler Bezugssysteme hat große Vorteile in großräumigen Anwendungen, speziell in der geowissenschaftlichen Erdbeobachtung. Da es die geometrischen Verfahren wie GNSS, Satellitenaltimetrie oder InSAR erlauben, die Oberflächengeometrie der Kontinente, der Ozeane und der polaren Eisschilde in einem globalen, geozentrischen Bezugssystem konsistent zu beschreiben, ermöglicht die Kombination mit einem satellitenbasierten vertikalen Bezugssystem auch die konsistente Bestimmung physikalischer Höhen über diese Bereiche hinweg. Die bisherigen Nivellementnetze sind dafür ungeeignet. Der Übergang auf ein modernes Höhensystem erfordert aber nicht notwendigerweise eine vollständige Ablösung der bestehenden amtlichen Höhensysteme, wie es in Nordamerika beschlossen wurde. Durch vertikale Verschiebung (Wahl eines geeigneten W_0-Wertes) könnte das globale Höhendatum für regionale Anwendungen nahe dem Niveau der amtlich gültigen Höhenwerte gelagert werden (so wurde etwa das Europäische Quasigeoidmodell EGG2008 an das Niveau des EVRF angepasst). Aus dem Vergleich der amtlichen Höhen mit den modernen, aus GNSS-Nivellement abgeleiteten Werten könnte auch eine Transformationsfläche höherer Ordnung abgeleitet werden. Diese würde ermöglichen trotz Einführung eines satellitenbasierten Welthöhensystems die amtlichen Höhen beizubehalten. Dies entspräche einer Situation, die analog zu ITRF und ETRF ist. Der grundlegende globale Bezugsrahmen wird durch den ITRF realisiert, die amtlichen Koordinaten in Europa sind aber im ETRF gegeben.

Literatur

1. AdV: Die Wiederholungsmessungen 1980 bis 1985 im Deutschen Haupthöhennetz und das Deutsche Haupthöhennetz 1985 der Bundesrepublik Deutschland. Arbeitskreis Höhenfestpunktfeld und Schwerefestpunktfeld (AK Niv) der Arbeitsgemeinschaft der Ver-

messungsverwaltungen der Länder der Bundesrepublik Deutschland (AdV). Bayerisches Landesvermessungsamt München (1993)

2. Altamimi, Z., Collilieux, X., Métivier, L.: ITRF2008: An improved solution of the international terrestrial reference frame. J. Geod. **85**, 457–473. (2011). doi:10.1007/s00190-011-0444-4
3. Amos, M.J., Featherstone, W.E.: Unification of New Zealand's local vertical datums: iterative gravimetric quasigeoid computations. J. Geod. **83**, 57–68 (2008). doi:10.1007/s00190-008-0232-y
4. Augath, W.: UELN 2000: possibilities, strategy, concepts – How should we realize a European Vertical System? In: Gubler, E., Hornik, H. (Hrsg.) EUREF Publication No. 5, Report on the Symposium of the IAG Subcommission for Europe (EUREF) held in Ankara, 22–25 May (1996)
5. Augath, W., Ihde, J.: Definition and realization of vertical reference systems – the European solution EVRS/EVRF 2000. In: Proceedings of FIG XXII International Congress, Washington, 19–26 Apr 2002
6. Börsch, A., Kühnen, F., Helmert, F.R.: Vergleichung der Mittelwasser der Ostsee und Nordsee, des Atlantischen Oceans und des Mittelmeers auf Grund einer Ausgleichung von 48 Nivellementspolygonen in Central und Westeuropa. Centralbureau der Internationalen Gradmessung. Stankiewicz' Buchdruckerei, Berlin (1891)
7. Brockmann, J.M., Zehentner, N., Höck, E., Pail, R., Loth, I., Mayer-Gürr, T., Schuh, W.-D.: EGM_TIM_RL05: an independent geoid with centimeter accuracy purely based on the GOCE mission. Geophys. Res. Lett. **41**, 8089–8099 (2014). doi:10.1002/2014GL061904
8. Bruinsma, S.L., Förste, C., Abrikosov, O., Lemoine, J.-M., Marty, J.-C., Mulet, S., Rio, M.-H., Bonvalot, S.: ESA's satellite-only gravity field model via the direct approach based on all GOCE data. Geophys. Res. Lett. **41**, 7508–7514 (2014). doi:10.1002/2014GL062045
9. Burša, M., Kenyon, S., Kouba, J., Šíma, Z., Vatrt, V., Vítek, V., Vojtíšková, M.: The geopotential value W_0 for specifying the relativistic atomic time scale and a global vertical reference system. J. Geod. **81**, 103–110 (2007). doi:10.1007/s00190-006-0091-3
10. Colombo, O.L.: A world vertical network. Report No. 296, Department of Geodetic Science, The Ohio State University, Columbus (1980)
11. Denker, H.: Evaluation and improvement of the EGG97 quasigeoid model for Europe by GPS leveling data. In: Vermeer, M., Ádám, J. (Hrsg.) Second continental workshop on the Geoid in Europe. Proceedings Reports of the Finnish Geodetic Institute, Masala, 98(4), S. 53–61 (1998)
12. Denker, H.: On the effect of datum inconsistencies in gravity and position on European geoid computations. Paper presented at the IAG Scientific Assembley, Budapest, 2–8 Sept 2001 (2001)
13. Denker, H.: Regional gravity field modeling: theory and practical results. In: Xu, G. (Hrsg.) Sciences of Geodesy – II. Innovations and Future Developments, S. 185–291, Springer, Berlin/Heidelberg (2013). doi:10.1007/978-3-642-28000-9_5
14. Dietrich, R., Ivins, E.R., Casassa, G., Lange, H., Wendt, J., Fritsche, M.: Rapid crustal uplift in Patagonia due to enhanced ice loss. Earth Planet. Sci. Lett. **289**(1), 22–29 (2010)
15. Ehrnsperger, W., Kok, J.J.: Status and results of the 1986 adjustment of the United European levelling network – UELN-73. Symposium on Height Determination and Recent Crustal Movements in Western Europe, Federal Republic of Germany, 15–19 Sept 1986
16. Ekman, M.: Impacts of geodynamic phenomena on systems for height and gravity. Bulletin Géodésique **63**, 281–296 (1989)
17. Ekman, M., Mäkinen, J.: Recent postglacial rebound, gravity change and mantle flow in Fennoscandia. Geophys. J. Int. **126**, 229–234 (1996)
18. ESA: Report for Mission Selection: Gravity Field and Steady-State Ocean Circulation Mission. ESA Bericht SP-1233(1), ESA, Noordwijk (1999)
19. Featherstone, W.E., Kirby, J.F., Hirt, C., Filmer, M.S., Claessens, S.J., Brown, N.J., Hu, G., Johnston, G.M.: The AUSGeoid09 model of the Australian height datum. J. Geod. **85**, 133–150 (2011)

20. Featherstone, W.E., Filmer, M.S.: The north-south tilt in the Australian Height Datum is explained by the Ocean's mean dynamic topography. J. Geophys. Res. **117**, C08035 (2012). doi:10.1029/2012JC007974
21. Featherstone, W.E., Filmer, M.S., Claessens, S.J., Kuhn, M., Hirt, C., Kirby, J.F.: Regional geoid-model-based vertical datums – some Australian perspectives. J. Geod. Sci. **2**(4), 370–376 (2012). doi:10.2478/v10156-012-0006-6
22. Featherstone, W.E.: Deterministic, stochastic, hybrid and band-limited modifications of Hotine's integral. J. Geod. **87**(2), 117–125 (2013)
23. Fischer, I.: Does sea level slope up or down towards north? Bulletin Géodésique **115**(1), 17–26 (1975)
24. Flury, J.: Schwerefeldfunktionale im Gebirge: Modellierungsgenauigkeit, Messpunktdichte und Darstellungsfehler am Beispiel des Testnetzes Estergebirge. DGK-Reihe C, Nr. 557. Verlag der Bayerischen Akademie der Wissenschaften, München (2002)
25. Flury, J., Gerlach, C., Hirt, C., Schirmer, U.: Heights in the Bavarian Alps: mutual validation of GPS, levelling, gravimetric and astrogeodetic quasigeoids. In: Drewes, H. (Hrsg.) Geodetic Reference Frames. IAG Symposia, 134, S. 303–309. Springer, Berlin (2009)
26. Fotopoulos, G.: Combination of Heights. In: Sansò und Sideris (Hrsg.) Geoid Determination – Theory and Methods, Lecture Notes in Earth System Sciences 110, S. 517–544. Springer, Berlin/Hamburg (2013). doi:10.1007/978-3-540-74700-0_11
27. Fuchs, M.J., Boumann, J., Broerse, T., Visser, P., Vermeersen, B.: Observing coseismic gravity change from the Japan Tohoku-Oki 2011 earthquake with GOCE gravity gradiometry. J. Geophys. Res. Solid Earth **118**, 5712–5721 (2013). doi:10.1002/jgrb.50381
28. Gerlach, C.: Zur Höhensystemumstellung und Geoidberechnung in Bayern. DGK-Reihe C, 571. Verlag der Bayerischen Akademie der Wissenschaften, München (2003)
29. Gerlach, C., Rummel, R.: Global height system unification with GOCE: a simulation study on the indirect bias term in the GBVP approach. J. Geod. **87**, 57–67 (2013). doi:10.1007/s00190-012-0579-y
30. Gruber, T., Visser, P.N.A.M, Ackermann, C., Hosse, M.: Validation of GOCE gravity field models by means of orbit residuals and geoid comparisons. J. Geod. **85**(11), 845–860 (2011). doi:10.1007/s00190-011-0486-7
31. Gruber, T., Gerlach, C., Haagmans, R.: Intercontinental height datum connection with GOCE and GPS-levelling data. J. Geod. Sci. **2**(4), 270–280 (2012). doi:10.2478/v10156-012-0001-y
32. Gruber, T., Abrikosov, O., Hugentobler, U.: GOCE Standards. https://earth.esa.int/documents/10174/1650485/GOCE_Standards (2014). Zugegriffen am 20.04.2016.
33. Heck, B., Mälzer, H.: Determination of vertical recent crustal movements by levelling and gravity data. Tectonophysics **97**, 251–264 (1983)
34. Heck, B.: A revision of R. Mather's work on the determination of the stationary sea surface topography and global vertical datum definition. In: Brunner, K, Rizos, C. (Hrsg.) Developments in Four Dimensional Geodesy. Springer, Berlin/Heidelberg (1990)
35. Heck, B., Rummel, R.: Strategies for solving the vertical datum problem using terrestrial and satellite geodetic data. In: Sünkel H., Baker, T. (Hrsg.) Sea Surface Topography and the Geoid. IAG-Symposia, 104, S. 116–127. Springer, New York/Berlin/Heidelberg (1990)
36. Heck, B.: Rechenverfahren und Auswertemodelle der Landesvermessung. Wichmann, Heidelberg (2003)
37. Higginson, S., Thompson, K.R., Woodworth, P.L., Hughes, C.W.: The tilt of mean sea level along the east coast of North America. Geophys. Res. Lett. **42**, 1471–1479 (2015). doi:10.1002/2015GL063186
38. Hipkin, R.: Defining the geoid by W = W0 = U0: theory and practice of a modern height system. In: Tziavos, N. (Hrsg.) Gravity and Geoid 2002. Ziti-Publishing, Thessaloniki (2003)
39. Hofmann-Wellenhof B., Moritz, H.: Physical Geodesy. Springer, New York (2005)
40. Huang, J., Kotsakis, C. (Hrsg.): External Quality Evaluation Reports of EGM08. Netwon's Bull. **4** (2009)
41. Huang, J., Véronneau, M.: Canadian gravimetric geoid model 2010. J. Geod. **87**, 771–790 (2013). doi:10.1007/s00190-013-0645-0

42. Huang, J., Reguzzoni, M., Gruber, T. (Hrsg.): Assessment of GOCE geopotential models. Netwon's Bull. **5** (2015)
43. Ihde, J., Schlüter, W., Adam, J., Gurtner, W., Harrson, B.G., Wöppelmann, G.: Konzept und Status des European Vertical Reference Network (EUVN). In: Geodätische Vernetzung Europas. Mitteilungen des Bundesamtes für Kartographie und Geodäsie, Band 1. Verlag des Bundesamtes für Kartographie und Geodäsie, Frankfurt a. Main (1998)
44. Jacob, T., Wahr, J., Gross, R., Swenson, S., Geruo, A.: Estimating geoid height changes in North America: past, present and future. J. Geod. **86**, 337–358 (2012). doi:10.1007/s00190-011-0522-7
45. Kenyeres, A., Sacher, M., Ihde, J., Denker, H., Marti, U.: EUVN Densification Action. Final Report of the EUVN_DA Working Group (2010). evrs.bkg.bund.de/Subsites/EVRS/EN/References/Papers/papers.html (2010). Zugegriffen am 27.06.2016
46. Kleusberg, A.: The similarity transformation of the gravitational potential close to the identity. Manuscripta Geodaetica **5**, 241–256 (1980)
47. Kuhn, M.: Geoidbestimmung unter Verwendung verschiedener Dichtehypothesen. DGK-Reihe C, Nr. 520. Verlag der Bayerischen Akademie der Wissenschaften, München (2000)
48. Lambeck, K., Smither, C., Johnston, P.: Sea-level change, glacial rebound and mantle viscosity for northern Europe. Geophys. J. Int. **134**(1), 102–144 (1998). doi:10.1046/j.1365-246x.1998.00541.x
49. Lambert, A., Courtier, N., James, T.S.: Long-term monitoring by absolute gravimetry: tides to postglacial rebound. J. Geodyn. **41**, 307–317 (2006)
50. Lamothe, P., Veronneau, M., Goadsby, M., Berg, R.: Canada's new vertical datum. Ont. Prof. Surv. **56**(4), 24–28 (2013)
51. Lang, H.: Vorbereitende Arbeiten des IfAG zur Ausgleichung des Deutschen Haupthöhennetzes 1992 (DHHN92). Allgemeine Vermessungsnachrichten, 10/1994 (1994)
52. Ledersteger, K.: Astronomische und Physikalische Geodäsie. In: Jordan, Eggert, Kneissl (Hrsg.). Handbuch der Vermessungskunde, Band V. J.B. Metzlersche Verlagsbuchhandlung, Stuttgart (1969)
53. Lidberg, M., Johansson, J.M., Scherneck, H.-G., Davis, J.L.: An improved and extended GPS-derived 3D velocity field of the glacial isostatic adjustment (GIA) in Fennoscandia. J. Geod. **81**, 213–230 (2007). doi:10.1007/s00190-006-0102-4
54. Liebsch, G., Rülke, A., Sacher, M., Ihde, J.: Definition and realization of the EVRS: how do we want to proceed? Presented at EUREF symposium 2014, Vilnius, 04–06 June 2014 (2014)
55. Mather, R.S.: On the evaluation of stationary sea surface topography using geodetic techniques. Bulletin Géodésique **49**, 65–82 (1975)
56. Mayer-Gürr, T., GOCO Team: The combined satellite gravity field model GOCO05s. Geophys. Res. Abs., 17, EGU2015–12364, EGU General Assembly (2015)
57. Mäkinen, J., Ihde, J.: The permanent tide in height systems. In: Sideris, M.G. (Hrsg.) Observing our Changing Earth. IAG Symposia, 133, S. 81–87. Springer, Berlin/Heidelberg (2009)
58. Moritz, H.: Geodetic Reference System 1980. Bulletin Géodésique **62**(3), 348–358 (1988)
59. Nerem, R.S., Lerch, F.J., Marshall, J.A., Pavlis, E.C., Putney, B.H., Tapley, B.D., Eanes, R.J., Ries, J.C., Schutz, B.E., Shum, C.K., Watkins, M.M., Klosko, S.M., Chan, J.C., Luthcke, S.B., Patel, G.B., Pavlis, N.K., Williamson, R.G., Rapp, R.H., Biancale, R., Novel, F.: Gravity Model development for Topex/Poseidon: Joint Gravity Models 1 and 2. J. Geophys. Res., 99(C12), 24421-24447(1994). doi: http://dx.doi.org/10.1029/94JC01376
60. Pavlis, N.K., Holmes, S.A., Kenyon, S.C., Factor, J.K.: The development and evaluation of the earth gravitational model 2008 (EGM2008). J. Geophys. Res. **117**, B04406 (2012). doi:10.1029/2011JB008916
61. Pavlis, N.K.: Global Gravitational Models. In: Sansò, F., Sideris, M.G. (Hrsg.) Geoid Determination. Lecture Notes in Earth Sciences 110. Springer, Berlin/Heidelberg (2013)
62. Petit, G., Luzum, B.: IERS Conventions (2010). IERS Technical Note No. 36. Verlag des Bundesamtes für Kartographie und Geodäsie, Frankfurt a. M (2010)

63. Pettersen, B.R.: The postglacial rebound signal of Fennoscandia observed by absolute gravimetry, GPS, and tide gauges. Int. J. Geophys. **2011** (2011). doi:10.1155/2011/957329
64. Penna, N.T., Featherstone, W.E., Gazeaux, J., Bingham, R.J.: The apparent British sea slope is caused by systematic errors in the levelling-based vertical datum. Geophy. J. Int. **194**(2), 772–786 (2013). doi:10.1093/gji/ggt161
65. Poutanen, M., Vermeer, M., Mäkinen, J.: The permanent tide in GPS positioning. J. Geod. **70**, 499–504 (1996)
66. Rangelova, E., Sideris, M., Fotopoulos, G.: A dynamic reference surface for heights in Canada. Geomatica **63**(4), 333–340 (2009)
67. Rangelova, E., van der Wal, W., Sideris, M.G.: How significant is the dynamic component of the North American vertical datum? J. Geod. Sci. **2**(4), 281–289 (2012). doi:10.2478/v10156-012-0005-7
68. Rapp, R.H.: Separation between reference surfaces of selected vertical datums. Bulletin Géodésique **69**, 26–31 (1994)
69. Rapp, R.H., Wang, Y.M., Pavlis, N.K.: The Ohio state 1991 geopotential and sea surface topography harmonic coefficient models. Report No. 410, Department of Geodetic Science and Surveying, The Ohio State University, Columbus (1991)
70. Rapp, R.H., Balasubramania, N.: A conceptual formulation of a world height system. Report No. 421, Department of Geodetic Science and Surveying, The Ohio State University, Columbus (1992)
71. Rodell, M., Houser, P.R., Jambor, U., Gottschalck, J., Mitchell, K., Meng, C.-J.,Arsenault, K., Cosgrove, B., Radkovich, J., Bosilovich, M., Entin, J.K., Walker, J.P., Lohmann, D., Toll, D.: The Global Land Assimilation System. Bull. Americ. Meteor. Soc., **85**(3), S. 381–394 (2004)
72. Roman, D.R., Weston, N.D.: Beyond GEOID12: implementing a new vertical datum for North America. FIG working week 2012. Rome, 6–10 May 2012
73. Rummel, R., Teunissen, P.: Height Datum Definition, Height Datum Connection and the Role of the Geodetic Boundary Value Problem. *Bulletin Géodésique* **62**, 477–498 (1988)
74. Rummel, R., Heck, B.: Some critical remarks on the definition and realization of the EVRS. In: Torres, J.A., Hornik, H. (Hrsg.) Report on the Symposium of the IAG Subcommission for Europe (EUREF) held in Tromsø, 22–24 June, 2000. Veröffentlichung der Bayerischen Kommission für die Internationale Erdmessung der Bayerischen Akademie der Wissenschaft, Astronomisch-Geodätische Arbeiten, Nr. 61 (2000)
75. Rummel, R., Balmino, G., Johannessen, J., Visser, P., Woodworth, P.: Dedicated gravity field missions – principles and aims. J. Geodyn. **33**, 3–20 (2002)
76. Rummel, R., Gruber, T., Ihde, J., Liebsch, G., Rülke, A., Schäfer, U., Sideris, M., Rangelova, E., Woodworth, P., Hughes, C., Gerlach, C.: Height System Unification with GOCE. Summary and Final Report of STSE-GOCE+, ESA, Noordwijk (2015)
77. Rülke, A., Liebsch, G., Sacher, M., Schäfer, U., Schirmer, U., Ihde, J.: Unification of European height system realizations. J. Geod. Sci. **2**(4), 343–354 (2012). doi:10.2478/v10156-011-0048-1
78. Sacher, M., Ihde, J., Seeger, H.: Preliminary transformation parameters between National European height systems and the United European levelling network. In: Gubler, E., Torres, J., Hornik, H. (Hrsg.) Report on the Symposium of the IAG Subcommission for Europe (EUREF) held in Prague, 2–5 June 1999. EUREF Publication No. 8. Veröffentlichungen der Bayerischen Kommission für die Internationale Erdmessung, Astronomisch-Geodätische Arbeiten, Heft Nr. 60. Verlag der Bayerischen Akademie der Wissenschaften, München (1999)
79. Sacher, M., Ihde, J., Liebsch, G., Mäkinen, J.: EVRF2007 as realization of the Eruopean vertical reference system. Bolletino di Geodesia e Scienze Affini, **LXVIII**, 35–50 (2009)
80. Saleh, J., Li, X., Wang, Y.M., Roman, D.R., Smith, D.A.: Error analysis of the NGS' surface gravity database. J. Geod. **87**(3), 203–221 (2012). doi:10.1007/s00190-012-0589-9
81. Sánchez, L.: Towards a vertical datum standardisation under the umbrella of Global Geodetic Observing System. J. Geod. Sci. **2**(4), 325–342 (2012). doi:10.2478/v10156-012-0002-x

82. Sansò, F.: The Forward Modelling of the Gravity Field. In: Sansò, F., Sideris, M.G. (Hrsg.) Geoid Determination. Lecture Notes in Earth Sciences 110. Springer, Berlin/Heidelberg (2013)
83. Sansò, F., Venuti, G.: The height datum/geodetic datum problem. Geophys. J. Int. **149**, 768–775 (2002)
84. Schneider, D., Marti, U., Gubler, E.: National report of Switzerland – the definition of a new swiss height system. In: Gubler, E., Hornik, H. (Hrsg.) Report on the Symposium of the IAG Subcommission for Europe (EUREF) held in Sofia, 4–7 June 1997. EUREF Publication No. 6. Veröffentlichungen der Bayerischen Kommission für die Internationale Erdmessung, Astronomisch-Geodätische Arbeiten, Heft Nr. 58. Verlag der Bayerischen Akademie der Wissenschaften, München (1997)
85. Schmidt, M., Fengler, M., Mayer-Gürr, T., Eicker, A., Kusche, J., Sánchez, L., Han, S.-C.: Regional gravity modeling in terms of spherical base functions. J. Geod. **81**, 17–38 (2007). doi:10.1007/s00190-006-0101-5
86. Seibt, W.: Gradmessungsnivellement zwischen Swinemünde und Amsterdam. Publikation des Königlich preussischen geodätischen Instituts. Stankiewicz' Buchdruckerei, Berlin (1883)
87. Seitz M., Angermann, D., Drewes, H.: Accuracy assessment of ITRS 2008 realization of DGFI: DTRF2008. In: Altamimi Z., Collilieux, X. (Hrsg.) Reference Frames for Applications in Geosciences. IAG Symposia, 138, S. 87–93. Springer, Berlin/Heidelberg (2013). doi:10.1007/978-3-642-32998-2_15
88. Sjöberg, L.E.: Land uplift and its implications on the geoid in Fennoscandia. Tectonophysics **97**, 97–101 (1983)
89. Smith, D.: There is no such thing as „The" EGM96 geoid: subtle points on the use of a global geopotential model. IGeS-Bulletin **8**, 17–28 (1998)
90. Smith, D.: GRAV-D Project Plan. http://www.ngs.noaa.gov/GRAV-D/pubs.shtml (2007). Zugegriffen am 22.04.2016
91. Smith, D.A., Roman, D.R., Wang, Y.M., Véronneau, M., Huang, J., Sideris, M.: Towards the Unification of the Vertical Datum over the North American Continent. In: Altamimi and Collilieux (Hrsg.) Reference Frames for Applications in Geosciences. IAG-Symposia, 138, S. 253–258. Springer. Berlin/Heidelberg (2013). doi:10.1007/978-3-642-32998-2_36
92. Smith, D.A., Holmes, S.A., Li, X., Guillaume, S., Wang, Y.M., Bürki, B., Roman, D.R., Damiani, T.M.: Confirming regional 1 cm differential geoid accuracy from airborne gravimetry: the Geoid Slope Validation Survey of 2011. J. Geod. **87**, 885–907 (2013). doi:10.1007/s00190-013-0653-0
93. Stella, G.F., Stein, S., Dixon, T.H., Craymer, M., James, T.S., Mazzotti, S., Dokka, R.K.: Observation of glacial isostatic adjustment in stable North America with GPS. Geophys. Res. Lett. **34**, L02306 (2007). doi:10.1029/2006GL027081
94. Stewart, R.H.: Introduction to physical oceanography. Department of Oceanography, Texas A&M University (2008)
95. Strang van Hees, G.L.: Zur zeitlichen Änderung von Schwere und Höhe. Zeitschrift für Vermessungswesen, **10**, 444–450 (1977)
96. Sturges, W.: Slope of sea level along the Pacific coast of the United States. J. Geophys. Res. **72**(14), 3627–3637 (1967)
97. Sturges, W.: Sea level slope along continental boundaries. J. Geophys. Res. **79**(6), 825–830 (1974)
98. Tapley, B.D., Bettadpur, S., Watkins, M., Reigber, C.: The gravity recovery and climate experiment: Mission overview and early results. Geophys. Res. Lett. **31**(9), L09607 (2004). doi:10.1029/2004GL019920
99. Torge, W.: Geschichte der Geodäsie in Deutschland. Walter de Gruyter, Berlin/New York (2007)
100. Tscherning, C.C.: Geoid Determination by 3D Least-Squares Collocation. In: Sansò, F., Sideris, M.G. (Hrsg.) Geoid Determination. Lecture Notes in Earth Sciences. Springer, Berlin/Heidelberg (2013)

101. Turcotte, D.L., Schubert, G.: Geodynamics. Cambridge University Press, Cambridge/New York (2002)
102. Véronneau, M., Huang, J., Smith, D.A., Roman, D.R.: Canada's new vertical datum: CGVD2013. *xyHt* (2014). Oktober/Dezember 2014
103. Vestøl, O.: Determination of postglacial land uplift in Fennoscandia from leveling, tide-gauges and continuous GPS stations using least squares collocation. J. Geod. **80**(5), 248–258 (2006). doi:10.1007/s00190-006-0063-7
104. Voigt Ch., Denker, H., Hirt, C.: Regional astrogeodetic validation of GPS and levelling data and quasigeoid models. In: Sideris, M. (Hrsg.) Observing Our Changing Earth. IAG Symposia, 133, S. 413–420 Springer, Berlin/Heidelberg/New York (2009). doi:10.1007/978-3-540-85426-5_49
105. Voigt, C.: Astrogeodätische Lotabweichungen zur Validierung von Schwerefeldmodellen. DGK-Reihe C, 702. Verlag der Bayerischen Akademie der Wissenschaften, München (2013)
106. Wahr, J., Han, D., Trupin, A.: Predictions of vertical uplift caused by changing polar ice volumes on a viscoelastic Earth. Geophys. Res. Lett. **22**, 977–980 (1995)
107. Wang, Y.M., Saleh, J., Li, X., Roman, D.R.: The US Gravimetric Geoid of 2009 (USGG2009): model development and evaluation. J. Geod. **86**(3), 165–180 (2012). doi:10.1007/s00190-011-0506-7
108. Weber, D.: Das neue gesamtdeutsche Haupthöhennetz DHHN92. *Allgemeine Vermessungs-nachrichten*, 5/1994 (1994)
109. Wenzel, H.-G.: Schwerefeldmodellierung durch ultra hochauflösende Kugelfunktionsmodelle. Zeitschrift für Vermessungswesen, **124**(5), 144–154 (1999)
110. Wong, L., Gore, R.: Accuracy of geoid heights from modified Stokes kernels. Geophys. J. R. Astron. Soc. **18** (1969)
111. Woodworth, P.L., Hughes, C.W., Bingham, R.J., Gruber, T.: Towards worldwide height system unification using ocean information. J. Geod. Sci. **2**(4), 302–318 (2012). doi:10.2478/v10156-012-0004-8
112. Woodworth, P.L., Gravelle, M., Marcos, M., Wöppelmann, G., Hughes, C.W.: The status of measurement of the Mediterranean mean dynamic topography by geodetic techniques. J. Geod., 89, S. 811–827 (2015). doi:10.1007/s00190-015-0817-1
113. Xu, P.: A quality investigation of global vertical datum connection. Geophys. J. Int. **110**(2), 361–370 (1992). doi:10.1111/j.1365-246X.1992.tb00880.x
114. Ågren, J., Svensson, R.: Postglacial Land Uplift Model and system Definition for the new Swedish Height system RH200. Landmäteriet, Reports in Geodesy and Geographic information systems, Gävle, Sweden (2007)

Globales Geodätisches Beobachtungssystem

10

Hansjörg Kutterer

Zusammenfassung

Das Globale Geodätische Beobachtungssystem (GGOS) der Internationalen Assoziation für Geodäsie (IAG) führt die drei Säulen der Geodäsie – Geokinematik, Erdschwerefeld und Erdrotation – zusammen, indem es die einzelnen geodätischen Beobachtungsverfahren konsistent integriert. Dadurch werden globale geodätische Referenzrahmen weiterentwickelt und die zukünftige metrologische Basis für die Erdbeobachtung geschaffen. In diesem Beitrag werden die Dimensionen von GGOS betrachtet: die wissenschaftliche Dimension im Hinblick auf die Integration der drei Säulen der Geodäsie und die Erdsystemforschung, die technologische Dimension mit Beobachtungsarchitektur und Dateninfrastruktur sowie die organisatorische Dimension mit Gremienstrukturen und Arbeitsabläufen. Der vielfältige gesellschaftliche Nutzen von GGOS gründet sich in der verbesserten Georeferenzierung von Daten und Prozessen und in der Bereitstellung von Prozessparametern des Systems Erde.

Schlüsselwörter

Geodätische Referenzrahmen • Globale Geodäsie • Geodätische Raumverfahren • Erdbeobachtung • Erdsystemforschung

Inhaltsverzeichnis

H. Kutterer (✉)
Bundesamt für Kartographie und Geodäsie, Frankfurt, Deutschland
E-Mail: hansjoerg.kutterer@bkg.bund.de

R. Rummel (Hrsg.), *Erdmessung und Satellitengeodäsie*,
Springer Reference Naturwissenschaften, DOI 10.1007/978-3-662-47100-5_3

1 Einleitung

Geodäsie ist die Wissenschaft von der Ausmessung und Abbildung der Erdoberfläche [11]. Auch wenn diese Definition nach wie vor gültig ist, hat sich der Charakter der Geodäsie – ausgedrückt durch ihr Selbstverständnis und ihr Handeln – in den seither vergangenen eineinhalb Jahrhunderten infolge revolutionärer und evolutionärer Einflüsse nachhaltig gewandelt.

Im Hinblick auf den Methodenschatz der Geodäsie haben insbesondere Technologiesprünge wie die nachfolgend aufgeführten revolutionär gewirkt:

(1) die Realisierung und spezifische Entwicklung von Satellitentechnologien – verbunden mit der weitgehenden Ablösung der bis dahin gebräuchlichen Methoden der geodätischen Astronomie – mit der Möglichkeit, z. B.
   - geodätische Referenzrahmen über Kontinente hinweg mit hoher Genauigkeit und Konsistenz miteinander zu verbinden,
   - das Schwerefeld der Erde global mit hoher räumlicher und zeitlicher Auflösung flächenhaft zu vermessen,
   - die Positionen von Punkten auf oder nahe der Erdoberfläche in Echtzeit mit hoher Genauigkeit zu bestimmen sowie
   - die Zeit zwischen unterschiedlichen Standorten mit hoher Präzision zu synchronisieren,

(2) die Verfügbarkeit von Lasertechnologien – verbunden mit dem konsequenten Übergang auf Distanzmessungen anstelle von Richtungs- bzw. Winkelbeobachtungen – mit der Möglichkeit, z. B.
   - die Bahnen von Satelliten mit hoher Genauigkeit zu modellieren,
   - geodätische Parameter wie die Position und die Bewegungen des Massenmittelpunktes der Erde sowie weitere Parameter sensitiv zu bestimmen und – nicht zuletzt –
   - die Schnelligkeit von Vermessungen signifikant zu erhöhen,

(3) die Informations- und Kommunikationstechnologie – verbunden mit dem durchgreifenden Übergang auf Digitaltechnologie in allen relevanten Bereichen – mit der Möglichkeit,
   - große Datenmengen effizient zu übertragen, zu verarbeiten und zu archivieren,
   - Auswertungen und Analysen in oder nahe Echtzeit durchzuführen sowie
   - Ergebnisse effektiv zu visualisieren.

Der Wandel in den Aufgabenfeldern der Geodäsie ist eher als evolutionär zu sehen. Diese haben zum einen auf die oben beschriebenen Einwirkungen reagiert, indem sie die entsprechenden Entwicklungen geeignet adaptiert haben, zum anderen haben sie sich stetig – wie z. B. die dem Bereich Grund und Boden verpflichteten Teildisziplinen der Geodäsie – den sich ändernden politischen und gesellschaftlichen Rahmenbedingungen angepasst.

Auch wenn sich die Ausführungen in diesem Kapitel weitgehend auf die Erdmessung konzentrieren, so wirken sich die oben und nachfolgend geschilderten Entwicklungen über die geodätischen Referenzrahmen auf alle Teilbereiche der Geodäsie aus – und darüber hinaus auf alle Tätigkeitsfelder mit Orts- oder Raumbezug. Dieser Aspekt wird in Abschn. 5 wieder aufgenommen werden.

Die Geodäsie zeichnet sich heute durch High-Tech-Beobachtungsverfahren mit deutlich höherer Genauigkeit, Sensitivität sowie räumlicher und zeitlicher Auflösung aus, aber auch durch schneller verfügbare Ergebnisse sowie durch die Möglichkeit – und in der Regel auch das Erfordernis – komplexere Modelle anzusetzen und numerisch zu evaluieren.

Dadurch hat sich in den letzten Jahrzehnten der Gegenstand der Geodäsie – die Erdoberfläche – in der Betrachtung wesentlich konkretisiert und verfeinert. Die Erde wird heute als dynamisches System mit verschiedenen, miteinander interagierenden Sphären aufgefasst, in dem hochkomplexe Prozesse ablaufen. Im Rahmen der geodätischen Beobachtungstechnologien sind die Lithosphäre, die Atmosphäre, die Ozeanosphäre, die kontinentale Hydrosphäre und die Kryosphäre von Bedeutung.

Von Interesse im Hinblick auf die folgenden Ausführungen ist aber auch die Zusammensetzung der erforderlichen Akteure einschließlich deren Rollenwahrnehmung. Was zu Zeiten der Mitteleuropäischen Gradmessung unter General Baeyer vor 150 Jahren noch eine grundlegende wissenschaftliche Fragestellung war [22], hat sich heute mehr und mehr zu einer Routineaufgabe entwickelt, die von entsprechend spezialisierten Behörden wahrgenommen wird. Die in letzter Konsequenz bestehende Forderung nach ubiquitärem Zugang zu einem global definierten geodätischen Referenzrahmen ist heute grundlegend für viele Belange des öffentlichen und privaten Lebens. Insofern handelt es sich bei den geodätischen Referenzrahmen auch um eine zentrale Aufgabe öffentlicher Infrastrukturen.

Mit der Einrichtung und dem Betrieb eines globalen geodätischen Beobachtungssystems, das eine Fülle bereits vorhandener Aktivitäten bündelt, koordiniert und integriert, ist für die Geodäsie ein herausragender Meilenstein definiert, der nur im internationalen Zusammenspiel von Wissenschaft und Verwaltung nachdrücklich verfolgt und erreicht werden kann. Dahinter steht nichts weniger als der Anspruch, alle in Form von Beobachtungen und Modellen verfügbaren, relevanten Informationen entsprechend zusammenzuführen und konsistent zu integrieren.

Die Ausführungen konzentrieren sich im Folgenden insbesondere auf die globale Geodäsie als Teil der Erdmessung, es werden aber auch Bezüge zu anderen Teilgebieten der Geodäsie hergestellt.

2 Motivation und bisherige Entwicklung

Die im Laufe der letzten Jahrzehnte aufgekommenen, entwickelten und immer weiter verfeinerten Beobachtungsverfahren haben wesentlich dazu beigetragen, dass – im Rahmen der Internationalen Assoziation für Geodäsie (IAG) – operative Aktivitäten in Form spezialisierter Dienste (IAG Scientific Services) organisiert wurden und auf diesem Wege der Scientific Community, aber auch den nationalen Verwaltungen, eine Vielzahl an geodätischen Produkten mit hoher Qualität angeboten wird. Auf die einzelnen Beobachtungsverfahren und ihre Bedeutung für die heutige Geodäsie, insbesondere für ein globales geodätisches Beobachtungssystem, wird in Abschn. 3 eingegangen; ein geodätisches Grundwissen des Lesers wird für das Verständnis der weiteren Ausführungen vorausgesetzt.

Zu nennen sind hier z. B. die sogenannten geometrischen Dienste der IAG:

- der International VLBI Service for Geodesy and Astrometry (IVS) – befasst mit der Very Long Baseline Interferometry (VLBI),
- der International GNSS Service (IGS) – befasst mit den Globalen Navigationssatellitensystemen (GNSS),
- der International Laser Ranging Service (ILRS) – befasst mit der Laserentfernungsmessung zu künstlichen Erdsatelliten (SLR) oder zum Mond (LLR),
- der International DORIS Service (IDS) – befasst mit der Doppler Orbitography and Radiopositioning Integrated by Satellite (DORIS) sowie
- der International Earth Rotation and Reference Systems Service (IERS) – betrieben von der Internationalen Union für Geodäsie und Geophysik (IUGG) und der Internationalen Astronomischen Union (IAU), befasst mit der Bereitstellung von geodätischen Referenzrahmen und Erdorientierungsparametern.

Dienste im Hinblick auf Schwerefeldprodukte sind z. B. der International Gravity Field Service (IGFS), der International Service for the Geoid (ISG) und das Bureau Gravimétrique International (BGI). Darüber hinaus sind z. B. das Bureau International des Poids et Mésures (BIPM), der Permanent Service for the Mean Sea Level (PSMSL) und das International Centre for Earth Tides (ICET) zu nennen, die zur Arbeit der IAG beitragen. Weitere Informationen finden sich auf den Webauftritten der einzelnen Dienste, die über die Webseiten der IAG zu erreichen sind (www.iag-aig.org).

Die Auswerte- und Analysemodelle der einzelnen Dienste sind aufgrund der geometrisch-physikalischen Gegebenheiten miteinander verknüpft. So weisen z. B. die mittels radioastronomischer und GNSS-Verfahren aufgezeichneten Signale im Mikrowellenbereich vergleichbare Laufzeitverzögerungen auf, die sie durch Einflüsse in Ionosphäre und Troposphäre erfahren. Entsprechend müssen geodätische Parameter, die aus unterschiedlichen Beobachtungsverfahren resultieren, entweder identisch oder zumindest widerspruchsfrei ineinander transformierbar sein.

Vergleichende Analysen von Parametern aus unterschiedlichen Beobachtungsverfahren weisen eine lange Tradition in der Geodäsie auf. In verschiedenen Fällen sind auch Analysen verfügbar, die auf einer gemeinsamen Modellbildung beruhen.

Als Beispiel sei Heiker [10] genannt, die Zeitreihen von Erdrotationsparametern und Schwerefeldkoeffizienten niederen Grades unter Nutzung geophysikalischer Anregungsfunktionen gemeinsam konsistent modelliert und auswertet. In der Regel muss aber festgehalten werden, dass die einzelnen Beobachtungsverfahren weitgehend getrennt voneinander betrieben, modelliert und ausgewertet werden.

Eine Ausnahme bildet die Bestimmung des International Terrestrial Reference Frame (ITRF), die vom IERS wahrgenommen wird. Hierbei werden die einzelnen geometrischen Beobachtungsverfahren zwar nach wie vor nicht gemeinsam modelliert, aber in einem späteren Verarbeitungsschritt auf Basis identischer Parameter und unter Verwendung von anerkannten Standards kombiniert.

Eine systematische Aufbereitung der Thematik findet sich in der Betrachtung der sogenannten „drei Säulen der Geodäsie“: (1) die Geometrie bzw. die Geokinematik unter besonderer Betonung der zeitlichen Veränderungen sowie (2) das Schwerefeld und (3) die Rotation der Erde; siehe Abb. 1.

Diese drei Säulen sind untrennbar miteinander verbunden, da sie gemeinsam, wenn auch in unterschiedlichen Ausprägungen, auf die Prozesse in den einzelnen Erdsphären reagieren und auch nicht isoliert voneinander beobachtet werden können. So beeinflussen beispielsweise Massenverlagerungen das Schwerefeld und die Rotation der Erde, ggf. auch die Oberflächengeometrie, reine Massenbewegungen in Form von Luft- oder Meeresströmungen ohne Änderung der Massenverteilung hingegen lediglich die Erdrotation. Abb. 2 gibt einen Einblick in die Komplexität der interagierenden Prozesse im Kontext der Erdrotation.

Somit ist es naheliegend, den geodätischen Parametern, die aus geodätischen Beobachtungen abgeleitet werden, vergleichbare Parameter gegenüber zu stellen, die aus der physikalischen Modellierung der Prozesse in den einzelnen Sphären der Erde folgen. Führt man diesen Gedanken fort, so stellt sich die Frage nach

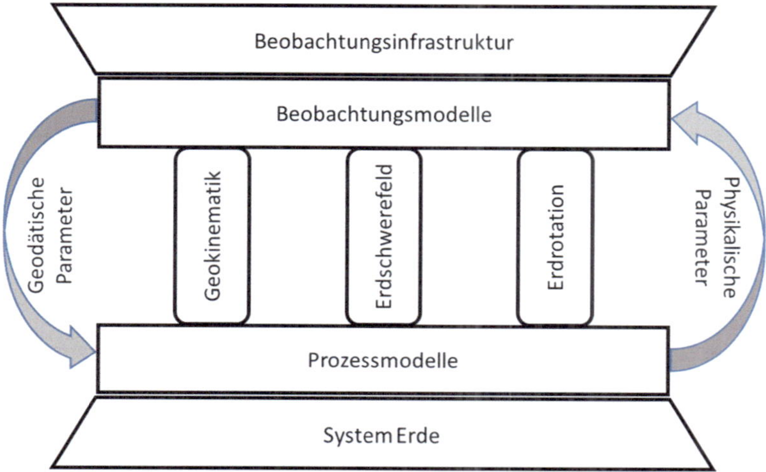

Abb. 1 Drei-Säulen-Modell der Geodäsie

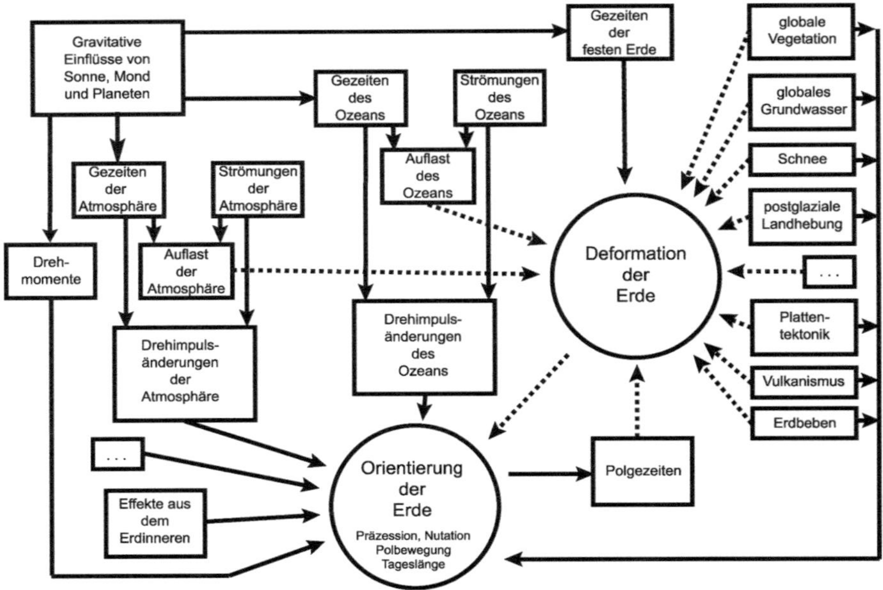

Abb. 2 Einflüsse von Prozessen im System Erde auf die Erdrotation [20]

einem umfassenden Modellansatz, der die drei Säulen der Geodäsie vereint, indem er sowohl das Potenzial sämtlicher geodätischer Beobachtungsverfahren vollständig ausschöpft als auch alle relevanten Prozessmodelle im System Erde berücksichtigt.

Eine entsprechende Behandlung des Themas muss auf mehreren Ebenen erfolgen: wissenschaftlich, technologisch, administrativ-organisatorisch. In wissenschaftlicher Hinsicht ist es erforderlich, alle Komponenten einzeln und in ihrer Interaktion physikalisch konsistent zu modellieren – einschließlich der strengen Parametrisierung, der Vereinbarung umfassender, übergreifender Standards und der Verfügbarkeit adäquater Modellparameter und -konstanten. Eine zentrale Rolle spielt die Bestimmung und Festlegung eines einheitlichen Bezugssystems.

Daneben müssen die technologischen Voraussetzungen geschaffen werden, um zum einen die einzelnen Beobachtungsverfahren und zum anderen die physikalischen Prozessmodelle miteinander koppeln zu können. Neben den Verknüpfungen über identische Parameter betrifft dies insbesondere die (mess-)technische Verbindung entweder am Boden in den beteiligten Observatorien oder auf den einbezogenen Satelliten. Zudem sind die Beobachtungs- und Modelldaten mit Hilfe von Metadaten hinreichend zu beschreiben, um sie in Auswertung, Analyse und ggf. Interpretation verwenden zu können.

Schließlich sind in Analogie zu den Diensten der IAG organisatorische Voraussetzungen zu schaffen. Hierzu sind die Aufbau- und die Ablauforganisation zu definieren und zu etablieren und optimal in den vorhandenen administrativen Rahmen einzubetten. Zudem ist ein tragfähiges Geschäftsmodell für den Aufbau, den Betrieb und die Weiterentwicklung zu formulieren und umzusetzen.

Mit dem Global Geodetic Observing System (GGOS) hat die IAG ein solches Vorhaben initiiert. Das übergeordnete Ziel von GGOS ist in der Vision „Advancing our understanding of the dynamic Earth system by quantifying our planet's changes in space and time“ [8] formuliert. Es benennt die generelle Ausrichtung der Aktivitäten: die Verbesserung unseres Verständnisses des Systems Erde durch die Quantifizierung der – mit geodätischen Mitteln erfassbaren – räumlichen und zeitlichen Veränderungen.

Die GGOS Vision ist unterlegt durch die GGOS Mission:

- „To provide the observations needed to monitor, map und understand changes in the Earth's shape, rotation and mass distribution;
- to provide the global frame of reference that is the fundamental backbone for measuring and consistently interpreting key global change processes and for many other scientific and societal applications;
- to benefit science and society by providing the foundation upon which advances in Earth and planetary system science and applications are built.“

Diese Aufzählung verweist auf originäre, komplementäre Beiträge der Geodäsie im Kontext der Erdbeobachtung sowie die Realisierung und Bereitstellung eines grundlegenden Raumbezugs in Form eines globalen geodätischen Referenzrahmens und den damit verbundenen Beitrag für Wissenschaft und Gesellschaft.

Die entsprechenden Entwicklungen und Festlegungen werden in den nachfolgenden Abschnitten beschrieben. Hierfür bildet Plag und Pearlman [16] die zentrale Grundlage. In Abschn. 3 wird die integrierte Beobachtungsarchitektur von GGOS beschrieben. Dabei kann aus Platzgründen lediglich kurz auf die einzelnen Beobachtungsverfahren eingegangen werden; entsprechende Grundkenntnisse werden vorausgesetzt. Gegenstand von Abschn. 4 ist die 2014 beschlossene, konkretisierte Organisationsstruktur von GGOS. In Abschn. 5 wird der GGOS-Strategieplan behandelt, der auf Grundlage der GGOS Vision und der GGOS Mission aufgestellt und ebenfalls 2014 angenommen wurde. In diesem Abschnitt wird auch der über die Geodäsie im engeren Sinne hinausgehende gesellschaftliche Nutzen von GGOS betrachtet. Abschn. 5 zeigt auch einige exemplarische Anwendungsfelder. In Abschn. 6 wird schließlich ein Fazit gezogen und ein Ausblick auf die weitere Entwicklung gegeben.

3 GGOS als Beobachtungssystem

Die aktuelle geodätische Beobachtungstechnologie hat in den vergangenen Dekaden, nicht zuletzt aufgrund der weiten Nutzung von geodätischen Weltraumverfahren, eine hohe Diversifikation erfahren. In der Regel beruhen diese Verfahren auf einem Netz von Komponenten, die teils erdgebunden und teils raumgebunden sind.

Zum einen sind dies die sogenannten geometrischen Verfahren. Dies umfasst die GNSS-Technologie – ein passives Verfahren, das auf Mikrowellensignalen beruht, die von Navigationssatelliten nach dem Rundfunkverfahren ausgesendet werden und die über geeignete Empfangseinheiten genutzt werden können, die sich entweder auf der Erde oder im erdnahen Orbit befinden. Global von besonderer Bedeutung sind das U.S.-amerikanische GPS und das russische GLONASS sowie die sich im Aufbau befindenden Systeme Galileo (Europa) und Beidou (China). Alle genannten Systeme sind prinzipiell so konzipiert, dass sie im operationellen Betrieb integritätsgesichert zu jeder Zeit an jedem Ort der Erde eine Positionsbestimmung und Navigation gestatten, indem die Signale von mindestens vier Satelliten empfangen werden können.

Ein ebenfalls passives Verfahren ist die geodätische VLBI, die Signale nutzt, die von extragalaktischen Objekten (z. B. Quasaren) im Mikrowellenbereich ausgesendet werden (sog. Radioquellen) und die mit Hilfe von Radioteleskopen empfangen werden können. Die Signale einer Radioquelle werden gleichzeitig von mehreren Radioteleskopen empfangen, wodurch in einem nachfolgenden Korrelationsprozess Laufzeitunterschiede ermittelt und für die weitere Auswertung verwendet werden können.

Daneben stehen aktive Verfahren, bei denen von mehreren Bodenstationen aus Signale zu den entsprechenden Satelliten ausgesendet werden. Im Falle der Laserentfernungsmessungen zu Satelliten (SLR) oder zum Mond (LLR) werden mit Hilfe von Teleskopen kurze Laserpulse hochfrequent auf Retroreflektoren ausgesendet, die an den Satelliten (z. B. LAGEOS-1 oder GLONASS) angebracht sind bzw. im Rahmen der Mondmissionen auf dem Mond platziert wurden, um anhand der gemessenen Empfangszeiten auf die Distanzen schließen zu können. Im Falle von DORIS handelt sich um ein System, bei dem am Boden angebrachte Sender Mikrowellensignale aussenden, die von Satelliten (oder Raumschiffen) empfangen werden können.

Alle bislang genannten Technologien gestatten die Ermittlung der Positionen der Beobachtungspunkte sowie von weiteren Parametern, die im Rahmen einer verfeinerten Modellbildung zu berücksichtigen sind wie z. B. aufgrund meteorologischer oder geodynamischer Gegebenheiten. Im Vergleich untereinander sind die verschiedenen Verfahren aufgrund der jeweiligen Messprinzipien und Beobachtungsnetze zwar unterschiedlich sensitiv im Hinblick auf die verschiedenen Parameter wie z. B. die Parameter der Erdrotation oder die Position des Massenmittelpunktes der Erde. Sie ermöglichen jedoch neben der Bestimmung eines globalen geodätischen Referenzrahmens – repräsentiert durch das Netz der Beobachtungsstationen – auch den Zugang zu den physikalischen Prozessen im System Erde, die die Messwerte beeinflussen. Dies gestattet z. B. Rückschlüsse auf die Troposphäre infolge mit GNSS oder VLBI beobachteter Laufzeitverzögerungen oder Aussagen zu Massenverlagerungen in Atmosphäre oder Ozeanosphäre.

Abb. 3 gibt einen kompakten Überblick über derartige Wechselbeziehungen zwischen den geodätischen Beobachtungsverfahren, den mit diesen verbundenen geodätischen Parameter und den von im System Erde bzw. seinen Subsystemen ablaufenden Prozessen. Demnach erfordert ein optimaler methodischer Ansatz zum einen die strenge Kombination der geodätischen Beobachtungsverfahren, wobei den jeweiligen Beobachtungswerten auch ausgereifte Beobachtungsmodelle gegenüberzustellen sind. Zum anderen wird eine durchgreifende, modellhafte Kopplung der geodätischen und der physikalischen Parameter benötigt.

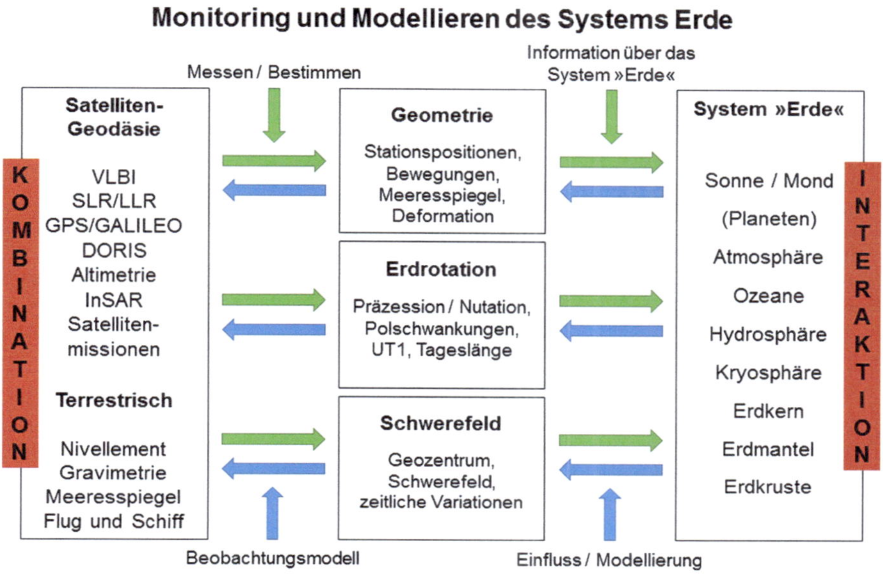

Abb. 3 Monitoring und Modellierung des Systems Erde unter kombinierter Nutzung geodätischer Beobachtungsverfahren. (Quelle: [20], modifiziert)

Auf geodätischen Observatorien wie der am Standort Wettzell gemeinsam vom Bundesamt für Kartographie und Geodäsie und der Forschungseinrichtung Satellitengeodäsie der TU München betriebenen Fundamentalstation (Abb. 4) werden die verschiedenen Beobachtungstechnologien lokal zusammengeführt. Dadurch ist eine Verknüpfung der Messbezugspunkte der einzelnen Verfahren mittels lokaler geodätischer Verbindungsmessungen (häufig Englisch als „Local Ties" bezeichnet) möglich. Derartige Observatorien bezeichnet man auch als Kolokationsstationen. Im Hinblick auf die Bestimmung eines globalen geodätischen Referenzrahmens wirken sie als diesen Rahmen definierende Fundamentalstationen.

Aktuelle Entwicklungen sorgen darüber hinaus dafür, dass entsprechende Verknüpfungen auch am Satelliten möglich sind, indem z. B. GNSS-Satelliten mit Laserretroreflektoren ausgestattet oder GNSS-Satelliten mit Radioteleskopen angemessen werden, um so die Ergebnisse beider Verfahren auf Basis einer geschlossenen, konsistenten Modellbildung gemeinsam auswerten zu können. Die geplante Mikrosatellitenmission GRASP ist so konzipiert, dass auf dem Satelliten alle geometrischen Verfahren kolokiert werden [1].

Zum anderen sind die Verfahren zu nennen, die auf einem terrestrischen Netz beruhen, deren zentraler Sensor sich jedoch auf einem Flugzeug oder Satelliten befindet bzw. der Satellit selbst als Punktmasse im Schwerefeld betrachtet wird. Dies betrifft die Verfahren zur Bestimmung des Schwerefeldes der Erde, wobei neben der Fluggravimetrie insbesondere die in den letzten beiden Jahrzehnten äußerst erfolgreichen Satellitenmissionen zu nennen sind. Eine besondere Rolle spielen hier die GRACE-Mission zur Ermittlung der zeitlichen Variabilität des

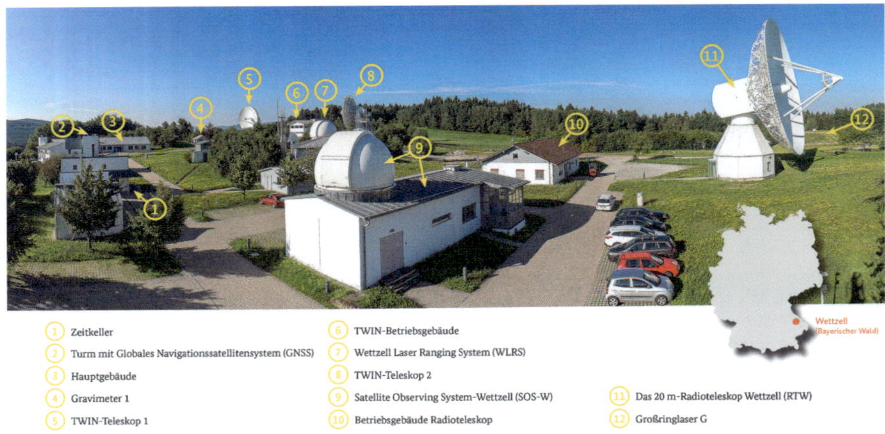

Abb. 4 Geodätisches Observatorium Wettzell. (Quelle: BKG/TU München)

Schwerefeldes und die GOCE-Mission zur hochauflösenden Bestimmung des statischen Schwerefeldes. Die im Jahre 2002 gestartete GRACE-Mission beruht auf zwei baugleichen, dicht aufeinander folgenden Satelliten in einem nahen Erdorbit, zwischen denen fortlaufend die Distanz mit hoher Genauigkeit gemessen wird. Im Rahmen der GOCE-Mission kam ein hochgenaues, dreiachsiges Gradiometer zum Einsatz.

Beide Missionen lieferten nicht nur neue Erkenntnisse über die räumlichen und zeitlichen Variationen des Erdschwerefeldes im globalen Zusammenhang, sondern vor allem auch Rückschlüsse auf verschiedene Prozesse im System Erde, z. B. zur Variabilität des Wasserhaushalts oder zu Meeresströmungen. Im Gegensatz zu den weiter oben genannten Verfahren sind diese Technologien im Ergebnis nicht punktbezogen, sondern flächenhaft ausgelegt. Das heißt es werden Feldgrößen bestimmt, z. B. ausgedrückt in harmonischen Koeffizienten von Kugelfunktionsentwicklungen.

Die flächenhafte Erfassung ist auch ein Merkmal der Fernerkundungsverfahren, die es gestatten, die geometrische Oberfläche der Erde sowie deren zeitliche Variationen im Zusammenhang zu bestimmen. Hier spielen die Radarverfahren eine Rolle, beispielsweise in Form der Meeresoberflächenbestimmung mittels Altimetrie oder die Ermittlung der Geländeoberfläche über (differentielle) Radarinterferometrie. Für die effektive und hoch genaue Nutzung der hier genannten Verfahren ist ebenfalls eine Infrastruktur erforderlich, die es gestattet, für jeden gewünschten Zeitpunkt die Position und die Orientierung des Fernerkundungssensors in einem übergeordneten geodätischen Referenzsystem für die geometrische konsistente Verknüpfung der Einzelaufnahmen zu bestimmen.

Neben allen bislang genannten Raumverfahren stehen die rein auf die bodengebundene Nutzung ausgelegten Verfahren der terrestrischen Gravimetrie, sei es nach einem relativen oder einem absoluten Messprinzip. Daneben ist die Technologie der Ringlaserkreisel zu nennen. Relative und absolute Messverfahren einschließlich der supraleitenden Gravimeter sind heute Standard im Rahmen der Beobachtung des Systems Erde. Von Ausnahmen abgesehen hat sich die Ringlasertechnologie, die es vollkommen unabhängig von den geometrischen Raumverfahren gestattet, die Erdrotationsparameter zu bestimmen, bislang noch nicht in größerem Maße durchsetzen können.

Sicherlich sind die genannten Verfahren zu einem gewissen Teil komplementär, da sie unter Umständen alleine die sensitive Bestimmung einzelner Parameter ermöglichen. Zu einem weit größeren Teil sind sie redundant, wobei sie im messtechnischen Sinne als unabhängig zu werten sind. Betrachtet man nun das Nebeneinander der verschiedenen Technologien und damit die Redundanz im klassischen geodätischen Sinne als erwünscht im Hinblick auf Genauigkeit und Zuverlässigkeit, so liegt der Nutzen in einer Kombination und Integration der Verfahren insbesondere in deren Sicherung und in der Steigerung der Qualität der Einzelergebnisse.

Von diesem Gedanken ausgehend wurde das technologische Konzept von GGOS entwickelt. Operativ betrachtet wird die konsistente Verknüpfung der drei Säulen der Geodäsie erst durch die infrastrukturelle Verknüpfung der einzelnen Messverfahren mit Relevanz für die globale Geodäsie ermöglicht. Ziel von GGOS ist es dabei unter anderem, die Positionen der Bodenstationen mit einer Genauigkeit von 1 mm und deren Geschwindigkeiten mit einer Genauigkeit von 0,1 mm/a zu bestimmen [[9], S. 219 ff.].

Die so entwickelte Beobachtungsarchitektur von GGOS soll im Folgenden dargestellt und erläutert werden. Die Darstellungen beruhen auf [18], das auch für die weitere Vertiefung empfohlen wird. Zu beachten ist, dass es sich bei GGOS um ein Beobachtungssystem handelt, das angesichts der bereits vorhandenen und etablierten Infrastrukturen der einzelnen geodätischen Beobachtungsverfahren als „System von Systemen" zu verstehen ist. GGOS ist damit kein weiterer Dienst der IAG, auch kein Dienst von Diensten.

Abb. 5 zeigt die Komponenten, aus denen sich die Beobachtungsarchitektur von GGOS zusammengesetzt. Diese werden in fünf Ebenen aufgeteilt:

- Ebene 1: Terrestrische Infrastruktur
- Ebene 2: Niedrig fliegende Satelliten (LEO = Low Earth Orbiter)
- Ebene 3: Höher fliegende Satelliten: GNSS-Satelliten und Satelliten vom Typ LAGEOS für SLR-Messungen sowie ggf. geostationäre Satelliten
- Ebene 4: Mond und Planeten
- Ebene 5: Extragalaktische Objekte

Neben der Beobachtungsinfrastruktur ist für GGOS eine entsprechende Dateninfrastruktur erforderlich, um die aus den Beobachtungen resultierenden Datenströme zu organisieren und hinsichtlich ihrer Auswertung und weiteren Analyse zu koordinieren. Diese Aufgabe wird von den Stationsbetreibern gemeinsam mit den Diensten der IAG geleistet.

Abb. 5 Komponenten der GGOS-Beobachtungsarchitektur. (Quelle: [18] S. 269)

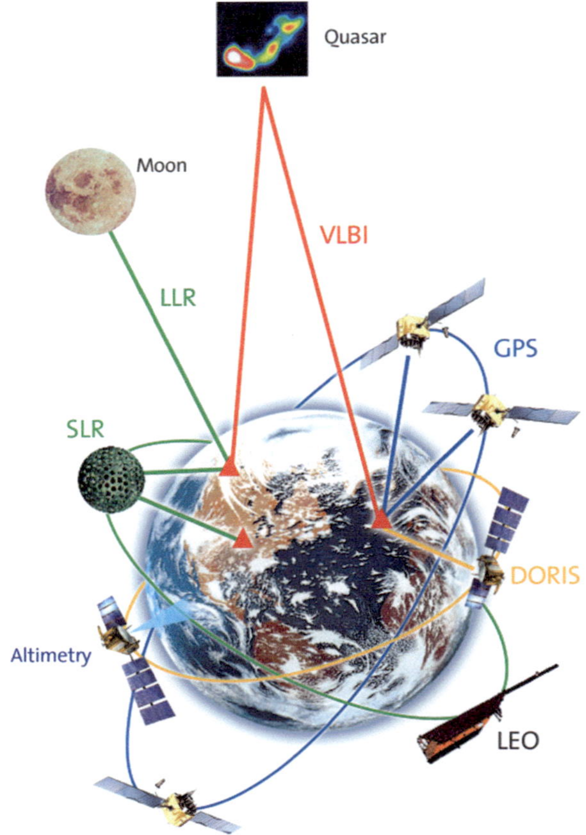

Ebene 1 besteht aus allen Netzen der terrestrischen geodätischen Bodenstationen und Observatorien, die zur Bestimmung eines globalen terrestrischen Referenzrahmens oder zur Erdbeobachtung beitragen. Insbesondere sind dies

- das globale Netz der Radioteleskope, koordiniert durch den IVS,
- das globale Netz der SLR/LLR-Teleskope, koordiniert durch den ILRS,
- das globale Netz der GNSS-Stationen, koordiniert durch den IGS,
- das globale Netz der DORIS-Stationen, koordiniert durch den IDS,
- das globale Netz der supraleitenden Gravimeter, zusammengefasst im Global Geodynamics Project (GGP), und das Netz der Stationen mit episodischer Besetzung durch Absolutgravimeter,
- das globale Netz der Pegelstationen, koordiniert durch die Intergovernmental Oceanographic Commission (IOC) und
- das globale Netz der geodätischen Zeitstationen.

Die meisten dieser Stationen verfügen über zusätzliche Sensorik, um meteorologische oder geodynamische Parameter zu bestimmen.

Der Kern dieses globalen terrestrischen Netzes von GGOS besteht aus global verteilten Kolokationsstationen (GGOS Core Sites), an denen möglichst viele geodätische Verfahren gemeinsam verfügbar sind. Die Mindestanforderung lautet:

- mindestens zwei VLBI-Teleskope zur Sicherung eines kontinuierlichen Beobachtungsbetriebs,
- ein SLR/LLR-Teleskop mit einer Abstimmung dahingehend, dass zumindest auf einigen Stationen auch Messungen zum Mond durchgeführt werden können,
- mindestens drei GNSS-Empfänger,
- ein DORIS-Sender,
- eine hochgenaue Zeit- und Frequenzhaltung und -übertragung,
- ein supraleitendes und ein Absolutgravimeter sowie
- ein Seismometer.

Außerdem werden meteorologische, hydrologische, geotechnische u. a. Sensoren benötigt, um das lokale Verhalten der Station mit hoher Genauigkeit bestimmen zu können. Aktuelle Anstrengungen von GGOS sind darauf ausgerichtet, die Netzkonfiguration global zu homogenisieren und die einzelnen Observatorien zu modernisieren und auszubauen.

Es wird erwartet, dass neben der jeweils aktuellen Beobachtungstechnologie eine Datenübertragung in Echtzeit möglich ist und dass die Messwerte – auf Basis einer durchgreifenden Automation des Messbetriebs – kontinuierlich mit hoher Datenrate erfasst werden.

Ebene 2 setzt sich zusammen aus den aktuellen und künftigen Satellitenmissionen auf niedrigen Orbits. Dazu zählen die Schwerefeldmissionen wie CHAMP, GRACE und GOCE sowie die genehmigte Mission GRACE Follow-On. Daneben zu nennen sind die Altimetriemissionen für die Bestimmung von Ozean- und Eisoberflächen wie ERS-2 oder JASON-1, aber auch die optischen und die InSAR-Satellitenmissionen. Dahinter steht die wachsende Bedeutung der Satellitenmissionen im Hinblick darauf, dass die Anzahl solcher Missionen zunehmen wird, insbesondere auch unter Einsatz von sehr kleinen Satelliten (Mikro- bzw. Nanosatelliten). Durch den zunehmenden Einsatz von Satellitenkonstellationen wird die räumliche und zeitliche Auflösung gegenüber Einzelsatelliten steigen; zudem können über Satellitenformationen ausgedehnte Beobachtungsinstrumente mit mehreren Sensoren geschaffen werden.

Ebene 3 setzt sich zusammen aus den GNSS-Satelliten und aus den Satelliten, die für Laserentfernungsmessungen ausgehend von den Bodenstationen eingesetzt werden. Ebene 4 bezieht sich auf planetare Missionen, Ebene 5 schließlich auf die extragalaktischen Objekte (Quasare und andere kompakte Radioquellen), die mit Radioteleskopen angemessen werden.

Der Kern der GGOS-Beobachtungsinfrastruktur besteht aus Komponenten, die von den involvierten Organisationen und Institutionen im Rahmen ihres jeweiligen Auftrags auf Basis ihres Haushalts zur Verfügung gestellt werden. Dies stellt eine hohe Anforderung an die unter dem Dach der IAG eingerichtete Koordination der Einzelbeiträge zu Beobachtung und Analyse.

4 GGOS als Organisation

Für den operationellen Betrieb von GGOS ist eine interne Organisationsstruktur erforderlich, die in den übergeordneten Rahmen eingebettet und mit den erforderlichen Ressourcen unterlegt ist. Die wesentlichen Elemente von GGOS als Organisation sind in [8] formuliert und werden in diesem Abschnitt beschrieben. Sie sind in Abb. 6 veranschaulicht.

Grundsätzlich ist in der GGOS-Struktur zwischen einer strategischen und einer operativen Ebene zu unterscheiden. Die strategische Ebene setzt sich zusammen aus dem GGOS Consortium, dem GGOS Coordinating Board (CB), dem GGOS Executive Committee (EC) und dem GGOS Science Panel. Es besteht eine Verbindung mit dem GGOS Interagency Committee (GIAC). Die Elemente der operativen Ebene sind das GGOS Coordinating Office (CO), das GGOS Bureau of Networks & Observations, das GGOS Bureau of Products & Standards sowie die GGOS Arbeitsgruppen (Working Groups) zur Unterstützung der Arbeit der GGOS

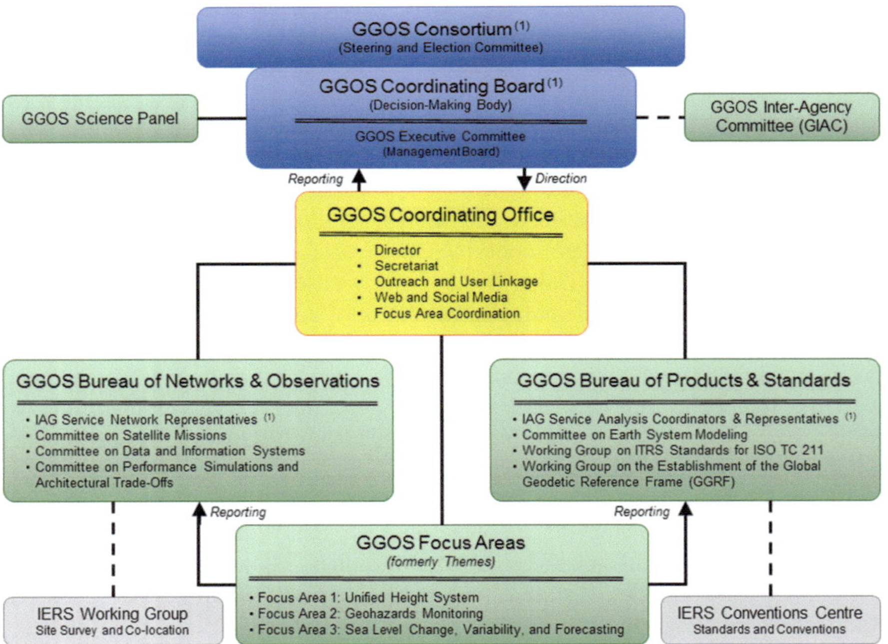

Abb. 6 Organisationsstruktur von GGOS. (Quelle: International Association of Geodesy)

Bureaus und die GGOS Themen. Die einzelnen Komponenten von GGOS werden nachfolgend beschrieben.

Das GGOS Consortium ist das Lenkungsgremium von GGOS. Die Mitglieder des Consortiums sind jeweils zwei hochrangige Vertreter der einzelnen IAG-Komponenten, die von diesen benannt werden. Das Consortium überwacht den Fortschritt der Aktivitäten von GGOS; es nominiert und wählt die Repräsentanten der Dienste, Kommissionen und Interkommissions-Komitees für das GGOS CB. Der Vorsitzende von GGOS (GGOS Chair), der vom IAG Council gewählt wird, leitet das GGOS Consortium.

Das GGOS CB ist das Entscheidungsgremium von GGOS. Es setzt sich zusammen aus dem Vorsitzenden von GGOS und seinem Stellvertreter, dem Vorsitzenden des GGOS Science Panel, den Direktoren des GGOS CO und der GGOS Bureaus, dem IAG-Präsidenten, den vom Consortium gewählten Repräsentanten der IAG-Komponenten sowie drei Members-at-Large, die für einen fachlichen und geographischen Ausgleich sorgen sollen. Weitere Mitglieder, jedoch ohne Stimmrecht, sind die Leiter der GGOS-Arbeitsgruppen und der GGOS-Themen, der Manager des GGOS-Portals, der ehemalige GGOS-Vorsitzende und der GIAC-Vertreter.

Das GGOS EC ist das Leitungsgremium von GGOS, das sich aus dem Vorsitzenden und dem stellvertretenden Vorsitzenden von GGOS, den Direktoren von Co und Bureaus sowie zwei Mitgliedern des GGOS CB sowie verschiedenen Gästen, dem ehemaligen GGOS-Vorsitzenden, dem Vorsitzenden des GGOS Science Panel und dem IAG-Präsidenten zusammensetzt. Das GGOS EC ist zuständig für die Umsetzung der Beschlüsse des CB und für das Management der operativen Komponenten von GGOS.

Das GGOS Science Panel ist ein unabhängiger wissenschaftlicher Beirat zur wissenschaftlichen Beratung und Unterstützung von GGOS über das GGOS CB. Es setzt sich im Wesentlichen zusammen aus Vertretern der Kommissionen und Interkommissions-Komitees der IAG.

Zentrale Aufgaben zum Betrieb und zur Administration von GGOS übernimmt das GGOS Coordinating Office. Neben der Koordination und Bewältigung des Tagesgeschäfts zur Unterstützung der strategischen Komponenten von GGOS ist es für die Öffentlichkeitsarbeit einschließlich Internetauftritt (GGOS-Website und -Portal) sowie für die Koordination der GGOS-Themen zuständig. Das GGOS CO setzt sich zusammen aus dem Direktor des CO einschließlich Sekretariat sowie weiteren, mit Teilaufgaben betrauten Mitgliedern.

Das GGOS Bureau of Networks & Observations kümmert sich um die Entwicklung, den Aufbau, die Pflege und die Weiterentwicklung der GGOS-Beobachtungsinfrastruktur. Hierzu erhebt es den Zustand der vorhandenen Infrastruktur, führt Simulationsstudien zur Optimierung des Beobachtungsnetzes durch und begleitet die Konzeption und Umsetzung von Satellitenmissionen. Damit stellt es die zentralen technologischen Voraussetzungen für GGOS als Beobachtungssystem sicher. Ihm untergliedern sich entsprechende, infrastrukturell ausgerichtete Arbeitsgruppen. Es setzt sich zusammen aus dem Direktor des Bureaus, den Leitern der Arbeitsgruppen, Repräsentanten der IAG-Dienste, die mit den Teilnetzen der einzelnen Beobachtungsverfahren betraut sind, sowie weiteren Mitgliedern zur Unterstützung der Tätigkeiten.

Das GGOS Bureau of Products & Standards ist verantwortlich für die übergreifende Sichtung und Bewertung der innerhalb der jeweiligen IAG-Dienste verwendeten Standards und deren Abstimmung als zentrale Grundlage für die konsistente Modellierung und Auswertung der unterschiedlichen Beobachtungsverfahren. Daneben ist hier die Erdsystemmodellierung angesiedelt. Das Bureau setzt sich zusammen aus dem Direktor des Bureaus, den Leitern der Arbeitsgruppen, Repräsentanten der IAG-Dienste, die mit der Analyse der jeweiligen Beobachtungsverfahren befasst sind, sowie weiteren Mitgliedern zur Unterstützung der Arbeiten. Hierdurch ergibt sich die durchgreifende Möglichkeit zur kontinuierlichen Verbesserung der Produkte der IAG sowie zur Konzeption und Realisierung neuartiger Produkte, die über den Aufgabenbereich einzelner IAG-Dienste hinausgehen. Ein Beispiel hierfür ist die Bereitstellung eines operativen Welthöhensystems.

In den GGOS-Themen werden Schwerpunktbereiche behandelt, die das GGOS-Modell der integrierten drei Säulen der Geodäsie veranschaulichen und die für die Konzeption neuer Produkte sowie für die Verbesserung der Außenwirkung der IAG insgesamt geeignet sind. Derzeit sind drei Themen eingerichtet: (1) Welthöhensystem, (2) Monitoring von Geo-Risiken, (3) Meeresspiegeländerungen und -anstieg.

Gemäß IAG Bylaws arbeitet GGOS mit den anderen Komponenten der IAG zusammen, um die geodätische Infrastruktur bereitzustellen, die für das Monitoring des Systems Erde und für die Forschung zum globalen Wandel erforderlich ist. Dadurch integriert die IAG nicht nur die einzelnen geodätischen Beobachtungsverfahren, sondern schließt auch eine zentrale organisatorische Lücke im Bereich der übergreifenden Kommunikation und Koordination.

Das GGOS Interagency Committee (GIAC) ist ein unabhängiges Gremium außerhalb der IAG, das für die Einwerbung und Sicherstellung der für den Betrieb von GGOS erforderlichen Ressourcen zuständig ist. Dazu wirbt es um institutionelle Mitglieder aus dem Bereich der für die jeweilige nationale geodätische Infrastruktur zuständigen Behörden sowie ggf. der nationalen Raumfahrtbehörden.

5 Strategische Ausrichtung, Nutzen und Anwendung von GGOS

Die Geodäsie als Ganzes leistet vielfältige, grundlegende Beiträge für eine moderne Gesellschaft. Sie stellt mit ihren Referenzsystemen und ihrer Beobachtungsinfrastruktur den Raumbezug – und damit einen entscheidenden Ordnungsrahmen – für alle nachfolgenden Aufgaben bereit. Dieser ist eine zentrale Grundlage z. B. für das Karten- und das Liegenschaftswesen, die ihrerseits Grundlage für unterschiedlichste Fachanwendungen sind, aber auch für die Positionierungstechnologie, ohne die eine moderne Mobilität undenkbar ist. Übersichtsbeiträge zu dieser Thematik aus wissenschaflicher bzw. administrativer Sicht geben [21] bzw. [14].

Für die strategische Ausrichtung von GGOS ergeben sich dadurch sowohl nach außen im Hinblick auf Politik, Verwaltung, Wissenschaft, Wirtschaft und Gesellschaft als auch nach innen verschiedene Anforderungen [17].

Zum Erreichen der in Abschn. 3 dargestellten Vision von GGOS und zum Erfüllen der formulierten Mission von GGOS wurden vier strategische Schwerpunktbereiche identifiziert [7]:

(1) Geodätische Information und Expertise:
GGOS soll zur primären Quelle für jegliche geodätische Information und Expertise werden, um die Gesellschaft und die Forschung zum System Erde zu unterstützen

(2) Globale geodätische Infrastruktur:
GGOS soll die globale geodätische Infrastruktur aktiv bewahren, fördern, verbessern und weiterentwickeln, die für die Gesellschaft und Wissenschaft erforderlich ist

(3) Dienste, Standardisierung und Unterstützung:
GGOS soll die internationalen geodätischen Dienste koordinieren, die die primäre Quelle für Schlüsselparameter und -produkte darstellen, die für die Realisierung eines stabilen globalen Referenzrahmens und die Beobachtung und Untersuchung von Veränderungen im System Erde benötigt werden.

(4) Kommunikation, Ausbildung und Außendarstellung:
GGOS soll den mit ihm verbundenen Nutzen an Nutzergemeinschaften, Entscheidungsträger, Fördergeber und die Gesellschaft vermitteln

Diese Ziele tragen unmittelbar dazu bei, dass GGOS als globales Beobachtungssystem der IAG realisiert wird, das die drei Säulen der Geodäsie (Geometrie/ Geokinematik, Erdschwerefeld, Erdrotation) wissenschaftlich, technologisch und operationell vereint. In strategischer Hinsicht stellt GGOS einen Antrieb dar für die kontinuierliche Harmonisierung und Verbesserung der Qualität der geodätischen Produkte der IAG. Dadurch schafft es auch Anreize zum weiteren Ausbau der geodätischen Beobachtungsverfahren.

Zudem leistet es einen Beitrag zur besseren Kooperation und Kooperation innerhalb der IAG, da es sich gut eignet, die Arbeit der IAG-Dienste, -Kommissionen und -Interkommissions-Komitees stärker miteinander zu verbinden. Somit befördert GGOS auf dem Gebiet der Geodäsie die Kooperation von nationalen Behörden und Institutionen aus Wissenschaft und Verwaltung. Darüber hinaus bildet es eine zentrale Grundlage für die Interaktion mit internationalen Einrichtungen und Organisationen auf verwandten Gebieten. Dazu zählen die Group on Earth Observation [6] bzw. das Global Earth Observation System of Systems (GEOSS) und das Committee on Earth Observation Satellites [2]. Dies gilt auch für die Interessensvertretung auf politischer Ebene, z. B. im Rahmen der Initiative Global Geospatial Information Management [23] der Vereinten Nationen.

Der Nutzen von GGOS ist vielfältig und kann im gegebenen Rahmen nicht erschöpfend darstellt werden. Er soll im Folgenden aber charakteristisch aufgezeigt und erläutert werden. Mit der Bereitstellung eines zeitgemäßen – konsistent integrierten, hoch genauen, zeitlich referenzierten und ubiquitär verfügbaren – Referenzrahmens für Lage, Höhe und Schwere und der Beobachtung von Komponenten des Systems Erde leistet GGOS einen wesentlichen Beitrag zur nationalen und supranationalen Daseinsvorsorge und es ist Teil einer originären, nachhaltig betriebenen Forschungsinfrastruktur.

Von besonderer Bedeutung ist heute der Aufbau von sogenannten Geodateninfrastrukturen (GDI) wie der GDI-DE, der Geodateninfrastruktur für Deutschland. Dabei handelt es sich um digitale Infrastrukturen, die umfangreiche räumliche Datenbestände erschließen, indem sie diese katalogisieren und dadurch recherchierbar, auffindbar und verfügbar machen. Hierfür erforderlich sind zum einen eindeutige, in ihrem Umfang hinreichende Beschreibungen auf Basis von Metadaten und zum anderen ein eindeutiger, homogener Raumbezug für die durchgreifende Georeferenzierung von Geodaten. Öffentliche GDI beruhen auf der INSPIRE-Richtlinie der Europäischen Kommission [12]; sie werden derzeit national und international in vielen Bereichen aufgebaut. Sie sind ein wesentliches Element bei der Digitalisierung unserer Umwelt und sind auch Gegenstand der Aktivitäten zur Digitalen Agenda der Bundesregierung 2014–2017 [4].

Da sich damit verbundene Aufgabenstellungen regional nicht begrenzen lassen, sondern – wie die Auswahl von Industriestandorten oder die Versorgung mit Wasser oder Energie – nationalen oder supranationalen Charakter haben können, muss ein hierfür geeigneter Raumbezug global einheitlich sein – und alle geforderten höheren oder niedrigeren Genauigkeitsansprüche abdecken können.

Neben der Digitalisierung ist die Mobilität mit ihren vielen Facetten derzeit ein zentrales politisches und gesellschaftliches Thema. Neben den raumbezogenen Daten, die z. B. in Form von digitalen Karten über Apps oder GDI bereitgestellt werden, beruht eine zeitgemäße Mobilität auf Satellitennavigationssystemen oder weiteren Positionierungsverfahren. Dies betrifft gleichermaßen die individuelle Mobilität als Verkehrsteilnehmer, die Steuerung von Flotten im Bereich der Logistik, von Maschinen z. B. auf dem Bau oder in der Landwirtschaft oder von Einsatzkräften bei der Wahrnehmung von Aufgaben der Sicherheit und des Katastrophenschutzes.

Traditionelle Anwendungsbereiche von geodätischen Referenzrahmen bei der Daseinsvorsorge sind die Ingenieurgeodäsie und das Liegenschaftswesen.

Neben dem Nutzen und der Anwendung von geodätischen Referenzrahmen spielt die Erdbeobachtung auf Grundlage einer globalen geodätischen Infrastruktur eine wichtige Rolle. Dies betrifft ebenfalls die oben bereits beschriebene Daseinsvorsorge, zum Beispiel unter dem Aspekt der Prädiktion von Schadensereignissen und der damit verbundenen Frühwarnung (z. B. [15]), aber auch die wissenschaftliche Forschung, die auf den Erkenntnisgewinn durch ein verbessertes qualitatives und quantitatives Verständnis der Prozesse im System Erde ausgerichtet ist. Mit GGOS wird somit der wissenschaftliche Fortschritt unmittelbar mit dem gesellschaftlichen Nutzen verbunden.

Entsprechende Modelle und Beobachtungen erlauben es, die Vulnerabilität durch Naturkatastrophen besser zu verstehen und vorherzusagen, um sie so signifikant reduzieren zu können. Dies ist eine interdisziplinäre Aufgabe, zu der die

Geodäsie mit GGOS einen eigenständigen Beitrag leistet. Für die Erforschung von Naturkatastrophen wie Hangrutschungen, Bodensenkungen, Vulkanausbrüche, Überschwemmungen oder Tsunamis ist es deshalb wichtig, ein Prozessverständnis zu entwickeln, die jeweiligen Entwicklungen zu erfassen und zu überwachen und damit die Voraussetzungen für eine gezielte Frühwarnung zu schaffen und schließlich die Ausdehnung und Auswirkung einer eingetretenen Katastrophe schnell zu bestimmen, damit darauf aufbauend die erforderlichen Maßnahmen ergriffen werden können [19].

In diesem Kontext sind auch die Variationen und insbesondere der Anstieg des Meeresspiegels zu nennen, der zwar kurzfristig nicht den Charakter einer Naturkatastrophe besitzt, sich aber langfristig als eine solche erweisen kann. Gerade die Komplexität der Modellierung und Erfassung des Meeresspiegelanstiegs berührt weite Bereiche der geodätischen Beobachtungen und der Modellierung von Prozessen im System Erde [3].

Einen wesentlichen Beitrag bietet GGOS auch zum globalen Wasserhaushalt. Durch den Einsatz von Satellitenmissionen wie GRACE zur Erfassung der zeitlichen Variationen des Schwerefeldes ist es möglich, sowohl Meeresströmungen und ihre Veränderungen als auch Variationen der kontinentalen Wasserhaushalte zu erfassen und zusammenzuführen (z. B. [5]). Speziell in Verbindung mit punktbezogenen oder flächenhaften Verfahren zur Höhenbestimmung können so kritische Wasserentnahmen für die Landwirtschaft oder die Bewirtschaftung von Siedlungsflächen unabhängig und zuverlässig erfasst werden.

Die in der obigen Aufzählung beispielhaft genannten Anwendungen verdeutlichen das große Potenzial eines globalen geodätischen Beobachtungssystems. Die IAG leistet mit GGOS somit einen wesentlichen Beitrag zur Bewältigung zentraler aktueller Aufgaben.

6 Fazit

Ein globales geodätisches Beobachtungssystem, das die drei Säulen der Geodäsie – Geokinematik, Erdschwerefeld und Erdrotation – unter Einbeziehung aller geodätischen Beobachtungsverfahren und der Modelle für alle relevanten Prozesse im System Erde konsistent integriert, ist ein ambitioniertes, aber erreichbares Ziel. Dadurch wird die Vision von GGOS greifbar, das Verständnis für das System Erde zu verbessern, indem seine räumlichen und zeitlichen Veränderungen gemessen und dadurch quantifiziert werden.

Zum Erreichen dieses Ziels sind Aufgaben auf wissenschaftlicher, technologischer und organisatorischer Ebene zu lösen. Damit ist die Etablierung von GGOS die zentrale Aufgabe der IAG für die nächsten Jahre. Im vorliegenden Beitrag wurden Erfordernis und Machbarkeit von GGOS motiviert, sein Aufbau beschrieben und seine Nutzung dargelegt. Da es sich bei der Realisierung von GGOS nicht allein um eine wissenschaftliche Aufgabe handelt, ist ein konstruktives Zusammenwirken der Komponenten der IAG und der sie konstituierenden Institutionen, Organisationen und Individuen unverzichtbar. Hierfür ist es auch erforderlich, die entsprechenden Ressourcen für die technologischen und organisatorischen Aufgaben zu akquirieren und dedizierte, koordinierte Forschungsvorhaben zu stimulieren und zu initiieren.

Literatur

1. Bar-Sever, Y., Haines, B., Hertiger, W., Desai, S., Wu, S.: Geodetic Reference Antenna in Space (GRACE) – A Mission to Enhance Space-Based Geodesy. http://ilrs.gsfc.nasa.gov/docs/GRASP_COSPAR_paper.pdf (2009). Zugegriffen am 27.04.2015
2. CEOS: ceos.org (2015). Zugegriffen am 22.12.2015
3. Church, J.A., Woodworth, P.L., Aarup, T., Wilson, W.S. (Hrsg.): Understanding Sea-Level Rise and Variability. Wiley-Blackwell, Hoboken (2010)
4. Digitale Agenda 2014–2017. http://www.digitale-agenda.de/Content/DE/_Anlagen/2014/08/2014-08-20-digitaleagenda.pdf (2015). Zugegriffen am 22.01.2015
5. Feng, W., Zhong, M., Lemoine, J.-M., Biancale, R., Hsu, H.-T., Xia, J.: Evaluation of groundwater depletion in North China using the gravity recovery and climate experiment (GRACE) data and ground-based measurements. Water Resour. Res. **49**, 2110–2118 (2013). doi:10.1002/wcr.20192
6. GEO: www.earthobservations.org (2015). Zugegriffen am 22.12.2015
7. GGOS Strategic Plan: Strategic Plan of the IAG Global Geodetic Observing System. www.ggos.org (2014). Zugegriffen am 26.04.2015
8. GGOS ToR: Terms of reference GGOS. http://192.106.234.28/About%20GGOS/GGOS%20_ToR.pdf (2011). Zugegriffen am 27.04.2015
9. Gross, R., Beutler, G., Plag, H.-P.: Integrated scientific and societal user requirements and functional specifications for the GGOS (chapter 7). In: Plag, H.-P., Pearlman, M. (Hrsg.) Global Geodetic Observing System, S. 209–224. Springer, Berlin/Heidelberg (2009)
10. Heiker, A.: Mutual Validation of Earth Orientation Parameters, Geophysical Excitation Functions and Second Degree Gravity Field Coefficients. DGK C 697, München (2013)
11. Helmert, F.R.: Die mathematischen und physikalischen Theorien der Höheren Geodäsie. Teubner, Leipzig (1880)
12. INSPIRE: http://eur-lex.europa.eu/legal-content/DE/TXT/PDF/?uri-CELEX:32007L0002=DE (2007). Zugegriffen am 22.12.2015
13. Kummer, K., Kötter, T., Eichhorn, A. (Hrsg.): Das deutsche Vermessungs- und Geoinformationwesen. Wichmann, Berlin (2014)
14. Kutterer, H., Brunner, R., Schilcher, M.: Geoinformationen im globalisierten 21. Jahrhundert und im nationalen Kontext. In: Kummer, K., Kötter, T., Eichhorn, A. (Hrsg.) Das deutsche Vermessungs- und Geoinformationwesen, S. 3–64. Wichmann, Berlin (2014)
15. Lauterjung, J., Hanka, W., Schöne, T., Ramatschi, M., Babeyko, A.Y., Wächter, J., Falck, C., Milkereit, C., Münch, U., Rudloff, A.: GITEWS: das Tsunami-Frühwarnsystem für den Indischen Ozean. System Erde **1**(1), 48–55 (2011)
16. Plag, H.-P., Pearlman, M. (Hrsg.): Global Geodetic Observing System – Meeting the Requirements of a Global Society on a Changing Planet in 2020. Springer, Dordrecht/Heidelberg/London/New York (2009)
17. Rizos, C., Brzezinska, D., Forsberg, R., Johnston, G., Kenyon, S., Smith, D.: Maintaining a modern society (chapter 4). In: Plag, H.-P., Pearlman, M. (Hrsg.) Global Geodetic Observing System, S. 135–152. Springer, Berlin/Heidelberg (2009)
18. Rothacher, M., Beutler, G., Behrend, D., Donnellan, A., Hinderer, J., Ma, C., Noll, C., Oberst, J., Pearlman, M., Plag, H.-P., Richter, B., Scöne, T., Tavernier, G., Woodworth, P.L.: The future global geodetic observing system (chapter 9). In: Plag, H.-P., Pearlamn, M. (Hrsg.) Global Geodetic Observing System, S. 237–272. Springer, Berlin/Heidelberg (2009)

19. Sahagian, D., Alsdorf, D., Kreemer, C., Melack, J., Pearlman, M., Plag, H.-P., Poli, P., Reid, S., Rodell, M., Thomas, R., Woodworth, P.L.: Earth observation: serving the needs of an increasingly global society (chapter 5). In: Plag, H.-P., Pearlman, M. (Hrsg.) Global Geodetic Observing System, S. 153–196. Springer, Berlin/Heidelberg (2009)
20. Schuh, H., Dill, R., Greiner-Mai, H., Kutterer, H., Müller, J., Nothnagel, A., Richter, B., Rothacher, M., Schreiber, U., Soffel, M.: Erdrotation und globale dynamischer Prozesse. Mitteilungen, 32, Bundesamt für Kartographie und Geodäsie, Frankfurt am Main (2003)
21. Schwarz, W.: Forschungsvorhaben. In: Kummer, K., Kötter, T., Eichorn, A. (Hrsg.) Das deutsche Vermessungs- und Geoinformationwesen, S. 985–1071. Wichmann, Berlin (2014)
22. Torge, W.: Geschichte der Geodäsie in Deutschland. De Gruyter, Berlin (2009)
23. UN GGIM: ggim.un.org (2015). Zugegriffen am 22.12.2015

Neue Sensorik für die Schwerefeldbestimmung und relativistische Geodäsie

11

Jakob Flury

Zusammenfassung

Der gegenwärtige Fortschritt in der Quanten- und Lasermetrologie ermöglicht neue Messverfahren für die Bestimmung des Erdschwerefeldes und für das Monitoring der globalen und regionalen Massenumverteilung im Erdsystem. Die Laserinterferometrie erlaubt das Tracking von Testmassen im Orbit mit einer Präzision von Nanometern oder besser. Auf der Grundlage der Atominterferometrie werden mobile Quanten-Schweresensoren sowie stationäre Großexperimente für extrem empfindliche Schweremessungen entwickelt. Optische Atomuhren zusammen mit der Frequenzübertragung durch phasenstabilisierte Langstrecken-Faserverbindungen erlauben die Messung der relativistischen gravitativen Frequenzrotverschiebung. Auf diese Weise kann die Bestimmung von Höhen- und Potentialdifferenzen an atomare Standards geknüpft werden.

Schlüsselwörter

Quantenmetrologie • Laserinterferometrie • Quantengravimeter • Optische Atomuhren • Optische Frequenzübertragung • Relativistische Geodäsie • Schwerefeldbestimmung

Inhaltsverzeichnis

J. Flury (✉)
Institut für Erdmessung, Universität Hannover, Hannover, Deutschland
E-Mail: flury@ife.uni-hannover.de

R. Rummel (Hrsg.), *Erdmessung und Satellitengeodäsie*,
Springer Reference Naturwissenschaften, DOI 10.1007/978-3-662-47100-5_11

1 Einleitung

Neue Sensorik eröffnet häufig ganz neue Felder für geodätische Messverfahren und Anwendungen. Gute Beispiele dafür sind die vielen Anwendungen der Globalen Navigationssatellitensysteme (GNSS) oder die aus den Messdaten der Satellitenmission GRACE (Gravity Recovery and Climate Experiment) bestimmten Massenvariationen im Erdsystem. Gegenwärtig ebnen fundamentale Entwicklungen in der Quanten- und Lasermetrologie den Weg für neue Messverfahren zur Gravitation: extrem genaue Laserinterferometrie am Quanten-Rausch-Limit, Materiewelleninterferometrie mit ultrakalten Atomen sowie die Beobachtung der Gravitation mit ultrapräzisen optischen Atomuhren unter Nutzung der Prinzipien der Allgemeinen Relativität. Dies ist für die Geodäsie sehr günstig, da dringender Bedarf für eine verbesserte Kenntnis der Variationen des Erdschwerefeldes auf globalen und regionalen Skalen besteht. Schwerefelddaten erlauben die Quantifizierung von Massenvariationen wie den Eismassenverlust der polaren Eisschilde, den Beitrag des Massenzuflusses zum Meeresspiegelanstieg sowie Änderungen im hydrologischen Kreislauf. Schwerefelddaten sind auch notwendig, um die Qualität und Stabilität der geodätischen Referenzsysteme auf das angestrebte 1 mm Niveau zu bringen.

Auf diesem Gebiet stellen sich wissenschaftlichen Herausforderungen in dreifacher Hinsicht:

- globale und regionale Schwere- und Massenvariationen aufgrund von Prozessen zu bestimmen, die durch die Genauigkeit heute verfügbarer gravitativer Messverfahren nicht auflösbar sind
- Schwerevariationen mit einer räumlichen Auflösung zu bestimmen, die für ein detailliertes Verständnis der Massenumverteilung und für die Separation der verschiedenen Quellen und Mechanismen notwendig ist, sowie
- eine genaue Schwerereferenz für das Monitoring von Prozessen über lange Zeitskalen bereitzustellen, um sowohl langzeitliche als auch schnelle Änderungen zuverlässig zu quantifizieren.

Die Arbeiten im Sonderforschungsbereich SFB 1128 „Relativistische Geodäsie und Gravimetrie mit Quantensensoren (geo-Q)“ der Leibniz Universität Hannover haben das Ziel, auf neue Bereiche der Messung und Modellierung des Erdschwerefeldes vorzustoßen. Der Fokus liegt auf 3 Arten von Messverfahren, die in diesem Kapitel vorgestellt werden (Abb. 1). Das erste Verfahren ist die laserinterferometrische Messung von Distanzen und Beschleunigungen im Weltraum, um die Bewegung von Testmassen im Schwerefeld zu verfolgen. Dies dürfte die relevanteste Technologie für die Satellitengravimetrie der näheren Zukunft sein. Das zweite Verfahren sind atomare Schweresensoren nach dem Prinzip der

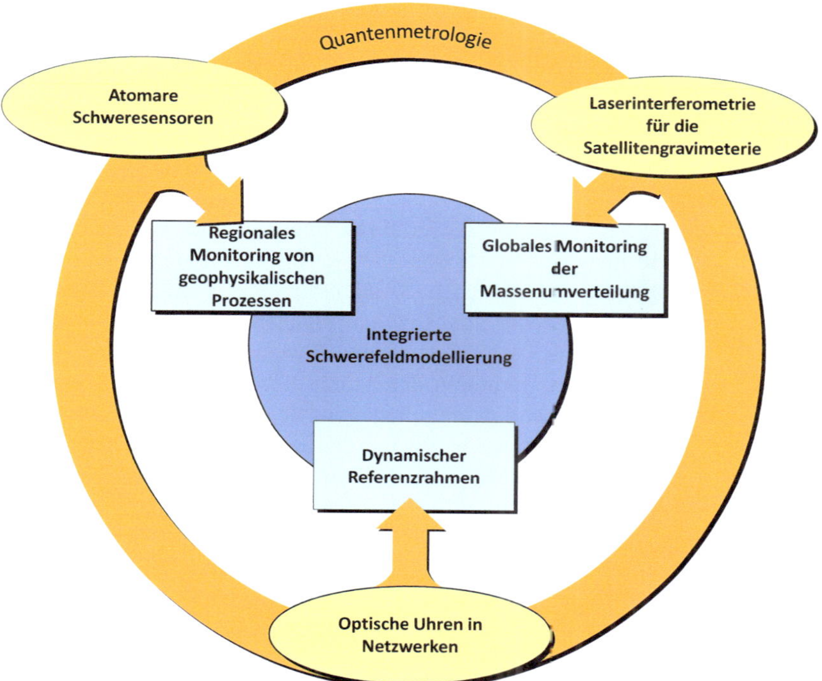

Abb. 1 Neue Sensorik in geo-Q und ihre Beiträge zur integrierten Schwerefeldmodellierung

Atominterferometrie, die eine (quasi)kontinuierliche Absolutgravimetrie mit einer Genauigkeit von μGal oder besser ermöglichen. Damit könnten die Grenzen der Auflösung der Satellitengravimetrie überwunden und ein Monitoring von Massenvariationen durch geophysikalische Prozesse im Wasserkreislauf und in der festen Erde mit angemessenem räumlichen und zeitlichen Sampling erreicht werden. Das dritte Verfahren ist die Messung der gravitativen Frequenzrotverschiebung mittels Frequenzvergleichen über lange Strecken zwischen optischen Atomuhren, die durch phasenstabilisierte Fasern verbunden sind. Dies erlaubt ein chronometrisches Nivellement und könnte langfristig ermöglichen, den Gravitations- und Höhenbezug an atomare Frequenzstandards zu koppeln. Die 3 Arten von Messverfahren werden gemeinsam zur integrierten Schwerefeldmodellierung beitragen. Die Extraktion der Schwerefeldinformation auf neuem Genauigkeitsniveau aus den neuartigen Messgrößen wird allerdings große Herausforderung an die Modellierung stellen.

2 Entwicklungen in der Quantenmetrologie

Bevor wir auf konkrete Messverfahren und Anwendungen für die Geodäsie zu sprechen kommen, sollen hier einige Entwicklungen in der Quantenmetrologie aus den letzten 25 Jahren skizziert werden, weniger aus der Perspektive des Physikers, sondern um dem Geodäten einen Einblick in die Vielfalt und die Möglichkeiten dieses Gebiets zu geben.

Teilchen – z. B. Atome – können heute mit hochentwickelten und vielfältigen Methoden über durch Laserpulse vermittelte elektromagnetische Feldern in Testkammern gekühlt und gefangen werden. Kühlung heißt dabei nichts anderes, als die Geschwindigkeit der Teilchen stark zu verlangsamen und damit ihre Bewegung kontrollierbar und präzise messbar zu machen. Die Kühlung findet mit verschiedenen, häufig gestuften Verfahren über viele Größenordnungen der Temperatur statt. In manchen Konfigurationen geht die Kühlung soweit, dass die Atome den Zustand des Bose-Einstein-Kondensats (BEC) erreichen. In diesem Zustand ist die Wellenlänge der den Teilchen eigenen Materiewelleneigenschaft (de Broglie Welleneigenschaft) größer als der Abstand zwischen den einzelnen Teilchen. Die effektiven Temperaturen der Atome liegen dann typischerweise im nK-Bereich; ihre Restgeschwindigkeiten liegen im Bereich von cm/s oder darunter. Die gekühlten Atome können über magnetooptische Fallen (magnetooptical traps, MOT) in Wolken mit zehntausenden bis Milliarden Atomen einer Spezies (d. h. eines bestimmten neutralen oder ionisierten chemischen Elementes) bereitgestellt werden. Über Laserpulse wird die Kohärenz der Atome einer Wolke erreicht, d. h. sie werden in den gleichen Phasenzustand bezüglich ihrer Materiewelleneigenschaft versetzt. In manchen Fällen werden Gitter von Atomen verwendet; in diesem Fall werden die Atome durch gitterförmige optische Intensitätsfelder festgehalten.

Von besonderer Bedeutung ist die Atominterferometrie (Abb. 2). Hier legen Atomwolken, die kohärente Wellenpakete bilden, unterschiedliche Trajektorien in Messanordnungen zurück, die häufig optischen Interferometern gleichen. Nach den Gesetzen der Quantenmechanik kann dabei lediglich festgestellt werden, nach welcher Wahrscheinlichkeit ein Atom Teil eines der Wellenpakete ist. Tatsächlich

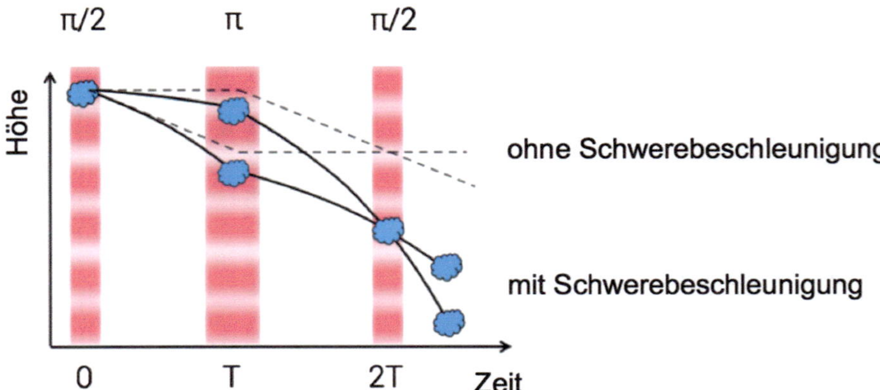

Abb. 2 Prinzip der atominterferometrischen Schweremessung: Gegenläufige Laserpulse teilen die Atomwolke durch Impulse in Zeitabständen von T interferometrisch auf und erzeugen ein stehendes Gitter, das als Maßstab für die Messung der Fallbeschleunigung dient. (Quelle: IQ Hannover)

durchläuft ein Superpositionszustand eines jeden Atoms gleichzeitig zwei unterschiedliche Trajektorien. Gravitations- und Trägheitskräfte sowie Rotationen, die auf die Apparatur und auf die Wellenpakete entlang ihrer Trajektorie wirken, verursachen Differenzen in der Materiewellenphase der verschiedenen Pakete. Mittels kohärenter Wechselwirkung zwischen Laserlicht und Materie können Änderungen des Impulses (und damit der Geschwindigkeit) der Atome sowie Änderungen ihres de Broglie Phasenzustandes mit Laserpulsen sowohl erzeugt als auch ausgelesen werden. Das Prinzip erlaubt je nach geometrischer Konfiguration des Atominterferometers die Verwendung als Beschleunigungsmesser oder als Gyroskop. Dadurch werden Anwendungen in der Inertialsensorik, Inertialnavigation und in der Gravimetrie ermöglicht.

Die Verfahren der Quantenmetrologie zeichnen sich durch eine Reihe inhärenter Stärken aus. Sie beziehen sich auf genau definierte und konstante physikalische Größen wie die Übergänge zwischen atomaren Energieniveaus. Sämtliche atominterferometrischen Messungen können auf Frequenzmessungen und damit auf die heute besten physikalischen Messungen zurückgeführt werden. Sie sind langzeitstabil, können absolut durchgeführt werden und sind grundsätzlich überall für Messungen zugänglich. Die Verwendung atomarer Testmassen eliminiert oder verringert systematische Fehler, die beim Umgang mit makroskopischen Massen auftreten. Die Vielzahl der verwendbaren atomaren Spezies mit ihren unterschiedlichen elektromagnetischen und quantenmechanischen Eigenschaften sowie die Vielzahl der möglichen atomaren Energiezustände führen zu einer großen Auswahl möglicher Messanordnungen. Dies ermöglicht zahlreiche grundlagenphysikalische Experimente wie Tests des Äquivalenzprinzips oder Messungen der fundamentalen Konstanten, schafft aber auch vielfältige Optionen für spezifische Sensorikanwendungen. Vorgänge wie das Fangen und Kühlen von einzelnen Atomen oder Atomwolken für die Atominterferometrie und für Atomuhren sind heute insbesondere auch auf Atomchips auf sehr kleinem Raum möglich. Die Folge ist ein großes Potential der Quantensensorik für kompakte Konfigurationen für Anwendungen auf mobilen Plattformen oder im Weltraum. Insgesamt ist für das Design spezifischer Anwendungen aus der Vielfalt von Konfigurationen und Optionen die Bezeichnung Quanten-Engineering entstanden.

3 Laserinterferometrie für die Satellitengravimetrie

Die Laserinterferometrie ist das präziseste Werkzeug, um minimale Längenvariationen mit extrem niedrigen Rauschen zu messen, sowohl auf Skalen von Hunderten von Kilometern als auch lokal, z. B. um die relative Position und Orientierung von frei schwebenden Testmassen in einem Satelliten zu erfassen. Bereits im Vorfeld der Mission GRACE wurde die Möglichkeit studiert, die Abstandsmessung zwischen den beiden Satelliten mit einem Laserinterferometer durchzuführen [16]. Da die Technologie damals aber noch nicht die nötige Reife hatte, kam bei GRACE schließlich das K-Band Mikrowellensystem zum Einsatz. Die Laserinterferometrie im Weltraum wurde für das Konzept der Satellitenkonstellation LISA

(Laser Interferometer Space Antenna) zur Gravitationswellenastronomie sowie für die Mission LISA Pathfinder zum Test der hochpräzisen Gravitational Reference Sensors (GRS) für LISA intensiv erforscht. In diesem Zusammenhang wurden zahlreiche Komponenten der optischen Interferometrie studiert und entwickelt, die auch für die Satellitengravimetrie mit Laserinterferometern Anwendung finden können. Wichtige Komponenten sind hier das Verständnis optischer Effekte und Fehlerquellen entlang der Strahlengänge von Interferometern auf dem Niveau von Nanometern bis Picometern, die Entwicklung von Phasenmetern, die Laserfrequenzstabilisierung, die optische Auslesung und elektromagnetische Kontrolle der Position von Testmassen sowie das Erreichen der ersten Akquisition des Laserlocks bei Interferometern mit großer Armlänge.

LISA Pathfinder soll Ende 2015 zum Lagrange-Punkt L1 des Sonne-Erde-Systems zwischen Erde und Sonne gestartet werden. Die Mission GRACE Follow-On wird dann in 2017 zum ersten Mal ein Laser Ranging Interferometer (LRI) zur Abstandsmessung zwischen zwei Satelliten an Bord haben. Das LRI wird die Rolle eines Technologie-Demonstrators haben und parallel zum erprobten K-Band System messen.

Die hohe Präzision der Laserinterferometrie ist ein wesentlicher Faktor für künftige Missionen der Satellitengravimetrie. Das Abstandsrauschen für LISA liegt um fünf Größenordnungen unter demjenigen der Mikrowellenmessung bei GRACE (Abb. 3). Dies öffnet einen großen Raum für Innovationen in der Satellitengra-

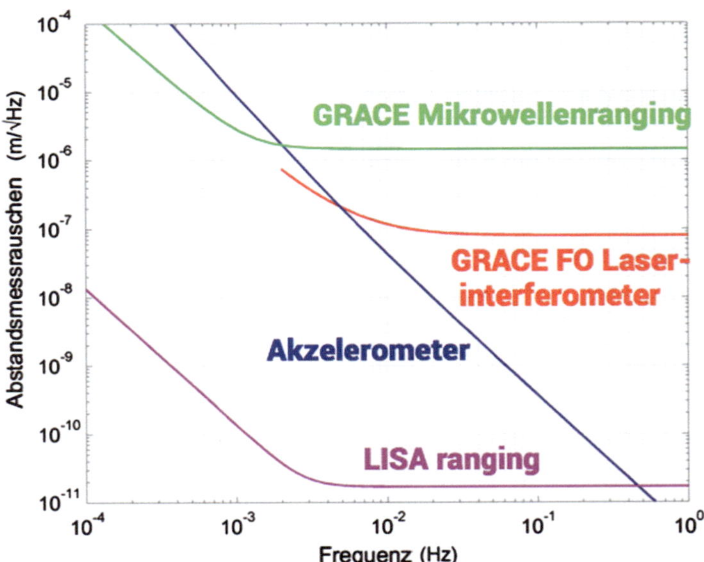

Abb. 3 Spektrale Fehlerbeiträge bei der Abstandsmessung zwischen Satelliten. (Quelle: B. Sheard/ AEI)

vimetrie, der notwendig ist, um die in Abschn. 1 genannten wissenschaftlichen Herausforderungen anzugehen. Die geophysikalischen Ergebnisse der Missionen GRACE und GOCE (Gravity and Steady-State Ocean Circulation Explorer) haben zwar die hohe Relevanz und das hohe Potential der Satellitengravimetrie zur Erforschung der Massenvariationen im Ozean, in der Kryosphäre, in der kontinentalen Hydrologie und in der festen Erde gezeigt und haben wichtige Ergebnisse bei der Quantifizierung von Klimaänderungen und beim Verständnis von Prozessen im System Erde erreicht. Gleichzeitig haben aber zahlreiche Studien gezeigt, dass zur Beantwortung der wissenschaftlichen Fragen auf diesen Bereichen nicht nur längere Beobachtungszeitreihen notwendig sind, sondern auch eine Erhöhung der räumlichen Auflösung und der Genauigkeit. Für manche Fragen ist auch die monatliche bis wöchentliche Auflösung der heutigen Zeitreihen zu gering. Fortschritte in diesen Fragen erfordern Sensorik höherer Genauigkeit. Die laserinterferometrische Distanzmessung auf GRACE Follow-On mit einem erwarteten Abstandsrauschen von $80\,\mathrm{nm}/\sqrt{\mathrm{Hz}}$ ist ein Schritt in diese Richtung [24]. Die Qualität der Messsysteme in der Satellitengravimetrie hängt allerdings in der Regel nicht nur von der reinen Abstandsmessung zwischen Testmassen ab. Für das Tracking zwischen niedrig fliegenden Satelliten vom Typ GRACE sind beispielsweise im niedrigen Spektralbereich die Akzelerometerfehler wichtiger, wie das entsprechende Rauschmodell in Abb. 3 zeigt. Darüber hinaus ist für die Bestimmung von Schwere- und Massenvariationen eine verbesserte Reduktion des Aliasing durch schnelle (gezeitenbedingte und andere) Massenvariationen entscheidend. Fortschritte in dieser Richtung können einerseits von verbesserten geophysikalischen Modellen und andererseits von Satellitenkonstellationen mit verbessertem raum-zeitlichen Sampling erwartet werden.

Das erste Laserinterferometrie-Experiment auf GRACE Follow-On

Im Jahr 2017 soll an Bord der Zwillingssatelliten von GRACE Follow-On das erste Laserinterferometer zwischen Satelliten starten. Wie GRACE soll das Satellitenpaar mit einem Abstand von ca. 200 km auf einer polnahen Bahn in 400–500 km Höhe fliegen. Der Strahlengang des Interferometers ist ein langgezogenes Rechteck (‚Racetrack'-Konfiguration, Abb. 4, vgl. [24]). Die Frequenz eines vom Mastersatelliten erzeugten und ausgestrahlten Lasers wird im Slave-Satelliten mit einem Offset reproduziert (Offset phase lock) und zurückgestrahlt. Die beiden um etwa 60 cm gegeneinander versetzten Strahlen werden in beiden Satelliten durch einen aus drei Einzelspiegeln bestehenden Tripelspiegel um 180° umgelenkt. In dieser Anordnung wird das virtuelle Zentrum des Tripelspiegels in das Massenzentrum des Satelliten gelegt, in dem sich auch die Testmasse des Akzelerometers zur Erfassung der nichtgravitativen Kräfte befindet. Die im Master-Satelliten durchgeführte interferometrische Phasenmessung kombiniert einen sehr langen und einen sehr kurzen Arm. Es handelt sich um eine Zweiweg-Messung, die direkt die Abstandsänderungen zwischen den Massenzentren der beiden Satelliten

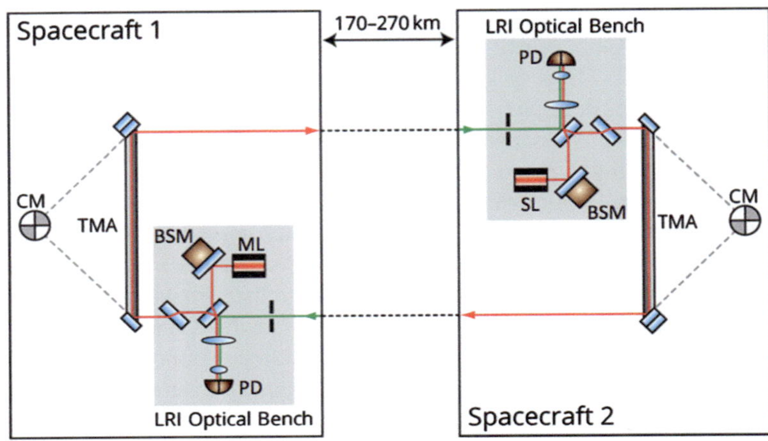

Abb. 4 ‚Racetrack'-Konfiguration des GRACE Follow-On Laser Ranging Interferometers. *ML*: Master Laser, *SL*: Slave Laser, *BSM*: Beam steering mirror, *PD*: Photodiode, *TMA*: Triple mirror assembly, *CM*: Center of Mass. (Quelle: AEI Hannover/D. Schütze)

wiedergibt. Dies unterscheidet das LRI vom Dual One Way Ranging des K-Band-Systems, bei welchem zwei Einwegmessungen zwischen den Mikrowellenantennen der beiden Satelliten durchgeführt werden. Die Verkippung der Wellenfronten des empfangenen und des ausgestrahlten Laserlichts wird im LRI durch eine 4-Quadranten-Photodiode erfasst (Differential Wavefront Sensing DWS). Um den für die Interferometrie benötigten Kontrast auf der Diode zu erreichen, darf die Verkippung höchstens $100\,\mu\text{rad}$ betragen, was durch einen drehbaren Spiegel zur Strahlsteuerung erreicht wird. Das Abstandsrauschen von $80\,\text{nm}/\sqrt{\text{Hz}}$ wird dominiert durch die begrenzte Qualität der Frequenzstabilisierung, die über Resonatoren hergestellt wird, sowie durch geometrische und optische Fehlereinflüsse aufgrund der Änderungen in der gegenseitigen Ausrichtung (Pointing jitter) der Satelliten. Das Design des Interferometers ist allerdings dafür ausgelegt, dass die Genauigkeit der Interferometrie das Fehlerbudget der Abstandsmessung in keinem relevanten Frequenzband dominiert. Dies wird die Identifikation und Trennung der verschiedenen Fehleranteile in den Abstandsänderungen erleichtern, die sich bei den Messungen von GRACE als problematisch erweisen.

Die Qualität des Laser-Ranging-Instrumentes wurde in zahlreichen Simulationen und Labortests überprüft, u. a. am Albert-Einstein-Institut / Max-Planck-Institut für Gravitationsphysik in Hannover, am DLR Institut für Raumfahrtsysteme in Bremen und bei SpaceTech International in Immenstaad. In den Tests wurden Größen wie der Punkt der minimalen Kopplung zwischen Verkippung und Längenmessung und die Parallelität der Umlenkung im Tripelspiegel bestimmt [23]. Eine anspruchsvolle Komponente ist die erste Akquisition des gegenseitigen Laserlocks im Orbit. Hierfür muss eine schnelle Suche in fünf Freiheitsgraden durch die Steuerung der Nick- und Gierwinkel der beiden Satelliten sowie des Frequenzunterschiedes durchgeführt werden [27].

Laserinterferometrie über GRACE Follow-On hinaus

Über die Mission GRACE Follow-On hinaus bieten sich zahlreiche Möglichkeiten an, die Laserinterferometrie zur Erfassung von linearen Bewegungen und Rotationen von Testmassen einzusetzen. Anders als bei GRACE Follow-On kann die Interferometrie zwischen Satelliten auch direkt auf der optischen Achse zwischen den beiden Massenzentren stattfinden. Die Auslesung der Bewegung der Testmasse relativ zum Satelliten kann optisch erfolgen, im Unterschied zur elektrostatischen Auslesung bei den GRACE Akzelerometern. Eine Drag-Free Steuerung der Satelliten würde es erlauben, Testmassen in einer Konfiguration als Gravitational Reference Sensor anstelle der Konfiguration als Akzelerometer zu verwenden. Systeme dieser Art können für neuartige Bahn- und Plattformkonfigurationen angepasst werden. Für ein besseres räumlich-zeitliches Sampling des Schwerefeldes einschließlich seiner zeitlichen Variationen wären zwei (oder mehr) Paare von Satelliten auf gegeneinander geneigten Bahnebenen sehr günstig (Bender-Paare, [1]). Durch die unterschiedlichen Messrichtungen und die zahlreichen Kreuzungspunkte der Bodenspuren würde diese Konfiguration insbesondere die Erfassung kurzfristiger Massenvariationen deutlich stärken und dadurch das kritische Aliasing stark reduzieren. Ähnliche Verbesserungen würde ein Paar mit Pendel-Orbits – zwei polare Bahnebenen mit leicht unterschiedlichen Bahnknoten – bringen [7]. Solche Konfigurationen stellen neue Anforderungen an die Laserinterferometrie, beispielsweise die genaue Phasenmessung bei Relativgeschwindigkeiten von 20 m/s und mehr. Dabei wird ein Rauschniveau der Abstandsmessung von $10\,\text{nm}/\sqrt{\text{Hz}}$ angestrebt; dies sollte durch ein besseres Verständnis des Fehlerbudgets und der Auswirkungen von Effekten wie Pointing jitter erreichbar sein. Für zukünftige Konzepte wurde auch bereits die Interferometrie zwischen Satelliten auf höheren Bahnen studiert, z. B. um Massenvariationen im Erdkern von näher an der Erdoberfläche liegenden Quellen zu trennen [10]. Darüber hinaus kommen auch optische Links zwischen niedrigen und höheren Satelliten in Frage, um so z. B. den Referenzrahmen und die Zeitbestimmung zu stärken und um mögliche geodätische Fundamentalsatelliten im Orbit einzubinden. Für solche Links könnten an Stelle der kontinuierlichen Laserinterferometrie auch gepulste optische Verfahren zum Einsatz kommen.

Optische Gradiometrie

Über geeignete Anordnungen von mehreren Testmassen in einem Satelliten lassen sich die lokalen Schweregradienten entlang der Bahn in situ beobachten. Die Mission GOCE verwendete hierzu Akzelerometer mit elektrostatischer Auslesung. Für die optische Gradiometrie sollen die Testmassen nach dem Vorbild von LISA Pathfinder mit Laserabstandsmessung auf dem pm-Rauschniveau verbunden werden. Die Drag Free Kontrolle eines Satelliten ermöglicht es, eine Testmasse frei schwebend zu halten, während die übrigen Testmassen des Systems soweit nötig elektrostatisch zu kontrollieren sind. In dieser Weise können die Testmassen sowohl im Sinn eines Gravitational Reference Sensors als auch im Sinn von Akzelerometern eingesetzt werden. Zur Realisierung solcher Konfigurationen werden Mehrkanalinterferometer benötigt. An Testaufbauten im Labor für solche Sensorsysteme wird gegenwärtig in geo-Q geforscht. Aus der interferometrischen Auslesung kann die Auflösung linearer Beschleunigungen mit Rauschniveau von $10^{-14}\ \mathrm{m/s^2/\sqrt{Hz}}$ im mHz Bereich erwartet werden. Dies wäre 2 Größenordnungen unterhalb des Rauschniveaus von GOCE und würde grundsätzlich die Auflösung zeitlicher Variationen des Schwerefeldes auf Skalen von 100 km erlauben. Rotationen der Testmassen wären mit einem Rauschniveau von $\mathrm{nrad/\sqrt{Hz}}$ erfassbar. In diesem Bereich ist ein Suchraum von Optionen zu erforschen, um für die Satellitengravimetrie geeignete Konfigurationen auszuwählen.

Datenanalyse und Systemmodellierung

Die Systemmodellierung spielt in der Satellitengravimetrie eine zentrale Rolle. Die Extraktion der besten wissenschaftlichen Daten hängt vom Verständnis und von der Modellierung des Plattform-Sensor-Systems mit allen Komponenten und Sensoren ab (Abb. 5). Zu den wesentlichen Herausforderungen gehören die Bestimmung der Alignments zwischen den Sensoren, die Kenntnis der Position und Variabilität von Phasenzentren und optischen Bezugspunkten, die Bestimmung der Lage der Satellitenplattform im Raum, die Modellierung von Zeit und Frequenz, der Umgang mit variablen und ungleichmäßig wirkenden Fehlereinflüssen sowie die Rolle umweltbedingter Effekte aufgrund von Strahlung und von elektromagnetischen und mechanischen Störungen Bereits bei den mit GRACE und GOCE erreichten Genauigkeitsniveaus haben solche Effekte die Qualität der wissenschaftlichen Daten beeinflusst und an manchen Stellen limitiert. Für laserinterferometrische Messungen sind solche Effekte auf Rauschniveaus von Nanometern bis Picometern bzw µrad bis nrad zu studieren und zu modellieren. Bei der Fusion der verfügbaren Sensoren, z. B. zur Bestimmung der Lagewinkel, bestehen hier Verbesserungsmöglichkeiten. Kalibrationsstrategien für Offsets und Alignments,

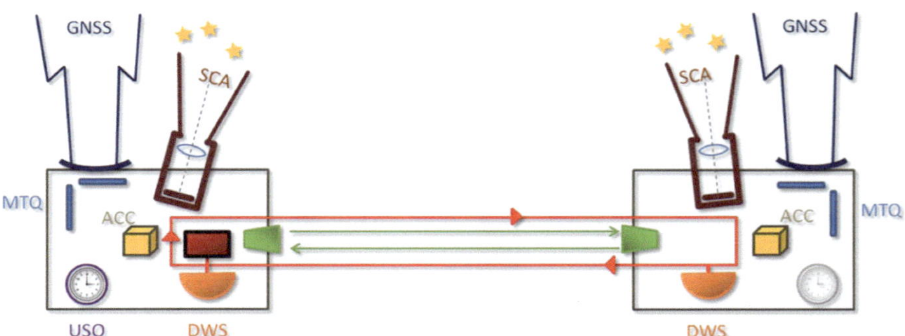

Abb. 5 Sensorsystem für Satellite-to-Satellite Tracking. *GNSS*: GNSS receiver, *SCA*: Star camera assembly, *ACC*: Accelerometer, *USO*: Ultra-stable oscillator, *DWS*: Differential wavefront sensing, *MTQ*: Magnetic torquers. (Quelle: T. Bandikova)

die Finite-Elemente-Modellierung der Plattform sowie die Untersuchung der Umweltbedingungen entlang der Bahn sind weitere charakteristische Untersuchungen in diesem Bereich.

4 Atomare Schweresensoren

Die Entwicklung von Schweresensoren nach dem Prinzip der Atominterferometrie eröffnet die Perspektive für eine neuartige (quasi)kontinuierliche Absolutgravimetrie und damit für ein hochinteressantes Anwendungspotential in der Geodäsie und Geophysik. Die Verknüpfung der Schweremessung an atomare Standards schafft die Voraussetzung, in kurzer Zeit absolute Genauigkeiten von μGal oder besser zu erreichen. Heute verfügbare Absolutgravimeter sind für das Monitoring lokaler und regionaler zeitlicher Schwerevariationen zu langsam. Mit atomaren Schweresensoren soll die mit dem klassischen FG5-Gravimeter erforderliche Messzeit von ca. 2 Tagen pro Punkt auf weniger als eine Stunde gedrückt werden. Schnelle atomare Absolutgravimeter würden Monitoringkampagnen mit adäquatem raum-zeitlichen Sampling ermöglichen und damit die Satellitengravimetrie mit ihrer inhärent begrenzten Auflösung komplementär ergänzen. Gravimetrische Netze würden die Erfassung von Änderungen in den verschiedenen hydrologischen Speichern erlauben. Ein gravimetrisches Monitoring an Gezeitenpegeln würde – gemeinsam mit GNSS-Beobachtungen – die Identifizierung von Senkungsmechanismen an Küsten und ihre Trennung vom Meeresspiegelanstieg erlauben. Gravimetrische Netze in Gegenden wie Skandinavien würden die Charakterisierung regionaler Muster des Glazialen Isostatischen Ausgleichs und der viskoelastischen Eigenschaften von Erdkruste und Mantel ermöglichen. Um langsame Änderungen und Trends zu identifizieren, sollten die Sensoren μGal-Genauigkeit oder besser sowie einen Bezug haben, der auf diesem Niveau über Dekaden stabil ist.

Im Folgenden sollen kurz die Grundelemente und Rahmenbedingungen des Verfahrens skizziert werden. In der Konfiguration eines Atominterferometers wird eine kohärente, frei fallende Wolke von Atomen interferometrisch aufgeteilt. Laserpulse übertragen an mehreren Punkten („Spiegel") des Interferometers einen Impuls $p = mv$ auf die Hälfte der Wolke ($\pi/2$-Pulse) oder auf die ganze Wolke (πPulse). Die Teile der Wolke (Wellenpakete) werden dadurch zunächst räumlich getrennt und nach einer Zeit T wieder interferometrisch überlagert. Aufgrund der Materiewelleneigenschaft variiert die relative Population der Atome in den beiden Wellenpaketen mit einer Frequenz, deren Phase Φ sich (in erster Näherung) zu

$$\Phi = k_{eff}\, g\, T^2 \tag{1}$$

ergibt. Die effektive Wellenzahl k_{eff} bestimmt den übertragenen Impuls p und ist aus der Frequenz der verwendeten Laser bekannt. Die Phasenmessung erfolgt durch die Bestimmung der Populationen der Atome in den Interferometerausgängen über Photodioden oder CCD-Kameras; die Populationen können durch Anregung von Fluoreszenz fotografiert oder ihr Schattenwurf in der Absorption beobachtet

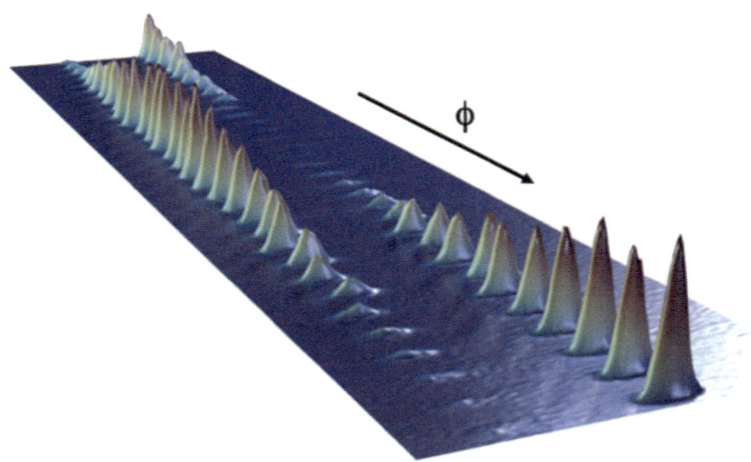

Abb. 6 Fluoreszenz-Aufnahmezeitreihe von zwei Teilen einer fallenden Wolke von Rubidium-Atomen. Rote Bereiche zeigen hohe Konzentrationen von Atomen, während sich in den blauen Bereichen keine Atome befinden. Die Häufigkeit verhält sich nach den Gesetzen der Ausbreitung von Materiewellen. Über die Phase Φ der Welle wird die wirkende Erdbeschleunigung gemessen. (Quelle: Sven Abend, IQ Hannover)

werden (Abb. 6). Die heute verwendeten Apparaturen generieren in Arbeitszyklen von typischerweise 1 Sekunde Wolken mit Populationen im Bereich von 10^5 bis 10^7 Atomen [8]. Die Länge der Fall-Trajektorien im Interferometer liegt bei manchen chipbasierten Experimenten im Bereich von lediglich einigen mm, meist jedoch bei einigen dm, wobei sowohl reine Fall-Trajektorien als auch Wurf-und-Fall-Konfigurationen verwendet werden. In einigen wenigen Großexperimenten (siehe unten) werden Wurf-und-Fall-Trajektorien von bis 10 m Höhe erreicht. Die Impuls-Übertragung geschieht im einfachsten Fall durch einen 2-Photonen-Ramanübergang, der durch gegenläufige Pulse übertragen wird: ein Photon eines von unten kommenden Lasers wird absorbiert, ein zweites wird in einen von oben kommenden Laser emittiert. Durch Bragg-Übergänge können wesentlich höhere Impulse übertragen werden. Dies sowie die Verlängerung der Fallzeit T erhöht die Sensitivität bei der Bestimmung der Erdbeschleunigung g aus Gl. (1), wobei sich T sogar quadratisch auswirkt. Zu den Hauptfehlerquellen bei der Phasenmessung gehören die Variationen in der Anfangsgeschwindigkeit der einzelnen Atome sowie systematische Fehler durch magnetische Störungen. Diese Einflüsse können durch fortgeschrittene Kühlungstechniken, durch Abschirmung sowie durch die Wahl geeigneter Atomspezies (meist ^{87}Rb) reduziert werden. Die Separation von mikroseismischen Beschleunigungen wird über aktive (für Laborexperimente) oder passive (für transportable Geräte) Vibrationsisolationsplattformen erreicht. Durch den Wegfall der makroskopischen Testmasse ist die Vibrationsisolation wirkungsvoller als bei den klassischen FG5-Gravimetern [11]. Ein wesentlicher Einfluss ist die durch die Corioliskraft aufgrund der Erdrotation verursachte horizontale

Bewegung der Atomwolke. Der Effekt kann durch Rotation der Laserachse durch einen beweglichen Spiegel oder durch Messung in zwei Lagen reduziert werden [5].

Mit diesen Prinzipien arbeitende Gravimeter werden derzeit in einer Reihe von Laboren erforscht und entwickelt. Die verschiedenen Experimente weisen deutliche Unterschiede auf u. a. hinsichtlich Art und Länge der Trajektorien, in der Technik der Bereitstellung und Kühlung der Atomwolken, in der Art der Impulsübertragung und in der Abschirmung von Störeffekten. Die Wahl der jeweils besten Konfiguration hängt von den Anforderungen hinsichtlich Genauigkeit und Robustheit ab.

Das Cold Atom Gravimeter (CAG) des Labors SYRTE am Observatoire de Paris erreicht sehr genaue Absolutschwerewerte, die vom Vergleichswert eines FG5 Gravimeters um nur 4.3 +/- 6.4 μGal abweichen [15]. Aus der gleichen Forschungsgruppe heraus wird unter der Bezeichnung μQuanS ein kompaktes, transportables Gravimeter mit der Perspektive des kommerziellen Vertriebs hergestellt. Die absolute Genauigkeit wird derzeit untersucht. In dem Gerät wird durch eine Laserumlenkung in einem Retroreflektor erreicht, dass die verschiedenen für die Raman-Interferometrie erforderlichen Laserfunktionen (z. B. Pulse von oben und unten) mit dem gleichen Laser erzielt werden können.

Ein Gravimeter-Aufbau an der Huazhong Universität Wuhan, China, erreicht mit einem Rauschniveau 4.2 $\mu\text{Gal}/\sqrt{\text{Hz}}$ die bisher beste veröffentlichte innere Präzision. Hier werden Atome über eine vertikale Wurf-und-Fall-Trajektorie von 75 cm beobachtet [12]. Angaben über die absolute Schweregenauigkeit dieses Experimentes liegen bisher nicht vor. Ähnliche Qualität wird mit dem transportablen Instrument GAIN der Humboldt Universität Berlin erreicht. Testmessungen dieses Instrumentes neben den registrierenden Supraleitgravimetern in den geodätischen Observatorien Wettzell und Onsala haben gezeigt, dass die relative Präzision des GAIN derjeningen der Supraleiter nahekommt.

In geo-Q an der Leibniz Universität Hannover wurden mit dem Dual-Species Gravimeter ATLAS Schwerebeschleunigungsmessungen mit den Elementen ^{87}Rb und ^{39}K zum Test des Einsteinschen schwachen Äquivalenzprinzips durchgeführt. Der Vergleich ergab eine Übereinstimmung von $5 * 10^{-7}$ und gehört damit zu den bisher besten Tests des Äquivalenzprinzips auf atomarem Niveau [22]. Derzeit wird hier an einem kompakten Gravimeteraufbau mittels Bragg-Interferometrie gearbeitet, bei dem die Bereitstellung und Kühlung der Atomwolke auf einem Atomchip erfolgt. Diese Entwicklung basiert auf kompakten Atominterferometrieexperimenten, die für Freifallversuche im Fallturm des ZARM in Bremen entwickelt wurden.

An der Universität Florenz werden Laborexperimente zur atominterferometrischen Gravimetrie in verschiedenen Konfigurationen durchgeführt. Durch zwei bzw. drei in einer Fallröhre vertikal übereinander angeordnete Atominterferometer werden zweite und dritte vertikale Ableitungen des Potentials bestimmt [21, 25]. In modifizierter Form wird dieser Experimentaufbau für die atominterferometrische Bestimmung der Gravitationskonstanten G verwendet. Dafür wird ein Satz von Metallzylindern mit sehr genau bekannter Masse (insgesamt ca. 500 kg) in verschiedenen Anordnungen um die Fallröhre herum positioniert, in der die Atomwolken fallen. Die Positionen der Zylinder werden dabei in μm-Genauigkeit bestimmt. Aus den Differenzen der in den verschiedenen Anordnungen gemessenen Beschleunigungen wurde G mit der relativen Genauigkeit von $1{,}5*10^{-4}$ bestimmt [20]. Das Experiment liegt damit im gleichen Genauigkeitsbereich wie die besten klassischen Experimente und demonstriert damit das hohe Potential der gravimetrischen Nutzung der Atominterferometrie.

Neben dem in diesen Versuchen beobachteten freien Fall von Atomwolken gibt es quantenmechanische Effekte, die von der Gravitationsbeschleunigung abhängig, aber nicht mit Falltrajektorien verknüpft sind. Ein bisher erforschtes Beispiel dieser Art sind Bloch-Oszillationen in optischen Gittern, welche bereits für absolute Schwerebestimmungen genutzt wurden [18].

Große Atomfontänen mit Falltrajektorien von 10 m existieren an der Stanford University [5] und an der Huazhong University [4]. Ein ähnlicher Aufbau wird in Hannover begonnen. Diese Großexperimente – die auch als Very Long Baseline Atom Interferometry (VLBAI) bezeichnet werden – sind in erster Linie für die Grundlagenforschung zu Materiewellen ausgelegt. Durch die langen Fall- bzw. Wurf-und-Fall-Zeiten im Bereich von 1–2 Sekunden sollten sie aber auch Schweremessungen mit einer extremen Sensitivität ermöglichen. Theoretisch könnte eine Präzision im Bereich von 10^{-11} m/s^2 oder besser erreichbar sein [8]. Die tatsächlich erreichbare Genauigkeit wird dadurch bestimmt werden, wie gut die zahlreichen Umwelteffekte und Störungen kontrolliert oder reduziert werden können. In diesem Zusammenhang ist das von der Universität Bordeaux geleitete vergleichbare Experiment MIGA erwähnenswert. Hier werden mehrere vertikale Atominterferometer über einen Abstand von 200 m durch Laserinterferometrie verbunden. Das Experiment ist primär als Detektor für Gravitationswellen ausgelegt, soll aber auch für gravimetrische Versuche genutzt werden [9]. Die Atominterferometrie bietet darüber hinaus sehr interessante Perspektiven für Satellitensensoren z. B. zur Messung von Beschleunigungen oder Schweregradienten [3]. Im Orbit sind grundsätzlich deutlich längere Fallzeiten und damit höhere Sensitivitäten nach Gl. (2) möglich.

5 Uhren in Netzwerken für die relativistische Geodäsie

Optische Atomuhren haben in den vergangenen Jahren dramatische Genauigkeitsfortschritte in der Bestimmung von Zeit und Frequenz erreicht. Die Fehlerbudgets der besten Uhren geben heute Werte für die relative Frequenzungenauigkeit $\Delta f/f$ im Bereich von 10^{-17} bis 10^{-18} an. Die Übertragung von Frequenzen über Distanzen im Bereich von 2000 km wurde sogar mit einer relativen Frequenzungenauigkeit von 10^{-19} demonstriert. Auf diesem Genauigkeitsniveau spielt die relative gravitative Frequenzrotverschiebung $\Delta f_W/f$ eine wichtige Rolle. Diese ist gemäß der Einsteinschen Allgemeinen Relativitätstheorie über die einfache Beziehung

$$\Delta W = \frac{\Delta f_W}{f} c^2 \tag{2}$$

mit dem Unterschied im Gravitationspotential zwischen zwei Punkten ΔW verknüpft, wobei c die Lichtgeschwindigkeit ist. Der Name Rotverschiebung ergibt sich daraus, dass die Frequenz bei wachsendem Potential geringer wird. Bei einem Höhenunterschied von 1 m bzw. einem entsprechenden Potentialunterschied von ca. $10\,\mathrm{m}^2/\mathrm{s}^2$ ergibt sich aus Gl. (2) eine relative Frequenzverschiebung von 10^{-16}, und ein Höhenunterschied von 1 cm entspricht einer Frequenzverschiebung von 10^{-18}.

Dieser Zusammenhang hat eine doppelte Konsequenz:

1. Für die Charakterisierung von Uhren mit einem Genauigkeitsniveau von 10^{-18} ist eine Kenntnis der Potentialflächen am Standort der Uhr erforderlich, die auf 1 cm genau oder besser ist. Dafür ist eine sorgfältige Potentialmodellierung basierend auf ausreichend dichten lokalen Schweremessungen und Geländemodellen notwendig.
2. Wenn eine genaue Charakterisierung für zwei Uhren an unterschiedlichen Standorten vorliegt und die beiden mit Hilfe einer Frequenzübertragung verbunden werden, dann wird der Uhrenvergleich zu einer – rein relativistischen – Messung des Unterschiedes im Gravitationspotential zwischen den beiden Standorten. Aus dem Potentialunterschied kann über die Definitionen der orthometrischen Höhe oder der Normalhöhe der entsprechende Höhenunterschied gewonnen werden. Dieses Verfahren wird als chronometrisches Nivellement bezeichnet.

Aufgrund dieser doppelten Konsequenz, die bereits von [26] und [2] beschrieben wurde, sind die Interessen der Geodäsie heute eng mit denen der Zeit- und Frequenzmetrologie verknüpft. In der Geodäsie ergibt sich die grundlegend neue Perspektive, die Frequenzmessung als genaueste physikalische Messung überhaupt zu nutzen, um Messungen der Höhe und des Potentials an atomare Standards zu knüpfen. Es ist zu erwarten, dass sich Netze hochgenauer Uhren langfristig in Richtung eines geodätischen Grundlagennetzes als Teil geodätischer Bezugssysteme entwickeln. Durch chronometrisches Nivellement in solchen Netzen könnte die atomare Referenz in kontinentalem oder gar globalem Maßstab verteilt und überall dort zugänglich gemacht werden, wo eine optische Atomuhr und ein Zugang zu hochgenauer optischer Frequenzübertragung verfügbar ist.

Optische Atomuhren

Im heutigen SI System ist die Sekunde über einen bestimmten Energieübergang im Cäsium (Cs) – Atom definiert, der mit der Emission von Mikrowellenstrahlung verbunden ist. Entsprechend werden Atomzeitskalen über Cs Mikrowellenfrequenzstandards wie die Cs Atomfontänen der Physikalisch-Technischen Bundesanstalt Braunschweig (PTB) realisiert. Parallel dazu werden optische Atomuhren entwickelt, bei welchen Energieübergänge angeregt werden, die zur Emission von Strahlung im optischen Wellenlängenbereich führen. Die viel kürzeren optischen

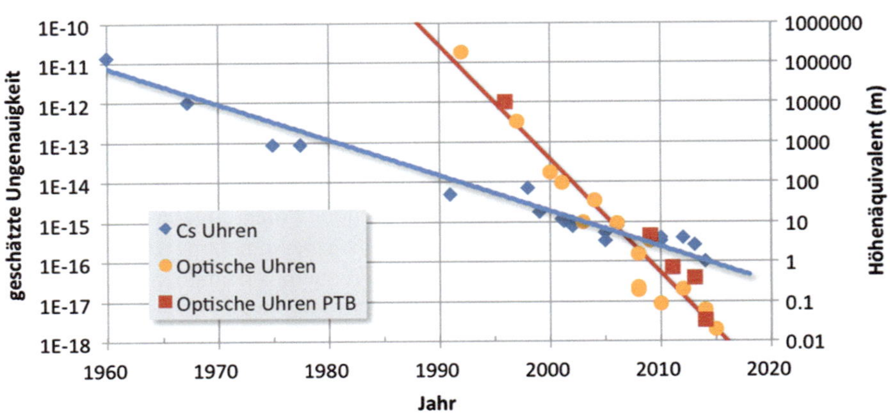

Abb. 7 Genauigkeitsentwicklung von Atomuhren. (Quelle: PTB Braunschweig)

Wellenlängen ermöglichen eine wesentlich höhere Messpräzision; dadurch haben die optischen Uhren in einer raschen Entwicklung die Mikrowellenstandards überholt (Abb. 7).

Heute existieren zwei Gruppen von optischen Atomuhren (Ludlow et al. 2015): (a) Uhren mit einer großen Zahl neutraler Atome in optischen Gittern und (b) Einzel-Ionen-Uhren. Für beide Gruppen werden Atome verschiedener Elemente verwendet. Für Gitteruhren sind die Elemente Mg, Ca, Sr, Hg und Yb gebräuchlich; Einzel-Ionen-Uhren existieren mit den Spezies Al^+, Sr^+, In^+, Hg^+ und Yb^+ Für die Auswahl der Spezies sind einerseits das Vorhandensein geeigneter Energieübergänge mit schmaler Linienbreite des emittierten Spektrums und geringer Sensitivität für Störungen wichtig. Andererseits müssen für die benötigte Laserkühlung und -präparation Laser mit der richtigen Wellenlänge verfügbar sein.

In den optischen Uhren werden aus einem Atomstrahl oder einer Atomwolke der gewählten Spezies kommende Atome stark abgebremst und in Fallen bereitgestellt. Bei den Gitteruhren werden die neutralen Atome an den Intensitätsextrema eines durch stehende Laserwellen erzeugten optischen Gitters gefangen. Bei den Einzel-Ionen-Uhren geschieht das Fangen in einer Paul-Falle durch ein oszillierendes elektromagnetisches Feld. Wenn die Bereitstellung erfolgt ist, wird ein Uhrenlaser auf die Atome gerichtet und so in seiner Frequenz nachgesteuert, dass eine maximale Absorptionsrate durch den gewählten Referenz-Energieübergang stattfindet, d. h. dass der Übergang bei möglichst vielen Anregungsversuchen ausgelöst wird. Diese sogenannte Interrogation erfolgt in Zyklen mit einer typischen Dauer im Bereich einer Sekunde. Die Interrogationszyklen werden durch den Uhrenlaser als kontinuierlichem Frequenzmaßstab überbrückt. Für die hierzu erforderliche extreme Kurzzeitstabilität wird der Uhrenlaser in einem optischen Resonator (Cavity) stabilisiert. Die Stabilität des Uhrenlasers und die Qualität des Resonators sind für die Qualität der Uhr entscheidende Größen. Um schließlich zu einer Zeit- oder Frequenzmessung zu gelangen, werden die Phasenzyklen des Uhrenlasers – des kontinuierlichen, auf den Resonator und den atomaren Referenz-Übergang stabilisierten Frequenzmaßstabs – mit Hilfe eines optischen Frequenzkamms gezählt.

Gitteruhren erreichen aufgrund der zahlreichen abgefragten Atome eine hohe innere Genauigkeit (Stabilität) in kurzer Zeit. Strontium (Sr) – Gitteruhren gehören zu den am besten erforschten optischen Uhren [17]. Im Gegensatz dazu benötigen Einzel-Ionen-Uhren längere Messzeiten, haben aber Vorteile durch das Vermeiden von systematischen Fehlern, die sich aus Wechselwirkungen zwischen den Atomen im optischen Gitter ergeben. Ziel der Forschung auf diesem Gebiet ist die Charakterisierung der zahlreichen Beiträge zu den Fehlerbudgets der Frequenzmessung wie z. B. des Einflusses der thermischen Schwarzkörperstrahlung. Auf dem erreichten Genauigkeitsniveau spielen auch mögliche Variationen von Fundamentalkonstanten eine Rolle, beispielsweise der Feinstrukturkonstante oder des Verhältnisses zwischen Protonen- und Elektronenmasse [13].

Die in der Zeit- und Frequenzmetrologie verwendeten Charakterisierungen fokussieren häufig auf Fehlerbudgets oder Vergleiche in den Präzisionslabors der Metrologieinstitute. Für das chronometrische Nivellement in Netzen ist hingegen die Qualität von Frequenzvergleichen über große Distanzen wichtig; andererseits ist keine absolute Frequenzgenauigkeit im Sinn der Frequenzmetrologie notwendig, sondern nur eine sehr gute Reproduzierbarkeit. Zu diesem Zweck wird an der Entwicklung transportabler optischer Uhren gearbeitet. Diese sollen neben einer Laboruhr kalibriert werden (Seite-an-Seite) und dann an das entfernte Ende einer Faserverbindung gebracht werden, um das chronometrische Nivellement mit gegenseitig kalibrierten Uhren durchzuführen.

Optische Frequenzübertragung

Die Frequenzübertragung mit Hilfe der Mikrowellensignale der Globalen Navigationssatellitensysteme (GNSS) oder des durch viele nationale Metrologieinstitute eingesetzten Two Way Satellite Time and Frequency Transfer (TWSTFT) über geostationäre Kommunikationssatelliten erreicht relative Frequenzgenauigkeiten im Bereich von 10^{-15} und ist damit nicht genau genug für das chronometrische Nivellement. Hierfür ist grundsätzlich die optische Frequenzübertragung notwendig. In den letzten Jahren wurden grundlegende Fortschritte bei der optischen Frequenzübertragung durch optische Fasern erreicht. Insbesondere waren Experimente zur phasenstabilisierten optischen Übertragung über lange Strecken durch Glasfaserkabel kommerzieller Telekommunikationsanbieter sehr erfolgreich. Für die Phasenstabilisierung werden durch die Faser hin und zurück gesendete Laserfrequenzen interferometrisch mit einem lokalen Referenzsignal verglichen. Festgestellte Phasenänderungen sind dabei auf Umwelteffekte wie temperaturbedingte Änderungen der optischen Weglänge oder Erschütterungen zurückzuführen. Diese werden mit einem akusto-optischen Modulator unterdrückt, wodurch eine Frequenzübertragung erreicht wird, die frei von diesen Störeffekten ist. Die Untersuchung mehrfach zwischen der PTB und dem Max-Planck-Institut für Quantenoptik, Garching, hin und her gesendeter Signale wies eine relative Frequenzungenauigkeit von 10^{-19}

bei einer Übertragung über 1800 km nach [6]. Um bei solchen Distanzen die Kohärenz der optischen Frequenz zu gewährleisten, müssen optische Verstärker an Zwischenstationen verwendet werden. Die derzeit besten Ergebnisse werden mit Brillouin-Faserverstärkern erreicht, die etwa alle 300 km erforderlich sind [19]. Seit kurzem werden Frequenzübertragungen in ähnlicher Qualität zwischen der PTB und SYRTE am Observatoire de Paris durchgeführt. Die Verbindung der deutschen und französischen Faserstrecke befindet sich in Strasbourg. Während im deutschen Teil eine nur für die wissenschaftliche Frequenzübertragung genutzte (‚dunkle') Faser verwendet wird, wird im französischen Teil ein reservierter Frequenzkanal einer auch anderweitig genutzten Faser genutzt. Durch diesen Faserlink fanden 2015 erste optische Vergleiche der Frequenzen der Sr Gitteruhren der PTB und von SYRTE statt, deren Ergebnisse derzeit untersucht werden.

6 Ausblick

Die neue Sensorik zur Schwerefeldbestimmung hat ein erhebliches und langfristiges Potential für geodätische Anwendungen. Die neue Technologie wird Entwicklungen in verschiedenen Bereichen auslösen, die erst teilweise absehbar sind und deren Auswirkungen gleichzeitig geodätische Alltagsanwendungen und Fortschritte in der Fundamentalphysik betreffen. Mit höheren Messverfahren werden allerdings auch große und neuartige Anforderungen an die geodätischen Modellierungsverfahren entstehen. Als langfristige Perspektive sehen wir

- die Laserinterferometrie mit mehreren Testmassen als Standardverfahren für die Beobachtung globaler Massenvariationen;
- Quantengravimeter für das schnelle und zuverlässige Monitoring von Massenänderungen unter der Erdoberfläche; und
- die Relativistische Geodäsie in Uhrennetzen zur Festlegung und Verteilung des Vertikaldatums.

Dank: Der SFB 1128 geo-Q wird durch die Deutsche Forschungsgemeinschaft gefördert. Der Autor bedankt sich für die Unterstützung durch das geo-Q Team insbesondere bei C. Lisdat, P. Schmidt, D. Schlippert, S. Abend, G. Heinzel, D. Schütze und T. Bandikova.

Literatur

1. Bender, P.L., Wiese, D.N., Nerem, R.S.: A possible dual-GRACE mission with 90 degree and 63 degree inclination orbits. In: Proceedings of the Third International Symposium on Formation Flying, Missions and Technologies, S. 1–6. ESA/ESTEC, Noordwijk (2008)
2. Bjerhammar, A.: On a relativistic geodesy. Bull. Géod. **59**(3), 207–220 (1985). doi:10.1007/BF02520327
3. Carraz, O., Siemes, C., Massotti, L., Haagmans, R., Silvestrin, P.: Measuring the Earth's gravity field with cold atom interferometers (2015). arXiv preprint arXiv:1506.03989

4. Chen, X., Zhong, J., Song, H., Zhu, L., Wang, J., Zhan, M.: Proportional-scanning-phase method to suppress the vibrational noise in nonisotope dual-atom-interferometer-based weak-equivalence-principle-test experiments. Phys. Rev. A **90**(2), 023609 (2014)
5. Dickerson, S.M., Hogan, J.M., Sugarbaker, A., Johnson, D.M., Kasevich, M.A.: Multiaxis inertial sensing with long-time point source atom interferometry. Phys. Rev. Lett. **111**(8), 083001 (2013)
6. Droste, S., Ozimek, F., Udem, T., Predehl, K., Hänsch, T.W., Schnatz, H., Grosche, G., Holzwarth, R.: Optical-frequency transfer over a single-span 1840 km fiber link. Phys. Rev. Lett. **111**(11), 110801 (2013)
7. Elsaka, B., Raimondo, J.C., Brieden, P., Reubelt, T., Kusche, J., Flechtner, F., Sneeuw, N., Müller, J.: Comparing seven candidate mission configurations for temporal gravity field retrieval through full-scale numerical simulation. J. Geod. **88**(1), 31–43 (2014)
8. Gaaloul, N., Hartwig, J., Schubert, C., Ertmer, W., Rasel, E.M.: Precision interferometry with Bose-Einstein-Condensates. In: Tino, G., Kasevich, M. (Hrsg.) Atom Interferometry, Proceedings of International School of Physics Enrico Fermi, Bd. 188, S. 657–689. IOS press, Amsterdam (2014)
9. Geiger, R., Amand, L., Bertoldi, A., Canuel, B., Chaibi, W., Danquigny, C., Dutta, I., Fang, B., Gaffel, S., Gillot, J., Holleville, D., Landragin, A., Merzougui, M., Riou, I., Savoie, A.D., Bouyer, P.: Matter-wave laser Interferometric Gravitation Antenna (MIGA): new perspectives for fundamental physics and geosciences (2015). arXiv preprint arXiv:1505.07137
10. Greff-Lefftz, M., Dehant, V., Lognonne, P., Hoolst, T.V., Legros, H.: LICODY laser interferometry for core and ocean dynamics. In: Proceedings of Journées des Systèmes de Référence Spatio-temporels 2001, S. 214–218. Observatoire Royal de Belgique (2002)
11. Hauth, M., Freier, C., Schkolnik, V., Peters, A., Wziontek, H., Schilling, M.: Atom interferometry for absolute measurements of local gravity. In: Tino, G., Kasevich, M. (Hrsg.) Atom Interferometry, Proceedings of International School of Physics Enrico Fermi, Bd. 188, S. 557–586 (2014)
12. Hu, Z.K., Sun, B.L., Duan, X.C., Zhou, M.K., Chen, L.L., Zhan, S., Zhang, Q.Z., et al.: Demonstration of an ultrahigh-sensitivity atom-interferometry absolute gravimeter. Phys. Rev. A **88**(4), 043610 (2013). doi:10.1103/PhysRevA.8 8.043610
13. Huntemann, N., Lipphardt, B., Tamm, C., Gerginov, V., Weyers, S., Peik, E.: Improved limit on a temporal variation of mp/me from comparisons of Yb+ and Cs atomic clocks. Phys. Rev. Lett. **113**(21), 210802 (2014)
14. Ludlow, A.D., Boyd, M.M., Ye, J., Peik, E., Schmidt, P.O.: Optical atomic clocks (2014). arXiv preprint arXiv:1407.3493
15. Merlet, S., Bodart, Q., Malossi, N., Landragin, A., Pereira Dos Santos, F., Gitlein, O., Timmen, L.: Comparison between two mobile absolute gravimeters: optical versus atomic interferometers. Metrologia **47**(4), L9–L11 (2010). doi:10.1088/0026- 1394/47/4/L01
16. National Research Council: Satellite gravity and the geosphere, contributions to the study of the solid Earth and its fluid envelopes (1997). doi:10.17226/5767
17. Nicholson, T.L., Campbell, S.L., Hutson, R.B., Marti, G.E., Bloom, B.J., McNally, R.L., Zhang, W., Barrett, M.D., Safronova, M. S., Strouse, G. F., Tew, W.L., Ye, J.: Systematic evaluation of an atomic clock at 2 [times] 10–18 total uncertainty. Nature Commun. **6** (2015). doi:10.1038/ncomms7896
18. Poli, N., Wang, F.Y., Tarallo, M.G., Alberti, A., Prevedelli, M., Tino, G.M.: Precision measurement of gravity with cold atoms in an optical lattice and comparison with a classical gravimeter. Phys. Rev. Lett. **106**(3), 038501 (2011)
19. Raupach, S.M.F., Koczwara, A., Grosche, G.: Optical frequency transfer via a 660 km underground fiber link using a remote Brillouin amplifier. Opt. Express **22**(22), 26537–26547 (2014)
20. Rosi, G., Sorrentino, F., Cacciapuoti, L., Prevedelli, M., Tino, G.M.: Precision measurement of the Newtonian gravitational constant using cold atoms. Nature **510**(7506), 518–521 (2014)

21. Rosi, G., Cacciapuoti, L., Sorrentino, F., Menchetti, M., Prevedelli, M., Tino, G.M.: Measurement of the gravity-field curvature by atom interferometry. Phys. Rev. Lett. **114**(1), 013001 (2015)
22. Schlippert, D., Albers, H., Richardson, L.L., Nath, D., Heine, H., Meiners, C., Wodey, E., Billon, A., Hartwig, J., Schubert, C., Gaaloul, N., Ertmer, W., Rasel, E.M.: Ground tests of Einstein's equivalence principle: from lab-based to 10-m atomic fountains (2015). arXiv preprint arXiv:1507.05820
23. Schütze, D., Müller, V., Stede, G., Sheard, B.S., Heinzel, G., Danzmann, K., Sutton, A.J., Shaddock, A.D.: Retroreflector for GRACE follow-on: vertex vs. point of minimal coupling. Opt. Express **22**, 9324–9333 (2014)
24. Sheard, B., Heinzel, G., Danzmann, K., Shaddock, D., Klipstein, W., Folkner, W.: Intersatellite laser ranging instrument for the GRACE follow-on mission. J. Geod. **86**(12), 1–13 (2012). doi:10.1007/s00190-012-0566-3
25. Sorrentino, F., Bertoldi, A., Bodart, Q., Cacciapuoti, L., De Angelis, M., Lien, Y.H., Prevedelli, M., Rosi, G., Tino, G.M.: Simultaneous measurement of gravity acceleration and gravity gradient with an atom interferometer. Appl. Phys. Lett. **101**(11), 114106 (2012)
26. Vermeer, M.: Chronometric levelling. Repts Finnish Geodetic Inst **83**(2) (1983)
27. Wuchenich, D.M., Mahrdt, C., Sheard, B., Francis, S.P., Spero, R.E., Miller, J., Mow-Lowry, C.M., Ward, R.L., Klipstein, W.M., Heinzel, G., Danzmann, K., McClelland, D.E. Shaddock, D.A.: Laser link acquisition demonstration for the GRACE follow-on mission. Opt. Express **22**(9), 11351–11366 (2014)

Zukunft der globalen Geodäsie und Fernerkundung aus Sicht des Deutschen GeoForschungsZentrum (GFZ), Potsdam

12

Harald Schuh, Jens Wickert, Mike Sips, Tilo Schöne, Christian Rogaß, Sigrid Roessner, Rolf König, Volker Klemann, Robert Heinkelmann, Henryk Dobslaw und Georg Beyerle

Zusammenfassung

Die Technologien und Methoden der Globalen Geodäsie und Fernerkundung (GGF) haben sich in den vergangenen Dekaden mit rascher Geschwindigkeit weiterentwickelt und die Resultate der heutigen GGF liefern wichtige Grundlagen für die geo- und naturwissenschaftlichen Nachbarsdisziplinen. Der Artikel ist das Ergebnis eines intensiven GFZ-internen Denk- und Diskussionsprozesses über die Weiterentwicklung der GGF bis über das Jahr 2030 hinaus. Basierend auf dem zu erwartenden technologischen Fortschritt in Computer- und Satellitentechnik verbunden mit der Nutzung bahnbrechender neuer Entwicklungen der Atom- und Laserphysik ist mit einer Vielzahl von spektakulären Neuerungen in der GGF zu rechnen. Hierzu gehören z. B. die Nutzung der Quantenmechanik für hochgenaue Uhren zur präzisen Bestimmung der Gravitationsbeschleunigung und letztendlich zur Höhenmessung oder der Einsatz von Schwärmen kostengünstiger Klein- oder Kleinstsatelliten zur Erdbeobachtung. In der Fernerkundung bieten neue Sensoren in Verbindung mit innovativen Prozessierungsverfahren und einer Vielzahl von nationalen und internationalen Satellitenmissionen großartige Möglichkeiten der zukünftigen Erdbeobachtung. Auf der Seite der Modellierung spielen die dynamischen Wechselwirkungen zwischen den Komponenten des Erdsystems (Feste Erde, Atmosphäre, Ozeane,

H. Schuh (✉) • J. Wickert • M. Sips • T. Schöne • C. Rogaß • S. Roessner • R. König • V. Klemann • R. Heinkelmann • H. Dobslaw • G. Beyerle
Helmholtz-Zentrum Potsdam – Deutsches GeoForschungsZentrum GFZ, Stiftung des öffentlichen Rechts des Landes Brandenburg, Potsdam, Deutschland
E-Mail: harald.schuh@gfz-potsdam.de; jens.wickert@gfz-potsdam.de; mike.sips@gfz-potsdam.de; tilo.schoene@gfz-potsdam.de; christian.rogass@gfz-potsdam.de; sigrid.roessner@gfz-potsdam.de; rolf.koenig@gfz-potsdam.de; volker.klemann@gfz-potsdam.de; robert.heinkelmann@gfz-potsdam.de; henryk.dobslaw@gfz-potsdam.de; georg.beyerle@gfz-potsdam.de

R. Rummel (Hrsg.), *Erdmessung und Satellitengeodäsie*, Springer Reference Naturwissenschaften, DOI 10.1007/978-3-662-47100-5_16

Hydrosphäre, Kryosphäre, Biosphäre) ergänzt um den Einfluss des Menschen (Anthroposphäre) eine Schlüsselrolle. Eine wichtige Grundvoraussetzung für die Erfassung von Veränderungen im System Erde ist die Definition, Realisierung und Aufrechterhaltung eines globalen geodätischen Referenzrahmens, wie es erst kürzlich in einer Resolution der Vereinten Nationen (Resolution 69/266, angenommen am 26.02.2015) gefordert wurde. Das Global Geodetic Observing System (GGOS) der IAG (International Association of Geodesy) bündelt als Leitprojekt dieser Dekade alle internationalen Aktivitäten der Geodäsie.

Schlüsselwörter
Geodätische Weltraumverfahren • GNSS (Global Navigation Satellite Systems) • VLBI (Very Long Baseline Interferometry) • SLR (Satellite Laser Ranging) • Fernerkundung • Quantenmechanik

Inhaltsverzeichnis

1 Gesellschaftliche Herausforderungen

Die Erdbevölkerung hat sich seit Beginn der Industrialisierung annähernd versechsfacht und steigt weiterhin exponentiell. Dieses rasante Wachstum konzentriert sich in erster Linie in urbanen Ballungszentren außerhalb der westlichen Industriestaaten. Dabei verschärfen sich insbesondere im Umfeld von Megastädten die schon bestehenden Flächennutzungskonflikte zwischen der Industrie, der landwirtschaftlichen Produktion von Nahrungsmitteln und Energiepflanzen, dem Verkehr, der Gewinnung von Georessourcen, der Deponierung von Abfallstoffen und dem Schutz naturnaher Räume zur Erhaltung der Biodiversität und zur Erholung. Mit dieser zunehmenden Konzentration von Menschen auf eng begrenztem Raum wächst auch deren Gefährdung durch Naturgefahren wie Erdbeben, Überschwemmungen, Hangrutschungen, Vulkanausbrüche, Schlammlawinen und Flutwellen mit von Jahrzehnt zu Jahrzehnt steigenden Opferzahlen und wirtschaftlichen Schäden. Diese sich immer weiter zuspitzende Problemlage geht häufig mit fehlenden oder veralteten räumlichen Daten sowie mit unklaren rechtlichen Rahmenbedingungen bezüglich der Eigentums- und Besitzverhältnisse an Grund und Boden einher. Ein aktuelles und räumlich genaues Kataster- und Landmanagementsystem basierend auf präzisen geodätischen Referenzinformationen ist eine wesentliche Grundlage für die stabile gesellschaftliche und wirtschaftliche Entwicklung eines Landes einschließlich einer nachhaltigen Ressourcennutzung und -planung.

Der Mensch beeinflusst zunehmend in globalem Maße das Erdsystem und den erdnahen Weltraum. Es werden kohlenstoffhaltige und mineralische Rohstoffe abgebaut und verbraucht, fossile Wasservorkommen aus tiefen Grundwasserleitern ausgebeutet und die atmosphärische Zirkulation durch die starke Erhöhung der Treibhausgaskonzentrationen verändert. Diese massiven Eingriffe führen zu bereits heute messbaren Veränderungen im globalen Maßstab, wie z. B. dem Anstieg der globalen atmosphärischen Oberflächentemperatur, dem Rückgang der kontinental gespeicherten Eismassen und dem Anstieg des mittleren globalen Meeresspiegels. Anthropogen verursachte Veränderungen dieses Ausmaßes sind beispiellos in der bisherigen Erdgeschichte, so dass bereits von dem Beginn eines neuen geologischen Erdzeitalters dem Anthropozän [27] gesprochen wird.

Qualifizierte Entscheidungen über eine adäquate Reaktion der menschlichen Gesellschaften auf diese sich ändernden Rahmenbedingungen – entweder durch die Einleitung abfedernder Maßnahmen oder durch Anpassung an die veränderten Bedingungen – erfordern eine kontinuierliche quantitative Erfassung des aktuellen Zustandes unseres Planeten und seiner Änderungen mit der Zeit, um auf der Basis von verlässlichen Beobachtungsdaten ein zukunftsfähiges Raum- und Ressourcenmanagement betreiben zu können. Dies beinhaltet die Möglichkeit der Begrenzung von Schäden, die durch Naturkatastrophen hervorgerufen werden. Dazu müssen verschiedene Kenngrößen des Erdsystems im globalen, regionalen und lokalen Maßstab definiert, kontinuierlich erfasst und möglichst zeitnah potentiellen Entscheidungsträgern in aufbereiteter Form zur Verfügung gestellt werden.

Die Technologien und Methoden der Globalen Geodäsie und Fernerkundung (GGF) leisten dazu einen wichtigen Beitrag.

2 Zentrale Forschungsthemen

Der klassische Forschungsgegenstand der GGF ist die quantitative Bestimmung von Geometrie und Oberflächeneigenschaften der Erde, ihres äußeren Schwerefeldes, ihrer Rotation und ihrer Orientierung im Raum [68]. Neben der Ausmessung von langzeitlich gemittelten Zuständen sind es zunehmend auch zeitliche Veränderungen innerhalb immer kürzerer Zeiträume, die messtechnisch erfasst und für die dynamische Interpretation und Modellierung verfügbar gemacht werden müssen.

Die kontinuierliche Neu- und Weiterentwicklung der dafür erforderlichen Sensorik basiert auf neuesten Erkenntnissen der theoretischen und experimentellen Physik und ist nur in enger Kooperation mit Informatik, Elektro- und Nachrichtentechnik und anderen benachbarten Disziplinen möglich. Dabei erfordert die Auswertung der entstehenden riesigen Datenmengen optimal angepasste Verfahren der numerischen Mathematik und der Statistik. Eine Verkürzung der Zeitdifferenz zwischen Datengewinnung und Produktauslieferung ist ohne eine verlässliche Breitbanddatenübertragung aus allen Regionen der Erde und ohne eine weitgehende Automatisierung von Auswerteprozessen nicht möglich.

Neuartige Erdbeobachtungsverfahren erlauben die Analyse der Signale von dynamischen Prozessen, die sich im Erdinneren, an der Erdoberfläche und im erdnahen Raum abspielen. Diese Prozesse gehen zum Teil weit über den bisherigen Forschungsgegenstand der GGF hinaus. Beispiele hierfür sind die Erfassung von Temperaturänderungen in der Atmosphäre mit Hilfe von GPS-Radiookkultationsmessungen (z. B. [165]), die Bestimmung von Variationen des ozeanischen Bodendrucks aus satellitengestützten Schwerefeldbeobachtungen (z. B. GRACE; [154]), die flächenhafte Erkundung von mineralischen Rohstoffen, die Fluoreszenzanalyse zur Vegetationscharakterisierung und die Validierung von Elektronendichtemodellen der Sonnenkorona mit Hilfe von VLBI-Beobachtungen [150]. Diese immer weiter zunehmende Verzahnung von GGF mit zahlreichen anderen Wissenschaftsrichtungen verstärkt den interdisziplinären Charakter dieser Wissenschaft und ihre wichtige Stellung innerhalb der angewandten Naturwissenschaften.

2.1 Erdoberfläche

Die Landflächen der Erde bilden das Zentrum des menschlichen Lebensraumes. Sie unterliegen einem ständigen Wandel aufgrund von zahlreichen natürlichen und anthropogenen Einflussfaktoren, die auf sehr komplexe Art und Weise interagieren. Im Ergebnis ist die Erdoberfläche durch sehr heterogene Oberflächeneigenschaften geprägt, die unterschiedliche Strahlungs- und Reflexionscharakteristika der verschiedenen Oberflächenmaterialien zur Folge haben. Daraus ergibt sich eine

Vielzahl an fernerkundlichen Beobachtungsmöglichkeiten. So können Änderungen in der Landnutzung und die Entwicklung von Megastädten anhand von historischen Satellitenaufnahmen rekonstruiert und in Bezug zu aktuellen Entwicklungen gesetzt werden. Das weiter zunehmende spektrale Auflösungsvermögen von optischen Fernerkundungssensoren eröffnet außerdem neue Möglichkeiten der Charakterisierung von Oberflächenmaterialien. Diese Informationen können z. B. für die Entwicklung neuer Indikatoren für die Stadtökologie und -klimatologie mit dem Ziel der objektiven Bewertung der Lebensqualität in urbanen Räumen genutzt werden. Auf Grundlage von Fernerkundungsdaten sind mittlerweile umfassende Gefährdungsanalysen für Siedlungsgebiete sowohl in Bezug auf Naturgefahren als auch auf anthropogene Risiken möglich. Solche Informationen stellen eine wichtige Datenbasis für die Ergreifung entsprechender vorbeugender politischer Maßnahmen zur Wichtung und Minderung der identifizierten Risiken dar.

Fernerkundungssensoren liefern außerdem Daten über natürliche Ressourcen wie z. B. Ausdehnung und Charakter der Vegetation in unterschiedlichen Entwicklungsstufen, Böden und mineralischen Lagerstätten, Bioressourcen in der Land- und Forstwirtschaft und Gewässergüte. Topographische Parameter wie Geländehöhe und Hangneigung können mit hoher Verlässlichkeit abgeleitet werden, sodass aus Wiederholungsmessungen auf Reliefveränderungen, z. B. in Form vertikaler Setzungen oder Hangrutschungen geschlossen werden kann. Hyperspektrale fernerkundliche Methoden erlauben zudem eine Charakterisierung von einzelnen Aspekten des Oberflächenchemismus, welche insbesondere für die Lagerstättenprospektion in schwer zugänglichem Gelände von großer Bedeutung sind.

Gleichzeitig eröffnen neuartige gravimetrische Beobachtungsverfahren erstmals die Möglichkeit, Variationen im terrestrisch gespeicherten Wasser unabhängig von dessen Oberflächenexposition zu detektieren [42]. Neben langfristigen Veränderungen – wie beispielsweise verursacht durch die übermäßige Förderung von Grundwasser – sind es insbesondere langzeitliche Hoch- und Niedrigstände der in einzelnen Einzugsgebieten gespeicherten Wassermassen, die Beiträge zur Quantifizierung hydrometeorologischer Extremereignisse liefern und so die genauere Abschätzung von potentiellen wirtschaftlichen und gesellschaftlichen Folgen ermöglichen. Die Menge des oberflächennah gespeicherten und damit prinzipiell für die Evapotranspiration verfügbaren Wassers hat überdies einen signifikanten Einfluss auf die kurz- und mittelfristige Wetter- und Klimaentwicklung in der Region. Aktuelle Klimamodelle nutzen daher zunehmend die Bodenfeuchteanomalien als Anfangswerte für globale und regionale Vorhersagen auf Zeithorizonten von mehreren Monaten bis hin zu einer Dekade [92].

In den vergletscherten Regionen der Erde eröffnen satellitengestützte Radarsensoren die Möglichkeit der Vermessung von horizontalen Gletscherbewegungen und langfristigen Änderungen in Ausdehnung und Mächtigkeit von Eiskappen. Durch regelmäßige Wiederholungsmessungen können Ansammlungen von Wassermassen in Schmelzwasserseen überwacht werden. In der Kombination mit Bodenmessungen lassen sich daraus entstehende Ausbruchsfluten vorab auf ihr Zerstörungspotential untersuchen [104, 172]. In Ergänzung zu diesen geometrischen Verfahren liefert die satellitengestützte Gravimetrie Abschätzungen über

Änderungen der in den Eisschilden gespeicherten Wassermassen, welche gegenwärtig mit etwas mehr als einem Millimeter pro Jahr zum Anstieg des mittleren Meeresspiegels beitragen [129].

Neben der Quantifizierung von geophysikalischen Parametern unseres Lebensraumes stellt die globale Geodäsie Geobasisdaten als Grundlage für zahlreiche Aktivitäten der menschlichen Gesellschaft bereit. Positionierungsdienste wie GPS, GLONASS, BeiDou oder Galileo – zusammengefasst unter dem Begriff GNSS (Global Navigation Satellite Systems) – offerieren eine Positionsbestimmung im Sub-Meterbereich für jedermann. Unter Nutzung geodätischer Ergänzungsservices ist auch eine Realisierung von cm-Genauigkeiten mit nur wenig größerem Aufwand in vielen Regionen der Erde problemlos möglich. Dieser Paradigmenwechsel in der Positionierung eröffnete eine Vielzahl neuer Anwendungen – von der Fußgängernavigation bis hin zur großräumigen Prozesssteuerung in der Industrie und Logistik (siehe z. B. [44, 54, 80]).

Gleichzeitig ermöglicht die globale Geodäsie die hochgenaue und reproduzierbare Realisierung von räumlichen Grenzen und damit die koordinatenmäßige Beschreibung von Eigentums- und Besitzverhältnissen. Insbesondere in weniger entwickelten Regionen sind unklare Besitzverhältnisse und Wegerechtsproblematiken eines der größten Investitionshindernisse. Nach Vorliegen der politischen und rechtlichen Rahmenbedingungen lassen sich mit verhältnismäßig geringem Aufwand per GNSS örtliche Referenzrahmen realisieren und die oben genannten Probleme deutlich leichter überwinden.

2.2 Atmosphäre

Die Atmosphäre ist die gasförmige Hülle der Erde und gehört mit vielfältigen Wechselwirkungen zum direkten und prägenden Lebensraum des Menschen. Verursacht durch die intensive Sonnenstrahlung kommt es in den oberen Atmosphärenschichten zu einer teilweisen Ionisation der Moleküle und Atome, sodass grundsätzlich in Ionosphäre und die darunter liegende elektrisch neutrale Atmosphäre unterschieden werden kann.

Die Erdatmosphäre ist in der Geodäsie und der Fernerkundung von zentraler Bedeutung. Wichtige Beispiele hierfür sind atmosphärische Auflasteffekte, die zu Variationen von Stationskoordinaten im Zentimeterbereich führen können, und die Atmosphärenbeiträge zum Massentransport im System Erde, die sich auf das Schwerefeld und auf die Erdrotation auswirken [13].

Ein wichtiger technischer Aspekt aller geodätischen Weltraumverfahren im Radiofrequenzbereich ist der Atmosphäreneinfluss auf die Signalausbreitung. Für präzise geodätische Messungen muss dieser Einfluss auf Beobachtungsebene korrigiert werden. Dispersive Effekte der Ionosphäre werden dabei üblicherweise durch Korrekturterme erster Ordnung aus Zweifrequenzmessungen berücksichtigt. Korrekturterme höherer Ordnung sowie Effekte der neutralen Atmosphäre hingegen können sehr genau nur mit Wellenausbreitungsrechnungen erfasst werden. Neue Entwicklungen sind hier die Verwendung von immer präziseren und schneller verfügbaren meteorologischen Modelldaten in Verbindung mit verbesserten Strahlverfolgungsalgorithmen für die hochpräzise Positionsbestimmung. Bei passiven (optischen und thermalen) Fernerkundungsverfahren ist vor allem die Korrektur der Strahlungsabsorption durch den atmosphärischen Wasserdampf und Streuung durch Aerosole eine Schlüsselaufgabe für die Generierung genauer Fernerkundungsdatenprodukte (siehe z. B. [61] und [62]).

Mehr und mehr werden geodätisch basierte Weltraumverfahren zur Fernerkundung des Ausbreitungsmediums selbst genutzt. Sie bieten etliche vorteilhafte Eigenschaften im Vergleich zu etablierten meteorologischen Methoden und ein Großteil der umfangreichen geodätischen Beobachtungsinfrastruktur ist für operationelle Anwendungen geeignet. Insbesondere die GNSS-Verfahren werden bereits heute zur Verbesserung von Wettervorhersagen (Abb. 1), zur Erforschung der Physik der Atmosphäre und zu Untersuchungen atmosphärischer Phänomene des globalen Klimawandels verwendet. Weiterhin verbessern satellitenbasierte Elektronendichteinformationen, z. B. aus Radiookkultationsmessungen oder von Radaraltimetern, globale Ionosphärenmodelle. Schnellere Datenverfügbarkeiten machen hier Beiträge zur Vorhersage des Weltraumwetters möglich. Es ist zu erwarten, dass sich diese Entwicklungen mit der Etablierung der neuen Navigationssatellitensysteme und der Erweiterung von Empfängerinfrastrukturen (Bodennetze, LEO-Satelliten mit geeigneten Empfängern, Flug- und Schiffsplattformen) beschleunigt fortsetzen.

Große Bedeutung werden in naher Zukunft insbesondere die Erhöhung der raumzeitlichen Auflösung der Messungen, die Implementierung von Echtzeitsystemen und die Bearbeitung klimatologischer Fragestellungen auf der Basis konsistenter Langzeitdatensätze haben. So können beispielsweise langfristige Änderungen der Temperaturverteilungen in der oberen Troposphäre und unteren Stratosphäre

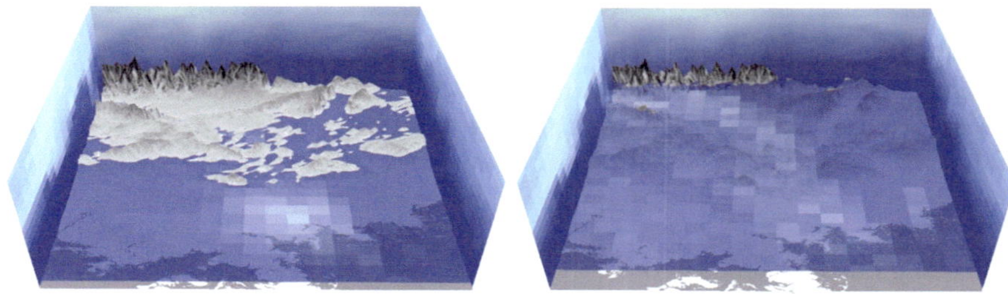

Abb. 1 3D-Wasserdampfverteilung über Deutschland vom 6. August 2007, abgeleitet aus Messungen von ca. 350 in Nahezu-Echtzeit betriebenen GPS-Bodenstationen mit tomografischen Verfahren (Oben: Alpen; unten: Ost- und Nordsee). Dargestellt sind zwei horizontale Schnitte durch die 3D-Verteilung, links in 300 m und rechts in 1000 m Höhe. Die Verteilung wird auf einer räumlichen Gitterstruktur mit einer Auflösung von 35 km x 35 km in der Horizontalen und ca. 300 m in der Vertikalen erstellt. Die Farbtiefe ist proportional zum Wasserdampfgehalt, von weiß (trocken) bis dunkelblau (sehr feucht). Die linke und rechte Begrenzung der Abbildungen sind jeweils Vertikalschnitte durch die 3D-Rekonstruktion. Die zeitliche Veränderung dieser Verteilung ist mit Wetterphänomenen gekoppelt und kann zur Wettervorhersage genutzt werden (siehe Abb. 2, 7, 10, 11)

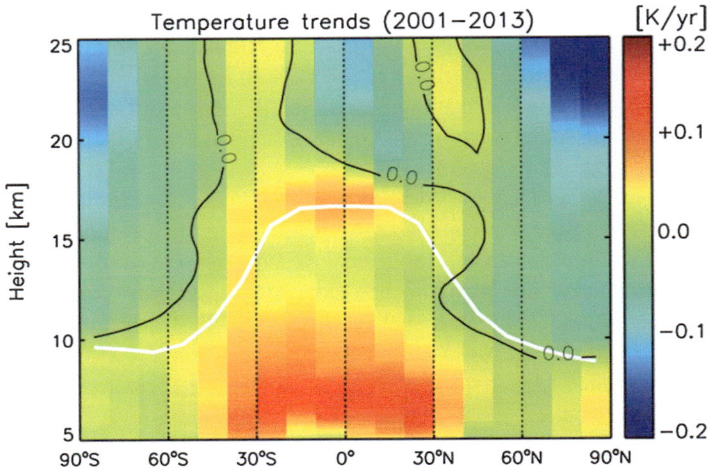

Abb. 2 Globale atmosphärische Temperaturänderungen, abgeleitet aus GPS-Radiookkultationsdaten der CHAMP- und GRACE-Satelliten 2001–2013. Die weiße Linie markiert die Lage der Tropopause (siehe [136])

über die letzte Dekade [136] hochgenau mit GNSS-Radiookkultationsdaten [163] nachverfolgt werden (Abb. 2). Darüber hinaus ermöglichen neue tomografische Datenprodukte wie dreidimensionale Elektronendichte- oder Wasserdampfverteilungen fundierte Prozessstudien zur Atmosphärenphysik in allen Höhenstufen. Die Kombination von Beobachtungen verschiedener geodätischer Weltraumverfahren mit den immer länger werdenden bodengestützten Messreihen bietet neue Möglichkeiten für die Atmosphärenforschung. Ein gutes Beispiel hierfür ist die Verknüpfung von VLBI- mit GNSS-basierten Daten zur Untersuchung klimatologisch bedingter Veränderungen des Wasserdampfes (u. a., [112]).

Neben den geodätischen Verfahren gibt es auch zahlreiche gut entwickelte Fernerkundungsverfahren zur Atmosphärensondierung. Dazu zählen die Auswertung von Satellitenaufnahmen im sichtbaren Spektrum und im nahen Infrarot, Radarverfahren zur Quantifizierung von Niederschlag oder die Messung verschiedenster atmosphärischer Spurengase, die in den nächsten Jahrzehnten zunehmende Bedeutung erlangen wird.

2.3 Ozeane

Die Weltmeere mit ihrer durchschnittlichen Tiefe von 4000 m und ihrer tiefgreifenden meridionalen Umwälzzirkulation haben als Wärmespeicher und -transporteur einen herausragenden Einfluss auf die langfristige Entwicklung des Erdklimas. Gleichzeitig sind Variationen des Meeresspiegels von großer Bedeutung für die langfristige Entwicklung von menschlichen Siedlungsräumen, die sich in vielen Regionen der Welt insbesondere an den Küsten konzentrieren und dort eine besonders hohe Bevölkerungsdichte aufweisen. Der Meeresspiegel unterliegt jedoch regional starken zeitlichen Schwankungen. Diese werden durch Variabilität der Zirkulation, Änderungen in der Gesamtmasse des Meerwassers durch Abschmelzen der Eisschilde, durch temperatur- und salzgehaltsbedingte Dichteänderungen sowie die Gezeiten verursacht. Das verbesserte Verständnis dieser Variationen und eine genauere Vorhersage ihrer zukünftigen Entwicklung sind von großer gesellschaftlicher Relevanz und somit eine der treibenden Kräfte für die fortschreitende Erforschung der Ozeane.

Änderungen des absoluten Meeresspiegels im offenen Ozean werden seit etwa 30 Jahren mit Hilfe der Satellitenaltimetrie aufgezeichnet [48]. Altimetermessungen in Küstennähe sind durch Beschränkungen in den Auswerte- und Korrekturverfahren zurzeit aber noch mit hohen Unsicherheiten behaftet. Eine Kombination mit Beobachtungen ufernaher Pegelstationen, die teilweise schon Jahrzehnte messen, ist gegenwärtig nur für Signale mit saisonalen bis bestenfalls interannuellen Perioden möglich. Verbesserungen der Altimetrie sind sowohl von instrumentellen Weiterentwicklungen als auch von verbesserten Auswertealgorithmen zu erwarten. Im Gegensatz zur Satellitenaltimetrie messen Küstenpegel relative Meeresspiegeländerungen, die Positionierung und die Bestimmung von Vertikalbewegungen der festen Erde wird mit geodätischen Raumverfahren messtechnisch erfasst.

Schnell ablaufende und kleinskalige Prozesse (z. B. Tsunamis, Sturmfluten) können derzeit durch Limitierungen in der zeitlichen und räumlichen Abtastung der Satellitenbeobachtungen nicht hinreichend genau aufgelöst werden, sodass Fernerkundungsdaten für Frühwarnsysteme durch in Echtzeit verfügbare Beobachtungen am Boden ergänzt werden müssen.

Zur Quantifizierung der beteiligten Prozesse tragen neben dem Monitoring und der Rekonstruktion des Meeresspiegels weitere Beobachtungen entscheidend bei: Schwerefeldmissionen quantifizieren den Wassertransport zwischen Kryosphäre, terrestrischer Hydrologie und Ozean [8]; GNSS-Permanentstationen zeigen die Vertikalbewegung der festen Erde [137] und erlauben in der Verknüpfung mit Küstenpegeln die Trennung von absoluten und relativen Meereshöhenänderungen. In Verbindung mit verbesserten theoretischen Modellvorstellungen wird die Vorhersagbarkeit zukünftiger Entwicklungen des Erdsystems verbessert. Dies ist nur über ein vertieftes Verständnis der internen Ozeandynamik sowie ihrer dynamischen Kopplung über Massen-, Energie- und Momentaustausch mit Atmosphäre und fester Erde möglich.

2.4 Feste Erde

Die feste Erde bildet die untere Begrenzung des Lebensraums des Menschen. Sie vereinigt mehr als 99,9 % der Gesamtmasse des Erdsystems in sich und ist dabei gleichzeitig die am wenigsten zugängliche Erdsphäre.

Der Einfluss der festen Erde auf den menschlichen Lebensraum manifestiert sich am eindrücklichsten durch katastrophale Erdbeben und Vulkanausbrüche. Dagegen laufen zahlreiche nicht-episodische Prozesse in Kruste und Mantel im Unterschied zu hydrosphärischen Oberflächenprozessen auf Jahrhunderte überspannenden Zeitskalen ab und sind nur mit besonders langzeitstabilen Messverfahren verlässlich beobachtbar. Um genauere Erkenntnisse über das dynamische Verhalten des Erdinneren zu gewinnen, ist eine langfristige Überwachung des Schwerefeldes mit terrestrischen und satellitengestützten gravimetrischen Verfahren erforderlich, wie sie im Rahmen global koordinierter Monitoringaktivitäten bereits seit etlichen Jahren erfolgreich realisiert wird (siehe dazu auch Abschn. 4). Neben diesen eher globalen Prozessen werden kleinräumige hydrogeologische, vulkanologische oder tektonische Prozesse in die Interpretation und sukzessive Modellierung der in der festen Erde ablaufenden Prozesse einbezogen, welche darüber hinaus häufig diskontinuierlich oder zyklisch ablaufen.

Die Skalenvielfalt der relevanten Beobachtungen [59] verlangt eine Konsistenz der Interpretationswerkzeuge, die z. B. durch die Verknüpfung von geodätischen Raumverfahren und Bodenmessungen an einer Fundamentalstation (z. B. [120]) oder in Zukunft durch kleine Kollokationssatelliten verbessert werden kann [113]. Als Konsequenz ergeben sich kurzfristig direkte Verknüpfungsmessungen zwischen den geodätischen Raumverfahren und langfristig eine Zusammenführung von geometrischen und gravimetrischen Kenngrößen (siehe Abschn. 3.4).

Gegenwärtig laufende interdisziplinäre Forschungsprogramme haben aufgezeigt wie erfolgversprechend die kombinierte Interpretation von Schwere und Geometrie ist [83]. Die Verbesserungen in der Beobachtung gehen dabei einher mit Weiterentwicklungen in den Analyseverfahren und höheren räumlichen Auflösungen. Die damit einhergehende Erfassung geodynamischer Prozesse (wie Plattentektonik, Erdbeben, Vulkanismus oder Isostasie) trägt erheblich zum Verständnis der Geosphäre bei und verlangt nach feineren Modellierungswerkzeugen. Schon heute ist zum Beispiel eine detaillierte Prognose der glazial isostatischen Anpassung, die sich als linearer Trend in allen geodätischen Beobachtungssystemen manifestiert (z. B. [4, 96]), mit herkömmlichen viskoelastischen Erdmodellen nicht mehr möglich. Laterale Variationen in Materialparametern und verbesserte rheologische Modelle sind zwingend erforderlich (z. B. [158] und [159]). Materialwissenschaften und thermodynamisch konsistente Ansätze müssen einbezogen werden und eröffnen eine Verknüpfung mit anderen Modellvorstellungen der festen Erde in Bezug auf Plattentektonik, Lithosphärenstruktur und Erdmanteldynamik [16]. Variationen in integralen geodätischen Kenngrößen, wie Rotationsschwankungen und Geozentrumsbewegungen, werden zudem durch Prozesse im unteren Erdmantel und im Erdkern beeinflusst [58, 147]. Die Verlängerung der betrachteten Zeitskalen in der Erdsystemmodellierung verlangt nach einer konsistenten Modellierung der zugrundeliegenden Prozesse auf Zeitskalen, die bis zu Tausenden von Jahren reichen. Die Modellierung der festen Erde muss daher zukünftig noch enger mit den benachbarten dynamischen Systemen Hydrosphäre, Kryosphäre, Atmosphäre und Anthroposphäre zusammenhängen.

3 Sensoren

Sensoren stehen am Anfang der geodätischen/geophysikalischen und fernerkundlichen Datenerfassungskette. Aufgrund der Vielzahl der unterschiedlichen Parameter ist das Sensorenspektrum sehr breit und vielschichtig. Übergreifende Entwicklungen bei der Sensorentwicklung sind neben der Weiterentwicklung der etablierten Systeme wie GNSS, VLBI und SLR: Zunahme der Messdaten, Multi-Sensor-Ansätze zur parallelen Erfassung unterschiedlicher Parameter, Weiterentwicklung der Sensortechnologie mit Miniaturisierung auf Basis komplexer Sensorsimulationen, Zunahme der Sensorvielfalt auch durch anwendungsorientierte Sensorentwicklung, Modularität und Kostenreduktion und die vermehrte Nutzung sogenannter „Jedermann"-Geräte wie z. B. Smartphones auch zur geophysikalischen Datenerfassung. Im Folgenden wird auf die wichtigsten Sensorsysteme für Geodäsie und Fernerkundung etwas detaillierter eingegangen.

3.1 Multi-/Hyperspektralinstrumente

Es ist davon auszugehen, dass sich infolge des technischen Fortschritts alle Sensoren in ihren Aufnahmeeigenschaften immer weiter verbessern werden und kostengünstigere Herstellungsmöglichkeiten zu einem Anstieg der insgesamt operationell verfügbaren Systeme führen werden. Damit werden räumlich und spektral präzisere Daten in höherer räumlicher, radiometrischer, spektraler und zeitlicher Auflösung vorliegen. Diese neue Dimension der raum-zeitlichen Datenverfügbarkeit ist eine wichtige Voraussetzung, um dem steigenden Bedarf an Geoinformationen in Abhängigkeit von den jeweiligen Applikationen gerecht zu werden. Im Rahmen einer rasanten technischen Weiterentwicklung werden die derzeitig noch dominierenden Punkt- und Zeilendetektoren ([55], Abb. 3) durch Flächendetektoren ([95], Abb. 4) abgelöst werden, da diese neben einer höheren intrinsischen Stabilität bessere Möglichkeiten für die blickwinkelabhängige Messung, Kalibrierung und Validierung bieten. Diese Flächendetektoren werden von Jahr zu Jahr immer höhere Auflösungen bieten.

Multi-Detektorsysteme werden von Einfach-Detektorsystemen abgelöst werden, die durch eine größere spektrale Abdeckung bei hoher geometrischer Stabilität gekennzeichnet sind. Damit decken sie in einer Aufnahme den für die jeweilige Anwendung relevanten Spektralbereich komplett ab. Außerdem werden dispersive Beschichtungen und Prismen durch Multi-Spalt-Lösungen (Spalt-Raster) ersetzt werden, da diese zu einer einfacheren Geometrie und geringeren Herstellungskosten führen. Diese Multi-Spalt-Lösungen, die momentan in ihrer Fertigung noch sehr aufwendig sind, können zukünftig z. B. über 3D-Drucker schneller, präziser und kostengünstiger hergestellt werden. Weiterhin ist eine Steigerung der Modularität der Sensoren zu erwarten, die es ermöglichen wird, z. B. defekte oder veraltete Teile im Orbit mit Hilfe der Satellitenrobotik zu ersetzen oder ganze Satelliten

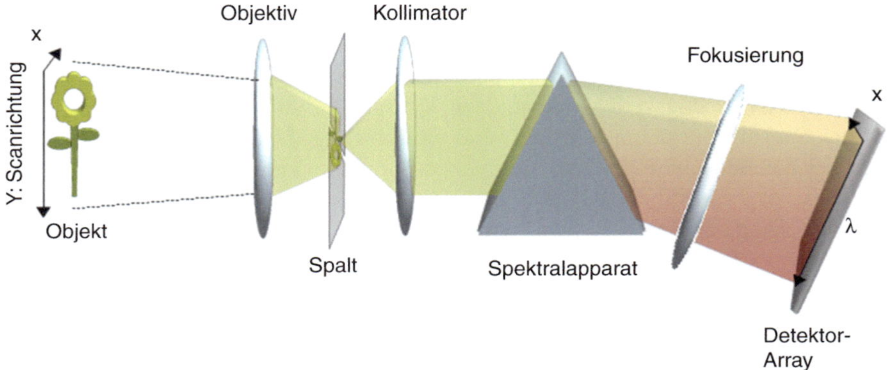

Abb. 3 Aufnahmeprinzip eines hyperspektralen Zeilensensors nach [95], mit freundlicher Genehmigung

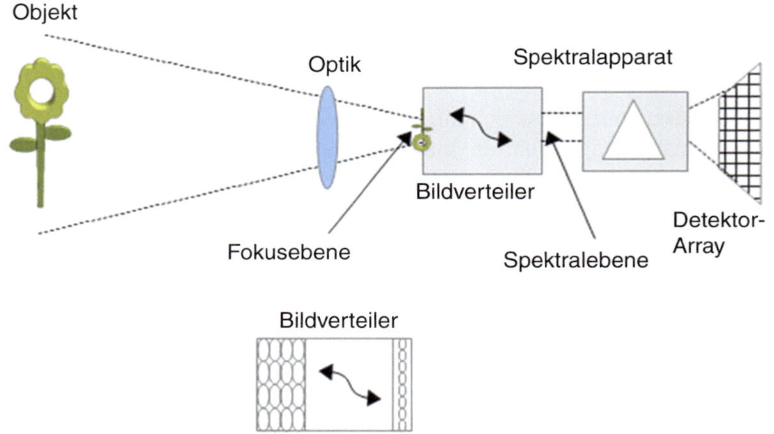

Abb. 4 Aufnahmeprinzip eines hyperspektralen Full-Frame-Sensors nach [95], mit freundlicher Genehmigung

kontrolliert zurückzuführen, um diese auf Raumstationen zu warten oder via Shuttle zum Vermeiden von Weltraumschrott zurück zur Erde zu bringen.

Generell wird Multifrequenz- und Multisensorsystemen die Zukunft gehören, da diese eine zeitlich und räumlich synchrone Erfassung unterschiedlicher Informationen ermöglichen. Insgesamt wird die technische Vielfalt der fernerkundlichen Messtechnik stark zunehmen, sodass z. B. eine sowohl physikalisch als auch raumzeitlich verbesserte Beobachtung von gleichzeitig hochaufgelösten und hochdimensionalen Gradienten möglich sein wird. Dies wird eine Zunahme von komplexen „end-to-end" Sensorsimulationen (Abb. 5) erfordern, um auf diesem Weg die Systeme vorab in Bezug auf Systemeigenschaften und Anwendungsvielfalt zu optimieren sowie Nachfolgesysteme zielgerichteter planen und technisch realisieren zu können.

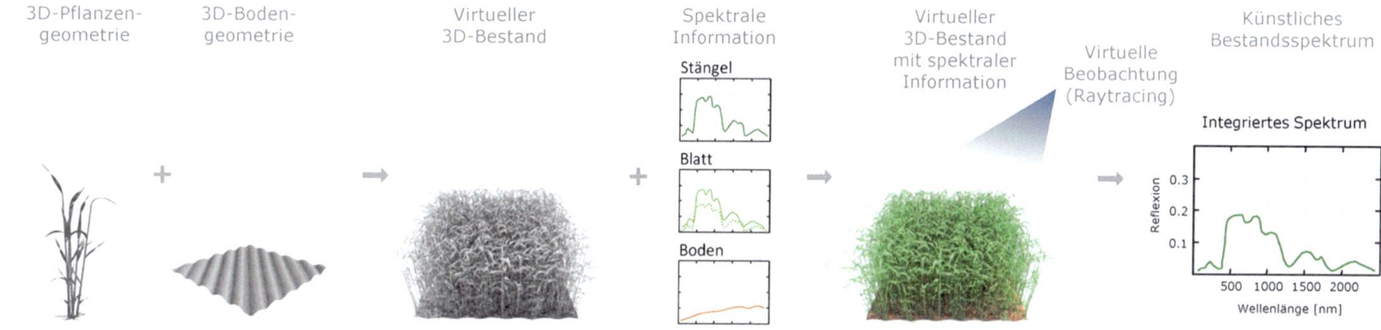

Abb. 5 Von der Pflanze zum Spektrum – Simulation der Interaktion Erdoberfläche-Solarstrahlung als Grundlagenforschung für die abbildende Weltraumspektroskopie. Quelle: GFZ

Außerdem ist zu erwarten, dass „on-board" Datenverarbeitung bei der Entwicklung von fernerkundlichen Systemen eine zunehmende Rolle spielen wird, um vor dem Hintergrund der stark steigenden Datenmengen kostengünstig eine große Anwendungsvielfalt mit kurzfristiger Ergebnisbereitstellung zu ermöglichen. Dies wird unter anderem durch hochauflösende Detektoren realisiert werden, die ein zeitlich dynamisches „scenario binning" ermöglichen, um in Abhängigkeit von der jeweiligen Anwendung entweder spektral oder räumlich hochauflösende Daten aufzuzeichnen. Insgesamt werden diese Entwicklungen zu einer höheren Flexibilität in der fernerkundlichen Datenerfassung führen, um gezielter und flexibler Nutzeranforderungen berücksichtigen zu können.

3.2 Mikrowellensysteme

3.2.1 Radar

Im Bereich der Radarsensorik wird sich sowohl die räumliche Auflösung der Systeme als auch die Vielfalt der aufgezeichneten Frequenzen und Polarisationen erhöhen. Gleiches gilt für die realisierbare Bodenabdeckung. Damit werden Radarsysteme in immer größerem Maße für ein globales, räumlich und zeitlich hochauflösendes Monitoring einsetzbar sein. Dazu werden auch die zunehmende Anzahl der operationell Daten aufzeichnenden Systeme sowie die steigende Verbreitung von Multisensor-Konstellationen beitragen. Des Weiteren werden künftige Systeme Multi-Frequenzbeobachtungen in größerem Maßstab ermöglichen und Multi-Polarisationsmessungen immer mehr an Bedeutung gewinnen, da diese Zustandserfassungen der Erdoberfläche (z. B. Vegetation, Bodenfeuchte) erlauben.

Parallel zu diesen sensorischen Verbesserungen werden Radarsysteme außerdem in der Lage sein, eine in naher Echtzeit erfolgende automatische Datenprozessierung zu ermöglichen. Dabei liegt der große Vorteil der Radarsysteme in ihrer weitgehenden Unabhängigkeit von dem zu durchdingenden Messmedium (Atmosphäre). Dadurch ist die systembedingte zeitliche und räumliche Auflösung stabil für alle Gebiete der Erde unabhängig von den Wetterbedingungen realisierbar und ein verbessertes Monitoring der Landoberfläche möglich (siehe Abb. 6). Beispiele für Satellitenmissionen im Radarbereich sind Abschn. 4.4 zu entnehmen.

Neben den heute überwiegend im Einsatz befindlichen abbildenden „nadir-looking" Radarsystemen werden in Zukunft auch „side-looking" Systeme zur Bestimmung des metrischen Abstands zwischen reflektierender Erdoberfläche und Satellitenorbit zunehmend an Bedeutung gewinnen. Neben dem klassischen Anwendungsbereich der Satellitenaltimetrie, den eisfreien Ozeanen, werden unter der Voraussetzung verbesserter technischer Möglichkeiten weitere Regionen in den Fokus der Altimetrie rücken, in denen das Radarecho aufgrund von heterogenen Oberflächenstrukturen (Meereis, Küstenbereiche und Inseln, heterogene Festlandsbereiche) stark modifiziert wird.

Die zu erwartende Verbesserung von geophysikalischen Korrektionsmodellen wird zu einer weiteren Steigerung der Genauigkeit von auf Radardaten basierenden Analysen führen. Dazu werden vor allem verbesserte beobachtungsgestützte Modelle des zeitlich und räumlich hochvariablen troposphärischen Wasserdamp-

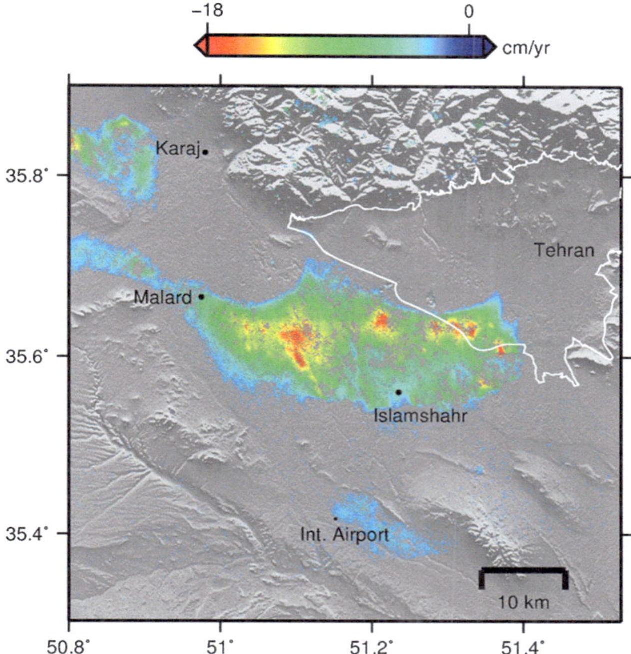

Abb. 6 Durch Wasserentnahme induzierte Bodenabsenkung in Tehran gemessen mit ALOS InSAR von Januar 2008 bis März 2010. Quelle: GFZ

fes beitragen. Außerdem sind verbesserte Modelle von kurzperiodischen nichtgezeiteninduzierten Änderungen des Meeresspiegels erforderlich, die den Einfluss von transienten Änderungen der atmosphärischen Wind- und Druckverhältnisse an der Oberfläche abbilden.

3.2.2 GNSS

Die Nutzung von GNSS-Sensoren in den Geowissenschaften durchlebt gegenwärtig eine rasante Entwicklung, von der die unterschiedlichsten Fachgebiete profitieren. Hauptgründe dafür sind die vielfältigen Positionierungs- und Fernerkundungsanwendungen und vor allem die hohe Operationalität der komplexen GNSS-Infrastrukturen auf verschiedenen räumlichen Skalen, die Anwendungen bis in den Echtzeitbereich ermöglichen. Prominente Beispiele hierfür sind GNSS-Seismologie und GNSS-Atmosphärensondierung [85, 164]. Diese Entwicklung wird sich in den nächsten Jahren und Jahrzehnten weiter fortsetzen. Basis dafür ist zunächst die ständig steigende Zahl der verfügbaren Navigationssatelliten, die sich mit dem Ausbau von Galileo, GLONASS, BeiDou und QZSS in naher Zukunft auf über einhundert erhöhen wird (z. B. [51, 152]). Neben diesem quantitativen Aspekt werden die neuen GNSS-Signalstrukturen (u. a. zusätzliche Trägerfrequenzen und optimierte Signalmodulationen) die Anwendung z. T. deutlich verbesserter und robusterer Auswertealgorithmen (siehe Abb. 7) auch mit Integration zusätzlicher

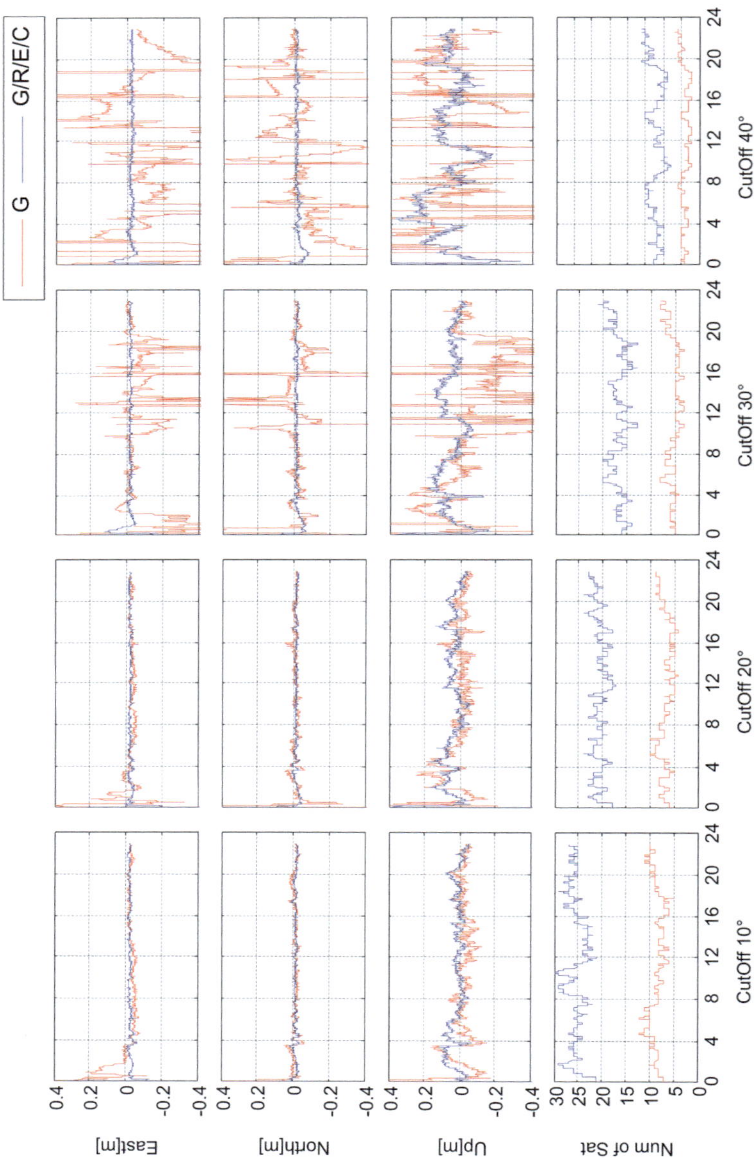

Abb. 7 Komponenten der kinematischen PPP-Lösung und Anzahl der verfügbaren Satelliten für nur-GPS (G; rot) und Multi-System (G/R/E/C GPS/GLONASS/Galileo/BeiDou; blau) Prozessierungsmodus für verschiedene cut-off Winkel für die GPS-Station CUT0, Curtin. Die Multi-System-Lösung ist deutlich stabiler, vor allem für die Auswertung von Beobachtungen unter höheren Elevationen (z. B. schlechte Empfangsbedingungen in Städten). Für Details siehe [86]

Sensordaten zur Erzeugung von geowissenschaftlichen Datenprodukten höherer Qualität erlauben (z. B. [43,85]).

Parallel dazu wird weltweit an der Erweiterung der GNSS-Empfängerinfrastrukturen und der Integration in Echtzeitsysteme gearbeitet. Regionale und globale Bodennetze werden verdichtet, weiter ausgebaut und mit Multi-GNSS-Empfängern ausgerüstet. GNSS-Empfänger für Positionierungs- und Fernerkundungsanwendungen fliegen auf immer mehr LEO-Satelliten und sind dabei vor allem für den Einsatz auf Kleinsatelliten geeignet, die Basis für kostengünstige Mehrsatellitenmissionen zur Erdbeobachtung sein können (z. B. [166]). Neue Empfängerplattformen wie Flugzeuge, Drohnen, UAVs (Unmanned Aerial Vehicles), Bojen [138] und Schiffe decken alle Höhenbereiche zwischen Satellitenorbit und Erdoberfläche ab und liefern zusätzliche Informationen auf horizontalen Skalen zwischen ortsfesten Messungen und globalen Satellitenbeobachtungen.

Gegenwärtig wird intensiv an der Nachfolgegeneration der derzeitigen Navigationssatellitensysteme gearbeitet. Neben dem Einsatz verbesserter technischer Geräte werden dabei neuartige Konzepte wie z. B. Mikrowellenverbindungen zwischen den GNSS-Satelliten, Installierung von Beschleunigungsmessern oder die Nutzung zusätzlicher Sendefrequenzen im C-Band diskutiert, woraus sich neue Perspektiven für die Operationalität der GNSS-Systeme (z. B. Austausch von Systeminformation zwischen Satelliten ohne Beteiligung von Bodenstationen) und auch für wissenschaftliche Anwendungen ergeben könnten [67]. Verstärkt wird es zur Entwicklung spezifischer geophysikalischer GNSS-Anwendungen wie z. B. der GNSS-Reflektometrie (GNSS-R) kommen. GNSS-R nutzt meist die vorhandenen Infrastrukturen wie die regionalen und globalen Beobachtungsnetze zur Messung lokaler Erdoberflächenparameter wie Bodenfeuchte, Schneehöhe und -feuchtegehalt oder der altimetrischen Höhe und Rauhigkeit von Wasseroberflächen (z. B. [168]). Zusätzlich werden mit den derzeit vorbereiteten innovativen Satellitenmissionen CYGNSS (Start 2016, [125]) und GEROS-ISS (geplanter Start 2019, [167]) neue Infrastrukturen für GNSS-R geschaffen, die globale Anwendungen vor allem für die Ozeanografie und die Untersuchung von Landoberflächenprozessen ermöglichen. Die synergetische Kopplung mit GNSS-Radiookkultationsmessungen (z. B. GEROS-ISS) ermöglicht dabei zusätzliche Anwendungen in der Atmosphärenforschung.

Vor allem für die wissenschaftlichen GNSS-Anwendungen wie Reflektometrie und Radiookkultation werden offene GNSS-Softwarearchitekturen an Bedeutung gewinnen, die eine flexible Anpassung der Signalverfolgungsalgorithmen an die spezifischen geophysikalischen Gegebenheiten ermöglichen. Vor allem für diese neuartigen Instrumente ist das Abspeichern und die vollständige Archivierung der Beobachtungsdaten auf Rohdatenebene besonders wichtig.

3.2.3 VLBI

Das VLBI-Beobachtungssystem wurde in den vergangenen Jahren innerhalb des IVS unter dem Stichwort „VLBI2010" [109, 117], nun VGOS (VLBI Global Observing System; siehe [74]) von Grund auf erneuert. Die weltweite Umsetzung dieses neuen VLBI-Konzeptes an den geodätischen Observatorien hat bereits

Abb. 8 Das Twin Telescope Wettzell (TTW). Quelle: [105]

begonnen, ist jedoch noch nicht abgeschlossen. Um während des Übergangs zu VGOS keinen Verlust der Stabilität der ITRF-Koordinaten zu verursachen, werden das alte und das neue System eine Zeit lang parallel betrieben werden. Das VLBI2010-Antennendesign sieht Radioteleskope mit ungefähr 10–12 m Durchmesser vor (Abb. 8, [105]), die aus leichteren Baumaterialien bestehen und sich dadurch schnell auf relativ hohe Drehgeschwindigkeiten beschleunigen lassen. Der bisherige Empfang im S- und X-Band wird durch eine Breitbandregistrierung von etwa 2–14 GHz abgelöst und es werden Empfänger mit höheren Datenraten (8 Gbps und mehr) eingesetzt. Das globale VLBI-Beobachtungsnetzwerk der Zukunft, VGOS, wird aus etwa 20 bis 40 dieser schnellen Radioteleskope bestehen, die im weitgehend kontinuierlichen Betrieb eingesetzt werden, wodurch deutlich mehr Beobachtungen pro Zeit generiert werden. Dadurch wird sich die Genauigkeit der einzelnen Laufzeitdifferenz von derzeit etwa 30 ps mit der Auflösung der Phasenlaufzeit auf etwa 2 ps um mehr als eine Größenordnung verbessern. Darüber hinaus werden die Steuerung der Antennen durch eine überwiegend autonome Software, die Übertragung der heterodyn-empfangenen Daten über Breitbandkabel zum Korrelator und der Einsatz der Softwarekorrelation neue Möglichkeiten in Richtung Echtzeit eröffnen. Auf Grundlage der bereits vorhandenen neuen Teleskope und der weiteren Zusagen kann davon ausgegangen werden, dass das Konzept von VGOS umgesetzt wird und die Infrastruktur der geodätischen VLBI für die kommenden 20 bis 30 Jahre zur Verfügung stehen wird.

Neue Entwicklungen der VLBI zielen auf die Anwendung von künstlichen Radioquellen an Bord von Satelliten, Navigations- und Kleinstsatelliten ab. Die direkte Anbindung der Satellitenpositionen an den ICRF2, den derzeit stabilsten Referenzrahmen, ermöglicht es, diese Stabilität auf die Satellitenorbits hoch präzise zu übertragen und dadurch beispielsweise die GNSS-Raumsegmente zu kalibrieren.

Neben den GNSS-Raumsegmenten können durch VLBI alle weiteren Satelliten und Raumsonden positioniert werden, die entsprechende Signale im Radiowellenspektrum aussenden. Befinden sich Radioquellen im Anflug auf oder im Orbit eines Planeten oder Mondes, z. B. in unserem Sonnensystem, können zusätzlich die Positionen der Himmelskörper aufgenommen werden. Das Anmessen von Radiosendern, „lander" bzw. „rover" (siehe [153]), auf Himmelskörpern wurde ebenfalls bereits erfolgreich durchgeführt. Künstliche Radioquellen können ebenso auf der Erde als terrestrische Ziele eingesetzt werden beispielsweise als Alternative zu den „local ties" oder für Kalibrationszwecke. Solche Radiosender sollten preiswert in der Beschaffung sein. Die Erweiterung der VLBI-Beobachtungsobjekte durch Einsatz künstlicher Ziele ermöglicht somit eine Vielzahl neuer Verknüpfungspunkte zwischen den geodätischen Raumverfahren und verwandten Aufgabenstellungen in der Fundamentalastronomie, z. B. der Ephemeridenbestimmung. Sollten in Zukunft solche Messungen in genügender Anzahl durchgeführt werden, könnten sich die VLBI-Stationen verstärkt als Knoten- bzw. Kalibrationspunkte etablieren, die praktisch jedes Objekt vom Nahziel bis zur Tiefraumsonde in einen einheitlichen und stabilen räumlichen Bezug bringen.

Bei der Radar-VLBI [97, 103] werden Objekte aktiv mittels Radar bestrahlt. Die reflektierten Radarechos können dann mittels VLBI aufgezeichnet und ausgewertet werden, wobei verschiedene Auswerteverfahren eingesetzt werden können: Autokorrelation, Kreuzkorrelation zwischen den gesendeten und den empfangenen Signalen und – wie in der klassischen VLBI – Kreuzkorrelation zwischen je zwei empfangenen Signalen. Auf Grund der Geschwindigkeit des Objekts verschiebt sich die Echofrequenz durch Doppler-Verschiebung, wodurch auf die Geschwindigkeit des Körpers rückgeschlossen werden kann. Finden Beobachtung und Auswertung an mehreren Basislinien statt, kann das Rotationsverhalten des Körpers bestimmt werden. Das Verfahren wurde bisher erfolgreich an Körpern unseres Sonnensystems (Planeten und erdnahen Asteroiden) und künstlichen Himmelsobjekten (Satelliten, Weltraumschrott) angewandt. Neben der Erkennung von Weltraumschrott bietet die Radar-VLBI großes Potential für die Bestimmung von Bahn und Rotationsverhalten erdnaher Asteroiden und erweitert nochmals das Spektrum möglicher neuer Beobachtungsziele.

3.2.4 DORIS

Das französische Doppler Orbitography and Radiopositioning Integrated by Satellite (DORIS) System dient zur Bahnverfolgung von Satelliten mittels Doppler mit Anwendungen in der präzisen Bahnbestimmung. DORIS spielt auch eine Rolle als eine der raumgeodätischen Techniken in der Generierung des International Terrestrial Reference Frame (ITRF). DORIS flog auf sechs und fliegt derzeit auf fünf Altimetrie- und Fernerkundungssatelliten mit. DORIS verfügt über ein globales Netz homogen verteilter aktiver Bodenstationen bzw. Sender (DORIS beacons) deren Signale beim Überflug der Satelliten empfangen werden Die Frequenzverschiebung aufgrund des Doppler-Effekts erlaubt die Bestimmung der Satellitenorbits und Stationskoordinaten.

3.3 Laser

Laser werden in folgenden Bereichen von GGF als wesentliche Sensoren arbeiten:

Satellite Laser Ranging (SLR) Bodennetz: SLR ist derzeit das einzige raumgeodätische Verfahren, das direkt den Ursprung des Referenzsystems bestimmen kann und neben der VLBI auch zu dessen Maßstab beiträgt [84]. Die SLR-Bodenstationen werden von individuellen Institutionen und Ländern betrieben. Derzeit liefern SLR-Stationen der 4. Generation (kHz-Laser mit Pulsbreiten um oder unterhalb 25 ps) Einzelschussgenauigkeiten im sub-cm-Bereich. Dabei verhindern Probleme bei der Kalibrierung ein Vordringen in die sub-mm-Genauigkeit, die zur Erreichung der GGOS-Ziele (siehe Abschn. 4) nötig ist [10]. Eine Steigerung der Genauigkeit um ein bis zwei Größenordnungen könnte nur erreicht werden, wenn völlig neue Technologien für die Laufzeitmessung und neue geeignete Ziele im Weltraum verfügbar werden. Dahinter steckt erheblicher Investitionsaufwand.

SLR zu passiven Zielen: Die Rückstrahlung erfolgt nicht gerichtet, sondern hängt von der Oberfläche des Reflektors ab. Nötig ist deshalb ein Cluster von Bodenstationen zum Empfang des Signals [79]. Außer Weltraumschrott könnte man exakt geschliffene Kugeln anmessen, die dann eine ähnliche Funktion wie die LAGEOS-Satelliten erfüllen, d. h. Fernziele zur Realisierung eines Referenzsystems.

Lunar Laser Ranging (LLR): Die Distanzmessung zwischen Erde und Mond besitzt ein enormes wissenschaftliches Potential zum Verständnis der Erde-Mond-Dynamik (z. B. Erdorientierung) und zum Test relativistischer Größen (z. B. Äquivalenzprinzip) [169]. Die Technik leidet derzeit zusehends an Behinderung durch Mondstaubablagerungen auf den Oberflächen der vor mehreren Jahrzehnten auf dem Mond positionierten Reflektoren. Es gibt international Überlegungen, neue Reflektoren auf den Mond zu bringen.

Laser-Distanzmessung zu weit entfernten Zielen im Weltraum mittels Transpondern kann für die interstellare Navigation benutzt werden [106]. Sie hat Potential z. B. für Schwerefeldmissionen zum Mond bzw. zu den Planeten.

Entfernungsmessung zwischen Satelliten: Hier wird in absehbarer Zukunft für die GRACE Follow-On Mission ein Intersatellite „Laser Ranging Interferometer" (LRI) entwickelt und ab 2017 geflogen. Die Genauigkeit des LRI auf GRACE-FO wird die Genauigkeit derzeitiger Mikrowelleninstrumente um mindestens eine Größenordnung übertreffen [45]. Bei „Next Generation Gravity Missions" ist ein weiterer Sprung um ein bis zwei Größenordnungen geplant [45]. Den LRIs gehört daher die Zukunft. Sie werden in neuen Satellitenkonstellationen eingesetzt werden, die die Erkundung von Schwerefeldänderungen in großer räumlicher und zeitlicher Auflösung nahezu in Echtzeit zur Aufgabe haben. Um die daraus resultierende Steigerung der Genauigkeit des abgeleiteten zeitvariablen Schwerefelds ausnutzen zu können, sind neue Auswertealgorithmen zu entwickeln.

LIDAR-Messverfahren, die in der Atmosphärenphysik seit über einem halben Jahrhundert etabliert sind, werden zukünftig auch in der geodätischen Fernerkundung eine wichtige Rolle spielen. So können von Satelliten und Flugzeugen aus Messungen von Eis-, Wasser- und Landoberflächen, Wolkenhöhen und Aerosolen durchgeführt werden. Die nächste Satellitenmission, die ein LIDAR-System trägt, wird die ICESat-2-Mission mit geplantem Start im Jahr 2017 sein [102].

Große Ringlaser wie die in Wettzell [15] und Neuseeland messen die Anteile der Drehbewegung der Erde lokal an einer Stelle der Erdoberfläche [140]. Diese Beobachtungen sind unabhängig von den Netzen und den Organisationsstrukturen der sonst dafür vom IERS herangezogenen raumgeodätischen Techniken. Die Messung erfolgt echtzeitnah und mit hoher zeitlicher Auflösung, leidet aber an schwindender Langzeitstabilität. Eine Kombination der Messungen mit den Ergebnissen der raumgeodätischen Techniken zur schnellen und dichten Bereitstellung von Erdrotationsparametern bietet sich an, wenn alle Störeffekte modelliert werden können [93, 110].

In neuartigen Experimenten an der SLR-Station Graz werden erfolgreich Methoden entwickelt und angewandt, über den Laser Daten zu übertragen und Weltraumschrott zu detektieren [134]. Ein Transfer der Ergebnisse in Methoden und Anwendungen in GGF ist derzeit noch nicht erkennbar.

3.4 Uhren und Zeitsysteme

Fortschritte der letzten Jahre im Bereich der experimentellen Atom- und Laserphysik eröffnen neue Möglichkeiten für die Messtechnikentwicklung der globalen Geodäsie. In der Literatur (siehe z. B. [26]) werden Atominterferometer als vielversprechende Entwicklung für die präzise Bestimmung der Gravitationsbeschleunigung, ihrer räumlichen Änderung (Beschleunigungsgradienten) sowie der Erdrotation angesehen. Das Messprinzip basiert auf der quantenmechanischen Selbstwechselwirkung eines Atoms oder Moleküls, das sich unter dem Einfluss der Schwerkraft frei bewegt. Da die Materiewellenlängen thermischer Atome um etwa vier Größenordnungen kleiner sind als Wellenlängen sichtbaren Lichts, weisen Atominterferometer deutlich bessere Empfindlichkeiten als Michelson-Interferometer auf; die Verwendung lasergekühlter Atome erhöht diese Sensitivität darüber hinaus um bis zu drei Größenordnungen.

Atominterferometrische Inertialmessungen erreichen bereits jetzt Auflösungen von $2 \times 10^{-8}\,(g)\,Hz^{-1/2}$ und $4 \times 10^{-9}\,(g)\,m^{-1}\,Hz^{-1/2}$ in der Bestimmung von Erdbeschleunigung und ihrer Gradienten ([91, 115]; $g \sim 9{,}8\,m\ s^{-2}$ bezeichnet die Erdbeschleunigung). Atominterferometrische Gyroskope lösen Rotationen mit Unsicherheiten von weniger als $6 \times 10^{-10}\,rad\,s^{-1}\,Hz^{-1/2}$ auf [63]. Für die Zukunft erscheint die Erwartung realistisch, dass mit zunehmender Miniaturisierung Atominterferometer die für Feldmessungen und geodätische Weltraummissionen (z. B. [1]) relevanten Anforderungen bezüglich Gewicht, Abmessungen, Robustheit, Leistungsaufnahme und Strahlungsfestigkeit erfüllen werden.

Einsteins allgemeine Relativitätstheorie eröffnet eine weitere, innovative Möglichkeit zur Geoidbestimmung, da die Differenz zwischen Eigenzeit und Koordinatenzeit–neben anderen Parametern–auch eine Funktion des Gravitationspotentials ist (siehe z. B. [11, 98]). Eine aus geodätischer Sicht sinnvolle

Nutzung dieses Effekts stellt jedoch hohe Anforderungen an die Ganggenauigkeit der eingesetzten Uhr. Nach einer Abschätzung von Bondarescu et al. [12] entspricht ein relativer Uhrenfrequenzfehler von 10^{-18} einer Unsicherheit in der Geoidhöhe von ca. 1 cm. Die Ganggenauigkeit herkömmlicher Cäsium-Atomuhren hat sich in der Vergangenheit um etwa eine Größenordnung pro Dekade verbessert und liegt derzeit bei ca. 10^{-16} (siehe z. B. [118]). Optische Uhren, d. h. Uhren, die Strahlungsübergänge im sichtbaren Teil des Frequenzspektrums nutzen, haben eine wesentlich schnellere Entwicklung durchlaufen und übertreffen mit relativen Frequenzabweichungen von aktuell $8{,}6 \times 10^{-18}$ Cäsium-basierte Uhren inzwischen deutlich.

Erste Erfahrungen mit zwei Atomuhren einer neuen Generation im LEO-Orbit wird das ESA-Projekt „ACES“ liefern [19]. Die relativen Frequenzabweichungen des Wasserstoff-Masers und der lasergekühlten Cäsium-Uhr werden bei etwa 10^{-16} liegen. Zukünftig zu erwartende Verbesserungen lassen optische Uhren als attraktive Alternativen für die Gravimeterentwicklung erscheinen.

Die quantenmechanischen Eigenschaften von supraleitendem ^{3}He, das in einem ringförmigen Gefäß fließt, lassen sich ebenfalls zur Bestimmung von Rotationsgeschwindigkeiten nutzen. Insbesondere induziert die Erdrotation nachweisbare Interferenzeffekte in akustischen Vibrationen („Josephson-Oszillationen“) des Supraleiters; ob Quantengyroskope jedoch die für geodätische Anwendungen erforderliche Genauigkeit von einigen 10^{-10} rad s^{-1} erreichen werden, bleibt abzuwarten (siehe z. B. [149] und [131]).

3.5 Gravimetrie

Die Gravimetrie wird zur Erkundung des statischen und zeitvariablen Schwerefelds mit terrestrischen und weltraumgestützten Verfahren eingesetzt. Während man mit terrestrischen oder auf Schiffen und Flugzeugen befindlichen Gravimetern lokale bis regionale Schwerewerte beobachtet und Supraleitgravimeter an ausgewählten Standorten lokale zeitliche Schwereänderungen registrieren, dienen Satellitenverfahren zur konsistenten Bestimmung des Erdschwerefeldes und seiner zeitlichen Änderungen in großräumigen und globalen Maßstäben. Neben der Satellitenaltimetrie, die direkt Geoidundulationen über den Ozeanen liefert, werden insbesondere Next Generation Gravity Missions (NGGMs) als Nachfolger von GRACE und GOCE zunehmende Bedeutung in vielen Bereichen der Geowissenschaften erhalten [36]. Zu nennen sind die Hydrologie (Beobachtung des kontinentalen Wasserkreislaufs und von Extremereignissen wie Dürren [133] oder Fluten), die Ozeanografie (Erforschung der Meeresströmungen und Meeresspiegeländerungen [24]), die Glaziologie (Beobachtung von Eismassenbilanzen in Gletschersystemen [130]), die Geodäsie (genaue Festlegung von Höhensystemen [126]) sowie Geophysik und Geodynamik (Erforschung von Erdbeben [161] oder Subduktionszonen). Dazu werden je nach Zielsetzungen verbesserte und innovative Sensorsysteme benötigt.

Die Satellitengravimetrie wird zur Erkundung des statischen und zeitvariablen globalen Schwerefelds eingesetzt. Zur Beobachtung zeitlicher Veränderungen wird insbesondere das „satellite-to-satellite"-Tracking (SST) im „High-Low"- (HL-SST) und „Low-Low"- (LL-SST) Modus in Kombination mit der Akzelerometrie zur Beobachtung der nicht-gravitativen Störkräfte eingesetzt [154]. HL-SST dient zur Beobachtung der langwelligen Anteile und wird durch GNSS-Empfänger tragende Satelliten realisiert (CHAMP, GRACE, GOCE). LL-SST ermöglicht die Beobachtung der mittleren bis kurzwelligen Anteile durch ein Mikrowellenabstandsmessgerät (K-Band bei GRACE und GRACE-FO) mit einem Rauschniveau von etwa 2 μm/Hz$^{1/2}$. Eine Verbesserung der LL-SST-Genauigkeit auf ca. 80 nm/Hz$^{1/2}$ erhofft man sich bei GRACE-FO durch das in Abschn. 3.3 bereits angesprochene innovative „Laser Ranging Interferometer" (LRI), das dort als Demonstrator mitfliegen soll und danach auf zukünftigen Schwerefeldmissionen das primäre Abstandsmessgerät werden wird [45]. Diese im Vergleich zu GRACE wesentlich tiefer fliegenden NGGMs werden Weiterentwicklungen im Bereich der Akzelerometrie benötigen. Die nicht-gravitativen Kräfte müssen dann entweder genauer gemessen oder kompensiert werden, entweder durch Subtraktion in der Datenanalyse oder noch besser durch unmittelbare Kompensation mittels schneller, fein steuerbarer Schubdüsen (Xenon-Ionen-Triebwerke, „drag-free" Betrieb). Außerdem sollte die Messgenauigkeit (insbesondere bei Nutzung einer „Pendulum"-Konstellation) in Zukunft in allen drei Achsen gleich genau sein. Zur Realisierung des verbesserten LL-SST und der Akzelerometrie werden in Zukunft innovative Techniken zur gegenseitigen Lagebestimmung (z. B. in „pitch" und „yaw" direkt vom DWS-(Differential Wavefront Sensor) Signal des LRI abgeleitet) und zur Lagekontrolle eingesetzt werden (z. B. Small Radio Frequency Ion Thrusters (μRIT)) [60].

Das statische Schwerefeld wurde in den letzten Jahren durch Kombination von GRACE-, SLR-Satelliten- und terrestrischen Daten und insbesondere durch die Gradiometrie auf GOCE bereits deutlich verbessert ([145], Abb. 9). Künftige Konzepte sehen z. B. den Einsatz von Atominterferometern, optischen Uhren und Frequenzkämmen vor (Studien bei ESA/NASA). Diese neuartigen Sensorentwicklungen sind aber sicherlich erst in mehr als zehn Jahren einsatzbereit [64].

Supraleitgravimeter (SG) sind die genauesten und zeitlich stabilsten Relativgravimeter [70, 107]. Neben der Geodynamik und der Geophysik (Untersuchung von Gezeiten, Erdschwingungen, Erdbeben, Auflasteffekten etc.) finden SG hauptsächlich Anwendung im Bereich regionaler zeitlicher Schwerefeldvariationen, besonders in der Hydrologie beim Monitoring von Wasserspeicheränderungen. Die Dichte der SG-Stationen wird in den nächsten Dekaden zunehmen und es werden außerdem künftig immer mehr portable SG zum Einsatz kommen.

Absolut-Gravimeter (AG) sind die genauesten Sensoren zur absoluten Bestimmung der Schwerkraft an der Erdoberfläche [108]. Sie sind unverzichtbar für die Realisierung von Schweregrundnetzen und Höhenreferenzsystemen und werden zur Kalibrierung von Supraleitgravimetern und anderen Relativ-Gravimetern benutzt. Dabei gestatten feldeinsatztaugliche AG zunehmend eine starke räumliche Verdichtung der absoluten Schweremessungen. Zurzeit werden neuartige Absolut-Schweresensoren auf der Basis der Atominterferometrie entwickelt [94, 115], die in den kommenden zehn Jahren voraussichtlich Einsatzreife erreichen.

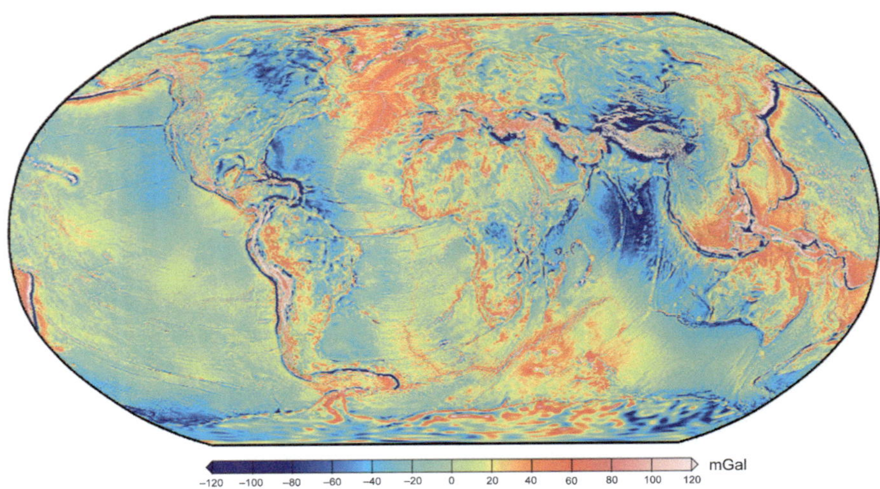

Abb. 9 Schwereanomalien EIGEN-6C4

Der Einsatz von Gravimetern auf bewegten Plattformen (Flugzeuge, Schiffe, Fahrzeuge) gestattet kostengünstig und kurzfristig gravimetrische Vermessungen ausgedehnter Regionen [47]. Besonderes Augenmerk wird in den nächsten zehn Jahren auf dem Einsatz von Langstreckenflugzeugen wie dem „High Altitude and Long Range Aircraft" (HALO, siehe [31]) liegen, um beispielsweise das bisher nicht durch Satelliten abgedeckte Polargebiet mit hochgenauen Messdaten zu füllen. In technischer Hinsicht ist zu erwarten, dass die in Entwicklung befindlichen Strapdown-Systeme genauer, kleiner und billiger werden, so dass sie die bisherigen Gravimeter ablösen können. Außerdem ist davon auszugehen, dass auch die den Gravimetern und Strapdown-Systemen in einigen Punkten überlegenen, aber vergleichsweise teuren Gradiometer in Zukunft billiger werden [35]. Berücksichtigt man das Potential unbemannter Fluggeräte (Drohnen, UAVs) und die zu erwartende höhere Genauigkeit zukünftiger GNSS-Navigationssysteme, so ist zu erwarten, dass die Fluggravimetrie in Ergänzung zur Satelliten-Schwerefeldbestimmung an Bedeutung gewinnt und mehr als bisher großflächig zur Schwerefeldbestimmung im Bereich von Geodäsie und Geophysik eingesetzt werden wird.

4 Beobachtungsinfrastruktur

Grundvoraussetzung für das Verständnis des komplexen Systems Erde ist die möglichst umfassende und kontinuierliche Beobachtung der geowissenschaftlichen Schlüsselparameter auf unterschiedlichen Zeit- und Raumskalen. Dafür ist eine entsprechend umfangreiche Beobachtungsinfrastruktur mit Komponenten wie Erdbeobachtungssatelliten, geodätischen und geophysikalischen Observatorien und flug- und seegestützten Plattformen notwendig. Technische und methodische Innovationen führen zu einer kontinuierlichen Verbesserung dieser Infrastruktur mit immer besseren Möglichkeiten für die Erdbeobachtung. Hier gehen wir auf solche neuen Entwicklungen am Beispiel des GFZ näher ein.

Für das GFZ, als Institut der Helmholtz-Gemeinschaft, spielt die Nutzung und Weiterentwicklung der Infrastruktur zur Erdbeobachtung eine zentrale Rolle. Übergreifende Entwicklungen dabei sind die Etablierung von Echtzeitanwendungen, konsistente Generierung von Langzeitdatensätzen, Multiparameteransätze für die Datenerfassung und eine zunehmende Vielfalt von Beobachtungsplattformen. Hinzu kommt eine zunehmende Internationalisierung der Großforschungsinfrastrukturen. Eine wichtige Rolle speziell für die Geodäsie spielt dabei das Globale Geodätische Beobachtungssystem (engl. GGOS) der Internationalen Assoziation für Geodäsie (IAG).

4.1 Observatorien und Netzwerke

Für die Geodäsie und Fernerkundung stehen bei der Neukonzeption und Weiterentwicklung von Observatorien und Netzwerken die Erfassung der Parameter des Systems Erde im Vordergrund, also von geometrischen und physikalischen Eigenschaften der Erde, ihrer Figur, ihrer Orientierung im Raum und ihrer Oberfläche und den angrenzenden Medien. Die Erfassung wird zunehmend zuverlässiger, genauer und höher aufgelöst in Raum und Zeit erfolgen.

Observatorien können dabei aus einzelnen Stationen oder auch aus hochkomplexen Netzwerken von Stationen gebildet werden. Einzelne Stationen wiederum variieren von kleinen, spezialisierten, kostengünstigen Sensoren bis zu aus Multiparameter-Sensornetzwerken bestehenden Einheiten. Über den Einsatz entscheiden Zweck, Nachhaltigkeit und Kosten.

Für die globale Geodäsie und die Bereitstellung des globalen terrestrischen Referenzrahmens spielen in Zukunft die Kollokationsstationen eine wesentliche Rolle [123]. An diesen werden die verschiedenen geodätischen Weltraumverfahren parallel betrieben, wodurch verfahrensübergreifende Vergleiche und Kombinationen ermöglicht werden. Die Integration der geodätischen Weltraumverfahren zur Bereitstellung gemeinsamer Produkte geschieht unter dem Dach von GGOS (siehe [14]). Hierfür sind die Kollokationsstationen von fundamentaler Bedeutung. Diese Integration ist nur mit Einbezug der geometrischen Differenzvektoren zwischen den Referenzpunkten der verschiedenen Messsysteme, der so genannten „local ties“, möglich. Deren genaue Bestimmung wird in Zukunft stärker in den Fokus rücken, sodass die an den Kollokationsstationen betriebenen Messsysteme letztlich als ein gemeinsamer integrierter Erdsystemsensor begriffen und ausgewertet werden können. Die Lage der Kollokationsstationen sollte weltweit möglichst gleichmäßig verteilt sein und zudem mindestens zwei Stationen auf jeder größeren tektonischen Platte gewährleisten, um die geophysikalischen Modelle der Plattenrotation entsprechend ableiten zu können. In Zukunft sollen neue Kollokationsstationen verstärkt unter diesen Gesichtspunkten eingerichtet und betrieben werden [141].

Tendenziell ist beim Aufbau oder der Weiterentwicklung von Observatorien eine Mischbildung vorauszusehen, bei der sich die „kleinen“ um die „großen“ Stationen/Sensoren scharen und damit eine regionale Verdichtung erlauben. Diese

Ansätze haben Vorteile, da sich eine Vielzahl von Beobachtungsgrößen räumlich nur sehr langsam ändert, andere aber auf sehr kurzen Distanzen hohe Variabilitäten aufweisen. Damit einhergehend sind geringere Aufbauinvestitionskosten und Komplexität der Kommunikation sowie niedrigere Wartungs- und Betriebskosten. Mit dem Aufbau von Netzwerken von Multiparameterstationen, z. B. „remotely operated multi-parameter stations" (ROMPS, [139]), können eine Vielzahl von Anforderungen unterschiedlicher Fachdisziplinen erfüllt und neue übergreifende Methoden entwickelt werden. Bereits heute erfassen ROMPS hunderte von Einzelparametern; der dadurch erweiterte Nutzerkreis ermöglicht einen nachhaltigeren Betrieb von Observatorien.

Ein weiterer künftiger Schwerpunkt in der GGF sind Entwicklungen des „vorausschauenden" Netzwerkdesigns. In der Vergangenheit wurden oft „Networks of Opportunity" gebildet, bei denen einzelne Sensoren, die von unterschiedlichsten Interessengruppen installiert wurden, zusammengebunden waren. Das hatte den Vorteil einer Lasten- und Kostenteilung, führte aber zu heterogenen und schwer betreibbaren Netzwerken. Derzeit ist eine Wandlung zu erkennen. Durch die neuen Möglichkeiten der Erdsystemmodellierung können Phänomene im Vorfeld vorläufig modelliert und Untersuchungen vorgenommen werden, welche Sensoren mit welchen Genauigkeiten an welchen Lokationen zu installieren sind, um effektiv beobachten zu können. Die einhergehende Effektivitätssteigerung beim Aufbau und Betrieb der Beobachtungsnetze ermöglicht einen nachhaltigeren Betrieb als bisher. Innerhalb von GGOS sind z. B. Initiativen im Gang, die Entwicklung des terrestrischen Referenzrahmens aktiv und international zu planen. Dazu kommen internationale Initiativen im Rahmen der Beobachtung des globalen Wandels, die Synergien geophysikalischer Netzwerke zu nutzen, z. B. bei der Erfassung atmosphärischer Parameter.

4.2 Flugplattformen

Fluggestützte geophysikalische Messungen schließen in der räumlichen Beobachtungsskala die Lücke zwischen den lokalen Messungen an Bodenstationen und den globalen Daten von Erdbeobachtungssatelliten. Derzeit werden überwiegend Flugzeuge eingesetzt (Abb. 10). Diese werden jedoch, bedingt durch zunehmenden Kostendruck und eingeschränkte Flexibilität, durch weitere, vor allem kleinere Plattformen ergänzt, wie z. B. UAVs, Ballone oder Luftschiffe [88]. Prominente Anwendungen in der Geodäsie und Fernerkundung sind die Fluggravimetrie oder die GNSS-Reflektometrie (z. B. [144] und [143]) und der Einsatz von optischen Fernerkundungssensoren zur Fernerkundung von Land-, Schnee-, Eis- und Wasseroberflächen.

Verbesserungen bei Tragekapazität, Reichweite, Flexibilität der Flughöhe und Geschwindigkeit werden dazu führen, dass Fluganwendungen nicht mehr nur auf relativ begrenzte Räume und Anwendungen beschränkt bleiben. Zukünftige Plattformen werden modular, genormt und preislich attraktiv zur Verfügung stehen und autonom Langzeitmessungen ermöglichen, was zu einer deutlich umfangreicheren

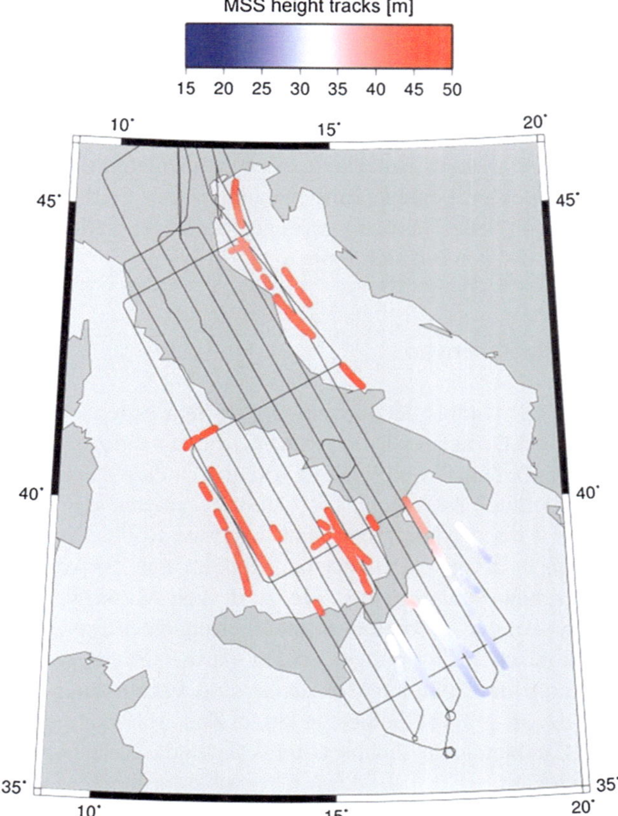

Abb. 10 Bodenspuren der spiegelnden GNSS-Reflektionen, die während der GEOHALO-Flugkampagne über dem Mittelmeer im Bereich der italienischen Halbinsel zwischen dem 6. und 12. Juni 2012 aufgezeichnet wurden. Die Farbe zeigt die entsprechenden Höhenanomalien der Meeresoberfläche. Die Bodenspuren der HALO-Flugtrajektorie sind mit dünnen schwarzen Linien gekennzeichnet (siehe [143])

Nutzung als bisher führen wird. Die zunehmende Miniaturisierung von Navigations- und Flugsteuerungssystemen wird außerdem die Entwicklung von Standards in der Flugplanung für eine optimale raumzeitliche Messabdeckung befördern, um die Datenaufzeichnungen effektiver zu gestalten und Redundanz zu minimieren. Nach wie vor ist die genaue Positions- und Lagebestimmung von Flugplattformen eine geodätische Herausforderung, bei der noch Forschungsbedarf besteht [66]. Gegenwärtig wird an einem noch umfangreicheren Einsatz von GNSS, z. B. für die genaue Lagebestimmung, gearbeitet. Eine wichtige Entwicklungsrichtung ist dabei die Kombination der GNSS-Daten mit anderen Sensorsystemen, zum Beispiel mit Beschleunigungs- oder Neigungsmessern [49].

Potentiell sind auch Verkehrsflugzeuge als Plattformen für operationelle geophysikalische Messungen denkbar, in Analogie zu den luftchemischen Messungen im MOZAIC oder IAGOS oder den meteorologischen Sensoren des AMDAR/ASDAR-Systems. Denkbar wäre das z. B. für GNSS-basierte Fernerkundungsanwendungen, wie der GNSS-Reflektometrie, mit der Windgeschwindigkeiten über Wasseroberflächen gemessen werden und damit Lücken im meteorologischen Messnetz [125]) geschlossen werden können. Eine Nutzung dieser Plattformen im größeren Maßstab bringt jedoch neue Herausforderungen an die operationelle Verarbeitung der entstehenden Messdaten mit sich („big data"-Problem).

4.3 Marine Plattformen

Zum umfassenden Verständnis der Prozesse im System Erde zielen Forschungsfragen auch auf die zwei Drittel der Erdoberfläche, die nur indirekt beobachtbar sind. Den Meeresboden möglichst komplett zu kartieren, ist eine der Herausforderungen der nächsten Jahrzehnte. Aus Sicht der Geodäsie spielen die Bodentextur und die Bathymetrie mit ihren Änderungen eine wichtige Rolle. Diese Informationen sind Eingangsgrößen in geophysikalische Modelle des Erdkörpers, Grundlage der ozeanographischen Modellierung, wie z. B. von Massenverlagerungen, von Gezeitenmodellen oder der Ausbreitungsmodellierung eines Tsunami, aber auch für die Erfassung tektonischer Bewegungen an den marinen Plattengrenzen.

Für die Erfassung der Textur und Struktur sind Fächersonar- und Side-Scan-Systeme im Einsatz, die größere Gebiete in kurzer Zeit erfassbar machen. Autonome Systeme, wie z. B. unbemannte Tauchroboter, können die Kartierungen kosten- und zeitgünstig unterstützen.

Es sind Systeme in Entwicklung, die Bewegungen des Ozeanbodens mit geodätischen Methoden mit einer hohen bis kontinuierlichen zeitlichen Auflösung überwachen. Viele Bewegungen an marinen Plattengrenzen sind derzeit nur indirekt beobachtbar. Nur selten können Subduktion oder Verschiebungen direkt auf den den Kontinenten vorgelagerten Inseln beobachtet werden. Erdbeben und daraus resultierende Tsunamis haben aber gezeigt, dass die kontinuierliche Beobachtung der Prozesse am Ozeanboden wesentlich zur Verbesserung der Vorhersage beitragen kann.

Ozeanbodenobservatorien dienen zukünftig der Bewegungsbestimmung des Ozeanbodens, erfassen weitere Parameter des Ozeanzustandes und liefern Referenzdaten für Fernerkundungsverfahren.

4.4 Satelliten

Satellitenmessungen sind für die Erforschung globaler wissenschaftlicher Fragestellungen ein unerlässliches und fundamental wichtiges Werkzeug der globalen Geodäsie und Fernerkundung.

Unter geodätischen Missionen verstehen wir diejenigen, die das Schwerefeld erkunden, die zur Bestimmung von Referenzsystemen nutzbar sind, die die Navigation betreffen und die Altimetrie- oder SAR-Beobachtungen durchführen. Herausforderungen im Bereich Schwerefeld sind vor allem die Forderung nach möglichst niedrigen Satellitenbahnen, die sich nur mit technologisch sehr anspruchsvollen „drag-free"-Systemen realisieren lassen, sowie die genaue Ausrichtung der Intersatellitenlinks, deren Anforderungen zukünftig deutlich steigen. Für Satellitenkonstellationen jenseits der klassischen GRACE-Konfiguration wie beispielsweise „Pendulum"- oder „Cartwheel"-Konstellationen, ist dieses Problem technisch noch nicht gelöst.

Im Fokus wird GRACE-FO stehen (Start 2017, 5 Jahre Dauer; siehe [69] und [23]). Missionsziel ist die Fortsetzung der Messungen von GRACE, also insbesondere die Erfassung von Langzeitänderungen des Erdschwerefeldes, u. a. zur genauen Untersuchung überregionaler Prozesse im Wasserkreislauf [46]. Für die Zeit nach GRACE-FO plant die NASA ab ca. 2025 die GRACE-2-Mission (siehe [100]), die mit einem LRI (Laser Ranging Interferometer) und einem „drag-free"-System zur Ausschaltung von Störkräften ausgerüstet sein wird. Auf europäischer Seite plant die ESA die NGGM-Mission (Next Generation Gravity Mission, [148]), deren Start ebenfalls für ca. 2025 vorgesehen ist und auch mit LRI und „drag-free"-Systemen ausgerüstet sein wird. Beide Missionen könnten sich in einer Bender-Konstellation (zwei GRACE-artige Missionen in unterschiedlichen Inklinationen) komplementieren und so die raumzeitliche Auflösung der Messungen im Vergleich zu den Einzelkonstellationen deutlich erhöhen.

Interessante Beiträge zum Referenzsystem und zur Bestimmung der langwelligen Anteile des Schwerefelds erwartet man sich neben seiner eigentlichen Aufgabe, dem Nachweis des Lense-Thirring-Effekts, von LARES (LASer RElativity Satellite, Italien, gestartet 2012, extrem lange Missionsdauer, siehe [128]). Die US-amerikanische GRASP-Mission (Geodetic Reference Antenna in Space, [5]) hat gute Chancen realisiert zu werden seit die französische Raumfahrtagentur CNES die Mission kofinanzieren will. Hauptziel von GRASP ist die Kollokation aller weltraumgeodätischen Techniken auf einem Satelliten zur Kalibrierung der Referenzrahmen (z. B. der dynamischen GPS-Referenzrahmen gegenüber dem kinematischen ITRF und dem extrem stabilen ICRF).

CYGNSS (NASA, Start 2016/17; siehe [157]) ist eine Achtsatellitenmission, die erstmals die GNSS-Reflektometrie (GNSS-R) zur Bestimmung von Starkwindereignissen über Ozeanen einsetzen wird. Auf europäischer Seite gibt es derzeit Phase-A-Studien zur Installation eines GNSS-R-Experimentes an Bord der Internationalen Weltraumstation ISS, das im Rahmen einer Ausschreibung der europäischen Weltraumbehörde ESA vorgeschlagen wurde: GEROS-ISS [167]. Hauptmissionsziel von GEROS ist die genaue Bestimmung der mittleren Meeresoberfläche im globalen Maßstab, die Beobachtung von mesoskaligen Ozeanströmungen (Eddies), von Windgeschwindigkeiten über Ozeanen und Landoberflächenparametern wie Bodenfeuchte oder Vegetationsindex. Auch die bereits operationell eingesetzte GNSS-Radiookkultationsmethode (RO, [165]) wird sich weiterentwickeln. Insbesondere wird die Mission COSMIC-2 (U.S.-Taiwan, 12 Satelliten, Start ca. 2017; siehe [156]) eine höhere Datendichte und -qualität erzielen und die Signale der neuen Navigationssatellitensysteme nutzen. Die klassischen Radar-Altimetrie-Missionen werden auf europäischer und amerikanischer Seite weitergeführt. In nächster Zeit sind geplant: SENTINEL-3 (siehe [39]) und JASON-3 [22] ab ca. 2015, JASON-CS (siehe [40]) ab ca. 2017 und SWOT (Surface Water Ocean Topography, siehe [20]) ab ca. 2020.

Die jetzt schon begonnene Entwicklung zur Miniaturisierung in der Satellitentechnik wird auch in der GGF rasch Eingang finden. Konstellationen kostengünstiger Mini-, Mikro-, Nano- oder Picosatelliten bieten hierbei neue Möglichkeiten für die globale Erdbeobachtung mit hoher räumlicher und zeitlicher Auflösung. Bereits durchgeführte Machbarkeitsstudien für den Bau und Einsatz derartiger Kleinstsatelliten zur Fernerkundung der Atmosphäre mit GNSS-Radiookkultation (s. Abschn. 3.2.2) oder zur oben angesprochenen Kollokation im Weltraum entsprechend den geodätischen Fundamentalstationen auf der Erdoberfläche werden bereits in naher Zukunft umgesetzt werden.

Die SAR-Technik wird auch in den kommenden Jahren eine herausragende Rolle bei den deutschen Raumfahrtaktivitäten spielen. Derzeit sind TerraSAR-X (siehe [30]) und TanDEM-X (siehe [32]) im Orbit; hinzukommen werden TerraSAR-X2 ab ca. 2017 (siehe [32]) und TanDEM-L ab ca. 2019 [162]. Neben zahlreichen Anwendungen in der Fernerkundung werden aus Sicht der geodätischen Modellierung insbesondere globale DEM-Modelle als Datenquelle für hochauflösende Schwerefeldmodelle dienen. Interferometrisches SAR wird für die Bestimmung regionaler Deformationen der Erdoberfläche herangezogen. Ein noch relativ unbekanntes Verfahren ist die Nutzung von SAR-Messungen zur Distanzbestimmung vom Raumfahrzeug zur Erdoberfläche („imaging geodesy"). Derzeit werden mit TerraSAR-X bereits Genauigkeiten im dm-Bereich erreicht.

Unter fernerkundlichen Missionen verstehen wir diejenigen, die ein Abbild der Erdoberfläche im optischen und im Radarwellenbereich aufnehmen. In Zukunft werden räumlich scharf, jedoch spektral grob abtastende Sensoren mit räumlich grob, jedoch spektral scharf abtastenden Sensoren kombiniert werden. Zudem wird die Kombination von optischen und SAR-Systemen eine immer größere Rolle spielen. So werden die in erster Linie wissenschaftlich ausgelegten hyperspektralen Satellitenmissionen (die deutsche Hyperspektralmission EnMAP, Start 2018 siehe [33, 62] die japanische hyperspektrale Multisensormission HISUI, Start frühestens 2020 siehe [77] und die amerikanische Hyperspektralmission HyspIRI, Start frühestens 2020, siehe [21]), die spektral sehr hoch abtasten, mit den räumlich hoch auflösenden Multispektralmissionen (die SENTINEL-2 Mission der ESA siehe [38] oder die Landsat-8+ Mission der NASA siehe [101]) kombiniert werden [18]. Diese primär wissenschaftlich orientierten Missionen können durch kommerzielle Multispektralmissionen (z. B. WorldView-3) ergänzt werden, sodass sich die räumliche und zeitliche Datenabdeckung deutlich verbessern wird. Darüber hinaus werden die optischen Missionen durch räumlich immer präziser abtastende Radarmissionen (z. B. TerraSAR-X2 mit einer räumlichen Auflösung von 0,25 m) ergänzt, die gleichzeitig eine deutlich größere Streifenbreite aufzeichnen. Die Vielfalt an SAR-

Sensoren wird zunehmen, wobei das Spektrum von kurzwellig räumlich hochauflösenden bis zu langwellig räumlich stark durchdringenden Sensoren (TanDEM-L) reichen wird. Verschiedene Polarisationsmodi erlauben es, Oberflächeneigenschaften differenzierter aufzuzeichnen. In weiterer Zukunft sind hybride Radar- und Optikmissionen zu erwarten, die signifikant verbesserte Informationsextraktion ermöglichen für die Ableitung von Landbedeckungsarten, digitalen Geländemodellen und Oberflächenveränderungen bei gleichzeitiger Erhöhung der zeitlichen Auflösung.

5 Informationsinfrastruktur

Die Bedeutung der digitalen Rechentechnik für Geodäsie und Fernerkundung wird in den kommenden zwei Jahrzehnten nicht nur in quantitativer, sondern auch in qualitativer Hinsicht wachsen. Die rasante Entwicklung der Informationstechnologie wird den gesamten Weg von der Messdatenerfassung, über die Datenprozessierung und -analyse bis hin zu Verbreitung und Bereitstellung der wissenschaftlichen Ergebnisse, von der Modellierung und Simulation bis zur Visualisierung von Geodaten verändern.

Als wichtige Konsequenzen ergeben sich hieraus, dass in Zukunft GeoDaten im Petabyte-Bereich von „Jedermann"-Geräten (Handys, Smartphones, Navis, mobile Computer etc.) erfasst, verwaltet und analysiert werden können. Sowohl Wissenschaftler als auch interessierte Laien können „on-demand" hochwertige Datenprodukte ableiten und Analysen durchführen. Die Notwendigkeit, große Analysezentren zu unterhalten, wird in Zukunft für die GGF eine geringere Rolle spielen. Dieser Trend wird dazu führen, dass die GGF ihre Ergebnisse sowohl in Form von Publikationen als auch in Form von Algorithmen (Open-Source-Software) zur Verfügung stellen wird. Die wissenschaftliche Qualitätskontrolle, insbesondere der Begutachtungsprozess wissenschaftlicher Veröffentlichungen, wird deshalb immer wichtiger. Zum einen werden neben den Forschungsergebnissen auch die implementierten Algorithmen der Prozessierungssysteme selbst zum Gegenstand der Evaluierung; zum anderen wird der Begutachtungsprozess mithilfe internetbasierter Werkzeuge in zunehmender Weise transparent und offen gestaltet werden.

Des Weiteren werden die geodätischen und fernerkundlichen Analyseergebnisse, die grundlegenden Rohdaten sowie Quelltexte der verwendeten Prozessierungswerkzeuge langfristig archiviert werden. Diese Archive werden der „science community" weltweit mit ausreichender Datentransferbandbreite frei zur Verfügung stehen [171]. Technologische Fortschritte in der Herstellung von Speichermedien eröffnen in bestimmten Sektionen der geodätischen und fernerkundlichen Forschung die Möglichkeit zu einer umfassenderen Archivierung von Rohdaten. Um das Potential der zukünftigen Informationstechnologie ausschöpfen zu können, wird sich auch in der Ausbildung des wissenschaftlichen Nachwuchses in Geodäsie und Fernerkundung eine intensivere Zusammenarbeit mit den IT-Wissenschaften entwickeln.

5.1 Informationsübertragung und Kommunikation

Neue Sensoren, größer und komplexer werdende Messnetze und sich entwickelnde Prozessierungsansätze führen zu einem ständig wachsenden Datenübertragungsvolumen. Reichte es in der Vergangenheit oft, einzelne Endwerte von einer Messstelle zu übertragen, werden heute die Sensorrohdaten als wichtige Quelle des Erkenntnisgewinns betrachtet. Die in der GGF genutzten Kommunikationsstrategien zur Datenübertragung sind in mindestens drei Bereiche zu unterteilen: Übertragungen aus dem Weltraum, aus unzugänglichen und nicht erschlossenen Bereichen und im urbanen Bereich.

Im urbanen Bereich sind in den letzten Jahren, bedingt durch den wachsenden Internet- und Mobilfunkverkehr, die größten Fortschritte erzielt worden und der anhaltende Innovationsdruck lässt auch hier wachsende Möglichkeiten für die GGF erwarten. Neue Übertragungsprotokolle mit hocheffizienter Ausnutzung vorhandener Bandbreite und alternative Energiesysteme ermöglichen kontinuierliche Sensordatenströme. Entwicklungstendenzen zu einer geplanten oder auch ad-hoc-Vernetzung unterschiedlicher oder gleichartiger Systeme sind bereits erkennbar; die plattformübergreifenden Kommunikationsprotokolle sind allerdings bisher nur in kommerziellen Anwendungen sichtbar.

Eine zukünftige Herausforderung für die Erdbeobachtung liegt in der Erschließung schwer zugänglicher, nicht erschlossener Regionen. Das sind sowohl Hochgebirgsregionen, Bereiche der Antarktis/Grönlands, zunehmend aber auch der Ozeanboden. Für die Datenübertragung von Ozeanbodenobservatorien eignen sich Tiefseekabel oder akustische Modems. Hier werden die Entwicklungen überwiegend kommerziell vorangetrieben. Akustische Modems erlauben mittlerweile deutlich höhere Bandbreiten, sodass die Ozeanbodengeodäsie neue Impulse erhalten wird. Für Beobachtungssysteme in nicht erschlossenen und schwer zugänglichen Bereichen werden überwiegend Satellitenkommunikationssysteme eingesetzt. Dazu gehören Geräte sowohl geringer (z. B. Thuraya, Iridium) als auch hoher Bandbreite (Broadband Global Area Network (BGAN) oder VSAT). Die Systeme unterscheiden sich in Bezug auf Kosten/Bandbreitenrelationen und Energiebedarf. Mit einer zunehmenden Globalisierung des Datenaustauschs (z. B. in der Luft- und Schifffahrt) werden sich die Kommunikationskosten und der notwendige Energiebedarf reduzieren. Dahingehende Entwicklungen sind erkennbar, ein Netz von dutzenden Kleinsatelliten wird zukünftig kostengünstige globale Kommunikation von bis zu mehreren Gbit/s auch in entlegenen Gebieten ermöglichen.

Weltraumanwendungen generieren zunehmend größere Datenmengen, da nicht nur abgeleitete Produkte, sondern auch Rohdaten nachgefragt werden. Damit verlagern sich die Anforderungen der Nutzer, sodass neue Frequenzbänder und Übertragungs- und Kompressionstechnologien zu erschließen sind. Auch hier ist die Innovation überwiegend kommerziell getrieben. Die Nutzung der Lasertechnologie für die Datenübertragung zwischen Satelliten wird an Bedeutung gewinnen und größere Informationsmengen übertragbar machen. Dabei spielen sowohl die Interkommunikation zwischen gleichartigen Satelliten eine Rolle [155], als auch die Nutzung großer Satelliten als Relaisstationen für die Erde-Satelliten-Kommunikation (siehe [119]).

Für die GGF wird es wichtig sein, in Zusammenarbeit mit Informatikern neue Algorithmen für die Kompression von Geodaten zu entwickeln, um einerseits mit der rasanten Entwicklung von Sensor- und Messsystemen Schritt zu halten und andererseits die damit einhergehenden digitalen Datenmengen effizient verwalten zu können. Ein zweiter Punkt der Zusammenarbeit ist die Entwicklung von „on-board"-Prozessierungen, z. B. Positionsbestimmungen im Echtzeit-GNSS auf der Nutzerseite, und „on-demand"-Abruf von Rohdaten. Letzteres bedeutet, dass nur notwendige Datensätze hochauflösend übertragen werden, während Standardprodukte in geringerer Auflösung aber kontinuierlich bereitgestellt werden. Hierzu werden neue Protokolle entwickelt werden.

5.2 Rechentechnik

Moore's Law [57] beschreibt seit 1965 zuverlässig die Entwicklung von Computerchips. Laut Kernaussage von Moore's Law steht alle zwei Jahre eine neue Generation von Chips zur Verfügung. Jede neue Generation von Chips ist leistungsfähiger, preisgünstiger, energiesparender und zuverlässiger als ihre Vorgängergeneration. Insbesondere stellte Gordon E. Moore fest, dass sich alle 2 Jahre die Leistungsfähigkeit von Chips verdoppelt.

Der „Parallella"-Computer ist ein aktuelles Beispiel, das die Richtigkeit der Prognosen von Moore's Law eindrucksvoll demonstriert. Dieser Computer besitzt eine Leistungsfähigkeit vergleichbar mit dem stärksten Supercomputer „Numerical Wind Tunnel" von vor 20 Jahren. Dieser Supercomputer kostete mehrere Millionen US Dollar und konnte nur durch eine Investition des National Aerospace Laboratory of Japan realisiert werden. „Parallella" hingegen kostet heute 99 US Dollar und passt in die Hosentasche (nähere Informationen siehe [114]).

Die „International Technical Roadmap for Semiconductors (ITRS)" aus dem Jahr 2012 kommt zu dem Schluss, dass Moore's Law bis voraussichtlich 2025 gilt [73]. Dieses Gutachten zeigt also, dass sich die Rechentechnik rasant weiterentwickeln wird. Nehmen wir Moore's Law als Grundlage für eine realistische Prognose, dürfen wir annehmen, dass im Jahre 2025 Geodaten im Petabytebereich von „Jedermann"-Geräten (Handys, Smartphones, Navis, mobile Computer etc.) erfasst, verwaltet und analysiert werden können. Wissenschaftler wie auch die interessierte Öffentlichkeit können „on-demand" aus kontinuierlichen Datenströmen hochwertige Datenprodukte ableiten und komplexe Analysen durchführen. Die Notwendigkeit, große Analysezentren und Portale für Datenprodukte vorzuhalten, wird sich verringern, da diese Aufgaben jederzeit und von jedermann in Realzeit durchgeführt werden können. Für die GGF wird diese Entwicklung neue Anwendungen eröffnen, zum Beispiel die Erfassung und gleichzeitige Analyse von Prozessen in schwer erreichbaren Gebieten.

Wir können mit einiger Sicherheit annehmen, dass in 15 Jahren um Größenordnungen umfangreichere Datenmengen verarbeitet und komplexe Analysen in Realzeit durchgeführt werden können. Um in Zukunft jedoch weiterhin wissenschaftlich konkurrenzfähig zu sein, müssen verstärkt Konzepte für „big data"-Plattformen sowie neue Schnittstellen zu Geodaten, zum Beispiel visuelle Datenbrowser, in der

GGF entwickelt und etabliert werden. Auch neue Wege der Ergebnisinterpretation, so zum Beispiel „Visual Analytics" Werkzeuge [78], werden bis 2025 einen breiteren Raum als bisher einnehmen.

Es zeigt sich schon heute sehr deutlich, dass Leistungssteigerungen in zunehmendem Maße nur noch durch Parallelisierung, Verteilung und Spezialisierung erreicht werden können. Eine weitere wichtige Aufgabe wird die Anpassung geowissenschaftlicher Verfahren an diese neuen Architekturen sein. Diese Anpassung wird sowohl in Sensorsystemen als auch für große Clustersysteme notwendig sein.

Ein Fazit unserer Prognose ist, dass sich das Verhältnis zwischen wissenschaftlicher Anforderung an die Rechentechnik und deren Leistungsfähigkeit zugunsten der Wissenschaft verschieben wird. Das heißt, die erfolgreiche Bearbeitung geowissenschaftlicher Fragestellungen wird in geringerem Maße als heute von Beschränkungen der Rechentechnik abhängen.

5.3 Archivierung und Datenbereitstellung

Die Bereitstellung von standardisierten und indexierten Daten und deren zugehörigen Metadaten ist wichtig für den Transfer von Erkenntnissen der Geodäsie und Fernerkundung in andere Wissenschaftsdisziplinen und in die Gesellschaft. Große Bedeutung hat hierbei insbesondere der weltweit freie Zugang zu Erdbeobachtungsdaten auf den verschiedenen Produktniveaus sowie die leichte Auffindbarkeit und einfache Dokumentation, beispielsweise durch die DOI-Referenzierung von Datensätzen und -produkten.

Um die riesigen Datenmengen verwalten, prozessieren und analysieren zu können, wird die GGF existierende „big data"-Technologien wie z. B. „MapReduce"-basierte Ansätze [28] an geowissenschaftlichen Daten und Szenarien anpassen müssen. Dazu kommen noch die Etablierung neuartiger Nutzungsstrategien in Form von unterschiedlichen Nutzerschnittstellen („automated access", „interactive data browser", „visual exploration"). Diese ermöglichen die Bedienung von ganz unterschiedlichen Nutzerklassen.

Im Anwenderbereich ist daher zunehmend eine „on-demand"-Generierung von Datenprodukten aus den vorgehaltenen Rohdaten zu erwarten, welche die bisherige Bereitstellung von vorprozessierten Datenprodukten ablösen wird. Das erfordert eine umfassende Speicherung der vom Sensor generierten Rohdaten sowie der entsprechenden ergänzenden Metadaten sowie leistungsfähige Datenbanken. Die Vielfalt der Datennutzung wird dadurch ganz erheblich steigen. Eine Erweiterung der Metainformationen zu den Datensätzen erlaubt darüber hinaus beispielsweise auch eine mitgeführte Referenzierung und die Abbildung in einen nahezu beliebig wählbaren Referenzrahmen.

6 Auswertemethoden

Das Zusammenführen und Auswerten verschiedener Beobachtungsdaten ist ein wesentlicher Schritt im geodätisch/fernerkundlichen Erkenntnisprozess. Hohe Datendichten erfordern hierbei eine zunehmende Automatisierung der Auswerteprozesse mit selbstlern- oder selbstorganisierbaren Verfahren bis hin zu anwendungsspezifischen Auswertungen auf Anforderung „on-demand". Dazu erleichtern maßstabsvariable Methoden mit weitgehend universeller Anwendbarkeit in allen Regionen der Erde global einheitliche Analysen. Neben der Bestimmung der eigentlichen Zielparameter ist die Schätzung von Genauigkeitsparametern zu den Beobachtungsergebnissen von großer Bedeutung, nicht zuletzt, um eine Assimilation der geodätisch/fernerkundlichen Daten in dynamische Modelle – wie beispielsweise Wetter- oder Klimaprognosemodelle – zu ermöglichen (siehe [132]). Diese Genauigkeitsparameter werden auf klassischem Wege aus der Ausgleichung bestimmt und durch umfangreiche Multi-Sensor-Auswertungen zur Interkalibration verschiedener Verfahren abgesichert.

Der Bedarf an sehr schneller Informationsextraktion aus geodätisch/fernerkundlichen Beobachtungen hat in den vergangenen Jahren stark zugenommen; ein Trend, der sich fortsetzen wird. Dafür sind filterartige Auswerteverfahren zu entwickeln, mit denen auch vorläufig prozessierte und lückenhafte Datenreihen zur sequentiellen Verbesserung der Zielparameter bearbeitet werden können (siehe [81]).

Neben der Datenanalyse für zeitkritische Anwendungen ist die regelmäßige Reprozessierung langer Beobachtungszeitreihen ein weiterer Schwerpunkt in der geodätisch/fernerkundlichen Auswertung. Hierbei werden die jeweils neuesten (state-of-the-art) Verfahren und Kalibrationsmethoden zur Generierung konsistenter und sehr genauer Langzeitdatensätze über mehrere Dekaden eingesetzt. Mit diesen können kleine, möglicherweise anthropogen verursachte, Signale in von starker natürlicher Variabilität geprägten Beobachtungsreihen identifiziert werden. Um eine Interpretierbarkeit und Vergleichbarkeit im internationalen Rahmen sicherzustellen, ist insbesondere für die Reprozessierungen auf die gemeinsame Erarbeitung und Anwendung verbindlicher Standards zu achten, wie sie beispielsweise gegenwärtig im Rahmen von GGOS erarbeitet werden (siehe [3]).

Neben der Reproduzierbarkeit von abgeleiteten Produkten wird insbesondere der Bereitstellung von realistischen äußeren Fehlermaßen – im Unterschied zu den aus Ausgleichsverfahren typischerweise erhaltenen inneren Genauigkeiten – zunehmend hohe Bedeutung zukommen. Diese haben bei einer Synthese von heterogenen Daten in numerischen Modellen mit Hilfe von Datenassimilationsverfahren entscheidenden Einfluss auf die relativen Gewichtungen der unterschiedlichen Beobachtungsgruppen und damit auf die Qualität des Modells und dessen potentielle Vorhersagefähigkeit.

6.1 Fernerkundung

Die großen wissenschaftlichen Herausforderungen in der fernerkundlichen Methodenentwicklung liegen in der Dynamisierung, Homogenisierung und anwendungsbezogenen Echtzeitprozessierung eines immer größer werdenden heterogenen Daten- und Informationspools, der gleichzeitig die Notwendigkeit einer verstärkten Entwicklung von generischen Auswertealgorithmen bedingt. Diese Herausforderungen können kurz als "Triple-V" zusammengefasst werden (Zunahme von „volume", „variety" und „velocity" in der Datenprozessierung). Die dabei zu erwartende extreme Datenzunahme wird die Entwicklung von „big data"-fähigen Auswertealgorithmen in großem Maßstab erfordern. Außerdem müssen neue Wege des Datenzugangs beschritten werden, um den verfügbaren Datenpool flexibel, vielseitig und langfristig nutzbar zu machen.

Weiterhin wird sich die Anzahl und die Vielfalt der zu entwickelnden Auswertealgorithmen erhöhen, um das volle Potential dieser Datenvielfalt für eine Vielzahl neuer Anwendungsfelder verfügbar zu machen. In diesem Zusammenhang werden bisherige „Nebenprodukte" der verschiedenen Auswerteverfahren wie z. B. Ableitungen des Aerosol- und Wasserdampfgehalts in spezielle Anwendungen wie das globale Klimamonitoring einfließen, um auf diese Weise z. B. die Möglichkeiten für eine direkte Abschätzung von CO_2, Methan, O_3 und O_2 maßgeblich zu erweitern.

Außerdem werden aktuelle Grenzbereiche der angewandten fernerkundlichen Datenauswertung, die durch eine hohe Komplexität der zu beobachtenden Kenngrößen hervorgerufen werden, aufgrund verbesserter Messtechnik erweitert und überwunden werden. Dazu zählen Anwendungen zur Stadtklimatologie, zur Beurteilung gelöster Stoffeinträge in Wasserkreisläufe oder zur Erfassung der Vegetationsvitalität auf der Basis von ultraspektralen Fluoreszenzmessungen. Hier ist jedoch eine stärkere Fokussierung auf die fernerkundliche Grundlagenforschung, wie z. B. auf den Bereich der mathematisch-physikalischen Strahlungstransfermodellierung, erforderlich, um die Methodik progressiv voranzutreiben.

Von der zunehmenden Komplexität der beobachtbaren Prozesse werden starke Impulse auf die Algorithmenentwicklung ausgehen, wobei der Schwerpunkt auf unüberwachten „big data"-fähigen Verfahren liegen wird. Dies betrifft im Bereich der hyperspektralen Datenauswertung auch nichtlineare Entmischungsansätze, die bisher aufwendige Feldkampagnen erfordert haben. Unter Nutzung globaler Spektralbibliotheken, die auch geometrische Eigenschaften der erfassten Objekte enthalten, wird über „Raytracing"- und „Radiosity"-Ansätze eine nachbarschafts- und mehrwegebedingte Überstrahlungsmodellierung möglich sein. Diese wird dann dem eigentlichen Signal gegenübergestellt und automatisiert reduziert werden können, um das Problem der nichtlinearen Entmischung auf Datenbankbasis anzugehen und ggf. zu lösen.

Die Vielzahl der Sensoren, die zukünftig multitemporal aus verschiedenen Aufnahmeabständen mit unterschiedlichen räumlichen und spektralen Auflösungen gleiche Objekte/Landschaftsteile aufnehmen können, wird eine hohe Datenvielfalt erzeugen. Dieser Informationspool kann dann über Verdichtungsmessungen integriert werden, um auf diese Weise Oberflächeneigenschaften und ihre

Veränderungen einfacher und robuster zu detektieren. Zu diesem Zweck werden sich für häufig genutzte Sensoren globale Datenbanken etablieren, die alle notwendigen Sensorcharakteristika für Kreuzkalibrationen und Informationsschärfungen enthalten. Selbstlernende Verfahren können dann applikationsbezogen trainiert werden, um auf der Basis ähnlicher Szenarien maßgebliche Beiträge zu einer differentiellen Modellerweiterung zu leisten.

Außerdem wird sich die Reduktion räumlicher, radiometrischer und spektraler Unsicherheiten zunehmend zu einem Fokus der fernerkundlichen Forschung entwickeln, sodass sich daraus weitere Impulse für die Entwicklung neuer Algorithmen ergeben werden. Im Ergebnis werden sie ebenfalls Inter- und Kreuzkalibrationen ermöglichen, um die Fernerkundungsaufnahmen besser auf ihre physikalische Basis zu normieren. Auf diese Weise lassen sich Daten von Systemen, die verschiedene Informationsgehalte besitzen, auf unterschiedlichen Maßstabsebenen kombinieren und zusammenführen, um Informationen in ihren Skalen besser zu charakterisieren.

6.2 GNSS

Eine der größten Herausforderungen bei der GNSS-Datenverarbeitung für geowissenschaftliche Anwendungen in den nächsten Jahren ist der Übergang zur Nutzung aller verfügbaren Navigationssignale (Multi-GNSS), d. h. im Vergleich zur jetzigen Standardnutzung von GPS und GLONASS die optimale zusätzliche Auswertung der Signale von BeiDou, Galileo und QZSS (z. B. [86]). Im Vordergrund stehen dabei die Kombination der Systeme und die Entwicklung neuer Korrekturalgorithmen zur Erreichung genauerer und robusterer Positionslösungen. Für die Schwerefeldbestimmung und verschiedene geowissenschaftliche Anwendungen, wie z. B. GNSS-Seismologie, werden GNSS-Echtzeitauswertungen und Kombinationslösungen mit anderen raumgeodätischen Verfahren und anderen Sensoren (z. B. Seismometern) von immer größerer Bedeutung (z. B. [85], Abb. 11). Die konsistente Auswertung bzw. Reprozessierung von Langzeitdatensätzen satelliten- und bodengestützter GNSS-Messungen ist entscheidend für die Untersuchung von Prozessen im Erdinneren, der Ozeane und der Atmosphäre und für die Kombination mit anderen geodätischen Fundamentalverfahren wie VLBI und SLR (z. B. [112]). Mit dem zunehmenden Einsatz von Flugplattformen und Satelliten in der Erdsystemforschung (siehe Abschn. 4.2, 4.3 und 4.4) wird die Nutzung von GNSS zu deren Positionierung und Navigation weiter an Bedeutung gewinnen. Die genaue Bestimmung der Trajektorie und der Lage im Raum mit Genauigkeiten im Zentimeterbereich und möglichst in Echtzeit ist das Ziel bei der Entwicklung von spezifischer GNSS-Auswertesoftware teilweise unter Einbeziehung zusätzlicher Daten, wie z. B. von SLR oder Beschleunigungs- und Neigungssensoren (z. B. [52, 53]).

Mit der Erweiterung der GNSS-Analysesoftware, die vor allem durch die Multi-GNSS-Entwicklungen bedingt ist, wird die Qualitätskontrolle der Analyseresultate an Bedeutung gewinnen. Dabei werden vor allem im Rahmen des IGS (International GNSS Service) umfassende Vergleichsuntersuchungen fortgesetzt und erweitert

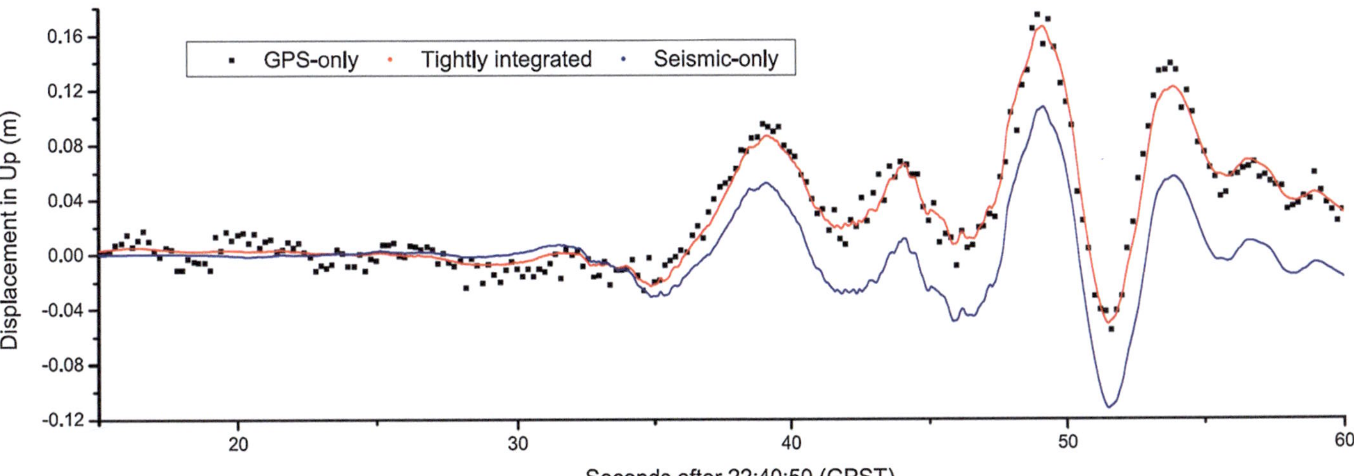

Abb. 11 Koseismische Veränderung der Vertikalkoordinate kolokierter GPS (schwarz) und seismischer Station (blau) für das El-Mayor-Cucapah Erdbeben vom 4. April 2010. Die Kombinationslösung ist mit Rot gekennzeichnet und weist keinen Bias auf, der in der rein seismischen Lösung zu sehen ist. Auch bilden sich hier Signale höherer Frequenzen ab, die in der reinen GPS-Lösung nicht erscheinen (siehe [85])

werden; sinnvoll erscheint hier die Einbeziehung der entwickelten Algorithmen in die Vergleiche.

Die Etablierung neuer, GNSS-basierter Erdbeobachtungsmethoden, wie der GNSS-Reflektometrie ist mit umfangreichen methodischen Entwicklungen verbunden, um das volle Anwendungs- und Genauigkeitspotential dieser neuen Techniken optimal nutzen zu können. Hierbei werden die GNSS-Observablen z. T. auf Rohdatenniveau erfasst, wofür standardisierte Auswertesoftware nicht genutzt werden kann. Für die Datenverarbeitung und auch für die Signalaufnahme („tracking") sind in enger und interdisziplinärer Kooperation mit den geowissenschaftlichen Datennutzern anwendungsspezifische Lösungen zu entwickeln.

Parallel zur Entwicklung hochpräziser Atomuhren wird die Bedeutung der Observable Zeit für die Geodäsie/Fernerkundung weiter wachsen und wird entsprechend bei der Neu- und Weiterentwicklung von wissenschaftlicher Analysesoftware berücksichtigt werden. Nahezu alle zukünftigen geodätisch/geophysikalischen Satelliten werden mit GNSS-Empfängern ausgerüstet sein: zur Unterstützung des Missionsbetriebs, als eigenständige Sensoren, als unterstützender Sensor für die Hauptinstrumente wie Atomuhren, Laserinterferometer, Radaraltimeter und SAR oder aber als komplementärer Sensor neben SLR, VLBI und DORIS. Die GNSS-Datenauswertung wird perspektivisch an Bord und in Echtzeit erfolgen, möglichst in Kombination mit den anderen Sensoren.

6.3 VLBI

In der GNSS- und VLBI-Auswertung werden routinemäßig Uhrenparameter geschätzt, die auch zur Frequenzübertragung genutzt werden können [25]. Aktuelle Untersuchungen [72, 122] konnten bereits eine relative Übertragungsgenauigkeit von 10^{15} innerhalb von 24 Stunden für die VLBI nachweisen, was in etwa der Übertragungsgenauigkeit von GNSS entspricht. In Zukunft wird durch die Beobachtung im VGOS-Netzwerk eine etwa zehnmal genauere Übertragung erwartet. Für die Zeitübertragung muss die gesamte Apparatur vom „feed" bis zum Zeitlabor absolut kalibriert sein; derzeit ist nur eine relative Kalibrierung möglich. In Zukunft könnte eine VLBI-Antenne in der Nähe eines Zeitlabors (z. B. PTB) absolut kalibriert und damit direkt zur Zeitübertragung genutzt werden. Alternativ könnten die vorhandenen VLBI-Antennen durch geeignete absolut kalibrierte Kabel an die Zeitlabore angeschlossen werden.

Für die Auswertung von VLBI-Laufzeitverzögerungen können in naher Zukunft umfangreiche Veränderungen erwartet werden. Sobald die etablierten Radioteleskope überwiegend durch neue VGOS-Radioteleskope ersetzt und die VGOS-Beobachtungspläne umgesetzt worden sind, werden die dann um ein bis zwei Größenordnungen zahlreicher anfallenden VLBI-Beobachtungen nicht mehr in einzelnen „Sessionen" (im Englischen „sessions") sondern in kontinuierlichen Datenströmen verarbeitet werden.. Je nach Vorhandensein von stabilen Breitbandinternetleitungen erfolgt dann die Prozessierung in naher Echtzeit. Die einzelnen Schritte der Datenanalyse müssen dann komplett automatisiert ausgeführt werden.

Hierzu gehören die Lösung der Mehrdeutigkeiten, die aus der Bandbreitensynthese entstehen, unter Zuhilfenahme der Laufzeitraten, die Bestimmung der dispersiven Laufzeiten und die weitere Datenauswertung mit dem Auffinden von Uhrensprüngen bis zum Schätzen der Parameter. Die zur Parameterschätzung herangezogenen Algorithmen werden sich in Richtung der Filtertechniken weiterentwickeln [111].

6.4 Gravimetrie

Im Bereich der satellitengestützten Gravimetrie sind sowohl für die aktuellen (GRACE, GRACE-FO) bzw. künftigen Next Generation Gravity Missions (NGGM) zahlreiche Verbesserungen in den Auswertemethoden möglich bzw. notwendig. Momentan unterscheidet man bei der GRACE-Auswertung zwischen Methoden, die auf globalen Kugelfunktionskoeffizienten (KFK) oder sogenannten „Mass Concentrations" basieren. Zur ersten Kategorie gehört die klassische dynamische Methode, wie sie am GFZ angewandt wird [121] sowie zahlreiche andere in den letzten Jahren entwickelte Verfahren wie der Short Arc Approach [90], der Celestial Mechanical Approach [9] oder der Acceleration Approach [87]. Im Gegensatz zu den Mass Concentrations [124] benötigen diese Lösungen noch ein Nachbearbeiten, um die mit wachsender räumlicher Auflösung ansteigenden Fehler in den KFKs zu reduzieren. Hier wird man in den nächsten Jahren die dazugehörigen Methoden (Filterung, Leakage Reduction etc.) weiter verbessern müssen. Außerdem wird man aus den Vor- und Nachteilen der einzelnen Methoden lernen und ähnlich wie im IGS ein Kombinationsprodukt der einzelnen beteiligten Prozessierungszentren ableiten müssen [75]. Einer der wesentlichen Fehlereinflüsse bei der Datenprozessierung von GRACE sind derzeit die Kurzzeitmassenvariationen in der Atmosphäre und in den Ozeanen [34]. Die entsprechenden Korrekturmodelle sind weiter zu verbessern bzw. bei NGGMs durch die Auswahl geeigneter Bahnkonstellationen zu minimieren [37]. Ein weiterer Nachteil der jetzigen Schwerefeldmodellierung liegt neben der kleinen räumlichen Auflösung in der bisherigen Nichtverfügbarkeit von NRT-Lösungen zur Vorhersage von Extremereignissen wie Dürren oder Überflutungen. Hier sind Optimierungen in der Prozessierungskette notwendig, aber auch innovative Darstellungen der Schwerefeldfunktionale z. B. in Form von radialen Basisfunktionen in Kombination mit Kalman-Filterung, mit denen man die räumliche Auflösungen verbessern kann [75]. Für die Optimierung der langwelligen Anteile der Schwerefeldmodelle sind Kombinationslösungen mit Normalgleichungen von anderen geeigneten SLR- oder GNSS-Satelliten notwendig [89]. Die erhöhte Genauigkeit der Laser-Abstandsmessungen wird zudem Verbesserungen bei der numerischen Genauigkeit notwendig machen.

6.5 Terrestrischer Referenzrahmen

Bei der Berechnung des terrestrischen Referenzrahmens (TRF) wird eine Vielzahl an Beobachtungen der geodätischen Raumverfahren zusammen mit Verbindungsmessungen zwischen den einzelnen Verfahren herangezogen. Auf absehbare Zeit wird der Ursprung (das Geozentrum) durch SLR, der Maßstab durch VLBI und evtl. SLR und die Orientierung der Rotationsachse im Raum mit VLBI bestimmt werden, während die GNSS zur Messung der Polbewegung, zur Verknüpfung zwischen den geodätischen Raumverfahren und zur Verdichtung des terrestrischen Netzwerks eingesetzt werden. DORIS wird für die weitere Verdichtung und die Anbindung der Altimetriesatelliten weiterhin von Bedeutung sein (z. B. [2]). Durch das Hinzuziehen des LLR [99] und von VLBI-Sendern auf dem Mond bzw. im Orbit (SELENE, siehe [76]; Chang'e-3, siehe [41]) kann darüber hinaus eine Verbindung zu den Ephemeridensystemen hergestellt werden. Im Rahmen von GGOS ist zudem geplant, die Schwerefeldbeobachtungstechniken mit den geometrischen Verfahren zusammenzuführen, was beispielsweise über die Satellitenbeobachtungen von SLR und GNSS erfolgen kann, da hier sowohl geometrische als auch Parameter des Schwerefeldes bestimmt werden können.

Neben den bisher herangezogenen Verbindungsmessungen zwischen den Referenzpunkten der Raumverfahren auf sogenannten Kollokationsstationen, den „local ties", werden zusätzliche Messungen zwischen den Raumverfahren, etwa die Beobachtung von GNSS-Satelliten mittels VLBI und SLR, als Verbindung hinzukommen und an Bedeutung gewinnen. Diese verbindenden Messungen realisieren eine tatsächliche Kombination auf Beobachtungsebene. Damit dieses wichtige Produkt der globalen Geodäsie die Genauigkeit, die zur Bestimmung bestimmter geophysikalischer Prozesse erforderlich ist, gewährleisten kann, muss die gesamte Datenauswertung konsistent erfolgen. Aktuell wird für die Berechnung des TRF die Kombination von Normalgleichungen eingesetzt [142]. In Zukunft ist die Kombination auf Beobachtungsgleichungsebene zu erwarten, wobei bereits jetzt einzelne wissenschaftliche Einrichtungen Kombinationslösungen basierend auf verschiedenen geodätischen Raumverfahren zur Verfügung stellen. Die Kombinationsalgorithmen werden in Zukunft vor allem im stochastischen Modell erweitert werden, etwa dadurch, dass dieselbe Beobachtung für die Berechnung der formalen Fehler bei der Kombination verschiedener Lösungen innerhalb eines Raumverfahrens mehrfach verwendet wird [135].

Das derzeitige terrestrische Koordinatenmodell geht in Anlehnung an die globale Tektonik von linearen Bewegungen aus und wird durch eine Reihe von Korrekturen an die tatsächliche Position des Antennenphasenzentrums angenähert (IERS Conventions 2010, siehe [116]). Die Korrekturmodelle berücksichtigen nicht alle geophysikalischen Effekte, sodass für genaue Anwendungen derzeit nicht auf ein zusätzliches Schätzen der Position verzichtet werden kann (GGOS Bureau for Standards and Conventions, siehe [29]). In Zukunft werden genauere Erd-, Atmosphären-, Ozean- und Hydrologiemodelle verfügbar sein, die die vorhandenen Korrekturmodelle mit raumzeitlich höherer Auflösung zur Verfügung stellen und die die Korrektur weiterer, bisher vernachlässigter Effekte, wie zum Beispiel hydrologischer Auflastdeformationen, erlauben werden.

Da die nachfolgenden untergeordneten Referenzrahmen teilweise direkt vom globalen terrestrischen Referenzrahmen abgeleitet werden, wie beispielsweise das Südamerikanische Referenzsystem SIRGAS [146], wird es in Zukunft kürzere

Abstände zwischen der Veröffentlichung der Referenzrahmen geben auch um Punktverschiebungen durch Erdbeben und neu beobachtende Stationen zeitnaher bereitstellen zu können. Der terrestrische Referenzrahmen wird sich in weiterer Zukunft einem System der kontinuierlichen Überwachung in Echtzeit annähern, wodurch andere Auswertealgorithmen wie etwa KalmanFilter [151] in den Vordergrund treten werden.

6.6 Korrektionsmodelle

Registrierungen geodätischer und fernerkundlicher Beobachtungsverfahren enthalten üblicherweise neben dem eigentlichen Zielsignal – beispielsweise des Reflexionsgrades der Erdoberfläche in einem bestimmten Spektralband – auch eine Reihe von Störsignalen. Diese Störsignale werden üblicherweise durch Korrektionsmodelle im Auswerteprozess eliminiert. Qualität und Verlässlichkeit der genutzten Korrektionsmodelle erlangen dabei eine nicht zu unterschätzende Bedeutung, da Fehler in diesen Modellen als residuales Signal in den Beobachtungen verbleiben und gegebenenfalls später geophysikalisch fehlinterpretiert werden können.

Auch bei der Kombination von verschiedenen Messverfahren ist eine konsistente Korrektion von einzelnen Prozessen in den zu kombinierenden Verfahren wichtig. Hier können insbesondere Unterschiede zwischen den geodätischen Weltraumverfahren in Bezug auf frequenzabhängige atmosphärische Laufzeitverzögerungen zu Problemen führen.

Wichtige zu korrigierende Prozesse in der Geodäsie und Fernerkundung sind beispielsweise Signalverzögerungen aufgrund des zeitlich und räumlich variablen Wasserdampfes in der Atmosphäre, aufgrund der elastischen Deformationen der Erdkruste hervorgerufen durch Erdgezeiten und Ozeangezeitenauflasten sowie aufgrund von dynamischen Prozessen im Erdinneren wie Glazialisostasie oder Tektonik. Dabei sind vermeintliche Störsignale der einen Anwendung oft die Messsignale eines anderen Beobachtungsverfahrens, so dass sich vielfältige Synergien zwischen den verschiedenen Messmethoden und der geophysikalischen Interpretation ihrer Resultate ergeben.

7 Numerische Modellierung dynamischer Prozesse im System Erde

Geodätische und fernerkundliche Beobachtungsdaten werden von einer Vielzahl auf ähnlichen Skalen wirkenden dynamischen Prozessen im System Erde beeinflusst [127]. Beispielsweise enthalten Einzelmessungen der Satellitenaltimetrie neben der durch die Ozeandynamik determinierten Höhe des Meeresspiegels auch Einflüsse der aktuell herrschenden oberflächennahen Windgeschwindigkeiten, der Rauhigkeit der Meeresoberfläche und des Wasserdampfgehalts in der Troposphäre [50]. Schweremessungen zeichnen das integrale Signal aller Massenumverteilungen auf, so dass eine Modellierung der Prozesse unabdingbar ist, um Massentransporte im Ozean, an der Landoberfläche, im Erdinneren oder zwischen diesen Teilsystemen konsistent zu quantifizieren (z. B. [82]). Fernerkundungsmethoden wie InSAR lösen lokale Deformationen auf, die durch dynamische Prozesse des Erdinneren wie Tektonik hervorgerufen sind (z. B. [17]), aber nur nach umfassender Atmosphärenkorrektur eine quantitative Aussage erlauben (z. B. [56]).

Mit Hilfe numerischer geophysikalischer Simulationen werden die Signale entsprechender dynamischer Prozesse prädiziert und durch Vergleiche mit Beobachtungen validiert. Diese etablierte Analysemethode ermöglicht es neue Prozesse zu identifizieren und trägt damit zum Verständnis ihrer Dynamik bei. Sie bildet die Grundlage für fundierte Vorhersagen von zukünftigen Veränderungen des Planeten Erde. Weiterhin ermöglicht die numerische Modellierung der diesen Einflüssen zugrundeliegenden dynamischen Prozesse die konsistente gemeinsame Interpretation heterogener Beobachtungsdaten und schlussendlich eine Synthese von numerischen Modellen und Daten mit Hilfe von mathematischen Verfahren der Datenassimilation (z. B. [6]).

Zu den dynamischen Prozessen mit Relevanz für die globale Geodäsie und Fernerkundung zählen Auflastdeformationen der festen Erde, Kopplungsprozesse an der Kern-Mantel-Grenze (z. B. [65, 170]), geodynamische und tektonische Prozesse der Lithosphäre und innerhalb der Kruste sowie Massenumverteilung und Massentransport an der Oberfläche [82]. Weiterhin können Prozesse der Atmosphäre aus den Absorptions-, Streu- und Brechungseigenschaften von elektromagnetischer Strahlung auf den unterschiedlichen in der GGF genutzten Frequenzen abgeleitet werden. So wirkt sich die Atmosphäre auf die Bestimmung von GNSS-Stationskoordinaten oder die Ableitung von digitalen Geländemodellen aus Radarsatellitendaten aus [71].

Das fortschreitende Verständnis der vielfältigen Interaktionen und Rückkopplungen zwischen den einzelnen Sphären des Systems Erde, die in verschiedenen geophysikalische Teildisziplinen beschrieben werden und die steigende Sensitivität der geodätischen Messverfahren kann konzeptionell nur in einer integrierenden Erdsystemmodellierung erfolgen, in der die dynamischen Prozesse der Landoberfläche, der Atmosphäre, des Ozeans und der festen Erde sowie ihre Wechselwirkungen beschrieben werden. Da in diesen Prozessen zunehmend vom Maßstab abhängende und damit nichtlineare Mechanismen berücksichtigt werden, ist eine Superposition der einzelnen Mechanismen nicht mehr möglich und eine dynamische Kopplung der verschiedenen Prozesse rückt zunehmend in den Vordergrund.

Neben der gegenwärtig insbesondere auf globale Skalen ausgerichteten Modellierung im Kontext der globalen Geodäsie gewinnen zunehmend auch höher auflösende Regional- und Lokalstudien an Bedeutung. Umgekehrt besteht in der Fernerkundung ein Trend von regional begrenzten Studien hin zu möglichst kontinent- oder sogar weltweiten Analysen, wodurch weitere Synergien zwischen den beiden Forschungsrichtungen Geodäsie und Fernerkundung entstehen.

Des Weiteren müssen für die Festlegung wissenschaftlicher Anforderungen an neuartige Beobachtungssysteme entsprechende Prozesse simuliert werden. Neben dem eigentlichen Sensordesign weisen beispielsweise die Konfigurationen zukünftiger Satellitenmissionen zahlreiche Freiheitsgrade auf, deren relativer Wert über möglichst realitätsnahe Simulationsstudien quantifiziert werden muss (z. B. [160]). Plausible Grundannahmen über raumzeitliche Charakteristika der zu beobachtenden neuen Signale sind regelmäßig nur anhand von numerischen Modellexperimenten möglich und werden von den internationalen Raumfahrtagenturen eingefordert (z. B. [34, 59]).

8 Transfer in die Gesellschaft

Die GGF trägt mit zahlreichen Anwendungen zur Lösung drängender Fragen der menschlichen Daseinsvorsorge bei. Das Spektrum reicht von der Exploration natürlicher Ressourcen bis zur Quantifizierung der Risiken und Auswirkungen von Naturgefahren oder technisch verursachten Gefahren. In diesem Zusammenhang eröffnet die weltweit zunehmende Technologisierung der Gesellschaft und die damit verbundene stark zunehmende mobile Verfügbarkeit von ortsbasierten Daten (z. B. über Smartphones) neue Möglichkeiten für die Einbeziehung der Endnutzer in die Datenerhebung und für die Verbreitung von abgeleiteten Informationen z. B. im Rahmen der Frühwarnung. Dazu tragen in großem Maße auch die GNSS -basierten Positionierungsdienste bei, die bereits heute allgegenwärtig sind. Unter diesen Bedingungen erscheint die zukünftige Entwicklung eines breiten Spektrums von „Jedermann-Sensoren" realistisch. Eine Verbindung von solchen sporadisch lokal erhobenen in-situ Daten mit systematisch global aufgezeichneten Satellitendaten bringt neue methodische Herausforderungen mit sich und eröffnet gleichzeitig zahlreiche neuartige und öffentlichkeitswirksame Forschungsperspektiven.

Damit werden GGF auch in Zukunft wesentliche raumbezogene Daten liefern, die dann auf vielfältige Weise sowohl öffentlich als auch privatwirtschaftlich nutzbar sind. Dabei wird ein vielfacher Mehrwert geschaffen, der die Erträge der GGF einer breiten Öffentlichkeit zugänglich macht. In diesem Zusammenhang ist es besonders wichtig, Wertschöpfungsketten zu generieren, die in all ihren Schritten sachlich begründeten und objektiv überprüfbaren Qualitätskriterien standhalten, um auf diese Weise die Informationen transparent und in verlässlicher Genauigkeit dem Endnutzer zur Verfügung zu stellen. Dieser Aspekt gewinnt nochmal an Bedeutung, da die traditionell gebräuchlichen amtlichen Kartenwerke in ihrer Funktion als Referenzsysteme für raumbezogene Informationen zunehmend durch andere Informationsquellen abgelöst werden. Auch die herkömmlichen Karten unterliegen zwar einer kontinuierlichen Laufendhaltung, die jedoch auf nur bedingt systematische und transparente Weise erfolgt. Heute bereits vielfältig genutzte weltweit virtuell zugängliche Datenbestände wie z. B. Google Earth und OpenStreetMap werden in Zukunft durch eine Vielzahl weiterer online verfügbarer räumlicher Datensammlungen ergänzt werden, die allerdings keinen verbindlichen und vergleichbaren Qualitätskontrollen unterliegen. Daraus ergeben sich völlig neue Herausforderungen für das Handling und Management von Geodaten, die von gesamtgesellschaftlicher Bedeutung sind.

Gleichzeitig wird die Nachfrage nach quantitativen Erdbeobachtungsdaten, die mit Methoden der GGF erhoben werden, in zahlreichen Nachbardisziplinen weiter steigen. Beispiele dafür sind das Monitoring anthropogener Einflüsse auf das Klimasystem, die Etablierung von Frühwarnsystemen für Naturgefahren wie Flutwellen, Überschwemmungen und Dürreperioden, sowie die Erstellung von Langzeitprognosen über die Verfügbarkeit von natürlichen Ressourcen. In diesem Zusammenhang kommt der GGF eine wichtige Aufgabe zu, da sie bereits über geeignete Dateninfrastrukturen verfügt, die im Hinblick auf zukünftige Herausforderung weiterentwickelt werden können. Dafür bilden die bereits bestehenden technologischen und methodischen Kompetenzen, wie z. B. im Bereich der Verknüpfung von Geoinformationen zu flächendeckenden und lückenminimierenden Netzen, eine wesentliche Grundlage, die im Rahmen zukünftiger geodätischer und fernerkundlicher Grundlagenforschung kontinuierlich ausgebaut und in gesellschaftlich relevante Anwendungsfelder überführt werden muss.

Literatur

1. Aguilera, D., Ahlers, H., Battelier, B., Bawamia, A., Bertoldi, A., Bondarescu, R., Bongs, K., Bouyer, P., Braxmaier, C., Cacciapuoti, L., Chaloner, C., Chwalla, M., Ertmer, W., Franz, M., Gaaloul, N., Gehler, M., Gerardi, D., Gesa, L., N. Gürlebeck, Hartwig, J., Hauth, M., Hellmig, O., Herr, W., Herrmann, S., Heske, A., Hinton, A., Ireland, P., Jetzer, P., Johann, U., Krutzik, M., Kubelka, A., C. Lämmerzahl, Landragin, A., Lloro, I., Massonnet, D., Mateos, I., Milke, A., Nofrarias, M., Oswald, M., Peters, A., Posso-Trujillo, K., Rasel, E., Rocco, E., Roura, A., Rudolph, J., Schleich, W., Schubert, C., Schuldt, T., Seidel, S., Sengstock, K., Sopuerta, C.F., Sorrentino, F., Summers, D., Tino, G.M., Trenkel, C., Uzunoglu, N., von Klitzing, W., Walser, R., Wendrich, T., Wenzlawski, A., Weßels, P., Wicht, A., Wille, E., Williams, M., Windpassinger, P., Zahzam, N.: STE-QUEST – Test of the universality of free fall using cold atom interferometry. Class. Quantum Gravity **31**(11), 115010 (2014). doi:10.1088/0264-9381/31/11/115010
2. Altamimi, Z., Collilieux, X., Métivier, L.: ITRF2008: an improved solution of the international terrestrial reference frame. J. Geod. **85**, 457–473 (2011). doi:10.1007/s00190-011-0444-4
3. Angermann, D., Gerstl, M., Sánchez, L., Gruber, T., Hugentobler, U., Steigenberger, P., Heinkelmann, R.: GGOS bureau for standards and conventions: inventory of standards and conventions for geodesy. In: IAG Symposia 143. Springer, Berlin/Heidelberg (im Druck) (2015)
4. Argus, D.F., Peltier, W.R.: Constraining models of postglacial rebound using space geodesy: A detailed assessment of model ICE-5G (VM2) and its relatives. Geophys. J. Int. **181**, 697–723 (2010). doi:10.1111/j.1365-246x.2010.04562.x
5. Bar-Sever, Y., Haines, B., Bertiger, W., Desai, S., Wu, S.: Geodetic reference antenna in space (GRASP) – a mission to enhance space-based geodesy. In: COSPAR Colloquium: Scientific and Fundamental Aspects of the Galileo Program, Padua (2009). http://ilrs.gsfc.nasa.gov/docs/GRASP_COSPAR_paper.pdf. Zugegriffen am 09.04.2015
6. Becker, S., Freiwald, G., Losch, M., Schuh, W.-D.: Rigorous fusion of gravity field, altimetry and stationary ocean models. J. Geodyn. **59–60**, 99110 (2012). doi:10.1016/j.jog.2011.07.006
7. Bender, M., Dick, G., Ge, M., Wickert, Z.D.J., Kahle, H.-G., Raabe, A., Tetzlaff, G.: Development of a GNSS water vapour tomography system using algebraic reconstruction techniques. Adv. Space Res. **47**(10), 1704–1720 (2011). doi:10.1016/j.asr.2010.05.034
8. Bergmann-Wolf, I., Zhang, L., Dobslaw, H.: Global eustatic sea-level variations for the ap-proximation of geocenter motion from grace. J. Geodetic Sci. **4**(1), 37–48 (2014). doi:10.2478/jogs-2014-0006
9. Beutler, G., Jäggi, A., Mervart, L., Meyer, U.: The celestial mechanics approach: Theoretical foundations. J. Geodesy **84**, 605–624 (2010). doi:10.1007/s00190-010-0401-7

10. Bianco, G., Noll, C., Pearlman, M.: The international laser ranging service: Past, present and future. In: 19th International Workshop on Laser Ranging, Annapolis (2014). http://cddis.gsfc.nasa.gov/lw19/docs/2014/Presentations/3168_Bianco_presenttion.pdf. Zugegriffen am 05.08.2015
11. Bjerhammar, A.: Relativistic geodesy. NOAA Technical Report NOS 118 NGS 36. National Oceanic and Atmospheric Administration, Rockville (1986). www.ngs.noaa.gov/PUBS_LIB/RelativisticGeodesy_TR_NOS118_NGS36.pdf. Zugegriffen am 24.03.2015
12. Bondarescu, R., Bondarescu, M., Hetényi, G., Boschi, L., Jetzer, P., Balakrishna, J.: Geophysical applicability of atomic clocks: Direct continental geoid mapping. Geophys. J. Int. **191**, 78–82 (2012). doi:10.1111/j.1365-246X.2012.05636.x
13. Böhm, J., Schuh, H. (Hrsg.): Atmospheric Effects in Space Geodesy. Springer, Berlin/Heidelberg (2013)
14. Bundesamt für Kartographie und Geodäsie: The global geodetic observing system portal (GGOS Portal) (2010). www.ggos-portal.org. Zugegriffen am 20.04.2015
15. Bundesamt für Kartographie und Geodäsie: Geodätisches Observatorium Wettzell: Ergebnisse des Ringlasers (2015). http://www.bkg.bund.de/nn_178496/Wettzell/DE/Verzeichnisbaum/Laserkreisel/Ergebnisse/Ergebnisse__node.html__nnn=true. Zugegriffen am 24.03.2015
16. Bürgmann R., Dresen, G.: Rheology of the lower crust and upper mantle: Evidence from rock mechanics, geodesy, and field observations. Ann. Rev. Earth Planet. Sci. **36**, 531–567 (2008). doi:10.1146/annurev.earth.36.031207.124326
17. Bürgmann R., Rosen, P.A., Fielding, E.J.: Synthetic aperture radar interferometry to measure Earth's surface topography and its deformation. Ann. Rev. Earth Planet. Sci. **28**, 169209 (2000). doi:10.1146/annurev.earth.28.1.169
18. Butler, D.: Earth observation enters next phase. Nature **508**, 160161 (2014)
19. Cacciapuoti, L., Salomon, C.: Space clocks and fundamental tests: the ACES experiment. Eur. Phys. J. Spec. Top. **172**(1), 57–68 (2009). doi:10.1140/epjst/e2009-01041-7
20. California Institute of Technology.: SWOT: Home page (2009). https://swot.jpl.nasa.gov. Zugegriffen am 27.04.2015
21. California Institute of Technology.: HyspIRI mission study website (2010). http://hyspiri.jpl.nasa.gov/. Zugegriffen am 27.04.2015
22. California Institute of Technology.: Jason-3 (2013). https://sealevel.jpl.nasa.gov/missions/jason3. Zugegriffen am 24.03.2015
23. California Institute of Technology.: Gravity recovery and climate experiment follow-on (2015). www.jpl.nasa.gov/missions/gravity-recovery-and-climate-experiment-follow-on-grace-fo. Zugegriffen am 24.03.2015
24. Cazenave, A., Dominh, K., Guinehut, S., Berthier, É., Llovel, W., Ramillien, G., Ablain, M., Larnicol, G.: Sea level budget over 2003–2008: A reevaluation from GRACE space gravimetry, satellite altimetry and Argo. Global Planet. Change **65**, 83–88 (2009)
25. Clark, T.A., Counselman, C.C., Ford, P.G., Hanson, L.B., Hinteregger, H.F., Klepczynski, W.J., Knight, C.A., Robertson, D.S., Rogers, A.E.E., Ryan, J.W., Shapiro, I.I., Whitney, A.R.: Synchronization of clocks by very-long-baseline interferometry. IEEE Trans. Instrum. Meas. **28**(3), 184–187 (1979). doi:10.1109/TIM.1979.4314802
26. Cronin, A.D., Schmiedmayer, J., Pritchard, D.E.: Optics and interferometry with atoms and molecules. Rev. Mod. Phys. **81**(3), 1051–1129 (2009). doi:10.1103/RevModPhys.81.1051
27. Crutzen, P.J.: Geology of mankind. Nature **415**, 23 (2002). doi:10.1038/415023a
28. Dean J., Ghemawat, S.: MapReduce: Simplified data processing on large clusters. Commun. ACM **51**(1), 113 (2008)
29. Deutsches Geodätisches Forschungsinstitut (DGFI): GGOS bureau for standards and conventions (2012). http://www.dgfi.tum.de/en/international-services/ggos-bureau-standards-and-conventions. Zugegriffen am 09.04.2015
30. Deutsches Zentrum für Luft- und Raumfahrt.: TerraSAR-X – Deutschlands Radar-Auge im All (2007). www.dlr.de/terrasar-x. Zugegriffen am 24.03.2015

31. Deutsches Zentrum für Luft und Raumfahrt.: Halo-homepage (2008). www.halo.dlr.de. Zugegriffen am 21.04.2015
32. Deutsches Zentrum für Luft- und Raumfahrt.: TanDEM-X – Die Erde in drei Dimensionen (2009). www.dlr.de/tandem-x. Zugegriffen am 24.03.2015
33. Deutsches Zentrum für Luft- und Raumfahrt.: Welcome to EnMAP. The German spaceborne imaging spectrometer mission (2012). www.enmap.org. Zugegriffen am 24.03.2015
34. Dobslaw, H., Bergmann-Wolf, I., Dill, R., Forootan, E., Klemann, V., Kusche, J., Sasgen, I.: The updated ESA Earth system model for future gravity mission simulation studies. J. Geod. online (2015). doi:10.1007/s00190-014-0787-8
35. Dransfield, M.H., Christensen, A.N.: Performance of airborne gravity gradiometers. Lead. Edge **32**(8), 908–922 (2013). doi:10.1190/tle32080908.1
36. Elsaka, B., Jean-Claude, R., Brieden, P., Reubelt, T., Kusche, J., Flechtner, F., Iran Pour, S., Sneeuw, N., Müller, J.: Comparing seven candidate mission configurations for temporal gravity field retrieval through full-scale numerical simulation. J. Geodesy **88**, 31–43 (2014). doi:10.1007/s00190-013-0665-9
37. Elsaka, B., Ilk, K.-H., Alothman, A.: Mitigation of oceanic tidal aliasing errors in space and time simultaneously using different repeat sub-satellite tracks from pendulum-type gravimetric mission candidate. Acta Geophys. **63**(1), 301–318 (2015). doi:10.2478/s11600-014-0251-4
38. European Space Agency: Sentinel-2 (2012). www.esa.int/Our_Activities/Observing_the_Earth/Copernicus/Sentinel-2. Zugegriffen am 24.03.2015
39. European Space Agency: Sentinel-3 (2013). www.esa.int/Our_Activities/Observing_the_Earth/Copernicus/Sentinel-3. Zugegriffen am 24.03.2015
40. European Space Agency: Altimetry missions (2014). www.esa.int/Our_Activities/Observing_the_Earth/Copernicus/Altimetry_missions. Zugegriffen am 24.03.2015
41. European Space Agency Earth Observation Portal: Chang'e-3 moon-landing mission (2015). https://directory.eoportal.org/web/eoportal/satellite-missions/c-missions/chang-e-3. Zugegriffen am 09.04.2015
42. Famiglietti, J.S., Rodell, M.: Water in the balance. Science **340**(61), 1300–1301 (2013). doi:10.1126/science.1236460
43. Feng, Y., Rizos, C.: Network-based geometry-free three carrier ambiguity resolution and phase bias calibration. GPS Solut. **13**(1), 4356 (2009)
44. Fernandez-Prades, C., Presti, L.L., Falletti, E.: Satellite radiolocalization from GPS to GNSS and beyond: novel technologies and applications for civil mass market. Proc. IEEE **99**(11), 1882–1904 (2011). doi:10.1109/JPROC.2011.2158032
45. Flechtner, F., Morton, P., Watkins, M., Webb, F.: Status of the GRACE follow-on mission. In: Proceedings of the International Association of Geodesy Symposia Gravity, Geoid and Height System, 2012, Venice. IAGS-D-12-00141 (2015)
46. Flechtner, F., Neumayer, K.-H., Dahle, C., Dobslaw, H., Fagiolini, E., Raimondo, J.-C., Güntner, A.: What Can be Expected from the GRACE-FO Laser Ranging Interferometer for Earth Science Applications? - Surveys in Geophysics 37(2), 453-470 (2016). doi:10.1007/s10712-015-9338-y
47. Forsberg, R., Olesen, A.V.: Airborne gravity field determination. In: Xu, G. (Hrsg.) Sciences of Geodesy I – Advances and Future Directions, Reference and Handbook, S. 83–104. Springer, Berlin/Heidelberg (2010)
48. Fu, L.-L., Cazenave, A.: Satellite Altimetry and Earth Sciences – A Handbook of Techniques and Applications, 463S. Academic, San Diego (2001)
49. Gao, Z., Zhang, H., Ge, M., Niu, X., Shen, W., Wickert, J., Schuh, H.: Tightly coupled integration of ionosphere-constrained precise point positioning and inertial navigation systems. Sensors **15**, 5783–5802 (2015)
50. Gaspar, P., Ogor, F., Le Traon, P.-Y., Zanife, O.-Z.: Estimating the sea state bias of the TOPEX and POSEIDON altimeters from crossover differences. J. Geophys. Res. **99**(C12), 24981–24994 (1994). doi:10.1029/94jc01430

51. Ge, M., Zhang, H., Jia, X., Song, S., Wickert, J.: What is achievable with the current compass constellation? GPS World **23**(11), 29–34 (2012)
52. Gill, E., Montenbruck, O., Arichandran, K., Tan, H.S., Bretschneider, H.: High-precision onboard orbit determination for small satellites – the GPS-based XNSon X-SAT. In: Warmbein, B. (Hrsg.) Proceedings of the 4S Symposium: Small Satellites, Systems and Services, 20—24 Sept 2004, La Rochelle. ESA SP-571 veröffentlicht auf CDROM. id.47.1 (2004)
53. Giorgi, G., Teunissen, P.J.G.: GNSS carrier phase-based attitude determination. In: Agarwal, R.K. (Hrsg.) Recent Advances in Aircraft Technology, S. 193–220. InTech Publishing (2012). ISBN:978-953-51-0150-5
54. Gleason, S., Gebre-Egziabher, D. (Hrsg.): GNSS applications and methods, 530 Seiten. Artech House, Norwood. ISBN:978-1-59693-329-3 (2009)
55. Goetz, A.F.H., Vane, G., Solomon, J.E., Rock, B.N.: Imaging spectrometry for earth remote sensing. Science **228**, 11471153 (1985)
56. Goldstein, R.: Atmospheric limitations to repeat-track radar interferometry. Geophys. Res. Lett. **22**(18), 2517–2520 (1995). doi:10.1029/95gl02475
57. Gordon, E.M.: Cramming more components onto integrated circuits. Electronics **38**(8), 114–117 (1965)
58. Greff-Lefftz, M., Métivier, L., Besse, J.: Dynamic mantle density heterogeneities and global geodetic observables. Geophys. J. Int. **180**(3), 1080–1094 (2010). doi:10.1111/j.1365-246x.2009.04490.x
59. Gruber, T., Bamber, J.L., Bierkens, M.F.P., Dobslaw, H., Murböck, M., Thomas, M., van Beek, L.P.H., van Dam, T., Vermeersen, L.L.A. (Bert), Visser, P.: Simulation of the time-variable gravity field by means of coupled geophysical models. Earth Syst. Sci. Data **3**(1), 1935 (2011). doi:10.5194/essd-3-19-2011
60. Gruber, T., Murböck, M., NGGM-D Team (Hrsg.): e2.motion – Earth system mass transport mission (square) – concept for a next generation gravity field mission. Final report of project satellite gravimetry of the next generation (NGGM-D). Deutsche Geodätische Kommission der Bayerischen Akademie der Wissenschaften. Reihe B. Angewandte Geodäsie. Heft 318. C.H. Beck, München (2014)
61. Guanter, L., Estellés, V., Moreno, J.: Spectral calibration and atmospheric correction of ultra-fine spectral and spatial resolution remote sensing data. Application to CASI-1500 data. Remote Sens. Environ. **109**(1), 54–65 (2007). doi:10.1016/j.rse.2006.12.005
62. Guanter, L., Kaufmann, H., Segl, K., Foerster, S., Rogass, C., Chabrillat, S., Kuester, T., Hollstein, A., Rossner, G., Chlebek, C., Straif, C., Fischer, S., Schrader, S., Storch, T., Heiden, U., Mueller, A., Bachmann, M., Mühle, H., Müller, R., Habermeyer, M., Ohndorf, A., Hill, J., Buddenbaum, H., Hostert, P., van der Linden, S., Leitão, P.J., Rabe, A., Doerffer, R., Krasemann, H., Xi, H., Mauser, W., Hank, T., Locherer, M., Rast, M., Staenz, K., Sang, B.: The EnMAP spaceborne imaging spectroscopy mission for Earth observation. Remote Sens. **7**(7), 8830–8857 (2015). doi:10.3390/rs70708830
63. Gustavson, T.L., Landragin, A., Kasevich, M.A.: Rotation sensing with a dual atom-interferometer Sagnac gyroscope. Class. Quantum Grav. **17**, 2385 (2000). doi:10.1088/0264-9381/17/12/311
64. Haagmans, R., Siemes, C., Massotti, L., Silvestrin, P., Carraz, O.: ESA's Activities related to Next Generation Gravity Mission Concepts. Vortrag Grace Science Team Meeting (2014). http://www.gfz-potsdam.de/grace/gstm/gstm-2014
65. Hagedoorn, J., Greiner-Mai, H., Ballani, L.: Core-Mantle coupling: Part III: gravitational coupling torques. Scientific technical report 12/01, Potsdam Deutsches GeoForschungsZentrum GFZ (2012). doi:10.2312/GFZ.b103-12019
66. He, K., Xu, G., Xu, T., Flechtner, F.: GNSS navigation and positioning for the GEOHALO experiment in Italy, GPS Solutions. Published online 13 Dec 2014. (2014). doi:10.1007/s10291-014-0430-4
67. Hein, G.W., Avila Rodriguez, J.A., Wallner, S., Eissfeller, B., Pany, T., Hartl, P.: Envisioning a future: GNSS system of systems (Part 1, 2 & 3). Inside GNSS (2007). Ausgaben Jan./Feb. 2007, S. 58–61; März/April 2007, S. 64–72; Mai/Juni 2007, S. 64–73. http://www.insidegnss.

com/auto/Jan%20Feb%2007-WorkingPapers.pdf; http://www.insidegnss.com/auto/Mar%20Apr%2007-workingpapersFinal.pdf; http://www.insidegnss.com/auto/mayjune07_064-073.pdf. Zugegriffen am 06.08.15

68. Helmert, R.F.: Die mathematischen und physikalischen Theorien der Höheren Geodäsie, Band I. Verlag Teubner, Leipzig (1880)
69. Helmholtz-Zentrum Potsdam: Gravity recovery and climate experiment-follow-on (GRACE-FO) mission (2015). www.gfz-potsdam.de/grace-fo. Zugegriffen am 24.03.2015
70. Hinderer, J., Crossley, D., Warburton, R.: Gravimetric methods – superconducting gravity meters. In: Herring, T.A. (Hrsg.) Treatise on Geophysics. Physical Geodesy, Bd. 3, S. 65–122. Elsevier, Oxford (2009)
71. Hofmann-Wellenhof, B., Lichtenegger, H., Collins, J.: Global Positioning System. Theory and Practice. Springer, Wien (2001). doi:10.1007/978-3-7091-6199-9
72. Ichikawa, R., Takiguchi, H., Kimura, M., Ishii, A., Hobiger, T., Koyama, Y., Kondo, T., Takahashi, Y., Tsuchiya, S., Nakagawa, F., Nakamura, M., Tabuchi, R., Hama, S., Gotoh, T., Fujieda, M., Aida, M., Tingyu, L., Amagai, J.: Precise frequency transfer experiments using VLBI and other techniques. In: Proceedings of the XXXth URSI General Assembly and Scientific Symposium, S. 1–4. Institute of Electrical Electronics Engineers (IEEE) (2011). doi:10.1109/URSIGASS.2011.6050336
73. International Technical Roadmap for Semiconductors (ITRS) *2012 Update*: ITRS team (2012). http://www.itrs.net/ITRS%201999-2014%20Mtgs,%20Presentations%20&%20Links/2012ITRS/2012Chapters/2012Overview.pdf. Zugegriffen am 24.03.2015
74. International VLBI Service for Geodesy and Astrometry: About IVS (2015). http://ivscc.gsfc.nasa.gov/about/com/vtc/index.html. Zugegriffen am 08.04.2015
75. Jäggi, A., Weigelt, M., Flechtner, F., Güntner, A., Mayer-Gürr, T., Martinis, S., Bruinsma, S., Flury, J., Bourgogne, S.: European gravity service for improved emergency management – a new Horizon2020 project to serve the international community and improve the accessibility to gravity field products. Vortrag Grace Science Team Meeting 2014. http://www.gfz-potsdam.de/grace/gstm/gstm-2014. Zugegriffen am 13.04.2016
76. Japan Aerospace Exploration Agency (JAXA): The KAGUYA (SELENE) Mission (2015). http://www.kaguya.jaxa.jp/index_e.htm. Zugegriffen am 09.04.2015
77. Japan Space Systems: HISUI: hyper-spectral Imager SUIte (2013). http://www.jspacesystems.or.jp. Zugegriffen am 27.04.2015
78. Keim, D., Kohlhammer, J., Ellis, G., Mansmann, F. (Hrsg.): Mastering the Information Age – Solving Problems with Visual Analytics. Eurographics Association, Goslar (2010). ISBN 978-3-905673-77-7
79. Kirchner, G.: Infrared laser ranging to space debris. In: 19th International Workshop on Laser Ranging, Annapolis (2014). http://cddis.gsfc.nasa.gov/lw19/docs/2014/Presentations/3009_Kirchner_presentation.pdf. Zugegriffen am 05.08.2015
80. Kristiansen, E., Loisy, C., v.d. Bosch, W.: Road traffic monitoring by satellite. ESA bull. **115**(August) (2003). www.esa.int/esapub/bulletin/bullet115/chapter7_bul115.pdf. Zugegriffen am 06.08.15
81. Kurtenbach, E., Eicker, A., Mayer-Gürr, T., Holschneider, M., Hayn, M., Fuhrmann, M., Kusche, J.: Improved daily GRACE gravity field solutions using a Kalman smoother. J. Geod. **59–60**, 39–48 (2012). doi:10.1016/j.jog.2012.02.006
82. Kusche, J., Klemann, V., Bosch, W.: Mass distribution and mass transport in the Earth system. J. Geodyn. **59–60**, 1–8 (2012). doi:10.1016/j.jog.2012.03.003
83. Kusche, J., Klemann, V., Sneeuw, N.: Mass distribution and mass transport in the Earth system: recent scientific progress due to interdisciplinary research. Surv. Geophys. **35**(6), 12431249 (2014). doi:10.1007/s10712-014-9308-9
84. Lambeck, K.: Geophysical Geodesy, The Slow Deformation of the Earth. Clarendon Press, Oxford (1987)
85. Li, X., Ge, M., Zhang, Y., Wang, R., Guo, B., Klotz, J., Wickert, J., Schuh, H.: High-rate coseismic displacements from tightly integrated processing of raw GPS and accelerometer data. Geophys. J. Int. **195**(1), 612–624 (2013). doi:10.1093/gji/ggt249 2013

86. Li, X., Zhang, X., Ren, X., Fritsche, M., Wickert, J., Schuh, H.: Precise positioning with current multi-constellation global navigation satellite systems: GPS, GLONASS, Galileo and BeiDou. Sci. Rep. **5**, 8328 (2015). doi:10.1038/srep08328
87. Liu, X.: Global Gravity Field Recovery from Satellite-to-Satellite Tracking Data with the Acceleration Approach. Publications on Geodesy, Bd. 68. Nederlandse Commissie voor Geodesie, Delft (2008)
88. Marris, E.: Drones in science: Fly, and bring me data. Nature **498**(7453), 156158 (2013)
89. Matsuo, K., Chao, B.F., Otsubo, T., Heki, K.: Accelerated ice mass depletion revealed by low-degree gravity field from satellite laser ranging: Greenland, 1991–2011. Geophys. Res. Lett. **40**, 4662–4667 (2013). doi:10.1002/grl.50900
90. Mayer-Gürr, T., Gravitationsfeldbestimmung aus der Analyse kurzer Bahnbögen am Beispiel der Satellitenmissionen CHAMP und GRACE, Dissertation, Universität Bonn, Bonn, ISSN 1864-1113 (2008)
91. McGuirk, J.M., Foster, G.T., Fixler, J.B., Snadden, M.J., Kasevich, M.A.: Sensitive absolute-gravity gradiometry using atom interferometry. Phys. Rev. A **65**(3), 033608 (2002)
92. Meehl, G.A., Goddard, L., Murphy, J., Stouffer, R.J., Boer, G., Danabasoglu, G., Dixon, K., Giorgetta, M.A.: Decadal prediction. Bull. Am. Met. Soc. **90**(10), 14671485 (2009). doi:10.1175/2009BAMS2778.1
93. Mendes Cveira, P.J., Böhm, J., Schuh, H., Klügel, T., Velikoseltsev, A., Ulrich Schreiber, K., Brzezinski, A.: Earth rotation observed by very long baseline interferometry and ring laser. Pure Appl. Geophys. **166**, 1499–1517 (2009). doi:10.1007/s00024-004-0487-z
94. Merlet, S., Bodart, Q., Malossi, N., Landragin, A., Dos Santos, F.P., Gitlein, O., Timmen, L.: Comparison between two mobile absolute gravimeters: optical versus atomic interferometers. Metrologia **47**, L9–L111 (2010)
95. Michels, R., Liebsch, S., Graser, R.: Snapshot-hyperspektroskopie. Photonik **46**(1), 3638 (2014)
96. Milne, G.A., Davis, J.L., Mitrovica, J.X., Scherneck, H.-G., Johansson, J.M., Vermeer, M., Koivula H.: Space-geodetic constraints on glacial isostatic adjustment in Fennoscandia. Science **291**(5512), 2381–2385 (2001). doi:10.1126/science.1057022
97. Molotov, I., Tuccari, G., Nechaeva, M., Dugin, N., Konovalenko, A., Falkovich, I., Gorshenkov, Y., Liu, X., Volvach, A., Agapov, V., Pushkarev, A., Titenko, V., Buttacio, S., Rumyantsev, V., Shmeld, I.: First results of European VLBI radar observations of space objects. In: Bachiller, R., Colomer, F., Desmurs, J.-F., de Vicente, P. (Hrsg.) Proceedings of the 7th European VLBI Network Symposium on VLBI Scientific Research & Technology, 329–330, Toledo: Observatorio Astronomico Nacional (2004). http://www.oan.es/evn2004/WebPage/proceedings.html. Zugegriffen am 09.04.2015
98. Moritz, H., Hofmann-Wellenhof, B.: Geometry, Relativity, Geodesy. Herbert Wichmann Verlag, Karlsruhe, ISBN-13: 978-3879072446 (1993)
99. Müller, J., Williams, J.G., Turyshev, S.G.: Lunar laser ranging contributions to relativity and geodesy. Lasers, clocks and drag-free control. Astrophys. Space Sci. Library **349**, 457–472 (2008)
100. National Aeronautics and Space Administration: GRACE II: Gravity recovery and climate experiment (2009). http://decadal.gsfc.nasa.gov/grace2.html.
101. National Aeronautics and Space Administration: Landsat 8 (2013). www.nasa.gov/landsat. Zugegriffen am 24.03.2015
102. National Aeronautics and Space Administration: ICESat-2 (2015). http://icesat.gsfc.nasa.gov/icesat2. Zugegriffen am 24.03.2015
103. Nechaeva, M., Antipenko, A., Bezrukov, D., Bezrukovs, V., Dementjev, A., Dugin, N., Jekabsons, N., Khutornoy, R., Klapers, M., Konovalenko, A., Kulishenko, V., Nabatov, A., Nesteruk, V., Pupillo, G., Reznichenko, A., Salerno, E., Shmeld, I., Skirmante, K., Tikhomirov, Y., Voytyuk, V.: First results of the VLBI experiment on radar location of the asteroid 2012 DA14. Balt. Astron. **22**, 341–346 (2013)

104. Neelmeijer, J., Motagh, M., Wetzel, H.-U.: Estimating spatial and temporal variability in surface kinematics of the Inylchek Glacier, Central Asia, using TerraSAR–X data. Remote Sens. **6**(10), 9239–9259 (2014)
105. Neidhardt, A., Kronschnabl, G., Schatz, R., Schüler, T.: Geodetic observatory Wettzell – 20-m radio telescope and twin telescopes. In: Baver, K.D., Behrend, D., Armstrong, K.L. (Hrsg.) International VLBI Service for Geodesy and Astrometry 2013 Annual Report. NASA/TP-2014-217522, S. 187–190 (2014)
106. Neumann, G.A., Barker, M.H., Mao, D., Mazarico, E., McGarry, J.F., Skillman, D.R., Sun, X., Torrence, M.H., Smith, D.E., Zuber, M.T.: Interplanetary spacecraft laser ranging: the quest for 1 AU. In: 19th International Workshop on Laser Ranging, Annapolis. http://cddis.gsfc.nasa.gov/lw19/docs/2014/Presentations/3143_Neuman_presention.pdf. Zugegriffen am 05.08.2015
107. Neumeyer, J.: Superconducting gravimetry. In: Xu, G. (Hrsg.) Sciences of Geodesy I – Advances and Future Directions, Reference and Handbook, S. 339–413. Springer, Berlin/Heidelberg (2010)
108. Niebauer, T.M.: Gravimetric methods – Absolute gravimeter: Instruments concepts and implementation. In: Herring, T.A. (Hrsg.) Treatise on Geophysics. Physical Geodesy, Bd. 3, S. 43–64. Elsevier, Oxford (2009)
109. Niell, A., Whitney, A., Petrachenko, B., Schlüter, W., Vandenberg, N., Hase, H., Koyama, Y., Ma, C., Schuh, H., Tuccari, G.: VLBI2010: Current and future requirements for geodetic VLBI systems. Report of Working Group 3 to the IVS Directing Board (2005) Greenbelt: NASA Goddard Space Flight Center. http://ivscc.gsfc.nasa.gov/about/wg/wg3/IVS_WG3_report_050916.pdf. Zugegriffen am 08.04.2015
110. Nilsson, T., Böhm, J., Schuh, H., Schreiber, U., Gebauer, A., Klügel, T.: Combining VLBI and ring laser observations for determination of high frequency Earth rotation variation. J. Geodyn. **62**, 69–73 (2012). doi:10.1016/j.jog.2012.02.002
111. Nilsson, T., Soja, B., Karbon, M., Heinkelmann, R., Schuh, H.: Application of Kalman filtering in VLBI data analysis. Earth, Planets, and Space 67:136 (2015). doi:10.1186/s40623-015-0307-y2015
112. Ning, T., Wickert, J., Deng, Z., Heise, S., Dick, G., Vey, S., Schöne, T.: Homogenized time series of the atmospheric water vapor content obtained from the GNSS reprocessed data. J. Clim. 29, 2443–2456 (2016). doi:10.1175/JCLI-D-15-0158.1
113. Nothnagel, A., Angermann, D., Börger, K., Dietrich, R., Drewes, H., Görres, B., Hugentobler, U., Ihde, J., Müller, J., Oberst, J., Pätzold, M., Richter, B., Rothacher, M., Schreiber, U., Schuh, H., Soffel, M.: Space-time reference systems for monitoring global change and for precise navigation, Bd. 44 (2010). Mitteilungen des Bundesamtes für Kartographie und Geodäsie, Frankfurt a.M.
114. Parallella Community: Parallela – Superconducting for everyone (2015). https://www.parallella.org. Zugegriffen am 24.03.2015
115. Peters, A., Chung, K.Y., Chu, S.: High-precision gravity measurements using atom interferometry. Metrologia **38**, 25–61 (2001). doi:10.1088/0026-1394/38/1/4
116. Petit, G., Luzum, B. (Hrsg.): IERS Conventions (2010). IERS Technical Note 36. Verlag des Bundesamts für Kartographie und Geodäsie, Frankfurt am Main (2010)
117. Petrachenko, B., Niell, A., Behrend, D., Corey, B., Böhm, J., Charlot, P., Collioud, A., Gipson, J., Haas, R., Hobiger, T., Koyama, Y., MacMillan, D., Malkin, Z., Nilsson, T., Pany, A., Tuccari, G., Whitney, A., Wresnik, J.: Design aspects of the VLBI2010 system. Progress report of the IVS VLBI2010 committee. National Aeronautics and Space Administration. Goddard Space Flight Center. Greenbelt, Maryland (2009). NASA/TM-2009-214180 ftp://ivscc.gsfc.nasa.gov/pub/misc/V2C/PR-V2C_090417.pdf. Zugegriffen am 13.04.2016
118. Poli, N., Oates, C.W., Gill, P., Tino, G.M.: Optical atomic clocks. La rivista del Nuovo Cimento **36**(12), 555–624 (2013). doi:10.1393/ncr/i2013-10095-x
119. Powell, D.: Lasers boost space communications. Nature **499**, 266–267 (2013). doi:10.1038/499266a

120. Ray, J., Altamimi, Z.: Evaluation of co-location ties relating the VLBI and GPS reference frames. J. Geodesy **79**(4–5), 189–195 (2005). doi:10.1007/s00190-005-0456-z
121. Reigber, C., Schmidt, R., Flechtner, F., König, R., Meyer, U., Neumayer, K.-H., Schwintzer, P., Yuan Zhu, S.: An earth gravity field model complete to degree and order 150 from GRACE: EIGEN-GRACE02S. J. Geodyn. **39**, 1–10 (2005)
122. Rieck, C., Haas, R., Jarlemark, P., Jaldehag, K.: VLBI frequency transfer using CON T11. In: Proceedings on European Frequency and Time Forum, 2012, 163–165. IEEE (2012). doi:10.1109/EFTF.2012.6502358
123. Rothacher, M., Beutler, G., Behrend, D., Donnellan, A., Hinderer, J., Ma, C., Noll, C., Oberst, J., Pearlman, M., Plag, H.-P., Richter, B., Schöne, T., Tavernier, G., Woodworth, P.L.: The future global geodetic observing system. In: Plag, H.-P., Pearlmann, M. (Hrsg.) Global Geodetic Observing System – Meeting the Requirements of a Global Society on a Changing Planet in 2020, S. 237–272. Springer (2009). doi:10.1007/978-3-642-02687-4
124. Rowlands, D.D., Luthcke, S.B., McCarthy, J.J., Klosko, S.M., Chinn, D.S., Lemoine, F.G., Boy, J.-P., Sabaka, T.: Global mass flux solutions from GRACE: a comparison of parameter estimation strategies–mass concentrations versus stokes coefficients. J. Geophys. Res. **115**(B01403) (2010). doi:10.1029/2009JB006546
125. Ruf, C.S., Gleason, S., Jelenak, Z., Katzberg, S., Ridley, A., Rose, R., Scherrer, J., Zavorotny, V.: The CYGNSS nanosatellite constellation hurricane mission. In: 2012 IEEE International Geoscience and Remote Sensing Symposium (IGARSS), S. 214–216 (2012). doi:10.1109/IGARSS.2012.6351600
126. Rummel, R.: Height unification using GOCE. J. Geodetic Sci. **2**(4), 355–362 (2013). doi:10.2478/v10156-011-0047-2
127. Rummel, R., Rothacher, M., Beutler, G.: Integrated global geodetic observing system (IGGOS) – Science rationale. J. Geodyn. **40**(4–5), 357362 (2005). doi:10.1016/j.jog.2005.06.003
128. Sapienza University of Rome: LARES – the laser relativity satellite (2012). http://www.lares-mission.com. Zugegriffen am 24.03.2015
129. Sasgen, I., Dobslaw, H., Martinec, Z., Thomas, M.: Satellite gravimetry observation of Antarctic snow accumulation related to ENSO. Earth Planet. Sci. Lett. **299**, 352–358 (2010). doi:10.1016/j.epsl.2010.09.015
130. Sasgen, I., van den Broeke, M., Bamber, J.L., Rignot, E., Sørensen, L.S., Wouters, B., Martinec, Z., Velicogna, I., Simonsen, S.B.: Timing and origin of recent regional ice-mass loss in Greenland. Earth Planet. Sci. Lett. **333–334**, 293–303 (2012). doi:10.1016/j.epsl.2012.03.033
131. Sato, Y., Packard, R.E.: Superfluid helium quantum interference devices: physics and applications. Rep. Prog. Phys. **75**(1), 016401 (2012). doi:10.1088/0034-4885/75/1/016401
132. Saynisch, J., Bergmann, I., Thomas, M.: Assimilation of GRACE-derived oceanic mass distributions with a global ocean circulation model. J. Geodesy **89**(2), 121–139 (2015)
133. Scanlon, B.R., Longuevergne, L., Long, D.: Ground referencing GRACE satellite estimates of groundwater storage changes in the California Central Valley, USA. Water Resour. Res. **48**, 4520 (2012). doi:10.1029/2011WR011312
134. Scherr, A., Volwerk, M., Baumjohann, W.: Annual Report IWF/ÖAW 2013. Institut für Weltraumforschung, Österreichische Akademie der Wissenschaften, Graz (2013)
135. Schmidt, M., Göttl, F., Heinkelmann, R.: Towards the combination of data sets from various observation techniques. In: Kutterer, H., Seitz, F., Alkhatib, H., Schmidt, M. (Hrsg.) The 1st International Workshop on the Quality of Geodetic Observation and Monitoring Systems (QuGOMS'11). IAG Symposia, Bd. 140, S. 35–43. Springer (2015). doi:10.1007/978-3-319-10828-5_6
136. Schmidt, T.J.W., Faber, A.: (Haser).: Variability of the upper troposphere and lower stratosphere observed with GPS radio occultation bending angles and temperatures. Adv. Space Res. **46**(2), 150–161 (2010). doi:10.1016/j.asr.2010.01.0212010
137. Schöne, T., Schön, N., Thaller, D.: IGS Tide Gauge benchmark monitoring pilot project (TIGA) – Scientific benefits. J. Geodesy **83**(3–4), 249–261 (2009). doi:10.1007/s00190-008-0269-y

138. Schöne, T., Pandoe, W., Mudita, I., Roemer, S., Illigner, J., Zech, C., Galas, R.: GPS water level measurements for Indonesia's Tsunami early warning system. Nat. Hazards Earth Syst. Sci. **11**, 741–749 (2011). doi:10.5194/nhess-11-741-2011
139. Schöne, T., Zech, C., Unger-Shayesteh, K., Rudenko, V., Thoss, H., Wetzel, H.-U., Gafurov, A., Illigner, J., Zubovich, A.: A new permanent multi-parameter monitoring network in Central Asian high mountains – From measurements to data bases. Geosci. Instrum. Method. Data Syst. **2**, 97–111 (2013). doi:10.5194/gi-2-97-2013
140. Schreiber, U., Thirkettle, R.J., Hurst, R.B., Follman, D., Cole, G.D., Aspelmeyer, M., Wells, J.-P.R.: Sensing Earth's rotation with a helium-neon ring laser operating at 1,15μm. Opt. Lett. **40**(8), 1705 (2015). doi:10.1364/OL.40.001705
141. Schuh, H., König, R., Ampatzidis, D., Glaser, S., Flechtner, F., Heinkelmann, R., Nilsson, T.J.: GGOS-SIM – simulation of the reference frame for the global geodetic observing system. In: International Association of Geodesy Symposia, Symposium 2014 on Reference Frames for Applications in Geosciences, Luxembourg. Springer (2015). ISSN: 0939-9585 (submitted)
142. Seitz, M., Angermann, D., Bloßfeld, M., Drewes, H., Gerstl, M.: The 2008 DGFI realization of the ITRS: DTRF2008. J. Geod. **86**, 1097–1123 (2012). doi:10.1007/s00190-012-0567-2
143. Semmling, M., Beckheinrich, J., Wickert, J., Beyerle, G., Schön, S., Fabra, F., Pflug, H., He, K., Schwabe, J., Scheinert, M.: Sea surface topography retrieved from GNSS-R phase data of the GEOHALO flight mission. Geophys. Res. Lett. **41**(3), 954–960 (2014). doi:10.1002/2013GL058725
144. Semmling, M., Schmidt, T., Wickert, J., Schön, S., Fabra, F., Cardellach, E., Rius, A.: A Zeppelin experiment to study airborne altimetry using specular Global navigation satellite system reflections. Radio Sci. **48**, 427–440 (2013)
145. Shako, R., Förste, C., Abrykosov, O., Bruinsma, S., Marty, J.-C., Lemoine, J.-M., Flechtner, F., Neumayer, K.-H., Dahle, C.: EIGEN-6C: A high-resolution global gravity combination model including GOCE data. In: Flechtner, F., Sneeuw, N., Schuh, W.-D. (Hrsg.) Observation of the System Earth from Space – CHAMP, GRACE, GOCE and Future Missions. Advanced Technologies in Earth Sciences, S. 155–161. Springer, Berlin/Heidelberg (2014). doi:10.1007/978-3-642-32135-1_20
146. Sistema de Referencia Geocéntrico para las Américas (SIRGAS): Geocentric Reference System for the Americas (2014). http://www.sirgas.org. Zugegriffen am 09.04.2015
147. Shen, P.-Y., Mansinha, L.: Oscillation, nutation and wobble of an elliptical rotating Earth with liquid outer core. Geophys. J. Int. **46**(2), 467496 (1976). doi:10.1111/j.1365-246x.1976.tb04167.x
148. Silvestrin, P., Aguirre, M., Massotti, L., Leone, B., Cesare, S., Kern, M., Haagmans, R.: The future of the satellite gravimetry after the GOCE mission. In: Kenyon, S., Pacino, M.C., Marti, U. (Hrsg.) Geodesy for Planet Earth. International Association of Geodesy Symposia, Bd. 136, S. 801–808. Springer, New York/Berlin/Heidelberg (2012)
149. Simmonds, R.W., Marchenkov, A., Hoskinson, E., Davis, J.C.S., Packard, R.E.: Quantum interference of superfluid 3He. Nature **412**, 55–58 (2001). doi:10.1038/35083518
150. Soja, B., Heinkelmann, R., Schuh, H.: Probing the solar corona with very long baseline interferometry. Nat. Commun. **5**, 4166 (2014). doi:10.1038/ncomms5166
151. Soja, B., Karbon, M., Nilsson, T., Glaser, S., Balidakis, K., Heinkelmann, R., Schuh, H.: VLBI TRF determination via Kalman filtering. Geophysical Research Abstracts, Bd. 17. EGU2015-970 (2015)
152. Steigenberger, P., Hugentobler, U., Loyer, S., Perosanz, F., Prange, L., Dach, R., Uhlemann, M., Gendt, G., Montenbruck, O.: Galileo orbit and clock quality of the IGS multi-GNSS experiment. Adv. Space Res. **55**(1), 269–281 (2015). doi:10.1016/j.asr.2014.06.030. ISSN:0273–1177
153. Tang, G., Cao, J., Han, S., Hu, S., Ren, T., Chen, L., Sun, J., Wang, M., Li, Y., Li, L.: Research on lunar radio measurements by Chang'E-3. In: Behrend, D., Baver, K.D., Armstrong, K.L. (Hrsg.) IVS 2014 General Meeting Proceedings, "VGOS: The New VLBI Network", pp. 473–477. Science Press, Beijing (2014); Tapley, B., Bettadpur, S., Ries, J.C., Thompson, P.F., Watkins, M.M.: GRACE measurements of mass variability in the Earth system. Science **305**, 503–505 (2004). doi:10.1126/science.1099192

154. Tapley, B., Bettadpur, S., Watkins, M., Reigber, C.: The gravity recovery and climate experiment: mission overview and early results. Geophys. Res. Lett. **31**, L09607 (2004). doi:10.1029/2004GL019920
155. Tolker-Nielsen, T., Oppenhauser, G.: In-orbit test result of an operational optical intersatellite link between ARTEMIS and SPOT4, SILEX. Proc. SPIE **4635** (2002); Free-Space Laser Communication Technologies XIV, 1 (April 30, 2002). doi:10.1117/12.464105
156. University Corporation for Atmospheric Research (UCAR): FORMOSAT-7/COSMIC-2 (COSMIC-2) science mission (2014). www.cosmic.ucar.edu/cosmic2. Zugegriffen am 24.03.2015
157. University of Michigan: Cyclone global navigation satellite system (CYGNSS) (2015). http://aoss-research.engin.umich.edu/missions/cygnss. Zugegriffen am 24.03.2015
158. van der Wal, W., Barnhoorn, A., Stocchi, P., Gradmann, S., Wu, P., Drury, M., Vermeersen, B.: Glacial isostatic adjustment model with composite 3-D Earth rheology for Fennoscandia. Geophys. J. Int. **194**(1), 6177 (2013). doi:10.1093/gji/ggt099
159. van der Wal, W., Whitehouse, P.L., Schrama, E.J.O.: Effect of GIA models with 3D composite mantle viscosity on GRACE mass balance estimates for Antarctica. Earth Planet. Sci. Lett. **414**, 134–143 (2014). doi:10.1016/j.epsl.2015.01.001
160. Visser, P.N.A.M., Sneeuw, N., Reubelt, T., Losch, M., van Dam, T.: Space-borne gravimetric satellite constellations and ocean tides: aliasing effects. Geophys. J. Int. **181**(2), 789–805 (2010). doi:10.1111/j.1365-246x.2010.04557.x
161. Wang, L., Shum, C.K., Simons, F.J., Tapley, B., Dai, C.: Coseismic and postseismic deformation of the 2011 Tohoku-Oki earthquake constrained by GRACE gravimetry. Geophys. Res. Lett. **39**, 7301 (2012). doi:10.1029/2012GL051104
162. Werninghaus, R.: The German SAR Roadmap. 4. TerraSAR-X Science Team Meeting. Oberpfaffenhofen (2011). 14.-16. 02.2011. http://terrasar-x.dlr.de/papers_sci_meet_4/general/werninghaus_The_german_national_SAR_programme.pdf.
163. Wickert, J., Schmidt, T.: Fernerkundung der mittleren Atmosphäre mit GPS-Radiookkultation. promet – Meteorologische Fortbildung **31**(1), 50–52 (2005)
164. Wickert, J., Gendt, G.: Fernerkundung der Erdatmosphäre mit GPS. promet – Meteorologische Fortbildung **32**(3), 80–88 (2006)
165. Wickert, J., Michalak, G., Schmidt, T., Beyerle, G., Cheng, C.-Z., Healy, S.B., Heise, S., Huang, C.-Y., Jakowski, N., Köhler, W., Mayer, C., Offiler, D., Ozawa, E., Pavelyev, A.G., Rothacher, M., Tapley, B., Arras, C.: GPS radio occultation: results from CHAMP, GRACE and FORMOSAT-3/COSMIC. Terr. Atmos. Ocean. Sci. **20**(1), 35–50 (2009)
166. Wickert, J., Rothacher, M., Brieß, K., Wahnschaffe, G., Pilz, N.: NanoGEM: Phase A, Final Report, 144 Seiten (2011)
167. Wickert, J., Beyerle, G., Cardellach, E., Förste, C., Gruber, T., Helm, A., Hess, M.-P., Høeg, P., Jakowski, N., Montenbruck, O., Rius, A., Rothacher, M., Shum, C.K.: GNSS REflectometry, radio occultation and scatterometry onboard ISS for long-term monitoring of climate observations using innovative space geodetic techniques on-board the international space station. Proposal in response to ESA research announcement for ISS experiments relevant to study of global climate change (2011)
168. Wickert, J., Semmling, M., Beckheinrich, J., Beyerle, G., Vey, S., Schuh, H.: Innovative Satellitengeodäsie am GFZ: Fernerkundung mit reflektierten GNSS-Signalen. AvN **121**, 347–353 (2014)
169. Williams, J.G., Turyshev, S.G., Boggs, D.H.: Lunar laser ranging tests of the equivalence principle. Class. Quantum Grav. **29**, 184004 (2012). doi:10.1088/0264-9381/29/18/184004
170. Wu, X., Wahr, J.M.: Effects of non-hydrostatic core-mantle boundary topography and core dynamics on Earth rotation. Geophys. J. Int. **128**(1), 18–42 (1997). doi:10.1111/j.1365-246x.1997.tb04069.x

171. Wulder, M.A., Coops, N.C.: Satellites: make Earth observations open access. Nature **513**, 3031 (2014)
172. Zech, C., Schöne, T., Neelmeijer, J., Zubovich, A., Galas, R.: Geodetic monitoring networks: GNSS-derived glacier surface velocities at the global change observatory Inylchek (Kyrgyzstan). In: Rizos, C., Willis, P. (Hrsg.), IAG 150 Years, Proceedings of the IAG Scientific Assembly in Postdam, Germany, 2013, International Association of Geodesy Symposia. Springer, Berlin/Heidelberg (2015). doi:10.1007/1345_2015_38

Sachverzeichnis

R. Rummel (Hrsg.), *Erdmessung und Satellitengeodäsie*,
Springer Reference Naturwissenschaften, DOI 10.1007/978-3-662-47100-5

M

N

O

P

Q

R

S

T

MIX
Papier aus verantwortungsvollen Quellen
Paper from responsible sources
FSC® C105338

If you have any concerns about our products, you can contact us on
ProductSafety@springernature.com

In case Publisher is established outside the EU, the EU authorized representative is:
Springer Nature Customer Service Center GmbH
Europaplatz 3, 69115 Heidelberg, Germany

Printed by Libri Plureos GmbH
in Hamburg, Germany